国家出版基金项目
NATIONAL PUBLICATION FOUNDATION

现代农业高新技术成果丛书

动物肌肉生物学与肉品科学

Animal Muscle Biology and Meat Quality

尹靖东　主编

中国农业大学出版社
·北京·

内容简介

国内外将肌肉生物学与肉品科学有机地联系在一起的专业书籍很少，而对肉质改良的论述大多基于经验性的研究，缺乏系统深入的专业理论支撑。针对这一情况，本书立足于国际上动物肌肉生物学和肉品质研究的最新前沿，凝练了我国近年来在国家重点基础研究计划、国家科技支撑计划、863计划和国家自然科学基金等项目的资助下在畜禽肉品质形成机制与调控方面取得的研究成果，也介绍了国际这一领域取得的研究进展。本书内容包括畜禽肉品质的消费价值取向、影响畜禽肉品质的动物肌肉生物学特性及其形成的机制，通过对畜禽骨骼肌发育与肉品质、脂肪组织发育与肉品质和动物饲养管理与肉品质关系的介绍，从遗传、生理、营养和饲养等角度系统阐述肉品质形成的研究成果。希望本书的出版对我国动物肌肉生物学与肉品质研究起到积极推动作用，促进我国优质畜禽肉产品的生产和实践。本书可作为从事畜禽肌肉生物学和肉质调控科研人员的参考书，也可以作为本科生、研究生的教材和辅助材料。

图书在版编目(CIP)数据

动物肌肉生物学与肉品科学/尹靖东主编. —北京：中国农业大学出版社，2011.12

ISBN 978-7-5655-0458-7

Ⅰ.①动… Ⅱ.①尹… Ⅲ.①动物—肌肉组织—生物学—研究②畜禽—肉类—食用品质—研究 Ⅳ.①Q954.66②TS251.1

中国版本图书馆CIP数据核字(2011)第251928号

书　　名 动物肌肉生物学与肉品科学

作　　者 尹靖东　主编

策划编辑 孙　勇　　**责任编辑** 田树君

封面设计 郑　川　　**责任校对** 王晓凤　陈　莹

出版发行 中国农业大学出版社

社　　址 北京市海淀区圆明园西路2号　　**邮政编码** 100193

电　　话 发行部 010-62818525,8625　　读者服务部 010-62732336

编辑部 010-62732617,2618　　出　版　部 010-62733440

网　　址 http://www.cau.edu.cn/caup　　**e-mail** cbsszs@cau.edu.cn

经　　销 新华书店

印　　刷 涿州市星河印刷有限公司

版　　次 2011年12月第1版　2011年12月第1次印刷

规　　格 787×1092　16开本　28印张　690千字　彩插2

定　　价 98.00元

现代农业高新技术成果丛书
编审指导委员会

编 委 会

主　　编　尹靖东

副主编　杜　敏　靳　烨

主要编者　（按姓氏拼音排序）

陈代文　杜　敏　冯　杰　黄志清　江青艳

靳　烨　孔祥峰　李凤娜　林　海　卢　媛

马长伟　齐广海　单体中　沈清武　宋志刚

王松波　汪以真　武振龙　杨　勇　杨晓静

杨在清　尹靖东　岳洪源　赵丽华　周　磊

主　　审　李德发

出版说明

瞄准世界农业科技前沿，围绕我国农业发展需求，努力突破关键核心技术，提升我国农业科研实力，加快现代农业发展，是胡锦涛总书记在 2009 年五四青年节视察中国农业大学时向广大农业科技工作者提出的要求。党和国家一贯高度重视农业领域科技创新和基础理论研究，特别是 863 计划和 973 计划实施以来，农业科技投入大幅增长。国家科技支撑计划、863 计划和 973 计划等主体科技计划向农业领域倾斜，极大地促进了农业科技创新发展和现代农业科技进步。

中国农业大学出版社以 973 计划、863 计划和科技支撑计划中农业领域重大研究项目成果为主体，以服务我国农业产业提升的重大需求为目标，在“国家重大出版工程”项目基础上，筛选确定了农业生物技术、良种培育、丰产栽培、疫病防治、防灾减灾、农业资源利用和农业信息化等领域 50 个重大科技创新成果，作为“现代农业高新技术成果丛书”项目申报了 2009 年度国家出版基金项目，经国家出版基金管理委员会审批立项。

国家出版基金是我国继自然科学基金、哲学社会科学基金之后设立的第三大基金项目。国家出版基金由国家设立、国家主导，资助体现国家意志、传承中华文明、促进文化繁荣、提高文化软实力的国家级重大项目；受助项目应能够发挥示范引导作用，为国家、为当代、为子孙后代创造先进文化；受助项目应能够成为站在时代前沿、弘扬民族文化、体现国家水准、传之久远的国家级精品力作。

为确保“现代农业高新技术成果丛书”编写出版质量，在教育部、农业部和中国农业大学的指导和支持下，成立了以石元春院士为主任的编审指导委员会；出版社成立了以社长为组长的项目协调组并专门设立了项目运行管理办公室。

“现代农业高新技术成果丛书”始于“十一五”，跨入“十二五”，是中国农业大学出版社“十二五”开局的献礼之作，她的立项和出版标志着我社学术出版进入了一个新的高度，各项工作迈上了新的台阶。出版社将以此为新的起点，为我国现代农业的发展，为出版文化事业的繁荣做出新的更大贡献。

中国农业大学出版社

2010 年 12 月

前　言

在人类社会发展早期，动物以人类狩猎和驯化的对象为人类提供了赖以生存的食物。畜牧业出现后，畜禽肉为人类提供了必需的蛋白质、脂类、维生素等多种营养素。20世纪养殖业经历了前所未有的发展，畜禽生产性能和瘦肉率大幅度提高，肉的供给实现了前所未有的丰富，但与此同时消费者发现肉的品质下降到了只堪忍受的程度。虽然不同的饮食文化中肉烹饪的方法各异，而且消费者对肉质特性的喜好也有区域性，但肉质下降是全球消费者和肉品行业的共识。这其中有两个方面的因素：①过去半个多世纪对畜禽生长性能和瘦肉率的过分追求，导致动物肌肉发育和代谢失去平衡，肉质下降了；②消费者对肉质的鉴赏能力提高了，对肉品质的追求也变高了。

肉品质的优劣取决于动物肌肉的生物学特性，如肌纤维组成类型、肌纤维糖原含量和能量代谢方式、肌内脂肪含量、肌肉结缔组织的含量和性质、肌红蛋白含量等。动物肌肉生物学特性受遗传、营养和饲养管理等内外因素的共同影响，因此改善肉品质就需要深入认识动物肌肉生物学，了解肌肉的组成、结构，发生、发育的调节机制以及营养需要。另外，在动物饲养过程中饲养方式、环境条件以及动物屠宰环节中的各种应激和宰后肉的处理都会显著地影响肉的品质。肉品质是影响消费者购买愿望的决定性因素，具有极大的经济价值。提高畜禽肉的品质是关系到消费者获得高品质肉、畜牧业健康发展和提升肉的经济价值等的重要课题，因此高效、环保、安全地生产优质肉，具有重要的意义。

《动物肌肉生物学与肉品科学》一书立足于国际上动物肌肉生物学和肉品质研究的最新前沿，凝练了国家重点基础研究计划(973)项目“畜禽肉品质性状的形成及营养调控”的研究成果。在编撰中，鉴于国内在肌肉生物学领域的研究历史比较短，对于肉品质的研究离不开肉品科学中的一些概念和评价方法，但二者衔接不足，一些概念相互间还不统一，有必要梳理并建立研究肉品质形成机制的框架体系。因此，为了使读者更好地理解肉质形成的机制和团队研究成果的意义，本书突破了原拟定的书名“畜禽肉品质性状的形成与营养调控”的范畴，拓展为“动物肌肉生物学与肉品科学”，在书中引入了肉品科学的一些概念和评价方法，并介绍了国际上肉质性状形成机制及其调控方面的最新研究成果。本书还汇集了“十一五”国家科技支撑计划项目“荣昌猪特色性状研究与优势性状基因的筛选和鉴定”、广东省-国家自然科学基金委重点项目“蓝塘猪肉质性状形成的分子机理及其在猪肉质改良中的意义”、国家自然科学基金项目“氯离子胞内通道基因在猪肌内脂肪沉积中的作用及其调控途径的研究”等最近十年的科研项目的主要研究成果，经过认真梳理而成。

国家重点基础研究计划(973)项目“畜禽肉品质性状的形成及营养调控”由李德发教授主持，在其过程中，李德发教授委托我以该项目成果为核心主持编写《动物肌肉生物学与肉品科学》。在李德发教授的热情鼓励和大力支持下，在项目研究团队同仁的鼎力支持下，《动物肌肉生物学与肉品科学》一书得以完成。

本书由中国农业大学、美国华盛顿州立大学、内蒙古农业大学、西北农林科技大学、华南农业大学、四川农业大学、南京农业大学、华中农业大学、浙江大学、中国科学院亚热带农业生态研究所、中国农业科学院饲料研究所、山东农业大学和重庆畜牧科学院的科研人员共同编写。本书编著者大多是973计划支持的团队或是其他国家科研项目在肉质研究方面的合作团队的成员，或者是长期从事肉品质研究领域的专家。本书在编著伊始，与华盛顿州立大学的杜敏教授讨论了编撰提纲，也征求了国内同行专家的意见，共同制定了本书的编写提纲。初稿完成后，大部分作者专门就本书的修改完善在北京召开了一次研讨会，确定了全书的修改方向，并针对各章提出了完善意见，在此基础上完成了第二稿，最后全书由尹靖东统稿。本书的编著历时一年半，各位老师、专家都是在科研教学的繁忙工作中，抽出时间完成书稿，为本书的付梓奉献了大量心血，在此表示由衷的感谢！

国内外将畜禽肌肉生物学与肉品质联系在一起的专业书籍很少，而同时从遗传、营养和饲养环境等角度系统阐述肉品质的形成与改善更是空缺。因此，笔者在科研和教学中深感这方面资料的欠缺，希望本书的出版对我国动物肌肉生物学与肉品质改善的研究起到积极的推动作用。该书内容以猪为主，兼顾牛(羊)和禽的肉质，在机制阐述方面不限动物种类，使用了人和鼠的最新研究材料。由于肉质形成的复杂性，各章在从不同角度阐述肉品质形成的过程中，内容有所交叉，在统稿过程中通过详略和侧重有别的策略对各章内容进行了适当调整，在保持各章的完整性和编著特色的情况下，尽量避免内容重叠。本书可作为畜禽肌肉生物学和肉质调控科研人员的参考书，也可以作为本科高年级学生、研究生的教材和辅助材料使用。

受编著者水平所限，书中错误和不足在所难免，欢迎广大读者批评指正。

尹靖东

2011年10月

目　　录

第1章

消费者对肉品质的价值取向与畜禽肉品质评价

消费者对肉品质的喜好有很强的地域性，这种喜好往往受到消费者所处地域的禀赋、宗教信仰、人文环境、消费水平以及生活方式的影响。一般地讲，欧美国家偏爱肉食，而东亚地区以素食或素肉兼食为主。在我国，北方地区消费牛羊肉多一些，而南方地区的肉食消费以猪肉为主；城镇消费牛羊肉比重大些，而农村消费猪肉比重相对较大。不管肉的食用品质特性的科学基础如何，其消费取向最终由消费者的消费习惯及个人喜好来决定。如有些人喜食质地相对硬一点（有嚼劲儿）的肉，而更多的人喜欢细嫩柔滑的肉。日本消费者喜好浅红色的牛肉，而欧洲消费者更喜好鲜红色的牛肉。Dransfield 等（1984）曾对阉割牛的背最长肌（烤）和半膜肌（炖）的食用品质进行了比较，共有 8 个欧盟国家的肉类研究人员参与评价。结果发现，爱尔兰人和英格兰人认为风味是最重要的食用品质指标，其次是嫩度和多汁性；而意大利人的观点正好相反。法国人和比利时人更喜好老牛肉成熟后的风味。Rφdbotten 等（2004）比较了 15 种畜禽肉的食用品质特性，发现质地是最重要的特性，其次是肉色，最不重要的是风味。多数的中国人可能并不会认同这一观点，由于烹调方法和消费习惯不同，我国人民对肉的风味（味道）敏感程度远远超过西方消费者。这些研究说明了采用同一个评价标准或同一个烹调方法来评价肉质是不可行的，但为了满足国际贸易的需要和肉的可比性，不同地区或国家都制定了相应的评价标准，如欧盟制定了肉用品质的通用标准。

近年来，小包装分割冷鲜肉销量逐年上升，人们更加关注畜禽肉食用品质的差异。不同的肉具有不同的品质，而消费者通过感官即可初步判定肉品质的好坏，肉感官品质直接影响着消费者的购买兴趣。

1.1 消费者对肉品质的价值取向

消费者对肉品质的评价往往是从感官评价开始的，例如对猪肉品质评定，现阶段仍以肉的颜色(Meat color)、pH、保水力(Water holding capacity, WHC)或称系水力(Water binding capacity, WBC)以及肌内脂肪含量(Intramuscular fat)和嫩度(Meat tenderness)等5项指标作为依据。其中肉色、pH和保水力是国际通用的区分生理正常与异常猪肉(PSE)的重要指标,因此研究肉的品质不能不考虑从肉的感官指标开始。肉的感官品质主要是指肉的外观、质地和风味,主要由肉色、嫩度、风味、脂肪的外观质量等基本要素组成。

1.1.1 肉色

通常人们对肉及肉制品的评价主要从色、香、味、嫩度几个方面进行,其中给人第一印象的就是肉的颜色。肉色是肉质的重要外观条件,它反映了肌肉生理、生化和微生物学的变化。

肉类的颜色在化学组成上是由肌红蛋白(Myoglobin,Mb)和血红蛋白(Hemoglobin,Hb)产生和决定的。肌红蛋白是一种色素蛋白,肉类颜色的深浅与其含量呈正相关,即肌红蛋白含量少,则肉类的颜色浅而淡;肌红蛋白含量多,则肉类的颜色深而浓,故按颜色把肉类划分为红肉类、白肉类和无色肉类。动物屠宰放血后肌肉色泽的90%以上是由肌红蛋白产生的。由于血红蛋白存在于血液中,所以经良好屠宰的肉类中血红蛋白的含量很少;反之,患病、过于疲惫的畜禽或屠宰放血不好的畜禽,由于肌肉里尚含有残存的血液,肌肉中既含有肌红蛋白,又含有血红蛋白,所以肉类的颜色比正常放血的肉类更加深暗一些。

肌肉中肌红蛋白的含量受动物种类、肌肉部位、运动程度、年龄、性别等因素的影响。各类动物的肉色有所差异,一般猪肉呈鲜红色,牛肉呈深红色,马肉呈紫红色,羊肉呈浅红色,兔肉呈粉红色。动物年龄越大肉色越深。活动量大的部位肉色较深。

肌红蛋白中铁离子的价态(还原态的 Fe^{2+} 或氧化态的 Fe^{3+})和与 O_2 结合的位置是导致其颜色变化的根本所在。在活体组织中,Mb依靠电子传递链使铁离子处于还原状态。屠宰后的鲜肉,肌肉中的 O_2 缺乏,Mb中与 O_2 结合的位置被 H_2O 所取代,使肌肉呈现暗红色或紫红色。肉切开后在空气中暴露一段时间就会变成鲜红色,这是由于 O_2 取代 H_2O 而形成氧合肌红蛋白(Oxymyoglobin,MbO_2)之故。如果放置时间过长或是在低 O_2 分压的条件下贮放则肌肉会变成褐红色,这是因为形成了氧化态的高铁肌红蛋白(Metmyoglobin,MMb)(图1-1)。

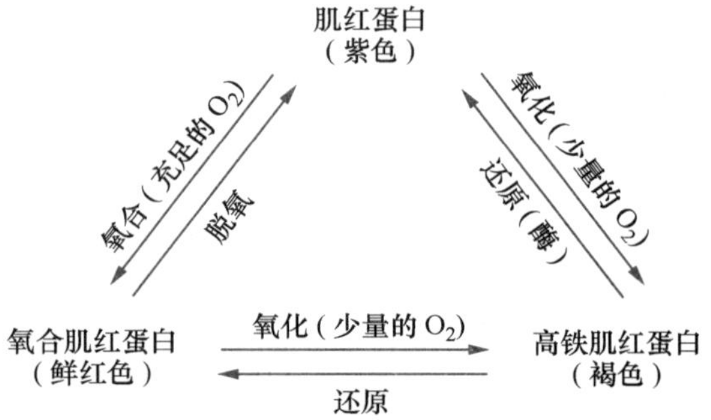

图1-1 肌红蛋白、氧合肌红蛋白和高铁肌红蛋白之间的转化

由此可见,Mb由于 O_2 的存在可变成鲜红色的氧合肌红蛋白(MbO_2)或褐色的高铁肌红蛋白(MMb)。这种比例依 O_2 的分压而定,氧气分压低,则有利于MMb的形成,而氧气分压高,则有利于 MbO_2 的形成。这种变化在活体组织中由于酶的活动电子传递链而可使MMb持续地还原成Mb。动物在屠宰后,这种酶促的还原作用就会逐渐削弱乃至消失。因而,在商业上,常常将分割肉先进行真空包装,可在冷藏温度下保藏数周,使其在低 O_2 分压下形成MMb,打开包装后,与 O_2 充分接触以形成鲜艳的 MbO_2 吸引消费者。而充气包装现已广泛用来延长冷却肉的货架期,常用气体有 CO_2 或 N_2。此类包装中氧气含量非常低,肌肉表面的肌红蛋白氧化形成高铁肌红蛋白。但在开袋销售过程中，高铁肌红蛋白可被肌肉中的还原酶还原成脱氧肌红蛋白，之后再进行氧合。但必须要求包装一定时间以后，色素变化达到平衡状态时才不会影响肉的正常色泽(Gill 等，1995)。

1.1.2 嫩度

嫩度是指人对肉入口后咀嚼过程中的感受，它主要由肌肉中肌原纤维、结缔组织和肌浆蛋白的含量与化学结构状态所决定，也一定程度上反映了肌肉中肌原纤维、结缔组织以及脂肪的含量、分布和化学状态。肌束中肌纤维数越多，肌纤维越细，肉就越嫩。嫩度还与肌内脂肪呈正相关。此外，动物的品种、年龄、肌肉部位、营养状态以及屠宰后的处理等都直接影响肉的嫩度。嫩度指标是西方消费者评价肉品质的第一指标或最重要的指标之一(Savell, 1989)。我国人民自古以来对饮食文化非常重视，发明的烹饪方法的要求是色香味俱佳，加之在肉的烹制中习惯“长时间”加热烹调，如炖、卤、酱等方法，因此对肉类嫩度的要求远不如美国、意大利等西方国家，但对肉风味的要求则远超过一般西方国家。近年来随着西餐在我国大行其道，人们开始重视肉的嫩度。

肉的嫩度是消费者最重视的食用品质之一，它决定了肉在食用时口感的老嫩，是反映肉质地(Texture)的指标，在评价牛肉、羊肉的食用品质时，嫩度指标最为重要。在感官品尝时，嫩度的总体印象是质地，分 3 个方面：①牙齿初次咬切肉的难易程度；②将肉嚼碎的难易程度；③咀嚼后的残渣量(Weir, 1960)。肉的嫩度与肌肉中结缔组织蛋白(胶原蛋白、弹性蛋白、网状蛋白、基质中的黏多糖)、胶原纤维蛋白(肌动蛋白、肌球蛋白、原肌球蛋白)、肌浆蛋白(肌浆蛋白质、肌质网)3 类蛋白质有关。肉的嫩度与肉的硬度(肉的弹性)相对应，是硬度的倒数。目前有多种客观评价肉的嫩度的物理方法和化学方法。物理方法有剪切力测定法、穿刺法、咬切法、剁切法、压缩法及拉伸法。化学方法有结缔组织测定、酶法消化等。最常用的指标为切断力或剪切力，一般用切断一定肉断面所需要的最大剪切力表示，以 kg 为单位，一般在 2.5～6.0 kg 之间，低于 3.2 kg 时较为理想。

肉的嫩度本质上反映的是切断一定厚度的肉块所需要的力量。肉在切割过程中会受到肌纤维、结缔组织、脂肪等肌肉结构的阻力，因此，肉的嫩度在本质上取决于肌纤维类型、直径、密度及其完整性，肌内脂肪含量，结缔组织类型、含量及交联状况，钙激活中性蛋白酶酶活力等因素，这些因素及影响这些因素变化的内在和外在因素都会直接或间接地影响肉的嫩度。

肉的人工嫩化方法很多，物理法、化学法和生物学方法都能达到使肉嫩化的目的，但各种方法的适用范围、嫩化效果各不相同，在生产中可根据实际情况选择应用。常见的人工嫩化方法有低温吊挂自动排酸成熟法、电刺激嫩化技术、高压嫩化法、酶嫩化法、利用外力机械嫩化法、加热嫩化法和腌制嫩化法等方法。

低温吊挂自动排酸成熟法，是将动物半胴体后腿朝上，挂在 10℃以下的低温库自动排酸成熟。自然完成宰后肉的僵直、解僵和成熟过程。由于肉体自身重量，在成熟过程中肌节自然拉长，有助于肉的嫩化。一般 4℃左右的低温库中牛肉需要 10 d 左右，羊肉为 1 周，猪肉为 3～5 d。经该法处理的肉品质量高、风味佳、色泽鲜艳，是所有嫩化方法中最理想的，也是目前我国高中档牛肉生产的主要方法，但该方法也存在占用冷库时间长、耗能大、易氧化、干耗高、易受嗜冷性细菌的污染、费用高和效率低的缺点。由于该部分内容属于肉品加工，其他方法这里不再一一赘述。

1.1.3 风味

风味(Flavour)是一个综合的感觉,包括气味(Odour)、滋味(Taste)、质地、温度和 pH 等,其中气味最重要,其次是滋味。肉的风味是指生鲜肉的气味和加热后肉及肉制品的香气和滋味。它是由肉中固有成分经复杂的生理生化变化产生的各种有机化合物所致。其特点是成分复杂多样,含量甚微,用一般方法很难测定,除少数成分外,多数不稳定,加热易破坏和挥发。肉的味质是通过人的高度灵敏的嗅觉和味觉器官反映出来的。

1.1.3.1 气味

气味是肉中具有挥发性的物质,随气流进入鼻腔,刺激嗅觉细胞通过神经传导反射到大脑嗅区而产生的一种刺激感。香味为愉快感,异味、臭味为厌恶感。气味的成分十分复杂,有1 000 多种。牛肉的香气,经实验分析有 300 种左右。与肉香味有关的物质主要有醇、醛、酮、酸、酯、醚、呋喃、吡咯、内酯、糖类及含氮化合物等,见表 1-1。由表中可见,肉香味化合物产生主要是 3 个途径:氨基酸与还原糖间的美拉德反应;蛋白质、游离氨基酸、糖类、核苷酸等生物物质的热降解;脂肪的氧化作用。

表 1-1 与肉香味有关的主要化合物

化合物	特性	发现于何种肉食	由何种反应产生
羰基化合物(醛、酮)	脂溶、挥发性	鸡肉和羊肉的特有香味、水煮猪肉、浅烤猪肉	脂肪氧化、美拉德反应
含氧杂环化合物(呋喃和呋喃类)	水溶、挥发性	煮猪肉、煮牛肉、炸鸡、烤鸡、烤牛肉	维生素 B_1 和维生素 C 与碳水化合物的热降解、美拉德反应
含氮杂环化合物(吡嗪、吡啶、吡咯)	水溶、挥发性	浅烤猪肉、炸鸡、高压煮牛肉、加压煮猪肝	美拉德反应、游离氨基酸和核苷酸加热形成
含氧、氮杂环化合物(噻唑、噁唑)	水溶、挥发性	浅烤猪肉、煮猪肉、炸鸡、烤火鸡、腌火腿	氨基酸和 H_2S 的分解
含硫化合物(硫醇、噻吩、少量 H_2S)	水溶、挥发性	鸡肉基本味、鸡汤、煮牛肉、煮猪肉、烤鸡	含硫氨基酸热降解、美拉德反应
游离氨基酸、单核苷酸(肌苷酸、鸟苷酸)	水溶、挥发性	肉鲜味、风味增强剂	氨基酸衍生物
脂肪酸酯、内酯	脂溶、挥发性	种间特有香味、烤牛肉汁、水煮牛肉	甘油酯和磷脂水解、羟基脂肪酸环化

南庆贤,2003。

1.1.3.2 滋味

滋味是由溶于水的呈味物质刺激人的味蕾,通过神经传导到大脑而反映出的味感。肉中的滋味呈味物质主要来源于蛋白质和核酸的降解产物、糖、有机酸、矿物盐类离子等,包括游离氨基酸、小肽、核苷酸、单糖、乳酸、磷酸、氯离子等,其中游离氨基酸和核苷酸是肉类中最主要的滋味呈味物质。如表 1-2 所示。

表 1-2 肉的滋味呈味物质

滋味	化合物
甜	葡萄糖、果糖、核糖、甘氨酸、丝氨酸、苏氨酸、赖氨酸、脯氨酸、羟脯氨酸
咸	无机盐、谷氨酸钠、天冬氨酸钠
酸	天冬氨酸、谷氨酸、组氨酸、天冬酰胺、琥珀酸、乳酸、二氢吡咯羧酸、磷酸
苦	肌酸、肌苷酸、次黄嘌呤、鹅肌肽、肌肽、其他肽类、组氨酸、精氨酸、蛋氨酸、缬氨酸、亮氨酸、异亮氨酸、苯丙氨酸、色氨酸、酪氨酸
鲜	谷氨酸钠(MSG)、5′-次黄嘌呤核苷酸(5′-IMP)、5′-鸟嘌呤核苷酸(5′-GMP)、其他肽类

除矿物盐类离子外，鲜肉中滋味呈味物质主要以其前体物的形式存在，因此，鲜肉除咸味外没有明显的鲜味。成熟肉风味的增加，主要是核苷类物质及氨基酸变化显著。牛肉的风味较多来自半胱氨酸成分，猪肉的风味可从核糖、胱氨酸获得。牛、猪、绵羊的瘦肉所含挥发性的香味成分，主要存在于肌内脂肪中。因此，肉中脂肪沉积的多少，对风味具有重要的意义。

1.1.3.3 香味

香味呈味物质主要由挥发性小分子有机物组成，靠人的嗅觉细胞感受，经神经传导到大脑产生芳香感觉，如果是异味物，则会产生厌恶感和臭味的感觉。谷氨酸钠(MSG)和次黄嘌呤核苷酸(IMP)既是肉的鲜味物质，又是风味增加剂。IMP是肉成熟过程中由ATP分解产生，除MSG和IMP两者本身协同作用外，它们还和甘氨酸等氨基酸以及天冬酰胺-*L*-天冬氨酸等双肽有协同作用。

生肉不具备芳香性，烹调加热后一些芳香前体物质经脂肪氧化、美拉德反应以及硫胺素降解产生挥发性物质，赋予熟肉芳香性。据测定，芳香物质的90%来自于脂质反应，其次是美拉德反应，硫胺素降解产生的风味物质比例最小。虽然后两者反应所产生的风味物质在数量上不到10%，但并不能低估它们对肉风味的影响，因为肉风味主要取决于最后阶段的风味物质，而且人对芳香的感觉并不取决于风味物质的数量。

与风味芳香有关的物质很多，可以列出上千种，但哪些起主导作用，目前缺乏共识。近年来的研究发现，起决定性作用的可能主要有十几种，如2-甲基-3-呋喃硫醇、糠基硫醇、3-巯基-2-戊酮和甲硫丁氨醛被认为是肉的基本风味物质。除牛肉以外，其他肉的风味形成是在此基础上增加脂肪氧化产物，因为各种动物脂肪组成不同而造成了其肉风味的差异。禽肉风味受脂肪氧化产物影响最大，其中最主要的是2(E),4(E)-癸二烯醛，还有2-十一(烷)醛和2,4-癸二烯醛等以及其他不饱和醛类。牛肉的呈味物质主要来自于硫胺素降解，代表了肉的基本风味。羊肉膻味来自于4-乙基辛酸和4-甲基辛酸等支链脂肪酸和其他短链脂肪酸。公猪膻味则来自于Δ^{17}-十九碳类固醇。

肉的风味形成过程复杂，因此影响肉风味的因素也非常多，从肉的生产到肉的加工过程，凡是影响肉的组成及其反应进行的因素都可能影响肉的风味，到目前为止，相关研究并不深入。对肉的风味能产生影响的一些因素及其作用如表1-3所示。

表 1-3 影响肉风味的因素

因素	影响
物种	物种间风味差异很大，主要由脂肪酸组成上差异造成；物种间除风味外还有特征性异味，如羊膻味
年龄	年龄增加，肉的风味增强
脂肪	风味的主要来源之一
性别	公羊膻腥味较重，未去势公猪，因性激素原因，有强烈异味，牛肉风味受性别影响较小
氧化	低温条件下氧化产生酸败味，高温条件下产生香味
饲料	饲料中含有的特殊风味均可带入肉中
部位	不同部位肌肉的生化特性存在明显差异，导致其风味也不同
极限 pH	极限 pH 越高，感官品尝时风味越差
宰后成熟	成熟过程中，风味增强或改变
腌制	增加游离氨基酸的含量，促进风味的形成
细菌繁殖	产生腐败味

1.1.4 脂肪的分布

脂肪在体内的蓄积，依动物种类、品种、年龄、肥育程度不同而异。年轻家畜的脂肪主要沉积在内脏与肾脏周围，随着家畜的生长，脂肪开始向大块肌肉间、皮下沉积，甚至在肌纤维间沉积形成大理石样花纹。猪多蓄积在皮下、肾周围及大网膜，羊多蓄积在尾部、肋间，牛主要蓄积在胴体表面和肌肉内，鸡蓄积在皮下、腹腔及肠胃周围。

一般情况下，动物生长过程中脂肪在体内的沉积顺序为：内脏脂肪→皮下脂肪→肌间脂肪。肌内脂肪沉积的顺序为：颈部→尾部。当体内能量不足时，肌内脂肪最先被动用。因此，要获得尽可能多的大理石花纹，必须保持足够高的营养水平。饲喂高能量日粮、延长育肥时间都有助于提高大理石花纹等级，而使用生长促进剂则不利于大理石花纹沉积。宰前应激或禁食都会消耗肌内脂肪，导致大理石花纹得分降低。

在牛出生至出栏各饲养阶段持续供给充足营养对大理石花纹形成至关重要。CRC(Cyclic Redundancy Check)研究表明，肌内脂肪的沉积能力受到早期生长状况的影响，如果早期生长受到限制，对肌内脂肪沉积有负面影响。因此建议，从牛出生至断奶阶段，生长速度要保持在 0.9 kg/d 以上，断奶至育肥阶段保持在 0.6 kg/d 以上。大理石花纹也与遗传相关，日本牛比欧洲牛脂肪沉积能力强，英国牛品种介于两者之间，但品种内个体间的差异很大。大量研究表明，通过遗传改良可提高大理石花纹。

伴随着动物成熟和脂肪沉积，大理石花纹逐渐增加。一般来说，大理石花纹越丰富，背膘越厚。背膘厚度对肉的食用品质没有直接的作用，但背膘较厚时可以减小冷却过程中胴体背部肌肉内外温差，从而使同一块肌肉内外颜色和食用品质保持一致。一般规定背膘厚度不低于 3 mm。当背膘厚度由 3 mm 增加到 18 mm 时，肉的食用品质变化很小。

脂肪蓄积在肌束内最为理想，这样的肉成大理石样，肉质较好。脂肪在肌肉中的含量多少对肉的多汁性和嫩度等食用品质影响很大，而脂肪酸的组成则在一定程度上决定了肉的风味和营养价值。没有脂肪存在的情况下，肉的风味不佳。Fortin 等(2005)发现，当猪肉中肌内脂肪含量低于 1.5%时，肉的风味和嫩度较差。肌肉中肌内脂肪含量越高，持水能力越高(Saffle 和 Bratzler,1959)。关于肌内脂肪的适宜含量，主要是兼顾了肉的风味等品质与消费者的健康两方面确定的。西方国家肉食的比例较高，故欧美国家一般认为 2%～3%的肌内脂肪比较理想；东方人膳食中肉的比例较低，因此对肌内脂肪的适宜含量要求可能更高些。

1.2 肉的营养价值与保健功能

肉中含 18%～20%的蛋白质，是人类必需氨基酸的重要来源。肉中含有丰富的无机盐，总量一般为 0.8%～1.2%，其中铁和磷含量丰富；肉类还能提供多种维生素，以瘦肉中的 B 族维生素较多，但并非其主要来源，脏器(如肝脏)是维生素 A、维生素 B_1 和尼克酸的重要来源。肉中也含必需脂肪酸(EFA)，而且肉中含有一定量的脂肪可提供较好的口感。因此肉类以其丰富的营养和良好的口感成为人们美味和营养的食品。

肉的营养价值可能因动物的种类、品种、性别、年龄、管理条件、营养状态、部位及肌肉类型不同而存在差异，但目前人们对这种差异知之甚少。不同畜禽、不同部位肉的组成见表 1-4 和表 1-5。

表 1-4 各种畜禽肉的化学组成 %

名 称	水分	蛋白质含量	脂肪含量	灰分
牛肉(瘦)	65.7～71.3	16.5～21.3	7.9～13.7	0.8～1.1
牛肉(肥)	47.1～62.3	15.0～19.5	18.7～35.7	0.8～1.0
犊牛肉(瘦)	72.3～76.3	20.4～21.3	1.9～6.1	1.1～1.2
犊牛肉(肥)	69.9～73.3	18.7～20.2	6.5～19.3	0.9～1.0
羊肉(瘦)	50.2～67.4	16.0～19.8	12.4～16.3	0.7～1.1
羊肉(肥)	39.9～43.3	13.9～14.7	41.7～44.9	0.8～1.0
羔羊肉	53.1～63.9	18.3～19.1	16.5～28.3	1.0～1.1
猪肉(肥)	38.7～57.2	12.4～14.5	34.2～50.0	0.8～1.0
猪肉(瘦)	65.2～72.6	17.4～20.1	6.6～12.7	1.0～1.1
马肉	75.9	20.1	2.2	0.9
鹿肉	78.0	19.5	2.5	1.2
兔肉	73.5	24.2	1.9	1.5
鸡肉	71.8	19.5	7.8	2.0
鸭肉	71.2	23.7	2.7	1.2
骆驼肉	76.1	20.8	2.2	0.9

南庆贤，2003。

表 1-5　畜禽不同部位肉的化学组成　%

部位名称	水分	蛋白质含量	脂肪含量	灰分
猪肉				
腿肉	74	20.5	5	1.0
背肉	73	22.4	3	1.0
里脊	75	18.7	5	0.9
肩肉	65	17.1	17	0.8
肋条肉	61	17.5	20	0.8
腹肉	58	15.8	25	0.7
牛肉				
腿肉	69	19.5	11	1.0
背肉	57	16.7	25	0.8
臀肉	55	16.2	28	0.8
肩肉	65	18.6	16	0.9
肋条肉	59	17.4	23	0.8
腹肉	65	18.6	18	0.9
犊牛肉				
腿肉	68	19.1	12	1.0
背肉	70	19.0	5	1.3
肩肉	70	19.4	10	1.0
胸肉	48	12.8	37	1.0
背肉	65	18.6	16	0.7
肋条肉	52	14.9	32	0.8

南庆贤，2003。

1.2.1　蛋白质、氨基酸

肉中蛋白质的含量仅次于水的含量，大部分存在于动物的肌肉组织中。肌肉中的蛋白质占鲜重的20%左右，占肉中固形物的80%。肌肉中的蛋白质按照其分布的肌肉组织上的位置，可分为肌原纤维蛋白（Myofibrillar protein）、肌浆蛋白（Sarcoplasmic protein）、基质蛋白（Stroma protein）。

肌肉中蛋白质含量在20%左右，总氮中有大约95%是蛋白质，余下的5%是小肽、氨基酸和其他含氮化合物。蛋白质由氨基酸组成，蛋白质的营养价值取决于各种氨基酸的含量和比例。肌肉蛋白质的生物价值是0.75（人乳1.0，小麦蛋白质0.5）（周光宏，2008），蛋白质净利用率是80%（蛋是100%，小麦52%），消化率是94%～97%（植物蛋白质是78%～88%），氨基酸组成与人体非常接近，含有人体所有的必需氨基酸，所以肉类蛋白质营养价值高。肉类蛋白质的氨基酸组成见表1-6。

表 1-6 鲜肉的氨基酸占粗蛋白的百分数 %

氨基酸	类型	牛肉	猪肉	羊肉
异亮氨酸	必需	5.1	4.9	4.8
亮氨酸	必需	8.4	7.5	7.4
赖氨酸	必需	8.4	7.8	7.6
蛋氨酸	必需	2.3	2.5	2.3
胱氨酸	必需	1.4	1.3	1.3
苯丙氨酸	必需	4.0	4.1	3.9
苏氨酸	必需	4.0	5.1	4.9
色氨酸	必需	1.1	1.4	1.3
缬氨酸	必需	5.7	5.0	5.0
精氨酸	必需	6.6	6.4	6.9
组氨酸	必需	2.9	3.2	2.7
丙氨酸	非必需	6.4	6.3	6.3
天冬氨酸	非必需	8.8	8.9	8.5
谷氨酸	非必需	14.4	14.5	14.4
甘氨酸	非必需	7.1	6.1	6.7
脯氨酸	非必需	5.4	4.6	4.8
丝氨酸	非必需	3.8	4.0	3.9
酪氨酸	非必需	3.2	3.0	3.2

Lawrie 等，2005。

必需氨基酸中，牛肉中的亮氨酸、赖氨酸和缬氨酸含量比猪肉、羔羊肉稍高，而苏氨酸含量略低。不同部位肉之间的氨基酸差异可能很大，动物的品种和年龄对氨基酸组成也可能有重要影响。精氨酸、缬氨酸、蛋氨酸、异亮氨酸和苯丙氨酸的含量随着动物年龄的增长而增加(Lawrie，1998)。加工处理影响氨基酸含量(如加热、电离辐射)，并造成一些氨基酸利用率下降，但除非在强烈条件下进行长时间加工处理，通常其对氨基酸的破坏作用很小。

1.2.2 脂肪

脂肪广泛地存在于动物体内，一般家畜体内脂肪的含量为其体重的10%～20%，在肥育阶段可达30%～40%。动物的脂肪多积存于皮下结缔组织、肌间结缔组织、肠网膜及肾脏周围的结缔组织中，这类脂肪称为“蓄积脂肪”，其含量亦因肥育程度不同而不同，含量从3%～50%不等。还有一类脂肪为组织脂肪，即肌肉及脏器内的脂肪。家畜的脂肪组织90%为中性脂肪，此外还有少量的磷脂和固醇脂。肌肉组织内的脂肪含量变化很大，少到1%，多到20%，主要取决于畜禽的肥育程度、品种、解剖部位、年龄等。

肉类脂肪有20多种脂肪酸，其中饱和脂肪酸以硬脂酸和软脂酸居多；不饱和脂肪酸以油酸居多，其次是亚油酸。不同动物脂肪的脂肪酸组成不同(表1-7)。相对来说鸡脂肪和猪脂肪含不饱和脂肪酸较多，牛脂肪和羊脂肪含饱和脂肪酸多些。纯净的脂肪无味、无色、无臭，但含有不纯物的天然脂肪，则因畜禽种类的不同而具有各种风味，如羊肉的特有气味一般认为和辛酸、壬酸等中级饱和脂肪酸有关。

表 1-7　不同来源脂肪中脂肪酸的含量(质量分数)　%

脂肪酸种类	猪		牛		羊		鸡
	皮下脂肪	肾脂	皮下脂肪	肾脂	皮下脂肪	肾脂	皮下脂肪
月桂酸	微量	微量	0.1	0.2	0.1	0.1	—
十四烷酸	0.2	4.0	4.5	2.7	3.2	2.6	0.1
棕榈酸	29.2	28.0	27.4	27.8	28.0	28.0	25.6
硬脂酸	14.1	17.0	21.1	23.8	24.8	26.8	7.0
二十烷酸	微量	微量	0.6	0.6	1.6	2.6	—
饱和脂肪酸总量	44.4	49.0	53.7	55.1	57.7	60.1	32.7
棕榈油酸	2.7	2.0	2.1	2.2	1.3	1.9	7.0
油酸	44.2	36.0	41.6	40.1	36.4	34.2	20.4
亚麻酸	0.3	0.2	0.5	0.6	0.5	0.6	—
亚油酸	6.6	11.8	1.8	1.8	3.5	4.0	21.3
花生四烯酸	1.9	1.0	0.4	0.2	0.6	0.8	0.6
不饱和脂肪酸总量	55.7	51.0	46.3	44.9	42.3	41.5	67.3

南庆贤,2003。

1.2.2.1　脂肪酸

亚油酸(18:2)、亚麻酸(18:3)和花生四烯酸(20:4)等不饱和脂肪酸是必需脂肪酸,是细胞膜、线粒体和其他代谢活跃部位的必需成分。机体虽可以利用饱和脂肪产生油酸,但不能生成上述几种脂肪酸。这几种脂肪酸只能从食物中获取。植物油中富含亚油酸,大约是肉中亚油酸含量的20倍,而亚麻酸存在于多叶植物组织中。通常肌肉组织中的二十碳五烯酸(C20:5,$n-3$)和二十二碳六烯酸(C22:6,$n-3$)含量很低,但鱼肉和鱼油中含量很高。植物油脂的平均碘价约为120,而动物脂肪的平均碘价为60,猪肉稍高,羊肉稍低,牛肉介于二者之间。同种动物的不同肌肉或同一肌肉的不同部分,其不饱和脂肪酸含量也存在差异。

常见肉用动物肌肉组织和脏器中的多不饱和脂肪酸和胆固醇的含量见表1-8。可看出,猪瘦肉中的亚油酸含量显著高于牛肉和羊肉。肝脏和肾脏中亚油酸含量也是如此。猪、牛、羊的肝脏和肾脏都富含多不饱和脂肪酸。Crawford(1975)发现,大脑中C22多不饱和脂肪酸特别高。从表1-8可看出,脏器(尤其是大脑)中胆固醇含量远高于肌肉组织。Enser等(1996)对英国牛肉、羊肉和猪肉进行分析,发现这些肉类是饮食中多不饱和脂肪酸(尤其是C20和C22等$n-3$系列的脂肪酸)的重要来源。

表 1-8　瘦肉、脏器中多不饱和脂肪酸和胆固醇含量(以总脂肪酸计)　%

来源	C18:2	C18:3	C20:3	C20:4	C22:5	C22:6	胆固醇/(mg/100 g)
牛肉	2.0	1.3	痕量	1.0	痕量	—	59
羊肉	2.5	2.5	—	—	痕量	—	79
猪肉	7.4	0.9	—	痕量	痕量	1.0	69
脑	0.4	—	1.5	4.2	3.4	0.5	2 200
羊肾	8.1	4.0	0.5	7.1	痕量	—	400
牛肾	4.8	0.5	痕量	2.6	—	—	400

续表 1-8

来源	C18:2	C18:3	C20:3	C20:4	C22:5	C22:6	胆固醇/(mg/100 g)
猪肾	11.7	0.5	0.6	6.7	痕量	—	410
羊肝	5.0	3.8	0.6	5.1	3.0	2.4	430
牛肝	7.4	2.5	4.6	6.4	5.6	1.2	270
猪肝	14.7	0.5	1.3	14.3	2.3	3.8	260

周光宏,2008。

1.2.2.2 磷脂和固醇

组织脂肪中的磷脂含量显著地高于蓄积脂肪中的含量。肌肉内磷脂占全组织脂肪的比例为 25%～50%,肥育后磷脂含量减少而中性脂肪含量增高。磷脂在空气中暴露时出现显著的颜色和气味变化,加热会促进这种改变。当将猪肉或牛肉的脑磷脂加热时可产生强烈的鱼腥气,而同一来源的卵磷脂则鱼腥气很小,且有肝脏的芳香气味。磷脂变黑时伴有酸败发生。肉类的氧化作用在含有磷脂的部分比仅含中性脂肪的部分更大,这是因为磷脂中多不饱和脂肪酸的含量比脂肪中的高得多。

此外,固醇及固醇酯广泛存在于动物体中,它们以游离状态的固醇或与脂肪酸结合成酯(四醇酯)而存在。如每 100 g 瘦猪肉、牛肉或羊肉含总胆固醇为 70～75 mg,其中呈游离状态的在 90%以上,脂肪组织中的含量亦相似,而在羔羊肉中总胆固醇的含量稍多。肝和脑中的固醇与固醇酯含量据报道分别为 300 mg 和 2 000 mg。胆固醇含量虽少,但具有重要的生物功能。当摄取大量的动物性脂肪时,由于其含饱和脂肪酸较多,可使胆固醇含量明显升高。心血管疾病和脂肪消费及血清中胆固醇水平之间的关系很复杂,就目前而言,个体情况表现出的相互关系并不适用于所有人群。近年来,专家建议,消费者要限制饱和脂肪的摄入量,膳食中多不饱和脂肪酸与饱和脂肪酸的比例要大于 4。

1.2.3 矿物质

矿物质是指一些无机盐类和元素,含量占 1.5%。这些无机物在肉中有的以单独游离状态存在,如镁离子、钙离子,有的以螯合状态存在,有的以与糖蛋白或酯结合方式存在,如硫、磷有机结合物。

肉是磷的良好来源。磷是骨和齿的主要成分,亦是核酸、辅酶Ⅰ和辅酶Ⅱ、维生素 B_{12} 以及磷脂等的组成成分,并参与糖、脂类及氨基酸的代谢,调节酸碱平衡;肉也是膳食铁的良好来源。铁是血红蛋白、肌红蛋白的组成成分,各种细胞色素、过氧化氢酶及多种氧化酶均含有铁,铁对呼吸作用及造血作用极其重要,缺乏时可出现贫血。肉不仅本身铁含量多、吸收率高,而且肉和其他食品同时进食时可以促进其他非肉来源的铁的吸收;肉还是锌的理想来源。锌是维持皮肤、骨骼和毛发正常发育所必需的物质,它是与消化和呼吸有关的几种重要的酶系统的组成成分,也参与机体内重要的功能与代谢,与人的生长发育、创伤愈合和味觉的敏感度有关。瘦肉中锌的含量较高。近年来人们很重视肉中锌含量的重要性。据报道,完全食素的婴儿可能因缺锌智力发育迟缓;肉的钙含量较低,钾和钠几乎全部存在于软组织及体液中。在活体中,钾主要分布于细胞内,而钠则在细胞外。动物死后,则较均匀地分布在细胞内外。此外,肉中尚含有微量的锰、铜、铅、锌、镍等。在哺乳动物组织中，硒存在于硒蛋白，其中包括谷胱甘肽过氧化酶，该酶催化氢和脂肪过氧化酶的还原反应，从而保护细胞免受氧化破坏。猪的肝脏和肾脏中谷胱甘肽过氧化物酶含量最高，但猪肉中却很低；而牛脏器中该酶活性相对较低，但牛肉中活性较高。鲜肉中各种矿物质含量如表 1-9 所示。

表 1-9　鲜肉(100 g)中的矿物质含量　mg

矿物质	猪肉	牛肉	犊牛肉	羊肉	羔羊肉	鸡肉
Na	63.0	51.9	90	91	75	46
K	326	386	320	350	295	407
Mg	23.0	20.1	15	27.2	15	17.8
Ca	6.0	3.8	11	12.6	10	5.8
Fe	2.1	2.8	29	1.7	1.2	2.2
Cu	0.114	0.2	—	0.16	—	—
Mn	0.032	0.2	—	—	—	—
P	248	167	193	195	147	339
Cl	54.2	56.2	—	84	—	144
S	201	—	226	228	—	129

南庆贤，2003。

不同脏器组织中矿物质的含量见表 1-10。很显然，肾脏和肝脏中铁、铜和锌的含量远高于肌肉组织。猪肝脏中铁的含量显著高于公牛和绵羊的肝脏，但肝脏中的其他矿物元素并无明显的种间差异。

表 1-10　内脏组织(100 g)中的矿物质含量　mg

来源		矿物质							
		Na	K	Ca	Mg	Fe	P	Cu	Zn
脑		140	270	12	15	1.6	340	0.3	1.2
肾	绵羊	220	270	10	17	7.4	240	0.4	2.4
	公牛	180	230	10	15	5.7	230	0.4	1.9
	猪	190	290	8	19	5.0	270	0.8	2.6
肝	绵羊	76	290	7	19	9.4	370	8.7	3.9
	公牛	81	320	6	19	7.0	360	2.5	4.0
	猪	87	320	6	21	21.0	370	2.7	6.9

Lawrie' Meat Science，第 7 版。

1.2.4　维生素

肉中维生素主要有维生素 A、维生素 B_1、维生素 B_2、维生素 C、维生素 D、烟酸、叶酸等，其中脂溶性维生素较少，而水溶性维生素较多。肉是 B 族维生素的良好来源，尤其是人类膳食维生素 B_{12}(钴胺素)和维生素 B_6 的重要来源。各种肉类的维生素含量也有不同，如猪肉(培根)中 B 族维生素特别丰富，而牛肉中的叶酸相对较多，不同肉类的维生素含量见表 1-11。各种动物内脏中的维生素含量见表1-12。

表1-11　各种生肉(100 g)中的维生素含量

维生素	牛肉	小牛肉	猪肉	培根	羊肉
维生素 A/IU	痕量	痕量	痕量	痕量	痕量
维生素 B_1(硫胺素)/mg	0.07	0.10	1.0	0.40	0.15
维生素 B_2(核黄素)/mg	0.20	0.25	0.20	0.15	0.25
尼克酸/mg	5	7	5	1.5	5
泛酸/mg	0.4	0.6	0.6	0.3	0.5
维生素 H/μg	3	5	4	7	3
叶酸/μg	10	5	3	0	3
维生素 B_6/mg	0.3	0.3	0.5	0.3	0.4
维生素 B_{12}/μg	2	0	2	0	2
维生素 C(抗坏血酸)/mg	0	0	0	0	0
维生素 D/IU	痕量	痕量	痕量	痕量	痕量

Lawrie' Meat Science,第7版。

表1-12　各种内脏(100 g)中的维生素含量

来源		维生素									
		A /IU	B_1 /mg	B_2 /mg	尼克酸 /mg	生物素 /μg	叶酸 /μg	B_6 /μg	B_{12} /μg	C /mg	D /μg
脑		痕量	0.07	0.02	3.0	2	6	0.10	9	23	痕量
肾	羊	100	0.49	1.8	8.3	37	31	0.30	55	7	—
	牛	150	0.37	2.1	6.0	24	77	0.32	31	10	—
	猪	110	0.32	1.9	7.5	32	42	0.25	14	14	—
肝	羊	20 000	0.27	3.3	14.2	41	220	0.42	84	10	0.50
	牛	17 000	0.23	3.1	13.4	33	330	0.83	110	23	1.13
	猪	10 000	0.31	3.0	14.8	39	110	0.68	25	13	1.13
肺	羊	—	0.11	0.5	4.7	—	—	—	5	31	—
	牛	—	0.11	0.4	4.0	6	—	—	3	39	—
	猪	—	0.09	0.3	3.4	—	—	—	—	13	—

Lawrie' Meat Science,第7版。

一般而言,脏器中维生素含量高于肌肉组织,尤其是维生素A和维生素B_{12},而种间差异相对较小。猪肉中硫胺素含量是牛肉和羊肉的10倍,而猪内脏中硫胺素含量与牛、羊内脏相近。肉类是维生素B_1和维生素B_2的重要来源,在英国,人体摄入的尼克酸有40%来自肉类。25-羟基维生素D的生物学活性是维生素D的数倍,因此,它在肉和内脏中的含量可能比维生素D的含量更有意义。

1.3 消费者对肉品质安全性的需求

我国是畜牧业生产大国，肉类产量居世界首位，人均占有量已超过世界平均水平。但是随着人们消费水平逐步提高和肉制品在膳食中所占比例逐渐增大，国内近几年来不断出现肉类安全的问题。发达国家和地区，如欧盟、美国和日本等对食品安全的标准，例如抗生素残留、农药残留检测限要求很高，而我国肉类食品屡次因被检测出药物残留超标而使大批肉类食品被销毁或退回，给我国肉类食品的国际声誉造成损害。

影响肉品安全的其他因素很多，还包括农药残留超标、微生物指标超标、重金属含量超标等，这些内容将在“肉品卫生检验”一章中详细讨论。本章重点讨论违禁或超量添加的饲料添加剂对肉品质安全的危害。

抗生素因防御动物疾病发生、促进动物生长效果显著而在饲料中普遍添加。据不完全统计，世界各地动物饲料中使用的抗生素有几十种，有的还将生产抗生素的下脚料作为畜禽的饲料原料。大量证据表明，抗生素不当使用而残留在动物组织中，通过食物链，畜产品中残留的抗菌类药物进入人体后，会逐渐蓄积而导致各种慢性毒性作用。抗菌类药物残留对人体健康的影响，主要表现为过敏、毒性作用，细菌耐药性，致癌、致畸、致突变作用等多个方面。欧盟于2006年、日本于2008年已经全面禁止了在饲料中添加抗生素，专家预计美国在近年也将禁止在饲料中添加抗生素，因此未来国际的趋势很可能将全面禁止在饲料中添加抗生素。

β-兴奋剂全称为β-肾上腺素受体激动剂(β- adrenergic agonist，β- AA)。作用机理类似于肾上腺素和去甲肾上腺素。β-兴奋剂能兴奋支气管平滑肌的β-受体，使平滑肌松弛，支气管扩张，可用来治疗支气管哮喘病。后来人们发现当使用数倍于治疗剂量的β-兴奋剂饲喂畜禽时，会促进营养物质从脂肪组织转移到肌肉组织，能够促进组织细胞内的蛋白质合成，使畜禽胴体瘦肉率增加。目前，在畜牧生产中违规使用的β-兴奋剂主要有莱克多巴胺、克伦特罗(俗称瘦肉精)、沙丁胺醇、西马特罗、苯乙醇胺、吡啶甲醇类等10余种。

β-兴奋剂的危害：β-兴奋剂对动物生理、胴体品质产生明显副作用，同时在动物产品内残留并通过食物链而危害人的健康。β-兴奋剂对动物的危害主要表现为显著影响心血管系统功能，导致动物心跳加快、血压升高、血管扩张、呼吸加剧、体温上升、心肾负担加重。同时由于β-兴奋剂能大幅度减少动物皮下脂肪厚度，使得动物对环境的适应能力下降，导致疾病的发生率增高。β-兴奋剂的使用还会影响畜禽胴体品质，使用β-兴奋剂后，肌肉中糖原分解增强，宰后肌肉中糖含量少，限制了肌肉pH的正常降低，从而导致肌肉出现色深、坚硬、干燥的现象(DFD肉)，同时使用β-兴奋剂可使背部脂肪层变薄，屠宰后温热胴体快速冷却而发生冷缩现象，导致大量肌纤维分解成肌纤蛋白及肌凝蛋白，使肌肉苍白、柔软，有汁液渗出(PSE肉)，肉品质下降。人食用了具有较高残留量的克伦特罗的动物产品后，会出现心跳加快，头晕、心悸、呼吸困难、肌肉震颤、头痛等中毒症状，还可引起代谢紊乱，糖尿病人会引起酮症或酸中毒。β-兴奋剂残留对高血压、心脏病、甲状腺亢进、青光眼、前列腺肥大病患者危害更大。此外，β-兴奋剂还可通过胎盘屏障进入胎儿体内产生蓄积，从而对子代产生严重危害。我国禁止将β-兴奋剂用于饲料。

铜对猪具有很好的促生长作用，但要在饲料中添加 125～250 mg/kg 才有促生长效果。长期饲喂含有高水平铜的日粮可能导致铜在猪肝等内脏中蓄积。人长期食用这样的猪肝，可能因摄入过量的铜而产生不良后果，如肝中沉集大量铜，引起肝功能障碍，表现出贫血、肌肉营养不良、繁殖受损等症状。

有机胂类饲料添加剂具有刺激动物生长的作用，而且有较广的抗菌谱，但大多数砷化物都有毒性。家畜中毒表现为神经系统障碍和造血机能受到抑制、肝肿大和色素过度沉积。砷通过动物的排泄物排出体外对环境会造成严重的污染。

抗氧化剂、防霉防腐剂对饲料贮存有良好的作用，但也存在超剂量范围使用的问题，特别是使用不符合质量标准的添加剂或未经允许在饲料中使用的添加剂，会产生一系列相关的安全问题。

肉类产品安全已经成为制约我国畜牧业健康发展的首要问题，如何有效切实地提高我国肉品的安全，应该从立法、执法层面上予以重视。切实落实现有的《动物检疫管理办法》和屠宰相关的法律规定，严格执行只有动物防疫监督部门检验合格的畜产品才能进行运输、销售。应该对肉类生产、加工、运销的从业人员加强专业机能的培训、考核和管理。另外，机械化屠宰、规模化加工、现代化管理，对屠宰加工实施全程质量监控，是把安全卫生、高质量的肉品送到消费者厨房的关键保障。因此，屠宰加工场的设计、卫生、设备、检疫条件等均要符合肉品的生产法规和国家标准、行业标准的要求，从工艺上减少污染，防止肉品在屠宰、加工、贮运过程中受到微生物及其他有毒有害物质的污染，确保肉品质量和消费者利益。

1.4 畜禽肉品质的评价

大规模、集约化养殖业的发展，使动物行为、动物生理和动物体内生物化学过程和遗传基因都发生了重大变化。为了防治疾病、促进生长，大量使用疫苗、抗生素和化学合成药物，对动物的免疫机能产生了重要的影响。而且为了适应集约化、工厂化养殖的需要和市场对瘦肉的需求，动物育种目标过分强调畜禽的生产性能，追求产肉性能，而忽视了动物的体质健康和内在机能的协调、平衡与整体适应性，从而导致现代肉用动物（猪、鸡）对饲养环境的高度敏感，使得肉品质如色泽、风味、嫩度、系水力等下降；导致 PSE 肉的比例大幅度升高，大量抗生素和化学合成药物作为兽药、饲料添加剂使用，使肉中的药物残留现象极为突出。基于以上情况，丹麦学家 Anderson(2000)提出现代肉质概念，即肉质涉及肉的食用品质、卫生品质、技术品质等几大方面，具体内容为：

①食用品质(Eating quality)：涉及色泽、嫩度、风味、多汁性等多个品质特性。依据人们长久以来的食用习惯，从传统的肉品质中提炼而来强调肉品质的感官特性，是传统肉质概念的延续与发展；

②营养品质(Nutritional quality)：涉及肉的蛋白质含量及氨基酸组分、脂肪含量及脂肪酸组分（饱和脂肪酸、单不饱和脂肪酸、多不饱和脂肪酸）、维生素含量、矿物质含量；

③技术品质(Technological quality)：包括系水力、pH 水平、蛋白质变性程度、脂肪饱和程度、结缔组织含量、抗氧化能力等方面。消费者对肉品质的追求还体现在加工技术体系的发展和完善，肉品质在产品中充分得到体现；

④卫生品质(Hygienic quality):包括微生物指标、肉的腐败与酸败程度、各种抗生素、激素和生长促进剂水平、化学合成药物残留、农药残留量、重金属离子浓度等,意味着肉品中不应存在有害微生物及药物残留等,这是当前人们注重的重要肉品质因素之一;

⑤人文品质(Humane quality):即肉用动物(猪)的文化模式:是绿色环保饲养还是污染环境方式饲养?是动物福利式饲养还是囚禁式集约化饲养?动物屠宰方式的安乐程度等。

1.4.1 肉质评价主要指标

肉的品质反映了肉品的消费性能和潜在价值,品质较高的肉品易于被消费者接受,市场价格往往较高。肉品质与肉内在特性密切相关,主要反映在肉的色泽、风味、质构等方面,人们常用胴体质量、肉的色泽、风味、嫩度、保水性、多汁性等品质指标来评价肉与肉制品的品质。目前,肉品质评定最常使用的方法就是感官评定,由于该评定方法简单,且不会破坏肉样,因此国内外应用较为广泛。此方法基本上不需要任何仪器设备,操作简便,可按照国家《食品卫生标准》中所列各项指标进行,但要靠经过培训且经验丰富的专业评定人员进行评定。感官评定的检验结果受检验者实践经验等主观因素影响较大,存在较大的误差,因此大量的专家学者试图研究客观的评定方法,通过畜肉理化指标的测定对畜肉品质进行评定。本节将着重对畜禽肉食用品质的感官评价进行详细描述。

1.4.1.1 胴体质量

胴体各部位产肉重,都与胴体重、眼肌面积和背膘厚具有相关性,除了腹肉外,后腿肉、前腿肉、背最长肌、外脊、里脊、脖子肉、牛腩和胸肉均与胴体重具有关系,胴体重是重要的影响因子,也是预测其各部位肉重必选的主要指标。以牛肉胴体分级为例,中国农业部颁发牛肉质量标准(NY/T 676—2003),将质量等级分为4级,即特级、优一级、优二级和普通级,并且规定凡符合等级中优二级(包括优二级)以上的牛肉都属优质牛肉,二级以下的是普通牛肉。产量等级以肉重计(按其总重分级)。

1.4.1.2 肉的pH

肌肉的pH是反映家畜屠宰后肌肉糖原酵解速率的重要指标,也是鉴定正常肉质或异常肉(PSE肉、DFD肉)的依据。pH高低能够影响肉色、肉的收缩、烹煮损失与嫩度,以及碎肉和重组肉在加工中的黏合性。在动物活体代谢过程中有大量的酸性物质产生,如碳酸、乳酸、硫酸、酮体和磷酸,在活体体内完善的缓冲体系和肺、肾等排泄器官的调节下,pH基本保持稳定。刚屠宰时动物肌肉pH在7.1~7.3之间。由于活体放血后供氧途径被阻断,约经1 h后pH开始下降至6.2~6.4,这是由于宰后动物肌肉主要依靠无氧糖酵解利用糖原产生能量来维持一些机体耗能反应。糖酵解的终产物是乳酸,随着时间的延长,肌肉中乳酸量增加,ATP消耗增大,当ATP下降到开始含量的20%以下时,肌纤维交联,肌肉僵直,此时pH最低达5.4~5.6。而后随僵直的解除,成熟时间延长,pH开始缓慢上升。

宰后45 min测定的为pH_1,宰后24 h测定值为pH_{24}。pH参考标准:$pH_1 \geqslant 6.0$为优,肉质好的肉;$5.6 \leqslant pH_1 < 6.0$为良,较满意;$pH_1 \leqslant 5.6$为差,肉质有缺陷的肉(PSE肉)。其中$pH_{24} > 6.0$的为DFD(Dark firm dry)肉。pH_1是鉴别生理正常肉和生理异常肉(PSE肉)的

重要指标，pH_{24}是判定 DFD 肉的重要参考指标。pH 的变化速度与幅度是改变肉品品质的最主要因素之一，对肉色、系水力、多汁性、货架寿命等大部分核心指标均有影响，同时也对肉的蛋白质溶解度以及细菌繁殖速度等均有影响。

1.4.1.3 肉的色泽

肌肉的色泽(Meat color)，又称肌肉的颜色，是肉重要的感官评定指标。肉色的深浅及均匀度主要由肌肉色素(以肌红蛋白 Mb 为主，血红蛋白为辅)含量及其化学状态(铁离子的价态及肌红蛋白与氧的化合反应)决定，另外，肉中血液残留过多，血红蛋白(Hb)含量增加，肉色也会变深。肌纤维类型对肉色具有影响，红肌纤维颜色较深，白肌纤维颜色则较浅，因此随二者比例变化肉色深浅会相应改变。除此之外，动物种类(鲜牛、羊肉呈深红色，猪肉的颜色则较浅，鸡肉则更淡些)、性别(雄性动物较雌性动物的肉色深)、年龄(年龄大的动物比年龄小的动物肉色深)、部位、营养(日粮的组成)等因素也会在一定程度上影响到肉的颜色。

肉色泽的意义在于它是肌肉的生理学、生物化学和微生物学变化的外部表现，因此是消费者直观评价衡量肉制品的好坏依据，好的色泽能为肉综合品质加分，而且因为它的直观性强，良好的色泽可以刺激人们的食欲。

1.4.1.4 肉的嫩度

肉的嫩度是畜肉品质的一个重要方面，它主要决定于肌肉组织各组分及肌肉内部的生物化学变化对各组分特性的改变。肉的嫩度是消费者最重视的食用品质之一，它决定了肉在食用时口感的老嫩，是反映肉质地的重要指标之一，对肉嫩度的主观评定主要根据其柔软性、易碎性和可咽性来判定，对其客观评定是借助于仪器来衡量切断力、穿透力、咬断力、剁碎力、压缩力、弹力和拉力等指标。最常用的是切断力，又称剪切力(Shearing force)，即用一定钝度的刀切断一定直径的肉所需的力量，以千克或牛顿为单位。剪切力值愈大肉愈老，反之，肉愈嫩。目前，所使用的剪切仪主要是由 Warner 等发明的 Warner - Bratzler Shearing Force Device (沃-布剪切仪)，而在我国使用的主要是由陈润生和雷得天等研制的 C - LM 肌肉嫩度仪。

1.4.1.5 大理石纹

大理石花纹(Marbling)就是脂肪在肌肉内的沉积分布情况，通常肌内脂肪沉积适量、均匀的比较好。大理石纹是小肌束间脂肪结缔组织分布形成的纹理。大理石纹的多少与肉的多汁性和风味嫩度有密切关系，是畜肉质地的重要指标，反映肌肉间及肌肉内脂肪的含量。肉的大理石纹可通过比色板评定。由于大理石纹实际是肌内脂肪含量和分布情况的一个客观表现，所以也可以运用测定肌内脂肪的含量来评定。但大理石花纹和肌内脂肪是两个不同的概念。大理石花纹强调小肌束间可见脂肪和可见结缔组织的含量和分布图案。肌内脂肪强调肌外膜内肌肉组织中的脂肪(特别是不可见脂肪)浓度。因此，通过索氏提取法测定的脂肪含量，并不是仅仅代表眼肌的肌内脂肪含量，而是对眼肌部位脂肪含量的综合描述，其与通过感官评定得出大理石花纹含量的评定结果相符合。感官评定方法从肉样表面进行观察评定的，而眼肌脂肪含量是应用化学方法对整块肌肉的脂肪含量进行测定的，可以说，脂肪含量是大理石花纹的内在机理，而大理石花纹是脂肪含量的外在表现。因此，需从感官评定结果和肌肉脂肪含量测定这两个方面综合评定肉样大理石花纹含量。

大理石花纹分布于肌肉中的脂肪颗粒，是牛肉质量的重要指标。MSA(Measurement System Analysis)研究表明，大理石花纹越好，许多分割肉的食用品质得分越高，其中以背腰肉(外脊和眼肉)最明显。

大理石花纹对某些分割肉块的食用品质有一定的正面作用，但不起决定作用，是影响牛肉食用品质的众多因素之一。小牛的高档部位肉大理石花纹少，但食用品质很好；而有些牛肉的大理石花纹丰富，但因其他因素控制不好，其高档部位肉的食用品质仍较差。当然，在其他条件都相同时，大理石花纹越丰富，肉的食用品质就越好。

一般采用胴体的 10/11 肋或 12/13 肋间(猪一般用 10/11，牛羊一般用 12/13)的背最长肌横切面评价大理石花纹。按照 AUS-MEAT(Authority for Uniform Specification Meat and Livestock)胴体评级要求，应在背最长肌中心温度低于 12℃时进行评价。胴体温度越低时，肌肉脂肪固化程度越好，越有利于大理石花纹的评价。常见的猪肉大理石花纹如图 1-2 至图 1-4 所示(彩图 1-2 至彩图 1-4)。图 1-5(彩图 1-5)为牛肉大理石花纹。

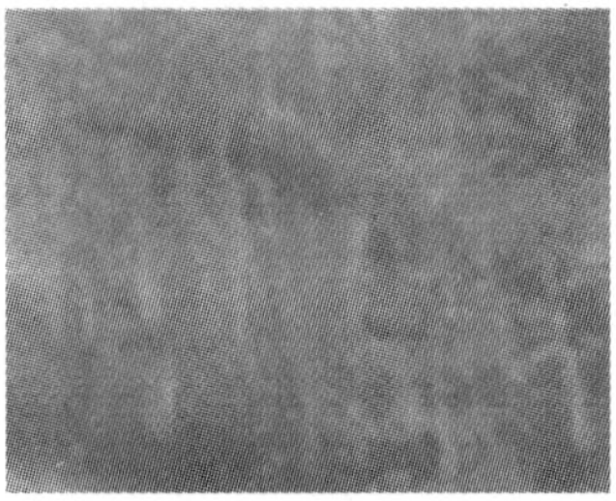

图 1-2 叶脉型

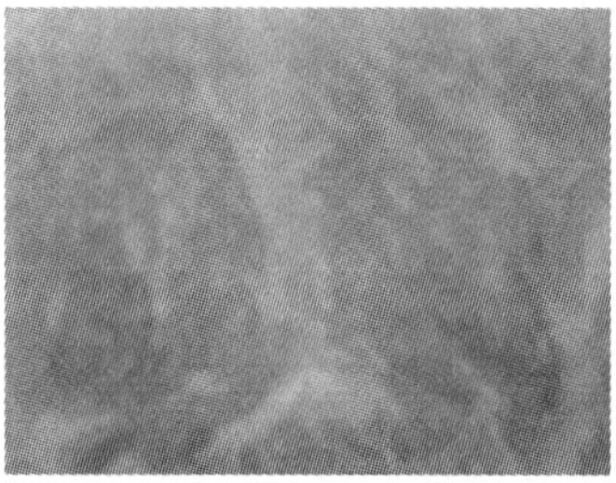

图 1-3 云雾型

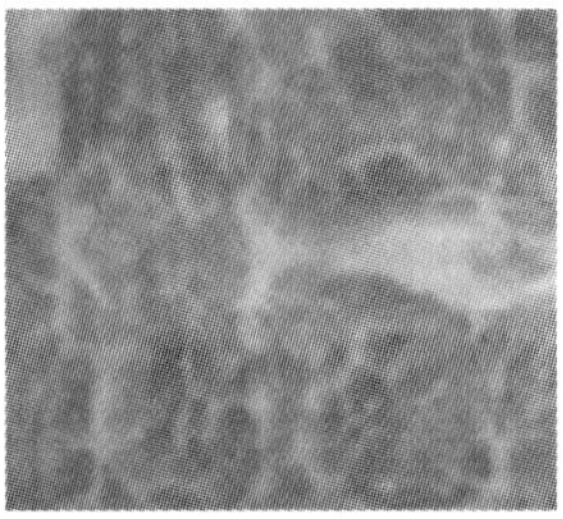

图 1-4 雪花型

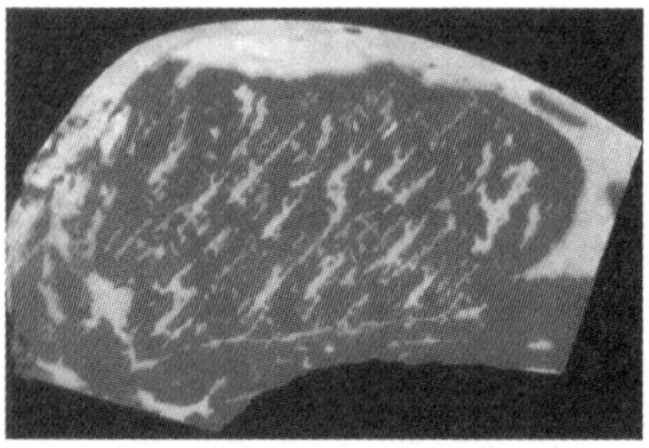

图 1-5 牛肉大理石花纹

1.4.1.6 系水力

肉的保水性又称系水力或持水力，是指当肌肉受到外力作用时，其保持原有水分与添加水分的能力。所谓的外力指压力、切碎、冷冻、解冻、贮存、加工等。衡量肌肉保水性的指标主要有持水力、失水力、贮存损失(Purge loss)、滴水损失(Drip loss)、蒸煮损失(Cooking loss)等，滴水损失是描述生鲜肉保水性最常用的指标，一般在 0.5%～10%之间，最高达 15%～20%，最低 0.1%，平均在 2%左右。作为评价肉质最重要的指标之一，肌肉的保水性不仅直接影响肉的滋味、香气、多汁性、营养成分、嫩度、颜色等食用品质，而且具有重要的经济意义。

肌肉中水分含量在 75%左右，占据肌肉组织 80%的体积空间。这些水分以结合水、不易流动水和自由水三种状态存在。其中不易流动水占80%,存在于细胞内部,是决定肌肉保水性的关键部分;结合水存在于细胞内部,与蛋白质密切结合,基本不会失去,对肌肉保水性没有影响;自由水主要存在于肌细胞间隙,在外力作用下很容易失去。肉的保水性取决于肌细胞结构的完整性、蛋白质的空间结构。肉在加工、贮藏和运输过程中,任何导致肌细胞结构的完整性破坏或蛋白质收缩的因素,都会引起肉的保水性下降。

对于生鲜肉而言,通常宰后24 h内形成的汁液损失很小,可忽略不计,一般用宰后24～48 h的滴水损失来表示鲜肉保水性的大小。据研究,肌肉渗出的汁液中细胞内、外液的组成比例大约为10∶1,可见,肌细胞膜的完整性受到破坏而导致肌肉汁液渗漏是保水性下降的根本原因,但造成肌肉保水性下降的具体机制,目前还不清楚。近年来的研究表明,肌肉保水性下降的可能机制主要有以下几个方面:

①细胞膜脂质氧化、冻结形成的冰晶物理破坏或其他原因引起的细胞膜成分降解,导致细胞膜完整性破坏,为细胞内液外渗提供了便利条件;

②成熟过程中细胞骨架蛋白降解破坏了细胞内部微结构之间的联系,当内部结构发生收缩时产生较大空隙,细胞内液被挤压在内部空隙中,游离性增大,容易外渗造成汁液损失;

③温度和pH变化引起肌肉蛋白收缩、变性或降解,持水能力下降,在外力作用下内汁外渗造成汁液损失。

1.4.1.7 多汁性

多汁性(Juiciness)是影响肉食用品质的一个重要因素。据测算,10%～40%肉质地的差异是由多汁性好坏决定的。多汁性与系水力的大小、脂肪含量紧密相关。通常系水力愈大,多汁性就愈好。在一定范围内,肉中脂肪含量越多,肉品的多汁性也越好。因为脂肪除本身产生润滑作用外,还刺激口腔释放唾液。一般认为,对多汁性的评判可分为4个方面:一是开始咀嚼时根据肉中释放出的肉汁的多少;二是根据咀嚼过程中肉汁释放出的持续性;三是根据在咀嚼时刺激唾液分泌的多少;四是根据肉中的脂肪在牙齿、舌头及口腔其他部位的附着给人以多汁性的感觉。对多汁性评定主要靠人的主观评定,目前尚无较好的客观评定方法。

1.4.2 肉品质的评价方法

1.4.2.1 胴体评定

胴体品质(Carcass property),包括胴体性状(屠宰率、胴体长、皮厚、膘厚、后腿比例、眼肌面积等)、胴体分离指标(瘦肉率、脂肪率、皮率、骨率)及产肉性能。以牛为例,在宰后24 h,称重纪录冷却失重,将胴体从第12和13肋骨间切开,在空气中暴露20 min后测定胴体脂肪和肌肉的色泽与眼肌面积,同时进行胴体分级评定。胴体分级评定主要进行大理石花纹评价(从低到高5个等级)、出肉率评价(从高到低分Y_1、Y_2和Y_3 3个等级)和胴体质量评价(从低到高分A、AA和AAA 3个等级)。另外安排5～8个经过培训的评定员对胴体的脂肪颜色、瘦肉颜色和胴体的总体可接受性用7分制(从1～7分分别是很不满意、不满意、略不满意、一般、略满意、满意、很满意)进行评定。最后根据以上结果进行综合评定,分出不同等级的胴体(特级、一级、二级、三级和等外品)。

(1)胴体重的测定

测定动物屠宰放血后去掉内脏(保留板油和肾脏)、头、前后蹄和尾等后胴体的重量。

(2)屠宰率(Dressing percentage)的测定

$$屠宰率 = \frac{胴体重}{宰前活重} \times 100\%$$

(3)眼肌面积的测定

眼肌面积的测定一般在胴体冷却 24 h 后进行。牛羊肉从第 12/13 肋间(猪从 10/11 间)截断背最长肌,直接绘制眼肌图样和测定眼肌面积。以牛肉的眼肌面积测定为例,在 12～13 胸肋间的眼肌横截面处用眼肌面积板直接测出切面的眼肌面积,具体方法见图 1-6 和图1-7(彩图 1-6 和彩图 1-7)。

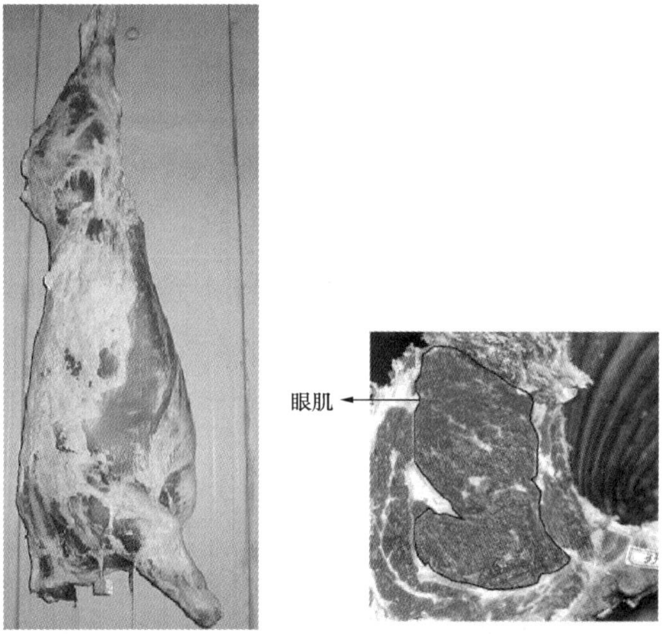

图 1-6　牛胴体图及眼肌(12/13 肋间)部位示意图

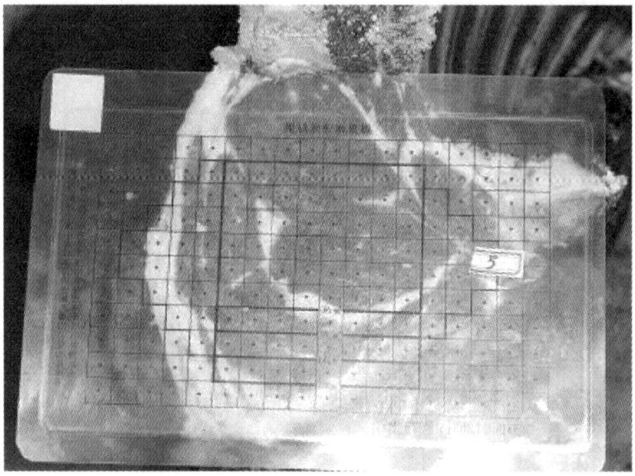

图 1-7　眼肌面积测定方法示意图

(4)大理石花纹的评定

对照不同畜禽肌肉大理石花纹等级图片确定眼肌横切面处的大理石花纹等级。由于大理石花纹实际是眼肌脂肪含量和分布情况的一个客观表现，所以也可以运用测定眼肌脂肪的含量来进行评定。目前德国采用了比较先进的测定方法，利用近红外线投射技术测定肌肉脂肪含量，其特点是样品处理简单、测定时间短(约 20 s)，准确性高、系统误差小(龚建军，2005)。

1.4.2.2 肉品色泽的测定

方法包括目测法、色差计法和化学测定法。

(1)目测法

宰后 2～3 h 内，或在 0～4℃保存 24 h 的鲜肉样，测定时需注明测定的时间。对采样部位也有明确要求，是指取最后 1 个胸椎处背最长肌(眼肌)的新鲜切面，即须切去表层(厚度约为 0.5 cm)后再作评定。评定标准见表 1 - 13 。评定环境要求，必须在白天室内正常光照下进行，即不能在夜间，或在暗处，或在阳光直射下进行评定。

表 1 - 13　肉色评分标准

肉色	灰白	微红	正常鲜红	微暗红	暗红
评分	1	2	3	4	5
肉质	劣质肉	不正常肉	正常肉	正常肉	正常肉

此为美国肉色评分标准。

两级间允许评定 0.5 分，我国的猪肉肉色较深，得分 3～4 者均属正常颜色。具体评分时与日式肉色评分图对比，凡评为 3 分或 4 分均属于正常颜色。

(2)色差计法

将肉样放在菜案上压平，用利刀水平切去表层使表面平整，然后再用刀平行于肉的表面将肉切成厚度 3 mm 左右，厚薄均匀的肉片，并根据色差计样品盒直径将肉片修成圆形，平整地放入样品盒中，备用。

根据色差计操作说明，先将色差计调整至 L、a^*、b^* 表色系统，用标准色度标板调整校准并调零后，根据色差计提示进行操作，将放好样品的样品盒放入机器进行测定，读取并记录各样品的 L 值(亮度值)、a^*(红度值)、b^*(黄度值)，根据色度值并结合 pH 等指标测定结果判断肉的颜色。

(3)化学测定法

①总色素的测定。总色素含肌红蛋白和血红蛋白。将肌肉绞碎打浆，取得无结晶的抽提液，用分光光度计测定吸收值(OD 值)。

②肌红蛋白的测定。总色素含血红蛋白，受放血程度的影响。两种色素与 CO 反应所生成的碳氧肌红蛋白和碳氧血红蛋白有不同的吸收峰，通过测定多点光谱吸收率，可推算出肌红蛋白含量。计算公式如下：

$$\text{牛、羊肌红蛋白含量} = \frac{575\ \text{nm}OD\ \text{值}}{0.679} - \frac{568\ \text{nm}OD\ \text{值} - 581\ \text{nm}OD\ \text{值}}{0.452}$$

$$\text{猪肌红蛋白含量} = \frac{0.67 \times 575\ \text{nm}OD\ \text{值}}{0.885}$$

1.4.2.3 肉品嫩度的评价方法

剪切力(Shear force)的测定：取背最长肌肉样，将肌肉表面附着的脂肪剔除，置于80～85℃的恒温水浴锅中，水浴加热至肉的中心温度达到70℃，维持约30 min，取出后自然冷却至室温。用直径1.27 cm的圆形取样器顺肌纤维平行方向切取被测试样，肉样长度1.27 cm左右。按照操作说明将肌肉嫩度计调零，调节刀的高度使放样孔露出，将准备好的肉样放入刀孔，按动开关使刀移动，至肉样被完全切断时停止，按如下公式计算肉的相对剪切力：

$$相对剪切力 = \frac{样品剪切力(kg)}{样品横截面(cm^2)} \times 100\%$$

同源样本的重复度量次数为10次，记录10个肉块的剪切力值，计算平均数。

1.4.2.4 肉品保水性的评定方法

(1)失水率的测定

用取样刀从背最长肌样品中切取1 cm厚的均匀薄片，平置在洁净的橡皮片上，用直径为2.523 cm的圆形取样器切取中心部肉样，立即用感量为0.001 g的天平称重，然后放置于铺有18层定性滤纸的压力仪平台上，肉样上方再放18层定性滤纸，加压至35 kg，保持5 min，中间不断调节维持35 kg压力。滤纸的层数可根据样品保水性情况调整，以水分不透出、能够全部吸净为度。撤除压力后，立即称肉样重量。肉样前后重量的差异即为肉样失水重。按以下公式计算：

$$肉品失水率 = \frac{加压前肉样重 - 加压后肉样重}{加压前肉样重} \times 100\%$$

(2)汁液损失的测定方法

一般采用套袋测定法，即采取屠宰后24 h的样品120 g或10 g，精确称量后用细绳系其一端，准备一塑料袋向袋内吹气使袋胀起来，小心将肉样悬空于袋中，使肉样不能与袋接触，用细线将袋口扎紧，悬挂于4℃条件下静置24 h，然后取出再次称量肉样的重量，利用两次称量的重量差异计算肉的汁液损失或滴水损失。汁液损失比例越大，则肉的保水性越差。计算公式如下：

$$汁液损失率 = \frac{悬挂前肉样重 - 悬挂后肉样重}{悬挂前肉样重} \times 100\%$$

(3)贮藏损失的测定方法

取屠宰后24 h的样品100 g左右，精确称量后装入真空包装袋中，抽真空包装后放于4℃条件下静置48 h或72 h，然后取出打开真空袋并用吸水纸将肉表面的水分吸干，再次称量肉样的重量，利用两次称量的重量差异计算肉的贮藏损失。贮藏损失比例越大，则肉的保水性越差。

$$贮藏损失率 = \frac{存放前肉样重 - 存放后肉样重}{存放前肉样重} \times 100\%$$

1.4.2.5 熟肉率和蒸煮损失的测定

剥离腰大肌肌外膜所附着的脂肪后，用感量0.1 g的天平称重肉样30～50 g，然后置于平皿上沸水蒸(蒸屉)45 min，取出后于室温条件下自然冷却30～40 min或吊挂于室内无风阴凉处30 min后，沥干水分后再次称重。按以下公式计算：

$$熟肉率 = \frac{煮后肉样重}{煮前肉样重} \times 100\%$$

$$蒸煮损失 = 100\% - 熟肉率(\%)$$

1.4.2.6 肉品质的感官评定

将完成排酸的畜禽肉样，不加任何调味品和佐料，用一定的加热方法熟化(最好用简单的水煮或烘烤至中心温度 70 min)后冷却至室温，由 5～8 名经过培训的品尝人员通过眼观、鼻闻、口尝和手摸，对肉的颜色外观、嫩度、多汁性及味道等分别按＋5—0——5 分评分，最后计算总的得分。

尽管不同地区的消费者对肉品质的价值取向有所不同，不同畜禽品种肉品的评价指标也有很大不同，但肉品质的评价方法基本相似，因此在研究肉品质的时候相互之间具有一定可比性和参考性。

(本章由内蒙古农业大学靳烨主笔，苏琳和华晓青参与编写)

参考文献

[1] 曹满湖，陈清华. 维生素和矿物质对猪肉品质的影响. 肉类研究，2007(8)：46 - 49.

[2] 陈润生，马小愚，雷得天. 肌肉嫩度计的鉴定和应用. 东北农学院学报，1988，19(3)：277 -283.

[3] 陈代文，张克英，胡祖禹. 猪肉品质特征的形成原理. 四川农业大学学报，2002，20(1)：60 -66.

[4] 陈琳，曹锦轩，徐幸莲，等. 牲畜的宰前运输对肉品品质的影响. 食品工业科技，2009(1)：326 - 328.

[5] 陈家华，等. 畜禽及其产品质量和安全分析技术. 北京：化学工业出版社，2007.

[6] 葛长荣，马美湖. 肉与肉制品工艺学. 北京：中国轻工业出版社，2002.

[7] 龚建军. 德国猪肉品质测定技术. 中国畜牧兽医，2005，32(9)：23 - 26.

[8] 韩建众. 肉品品质及其控制. 北京：中国农业科学技术出版社，2005.

[9] 靳烨. 畜禽食品工艺学. 北京：中国轻工业出版社，2004.

[10] 靳烨，南庆贤，等. 牛肉高压嫩化机理的研究. 肉类工业，2001(245)：85 - 87.

[11] 蒋爱民. 畜产食品工艺学. 2 版. 北京：中国农业出版社，2008.

[12] 孔保华，马丽珍. 肉品科学与技术. 北京：中国轻工业出版社，2003.

[13] 孔晓玲，蒋德云，韦山，等. 关于肌肉嫩度评价方法的比较研究. 农业工程学报，2003，19(4)：216 - 219.

[14] 雷质文. 肉及肉制品微生物监测应用手册. 北京：中国标准出版社，2008.

[15] 李铁全，林世武. 浅谈生猪待宰时间对肉品品质的影响. 食品安全，2003(3)：35.

[16] 林志民，游立怡. 氯化钙、生姜和木瓜蛋白酶对牛肉嫩化效果的研究. 福州大学学报，2006，34(5)：766 -771.

[17] 南庆贤. 肉类工业手册. 北京：中国轻工业出版社，2003.

[18] 邱燕，崔薇，陈韬. 氯化钙处理对牛肉嫩化的研究进展. 肉类研究，2009(2)：10 - 13.

[19] 王璋，许时婴，汤坚. 食品化学. 北京：中国轻工业出版社，1999.

[20] 王笑丹. 畜肉品质评定方法及综合评定系统研究. 吉林大学博士学位论文. 2008.

[21] 严江华. 冷却牛肉嫩化及保鲜. 肉类研究，2008(11)：53 - 55.

[22] 周光宏. Lawrie's 肉品科学. 7 版. 北京：中国农业大学出版社，2009.

[23] 周光宏. 肉品加工学. 北京：中国农业出版社，2008.

[24] 张晓东. 畜产品质量安全及其检测技术. 北京:化学工业出版社,2006.

[25] Anon. 1962. Report of the Joint Committee on Antibiotics in Animal Feeding, H. M. S. O. , London.

[26] Cuff, P. W. W. , H. M. Maddock, V. C. Spur, and D. V. Catron. 1951. Effect of different antibiotics on growing - fattening swine. Iowa State Coll. Sci. J. 25: 575.

[27] Crawford, M. A. 1975. Meat as a source of lipids, in "Meat"In Meat. Butterworths, London, P. 451.

[28] Dransfield, E. , G. R. Nute, T. A. Roberts, R. Boccard, C. Touraille, L. Buchter, M. Casteels, E. Cosentino, D. E. Hood, R. L. Joseph, I. Schon, E. J. C. Paardekooper. 1984. Beef quality assessed at European research centres. Meat Sci. 10:1 - 20.

[29] Gill, C. O. and J. C. Mcginnis. 1995. The use of oxygen scavengers to prevent the transient discolouration of ground beef packaged under controlled oxygen depleted atmosphere. Meat Sci. 41:19 - 27.

[30] Jones, S. J. , C. R. Calkings, and K. Podany. 2001. Development of a beef mology and muscle profiling CD - Rom. J. Anim. Sci. 79, Suppl. 1.

[31] Jeremiah, L. E. , L. L. Gibson, and B. Cunningham. 1999. The influence of mechanical tenderization on the palatability of certain bovine muscles. Food Research International. 32:585 - 591.

[32] Lawrie, R. A. 1998. Lawrie's meat science. Woodhead Publishing Ltd.

[33] Leo M. L. Nollet. 2009. Handbook of Muscle Foods Analysis. CRC Press. P353, 513.

[34] Mead, G. C. 2004. Poultry Meat Processing and Quality. Woodhead Publishing Ltd.

[35] Rφdbotten, M. , F. Kubberφd, P. Lea, and φ. Oeland. 2004. A sensory map of the meat universe. Sensory profile of meat from 15 species. Meat Sci. 68:137 - 144.

[36] Saffle, R. L. , and L. J. Bratzler. 1959. The effect of fatness on some processing and palatability characteristics of pork carcasses. Food Technol. 13, 236.

[37] Savell, J. W. , H. R. Cross. , J. J. Francis, J. W. Wise, D. S. Hale, D. L. Wilkes, and G. C. Smith. 1989. National Consumer Retail Beef Study: Interaction of trim level, price and grade on consumer acceptance of beef steaks and roasts. J. Food Qual. 12:251.

[38] Weir, C. E. 1960. The Science of Meat and Meat Products (Ed. Amer. Meat Inst. Found.), p. 212, Reinhold publishing Co. , New York.

[39] Wanderstock, J. J. , and J. I. Miller. 1948. Quality and payability of beef as affected by method of feeding and carcass grade. Food Res. 13:291.

第 2 章

影响肉品质的因素与肉用畜禽的种质资源

随着人民生活水平的提高，畜禽肉品质越来越受消费者关注，安全优质的畜禽肉产品的消费呼声日益高涨。畜禽肉品质的优劣标志着畜牧业的生产水平，因此，深入研究肉用畜禽的产肉性能、肉品质特性及其影响因素，对于提高我国优质安全畜禽肉的生产水平和保障我国畜牧业可持续发展具有重要意义。

我国畜牧业发展历史悠久，加之幅员辽阔，在极为复杂的生态条件和社会条件的影响下，逐渐形成了具有不同遗传特性和生产性能的畜禽品种。我国是世界上畜禽遗传资源最丰富的国家之一，有畜禽品种、类群 576 个，约占世界畜禽资源总量的 1/6，其中地方品种占 78%以上。影响畜禽肉品质的因素主要有畜禽的品种、年龄、性别、阉割与否、营养水平、饲料、宰前宰后处理等（杨龙江等，2000）。畜禽的遗传对肉品质形成具有决定性作用，但受到饲料、饲养管理的影响，宰前管理、屠宰技术、宰后控制以及肉在销售前的处理和贮存，都会对肉品质产生影响。

2.1 影响畜禽肉品质的因素

2.1.1 品种

品种是影响肌肉组织结构和生物学特性的主要内在因素，但其影响的程度还受到多种内在和外界因素的影响。遗传背景对肉品质的贡献大约占 30%（Andersen，2000；Hugo 等，2007），因此，品种是决定猪肉品质的非常重要的因素，不同品种之间以及相同品种不同个体之间的肉品质都存在着差异（Rosenvold 等，2003）。

Townsend (1978)比较了约克夏猪、杂交猪（约克夏猪×野猪）及野猪的腰肉的化学性质、物理性质和感官品质，指出品种不影响肉的 pH、蛋白质及总类脂含量；但腰肉中脂肪的五癸酸在野猪显著高于约克夏($P<0.05$);野猪腰肉的颜色比较暗红,Warner-Bratzler 剪切值较高,表明其嫩度较差。

Lu 等(2008)研究表明,不同品种猪背最长肌脂肪酸组成有显著差异,特别是瘦肉型猪与脂肪型猪相比,C18:2、C20 和 C20 以上的不饱和脂肪酸显著高于脂肪型猪,而 C14:0 和C16:0 饱和脂肪酸则显著低于脂肪型猪。

不同品种牛肉中钙蛋白酶抑制蛋白的活性是由遗传因素决定的(Shackelford 等, 1991),钙蛋白酶抑制蛋白的基因与肉的硬度有关(Bishop 等,1993)。瘤牛肌肉中钙蛋白酶抑制蛋白活性比黄牛高,因此,瘤牛肉中钙蛋白酶活性受到更大的抑制,导致其肉质变硬(Shackelford 等, 1991)。改良品种羊,如汉普夏和撒克福羊背最长肌中肌内脂肪含量比半野生羊品种,如索艾羊和设得兰羊高得多(Hammond, 1932)。Cameron 等(1991)比较了英国长白猪和杜洛克猪背最长肌中的肌内脂肪含量,发现杜洛克猪背最长肌中肌内脂肪含量、饱和脂肪酸和单不饱和脂肪酸含量都比英国长白猪高,但其中多不饱和脂肪酸含量低。Wood 等(2003)对猪背最长肌中脂肪酸组成进行了研究,发现不同品种猪肉中,中性油脂和磷脂中亚油酸和亚麻酸的含量显著不同(表 2-1)。

表 2-1 不同品种猪背最长肌中性脂肪和磷脂脂肪酸组成 %

组成	巴克夏猪	杜洛克猪	大白猪	塔姆沃思猪
中性脂肪酸占肌肉重的百分比	2.29	1.98	0.94	0.91
亚油酸	6.78	10.14	10.49	8.09
亚麻酸	0.58	0.87	0.78	0.67
磷脂脂肪酸占肌肉重的百分比	0.45	0.45	0.39	0.40
亚油酸	29.10	30.10	29.35	31.40
亚麻酸	0.70	0.67	0.61	0.75

Wood 等,2003。

2.1.2 性别

畜禽性别可以影响肌肉的产量和品质,主要影响肉的质地和风味,对肉的化学组成也有影响,如雄性动物肌肉中肌内脂肪含量比雌性动物低,但阉割后肌肉中肌内脂肪含量增加(Hammond,1932;Wierbicki 等,1956)。未经去势的公畜肉质地相对粗糙,比较坚硬,具有特殊的性臭味,不适于作肉品原料,生产上应尽早去势,晚去势的猪肉质粗糙,缺乏香味,雄性猪去势后各部比较充实匀称,瘦肉率高,肉质及风味都较好。阉割猪的背最长肌肌内脂肪含量比同龄小母猪高 30%(Lawrie 等,1964),但其不饱和脂肪酸含量低。公猪背最长肌的肌内脂肪中多不饱和脂肪酸的含量比小母猪高(Cameron 等,1991)。

表 2-2 列出了 12 月龄的爱尔夏红牛的阉割牛和公牛背最长肌中肌内脂肪的含量,可以看出,除了肌内脂肪含量(阉割牛比普通公牛高)和水分含量(阉割牛比普通公牛低)差异显著外,其他组成没有显著差异。

尽管阉割牛和普通公牛的肌内脂肪含量不同,但碘价相同;肥瘦度相同时,普通公牛背最长肌中肌内脂肪的碘价比阉割牛的低(Lawrie,1961)。对比发现,阉割牛贮存脂肪中饱和脂肪酸的含量比小母牛高(Terrell 等,1969),而小母牛脂肪中油酸含量高。阉割牛储存脂肪中胆固醇的含量与小母牛的基本没有差异。

表 2-2 爱尔夏红牛公牛和阉割牛腰背最长肌中成分比较 %

成分	阉割牛	普通公牛	成分	阉割牛	普通公牛
肌内脂肪	3.03	1.00	总氮	3.61	3.50
肌内脂肪(碘价)	51.39	51.06	非蛋白氮	0.38	0.41
水分	74.09	77.30	肌浆氮	0.94	1.08
肌红蛋白	0.20	0.19	肌质氮*	0.36	0.28
灰分	0.99	1.16	肌原纤维氮	1.93	1.81

* 包括不溶性蛋白质,主要为结缔组织蛋白质。Lawrie,1961。

2.1.3 年龄及适宰时期

肌肉的化学组成随着年龄的增加会发生变化,一般说来,除水分下降外,其他成分含量均增加。幼年动物肌肉的水分含量高,缺乏风味,为获得优质肉,肉用畜禽都有一个合适的屠宰月龄(或日龄)。生产上一般多选择成年畜禽屠宰。幼龄畜禽的肉,水分含量多,脂肪含量少,肌肉松弛,肉味不好,除乳猪、犊牛用作特殊加工外,不适于屠宰肉用。老龄动物肉质粗糙,风味颜色对肉质也有影响。过去认为增重最快、瘦肉率最多的时期是最理想的屠宰时期,目前国际上更多的是综合考虑畜禽的经济效益,选取经济价值最大的阶段屠宰,其中肉质也是一个重要的衡量指标。

2.1.3.1 肌肉成分随年龄变化

除了品种和性别,肌肉成分随着动物年龄的增长而变化。表 2-3 列出了两个年龄段牛特定部位肌肉的成分,可以看出,随着年龄的增长,肌内脂肪和肌红蛋白含量增加很多,总氮和肌浆氮略有增加,而水分和肌质氮含量降低。

表 2-3 犊牛和阉割牛背最长肌中的成分 %

成分	12 月龄犊牛	3 年阉割牛	成分	12 月龄犊牛	3 年阉割牛
肌内脂肪	0.55	3.69	总氮	3.30	3.52
肌内脂肪(碘价)	82.41	56.50	非蛋白氮	0.36	0.39
水分	77.96	74.11	肌浆氮	0.62	0.87
			肌质氮	0.80	0.65
灰分	0.07	0.46	肌原纤维氮	1.52	1.61

Lawrie,1961。

随着年龄的增长,牛肌内脂肪的碘价明显降低(Lawrie,1961);而牛脂肪组织的碘价随着年龄的增长、肥度增加而降低(Callow 等,1956),亚油酸与硬脂酸的比率和脂肪的柔软度增加,这主要与支链脂肪酸的变化有关。

青年动物肌肉中的结缔组织含量比老年动物高(Bate - Smith,1948; Wilson 等,1954)。随着年龄的增长,胶原蛋白和弹性蛋白的浓度都降低(表 2-4)。小牛肉肉质嫩,而老牛肉肉质老,说明不同年龄时结缔组织的特性不同。

表 2-4 牛背最长肌中胶原蛋白和弹性蛋白含量 %

类别	胶原蛋白	弹性蛋白
犊牛	0.67	0.23
成年阉割牛	0.42	0.12
老母牛	0.41	0.10

Wilson 等,1954。

青年动物快速生长的肌肉中可溶性的胶原蛋白含量高。随着动物年龄的增长,胶原蛋白多肽链中分子内和分子间的交联增加。在成年动物中,胶原蛋白中交联形式也发生明显的变化,转化速率取决于胶原蛋白本身的性质(周光宏,2009)。

曾勇庆等对青山羊肉(1999)和小尾寒羊肉(2000)的理化性状及食用品质进行了研究。结果表明,年龄对肉大理石纹、失水率、硬度、熟肉率、剪切值、肌肉脂肪含量、肌纤维直径和密度有着显著的影响。

2.1.3.2 畜禽的最佳出栏时期

肉牛在 2 岁前生长迅速,增重快,犊牛出生后 1.5 岁,体重可达到 300 kg 左右,这时期肉牛增重快,饲料回报率高,肉质细嫩,再经过 3～4 个月强育肥,体重达到 500 kg 时为适宜屠宰时期。莱斯特羊 6～8 月龄屠宰最佳,因这个阶段羔羊肉含脂肪较少,肉质最好。南江黄羊的最佳屠宰期应为 8～10 月龄,8 月龄和 10 月龄羯羊的屠宰率较高,分别为 47.63%和 47.7%。吴伟等(2000)对百日龄羔羊的研究结果证明百日龄羔羊肉无论口感,还是化学成分、氨基酸组成,其营养价值都优于普通羊肉,因此羔羊在百日龄屠宰最合适。猪的生长发育规律是前期增重慢,中期增重快,后期增重又变慢。我国早熟品种猪在 75 kg 左右出栏,杂交改良猪在 7～8 月龄,体重达 90～110 kg 时适宜出栏。

2.1.4 营养水平

日粮营养水平的高低,尤其是能量、蛋白质、矿物质和维生素的含量,对畜禽的生长速度和肉品质量有重要影响(李德发,2004)。营养水平对肉用畜禽生长的影响表现在肌肉组成方面的变化(Hammond,1932;McMeekan,1940)。营养水平和日粮成分可以使肌肉重要成分(脂肪、蛋白质和水分)发生重要变化。随着畜禽脂肪组织含量的增加,肌内脂肪含量也增长(Callow,1948)。营养水平对肌内脂肪的含量影响最为明显,而肌内脂肪含量也可反映营养水平,营养水平高就能增加体内脂肪的沉积量,使肉的横切面呈现大理石状,其风味和质地均较佳(表 2-5)。在一定范围内,营养水平越高,畜禽的生长速度越快,肉品质也就越好。

表 2-5 不同营养水平对牛背最长肌和腰大肌肌内脂肪的影响 %

营养水平	背最长肌	腰大肌
高-高	8.3	7.1
中-高	8.1	6.8
高-中	5.5	5.0
中-中	7.7	6.6

Callow,1962。

不同品种的肉用畜禽在不同的生长发育阶段对蛋白质和能量等营养物质的利用率有很大的差异,不同日粮成分、营养水平和饲喂制度等造成的畜禽饲料营养来源及水平的差异,都可引起畜禽的产肉性能和肉品质的变化。这些因素不但直接影响肉品质,相互之间还存在着复杂的协同或拮抗关系。因此,根据畜禽不同阶段的代谢特点和营养需求,科学合理地为畜禽配制合适的能量、蛋白质水平的日粮,既需要掌握动物的品种特性、饲料特性和营养需要等知识,还要掌握不同饲料、不同营养水平对畜禽肉品质的调控技术及宰前管理和宰后控制技术,只有这样才能充分发挥畜禽机体瘦肉生长潜力,提高日增重及瘦肉率,满足现代畜禽优质高效生产的要求——使生产效率(生长速度和饲料报酬)和肉品质这两个负相关指标得到最佳统一。

2.1.5 宰前管理对畜禽肉品质的影响

宰前管理对肉品质量有直接的影响。畜禽在运输过程中,因捕捉驱赶,装卸,饥渴烦躁等,引起兴奋(神经紧张)与疲劳,不但可降低畜禽的抵抗力,甚至影响宰后肉的品质(吴信法,1984)。

畜禽的宰前选择、检验与管理是保证肉品卫生质量的重要环节,其在防止肉品污染、提高肉品质量方面起着重要的作用。凡是提交屠宰的畜禽,必须符合国家颁布的《家畜家禽防疫条例》、《肉品检验规程》的有关规定,经检疫人员出具检疫证明,保证健康无病,方可作为屠宰对象。畜禽宰前管理包括畜禽的运输、宰前的禁食、待宰休息以及宰前冲洗,在此过程中,尽可能减少畜禽在宰前所受的应激,既可以改善肉品质,也符合动物福利的要求,相关内容在第14章详细阐述。

2.1.6 影响肉色、嫩度和保水力的因素

上述各种因素,都在不同程度地影响肉的品质,而且是多种因素协同作用,特别是针对不同的肉质性状,其中各种因素的作用又可能也有所不同。下面我们针对肉色、嫩度和保水力3个肉品质指标进行讨论。

2.1.6.1 影响肉色的因素

肉色是肉品质给人的第一印象,也是最直观的印象。影响肉色的因素有环境的氧分压、湿度、肉的pH等(表2-6)。

表2-6 影响肉色的主要因素

因素	影响
肌红蛋白含量	含量越多,颜色越深
品种、解剖位置	牛、羊肉颜色较深,猪次之,禽腿肉为红色,而胸肉为浅白色
年龄	年龄越大,肌红蛋白含量越高,肉色越深
运动	运动量大的肌肉,肌红蛋白含量高,肉色深
pH	pH下降过快,肉色灰白;最终pH>6.0,不利于氧合肌红蛋白形成,肉色黑暗
细菌繁殖	促进高铁肌红蛋白形成,肉色变暗
温度	与肉色变深成呈正相关

续表 2-6

因素	影响
冷冻	快速冷冻肉颜色较浅，慢速冷冻肉呈深红色
光线	长期照射使肉表面温度升高，促进高铁肌红蛋白形成，肉色暗
电刺激	有利于改善牛、羊的肉色
辐射	使肉色更加鲜亮
宰后处理	迅速冷却有利肉保持鲜红颜色；放置时间加长，肉色变深
腌制	生成亮红色的亚硝基肌红蛋白，加热后形成粉红色的亚硝基血色原
抗氧化剂	维生素 E、维生素 C 等有效延长肉色的保持时间

(1)氧分压

新鲜肉置于空气中时，肉表面肌红蛋白与氧结合生成氧合肌红蛋白，肉呈鲜红色，此过程在 30 min 内完成。氧合肌红蛋白的形成随着氧气的渗透由肉的表面向内部扩展，温度较低时，扩展较快，而高温不利于氧的渗透。随着时间的延长，氧合肌红蛋白被氧化成高铁肌红蛋白，O_2 分压在 666.7～933.3 Pa 时氧化速度最快。形成氧合肌红蛋白需要充足的 O_2，一般氧分压越高，越有利于氧合，而将其氧化成高铁肌红蛋白只需要少量的氧，一般氧分压越低，越有利于其氧化，氧分压升高则抑制其氧化，见图 2-1。

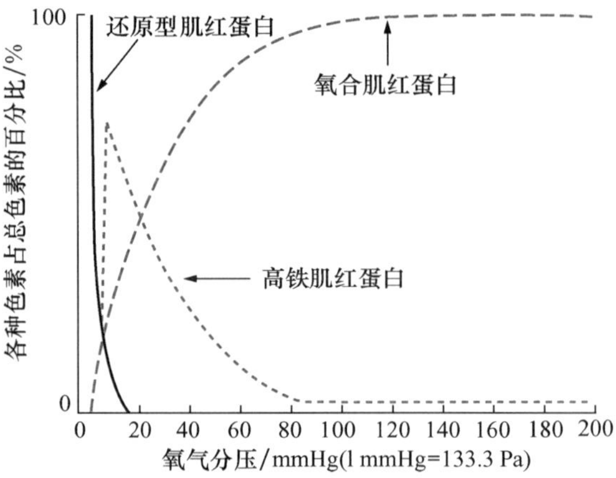

图 2-1 大气中氧分压与肌肉色素蛋白氧化-还原状态的关系

(2)湿度

肉所在环境的湿度越大，氧化速度越慢，因在肉表面有水汽层，影响氧的扩散。如果湿度低且空气流速快，则加速高铁肌红蛋白的形成，使肉的褐变加快。

(3)温度

温度影响着化学反应速度，据测定，在-3～30℃范围内，每提高 10℃，氧合肌红蛋白氧化为高铁肌红蛋白的速率提高 5 倍。同时，温度直接影响肌肉中酶的活性，从而影响动物宰后肌糖原降解速度和肌肉 pH 的下降速度，进一步对肉色产生重要影响。

(4)pH

动物肌肉 pH 在宰前为 7.2～7.4，宰后由于糖酵解作用使乳酸在肌肉中累积，pH 下降。肌肉 pH 下降的速度和程度对肉的颜色、系水力、蛋白质溶解度以及细菌繁殖速度等均有影响。一般 pH 均速下降，终点 pH 为 5.6 左右，肉的颜色正常。动物宰前糖原消耗多，宰后终点 pH 高，往往肌肉颜色变暗，组织变硬并且干燥，形成 DFD(Dark, firm and dry)肉，在牛肉上则称为 DCB 肉(Dark cutting beef)，切面颜色发暗。如 pH 下降过快还会造成蛋白质变性、肌肉失水、肉色灰白，即产生所谓的 PSE(Pale, soft and exudative)肉，这在猪肉中较为常见。

(5)微生物

微生物是加速肉色变化的重要因素，特别是加速高铁肌红蛋白的形成。微生物使肉色变化加快的原因，是因为其消耗了氧气，使肉表面氧分压下降，有利于高铁肌红蛋白的生成。如果温度提高，则更有利于这种变化，因为微生物的繁殖速度随着温度升高而加快。然而当微生物繁殖到一定程度时（$>10^7$ cfu/g），大量的微生物消耗了肉表面的氧气，使肉的表面成为缺氧层，这样微生物或肉中的具有还原性质的物质又将高铁肌红蛋白还原成肌红蛋白（褐色变成紫色）。另外有的细菌会产生硫化氢（H_2S），与肌红蛋白结合生成绿色的硫代肌红蛋白，使肉变绿，这种情况一般在低氧（1%）和高 pH（≥6）的情况下容易发生。

（6）其他因素

光线照射、冷冻、电刺激、辐射、抗氧化剂以及采取的包装方式均对肉色有一定的影响。要想获得理想的肉色，必须综合多种因素考虑。

2.1.6.2 肉的嫩度

影响肉嫩度的因素很多，宰前和宰后因素对肉的嫩度都有重要影响。宰前影响因素主要有动物种类和品种、性别和年龄、饲养管理、肌肉部位等，宰后因素主要有环境温度、成熟、嫩化处理及烹饪方式等。

（1）动物种类、品种及性别

不同种类或品种的动物，其体格大小、肌肉组成和钙激活中性蛋白酶系统活性等都有一定程度的差异，肉的嫩度也不同。一般来说，畜禽体积越大其肌纤维越粗大，肉亦越老。与羊和猪相比，牛的体格大，肌肉也粗糙（Hammond，1932）。瘤牛肉的嫩度不如黄牛肉，而瘤牛的基因背景是影响其牛肉嫩度的重要因素（Thompson，2002）。尽管品种之间结缔组织的含量没有显著差异，胶原蛋白的化学性质可能是引起品种间肉的嫩度差异的重要原因。公畜肉一般较母畜和阉畜肉老。

（2）年龄

随着年龄的增加，结缔组织含量虽然下降，但其嫩度也随之降低（Bate - Smith，1948；Hiner 和 Hankins，1950）。一般说来，幼龄家畜的肉比老龄家畜嫩，但前者的结缔组织含量反而高于后者。其原因在于幼龄家畜肌肉中胶原蛋白的交联程度低，易因加热而裂解。如肌肉加热时胶原蛋白的溶解度，犊牛为 19%～24%，2 岁阉公牛为 7%～8%，而老龄牛仅为 2%～3%。成年动物的胶原蛋白的交联程度高，胶原蛋白的溶解性下降并对酶的敏感性下降，同时钙激活中性蛋白酶活性下降，而其抑制剂活性增强，因此肉的嫩度下降。

（3）饲养管理

通常，粗饲料喂养的动物肉质嫩度不如精料喂养的动物。肌内脂肪（大理石花纹）沉积于结缔组织中，缓解结缔组织对嫩度的负面影响，因此，饲喂良好的牛肉嫩度较好（Beard，1924）。胶原蛋白的含量和质量可通过营养配方来调节。青年动物快速生长可提高非交联胶原蛋白的含量，改善肉的嫩度（Bailey 等，1989）。在饲料中添加生长促进剂后，动物肌纤维增粗，肉的嫩度下降。研究表明，动物宰前管理不当会引起肉质下降，易导致嫩度下降。

（4）肌肉的解剖学位置

不同部位的肌肉因生理功能不同，其肌纤维类型构成、活动量、结缔组织和脂肪含量、蛋白酶活性等均不相同，嫩度也存在很大的差别。牛的腰大肌最嫩，胸头肌最老，据测定腰大肌中羟脯氨酸含量比半腱肌少得多。经常使用的肌肉，如半膜肌和股二头肌，比不经常使用的肉（腰大肌）的弹性蛋白含量多。同一肌肉的不同部位嫩度也不同，猪背最长肌的外侧比内侧部分要嫩。牛的半膜肌从近端到远端嫩度逐渐下降。表 2 - 7 列出不同部位牛肉根据剪切力值和口感评定所反映出的嫩度情况。

表 2-7 不同部位牛肉烹调后的剪切力值和嫩度

肌　肉	剪切力值/kg	嫩度	肌　肉	剪切力值/kg	嫩度
半膜肌	5.4	稍老	背最长肌	3.8	较嫩
半腱肌	5.0	稍老	冈上肌	4.2	中等
股二头肌	4.1	中等	臂三头肌	3.9	中等
臂中肌	3.7	较嫩	斜方肌	4.2	很老
腰大肌	3.2	很嫩			

周光宏，2008。

(5)宰后温度

动物屠宰后的肌肉收缩程度与温度关系密切。不同种类的肉对温度的收缩反应是不同的，猪肉 4℃左右和牛肉 16℃左右时肌肉收缩较小，温度过高或过低都可能发生收缩。温度过低发生冷收缩，嫩度下降；温度高有利于成熟，但过高可能发生热收缩或因蛋白变性而形成 PSE 肉。

(6)尸僵和成熟

宰后尸僵发生时，肉的硬度会大大增加。因此，肉的硬度又有固有硬度（Background toughness）和尸僵硬度（Rigor toughness）之分，前者为刚宰后和成熟时的硬度，而后者为尸僵发生时的硬度。尸僵期的肌肉处于收缩状态，嫩度最差。因此，肉一般都要经过成熟处理。成熟又称为熟化，是肉在冰点以上温度下自然发生一系列生化反应，导致肉变得柔嫩和具有风味的过程。蛋白组学研究表明，宰后糖原酵解和成熟过程中蛋白质发生了变化，这些变化与后期肉的嫩度有关（Lametsch，2003）。经过成熟的肉嫩度明显改善，这是因为钙激活中性蛋白酶在熟化过程中降解了一些关键性蛋白质，如肌钙蛋白、肌联蛋白、肌间线蛋白等，破坏了原有肌肉结构的支持体系，使结缔组织变得松散、纤维状细胞骨架分解、Z 线断裂，从而导致肉的牢固性下降，肉就变得柔嫩。肉成熟的过程也是肉嫩化的过程。嫩化在一开始较为强烈，随着时间的延长，嫩化速度减弱。

(7)烹调加热方式

加热是否会导致嫩度提高或下降，取决于很多因素，如终点温度、加热时间、肌肉类型。加热可使结缔组织中胶原蛋白转化为明胶，使结缔组织变嫩的同时，明胶发生凝聚，导致肌原纤维蛋白变硬。两种作用的强弱取决于加热时间和温度，加热时间对胶原蛋白的软化更重要，而加热温度对于胶原纤维的变硬更关键。因此，对于结缔组织含量高的肌肉，采用低温长时加热较为合适；而结缔组织含量低的肉，适合用高温短时加热（Weir，1960）。压力加热可提高肉的嫩度，却导致肌肉蛋白发生不利的生化特性，即可能导致几种必需氨基酸的含量明显下降。烹调方式也影响肉的嫩度，一般烤肉嫩度较好，而煮制肉的嫩度取决于煮制温度。煮肉时达到中心温度 60～80℃，肉的嫩度保持较好，随温度升高嫩度下降。

2.1.6.3 影响肉保水性的因素

影响肌肉保水性的因素很多，动物宰前的因素包括品种、年龄、宰前运输、囚禁和饥饿、机体能量水平、身体状况等。宰后因素主要有屠宰工艺、胴体贮存、尸僵开始时间、熟化、肌肉的解剖学部位、脂肪厚度、pH 的变化、蛋白质水解酶活性和细胞结构，以及加工条件如切碎、盐渍、加热、冷冻、融冻、干燥、包装等。

(1)动物种类、品种与基因型

动物种类或品种不同，其肌肉化学组成也明显不同，肌肉的保水性也受到影响。通常肌肉中蛋白质含量越高，其系水力也越强。不同种类动物肌肉的保水性有明显差别。一般情况下，兔肉的系水力最好，其余依次为猪肉、牛肉、羊肉、禽肉、马肉。不同品种的动物，其肌肉保水性也有差异，一般来说，瘦肉型猪肉的保水性不如地方品种猪好，在常见的品种猪中，巴克夏和杜洛克猪的肉质和保水性较好，而皮特兰、长白和汉普夏猪肉的保水性较差。在影响猪肉品质的众多基因中，氟烷基因(Halothane 基因)和酸肉基因(RN 基因)对肉品质影响最大，它们对肌肉保水性影响的共同特点是导致肌肉 pH 下降，前者使宰后早期肌肉 pH 降低，形成 PSE 肉，后者是使最终 pH 低于正常值，形成 RSE 肉。

(2)性别、年龄、体重与肌肉部位

性别对肌肉保水性的影响因动物种类而异。性别对牛肉保水性的影响较大，而对猪肉保水性无明显影响。肌肉保水性随动物年龄和体重增加而下降，相对而言，体重比年龄对保水性的影响更大。体型大的猪的里脊和腿肉滴水损失相对较高。运动量较大的部位，其肌肉保水性也越好。研究表明猪的冈上肌保水性最好，其余依次是胸锯肌＞腰大肌＞半膜肌＞股二头肌＞臂中肌＞半腱肌＞背最长肌。

(3)pH

正常猪肉的最终点 pH 在 5.5～5.8 之间，牛肉在 5.8～6.0 之间，此时肉的保水性处于正常范围。肌肉 pH 偏低会导致肌肉收缩，甚至蛋白质变性，肉的保水性下降。pH 对系水力的影响实质是蛋白质分子的净电荷效应。蛋白质分子所带有的净电荷对系水力有双重意义：一是净电荷是蛋白质分子吸引水分的强有力中心，二是净电荷增加蛋白质分子之间的静电斥力，使结构松散开，留下容水的空间。当净电荷下降，蛋白质分子间发生凝聚紧缩，系水力下降，肌肉 pH 接近蛋白质等电点(pH 5.4)，正、负电荷基数接近，反应基减少到最低值，这时肌肉的系水力也最低(图 2-2)。处于尸僵期的肉，pH 与肌肉蛋白质的等电点接近，因此保水性很差，不适宜加工。

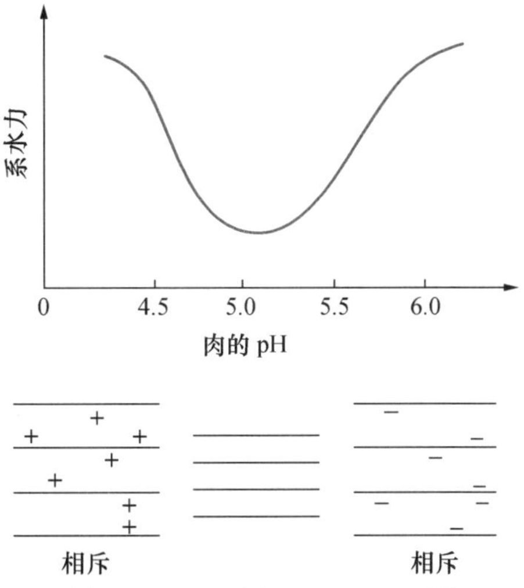

图 2-2 肉的保水性与 pH 的关系

(4)饲养管理

低营养水平或低蛋白质日粮饲养的动物肌肉保水性较差；提高日粮中维生素 E、维生素 C 和硒水平，可以维护肌细胞膜和肌肉结构的完整性，降低肌肉滴水损失；在饲料中添加镁和铬可以降低 PSE 肉发生率，添加肌酸也可能有此作用，但增加钙浓度作用与此相反；屠宰前在动物日粮中添加淀粉、蔗糖等易吸收的碳水化合物会使肌肉滴水损失增大，在饲养后期提高日粮中蛋白质水平或在日粮中添加共轭亚油酸(CLA)和 n-3、n-6 多不饱和脂肪酸有利于提高肉的保水性。

(5)宰前应激、屠宰

运输时间和运输期间的禁食对动物都是一种应激，其强度随运输时间、路况、温度和运输车辆的装载密度变化而变化，较强的应激易导致 PSE 肉的发生，长时间应激还会诱发 DFD

肉。候宰期间采用电驱赶、增加动物运动量或候宰环境条件差对动物是重要的应激，可能会破坏和抑制动物的正常生理机能，肌肉运动加强，肌糖原迅速分解，肌肉中乳酸增加，ATP 大量消耗，使蛋白质网状结构紧缩，肉的保水性降低。

屠宰季节影响肉的保水性。春、夏季屠宰的猪，胴体容易形成 PSE 肉，背最长肌滴水损失较高，对患有猪应激综合征的 PSS 猪更为明显。宰前禁食降低肌糖原含量，使肌肉最终 pH 升高，降低肉的滴水损失，但禁食时间过长会加深肉色，生猪在屠宰前禁食 12～18 h 较为适宜。致昏方式对肉的保水性有重要影响，电致昏引起肌肉收缩，保水性下降，CO_2 致昏能大幅度降低 PSE 肉的发生率，提高肉的品质。Savenije 等比较了家禽的头部水浴致昏、针式致昏和混合气体致昏，结果表明，混合气体致昏法对肉的保水性影响最小，改善了胴体品质和肉品质。

(6)冷却和冷冻

冷却的目的是尽快散失胴体热量，降低胴体温度，控制微生物繁殖，对肉的保水性也有很重要的影响。冷却速率低则糖降解加快，猪肉滴水损失增多；加快冷却速度可以降低肌肉 pH 的下降速率，减少肌球蛋白的变性和汁液流失，并降低 PSE 肉发生率。但冷却速度过快也可能引起肌肉的冷收缩，尤其是当肌肉中糖原含量较高时，冷收缩强度会增大，对肌肉的持水性不利。如牛肉−35℃条件下冷却 10 h，汁液流失率 7.4%，而正常情况下只有 3.37%。冷收缩主要发生在牛、羊肉上，猪肉一般也会发生，只是程度较小。为防止 PSE 猪肉产生和发生冷收缩，宰后 4 h 内肉温要降到 20℃以下，但在 5 h 内不能低于 10℃。此外，采取两段式或三段式冷却可有效降低肉的滴水损失。

冻结形成的冰晶会破坏肉的结构和肌细胞膜的完整性，肉在冻藏过程中温度的波动会加速冰晶的生长和盐类浓缩，肉的保水性下降，解冻后造成大量汁液损失。研究表明，贮存一个月的冻猪肉的保水性几乎下降一半。冻结速度直接影响冻肉解冻后的保水性能。在不引起冷收缩的情况下，冻结速率越快，解冻损失就越少。

(7)其他因素

贮藏与运输过程中温度波动是造成生鲜肉保水性下降的重要原因，改善肉的贮藏和运输条件对保持肉的系水力至关重要。

2.2 肉用畜禽的种类及品种

品种是畜牧业生产的四大要素(品种、饲料、环境、防病)中的重要环节，也是影响肉品质的重要因素。我国地方品种畜禽与国外引进品种相比，具有适应性强、耐粗放饲养管理、抗病性强、繁殖力高、肉质好等优点。这些具有特色的畜禽品种本身就是一座天然的基因库，是进行杂种优势利用和培育新品种的良好材料。因此合理利用地方品种资源，科学引进外来优良品种，建立肉用畜禽良种资源库，是发展和提高我国畜牧业的重要途径。

我国主要肉用畜禽为猪、牛、羊、鸡、鸭、鹅、兔等。

2.2.1 猪的品种

我国幅员辽阔，猪种资源丰富，分为华北型、华南型、华中型、江海型、西南型和高原型等 6

个类型，根据经济类型可以将猪分为脂肪型和瘦肉型。脂肪型猪具有早期沉积脂肪的能力，第6～7肋膘厚在6 cm以上。一般脂肪占胴体比例为35%～50%，瘦肉占40%左右。以广西陆川猪、老式巴克夏猪为典型代表，其外形呈方砖形，体长与胸围相等或超过2～5 cm。瘦肉型猪体型清秀，呈长线条的流线型，与脂肪型相反，瘦肉占胴体的60%以上，脂肪占30%左右。第6～7肋骨间肥膘厚在3 cm以下。体长比胸围长15～20 cm，生长发育快，但对饲料条件要求高，特别要求高蛋白质饲料。大约克夏猪、长白猪、杜洛克猪、汉普夏猪等均属这一类型。我国在20世纪末通过杂交改良培育的培育品种，基本是间于脂肪型猪和瘦肉型猪之间的猪种，因为特点不够突出，在生产中竞争优势不明显，目前的规模都比较小。

根据来源我国饲养的猪种可分为地方品种、引入品种和培育品种三大类。

2.2.1.1 地方品种

地方品种具有较好的脂肪沉积能力，繁殖性能好，适应性强，但体重较小，瘦肉率较低，前躯重和腹部大是其明显缺陷。

(1)民猪

民猪又称东北民猪，原产于东北和华北部分地区，全身被毛黑色，鬃毛发达，耐酷寒为本品种的一大特性。成年公猪体重200 kg左右，成年母猪体重148 kg左右。10月龄肉猪体重136 kg左右，屠宰率72%，胴体重达98 kg，瘦肉率46.03%。东北民猪脂肪发达，成品猪屠宰板油重2.83 kg，占胴体重的4.46%。民猪宰后肉色鲜红，肉质良好，宰后45 min测量pH为6.3，系水力为6.29%，背部肌肉有分布均匀的大理石纹，肌肉粗脂肪含量为5.22%。

(2)八眉猪

八眉猪又名泾川猪或西猪，主产于西北地区，其被毛黑色，头部狭长，耳大下垂，额有纵行倒“八”字皱纹，属脂肪型。成年大八眉公猪104 kg，母猪80 kg，肥育期日增重458 g，120日龄屠宰率68.06%，瘦肉率40%左右，膘厚1.49 cm，眼肌面积17.35 cm^2，肌肉呈大理石条纹，肉嫩，味香。

(3)荣昌猪

荣昌猪原产于重庆荣昌一带，体型中等，被毛除两眼周围及头部有大小不等的黑斑外，其他部位均为白色，是我国地方猪种中少有的白色猪种。荣昌猪为脂肪型猪种，生长育肥性能较好，肥育期日增重313 g，屠宰适期为7～8月龄，体重80 kg为宜，平均膘厚3.7 cm，屠宰率为69%，瘦肉率42%～46%，腿臀比例29%。屠宰后肉色鲜红，肌内脂肪发达，大理石纹清晰，分布较匀，烹调后口感滑嫩、肉香味浓(肖光明和邓云波，2005)。

(4)香猪

香猪主要分布在贵州省的从江县和广西壮族自治区的环江县。体型矮小，背腰宽而微凹，被毛多全黑，成年母猪体重41 kg，肥育期日增重210 g，香猪早熟易肥，宜于早期屠宰。屠宰率65.7%，瘦肉率46.7%，膘厚3.0 cm，眼肌面积12.7 cm^2。肉质鲜嫩，肉香浓郁，宜做腊肉和烤乳猪。

(5)金华猪

金华猪原产于浙江金华、义乌一带，其头颈、臀尾部为黑皮、黑毛，其他部位均为白皮、白毛，又称金华两头乌猪。该猪皮薄骨细，肉质细嫩，早熟易肥，8～9月龄肉猪体重63～76 kg，屠宰率72%，背膘厚3.8 cm，胴体瘦肉率43.4%，腿臀比例30.03%、眼肌面积19.39 cm^2。

50～60 kg 体重猪的后腿可用于加工金华火腿。瘦肉率 43.14%。

(6)太湖猪

太湖猪原产于太湖周边的区域，繁殖性能优异，被毛黑色或青灰色，体型较大。75 kg 肥育猪屠宰率为 69.4%，瘦肉率 45%左右，眼肌肉面积 15.48 cm^2。

(7)乌金猪

乌金猪主产于云贵高原与四川接壤的乌蒙山脉和凉山地区，毛色为黑色和棕色，耐粗饲，但生长较缓慢。体重到 100～150 kg 时屠宰，屠宰率为 71.8%、胴体瘦肉率 46.25%、脂肪率 34.30%、眼肌面积 19.84 cm^2。乌金猪后腿肌肉发达，肉质紧实，是加工火腿的上好材料。驰名中外的“云腿”就是乌金猪制作的，云腿味香浓有回甜味，脂肪含量高，色泽红亮，肉脂比例为 1∶1.18，不易酸败。

(8)蓝塘猪

蓝塘猪产于广东省紫金县蓝塘镇，从头至尾沿背线为一宽广的黑带，体侧下半部、腹部和四肢均为白色，是我国唯一的耐近交地方良种。成年公猪体重 127 kg，母猪为 85.5 kg，屠宰率为 65.5%，膘厚 5.3 cm，眼肌面积 19.5 cm^2，腿臀比例 24.6%，瘦肉率为 35.2%。

2.2.1.2 引入品种

(1)长白猪

长白猪原产于丹麦，为丹麦本地兰德瑞斯猪种与大约克杂交而成，我国于 20 世纪 60 年代初引入该种，在全球分布最广，在世界养猪业的“白色化”过程中起了重大作用。长白猪毛色全白，体躯呈流线型，胸、腰椎 22 个者约占 80%。头轻后重，后躯特别丰满；头小鼻梁长，两耳大；成年公猪体重 300～350 kg，成年母猪体重 250～300 kg。90 kg 肉猪体重屠宰率 75.3%，平均瘦肉率 65%。长白猪生长快、饲料利用率高、瘦肉率高，但其体质较弱、抗逆性较差。

(2)杜洛克猪

杜洛克猪原产于美国纽约和新泽西一带，由西非输入的红猪与巴克夏杂交繁育而成，是世界著名的瘦肉型品种。全身被毛棕红，生长发育迅速，5 月龄体重即可到达 90 kg 以上。成年公猪体重 380 kg 左右，成年母猪体重 300 kg 左右，瘦肉率可达 62%以上，90 kg 体重时屠宰率 74.38%，背膘厚为 2.46 cm、胴体瘦肉率为 62.4%。杜洛克猪相对其他国外猪种体质更为强健，肌肉结实，比较耐粗饲料，对各种环境的适应性较好。肉品质较好，肌内脂肪含量较高，大理石纹分布均匀，嫩度和多汁性较好。

(3)巴克夏猪

巴克夏猪原产于英国中南部，原为脂肪型猪，对世界各国脂肪型猪的发展起了积极作用，现已转向瘦肉型。“全身黑、六端白”(即鼻尾四肢为白色)为其毛色特征。成年公猪体重230～280 kg，成年母猪体重 200～250 kg。90 kg 猪屠宰率 70%左右，臀腿占胴体的 30%左右，瘦肉率 55%。巴克夏猪平均日增重 738 g、肋膘厚 2.87 cm、肌内脂肪 2.7%，肉质优，系水力、脂肪熔点均高于其他国外猪种。

(4)汉普夏猪

汉普夏猪是产于美国的著名瘦肉型品种。全身其他部位均为黑色，只颈肩部和前腿呈白色，在前躯形成白色带。成年公猪体重 300～400 kg，成年母猪体重 250～350 kg。胴体肌肉发达，品质高，瘦肉比例大，品质好。

(5)大约克夏猪

约克夏猪原产于英国的约克县,分为大、中、小三型,小型为脂肪型,中型为肉脂兼用型,大型为瘦肉型。

大约克夏猪又称大白猪,是著名的瘦肉型品种。全身白毛,背腰长,后躯发育好,腹充实而紧。成年公猪体重 300～370 kg,成年母猪体重 250～330 kg。大白猪具有增重快,饲料利用率高,繁殖性能较高的优点。20 世纪 90 年代,据丹麦国家种猪测定中心报道,试验站测试的公猪 30～100 kg 阶段平均日增重 982 g,瘦肉率 61.9%。大白猪肉质较好,较少出现 PSE 肉。

2.2.1.3 培育品种

(1)北京黑猪

北京黑猪由巴克夏猪、约克夏猪、前苏联大白猪等引入品种与当地黑猪杂交培育而成,被毛全黑。肥育期日增重 578 g,料重比 3.36,90 kg 肥育猪屠宰率 72%,眼肌面积 31.47 cm^2,腿臀比例 29%,瘦肉率 52%。肉色正常,未发现 PSE 肉产生。

(2)哈尔滨白猪

哈尔滨白猪简称哈白猪,主要分布在哈尔滨周围的县市及滨州、滨北及牡佳等铁路沿线一带。是由引入品种巴克夏猪、约克夏猪及前苏联大白猪与东北民猪杂交培育而成。体型较大,全身白色,头大小适中,腿臀丰满,四肢粗壮,体质结实。90 kg 肥育猪屠宰率 74%,膘厚 5 cm,皮厚 0.31 cm,瘦肉率 49%左右,肉质细嫩,但肉色偏白。

(3)上海白猪

上海白猪主产于上海市的上海县、宝山县,是由中约克夏猪、前苏联大白猪、德国白猪与当地猪杂交培育而成。体型中等偏大,被毛全白,体质结实。90 kg 肥育猪屠宰率 71%,瘦肉率 52.5%,眼肌面积 26 cm^2。

(4)三江白猪

三江白猪是我国培育的瘦肉型新品种,是以长白猪与东北民猪为亲本,进行正反杂交,杂交一代母猪再与长白公猪回交,经过 6 个世代定向选育 10 多年培育而成。具有瘦肉型猪的体躯特征,肥育期日增重 600 g,料重比小于 3.5,出栏屠宰时胴体瘦肉率可达 58%,腿臀比例 29.51%,肉色正常,大理石纹丰富且分布均匀,没有 PSE 肉产生。

(5)浙江中白猪

浙江中白猪是由长白公猪与中约克公猪、金华猪(母)的杂种母猪杂交培育而成。90 kg 出栏时,屠宰率 74%,肥育期日增重 513 g,料重比 3.69,背膘厚 2.89 cm,眼肌面积 30.1 cm^2,胴体瘦肉率 56.8%。

(6)新淮猪

新淮猪是以约克夏猪与淮猪为亲本培育而成的。全身黑色,只在尾部有少量白斑,最适屠宰体重 80～90 kg,屠宰率 71%左右,第 6～7 肋间膘厚 3.6 cm。

2.2.2 牛的品种

根据经济用途,牛可分为役用牛、肉用牛、乳用牛、毛用牛。我国将牦牛和水牛以外的所有家牛统称为黄牛。我国的地方牛大多是原以役用为主的兼用牛。

2.2.2.1 **地方品种**

我国各省(区)黄牛品种很多,分布很广,根据地域可分为蒙古牛、华北牛、华南牛 3 个类型。蒙古牛是指内蒙古高原的牛;华北牛按地区分为东北、山东、河南、关中等许多类型;华南牛主要是指广东、广西牛。黄牛具有耐粗饲、抗病力强、性情温顺及适应性强等特点。我国产肉性能比较突出的优良黄牛品种主要为五大黄牛品种,即秦川牛、晋南牛、南阳牛、鲁西牛和延边牛。

(1)秦川牛

秦川牛原产于陕西省关中地区,因“八百里秦川”而得名,原属较大型役肉兼用品种,是我国地方良种中产肉性能最好的品种。体躯高大,骨骼粗壮,肌肉丰满。毛色为紫红、红、黄色 3 种,其中紫红和红色约占 89%。骨小,产肉率高、胴体脂肪含量少、瘦肉率高,眼肌面积大。成年公牛平均体重 594.5 kg,成年母牛平均体重 381.3 kg。经肥育的 18 月龄牛的平均屠宰率 58.3%,净肉率 50.5%。其肌纤维细致,肉细嫩多汁,大理石纹明显。秦川牛产肉性能见表 2-8(18 月龄牛)。

表 2-8 **秦川牛产肉性能**

类别	活体重/kg	胴体重/kg	净肉重/kg	屠宰率/%	净肉率/%	胴体产肉率/%	骨肉比	脂肉比	眼肌面积/cm^2
公牛	408	232	199	57	49	86	1∶5.8	1∶9.6	107
母牛	346	202	177	58	52	87	1∶6.8	1∶5.4	93
阉牛	386	232	200	60	52	86	1∶5.8	1∶6.4	97

蒋爱民,2008。

(2)南阳牛

南阳牛原产于河南省南阳盆地,白河和唐河流域的平原地区,以南阳、唐河、邓县和新野等 8 个县、市为主产区,原属大型役肉兼用品种,是中国黄牛中体格最高大的地方良种。成年公牛平均体重 647.9 kg,成年母牛平均体重 411.9 kg。经强度肥育的阉牛体重达 510 kg 时宰杀,屠宰率达 64.5%,净肉率 56.8%,眼肌面积 95.3 cm^2。产肉性能良好,肉质细嫩,颜色鲜红,大理石纹明显。南阳牛肉用性能见表 2-9。

表 2-9 **南阳牛产肉性能**

类别	活体重/kg	胴体重/kg	净肉重/kg	屠宰率/%	净肉率/%	胴体产肉率/%	骨肉比	眼肌面积/cm^2
退役公牛	422	220	184	52	44	84	1∶5.0	90
幼公牛肥育	419	233	195	56	47	84	1∶5.1	93
阉牛强度肥育	510	329	290	65	57	88	1∶7.4	95

蒋爱民,2008。

(3)鲁西牛

鲁西牛主要产于山东省西南部的菏泽和济宁两地,聊城、泰安以及山东的东北部也有分布,原属役肉兼用型牛。鲁西牛体躯结构匀称,被毛从浅黄色到棕红色,以黄色为最多,占 70%以上。成年公牛的体重 644.4 kg,成年母牛的体重 365.7 kg。18 月龄的阉牛平均屠宰率 57.2%,净肉率 49%,骨肉比 1∶6,眼肌面积为 89.1 cm^2。成年牛平均屠宰率 58.1%,净肉率

50.7%，骨肉比1∶6.9，脂肉比1∶3.7，眼肌面积94.2 cm^2。鲁西牛以体大产肉多，肌纤维细，脂肪分布均匀，大理石状花纹明显，肉质良好而著称。

(4)晋南牛

晋南牛主产于山西省南部汾河下游的晋南盆地。被毛以红色或枣红色为主，体型高大，肌肉发达，体质结实，前躯和中躯发育良好，耐热、耐苦、耐劳、耐粗饲，具有良好的役用性能，原属大型役肉兼用品种。晋南牛产肉性能良好，成年公牛体重607.4 kg，成年母牛体重339.4 kg。成年牛肥育后平均屠宰率52.3%，净肉率43.4%。

(5)延边牛

延边牛原产于吉林省延边朝鲜自治州，分布在东北三省，原属寒温带山区的役肉兼用品种。延边牛体型结构良好，粗壮结实，肌肉发达，毛色多呈深浅不同的黄色。成年公牛体重465.5 kg，成年母牛体重365.2 kg。18月龄牛经6个月育肥，胴体重265.8 kg，屠宰率57.7%，净肉率47.3%，眼肌面积75.8 cm^2。肉用性能较好，肉质细嫩，耐寒，是寒温带的优良品种。

(6)蒙古牛

蒙古牛原产于蒙古高原地区，广泛分布于内蒙古及其相邻的东北、西北、华北部分地区。蒙古牛毛色多为黑色或黄(红)色，次为狸色、烟熏色。成年公牛体重300～400 kg，母牛270～370 kg。中等营养水平的阉牛平均体重377 kg，屠宰率53%，净肉率45%，骨肉比1∶5.2，眼肌面积56 cm^2，蒙古牛沉积脂肪的能力较强，肌肉中粗脂肪含量高达43%。蒙古牛是我国北方优良牛种之一，它具有适应性强，抗病力强，肉的品质好，生产潜力大。

(7)渤海黑牛

渤海黑牛原称“无棣黑牛”，原属中型役肉兼用型品种。主要产于山东省无棣、沾化、利津和阳信等沿海各县。身低，体躯广长，被毛为黑色。产肉性能良好，成年公牛体重为242～537 kg，母牛为225～416 kg。耐粗饲，抗病力强，体质健壮，易肥育，饲料利用率高，未经肥育牛屠宰率50%～53%，净肉率41%～45%。

2.2.2.2 引入品种

(1)海福特牛

海福特牛原产于英格兰西部的海福特郡，是英国最古老的肉牛品种之一，早熟，体格中等，具有典型的肉用体型，毛色以暗红为主，具有“六白”特征，即头部、腹下、颈下、四肢下部、颈脊连鬐甲部、尾帚呈白色。海福特成年公牛体重850～1 100 kg，成年母牛体重为600～700 kg。在我国东北地区，7～12月龄的平均日增重，公牛0.98 kg，母牛0.85 kg，经肥育后，屠宰率可达67%，净肉率达60%。脂肪沉积主要在内脏，胴体上覆盖脂肪较厚，而皮下结缔组织和肌肉间脂肪较少，肉质嫩，多汁。

(2)夏洛来牛

夏洛来牛原产于法国的夏洛来地区，是大型育成品种之一，是国际上肉牛杂交的主要父系。夏洛来牛体躯高大强壮，肌肉非常发达，肉用性能好，毛色为乳白或浅乳黄色，生长发育快、屠宰率高、瘦肉多是其最大特点。成年公牛平均体重1 100～1 200 kg，母牛700～800 kg，阉牛在14～15月龄时体重达495～540 kg，最高达675 kg，在肥育期的日增重为1.88 kg。屠宰率为65%～70%，胴体产肉率为80%～85%。

(3)西门塔尔牛

西门塔尔牛原产于瑞士阿尔卑斯山区，属乳肉役兼用品种，体型大，体躯长，骨骼粗壮结实，腿部肌肉丰满，毛色为黄白花或红白花。西门塔尔牛具有很高的产乳性能，但其产肉性能不亚于专门化肉用品种，生长较快，平均日增重可达 1.0 kg 以上。我国西门塔尔成年公、母牛体重分别为 960 kg 和 570 kg 左右。西门塔尔杂交一代公牛强度肥育后，宰前活重可达 426 kg，屠宰率 58%，净肉率 49%，骨肉比 1∶6，眼肌面积 64 cm^2。胴体肉多，脂肪少而分布均匀。

(4)皮埃蒙特牛

皮埃蒙特牛原产于意大利北部皮埃蒙特地区，是古老的欧洲牛种，属肉乳兼用品种，是目前国际上公认的肉牛终端杂交的理想父本。皮埃蒙特牛被毛灰白色，体格中等，躯体长，全身肌肉发达。成年公牛体重 850 kg 以上，母牛 570 kg 左右，肉用性能十分突出，育肥期内平均日增重 1.5 kg，生长速度为肉用品种之首。公牛屠宰适期为 550～600 kg 活重，一般在 15～18 月龄即可达到此值。母牛 14～15 月龄体重可达 400～450 kg。屠宰率为 67%～70%，净肉率为 60%，瘦肉率为 82.4%，属于高瘦肉率肉牛。胴体中骨骼比例少，骨肉比为 1∶(16～18)，脂肪含量低，约占 1.5%，优于其他肉用品种。该品种牛眼肌面积大，当夏洛来牛眼肌面积达 107.9 cm^2 时，皮埃蒙特牛达 121.8 cm^2。每 100 g 肉中胆固醇的含量只有 48.5 mg，低于一般牛肉(73 mg)、猪肉(79 mg)、鸡肉(76 mg)。

(5)安格斯牛

安格斯牛原产于苏格兰北部的阿伯丁、金卡丁和安格斯郡，全称阿伯丁安格斯牛，是英国古老的肉用品种之一。安格斯牛体格低矮，体质紧凑、结实，体躯平滑丰润，无角，被毛黑色。成年公牛体重 700～750 kg，母牛体重平均为 500 kg，生长快，早熟，15～18 月龄体重可达 450 kg，日增重 1.0 kg。胴体品质好，出肉多，一般屠宰率为 60%～65%。大理石纹明显，肉嫩味美。

(6)利木赞牛

利木赞牛原产于法国中部的利木赞高原，并因此得名。是法国第二大专门化肉用品种，是国际上常用的肉牛杂交父系之一。

利木赞牛毛色由黄到红，深浅不一，全身肌肉丰满，胸宽厚，肌肉突出，四肢强健而细致。生长发育快、早熟，在良好的饲养条件下，公牛 10 月龄能长到 408 kg，12 月龄达 480 kg，屠宰率为 63%～71%，净肉率 52%以上。犊牛初生重较小，公犊 36 kg，母犊 35 kg，成年公牛体重 950～1 200 kg，母牛为 600～800 kg。这种出生重小成年体重大的相对性状，是现代肉牛业追求的优良性状。其肉质好、瘦肉多、脂肪少、嫩度高、肉味好。

(7)日本和牛

日本和牛以黑色为主毛色，在乳房和腹壁有白斑。成年母牛体重约 620 kg、公牛约950 kg，犊牛经 27 月龄育肥，体重达 700 kg 以上，平均日增重 1.2 kg 以上。日本和牛是当今世界公认的品质优秀的良种肉牛，其肉大理石花纹明显，脂肪像细密的网嵌入肌肉中，故号称“雪花肉”或“霜降”。日本和牛的肉多汁细嫩、口感柔软、有入口即化的感觉，肌肉脂肪中饱和脂肪酸含量很低，风味独特。日本和牛是世界公认的、品质一流的良种肉牛，不仅在日本很受欢迎，更是享誉全球。

2.2.2.3 培育品种

(1)三河牛

三河牛是我国培育的第一个优良乳肉兼用品种，因产于内蒙古的额尔古纳右旗三河(根河、得勒布尔河、哈布尔河)而得名。三河牛由西门塔尔牛、西伯利亚牛、蒙古牛、后贝加尔牛杂交培育而成。三河牛肌肉发达,毛色以红(黄)白花为主。成年公牛体重1 050 kg,成年母牛体重 548 kg。42 月龄的放牧育肥阉牛宰前活重 458 kg,屠宰率 53.1%,净肉率 40.2%(蒋爱民,2008)。

(2)草原红牛

中国草原红牛主产于内蒙古、吉林、河北等地,由乳肉兼用短角牛与蒙古牛杂交培育而成。被毛以紫红色为主,红色次之。草原红牛体格较小,成年公牛 700~800 kg,成年母牛体重 450~500 kg。犊牛初生重 30~32 kg。草原红阉牛产肉性能见表2-10。

表 2-10 草原红阉牛产肉性能

月龄	肥育方式	宰前体重/kg	胴体重/kg	屠宰率/%	净肉重/kg	净肉率/%
9	肥育饲养	218.6	114.5	52.5	92.8	42.6
18	放牧	320.6	163.0	50.8	131.3	41.0
18	短期肥育	378.5	220.6	58.2	187.2	49.5
30	放牧	327.4	192.1	51.6	156.6	42.0
42	放牧	457.2	240.4	52.6	211.1	46.2

蒋爱民,2008。

(3)新疆褐牛

新疆褐牛分布于全疆的天山南北,由瑞士褐公牛和有该牛血液的阿拉塔乌公牛及少量前苏联的科斯特罗姆牛杂交培育而成,体质健壮,肌肉丰满,毛色呈深浅不一的褐色。新疆褐牛产肉性能见表 2-11。

表 2-11 新疆褐牛产肉性能

性别	年龄	宰前体重/kg	胴体重/kg	屠宰率/%	净肉重/kg	净肉率/%	骨重/kg	骨肉比	眼肌面积/cm^2
阉	1.5 岁	235.4	111.5	47.4	85.3	36.3	24.6	1∶3.5	47.1
公	2.5 岁	323.5	163.4	50.5	124.3	38.4	35.7	1∶3.5	73.4
	成年	433.2	230.0	53.1	170.4	39.3	51.3	1∶3.3	76.6
母	成年	456.9	238.0	52.1	180.2	39.4	52.4	1∶3.4	89.7

蒋爱民,2008。

(4)科尔沁牛

科尔沁牛因主产于内蒙古东部地区的科尔沁草原而得名。科尔沁牛是以西门塔尔牛为父本,蒙古牛、三河牛以及蒙古牛的杂种母牛为母本,采用育成杂交方法培育而成。适应性强、耐粗饲、耐寒、抗病力强、易于放牧,是牧区比较理想的一种乳肉兼用品种。科尔沁牛体型近似西门塔尔牛,毛色为黄(红)白花,白头,体格粗壮,体质结实。成年公牛体重 991 kg,母牛508 kg。科尔沁牛初生重较大,公犊为 41.8 kg,母犊为 38.1 kg。科尔沁牛在常年放牧加短期补饲条件下,18 月龄的屠宰率为 53.3%,36 月龄时达 57.33%,其净肉率分别为 41.9%和 47.57%。经短期强度育肥,屠宰前活重达到 576 kg 时,屠宰率为 61.7%,净肉率为 51.9%。在肉的大理石花纹品质上,科尔沁牛一级肉比例可达 53.3%。

2.2.3 羊的品种

我国的绵羊品种资源非常丰富，主要分布在西北、华北、西南、华东及中南区的河南、湖北等地的广大牧区、半农半牧区和农区。我国绵羊有地方品种15个、培育品种11个。除蒙古羊、西藏羊、哈萨克羊三大粗毛羊品种外，还有乌珠穆沁羊、巴音布鲁克羊、阿勒泰羊、和田羊、滩羊、大尾寒羊、小尾寒羊、同羊以及一些培育品种等。

羊分绵羊和山羊两大类型，多以产毛、产肉为主。绵羊可分为肉用羊、粗毛羊、细毛羊、半细毛羊及肉毛兼用粗毛羊、半细毛羊等，山羊可分为肉用羊、乳用羊、绒毛用羊、羔、裘皮山羊、毛用山羊和普通山羊等。

2.2.3.1 肉用绵羊品种

(1)乌珠穆沁羊

乌珠穆沁羊主产于内蒙古自治区锡林郭勒盟东部的乌珠穆沁草原，主要分布在东、西乌珠穆沁旗及锡林浩特市的部分地区，为优良的肉脂型粗毛羊，以体大、尾大、肉脂多、产羔率为100%、羔羊生长发育快而著称。该品种羊体质结实，体格较大，体躯宽而深，胸围较大，在终年放牧条件下，采食力强，增膘及脂肪蓄积力强。乌珠穆沁羊生长发育快，2.3～3月龄公、母羔羊平均体重为29.5 kg和24.9 kg；6月龄的公、母羊平均达到39.6 kg和35.9 kg，在生长高峰期，平均日增重200～300 g。成年公羊为74 kg，母羊为58 kg，成年羯羊秋季屠宰前活重为60 kg，胴体平均重达32 kg，屠宰率53.8%，净肉重22.5 kg，净肉率37.42%，脂肪(内脂及尾脂)重5.87 kg。尾脂重：成年羯羊为4.4 kg，6月龄羯羊为1.7 kg。乌珠穆沁羊饲养周期短，蓄脂及产肉力较高，羊肉水分含量低，富含钙、铁、磷等矿物质，肌原纤维和肌纤维间脂肪沉淀充分，肉味香，无膻味。

(2)小尾寒羊

小尾寒羊原产于河南省东北部、山东省西南部、河北省南部的广大平原农区，是我国乃至世界著名的肉裘兼用型绵羊品种，具有早熟、多胎、体格大、产肉多、裘皮好等优点。在世界羊业品种中，小尾寒羊因产量高、个头大、效益佳，被誉为中国“国宝”、世界“超级羊”及“高腿羊”品种，全身被毛白色，少数羊眼周围黑色，成熟早，易肥育，适于早期屠宰。该品种羊性成熟早，母羊四季发情、多胎多产，平均产羔率达280%，为世界绵羊品种中所罕见。在良好的饲养条件下，3月龄公羔断奶体重达26 kg，胴体重13.6 kg，净肉重10.4 kg；3月龄母羊羔断奶体重达24 kg，胴体重12.5 kg，净肉重9.6 kg。6月龄公羊体重可达46 kg，胴体重23.6 kg，净肉重18.4 kg；6月龄母羊体重可达42 kg，胴体重21.9 kg，净肉重16.8 kg。周岁育肥羊屠宰率55.6%，净肉率45.9%。小尾寒羊肉质细嫩，肌内脂肪呈大理石纹状，肥瘦适度，鲜美多汁。蛋白质含量较高，其中所含的赖氨酸和异亮氨酸等必需氨基酸，达到或超过了标准蛋白质中的含量(徐廷生，1994)。

(3)苏尼特羊

苏尼特羊产于内蒙古锡林郭勒盟苏尼特左旗、苏尼特右旗、包头市达茂旗及巴彦淖尔市乌拉特中旗等，是在半荒漠草原生态环境下长期繁育而成的地方良种，具有抗寒、抗旱、耐粗饲的特点。1997年由自治区人民政府验收命名为“苏尼特羊”(亦称戈壁羊)。苏尼特羊不仅体格大，产肉多，鲜嫩多汁，无膻味，而且有胴体丰满，色泽鲜美，肉层厚实紧凑，瘦肉率高，肌内脂肪分布均匀。成年公羊平均体重78.83 kg，母羊58.92 kg，平均日增重150～250 g，平均屠宰率50.09%，净肉率45.25%，产羔率为113%。6月龄羯羊体重平均达38 kg，出肉13 kg。成年羯羊胴体重一般在34 kg左右，净肉达28 kg。

(4)大尾寒羊

大尾寒羊原产于我国河北、河南、山东三省交界地域，属肉脂型绵羊，体躯被毛大部分为白色，脂尾大而肥厚，生长发育快，成熟早，产肉性能好，繁殖率高，被毛品质比较好。成年公羊平均体重72 kg，母羊体重52 kg；周岁公羊体重51.5 kg，母羊体重43 kg。6～8月龄公羔胴体重20.6 kg，净肉重11.9 kg，尾脂重4.8 kg，占胴体重的23.3%。

(5)阿勒泰肉用细毛羊

阿勒泰肉用细毛羊原产于新疆维吾尔自治区北部阿勒泰地区，是由新疆生产建设兵团培育的我国第一个肉用型绵羊新品种，是以当地阿勒泰羊为母本，引入前苏联阿勒泰和高加索毛肉兼用细毛羊为父本杂交培育而成。该品种成熟早，体格大，被毛全白，肌肉发育良好。成年公羊体重85.6 kg，母羊体重67.4 kg；肉用性能好，屠宰率50.9%～53.0%。成年羯羊的臀脂平均重7.1 kg。舍饲条件下，6.5月龄公羊平均宰前重45.3 kg，屠宰率53%，净肉率71.7%，骨肉比1∶4.4。

(6)同羊

同羊主要分布在陕西渭北的东部和中部，具有角小如栗、耳薄如茧、肋细如箸、尾大如扇、体形如酒瓶五大特点。羔皮颜色洁白，具有珍珠样卷曲，花案美观悦目。成年公羊体重44.0 kg，成年母羊39.2 kg。成年羯羊屠宰率57.6%。该羊肉肥嫩多汁，瘦肉绯红，陕西关中独特地方风味的“羊肉泡馍”、“腊羊肉”等食品皆以同羊肉为上选。

(7)兰州大尾羊

兰州大尾羊主要分布在甘肃省兰州市及其郊区县。被毛纯白，头大小中等，公、母羊均无角。脂尾肥大，生长发育快，易育肥，成年公羊体重58.9 kg，成年母羊44.4 kg。10月龄羯羊屠宰率60.3%，成年羯羊屠宰率63%。脂尾最重24.6 kg。肉质率高，肉质鲜嫩。

(8)无角陶赛特羊

无角陶赛特羊原产于英国，体格较大，体质结实，后躯丰满，四肢粗短，被毛全白。成年公羊体重80～100 kg，母羊体重56～80 kg。该羊生长发育快、早熟，经过肥育的4月龄羔羊，胴体重公羔22 kg，母羔为19.7 kg，而且胴体质量高。与新疆本地羊的杂交一代7月龄羊，宰前活重38 kg，屠宰率45.9%，胴体净肉率81%。

(9)夏洛莱羊

夏洛莱羊原产于法国中部的夏洛莱丘陵和谷地。属肉用型绵羊品种，体躯长，胸宽深、背部平直，肌肉丰满，后躯宽大，肌肉发达。被毛白色，生长发育迅速，成年公羊体重100～150 kg，母羊体重75～95 kg。胴体瘦肉率高，脂肪含量低，屠宰率55%以上。

(10)萨福克羊

萨福克羊原产于英国英格兰东南部的萨福克、诺福克、剑桥和埃塞克斯等地。被毛白色，头和四肢黑色，体质结实，体躯肌肉丰满。4月龄公、母羔羊平均体重47.7 kg，胴体重38.7 kg，屠宰率50.7%；7月龄公、母羔羊平均体重70.4 kg，胴体重38.7 kg，屠宰率55%。萨福克羔羊肉质细嫩，肉脂相间，肌肉横断面呈大理石状，肉味鲜美。

(11)特克赛尔羊

特克赛尔羊原产于荷兰,现分布于北欧各国、澳大利亚、新西兰、美国、秘鲁和非洲一些国家,属中等偏大的肉羊品种,对寒冷气候有良好的适应性,现已被用作优质羔羊生产体系中的理想父本。无角,全身毛白色,体质结实。早期生长发育快,体重周岁公羊75.5～81.7 kg,母羊62.6～70.6 kg;2岁公羊93.5～102.5 kg,母羊66.5～81.5 kg;成年公羊115～130 kg,母羊75～80 kg。在最适宜的条件下,120日龄羔羊体重40 kg,6～7月龄达50～60 kg,屠宰率56%～60%,胴体中肌肉量很高,分割率也很高,其眼肌面积在肉用品种中是很突出的。肉呈大理石状花纹,无膻味,肉质细嫩。

(12)莱斯特羊

莱斯特羊原产于英格兰的莱斯特郡。特点是前额有"额发",颊上无绒毛或有少数绒毛,膝下部极少有绒毛;公、母均无角,皮肤粉红色。体型宽深,呈长方形,背宽广,肌肉丰厚,后躯发达。成年公羊体重120～150 kg,母羊90 kg,胴体重公羊62 kg,母羊41 kg。4月龄育肥公羔胴体重为21.5 kg,母羔为20.6 kg。该品种肉多、骨细、早熟性强,羊肉含脂肪较多,以6～8月龄羔羊肉为最好,其含脂肪较少。

(13)肉用美利奴羊

肉用美利奴羊原产于德国,是世界上著名的肉毛兼用品种,是用法国的泊列考斯羊和由英国莱斯特羊种公羊,与德国原有的美利奴母羊杂交培育而成的。特点是体格大,成熟早,胸宽而深,背腰平直,肌肉丰满,后躯发育良好,公、母羊均无角。被毛白色,密而长,弯曲明显。成年公、母羊体重分别为110～140 kg和70～80 kg。德国美利奴羊产肉力较高,羔羊生长发育快,在良好饲养条件下日增重可达300～350 g,130 d屠宰时活重可达38～45 kg,胴体重为18～22 kg,屠宰率为47%～49%。

(14)杜泊羊

杜泊羊是由有角陶赛特羊和波斯黑头羊杂交育成,最初在南非较干旱的地区进行繁殖和饲养,因其适应性强、早期生长发育快、胴体质量好而闻名。杜泊羊体躯呈独特的筒形,无角,头上有短、暗、黑或白色的毛,体躯有短而稀的浅色毛,腹部有明显的干死毛。杜泊羊适应性极强、采食性广、抗病力强。杜泊羊母羊产羔率在150%以上,母性好、产奶量多。杜泊羊具有早期放牧能力,生长速度快,3.5～4月龄羔羊,活重约达36 kg,胴体重16 kg左右,肉中脂肪分布均匀,胴体品质高。虽然杜泊羊个体中等,但体躯丰满,体重较大,成年公羊和母羊的体重分别在120 kg和85 kg左右。

2.2.3.2 肉用山羊品种

(1)马头山羊

马头山羊是原产于我国湘、鄂西部山区的优良肉用山羊品种,被毛以白色为主,次为黑色、麻色及杂色。成年公羊体重44 kg,成年母羊体重34 kg,羯羊为47 kg。马头山羊肉呈赤色,膻味小,肉质鲜美(蒋爱民,2008)。

(2)南江黄羊

南江黄羊主产区为四川省秦巴山区的南江县。被毛呈黄褐色,羊毛色度在个体间略有差异。成熟早,生长速度快,羔羊平均初生重公羔2.28 kg,母羔2.14 kg。2月龄断奶时,公、母羔分别达到11.5 kg和10.7 kg,日增重达153.7 g和142.7 g。公、母羔6月龄体重可分别达到 26.58 kg 和 20.51 kg，达到第二个增重高峰，以后增重速度下降。周岁时达到 34.43 kg 和 27.3 kg，成年时达到 60.6 kg 和 41.2 kg。南江黄羊最佳屠宰期应为 8～10 月龄，其肉质鲜嫩，营养丰富，胆固醇含量低，膻味小。放牧加补饲条件下的 8 月龄和 10 月龄羯羊的屠宰率分别为 47.63％和 47.7％。

(3)波尔山羊

波尔山羊原产于南非共和国，是世界上著名的肉用山羊品种。波尔山羊大致可分为 5 个类型，即普通型、长毛型、无角型、土种型和改良型。我们通常所说的波尔山羊就是指改良型波尔山羊。具有体格大，体形外貌良好，体长与体高比例合适，四肢粗壮，长度适中。被毛白色，全身皮肤松软，弹性好。初生重大，生长快，羔羊出生重 3～4 kg，断奶前日增重可达 200 g 以上，6 月龄体重可达 30 kg。体格中等，体重大，成年公羊体高 75～90 cm，体重 90～130 kg；成年母羊体高 65～75 cm，体长 70～85 cm，体重 60～90 kg。屠宰率和净肉率高，波尔山羊的屠宰率高于绵羊，但与年龄和膘情有一定关系。8～10 月龄时为 48％，周岁、2 岁、3 岁时分别为 50％、52％和 54％，4 岁时达到 56％～60％。成年羊的胴体肉骨比可达 4.7：1。波尔山羊胴体瘦而不干，肉厚而不肥，色泽纯正，柔嫩多汁，膻味小。

2.2.4 肉用鸡品种

鸡按照用途可以分为肉用鸡、蛋用鸡和种鸡三大类型。肉用鸡是指一些鸡长肉快，消耗饲料少，大都从出壳后两三个月就可以长成 3 kg 的活鸡，主要为市场提供鸡肉。比如国内地方品种的北京油鸡、广东清远麻鸡、福建河田鸡及引进国外品种的爱拔益加肉鸡、科尼什鸡等。

2.2.4.1 地方品种

(1)北京油鸡

北京油鸡是北京地区特有的地方优良品种，距今已有 300 余年。北京油鸡是一个优良的肉蛋兼用型地方鸡种。体型不大，均有毛髯、毛冠、毛腿，羽毛有黄色和黄褐色两种。北京油鸡生长发育较快，110～120 日龄公母鸡平均体重 1.5 kg；成年公鸡体重 3.0 kg，母鸡体重 2.5 kg。屠体皮肤微黄，紧凑丰满，肌内脂肪分布良好、肉质细腻，肉味鲜美，是清朝时期宫廷的御膳食品。

(2)清远麻鸡

清远麻鸡原产于广东省清远县，因母鸡背侧羽毛有细小黑色斑点，故称麻鸡，属肉用型品种。该鸡以体型小、皮下和肌肉内脂肪发达、皮薄骨软而著称，是广东著名的活鸡出口品种。清远麻鸡肥育性能良好，成年公鸡体重 2.2 kg，成年母鸡体重 1.8 kg。6 月龄母鸡体重 1.3 kg，半净膛屠宰率 85％，全净膛屠宰率 75.5％；阉公鸡半净膛屠宰率 83.7％，全净膛屠宰率 76.7％。

(3)河田鸡

河田鸡原产于福建省长汀县的河田镇，是我国出口的主要鸡种之一。该鸡的体形外貌完全符合优质黄羽肉鸡的特点，其肉中蛋白质含量较高，氨基酸含量丰富，富含人体必需的 11 种氨基酸和多种微量元素，尤其是牛磺酸含量是普通鸡的 37.8 倍。河田鸡 90 日龄公鸡体重 588.6 g，母鸡 488.4 g；120 日龄公、母鸡体重分别为 941.7 g 和 788.4 g；150 日龄公、母体重分别为 1.30 kg 和 1.10 kg;屠体丰满,皮薄骨细,肉质细嫩,肉味鲜美,皮下腹部积贮脂肪,但生长缓慢,屠宰率低。据测定,120 日龄时屠宰,半净膛屠宰率公鸡为 85.8%,母鸡为 87.08%;全净膛屠宰率公鸡为 68.64%,母鸡为 70.53%。

(4)惠阳胡须鸡

惠阳胡须鸡原产于广东惠阳地区,又名三黄胡须鸡、龙岗鸡,因颌下有张开的髯羽,状似胡须而得名,属肉用品种。惠阳胡须鸡体格中等,具有黄羽、黄喙、黄爪等特点,与杏花鸡、清远麻鸡为广东省三大名鸡,在港澳市场久负盛名。该鸡早熟易肥、胸肌发达、肉质优良,5 月龄公鸡体重 1.8 kg,半净膛屠宰率 87.5%,全净膛屠宰率 78.7%(蒋爱民,2008)。

(5)杏花鸡

杏花鸡原产于广东省封开县,当地又称"米仔鸡",属肉用型品种。体格较小,有两细(头细、脚细)、三短(颈短、体躯短、脚短)、三黄(黄喙、黄羽、黄脚)等特征,该鸡早熟、易肥,皮下和肌内脂肪分布均匀,骨细皮薄,肌纤维细嫩,是白切鸡的良好原料。112 日龄公鸡体重 1.3 kg,母鸡体重 1.1 kg,公鸡半净膛屠宰率 75%,碌鸡半净膛屠宰率 76%。

(6)丝羽乌骨鸡

丝羽乌骨鸡主产区为江西和福建,因其体躯披有白色的丝状羽,皮肤、肌肉及骨膜均为黑色而得名,是我国著名妇科良药"乌鸡白凤丸"的主要原料。成年公鸡体重 1.3~1.8 kg,半净膛屠宰率为 88%,全净膛屠宰率为 67%;成年母鸡体重为 1~1.6 kg,半净膛屠宰率 84%,全净膛屠宰率为 69%。

(7)狼山鸡

狼山鸡原产于江苏省,是我国古老的优良地方兼用型品种,在世界家禽品种中负有盛名,羽毛有纯黑色、黄色和白色 3 种。狼山鸡生长发育快,5 月龄公鸡体重 2.4 kg,母鸡 1.8 kg;6.5 月龄公鸡半净膛屠宰率 82.8%,母鸡 80.1%;公鸡全净膛屠宰率为 76.9%,母鸡为 69.4%。

(8)浦东鸡

浦东鸡原产于上海浦东,属兼用型品种。体躯硕大宽阔,近似方形。公鸡羽毛为金黄色或麻黄色,母鸡羽毛呈黄色或麻褐色。成年公鸡体重 4 kg,母鸡体重 3 kg;成年公鸡半净膛屠宰率 85%,全净膛屠宰率 80%;成年母鸡分别为 84%和 77%。该鸡肉质优良。

(9)边鸡

边鸡原产于内蒙古自治区与山西省北部相毗连的长城内外一带,是一个蛋重大、肉质好、适应性强、耐粗抗寒的优良地方鸡种。公鸡的羽毛主要为红黑色或黄黑色,个别为黄色和灰白色;母鸡为白、灰、黑、浅黄、麻黄、红灰和杂色。初生重为 35 g,成年体重公鸡为 1.8 kg,母鸡为 1.5 kg。公鸡半净膛屠宰率为 79%,全净膛屠宰率为 73%,母鸡分别为 73.8%和 67.5%。边鸡胸、腿肌丰满充实,占胴体重的 26.3%,肌纤维细嫩,皮肤颜色以白色和青色为主,适于加工成熏鸡。

2.2.4.2 培育品种

(1)新浦东鸡

新浦东鸡是以浦东鸡为基础,与白洛克、红考尼什鸡杂交育成的肉用型鸡品种。该鸡羽毛为棕黄或深黄色,体型保留原浦东鸡硕大特点,成年公鸡体重 4.0 kg,成年母鸡体重 3.3 kg,

10 周龄半净膛屠宰率 85%以上。

(2)新狼山鸡

新狼山鸡是利用黑色狼山鸡和澳洲鸡杂交培育而成，全身羽毛黑色。成年公鸡体重为 3.2 kg，成年母鸡为 2.3 kg，年产蛋量 180～200 枚。

2.2.4.3 引入品种

(1)爱拔益加肉鸡

爱拔益加肉鸡是美国爱拔益加公司培育的四系配套白羽肉用型鸡，简称“AA”鸡，是世界著名品种。该鸡具有体格大，生长发育快，屠体美观，肉质柔嫩、鲜美等特点。商品代公鸡 10 周龄体重 3.6 kg，母鸡体重 2.9 kg。

(2)艾维茵肉鸡

艾维茵肉鸡是美国艾维茵国际家禽有限公司培育的白羽鸡。艾维茵肉鸡为显性白羽肉鸡，体型饱满，胸宽、腿短、黄皮肤，具有增重快、成活率高、饲料报酬高的优良特点。肉料比为 1∶1.91。该鸡种的父母代种母鸡 24 周龄体重 2.6～2.7 kg。66 周龄体重为 3.6～3.7 kg。

(3)明星鸡

明星鸡是法国伊萨公司培育的五系配套白羽肉鸡。因培育过程中引入了矮小基因，所以具有体型小、耗料低等特点，成年鸡体型比传统肉鸡缩小 30%，饲料消耗下降 20%。商品代肉用仔鸡 28 日龄重 820 g，饲料转化率为 1.51，35 日龄重 1 180 g，饲料转化率 1.66，56 日龄重为2 340 g，饲料转化率为 2.28。该鸡胸部肌肉发达，脂肪含量低，肉味鲜美，9 月龄平均体重 2.7 kg。

(4)星布罗肉鸡

星布罗肉鸡是加拿大雪弗公司培育的四系配套白羽肉用型鸡。羽毛白色，耳叶红色，喙、胫、趾和皮肤为黄色。该鸡生产性能良好，生长快，饲料利用率高，生活力强。商品代鸡 7 周龄体重 1.9 kg，8 周龄体重 2.3 kg。

(5)科尼什鸡

科尼什鸡原产于英国，是典型的肉用鸡品种。根据羽毛色泽分为红色、白色和红羽白边科尼什鸡，我国引入的是前两种。该鸡标准体重为公鸡 4.5～5.0 kg，母鸡 3.5～4.0 kg。

(6)狄高鸡

狄高鸡是澳大利亚狄高公司培育的二系配套肉用型鸡，商品代有白羽系和黄羽系之分。该鸡生产性能好，商品代黄羽系鸡 6 周龄体重 1.8 kg，8 周龄体重 2.6 kg；白羽系鸡 6 周龄可达到上市标准，体重为 1.9 kg，7 周龄体重 2.3 kg。

2.2.5 鸭的品种

我国鸭的品种按经济用途分为肉用型、蛋用型、兼用型；按羽毛色泽分为麻羽、白羽、黑羽等类型。

2.2.5.1 地方品种

(1)北京鸭

北京鸭原产于北京，是世界著名的优良肉用鸭标准品种，在全世界分布极广。其体型硕大丰满，羽毛洁白，具有生长快、适应性强和肉质好等优点。成年公鸭体重 3～4 kg，母鸭 3.0～3.5 kg。经填饲后肉脂分布均匀，皮下脂肪厚，世界闻名的北京烤鸭即以此填鸭为原料烤制而成。填鸭胸腿肌肉发达，屠宰率很高，公鸭全净膛屠宰率 73.8%，母鸭为 74.1%；胸腿肌肉占净膛比例，公鸭为 18.0%，母鸭为 18.5%。此外，北京鸭具有良好的肥肝性能。80～90 日龄鸭填饲 2～3 周后，每只可生产肥肝 300～400 g，是生产肥肝的主要鸭种。

(2)高邮鸭

高邮鸭原产于江苏省高邮等地，是大型肉蛋兼用的麻鸭品种。体格较大，40～70 日龄生长最快，放牧条件下，70 日龄体重可达 1.5 kg。成年公鸭体重 2.4 kg，母鸭体重 2.6 kg，平均半净膛屠宰率为 80%，全净膛屠宰率为 70%。

(3)天府肉鸭

天府肉鸭系四川农业大学家禽研究室于 1986 年底利用引进肉鸭父母代和地方良种为育种材料，经过 10 年选育而成的大型肉鸭商用配套系。广泛分布于四川、重庆、云南、广西、浙江、湖北、江西、贵州、海南等 9 省份，表现出良好的适应性和优良的生产性能。该鸭体型硕大丰满，挺拔美观；羽毛丰满而洁白，初生雏鸭绒毛黄色，至 4 周龄时变为白色羽毛。28 日龄活重 1.6～1.9 kg，料肉比(1.8～2.0)∶1；35 日龄活重 2.2～2.4 kg，料肉比(2.2～2.5)∶1；49 日龄活重 3.0～3.2 kg，料肉比(2.7～2.9)∶1。

(4)建昌鸭

建昌鸭原产于四川凉山彝族自治州境内的安宁河谷地带的西昌、德昌、冕宁、米易和会理等县市，是麻鸭类型中肉用性能较好的品种，以生产大肥肝而闻名，故有“大肝鸭”的美称。该鸭具有生长发育快、饲料报酬高、胸腿肌肉发达、生产周期短，早熟易肥等待点。6 月龄全净膛屠宰率，公鸭为 72.3%，母鸭为 74.8%；公、母鸭胸腿肌肉占全净膛重的比例分别为 25.8%和 24.3%。填饲 3 周最大肝重达 545 g，适于生产板鸭和肥肝。

(5)大余鸭

大余鸭原产于江西省南部的大余县。大余古称南安，以大余鸭腌制的南安板鸭，具有皮薄肉嫩、骨脆可嚼、腊味香浓等特点，在我国港澳地区和东南亚地区久负盛名。公鸭头、颈、背部羽毛红褐色，少数个体头部有墨绿色羽毛，母鸭全身羽毛褐色，有较大的黑色雀斑。开产日龄为 180～200 d，年产蛋 180～220 枚，平均蛋重 70 g 左右，蛋壳白色。成年鸭体重 2.0～2.2 kg。板鸭以 0.85 kg 为标准，多在 110～130 日龄时屠宰，半净膛屠宰率公鸭为 84.1%，母鸭 84.5%；全净膛屠宰率分别为 74.9%和 75.3%。

2.2.5.2 引入品种

(1)狄高鸭

狄高鸭是由澳大利亚狄高公司培育的优良肉用型品种，1997 年引入我国，体型大，体羽洁白，具有生长快、早熟易肥、屠宰率高等特点。成年公、母鸭一般体重 3.5 kg 左右，商品肉鸭是烤鸭、卤鸭、板鸭的上等原料。良好饲养条件下，初生雏鸭体重 55 g 左右，30 日龄体重 1.1 kg，60 日龄体重 2.7 kg。7 周龄商品代肉鸭体重 3.0 kg，肉料比 1∶(2.9～3.0)；半净膛屠宰率 92.9%～94.0%，全净膛屠宰率 79.8%～82.3%。胸肌重 273 g，腿肌重 352 g。

(2)樱桃谷鸭

樱桃谷鸭由英国林肯郡樱桃谷鸭公司引入北京鸭选育而成，是世界著名的肉用型品种。

因含北京鸭血统，外貌与北京鸭相似，雏鸭羽毛呈淡黄色，成年鸭全身羽毛白色，少数有零星黑色杂羽；体型硕大，体躯呈长方块形；生产性能优良，成年公鸭体重4～4.5 kg，母鸭体重3.5～4 kg。活重2.7 kg的公鸭屠宰率达91.5%，半净膛屠宰率84.8%，全净膛屠宰率78.7%；活重2.7 kg的母鸭屠宰率为90.5%，半净膛屠宰率85.5%，全净膛屠宰率79.2%。

(3)枫叶鸭

枫叶鸭是美国美宝公司培育的优良肉鸭品种，又名美宝鸭。枫叶鸭父母代在25～26周龄产蛋率达5%，产蛋高峰期可达91%，平均每只种母鸭40周产蛋210个，平均蛋重88 g。枫叶鸭的商品代49日龄平均体重2.95 kg，肉料比1∶2.67。枫叶鸭的最大特点是瘦肉多，长羽快，羽毛多。

(4)瘤头鸭

瘤头鸭原产于南美洲及中美洲热带地区，俗称番鸭，与家鸭杂交，其后代无繁殖能力。瘤头鸭具有生长快、体型大、胸腿肌肉丰满、肉质优良等特点。瘤头鸭的生长旺盛期在10周龄前后，成年公鸭体重3.4 kg，母鸭2.0 kg。瘤头鸭成年公鸭的半净膛屠宰率81.4%，全净膛屠宰率为74%；母鸭的半净膛屠宰率为84.9%，全净膛屠宰率75%。瘤头鸭胸腿肌发达，公鸭胸腿重占全净膛的29.63%，母鸭为29.74%。据测定，瘤头鸭肉的蛋白质含量高达33%～34%。10～12周龄的瘤头鸭经填饲2～3周，肥肝可达300～353 g，肝料比1∶(30～32)。

2.2.6 鹅的品种

我国是世界上鹅品种资源最丰富的国家，有来源于灰雁的伊犁鹅和来源于鸿雁的狮头鹅、皖西白鹅、豁眼鹅、四川白鹅等20多个品种。从羽色上分灰、白两种；从体重上有大、中、小3种类型；从地域分布上看，北到黑龙江，南到广东、广西，西到四川西昌、新疆的伊犁，东到东海之滨的上海以及台湾，都有家鹅的分布。

2.2.6.1 地方品种

(1)狮头鹅

狮头鹅原产于广东省饶平县，是我国最大型的鹅种，因成年鹅的头形如狮头而得名。该鹅体躯呈方形，全身羽毛及翼羽均为棕褐色，边缘色较浅。在以放牧为主的饲养条件下，70～90日龄未经肥育的仔鹅，公鹅体重为6.2 kg，母鹅体重为5.5 kg。公鹅半净膛屠宰率81.9%，母鹅为81.2%；公鹅全净膛屠宰率71.9%，母鹅为72.4%。

(2)浙东白鹅

浙东白鹅原产于浙江省东部的奉化、象山、定海等县，为白色中型鹅种。中等体型，结构紧凑，体躯分为长方形和长尖形两类，全身羽毛白色，额部有肉瘤，颈细长腿粗壮。初生重为105 g；成年重公鹅为5.0 kg，母鹅为4.0 kg。70日龄时上市，体重为3.2～4 kg，半净膛为81.1%，全净膛为72.0%。浙东白鹅屠宰前经半个月的肥育可改善肉质，提高屠宰率。

(3)太湖鹅

太湖鹅原产于长江三角洲的太湖地区，是我国数量最多的小型高产鹅品种，全身羽毛洁白，只在眼梢、头顶、腰背部有少量灰褐色斑点，主要用于生产仔肉鹅。70日龄左右即可上市，平均体重2.5～2.8 kg。仔鹅半净膛屠宰率为78.6%，全净膛屠宰率为64%，加工成苏州“槽鹅"、南京"盐水鹅"，很受消费者喜爱。成年公鹅半净膛屠宰率 84.9%，全净膛屠宰率 75.6%；成年母鹅半净膛屠宰率 79.2%，全净膛屠宰率 68.8%。

2.2.6.2 引入品种

(1)朗德鹅

朗德鹅原产于法国，现已成为世界著名的肥肝生产专用品种。我国已引入该品种并在江苏、山东、辽宁及黑龙江等很多省份饲养。成年公鹅体重 7～8 kg，母鹅 6～7 kg。仔鹅生长迅速，8 周龄体重可达 4.5 kg 左右。肉用仔鹅经填肥后，活重可达 10～11 kg，肥肝重量可达 700～800 g。

(2)莱茵鹅

莱茵鹅原产于德国莱茵河流域，现广泛分布于欧洲各国，是世界著名的优良品种，体型中等，成年鹅全身羽毛洁白，喙、胫、蹼均呈橘黄色。成年公鹅体重 5.0～6.0 kg，母鹅4.5～5.0 kg。前期生长速度快，仔鹅 8 周龄活重可达 4.0～4.5 kg。

2.2.7 其他肉禽类

2.2.7.1 鹌鹑

鹌鹑的数量在国外仅次于鸡的饲养数，故有"第二养禽业"之称。世界上比较著名的肉用型品种主要有法国肉用鹌鹑、美国法老肉鹑、美国加利福尼亚肉用鹑等。麻栗色是鹌鹑的基本毛色。此外，尚有白羽、黑羽、银黄羽、红羽等羽色。

(1)迪法克 FM 系肉鹑

迪法克 FM 系肉鹑由法国迪法克公司育成，又称巨型肉用鹌鹑，在我国饲养较多，体型较大，成年鹌鹑体羽呈黑褐色，间杂有红棕色的直纹羽毛，饲养期约 5 个月。肉用仔鹌鹑的屠宰日龄为 45 d，0～7 周龄耗料 1 kg(含种鹌鹑耗料)。6 周龄体重 240 g，4 月龄种鹌鹑体重 350 g。

(2)莎维麦脱肉鹑

莎维麦脱肉鹑由法国莎维麦脱公司育成，体型硕大，在一些生长发育与生产性能上已超过迪法克肉鹑，5 周龄平均体重超过 220 g，成年鹌鹑最大体重超过 450 g。

2.2.7.2 火鸡

火鸡原产于美洲，人工驯化饲养已有数百年历史。火鸡以其体型大，生长迅速，抗病性强，瘦肉率高而受人瞩目，可与肉鸡媲美。火鸡具有野的特性，其肉属于高蛋白质(蛋白质含量 27%，普通肉只有 23%)、低脂肪(2%～3%)、胆固醇含量低(0.06%～0.1%)的肉类，肉质鲜嫩可口。火鸡的品种很多，近年来国外培育出了很多肉用优良品种和配套品系。

(1)贝茨维尔小型火鸡

贝茨维尔小型火鸡是美国贝茨维尔研究中心育成的著名小型火鸡品种。成年公火鸡体重 14 kg，母火鸡可达 8 kg。该品种具有早熟、饲养适应性强、生长快、肉质鲜美、产蛋多等优点。

(2)美国尼古拉白羽宽胸火鸡

美国尼古拉白羽宽胸火鸡是利用美国东部的黑色火鸡和西南部的花色火鸡经过自繁和杂交培育成的，生长快，是目前饲养最多最受欢迎的火鸡品种。该品种现已占美国国内火鸡生产量的75%左右，成年公火鸡体重20～25 kg，母火鸡12～15 kg。商品肉用火鸡14～22周龄屠宰上市，体重5～12 kg，屠宰率为85%～90%，胸肌和腿肉占体重的40%～50%。

(3)加章大海布里德火鸡

加章大海布里德火鸡由加拿大海布里德火鸡公司培育而成，有重型、重中型、中型、小型之分，我国主要引进的是中型鸡。商品代公火鸡16～18周龄屠宰，体重7.4～8.5 kg；母火鸡12～13周龄屠宰，体重3.9～4.4 kg。

2.2.7.3 肉鸽

世界上公认的肉鸽品种有40多个，我国饲养较多的肉鸽品种有王鸽、贺姆鸽及杂交王鸽等。

(1)王鸽

王鸽是美国于1890年培育成的品种，亦称美国王鸽，体态丰满结实。成年公鸽体重为650～750 g，母鸽为600～650 g。每对种鸽每年可产仔鸽12～16只。

(2)石歧鸽

石歧鸽是我国广东省中山市石歧镇育成的品种，适应性强，耐粗饲，年产乳鸽7～8对，成年公鸽体重750～800 g，母鸽体重650～750 g。

(3)贺姆鸽

贺姆鸽原产于美国，肉用贺姆鸽是选用贺姆鸽和卡奴鸽、王鸽和蒙丹鸽子1920年杂交而成的，成年公鸽体重700～750 g，母鸽为600～700 g。年繁殖乳鸽8～10对。

2.2.7.4 鸵鸟

鸵鸟包括非洲鸵鸟、美洲鸵鸟、鸸鹋、鹤鸵等。非洲鸵鸟因生长快、繁殖力强、易饲养和抗病力强，所以国内外养殖的基本都是非洲鸵鸟。人工养殖的鸵鸟品种只有3个，即蓝颈鸵鸟、红颈鸵鸟和非洲黑鸵鸟。饲养较多的是黑鸵鸟，其体格大，生长发育快，1岁体重可达90～100 kg，净肉50 kg左右，成年体重约180 kg。鸵鸟肉营养丰富，具有极高的营养价值，品质优于牛肉。具有高蛋白、低脂肪、低热量、低胆固醇等特点，肉色鲜红，细嫩味美，品质良好。

2.2.8 肉兔品种

兔从经济用途上可分为肉用、皮用、皮肉兼用和毛用4类。目前全世界约有60多个品种。肉兔根据体型可分为大、中、小3型，体重大于5 kg的为大型兔；3～5 kg为中型兔；小于3 kg为小型兔。兔肉属于高蛋白质、低脂肪、低胆固醇的肉类。据测定肉兔瘦肉率高达70%，肉中蛋白质含量达21%，比一般肉类都高；赖氨酸、磷脂、钙、维生素的含量也很高，而脂肪和胆固醇含量却低于所有的肉类，因此兔肉被称为“荤中之素”，是有益健康的肉食品。我国饲养较多的肉用及兼用兔品种主要有以下几种。

2.2.8.1 地方品种

(1)中国白兔

中国白兔是世界上较古老的优良兔种,分布于全国各地,以四川成都平原饲养最多,属皮肉兼用品种。毛色以纯白为主,也有黑色、灰色、棕色。体型较小,全身结构紧凑而匀称,成年公兔体重 1.8～2.0 kg,母兔体重 2.2～2.3 kg,繁殖力较强,年产 4～6 胎,平均每胎产仔 6～8 只,最多达 15 只以上。该兔种的主要优点是早熟,繁殖力强,适应性好,抗病力强,耐粗饲,是优良的育种材料,肉质鲜嫩味美,适宜制作缠丝兔等美味食品。

(2)虎皮黄兔

虎皮黄兔又名太行山兔,原产于河北省井陉、鹿泉和平山等县,是经过 7 年选育而成的一个优良的地方品种。虎皮黄兔分标准型和中型两种。虎皮黄兔标准型全身毛色为栗黄色,腹部毛为淡白色,体型紧凑,背腰宽平,四肢健壮,体质结实。成年兔体重,公兔平均 3.87 kg。母兔 3.54 kg。中型兔全身毛色为深黄色,臀两侧和后背略带黑毛尖,背腰宽长,后躯发达,体质结实。成年兔体重,公兔平均 4.3 kg,母兔平均 4.4 kg。虎皮黄兔耐寒,粗饲,抗病力和适应性特别强,遗传性能稳定,繁殖力高,年产 5～7 胎,胎均产仔 8.2 只,母兔母性好;泌乳力强。

2.2.8.2 引入品种

(1)新西兰兔

新西兰兔原产于美国,是近代最著名的优良肉兔品种之一,广泛分布于世界各地。有白色、红色和黑色 3 个变种,它们之间没有遗传关系,而生产性能以白色最高。白色新西兰兔毛纯白色,体型中等,早期生长发育快,一般 70 日龄出栏,体重可达 2 kg,屠宰率可达 58%,产肉率高,肉质细嫩。成年公兔体重 4～5 kg,母兔 4.5～5 kg。该兔适应性、抗病性强,耐粗饲,性情温驯,易于管理,饲料利用率高。

(2)比利时兔

比利时兔原产于比利时弗朗德地区,是英国育种家用野生穴兔改良选育形成的大型肉兔品种。被毛黄褐色或深褐色,后躯较高,四肢粗大,酷似野兔。该品种具有体型大,生长快,耐粗饲,适应性好,抗病力强等特点。仔兔出生体重 50 g,90 日龄可达 2.5 kg,成年兔体重 5～6 kg,屠宰率 55%以上,肉质鲜嫩。母兔繁殖性能好,年产 5 窝,每窝产仔 7～8 只,泌乳力好,仔兔成活率高。

(3)大白兔

大白兔原产于日本,由中国白兔与日本兔杂交选育而成,属皮肉兼用型品种。该兔以耳大著称,又名大耳兔。全身毛色纯白,有大、中、小 3 型。我国饲养的多为大型兔,仔兔初生重 60 g 左右,3 月龄体重 2.2～2.5 kg。年产 5～7 胎,每胎产仔 8～10 只,最高达 17 只。成年兔体重 5～6 kg,最高达 8 kg。该兔种的优点是早熟,生长快,耐粗饲,母性好,繁殖力强,常用作"保姆兔",肉质好,皮张质量优良。

(4)巨型兔

巨型兔原产于德国,为著名的大型皮肉兼用兔,非常适合在我国饲养。嘴部、两耳、眼圈、背脊部及尾部毛色呈黑色,其他部位呈白色。早期生长发育较快,仔兔出生重 70 g,90 日龄可达 2.5 kg,成年兔重 5～6 kg。母兔繁殖率高,每窝产仔 11 只左右。

(5)青紫蓝兔

青紫蓝兔原产于法国,由于其皮毛与南美洲所产的一种珍贵皮毛兽“青紫蓝绒鼠”相似而得名,是优良的皮肉兼用种。有3个类型:标准型、美国型和巨型。标准型体格较小,成年公兔体重2.5～3.4 kg,母兔体重2.7～3.6 kg;美国型体格中等,成年公兔体重4～5 kg,母兔4.5～5.5 kg;巨型兔偏重肉用,成年公兔体重5.4～6.8 kg,母兔5.9～7.3 kg。

2.2.8.3 培育品种

(1)塞北兔

塞北兔经过杂交培育而成,是一个大型皮肉兼用兔种,在北方养殖量大、范围广。塞北兔被毛颜色全身统一,分为刺鼠毛型的黄褐色,白化型的纯白色和少量的黄色。该品种体型大,生长速度快,仔兔初生重60～70 g,1月龄断奶重可达650～1 000 g,90日龄体重2.1 kg,育肥期料肉比为3.29∶1。成年体重平均5.0～6.5 kg,高者可达7.5～8.0 kg。耐粗饲,抗病力强,适应性广,繁殖力较高,年产仔4～6胎,胎均产仔7～8只,断奶成活率平均81%。

(2)哈尔滨白兔

哈尔滨白兔是由比利时兔、花巨兔、加利福尼亚兔、青紫蓝兔与哈尔滨本地白兔、上海大耳白兔等多品种杂交选育而成。哈尔滨白兔全身被毛洁白,毛密柔软,眼睛红色,耳宽长而直立,前后躯发育匀称,上肢强健,体型较大。该兔种属大型肉兔新品种。哈尔滨白兔繁殖力高,生长快,耐粗饲,适应性强,遗传性稳定,能年产6～7窝,平均产仔8.3只,45日龄体重可达1～1.25 kg。成年兔体重多在6 kg以上,最大可达8 kg。

畜禽遗传资源是生物多样性的重要组成部分,是长期进化形成的宝贵遗传资源。我国的地方肉用畜禽品种不仅种类繁多,而且种质特性各异(陈伟生等,2004),是培育优质肉用畜禽品种的良好材料,是实现畜牧业可持续发展的基础和保障。

(本章由重庆畜牧科学院卢媛和内蒙古农业大学赵丽华、靳烨主笔)

参考文献

[1] 陈伟生,徐桂芳. 中国家畜地方品种. 北京:中国农业出版社,2004.
[2] 蒋爱民,南庆贤. 畜产食品工艺学. 北京:中国农业出版社,2008.
[3] 靳烨,南庆贤. 高压处理对牛肉感官特性和食用品质的影响. 农业工程学报,2004(5):196-199.
[4] 李德发. 动物营养与研究. 北京:中国农业科学技术出版社,2004.
[5] 罗欣,朱燕. 乳酸钠在牛肉冷却肉保鲜中的应用研究. 食品发酵与工业,2000,26(3):1-5.
[6] 邱燕,崔薇,陈韬. 氯化钙处理对牛肉嫩化的研究进展. 肉类研究,2009(2):10-13.
[7] 吴伟,孙飞舟,孙云农. 百日龄羔羊肉质分析. 肉类研究,2000,4:48-49.
[8] 吴信法. 肉品科学及肉品卫生检验,中国商业出版社,1984.
[9] 肖光明,邓云波. 生猪养殖. 湖南:湖南科学技术出版社,2005.
[10] 徐廷生,邹继业,陈自刚,等. 河南小尾寒羊产肉性能与羊肉品质的分析研究. 中国养羊,1994(2):39-41.
[11] 严江华. 冷却牛肉嫩化及保鲜. 肉类研究,2008(11):53-55.
[12] 杨龙江,南庆贤. 猪肉食用品质的影响因素及其营养调控. 肉类工业,2000,8:27-28.
[13] 曾勇庆,王慧,储明星. 小尾寒羊肉品理化性状及食用品质的研究. 中国畜牧杂志,2000(36)3:6-8.

[14] 张克英,陈代文，罗献梅等.饲粮理想蛋白水平对猪肉品质的影响. 四川农业大学学报，2000,20(1)：12 -16.

[15] 张利平,吴建平.肉羊体脂脂肪酸与肉品质关系的研究.甘肃农业大学学报,2000,4(35):363 - 369.

[16] 张嫚,周光宏,徐幸莲.冷却牛肉的气调保鲜包装.食品科学，2004,25(2):179 - 183.

[17] Lawrie, R. A. , Ledward, D. S. Lawrie's 肉品科学. 7 版. 周光宏主译. 北京:中国农业大学出版社,2009.

[18] Aa J. L, S. D. M. Jones, A. K. W. Tong, L. E. Jeremiah, W. M. Robertson, and L. L. Gibson. 1992. The combined effects of time on feed, electrical stimulation and ageing on beef quality. Can. J. Anim. Sci. 72: 525 - 535.

[19] Andersen, H. J. 2000. What is pork quality? Page 15 - 26 in Quality of meat and fat in pigs as effected by genetics and nutrition. C. Wenk, J. A. Fernández, and M. Dupuis, ed. EAAP Publication No100, Zurich, Switzerland.

[20] Bate - smith, E. C. 1948. Observations on the pH and Related Properties of Meat. J. Soc. Chem. Ind. 67 -83.

[21] Bailey, A. J. and Light, N. D. 1989. Connective Tissue in Meat and Meat Products. Elsevier Applied Science. New York. 25 - 49.

[22] Bishop, M. D. , M. Koohmaraie, J. Killefer, and S. Kappes. 1993. Restriction fragment length polymorphism in the bovine calpastatin gene. J. Anim. Sci. 71: 2277.

[23] Bray, A. R. , A. E. Graafhuis, and B. B. Chrystall. 1989. The accumulative effect of nutritional Shearing and preslaughter washing stresses on the quality of lamb meat. Meat. Sci. 25: 59 - 67.

[24] Callow, E. H. 1948. Comparative studies of meat. The changes in the carcass during growth and fattening, and their relation to the chemical composition of the fatty and muscular tissue. J. Agr. Sci. 38:174.

[25] Callow, E. H. and S. R. Searle. 1956. Comparative studies of meat. V. Factors affecting iodine numbers of fat from the fatty and muscular tissue of cattle. J. Agr. Sci. 48:61.

[26] Callow, E. H. 1962. Comparative studies of meat. Ⅷ. The percentage fat in the fatty and muscular tissues of steers. and the iodine number of the extracted fat, as affected by breed and level of nutrition. J. Agric. Sci. (Camb.) 58: 295 - 307.

[27] Cameron, N. D. and M. Enser. 1991. Fatty acid composition of lipid in longissimus dorsi muscle of Duroc and British landrace pigs and its relationship with eating quality. Meat Sci. 29: 293.

[28] Enright K. L. 1998. The effect of feeding high levels of vitamin D3 on pork quality. J. Anim. Sci. 76 (1):149 - 155.

[29] Hammond, J. 1932. Growth and Development of Mutton Qualities in the sheep, Oliver & Boyd, London.

[30] Hiner, R. L. , and O. G. Hankings. 1950. The tenderness of beef in relation to different muscles and age in the animal. J. Anim. Sci. 9:347.

[31] Hugo, A. , and A. E. Roodt. 2007. Significance of Porcine Fat Quality in Meat. Food Rev. Int. 23: 175 - 198.

[32] Goerl. 1995. Pork characteristics as affected by two populations of swine and six crude protein level. J. Anim. Sci. 73:3621 - 3626.

[33] Geesink G. H. , M. H. D. Mareko, J. D. Morton, and R. Bickerstaffe. 2001. Electrical stimulation - when more is less. Me(5):145 - 151.

[34] Høst V. , E. Veiseth, and K. Hollung. 2006. Effects of low voltage electrical stimulation on bovine longissimus and adductor muscles. 52nd international congress of meat science and technology. 631 - 632.

[35] I. H. Hwang and J. M. Thompson. 2001. The effect of time and type of electrical stimulation on the calpain system and meat tenderness in beef longissimus dorsi muscle. Me. (5): 135 - 144.

[36] Hwang I H, C. E. Devine, and D. L. Hopkins. 2003. The biochemical and physical effects of electrical stimulation on beef and sheep meat tenderness. Me(6): 677 - 691.

[37] Lametsch, R., A. F. Karlsson,, K. Rosenvold, H. J. Andersen, et al., 2003. Postmortem proteome changes of porcine muscle related to tenderness. J. Agric. Food Chem. 51:6992 - 6997.

[38] Lawrie, R. A. 1961. Studies on the muscles of meat animals. I. Differences in composition of beef longissimus dorsi muscles determined by age and anatomical location. J. Agr. Sci. 56:249.

[39] Lawrie, R. A. and D. P. Gatherum. 1964 Studies on the muscless of meat animals: V. inter - and intra - litter differences in the composition of Longissimus dorsi muscles from pigs. J. Agric. Sci. 62: 381 - 390.

[40] Li, C. B., Y. J. Chen, X. L. Xu, M. Huang, T. J. Hu, and G. H. Zhou. 2006. Effects of low - voltage electrical stimulation and rapid chilling on meat quality characteristics of Chinese Yellow crossbred bulls. Me. 72(1): 9 - 17.

[41] Lu P, Defa Li, Yin JD, Liying Zhang, Zongyi Wang. 2007. Flavour differences of cooked longissimus muscle from Chinese indigenous pig breeds and hybrid pig breed (Duroc * Landrace * Large White). Food Chem, 107: 1529 - 1537.

[42] Mc, F. K., G. C. Smith, J. W. Savell, T. R. Dutson, Z. L. Carpenter, and D. R. Hammons. 1980. Electrical stimulation of mature cow carcasses. J Anim Sci. 50: 694 - 698.

[43] McMeekan, C. P. 1940. Growth and development in the pig with special reference to carcass quality characters II The influence of the plane of nutrition on growth and development. J. Agri. Sci. Cambridge 30:276 - 287.

[44] Murray, A. C., S. D. M. Jones, and A. P. Sather. 1989. The effect of pre - slaughter feed restriction and genotype for stress susceptibility on pork lean quality and composition. Can. J. Anim. Sci. 69: 83 - 91.

[45] Nielsen, J. H., B. Sorensen, L. H. Skibsted, and G. Bertelsen. 1997. Oxidation in Pre - cooked Minced Pork as Influenced by Chill Storage of Raw Muscle. Meat Sci. 46: 191 - 197.

[46] Pearson, A. M. and T. R. Dutson. 1985. In Advances in Meat Research: Electrical Stimulation. AVI. Westport, Conn. 121.

[47] Pettigrew, J. E. 1999. An economic analysis of feeding conjugated linoleic acid to finishing pigs. In: proc. Am. Assoc. of Swine Pract. 30*th* Ann. Mtg., st. Louis, Mo. pp 149 -151.

[48] Pettigrew, J. E. and M. A. Esnaola. 2001 Swine nutrition and pork quality: A review. J. Anim. Sci. 79 (E. Suppl.) E 316 - E 342 (Abstr.).

[49] Ryszard Ż and K. B. Joanna. 2007. Analysis of changes in electric current intensity during high voltage electrical stimulation in the aspect of predicting the pH value of beef. J (81):560 - 565.

[50] Shackelford, S. D., M. Koohmaraie, M. F. Miller, et al. 1991. Effect of calcium chloride infusion on the tenderness of lambs fed a beta - adrenergic agonist. J. Anim. Sci. 69(6):2463 - 2471.

[51] Strydom P E. 2005. Should electrical stimulation be applied when cold shortening is not a risk? Me (7): 733 - 742.

[52] Swanek, S. S. 1999. Vitamin D_3 supplementation of beef steers increases longissimus tenderness. J. Anim. Sci. 77: 874 - 881.

[53] Terrell, R. N., G. G. Suess, and R. W. Bray. 1969. Influence of sex, liveweight and anatomical location on bovine lipid. I. Fatty acid composition of subcutaneous and intermuscular fat depots. J. Anim. Sci.

28:449 - 453.

[54] Warriss, P. D. , E. A. Bevis, J. E. Edwards, S. N. Brown, and T. G. Knowlfs. 1991. Examined the effects of head to back stunning on PSE characteristics. Vet. Rec. 128:419.

[55] Wiegand, B. R. , F. C Parrish, et al. 1999. Effects of CLA supplementation on pork quality characteristics in crossbred growning - finishing barrows. J. Anim. Sci. 77 (suppl. 1):47(Abstr.).

[56] Wilborn, B. S. 2004 Improving pork quality by feeding supranutritional concentration of vitamin D_3. J. Anim. Sci. , 82: 218 - 224.

[57] Wierbicki, E. , L. E. Kunkle, V. R. Cahill, and E. E. Deatherage. 1956. Post mortem changes in meat and their possible relation to tenderness together with some comparisons of meat from heifers, bulls, steers and diethylstilbestrol treated bulls and steers. Food Tech. 10:80.

[58] Wilson, G. D. , R. W. Bray, and P. H. Phillips. 1954. The Effect of Age and Grade on the Collagen and Elastin Content of Beef and Veal. J. Anim. Sci. 13:826 - 831.

[59] Wood,J. D. , R. I. Richardson, G. R. Nute, A. V. Fisher, et al. 2003. Effects of fatty acids on meat quality: a review. Meat Sci. 66:21 - 32.

第3章

肌肉的组成与结构及宰后肌肉变化与肉品质形成

广义上肉包括肌肉、脂肪、结缔、上皮和神经等组织，但肌肉组织是肉的主要组成部分，任何对肉的讨论应直接与肌肉相联系。动物肌肉组织根据其结构、收缩性能和收缩控制机制可分为骨骼肌、心肌和平滑肌3类。骨骼肌和心肌纤维在光学显微镜下观察，具有明暗相间的横纹，因此二者又统称为横纹肌(图3-1)。平滑肌没有横纹结构。大多数骨骼肌通过肌腱附着在骨骼上。骨骼肌的活动受躯体神经系统控制，由运动神经元激活，它的收缩引起有关骨骼的运动。主观意识可以控制骨骼肌的活动，因此骨骼肌又称随意肌。心肌是构成心脏的肌肉。心肌的活动由内脏神经系统、激素和其他内在因素调节。平滑肌一般构成体内中空的器官和管道，如胃、肠道、膀胱、血管、子宫等。平滑肌的活动大部分由内脏神经系统控制，还接受激素和其他内在因素的影响，一般不受主观意识的直接控制，主要与调节体内环境有关。在肉品工业中，骨骼肌、心肌和平滑肌3种肌肉都可用于肉制品生产，其中平滑肌和心肌主要常见于碎肉制品中，而骨骼肌在整肉制品和碎肉制品中均可见。三者以骨骼肌在畜牧业和肉品工业中

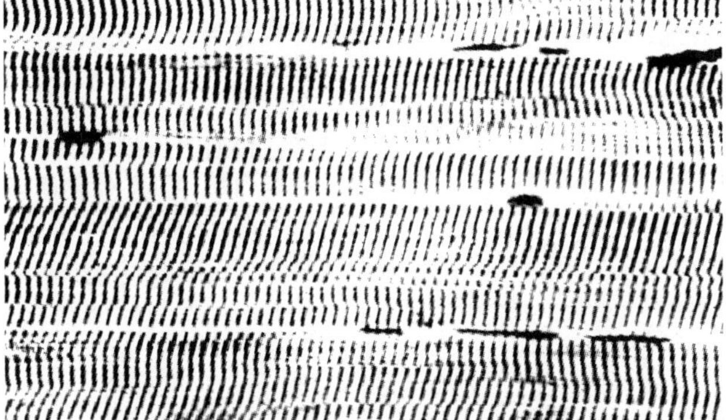

图3-1 骨骼肌纤维的显微照片(630×)

图片源自 Aberle 等，Principles of Meat Science (4th Edition)，2001，Kendall/Hunt Publishing Company。

最为重要，因此本章将主要讨论骨骼肌的结构、化学组成、动物屠宰后骨骼肌的主要理化变化以及与肉品品质形成的关系。

3.1 骨骼肌的化学组成

动物机体大约由100种化学元素组成，其中有20种是生命活动所必需的，另外有30～35种是在哺乳动物和鸟类的生命活动中起重要作用。动物胴体主要由肌肉组织、脂肪组织、结缔组织和骨骼4部分组成。肌肉作为胴体的主要组成部分，含有水、蛋白质、脂肪、碳水化合物和无机成分。其中水分含量最大，约占75%(65%～80%)，蛋白质占16%～22%，而肌肉的脂肪含量变化很大，通常在1.5%～13%的范围内变化，碳水化合物在肌肉中含量较少，只有0.5%～1.3%。最后，肌肉中还含有少量无机成分，包括很多阳离子和阴离子(表3-1)。

表3-1 哺乳动物骨骼肌的化学组成(以湿重计) %

成分	含量	成分	含量
水分	75.0(65～80)	基质蛋白	
蛋白质	18.5(16～22)	胶原蛋白	
主要收缩蛋白	7.0	弹性蛋白	
肌球蛋白		其他不溶性蛋白	
肌动蛋白		**脂质**	3.0(1.5～13.0)
收缩调控蛋白		中性脂	
原肌球蛋白		磷脂	
肌钙蛋白		脂肪酸	
细胞骨架蛋白		脂溶性物质	
肌联蛋白		**非蛋白含氮物**	1.5
伴肌动蛋白		肌酸和磷酸肌酸	
C蛋白和H蛋白		核苷酸(ATP、ADP、AMP等)	
M蛋白		游离氨基酸	
α-辅肌动蛋白		肽(肌肽、鹅肌肽等)	
肌中线蛋白		其他非蛋白含氮物(肌酐、尿素、IMP、NAD、NADP)	
结蛋白		**碳水化合物**	1.0
细丝蛋白		糖原	
纽带蛋白		葡萄糖	
联丝蛋白		细胞代谢产物或中间产物(磷酸己糖、磷酸丙糖、乳酸、柠檬酸、延胡索酸、琥珀酸等	
肌酸激酶			
原肌球调节蛋白			
骨架蛋白			
CapZ		**无机物**	1.0
丝联蛋白		总磷	
抗肌萎缩蛋白		钠	
肌浆蛋白		钾	
可溶性肌浆和线粒体酶		氯	
肌红蛋白		硫	
血红蛋白			
细胞色素和黄素蛋白		钙、镁等其他微量元素	

蛋白质是肌肉中固体物质的主要组成成分，根据其溶解性，肌蛋白可分为肌浆蛋白(Sarcoplasmic proteins)、肌原纤维蛋白(Myofibrillar proteins)和基质蛋白(Stromal proteins)3类。肌浆蛋白溶于低离子强度(0.15或更低)的水溶液因而可被提取出来。肌原纤维蛋白不溶于低离子强度的水溶液，但可被更高(0.3或更高)离子强度的钠或钾溶液提取出来。由于肌原纤维蛋白可被盐溶液提取出来，因此又被称为盐溶蛋白。基质蛋白包括结缔组织蛋白，不溶于高离子强度的盐溶液，为肌肉中的不溶性蛋白。肌浆蛋白包括肌红蛋白和与糖酵解、三羧酸循环以及电子传递链有关的酶类，后二者位于线粒体中。肌原纤维蛋白或盐溶蛋白包括所有与肌原纤维有关的蛋白质。除蛋白质外，肌肉中还存在着其他一些含氮化合物，统称为非蛋白含氮物，这些化合物包括游离氨基酸、多肽、肌酸、磷酸肌酸、肌酐、维生素、核苷和核苷酸等。

肌肉中的脂质主要为中性脂(甘油三酯)和磷脂。尽管部分脂质存在于肌纤维细胞内，肌肉中的大部分脂肪贮存于肌束间与疏松结缔组织相连的脂肪组织中。

肌肉中碳水化合物的含量通常很低。糖原是肌肉中含量最高的碳水化合物，其含量通常占肌肉重量的0.5%～1.3%。此外，其他的主要碳水化合物还有黏多糖(与结缔组织有关)、葡萄糖以及其他一些单糖、双糖和糖酵解中间产物。

3.2 骨骼肌的结构

骨骼肌是动物机体最大的组织，通常骨骼肌占产肉动物胴体重的35%～65%。正如其名，骨骼肌一般通过肌腱附于骨骼上(图3-2)，但也有例外，如食管上部的肌层及面部表情肌并不附于骨骼上。分布于躯干和四肢的每块肌肉均由许多平行排列的骨骼肌纤维组成，并由结缔组织覆盖和结合在一起(图3-3)。包在整块肌外面的结缔组织称为肌外膜(Epimysium)，它是一层致密的结缔组织膜，含有血管和神经(图3-2)。肌外膜的结缔组织以及血管和神经的分支伸入肌内，分隔和包围着大小不等的肌束(Muscle bundle)，形成肌束膜(Perimysium)。每条肌肉可以由不同数量的肌束组成。包裹在每根肌纤维外的胶原结缔组织由外向内可分为为肌内膜(Endomysium)和基底膜(Basement membrane)。肌肉干细胞——卫星细胞(Satellite cell)，位于基底膜和肌膜之间。肌内膜、肌束膜和肌外膜互相连接并形成结缔组织网络，从而使得单根肌纤维的收缩可以通过肌内膜传至肌外膜。

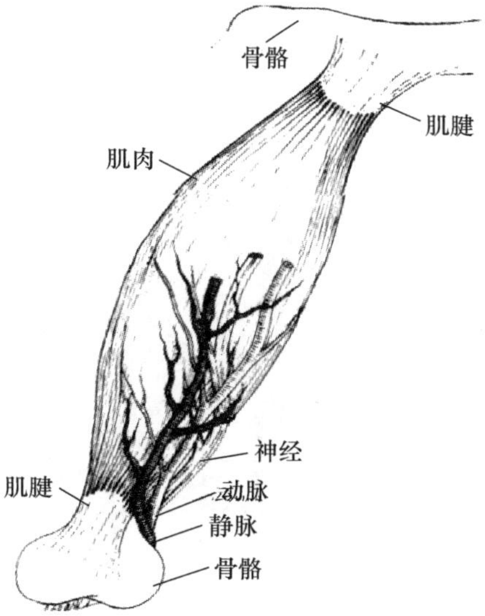

图3-2 骨骼肌及其与血管、神经、肌腱的关系
原图片源自 Aberle E. D. 等，Principles of Meat Science (4th Edition)，2001，Kendall/Hunt Publishing Company。

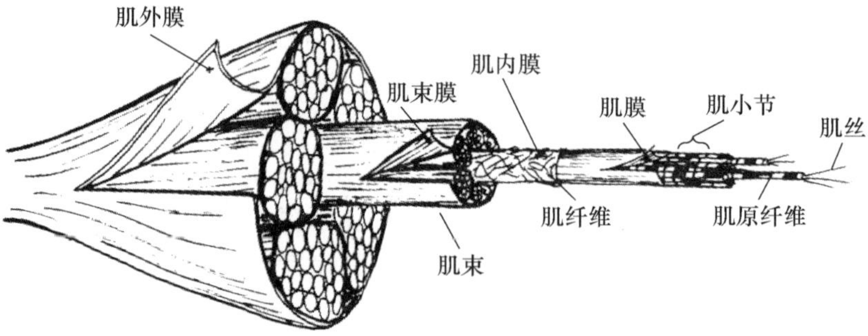

图 3-3　肌肉宏观和微观结构示意图

原图片源自 Chrystall B. B. , Macroscopic, microscopic and physiochemical studies of the influence of heating on muscle tissues and proteins, Ph. D. Dissertation, 1970, University of Missouri。

肌肉中有大量的血管和毛细血管，动脉和静脉穿过肌外膜进入肌肉后在肌束膜和肌内膜中不断地分支为更为细小的血管和毛细血管(图 3-4)，形成一个庞大的网络以确保每根肌纤维都能得到充足的养分，并把代谢产物，如二氧化碳等排出肌细胞外。与血管一起进入肌肉的还有神经元(即神经细胞)，包括输出神经元(Efferent neurone，或称运动神经元，Motor neurone)和输入神经元(Afferent neurone，或称感觉神经元，Sensory neurone)。这些神经元也在结缔组织内不断分支，接触到每根肌纤维。运动神经元受到中枢神经系统的刺激后便会引起肌肉的收缩。感觉神经系统主要把痛楚和身体各部分的信息传入中枢神经系统。

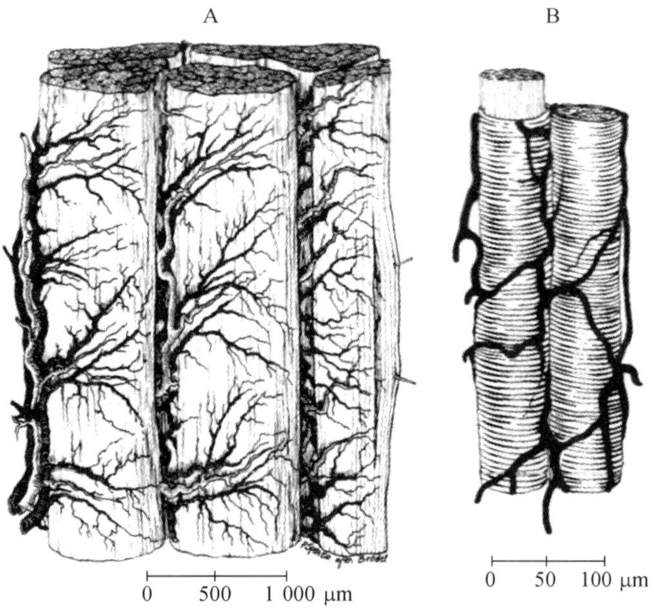

图 3-4　肌纤维的血管供应示意图

A：肌束外的血管网络；B：肌纤维及其毛细血管

原图片源自 Brodel B. , Johns Hopkins Hosp. Bull. 61:295, 1937. The Johns Hopkins University Press。

3.2.1 肌肉的基本结构单位

组成骨骼肌组织的基本结构单位为肌纤维，每根肌纤维即为一个肌细胞，呈细长圆柱状，直径分布从 10～100 μm 不等，长度由几毫米到几厘米不等，最长的骨骼肌纤维长度可达 25 cm，其两端逐渐变小而呈圆锥状(图 3-5)。虽然骨骼肌纤维的长度可达几厘米，但通常一根肌纤维不能延伸至整块肌肉的长度。哺乳动物和鸟类的骨骼肌纤维为多核细胞。由于骨骼肌纤维的长度不一，每根肌纤维中细胞核的数量也由几十个到几百个不等。除舌骨骼肌外，骨骼肌纤维一般不具有分支。骨骼肌细胞的另一特点是肌纤维不具有分裂能力，肌纤维的更新，肌肉损伤后的修复和再生主要依赖于肌卫星细胞。

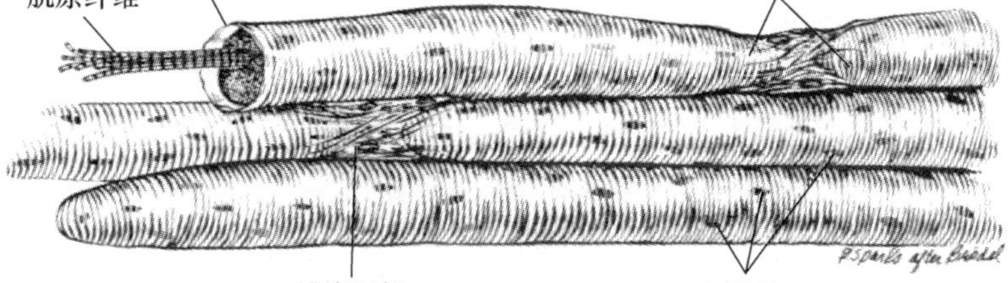

图 3-5 骨骼肌纤维结构示意图

原图片源自 Brodel, Johns Hopkins Hosp. Bull. 61:295, 1937. The Johns Hopkins University Press。

骨骼肌细胞的质膜称为肌膜(Sarcolemma)。在肌膜之内是一种红色黏滞的液体，称为肌浆(Sarcoplasm)。肌浆中含有细胞核、线粒体、高尔基体、肌红蛋白、糖原、脂肪、磷酸肌酸、ATP 以及数以千计的肌原纤维(Myofibril)。肌原纤维被包围在由肌质网(Sarcoplasmic reticulum)和 T 小管(Transverse tubule)所组成的细胞内膜网络之中。肌质网和 T 小管统称肌管系统(Sarcotubular system)，与肌肉收缩时神经信息的传导有关。

3.2.2 肌原纤维和肌小节

骨骼肌细胞内含有大量的肌原纤维，肌原纤维在肌细胞内呈细丝(纤维)状，直径 1～2 μm，由被称为肌小节(Sarcomere)的重复单位所组成。肌原纤维在细胞内沿肌纤维平行排列，纵贯肌细胞全长。

在光学显微镜下肌原纤维也呈规则的明、暗相间的条纹，分别称为明带和暗带(图 3-6)，这就是骨骼肌纤维呈明暗相间横纹的原因。暗带较宽，又叫 A 带(A band)，呈双折光，为各向异性(Anisotropic)。A 带中间有一部分浅色区域，称为 H 带(H zone)。在 H 带中只存在肌粗丝而无肌细丝，因此 H 带又被称为裸区(bare zone)。在 H 带两端的 A 区，肌粗丝和肌细丝重叠，因此又被称为重叠区。H 带中央为 M 线(M line)。明带较窄，又叫 I 带(I band)，呈单折光性，为各向同性(Isotropic)。在 I 带中央有一条深色的细线称为 Z 线(Z line)。肌原纤维的每相邻的两条 Z 线之间的部分构成肌小节。肌小节由中间的 A 带和两侧各 1/2 的 I 带组成，当肌肉收缩和舒张运动时，其长度会发生相应的变化。

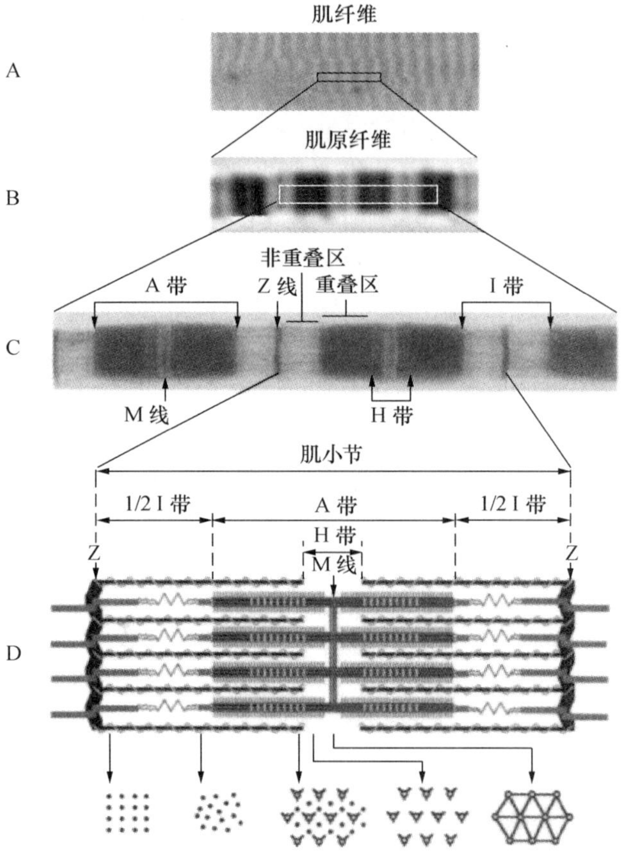

图 3-6 **骨骼肌的微观结构**

A:肌纤维的相差显微镜图像;B:肌原纤维的相差显微镜图像;

C:肌原纤维正染色后的高压电子显微镜(HVEM)图像;D:肌小节的结构示意图

图片引自 Swartz D. R., M. L. Greaser and M. Cantino. Muscle Structure and Function, In Applied Muscle Biology and Meat Science, Du M. and R. McCormick Ed., 2009, CRC Press. New York, pp6。

肌原纤维包含 30 多种蛋白质,这些蛋白质以非共价键相互作用,组装成晶格结构的肌原纤维。在这一蛋白质复合体中,单一蛋白质与蛋白质结构域之间的相互作用可能比较弱,但参与相互作用的蛋白质结构域的数量非常庞大,从而使得肌原纤维具有稳定的结构。肌原纤维的分离可采用匀浆离心法。在肌原纤维的制备中,可先将骨骼肌(最好是尸僵后的肌肉)在 0.1 mol/L 的盐溶液中匀浆,用粗棉布过滤以除去大块肌肉、一些结缔组织和脂肪,然后对滤下物采用低速离心法进行几次洗涤即可去除存在于上清中的膜质成分和肌浆蛋白,沉淀物即为肌原纤维和细胞核。对分离得到的肌原纤维进行 SDS-聚丙烯酰胺凝胶电泳后染色即可观察到各肌原纤维蛋白的相对含量和分子大小(图 3-7)。表 3-2 列出了肌原纤维中主要蛋白质的种类、分子质量和它们的相对含量。按其功能,肌原纤维蛋白质可分为收缩蛋白,收缩调控蛋白和细胞骨架蛋白三大类。其中(按含量由高至低)肌球蛋白(Myosin)、肌动蛋白(Actin)、肌联蛋白(Titin)、原肌球蛋白(Tropomyosin)、肌钙蛋白(Troponin)和伴肌动蛋白(Nebulin)6 种蛋白质占肌原纤维蛋白总量的 90%。

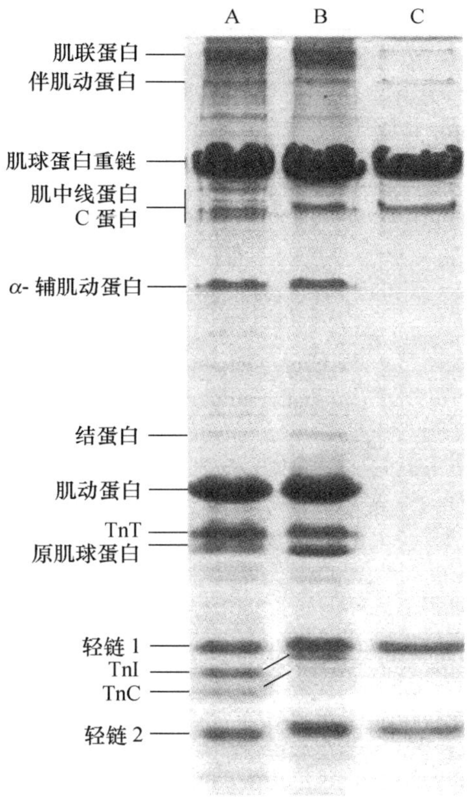

图 3-7 肌原纤维蛋白和粗肌球蛋白的 SDS-PAGE 图

A:牛躯干皮肌(Cutaneous trunci,快肌);B:牛咬肌(Masseter,慢肌);C:粗肌球蛋白

图片引自 Swartz D. R., M. L. Greaser and M. Cantino. Muscle Structure and Function, In Applied Muscle Biology and Meat Science, Du M. and R. McCormick Ed., 2009, CRC Press. New York, pp7。

表 3-2 肌原纤维蛋白

蛋白名称	组成亚基	分子质量/ku	占肌原纤维蛋白的比例/%
肌球蛋白	异源六聚体	520	43
	重链	220	
	碱性轻链	23	
	调节轻链	20	
G-肌动蛋白	单体	43	22
肌联蛋白	?	3 200～3 700	10
伴肌动蛋白	单体	900	5
肌钙蛋白	异源三聚体	73	5
	TnT	31	
	TnI	23	
	TnC	18	

续表 3-2

蛋白名称	组成亚基	分子质量/ku	占肌原纤维蛋白的比例/%
原肌球蛋白	同源/异源二聚体	66	5
	α-亚基	33	
	β-亚基	33	
C 蛋白	单体	130	2
H 蛋白	单体	55	<1
肌中线蛋白	同源二聚体	165～185	2
α-辅肌动蛋白	同源二聚体	100	2
原肌球调节蛋白	单体	40	<1
CapZ	异源二聚体	68	<1
	α-亚基	36	
	β-亚基	32	
肌酸激酶	同源二聚体	43	<1
腺苷酸激酶	单体	22	
结蛋白	同源多聚体	54	<1
联丝蛋白	与结蛋白形成多聚体	185	<1
细丝蛋白	同源二聚体	240	<1
石松蛋白	单体	19	<1
抗肌萎缩蛋白	单体	427	≪1

资料来源：Swartz D. R., M. L. Greaser and M. Cantino. Muscle Structure and Function, In Applied Muscle Biology and Meat Science, Du M. and R. McCormick Ed., 2009, CRC Press. New York, pp6。

(1)肌球蛋白(Myosin)

肌球蛋白是肌肉收缩的分子马达，具有 ATP 酶活性。在肌球蛋白这一蛋白超家族中，共有十余类肌球蛋白，分别命名为肌球蛋白Ⅰ、肌球蛋白Ⅱ、肌球蛋白Ⅲ等等。肌肉(包括骨骼肌、心肌和平滑肌)收缩器中的肌球蛋白为肌球蛋白Ⅱ。肌球蛋白约占肌原纤维蛋白总量的 50%。

肌球蛋白Ⅱ整个分子由两条相同的重链和两对轻链组成(图 3-8)，总分子质量约 520 ku。每一条重链的 C 末端为 α-螺旋。两条重链的 C 末端二聚化形成卷曲的卷曲杆状区(Coiled-coil rod)，约 150 nm 长，参与形成肌原纤维的肌粗丝骨架(见亚肌小节结构)。向 N 端，两条重链分开，形成两个球状头部，整个分子呈豆芽状。用胰蛋白酶处理可将肌球蛋白在杆状部分切开为两部分，带有两个球状头部的部分为重酶解肌球蛋白(Heavy meromyosin, HMM)，另一部分为轻酶解肌球蛋白(Light meromyosin, LMM)。重酶解肌球蛋白可以进一步被酶解为肌球蛋白亚片段 1(Subfragment 1, S1)和 2(Subfragment 2, S2)。S1 包括两球状头部和一 α-螺旋颈部。两球状头部具有 ATP 和肌动蛋白(Actin)结合位点。两种不同的钙调蛋白样肌球蛋白轻链结合于 S1 的颈部(图 3-8)。

在离体条件下，单独的 S1 能依赖其 ATP 酶活性产生力，从而驱使肌动蛋白微丝运动，只是滑动速度比全长的肌球蛋白慢，可见肌球蛋白表现最佳马达活性需要 S2。进一步研究揭示

S1 的球状部分是肌球蛋白的催化/马达结构域，其 ATP 和肌动蛋白结合位点可分别结合 ATP 和肌动蛋白，ATP 的水解及随后产物（磷酸和 ADP）的释放与 S1 头部构想的变化（动力冲程，Power stroke）紧密相关。磷酸和 ADP 释放后无核苷酸的肌动蛋白-肌球蛋白稳定复合物为僵直复合物（Rigor complex，见肌肉收缩部分）。

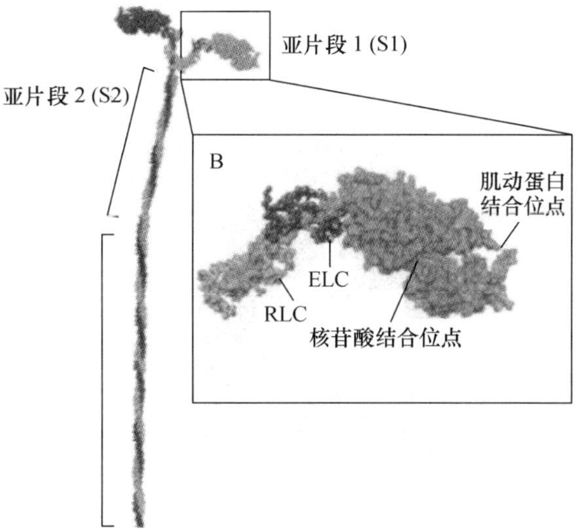

图 3-8 肌球蛋白的分子结构

图片引自 Swartz D. R.，M. L. Greaser and M. Cantino. Muscle Structure and Function，In Applied Muscle Biology and Meat Science，Du M. and R. McCormick Ed.，2009，CRC Press. New York，pp8。

S1 的颈区是肌球蛋白轻链的结合部位。必需和碱性轻链（ELC）结合在 S1 颈区的 N 端，是肌球蛋白 ATP 酶活性和肌球蛋白与肌动蛋白结合所必需的，分子质量约 23 ku。调节轻链（RLC，又称为轻链 2 或 DTNB 轻链）结合于 S1 颈部的 C 端，与 S2 接近。肌球蛋白轻链的功能目前还不完全清楚。S1 颈部在横桥循环（Crossbridge cycle）过程中起着杠杆臂的作用，其长度决定着每水解一分子 ATP 肌动蛋白移动的距离，其刚度对每一横桥承载性能具有重要影响。据研究，肌球蛋白轻链结合于 S1 颈部，能提高这一杠杆臂的刚度，同时，肌球蛋白轻链的磷酸化或与钙的结合是脊椎动物平滑肌和许多无脊椎动物肌肉收缩活化所必需的，在脊椎动物横纹肌收缩活化过程中，肌球蛋白轻链可能也具有类似的调控作用。

（2）肌球蛋白结合蛋白 C（Myosin binding protein C，MyBP-C）

肌球蛋白结合蛋白 C（MyBP-C，又称 C 蛋白）属免疫球蛋白超家族成员，存在于肌粗丝上，分子质量 130 ku，约占肌原纤维蛋白的 2%。在心脏 MyBP-C 基因的突变可引起家族性肥厚型心脏病（Familial hypertrophic cardiomyophathy）。肌肉中 MyBP-C 有 3 种不同的亚型（Isoform），分别为 MyBP-C1，MyBP-C2 和 MyBP-C3。MyBP-C1 和 MyBP-C2（即 MyBP-X）分别存在于骨骼肌快肌和慢肌中（统称为骨骼肌 MyBP-C，sMyBP-C），而 MyBP-C3 只在心肌中发现（心肌 MyBP-C，cMyBP-C）。3 种不同的亚型都为一条多肽链，伸展长度约 50 nm，含有至少 7 个重复的免疫球蛋白Ⅰ（IgⅠ）和 3 个纤连蛋白（Fibronectin，FN）样结构域。这些结构域从 N 端向 C 端依次命名为 C1 到 C10 结构域。MyBP-C 的 C 端（C7-C10）与肌球蛋白的 LMM 部分和肌联蛋白结合，N 端可与肌球蛋白的 S2 部分和肌动蛋白结合（Kulikovskaya 等，2003）。骨骼肌与心肌 MyBP-C 的区别主要有 3 点：cMyBP-C 在其 N 末端有一附加的 IgⅠ结构域 C0，因此其具有 8 个重复的 IgⅠ结构域；cMyBP-C 在其肽链中部的 C5 结构域有一富含脯氨酸的插入序列；cMyBP-C 在其 C1 和 C2 之间的 MyBP-C 模体（Motif）有 4 个磷酸化位点。

沿肌粗丝纵轴，每 1/2 肌粗丝有 7～9 个 MyBP-C 的结合位点，相邻两位点之间的距离为 43 nm，在每一结合位点结合有 2～4 分子的 MyBP-C。MyBP-C 在肌粗丝上的组装模型目前有两种。在三聚 T 模型中（Trimeric collar model）（Winegrad，1999），3 分子的 MyBP-C 相连二聚体化，形成一环状结构，在每一结合位点环绕在粗丝上。在另一模型中，MyBP - C 的 C 端被认为与肌粗丝轴平行(Squire 等，2003)。在这两种模型中，MyBP - C 的 N 端都由肌粗丝骨干向外伸展，与 S2、肌动蛋白或二者同时结合。目前高分辨率电子显微镜术还不能确定哪种模型正确，据推测，MyBP - C 可能在不同的肌肉或肌纤维类型中以不同的方式组装。

MyBP - C 的功能目前还不完全清楚，据研究，MyBP - C 可能调控肌肉收缩，参与肌小节的组装和维持肌肉收缩器的结构稳定性。MyBP - C 的 C 端与肌联蛋白的相互作用可以促进肌粗丝的组装、提高其稳定性，MyBP - C 缺失，肌粗丝的组装和其稳定性则受到破坏。MyBP -C 的肌肉收缩调控功能与其 N 端与 S2 结合的氨基酸残基有关。MyBP - C 的去磷酸化有助于将 S2 拘束在肌粗丝骨干附近，使 S1 移离肌动蛋白。在心肌中，C1 和 C2 之间的 MyBP - C 模体的磷酸化降低 MyBP - C 与 S2 的相互作用，从而在肌肉收缩活化前允许 S1 向肌动蛋白靠近(Levine 等，2001)。同时，MyBP - C 通过其 N 端与肌动蛋白结合形成一支柱，可能使肌肉放松时肌动蛋白微丝在肌小节的重叠区处在相邻两粗丝的中间位置。

(3)肌中线蛋白(Myomesin)

肌中线蛋白位于肌小节的 M 线/带处，3 个不同的基因分别编码肌中线蛋白 1、2 和 3。肌中线蛋白 1 分子质量为 185 ku，存在于所有的横纹肌中。肌中线蛋白 2，又称为 M 蛋白，分子质量 165 ku，在快肌和心肌纤维中表达。肌中线蛋白 3 分子质量为 162 ku，只在慢肌和中间型肌纤维中表达(Schoenauer 等，2008)。3 种蛋白具有各自独特的 N 端结构，由此向 C 端，3 种蛋白则都依次具有 2 个 Ig 样结构域，5 个纤连蛋白结构域 3(FN3)样结构域和 5 个 Ig 样结构域。肌中线蛋白 1 是主要的粗丝交联蛋白，其功能与 Z - 盘(Z - disk)中的 α -辅肌动蛋白(α - actinin)相似。肌中线蛋白 1 可通过 N 端与肌球蛋白结合，通过最靠近 N 端的 3 个 FN3 结构域与肌联蛋白的 C 端相结合，并且两分子的肌中线蛋白 1 可通过羧基端形成二聚体(Lange 等，2005a)。在肌小节的 M 线，肌中线蛋白 1 通过二聚体交联肌粗丝。同时，肌中线蛋白 1 在 M 线还可能起着偶联机械拉伸和肌联蛋白 C 端丝氨酸/苏氨酸蛋白激酶介导的信号通路(Lange 等，2005b)。

(4)肌酸激酶和腺苷酸激酶

肌酸激酶(CK)可逆催化磷酸肌酸和 ADP 之间的转磷酰基反应，由两个亚基组成，骨骼肌细胞只含有 MM 型的肌酸激酶。肌酸激酶位于肌小节的 M 线，与肌中线蛋白结合，其亲和性受 pH 影响，碱性环境下(pH>7.5)，二者的结合力弱；弱酸性环境下(pH 6.0)，二者的结合力强。腺苷酸激酶，又名肌激酶，可逆催化两分子 ADP 生成一分子 ATP 和一分子 AMP 的反应。腺苷酸激酶可与 DRAL/Fhl2 结合，后者再与肌联蛋白羧基端区域结合(Lange 等，2002)，从而使腺苷酸激酶结合于肌小节的 M 线。这样，肌酸激酶和腺苷酸激酶都被固定于肌小节的 M 盘，靠近 ATP 消耗位点(肌球蛋白的 ATP 酶活性位点)，利于肌肉功能。

(5)肌联蛋白(Titin)

肌联蛋白是目前已知的分子质量最大的多肽，其分子质量为 3 200～3 700 ku。肌联蛋白也是肌肉中最丰富的细胞骨架蛋白，占肌原纤维蛋白总量的 10%。在每 1/2 肌小节中，肌联蛋白自 M 线(羧基端)沿肌粗丝伸展，通过 A 带，最后到达 Z 线(氨基端)，形成肌原纤维(肌粗丝和细丝外)的第三肌丝，长度大于 1 μm。肌联蛋白的分子结构非常复杂，其中 90% 由 90～100 个氨基酸残基所组成的重复单位串联而成。这些重复单位可分为两类，即 Ig 结构域和 FN3 结构域。肌联蛋白位于 A 带的部分含有 Ig 和 FN3 结构域，而位于 I 带的部分则只有 Ig

结构域。高等脊椎动物的肌联蛋白由单基因编码,不同亚型的肌联蛋白源自转录后的选择性剪接。

由于肌联蛋白的 N 端与 Z 线相连,羧基端与 M 线相连,因此肌联蛋白必需具有弹性以适应肌肉收缩和舒张时肌小节长度的变化。肌联蛋白位于 I 带的部分具有弹性,弹性源自两个方面:超螺旋的肌联蛋白在肌肉扩张时可被拉直;随着扩张力的进一步加大,肌联蛋白位于 I 带的 PEVK 区可伸长。与 I 带部分不同,肌联蛋白位丁 A 带的部分没有弹性,但具有蛋白激酶活性,可磷酸化视松蛋白(Telethonin)。

肌联蛋白在肌小节中可与多种蛋白质相互作用。在 Z 线,肌联蛋白可与视松蛋白、细丝蛋白(Filamin)、伴肌动蛋白、α -辅肌动蛋白和锚蛋白 1(Ankyrin 1)结合;在 I 带区,肌联蛋白可与遮蔽蛋白(Obscurin)、肌动蛋白、Fh12/DRAL、MARP 和钙蛋白酶 - 3(Calpain - 3)结合;在 A 带区,肌联蛋白可与肌球蛋白和 MyBP - C 结合;在 M 线区,肌联蛋白可与肌环指蛋白(MuRF)、钙/钙调蛋白激酶(Ca^{2+} /Calmodulin kinase)、核纤层蛋白(Lamin)、Fh12/DRAL、钙蛋白酶 - 3 和肌中线蛋白结合。以上与肌联蛋白结合的蛋白质有的为肌联蛋白提供结构锚,有的参与信号转导和/或蛋白质周转,但大部分这些蛋白质 - 蛋白质相互作用的功能目前还不清楚。

肌联蛋白的生理功能主要有 3 个方面:①在肌生成(Myogenesis)过程中,肌联蛋白先于其他肌原纤维蛋白的表达并有多种蛋白质的结合位点,因此,肌联蛋白可能在肌原纤维和肌小节形成过程中起着支架作用,是肌粗丝组装的模板;②在成熟的肌原纤维中,肌联蛋白跨越 1/2 肌小节,将 M 线与 Z 线连接,以维持肌小节的完整性和稳定性,使肌粗丝处于肌小节的中央位置;③肌联蛋白是肌原纤维的分子弹簧,使受牵拉的肌肉可恢复初始状态和保证肌肉收缩的张力输出,并保持舒张肌肉的静息张力。

(6)肌动蛋白(Actin)

肌动蛋白是肌细丝的主要结构蛋白,约占肌原纤维蛋白总量的 20%。肌动蛋白单体呈球状,因此被称为球状肌动蛋白(Globular actin, G - actin),分子质量为 43 ku。Kabsch 等(1990)解决了肌动蛋白单体的晶体结构。如图 3 - 9(A 和 B)(彩图 3 - 9)所示,球状肌动蛋白由一条单链构成,具有内部和外部两个结构域。这两个结构域又可进一步可分为 4 个子域,ATP/ADP 可结合于子域 2 和 4 所形成的裂口中。球状肌动蛋白可聚合,形成纤维状激动蛋白(Fibrous actin,F - actin)。纤维状肌动蛋白的装配过程复杂,受盐、二价阳离子、球状肌动蛋白和 ATP 浓度等多种因素的影响。球状肌动蛋白分子具有极性,装配时肌动蛋白单体头尾相连,其简单过程如图 3 - 9(C、D 和 E)(彩图 3 - 9)和图 3 - 10 所示:首先位于顶部的一分子的球状肌动蛋白的 1 和 3 子域与另一分子球状肌动蛋白的 2 和 4 子域相互作用,形成一分子的二聚体,然后第三分子的球状肌动蛋白的 3 和 4 子域沿绕纵轴旋转 170°,其子域 3 与二聚体中位于底部的球状肌动蛋白的子域 4 结合,其子域 4 与二聚体中位于顶部的球状肌动蛋白的子域 3 结合,形成肌动蛋白三聚体。重复以上过程,在三聚体的下端逐个添加球状肌动蛋白,最后形成一右手双股螺旋的纤维状肌动蛋白。在此过程中,我们假设球状肌动蛋白子域 2 和 4 所形成的裂口总是位于分子的顶端,因此,二聚体的形成可以看成是在一分子单体的顶端堆积另一分子的球状肌动蛋白,而三聚体的形成则可看成是在二聚体的侧面添加另一分子的球状肌动蛋白。球状肌动蛋白多聚体的顶端(子域 2 和 4 所形成的裂口端)称为(—)端或“尖端”,而多聚体的另一端称为(+)端或“钩端”。纤维状肌动蛋白的延长在两端都可以进行,但在(+)端其生长速度要远远大于(—)端。

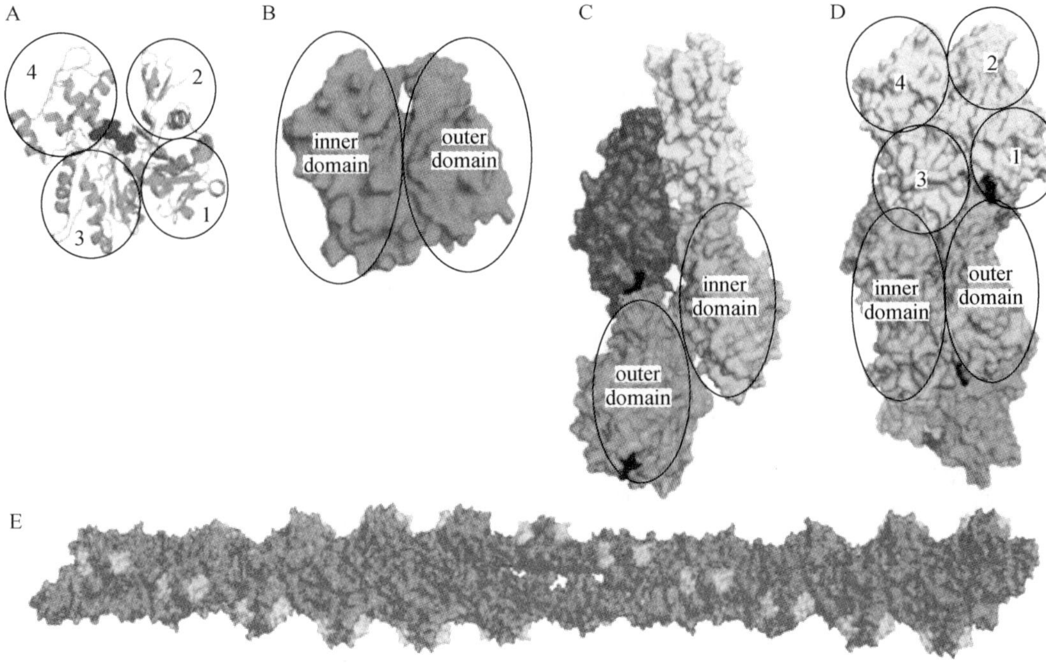

图 3-9 G-肌动蛋白的结构及其多聚化

图片引自 Swartz D. R.，M. L. Greaser and M. Cantino. Muscle Structure and Function，In Applied Muscle Biology and Meat Science，Du M. and R. McCormick Ed.，2009，CRC Press. New York，pp10。

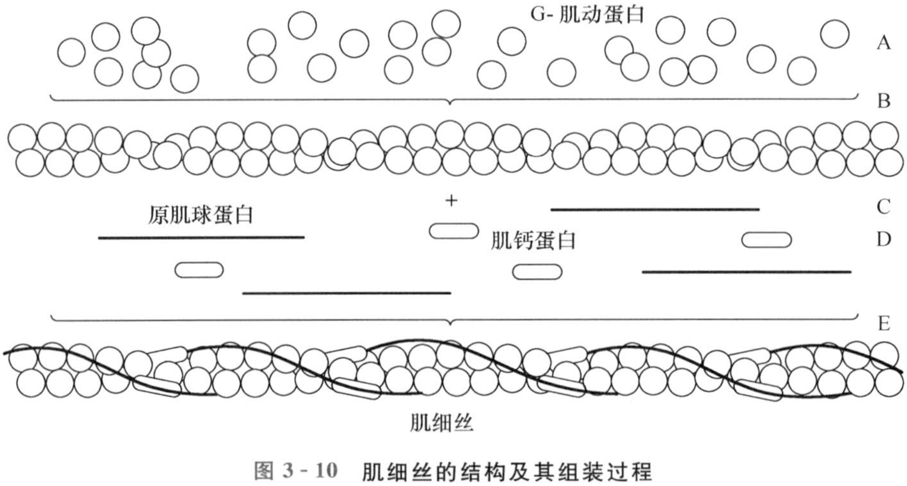

图 3-10 肌细丝的结构及其组装过程

图片源自 Aberle E. D. 等，Principles of Meat Science (4th Edition)，2001，Kendall/Hunt Publishing Company。

螺旋状的肌动蛋白微丝直径约为 10 nm，螺距约为 38 nm。没有结合其他蛋白质的纤维状肌动蛋白其长度可以增加也可缩短，取决于环境条件和球状肌动蛋白的含量。在肌小节结构中，纤维状肌动蛋白可与多种蛋白质结合形成肌细丝，如 CapZ 可结合于肌动蛋白微丝的(+)端，原肌球调节蛋白(Tropomodulin)可结合于(-)端，伴肌动蛋白和原肌球蛋白可沿纵轴结合于纤维状肌球蛋白的外侧以提高纤维状肌动蛋白的稳定性，其中伴肌动蛋白对肌动蛋白微丝的长度起着重要的决定作用。

(7)伴肌动蛋白(Nebulin)

伴肌动蛋白为肌细丝蛋白,约占肌原纤维蛋白的5%,分子质量750~850 ku。分子结构中有大量重复结构域,羧基端有一SH3结构域,在Z线可与肌联蛋白氨基端富含脯氨酸的序列结合。同时,α-辅肌动蛋白、结蛋白(Desmin)和CapZ也可结合于伴肌动蛋白的羧基端。在伴肌动蛋白分子中有1个约35氨基酸残基的重复序列,此重复序列的中央都有1个"SDXXYK"氨基酸序列,此"SDXXYK"序列将伴肌动蛋白锚定于肌细丝的每1个G-肌动蛋白上。伴肌动蛋白的氨基端在肌细丝的游离端与原肌球调节蛋白结合。伴肌动蛋白整个分子螺旋缠绕在肌动蛋白微丝上,从A带到Z线,跨越整个肌细丝。

伴肌动蛋白的功能目前还不完全清楚,在肌肉发育过程中,伴肌动蛋白可能起着分子尺的作用,决定肌细丝的长度,肌小节中肌细丝的长度与伴肌动蛋白的分子大小呈正相关。伴肌动蛋白的突变可导致棒状体肌病(Nemaline myopathy)。伴肌动蛋白敲出小鼠出生后不能存活,肌细丝变短,肌肉收缩功能受损,小鼠出生后肌小节很快解体,说明伴肌动蛋白对维持肌原纤维完整性是必需的(Bang等,2006;Witt等,2006)。

(8)原肌球蛋白(Tropomyosin)

原肌球蛋白(Tropomyosin,Tm)为肌细丝蛋白,约占肌原纤维蛋白的5%,二聚体分子质量为66 ku。二聚体中两条平行的多肽链依靠多肽链一级结构中的七肽重复序列间的疏水作用形成α-螺旋。极性氨基酸(N)和非极性氨基酸(P)的七肽重复序列(NPPNPPP),使得α-螺旋的一侧形成一条疏水带(七肽重复序列中平均每3.5个氨基酸就有一个疏水氨基酸,与α-螺旋中每个螺旋周期包含3.6个氨基酸非常接近)。原肌球蛋白为刚性细长的蛋白质分子,每条原肌球蛋白长约40 nm,直径2.5 nm。在肌原纤维中,每条原肌球蛋白首尾相接形成一条连续的链沿肌动蛋白微丝的长轴同肌动蛋白微丝结合,正好位于肌动蛋白微丝双螺旋的沟(Grooves)中。原肌球蛋白链的极性与肌动蛋白微丝的极性相反,即原肌球蛋白的N端位于肌动蛋白微丝的(−)端,原肌球蛋白的C端位于肌动蛋白微丝的(+)端。每一条原肌球蛋白可与7分子的G-肌动蛋白结合,因此肌细丝中G-肌动与原肌球蛋白的比例为7∶1。原肌球蛋白参与维持肌细丝结构的稳定性,但其主要功能是调控肌球蛋白和肌动蛋白之间的相互作用。原肌球蛋白可在肌动蛋白微丝上轻微移动以暴露出肌动蛋白上肌球蛋白的结合位点,激活肌肉收缩。

(9)肌钙蛋白(Troponin)

肌钙蛋白(Troponin,Tn)为肌细丝蛋白,约占肌原纤维蛋白的5%。肌钙蛋白由3个亚基组成,TnT、TnI和TnC的分子质量分别为31、23和18 ku,Tn三聚体的分子质量为73 ku。Tn的主要功能是以依赖于Ca^{2+}的方式调控原肌球蛋白在肌动蛋白微丝上的位置,从而调控肌球蛋白和肌动蛋白之间的相互作用。Tn3个亚基之间,Tn和其他肌细丝蛋白之间存在着广泛的相互作用。TnT主要结合原肌球蛋白,TnI主要结合肌动蛋白,抑制肌动蛋白活化肌球蛋白的ATP酶,TnC结合Ca^{2+},激活肌肉收缩,肌钙蛋白的T,I和C分别代表tropomyosin,inhibitory和Ca^{2+}。TnT有TnT1和TnT2两个结构域。TnT1主要和原肌球蛋白结合,TnT2主要和TnC和TnI结合。TnI也有两个结构域,氨基端与TnT和TnC结合,形成三聚体,羧基端与TnC或肌动蛋白结合,发挥其调控肌肉收缩活化的功能。与TnI一样,TnC也具有结构结构域和调控结构域,但与TnI相反,其羧基端为结构结构域,氨基酸为调控结构域。TnC羧基端的球状结构域与TnT的羧基端和TnI的氨基端结合,此区域有两个Ca^{2+}和

Mg^{2+}结合位点，在低微摩尔钙离子浓度和低毫摩尔镁离子浓度的情况下可结合两个钙和镁离子，为高亲和力钙结合位点。TnC 的氨基端的球形结构域有低亲和力钙结合位点，快肌肌钙蛋白在微摩尔钙离子浓度的情况下此区域可结合两个钙离子，慢肌/心肌则只能结合一个钙离子。当此区域结合钙，其构象发生变化，疏水区暴露，对 TnI 调控结构域的亲和性增加，TnI 的羧基端从肌动蛋白解离而与此区域结合，肌肉活化(详见肌肉收缩)。与原肌球蛋白一样，Tn 位于肌动蛋白微丝的沟(Grooves)中，沿肌动蛋白微丝纵轴每 7 分子 G - 肌动蛋白结合一分子 Tn，因此肌细丝中球状肌动蛋白、原肌球蛋白和肌钙蛋白的比例为 7∶1∶1。

(10)原肌球调节蛋白(Tropomodulin)

原肌球调节蛋白位于肌细丝上，为低拷贝蛋白，据估计，在肌纤维中，每肌细丝可能只含有两分子的原肌球调节蛋白，其在肌原纤维蛋白中的比例低于 1%，分子质量 40 ku。原肌球调节蛋白的氨基端有一原肌球蛋白结合域，羧基端有一肌动蛋白结合域。原肌球调节蛋白与肌动蛋白微丝的(−)结合，给肌动蛋白微丝的(−)加帽，防止 G - 肌动蛋白在此端的脱落和添加。

(11)加帽蛋白 Z(CapZ)

为肌细丝蛋白，在 Z 线给肌动蛋白微丝的(+)端加帽，同时 CapZ 与 α -辅肌动蛋白结合，将肌细丝锚定在 Z 线。CapZ 由 α 和 β 两个亚基组成，分子质量 68 ku，占肌原纤维蛋白的比例很低，据估计，肌细丝与 CapZ 的比例为 1∶1。

(12)α -辅肌动蛋白(α - actinin)

存在于肌小节的 Z 线，占肌原纤维蛋白的 2%。α -辅肌动蛋白由两个相同的亚基在分子中反向平行排列构成同源二聚体，分子质量 100 ku。每一个亚基有三个结构域，N 端为一对调节蛋白同源结构域(Calponin homology domain)构成的一球状肌动蛋白结合结构域。随后为 3 个 α -螺旋的影蛋白样结构域(Spectrin - like domain)，也被称为 α -辅肌动蛋白的棒域(Rod domain)。羧基端为一钙调蛋白样结构域，但不结合钙。由于 α -辅肌动蛋白的两个亚基呈反向平行排列，因此在其分子的两端都有一个肌动蛋白结合部位。由于肌动蛋白上的 α -辅肌动蛋白结合位点与肌球蛋白和原肌球蛋白的结合位点有氨基酸序列重叠，因此 α -辅肌动蛋白与肌球蛋白和原肌球蛋白竞争结合肌动蛋白。此外，α -辅肌动蛋白还与肌联蛋白，伴肌动蛋白和 CapZ 结合。多种蛋白质与 α -辅肌动蛋白结合，从而将其固定于肌小节的 Z 线。

3.2.3 亚肌小节结构

肌小节是肌原纤维结构和功能的基本单位。肌小节结构又可以进一步细分为不同的亚肌小节结构，这些亚肌小节结构由上述的肌原纤维蛋白构成。组成肌小节的亚肌小节结构有肌粗丝和肌细丝，以及将肌粗丝和肌细丝固定于 A 带和 I 带的 M 线和 Z 线。

3.2.3.1 肌粗丝(Thick filament)

肌粗丝又称为肌球蛋白微丝，主要由肌球蛋白组成。如前所述，肌球蛋白有两个球形的头部和一个杆状的尾巴。在肌粗丝中，肌球蛋白杆状的尾巴构成肌粗丝的骨干(Backbone)，而具有 ATP 酶活性的球形头部则由肌粗丝骨干向外伸出(图 3 - 11)。在肌粗丝骨干中，一分子肌球蛋白的 LMM 可能通过极性氨基酸之间的相互作用与相邻的 LMM 结合在一起。在肌球蛋白多聚化形成肌粗丝的过程中，首先两分子的肌球蛋白纵向反平行排列，形成二聚体(图3-11)，然后在二聚体的两端添加更多的肌球蛋白二聚体。在体外，肌球蛋白多聚化受盐、pH和肌球蛋白浓度的影响，并且可形成长度不一的多聚体。在体内，同一肌纤维内肌粗细的长度非常均一，平均每1.6 μm长的肌粗丝含有300个分子的肌球蛋白单体，这一现象说明肌粗丝结合蛋白对体内肌粗丝的长度起着重要的决定作用。肌粗丝两端的肌球蛋白呈反向排列，即肌粗丝中肌球蛋白的头部分布于两端，而杆状的尾巴伸向肌粗丝的中间。应用电子显微镜技术研究表明，肌粗丝中肌球蛋白的杆状部分与整个肌粗丝几乎呈平行，在肌粗丝的中央可能形成一中空的小孔，肌球蛋白围绕这中空小孔排列。

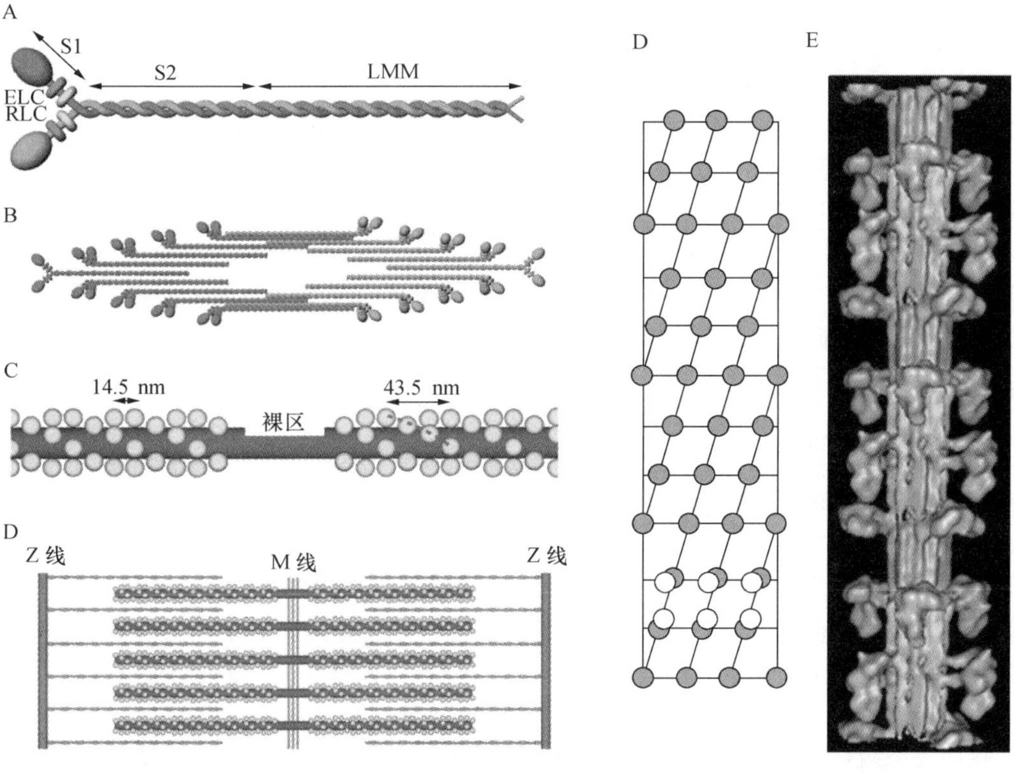

图3-11 肌球蛋白单体及肌粗丝

A～C:肌球蛋白单体聚合呈肌粗丝的模式；D:脊椎动物骨骼肌的肌粗丝沿纵轴每冠分布有三对肌球蛋白球状头部(将图中左右线重叠)；E:脊椎动物骨骼肌粗丝结构

图片A～C引自Craig和Woodhead，Structure and function of myosin filaments，Current Opinion in Structural Biology 2006，16:204-212；图片D和E来源于Squire，Muscle myosin filaments: cores, crowns and couplings，Biophysical Review，2009，1:149-160。

肌粗丝的骨干由肌球蛋白的杆状LMM部分堆积而成，因此部分LMM可能被包埋于肌粗丝骨干中，但肌球蛋白的S1头部必须由肌粗丝骨干向外伸出从而可以与肌动蛋白结合形成横桥。据研究，肌球蛋白的头部在肌粗丝表面呈非常规则的分布，但与动物和肌肉的种类有关，如昆虫肌粗丝沿纵轴每一水平(冠)分布有4分子的S1，而扇贝有7分子的S1伸出肌粗丝骨干。连续的冠沿肌粗丝纵轴均匀分布、旋绕，从而使得肌球蛋白球状头部在肌粗丝表面形成螺旋模式。在脊椎动物横纹肌中，沿肌粗丝纵轴每一水平(冠)分布有3对肌球蛋白球状头部，但冠间的距离和绕肌粗丝轴的旋绕不完全均匀一致，以 3 冠为一重复单位的方式在肌粗丝表面分布。

在肌粗丝中，S2 具有一定的流动性。电子显微镜图片表明，肌球蛋白在 LMM 和 HMM 的连接部位弯曲。在松弛的肌肉中，S2 部分与肌粗丝骨干表面靠近。当肌肉活化后，S2 进一步伸出，增加可与相邻肌细丝结合的 S1 数量。

3.2.3.2 肌细丝(Thin filament)

肌细丝主要由纤维状肌动蛋白组成(图 3 - 10)。沿肌动蛋白纤维全长与肌动蛋白结合的蛋白质有伴肌动蛋白、原肌球蛋白和肌钙蛋白。在 Z 线，CapZ 和 α -辅肌动蛋白与肌动蛋白微丝的钩端结合；在 A 带，原肌球调节蛋白则与肌动蛋白微丝的尖端结合。这些蛋白与肌动蛋白微丝两端的结合可以防止纤维状肌动蛋白的进一步多聚化和去多聚化，维持肌动蛋白微丝结构的稳定性。肌粗丝中的肌球蛋白和肌动蛋白结合可激活肌肉收缩。

哺乳动物横纹肌中肌细丝的长度依动物和肌肉种类不同而不同，一般长度在 1.0～1.3 μm之间。根据肌细丝的长度可以计算出各肌细丝蛋白的含量，如 1 μm 长的肌细丝中含有大约 400 分子的 G - 肌动蛋白，56 分子的肌钙蛋白和原肌球蛋白，2 分子的伴肌动蛋白和原肌球调节蛋白和 1 分子的 CapZ。α -辅肌动蛋白的含量依肌纤维类型的不同而不同，取决于 Z 线的宽度，一般每一肌细丝结合有 2～8 分子的 α -辅肌动蛋白。

3.2.3.3 Z 线/Z 盘(Z - line/Z - disk)

在肌原纤维中 Z 线将 I 带分成两部分，并将肌原纤维的收缩活动传递至肌细胞的两端。Z 线的横切面呈圆形或盘状，因此又称为 Z 盘。在电子显微镜下，Z 线横切面内可见呈正方形或网状的晶格(图 3 - 6)。在这种晶格结构中，连线的交叉点为肌动蛋白微丝，连线则为 Z 线连接，主要为 α -辅肌动蛋白。在纵切面，Z 线中可见之字形的连线将肌动蛋白连接(图 3 - 12)。Z 线两侧反方向的肌动蛋白微丝在 Z 线重叠，α -辅肌动蛋白将相邻反方向的肌动蛋白微丝连接。Z 线的宽度依肌纤维类型的不同而异。快肌的 Z 线较窄，一般约 50 nm 宽。慢肌/心肌的 Z 线较宽，一般约 140 nm。Z 线的宽度还与肌小节的长度有关，肌小节长则 Z 线的宽度也大。窄 Z 线中有两条 Z 连接而宽 Z 线，如牛的胸骨下颌肌(Sternomandibularis)Z 线中有 6 条 Z 连接交联相邻两反方向的肌动蛋白微丝。相邻两 Z 连接沿肌原纤维纵轴的距离一般为 18 nm。存在于 Z 线的结构蛋白还有肌联蛋白和伴肌动蛋白。肌联蛋白的 N 端横穿整个 Z 线，与 Z 线中的 α -辅肌动蛋白 C 端的钙调蛋白样结构域结合。伴肌动蛋白由 I 带进入 Z 线至第一个 Z 连接处。

3.2.3.4 I 带(I - band)

I 带之所以被称为 I 带是因为在偏光显微镜下观察时，此区的光折射率各向同性。在相差或电子显微镜下，I 带为肌小节的低密度区，被 Z 线分成两部分，因此 I 带包括一条 Z 线和 Z 线两侧非重叠区的肌细丝。当肌肉收缩时，I 带变窄，肌小节缩短，但 A 带的宽度保持不变，从而使肌粗丝和肌细丝产生相对的滑动(肌肉收缩的滑动模型，见肌肉收缩机制)。在横切面，I 带中的肌细丝在近 Z 线处成正方形晶格状排列，在 A 带，I 带中的肌细丝呈六角形阵列分布。在重叠区，每一肌粗丝周围排列有 6 根肌细丝(图 3 - 6)。

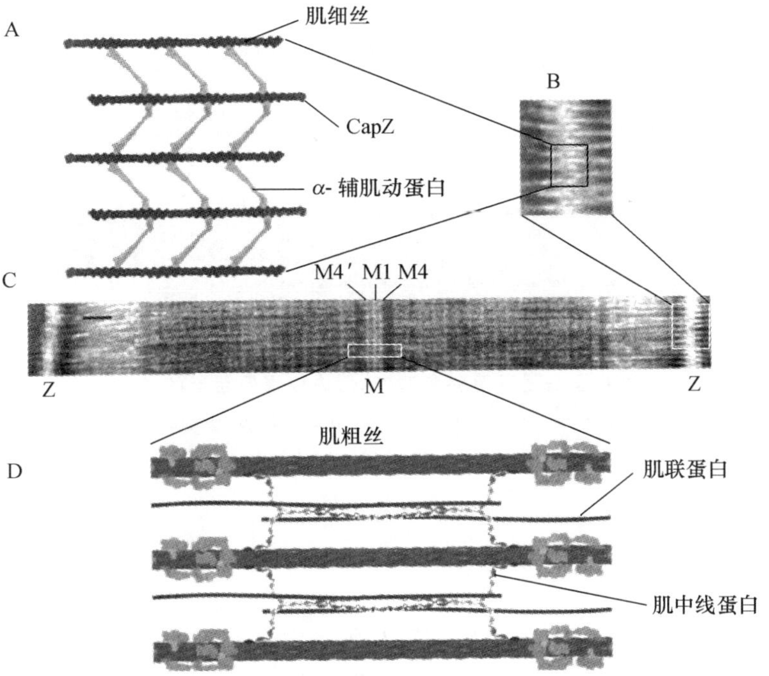

图 3-12 肌小节 Z 线(A)和 M 线(D)的结构

图 C 中的比例尺为 100 nm。图片引自 Swartz D. R., M. L. Greaser and M. Cantino. Muscle Structure and Function, In Applied Muscle Biology and Meat Science, Du M. and R. McCormick Ed., 2009, CRC Press. New York, pp23。

2.2.3.5 **M 线(M-line)**

M 线在电子显微镜下的微观形貌与 M 线肌中线蛋白的种类和分布有关。肌原纤维的 M 线可见彼此相距 22 nm 的 5 条明显线条，称为 M 桥，分别被标为 M6、M4、M1、M4′和 M6′，M1 位于中间(图 3-12)。M4 和 M4′存在于所有的肌肉中，其他 3 条线存在与否则与肌肉的种类和发育阶段有关。M1 带含有肌中线蛋白 2 和 6，在快肌中可见。M6′带在含有肌中线蛋白 3 的肌肉中可见。在 M 线，肌中线蛋白与肌联蛋白结合，结合位点与肌联蛋白的激酶域靠近，说明肌中线蛋白可能参与了肌联蛋白所介导的肌肉拉伸信号转导。肌酸激酶也结合于肌小节的 M 线，与肌细胞的代谢有关。

3.2.3.6 **A 带(A-band)**

肌粗丝在肌小节的 A 带呈平行排列，从而形成显微镜下所观察到的暗区。在静息肌肉中，相邻肌粗丝之间的距离约为 48 nm。当肌肉被拉伸时，肌粗丝之间的距离降低。如前所述，肌粗丝在 M 线被 M-桥连接，肌粗丝呈六角形阵列分布。从纵切面观察，肌小节中各肌粗丝的裸区(无 S1 的区域)、肌球蛋白冠和肌球蛋白结合蛋白近乎完美对齐，肌球蛋白冠和肌球蛋白结合蛋白形成横贯 A 带的条纹(图 3-13 和彩图 3-13)。在肌粗丝和肌细丝的重叠区，有 7～9 条由肌球蛋白结合蛋白 C 所形成的明显条纹，A 带中结合有肌球蛋白 C 的区域又称为 C 区(C-zone)。在两端肌粗丝变小呈圆锥状，肌联蛋白细丝从肌粗丝两端继续延伸，进入 I 带。

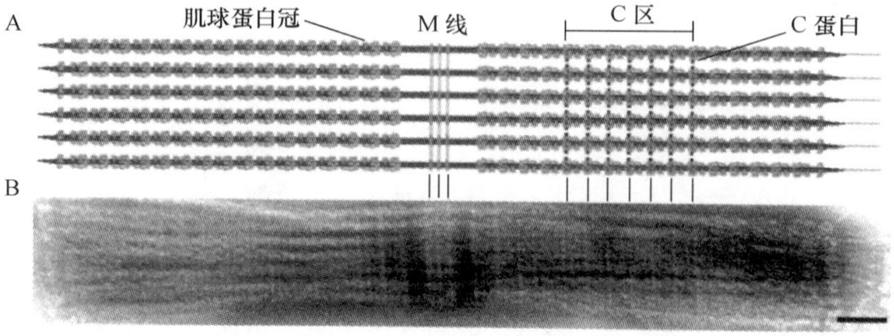

图 3-13 肌小节 A 带的结构。每个平行排列的肌粗丝上的肌球蛋白冠和 C 蛋白呈近乎完美对齐，形成横贯肌粗丝的条纹

图片引自 Swartz D. R.，M. L. Greaser and M. Cantino. Muscle Structure and Function，In Applied Muscle Biology and Meat Science，Du M. and R. McCormick Ed.，2009，CRC Press. New York，pp24。

3.2.4 肌原纤维之间的连锁

从纵切面观察，肌纤维一个显著的特点就是细胞中所有的肌小节呈对齐排布，这一现象是相邻的肌原纤维间在 Z 线通过蛋白连锁来完成的。连锁肌原纤维的蛋白主要为结蛋白。结蛋白本身不与肌小节蛋白结合，其通过联丝蛋白（Synemin）和网蛋白（Plectin）结合在 Z 盘的周边。联丝蛋白为中间纤维蛋白，可与结蛋白形成共聚体，并通过其 C 端与 α-辅肌动蛋白结合（Bellin 等，2001）从而将结蛋白与相邻的 Z 线交联。网蛋白可同时与结蛋白和肌动蛋白结合。在肌肉中，网蛋白在 Z 线通过结蛋白和肌动蛋白将相邻的肌原纤维连接。肌原纤维的连锁可提高肌细胞的机械稳定性，并有助于将机械力由肌原纤维侧向传至肌膜。

3.2.5 肌膜及相关结构

3.2.5.1 肌膜（Sarcolemma）

肌细胞的细胞膜称为肌膜，与其他细胞的细胞膜一样，肌膜由蛋白质和脂质组成，具有一定的弹性以适应肌肉收缩、舒张和拉伸时的变形。肌膜在肌纤维的 Z 线处内陷形成 T-管（见肌管系统）。运动神经末梢嵌入肌膜内陷形成的小凹（褶）中，形成神经肌肉接头。

3.2.5.2 神经肌肉接头

兴奋在神经肌肉接头处从神经细胞传递给肌细胞。大多数成年肌细胞只有一个神经肌肉接头，通常位于细胞的中间位置。神经肌肉接头在肌纤维表面呈一小突起状，因此又称为运动终板（Motor end plate），由运动神经末梢与肌膜接触形成（图 3-14）。在神经肌肉接头处，运动神经分支成几个小轴突末梢，嵌入肌膜的小凹（褶）中，与肌膜紧密接触，但不穿过肌膜，这部分轴突末梢也称为接头前膜，与其相对应的肌膜又称为终板膜或接头后膜，两者之间的间隔称为突触间隙（Synaptic cleft），其中充满细胞外液。轴突末梢内含有许多突触小泡，小泡内含有大量的乙酰胆碱（Acetylcholine，ACh）。终板膜有许多小褶，褶上分布有高密度的 ACh 受体和乙酰胆碱酯酶(Acetylcholine esterase)。乙酰胆碱酯酶可将 ACh 分解为胆碱和乙酸。

当动作电位(Action potential)到达轴突末梢时,轴突末梢释放 ACh,ACh 与终板膜上的 ACh 受体结合,使 ACh 门控 Na^+ 通道打开,Na^+ 流入肌细胞,使细胞去极化,产生可沿整个肌膜传导的动作电位。乙酰胆碱酯酶清除乙酰胆碱,ACh 门控 Na^+ 通道重新关闭。一个运动神经元可支配 1~100 根肌纤维以控制它们的收缩。运动神经元及其控制的肌细胞统称为运动单元。

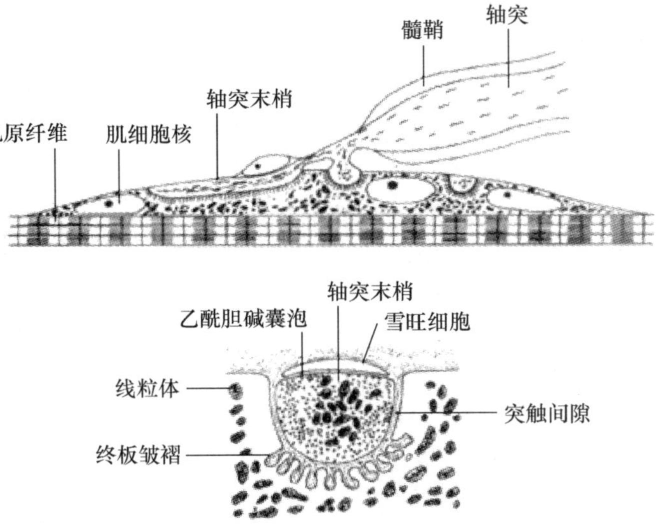

图 3-14 神经-肌接头处的超微结构示意图

图片源自姚泰. 生理学. 人民卫生出版社,1978。

3.2.5.3 肌-腱连接

肌-腱连接将力量从肌原纤维传递至结缔组织所形成的肌腱。在肌细胞两端,肌小节和肌膜的特殊结构是肌-腱连接的基础。在肌小节水平,肌原纤维在肌细胞两端最后一条 Z 线后只具有肌细丝而无肌粗丝,肌细丝的长短不一,从而使得肌细胞两端的半个肌小节和肌细胞两端变尖(图 3-15)。在肌细胞的两端富含踝蛋白(Talin)、纽带蛋白(Vinculin)、桩蛋白(Paxillin)和整联蛋白(Integrin)的细胞内结构域,这些蛋白质将肌细胞末端的肌动蛋白微丝与细胞外基质偶联。在细胞膜水平,肌膜在肌细胞的两端折叠,提高了肌细胞与细胞外基质的接触面积。细胞外基质中富含纤连蛋白(Fbronectin)和层粘连蛋白(Laminin),纤连蛋白和层粘连蛋白与肌腱中的胶原纤维结合。因此,肌-腱的连接方式可

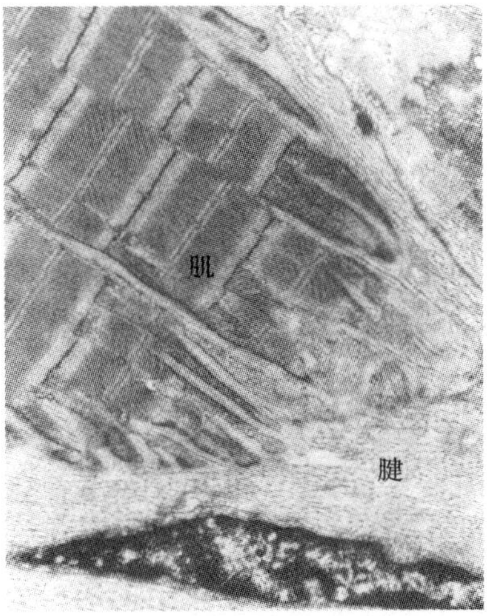

图 3-15 肌-腱连接的电子显微照片

图片源自 Aberle 等,Principles of Meat Science (4th Edition),2001,Kendall/Hunt Publishing Company。

能为肌动蛋白—踝蛋白/纽带蛋白—整联蛋白—纤连蛋白/层粘连蛋白—胶原纤维。

3.2.6 细胞核(Nuclei)

骨骼肌纤维为多核细胞。由于肌肉中肌纤维的长度不一,细胞内细胞核的数量也不一致。在一根几厘米长的肌纤维中,可能含有几百个细胞核,大约平均每 5 μm 分布有一个细胞核,但在肌纤维的两端,细胞核的分布要相对密集和无规则,在运动终板附近,细胞核的密度高于其他区域。在哺乳动物成熟的肌纤维内,细胞核位于肌纤维的周边和肌膜下方。在鱼骨骼肌和哺乳动物新形成的肌纤维中,细胞核位于肌纤维的中心。肌细胞核呈椭圆形,在细胞内呈长轴与肌纤维长轴平行排列。

3.2.7 线粒体(Mitochondria)

线粒体为膜结合细胞器,被称为"细胞能量工厂",其主要功能是氧化有机物为细胞提供能量(ATP)。细胞中线粒体的数量和大小依肌纤维类型的不同而异。慢肌/氧化型肌纤维中线粒体的体积要大于快肌/糖酵解型肌纤维。线粒体在肌细胞内主要存在于两个部位:一是肌膜下方细胞核附近,尤其是在运动终板,线粒体异常丰富;二是肌原纤维间靠近 Z 线、I 带或 A-I 带连接处。肌原纤维间的线粒体具有更高的呼吸率和蛋白质合成速率。

3.2.8 肌管系统(Sarcotubular system)

肌管系统由两套膜质管状系统组成,即横管系统(又称横小管或 T 小管)以及纵管系统(也称纵小管或 L 小管,又称肌质网)。肌管系统参与将神经肌肉接头处由于 ACh 释放所引起的肌膜去极化转变成肌浆 Ca^{2+} 的升高,从而引起肌肉收缩,这一过程称为兴奋-收缩偶联(Excitation - contraction coupling)。另外,肌质网还参与肌浆内钙的重新吸收,肌肉的松弛和钙的储存,为下一次钙的释放做准备。

横小管(Transverse tubule)是由肌细胞膜向内呈漏斗状凹陷形成。凹陷的部位一般在 Z 线处(两栖类)或在 A 带与 I 带交界处(哺乳类)。它们是与肌原纤维相垂直的小管,因此称为横小管,直径 20～30 nm,穿行在肌原纤维之间,形成具有分支的环肌原纤维管道。各条 T 管相互沟通,管腔通过肌膜凹陷处的小孔与细胞外液相通。细胞外液能通过 T 管系统的开口深入肌细胞内部,与每条肌原纤维内的肌浆进行物质交换,但并不与肌浆直接相通。横管是兴奋传递的通道。

肌质网(Sarcoplasmic reticulum,SR)是由薄膜构成的连续和闭锁的管状系统,分布在肌原纤维间,内腔贮存着高浓度的钙。肌质网由特化的滑面内质网组成,没有核糖体,其管腔直径 50～100 nm,包括在 A 带上的纵管大都沿着肌原纤维的长轴平行排列,在 A 带中央部,纵管由分支相互吻合,使整个纵管系统交织成网。在 A 带两端与 I 带连接处(即在横小管附近),纵管腔横向膨大,形成终池(Terminal cisternae),与两侧的两横小管共同构成三联管,在肌原纤维上有规律地重复交替排列。三联管是横管和纵管衔接的部位,能使横管系统传递的膜电位变化与纵管终池释放回收 Ca^{2+} 的活动耦联起来(图 3-16)。

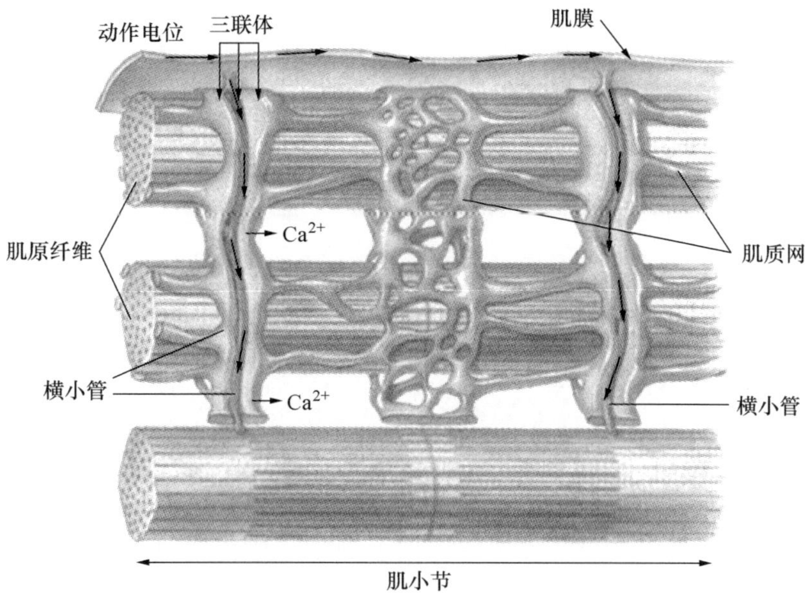

图 3-16 肌膜与肌管系统及其在肌肉收缩中的作用

原图片源自 Sherwood, Human Physiology: From Cells to Systems (4th Edition), 2000, Brooks/Cole Publishing Company。

在体内骨骼肌受运动神经支配。当神经冲动导致肌细胞兴奋时,肌膜的动作电位便迅速地传导到横管膜并深入到终池近旁,使终池膜上 Ca^{2+} 通道开放,于是 Ca^{2+} 顺着浓度梯度由终池向肌浆中扩散,导致肌浆中的 Ca^{2+} 增高,Ca^{2+} 与肌钙蛋白结合,引起肌丝滑行、肌细胞收缩。神经冲动一旦停止,即肌细胞兴奋过后,肌浆中的 Ca^{2+} 又被重新泵回肌质网,肌浆中的 Ca^{2+} 降低,肌钙蛋白 C 上结合的 Ca^{2+} 解离,于是肌细胞舒张。

参与神经冲动所引起的细胞内 Ca^{2+} 释放的蛋白质主要有横小管电压门控性 Ca^{2+} 通道(Voltage-gated calcium channel)和终池膜上 Ca^{2+} 通道,二者又分别被称为二氢吡啶受体(Dihydropyridine receptor,DHPR)和兰尼定受体(Ryanodine receptor,RyR)。DHPR 为一异源四聚体,其中最大的亚基为 α1 亚基,构成 DHPR 跨膜 Ca^{2+} 通道。RyR 为一同源四聚体,亚基的分子质量约 520 ku,4 个亚基结合在一起,形成跨肌质网膜的 Ca^{2+} 通道。在三联管处,横小管膜上的 DHPR 形成四联体与终池膜上的 RyR 正对,二者的比例为 1∶2,也就是说每隔一分子的 RyR,有一 DHRP 四联体与其对应。在骨骼肌中,正对的 DHPR 与 RyR 之间机械偶联。当肌膜的动作电位传至终池近旁的横管膜时,DHPR 的构象发生变化,通过分子间直接相互作用,DHPR 诱导与其偶联的 RyR 的开放和肌质网中 Ca^{2+} 的释放。不与 DHPR 四联体偶联的相邻 RyR 则通过"以钙释钙"(Calcium-induced calcium release,CICR)的方式或相邻 RyR 之间的相互作用来诱导开放和释放 Ca^{2+}。在心肌中,DHPR 和 RyR 之间没有机械偶联,肌质网中 Ca^{2+} 的释放完全由"以钙释钙"机制激发。

参与维持肌浆和肌质网钙离子平衡的蛋白质还有隐钙素(Calsequestrin)和肌质网钙泵(Sarcoplasmic/endoplasmic reticulum calcium ATPase,SERCA)。隐钙素位于肌质网终池腔内,为一低亲和力、高容量钙结合蛋白,分子质量 45 ku。每一分子的隐钙素有 40～60 个钙结合位点，与钙结合后，隐钙素形成多聚体，在肌质网腔起着缓冲钙浓度的作用，将肌质网腔内游离钙的浓度维持在毫摩尔范围。肌质网钙泵为一 P-型离子泵，分子质量 110 ku。肌细胞兴奋过后，肌浆中的 Ca^{2+} 由肌质网钙泵重新摄入肌质网腔，这一过程需要消耗 ATP。每水解一分子的 ATP，肌质网钙泵将两个钙离子逆钙离子浓度梯度从肌浆泵入肌质网腔，将肌浆中的钙浓度维持在 10^{-7} mol/L 以下。

3.3 肌肉收缩

3.3.1 肌丝滑行理论

根据骨骼肌的微细结构的形态特点以及它们在肌肉收缩时的改变，Huxly 等在 20 世纪 50 年代初就提出了肌小节中肌粗、细丝滑行模型来说明肌肉收缩的机制，被称为滑行理论，其主要内容是：肌肉收缩时虽然在外观上可以看到整个肌肉或肌纤维的缩短，但是在肌细胞内并无肌丝或它们所含的分子结构的缩短或卷曲，而只是在每一个肌小节内发生了肌细丝向肌粗丝之间的滑行，亦即由 Z 线出发的肌细丝在某种力量的作用下主动向暗带中央移动，结果各相邻的 Z 线相互靠近，肌小节变短，造成整个肌原纤维、肌细胞乃至整条肌肉长度的缩短。

从分子水平来说，滑动的基本过程是：在静息时，肌球蛋白的头部（即横桥）经常保持着负荷一分子 ATP 的状态，但由于肌钙蛋白 - 原肌球蛋白复合物的抑制作用，它不能与肌动蛋白结合。当 TnC 与 Ca^{2+} 结合并全部解除抑制作用后，负荷 ATP 的横桥就立即与肌动蛋白结合成肌动球蛋白（Actomyosin）。这时横桥中的 ATP 酶被激活，分解 ATP，释放出 ADP 和无机磷酸，并利用释放出的能量，使原来与肌粗丝保持直角的横桥向 H 带方向扭曲，牵引细肌丝向 A 带中央滑行，肌小节因而缩短。接着，肌动蛋白在接受另一个 ATP 分子后，使横桥断裂，然后又在细肌丝另一部位与肌动蛋白单体结合，重复上述过程，牵引细肌丝进一步向内滑行。在肌浆内保持较高 Ca^{2+} 浓度和能不断供给 ATP 的条件下，横桥的连接、扭曲、断裂和再形成的过程反复进行，使肌节和整个肌细胞明显缩短。如果肌浆内 Ca^{2+} 的浓度降低，肌钙蛋白-原肌球蛋白复合物就重新恢复抑制作用。原肌球蛋白又回到横桥和肌动蛋白分子之间的位置，于是出现了肌肉的舒张。横桥与肌动蛋白结合、摆动、复位和新位点的再结合的过程，称为横桥周期（Crossbridge cycle）（图 3 - 17）。

横桥的作用主要有两点：一是横桥可与细肌丝上的肌动蛋白分子呈可逆性结合，使横桥向 M 线方向扭动；二是横桥具有 ATP 酶的作用，通过分解 ATP 获得能量，作为横桥摆动和做功的能量来源，实现从化学能向机械能的转换，完成肌肉的收缩。

3.3.2 肌动球蛋白 ATP 酶与横桥周期

如上所述，肌肉的收缩源自 ATP 水解所引起的肌球蛋白构象的变化（动力冲程）。未与肌动蛋白结合的肌球蛋白为阳离子依赖型 ATP 酶，可水解 ATP 与阳离子所形成的复合物，其相对水解速率为 $NH_4^+ > K^+ > Ca^{2+} > Mg^{2+}$，在生理条件下，MgATP 为肌球蛋白 ATP 酶的底物(由 ATP 与 Mg^{2+} 的亲和性和细胞内游离 Mg^{2+} 浓度所决定)。肌球蛋白 ATP 酶活性同时还受肌动蛋白调控,肌球蛋白与肌动蛋白结合后,其 ATP 酶活性提高几个数量级。肌动蛋白主要影响 MgATP 水解产物从肌球蛋白的释放,因此,肌动蛋白被认为是肌球蛋白 ATP 酶的辅助活化因子。目前对这一动力学过程的主要研究结果如图 3-18 所示。肌球蛋白对 MgATP 具有很高的亲和力,MgATP 与肌球蛋白结合后,其 γ-磷酸即被水解,但 γ-磷酸的水解与产物(ADP 和 Pi)的释放并不同步,此时 ADP 和 Pi 仍与肌球蛋白结合。目前大多数研究认为在体内,ADP 和 Pi 从肌球蛋白马达结构域上的释放在产生动力冲程后(图 3-17)。ATP 水解产物的释放也具有先后顺序,Pi 的释放早于 ADP。因此,肌球蛋白可以不同的状态存在,即与 MgATP、MgADP-Pi、MgADP 结合和不结合核苷酸的肌球蛋白(图 3-18)。MgADP 和 Pi 与肌球蛋白的亲和力远低于 ATP,从而使得这一反应向着 ATP 水解的方向进行,ADP 的释放为限速步骤。

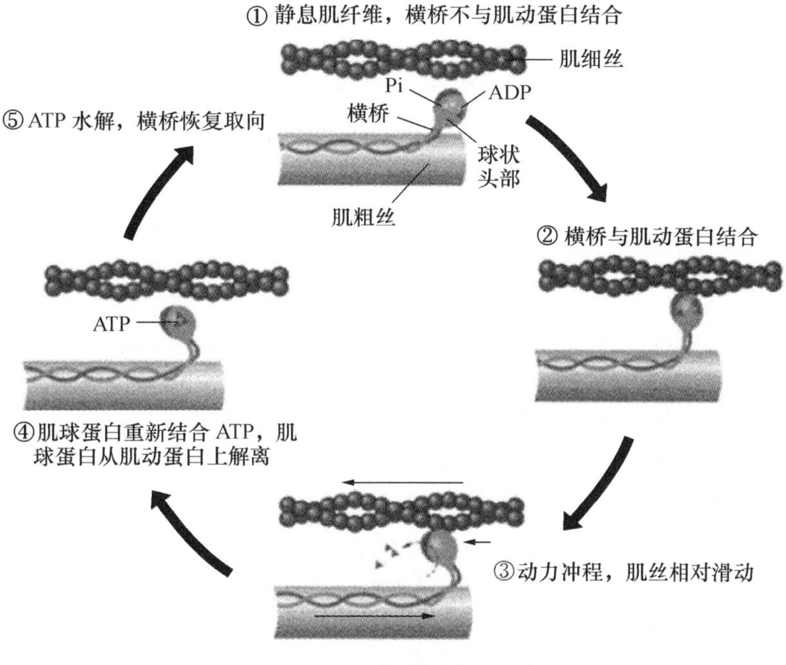

图 3-17 横桥周期示意图

原图片源自 Stuart I. F., Human Physiology (5th Edition), 1995, Times Minor Higher Education Group。

肌球蛋白与肌动蛋白结合形成肌动球蛋白,结合力取决于其核苷酸结合状态,未结合核苷酸的肌球蛋白与肌动蛋白的亲和力最高,形成僵直状态(强结合横桥),使得动物屠宰后出现尸僵(Rigor mortis)。肌动蛋白与肌球蛋白-MgATP 和肌球蛋白-MgADP-Pi 的结合力很弱(弱横桥),MgATP 与肌球蛋白的结合使横桥断裂,肌球蛋白从肌动蛋白上解离(图 3-17 和图 3-18)。横桥周期的总体速率和肌肉的收缩速度取决于 MgADP 从肌球蛋白上的解离,而 MgADP 从肌球蛋白上解离依肌球蛋白亚型的不同而异。肌肉收缩时,每水解一分子的 ATP,肌球蛋白在肌动蛋白丝上滑行 10 nm,称为步长。

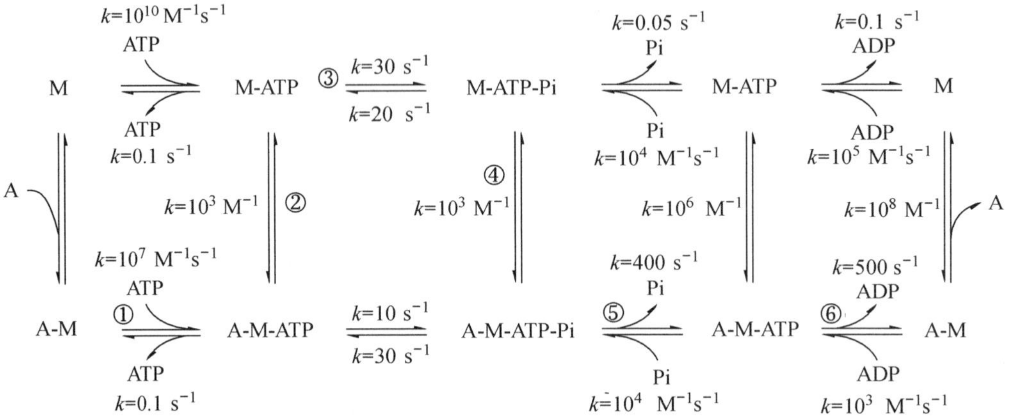

图 3-18 肌球蛋白和肌动球蛋白 ATP 酶促动力学过程

图上部分为肌球蛋白 ATP 酶促动了学过程，下部分为肌动球蛋白 ATP 酶促动力学过程，上下之间为肌球蛋白与肌动蛋白之间的结合与解离。在肌肉内，ATP 酶的动力学过程为图中所示①→⑥。A 表示肌动蛋白，M 表示肌球蛋白。

引自 Swartz D. R.，M. L. Greaser and M. Cantino. Muscle Structure and Function，In Applied Muscle Biology and Meat Science，Du M. and R. McCormick Ed.，2009，CRC Press. New York，pp33。

3.3.3 横桥周期的调控

肌钙蛋白和原肌球蛋白是肌肉收缩调控蛋白。为了解释肌肉收缩的调控机制，20 世纪 70 年代人们提出了肌肉收缩调控的空间阻碍模型（Steric - blocking model）（Squire 等，1998）。此模型提出肌细丝存在两种状态，即“开”和“关”（“on”和“off”）态。在“关”态时，原肌球蛋白在肌动蛋白丝上位于肌球蛋白的结合位点，空间阻碍肌球蛋白与肌动蛋白的结合。当钙存在时，肌细丝的构象发生变化，转变为“开”态，原肌球蛋白不再阻碍肌球蛋白的结合位点，肌球蛋白与肌动蛋白结合，肌肉收缩活化。二态模型（Two - state model）虽然很好地解释了肌肉完全活化后肌球蛋白与肌动蛋白的相互作用、ATP 酶活性的变化和横桥周期，但此模型不能完全解释后来的一些发现，如当 S1 浓度很低时，肌细丝不能完全活化 S1 的 ATP 酶活性（Lehrer 等，1982）；在无钙的情况下，S1 与肌细丝的高亲和力结合（僵直或 MgADP）也能活化肌细丝等（Murray 等，1982）。因此，根据后来的研究结果，McKillop 等（1993）于 20 世纪 90 年代初又提出了肌细丝调控肌肉收缩的三态模型（Three - state model），并受到其他学者的支持（Swartz 等，1996；Swartz 等，2006；Vibert 等，1997；Zhang 等，2000）。此模型提出，根据原肌球蛋白在肌细丝上的位置，肌细丝存在 3 种状态，即 B、C 和 M 态（图 3-19）。三态之间的转变过程为 B—C—M。在 B 态（即二态模型中的“off”），原肌球蛋白在肌动蛋白丝上位于肌球蛋白的结合位点，肌球蛋白与肌动蛋白的结合、S1 的 ATP 酶活性和肌肉收缩的活化完全受到原肌球蛋白的抑制。钙浓度很低时，肌细丝中的肌动蛋白主要以 B 态存在。在 C 态，肌球蛋白与肌动蛋白的结合、S1 的 ATP 酶活性和肌肉收缩的活化仍然受到原肌球蛋白的抑制，但原肌球蛋白在肌细丝上发生部分位移，部分移向肌动蛋白的内部结构域。钙浓度高时，肌细丝中的肌动蛋白主要以 C 态存在。原肌球蛋白进一步移向肌动蛋白的内部结构域，完全暴露肌动蛋白上肌球蛋白的结合位点，肌细丝即从C态转变为M态。在M态，肌球蛋白与肌动蛋白的结合、S1的ATP酶活性和肌肉收缩被活化。当肌细丝中每7～14分子的G-肌动蛋白结合有一分子的僵直S1时，肌细丝中的肌动蛋白主要以M态存在。

肌钙蛋白的主要功能就是把原肌球蛋白拴在阻碍位置，这一功能主要是由TnI来完成。当钙浓度低时，TnC的调控功能结构域(N端)无钙结合，其对TnI调控结构域(C端)的亲和性低，TnI的C端主要与肌动蛋白结合，将原肌球蛋白固定在阻碍位置(图3-19)。钙浓度升高后，TnC的N端结合钙并发生构象变化，对TnIC端的亲和性增加，TnI的C端从肌动蛋白解离与TnC的N端结合，原肌球蛋白在肌动蛋白丝上移向C位。肌动蛋白由C态向M转变需要S1的结合。C与M态之间的动态平衡使得在高钙浓度时，肌动蛋白丝中存在部分M态的肌动蛋白。S1与M态的肌动蛋白结合并进一步促进邻近C态的肌动蛋白转变为M态，从

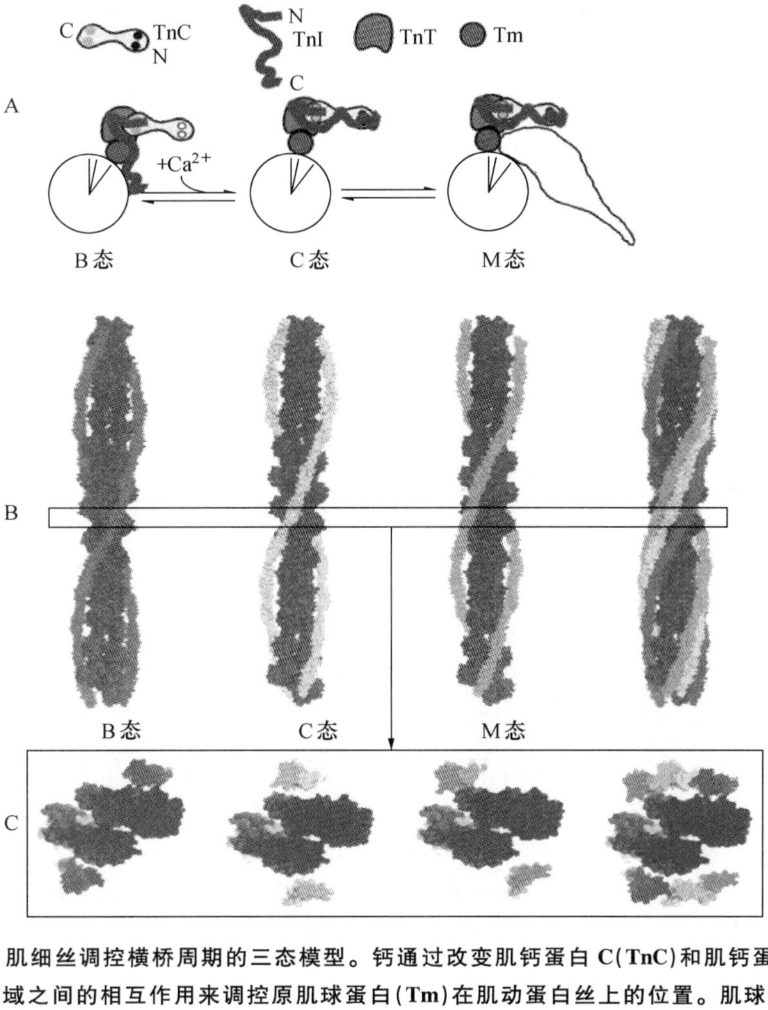

图3-19 肌细丝调控横桥周期的三态模型。钙通过改变肌钙蛋白C(TnC)和肌钙蛋白I(TnI)调控结构域之间的相互作用来调控原肌球蛋白(Tm)在肌动蛋白丝上的位置。肌球蛋白的强结合将肌动蛋白由C态转变为M态(图A)，图B和C：Tm在肌动蛋白丝上的位置

图片A引自Swartz等Myofibrillar troponin exists in three states and there is signal transduction along skeletal myofibrillar thin filaments，2006，Journal of Molecular Biology，361(3)：420-435。图片C引自图片引自Swartz D. R.，M. L. Greaser and M. Cantino. Muscle Structure and Function，In Applied Muscle Biology and Meat Science，Du M. and R. McCormick Ed.，2009，CRC Press. New York，pp35。

而产生协同效应。邻近效应的产生可能是由于原肌球蛋白的刚性所致。三态模型很好地解释了二态模型所不能解释的问题，如钙为什么不能完全活化 S1 的 ATP 酶活性及其与肌动蛋白的相互作用、强结合横桥在无钙的情况下活化肌细丝等问题。

3.3.4 肌肉的收缩和舒张过程

在体内，骨骼肌受运动神经支配，当神经冲动沿神经纤维到达运动终板时，轴突末梢释放 ACh，ACh 与终板膜上的 ACh 受体结合，使 ACh 受体 Na^+ 通道打开，Na^+ 流入肌细胞，使细胞去极化，产生可沿肌膜和 T 小管传导的动作电位。动作电位沿 T 小管传至终池近旁，T 小管电压门控性 Ca^{2+} 通道发生构型变化并被终池膜上 Ca^{2+} 通道感知，终池膜 Ca^{2+} 通道开放，于是 Ca^{2+} 顺着浓度梯度由终池向肌浆中扩散，肌浆中 Ca^{2+} 升高。当肌浆中游离 Ca^{2+} 达到 10^{-5} mol/L 时，游离钙与 TnC 的调控结构域结合，TnC 调控结构域的构象发生变化，疏水区暴露，对 TnI 调控结构域的亲和性增加。由于其对 TnI 调控结构域的亲和性高于肌动蛋白，TnI 的 C 端从肌动蛋白解离而与 TnC 的调控结构域结合，原肌球蛋白失去 TnI 的限制，在肌动蛋白丝上由 B 位移至 C 位，部分暴露出肌动蛋白上肌球蛋白的结合位点。同时肌细丝上存在小部分 M 态的肌动蛋白，允许肌球蛋白和肌动蛋白之间的强力结合，形成强结合横桥。强结合横桥又进一步促进相邻 C 态的肌动蛋白转变为 M 态，形成更多的强结合横桥，从而完成横桥周期，肌肉收缩和骨骼移动。

肌肉的舒张需要去除突轴间隙中的 ACh 和关闭终池膜上的钙离子通道。当运动神经传来的刺激停止后，神经肌肉接头处终板膜上的乙酰胆碱酯酶将突轴间隙中的 ACh 分解为胆碱和乙酸，ACh 门控 Na^+ 通道重新关闭，肌细胞复极化，终池膜上的钙离子通道关闭，肌浆中的钙被肌质网钙泵 SERCA 泵回肌质网。当肌浆中的 Ca^{2+} 降至 10^{-7} mol/L 时，与 TnC 调控结构域结合的 Ca^{2+} 从 TnC 解离，TnC 构象发生变化，与 TnI 调控结构域的亲和性降低。当 TnI 的 C 端重新与肌动蛋白结合后，原肌球蛋白又回到阻碍位置，肌动蛋白转变为 B 态，肌肉舒张。如前所述，肌球蛋白与肌动蛋白结合的强度取决于其马达结构域是否结合有核苷酸以及核苷酸的种类。无核苷酸结合的肌球蛋白以及肌球蛋白 - ADP 与肌动蛋白形成强结合横桥。当细胞内 ATP 缺乏时，即使肌浆中 Ca^{2+} 很低，强结合横桥的比例依然很高，肌肉的舒张受到抑制，这就是动物屠宰后出现尸僵的原因。

动物屠宰后，血液循化被终止，肌肉组织发生一系列不同于正常生理状况的变化。首先，肌肉组织的氧气供应被中断，细胞的有氧代谢系统，如三羧酸循环和电子传递链失去功能，细胞的能量代谢转变为糖酵解供能方式，直至肌肉中的糖原消耗殆尽或糖酵解酶的活性受到抑制。糖酵解产物——乳酸的积累使肌肉的 pH 不断降低，最终达到最终 pH。乳酸的积累和 pH 的下降使蛋白质变性。同时，糖酵解不能维持细胞内 ATP 正常水平，细胞内的能量代谢失衡，ATP 水平持续下降。如前所述，当 ATP 缺乏时，肌球蛋白和肌动蛋白形成强结合横桥，僵直开始。ATP 的耗尽也使得肌肉组织中的蛋白质很难维持结构的完整性并最终丧失功能。图 3 - 20 列出了宰后骨骼肌发生的系列变化。下面我们将对一些主要的物理和化学变化做进一步详述，重点讨论宰后肌肉糖酵解和蛋白降解与肉品质的关系。

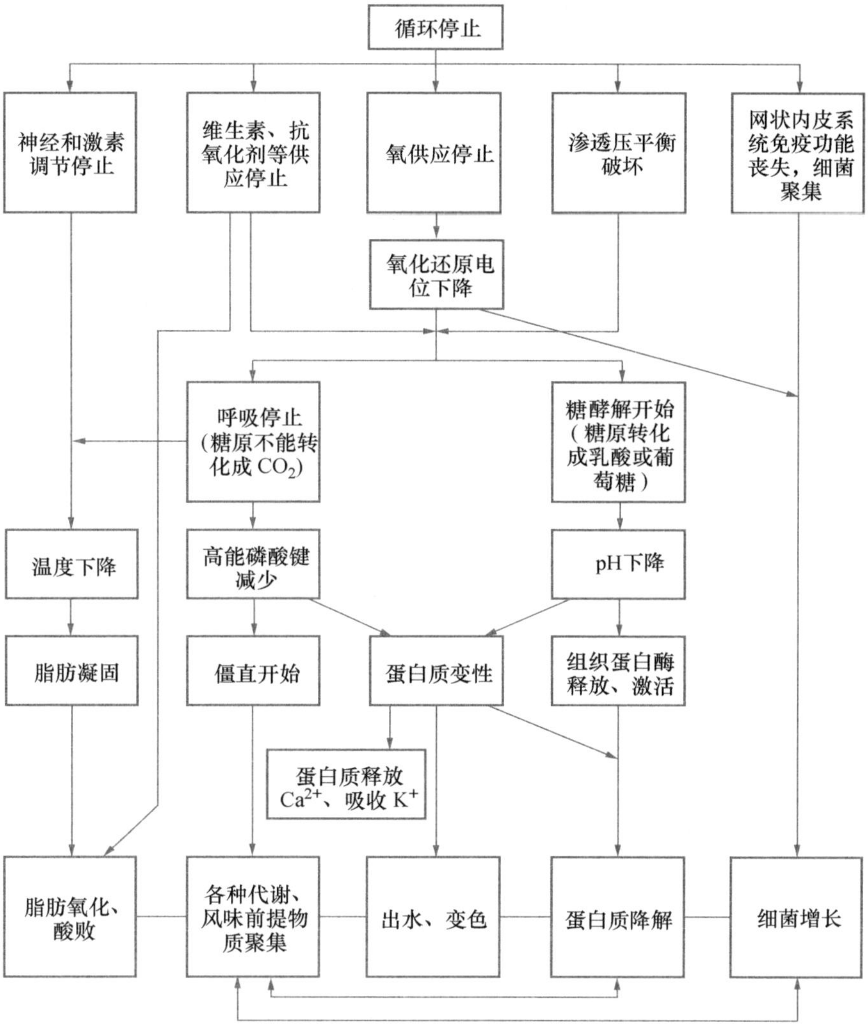

图 3-20 宰后骨骼肌组织的变化

引自 Lawrie 和 Ledward. Lawrie's 肉品科学. 周光宏主译. 7 版，2009。

3.4 宰后肌肉的变化与肉品质

3.4.1 宰后骨骼肌的主要理化变化

3.4.1.1 pH 下降

活体肌肉正常的 pH 为中性（pH 7.0～7.2）。动物宰后细胞转变为以糖酵解的方式供能，糖酵解所产生的乳酸，以及 ATP 降解所产生的无机磷酸的积累，使肌肉的 pH 不断下降。正常猪肌肉的 pH 可在宰后 6～8 h 下降至 5.6～5.7，24 h 后达极限 pH 5.3～5.7。宰后肌肉

pH 的变化受多种因素的影响，如动物的种类、基因型、宰前以及宰后因素等。宰后肌肉 pH 的下降速率和极限 pH 对肉品质具有重要的影响，非正常糖酵解可产生 PSE 肉、DFD 肉或酸肉（Acid meat）（见宰后糖酵解部分）。图 3－21 代表不同品质类型肉在宰后 24 h 内 pH 的变化过程。

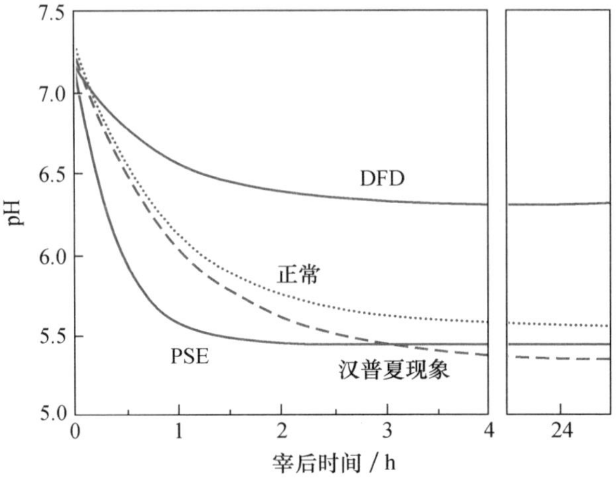

图 3－21　宰后肌肉 pH 的变化

引自 Murray，The evaluation of muscle quality，In Quality and grading of carcasses of meat animals，Morgan Jones，Ed.，1995，CRC Press，New York，pp234。

肉的保水性与 pH 有密切的关系。随着 pH 的降低，肌肉的保水性也不断下降，在肌原纤维蛋白质等电点（pI 5.1）具有最低保水性，因此，宰后肌肉往往在极限 pH 时保水性最差。肌肉充分成熟后，保水性有所增加。

3.4.1.2　温度变化

动物屠宰后，由于血液循化和呼吸被终止，而细胞仍然进行着代谢活动，动物尸体内部产生的热量不能很快通过呼吸或传递到尸体表面而散发掉，因此，肌肉的温度会在宰后初期出现一个短暂的上升，上升的幅度取决于细胞的代谢活动。宰后初期肌肉快速的糖酵解会增加肌肉温度的升幅并延缓肌肉的冷却。图 3－22 为猪宰后肌肉温度的变化过程。值得强调的是，糖酵解既导致肌肉中乳酸的积累和 pH 的下降，也导致热量的产生，因此，如果不采取措施快速冷却，宰后肌肉快速的糖酵解将不可避免地导致肌肉中蛋白质的变形，从而导致 PSE 肉的发生。影响肌肉热量散失的因素还包括肌肉的大小、位置、肌纤维类型组成、脂肪的厚度和环境温度等因素。

3.4.1.3　僵直

僵直是肌肉转变为肉品过程中肌肉发生最显著的变化。引起僵直的原因是肌细胞内能量代谢的失衡和 ATP 的缺乏。当动物刚屠宰后，肌细胞内的各种生物化学反应仍在进行，但由于血液循环和供氧的终止，细胞内很快变成无氧状态，使细胞内葡萄糖和糖原的有氧分解转变为糖酵解产生乳酸。糖酵解将 1 分子的葡萄糖转变为 2 分子的乳酸仅能产生 3 分子的 ATP，细胞内 ATP 供应受阻，ATP 水平不断下降。肌球蛋白和肌动蛋白形成永久性强结合横桥，肌

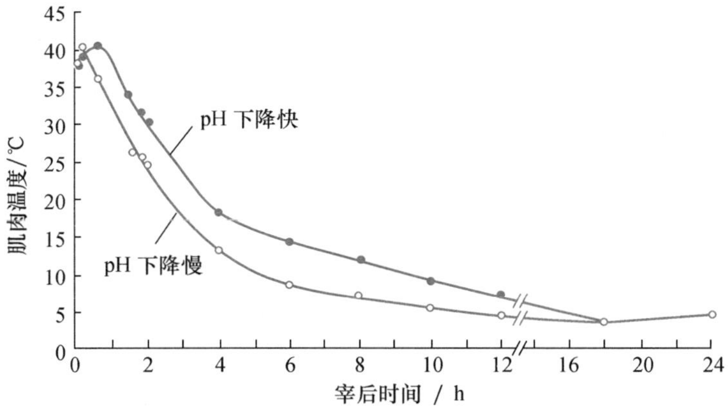

图 3-22 宰后肌肉组织温度的变化

引自 Aberle 等,Principle of Meat Science (4th Edition),2001,Kendall/Hunt Publishing Company。

肉收缩,表现出肌肉僵硬。

根据肌肉伸展性的变化,僵直过程可分为 3 个阶段,即僵直迟滞期(Delay phase)、僵直急速形成期(Rapid phase)和僵直后期(Post - rigor phase)。在动物屠宰后的初期,肌肉中的 ATP 虽然不断被消耗,但肌肉中还含有另外一种高能磷酸化合物,即磷酸肌酸。在肌酸激酶的催化下,磷酸肌酸不断地将其高能磷酸键转给 ADP 合成 ATP,在这一时期内,肌球蛋白和肌动蛋白之间还不能形成永久性横桥,肌肉还具有一定的伸展性和弹性,称为僵直迟滞期。随着屠宰后时间的延长,肌肉中的磷酸肌酸被消耗殆尽,肌肉中 ATP 的来源主要依赖于糖酵解,肌肉中 ATP 含量急速下降,肌球蛋白和肌动蛋白之间快速形成不可逆横桥,肌肉收缩,肌肉弹性逐渐消失,僵直进入快速形成期。当肌肉中的 ATP 含量下降至原含量的 15%～20% 时,肌肉的伸缩性几乎完全消失,进入僵直后期。

肌肉在宰后僵直达到最大程度并维持一段时间后,肌肉的张力开始下降,肉的质地又开始变软,称为解僵(Resolution 或 Rigor)。解僵并不是横桥的断裂,解僵过程中肌肉张力的降低是由肌原纤维蛋白质的降解和肌肉超微结构的破坏,特别是 Z 线的溶解所得结果。

解僵是肉成熟(Aging 或 Conditioning)的一部分。肉的成熟是指尸僵完全的肉在冰点以上的温度条件下放置一定时间,其僵直解除、变软、保水性和风味得到很大改善的过程,此过程完成肌肉向肉品的转变。肉的成熟涉及一系列复杂的物理化学过程,特别是蛋白质的降解和肌肉结构完整性的破坏,主要表现在肉的嫩度和保水性增加,风味得到改善。

3.4.1.4 肌肉结构被破坏

在解僵之前,肌肉除了肌小节变短外,其他的显微结构基本上与活体肌肉一样。在成熟过程中,肌肉结构的完整性遭到破坏,最显著的结果就是肌肉变软,肉的嫩度增加。在成熟过程中,肌肉超微结构的变化首先表现在 Z 线结构完整性的破坏,甚至完全消失。图 3-23 显示了随着宰后时间的延长,肌肉 Z 线超微结构的变化。如前所述,Z 线起着连接相邻肌小节的作用,Z 线结构的破坏,导致肌原纤维小片化。在活体或屠宰后初期的肌原纤维为10～100 个肌小节相连的长肌原纤维,在肉的成熟过程中,肌原纤维可断裂为 1～4 个肌小节相连的小片段。

肌原纤维的小片化释放僵直时肌肉收缩所形成的张力，是解僵和肉嫩度增加的原因。Z线结构的消失由蛋白质的降解所引起，包括肌联蛋白和结蛋白。事实上，肌原纤维的小片化常被用作肉嫩度指数，二者具有高度相关性。在成熟过程中发生降解的蛋白质还包括 TnT、伴肌动蛋白、肌间线蛋白、细丝蛋白、肌中线蛋白等。这些蛋白质的降解对肉嫩度的影响目前还不完全清楚。肌球蛋白和肌动蛋白在肉成熟过程中不发生降解。

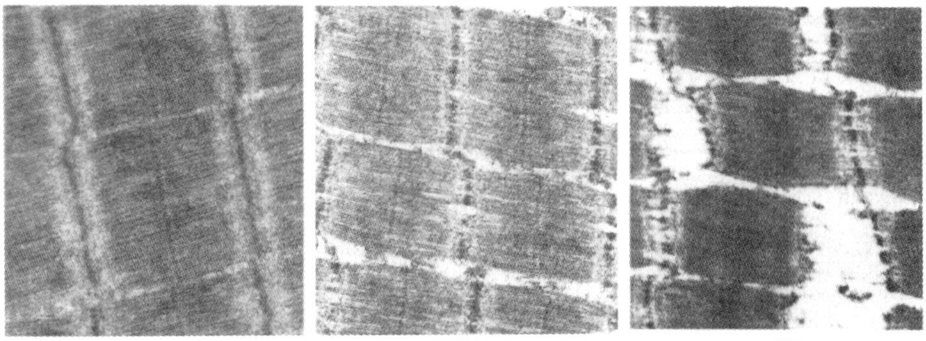

图 3-23　宰后成熟过程中，肌肉 Z 线结构的变化（×12 500）

引自 Gann 和 Merkel，1978，Ultrastructural Changes in Bovine Longissimus Muscle During Postmortem Aging，Meat Sicnce，2：129-144。

3.4.2　宰后骨骼肌糖酵解与肉品质的关系

宰后糖酵解是决定肉品质的重要因素。快速和（或者）过度的糖酵解产生 PSE 肉，而糖酵解不足则形成 DFD 肉。PSE 和 DFD 肉都不受消费者欢迎，给肉品产业带来巨大损失。

3.4.2.1　PSE 和 RSE 肉

1953 年，Ludvigsen 等首次描述了猪 PSE 肉的变性变化（Ludvigsen，1953）。PSE 肉的特征是 pH 低、灰白、表面液体渗出、保水性差，但质地柔软。PSE 肉常见于猪肉和禽类，在牛肉中，PSE 肉很少发生。PSE 在猪、火鸡和鸡上的高发生率为动物屠宰业和肉加工业带来了巨大的经济损失。美国猪链条质量审核统计发现猪屠宰后有 10.2% 肉胴体具有 PSE 肉特征（Cannon 等，1996）。据研究，猪 PSE 肉的正常发生率为 10%～30%，但是在一些个别的例子中高达 60%（Lee 和 Choi，1999）。在火鸡和鸡上，PSE 肉的发生率分别为 5%～30% 和大约 47%（Barbut，1998；Sams 等，2002）。用 PSE 肉加工的肉制品，如火腿，具有烹饪产量低，烹饪后水分流失增加，黏合力差，质地硬且粗糙等缺陷。

近十余年来，人们已经认识到了 PSE 肉的严重性，但是一直未得到彻底解决。PSE 的发生几乎都与宰后肌肉快速的糖酵解和 pH 下降有关。目前认为 PSE 肉发生的原因为宰后初期，特别是 30 min 之内，肌肉中快速的糖酵解产生大量的热能，提高了屠宰后动物躯体的温度，同时快速糖酵解使肌肉的 pH 迅速降低，高温和低 pH 导致肌肉蛋白变性，使肉颜色呈现灰白色并且系水力低，同时肌肉收缩，肌丝间空隙减小，水分从细胞渗出并且以倾泻或水滴的形式流失。据报道，在成为 PSE 肉的猪肌肉中，pH 的下降速度要比正常肌肉快得多，在 37℃

二者 pH 的下降速度分别是 1.04 和 0.65 单位/h，甚至有的在屠宰后 15 min 达就达到极限 pH。在火鸡中，灰白色肌肉的糖酵解速率是正常颜色肌肉的两倍。因此，屠宰后初期糖酵解的慢化是解决 PSE 问题的关键

与 PSE 相似，酸肉也是由宰后肌肉中过度的糖酵解所引起。但与 PSE 不同，酸肉是由宰后肌肉中长时间持续的糖酵解导致肌肉的极限 pH 很低（宰后初期 pH 的下降速率与正常肉相似），肉的保水性差，水滴流失严重，但颜色呈红色，因此又被称为 RSE（Rcd，soft，cxudative）肉，常见于带 RN^- 基因的汉普夏猪肉中。RN^- 基因携带者肌肉中糖原的含量比正常猪高大约 70%。

3.4.2.2 DFD 肉

DFD 肉主要发生在牛肉上。DFD 肉在 50 多年前就被人们认识，但至今仍是未解决的问题，并给肉品工业带来巨大的损失。在美国，每年由于 DFD 肉给牛屠宰业带来的损失估计达 1.72 亿美元，平均每宰一头损失 6.08 美元。DFD 肉是由于宰后肌肉糖酵解不足，肌肉高 pH 引起的。在高 pH 环境下，线粒体的呼吸作用被维持，它消耗氧气引起去氧肌红蛋白的形成。去氧肌红蛋白改变了肌肉表面的光吸收性，形成深红色。与 PSE 肉不同，DFD 肉具有很好的保水能力，水分不外渗，表面干燥。对于牛的背最长肌，pH 5.87 是 DFD 和正常肉的分界点。宰后 DFD 肌肉的高 pH 是由于肌肉中糖原不足所引起的。糖酵解潜力通常被用来衡量肌肉的糖酵解能力，据报道，糖酵解潜力 100 μmol/g 肌肉是 DFD 肉发生的临界点。肌肉中影响糖原含量的因子在宰后直接影响 DFD 的发生率，因此，解决 DFD 肉问题的关键是增加肌肉中糖原的含量。

3.4.2.3 AMPK 对宰后肌肉糖酵解的调控与 PSE 肉防止

腺苷酸激活的蛋白激酶（AMP - activated protein kinase，AMPK）是一类丝氨酸-苏氨酸蛋白激酶，由 3 个亚基组成：一个催化亚基（α）和两个调节亚基（β、γ）。AMPK 的主要作用是调节细胞内的能量平衡。因而，AMPK 通常被称作胞内能量感受器或调节能量代谢的开关。AMPK 的活性受 AMP/ATP 比值的调控。当细胞内能量水平降低，AMP/ATP 升高时，AMPK 被活化，活化的 AMPK 磷酸化其下游底物，产生多种生物学效应：关闭 ATP 合成代谢途径，开启 ATP 分解代谢途径。生物医学研究表明，在或体内 AMPK 可以通过两条信号通路调控糖酵解：①AMPK 磷酸化活化糖原磷酸酶激酶，后者再磷酸化活化糖原磷酸酶，促进糖原的分解；②AMPK 通过磷酸化活化磷酸果糖激酶 2（PFK - 2）促进糖酵解。

AMPK 是否调控宰后肌肉的糖酵解并可以在畜牧业和肉品工业作为目标蛋白防止 PSE 肉的发生呢？在研究中我们首先研究了宰后肌肉中 AMPK 的活性与肌肉 pH 的关系。研究发现，在宰后初期（30 min 内）PSE 猪肌肉的 AMPK 活性显著高于正常肉，与之相应的是 PSE 肌肉具有更低的 pH 和更高的乳酸含量（Shen 等，2006），此研究结果说明 AMPK 可能在宰后肌肉中起着调控糖酵解的作用。在试验中通过安乐死前被迫游泳或腹腔注射 AMPK 激活剂 5 - 氨基 - 4 - 咪唑羧基酰胺核苷（5 - amino - 4 - imidazolecarboxamide riboside，AICAR）激活小鼠肌肉中的 AMPK，发现游泳和 AICAR 使小鼠宰后肌肉 pH 的下降显著快于对照，并且极限 pH 低于对照（Shen 等，2005）。相反，通过 Compound C 抑制 AMPK 也抑制了宰后肌肉的糖酵解和 pH 的下降（Shen 等，2008）。与这些数据相一致，小鼠肌肉中过表达显性负突变体

AMPK，与其他处理组相比，AMPK 敲除的小鼠宰后肌肉具有最低的 AMPK 活性、最低的糖酵解速率和最高的 pH。在随后的试验中我们还发现，饲料添加 α-硫辛酸可抑制小鼠宰后肌肉中 AMPK 的活化和 pH 的下降。由于遗传差异，饲料添加 α-硫辛酸是否可用于产肉动物（如猪、禽类）以防止 PSE 肉的发生需要做进一步证实。

3.4.2.4 AMPK 与肌肉中糖原的积累

在啮齿类动物上的研究显示 AMPK 在糖原的积累上起重要的调控作用，AMPK 促进肌肉从血液中摄取葡萄糖，增加肌肉中糖原的积累（Aschenbach 等，2002）。在产肉动物中，RN^- 猪为 AMPK 调控肌肉糖原积累的典型例子。RN^- 基因携带者肌肉中的糖原含量比正常猪高大约 70%。Milan 等的研究表明 RN^- 猪的这一表型源自 AMPKγ 亚基的突变（Milan 等，2000），突变个体的 AMPK 具有更高的基础活性，从而促进了肌肉对葡萄糖的吸收和肌肉中糖原的合成。AMPK 对肌肉中糖原积累的调控作用为我们预防牛 DFD 肉的发生提供了新的思路。

3.4.3 宰后肌肉蛋白降解与肉的嫩化

嫩度是影响肉品质的重要因素之一，尤其对于牛肉，嫩度是影响其适口性重要的指标。宰后肌纤维蛋白的降解，特别是结构蛋白和细胞骨架蛋白的降解，可导致肌纤维结构完整性被破坏和肉的嫩化，促进肉的成熟。蛋白降解是动物宰后肌肉的一个主要生化变化。目前的研究表明，钙蛋白酶（Calpain）、组蛋白酶（Cathepsin）、蛋白酶体（Proteosome）和胱天蛋白酶（Caspase）可能参与宰后肌肉蛋白降解，其中钙蛋白酶起主要作用。

3.4.3.1 钙蛋白酶与肉成熟中肌纤维蛋白水解

在僵直后期，由于 ATP 被消耗，从肌浆网中释放的钙不能被重新吸收，导致钙离子在肌浆中大量积累，活化钙蛋白酶，导致肌原纤维蛋白的降解。目前认为肌肉成熟过程中引起蛋白质降解的酶主要为钙蛋白酶。钙蛋白酶系统由两种钙依赖型蛋白酶，即钙蛋白酶Ⅰ、钙蛋白酶Ⅱ和钙蛋白酶抑制因子、钙蛋白酶抑制蛋白（Calpastatin）3 种蛋白组成。新近一种肌肉特异的钙蛋白酶，钙蛋白酶Ⅲ（Calpain 3 或 p94）被发现。钙蛋白酶Ⅲ被钠离子活化，对活体肌肉发育有重要的调控作用。但钙蛋白酶Ⅲ在宰后肌纤维蛋白降解中的作用还不清楚。

钙蛋白酶Ⅰ需要微摩尔浓度的钙来激活其活性，因此又被称为 μ-钙蛋白酶。钙蛋白酶Ⅱ需要毫摩尔浓度的钙来激活，因此又被称为 m-钙蛋白酶。在宰后肌浆内，据估计，只能达到微摩尔浓度的钙，因此可能只有钙蛋白酶Ⅰ被活化。如果能有效提高钙浓度，就可以加速宰后嫩化。的确，在宰后肌肉中注入氯化钙可明显加速嫩化进程。

钙蛋白酶是中性蛋白酶。因此钙蛋白酶的活性在宰后初期较高。而且，钙蛋白酶在活化后会自溶而失活，所以钙蛋白酶的活性在宰后肌肉中只维持 2～3 d。

钙蛋白酶抑制蛋白可特异地与活化的钙蛋白酶结合，抑制钙蛋白酶的活性。据研究，钙蛋白酶抑制蛋白含量高导致肉质坚韧。如婆罗门牛的肌肉中表达量高，这可能是钙蛋白酶抑制蛋白在肉成熟过程中抑制了钙蛋白酶的活性，从而抑制了肉的嫩化进程。钙蛋白酶抑制蛋白促进肌肉增长。

大量研究表明钙蛋白酶是引起宰后成熟过程中肌纤维蛋白降解和肉嫩化的主要蛋白酶。钙蛋白酶能降解肌联蛋白、结蛋白、伴肌动蛋白、肌间线蛋白、细丝蛋白和 TnT 等蛋白质，引起肌肉超微结构的破坏，尤其是 Z 线的破坏和消失，从而使得肌原纤维小片段化和肉的嫩化。

3.4.3.2 组蛋白酶与肌肉蛋白水解

组蛋白酶是一类在动物大多数组织中存在的蛋白酶，根据其结构、催化机理以及底物的不同，组蛋白酶家族包含组蛋白酶 A,B,C,D,E 等十余个成员。所有的组蛋白酶都在酸性环境下具有最适活性。目前对于组蛋白酶在宰后肉嫩化过程中的作用研究主要集中于组蛋白酶 B、L 和 D。这 3 种组蛋白都为内肽酶，同时组蛋白酶 B 和 L 也具有外肽酶的活性。

组蛋白酶存在于溶酶体内，阻止了其与肌原纤维蛋白的接触。因此，组蛋白要水解肌原纤维蛋白，其首先必须要从溶酶体中被释放出来。至于组蛋白酶在宰后肉嫩化过程中的作用目前存在着矛盾的研究结果。一些早期的研究表明，用组蛋白处理肌肉能降解大量不同的肌原纤维蛋白，导致肌小节 Z 线结构的消失，甚至是 I 带的变化(Matsukuraa 等，1981；Mikami 等，1987)，但随后的许多研究表明，组蛋白在肉的成熟和品质形成过程中并不具有重要作用。首先，Koohmaraie 等(1991)的研究表明牛和羊在刚屠宰时其肌肉中具有相似的组蛋白酶 B 和 B+L 活性，但在屠宰后肌肉的嫩化速率却完全不同，说明组蛋白酶可能对宰后肉的嫩化并无重大影响。随后 Ertbjerg 等(1999)也报道，虽然组蛋白 B 和 L 的活性与牛肉中肌球蛋白和肌动蛋白的降解密切相关，但似乎与肉的嫩度，以及与肉嫩度相关的蛋白质的降解无关。Thomas 等的研究进一步表明，从屠宰 12 d 后的鸵鸟肌肉中提取出来的组蛋白酶(B,L,H 和 D)仍具有活性，但肉的剪切力宰后 24 h 后却没有下降，即肉的嫩度不再增加，进一步表明组蛋白可能对宰后肉的嫩化不具有重要作用(Naude 等，2004)。造成以上矛盾研究结果的原因并不完全清楚，但可能与不同的研究方法，如酶的提取和活性分析方法等有关。根据大量的研究结果，目前普遍的观点倾向于认为组蛋白在宰后，特别是宰后早期阶段肉的嫩化过程中不起重要作用，其原因主要由以下几个方面：①组蛋白存在于溶酶体中，而在宰后尸僵之前，肌肉溶酶体的结构基本保持完整；②组蛋白的最适 pH 为酸性；③组蛋白具有明显水解肌球蛋白和肌动蛋白的能力，而这两种肌原纤维蛋白在正常的肉的嫩化、成熟过程中却不发生降解；④无研究表明组蛋白酶的活性与肉的嫩化过程具有密切相关性。

3.4.3.3 丝氨酸蛋白酶和蛋白酶体

丝氨酸蛋白酶是一类以丝氨酸为活性中心的重要的蛋白水解酶。医学与生物化学研究表明，肌肉组织中也存在丝氨酸蛋白酶(Citron 等，1997；Sangorrin 等，2002)，如凝血酶和丝氨酸蛋白酶 M，因此，这些丝氨酸蛋白酶也可能催化宰后肌肉蛋白质的降解，促进肉的嫩化。Uytterhaegen 等(1994)研究发现，与钙蛋白酶抑制剂相反，宰后肌肉中注射丝氨酸蛋白酶抑制剂 PMSF 并不能抑制牛肉中蛋白质的降解和肉的嫩化进程，这一研究结果表明丝氨酸蛋白酶至少对宰后牛肉蛋白质的降解和肉的嫩化不起重要作用。

虽然有研究表明，蛋白酶体可能在尸僵后的肌肉中仍保持活性(Briand 等，2002)，并且用纯化了的蛋白酶体处理肌纤维或肌原纤维，蛋白酶体能催化肌球蛋白、肌动蛋白、结蛋白、TnT、原肌球蛋白等多种肌蛋白的降解，破坏肌肉收缩器结构的完整性，但其对肌纤维结构改变的速率远远低于肌钙蛋白(Taylor 等，1995)。这一研究结果仍然表明肌钙蛋白才是引起宰后肌肉结构变化和促进肉嫩化的主要酶系统。

3.4.3.4 **胱天蛋白酶**

胱天蛋白酶家族成员为半胱氨酸蛋白酶，由于其特异地识别四肽模体并切断天冬氨酸之后的肽键，因而被命名为天冬氨酸特异的半胱氨酸蛋白酶，简称胱天蛋白酶。胱天蛋白酶通常以酶原形式存在，激活后裂解为有酶解活性的异二聚体。哺乳动物中已发现十余种这类酶，它们以级联反应的方式被激活，参与细胞凋亡。根据其功能，胱天蛋白酶可划分为凋亡启动(Initiator)亚类、凋亡效应(Effector)亚类和细胞因子成熟(Cytokine maturation)亚类。关于胱天蛋白酶在宰后肉嫩化过程中的作用，目前研究的很少。少量研究表明，胱天蛋白酶可能参与了宰后肌原纤维蛋白的降解和肉的嫩化过程(Goll 等，2007；Ouali 等，2006)。这一假设得到了 Kemp 等的支持。研究者发现宰后 0～32 h 内猪背最长肌中胱天蛋白酶 3/7 和 9 的活性与其底物血影蛋白 α2 的水解成正比，而与肉的剪切力成反比，这一结果说明胱天蛋白酶可能参与了宰后成熟过程中猪肉的嫩化(Kemp 等，2006)。但与此相反，Du 研究组的研究结果表明胱天蛋白酶可能在宰后贮藏过程中对牛肉的嫩化不起作用(Du 等，2008；Underwood 等，2007)。

骨骼肌是肉的主要组成部分，对骨骼肌结构和功能的了解是我们理解肉的品质及其形成规律的基础。骨骼肌是高度有序的组织，其高度有序性可追溯到肌小节中各种蛋白的有序组装。重复的肌小节组装成肌原纤维，数以千计的肌原纤维侧向平行排列又进一步组装成肌纤维。每块肌肉由许多平行排列的骨骼肌纤维组成，并由结缔组织所覆盖和结合，通过肌腱与骨骼相连，从而将肌肉收缩与骨骼运动相偶联。肌肉的收缩从分子水平实际上是肌动蛋白和肌球蛋白之间的相互作用。对肌肉收缩和舒张过程及其调控机理的理解，特别是肌肉蛋白结构和功能的理解将有助于我们进一步认识宰后肉品质的形成过程，并为控制和提高肉的品质提供新的思路。

(本章由西北农林科技大学沈清武和华盛顿州立大学杜敏主笔，西北农林科技大学史秀娥和云青参与编写)

参考文献

[1] Andersson, L., D. Milan, J. T. Jeon, C. Looft, V. Amarger, A. Robic, M. Thelander, C. Rogel-Gaillard, S. Paul, N. Iannuccelli, L. Rask, H. Ronne, K. Lundstrom, N. Reinsch, J. Gellin, E. Kalm, P. L. and Roy, P. Chardon. 2000. A mutation in prkag3 associated with excess glycogen content in pig skeletal muscle. Science 288: 1248-1251.

[2] Aschenbach, W. G., M. F. Hirshman, N. Fujii, K. Sakamoto, K. F. Howlett, and L. J. Goodyear. 2002. Effect of aicar treatment on glycogen metabolism in skeletal muscle. Diabetes 51: 567-573.

[3] Bang, M. L., X. Li, R. Littlefield, S. Bremner, A. Thor, K. U. Knowlton, R. L. Lieber, and J. Chen. 2006. Nebulin-deficient mice exhibit shorter thin filament lengths and reduced contractile function in skeletal muscle. J Cell Biol 173: 905-916.

[4] Barbut, S. 1998. Estimating the magnitude of the pse problem in poultry. J Muscle Foods 9: 35-49.

[5] Bellin, R. M., T. W. Huiatt, D. R. Critchley, and R. M. Robson. 2001. Synemin may function to directly link muscle cell intermediate filaments to both myofibrillar z-lines and costameres. J Biol Chem

276: 32330 - 32337.

[6] Briand, Y. , M. Lamare, R. G. Taylor, L. Farout, and M. Briand. 2002. Changes in proteasome activity during postmortem aging of bovine muscle. Meat Sci 61: 199 - 204.

[7] Cannon, J. E. , J. B. Morgan, F. K. Mckeith, G. C. Smith, S. Sonka, J. Heavner, and D. L. Meeker. 1996. Pork chain quality and survey: Quantification of pork quality characteristics. J Muscle Foods 7: 29 - 44.

[8] Citron, B. A. , I. V. Smirnova, M. N. Zoubine, and B. W. Festoff. 1997. Quantitative PCR analysis reveals novel expression of prothrombin mrna and regulation of its levels in developing mouse muscle. Thromb Res 87: 303 - 313.

[9] Du, M. , K. R. Underwood, and W. J. Means. 2008. Caspase 3 is not likely involved in the postmortem tenderization of beef muscle. J Anim Sci 86: 960 - 966.

[10] Ertbjerg, P. , M. M. Mielche, L. M. Larsen, and A. J. Moller. 1999. Relationship between proteolytic changes and tenderness in prerigor lactic acid marinated beef. J Sci Food Agr 79: 970 - 978.

[11] Goll, D. E. , J. P. Camou, J. A. Marchello, V. F. Thompson, and S. W. Mares. 2007. Effect of postmortem storage on activity of mu - and m - calpain in five bovine muscles. J Anim Sci 85:2670 -2681.

[12] Kabsch, W. , H. G. Mannherz, D. Suck, E. F. Pai, and K. C. Holmes. 1990. Atomic structure of the actin: Dnase i complex. Nature 347: 37 - 44.

[13] Kemp, C. M. , R. G. Bardsley, and T. Parr. 2006. Changes in caspase activity during the postmortem conditioning period and its relationship to shear force in porcine longissimus muscle. J Anim Sci 84: 2841 -2846.

[14] Koohmaraie, M. , G. Whipple, D. H. Kretchmar, J. D. Crouse, and H. J. Mersmann. 1991. Postmortem proteolysis in longissimus muscle from beef, lamb and pork carcasses. J Anim Sci 69: 617 - 624.

[15] Kulikovskaya, I. , G. McClellan, J. Flavigny, L. Carrier, and S. Winegrad. 2003. Effect of myBP - c binding to actin on contractility in heart muscle. J Gen Physiol 122: 761 - 774.

[16] Lange, S. , D. Auerbach, P. McLoughlin, E. Perriard, B. W. Schafer, J. C. Perriard, and E. Ehler. 2002. Subcellular targeting of metabolic enzymes to titin in heart muscle may be mediated by dral/fhl - 2. J Cell Sci 115: 4925 - 4936.

[17] Lange, S. , F . Xiang, A. Yakovenko, A. Vihola, P. Hackman, E. Rostkova, J. Kristensen, B. Brandmeier, G. Franzen, B. Hedberg, L. G. Gunnarsson, S. M. Hughes, S. Marchand, T. Sejersen, I. Richard, L. Edstrom, E. Ehler, B. Udd, and M. Gautel. 2005b. The kinase domain of titin controls muscle gene expression and protein turnover. Science 308: 1599 - 1603.

[18] Lange, S. , M. Himmel, D. Auerbach, I. Agarkova, K. Hayess, D. O. Furst, J. C. Perriard, and E. Ehler. 2005a. Dimerisation of myomesin: Implications for the structure of the sarcomeric m - band. J Mol Biol 345: 289 - 298.

[19] Lee, Y. B. , and Y. I. Choi. 1999. Pse (pale, soft, exudative) pork: The causes and solutions - review. Asian Austral J Anim 12: 244 - 252.

[20] Lehrer, S. S. , and E. P. Morris. 1982. Dual effects of tropomyosin and troponin - tropomyosin on actomyosin subfragment 1 atpase. J Biol Chem 257: 8073 - 8080.

[21] Levine, R. , A. Weisberg, I. Kulikovskaya, G. McClellan, and S. Winegrad. 2001. Multiple structures of thick filaments in resting cardiac muscle and their influence on cross - bridge interactions. Biophys J 81: 1070 - 1082.

[22] Ludvigsen, J. 1953. Muscular degeneration in pigs. Int. Vet. Congr. 15th Congr. Stockholm, Sweden: 1:602.

[23] Matsukuraa, U. , A. Okitania, T. Nishimuroa, and H. Kato. 1981. Mode of degradation of myofibrillar proteins by an endogenous protease, cathepsin l. Biochim. Biophys. Acta 662: 241 - 247.

[24] Mckillop, D. F. A. , and M. A. Geeves. 1993. Regulation of the interaction between actin and myosin subfragment - 1 - evidence for 3 states of the thin filament. Biophysical Journal 65: 693 - 701.

[25] Mikami, M. , A. H. Whitinga, M. A. Taylora, R. A. Maciewicza, and D. J. Etherington. 1987. Degradation of myofibrils from rabbit, chicken and beef by cathepsin l and lysosomal lysates. Meat Sci 21: 81 - 97.

[26] Murray, J. M. , M. K. Knox, C. E. Trueblood, and A. Weber. 1982. Potentiated state of the tropomyosin actin filament and nucleotide - containing myosin subfragment 1. Biochemistry 21: 906 - 915.

[27] Naude, R. J. , A. R. Thomas, H. Gondoza, L. C. Hoffman, and V. Oosthuizen. 2004. The roles of the proteasome, and cathepsins b, l, h and d, in ostrich meat tenderisation. Meat Sci 67: 113 - 120.

[28] Ouali, A. , C. H. Herrera - Mendez, G. Coulis, S. Becila, A. Boudjellal, L. Aubry, and M. A. Sentandreu. 2006. Revisiting the conversion of muscle into meat and the underlying mechanisms. Meat Sci 74: 44 - 58.

[29] Sams, A. R. , R. L. Woelfel, C. M. Owens, E. M. Hirschler, and R. Martinez - Dawson. 2002. The characterization and incidence of pale, soft, and exudative broiler meat in a commercial processing plant. Poultry Sci 81: 579 - 584.

[30] Sangorrin, M. P. , C. B. Martone, and J. J. Sanchez. 2002. Myofibril - bound serine protease and its endogenous inhibitor in mouse: Extraction, partial characterization and effect on myofibrils. Comp Biochem Physiol B Biochem Mol Biol 131: 713 - 723.

[31] Schoenauer, R. , S. Lange, A. Hirschy, E. Ehler, J. C. Perriard, and I. Agarkova. 2008. Myomesin 3, a novel structural component of the m - band in striated muscle. J Mol Biol 376: 338 - 351.

[32] Shen, Q. W. , W. J. Means, K. R. Underwood, S. A. Thompson, M. J. Zhu, R. J. McCormick, S. P. Ford, M. Ellis, and M. Du. 2006. Early post - mortem amp - activated protein kinase (ampk) activation leads to phosphofructokinase - 2 and - 1 (pfk - 2 and pfk - 1) phosphorylation and the development of pale, soft, and exudative (pse) conditions in porcine longissimus muscle. J Agr Food Chem 54: 5583 -5589.

[33] Shen, Q. W. W. , D. E. Gerrard, and M. Du. 2008. Compound c, an inhibitor of amp - activated protein kinase, inhibits glycolysis in mouse longissimus dorsi postmortem. Meat Sci 78: 323 - 330.

[34] Shen, Q. W. , and M. Du. 2005. Role of amp - activated protein kinase in the glycolysis of postmortem muscle. J Sci Food Agr 85: 2401 - 2406.

[35] Squire, J. M. , and E. P. Morris. 1998. A new look at thin filament regulation in vertebrate skeletal muscle. Faseb Journal 12: 761 - 771.

[36] Squire, J. M. , P. K. Luther, and C. Knupp. 2003. Structural evidence for the interaction of c - protein (mybp - c) with actin and sequence identification of a possible actin -binding domain. J Mol Biol 331: 713 -724.

[37] Swartz, D. R. , R. L. Moss, and M. L. Greaser. 1996. Calcium alone does not fully activate the thin filament for s1 binding to rigor myofibrils. Biophys J 71: 1891 - 1904.

[38] Swartz, D. R. , Z. Yang, A. Sen, S. B. Tikunova, and J. P. Davis. 2006. Myofibrillar troponin exists in three states and there is signal transduction along skeletal myofibrillar thin filaments. J Mol Biol 361: 420 - 435.

[39] Taylor, R. G. , T. Caroline, B. Mariele, R. Nathalie, B. Yves, and O. Ahmed. 1995. Proteolytic activity of proteasome on myofibrillar structures. Mol Biol Rep 21: 71 - 73.

[40] Underwood, K. R. , W. J. Means, and M. Du. 2007. Caspase - 3 is not activated in postmortem beef and lamb muscle. J Anim Sci 85: 73 - 73.

[41] Uytterhaegen, L. , E. Claeys, and D. Demeyer. 1994. Effects of exogenous protease effectors on beef tenderness development and myofibrillar degradation and solubility. J Anim Sci 72: 1209 - 1223.

[42] Vibert, P. , R. Craig, and W. Lehman. 1997. Steric - model for activation of muscle thin filaments. J Mol Biol 266: 8 - 14.

[43] Winegrad, S. 1999. Cardiac myosin binding protein c. Circ Res 84: 1117 - 1126.

[44] Witt, C. C. , C. Burkart, D. Labeit, M. McNabb, Y. Wu, H. Granzier, and S. Labeit. 2006. Nebulin regulates thin filament length, contractility, and z - disk structure in vivo. EMBO J 25: 3843 - 3855.

[45] Zhang, D. , K. W. Yancey, and D. R. Swartz. 2000. Influence of adp on cross - bridge - dependent activation of myofibrillar thin filaments. Biophys J 78: 3103 - 3111.

第4章

畜禽肉质性状形成的遗传与分子机制

肉质是一个综合性状，它包括一系列复杂的评价指标。广义上的肉质概念涵盖肉的感官属性、加工属性、营养价值以及卫生与安全品质。通常的情况下，肉质主要是指肉的食用品质，包括肉色、嫩度、多汁性、风味和肉的系水力等。消费者对猪、禽、牛、羊肉的品质要求虽有共同之处，如肉色正常新鲜、一定含量的肌内脂肪和具有本身属性的风味等，但也有不同的侧重——对于猪肉，消费者主要关注肉色、风味、嫩度和多汁性4个方面；而对牛肉则较关注嫩度、风味、多汁性和大理石花纹；家禽肉通常是以肉加工制品的形式消费，所以禽肉的系水力、肉色、嫩度、货架寿命和肉加工得率等加工品质是关注的重点。虽然不同的饮食文化中肉烹饪的方法各异，而且消费者对肉质特性的喜好也有区域性，但肉质仍是影响全球消费者购买愿望的决定性因素，具有极大的经济价值。

畜禽屠宰后，肌肉经过尸僵、嫩化、细胞分解（产生肉的风味或其前体物质）等一系列成熟过程形成了肉。肌肉生物学特性，即肌纤维类型组成、肌内脂肪含量、肌肉糖原含量和结缔组织特性等的不同，是导致肉质出现差异的生物学因素，而决定畜禽肌肉生物学特性的因素主要有遗传和基因因素、营养因素和生理因素（性别、年龄）等。

在肉质形成中，基因和遗传是内因，而包括营养与饲养体制等环境因素是外部因素。内因是肉质形成的根本原因，外因是肉质形成的必要条件，外部原因通过内因发挥作用，因此在肉质性状的形成和改善中，不能简单地说基因和遗传因素或者是营养和饲养等环境因素哪个更重要。畜禽在动物特定的生理状态下，其基因和遗传因素在外部环境因素作用下，最终以整合的形式对肉质的形成产生重要影响，最终决定了肉的品质。关于环境因素对肉质的影响，本书在其他章节里有详细讨论，本章将重点阐述畜禽肉质性状的遗传与分子基础，深入讨论畜禽基因组图谱、肉质数量性状位点（QTL）的定位、主效基因（主效QTL）的分离和鉴定以及系统生物学在揭示肉质性状调控机制的进展，使读者了解全球的科学家们在互联网上公布的肉质性状的基因组数据资源，更全面地把握肉质性状的遗传与分子机制的研究前沿，更有效地开展改善肉质的研究和实践工作。

4.1 肉品质与动物选育

在讨论肉质性状形成的遗传与分子机制之前，我们首先回顾一下畜禽育种与肉质的关系。早在现代养殖业出现之前，肉的品质并不是什么问题。在人类漫长的动物驯养历史中，人们熟知畜禽肉的特点以及制作各种特色肉类制品时所选用原料肉的优劣。人们了解动物生理因素对肉质的影响，例如幼龄动物的肉色鲜红、水分含量高、肌内脂肪含量少、肉细软松弛、肉的营养价值及滋味远不如成年动物；性别对肉质的影响也早为人们熟知，如去势动物的肉质好于母畜，成年公畜的肉质则是最差的；人们也知道老年或役用动物的肉的嫩度下降，结缔组织含量增加，肉变得难以咀嚼；生长速度快的畜禽肉质综合性能普遍劣于生长速度一般的个体。畜禽育种，特别是近年来采用了分子标记辅助选育手段，取得了巨大成功。在猪上，经过近 60 年的选育，获得了生长速度更快、胴体瘦肉率更高的现代猪种。从 1930 年以来，猪背膘厚从45 mm下降到 15～16 mm；上市体重虽然从 85 kg 上升到 125 kg，但猪的生长速度还是提高了 50%；饲料转化率提高了近 1 倍，最好的商业猪群，猪全期的饲料增重比已经达到(2.5～2.6)∶1。即使在最近几年，猪达到上市体重的时间每年仍可减少 0.4 d，而且窝产活仔数每代增加 0.2 头的遗传改良进展也正在成为现实(Rothschild，2010)，当然这其中营养和饲养领域取得的巨大贡献也是不容忽视的。一些专家认为，目前在提高畜禽生长性能、降低体脂沉积方面都已经达到了极限。但另一方面，也正是由于整个畜牧业对畜禽生长性能和瘦肉率过度的追求，导致肉的 pH 下降，大理石花纹评分降低，肉色、肉的致密性和系水力变差，引起了消费者对畜禽肉品质越来越多的批评和抱怨。

肉牛的情况也与此类似。法国、比利时等国家在不断追求肉牛生长速度和瘦肉率的过程中，成功地提高了肉牛的瘦肉生长速度，但快速酵解型肌纤维的比例也随之显著地升高了。快速酵解型肌纤维比例的升高对改善肉的嫩度有好处，但却因为降低了肌内脂肪含量而导致了肉的风味变差，造成了肉质下降。这在双肌牛以及双向选育的夏洛来牛的生化指标、转录组、蛋白质组的数据中也有显示。当前，消费者追求优质牛肉消费的呼声使得高档牛肉的价格动辄是普通牛肉的上百倍。优质牛肉的内涵包含肉的感官品质(Eating quality)、肉的营养价值和肉的与烹饪有关的加工品质(Dietary value)。

以猪为例，由于最初的选育目标并未包含肉质，所以其对肉质的负面影响随着育种的进程而加深。正因如此，在 1996 年开始将肉质作为猪的育种目标之一，而且 2000 年以后，其育种的权重系数由 5%提高到 10%(表 4-1)。尽管不同的国家和地区的消费者要求改善肉质的迫切程度不尽一样，但全球的总体趋势是一致升高的。预计随着消费者对肉质认识的逐步深入，改善肉质的需求会日渐高涨，最终将促使畜牧业加速从追求效率型转向追求品质型。这一点在我国肉鸡的育种和饲养上表现得尤为突出——目前我国以艾维因肉鸡为代表的快速生长型肉鸡的饲养量占肉鸡总的饲养量的比重迅速下降，肉鸡生长性能、饲料效率的重要性已让位于肉质。

表 4-1 近 20 年世界猪育种目标的演变

年份	育种指标的权重系数/%						
	瘦肉率	饲料效率	生长速度	产仔数	肉质	抗病力	预期实现的年选择强度
—1990	48	37	15	—	—	—	1.00
1991—1995	35	30	16	19	—	—	1.14
1996—2000	20	15	20	40	5	—	1.20
2000—2005	20	12	20	32	10	6	1.60

陈瑶生等，2006。

4.2 肉用农业动物基因组图谱

为了从基因的角度揭示人类癌症和慢性病的发病机制，以美国为首的美、英、法、德、日和中国 6 个国家的科学家共同开展了人类基因组计划。人类基因组计划研究的主要内容就是基因组作图，绘制遗传连锁图、染色体物理图谱和转录组图谱；测定全基因组 DNA 分子的核苷酸序列，绘制序列图；基因识别与定位、基因克隆及基因功能研究；在模式生物上研究基因功能；利用新发展的生物信息学整合基因组学、转录组学、蛋白组学、代谢组学获得的信息，揭示癌症等各种疾病的发病机制和/或缺陷的遗传机制。美、英两国科学家 2006 年 5 月 18 日在 Nature 杂志上发表了人类最后一个染色体——第 1 号染色体的基因测序结果，人类基因组测序已经覆盖了人类基因组的 99.99%，这标志着历时 16 年的人类基因组计划书终于写完了最后一个章节。人类基因组计划极大地推动了生命科学的发展，为生命科学的发展提供了基因组平台，在此基础上所有生命科学的分支都可以在分子水平上对话和交流。人类基因组计划也同样有力地推动了农业动物的基因组计划的实施，在构建畜禽染色体物理图谱和遗传连锁图谱的基础上，进行基因组测序，绘制动物基因图谱。

动物基因图谱是研究动物基因功能、基因定位和基因组结构的重要基础，也为分离、鉴定动物重要经济性状的 QTL、功能基因或主效基因的提供了一个新的重要平台。构建动物基因图谱的意义在于了解控制畜禽生产性能、繁殖性能、抗病能力、抗应激能力和肉质等诸多性状的基因的结构和功能以及不同性状在遗传选育中相互关系，为充分认识肉质性状的基因与基因网络奠定了良好基础，为畜禽定向选育特别是不以牺牲动物生产性能为代价提高肉质的选育提供科学指导和依据，具有巨大的潜在价值。近年来 DNA 分子标记技术的发展大大促进了基因图谱的构建，目前牛、鸡、羊和猪的中等分辨率的遗传连锁图均已完成。

4.2.1 猪的基因图谱

猪是主要的肉类农业动物，2011 年猪肉占世界红肉产量的 43%，而且猪的诸多组织、器官及生理特点与人类相似，因此许多国家都开展了猪的基因组计划。欧盟（原欧洲经济共同体）资助的有 18 个欧洲实验室、7 个美国、日本和澳大利亚的实验室共同参与的 PiGMaP 基因定位项目；中国和丹麦科学家合作进行的 Sino-Danish Pig Genome Project 对来自中国和欧洲 5

个不同家猪品种的基因组进行了大规模的测序研究;美国农业部(USDA)资助了两大动物基因组研究计划:一是内布拉斯加州肉用动物研究中心开展的大规模基因定位计划,二是国家动物基因组研究计划,此项目提供了不同动物基因组的框架,促进包括猪在内的所有物种基因定位的互作及简易化。另外美国州立、私立大学及联邦实验室的科学家们共同成立了猪基因组技术委员会。猪的遗传连锁图谱中有 1 900 个位点包含约 300 个基因被定位于猪的基因图谱上。物理图谱有超过 1 000 个位点,包含了数量仍在增加的已知基因。基因图谱包含了大量的随机扩增片段多态性(AFLP)标记,总共有 4 000 多个基因和分子标记。在 Http://www.sanger.ac.uk 网页上公布了美国伊利诺伊大学、英国桑格研究院(The Wellcome Trust Sanger Institute)、英国罗斯林研究院、美国内华达大学、美国艾奥瓦州立大学、位于马里兰州贝塞斯达的动物基因组学研究联盟、法国 INRA 的 2 家研究机构合作研究的猪基因组数据。该网页公布的基因组测序原始数据也与 NCBI 共享。

4.2.2 牛的基因图谱

牛基因组作图的研究工作开展较早,在国际上有一个牛基因组计划研究组,主要由澳大利亚、美国、以色列、肯尼亚和瑞士等国组成,美国和欧盟也还有各自的研究项目。Barendse 等(1994)构建了第一个牛微卫星标记的遗传连锁图,Bishop 等(1994)、Georges 等(1995)和 Ma 等陆续报道了牛的遗传图谱,这 4 张遗传图谱也合称为第一代牛全基因组遗传图谱。第二代的全基因组遗传图谱是由美国农业部肉用动物研究中心与澳大利亚联邦科学与工业研究组织于 1997 年分别发表的。美国构建的遗传连锁图谱共有 1 236 个标记,图谱总长 2 990 cM,覆盖 2 条性染色体和 29 条常染色体,标记间平均距离为 2.5 cM;澳大利亚科学家绘制的遗传图谱是 1 个中等密度的遗传图谱,包括 746 个 DNA 多态性标记,覆盖 95%的基因组。目前第 4 版的牛基因组图谱覆盖了基因组的 98.61%,包含 21 971 个标记,其中 17 482 个 SNP 位点,包括 1 040 000 个同一基因序列(Unigene sets)或 EST。近年来,研究人员主要对牛的 29 对常染色体和 1 对性染色体的连锁图谱的构建和完善进行研究。目前牛的基因组序列已经公布在网上(http://www.hgsc.bcm.tmc.edu/projects/bovine/),高密度的 SNP 的分子标记图正在绘制中。未来的工作重点将放在收集大量的动物表型数据,特别是那些没有按照现行方法测定的性状的表型数据。随着 SNP 标记数的增加、基因测序费用的下降以及功能基因组学的发展,性状表型与分子标记的关系更加明确,性状形成的调控机理更加清晰。

4.2.3 羊的基因图谱

羊的基因图谱最初是由新西兰报道的,该图谱仅有 52 个 DNA 多态性标记,其中 44 个微卫星标记,分布于 19 个连锁群中,每个连锁群的标记数目在 2～6 个之间,但却几乎覆盖了羊的约 3 000 cM 的整个基因图谱。1995 年报道了羊基因组的第一代基因连锁图,该图谱包括 246 个标记,连锁图谱总长为2 770 cM。近几年又诞生了第二代图谱,该图谱有 519 个遗传标记,其中 504 个微卫星标记,分布于 27 个连锁群中,覆盖的总长度已超过 3 000 cM。羊遗传连锁图的快速发展使我们对羊染色体遗传有了更深刻的认识。

4.2.4 鸡的基因图谱

鸡有 38 对常染色体和 1 对性染色体。鸡因世代间隔短，可以形成较大全同胞家系，因而鸡是应用遗传作图技术的极好材料。1994 年鸡基因图谱包含了分布于 35 对染色体上的 400 个 DNA 标记，到 1997 年，已构建了含 665 个 DNA 标记的鸡基因图谱，其中 637 个标记组成了 39 个连锁群，遗传连锁图谱总长度为3 000 cM，已接近鸡基因组的总长度。标记间的平均遗传距离已达到 1997 年确定的构建一个各标记间遗传距离不大于 10 cM 的鸡遗传连锁图谱的目标。要实现对重要经济性状的基因定位，必须构建出一张完整的、具有高分辨率的、能覆盖经济性状的基因的连锁图谱。目前，有一些连锁群通过原位杂交已定位在染色体上，大染色体核型标准化推动了物理图谱的建立。2004 年由美国牵头，中国科学家参加的鸡基因图谱宣布绘制完成。

4.3 畜禽肉质性状的数量性状位点(QTL)

个体水平上，基因都是在与特定环境的交织作用中影响着性状的发育。对于不同的性状，基因和环境对性状形成的影响程度是不同的，这取决于观测的特定基因和环境。有些环境的影响，如宫内营养，可以影响到几代，这属于表观遗传学的范畴。另外，线粒体 DNA 是通过母系传递给后代的，线粒体所包含的母体效应对于后代肌肉生物学特性有影响的。表观遗传效应和线粒体 DNA 携带的母体效应都有遗传和环境的互作。母体效应和表观遗传效应对动物肌肉特性及肉质的影响将在其他的章节中阐述。

肉质性状大多是多基因控制且遗传力较低的性状，其表型形成受营养和饲养环境的影响很大，而且某一特定肉质性状与其他重要经济性状或其他不同肉质性状间可能存在表型负相关，而且肉质是畜禽上市屠宰时才能测定的性状，所以无法使用表型选育。目前研究肉质形成的遗传与分子基础主要是着眼于不同品种的重要肉质性状的 QTL 图谱构建和 DNA 分子标记的鉴定，借助于分子标记，进行辅助选择，才有可能加快肉质性状遗传基础的改良，并且在揭示肉质表型形成中基因与营养互作机理的基础上，采用遗传改良与营养调控相结合的综合手段改善畜禽肉质。

最初，研究者利用遗传标记(限制性酶切片段多态性、随即扩增多态性、微卫星多态性和 SNP 多态性等)在性状分离家系群体内，研究染色体不同区段与动物经济性状的关联性，从中寻找动物数量性状位点，并在染色体上精确定位。20 世纪 90 年代，一些利用遗传标记开展的数量性状位点(QTL)扫描和候选基因分析，鉴定了一些与畜禽重要经济性状包括生长、脂肪沉积、肉质、繁殖力和抗病性等性状相关的 QTL 和单个基因。Anderson 等(1994)利用 105 个微卫星标记扫描了猪的全染色体组，将影响猪生长、皮下脂肪厚等性状的数量性状位点(QTL)定位在第 4 号染色体上。

Andersson 研究组最早开展猪肉质的数量性状位点(QTL)的研究(Andersson 等，1996)，他们利用 234 个遗传标记扫描了 191 头 F2 个体，将一些肉质性状(包括 pH、系水力、肉色)的 QTL 定位于第 2 号和第 12 号染色体上。Rothschild 研究组将肉色和肉的致密性评分的 QTL

定位于第 4 号和第 7 号染色体上(Rothschild 等,1995;Wang 等,1998)。另有 2 个与肉质性状相关的 QTL 也被定位在第 7 号染色体上:肌肉中苹果酸酶和脂肪合成酶的活性与第 7 号染色体上的猪白细胞抗原复合体(SLA)有关;与公猪膻味有关的雄烯酮水平的 QTL 也被定位于第 7 号染色体的 SLA 复合体区域(Bidanel 等,1996;Milan 等,1998)。猪肌纤维数的 QTL 定位于第 3 号染色体上(Milan 等,1998)。目前猪肌内脂肪沉积的分子标记研究相对较少,猪肌内脂肪的主效基因还没有得到公认。Janss 等(1997)和 Sanchez 等(2002)都报道肌内脂肪可能受 1 个隐性主效基因的作用。De Koning 等(1999,2000)报道了利用 127 个微卫星标记对 619 头 F2,150 头 F1 及 F0 梅山×荷兰猪进行全基因组扫描,结果显示,在品系杂交模型中肌内脂肪含量的数量性状位点(QTL)位于 2、4 和 6 号染色体,半同胞模型提示位于第 4 和 7 号染色体。关于肌内脂肪的 QTL 定位仍然不清楚,有关的候选基因有十几个,但研究结果并不一致。

动物 QTL 数据库是发轫于 NAGRP 猪基因组计划建立的猪的 QTL 数据库,目前由美国艾奥瓦州立大学 NAGRP 生物信息协作组管理。该计划始于 1998 年,但直到 2002/2003 年才开始实施,完成了网站页面的设置、数据库规划、对原始数据审核和研究方法的探索。2004 年开发了猪的 QTL 数据库使用工具,并发表了第 1 版的猪 QTL 数据库,包含 466 个猪的 QTL。随后数据库又发展了新的功能和用途,增加了 QTL 审核和编辑的工具;并在 2005/2006 年新增了牛、鸡的 QTL 数据;在 2006/2007 增加了基因组的结构调整,包括了 RH 图谱、人类基因组图谱和 FPC 图谱等,也包括了 SNP、基因芯片和新的微卫星。在此基础上,开发了 Perl/GD 和 MySQL 方法来设计整合、展示和分析收集的 QTL 数据所需的软件。该数据库收集了所有公布的各种畜禽的 QTL 数据,截至 2011 年 4 月 20 日,数据库包含了从 281 篇发表文章收集的代表了 593 个性状的猪 QTL 6 344个,从 274 篇发表文章收集的代表 376 个性状的牛 QTL 4 682 个,从 125 篇发表文章收集的代表 248 个性状的鸡 QTL 2 451个,以及从 59 篇发表文章收集的代表 152 个性状的绵羊 QTL 454 个。数据库和它包含的工具可以对 QTL 进行比较、确认和染色体定位。该 QTL 数据库的数据也提交到了 NCBI Gene and Map reviewer resources。在那里,遗传标记的信息可与保存在 NCBI 的 UniSTS 数据库中的分子标记进行比较。

过去 10 多年来,QTL 作图策略不断改进,新鉴定的 QTLs 也不断出现,但是这种技术路线所面临的困难仍然十分巨大。

按照性状的类型分类,除了鸡的肉质性状的 QTL 不是最多之外,猪和羊的肉质性状的 QTL 数在各自的 QTL 中都是最多,分别是 4 434 个和 127 个;牛即使有肉牛、奶牛的区别,但肉质性状的 QTL 依旧在各性状中是最多,有 754 个。猪的 QTL 中除了肉质性状的 QTL 外,还有外形特征的 QTL 424 个,健康性状的 QTL 599 个,生产性能的 QTL 608 个,繁殖性能的 QTL 279 个(表 4-2)。鸡、牛、羊的各类性状的 QTL 数分别见表 4-3 至表 4-5。

表 4-2 猪各类性状的数量性状位点(QTL)数目

性状类别	QTL 数量	性状类别	QTL 数量
外形特征	424	生产性能	608
健康	599	繁殖性能	279
肉质	4434		

http://www.animalgenome.org/cgi-bin/QTL/index。

表 4-3 鸡各类性状的数量性状位点(QTL)数目

性状类别	QTL 数量	性状类别	QTL 数量
行为	58	采食	35
外形特征	16	生长性能	1 645
健康和抗病力	248	肉质	127
产蛋量	66	代谢紊乱	106
蛋品质	223	其他	23

表 4-4 绵羊各类性状的数量性状位点(QTL)数目

性状类别	QTL 数量	性状类别	QTL 数量
外形特征	14	生产性能	98
健康	94	繁殖性能	13
肉质	127	羊毛品质	23
奶质	85		

表 4-5 牛各类性状的数量性状位点(QTL)数目

性状类别	QTL 数量	性状类别	QTL 数量
行为	35	乳房炎	237
胴体品质	259	肉质性状	754
外形特征	51	奶组成——脂肪	397
抗病力	40	奶组成——蛋白	595
能量效率	5	奶组成——其他	3
饲料转化率	60	奶加工性状	2
采食量	217	奶产量	317
受胎率	420	器官紊乱	18
普通性状	408	寄生虫感染	17
常规健康参数	42	抗寄生虫	14
生长	689	色素沉着	27
生活史性状(Life history traits)	12	生产	2
生命全期生产性能	50	精液品质	11

http://www.animalgenome.org/cgi-bin/QTL/index。

4.4 畜禽肉质性状的主效基因的分离、鉴定

功能基因和主效基因的分离、鉴定和克隆给医学和农业领域带来了巨大的经济效益，更进一步推动了国际上对功能基因组的研究如火如荼。20 世纪 90 年代，由猪恶性高热综合征导致的猪 PSE 肉，给全球养猪业每年造成 20 亿美元的损失。PSE 肉，即苍白(Pale)、松软(Soft)、渗液(Exudative)肉，是最常见的劣质肉。1991 年 Fujii 等首次克隆了猪恶性高热综合

征(MHS)基因,随后一批调控动物重要经济性状的功能基因被分离和克隆。如猪高繁殖率基因 ESR、绵羊高繁殖率基因 Boorloola、羊美臀基因 Callipagy、肉牛双肌基因、奶牛产奶量基因、猪酸肉基因(RN)等相继被发现。我国动物功能基因组研究的科学家在国家自然科学基金和科技部 863 计划、973 计划的资助下,也取得了一系列重要成果。1994 年定位了鸡性连锁矮小基因(dw),1997 年利用 RFLP 技术,在我国北京白鸡中寻找到了新的性连锁慢羽基因。

4.4.1 畜禽肉质主效基因鉴定的技术路线

功能基因(或主效基因)的分离、鉴定,根据其技术路线的出发点和特点,概括地分为两种:一是在性状(表型)分离群体对目标性状的相关基因进行定位、克隆;二是候选基因法。前者是建立在性状分离的大规模群体(或家系)的基础上,利用表型克隆(Phenotypic cloning)、定位克隆(Positional cloning)、候选定位克隆(Candidate positional cloning)进行基因分离、鉴定。利用已知的遗传标记和连锁图谱来定位相关的 QTL,继而分离出功能基因(或主效基因)。候选基因法取决于科学家对性状形成的生理过程的认知和对候选基因背景的了解,这一方法由于人和实验动物功能基因组研究的快速发展,在畜禽性状功能基因的分离、鉴定中发挥的作用不容忽视,但也因为动物生理机能的种属差异性和动物经济性状基因调控的复杂性,存在着局限性。但随着畜禽 QTL 数据库的完善和染色体基因定位的发展,研究者可以直接以特定肉质性状的 QTL 区域的基因为候选基因,适当参考这些基因的功能,即使事先对这些基因的功能了解较少或不知道,也可以有效地进行主效基因的筛选和鉴定工作。

表型克隆策略不依赖于基因的染色体位置或基因的产物信息,只从表型的特征出发,通过比较性状分离群体的差异 DNA,克隆功能基因。表型克隆研究的主要技术有差异显示 PCR 技术、基因组错配扫描、代表性差异分析和抑制性消减杂交等。

定位克隆也叫连锁基因定位克隆,其技术路线是利用目标性状分离群体的遗传连锁分析或染色体异常将目标基因定位到染色体上的具体位置,通过构建基因组文库,并利用与目标基因连锁的分子标记为探针,筛选阳性克隆,再通过构建高密度的分子连锁图,找到与目的基因更紧密连锁的分子标记,不断缩小候选区域克隆该目的基因,并阐明、验证该基因的功能。

定位候选克隆是伴随人、鼠等动物基因组草图的完成,定位克隆技术新发展出的一种基因分离和鉴定的技术,它包括基因组定位、候选 cDNA 的获得、全长 cDNA 及功能分析 3 个基本步骤。基因组测序将很快使所有基因定位在染色体的某个区域。利用 GenBank 等数据库查找定位于此区域的所有已克隆的基因或 EST,筛选并克隆出相关的基因,再对基因进行功能分析并与相应的性状做关联分析,找出可能的功能基因。这一技术在分离鉴定新的功能基因的研究中,仍然有必要整合性状的 QTL 定位的研究成果。

基因组测序技术的突飞猛进,使得基因组图谱(染色体组物理图谱和遗传连锁图谱)和基因转录组图谱的日臻完善。随着基因芯片技术(寡核苷酸芯片、SNP 芯片)的成熟和广泛应用,可以更高效地将调控复杂性状或与之相关的差异表达基因、EST 分离和鉴定出来,一改传统数量遗传学将控制某一数量性状的多个基因作为一个整体来研究的方法,直接将研究目标指向各个基因位点,可以直接找到与目标性状高度关联的表达序列标签(EST)甚至基因或者是 DNA 分子标记,借助遗传标记,用相应的统计方法,将影响数量性状的多个基因剖分开,定位在特定的染色体上，进而对基因结构、功能分析，确定它们与其他基因的关系，获得目标性状的功能基因或主效基因。

肉质包含一系列复杂的评价指标，通常被认为是数量性状，是由多基因控制的性状，因此在确定肉质性状的遗传特性时，学者们更多强调的是分离、鉴定其主效 QTL。但也有相当的证据表明，对于一些性状如肉的 pH，单个基因的变异在相当大的程度上可以揭示其表型的差异。实际上 QTL 发挥作用，也可能是其区段内某一个基因的功能。因此，目前有相当多的研究试图在已定位的 QTL 上，利用精细定位的方法，确定肉质性状的主效基因。

4.4.2 猪肉品质性状的主效基因

PSE 肉最常发生在猪肉中，但在牛肉、羊肉和禽肉中也有偶有发现，在这些种类动物中 PSE 肉不一定就是品质不良肉。尽管在牛肉中 PSE 肉不常见，但渗出肉可以在小牛肉中见到。只不过是并没有像 PSE 猪肉那样引人注意，所以 PSE 牛肉的成因研究较少。在家禽上，特别是火鸡，经常发现肉色浅白但不渗出的肉，这通常与肌肉中血红素含量低有关。

PSE 肉的产生是由于宰后胴体的 pH 不正常地快速下降引起的，宰后 45 min 胴体 pH 降到 6.1 以下。通常发生在那些患有猪应激综合征(PSS)或猪恶性高热综合征(MHS)。McCarthy 等(1990)将人的恶性高热综合征的基因位点定位在第 19 染色体的 12～13.2，而几乎同时，MacLennan 等(1990)将骨骼肌兰尼定受体基因(Ryanodine receptor gene，RYR1)定位在该区域，并证实该基因与恶性高热综合征有紧密联系。兰尼定受体 RYR1 是骨骼肌细胞内肌浆网上控制钙离子(Ca^{2+})进出肌纤维的通道。Fujii 等(1991)首次鉴定了猪兰尼定受体的一个突变与猪恶性高热综合征相关，揭示了兰尼定受体基因 C1843T 突变，使得 615 位的精氨酸(Arg)突变为半胱氨酸(Cys)，影响了钙离子通道的正常机能，在刺激因子如氟烷麻醉的作用下，Ca^{2+} 大量析出胞外，引起电解质代谢紊乱，出现肌肉僵直，体温剧烈升高；肌纤维大量析出 Ca^{2+} 激活三磷酸腺苷酶和磷酸化酶，从而加强糖原酵解(Scopes 等，1974)，产生大量乳酸时，pH 迅速下降，肌红蛋白变性、肌纤维急剧收缩，肌内膜断裂、肌浆游离，肌蛋白变性，最终引起猪恶性高热综合征，产生 PSE 肉。患有应激综合征(PSS)或猪恶性高热综合征(MHS)的猪，可以用氟烷检测，对氟烷敏感的猪通常会表现为应激综合征或恶性高热综合征。所以猪恶性高热综合征基因也叫氟烷基因或氟烷敏感基因(Hal)。猪上氟烷基因定位于第 6 号染色体上，它包含两个等位基因，即正常的 HalN 和隐性突变基因 Haln，在群体中有 3 种基因型(NN，Nn，nn)，利用分子标记检测技术可以鉴定。

Haln 等位基因在大多数猪群中正逐渐被淘汰，但鉴于其在提高饲料效率、降低背膘厚、提高眼肌面积和瘦肉率方面的价值，也有学者认为养猪业应该考虑如何科学利用 Haln 等位基因。

除了 PSE 肉外，还有其他几种类型的劣质肉。RSE(Red，soft，exudate)肉是另一种较少为人所知的劣质肉，是红色、松软、渗出的肉，它的产生也是因为动物宰前应激引起的 pH 异常快速下降。DFD(Dark，firm，dry)肉是一种颜色发暗、质地干硬的劣质肉。也是因为宰前动物受到应激，但没有机会补充肌肉中糖原。家禽的黄萎病(Poultry cyanosis)家禽皮肤发生带蓝色的变色或污点。研究表明这种情况与 DFD 肉可以通过使家禽免受应激和低温来减少。

酸肉基因(RN)带有酸肉基因的猪肉 pH(宰后 24 h)、系水力和熟肉率都很低。Naveau 等

(1985)利用表型分离的办法发现了酸肉基因(RN^-)。可以通过检测熟肉率(Napole yield)、火腿生产的工艺参数或者肌肉糖原含量来鉴定酸肉基因。带有酸肉基因(RN^-)猪的白肌肌浆中糖原含量比通常高 70%,肌肉蛋白含量很低,酸肉基因 RN^- 引起滴水损失和烹饪损失增加,严重损害了肉的加工特性。酸肉基因有 2 个等位基因,即 rn^+(正常等位基因)和 RN^-(对熟肉率有负面影响)。研究发现酸肉基因 RN^- 主要存在于汉普夏猪和有汉普夏猪血液组成的猪群中。酸肉基因 RN^- 与氟烷基因(Haln)不同,它影响 pH 下降的程度(pH24 h<5.5),但对下降速率没有影响。

酸肉基因 RN^- 对肌肉糖原的调控机制目前还不是很清楚。Milan 等(2000)首次证实了 AMP 激活蛋白激酶 γ3(PPKAG3)的点突变与猪肌肉糖原含量过高相关。AMP 激活蛋白激酶(AMPK)是一个异源三聚体酶,具有维持细胞和机体能量代谢的功能。在实验动物上的研究表明,骨骼肌 AMPK 激活具有抵消胰岛素抗性的作用。AMPK 的调节亚基 3(PRKAG3)只在骨骼肌中表达,γ 亚基的突变具有特异性调节 AMP 激活的功能。随后的一系列研究发现了 PRKAG3 编码区存在多个突变。PRKAG3 编码区的突变,如 200 位的精氨酸突变为谷氨酰胺(R200Q)主要存在于汉普夏猪,其他的突变,如 32 位的苏氨酸突变为天冬酰胺(T200N)、52 位的甘氨酸突变为丝氨酸(G52S)和 199 位的异亮氨酸突变为缬氨酸(I199V)则存在于其他品种猪中,是猪 rn^+/RN^- 突变的原因。酸肉基因(RN)已定位于第 15 号染色体上,与肌肉糖原过高含量相关联的 PRKAG3 的突变可以用分子标记的方法鉴别。

Hal 基因与 RN 基因在猪胴体品质和肉品质包括肉色、致密性、大理石花纹、剪切力上有显著的互作效应(Hamilton 等,2000)。在他们的研究中,Hal Nn 和 rn^+/RN^- 的携带者汉普夏公猪与这两个基因位点杂合子的母猪交配,产生了①$NN/rn^+ rn^+$、②$Nn/rn^+ rn^+$、③$NN/RN^- rn^+$ 和④$Nn/RN^- rn^+$ 4 种单倍型的猪。携带有正常单倍型($NN/rn^+ rn^+$)的猪的肉色、致密性、大理石花纹的评分在 4 种单倍型中最高。该研究表明,Hal 基因和 RN 基因对鲜猪肉品质的负面影响,而且这两个基因对肉最终 pH、肉色和系水力的负面作用具有相加性。

猪脂肪酸结合蛋白基因对肌内脂肪(IMF)含量的影响。Ocker 等(1972)从肠细胞胞液组分中分离出一种脂肪酸结合蛋白(FABP)。脂肪酸结合蛋白是一类胞内小分子蛋白,具有把脂肪酸从细胞刷状缘膜转运至光滑内质网的功能,防止细胞内脂肪酸堆集。脂肪酸结合蛋白对长链脂肪酸有较高的亲和力,优先结合长链脂肪酸并促进酯化反应,有利于甘油三酯的重新合成,在长链脂肪酸代谢中发挥重要作用。脂肪酸结合蛋白家族成员有脑型(B)、心型(H)、肝型(L)、肠型(I)、回肠型(I1)、脂肪型(A)、上皮细胞型(E)、髓磷脂型(My)和睾丸型 9 种类型。不同类型的脂肪酸结合蛋白并不是只在一种组织中表达,如 H - FABP 除了在心肌中表达外,也在骨骼肌和乳腺中表达,各种类型脂肪酸结合蛋白只不过是以分离或鉴定的初始组织命名。

Gerbens 等(1999)对两种 H - FABP 纯合基因型的杜洛克猪后代进行了肌内脂肪含量和背膘厚的比较。研究发现,心脏型脂肪酸结合蛋白(H - FABP)基因的多态性与肌内脂肪含量有关系,aa/dd/HH 单倍型猪的肌内脂肪含量在各种基因型猪中最高,能提高肌内脂肪含量 0.4 个百分点。猪 H - FABP 基因定位在第 6 号染色体上,作为提高肌内脂肪含量的候选基因是由于其在细胞内脂肪酸转运过程中担任着中心角色,H - FABP 基因的多态性在肌内脂肪含量生成上表现出的差异可能归因于 H - FABP 在肌肉中脂肪酸转运上的不同。进而 Gerbens 等(2001)的研究认为脂肪型脂肪酸结合蛋白(A - FABP)的基因多态性与肌内脂肪沉积也有关系,不同基因型的猪肌内脂肪含量差异超过 1%,因此 H - FABP 和 A - FABP 均被认为是肌内脂肪沉积的候选基因。在纯种的杜洛克猪群中已经证实，A - FABP 和 H - FABP 基因位点的遗传变异与肌内脂肪含量显著相关(Gerbens 等，1998)，以 H - FABP 为主效基因建立的猪肌内脂肪分子标记申请了专利，并在 PIC 猪育种公司应用。但是也有大量研究表明，在不同的猪群中，不同基因型猪(H - FABP 或者 A - FABP)的肌内脂肪含量差异不显著，因此这两个基因是否是肌内脂肪的主效基因还存在分歧。

目前报道的猪肌内脂肪沉积的主效基因还有 ADD1、Lipin1、CLIC5 等多个基因，但都还在进一步的验证研究中。由于决定肉质的遗传、表观遗传和营养等因素的复杂性，目前发现且受到公认的只有两个肉质主效基因，即氟烷基因(Halothane，Hal)和酸肉基因。

应用基因诊断法检测猪恶性高热综合征(MHS)基因，利用雌激素受体(ESR)基因诊断盒固定猪的高产仔数基因等，都已在实践中应用。虽然当前国际上猪的基因诊断的专利还很少，但基因诊断及分子育种无疑是今后国际猪育种的发展方向。商业育种公司非常积极地利用这些信息，结合传统的表型选育方法，发展出分子标记辅助选育(MAS)的方法，来提高畜牧业养殖水平。

PIC 猪育种公司是世界最大的跨国猪育种公司，据称该公司在 2001 年初在猪育种中已经利用了 10 个 DNA 标记进行分子育种，其中生长和抗病方面的各 1 个，肉质和产子数方面各 4 个。近期用到的标记增加到 28 个，其中生长性状的 DNA 标记 11 个，抗病的 1 个、肉质性状的 DNA 标记 18 个，产子数标记的 9 个。为了保住其在猪育种方面的领先地位，PIC 投入巨资与国际一流大学和研究机构合作，进行猪主要经济性状的 DNA 标记的开发，并对其所有的 DNA 标记检测技术进行专利保护。目前国际上在研究的猪辅助育种的 DNA 标记或潜在标记主要有：H - FABP、A - FABP、CAST、MC4R、PPARγ、MPOG、IGF2、RN、HAL、MSTN、FSHP、PRLP、MCOAI、HDACI、PIT - 1。目前关于猪肉质的基因专利 6 项，涉及的基因 CAST、PIR3C3、PLEPR、PRK-AG，同时与背膘厚和肉质有关的专利 3 项，涉及的基因有 CA3、FABP3 和 MC4R，同时与生长和肉质有关的专利 3 项，涉及的基因有 CRM、SCN4、α - LDH、α -INHA、INHBA、CAST，同时与背膘厚、肉质和生长有关的专利 2 项，涉及基因有 TNNTI 和 HMGA。

4.4.3 牛羊肉质性状的主效基因

在牛上，肌肉生长抑素(Myostatin，MSTN)的突变，诱发导致了肌肉肥大症，促进酵解型肌纤维代谢，导致胶原蛋白和肌内脂肪含量下降，使肉的嫩度和口感变差。针对肌肉生长能力的遗传选育，导致肌内脂肪下降、肌肉氧化代谢(如线粒体酶)的生化指标的表达或活性下降。法国的一项研究表明(Renand 等，2001)，17 月龄屠宰的青年夏洛来牛，肉的嫩度主要取决于肌纤维的大小和胶原蛋白的特性，而与肌内脂肪含量关系很小。

用于改善牛肉品质的遗传标记目前还很少。事实上，这些肉品质的遗传变异度很高，可以用作辅助性选择提高牛肉品质。过去十多年，美国、加拿大投入了相当大的努力来探测改善牛肉品质的 QTL，澳大利亚、欧洲和日本也开展了这方面的研究，Kühn 等(2005)综述了这方面的进展。目前这个领域的工作主要是围绕嫩度和肌内脂肪的含量和组成进行的，其中一些是关于黄牛与瘤牛的杂交后代肉质差异的遗传多样性的研究。

已鉴定的牛肉嫩度的分子标记，大多是围绕钙蛋白酶 - 钙蛋白酶抑素酶复合物系统基因的 SNP 多态性进行的。这些嫩度的分子标记已知是影响钙蛋白酶 - 钙蛋白酶抑素酶复合物的表达，进而调控活体动物和宰后胴体肌肉的蛋白质降解速率。多个研究都独立地将影响牛肉嫩度的QTL定位于第29号染色体(Hocquette等，2006)，Page等(2002)认为位于相同的染色体区域的钙蛋白酶基因1，即Calpain1(CAPN1)基因的变异是这一QTL的功能背景，因为该基因的2个分别位于第9和第4个外显子的SNP，导致了氨基酸的突变，即316位的精氨酸突变为甘氨酸、530位的异亮氨酸突变为缬氨酸，与背最长肌用剪切力实验测定的嫩度值有关系。其他报道影响牛肉嫩度性状的QTL位于第4、5、9、11、15和20号染色体上，但还没有验证，也没有发现在这些QTL区域内有某个基因是牛肉嫩度的重要候选基因。倒是另外2个都位于第7号染色体的基因——CAST(Calpastatin)和LOX(Lysyl oxidase)的遗传变异与牛肉嫩度有关，尽管还没有报道表明第7号染色体上有影响牛肉嫩度的QTL(Barendse等，2002a)。CAST的2个位于3′UTR区和1个位于5′UTR的微卫星(Kühn等，2005)中，只有其中的2个单倍型与嫩度改善有关，这表明，这些遗传标记处于与1个未知的主效突变位点的不平衡连锁状态。其他已鉴定的分子标记包括calpain3基因上的SNP，这些分子标记对婆罗门牛背最长肌的剪切力有显著的作用，但对其他肉质性状没有影响。拥有3个基因的优势单倍型的牛的肌肉在成熟后7 d的剪切力显著下降达15.8 N。但也有不同的报道，Cafe等的研究表明，钙蛋白酶-钙蛋白酶抑素复合体系统的分子标记的多态性对肉牛的生产、胴体和肉品质的相关特性没有副作用(Warner等，2010)。

牛肉大理石花纹在北美、亚洲和澳大利亚是一项重要的肉质指标，它是指肌纤维束间白色斑点或条纹，与肌内脂肪含量密切相关。牛肉大理石花纹的QTL，有报道位于第2、3和27号染色体。非常有意思的是Myostatin基因位于第2号染色体的报道的QTL区域内(Casas等，1998)，但该基因不可能是导致所有品种牛大理石花纹评分不同的原因，因为一些品种牛不具有双肌表型。大理石花纹的QTL其他报道的有位于第5、8、9、10、14、16、17、23和29号染色体，但也都没有验证。有报道表明，与肌内脂肪含量或大理石花纹相关的遗传标记位于第5和14号染色体。第5号染色体的微卫星多样性位点位于CSSM34和ETH10之间，大约20 cM，与安格斯牛、短角牛、日本和牛的大理石花纹评分有关(Barendse，2002b)。二酯酰甘油-O-乙酰转移酶1(DGAT1)和甲状腺球蛋白(TG)基因也都位于第14号染色体的着丝粒区域。研究表明，DGAT1的232位的丙氨酸突变为赖氨酸与德国荷斯坦牛和夏洛来牛的肌内脂肪沉积有关(Thaller等，2003)，也有报道指出，大理石花纹评分与甲状腺球蛋白基因的2个SNP的1个单倍型有关(Barendse等，2002b)。Taniguchi等(2004)鉴定了硬脂酰CoA脱饱和酶(SCD)基因的多态性与单不饱和脂肪酸含量、肌内脂肪的熔点相关。

在一项欧盟资助的项目中，根据对基因功能的了解，选择了大约500个与肌肉发育、组成、代谢以及肌肉成熟相关的基因作为改善肉质的候选基因，通过对编码区和非编码区的测序，来挖掘基因多态性(Levéziel等，2003)。该研究在450头测定了肉质的公牛个体中，总共发现了156个基因的375个SNP。这些研究结果预期为今后改善牛肉品质提供基因方面的线索，为今后的研究提供新的目标。

Hocquette等(2005)和Lehnert等(2006)综述了近年来在牛上为数众多的功能基因组的研究进展。

分离鉴定牛的大理石花纹相关的差异表达基因一直是一个研究热点。Childs等(2002)通过给牛饲喂高比例精料日粮，使得不同肥育阶段牛的大理石花纹评分显著不同。在此模型中，利用基因差异显示法分离鉴定了1个与大理石花纹评分相关的基因——NAT1，另外，一些猜测的可能有关的功能基因如ATP柠檬酸裂解酶差异表达了，但也有一些基因表达没有差异，如PPARγ。其他的转录组水平的研究也鉴定了一些参与反刍动物脂肪沉积的关键基因，如12-脂氧合酶(12-lipoxygenase)、前列腺素D合成酶(Prostaglandin D synthase)基因(Cho等，2002)。Wang等(2005)对大理石花纹评分高的日本和牛和评分低的荷斯坦牛的肌肉基因表达的研究表明，甲状腺激素信号通路基因、不饱和脂肪酸合成基因和脂肪沉积基因，包括已鉴定的A-脂肪酸结合蛋白(Hocquette等，2004)表达显著不同。

双肌性状差异表达基因。Potts等(2003)利用抑制性差减杂交法比较了31～33胎龄的双肌牛与非双肌牛的基因表达情况，分离、鉴定了编码转录因子、蛋白质合成与降解的调控子、增殖和代谢和3个定位于第5号染色体的差异表达的基因。这3个差异表达基因与屠宰后14 d用Warner Bratzler法测定的剪切力的QTL相距很近，这个研究揭示了双肌牛肌肉肥大与肌肉嫩度相联系的机制。Cassar-Malek等(2006)利用牛肌肉专用多聚寡核苷酸芯片比较了260胎龄的双肌牛和非双肌牛半腱肌的肌肉基因表达谱，基因功能聚类分析(GO)表明，与肌肉慢收缩特性有关的基因如TNNC1、TPM3、MYH7，胞外基质相关基因如胶原蛋白Ⅰ和Ⅱ基因，核糖体蛋白基因如RPL3、RLP23、RPS24、RPS20，在双肌牛肌肉中表达下调，这解释了双肌牛肌肉肌肉收缩快、氧化性低、胶原蛋白含量低的特性的原因；而与细胞周期调控相关基因如p21cip1、E2F1、CTBP1，DNA代谢、转录调控的基因如HMGB1、mcm6、HDAC4、MEF2A、MyoD，蛋白酶相关基因如furin、TIMP4在双肌牛表达上调。有趣的是，3个与分化有关的基因C1QTNF3、SIX3和FOXC2在双肌牛中也表达，这表明原先推测的这些基因确实在参与维持肌肉肥大。需要进一步研究这些基因所指向的肌肉生长量调节的生理机制。Bouley等(2005)比较了双肌牛与普通牛半腱肌的蛋白表达谱，试图揭示双肌牛快速酵解型肌肉比例升高的机制。研究发现，差异表达的蛋白与肌肉收缩和代谢通路无关，而是属于未知功能的蛋白，如肌氨酸、SR53G、热休克蛋白p20。

多基因遗传控制的肌肉生长潜力。一项对夏洛来牛进行肌肉生长双向选择的研究表明，除了已知的一些基因，如编码线粒体酶和A-FABP，其他基因如LEU5(一种肿瘤抑制因子)、肌氨酸(一种肌肉特异表达基因，与人肥厚性心脏病有关)和热休克蛋白，在肌肉生长潜力大的牛中表达量低于肌肉生长潜力低的个体(Sudre等，2005)，其中的一些基因在肌肉发育全期会差异表达。一些转录水平上的研究表明，选择肌肉生长潜力大，会导致与肌肉酵解代谢相关的肌肉性状的基因，如乳酸脱氢酶A，或者快速收缩相关的基因，如原肌球蛋白β和肌浆球蛋白重链2x等基因的表达上调。蛋白组学的研究也表明，快速酵解型肌肉中慢肌钙蛋白T异构体表达下调，而快速肌钙蛋白T异构体表达上调(Picard等，2005)。

因为各种肉质性状的表型都存在着肌纤维内和肌纤维间的差异，所以肉质性状相关基因对性状的影响作用依赖于肌肉和它在肌肉中表达的位置。通常，肌纤维在发育和生长过程中会响应环境的各种变化，包括肌肉的张力、神经的调节、血液中供应的营养和氧气，神经刺激的频率、激素的信号等等，因此肌肉发育既要响应环境中的信号变化，也要响应它的基因信息。表型可以简单地描述为遗传变异和环境变异互作在一个结果(性状)中可度量的效应的总和。肉的重要视觉性状包括肉色、肉的质地、脂肪颜色、脂肪的数量和分布，以及没有过多渗出的水(Clistsch，2000)。一旦烹饪熟化后，消费者满意度则主要决定于肉的嫩度、滋味和香味(风味)以及肉的多汁性。澳大利亚的羊肉消费者通常将风味放在第一位，其次是嫩度，最后是多汁性(Pethick等，2006)，这与牛肉的消费者将嫩度排在首位不同。最近澳大利亚的消费者数据表明，牛肉风味的重要性上升，而嫩度的重要性可能在下降。截至目前，牛肉和羊肉肉质方面肉的嫩度的机制研究最多。嫩度取决于结缔组织的数量和可溶性、肌（原纤维）节在宰后胴体冷却排酸过程中的收缩、宰后肌原纤维蛋白质和肌原纤维相关蛋白质的降解。肌内脂肪也间接影响肉的嫩度，其他如宰后能量代谢的速率和程度也影响肉的嫩度。

已知的影响羊肉生长潜力的基因或基因标记包括美臀基因和 Carwell 基因。

（1）美臀基因（Callipyge）

美臀羊的表型是遗传自父系的 1 个第 18 号染色体的突变造成的，这种羊肌肉发达，特别是后躯丰满，体脂沉积少，饲料报酬高，但是肉的嫩度变差，肉变得坚韧。美臀羊的肌纤维变大是因为Ⅱx/Ⅱb（快速氧化的酵解型）和Ⅰ型（慢氧化型）肌纤维比例和尺寸都增加了。与普通的羊相比，美臀羊肌肉中的钙蛋白酶抑素表达上调，在宰后肌肉成熟过程中横纹肌Ⅰ-带区域的缝隙变少，胶原蛋白交织区没有变化，这些增强了肌纤维而不是结缔组织组分，从而显著地增加了肌肉的韧性。为了改善美臀羊羊肉的嫩度和提高消费者的可接受度，采取了许多处理方法，包括电处理、延长宰后胴体成熟时间、胴体成熟前冷却处理、注射氯化钙，取得了不同程度的成功。

（2）Carwell 基因（里脊肉基因，REM）

最早发现，一些澳大利亚无角陶赛特公羊的后代不论活体或胴体都有着较大的背最长肌横切面积，是明显由第 18 号染色体上被称作 Carwell 基因或里脊肉基因位点的等位基因分离导致的。该基因位点在美臀基因位点附近，但是目前还没有精确定位在染色体上某段序列的变异与之有关。无角陶赛特×白脸萨福克公羊的半同胞关联分析发现，与 Carwell 突变连锁的 DNA 标记的杂合子，其里脊肉重、肌肉生长和瘦肉率（用 CT 扫描测定）显著高，但作用幅度通常较美臀基因小。Carwell 基因的表型可能引起肉的嫩度下降，食用品质变差，但该基因对肉嫩度的作用似乎比美臀基因小而且易变。同时，应引起重视的是应用这些分子标记改善羊的肌肉生长，不应该以牺牲羊肉肉质特性，包括嫩度为代价。

对牛、羊肌肉特性有着极端效应的 2 个特殊基因分别是牛的双肌基因和羊的美臀基因。这 2 个基因的变异都导致了个体肌肉健壮，但是它们的作用途径和效应显著不同（表 4-6）。

表 4-6 双肌牛与美臀羊和普通牛、羊相比所具有的特点

项目	双肌牛	美臀羊
分子机理	肌肉生长抑素（GDF8）突变，失去功能	不确定（*DLK*-1 基因参与）
SNP 的定位	牛的第 2 号染色体	羊的第 18 号染色体
产生表型变异的基因型	突变等位基因的纯合子，杂合子的表型介于两个纯合子之间	父系遗传的突变等位基因的杂合子
表型的表现	出生前和出生后	主要是出生后
肌肉肥大部位	全身性	主要在后躯
肥大肌肉的肌纤维	有肌纤维数增生；Ⅱx 肌纤维比例升高，Ⅱa 型比例下降；可能有Ⅱ型肌纤维肥大，但取决于突变和高酵解的牛的遗传背景	没有肌纤维增生、Ⅱx 肌纤维比例升高，Ⅱa 型比例很少，Ⅱ型肌纤维肥大
促进肌肉生长的主要生化机制	蛋白质合成增加	减少了肌肉蛋白质降解（钙蛋白酶抑素更多）
肉质	与普通肉相似或更嫩、肉色变浅	肉的质地变硬、肉色变浅

欧洲的一些牛品种如比利时蓝牛和意大利的皮埃蒙特牛有着健硕的肌肉，一些是由调控肌肉生长抑素的基因发生突变造成的。肌肉生长抑素基因(*MSTN*)也被称作生长分化因子8(GDF8)的突变已被证明有使肌肉健硕和改变肌肉结构的作用。这个基因的突变，将使肌肉生长抑素蛋白失去功能，导致双肌现象。最常见的突变是在821位的11个碱基对的缺失(821 del11)，突变的阳性纯合型牛表现为极度健硕的肌肉特性，杂合型牛的肌肉强健度处于阳性纯合子与野生型牛之间。在比利时蓝牛上，该突变与肉剪切力显著下降、胶原蛋白总量降低相联系。在利木赞牛群体中，肌肉生长抑素的第94位的苯丙氨酸变为亮氨酸，导致肌肉量增加、并通过肌肉中胶原蛋白/弹性蛋白含量下降，使肉嫩度提高。

一项在澳大利亚安格斯牛上的研究表明，试验群中有肌肉强壮程度高、低的2个品系牛，它们都是具有正常型功能的肌肉生长抑素的牛(野生型)，还有1个品系的牛是821 del11的突变杂合型牛，这种牛的肌肉生长抑素没有功能。商业群中有肌肉生长抑素野生的纯合型牛和821 del11的杂合型牛。2个群体中，不同基因型的个体背最长肌的剪切力没有差异，但商业群中携带突变位点的杂合型牛的半腱肌剪切力因基因型不同而显著下降，但试验群中没有发现这样的趋势。在皮埃蒙特牛(Wheeler等，2001)和夏洛来牛(Casas等，1998；Levéziel等，2006)上的研究都观察到肌肉生长抑素突变的杂合型牛的肌肉嫩度显著增加。但是也有一些研究并没有观察到突变的杂合型牛肉的嫩度有什么变化。

在特塞尔绵羊和其他绵羊上的研究都发现了肌肉生长抑素基因的1个突变(g+6 723 G>A)加强了羊的肌肉健硕程度。绵羊肌肉生长抑素基因的其他突变也影响肌肉的强壮程度和胴体的肥度。g+6 723 G>A的突变增加了快速糖酵解型肌纤维的比例(Laville等，2004)，但不改变肉的剪切力，却降低了肌内脂肪含量和包括嫩度的肉的感官评分(Kijas等，2007)。另一项研究中发现，背最长肌和半膜肌的剪切力不受包含肌肉生长抑素基因的QTL影响，尽管QTL影响特塞尔羊的胴体组成。

总之，在牛上，肌肉生长抑素基因突变通常会改善肉的嫩度，这是因为肌肉中胶原蛋白相对于肌纤维的含量下降了、肌原蛋白中的稳定不可降解的交联结构减少了。肌肉生长抑素基因在绵羊上的突变似乎不影响肉的剪切力，尽管消费者感受到的嫩度可能降低，这可能是肌内脂肪增加的作用。

Marshall(1999)和Burrow等(2001)对牛肉质的遗传力有过深入的综述。嫩度(剪切力)和肌内脂肪含量是中等遗传力的性状(0.2～0.3)；肉色(反射系数、L、a^*b^*值)和系水力(滴水损失、烹饪损失)的遗传力更低(0.1～0.25)；品尝小组评分的嫩度、多汁性和风味的平均遗传力为0.05～0.2，嫩度评分的遗传力最高(0.22)。由此，我们可以推论，牛肉质性状，依据具体性状，总体表型方差的5%～30%来源于遗传。其次，既然肉质性状的遗传力属于低到中等，因此遗传改良的几率可能是有限的，但是对于嫩度和肌内脂肪这样的性状遗传改良是可行的。特别是与普通黄牛品种(肌剪切力$h^2=0.30$，嫩度评分的遗传力$h^2=0.31$)相比，瘤牛和热带适应的牛种嫩度有很高的遗传力(背最长肌剪切力$h^2=0.30$，嫩度评分的遗传力$h^2=0.31$)和表型方差。

牛肌内脂肪含量与嫩度评分和剪切力的遗传相关系数分别为0.61和－0.38(Reverter等，2003)。嫩度评分与风味和多汁性评分的遗传相关系数也很高(分别是0.93和1.0)(Johnston等，2003)。

羊肉质性状的遗传力研究相对较少。羊肉剪切力的遗传力大致为0.39，最终pH的遗传力为0.18～0.27、肉色的遗传力为0.09(43. Safari等,2005)。

4.4.4 鸡肉质性状的主效基因

为了提高鸡的生长性能,鸡育种者对肉鸡进行了长期的高强度选育,高度选育大大缩短了鸡达到上市体重(大约2 kg)所需要的天数、改善了胴体组成,如增加了鸡胸肉的产量、降低了胴体的脂肪沉积,但是也间接地对肉质(如肉pH和系水力)产生了不良影响。不像猪育种那样早在20世纪90年代初即将肉质纳入育种计划,家禽肉质的遗传改良的起步较晚,是近几年才开始的事。生长速度快的肉鸡和生长速度慢的肉鸡的体重和和腹脂重差异很大,而且生长速度对鸡胸肉肉质影响很大:生长速度快的肉鸡的宰后15 min肉的pH(pH 15)和最终pH(pHu)、胸肉肉色的红度(BCo-R)、黄度(BCo-Y)低于生长速度慢的肉鸡,胸肉肉色的亮度值(BCo-L)则高于生长速度慢的肉鸡,两者胸肉的滴水损失没有差异。Nadaf等(2007)第一个鉴定了控制鸡肉肉质的QTL。研究将影响胸肌肉pH 15的1个QTL定位于第1号染色体上,1个影响肉滴水损失的QTL定位于第1号染色体上,1个影响肉色红度的QTL和1个影响黄度的QTL都位于第11号染色体上。肉鸡肉的pH、肉色、系水力的遗传力很高(0.35～0.57),火鸡的这些肉质性状遗传力相对较低(0.12～0.22),鹌鹑肉的pHu和肉色的遗传力在0.22～0.48之间。宰后肉的pH下降速度和pHu是影响肉鸡肉质的关键因子。肉鸡胸肉的糖酵解潜力的遗传力很高(0.43),与肉pHu有着很强的负遗传相关(−0.97)(Le Bihan-Duval等,2008)。鸡胸肉重与肌纤维大小有着显著的正遗传相关(0.76),与肌肉糖原贮量负相关(−0.58),与肉pHu值正相关(0.84)。

近年来随着牛、鸡、羊、猪等畜禽的基因组测序计划的完成,海量的包括单核苷酸多态性(SNP)、微卫星多态性等遗传标记的涌现以及大量单个基因的发现和注释,为全基因组关联分析和遗传选育的实现提供了可能性,这将使那些先前非常难选择的复杂性状更容易选育。结合功能基因组的研究,使我们能更深入地理解包括肉质在内的数量性状形成的机制及其调控途径。

4.5 肉质性状的基因网络与肉质营养调控的分子基础

基因芯片、Solexia测序等高通量技术的出现,使得研究者可以直接对全基因组进行高分辨率扫描,于是各国科学家们开始利用这些技术筛选和鉴定畜禽肉质性状的主效基因。在猪上杜洛克猪和皮特兰猪分别是瘦肉型猪中肉质较好和较差的典型代表,Cagnazzo等(2006)用自制基因芯片(包含509个基因)扫描了杜洛克猪和皮特兰猪的背最长肌的基因表达谱,发现出生前的皮特兰猪与能量代谢相关的基因表达高于杜洛克猪,而后者则脂肪酸代谢的基因表达量高。Muráni等(2007)利用基因芯片扫描等技术,发现杜洛克猪和长白猪的肌肉在胚胎期差异表达的cDNA片段主要包括肌纤维蛋白编码基因、细胞连接相关基因、细胞间信号传递类基因、胞外基质生成或重构相关基因。Wimmers等(2007)利用基因芯片扫描、基因差显法和实时荧光PCR荧光定量法,也研究了这两个品种猪胎儿背最长肌的基因表达谱,发现有584个基因参与猪的肌肉生成和分化,从中筛选出46个基因,用1 700头生产性能测定的猪研究了基因表达与肌肉生长和肉质性状的关系,发现 9 个基因的等位突变与这两个品种猪肉质性状差异关系密切,但放大到其他猪群中,则没有发现哪个基因的等位突变与特定性状显著相关。Cánovas 等(2010)的研究表明脂肪合成代谢相关的基因、胰岛素信号通路的基因在高肌内脂肪猪群体中上调,而与抗原加工和存在相关的基因则下调。

过去,科学家们通常只能研究单个基因的功能,但这种技术路线的缺陷是忽略了基因和蛋白之间以及蛋白与蛋白之间的复杂的相互作用。将某个基因从众多基因的网络中隔离出来,可能无法整体地观察到该基因在生命体中是如何发挥作用的。现在随着功能基因组、转录组、蛋白质组和代谢组学等系统生物学技术的发展,科学家们可以利用高通量的技术去筛选品种之间和基因型之间差异表达的基因和蛋白,进而研究基因网络和基因之间的相互关系,从信号通路的角度理解肉质性状表型形成的分子机制。但需要牢记的是系统生物学的研究虽然为肌肉表达的基因提供了基因(蛋白)功能分类、信号途径分析等方面的手段,但并不是总能提供所有基因(蛋白)功能的信息。包括基因芯片等技术只是一个发现、鉴定潜在感兴趣的差异表达基因的试验手段。但不同肌肉类型间表达显著差异的基因,可能是多种原因造成的,因为肌肉组织是一个由多种细胞构成的组织,包括肌纤维、结缔组织的纤维原细胞和脂肪细胞,不同的肌肉中各种细胞的组成也是不同的,所以,我们并不清楚是哪些细胞造成了我们观察到的基因差异表达;另一个问题是,系统生物学的研究也只是简单地评价 mRNA 和蛋白质代谢物的表达水平的变化,事实上,很难分辨出原发性调节因子,或者是关键调控因子,这些调节因子往往调控着一组基因或多个信号通路的表达。遗憾的是,转录因子和细胞调控因子的表达量通常在一个很低的水平上,基因组的研究手段很难探测到它们。最后的问题是,目前动物的基因芯片并没有覆盖整个基因组,这是发现新基因的主要瓶颈。尽管有这些不足,基因组研究还是可以帮助我们鉴定基因,特别是在不同环境中都表达显著不同的基因,这表明它们的表达水平主要是遗传因素决定的。另外,从酵母到实验鼠大量的基因组方面的进展,可以促进在肉用动物上鉴定有关肌肉发育和肉质性状的关键调控基因。

畜禽在特定环境中经历的生理与分子事件,对其肉质的影响十分大,目前对肉质性状进行营养调控的研究还较少,所得到结论也很不一致,这一方面是因为肉质本身与动物类型、品种的遗传背景差异有关,另外也是因为我们对肉质形成的分子机制了解还不深入。充分认识控制肉质性状的基因与分子机制,对于在不牺牲畜禽生产性能和效率的前提下改善肉质具有重要意义,同时也是采取营养调控肉质的前提和基础。

畜禽的遗传与基因、营养与饲养体系以及生理因素都会通过影响动物肌肉的生物学特性而影响肉的品质,因此揭示肌肉生物学特性形成的遗传与分子机制,对于改善肉质无疑具有重要的意义。随着各种畜禽基因图谱的日益完善,细胞分化、转向分化和发育的调控机制也将越来越清晰完整。DNA 检测的发展成为利用遗传选育改进畜禽肉品质的重要手段。特别是以功能基因组为代表的系统生物学上的探索无疑会加深我们对影响畜禽肉品质的基因及基因网络的认识,使得我们在揭示肉质形成机制方面取得突破性进展的几率逐步增大,可以期待在不久,畜牧业科技工作者可以利用鉴定分子标记的方法预测畜禽生产具有消费者期待的肉品质特征的潜力,但值得关注的是所有分子标记在生产中使用之前,都要反复验证,因为这些分子标记与肉质的联系是在有限数量的个体、品种和品系中观察到的。

另外,肉质还包括诸如绿色、动物福利、品牌等无形但被消费者信任的因素在其中,所以畜禽肉质的改良不只是一个科学问题,也还有建立在对动物更深入了解的基础上的人文内涵,这些也都需要扎扎实实地做好，这样才能树立一个值得信赖的优质肉的生产系统，而这也有赖于研究肉品质形成的遗传学、育种学、营养学、肉品科学领域的专家、学者和生产者通力协作以及管理者和社会学等领域人士广泛参与。

（本章由中国农业大学尹靖东主笔）

参考文献

[1] 李梦云，陈代文，张克英. 影响猪肉质性状的基因及其表达调控. 畜牧与兽医，2008，40(4)：95 - 99.

[2] 刘榜. 国内外猪基因组与分子育种研究进展. 猪业科学，2008(1)：67 - 93.

[3] Andersson - Eklund L. , L. Marklund, K. Lundström, K. Andeersson, I. Hansson, N. Lundheim, M. Moller, H. Ellegren, and L. Andersson. 1996. Mapping QTLs for morphological and meat quality traits in a wild boar intercross. Anim. Genet. 27 (Suppl. 2): 111.

[4] Andersson L. , C. S. Haley, H. Ellegren, S. A. Knott, M. Johansson, K. Andersson, I. Edfors - Lilja, M. Fredholm, I. Hansson, J. Häkansson, and K. Lundström. 1994. Genetic mapping of Quantitative trait loci for growth and fatness in pigs. Science, 263:1771 - 1774.

[5] Barendse W. 2002a. DNA markers for meat tenderness. Patent WO02064820 Assessing lipidmetabolism WO9923248.

[6] Barendse W. 2002b. Assesing lipid metabolism. Patent WO9923248.

[7] Bihan - Duval E. L. , M. Debut, C. M. Berri, N. Sellier, V. Santé - Lhoutellier, Y. Jégo, and C. Beaumont. 2008. Chicken meat quality: genetic variability and relationship with growth and muscle characteristics. 2008. BMC Cenet. 9:53.

[8] Bidanel J. P. , D. Milan, C. Chevalet, N. Woloszyn, J. C. Caritez, J. Gruand, P. Le Roy, M. Bonneau, C. Renard, M. Vaiman, J. Gellin, and L. Ollivier. 1996. Chromosome 7 mapping of a quantitative trait locus for fat androstenone level in Meishan X Large White F2 entire male pigs. Proceedings EAAP meetings.

[9] Bouley J. , B. Meunier, C. Chambon, S. De Smet, J. F. Hocquette, and B. Picard. 2005. Proteomic analysis of bovine skeletal muscle hypertrophy. Proteomics 5, 490 - 500.

[10] Burrow H. M. , S. S. Moore, D. J. Johnston, W. Barendse, and B. M. Bindon. 2001. Quantitative and molecular genetic influences on properties of beef: A review. Australian Journal of Experimental Agriculture, 41, 893 - 919.

[11] Cagnazzo M. , M. F. W. te Pas, J. Priem, A. A. C. de Wit, M. H. Pool, R. Davoli, and V. Russo. 2006. Comparison of prenatal muscle tissue expression profiles of two pig breeds differing in muscle characteristics. J. Anim. Sci. 84:1 - 10.

[12] Cánovas A. , R. Quintanilla, M. Amills, and R. N. Pena. 2010. Muscle transcriptomic profiles inpigs with different phenotypes for fatness traits. BMC Genomics 11:372.

[13] Casas E. , J. W. Keele, S. D. Shackelford, M. Koohmaraie, T. S. Sonstegard, T. P. Smih, S. M. Kappes, and R. T. Stone. 1998. Association of the muscle hypertrophy locus with carcass traits in beef cattle. Journal of Animal Science 76:468 - 473.

[14] Cassar - Malek I. , F. Passelaigue, C. Bernard, P. Gautier, and J. F. Hocquette. 2006. Target genes of myostatin loss - of - function in bovine foetuses. COST action 925 "The importance of prenatal events for postnatal muscle growth in relation to the quality of muscle based foods". 2nd Work Group Meeting, 28

- 29 September 2005, Volos, Greece. Archives of Animal Breeding 49, Special Issue. p 109.

[15] Childs K. D., D. W. Goad, M. F. Allan, D. Pomp, C. Krehbiel, R. D. Geisert, J. B. Morgan, and J. R. Malayer. 2002 - Differential expression of NAT1 translational repressor during development of bovine intramuscular adipocytes. Physiological Genomics 10, 49 - 56.

[16] Cho K. K., K. H. Han, S. K. Kang, S. H. Lee, and Y. J. Choi. 2002 Applications of cDNA microarray in ruminants. The 4th Korea - Japan Joint Symposium on Rumen Metabolism and Physiology, May 21 - 24, Jeju, Korea.

[17] De Koning D. J., L. L. G. Janss, A. P. Rattink, and B. Harlizius. 2000. Genome - wide scan for body composition in pigs reveals important role of imprinting. Proc Natl Acad Sci USA, 97:7947 - 7950.

[18] De Koning D. J., L. L. G. Janss, A. P. Rattink, P. A. van Oers, B. J. de Vries, M. A. Groenen, J. J. van der Poel, P. N. de Groot, E. W. Brascamp, and J. A. van Arendonk. 1999. Detection of quantitative trait loci for backfat thickness and intramuscular fat content in pigs (Sus scrofa). Genetics, 152:1679 - 1690.

[19] Du M., J. D. Yin, and M. J. Zhu. 2010. Cellular signaling pathways regulating the initial stage of adipogenesis and marbling of skeletal muscle. Meat Sci 86: 103 - 109.

[20] Dwyer C. M., N. C. Stickland, and J. M. Fletcher. 1994. The influence of maternal nutrition on muscle fiber number development in the porcine fetus and on subsequent postnatal growth. J Anim Sci 72: 911 - 917.

[21] Esmailizadeh, A. K., C. A. Morris, N. G. Cullen, Z. A. Kruk, D. S. Lines, S. M. Hickey, P. M. Dobbie, C. D. K. Bottema, and W. S. Pitchford. 2011. Genetic mapping of quantitative trait loci for meat quality and muscle metabolic traits in cattle. Anim. Gene. Dio: 10. 1111/j. 1365 - 2052. 2011. 02197. x.

[22] Fujii J., K. Otsu, F. Zorzato, S. de Leon, V. K. Khanna, J. E. Weiler, P. J. O'Brien, and D. H. MacLennan. 1991. Identification of a mutation in porcine ryanodine receptor associated with malignant hyperthermia. Science 253:448 - 451.

[23] Gerbens F., A. J. M. van Erp, F. L. Harders, F. J. Verburg, T. H. E. Meuwissen, J. H. Veerkamp, and M. F. W. te Pas. 1999. Effect of genetic variants of the heart fatty acid - binding protein gene on intramuscular fat and performance traits in pigs. J. Anim. Sci. 77:846 - 852.

[24] Gerbens F., D. J. de Koning, F. L. Harders, T. H. E. Meuwissen, L. L. G. Janss, M. A. M. Groenen, J. H. Veerkamp, J. A. M. Van Arendonk, and M. F. W. te Pas. 2000. The effect of adipocyte and heart fatty acid - binding protein genes on intramuscular fat and backfat content on Meishan crossbred pigs. J. Anim. Sci. 78:552 - 559.

[25] Gerbens F., F. J. Verburg, H. T. B. Van Moerkerk, B. Engel, W. Buist, J. H. Veerkamp, and M. F. W. te Pas. 2001. Associations of heart and adipocyte fatty acid-binding protein gene expression with intramuscular fat content in pigs. J. Anim. Sci. 79:347 - 354.

[26] Handel S. E. and N. C. Stickland. 1987. The effects of low birthweight on the ultrastructural development of two myofibre types in the pig. J. Anat. 150: 129 - 143.

[27] Hocquette J. F., I. Barnola, C. Jurie, I. Cassar - Malek, D. Bauchart, B. Picard, and G. Renand. 2004 - Relationships between intramuscular fat content and different indicators of muscle fiber types in young Charolais bulls selected for muscle growth potential. Rencontres Recherches Ruminants 11: 91 -95.

[28] Hocquette, J. F., G. Renand, H. Levéziel, B. Picard, and I. Cassar - Malek. 2006. The potential benefits of genetics and genomics to improve beef quality - a review. Anim. Sci. paper and report 24(3):

173 -189.

[29] Hocquette J. F. , I. Cassar - Malek, A. Listrat, and B. Picard. 2005. Current genomics in cattle and application to beef quality. In: Indicators of milk and beef quality (J. F. Hocquette and S. Gigli, eds), EAAP Publ. No. 112, Wageningen Academic Publishers, Wageningen, The Netherlands, pp. 65 - 79.

[30] Hyatt J. P. , G. E. McCall, E. M. Kander, H. Zhong, R. R. Roy, and K. A. Huey. 2008. Pax3/7 expression coincides with myod during chronic skeletal muscle overload. Muscle Nerve 38: 861 - 866.

[31] Janss L. L. G. , J. A. M. Van Arendonk, and P. E. W. Brascam. 1997. Bayesian statistical analysis for presence of single gene affecting meat quality traits in a crossed pig population. Genetics, 145: 395 -408.

[32] Johnston D. J. , A. Reverter, D. M. Ferguson, J. M. Thompson, and H. M. Burrow. 2003. Genetic and phenotypic characterisation of animal, carcass, and meat quality traits from temperate and tropically adapted beef breeds. 3. Meat quality traits. Australian J. Agri. Res. 54:135 - 147.

[33] Kijas, J. W. , R. McCulloch, J. E. Hocking Edwards, V. H. Oddy, S. H. Lee, and J. van der Werf. 2007. Evidence for multiple alleles effecting muscling and fatness in the Ovine GDF8 locus. BMC Genetics, 8:80.

[34] Kühn C. h. , H. Leve ziel, G. Renand, T. Goldammer, M. Schwerin, and J. Williams. 2005. Genetic markers for beef quality. In: Indicators of milk and beef quality, (J. F. Hocquette and S. Gigli, eds.), EAAP Publ. No. 112, Wageningen Academic Publishers, Wageningen, The Netherlands, pp. 23 - 32.

[35] Laville E. , J. Bouix, T. Sayd, B. Bibé, J. M. Elsen, C. Larzul, F. Eychenne, F. Marcq, M. Georges. 2004. Effects of a quantitative trait locus for muscle hypertrophy from Belgian Texel sheep on carcass conformation and muscularity. J Anim Sci. , 82:3128 - 3137.

[36] Lehnert S. A. , Y. H. Wang, S. H. Tan, and A. Reverter. 2006. Gene expression - based approaches to beef quality research. Australian Journal of Experimental Agriculture 46:165 - 172.

[37] Lemercier C. , R. Q. To, R. A. Carrasco, and S. F. Konieczny. 1998. The basic helix - loop - helix transcription factor mist1 functions as a transcriptional repressor of myod. Embo. J. 17: 1412 - 1422.

[38] Levéziel H. , J. F. Hocquette, J. Lepetit, C. Denoyelle, V. Dodelin, N. Payet. 2006. Q204X myostatin mutation effects on carcass and meat quality traits in heterozygous Charolais young bulls. 52nd International Congress of Meat Science and Technology (pp. 65 - 66). Dublin, Ireland.

[39] Maroto M. , R. Reshef, A. E. Munsterberg, S. Koester, M. Goulding, and A. B. Lassar. 1997. Ectopic pax - 3 activates myod and myf - 5 expression in embryonic mesoderm and neural tissue. Cell 89: 139 - 148.

[40] Marshall D. M. 1999. The genetics of meat quality. In R. Fries & A. Ruvinsky (Eds.), The genetics of cattle (pp. 605 - 636). Wallingford: CABI Publishing.

[41] MacLennan D. H. , C. Duff, F. Zorzato, J. Fujii, M. Phillips, R. G. Korneluk, W. Frodis, B. A. Britt, and R. G. Worton. 1990. Ryanodine receptor gene is a candidate for predisposition to malignant hyperthermia. Nature 343(6258): 559 - 561.

[42] McCarthy T. V. , J. M. Sandra Healy, J. J. A. Heffron, M. Lehane, T. Deufel, F. Lehmann - Horn, M. Farrell, and K. Johnson. 1990. Localization of the malignant hyperthermia susceptibility locus to human chromosome 19q12—13. 2 Nature 343 (6258):pp. 562 - 564.

[43] Milan D. , J. P. Bidanel, P. Le Roy, C. Chevalet, N. Woloszyn, J. C. Caritez, J. Gruand, M. Bonneau, L. Lafaucheur, C. Renard, M. Vaiman, P. Mormède, C. Désautés, J. Gellin, and L. Ollivier. 1998. Current status of QTL detection in Large White x Meishan crosses in France. Proc 6th World Congress Quantitative Genetics of Livestock 26: 414 - 417.

[44] Milan D. , J. T. Jeon, C. Looft, V. Amarger, M. Thelander, A. Robic, C. Rogel-Gaillard, S. Paul, N. Iannuccelli, L. Rask, H. Ronne, K. Lundstr? m, N. Reinsch, J. Gellin, E. Kalm, P. Le Roy, P. Chardon, and L. Andersson. 2000. A mutation in an AMP-activated protein kinase g subunit is associated with excess glycogen in pig skeletal muscle. Science 288:1248-1251.

[45] Murάni E. , M. Murάniovά, S. Ponsuksili, K. Schellander, and K. Wimmers. 2007. Identification of genes differentially expressed during prenatal development of skeletal muscle in two pig breeds differing in muscularity. BMC Dev Biol. 7:109-124.

[46] Pethick D. W. , A. B. Pleasants, A. M. Gee, D. L. Hopkins, and I. R. Ross. 2006. Eating quality of commercial meat cuts from Australian lambs and sheep. Proceedings of the New Zealand Society of Animal Production, 66:363-367.

[47] Picard B. , J. Bouley, I. Cassar-Malek, C. Bernard, G. Renand, and J. F. Hocquette. 2005. Proteomics applied to the analysis of bovine muscle hypertrophy. In: Indicators of milk and beef quality (J. F. Hocquette and S. Gigli eds.), EAAP Publ. No. 112, Wageningen Academic Publishers, Wageningen, The Netherlands, pp. 379-384.

[48] Potts J. K, S. E. Echternkamp, T. P. Smith, and J. M. Reecy. 2003. Characterization of gene expression in double-muscled and normal-muscled bovine embryos. Animal Genetics 34:438-444.

[49] Reverter A. , D. J. Johnston, D. M. Ferguson, D. Perry, M. E. Goddard, H. M. Burrow, V. H. Oddy, J. M. Thompson, and B. M. Bindon. 2003. Genetic and phenotypic characterisation of animal, carcass, and meat quality traits from temperate and tropically adapted beef breeds. 4. Correlations among animal, carcass, and meat quality traits. Australian J Agri Res. 54:149-158.

[50] Rothschild M. F. , Z. L. Hu, and Z. H. Jiang. 2007. Advances in QTL mapping in pigs. Int. J. Biol. Sci. 3 (3): 192-197.

[51] Rothschild M. F. , D. M. Gorbach, B. Fan, S. K. Onteru, and Z. Q. Du. 2010. Applications of new porcine genomic tools to trait discovery and understanding genomic architecture. The International Plant & Animal Genome XVIII Conference. January 9-13, San Diego, California. W614.

[52] Ridgeway A. G. and I. S. Skerjanc. 2001. Pax3 is essential for skeletal myogenesis and the expression of six1 and eya2. J. Biol. Chem. 276: 19033-19039.

[53] S. E. Ross, N. Hemati, K. A. Longo, C. N. Bennett, P. C. Lucas, R. L. Erickson, and O. A. MacDougald. 2000. Inhibition of adipogenesis by wnt signaling. Science 289: 950-953.

[54] Rothschild M. F. , Z. L. Hu, and Z. H. Jiang. 2007. Advances in QTL mapping in pigs. Int. J. Biol. Sci. 3: 192-197.

[55] Rothschild M. F. , H. C. Liu, C. K. Tuggle, T. P. Yu, and L. Wang. 1995. Analysis of pig chromosome 7 genetic markers for growth and carcass performance traits. J. Anim. Breed. Genet. 112: 341 348.

[56] Safari E. , N. M. Fogarty, and A. R. Gilmour. 2005. A review of genetic parameter estimates for wool, growth, meat and reproduction traits in sheep. Livestock Production Science, 92:271-289.

[57] Sanchez M. P. , P. Roy le, H. Griffon, J. C. Caritez, X. Fernandez, C. Legault, and G. Gandemer. 2002. Intramuscular fat content is affected by a major gene in DUROC pigs. Proceedings of the 7th World Congress on Genetics Applied to Livestock Production, Montpellier, France, August, Session 3: 1-4.

[58] Saxena V. K. , A. K. Sachdev, R. Gopal, and A. B. Pramod. 2009. World's Poultr Sci J. 65:37-50.

[59] Sudre K. , I. Cassar-Malek, A. Listrat, Y. Ueda, C. Leroux, C. Auffray, R. Renand, P. Martin, and J. F. Hocquette. 2005. Biochemical and transcriptomic analyses of two bovine skeletal muscles in

Charolais bulls divergently selected for muscle growth. Meat Sci. 70:267 - 277.

[60] Suh J. M., X. Gao, J. McKay, R. McKay, Z. Salo, and J. M. Graff. 2006. Hedgehog signaling plays a conserved role in inhibiting fat formation. Cell Metab. 3: 25 - 34.

[61] Taniguchi M., T. Utsugl, K. Oyama, H. Mannen, M. Kobayashi, Y. Tanabe, A. Ogino, and S. Tsuji. 2004. Genotype of stearoyl - CoA desaturase is associated with fatty acid composition in Japanese Black cattle. Mammalian Genome 15: 142 - 148.

[62] Vonnahme K. A., B. W. Hess, T. R. Hansen, R. J. McCormick, D. C. Rule, G. E. Moss, W. J. Murdoch, M. J. Nijland, D. C. Skinner, P. W. Nathanielsz, and S. P. Ford. 2003. Maternal undernutrition from early - to mid - gestation leads to growth retardation, cardiac ventricular hypertrophy, and increased liver weight in the fetal sheep. Biol. Reprod. 69: 133 - 140.

[63] Wang L., T. P. Yu, H. W. Chung, C. K. Tuggle, and M. F. Rothschild. 1998. A directed search for quantitative trait loci on chromosomes 4 and 7 in the pig. J. Anim. Sci. 76: 2560 - 2567.

[64] Wang Y. H., K. A. Byrne, A. Reverter, G. S. Harper, M. Taniguchi, S. M. McWilliam, H. Mannen, K. Oyama, and S. A. Lehnert. 2005. Transcriptional profiling of skeletal muscle tissue from two breeds of cattle. Mammalian Genome, 16:201 - 210.

[65] Wheeler T. L., S. D. Shackelford, E. Casas, L. V. Cundiff, and M. Koohmaraie, 2001. The effects of Piedmontese inheritance and myostatin genotype on the palatability of longissimus thoracis, gluteus medius, semimembranosus, and biceps femoris. J Anim Sci, 79:3069 - 3074.

[66] Wigmore P. M. and N. C. Stickland. 1983. Muscle development in large and small pig fetuses. J. Anat. 137 (Pt 2): 235 - 245.

[67] Warner, R. D., P. L. Greenwood, D. W. Pethick, and D. M. Ferguson. 2010. Genetic and environmental effects on meat quality. Meat Sci. 86: 171 - 183.

[68] Wimmers K., E. Murani, M. F. Te Pas, K. C. Chang, R. Davoli, J. W. Merks, H. Henne, M. Muraniova, N. da Costa, B. Harlizius, K. Schellander, I. B? ll, S. Braglia, A. A. de Wit, M. Cagnazzo, L. Fontanesi, D. Prins, and S. Ponsuksili. 2007. Associations of functional candidate genes derived from gene - expression profiles of prenatal porcine muscle tissue with meat quality and muscle deposition. Anim. Genet. 38:474 - 484.

[69] Zhu M. J., B. Han, J. Tong, C. Ma, J. M. Kimzey, K. R. Underwood, Y. Xiao, B. W. Hess, S. P. Ford, P. W. Nathanielsz, and M. Du. 2008. Amp - activated protein kinase signalling pathways are down regulated and skeletal muscle development impaired in fetuses of obese, over - nourished sheep. J. Physiol. 586: 2651 - 2664.

[70] Zhu M. J., S. P. Ford, W. J. Means, B. W. Hess, P. W. Nathanielsz, and M. Du. 2006. Maternal nutrient restriction affects properties of skeletal muscle in offspring. J. Physiol. 575: 241 - 250.

第5章

母体营养对胎儿发育和子代脂肪及结缔组织沉积的影响

5.1 胎儿程序化发育

出生重低的人在成年后更容易患糖尿病、中风和高血压等一些慢性病，这已经被英国、美国以及瑞典的一些研究所证实(Hales 等，1991；Barker，1995，2003)。流行病学调查发现，成年人的一些疾病的发生率与胎儿的出生重有关系，如出生重为 5.5 磅(约 2.5 kg)的人群的非胰岛素依赖型糖尿病的患病率比出生重为 9.5 磅(约 4.3 kg)的人群增加了 3 倍。胎儿出生重与成年后一些疾病发生率的内在联系被称为胎儿程序化，也被称作 Barker 假设(Barker 等，2002)。该假设认为营养缺乏引起的胎儿发育不正常，可以程序化地导致成年后更容易患冠心病、中风、糖尿病和高血压等一些慢性疾病(Barker，2001)。

胎儿能否实现其最大生长潜能是畜牧业生产中一个重要的问题。母体营养缺乏是导致胎儿发育不良的首要原因，此外遗传因素、代谢、血管发育不良、自免疫和感染等引起的各种机能紊乱会限制营养物质从母体到胎儿的跨胎盘转运。胎儿不能获得正常发育所需的营养物质导致了胎儿发育不良，进而影响了其出生后的生长效率(Cetin 等，2004)。胎儿程序化的概念也同样适用于动物生产。

动物胴体由肌肉、脂肪、结缔组织和骨骼组成，这些组织是由胎儿早期发育阶段的间充质干细胞(Mesenchymal stem cells，MSC)衍生而来的。从畜牧生产的角度上看，骨骼肌无疑是最重要的组织。肌肉生长和发育包括肌纤维的数目增加(Hyperplasia)和肌纤维体积的增大(Hypertrophy)两个过程。胎儿出生后肌纤维数量已确定，不再有净增加，肌肉发育只是因为肌纤维体积增大。因此，胎儿期是骨骼肌发育的关键时期(Stickland，1978；Du 等，2009)。瘦肉本身是由肌纤维、脂肪细胞和嵌入结缔组织的成纤维细胞构成的，因此骨骼肌发育包括肌细胞生成、脂肪细胞生成和纤维细胞生成 3 个生理过程(图 5 - 1)。促进间充质干细胞(MSC)向肌细胞方向分化，可以提高瘦肉量和瘦肉/脂肪的比例；加强肌肉中脂肪细胞的生成能够增加肌内脂肪并且提高肉的食用品质，但是脂肪在机体其他部位的沉积就造成了浪费；增加纤维生成使得结缔组织聚集和交联，肉变得坚硬，肉质下降。因此，为了增加瘦肉生成和提高肉质，调控间充质干细胞的分化是至关重要的。然而，到目前为止，我们对于间充质干细胞分化的调控机制的了解还非常有限，还有许多问题需要解决。这一章我们探讨骨骼肌的程序化发育及其调控机制的研究进展。

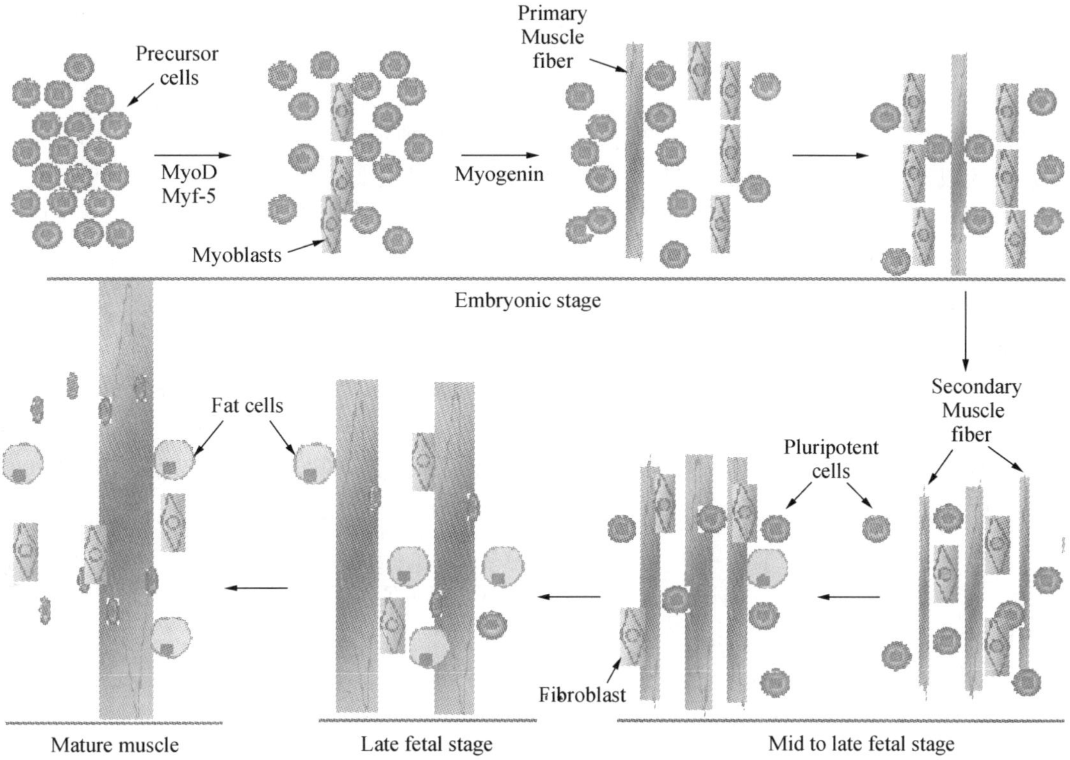

图 5-1 胎儿骨骼肌发育示意图

5.2 胎儿发育与肌肉、脂肪和胶原纤维生成

5.2.1 胎儿骨骼肌发育

胎儿发育可以大致分为胚胎期和胎儿期。胚胎期是以器官和组织的形成为标志，而胎儿期则是以这些器官和组织进一步发育、生长和成熟为特征的。在胚胎期，形成少量的肌纤维，叫做初级肌纤维。绝大部分的肌纤维是在胎儿期形成的，这些肌纤维叫做次级肌纤维。猪的初级肌纤维是在妊娠期的前 38 d 内形成，次级肌纤维是在妊娠期的第 46～95 天形成的（Wigmore 等，1983），在这之后肌纤维的数目就不会增加了（Wigmore 等，1983；Handel 等，1987a）。牛的初级肌纤维是在妊娠期的前 2 个月内形成的，而次级肌纤维是在妊娠期的第 2～7 个月之间形成的（Russell 等，1981）。大部分肌纤维是在次级肌纤维形成阶段形成的。在妊娠的最后

3个月，大约是母牛妊娠的210 d后或母羊妊娠的105 d后，没有或很少有肌肉纤维形成了。胎儿和动物出生后肌肉量的增加是由于肌纤维直径和长度的增加导致的(Zhu 等，2006)。因此，胎儿期肌纤维数量上的减少对出生后的动物有着不可逆的影响。有研究表明，妊娠期母体的营养不良会使子代生长性能下降(Dwyer 等，1994；Osgerby 等，2002)。骨骼肌在发育阶段处于机体营养分配的底端，体内营养物质总是优先分配给神经系统、内脏器官以及骨骼，所以胎儿骨骼肌特别容易受到母体营养供给波动的影响(Zhu 等，2006；Zhu 等，2008)。胎儿骨骼肌的发育及其生物学特性会受到母体营养供给的影响，母体营养缺乏会滞缓胎儿的肌肉发育，使子代肌纤维的数量长久地减少，降低了动物的瘦肉与脂肪的比例(Vonnahme 等，2003；Zhu 等，2008)。

初级肌纤维和次级肌纤维生成调控的分子机理是相似的，两个成肌过程都是由间充质干细胞派生的成肌细胞分化来的。首先，一部分间充质干细胞变为肌祖细胞。这些细胞还不是肌肉细胞，但是已被赋予了成为肌纤维的属性。胚胎的成肌过程受到一系列转录因子的调控，包括 Wnt、成对盒基因(Pax)3 和 Pax7 和肌生成调节因子(MRFs)。Wnt 信号通路对于中胚层形成和间充质干细胞分化是至关重要的。在中胚层周围的组织中，一部分间充质干细胞变为肌祖细胞。肌祖细胞表达 Pax3 和 Pax7 这些高度相关而且可能有部分盈余的蛋白。Pax3 和 Pax7 能够诱导肌生成调节因子(MRFs)的表达，使肌祖细胞向成肌细胞转变(Maroto 等，1997；Hyatt 等，2008)。

肌原性前体细胞向成肌细胞转变并形成肌管是在 MRFs 的控制下进行的。MRFs 是碱性螺旋-环-螺旋(bHLH)转录调节因子超级家族 A 中的一员(Atchley 等，1997)。目前已经发现了4种 MRFs，包括肌原性调节蛋白 D(MyoD)、肌原性因素-5(Myf-5)、肌细胞生成素(Myogenin)和肌原性因素-4(MRF-4)，它们的编码基因都来源于同一种原始基因。MRF 反式激活区域是不保守的：Myogenin 的反式激活域存在于 N 末端和 C 末端；MyoD 和 MRF-4 的反式激活域在 N 端，而 MYF-5 的反式激活域在 C 端。另一方面，这4种 MRFS 的碱性螺旋环螺旋(bHLH)区域都是高度保守的。

MRF-4 在肌生成的早期阶段短暂地表达，接着是 MyoD 和 Myf-5 的表达，Myogenin 稍晚些表达，并且在整个胎儿期一直持续。MRF-4 也在稍后的阶段表达，并在出生后成为 MRF 家族中起主导性作用的成员。MyoD 和 Myf-5 的主要角色是诱导多能性的肌原性前体细胞向成肌细胞分化。MyoD 和 Myf-5 的功能似乎是互补的(Maroto 等，1997；Roth 等，2003)。MyoR(肌生成抑制因子)和 Mist1 具有抑制 MyoD 的功能，因此它们对肌肉的生成有负向调控作用(Lemercier 等，1998)。MyoR 在肌原性前体细胞中高度表达，但是当这些细胞退出细胞周期准备成肌分化时，MyoR 的表达将会下调(Lu 等，1999)。Myogenin 对于成肌细胞融合成肌管是必要的。关于成肌细胞融合的确切调控机制还不是很明确，但是钙激活的转录因子——激活 T 细胞 C2 的核因子(Nuclear factor of activated T-cells C2，NFATC2)起着不可或缺的作用(Pavlath 等，2003)。

5.2.1.1 初级肌纤维

在胚胎阶段发育的初级肌纤维数量十分有限，但它为次级肌纤维的形成提供了模板。由于肌原细胞是由肌祖细胞衍生而来，加强肌祖细胞的增殖将会增加肌原细胞的数量，肌原细胞融合可以形成更多和更大的肌纤维。但事实上，由于在胚胎阶段只有非常有限的初级肌纤维形成,所以它们对于出生后动物总体肌肉的大小和肌纤维数量的影响并不重要。

5.2.1.2 胎儿阶段

大部分的肌纤维在胎儿阶段形成,因此胎儿阶段对于骨骼肌的发育起着决定性的作用。为了与胚胎阶段的初级肌生成(生成初级肌纤维)区分,胎儿阶段的肌生成称为次级肌生成(生成次级肌纤维)。在胎儿的骨骼肌中,存在着大量的肌祖细胞。这些肌祖细胞最初维持在一种增殖的和未分化的状态,之后分化为成肌细胞和肌纤维(图 5 - 1)(Swatland,1973)。与初级肌纤维的细胞核分布在中央不同,次级肌纤维的细胞核分布在外围(Swatland,1973;Beermann,1978)。另外,初级肌纤维的直径比次级肌纤维的直径要大得多。

次级肌纤维的形成与脂肪生成在时间上交叉。二者都是开始于牛、羊妊娠的早期至中期和猪的妊娠中期至后期。这一阶段也与胶原纤维生成相联系。成纤维细胞在这一阶段发育形成结缔组织,这种结缔组织在妊娠后期形成胎儿骨骼肌的肌束膜和肌外膜。肌细胞、脂肪细胞和成纤维细胞都来源于间充质干细胞。因此,胎儿阶段对于骨骼肌的发育是至关重要的。到目前为止,关于肌生成的大部分研究都是在啮齿动物上进行的,对于家畜肌生成的认识主要来源于啮齿类动物的研究。虽然通常认为这些机制是保守的,但是在家畜上的证据还不完整,对家畜肌生成的调控机制的认识仍缺少许多关键的连接。鉴于肌肉中脂肪生成和纤维发生及其后分别形成的大理石花纹和结缔组织对肉质有着重要的影响,弄清它们在胎儿骨骼肌中生长发育的调控机制是非常必要的。

5.2.1.3 出生后阶段

一般认为,动物出生后的骨骼肌生长是以肌纤维体积增大(肥大)而不是肌纤维数量增长为特征的,但是啮齿类动物和猪在出生时骨骼肌的成熟程度与牛和羊相比存在较大的差异。牛和羊的骨骼肌在 6 月龄时发育成熟(McCoard 等,2001),而啮齿类动物和猪的骨骼肌则在更晚的时候成熟(Kassar - Duchossoy 等,2005)。因此,用出生作为划分骨骼肌发育阶段的标志是不准确的,不能反映出不同物种之间的差异。

肌肉卫星细胞与出生后骨骼肌的生长是分不开的。对于牛、羊的胎儿,在妊娠晚期,卫星细胞发育良好,但是啮齿动物和猪的肌肉卫星细胞只在出生前后才开始出现(Kassar - Duchossoy 等,2005)。在新生小鼠的骨骼肌组织中,卫星细胞的代谢非常活跃,但是随着动物生长,卫星细胞开始进入休眠期(Schultz,1976)。卫星细胞通过融合进入肌纤维中为其出生后骨骼肌的发育做贡献,进而增强肌纤维蛋白合成和生长的总体能力。据估计,成熟的肌纤维的大多数细胞核来源于融合的卫星细胞,这清楚地表明了卫星细胞对于肌肉生长的重要性(Chung 等,2008)。由于卫星细胞对于肌肉生长的重要性将在后面的章节详细讨论,这里不再赘述。

5.2.2 胎儿脂肪组织发育

脂肪是能量蓄积的组织,但是经济价值却很低。过量的脂肪沉积十分浪费,因此,减少脂肪沉积可以提高动物的生长效率。家畜体内有 4 个脂肪沉积区,这些部位的脂肪并不是同时沉积的。脂肪生成最早是发生在内脏的脂肪沉积,紧接着是皮下脂肪沉积,而肌间脂肪生成尤其是肌内脂肪是最后沉积的。猪妊娠期的第 50 天,脂肪生成刚刚开始,仅仅在皮下脂肪组织中能检测到脂肪细胞(Hausman,1992)。这表明猪的脂肪生成主要发生在胎儿阶段,总的脂肪细胞数量在青春期时就确定了(Goessling 等,2009)。因此,为了减少脂肪沉积,在胎儿阶段阻止过量的脂肪生成就非常重要,特别是防止在内脏和皮下沉积过量的脂肪,因为这两部位的脂肪构成了身体中绝大部分的脂肪。次级肌纤维的形成与内脏和皮下脂肪的生成在时间上相重叠(Du 等,2009)。在胎儿阶段促进间充质干细胞向成肌方向分化、减少其向成脂方向分化,可以增加肌纤维的数量,减少脂肪细胞的数量,同时提高出生后子代的瘦肉/脂肪比例。

当然,并不是所有的脂肪都是不好的。对于肉品质来说,肌内脂肪是非常重要的。因此,在胎儿期和新生期增加肌内脂肪生成,对于提高出生后动物肌肉的大理石花纹很关键。妊娠后期至断奶早期是脂肪生成的关键阶段,在这一阶段补充营养可以增加脂肪生成,这可能使子代肌肉的大理石花纹增多(Du 等,2010a)。

目前尽管已经有大量的脂肪生成体外细胞试验的报道,但是胎儿以及出生后体内骨骼肌中脂肪生成的调控机制仍不清楚(Rosen 等,2006)。在这些研究中,通常使用的是前脂肪细胞 3T3 - L1 和间充质干细胞 C3H10T1/2 细胞系。这些研究表明,过氧化物酶体增殖子激活受体 γ(PPARγ)和 CCAAT 增强子结合蛋白(C/EBPs)是调控脂肪生成的关键细胞内因子(Rosen 等,1999),它们的表达导致全能干细胞成脂分化(Cho 等,2004;Giri 等,2006)。PPARγ 的表达是诱导脂肪生成的必需和充分的条件。

5.2.3 胎儿结缔组织的发育

在胎儿肌肉中胶原纤维的生成形成了肌内和肌间的结缔组织,这使肉变得有韧性。到目前为止,关于胎儿胶原纤维生成的研究很有限。基于现有的资料可以推测,胶原纤维生成在整个妊娠期是持续进行的,但在妊娠中期之后更加活跃(Hausman 等,2009)。

胶原纤维生成主要受转化生长因子(TGF) - β 信号通路的调控(Chen 等,2005;Salvadori 等,2005)。TGF - β 信号通路通过激活 SMAD 信号通路,特别是通过 SMAD2 和 SMAD3 的磷酸化,促进成纤维细胞生成和胶原纤维合成。SMAD2 和 SMAD3 磷酸化后与 SMAD4 形成寡聚体然后转移至细胞核启动 TGF - β 靶基因的转录(Tsai 等,2005;Daniel 等,2007a;Sprague 等,2009),这些靶基因包括纤维连接蛋白和 I 型胶原蛋白(Foidart 等,1981;Kennedy 等,2008)两种结缔组织的关键组分。TGF - β 信号通路的激活诱导了 SMAD7 的表达,进而抑制了 TGF - β 信号,形成反馈抑制作用(Hamzavi 等,2008;Verrecchia 等,2006)。尽管有这种抑制作用,SMAD7 仍是环绕 TGF - β Ⅰ 型受体额外信号蛋白的组织者,它能激活 p38(Edlund 等,2003)。p38 是一种 SMAD 依赖的基因转录所必需的激酶(Dziembowska 等,2007)。p38 在 203 位和 207 位的丝氨酸残基处将 SMAD3 磷酸化,这对于 SMAD3 获得完全的反式激活潜力是必需的(Kamaraju 等,2005)。由 TGF - β 受体激活的 p38 MAP 激酶调控 TGF - β 的反应(Yu 等,2002),并且通过抵制 p38 终止由 TGF - β 诱导的胶原蛋白的合成(Meyer - Ter - Vehn 等,2006)。

胶原蛋白的合成涉及大量的细胞内和细胞外的翻译后修饰,其中包括脯氨酸向羟基脯氨酸的转化,还包括很多交联作用。脯氨酰 4 - 羟化酶(P4HB)催化羟基脯氨酰基的合成。P4HB 有 4 个亚基,其中 α 亚基是具有催化作用的亚基。α 亚基的合成是胶原蛋白合成的限速步骤(Kivirikko 等,1989;Han 等,1999)。赖氨酰氧化酶对于交联结构的形成是必要的。赖氨酰氧化酶能使细胞外被选择的赖氨酰基和羟基赖氨酰基脱去氨基，使得交联过程继续进行（Eyre 等，1984）。

有限的研究表明母体营养影响骨骼肌中的胶原蛋白的含量。母体营养缺乏导致猪出生后发育不良形成了矮小猪。与它们的同伴相比较，成年后矮小猪的骨骼肌中的胶原蛋白含量更高（Karunaratne 等，2005）。在我们以往的研究中发现，母体营养过剩也会促进胶原蛋白的合成，提高肌肉内胶原蛋白的含量（Huang 等，2010）。由于结缔组织和牛肉的韧性相关，研究家畜胶原蛋白合成的调控机制就显得尤为重要。进一步研究母体营养和胎儿胶原纤维合成与子代出生后肌肉中胶原蛋白集聚的关系是十分必要的。

5.3 胎儿发育对其出生后生产性能的影响

越来越多的证据表明，母体营养对胎儿发育和后代生产性能有着重要影响。怀孕期间营养匮乏的母畜所产的后代往往比正常母畜所产的后代肥胖（Bispham 等，2003；Symonds 等，2004；Desai 等，2005；Zhu 等，2006）。胎儿骨骼肌发育受阻可能是使过剩能量转向脂肪沉积的原因之一（Zhu 等，2004；Zhu 等，2006）。另一方面，母体营养过剩也会使后代过肥，不仅增加了肌内脂肪含量，也增加了肌内胶原蛋白的含量（Huang 等，2010；Yan 等，2010）。

组织和器官在其发育的早期阶段极易受到母体生理应激因素的影响，因此在怀孕的不同阶段，母体营养匮乏对间充质干细胞的分化、胎儿发育和后代生产性能有不同的影响（Du 等，2010a）。

5.3.1 胎儿程序化对骨骼肌肌纤维大小、数量以及类型的影响

母体营养对胎儿发育，尤其是胎儿骨骼肌发育有着程序化的影响。在胎儿发育过程中，与脑、心脏、肝脏等器官的发育相比，骨骼肌处于母体营养分配的次要地位，因此，骨骼肌的发育特别容易受到母体营养不足或过剩的损害（Zhu 等，2006）。

前面已经提到，母体营养对胚胎阶段的骨骼肌发育影响较小，因为在这一阶段仅有少量的肌纤维形成。

胎儿阶段，具体来讲，就是指牛羊怀孕的中前期和猪怀孕的中后期，是骨骼肌程序化发育至关重要的阶段。因为肌纤维的数量在出生时就决定了，因此出生时肌纤维的数量是很重要的（Zhu 等，2004）。胎儿阶段骨骼肌数量的减少对后代的负面影响是持久且不可逆转的（Stannard 等，2004；Zambrano 等，2005）。在作者先前的研究中，给怀孕 28～78 d 的母羊限饲，仅供给其营养需要量的 50%，结果导致羔羊的肌纤维总数以及次级肌纤维与初级肌纤维的比例都降低了（Zhu 等，2004）。这样的母羊产下的羊羔饲养到 8 月龄，取背最长肌进行分析，研究发现，与对照组相比，怀孕早期到中期的母体营养不足导致后代肌纤维的数目减少了（Zhu 等，2006）。

除了肌纤维数量，肌纤维类型组成也会影响后代的生产性能。Ⅰ型肌纤维分解代谢速率高，用于生长的能量利用率低，而Ⅱ型肌纤维分解代谢速率低，用于生长的能量利用率却高。在之前对怀孕 28～80 d 的母羊按其营养需要的 50%进行限饲，羊羔的Ⅱx 型纤维的比例显著提高了（Zhu 等，2006），因此母体营养缺乏会使胎儿骨骼肌肌纤维类型组成程序化地向更有效

地将能量用于生长方向转化。这一结论在另一项对绵羊的研究中得到了印证(Daniel 等，2007b)。

在猪上,宫内营养不良会导致仔猪初生重降低和肌纤维数量减少。营养不良的母猪生产的仔猪次级纤维与初级纤维的比例显著降低(Dwyer 等,1994)。在豚鼠上,宫内营养不良也会导致胎鼠肌纤维数量减少(Ward 等,1991)。若母牛从怀孕 190 d 以后一直采食低能量日粮,其生产的小牛出生重也会降低(Houghton 等,1990)。有试验证明,母牛在妊娠的第 4～6 个月采食低能量日粮,其犊牛的出生重并无降低,但是母牛若在妊娠的第 4～9 个月一直采食低能量日粮,其犊牛的出生重和 28 日龄体重都会降低(Freetly 等,2000)。遗憾的是,该试验并未分析肌纤维数量的变化。一般认为,怀孕的第 4～6 个月母牛营养不良会减少犊牛次级肌纤维的数量,并由此减少犊牛总的肌纤维数目。

与同窝正常的仔猪相比,在母猪妊娠期营养不良的仔猪出生后生长速度较慢,长成矮小猪,因此发育不良的猪是研究母体营养缺乏影响胎儿发育的一个很好的模型。已有的数据清楚地表明,早期生长阻滞的仔猪在后期生长中日增重较低,胴体的肥胖程度较高。早期的研究中,比较了妊娠期营养不良的仔猪与正常仔猪在生产性能和肌纤维数量差异(Hegarty 等,1978)。研究表明,生长阻滞的仔猪需要 23 d 才能达到像正常仔猪一样的 106 kg 屠宰体重,而且肌纤维数量也少于正常仔猪(Hegarty 等,1978),这一结论已被后来的研究证实(Powell 等,1980)。除此之外,胎儿期营养不良的仔猪的肌纤维直径有所增加,这在一定程度上弥补了肌纤维数量的不足;出生重低的仔猪肌纤维面积要比正常仔猪的大 14%(Gondret 等,2006),Bee(2004)的研究也发现类似的结果。有试验进一步证明,母体营养不良会影响肌纤维类型组成,低出生重的仔猪(平均体重 776 g)慢氧化肌所占比例要高于出生重高的仔猪(平均体重 1 544 g)(Handel 等,1987b)。

牛、羊胎儿的骨骼肌在妊娠中后期发育成熟,大约是在羊的妊娠期的第 105 天、牛妊娠期的第 200 天,这之后的母体营养不良对肌纤维数量的影响不大。因为怀双羔而导致的妊娠后期营养不良只会降低肌纤维的直径而不会影响肌纤维的数量(McCoard 等,2000)。妊娠后期母体营养不良对肌纤维数量没有影响,但会降低肌纤维的大小(Greenwood 等,1999),变小的肌纤维在出生后会恢复到正常。另外,长期严重的母体营养不良会导致肌纤维数量和直径的双双下降(McCoard 等,1997)。

5.3.2 胎儿发育对脂肪和胶原蛋白沉积的程序化影响

基于现有的数据,母体营养缺乏或营养过剩都会程序化地使后代更易于沉积脂肪。营养不良的母羊生产的小羊,比对照组小羊肥,瘦肉与脂肪的比例也低(Zhu 等,2006)。与此一致,出生重低的仔猪胴体更肥,皮下脂肪细胞更大(Gondret 等,2006;Powell 和 Aberle,1980)。与对照组相比,这种生长迟缓的猪的骨骼肌中胶原蛋白的含量更高(Karunaratne 等,2005)。因为胶原蛋白能增加肉的韧性,所以这种猪由于肌内胶原蛋白含量增多,肉的嫩度较差(Gondret 等,2006)。母体营养不良导致后代脂肪沉积增多的主要原因在于肌肉量的减少。事实上,母羊的营养缺乏会降低胎儿体重和脂肪细胞含量(Luther 等,2007),因此在新生阶段,营养缺乏的羊羔比对照组瘦。然而,随着动物长大,它们会沉积更多的脂肪,尤其是在营养好的情况下。这种脂肪沉积源于以下两个原因:①骨骼肌是利用日粮中能量的主要器官,由于骨骼肌数量的减少导致能量消耗不足，过剩的能量沉积为脂肪。②胎儿时营养缺乏的动物更渴望得到食物。研究表明，母体营养不足的后代食欲过旺（Desai 等，2007），这也导致子代脂肪沉积偏多。这种动物肥胖主要是因为脂肪细胞肥大以及少量的脂肪细胞增生。母体营养不良的羔羊的肌纤维数量减少了，但肌内脂肪和内脏脂肪增多了（Zhu 等，2006），Xu 等（2002）的试验进一步证实了这一结论。最近一项试验也表明，母羊妊娠早期（1～39 d）营养不良增加后代的脂肪沉积（Munoz 等，2009）。

母体营养过剩也会增加后代脂肪沉积，但是其机制不同于营养缺乏。母体营养过剩促进胎儿阶段脂肪生成，产生更多的脂肪前体细胞和脂肪细胞。如前面已经讨论过的，脂肪细胞主要在胎儿阶段形成，大量的成脂细胞在出生后积累脂肪，导致过量的脂肪沉积。因此母体营养过剩导致后代脂肪沉积过多的原因主要是由于胎儿期的脂肪细胞增生（Du 等，2009）。

5.4 调控间充质干细胞分化的分子机制

上述的研究清楚地表明，母体营养影响胎儿发育和后代的胴体组成。胎儿肌肉发育涉及肌肉生成、脂肪生成和纤维生成。母体营养及其他生理因素会影响间充质干细胞的分化，导致胎儿肌肉发育的改变。因此，间充质干细胞的适当分化对于改善生产性能和肉质非常重要。

5.4.1 间充质干细胞的分化：调控胎儿肌肉发育的关键

间充质干细胞向肌细胞和脂肪细胞分化的过程受到一系列复杂的信号通路的调控。目前已知的几种胞外成形素（Morphogen）在这些过程中发挥了重要作用。

成形素在胚胎发育过程中非常重要。成形素包括 hedgehog、Wnt（Wingless and Int）和 BMP（Bone morphogenic proteins）等。它们仅在组织中很小范围内发挥作用（Mariko 等，1991；Quang 等，1995；Bhatnagar - Mathur 等，2009）。成形素围绕其分泌的源头形成一个浓度梯度，其信号强度呈现出层级减弱的现象，由此来调控早期组织发育的模式。Du（2010b）详细阐述了这些成形素调控肌肉生成和脂肪生成的机制。下面仅简要介绍它们在脂肪生成过程中的作用。

5.4.2 Hedgehog 蛋白

哺乳动物体内存在 3 种 hedgehog 蛋白，分别是 Sonic hedgehog、India hedgehog 和 Desert hedgehog，其中对 Sonic hedgehog（SHH）的研究最多。SHH 的活化会抑制 3T3 - L1 和 C3H10T1/2 细胞的成脂分化（Zehentner 等，2000；Spinella - Jaegle 等，2001；Suh 等，2006；Cousin 等，2007）。Hedgehog 通路信号的下调是引起成脂分化所必需但非充分条件（Fontaine 等，2008）。SHH 抑制成脂是通过提高鸡卵清蛋白上游启动子——转录因子Ⅱ（Okamura 等，2009；Xu 等，2008）和 GATA 结合蛋白 2（GATA2）的表达（Suh 等，2006），进而调控 PPARγ 和 C/EBPα 的表达，从而抑制脂肪生成。

5.4.3 Wnt 蛋白

Wnt 蛋白都是分泌性的糖蛋白(Johnson 和 Rajamannan,2006)。Wnt 通路的活化稳定了 *β- catenin* 的表达,β- catenin 能够调控转录因子、Pax3 以及哺乳动物 Ci 同类物(Gli)的表达以促进间充质干细胞向成肌分化(Pan 等,2005;Yamanouchi 等,2007)。Wnt 通路能抑制间充质干细胞向脂肪细胞分化(Shang 等,2007),这是由于它促进了间充质干细胞向成肌方向分化。成肌和成脂看起来像是两个相互竞争的过程。

5.4.4 骨成形蛋白(BMP)

BMP 属于 TGF - β 超家族成员,与 SMAD1,SMAD 5 和(或)SMAD 8 结合,也称为 SMAD 调控子。一旦结合形成复合物就被激活了。激活后与 SMAD4 协同促进脂肪生成。哺乳动物体内已发现大约有 15 种 BMP,BMP - 2 和 BMP - 4 调控脂肪生成和软骨生成,而 BMP - 7 促进棕色脂肪生产(Tilgner 等,2009)。正如前面讨论的,TGF - β 通路通过 SMAD 2 或 SMAD3 促进纤维发生,也是由于 SMAD 2 或 SMAD 3 结合到 SMAD 4 上促进成纤维相关基因的表达。胶原纤维发生和脂肪生成共享同一个信号通路,说明它们二者有相似性。因为胶原纤维发生会引起结缔组织积累,增加了肉的韧性,而肌内脂肪生成对肉的品质很重要,我们也许可以通过调控它们共同的信号通路来促进脂肪生成而抑制胶原纤维生成。为了达到这个目标,我们需要更深入地研究其潜在的机制。近来一项研究表明,转录因子 Zfp423 被认为在成纤维细胞向成脂方向分化的过程中起至关重要的作用(Gupta 等,2010)。新近的研究表明脂肪细胞与成纤维细胞的转向分化机制对于我们通过调控关键调节子定向提高肉质非常重要(Brzezinska 等,1998;Puigdefabregas 等,1999)。

上述这些成形素以及其他未鉴定的成形素可能对脂肪组织在机体不同部位特异性发育有作用。到目前为止,我们仍不清楚为何脂肪倾向于沉积在皮下和肌肉外部,只能少量地沉积在肌纤维束之间(肌内脂肪)。这很有可能是成形素浓度梯度差异造成的。肌纤维束内部成形素浓度高,促进了间充质干细胞成肌分化,而抑制了成脂和成纤维分化;皮下组织距离肌肉较远,成形素的浓度很低或几乎为零,因此促进了间充质干细胞成脂和成纤维分化。这一假设需要进一步的试验研究来验证。

总之,母体营养及生理应激因素对胎儿发育和后代生产性能有着深远的影响,它们改变了间充质干细胞向肌细胞、脂肪细胞和成纤维细胞分化的方向。细胞外成形素引发的信号通路,如 hedgehog、Wnt/β- catenin 和 BMP 等,调控着间充质干细胞的分化。母体营养及生理因素很可能是影响了间充质干细胞的分化和胎儿发育,进而永久地改变了后代的生产性能及肉质。

(本章由华盛顿州立大学杜敏和中国农业大学尹靖东主笔)

参考文献

[1] Atchley, W. R. , and W. M, Fitch. 1997. A natural classification of the basic helix - loop - helix class of transcription factors. Proc Natl Acad Sci U S A 94: 5172 - 5176.

[2] Barker, D. J. 1995. Fetal origins of coronary heart disease. Bmj,311: 171 - 174.

[3] Barker, D. J. 2001. A new model for the origins of chronic disease. Med Health Care Philos 4: 31 - 35.

[4] Barker, D. J. 2003. Coronary heart disease: A disorder of growth. Horm Res 59 Suppl 1: 35 - 41.

[5] Barker, D. J. , J. G. Eriksson, T. Forsen, and C. Osmond. 2002. Fetal origins of adult disease: Strength of effects and biological basis. Int J Epidemiol 31: 1235 - 1239.

[6] Bee, G. 2004. Effect of early gestation feeding, birth weight, and gender of progeny on muscle fiber characteristics of pigs at slaughter. J Anim Sci 82: 826 - 836.

[7] Beermann, D. H. , Cassens R. G. , Hausman, G. J. 1978. A second look at fiber type differentiation in porcine skeletal muscle. J Anim Sci 46: 125 - 132.

[8] Bhatnagar - Mathur, P. , M. J. Devi, V. Vadez, and K. K. Sharma. 2009. Differential antioxidative responses in transgenic peanut bear no relationship to their superior transpiration efficiency under drought stress. Journal of Plant Physiology 166: 1207 - 1217.

[9] Bispham, J. , G. S. Gopalakrishnan, J. Dandrea, V. Wilson, H. Budge, D. H. Keisler, F. Broughton Pipkin, T. Stephenson, and M. E. Symonds. 2003. Maternal endocrine adaptation throughout pregnancy to nutritional manipulation: Consequences for maternal plasma leptin and cortisol and the programming of fetal adipose tissue development. Endocrinology 144: 3575 - 3585.

[10] Borycki, A. , A. M. Brown, and C. P. Emerson, Jr. 2000. Shh and wnt signaling pathways converge to control gli gene activation in avian somites. Development 127: 2075 - 2087.

[11] Brzezinska, M. , Z. Stepniewska, and W. Stepniewski. 1998. Soil oxygen status and dehydrogenase activity. Soil Biology & Biochemistry 30: 1783 - 1790.

[12] Capdevila, J. , C. Tabin, and R. L. Johnson. 1998. Control of dorsoventral somite patterning by wnt - 1 and beta - catenin. Dev Biol 193: 182 - 194.

[13] Cetin, I. , J. M. Foidart, M. Miozzo, T. Raun, T. Jansson, V. Tsatsaris, W. Reik, J. Cross, S. Hauguel - de - Mouzon, N. Illsley, J. Kingdom, and B. Huppertz. 2004. Fetal growth restriction: A workshop report. Placenta 25: 753 - 757.

[14] Chen, Y. W. , K. Nagaraju, M. Bakay, O. McIntyre, R. Rawat, R. Shi, and E. P. Hoffman. 2005. Early onset of inflammation and later involvement of TGFbeta in duchenne muscular dystrophy. Neurology 65: 826 - 834.

[15] Cho, Y. C. , and C. R. Jefcoate. 2004. PPARgamma1 synthesis and adipogenesis in c3h10t1/2 cells depends on s - phase progression, but does not require mitotic clonal expansion. J Cell Biochem 91: 336 - 353.

[16] Chung, K. Y. , and B. J. Johnson. 2008. Application of cellular mechanisms to growth and development of food producing animals. J Anim Sci 86: E226 - 235.

[17] Cousin, W. , C. Fontaine, C. Dani, and P. Peraldi. 2007. Hedgehog and adipogenesis: Fat and fiction. Biochimie 89: 1447 - 1453.

[18] Daniel, C. , K. Amann, B. Hohenstein, P. Bornstein, and C. Hugo. 2007a. Thrombospondin 2 func-

tions as an endogenous regulator of angiogenesis and inflammation in experimental glomerulonephritis in mice. J Am Soc Nephrol 18：788 - 798.

[19] Daniel，Z. C.，J. M. Brameld，J. Craigon，N. D. Scollan，and P. J. Buttery. 2007b. Effect of maternal dietary restriction during pregnancy on lamb carcass characteristics and muscle fiber composition. J Anim Sci 85：1565 - 1576.

[20] Desai，M.，D. Gayle，J. Babu，and M. G. Ross. 2005. Programmed obesity in intrauterine growth - restricted newborns：Modulation by newborn nutrition. Am J Physiol Regul Integr Comp Physiol 288：R91 - 96.

[21] Desai，M.，D. Gayle，G. Han，and M. G. Ross. 2007. Programmed hyperphagia due to reduced anorexigenic mechanisms in intrauterine growth - restricted offspring. Reprod Sci 14：329 - 337.

[22] Du，M.，J. Tong，J. Zhao，K. R. Underwood，M. Zhu，S. P. Ford，and P. W. Nathanielsz. 2010a. Fetal programming of skeletal muscle development in ruminant animals. J Anim Sci 88：E51 - 60.

[23] Du，M.，X. Yan，J. F. Tong，J. Zhao，and M. J. Zhu. 2009. Maternal obesity，inflammation，and fetal skeletal muscle development. Biol Reprod 82：4 - 12.

[24] Du，M.，J. Yin，and M. J. Zhu. 2010b. Cellular signaling pathways regulating the initial stage of adipogenesis and marbling of skeletal muscle. Meat Science 86：103 - 109.

[25] Du，M.，and M. J. Zhu. 2009. Fetal programming of skeletal muscle development. In：M. Du and R. J. McCormick (eds.) Applied muscle biology and meat science. p81 - 96. CRC press，Boca Raton，FL.

[26] Dwyer，C. M.，N. C. Stickland，and J. M. Fletcher. 1994. The influence of maternal nutrition on muscle fiber number development in the porcine fetus and on subsequent postnatal growth. J Anim Sci 72：911 - 917.

[27] Dziembowska，M.，M. Danilkiewicz，A. Wesolowska，A. Zupanska，S. Chouaib，and B. Kaminska. 2007. Cross - talk between smad and p38 mapk signalling in transforming growth factor beta signal transduction in human glioblastoma cells. Biochem Biophys Res Commun 354：1101 - 1106.

[28] Edlund，S.，S. Bu，N. Schuster，P. Aspenstrom，R. Heuchel，N. E. Heldin，P. ten Dijke，C. H. Heldin，and M. Landstrom. 2003. Transforming growth factor - beta1 (tgf - beta) - induced apoptosis of prostate cancer cells involves smad7 - dependent activation of p38 by tgf - beta - activated kinase 1 and mitogen - activated protein kinase kinase 3. Mol Biol Cell 14：529 - 544.

[29] Eyre，D. R.，M. A. Paz，and P. M. Gallop. 1984. Cross - linking in collagen and elastin. Annu Rev Biochem 53：717 - 748.

[30] Foidart，M.，J. M. Foidart，and W. K. Engel. 1981. Collagen localization in normal and fibrotic human skeletal muscle. Arch Neurol 38：152 - 157.

[31] Fontaine，C.，W. Cousin，M. Plaisant，C. Dani，and P. Peraldi. 2008. Hedgehog signaling alters adipocyte maturation of human mesenchymal stem cells. Stem Cells 26：1037 - 1046.

[32] Freetly，H. C.，C. L. Ferrell，and T. G. Jenkins. 2000. Timing of realimentation of mature cows that were feed - restricted during pregnancy influences calf birth weights and growth rates. J Anim Sci 78：2790 - 2796.

[33] Giri，S.，R. Rattan，E. Haq，M. Khan，R. Yasmin，J. S. Won，L. Key，A. K. Singh，and I. Singh. 2006. Aicar inhibits adipocyte differentiation in 3t3l1 and restores metabolic alterations in diet - induced obesity mice model. Nutr Metab (Lond) 3：31 - 51.

[34] Goessling，W.，T. E. North，S. Loewer，A. M. Lord，S. Lee，C. L. Stoick - Cooper，G. Weidinger，M. Puder，G. Q. Daley，R. T. Moon，and L. I. Zon. 2009. Genetic interaction of pge2 and wnt signaling regulates developmental specification of stem cells and regeneration. Cell 136：1136 - 1147.

[35] Gondret, F., L. Lefaucheur, H. Juin, I. Louveau, and B. Lebret. 2006. Low birth weight is associated with enlarged muscle fiber area and impaired meat tenderness of the longissimus muscle in pigs. J Anim Sci 84: 93 - 103.

[36] Greenwood, P. L., R. M. Slepetis, J. W. Hermanson, and A. W. Bell. 1999. Intrauterine growth retardation is associated with reduced cell cycle activity, but not myofibre number, in ovine fetal muscle. Reprod Fertil Dev 11: 281 - 291.

[37] Gupta, R. K., Z. Arany, P. Seale, R. J. Mepani, L. Ye, H. M. Conroe, Y. A. Roby, H. Kulaga, R. R. Reed, and B. M. Spiegelman. 2010. Transcriptional control of preadipocyte determination by zfp423. Nature 464: 619 - 623.

[38] Gustafsson, M. K., H. Pan, D. F. Pinney, Y. Liu, A. Lewandowski, D. J. Epstein, and C. P. Emerson, Jr. 2002. Myf5 is a direct target of long - range shh signaling and gli regulation for muscle specification. Genes Dev 16: 114 - 126.

[39] Hales, C. N., D. J. Barker, P. M. Clark, L. J. Cox, C. Fall, C. Osmond, and P. D. Winter. 1991. Fetal and infant growth and impaired glucose tolerance at age 64. Bmj 303: 1019 - 1022.

[40] Hamzavi, J., S. Ehnert, P. Godoy, L. Ciuclan, H. Weng, P. R. Mertens, R. Heuchel, and S. Dooley. 2008. Disruption of the smad7 gene enhances cci4 - dependent liver damage and fibrogenesis in mice. J Cell Mol Med 12: 2130 - 2144.

[41] Han, X. Y., W. Wang, R. Myllyla, P. Virtanen, J. Karpakka, and T. E. Takala. 1999. Mrna levels for alpha - subunit of prolyl 4 - hydroxylase and fibrillar collagens in immobilized rat skeletal muscle. J Appl Physiol 87: 90 - 96.

[42] Handel, S. E., and N. C. Stickland. 1987a. The effects of low birthweight on the ultrastructural development of two myofibre types in the pig. J Anat 150: 129 - 143.

[43] Handel, S. E., and N. C. Stickland. 1987b. The growth and differentiation of porcine skeletal muscle fibre types and the influence of birthweight. J Anat 152: 107 - 119.

[44] Hausman, G. J. 1992. Responsiveness to adipogenic agents in stromal - vascular cultures derived from lean and preobese pig fetuses: An ontogeny study. J Anim Sci 70: 106 - 114.

[45] Hausman, G. J., and S. P. Poulos. 2009. Adipose tissue development in extramuscular and intramuscular depots. In: M. Du and R. J. McCormick (eds.) Applied muscle biology and meat science. CRC Press, Boca Raton, FL.

[46] Hegarty, P. V., and C. E. Allen. 1978. Effect of pre - natal runting on the post - natal development of skeletal muscles in swine and rats. J Anim Sci 46: 1634 - 1640.

[47] Houghton, P. L., R. P. Lemenager, L. A. Horstman, K. S. Hendrix, and G. E. Moss. 1990. Effects of body composition, pre - and postpartum energy level and early weaning on reproductive performance of beef cows and preweaning calf gain. J Anim Sci 68: 1438 - 1446.

[48] Hu, Y., and G. E. Davies. 2009. Berberine increases expression of gata - 2 and gata - 3 during inhibition of adipocyte differentiation. Phytomedicine 16: 864 - 873.

[49] Huang, Y., X. Yan, M. J. Zhu, R. J. McCormick, S. P. Ford, P. W. Nathanielsz, and M. Du. 2010. Enhanced transforming growth factor - beta signaling and fibrogenesis in ovine fetal skeletal muscle of obese dams at late gestation. Am J Physiol Endocrinol Metab 298: E1254 - 1260.

[50] Hyatt, J. P., G. E. McCall, E. M. Kander, H. Zhong, R. R. Roy, and K. A. Huey. 2008. Pax3/7 expression coincides with myod during chronic skeletal muscle overload. Muscle Nerve 38: 861 - 866.

[51] Johnson, M. L., and N. Rajamannan. 2006. Diseases of wnt signaling. Rev Endocr Metab Disord 7: 41 - 49.

[52] Kamaraju, A. K., and A. B. Roberts. 2005. Role of rho/rock and p38 map kinase pathways in transforming growth factor - beta - mediated smad - dependent growth inhibition of human breast carcinoma cells in vivo. J Biol Chem 280: 1024 - 1036.

[53] Karunaratne, J. F., C. J. Ashton, and N. C. Stickland. 2005. Fetal programming of fat and collagen in porcine skeletal muscles. J Anat 207: 763 - 768.

[54] Kassar - Duchossoy, L., E. Giacone, B. Gayraud - Morel, A. Jory, D. Gomes, and S. Tajbakhsh. 2005. Pax3/Pax7 mark a novel population of primitive myogenic cells during development. Genes Dev 19: 1426 - 1431.

[55] Kennedy, L., X. Shi - Wen, D. E. Carter, D. J. Abraham, and A. Leask. 2008. Fibroblast adhesion results in the induction of a matrix remodeling gene expression program. Matrix Biol 27: 274 - 281.

[56] Kim, K. I., H. J. Cho, J. Y. Hahn, T. Y. Kim, K. W. Park, B. K. Koo, C. S. Shin, C. H. Kim, B. H. Oh, M. M. Lee, Y. B. Park, and H. S. Kim. 2006. Beta-catenin overexpression augments angiogenesis and skeletal muscle regeneration through dual mechanism of vascular endothelial growth factor - mediated endothelial cell proliferation and progenitor cell mobilization. Arterioscler Thromb Vasc Biol 26: 91 - 98.

[57] Kivirikko, K. I., R. Myllyla, and T. Pihlajaniemi. 1989. Protein hydroxylation: Prolyl 4 - hydroxylase, an enzyme with four cosubstrates and a multifunctional subunit. Faseb J 3: 1609 - 1617.

[58] Lemercier, C., R. Q. To, R. A. Carrasco, and S. F. Konieczny. 1998. The basic helix - loop - helix transcription factor mist1 functions as a transcriptional repressor of myod. Embo J 17: 1412 - 1422.

[59] Lu, J., R. Webb, J. A. Richardson, and E. N. Olson. 1999. Myor: A muscle - restricted basic helix - loop - helix transcription factor that antagonizes the actions of myod. Proc Natl Acad Sci U S A 96: 552 - 557.

[60] Luther, J., R. Aitken, J. Milne, M. Matsuzaki, L. Reynolds, D. Redmer, and J. Wallace. 2007. Maternal and fetal growth, body composition, endocrinology, and metabolic status in undernourished adolescent sheep. Biol Reprod 77: 343 - 350.

[61] Mariko, S., Y. Harazono, N. Owa, and I. Nouchi. 1991. Methane in flooded soil - water and the emission through rice plants to the atmosphere. Environmental and Experimental Botany 31: 343 - 350.

[62] Maroto, M., R. Reshef, A. E. Munsterberg, S. Koester, M. Goulding, and A. B. Lassar. 1997. Ectopic pax - 3 activates myod and myf - 5 expression in embryonic mesoderm and neural tissue. Cell 89: 139 - 148.

[63] McCoard, S. A., W. C. McNabb, M. J. Birtles, P. M. Harris, S. N. McCutcheon, and S. W. Peterson. 2001. Immunohistochemical detection of myogenic cells in muscles of fetal and neonatal lambs. Cells Tissues Organs 169: 21 - 33.

[64] McCoard, S. A., W. C. McNabb, S. W. Peterson, S. N. McCutcheon, and P. M. Harris. 2000. Muscle growth, cell number, type and morphometry in single and twin fetal lambs during mid to late gestation. Reprod Fertil Dev 12: 319 - 327.

[65] McCoard, S. A., S. W. Peterson, W. C. McNabb, P. M. Harris, and S. N. McCutcheon. 1997. Maternal constraint influences muscle fibre development in fetal lambs. Reprod Fertil Dev 9: 675 - 681.

[66] Meyer - Ter - Vehn, T., S. Gebhardt, W. Sebald, M. Buttmann, F. Grehn, G. Schlunck, and P. Knaus. 2006. P38 inhibitors prevent tgf - beta - induced myofibroblast transdifferentiation in human tenon fibroblasts. Invest Ophthalmol Vis Sci 47: 1500 - 1509.

[67] Munoz, C., A. F. Carson, M. A. McCoy, L. E. Dawson, A. R. Wylie, and A. W. Gordon. 2009. Effects of plane of nutrition of ewes in early and mid - pregnancy on performance of the offspring: Female

reproduction and male carcass characteristics. J Anim Sci 87: 3647 - 3655.

[68] Okamura, M., H. Kudo, K. Wakabayashi, T. Tanaka, A. Nonaka, A. Uchida, S. Tsutsumi, I. Sakakibara, M. Naito, T. F. Osborne, T. Hamakubo, S. Ito, H. Aburatani, M. Yanagisawa, T. Kodama, and J. Sakai. 2009. Coup - tfii acts downstream of wnt/beta - catenin signal to silence ppargamma gene expression and repress adipogenesis. Proc Natl Acad Sci U S A 106: 5819 - 5824.

[69] Olivie - Lauquet, G., G. Gruau, A. Dia, C. Riou, A. Jaffrezic, and O. Henin. 2001. Release of trace elements in wetlands: Role of seasonal variability. Water Research 35: 943 - 952.

[70] Osgerby, J. C., D. C. Wathes, D. Howard, and T. S. Gadd. 2002. The effect of maternal undernutrition on ovine fetal growth. J Endocrinol 173: 131 - 141.

[71] Otto, A., C. Schmidt, G. Luke, S. Allen, P. Valasek, F. Muntoni, D. Lawrence - Watt, and K. Patel. 2008. Canonical wnt signalling induces satellite - cell proliferation during adult skeletal muscle regeneration. J Cell Sci 121: 2939 - 2950.

[72] Pan, W., Y. Jia, J. Wang, D. Tao, X. Gan, L. Tsiokas, N. Jing, D. Wu, and L. Li. 2005. Beta - catenin regulates myogenesis by relieving i - mfa - mediated suppression of myogenic regulatory factors in p19 cells. Proc Natl Acad Sci U S A 102: 17378 - 17383.

[73] Pavlath, G. K., and V. Horsley. 2003. Cell fusion in skeletal muscle - central role of nfatc2 in regulating muscle cell size. Cell Cycle 2: 420 - 423.

[74] Powell, S. E., and E. D. Aberle. 1980. Effects of birth weight on growth and carcass composition of swine. J Anim Sci 50: 860 - 868.

[75] Puigdefabregas, J., F. Gallart, O. Biaciotto, M. Allogia, and G. del Barrio. 1999. Banded vegetation patterning in a subantarctic forest of tierra del fuego, as an outcome of the interaction between wind and tree growth. Acta Oecologica - International Journal of Ecology 20: 135 - 146.

[76] Quang, V. D., and J. E. Dufey. 1995. Effect of temperature and flooding duration on phosphate sorption in an acid sulphate soil from vietnam. European Journal of Soil Science 46: 641 - 647.

[77] Ridgeway, A. G., and I. S. Skerjanc. 2001. Pax3 is essential for skeletal myogenesis and the expression of six1 and eya2. J Biol Chem 276: 19033 - 19039.

[78] Rosen, E. D., and O. A. MacDougald. 2006. Adipocyte differentiation from the inside out. Nat Rev Mol Cell Biol 7: 885 - 896.

[79] Rosen, E. D., P. Sarraf, A. E. Troy, G. Bradwin, K. Moore, D. S. Milstone, B. M. Spiegelman, and R. M. Mortensen. 1999. Ppar gamma is required for the differentiation of adipose tissue in vivo and in vitro. Mol Cell 4: 611 - 617.

[80] Ross, S. E., N. Hemati, K. A. Longo, C. N. Bennett, P. C. Lucas, R. L. Erickson, and O. A. MacDougald. 2000. Inhibition of adipogenesis by wnt signaling. Science 289: 950 - 953.

[81] Roth, J. F., N. Shikama, C. Henzen, I. Desbaillets, W. Lutz, S. Marino, J. Wittwer, H. Schorle, M. Gassmann, and R. Eckner. 2003. Differential role of p300 and cbp acetyltransferase during myogenesis: p300 acts upstream of myod and myf5. Embo J 22: 5186 - 5196.

[82] Russell, R. G., and F. T. Oteruelo. 1981. An ultrastructural study of the differentiation of skeletal muscle in the bovine fetus. Anat Embryol (Berl) 162: 403 - 417.

[83] Salvadori, C., I. R. Peters, M. J. Day, E. Engvall, and G. D. Shelton. 2005. Muscle regeneration, inflammation, and connective tissue expansion in canine inflammatory myopathy. Muscle Nerve 31: 192 - 198.

[84] Schultz, E. 1976. Fine structure of satellite cells in growing skeletal muscle. Am J Anat 147: 49 - 70.

[85] Schupp, M., A. G. Cristancho, M. I. Lefterova, E. A. Hanniman, E. R. Briggs, D. J. Steger, M.

Qatanani, J. C. Curtin, J. Schug, S. A. Ochsner, N. J. McKenna, and M. A. Lazar. 2009. Re - expression of gata2 cooperates with peroxisome proliferator - activated receptor - gamma depletion to revert the adipocyte phenotype. J Biol Chem 284: 9458 - 9464.

[86] Shang, Y. C., C. Zhang, S. H. Wang, F. Xiong, C. P. Zhao, F. N. Peng, S. W. Feng, M. J. Yu, M. S. Li, and Y. N. Zhang. 2007. Activated beta - catenin induces myogenesis and inhibits adipogenesis in bm - derived mesenchymal stromal cells. Cytotherapy 9: 667 - 681.

[87] Spiegelman, B. M., P. Puigserver, and Z. Wu. 2000. Regulation of adipogenesis and energy balance by ppargamma and pgc - 1. Int J Obes Relat Metab Disord 24 Suppl 4: S8 - 10.

[88] Spinella - Jaegle, S., G. Rawadi, S. Kawai, S. Gallea, C. Faucheu, P. Mollat, B. Courtois, B. Bergaud, V. Ramez, A. M. Blanchet, G. Adelmant, R. Baron, and S. Roman - Roman. 2001. Sonic hedgehog increases the commitment of pluripotent mesenchymal cells into the osteoblastic lineage and abolishes adipocytic differentiation. J Cell Sci 114: 2085 - 2094.

[89] Sprague, A. H., and R. A. Khalil. 2009. Inflammatory cytokines in vascular dysfunction and vascular disease. Biochem Pharmacol 78: 539 - 552.

[90] Stannard, S. R., and N. A. Johnson. 2004. Insulin resistance and elevated triglyceride in muscle: More important for survival than "Thrifty" Genes? J Physiol 554: 595 - 607.

[91] Stickland, N. C. 1978. A quantitative study of muscle development in the bovine foetus (bos indicus). Anat Histol Embryol 7: 193 - 205.

[92] Suh, J. M., X. Gao, J. McKay, R. McKay, Z. Salo, and J. M. Graff. 2006. Hedgehog signaling plays a conserved role in inhibiting fat formation. Cell Metab 3: 25 - 34.

[93] Swatland, H. J. 1973. Muscle growth in the fetal and neonatal pig. J Anim Sci 37: 536 - 545.

[94] Symonds, M. E., S. Pearce, J. Bispham, D. S. Gardner, and T. Stephenson. 2004. Timing of nutrient restriction and programming of fetal adipose tissue development. Proc Nutr Soc 63: 397 - 403.

[95] Tilgner, K., K. Wojciechowicz, C. Jahoda, C. Hutchison, and E. Markiewicz. 2009. Dynamic complexes of a - type lamins and emerin influence adipogenic capacity of the cell via nucleocytoplasmic distribution of beta - catenin. J Cell Sci 122: 401 - 413.

[96] Tsai, J., Q. Tong, G. Tan, A. N. Chang, S. H. Orkin, and G. S. Hotamisligil. 2005. The transcription factor gata2 regulates differentiation of brown adipocytes. EMBO Rep 6: 879 - 884.

[97] Verrecchia, F., A. Mauviel, and D. Farge. 2006. Transforming growth factor - beta signaling through the smad proteins: Role in systemic sclerosis. Autoimmun Rev 5: 563 - 569.

[98] Vonnahme, K. A., B. W. Hess, T. R. Hansen, R. J. McCormick, D. C. Rule, G. E. Moss, W. J. Murdoch, M. J. Nijland, D. C. Skinner, P. W. Nathanielsz, and S. P. Ford. 2003. Maternal undernutrition from early - to mid - gestation leads to growth retardation, cardiac ventricular hypertrophy, and increased liver weight in the fetal sheep. Biol Reprod 69: 133 - 140.

[99] Ward, S. S., and N. C. Stickland. 1991. Why are slow and fast muscles differentially affected during prenatal undernutrition? Muscle Nerve 14: 259 - 267.

[100] Wigmore, P. M., and N. C. Stickland. 1983. Muscle development in large and small pig fetuses. J Anat 137 (Pt 2): 235 - 245.

[101] Xu, H., Z. C. Cai, and Z. J. Jia. 2002. Effect of soil water contents in the non - rice growth season on ch4 emission during the following rice - growing period. Nutrient Cycling in Agroecosystems 64: 101 - 110.

[102] Xu, Z., S. Yu, C. H. Hsu, J. Eguchi, and E. D. Rosen. 2008. The orphan nuclear receptor chicken ovalbumin upstream promoter - transcription factor Ⅱ is a critical regulator of adipogenesis. Proc Natl

Acad Sci U S A 105: 2421 - 2426.

[103] Yamanouchi, K., T. Hosoyama, Y. Murakami, and M. Nishihara. 2007. Myogenic and adipogenic properties of goat skeletal muscle stem cells. J Reprod Dev 53: 51 - 58.

[104] Yan, X., M. J. Zhu, W. Xu, J. F. Tong, S. P. Ford, P. W. Nathanielsz, and M. Du. 2010. Up-regulation of toll - like receptor 4/nuclear factor - kappab signaling is associated with enhanced adipogenesis and insulin resistance in fetal skeletal muscle of obese sheep at late gestation. Endocrinology 151: 380 - 387.

[105] Yu, L., M. C. Hebert, and Y. E. Zhang. 2002. Tgf - beta receptor - activated p38 map kinase mediates smad - independent tgf - beta responses. Embo J 21: 3749 - 3759.

[106] Zambrano, E., P. M. Martinez - Samayoa, C. J. Bautista, M. Deas, L. Guillen, G. L. Rodriguez - Gonzalez, C. Guzman, F. Larrea, and P. W. Nathanielsz. 2005. Sex differences in transgenerational alterations of growth and metabolism in progeny (f2) of female offspring (f1) of rats fed a low protein diet during pregnancy and lactation. J Physiol 566: 225 - 236.

[107] Zehentner, B. K., U. Leser, and H. Burtscher. 2000. Bmp - 2 and sonic hedgehog have contrary effects on adipocyte - like differentiation of c3h10t1/2 cells. DNA Cell Biol 19: 275 - 281.

[108] Zhu, M. J., S. P. Ford, W. J. Means, B. W. Hess, P. W. Nathanielsz, and M. Du. 2006. Maternal nutrient restriction affects properties of skeletal muscle in offspring. J Physiol 575: 241 - 250.

[109] Zhu, M. J., S. P. Ford, P. W. Nathanielsz, and M. Du. 2004. Effect of maternal nutrient restriction in sheep on the development of fetal skeletal muscle. Biol Reprod 71: 1968 - 1973.

[110] Zhu, M. J., B. Han, J. Tong, C. Ma, J. M. Kimzey, K. R. Underwood, Y. Xiao, B. W. Hess, S. P. Ford, P. W. Nathanielsz, and M. Du. 2008. Amp-activated protein kinase signalling pathways are down regulated and skeletal muscle development impaired in fetuses of obese, over-nourished sheep. J Physiol 586: 2651 - 2664.

第6章

骨骼肌的发生、发育及其调控

畜禽全身的肌肉可分为三大类，即骨骼肌(Skeletal muscle)、心肌(Cardiac muscle)和平滑肌(Smooth muscle)。骨骼肌附着在骨骼上，其主要功能是通过收缩来完成躯体的运动；心肌分布在心脏，平滑肌主要分布于胃肠道、子宫等内脏器官以及血管上。骨骼肌和心肌在光镜下均可见明暗相间的横纹，因此也称为横纹肌(Striated muscle)，而平滑肌属于非横纹肌(Non - striated muscle)。骨骼肌约占畜禽体重的 40%，是构成肉品的重要成分。广义的肉不仅包括骨骼肌组织，还包括肉块中的脂肪组织以及附着于其中的结缔组织。骨骼肌组织的发生与发育是肉品质形成的重要基础。

在胚胎发生过程中，合子(Zygote)经过卵裂形成囊胚(Blastocyst)。囊胚进一步发育至原肠胚，并形成三胚层，即外胚层(Ectoderm)、中胚层(Mesoderm)和内胚层(Endoderm)。骨骼肌、骨、软骨、真皮、腱、结缔组织等都是由中胚层发育而来的。

中胚层在脊索两旁从内侧向外侧依次分化为脊索中胚层(Chordamesoderm)、轴旁中胚层(Paraxial mesoderm)、间介中胚层(Intermediate mesoderm)和侧中胚层(Lateral mesoderm)。分散存在的中胚层细胞，也称间充质，可分化为结缔组织以及血管、肌组织等(图 6 - 1)。

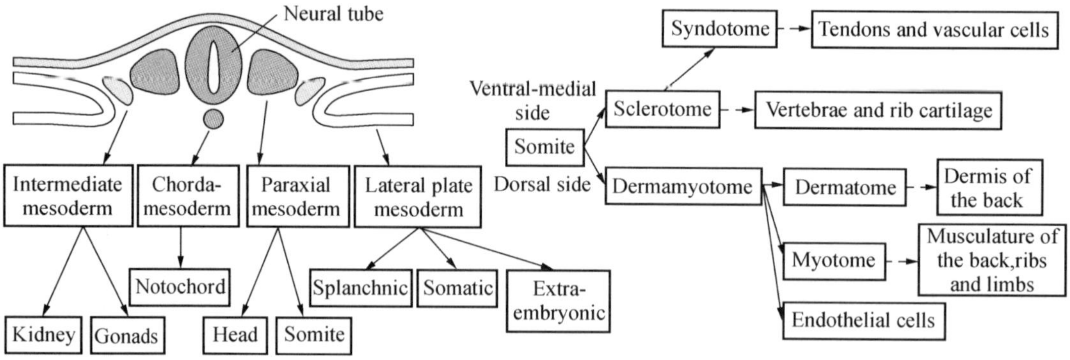

图 6 - 1 脊椎动物的中胚层分化

Gilbert，2006。

脊索中胚层在神经管下方，形成脊索。但脊索会大部分退化消失，仅在椎间盘内残留为髓核。

紧邻脊索两侧的中胚层细胞迅速增殖，形成一对纵行的细胞索，即轴旁中胚层。它随即裂解为块状细胞团，称体节(Somite)。体节左右成对，从颈部向尾部依次形成，并随胚龄的增长而增多，故可根据体节的数量推算早期胚龄。体节将分化形成生皮节(Dermatome)、生肌节(Myotome)、生骨节(Sclerotome)和生腱节(Syndotome)，然后进一步分化为真皮、骨骼肌、大部分中轴骨骼(如脊柱、肋骨)及腱器官。

间介中胚层位于轴旁中胚层与侧中胚层之间，分化为泌尿生殖系统的主要器官，包括肾脏和性腺。

侧板中胚层是中胚层最外侧的部分，两侧的侧中胚层在口咽膜的头侧汇合为心脏生成区。随着胚体的形成，心脏生成区转移到胚体原始消化管的腹侧、口咽膜的层侧，分化形成心脏。侧中胚层随即裂为两层，与外胚层邻近的一层，称体壁中胚层(Somatic mesoderm)，将分化为体壁(包括肢体)的骨骼、肌肉、血管和结缔组织；与内胚层邻近的一层，称脏壁中胚层(Splanchnic mesoderm)，覆盖于原始消化管外面，将分化为消化和呼吸系统的肌组织、血管和结缔组织等。

6.1　骨骼肌的发生与发育

除颅面部和食管肌肉的骨骼肌细胞外，躯体骨骼肌细胞均来自轴旁中胚层。轴旁中胚层分化形成的体节成对排列于胚胎中央神经管的两侧。随着体节的进一步发育，其背侧部分可形成生皮肌节(Dermomyotome)，生皮肌节的中部又可进一步形成生肌节，生肌节细胞很快分化为肌祖细胞(Myogenic progenitors)和成肌细胞(Myoblast)，并大量增殖，同时向肌肉形成部位进行迁移，进而融合形成多核细胞，形成肌管(Myotube)。在此同时大量合成肌原纤维，形成胚胎肌纤维。胚胎肌纤维在形态上分为初级肌纤维和次级纤维，这时细胞失去进一步分裂的能力，然后细胞核从细胞中心向细胞膜迁移，形成肌纤维(图 6-2)。

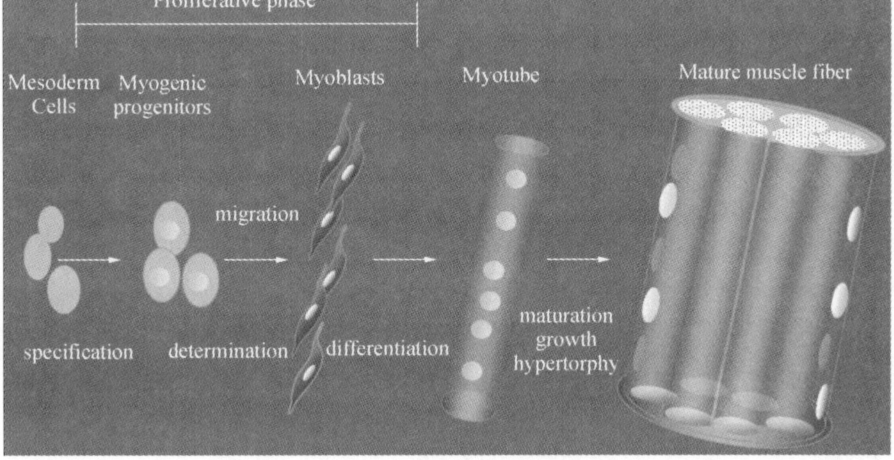

图 6-2　骨骼肌形成过程

改自 http://php.med.unsw.edu.au/embryology/images/b/b5/Muscle development 1 - Talk1 muscle deve lopment.pdf。

6.1.1 骨骼肌祖细胞和成肌细胞的形成、迁移、增殖和分化

轴旁中胚层分裂为体节(图 6-3),在脊索和神经管信号的作用下,体节可进一步分化为生骨节(Sclerotome)和生皮肌节(Dermomyotome),生皮肌节又包括生皮节(Dermatome)和生肌节(Myotome)。肌祖细胞来源于生肌节,但其形态与其他干细胞很相近,因此从细胞形态上很难辨别。肌祖细胞会迁移到形成四肢和躯干的部位,在迁移过程中同时增殖。肌祖细胞在一些因子(Wnt、Shh、MyoD、Myf5 等)作用下分化为成肌细胞(Myoblasts),成肌细胞是双极的纺锤形的细胞,细胞间形成紧密连接(Tight junctions)。成肌细胞在一些生长因子(如 FGFs 等)作用下增殖。成肌细胞增殖到一定数目开始退出细胞周期,进入分化程序。增殖的成肌细胞中有大量的 RNA 合成,因此成肌细胞具有较大的细胞核、扩散的染色体以及大量的核糖体。

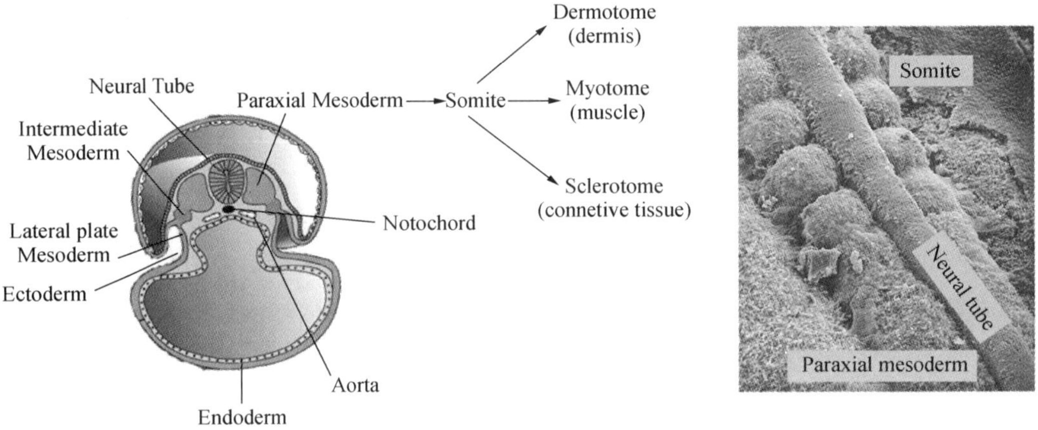

图 6-3 骨骼肌起源于轴旁中胚层的体节

左图引自 Saccone 等,2010;右图引自 Gilbert,2006。

6.1.2 肌管的形成和胚胎期肌纤维类型

成肌细胞相互融合会形成多核的骨骼肌纤维。在融合早期,融合的成肌细胞内会形成致密的网状骨架结构和肌原纤维,同时细胞膜也会发生较大变化,而细胞核分布在肌浆网的轴心位置,四周被肌原纤维包围,从而形成一个空心圆柱形或管道结构,这个时期的细胞结构称为肌管(Myotube)(图 6-4)。胚胎期第一个形成的肌管将参与肌纤维的形成以及肌肉大小和解剖位置的确定。

早期的肌管结构也称为初级纤维(Primary fiber)或初级肌管(Primary myotube)。随着胚胎的发育,在初级肌管的基础上会有大量新的肌纤维形成。在大部分新形成的纤维中,其轴心会有肌原纤维的分布,而非像初级肌管肌原纤维那样分布在四周形成管状,因此新肌纤维的整体形状与初级肌管不同,此时的肌纤维结构称为次级纤维(Secondary fiber)(图 6-4 和彩图 6-4)。初级肌管在动物出生后往往形成红肌纤维(Red fibers),而次级纤维往往形成白肌纤维(White fibers)。当然,这种发育对应关系并不是绝对的,因为骨骼肌的发育具有很大的可

塑性，这样才能更好地适应环境的变化。

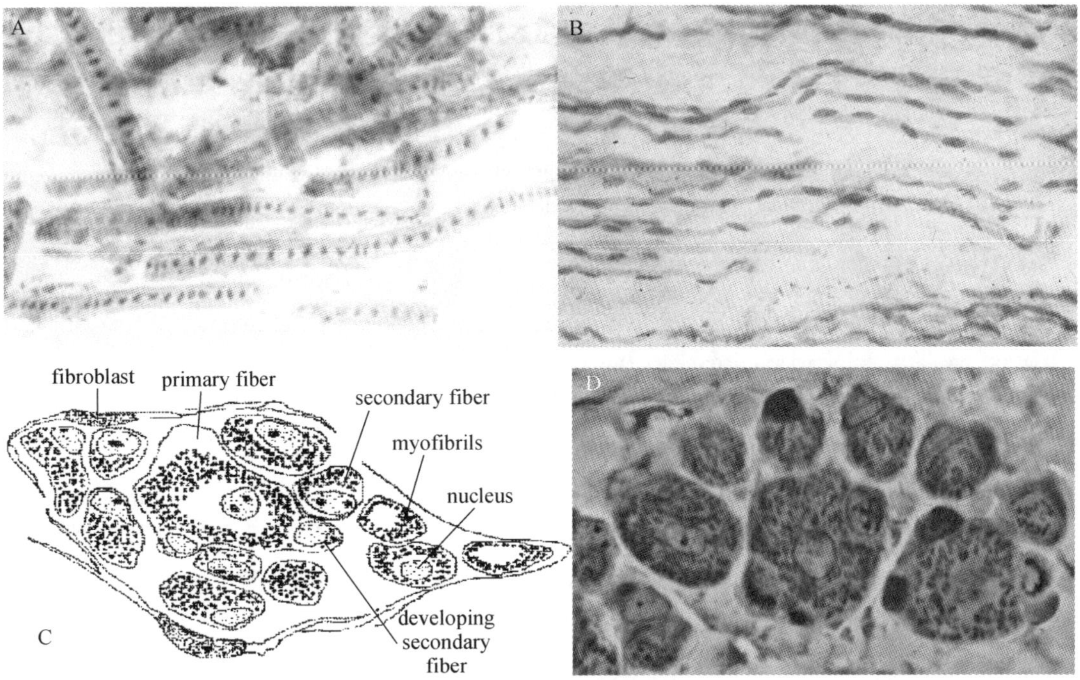

图 6-4 初级肌管和次级纤维的结构

A：初级肌管纵向图；B：次级纤维纵向图；C：横截面模式图；D：横截面免疫组化染色图

引自 http://www.aps.uoguelph.ca/～swatland/ch6_0.htm。

在猪的胚胎发育过程中，初级肌管的形成大约在妊娠第 35～55 天，而次级纤维围绕初级纤维产生的时间在妊娠第 50～90 天，核的迁移发生在妊娠第 70～110 天。次级纤维与初级纤维的比例为(20～30)∶1，但不同品种及不同部位的肌肉有所差异(Lefaucheur 等，2005)。在出生前后，初级纤维及其邻近的次级纤维会成熟为Ⅰ型慢肌纤维，而其外周则被形成的Ⅱ型快肌纤维所包围(Lefaucheur 等，1995)。猪的总肌纤维数目在妊娠 90 d 时已经确定，之后不会再增加。但肌纤维代谢特性的形成则发生在妊娠结束直到出生后 1 个月内(图 6-5)。

对瘦肉型猪和脂肪型猪的研究发现，在妊娠 80 d 可以检测到明显的半腱肌 DNA 差异，在妊娠 90 d 可以检测到半腱肌肌肉量的差异。也就是说在次级纤维完全形成后就可以检测到不同品种的差异。因此，一般认为猪妊娠 90 d 后，肌纤维的数目已经固定，不再生成新的肌纤维，而肌肉的生长主要通过肌纤维肥大(Myofiber hypertrophy)。另外，妊娠过程中母体的营养不良会降低家畜次级纤维的数量，但对初级肌管数量没有影响。

在胎牛中，初级纤维大约在妊娠第 60～110 天形成，次级纤维则在妊娠第 110～180 天形成。在妊娠 180 d 时，牛的总肌纤维数目已经确定(Chaze 等，2008)。在妊娠第 210～260 天为肌纤维代谢特性的成熟期。在鸡胚胎中，初级肌管在孵化第 7～12 天形成，而次级纤维在孵化第 12～18 天形成。鸡的总肌纤维数目在孵化时已经确定，之后不再增加。孵化后 3 d 内为肌纤维代谢特性的成熟期(图 6-5)。

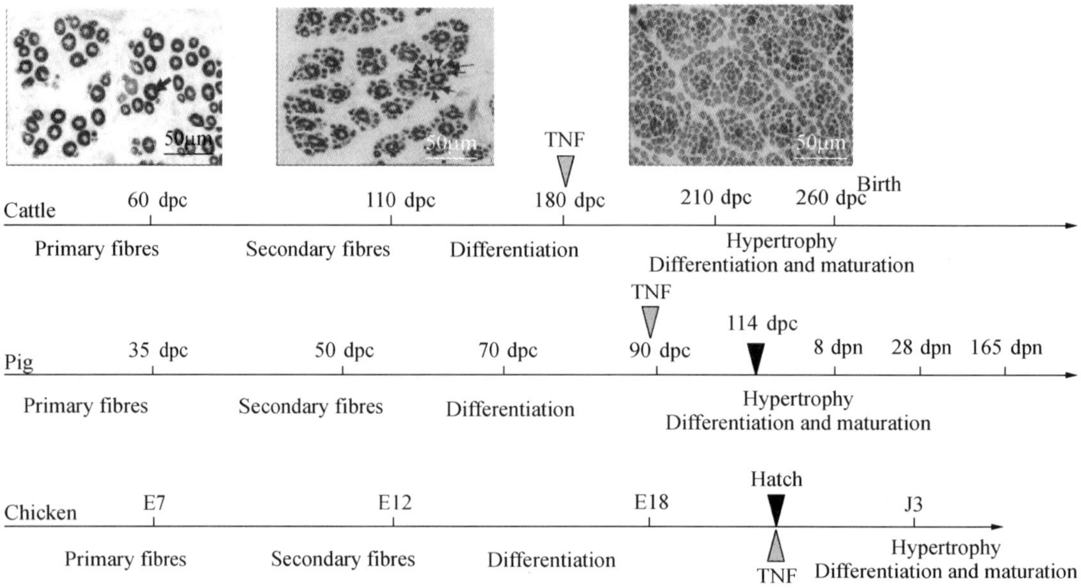

图 6-5　不同物种(猪、牛、鸡)骨骼肌发生的关键生理阶段

Picard 等,2010;Picard 等,2002。dpc:days post - conception;TNF:total number of fibers。

6.1.3　骨骼肌的生长发育

骨骼肌的生长发育受到多种因素的影响。种属、品种、营养状态和运动(包括训练、劳动)程度的不同均会导致骨骼肌生长发育的差异。许多激素也参与骨骼肌生长发育的调节,如胰岛素样生长因子、生长激素、胰岛素、性激素、甲状腺素和糖皮质激素等(Dayton 和 White,2008;Otto 和 Patel,2010)。根据机体营养状态和训练(劳动)程度的不同,骨骼肌能够动态地发生肥大(Hypertrophy)或者萎缩(Muscle atrophy)。事实上,肌肉的肥大主要是由于每个肌纤维中粗、细肌丝的增加。例如,猪出生时的肌纤维直径平均为 10 μm,而屠宰时的平均直径为 50 μm,平均横截面积从出生时的 79 μm^2 到屠宰时的 1 963 μm^2,增加了 25 倍;而肌肉的总重量从出生到屠宰大约增长了 100 倍。另外,当一块肌肉在负重的情况下以最大的力量收缩,每天重复数次,在 6～10 周以后也会出现显著的肥大。

肌肉的另一种肥大表现是肌纤维长度的增加,当肌肉经常被牵拉并超过它的正常长度时,肌纤维会通过在两端增加肌节而变长。事实上,新的肌节可以很快被加上,有时 1 min 内可加数节。相反,当肌肉长期保持在缩短状态时,肌纤维两端的肌节会消失而使肌纤维变短,这个过程同样也很迅速。

引起骨骼肌肥大和萎缩的机制并不十分清楚,可能与蛋白质的合成与降解有关。研究发现,在骨骼肌肥大的过程中,收缩蛋白质的合成速率高于分解速率,从而导致肌原纤维中粗、细肌丝数目逐渐增加。同时,提供能量的酶的合成也显著增加。相反,如果某一块肌肉长期不收缩,收缩蛋白质的分解速率超过合成速率,就会引起肌肉萎缩。另外,当失去运动神经支配 2 个月后,骨骼肌由于缺少了神经的营养性作用,会开始萎缩,表现为骨骼肌中蛋白质和 RNA 含量下降,横纹消失,超微结构破坏,肌纤维逐渐被结缔组织和脂肪取代。

成年动物的肌肉可以根据需要而重塑，肌纤维的直径、长度、收缩强度、血管分布甚至类型都可能改变。这个重塑的过程通常几个星期就能完成。实验发现，一些较为活跃的肌肉在调内就可以将细胞内的收缩蛋白质彻底更换。

6.2 骨骼肌发生与发育的调控

在体节发育和成熟过程中，生皮肌节中央部位(生肌节)将要定向形成成肌细胞的肌祖细胞，并表达 Pax3 和 Pax7。然后细胞在局部因子作用下诱导(Wnts，Sonic Hedgehog，Noggin)或抑制(BMP4)生肌调节因子 Myf5、MyoD 和 MRF4 的表达，从而使祖细胞向成肌分化，最终形成骨骼肌(图 6-6)。骨骼肌发生与发育受到分子、表观遗传以及营养等众多因素的调控。

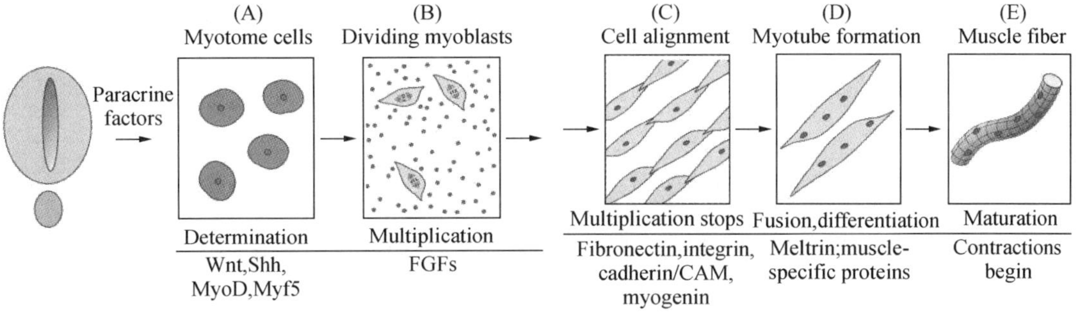

图 6-6 骨骼肌发生与发育的调控

Gilbert，2006。

6.2.1 骨骼肌发生的分子调控

骨骼肌的发生是一个非常复杂的过程，包括胚胎期骨骼肌的发生和成体骨骼肌的再生，其中涉及众多分子的调控，包括 Pax3/Pax7(Buckingham 等，2007；Horst 等，2006；Lagha 等，2008；Relaix 等，2005)、生肌调节因子(MRFs)(Bismuth 等，2010；Bryson - Richardson 等，2008；Carvajal 等，2010；Mok 等，2011)、Myostatin(Joulia - Ekaza 等，2006；Lee，2004；McNally，2004)等。

6.2.1.1 Pax3/Pax7

在过去 10 年，人们对肌祖细胞的研究主要集中在两个非常相近的配对结构域同源盒转录因子(Paired domain homeobox transcription factors)Pax3 和 Pax7。Pax3/Pax7 同属 Pax 基因家族的Ⅲ组，它们通过与靶基因的启动子区域结合促进 DNA - 蛋白质起始复合物的形成，从而激活靶基因的转录，激活肌肉形成。

目前关于 Pax3 和 Pax7 对骨骼肌发生的调节作用已经进行了广泛的研究，结果发现，Pax3 对于胚胎期体节的分段、生皮肌节的形成、四肢肌肉的发育以及 MyoD 和 Myf5 的表达是必需的；而 Pax7 对于成体骨骼肌卫星细胞的维持和骨骼肌再生是必需的。但在胚胎期，Pax3 和 Pax7 的功能有部分的重合，Pax3 的大部分功能可以被 Pax7 所替代(Messina 等，2009)。

肌祖细胞起源于生皮肌节中央部位(生肌节)的细胞，这些细胞同时表达 Pax3 和 Pax7，既能够在胚胎期分化形成肌纤维，又能够在出生后作为一个干细胞存储库。在 Pax3/Pax7 基因双敲除小鼠中，只有基本的生肌节形成，而后续的骨骼肌发生过程都受到影响。提示所有肌肉系的细胞都来自于 Pax3/Pax7 阳性的肌祖细胞。在成肌分化过程中，随着生肌调节因子的表达，Pax3 和 Pax7 的表达都会下调。

在骨骼肌生长发育过程中，Pax7 与 Pax3 的功能有部分重叠，但在卫星细胞介导的骨骼肌的生长和再生过程中，Pax7 的作用不能为 Pax3 所取代。当缺少 Pax7 时，由于细胞周期缺陷而导致细胞凋亡，出生后卫星细胞将会急剧丢失。在激活的卫星细胞中，Pax7 有重要的抗凋亡作用，这是 Pax3 所不能补偿的。Pax7 在胚胎肌肉形成中的作用尚未完全弄清楚。$Pax7^{-/-}$ 鼠在出生时表现正常，但大多数停止生长，一般在随后的 2～3 周死亡。新生 $Pax7^{-/-}$ 鼠肌肉表现正常，说明 Pax7 并不影响早期的肌肉发育，但可能对于卫星细胞的发育却是必需的。少量 $Pax7^{-/-}$ 鼠能够存活到成年，在生后肌肉的生长过程中，由于缺少卫星细胞的融合，$Pax7^{-/-}$ 鼠肌原纤维的直径减小，表明在 Pax7 缺失的情况下，残余的卫星细胞仍然能维持肌肉的生长。

在体外培养中，$Pax7^{-/-}$ 鼠的肌原纤维仍然能够表达 MyoD，并且增殖和分化。传统观点认为，Pax7 在卫星细胞的特化中起着重要作用，但由上述资料可以看出，在卫星细胞的分化中，Pax7 并不是必需的，但其在卫星细胞的维持和生存中却发挥重要作用。利用 Pax7 基因的拮抗物抑制 Pax7 基因的功能并没有抑制卫星细胞向肌原纤维分化，但是却抑制了卫星细胞群的维持作用，由此可见 Pax7 对卫星细胞有维持作用。

6.2.1.2 生肌调节因子(MRFs)

当肌祖细胞开始分化形成骨骼肌时，需要激活一组特定的转录因子——生肌调节因子(Myogenic regulatory factors，MRFs)。MRFs 是骨骼肌发生的关键诱导因子，对于骨骼肌的形成是必需的。MRFs 包括 Myf-5、MyoD、MRF4(Myf6)和 Myogenin(MyoG)。MRFs 具有同样的碱性螺旋-环-螺旋(bHLH)结构域，可以与 DAN 结合，还可以与转录因子 E-蛋白家族形成二聚体。MRF-E 蛋白异源二聚体和 MRF 单体能够与许多肌肉特异基因启动子的 E-box 序列(CANNTG)结合，进而启动靶基因的表达。

基因敲除试验表明，$myf5^{-/-}$ 小鼠和 $myoD^{-/-}$ 小鼠都能够表现出相对正常的骨骼肌发生，但 MyoD 和 Myf5 双缺失($myf5^{-/-}$ $myoD^{-/-}$)的小鼠由于缺失成肌细胞，完全不能形成骨骼肌。$MyoG^{-/-}$ 小鼠含有正常数量的未分化的成肌细胞，但由于严重缺失分化的肌纤维，会在出生前后死亡。*Mrf*4(*Myf*6)基因缺失小鼠的骨骼肌不能正常终末分化、融合以及形成肌纤维。以上结果提示，MyoD 和 Myf5 主要在骨骼肌发生的前期定向阶段(成肌细胞定向和维持)起着重要作用，且二者在功能上具有重合性，而 MyoG 和 MRF4 主要在骨骼肌发生的后期分化阶段(肌管融合和肌纤维的形成)发挥重要作用。

MRFs 的激活主要是来自于神经管和脊索的一些局部信号分子，包括 Sonic hedgehog (Shh)、Wnt、BMP、Noggin 和 Notch 等(图 6-7)。如果神经管或者脊索缺失，会阻止骨骼肌的发生。脊索表达的 Shh 对于肌祖细胞表达 Myf5 是必需的。在 $myf5^{-/-}$ 的体节中，Shh 不能够激活 MyoD 的转录，这说明 Shh 诱导骨骼肌发生是通过 Myf5 来完成的。Shh 激活 Myf5 的表达是直接通过 Gli 转录调节子家族来完成的。

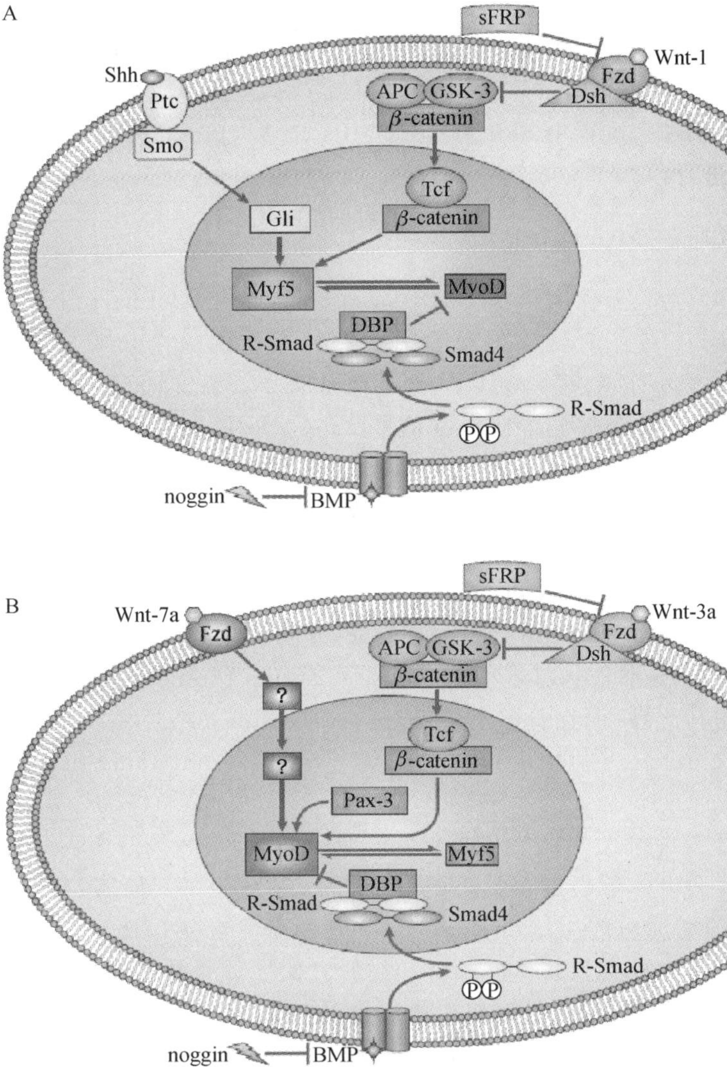

图 6-7　局部信号分子 Shh、Wnt、BMP、Noggin 等调节 MyoD 和 Myf5 表达的信号通路

Parker 等，2003。

来自于背部外胚层的信号会激活骨骼肌发生和 MyoD 的表达，而来自于侧板中胚层的信号会抑制骨骼肌的发生。如来自背部外胚层的 Wnt 信号（特别是 Wnt-7a）能够激活 MyoD 的表达，进而导致 MyoD 和 Myf5 的共表达。可溶性 Frizzled 相关蛋白（sFRPs）能够特异地阻断 Wnt 信号通路，从而抑制骨骼肌的发生。sFRPs 对骨骼肌发生的抑制伴随着 Noggin 和 Myf5 的下调，但对 Pax3 和间充质同源盒 1（Mox-1）的表达没有影响。

骨形态发生蛋白（Bone morphogenic proteins，BMPs）（BMP2、BMP4 和 BMP7）都能够替代侧板中胚层的抑制信号，来抑制 MyoD 的激活。Noggin 是 BMP 的拮抗剂，在 Wnt 信号通路中可以促进 MyoD 的表达。发育中的体节给予过量的 Noggin 会引起肌祖细胞的过早分化，造成成肌细胞过少。另外，$Nog^{-/-}$小鼠肌节的分化会严重降低。

Notch 信号通路会通过调节 MyoD 的表达来负向调节骨骼肌的分化。在鸡体节中过表达 Notch 配基 DELTA - 1 会抑制肌节中 MyoD 的表达，但对 Pax3 和 Myf5 的表达没有影响。在肢体中过表达 DELTA - 1 同样也会抑制分化，这说明 Notch 信号可能参与了骨骼肌分化的调控。

总之，胚胎期骨骼肌发生过程中 Shh、Wnts、BMPs 和 Noggin 的表达被严密调控，从而保证骨骼肌发生的正常进行。

6.2.1.3 肌生成抑素(Myostatin)

肌生成抑素，或称为生长分化因子 - 8(GDF - 8)，是 1997 年 McPherron 等从小鼠骨骼肌 cDNA 文库中克隆到的 TGF - β(转化生长因子 - β)超家族的一个新成员(McPherron 等，1997)。Myostatin 前体含 376 个氨基酸残基，包括信号肽、N - 端前肽区及 C - 端功能区。Myostatin 前体蛋白需经二次蛋白酶解活化，去除信号肽，在 RSRR 位点特异性酶解产生的 N - 端前肽(38 ku)和 C - 端功能肽(12 ku)。C - 端功能肽通过其中的 9 个半胱氨酸残基的二硫键形成具有生物活性的 26 ku 的二聚体(即肌生成抑素成熟蛋白)。Myostatin 成熟蛋白分泌至血液循环，仍与其 N - 端前肽以非共价键形式连接，形成 Lantency - associated peptide(LAP)。

在骨骼肌和血清中，Myostatin 可以与一些蛋白结合来调节其活性。在血清中，除了前肽外，卵泡抑素相关基因产物(Follistatin - related gene, FLRG)和生长分化相关因子关联血清蛋白 - 1(Growth and differentiation factor - associated serum protein - 1, GASP - 1)都可以和 Myostatin 结合来抑制其活性；而在骨骼肌中，能够与 Myostatin 结合来抑制其活性的蛋白有 hSGT(Human small glutamin - rich tetratricopeptide ŕepeat - containing protein), Titin cap 和卵泡抑素等。

小鼠 Myostatin 主要在胚胎期体节和成年骨骼肌中表达，敲除该基因后小鼠肌纤维发生广泛性的增生和肥大，平均体重超过正常小鼠的 261%，但不存在其他表型差异。Myostatin 基因敲除小鼠骨骼肌的增加可终生维持，Myostatin 基因敲除老年鼠比对照鼠肌肉量与肌收缩力都增加。在牛、羊等物种也发现 Myostatin 基因突变导致骨骼肌增加。以上结果表明，Myostatin 是肌肉的负调控因子，对骨骼肌生长发育具有重要的负向调控作用。除了抑制骨骼肌生长发育外，近年来研究发现，Myostatin 与脂肪发生过程也密切相关。研究表明，Myostatin 能抑制前脂肪细胞的分化，其抑制作用被认为是通过抑制 C/EBPα 和 PPARγ 基因的表达而实现的。

Myostatin 与 ActRⅡB(Activin type ⅡB receptor)高亲和性结合，与 ActRⅡ亲和力稍弱。Myostatin 结合 ActRⅡB，通过募集低亲和性Ⅰ型受体 ALK - 4(Activin - like kinase - 4)或 ALK - 5，首先激活Ⅰ型受体。激活的Ⅰ型受体激酶磷酸化 Smad2 和 Smad3。活化的 Smad2/3 与 Smad4 结合形成异源二聚体复合物，转移到细胞核，再与其他转录因子一起特异性地结合到靶基因上，调节靶基因的表达。还有研究发现，肌生成抑制素还能启动不依赖 Smad 信号通路的细胞分裂素(丝裂原)活化蛋白激酶通路(MAPK)，包括 p38 激酶、c - Jun 氨基末端激酶(c - Jun N - terminal kinase, JNK)和胞外信号调控激酶(Extracellular signal - regulated kinase, Erk)。因此，Myostatin 负调控骨骼肌生长发育的信号转导是一个多信号途径共同参与的过程，各信号途径之间很可能存在交叉联结的现象(图 6 - 8)。

体外研究表明，Myostatin 对许多骨骼肌细胞系的增殖和/或分化起直接调节作用。Myo-

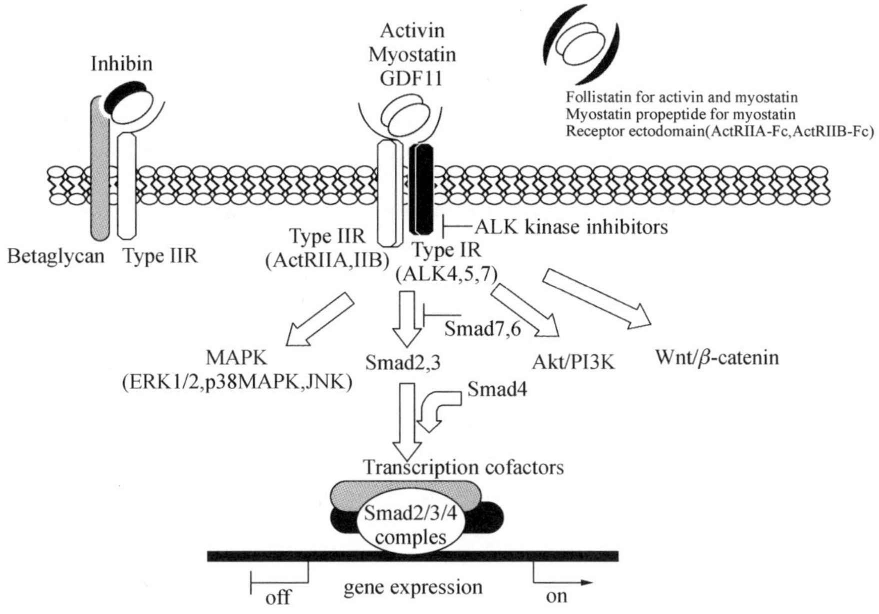

图 6-8 **Myostatin** 信号通路

引自 http://www.biosignaling.com/content/7/1/15/figure/fl? highres=y。

statin 对肌纤维数量的影响主要是通过其对成肌细胞的增殖和/或分化来发挥作用，而 Myostatin 对肌纤维大小的影响主要是通过其对骨骼肌卫星细胞的调节来完成。Myostatin 通过上调周期蛋白依赖性激酶抑制剂 p21 以及降低周期蛋白依赖激酶 Cdk2 蛋白水平和磷酸化的 Rb(Retinblastoma protein)蛋白水平，来抑制卫星细胞和成肌细胞的增殖。Myostatin 对成肌细胞分化的调节作用是通过下调成肌分化因子 MyoD、Myf-5 以及 Myogenin 来实现的。

6.2.2 骨骼肌发生的表观遗传学调节

表观遗传学修饰为骨骼肌发生过程中转录调控网络发挥作用提供了基础，从而保证肌祖细胞在环境因素的作用下正常增殖和分化(Perdiguero 等，2009；Saccone 等，2010)。环境因素可以转换成对肌肉细胞基因组重编程必需的细胞核信息，这一过程主要是通过对一定量染色质的修饰，从而在特定基因座确定关键表观遗传学标记来完成的。转录后修饰(乙酰化、甲基化、磷酸化、泛素化)会影响染色质配置，进而促进或抑制骨骼肌细胞分化时的细胞核重编程中靶基因的转录。最近 10 年，人们已经发现了一些能够水解组氨酸的染色质相关复合物，这使得我们能够更好地解释肌肉基因转录的分子调控。

6.2.2.1 染色质修饰对骨骼肌发生的调控

每一种细胞的表观遗传学特征取决于共激活子、共抑制子以及转录后修饰的平衡。在未分化的成肌细胞中，通过募集染色质上的组氨酸去乙酰化酶(Histone deacetylases，HDACs)可以阻止成肌细胞分化的激活。HDAC1 会优先与 MyoD 结合，而 HDAC2 是 MEF2 依赖性转录的特异抑制子。两种 HDACs 可以防止肌肉基因调节元件上局部高度乙酰化。在肌肉分化过程中，HDACs 会从肌肉 bHLH（MyoD）和 MEF2 蛋白上分离下来，进而可以与乙酰转移膜 p300 和 PCAF 发生相互作用。组氨酸甲基转移酶能够抑制成肌细胞中基因表达的关键调节子，如包含 SET 结构域的家族。例如 Suv39 h1 调节的 H3 第 9 位赖氨酸甲基化以及 Polycomb 调节的 H3 第 27 位赖氨酸甲基化都能够抑制成肌细胞中成肌基因的表达。Polycomb 复合物（PcG）中酶成分——H3 - K27 甲基转移酶 Ezh2 可以被募集到染色质的肌肉调节区域，与 YY1 结合位点以及 HDAC1 相互作用从而形成一个抑制性复合物。在成肌细胞开始分化时，Ezh2 和 HDAC1 会被下调，同时 YY1 会被 SRF 所替代，这样 MyoD 就可以和共激活子进行结合，形成一个转录体。

细胞分化诱导的一些事件会消除转录沉默的表观遗传学标记，这些可能包括特定的去甲基酶和/或组氨酸交换。同时，乙酰转移酶 p300/CBP、PCAF、精氨酸甲基转移酶（CARM1、PRMT5）、ATP 酶依赖性的 SWI/SNF 染色质重构复合物以及 Trithorax 组功能性同系物 MML（包含组氨酸甲基转移酶 Ash2L）会被募集并与 MRFs 和 MEF2 蛋白发生互作，形成生肌转录体，转录体具有修饰染色质结构的酶活，从而可以启动靶基因的转录。

SWI/SNF 复合物激活或者抑制基因的转录主要依赖于所激活的信号通路。例如，p38 信号通路（特别是 p38 α 和 β 激酶）的激活会促进 SWI/SNF 募集到成肌因子的启动子上，从而形成一个包含 MyoD、MEF2、乙酰化转移酶以及 IGF1 激活的 AKT1/2 激酶的复合物。相反，当 p38 γ 激酶激活时，会抑制细胞的分化，这主要是通过组氨酸甲基转移酶 KMT1A 与 MyoD 的关联完成的。尽管在卫星细胞和细胞系中已经检测和证实有以上信号的存在，但是在发育过程中调控染色体修饰复合物的信号还不清楚。

DNA 甲基化是另外一种发生在 DNA 水平的重要表观遗传学修饰。甲基化主要发生在对称的二核苷酸 CpG。DNA 甲基化对骨骼肌发生具有重要的调控作用，其中最典型的例子是其对 MyoD 基因表达的调节。MyoD 选择性地在骨骼肌细胞表达，在非骨骼肌细胞中，DNA 甲基化可以阻止 MyoD 的表达。实际上，去甲基化试剂能够诱导非骨骼肌细胞表达 MyoD，并向骨骼肌细胞进行转化。

最近研究发现，Dnmt3 相关蛋白 Rp58（也称为 Zfp238）是乙酰化 MyoD 下游的作用靶标，这表明在骨骼肌发生过程中，MyoD 乙酰化、DNA 甲基化以及基因抑制之间存在一定的关联。11.5 d 胎龄的小鼠，MyoD 会促进体节中肌肉祖细胞表达 Rp58，Rp58 进而抑制 MRF 抑制子 Id2 和 3，从而形成一个间接的前馈反应来增强骨骼肌的生成。

6.2.2.2 miRNA 对骨骼肌发生的调控

最近研究表明，在骨骼肌发生过程中，小非编码 RNA（miRNAs、SiRNAs、rasiRNAs）可以作为特定的转录后调节子对基因表达起着重要的作用。miRNAs 是一类短的（20～24 nt）非编码 RNA，可通过转录后机制（如通过降解靶 mRNA 或者抑制靶 mRNA 的翻译）来负向调节基因的表达。miRNAs 通过精细调控靶 mRNA 的表达，与转录调控过程一起来调控很多发育过程，其中包括骨骼肌的发生（Wang 等，2009）。

miRNA 在胚胎发生过程中起着重要的调节作用。骨骼肌发生过程中会有大量的 miRNA 产生，这些 miRNA 与潜在的靶基因一起来调控成肌细胞的增殖和分化。在小鼠中条件敲除骨骼肌中 miRNA 处理酶 Dicer 会导致骨骼肌量的降低以及肌纤维形态的异常。

有研究表明，单独的 miRNAs 能够调节胚胎发育过程中以及成年动物肌肉损伤修复过程中的骨骼肌发生。有趣的是，在很多情况下，miRNAs 往往通过作用于染色质修饰酶来正向或负向调节骨骼肌基因的表达。这显示了表观遗传学不同作用机制之间存在相互作用。miRNAs和基因转录表观遗传学调节子之间互作的最明显例子是，miR1 调节的 HDAC4 的下调(抑制 MEF2 激活的基因转录)和 miR133a 对 SRF 的抑制(有利于使 Polycomb 相关抑制复合物从肌肉基因调节序列的染色质上移开)(Chen 等，2006)。因此，miR1 促进骨骼肌发生，而 miR133 抑制骨骼肌发生(图 6-9)。这些共调节的 miRNA 对骨骼肌分化具有相反的作用，这说明体内存在正向和负向的调节网络来调控骨骼肌的发生。miR-1 和 miR-133 的功能具有进化保守性，在斑马鱼中，miR-1 和 miR-133 也能调控骨骼肌基因的表达以及横纹肌肌动蛋白的构成。

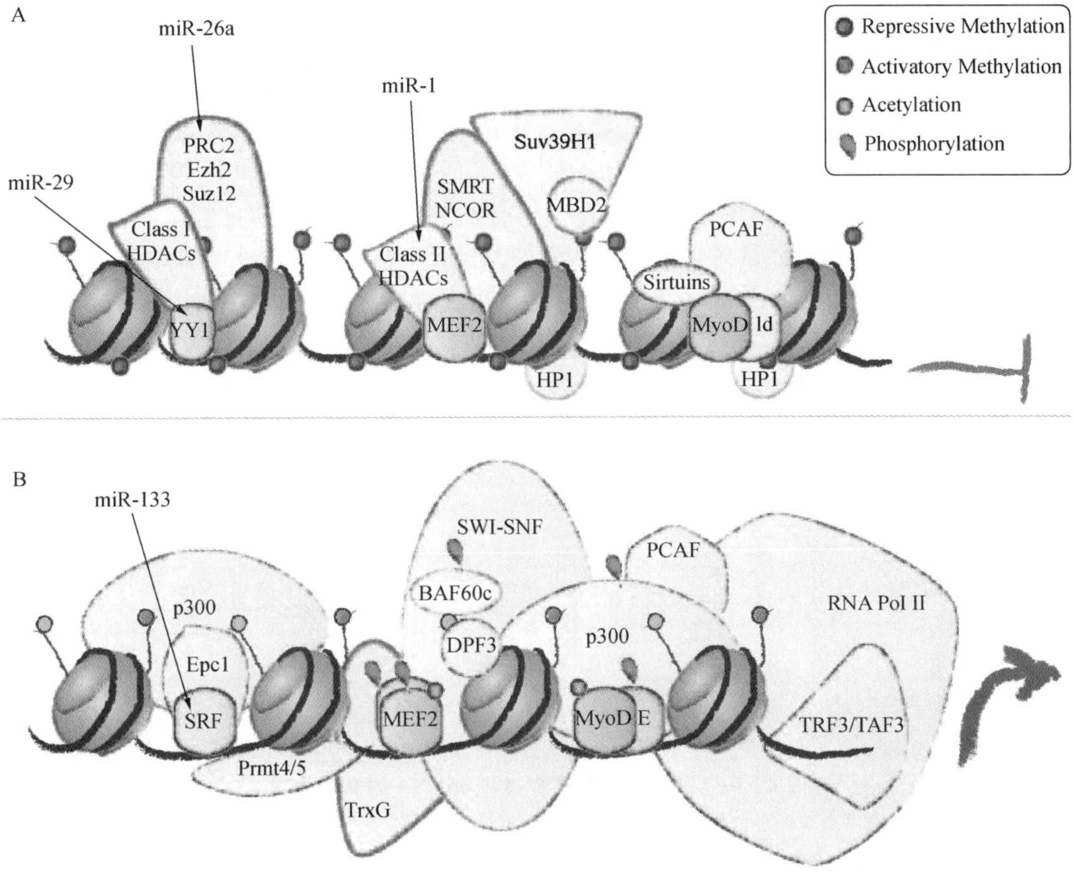

图 6-9 骨骼肌发生特定基因转录和表观遗传学调控

A:生肌基因被抑制，未分化或静息状态；B:生肌基因抑制接触，分化或激活状态。Perdiguero 等，2009。

另外一个 miRNAs 与染色质调节子相互作用的例子是，miR-26a 和 miR-214 能够抑制骨骼肌发生过程中 Polycomb group(PcG)蛋白复合物中 Ezh2 甲基转移酶表达。在未分化成肌细胞中，PcG 蛋白 Suz12 和 Ezh2 会抑制 miR-214 的转录。但是，在成肌细胞开始分化时，Ezh2 的转录下调，同时 MyoD 和 Myogenin 会被募集到 miRNA-214 的调节序列，从而诱导 miR-214 的产生。miR-214 水平升高后会与 Ezh2 的 3′UTR 结合，从而进一步降低 Ezh2 蛋白水平，促进骨骼肌基因的表达。*Dnm*3 基因座中 miR-199a/214 区域遗传缺失的小鼠会在出生后 1 个月内死亡，并且呈现一些异常表型，如骨骼和肌肉的缺失。在肌肉分化的后期阶段，miR - 26a 产生并作用于 Ezh2，从而几乎完全消除其表达。同样，在未分化的成肌细胞中，miR - 29 表达可以被转录因子 YY1(miR - 29 的主要靶标)和 Polycomb 蛋白质所沉默，而在肌肉分化过程中，MEF2 和 SRF 会诱导 miR - 29 的表达。在横纹肌肉瘤细胞(不能终末分化)中，高水平的 YY1 会促进 Polycomb 募集到 miR - 29 的调节区域，使 miRNA - 29 沉默，从而维持横纹肌瘤细胞处于未分化状态。

其他一些 miRNA 也能够调节骨骼肌发生过程中基因的表达。MyoD 和 Myogenin 会诱导 miR206 的表达，从而促进肌肉的分化，而肌肉分化又会促进 MyoD 和 Myogenin 的表达，从而形成一个促进肌肉分化的正反馈环。另外，骨骼肌细胞分化或肌纤维再生过程中，会诱导 miR - 181 的大量表达，miR - 181 作用于靶标同源盒 Hox - A11，进而抑制 MyoD 和肌肉终末分化。miR - 27b 在体节中有表达，其会与靶标 Pax3 的 3′UTR 去结合，从而抑制 Pax3 的表达。在 Pax3 阳性细胞中表达 miR - 27b 的转基因动物的骨骼肌细胞会发生转变，从 Pax3/7 阳性祖细胞转变成 Myogenin 阳性细胞，从而进入成肌分化。该现象表明，体内肌祖细胞的分化(通过降低 Pax3)存在 miR - 27b 依赖机制。

综上所述，染色质修饰酶和 miRNAs 在调控骨骼肌发生基因表达过程中存在交互作用。这种调控作用以时间顺序提供转录装置到特定的基因座，从而保证了骨骼肌祖细胞基因表达在时间上的协调性。由 MRFs、染色质相关酶复合物和 miRNAs 构成的反馈调节参与了这一过程。MPF 会诱导 miRNA 表达，miRNAs 作用于抑制复合物(如 HDAC 和 Polycomb)，结果使 MPF 靶基因去抑制，从而使肌肉开始分化，并且最终导致分化肌纤维的形成(图 6 - 10)。

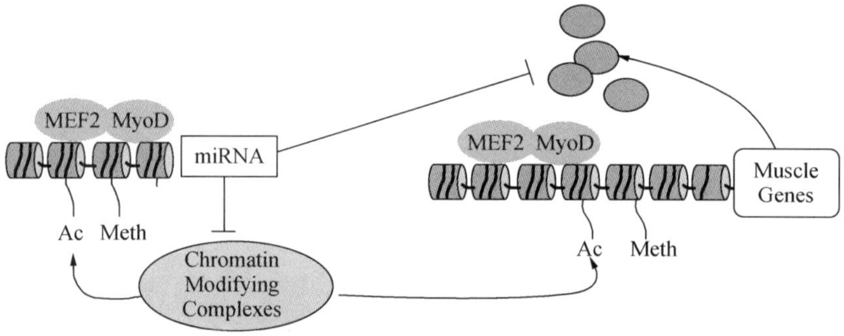

图 6 - 10　染色质修饰复合物和 miRNA 的交互作用

两者会在不同水平发生交互作用，从而导致表观遗传学网络复合物的产生，进而对骨骼肌发生过程中的基因表达进行精细的调控。Saccone 等，2010。

6.2.3　骨骼肌发育的营养调控

骨骼肌的发育受到一系列营养因素的影响。日粮中的营养物质如氨基酸、脂肪酸、碳水化合物、维生素、微量元素的含量不仅影响动物整体的生长发育，更严重影响骨骼肌的生长发育。胚胎期营养(母体营养)和出生后营养均能够影响骨骼肌的发育。胚胎期营养对骨骼肌发育的影响主要表现在次级纤维数目的改变(详见第 5 章)，而出生后营养主要影响肌纤维的肥大及类型转化(详见第 7 章)。本章主要介绍肌酸和一些氨基酸(亮氨酸和谷氨酰胺)对骨骼肌发育的调控作用(Deldicque 等,2008)。其他营养物质对骨骼肌发育及肉品质的影响详见第十三章。

6.2.3.1 **肌酸**

肌酸主要存在于肉类、鱼类等动物性食品中,是一种非必需营养成分。正常情况下,动物每天从食物中摄取的肌酸大概为 1 g。另外,肌酸在体内(主要是肝脏)也能够合成,每天大概能合成 1 g。肌酸是由精氨酸和甘氨酸通过两步反应合成的,首先是精氨酸和甘氨酸在精氨酸-甘氨酸脒基转移酶作用下生产胍乙酸,然后是 S-腺苷甲硫氨酸将其甲基转移给胍乙酸,从而生产肌酸(图 6-11)。肌酸代谢的唯一终产物是肌酸酐,可以由肾脏通过尿排出体外。

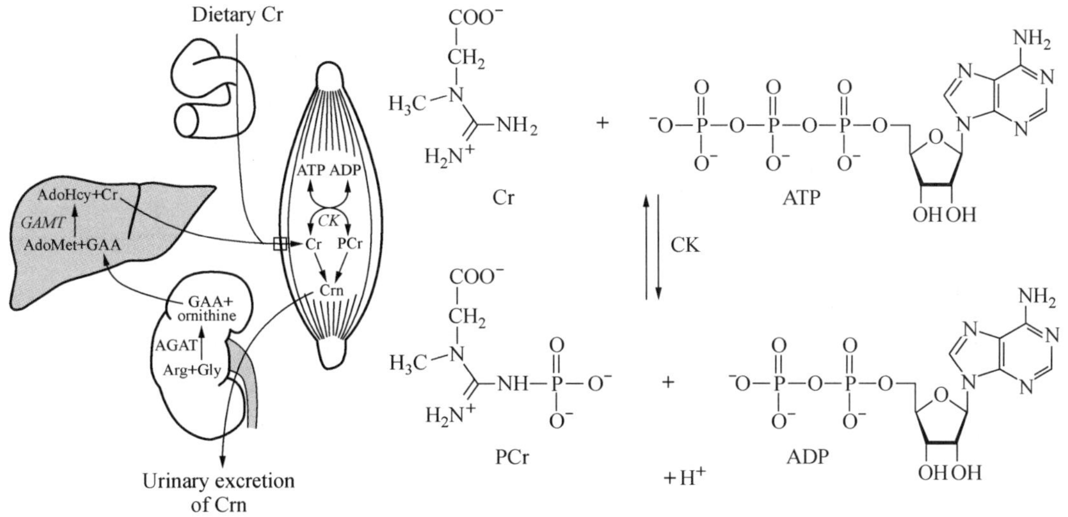

图 6-11 肌酸的代谢及肌酸激酶反应

Wyss 等,2000。

骨骼肌中不合成肌酸,但可以通过肌细胞膜上钠依赖性的转移蛋白从循环系统中摄取肌酸。体重 70 kg 的男性体内大概含有 120 g 肌酸,其中 95%在骨骼肌中。骨骼肌内的肌酸可以在肌酸激酶(Creatine kinase,CK)作用下转变成磷酸肌酸。因此,骨骼肌中的肌酸以两种形式存在:自由肌酸(40%)和磷酸肌酸(60%)。磷酸肌酸是骨骼肌收缩时所需化学能的一个重要来源。肌酸能够快速地进行磷酸化形成磷酸肌酸,同时磷酸肌酸又能快速地去磷酸形成肌酸,脱去的磷酸基团给 ADP 形成 ATP(图 6-11)。该反应是由肌酸激酶所催化的,可以为短时间高强度运动提高能量(ATP)。

通过体外添加方式可以提高骨骼肌中肌酸的浓度。最常用的添加方案是每天摄取 20~30 g(4 次,每次 5~7 g)的一水肌酸,连续添加 5~7 d。当然,更低剂量和添加更短时间也有报道。正常骨骼肌中肌酸的含量大概为 125 mmol/kg 干物质,根据肌酸添加量的不同,不同的个体会有较大的差异。具有较低基础肌酸水平的动物往往能够累积更多的肌酸,但是对于人来说,这个累积有一个上限,最高为 150~160 mmol/kg 干物质。平均来说,体外添加肌酸大概能够使骨骼肌中的肌酸浓度提高 20%。

在运动员中,添加肌酸已经成为最流行的增进肌肉运动机能的方法。在过去的 10 年中,科学家对不同人群添加肌酸的生理效应与成绩作用进行了大量的研究。对肌酸的研究涉及有:急性表现、训练适应性、影响骨骼肌肌酸摄取的因子、药物动力学、神经肌肉和其他代谢疾病、在青少年和老年人中的使用以及添加肌酸可能的有害作用等。

目前，对肌酸的研究主要集中于其在阻力训练过程中增进机能作用方面，而对其作用的分子机制研究很少。肌酸能够直接影响骨骼肌的生长和发育，进而发挥其增进机能的作用。另外，肌酸还可以提高训练量，经过几周的训练后，通过肌纤维的肥大来提高肌肉量和肌肉收缩力，从而增进机体的机能。添加肌酸能够增加瘦体重，其原因可能是蛋白质合成的增加与蛋白质降解的减少。但是短期添加肌酸(5 d)对蛋白质的合成与降解没有影响。因此，肌酸影响蛋白质代谢必须要满足特定的实验条件，如高强度的阻力训练、较长的添加时间等。

肌酸还能够改变肌纤维的大小。研究发现，在 12 周重阻力训练过程中，添加肌酸能够导致Ⅰ、ⅡA、ⅡB 型肌纤维横截面积大幅度增加。同时，添加肌酸还会引起Ⅰ型和Ⅱ型肌纤维肌球蛋白重链(MHC)mRNA 的大幅度升高。肌酸诱导的 MHC 基因表达的升高可能是通过 MRFs 来调控的。阻力训练过程中添加肌酸会引起 MRF4 水平的升高和 Myogenin 表达的降低。MRF4 和 Myogenin 水平的变化与骨骼肌中肌酸激酶 mRNA 水平密切相关。最近研究表明，在 4～16 周的阻力训练过程中，添加肌酸还能够增加人骨骼肌卫星细胞的数量和骨骼肌细胞核的浓度。总之，肌酸添加和阻力训练会影响到某些 MRFs 的表达，进而上调骨骼肌 MHC 和肌酸激酶的表达，最终导致骨骼肌大小和收缩力的大幅度增加。

尽管目前补充肌酸的研究绝大部分集中在人体试验，但添加肌酸对畜禽生产也有一定的作用。研究表明，在饲料中添加一水肌酸对动物的生产性能和肉品质具有多方面的影响(Berg 和 Allee，2001；Stahl 等，2001；Berg 等，2003)。由于补充肌酸能够增加胞内水合作用，进而促进蛋白质合成代谢。因此，日粮中补充肌酸，可期望提高畜禽生长速率或胴体瘦肉率。

6.2.3.2 氨基酸

向体内注射氨基酸能够提高蛋白质的合成，最高可以达到基础吸收时的 3 倍。这种提高蛋白质合成的作用可以不依赖于任何激素而发生。当然，胰岛素可以加强这种作用。分段注射能够比连续注射更好地利用氨基酸。另外，注射必需氨基酸比非必需氨基酸更能促进氨基酸合成骨骼肌蛋白。进食后，机体各个部位骨骼肌中蛋白质合成都会增加，这说明进食对骨骼肌蛋白质合成的促进作用是系统性的，而非肌肉特异的。

氨基酸不仅能够作为代谢的前体物和蛋白质合成的底物，还能够激活和调节增殖、凋亡、基因表达和代谢过程中的信号转导通路。下面主要讨论骨骼肌中存在的两种主要氨基酸(亮氨酸和谷氨酰胺)对蛋白质代谢和肌细胞分化的作用和机制。

亮氨酸是一种疏水性的必需支链氨基酸。亮氨酸向骨骼肌细胞内转运主要通过不依赖钠的转运系统 L。亮氨酸是机体蛋白质合成的必需底物和重要的调节子，同时亮氨酸还是骨骼肌内谷氨酰胺和丙氨酸合成的主要氮来源。骨骼肌内含有高活性的亮氨酸氨基转移酶，所以骨骼肌被认为是亮氨酸代谢的起始部位。就骨骼肌蛋白质含量来说，从骨骼肌中释放的亮氨酸比想象的要少，这主要是因为在骨骼肌内亮氨酸具有很高的代谢活性。而谷氨酰胺与丙氨酸则与亮氨酸的情况相反。

在骨骼肌的研究表明，亮氨酸能够启动调节蛋白质翻译起始的信号通路。口服亮氨酸能够促进蛋白质合成，这主要是通过亮氨酸提高真核生物起始因子 4 结合蛋白(Eukaryotic initiation factor 4E - binding protein 1，4E - BP1)和 p70 核糖体 S6 激酶(p70 ribosomal S6 kinase，p70s6k)的磷酸化水平来完成的。4E - BP1 和 p70s6k 是哺乳动物雷帕霉素靶标(Mammalian target of rapamycin，mTOR）下游的两个蛋白。因此，亮氨酸对翻译起始的促进作用部分是通过 mTOR 来调节的，胰岛素信号通路和亮氨酸信号通路汇聚到 mTOR，从而引起最大的促进效果。但是，仅仅 mTOR 信号通路并不能够充分解释亮氨酸注射后蛋白质合成的升高率，进一步的研究需要确定亮氨酸促进蛋白质合成的其他信号通路。另外，亮氨酸还能够通过促进糖异生作用来调节血糖水平，保证葡萄糖的稳态（Li 等，2011）。

谷氨酰胺是一种非必需氨基酸，在骨骼肌中含量很丰富。谷氨酰胺在氮代谢过程中起着核心作用，代表了谷氨酸和氨的存储和转运形式。骨骼肌是主要的谷氨酰胺供应组织，而肝脏是主要的谷氨酰胺消费器官。谷氨酰胺的转运可通过钠依赖和非钠依赖转运系统。在骨骼肌细胞中存在的转运系统包括 N、ATA 2 和 LAT 1，其中 N 转运系统在骨骼肌中最多，并具有特定的肌肉亚型（Nm）。在骨骼肌中，谷氨酰胺的运入和运出都受到 Nm 转运系统的调节。提高谷氨酰胺含量可以促进肌肉生长，其作用途径包括：促使肌细胞内蛋白质合成；通过细胞增容作用，促进肌细胞的生长和分化；刺激生长激素、胰岛素和睾酮的分泌，使机体处于合成状态等。

在 C2C12 细胞系中的研究表明，亮氨酸能够提高 mTOR（在 Ser2448 和 Ser2481）及其下游效应器 p70S6k、S6 和 4E - BP1 的磷酸化水平。相反，谷氨酰胺降低 mTOR（Ser2448）、p70S6k、4E - BP1 的磷酸化水平。尽管 mTOR 磷酸化水平通常与蛋白质合成有一定的关联，但是亮氨酸只能短暂地改变标记甲硫氨酸/半胱氨酸的利用，谷氨酰胺不能改变标记甲硫氨酸/半胱氨酸的利用。但是，亮氨酸和谷氨酰胺却能够以时间依赖模式影响 Desmin、Myogenin 和肌球蛋白重链（MHC）mRNA 水平。在 C2C12 细胞系中，亮氨酸和谷氨酰胺影响蛋白质合成和基因表达的可能信号通路如图 6 - 12 所示。

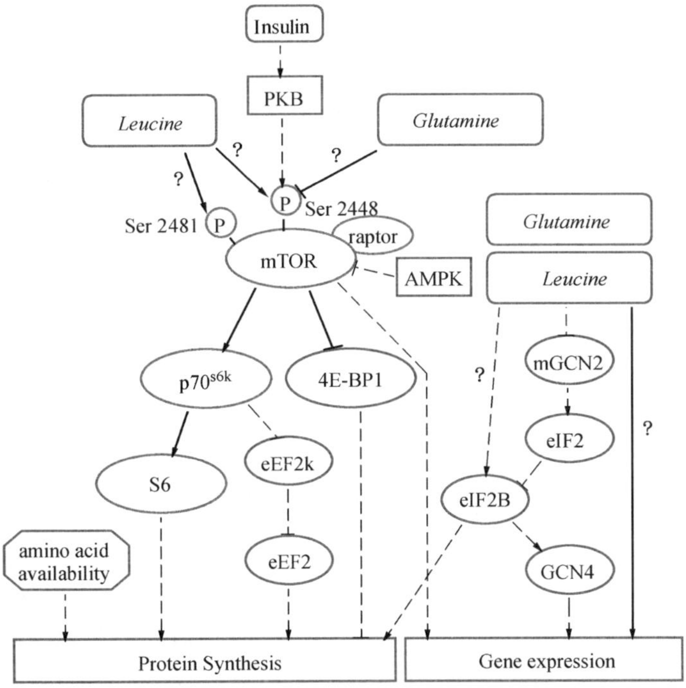

图 6 - 12　在 C2C12 细胞系中，亮氨酸和谷氨酰胺对 mTOR 信号通路、蛋白质合成以及基因表达的调节模式

Deldicque 等，2008。

6.2.4 运动对骨骼肌发育的调节

6.2.4.1 运动对蛋白质周转的影响

对运动后骨骼肌反应的研究大多数集中在运动后骨骼肌细胞的蛋白质周转，因为这可能导致肌肉肥大。例如，经过单次重阻力训练/抗阻训练后 48 h 内，蛋白质合成都会升高。经过一轮剧烈的运动，肌原纤维蛋白质合成在 24 h 后达到峰值，并且在 72 h 内都维持高水平的蛋白质合成。单次重阻力训练所引起的蛋白质合成代谢升高程度可高达 80%～100%。经过 20 周高强度阻力训练后，可以使骨骼肌肌肉量提高 20%。与食物能对所有骨骼肌产生影响不同，物理训练只能够影响参与训练的肌肉，对未参与训练的肌肉没有影响。运动不仅能够提高骨骼肌蛋白质的合成，还可以提高胞外基质和肌腱蛋白质的合成。

运动后提供蛋白质营养可以提高骨骼肌蛋白质的合成，这种情况下蛋白质净差值要高于饥饿状态时运动后蛋白质净差值。对饥饿 12 h 后蛋白质的合成和降解进行测定发现，蛋白质的降解要高于合成，蛋白质净差值为负。若饥饿后给予混合氨基酸，则蛋白质的合成增加，而蛋白质的降解保持不变或轻微的降低，因此蛋白质的净差值为正。在没有营养供应的运动后恢复阶段，蛋白质的合成和降解都会升高，但蛋白质的净差值还是负值。若运动时有氨基酸供应，则蛋白质的合成要高于单独运动或单独供应氨基酸时，而蛋白质降解与没有营养供应运动时蛋白质降解基本一样。因此，蛋白质净差值要高于单独供应氨基酸组（图6－13）。

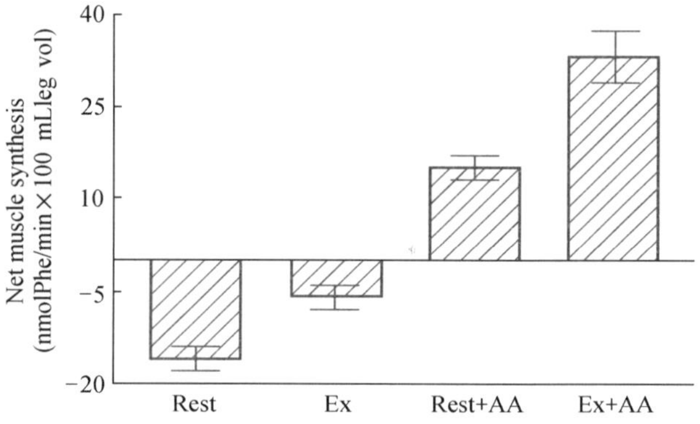

图 6－13　不同状态和氨基酸供应条件下蛋白质净差值

Wolfe，2000。

进食后蛋白质合成的升高是一个短暂的贮存现象，而运动诱导的蛋白质合成增加则是一个较长时间的适应性反应。运动后提供营养有利于合成代谢通路发挥作用，从而合成更多的蛋白质。

6.2.4.2 运动对骨骼肌卫星细胞的影响

研究表明，运动还能够提高骨骼肌卫星细胞的数量。当肌肉处于训练状态，卫星细胞的增加会一直维持。一旦训练停止，卫星细胞的激活也会终止。卫星细胞的激活可能与运动本身、运动诱导的局部超微结构损伤、运动诱导的阶段性纤维损伤，运动引起的炎症物质或/和运动性生长因子的释放等因素有关。卫星细胞的激活与训练后损伤肌纤维的数量没有太多的关联，更可能由运动诱导的肌纤维超微结构的损伤所引起，这是因为肌纤维超微结构损伤越严重，含有的活性卫星细胞的比例就越高。

目前，对于运动诱导骨骼肌卫星细胞激活的分子机制还不清楚。但一些研究表明，肝细胞生长因子（HGF）能够激活卫星细胞，IGF－I 和成纤维细胞生长因子（FGF）能够促进激活的卫星细胞增殖。骨骼肌中存在两种 IGF-I 亚型(MGF 和 IGF-IEa),其中,MGF 可能启动了卫星细胞的激活和增殖,而 IGF-IEa 则促进增殖卫星细胞的分化。根据现有知识,我们可以推测运动诱导的卫星细胞的激活有 4 种情况:①激活的卫星细胞未增殖;②激活的卫星细胞进行了增殖,但未分化;③激活的卫星细胞进行了增殖,并且分化形成新的细胞核;④激活的卫星细胞进行了增殖,并且分化产生新的肌纤维或者修复阶段性肌纤维损伤(图 6-14)。

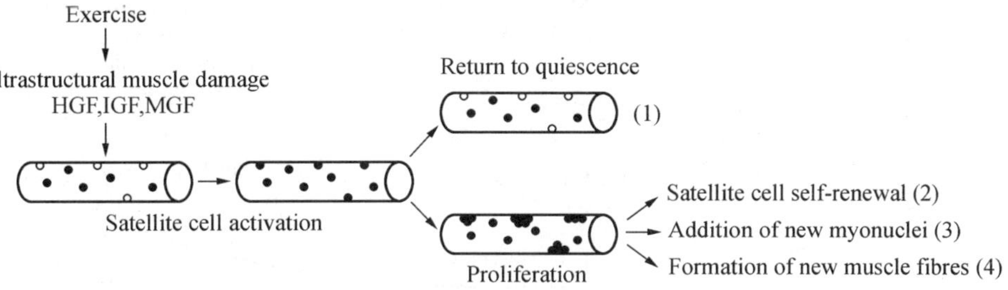

图 6-14 运动诱导的卫星细胞的激活

Kadi 等,2005。

尽管一些研究提示运动诱导的卫星细胞激活可能参与了肌肉肥大,但肌肉的肥大可能主要是由于蛋白质合成的增加。与后者观点相一致的是,一些研究表明收缩诱导的骨骼肌生长中单位肌肉的总 DNA 量并没有发生变化,抑制卫星细胞的增殖也不能够阻止肌肉的生长。

骨骼肌肥大所涉及的卫星细胞的激活可能与以下因素有关:生长刺激的类型、生长反应的强度、动物的年龄以及刺激后时间的长短。骨骼肌生长包含多个阶段:加速转录和翻译反应以及肥大后期可能的卫星细胞增加。因此,可能只有当肌纤维大小达到某一阈值后,才能够引起卫星细胞的激活。

6.2.5 骨骼肌肥大的信号通路

骨骼肌肥大的信号通路可以总结如图 6-15 所示。一些细胞因子和生长因子通过与受体结合,激活信号转导网络,最终导致核移位或者转录因子的激活。激活的转录因子能够改变肌肉生长主要调节子(IGFI-Ea、MGF 和 Myostatin)和其他肌肉特异基因的表达(Otto 和 Patel,2010)。IGFI-Ea、MGF 和 Insulin 会激活 PI3K-Akt/PKB-mTOR 信号通路,促进蛋白质的合成。氨基酸会直接激活 mTOR 信号,而细胞内能量需求的增加会激活 AMPK,进而抑制 mTOR 信号。除了能够促进肌纤维的肥大外,IGFI-Ea、MGF、Myostatin 和各种其他因子还能够调节卫星细胞的增殖和分化。因此,骨骼肌肥大可能是生长因子对骨骼肌纤维的作用,也可能是通过对激活卫星细胞的作用而实现的。

骨骼肌阻力训练引起的转录和翻译变化的信号通路还不是很清楚。调节该过程的可能刺激有 4 个:机械负荷或压力、细胞内钙离子水平、缺氧以及氧化还原状态。这 4 个潜在的刺激可作为第一信使,进而激活转录因子、激素和其他调节蛋白。另外,各种形式的收缩也能够激活各种信号转导通路,包括 AMPK、钙调磷酸酶(Calcineurin)、ERK1/2 与 p38、JNK、NF-κB(Nuclear factor kappa B)、PI3K-Akt/PKB-mTOR 以及 PKC 等。钙调磷酸酶是一种钙-钙调素激活的蛋白磷酸酶,能够使转录因子 NFAT 去磷酸化,从而保证核移位

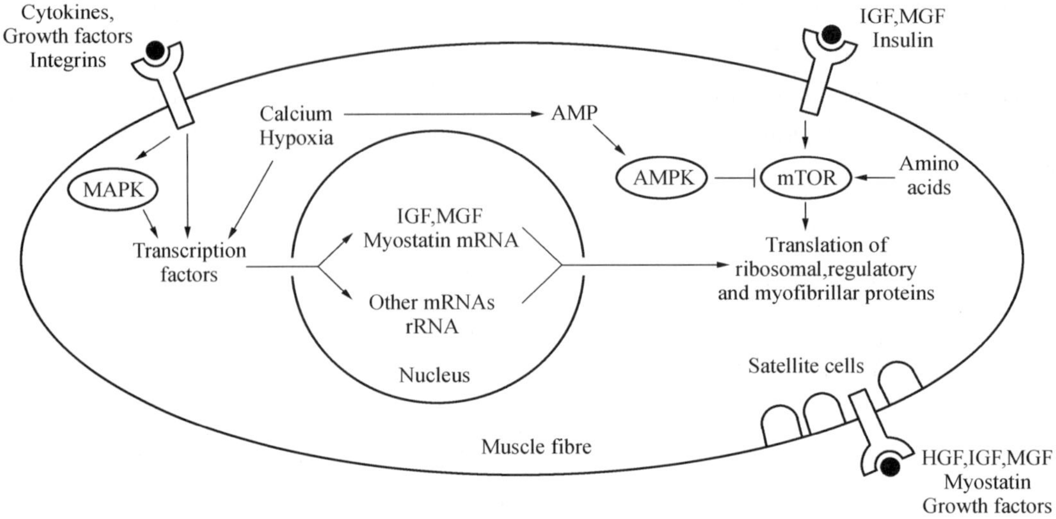

图 6-15 骨骼肌肥大的信号通路

Rennie 等,2004。

及其与 DNA 结合。钙调磷酸酶不仅与骨骼肌生长的调节有关,还参与了肌纤维类型从快肌到慢肌的转变。

各种机械感受器能够将机械信号转化成化学信号,从而引起骨骼肌基因启动子的激活。在肌纤维膜上有一种称为黏着斑激酶(Focal adhesion kinase)的蛋白,能够感受机械应变的升高。而血清中的一种反应因子(转录因子)是黏着斑激酶的底物。因此,在细胞膜、基因组和后续的肌肉蛋白表达之间存在一种转录水平的关联。在黏着斑激酶和血清反应因子之间的关联则可能是 β1 整合素 - RhoA 信号通路。

不同运动方式可能以强度依赖模式影响 ERK1/2 和 p38 MAPK。但是,只有能够导致骨骼肌肥大的刺激(如高频电刺激)才能够提高 p70s6k 和 PKB 的磷酸化水平。肌肉的拉伸、超负荷或者收缩都不会直接影响到 IGFI - Ea、MGF 和 Myostatin,而是通过能够感受这些刺激的信号转导通路来调节与受体结合的这些因子的供应量。控制诱导生长刺激反应中 IGFI - Ea、MGF 和 Myostatin 供应量的主要步骤可能是转录调控。

总之,引起骨骼肌生长的刺激会导致信号转导网络的激活以及骨骼肌生长因子 IGFI - Ea、MGF 和 Myostatin 供应量的改变。激活的信号转导通路和发生改变的生长因子供应量会进一步调节肌肉生长执行者的活性,这些执行者包括转录或蛋白质合成装置以及可能的卫星细胞。

必须要说明的是,最近的研究对 IGF - I 在由机械负荷引起的骨骼肌肥大(蛋白质合成的增加和/或卫星细胞的激活/增殖)过程中的关键作用提出了质疑。Spangenburg 等(2008)研究表明,IGF - IR 对于机械负荷诱导的骨骼肌生长是非必需的,但是该过程有 Akt/PKB 信号通路的激活(Spangenbrug 等,2008)。这些结果提示,IGF - I 不是机械负荷诱导的骨骼肌生长所必需的关键因子,同时还可能有其他未知的因子参与了 Akt/PKB 通路的激活,进一步的研究需要确定这种未知的因子。

6.3 成体骨骼肌的再生及其调控

有一类肌肉祖细胞在胚胎期并不分化形成骨骼肌，而是与肌纤维一起存在并作为肌肉干细胞“储备库”，这类细胞称为卫星细胞(Satellite cells)，其主要功能是调节出生后肌肉的生长及修复。卫星细胞在成年动物安静的肌肉中维持静息状态，但当肌肉受损伤时，卫星细胞会被激活，从而对受损伤的肌肉进行修复(McKinnell 等，2005；Buckingham 等，2008；Wang 等，2009)。

1961 年 Mauro 利用电子显微镜从青蛙胫前肌中首次发现了卫星细胞(Mauro，1961)，之后在哺乳动物、鸟类和爬行动物的骨骼肌中都发现了卫星细胞的存在。由于这类细胞位于肌纤维膜与基底膜之间，排列在肌纤维的表面，好似肌纤维的卫星，因此而得名(图 6-16 和彩图 6-16)。卫星细胞的增殖和分化不仅能够增加肌纤维数量，还可以改变肌纤维的类型，而卫星细胞的多潜能性还可能通过转变为脂肪生成细胞从而增加肌内脂肪的含量(图 6-17)。因此，骨骼肌卫星细胞的增殖分化对增加动物产肉量、改良动物肉品质具有重要影响。

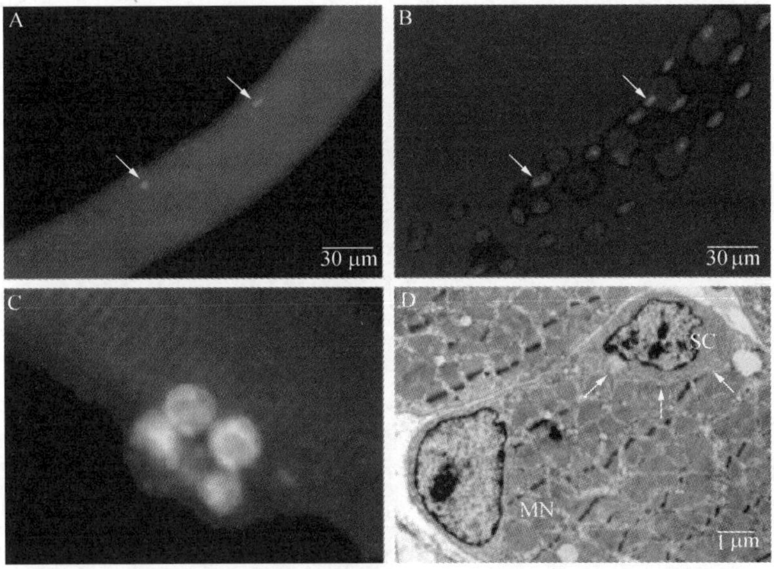

图 6-16 骨骼肌卫星细胞的分布

A，B：静息的卫星细胞，箭头所示为 Pax7＋卫星细胞，蓝色的为肌细胞核；
C：来源于激活卫星细胞的成肌细胞，表达 Pax7(红色)和 Syndecan4(绿色)；
D：电镜照片显示骨骼肌卫星细胞(SC)和肌细胞核(MN)。Parker 等，2003。

6.3.1 骨骼肌卫星细胞的起源

在大多数脊椎动物中，骨骼肌卫星细胞发生的时间基本已经确定，但对于卫星细胞的起源还不是很清楚。早期利用鸡-鹌鹑嵌合体的研究表明，卫星细胞和肌肉组织一样都来源于体节。但最近的研究显示，从小鼠胚胎背部主动脉分离出类似肌肉前体细胞(Myogenic precur-

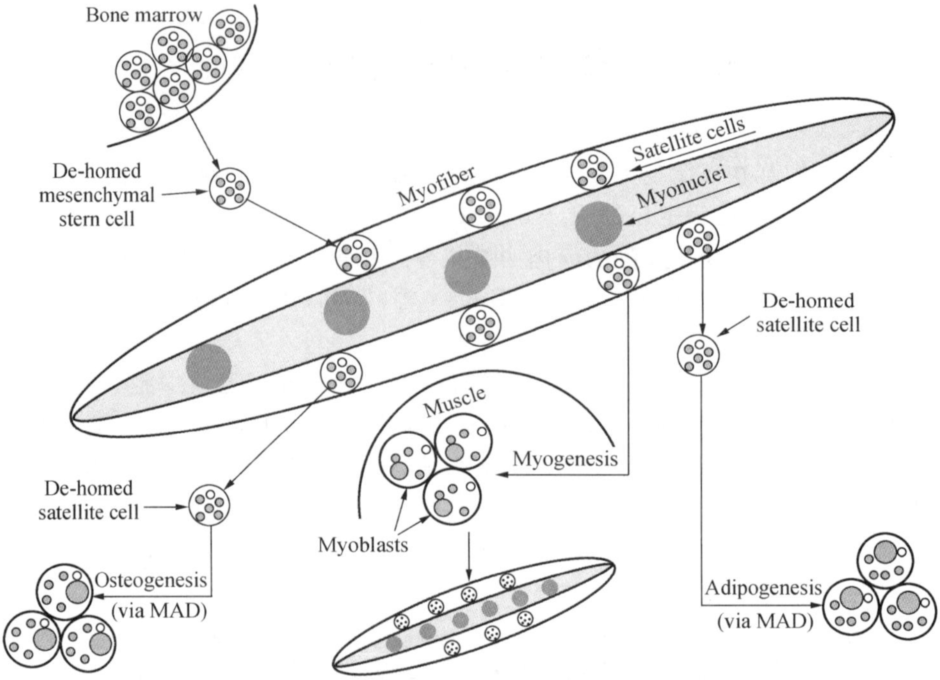

图 6-17　骨骼肌卫星细胞具有像间充质干细胞一样的多能性，可以分化形成肌肉、骨、脂肪等组织

Shefer 等，2004。

sor cells，MPCs)(成肌细胞)的细胞，这些细胞能够表达诸如 MyoD、Myf5、C-met、Desmin 和 M-cadherin 等生肌标志基因，同时还能表达多种血管内皮标志物，如 VE-cadherin、VEGF-R2 和 PECAM 等。而卫星细胞分化形成的 MPCs 也能够表达这些血管内皮标志物。另外，移植实验发现，来源于胚胎背部主动脉的生肌细胞在体内也能够促进肌肉的生长和更新。这些结果都提示卫星细胞可能来源于内皮细胞。

但卫星细胞来源于内皮细胞的实验证据并不能够完全否定卫星细胞来源于体节的传统观念。一系列的证据显示，卫星细胞可能有多个不同的起源。静息的卫星细胞在分子标记方面表现出不一致性，如有的卫星细胞表达 CD34 和 M-cadherin，而有的卫星细胞则不表达这些标记物。对卫星细胞增殖动力学的研究结果表明，尽管大多数的卫星细胞都进入增殖、分化期，并且最终融合形成多核的肌管细胞；但还有很少的一部分卫星细胞并不分化，只是进行简单的增殖，并重新回到静息状态。卫星细胞的这种不同增殖分化结果提示，可能存在两个或更多的发育起源。

6.3.2　骨骼肌卫星细胞的形态、分布和鉴定

6.3.2.1　骨骼肌卫星细胞的形态和分布

静息的卫星细胞含有相对较少的细胞质，细胞器也比较少，但异染色质与常染色质的比例比较高。当卫星细胞被激活后，其胞质明显扩展，体积增加，同时异染色质的数量下降，而高尔

基体、内质网、核糖体和线粒体等细胞器结构变得明显起来。这种形态学上的差异可以来区分静息的卫星细胞与肌肉前体细胞(MPCs)。

卫星细胞的比例会随着年龄的增长而降低。小鼠出生时，卫星细胞核的数量占总的骨骼肌细胞核数量的20%～30%，到2月龄时，这个比例已经下降到5%左右。性成熟以后，这个比例还会下降，最终维持在2%左右。另外，静息的卫星细胞在不同的肌肉组织和不同的肌纤维类型中分布也不相同。一般来说，慢肌纤维所含的卫星细胞要多于快肌纤维；另外，在神经肌肉接头以及邻近毛细血管处的肌纤维也含有较多的卫星细胞。

6.3.2.2 骨骼肌卫星细胞的分子标记和鉴定

通过电镜观察细胞的超微结构特征能够很容易地鉴定静息的卫星细胞，但是在光镜下却不能够将卫星细胞和肌细胞区分开来。目前已经发现了一些静息卫星细胞的分子标记，通过免疫学的方法就可以鉴定卫星细胞。这些分子标记包括Pax7、VCAM1、Syndecan3/4、M-cadherin、CD34、MNF和C-met等(图6-18和彩图6-18)。

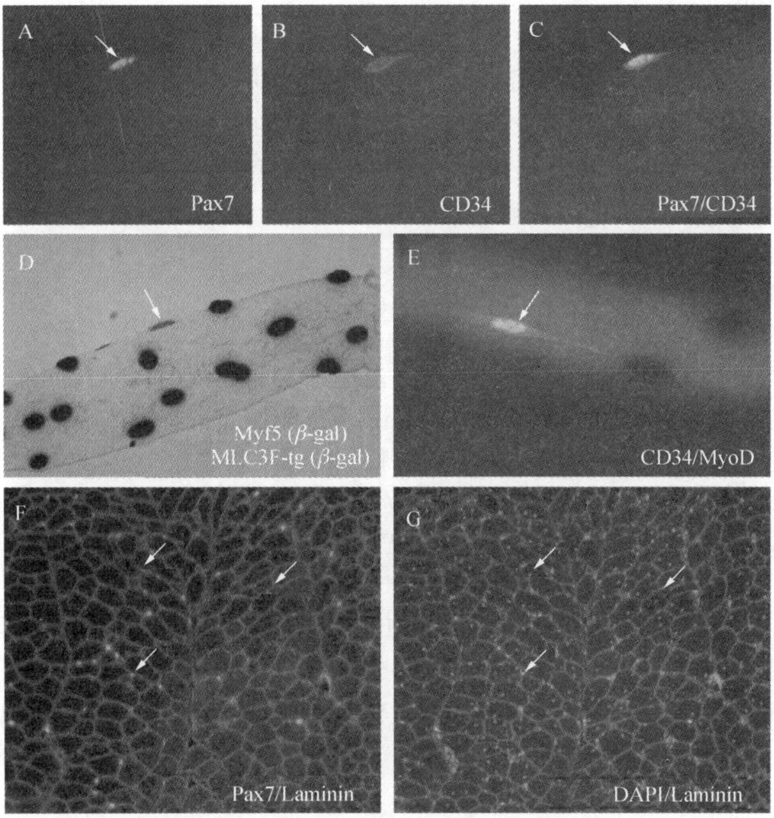

图6-18 利用分子标记鉴定卫星细胞

鉴定静息卫星细胞的标记很多，但目前最常用的是Pax7。免疫荧光显示Pax7(绿色，A)、CD34(红色，B)及二者叠加(C)；利用转基因方法鉴定卫星细胞(D)，其中蓝色为肌细胞核，箭头为卫星细胞；激活的卫星细胞(E)，表达CD34(红色)和Myod(绿色)；肌肉横切面显示(F、G)，Pax7(绿色)、Laminin(红色)、细胞核(DAPI，蓝色)。Zammit等，2006。

(1)Pax7

Paired - box 转录因子 Pax7 是一种被广泛接受的静息卫星细胞的分子标记(Seale 等，2000)。表达 Pax7 的细胞数量能够很好地反映出卫星细胞的数量。除了在卫星细胞内有表达之外，Pax7 在体内增殖的 MPCs 细胞或者体外培养的成肌细胞中也有表达，但其表达量会随着分化的进行而降低。在非成肌细胞系中则检测不到 Pax7 的表达。此外，Pax7 基因突变动物的原代成肌细胞不能被成功培养，说明了 Pax7 对于卫星细胞功能维持起着重要的作用。但是关于 Pax7 对于卫星细胞的初始建立、卫星细胞的存活和自我更新方面的作用还有待进一步研究。

(2)血管细胞黏附分子 1(Vascular cell adhesion molecule 1，VCAM1)

VCAM1 在小鼠胚胎期有广泛的表达，而成年小鼠只有内皮细胞和骨骼肌细胞表达。骨骼肌中表达 VCAM1 的细胞也只有静息的卫星细胞和 MPCs。在再生的肌肉中，表达 VCAM1 的卫星细胞或 MPCs 往往与渗透的淋巴细胞有密切的关联，它们之间的互作可能会导致细胞因子的局部累积，这对于卫星细胞的激活和 MPCs 的增殖分化是必需的。

(3)Syndecans

Syndecans 是细胞表面跨膜的硫酸乙酰肝素蛋白多糖分子，在成纤维生长因子(FGF)信号通路中起着重要的功能。Syndecans3/4 在骨骼肌中的表达部位与 C - met 的表达部位完全重合，都是位于基底膜和肌纤维膜之间，这证明了静息的卫星细胞能够表达 Syndecans3/4。另外，Syndecans3/4 在培养的处于增殖中的 MPCs 上也有表达。利用 HGF 或者 FGF 来激活分离于 Syndecans3$^{-/-}$ 和 Syndecans4$^{-/-}$ 动物的 MPCs 研究发现，Syndecans 在 ERK1/2 MAPK 信号通路中起着特定的作用。对 Syndecans3/4 作用的进一步研究，将有助于我们更好地了解卫星细胞激活和增殖的信号通路。

(4)M - cadherin 和 CD34

钙依赖的黏附分子 M - cadherin 能够作为卫星细胞和激活的成肌细胞的分子标记，而其在分化的肌管细胞中并不表达。但 M - cadherin 并非在所有的卫星细胞中表达，只在一部分卫星细胞中表达。表达 M - cadherin 的卫星细胞也同时表达造血干细胞分子标记 CD34，而不表达 M - cadherin 的卫星细胞也不能表达 CD34。并非所有卫星细胞都表达 M - cadherin/CD34 的事实提示卫星细胞的组成可能存在着异质性。

(5)MNF

肌细胞核因子(Myocyte nuclear factor，MNF)是一类具两翼的螺旋转录因子。MNF 在静息的卫星细胞中有表达，并且随着肌肉的再生 MNF 阳性细胞的数量会增加，这说明 MPCs 中也有 MNF 的表达。在骨骼肌中，MNF 有两种亚型——MNF - α 和 MNF - β。这两种亚型呈现不同的表达模式，MNF - α 在增殖的 MPCs 中表达，而 MNF - β 则只在静息的卫星细胞中表达，其表达量会随着卫星细胞的激活而降低。MNF - β 能够与 mSin3 家族成员形成转录抑制复合物，抑制特定靶基因的转录，从而使卫星细胞维持静息状态。当卫星细胞激活后，MNF 亚型表达发生转变，MNF - β 的抑制作用消除。对 MNF 两种亚型功能差异性的进一步深入研究，可以使我们更好地了解卫星细胞激活的一些早期事件。

(6)C - met

受体酪氨酸激酶(C - met)mRNA 在所有静息的骨骼肌卫星细胞中都有表达，其蛋白在静息和再生的肌肉中也都能够检测到。当肌肉受到损伤 1 d 后，包围在坏死肌纤维周围的单核细胞都是 C-met 免疫阳性的，这说明 C-met 也可以标记 MPCs。另外，在肌纤维来源的 MPCs 和体外培养的 C2C12 成肌细胞中也都能够检测到 C-met 的表达。因此，C-met 的表达并不仅仅局限于静息的骨骼肌卫星细胞。

尽管目前已经发现了一些卫星细胞的分子标记，但是绝大多数标记在增殖的 MPCs 和其他非生肌细胞系中也有表达。因此，寻求只特异性针对卫星细胞的标记物的工作还在不断地进行。目前，单独的一个分了标记很难鉴定卫星细胞，因此我们可以利用免疫学的方法通过使用不同标记组合来鉴定卫星细胞。比如通过 Pax7 或 C-met 与染色体重组因子(CAF-1)的联合使用，就能够更加准确地鉴定卫星细胞。

6.3.3 骨骼肌卫星细胞的自我更新及其调控

骨骼肌卫星细胞被激活后，一方面会形成肌肉前体细胞(MPCs)，进而分化形成肌管细胞；另一方面卫星细胞还会进行自我更新以维持一定的数量。卫星细胞自我更新的具体机制还不确定。有几种可能的模式：不对称细胞分裂模式，对称细胞分裂模式(图 6-19)和其他干细胞来源模式。

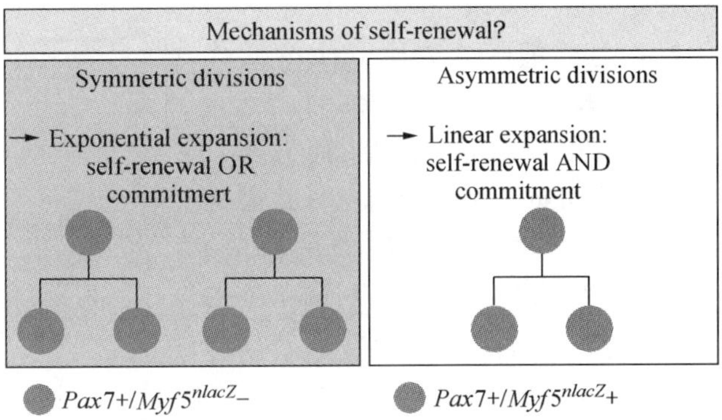

图 6-19 卫星细胞自我更新的模式

卫星细胞的自我更新可以通过对称和不对称细胞分裂来完成。对称细胞分裂可导致卫星细胞和成肌细胞数量呈指数增长，而不对称细胞分裂会在维持卫星细胞数量的同时产生成肌细胞。Sambasivan 等，2007。

在不对称细胞分裂模式中，卫星细胞被激活后的第一次分裂是不对称的，其中一个后代形成一个新的卫星细胞，另外一个后代则进行继续的对称分裂来产生成肌细胞库。也有一些后代会进行不对称分裂，从而产生更多的卫星细胞。不对称细胞分裂可能和质膜相关蛋白 Numb 的不对称分离有关。

肌肉损伤后，在激活的 MPCs 中，活化的 Notch 水平升高，同时伴随着 Notch 配体 Delta 水平的上升。而 Notch 抑制剂 Numb 在卫星细胞激活后，其水平先下降，然后在再生的过程中又会升高。进一步研究发现，Numb 在一部分单核 MPCs 中的分布是不对称的，分裂所产生的一个后代有高水平的 Numb，而另一个后代的 Numb 水平很低或者缺失。表达高水平 Numb 的后代能够进行分化，而低水平或者不表达 Numb 的后代只能进行持续的增殖，不能进行分化。这些结果提示，关于 Numb 分布的不对称细胞分裂在决定细胞增殖或分化的过程中起着重要的作用。

通过比较新生和年老肌肉的再生潜力和 Notch 激活的不同，可以进一步说明 Notch 信号在肌肉再生中的作用。在新生和年老肌肉中，卫星细胞的数量并没有差异，但是在年老肌肉中成肌细胞的生成和更新却比新生肌肉低很多。在新生肌肉中，通过可溶性 Jagged-Fc 抑制 Notch 的活性会抑制其再生能力；相反如果在年老肌肉中主动激活 Notch，则会加强肌肉的再生能力。

以上结果说明了与 Numb 分布和 Notch 激活相关的不对称细胞分裂对活化的 MPCs 细胞命运决定起着重要作用。卫星细胞激活后不对称分裂所形成的两个后代，其中的一个后代会通过 Notch 信号通路来完成分化过程，最终形成肌纤维；而另外一个后代不依赖 Notch 信号通路形成新的卫星细胞。

在对称细胞分裂模式中，每个激活的卫星细胞通过对称分裂产生后代，经过一段时间增殖后，会有一个或者多个后代返回到静止状态，而其余的后代则分化形成新的肌纤维。生肌调节因子(MRF)的不同表达可以调控激活的卫星细胞返回静息状态，形成新的卫星细胞库。在这种模式中，激活的卫星细胞通过表达 Myf-5 或/和 MyoD 进入增殖阶段。对称细胞分裂所产生的后代中，一些后代能够下调 MyoD 的表达，进而形成新的静息卫星细胞；而另外一些后代细胞维持 MyoD 的表达，并最终分化形成肌纤维来完成肌肉的修复。在这个过程中，Pax7 可以下调 MyoD 的表达，从而使激活的 MPCs 返回到静息状态(图 6-20)。

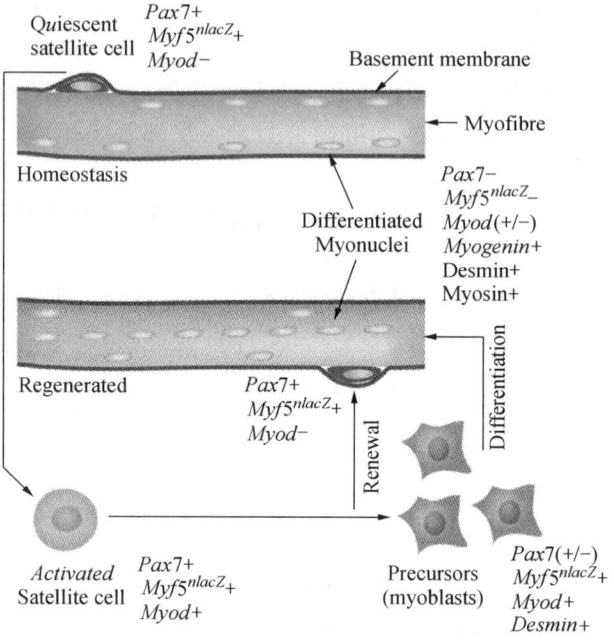

图 6-20 卫星细胞更新的对称分裂模式

成年肌肉中的静息卫星细胞是 Pax7+的。肌肉损伤后，卫星细胞激活并伴随着 MyoD 的诱导表达。一旦被激活，一部分细胞进入细胞周期进行增殖、分化从而完成肌肉再生。另外一部分细胞会下调 MyoD 的表达，但维持 Pax7 的表达，这些细胞形成新的卫星细胞从而恢复卫星细胞库。

Sambasivan 等，2007。

最近，关于来源于肌肉以外的干细胞在肌肉再生中作用的研究也有一些报道。LaBarge 等(2002)研究发现，骨髓来源的干细胞对肌肉的再生以及静息卫星细胞库的维持都起着一定作用(LaBarge 等，2002)。这些结果虽然确立了非肌肉来源干细胞对于卫星细胞库的作用，但其在体内发生的详细机制还需要更进一步的研究和阐明。

通过荧光激活细胞分选(FACS)技术从成年骨骼肌细胞中可以分选出一种肌肉来源的称为 Side population(SP)细胞的干细胞。这些细胞具有造血和肌肉再生的功能。由于 SP 细胞并不表达卫星细胞标志 Pax7 和 Myf5-nlacZ，而且 SP 细胞可以从不含卫星细胞的 $Pax7^{-/-}$ 肌肉中分离出来，所以 SP 细胞和卫星细胞是两类完全不同的细胞。在体外，和成肌细胞一起培养时，肌肉 SP 细胞能够形成成肌细胞克隆。但是来源于 $Pax7^{-/-}$ 动物肌肉的 SP 细胞则不能够进行生肌转换，只能向造血功能转换。肌肉移植实验显示，野生型肌肉的 SP 细胞能够形成静息卫星细胞。上述结果提示，肌肉 SP 细胞可能是卫星细胞的祖细胞。

卫星细胞自我更新的不同机制并不是相互排斥的。事实上，可能所有的机制在维持卫星细胞组成中都起着一定的作用。在正常生理状况下，不对称细胞分裂和对称细胞分裂所形成的新的卫星细胞可能是卫星细胞库保持稳定的主要机制。但在一些极端情况下，不对称细胞分裂和对称细胞分裂机制可能并不能够保证卫星细胞库的维持，此时，能够形成卫星细胞的多功能干细胞显得就非常重要。需要进一步确定在肌肉受伤后到底是哪(几)种机制对卫星细胞的维持起作用。

6.3.4 骨骼肌的损伤与修复机制

卫星细胞对机体骨骼肌的生长发育和再生修复有重要意义。在生理状况下，骨骼肌是一种非常稳定的组织。当受到物理损伤或者处于某种特殊疾病状况下，骨骼肌能够快速地自我修复和再生，这种再生功能主要依赖于卫星细胞的激活、增殖和分化。当受到损伤等刺激时，处于静息状态的卫星细胞会被激活，并且最终分化、融合形成多核的肌管细胞(图 6-21)。

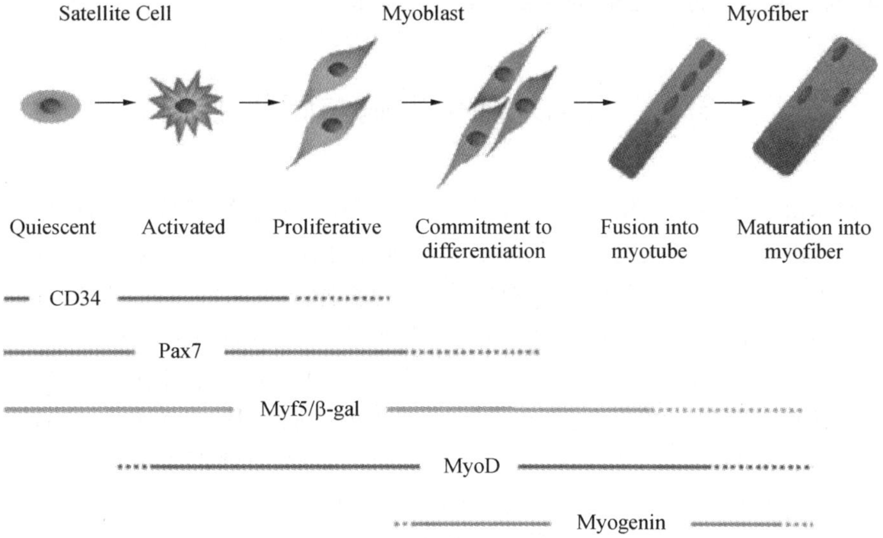

图 6-21 卫星细胞激活后成肌分化过程及相关基因表达

Zammit 等，2006。

在损伤、变性、锻炼或牵拉等应激条件下，卫星细胞被激活，进入增殖分化期。导致卫星细胞激活的一些因素还不完全清楚，目前已知的与卫星细胞激活有关的因子主要有：肝细胞生长因子(Hepatocyte growth factor，HGF)/分散因子(Scatter factor，SF)，一氧化氮(Nitric oxide，NO)，生肌调节因子(Myogenic regulatory factor，MRF)等。

HGF/SF 是受体酪氨酸激酶 C-met 的配体，存在于骨骼肌纤维的基膜处，在卫星细胞激活过程中起着重要作用。从轻微压碎的肌肉中获得的提取物能够在体外激活静息的卫星细胞，最终鉴定出提取物的有效激活成分就是 HGF。将 HGF 直接注射到成年小鼠肌肉中发现，在肌肉没有损伤的情况下卫星细胞也能够被激活。但是，如果将压碎肌肉的提取物和抗 HGF 抗体一起共培养，则提取物激活静息卫星细胞的作用就会消失。以上结果说明了 HGF 是卫星细胞激活的关键因子。

最近，一些研究显示一氧化氮(Nitric oxide，NO)在胞外基质释放 HGF/SF 的过程中起着重要作用，提示 NO 在卫星细胞激活过程中也起着一定的作用。在体内抑制一氧化氮合酶 I (NOS-I)能够减少损伤所引起的卫星细胞的激活。在体外，肌纤维牵拉会引起 NO 的产生，而抑制一氧化氮合酶则会减少肌纤维牵拉所引起的 HGF 的释放量，进一步实验证明 NO 能够直接促进基质释放 HGF，进而引起卫星细胞的激活。

生肌调节因子 MRFs 是肌肉形成的主要调节因子，调节整个生肌程序的基因表达。随着卫星细胞的激活，生肌调节因子家族成员表达都会发生上调。研究显示，在激活 24 h 时，大部分的卫星细胞都会上调 MyoD 或 Myf-5 表达；48 h 时，这两种因子会共同表达。在 $MyoD^{-/-}$ 的动物中，肌肉的再生功能受到严重削弱，尽管在损伤部位单核细胞的数量会增加，但是这些单核细胞却不能够融合和分化形成肌纤维。另外，$MyoD^{-/-}$ 动物的 MPCs 在体外培养撤去血清时还能够继续增殖，这提示在缺少 MyoD 的情况下，激活的 MPC 有增殖和自我更新的趋势。此外，目前只观察到单独表达 MyoD 和同时表达 MyoD 与 Myf-5 的 MPCs，但是观察不到只表达 Myf-5 的 MPCs。以上结果表明，Myf-5 对于卫星细胞的增殖和自我更新是必需的，而 MyoD 对于激活的成肌细胞进一步分化是必需的。

6.4 肌肉来源干细胞与脂肪生成

动物的胴体由肌肉、脂肪、结缔组织、骨等组成，所有这些组织都是由动物早期发育过程中的间充质多能干细胞分化形成的。胎儿期是骨骼肌发育的关键时期，因为在出生后肌纤维的数量一般不再增加。瘦肉本身其实是由肌纤维、脂肪细胞以及结缔组织中的纤维原细胞所组成的。因此，胎儿期肌肉组织的发育其实包含骨骼肌发生(Myogenesis)、脂肪发生(Adipogenesis)和纤维发生(Fibrogenesis)3 个不同的过程(图 6-22)。加强骨骼肌发生过程能够提高动物的瘦肉率，而增加肌内脂肪的发生过程能够提高肌内脂肪含量，从而提高肉品质。同时，抑制纤维发生过程则能够减少结缔组织的生成，从而降低肉的硬度(Du 等，2010a，b；Du 等，2011)。因此，调节间充质干细胞向不同方向的分化对于提高动物瘦肉率和肉品质具有重要的意义。目前对于这方面的研究还很有限。而母体营养的缺乏会影响到胎儿的发育、后代的胴体组成以及肉品质。关于母体营养对胎儿骨骼肌、脂肪、纤维等生成过程的影响(详见第五章)。本节将主要讨论肌肉来源干细胞(包括间充质干细胞)对肌内脂肪生成的影响。

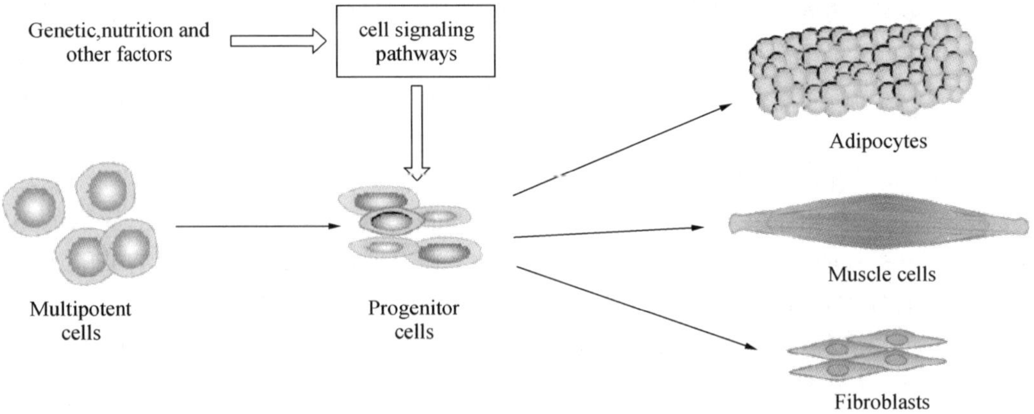

图 6-22 间充质多能干细胞可以分化形成骨骼肌、脂肪和纤维细胞

Du 等，2010c。

在成体骨骼肌中能够分离到的干细胞,我们称之为肌肉来源干细胞。目前在骨骼肌中已经分离出的干细胞有骨骼肌卫星细胞、SP 细胞(Side population cells)(Uezumi 等,2006)、肌源性干细胞(Muscle - derived stem cells,MDSCs)(Wu 等,2010)和 MSCs(DaSilva Meirelles 等,2006;Jackson 等,2010)。这些干细胞除了能够分化形成骨骼肌细胞外,还能够分化形成脂肪细胞。研究这些肌肉来源干细胞分化的可塑性(Plasticity),不仅对于了解骨骼肌内脂肪过多的相关疾病有着重要的参考价值,同时对于畜牧生产中提高肌内脂肪含量具有重要的理论和实际意义。

脂肪细胞被认为起源于间充质干细胞(Mesenchymal stem cells,MSCs),在脂肪组织发育过程中,MSCs 首先定向为脂肪细胞谱系并分化形成脂肪前体细胞(Adipocyte precursor)。脂肪前体细胞在形态和基因表达方面很难与 MSCs 区分开来,但脂肪前体细胞失去了分化为其他细胞谱系的能力。脂肪前体细胞在转录因子 C/EBPα 和 PPARγ 的调控下进行终末分化,最终形成成熟的脂肪细胞。在骨骼肌中也存在着脂肪祖细胞或干细胞向脂肪细胞谱系的定向与分化。骨骼肌内脂肪组织包括肌细胞内的甘油三酯、位于肌肉组织之间的脂肪(肌间脂肪)以及位于肌束间的脂肪细胞(肌内脂肪)。这些骨骼肌内的脂肪可能来源于骨骼肌中不同的间充质祖细胞(mesenchymal progenitors)。目前,在骨骼肌中已经分离出来了能够分化成脂肪细胞的几种干细胞,包括卫星细胞、SP 细胞、肌源性干细胞和 MSCs。

6.4.1 骨骼肌卫星细胞

作为一种成体骨骼肌干细胞,卫星细胞具有多种分化潜能。除了形成肌细胞之外,还能够分化形成骨、脂肪等细胞(Shefer 等,2004)。Messina 等(2009)研究发现,人骨骼肌卫星细胞具有明显的成脂分化能力,这可以解释骨骼肌中成熟脂肪细胞的存在。在一些病理状况(肥胖、血糖过高、血浆高自由脂肪酸浓度等)、噻唑烷二酮(Thiazolidinedione)诱导或者年龄的增加都会导致卫星细胞分化形成脂肪细胞。而一些通路和因子(PPARs、WNT 生长因子、肌肉分泌因子、GEF - GAP - Rho、p66shc、线粒体 ROS 的产生、PKC*β*)参与了该分化过程(Messina 等,2009)。

6.4.2 SP 细胞

骨骼肌 SP 细胞是不同于骨骼肌卫星细胞的一类多能干细胞,其不仅能够参与血细胞的生成和血管的再生,而且还能够分化形成骨骼肌细胞和脂肪细胞。

6.4.3 肌源性干细胞

骨骼肌中的肌卫星细胞有自我更新及成肌、成骨、成脂肪等能力,常称之为"肌肉干细胞",但这种细胞已经被赋予向成肌系细胞分化的一种前体细胞。但有证据表明新近发现的肌源性干细胞(Muscle - derived stem cells,MDSCs)是一群与卫星细胞完全不同的细胞群。MDSCs 是骨骼肌卫星细胞的前体细胞,其具有很强的可塑性,不仅能够向成肌分化,而且还能够分化形成其他中胚层细胞类型,包括脂肪细胞、骨细胞、软骨细胞、内皮细胞、造血细胞等。Ye 等

(2010)研究发现,从 GFP 转基因小鼠中分离出来的 MDSCs 能够向成肌、成骨和成神经分化(Ye 等,2010)。

6.4.4 间充质干细胞

间充质干细胞(MSCs)最早是从骨髓中分离得到的,之后在出生后动物的多种器官和组织中都发现了 MSCs 的存在(da Silva Meirelles 等,2006)。骨骼肌来源的 MSCs 或间充质祖细胞(MPCs)在人、小鼠和猪等动物中都已经分离到,其可以向成肌、成脂和成骨等方向分化。骨骼肌源的 MSCs 可能起源于 MDSCs 或者周细胞(Pericytes)(Jackson 等,2010;Wilschut 等,2008)。

目前,对上述干细胞成脂分化的研究基本上都集中于体外实验。而对于这些细胞是否能够在体内骨骼肌中被诱导向成脂分化还不清楚。同时对于 SP 细胞、MSCs 的体内特征(解剖位置、病理及生理作用等)也知之甚少。Uezumi 等(2010)研究发现,在骨骼肌中能够分离出来一种不同于卫星细胞的 PDGFRα^+ 间充质祖细胞(Mesenchymal progenitors),这种 PDGFRα^+ 细胞在体内和体外都能够成脂分化形成脂肪细胞,但其脂肪生成功能却受到卫星细胞产生的肌纤维的强烈抑制。该结果提示,PDGFRα^+ 间充质祖细胞对于骨骼肌中脂肪的生产起着重要的作用,而且其与骨骼肌细胞的互作对于肌肉平衡也有着重要的影响(Uezumi 等,2010)。

总之,肌肉中的干细胞向成肌和成脂方向的分化对于调节骨骼肌内脂肪的含量起着重要的作用。因此,了解肌肉来源干细胞的分化机制对于人类骨骼肌内脂肪过多相关疾病的治疗具有重要的理论和应用价值。同时,对于畜禽肉质来说,调控肌肉中干细胞向脂肪分化,对于增加肌内脂肪含量、提高肉品质具有重要的意义。

(本章由华南农业大学王松波和江青艳主笔)

参考文献

[1] Berg, E. P., and G. L. Allee. 2001. Creatine monohydrate supplemented in swine finishing diets and fresh pork quality: I. A controlled laboratory experiment. J Anim Sci 79: 3075 - 3080.

[2] Berg, E. P., K. R. Maddock, and M. L. Linville. 2003. Creatine monohydrate supplemented in swine finishing diets and fresh pork quality: Iii. Evaluating the cumulative effect of creatine monohydrate and alpha - lipoic acid. J Anim Sci 81: 2469 - 2474.

[3] Bismuth, K., and F. Relaix. 2010. Genetic regulation of skeletal muscle development. Exp Cell Res 316: 3081 - 3086.

[4] Bryson - Richardson, R. J., and P. D. Currie. 2008. The genetics of vertebrate myogenesis. Nat Rev Genet 9: 632 - 646.

[5] Buckingham, M., and D. Montarras. 2008. Skeletal muscle stem cells. Curr Opin Genet Dev 18: 330 -336.

[6] Buckingham, M., and F. Relaix. 2007. The role of pax genes in the development of tissues and organs:

Pax3 and Pax7 regulate muscle progenitor cell functions. Annu Rev Cell Dev Biol 23: 645 - 673.

[7] Carvajal, J. J., and P. W. Rigby. 2010. Regulation of gene expression in vertebrate skeletal muscle. Exp Cell Res 316: 3014 - 3018.

[8] Chaze, T., B. Meunier, C. Chambon, C. Jurie, and B. Picard. 2008. In vivo proteome dynamics during early bovine myogenesis. Proteomics 8: 4236 - 4248.

[9] Chen, J. F., E. M. Mandel, J. M. Thomson, Q. Wu, T. E. Callis, S. M. Hammond, F. L. Conlon, and D. Z. Wang. 2006. The role of microrna - 1 and microrna - 133 in skeletal muscle proliferation and differentiation. Nat Genet 38: 228 - 233.

[10] da Silva Meirelles, L., P. C. Chagastelles, and N. B. Nardi. 2006. Mesenchymal stem cells reside in virtually all post - natal organs and tissues. J Cell Sci 119: 2204 - 2213.

[11] Dayton, W. R., and M. E. White. 2008. Cellular and molecular regulation of muscle growth and development in meat animals. J Anim Sci 86: E217 - 225.

[12] Deldicque, L., and M. Francaux (Editors). 2008. Regulation of muscle cell differentiation and growth by nutrients and exercise. VDM Verlag.

[13] Deldicque, L., C. Sanchez Canedo, S. Horman, I. De Potter, L. Bertrand, L. Hue, and M. Francaux. 2008. Antagonistic effects of leucine and glutamine on the mtor pathway in myogenic c2c12 cells. Amino Acids 35: 147 - 155.

[14] Du, M., J. Tong, J. Zhao, K. R. Underwood, M. Zhu, S. P. Ford, and P. W. Nathanielsz. 2010a. Fetal programming of skeletal muscle development in ruminant animals. J Anim Sci 88: E51 - 60.

[15] Du, M., X. Yan, J. F. Tong, J. Zhao, and M. J. Zhu. 2010b. Maternal obesity, inflammation, and fetal skeletal muscle development. Biol Reprod 82: 4 - 12.

[16] Du, M., J. Yin, and M. J. Zhu. 2010c. Cellular signaling pathways regulating the initial stage of adipogenesis and marbling of skeletal muscle. Meat Sci 86: 103 - 109.

[17] Du, M., J. X. Zhao, X. Yan, Y. Huang, L. V. Nicodemus, W. Yue, R. J. McCormick, and M. J. Zhu. 2011. Fetal muscle development, mesenchymal multipotent cell differentiation, and associated signaling pathways. J Anim Sci 89: 583 - 590.

[18] Gilbert, S. F. 2006. Developmental biology. Eighth ed. Sinauer Associates Inc, Sunderland, MA.

[19] Horst, D., S. Ustanina, C. Sergi, G. Mikuz, H. Juergens, T. Braun, and E. Vorobyov. 2006. Comparative expression analysis of Pax3 and Pax7 during mouse myogenesis. Int J Dev Biol 50: 47 - 54.

[20] Jackson, W. M., L. J. Nesti, and R. S. Tuan. 2010. Potential therapeutic applications of muscle - derived mesenchymal stem and progenitor cells. Expert Opin Biol Ther 10: 505 - 517.

[21] Joulia - Ekaza, D., and G. Cabello. 2006. Myostatin regulation of muscle development: Molecular basis, natural mutations, physiopathological aspects. Exp Cell Res 312: 2401 - 2414.

[22] Kadi, F., N. Charifi, C. Denis, J. Lexell, J. L. Andersen, P. Schjerling, S. Olsen, and M. Kjaer. 2005. The behaviour of satellite cells in response to exercise: What have we learned from human studies? Pflugers Arch 451: 319 - 327.

[23] LaBarge, M. A., and H. M. Blau. 2002. Biological progression from adult bone marrow to mononucleate muscle stem cell to multinucleate muscle fiber in response to injury. Cell 111: 589 - 601.

[24] Lagha, M., T. Sato, L. Bajard, P. Daubas, M. Esner, D. Montarras, F. Relaix, and M. Buckingham. 2008. Regulation of skeletal muscle stem cell behavior by pax3 and pax7. Cold Spring Harb Symp Quant Biol 73: 307 - 315.

[25] Lee, S. J. 2004. Regulation of muscle mass by myostatin. Annu Rev Cell Dev Biol 20: 61 - 86.

[26] Lefaucheur, L., and P. Ecolan. 2005. Pattern of muscle fiber formation in large white and meishan

pigs. Archiv fur Tierzucht 48: 117 - 122.

[27] Lefaucheur, L. , F. Edom, P. Ecolan, and G. S. Butler - Browne. 1995. Pattern of muscle fiber type formation in the pig. Dev Dyn 203: 27 - 41.

[28] Li, F. , Y. Yin, B. Tan, X. Kong, and G. Wu. 2011. Leucine nutrition in animals and humans: Mtor signaling and beyond. Amino Acids.

[29] Mauro, A. 1961. Satellite cell of skeletal muscle fibers. J Biophys Biochem Cytol 9: 493 - 495.

[30] McKinnell, I. W. , G. Parise, and M. A. Rudnicki. 2005. Muscle stem cells and regenerative myogenesis. Curr Top Dev Biol 71: 113 - 130.

[31] McNally, E. M. 2004. Powerful genes - myostatin regulation of human muscle mass. N Engl J Med 350: 2642 - 2644.

[32] McPherron, A. C. , A. M. Lawler, and S. J. Lee. 1997. Regulation of skeletal muscle mass in mice by a new tgf - beta superfamily member. Nature 387: 83 - 90.

[33] Messina, G. , and G. Cossu. 2009. The origin of embryonic and fetal myoblasts: A role of pax3 and pax7. Genes Dev 23: 902 - 905.

[34] Mok, G. F. , and D. Sweetman. 2011. Many routes to the same destination: Lessons from skeletal muscle development. Reproduction 141: 301 - 312.

[35] Otto, A. , and K. Patel. 2010. Signalling and the control of skeletal muscle size. Exp Cell Res 316: 3059 - 3066.

[36] Parker, M. H. , P. Seale, and M. A. Rudnicki. 2003. Looking back to the embryo: Defining transcriptional networks in adult myogenesis. Nat Rev Genet 4: 495 - 505.

[37] Perdiguero, E. , P. Sousa - Victor, E. Ballestar, and P. Munoz - Canoves. 2009. Epigenetic regulation of myogenesis. Epigenetics 4: 541 - 550.

[38] Picard, B. , C. Berri, L. Lefaucheur, C. Molette, T. Sayd, and C. Terlouw. 2010. Skeletal muscle proteomics in livestock production. Brief Funct Genomics 9: 259 - 278.

[39] Picard, B. , L. Lefaucheur, C. Berri, and M. J. Duclos. 2002. Muscle fibre ontogenesis in farm animal species. Reprod Nutr Dev 42: 415 - 431.

[40] Relaix, F. , D. Rocancourt, A. Mansouri, and M. Buckingham. 2005. A pax3/pax7 - dependent population of skeletal muscle progenitor cells. Nature 435: 948 - 953.

[41] Rennie, M. J. , H. Wackerhage, E. E. Spangenburg, and F. W. Booth. 2004. Control of the size of the human muscle mass. Annu Rev Physiol 66: 799 - 828.

[42] Saccone, V. , and P. L. Puri. 2010. Epigenetic regulation of skeletal myogenesis. Organogenesis 6:48 - 53.

[43] Sambasivan, R. , and S. Tajbakhsh. 2007. Skeletal muscle stem cell birth and properties. Seminars in Cell & Developmental Biology 18: 870 - 882.

[44] Seale, P. , L. A. Sabourin, A. Girgis - Gabardo, A. Mansouri, P. Gruss, and M. A. Rudnicki. 2000. Pax7 is required for the specification of myogenic satellite cells. Cell 102: 777 - 786.

[45] Shefer, G. , M. Wleklinski - Lee, and Z. Yablonka - Reuveni. 2004. Skeletal muscle satellite cells can spontaneously enter an alternative mesenchymal pathway. J Cell Sci 117: 5393 - 5404.

[46] Spangenburg, E. E. , D. Le Roith, C. W. Ward, and S. C. Bodine. 2008. A functional insulin - like growth factor receptor is not necessary for load - induced skeletal muscle hypertrophy. J Physiol 586: 283 -291.

[47] Stahl, C. A. , G. L. Allee, and E. P. Berg. 2001. Creatine monohydrate supplemented in swine finishing diets and fresh pork quality: Ii. Commercial applications. J Anim Sci 79: 3081 - 3086.

[48] Uezumi, A., S. Fukada, N. Yamamoto, S. Takeda, and K. Tsuchida. 2010. Mesenchymal progenitors distinct from satellite cells contribute to ectopic fat cell formation in skeletal muscle. Nat Cell Biol 12: 143 - 152.

[49] Uezumi, A., K. Ojima, S. Fukada, M. Ikemoto, S. Masuda, Y. Miyagoe - Suzuki, and S. Takeda. 2006. Functional heterogeneity of side population cells in skeletal muscle. Biochem Biophys Res Commun 341: 864 - 873.

[50] Wang, H., H. Sun, and D. C. Guttridge. 2009. Micrornas: Novel components in a muscle gene regulatory network. Cell Cycle 8: 1833 - 1837.

[51] Wang, J., and I. Conboy. 2009. Embryonic vs. Adult myogenesis: Challenging the'regeneration recapitulates development' paradigm. J Mol Cell Biol.

[52] Wilschut, K. J., S. Jaksani, J. Van Den Dolder, H. P. Haagsman, and B. A. Roelen. 2008. Isolation and characterization of porcine adult muscle - derived progenitor cells. J Cell Biochem 105: 1228 - 1239.

[53] Wolfe, R. R. 2000. Protein supplements and exercise. Am J Clin Nutr 72: 551S - 557S.

[54] Wu, X., S. Wang, B. Chen, and X. An. 2010. Muscle - derived stem cells: Isolation, characterization, differentiation, and application in cell and gene therapy. Cell Tissue Res 340: 549 - 567.

[55] Wyss, M., and R. Kaddurah - Daouk. 2000. Creatine and creatinine metabolism. Physiol Rev 80:1107 - 1213.

[56] Ye, C., J. Li, Z. He, X. Nin, Y. Zhang, X. Shang, R. Liu, and Y. Duan. 2010. Multilineage differentiation of muscle - derived stem cells from gfp transgenic mice. Biotechnol Lett 32: 1745 - 1752.

[57] Zammit, P. S., T. A. Partridge, and Z. Yablonka - Reuveni. 2006. The skeletal muscle satellite cell: The stem cell that came in from the cold. J Histochem Cytochem 54: 1177 - 1191.

第7章

肌纤维类型转化与营养调控

肌纤维是肌肉的基本组成单位，其数目在出生时已经稳定，但其类型在出生后并不是固定不变的。大量研究表明，肌纤维类型是决定肉品质的一个重要因素，因此，认识肌纤维类型及其转化的调节机制是改善肉品质的重要前提。本章重点阐述了肌纤维类型形成与肌纤维发育、肌纤维类型转化及其机制，最后介绍了肌纤维类型转化的营养调控。

7.1 肌纤维类型形成与肌纤维发育

7.1.1 肌纤维类型及其鉴定

肌纤维是肌肉最基本的组成单位。肌纤维的组成及其类型转化会直接影响到畜禽肉产品的质量。肌纤维依据不同的分类方式可以划分为不同的种类，目前关于肌纤维的分类方式主要是根据其代谢特性、收缩功能和肌球蛋白重链（Myosin heavy chain，MyHC）的多态性而进行划分的。根据不同的分类原则可将肌纤维分成不同的种类。

传统的分类方法主要是根据肌纤维的代谢特性、肌纤维所含的酶系及其活性特点，可将其分为有氧代谢型肌纤维和酵解代谢型肌纤维两大类。有氧代谢型肌纤维含有丰富的毛细血管，较多的线粒体、细胞色素、脂肪和肌红蛋白，外观呈红色，因而也被称为红肌纤维；而酵解代谢型肌纤维的细胞色素和肌红蛋白的含量较少，外观呈白色，因而也被称为白肌纤维。有些肌纤维性质介于红、白肌纤维之间，外观呈粉红色，这种纤维叫中间型纤维。按肌肉的收缩功能可将肌纤维分为Ⅰ型（慢速收缩纤维）和Ⅱ型（快速收缩纤维）两种，红肌纤维多为Ⅰ型肌纤维，而白肌纤维多为Ⅱ型肌纤维。Brooks 等（1970）根据肌球蛋白 ATP 酶对酸碱的稳定性，将肌纤维分为Ⅰ型、ⅡA 和ⅡB 3 种类型。Peter 等（1971）提出了肌肉代谢酶组织化学分析法，分别对肌球蛋白 ATP 酶、琥珀酸脱氢酶进行染色，并根据肌球蛋白 ATP 酶活性的强弱，将骨骼肌肌纤维分为慢收缩氧化型(SO)、快收缩氧化酵解型(FOG)和快收缩酵解型(FG)3 种。Ashmore 等(1971)根据琥珀酸脱氢酶染色和肌肉的收缩特性将肌肉分成 βR、aR 和 aW3 种。尽管不同的分类原则对不同类型肌纤维的命名有所不同,但相互之间存在很大的相关性(Bee 等,1999),Ⅰ型肌纤维相当于慢收缩氧化型肌纤维(SO)和 βR 肌纤维,ⅡA 型肌纤维则相当于快收缩氧化酵解型(FOG)和 αR 纤维,而ⅡB 型纤维则相当于快收缩酵解型(FG)和 αW 纤维。不同肌纤维分类法的肌纤维类型及其特性归纳如表 7-1 所示。

表 7-1 各种肌纤维类型分类的对应关系及其生理生化特性

特性	Ⅰ型 SO βR	ⅡA 型 FOG αR	ⅡB 型 FG αW	特性	Ⅰ型 SO βR	ⅡA 型 FOG αR	ⅡB 型 FG αW
颜色	红	红	白	线粒体数目	+++	+++	+
收缩速度	慢	快	快	糖原含量	+	+++	+++
抗疲劳能力	+++	++	+	脂肪含量	+++	+++	+
代谢特性	有氧氧化	有氧、酵解	无氧酵解	ATPase 活性	+	+++	+++
直径	+	++	+++	酵解酶	+	++	+++
肌红蛋白	+++	+++	+	氧化酶	+++	++	+

注:“+”:表示低;“++”表示中等;“+++”表示高。

依据肌球蛋白 ATP 酶或琥珀酸脱氢酶染色等组织化学方法对肌纤维进行分类和鉴定,不同的染色方法结果存在很大差异,很难对肌纤维的类型进行准确的定义。建立在 MyHC 差异表达基础上的分子分型法较传统的分类方法更为准确、可靠。依据肌球蛋白重链的多态性可将肌纤维分为Ⅰ型、Ⅱa 型(快速氧化型)、Ⅱb 型(快速酵解型)和Ⅱx 型(或Ⅱd,中间型)4 种。Ⅰ型纤维的线粒体数量较多,有氧代谢型的酶系活性很高,但与肌纤维收缩强度有关的 ATP 酶活性低,因此其收缩慢而持久;Ⅱa 型纤维本身糖原含量较高,且含有一定数量的肌红蛋白,颜色较红,可通过糖酵解或有氧氧化两种途径供能;Ⅱb 型纤维线粒体含量少,糖原含量高,糖酵解酶系和 ATP 酶系活性很高,而有氧代谢酶活性很低,几乎全从厌氧代谢获取能量,因此,其收缩快而短;Ⅱx 型纤维收缩特性和代谢特性介于Ⅱa 与Ⅱb 型之间。

分子分型法与传统的分类方法也存在很大的相关性。传统分类方法中Ⅰ型肌纤维是氧化代谢型,ⅡA 型肌纤维是氧化酵解型,是红肌;而ⅡB 型肌纤维同时包含有氧酵解型和无氧酵解型,即红肌和白肌两种类型,也就是说传统分类法中的ⅡB 型肌纤维存在异质性,包含了分子分型法中的Ⅱx 型肌纤维。这是因为传统的分类方法很难分辨ⅡB 纤维中的Ⅱx 型纤维。为了区分肌球蛋白 ATP 酶和根据肌球蛋白重链多态性而进行的分子分型的肌纤维分类,根据肌球蛋白 ATP 酶方法的分类用大写字母来表示(Ⅰ型、ⅡA 和ⅡB),分子分型的方法则用小写字母来表示(Ⅰ,Ⅱa,Ⅱb 和Ⅱx)。目前,采用免疫组化结合特异性的 RNA 探针原位杂交技术在分子水平上证明了ⅡB 型肌纤维的异质性,结果显示,在半腱肌中所有的ⅡB 型纤维其实都是Ⅱx 型肌纤维,在背最长肌中则是Ⅱa/Ⅱx、Ⅱx/Ⅱb 的混合或者是纯粹的Ⅱx、Ⅱb 型肌纤维。有报道称,在 100 kg 大白猪背最长肌常规分类的ⅡB 型纤维中约有 15%是红肌。

由此可见,氧化型肌纤维(MyHCⅠ、MyHCⅡa)肌红蛋白、磷脂含量较高,糖原含量和 ATPase 活性较低,肌纤维直径较细,厌氧酶含量低,有氧代谢能力强;而酵解型肌纤维(My-

HC Ⅱb)则恰好相反;MyHC Ⅱx 的特性则介于氧化型肌纤维和酵解型肌纤维之间。因此,氧化型肌纤维比例高时,肌肉的肉色、pH、大理石纹评分和肌内脂肪含量较高,肌肉的保水性能较高,肌肉细嫩,肉质好。

7.1.2 肌纤维类型的形成与肌纤维发育

肌纤维类型的形成与胎儿后期和出生后神经支配有关,但胚胎期去神经支配的肌组织,仍能形成多种类型的肌纤维(Condon 等,1990),表明肌纤维类型的形成可能还有"内在因素"在发挥着重要的作用。现已证实,这一"内在因素"为成肌细胞谱系。用逆转录病毒标记单个成肌细胞,使其克隆,植入肌肉中可形成多种类型的肌纤维,但体外培养时只能形成单一的肌纤维类型,表明出生后成肌细胞谱系与神经支配、激素调节、电刺激、运动负荷等外在因素一起共同影响肌纤维类型的形成(Pete 和 Vrbova,1992)。

肌纤维发育主要经历了 4 个阶段:①肌纤维起源于中胚层的体节,这个时期来自中胚层的间充质干细胞定型并分化为生肌谱系(Myogenic lineage);②生肌谱系发育为成肌细胞(Myoblast)和成熟的肌细胞(Myocyte);③然后肌细胞融合形成肌管(Myotube);④最终形成成熟的具有多细胞核特征的肌纤维(Muscle fibers)(Buckingham 等,2003;Beate Brand - Saberi,2005)。大部分脊椎动物肌纤维发育的前三个阶段在胚胎期和胎儿期就已经完成,所以动物肌纤维的数目在出生前就已经确定,出生后,肌纤维的数目不再增加。因此,出生后肌纤维的发育主要是肌纤维的肥大(Hypertrophy),而不依赖细胞的增生(Hyperplasia)。肌纤维的肥大依赖于肌原纤维的增多,其中细胞核的增加依赖于肌肉卫星细胞(Satellite cells)的增殖与分裂。卫星细胞通过增殖一分为二,一个继续保持原有卫星细胞的特性,另一个则参与肌肉的正常发育,与肌纤维融合,使肌细胞进一步增大(Campion 等,1979,1981),从而使肌纤维直径以及横截面积发生改变。伴随动物个体的生长和发育,肌纤维开始进一步增长增粗,逐渐发育为更加成熟的骨骼肌。

7.1.3 肌纤维发育的影响因素

肌纤维发育过程中会受到各种因素的影响,因而由肌纤维最终组成的肌肉也存在不同程度的差异,最终导致肉品质的差异。影响肌肉发育的各种因素包括品种、年龄、营养以及各种调控因子等,都能够不同程度地影响肌纤维的发育。

7.1.3.1 品种因素

虽然动物的肌纤维数目在出生时已经固定,但肌纤维类型的组成并不是固定不变的。遗传背景的不同会极大地影响肌纤维的发育及形成。不同种属动物之间差异很大,羊、猪、鼠等不同种类的动物间肌纤维发育模式存在明显差异。人、羊、猪主要在妊娠中期就已经基本形成次级纤维(Beermann 等,1978;Du 等,2010),且数量不再发生明显的变化,而小鼠主要在妊娠后期形成次级纤维。猪品种间也存在明显差异,不同类型猪肌纤维因品种的变化而变化。有研究证实,肌纤维直径和肌纤维密度等性状遗传力较高,主要由遗传因素所决定。我国地方猪种(75~90 kg)肌纤维直径在 44~57 μm 之间,引进的瘦肉型品种猪肌纤维直径约在 54~72

μm 之间(王雷杰,2009)。陈晓娟等(2008)比较分析了性情温顺、肉质好的二花脸猪和胴体瘦肉率高、肉质欠佳的皮特兰猪的肌纤维,结果表明二花脸猪肌纤维面积均极显著小于皮特兰猪,但肌纤维密度均极显著大于皮特兰猪。这说明本地猪的肌纤维直径较改良品种猪的肌纤维直径细,单位面积密度大,这也是二花脸猪肉质优于皮特兰猪的一个重要原因。在鸡上的研究同样表明,品种能够显著影响肉鸡肌纤维直径和密度,从而影响肌纤维的发育(杨烨等,2009)。

7.1.3.2 性别因素

对于猪,在同样的饲养条件下,幼公猪最瘦,母猪次之,阉猪最肥(杨凤,1999)。这说明性别对肌肉的生长发育有着明显的影响。肌肉的生长取决于肌纤维发育的程度,因此性别也在一定程度上影响了肌纤维的发育。朱砺等(2002)在长荣猪(长白×荣昌猪 F1 代)上的研究表明,在同等环境条件下,母猪的肌纤维发育较早,且比公猪早达到生长高峰;到 50 kg 时,母猪的肌纤维面积显著地大于公猪,但经过 50 kg 阶段的生长峰值之后其生长强度剧烈降低;而公猪虽然在早期阶段(20～35 kg,35～50 kg)的肌纤维生长速度较母猪缓慢,在 50 kg 的生长峰值之后其生长强度也有所下降,但在较长时间内仍然维持了较高的水平,并最终超过母猪。

7.1.3.3 生理阶段

同一品种的猪在不同的生长阶段其肌纤维发育也会存在明显不同。出生前,主要是肌纤维数量和大小都增加,而出生后则主要是肌纤维的肥大,正常情况下其数量并不发生明显的变化。朱砺等(2002)研究发现长荣猪(长白×荣昌猪 F1 代)肌纤维早期生长缓慢,35 kg 时的肌纤维面积与 20 kg 时差异不显著,但从 35 kg 起生长速度加快,此后各阶段间的肌纤维面积差异都达到极显著水平,其生长的最高峰出现在 35～50 kg 这一阶段,此后肌纤维的生长强度逐渐减弱,80 kg 后生长强度有所回升。

7.1.3.4 内分泌激素

肌肉本身是激素分泌的主要器官,由“下丘脑 - 垂体 - 靶器官”上有关激素及受体组成的神经内分泌轴,对动物肌肉的生长发育有重要作用。生长激素(Growth hormone,GH)的作用是通过其受体(GHR)介导的,GH 作用于 GHR 产生 IGF - I,后者再以旁分泌或自分泌作用于肌肉、骨骼等靶器官,影响细胞代谢,促进动物生长发育(胥清富,2002)。胰岛素(Insulin)可促进蛋白质的合成、抑制蛋白分解,对肌肉的肥大是必需的(Chung 等,1983;Etherton 等,1982)。甲状腺素(Thyroid hormone,TH)是重要的代谢激素,对动物的生长、发育和成熟有明显调节作用。甲状腺素可促进肠道对葡萄糖的吸收,刺激糖原合成,促进肌肉对葡萄糖的摄取和利用,使肌肉肥大(Brent 等,1991)。也有研究表明甲状腺素能够通过促进生肌调节因子 MyoD 表达,从而促进肌肉的发育(Muscat 等,1995)。肌肉对甲状腺素非常敏感(Salvatore 等,1996; Grozovsky 等, 2009),因而甲状腺素能够不同程度地促进或者抑制肌肉生长相关基因的表达,从而影响甚至调控肌纤维的发育(Dentice 等,2010)。

7.1.3.5 其他因素

随着集约化饲养管理的发展,畜舍的环境条件,比如环境温度、湿度、饲养密度以及空气清洁度等也会影响动物生长的速度和健康状况，导致肌肉生长的微环境发生变化，从而影响肌纤维的发育。

7.1.4 肌纤维发育的调控

肌纤维发育主要经历胚胎期、胎儿期、出生后 3 个阶段。胚胎期和胎儿期分别是初级肌纤维及次级肌纤维形成的关键时期，伴随着肌纤维数量和体积的增加。由于动物出生后肌纤维数量不再发生变化，因此，出生后肌纤维的发育主要是肌纤维的横截面积的增加即肌纤维增粗肥大的过程。已有研究表明，一些关键因子可以不同程度地影响并调控肌纤维的发育。

7.1.4.1 促进肌纤维发育的因子

(1)Wnt 基因家族

Wnt 基因家族编码一类分泌性的信号因子。到目前为止，已有近 100 个 Wnt 基因家族成员被发现。Wnt 蛋白是一类富含半胱氨酸，N 端具有细胞外定位序列的分泌型蛋白分子，通过旁分泌或自分泌作用与细胞膜上的受体相结合，激活胞内的各级信号转导分子，调节靶基因的表达，它在早期胚胎发育尤其是胚胎模式形成以及细胞命运决定中具有重要的功能，也参与了细胞极性、胚胎轴向体节分化等复杂的生理功能(Borello 等，2006；袁媛等，2010)。近来的研究表明，在肢芽发育(Limb development)过程中 Wnt6 蛋白可以诱导骨骼肌形成，进而促进肌纤维的发育(Geetha - Loganathan 等，2006)。Anakwe 等(2003)采用体外微团培养法，发现不同的 Wnt 基因家族成员可以不同程度地改变肌纤维总量和肌纤维的组成。不同的 Wnt 配体因其活性的差异可以激活不同的信号途径，通常包括经典的 Wnt/ - catenin 途径(Canonical Wnt signaling)和非经典的 Wnt 途径(Noncanonical Wnt signaling)(Gordon 等，2006)。Wnt1 和 Wnt3a 配体倾向于通过经典的 Wnt/β - catenin 来促进骨骼肌的生成(Tajbakhsh 等，1998；Munsterberg 等，1995)，而 Wnt11 则通过非经典的 Wnt/β - catenin 途径调节生肌分化过程中 Pax3 和 MyoD 的表达来促进肌纤维的发育(Brunelli 等，2007；Gros 等，2009)。Wnt 基因家族成员在动物出生后的肌纤维发育过程中同样有着重要的作用(李云龙，2003)。另有研究表明，Wnt4 能够调控成体卫星细胞的分化程度，从而调控生后肌纤维的再生(Munsterberg 等，1995；Steelman 等，2006；Bernardi 等，2011)。

(2)MyoD 基因家族

MyoD 基因家族，主要包括包括 MyoD、Myf5、Myogenin 和 MRF4，在启动和维持骨骼肌分化发育和生长中发挥着重要的作用(Olson 等，1990)。MyoD 基因家族控制着肌肉的发育过程，包括从生肌前体细胞的定型、增殖、分化以及成肌细胞的增殖分化，最终产生成熟肌细胞，形成肌管并融合成肌纤维的整个过程。在非肌细胞中转染 MyoD 基因家族成员后，能使非肌细胞向肌细胞转化，从而诱导肌细胞的生成(Edmonson 等，1989；Filvaroff 等，1996)。MyoD 基因家族成员对肌纤维生成不同阶段的调节能力有所不同，并具有其独特的调节功能。MyoD 和 Myf - 5 在肌纤维发育早期阶段表达，参与间充质干细胞的定型以及成肌细胞的增殖和分化。Myogenin 和 MRF4 则分别出现在成肌细胞分化的早期和后期阶段，在肌细胞最终形成中起着重要作用，调节肌细胞增殖分化过程中肌纤维的形成，是调节肌细胞分化的重要因子(Sartorelli 等，2005；Tapscott 等，2005)。单独抑制 MyoD 基因的表达对肌肉生长没有明显的严重影响,而当 MyoD 和 Myf-5 均缺乏时,则抑制小鼠肌肉的正常形成(Rudnicki 等,1993)。最新研究表明,通过结合并激活生肌前体基因,如 Meox1、Pax3/7、Six1、Eya2 或 Myogenin 的表达,MyoD 能够决定干细胞定型为骨骼肌谱系,并优先激活生肌基因(Gianakopoulos 等,2011)。此外,Myogenin 基因突变的小鼠,其肌细胞分化受阻,出生时肌纤维数量较少,但成肌细胞的数目正常(Hasty 等,1993)。Myogenin 在成肌细胞开始分化时表达,标志着成肌细胞增殖的结束和肌纤维形成的开始(Te Pas 等,1999)。

(3)配对盒基因

配对盒基因 Pax3 和 Pax7 是重要的成肌增强因子。Pax3 是 MyoD 和 Myf5 表达所必需的调节物(Maroto 等,1997;Bajard 等,2006),能激活 MyoD 的表达并且可以抑制成肌细胞的凋亡(Boryeki 等,1999)。Pax3 功能缺失的小鼠,其生肌前体细胞迁移受到抑制,因而不能正常形成肌肉组织(Messina 等,2009)。Pax7 在维持成体肌肉卫星细胞功能中起着重要的作用(Mansouri 等,1996;Seale 等,2000)。另有研究表明,Pax7 能够间接激活生肌基因 Myf5 从而促进肌肉生成(McKinnell 等,2008)。

(4)肌细胞增强因子 2(Myocyte enhance factor 2,MEF2)

MEF2 是骨骼肌发育的正调控因子,它通过增强 MyoD 基因家族成员的活性来促进骨骼肌发育。MEF2 基因在骨骼肌发育过程中呈高表达(Brand-Saberi,2005)。在猪上,MEF2 基因在出生后的大多数组织中均有表达,而在胚胎中未检测出(何波,2006)。同样在猪骨骼肌细胞分化过程中,处于分化早期的细胞,其 MEF2 的表达量很低,而随着细胞分化的深入,MEF2 的表达量逐渐升高。虽然 MEF2 突变的个体不能产生明显的肌肉表型的变化(Lin 等,1997),但 MEF2 可以提高非肌细胞的生肌转化率(Kaushal 等,1994;Molkentin 等,1995),同时还能通过维持并增强 MRFs 的转录调节作用(Firulli 等,1997;Ridgeway 等,2002)来促进肌肉的生成。

(5)类胰岛素生长因子(Insulin-like growth factors,IGFs)

类胰岛素生长因子包括 IGF-Ⅰ和 IGF-Ⅱ,为同源的单链多肽,主要由肝脏合成。肝脏产生的 IGF 分泌进入血液,与血液中 IGF 结合蛋白(IGFBP)结合后,被运输到周边组织发挥作用。IGF-Ⅱ主要在胚胎和胎儿组织产生,是胚胎和胎儿的主要生长因子(张克英和陈代文,2002)。越来越多的研究表明,IGFs 在动物生长发育尤其是骨骼肌的发育过程中起着重要的调节作用。妊娠小鼠缺乏 IGF-Ⅰ和 IGF-Ⅱ时,仔鼠的初生重降低 40%,并且这种受阻效应将一直持续到成年期。而超表达 IGF-Ⅰ时,小鼠肌肉的量明显提高。此外,IGFs 对猪、牛等动物生前肌肉的生长发育也有明显促进作用。IGFs 能够通过促进细胞的增殖和分化来促进肌纤维的形成以及发育。研究表明,IGF-Ⅰ和 IGF-Ⅱ可以直接调控动物的生长发育,并刺激多种细胞的增殖与分化来提高蛋白质的合成率,从而促进肌纤维的发育(Wray-Cahen 等,1998;Bower 等,2010)。研究表明,在 IGF 结合蛋白(IGFBPs)的协同下,IGFs 结合其受体进入细胞经 PI3K/Akt/mTOR 信号途径促进肌肉蛋白质的合成从而促进肌纤维的生长(Coolican 等,1997)。

(6)Neogenin

Neogenin 是在进化上高度保守的免疫球蛋白超家族受体的亚家族成员(Cole 等,2007;Wilson 等,2007),是 netrin 以及 RGM(Repulsive guidance molecule)家族成员的受体。最近研究发现,Neogenin 能够促进小鼠成肌细胞系以及原代成肌细胞分化形成多核肌管(Kang

等,2004),同时也能够在体内促进骨骼肌纤维的形成。最新研究表明,虽然 Neogenin 基因突变的纯合子小鼠生肌节发育正常,但是在胚胎期 18.5 d 和 3 周龄时,其肌纤维明显小于正常小鼠。此外,从突变小鼠分离出的成肌细胞,其分化形成的肌管比正常小鼠的更小,肌纤维核更少(Bae 等,2009)。这说明 Neogenin 在肌纤维大小的调控中起着重要的作用。

7.1.4.2 抑制肌纤维发育的因子

(1)TGF - β

转化生长因子(Transforming growth factor - β,TGF - β)超家族是一类结构相关的分泌型多肽细胞因子,在哺乳动物中,包括转化生长因子(TGF - βs)、骨形态形成蛋白(Bone morphogenetic proteins,BMPs)、生长分化因子(Growth and differentiation factors,GDFs)、活化素(Activins)和抑制素(Inhibins)等。这些生长因子参与调节细胞增殖、分化、迁移和凋亡,调控胚胎发育、组织分化和成体器官组织的内平衡(Massague,1990)。大量研究表明,无论是动物出生前还是出生后,TGF - β 在骨骼肌发育中扮演着重要的角色。动物出生前,TGF - β 通过抑制成肌细胞的分化来抑制肌纤维的形成,最终影响肌肉的生成(Kollias 等,2008)。动物出生后,TGF - β 通过抑制卫星细胞的增殖来抑制肌纤维增生和肥大,从而影响肌纤维的发育。

(2)肌肉生长抑制素(Myostatin)

肌肉生长抑制素(Myostatin),简称肌抑素,又名 GDF - 8(Growth differentiation factor - 8),属 TGFβ 超家族成员,是 McPherron 等在 1997 年发现的一种分泌型生长、分化因子,最初发现是在骨骼肌中特异性表达,后来研究发现在其他组织中也存在不同程度的表达。研究表明,肌抑素通过阻止细胞周期由 G1 期向 S 期的转变,从而抑制成肌细胞增殖(Thomas 等,2000;Rios 等,2001;Taylor 等,2001),通过下调分化相关基因表达从而抑制成肌细胞分化(Rios 等,2002;Langley 等,2002;Joulia 等,2003;Huang 等,2007)。近年来的研究还发现,肌抑素能够抑制间充质干细胞的成肌分化(Artaza 等,2005)。在猪上,肌抑素在出生前和出生后各个阶段都有表达,生前表达水平分别出现两个高峰(Ji 等,1998;Patruno 等,2008),与初级纤维和次级纤维形成高峰较接近,总体而言,出生前肌抑素的表达水平均高于出生后的水平,这提示肌抑素在肌纤维发育尤其是初级纤维和次级纤维的形成中起着极为重要的作用。

(3)FoxO 转录因子

自 1989 年在果蝇中发现第一个 Forkhead 基因以来,直到 2000 年 Kaestner 等正式发表的文章才将 Forkhead 转录因子正式统一命名并归类为一个新的转录因子家族(Kaestner 等,2000),目前这个家族已超过 100 个成员。该家族的共同特征是具有一个长 110 个氨基酸的保守的 DNA 结合结构域(称为 Fox 结构域)、3 个 α - 螺旋和 2 个大环结构(Clark 等,1993)。Forkhead 转录因子目前被分为 FoxA～Q 17 个亚家族,功能各不相同,其中研究最多的是 FoxO 亚家族。目前 FoxO 转录因子在哺乳动物中有 3 个成员,包括 FoxO1、FoxO3、FoxO4,其中 FoxO1 是 FoxO 亚家族中的最主要成员。小鼠上的研究表明,FoxO 各成员的 mRNA 在胚胎时期广泛表达,其中 FoxO3 在胎儿的肝脏、FoxO1 和 FoxO4 在胎儿的肌肉中表达最高。成年后表达模式发生明显的变化,其中 FoxO1 的 mRNA 主要分布于脂肪组织、FoxO3 在脑组织、FoxO4 则主要表达于肌肉(Furuyama 等,2000;Jacpbs 等;2003)。FoxO1 是转录调节因子,也是胰岛素/胰岛素样生长因子(Insulin/insulin - like growth factor 1,INS/IGF - 1)信号通路中的关键分子,其上游受 PI3K/PKB 磷酸化级联通路的调节,下游调节的靶基因多与细胞周期、细胞凋亡、衰老及代谢有关。众多研究表明，FoxO1 无活性时处于核外，允许成肌细胞增殖发生，随着成肌细胞分化的开始，FoxO1 易位到核内，抑制肌细胞的成熟以及肌纤维的形成（王玲，2010）。总之，FoxO 基因家族通过抑制成肌细胞的分化，阻止了成熟肌细胞的形成，从而阻碍肌纤维的正常发育。

（4）Notch

Notch 基因最早于 1917 年由 Thomas HuntMorgan 在果蝇中发现，因其功能部分缺失会在果蝇翅膀的边缘造成切迹而命名，1980 年该基因首次被成功克隆。Notch 信号通路是一条影响细胞命运的、保守而重要的信号转导通路，几乎涉及所有细胞的增殖和分化活动，在调节细胞增殖、分化和凋亡及一系列生理、病理过程中都起重要作用（王颖等，2009）。在生肌形成过程中，Notch 蛋白通过与其配体的结合，抑制肌生成，从而抑制肌纤维发育，最终影响肌肉的沉积。

总之，涉及肌纤维发育的调节因子极多。虽然以 MyoD 家族为首的主要调控因子能够通过不同方式来调控肌纤维发育的某个方面或者整个肌纤维的形成过程，但由于肌纤维发育受到各种因素的影响，因此，如何通过调控肌纤维的发育来改善肉品质一直是个难题。

7.2 肌纤维类型转化及其机制

7.2.1 影响肌纤维类型转化和分布的因素

动物的肌纤维数目在出生时就已经确定，但各种肌纤维类型的组成并不是固定不变的。肌纤维类型很容易受到一些内在和外在因素的影响而发生转化，从而改变肌肉中各种肌纤维类型的组成和分布。不同品种相同肌肉的肌纤维类型组成差异较大，同一品种不同性别、不同发育阶段相同部位和不同部位肌肉的肌纤维类型也有较大差异，即便是同一块肌肉内不同位置的肌纤维比率也不尽相同。因此，肌纤维类型的组成和分布因物种、年龄、性别、部位、遗传基因、营养、饲养方式以及激素水平等的不同而存在很大的差异。

7.2.1.1 物种

遗传因素极大地影响动物机体肌纤维类型的分布和组成。不同物种由于其遗传基础不同，其肌纤维的组成差异较大。不同肌纤维组织的结构和生理生化特性也不同，从而使得不同物种的肌肉的形态、大小、功能以及形成的肉产品的风味也千差万别。目前研究发现肌纤维存在十余种 MyHC 蛋白异构体，不同物种的肌纤维类型组成也存在差异。在对啮齿类（大鼠、小鼠、兔）和猪的研究中，确认了与肌纤维类型相对应的 4 种 MyHC 类型（Gorza，1990；Aigner 等，1993；Schiaffino 和 Reggiani，1994；Schiaffino 和 Reggiani，1996；Weiss 等，1996；Schiaffino 和 Reggiani，1997）。Chang 等（1993，1995，1997）确定了 MyHCⅠ、Ⅱa、Ⅱb 和Ⅱx 在猪骨骼肌上的表达，并依据肌纤维特有的 MyHC 类型将猪的肌纤维分为 4 种。而人类的骨骼肌纤维中则不表达 MyHC Ⅱb 蛋白（Smerdu 等，1994），其 MyHCⅡx 阳性纤维就相当于 ATP 酶染色的ⅡB 型肌纤维（Berchtold 等，2000）。采用 RT - PCR 法对牛各个部位的肌肉进行研究发现，MyHCⅡb 也未见表达（Tanabe 等，1998），但仍有必要采用特异性更好的单抗或更好的研究方法才能下出定论。

不同物种传统的Ⅰ、ⅡA和ⅡB型肌纤维在背最长肌中的分布比例分别为:蒙特兰公牛分别为35%、24%和41%(Brandstetter等,1998);大白猪分别为10%、7%和83%(Larzul等,1997);新西兰兔分别为1%、6%和93%(Gondret等,1996)。由此可见,动物个体的大小可能与其所含的慢肌纤维之间存在一定的相关性。

即便是同一物种、不同品种间的肌纤维组成可能也会存在差异。在同一物种内,遗传基因则是影响肌纤维类型组成和分布的首要因素。在羊(Solomon等,1981)和牛(Dreyer等,1977)上发现,相同体重或相同年龄屠宰的早熟品种与晚熟品种相比有更多的αW肌纤维和更少的αR肌纤维。出生后随着动物的生长发育,αR型肌纤维可以转化成αW型肌纤维,因而早熟品种肌肉中的αW型肌纤维较多。我国的地方品种梅山猪,是早熟品种,其肌肉就表现出较高的氧化代谢和较低的糖酵解代谢水平(Bonneau等,1990)。Larzul等(1997)的研究结果表明,不同品种猪肌纤维的百分组成存在差异,并且属中高遗传力性状,其中Ⅰ型肌纤维所占比例和Ⅱb型肌纤维所占比例的遗传力分别约为0.46和0.58。汉普夏猪与瑞典约克夏猪相比,同一部位肌肉中具有更高比例的氧化型肌纤维(Essen-Gustavsson等,1985)。大量的研究均表明,我国地方品种猪(梅山猪、宁夏猪、莱芜猪)与外种猪(大白猪、杜洛克)相比,相同部位肌肉中也具有较高比例的氧化型肌纤维(包括Ⅰ型和Ⅱa型)(Lefaucheur等,2001;刘顺德等,2006;呼红梅等,2008)。杨晓静等(2005)的研究还表明,二花脸猪与大白猪背最长肌肌纤维类型的差异主要表现在90日龄后的快速生长期,二花脸猪背最长肌氧化型肌纤维(包括Ⅰ型和Ⅱa型)的比例显著高于大白猪。由此可推测,外来品种猪Ⅰ型肌纤维比例的显著下降和Ⅱb型肌纤维比例的显著增加与其肌肉的快速沉积有关,而地方品种猪肌肉中较高比例的MyHC Ⅰ型和Ⅱa型肌纤维与其优良的肉质相关。胡来根等(1990)研究了二花脸猪、长白猪和长白×二花脸猪肌纤维类型转化的规律,结果发现它们在肌纤维转化规律上没有质的差别,肌纤维转化率都随着年龄的增长而下降。长白猪和长白猪×二花脸猪的肌纤维类型全期转化率显著高于我国地方猪种二花脸猪,表明不同猪种在肌纤维类型转化率方面存在差异,这可能是二者生长速度和肉质存在差异的根本原因。

此外,不同个体的遗传基因以及其对外界环境敏感程度的差异也决定了其肌纤维类型组成和分布的差异性。也许正是由于这个原因,人们很难对肉品质进行精确的调控。

7.2.1.2 年龄

肌纤维的类型随着年龄和生理阶段的变化而转变。在动物的生长发育阶段,氧化型肌纤维的比例随着年龄增加减少,而酵解型肌纤维比例增加。猪的肌纤维类型转化发生在出生至10周龄这一阶段,尤其是从出生至2周龄肌纤维的转化率最高,这一阶段是肌纤维发生转化的关键时期。肌纤维具有很强的可塑性,对内在和外在因素的刺激非常敏感,各种诱因都容易导致肌纤维类型的转变,从而影响到肌肉中肌纤维的组成和分布,进而影响肉品质。10周龄以后,肌肉中各类型肌纤维所占比例基本恒定,各种肌纤维类型间的转化基本停止。因此,10周龄以前基本奠定了肌肉生长发育、胴体瘦肉率高低的组织学基础。一般认为动物出生后肌纤维总数保持不变。不同品种的猪出生时肌肉主要由红肌纤维组成,红肌纤维所占比例随年龄的增长而逐渐下降,白肌纤维所占比例逐渐上升,所以肌肉束内肌纤维比例的变化,是由于肌肉中的红肌纤维转化成了白肌纤维。

根据氧化功能的特点划分肌纤维，猪出生时肌纤维大多为氧化型，酵解型肌纤维几乎没有分化。一些肌纤维具有在生长过程中转化成酵解型肌纤维的能力，随着年龄的增长，氧化型肌纤维的比例下降而酵解型肌纤维比例增加(Ashmore 等，1974)。因为出生后肌纤维的数目不变，所以酵解型肌纤维的增加是氧化型肌纤维转化的必然结果。一般认为，猪出生后肌纤维类型在不停地发生转化，但高峰为出生至 10 周龄这一阶段(Lefaucheur 等，1986；胡来根等，1990；刘艳芬等，1996；杨晓静，2005)，高峰过后氧化型肌纤维的比例会继续下降，酵解型肌纤维的比例继续增加，但增幅较慢。以前的研究大多是在刚达到屠宰体重(180 日龄左右)时就结束。程甦(2008)扩大了研究的体重范围后发现，不仅在 10～20 kg 阶段各种肌纤维类型存在极显著差异，在 80～120 kg 阶段各种肌纤维类型也出现了极显著差异。

在猪出生后 1～4 周内，氧化型肌纤维的比例下降，酵解型肌纤维急剧增加。然而，Suzuki 等(1991)研究表明，猪出生后至第 8 周，在一些肌肉如股直肌、咬肌中Ⅰ型纤维的比例增加。但所有类型的肌纤维横截面积随着动物的生长发育都在增加，但是不同类型的肌纤维增加的速率不一样，Ⅱb 型纤维增加的速率比Ⅰ型纤维快(Davies，1972；Oksbjerg 等，1994)，而且在 Oksbjerg 等(1994)的研究中Ⅱb 型纤维横截面积增加的速率可以达到Ⅰ型纤维的两倍。

7.2.1.3 性别

不同肌纤维类型在肌肉中的分布也因性别而存在差异。从理论上讲，不同性别的动物，其体内的激素水平是存在差异的，这一差异不仅会导致动物生长速度、外观表型上的差异，还会导致肌纤维类型也存在差异。已有的研究表明，睾丸激素对肌纤维类型的影响较大。在牛上的研究发现，去势会导致肌纤维面积增大，酵解型肌纤维大大增加(Dreyer 等，1977)，相应地糖酵解相关的酶活性也增强(Brandstetter 等，1998)，说明睾丸激素可能是导致公牛酵解型肌纤维较少的原因。在猪上，大多数的研究表明性别对肌纤维类型的组成、肌纤维横截面积等没有显著的影响(Miller 等，1975；Solomon 等，1990；Immonen 等，2000)。但也有研究认为去势公猪与母猪相比，母猪背最长肌Ⅰ、Ⅱa 和Ⅱb 型肌纤维都具有更大的横截面积，从而使母猪具有更高的瘦肉率和更大的眼肌面积。同时 Petersent 等(1998)认为由于背最长肌的重量性别间没有差异，而去势公猪Ⅱa 和Ⅱb 型纤维的横截面积比母猪小，所以公猪的肌纤维的数目较多。

7.2.1.4 部位

对于动物个体而言，不同部位的肌肉其肌纤维组成的差异较大。肌肉的位置、类型以及所处的部位就决定了其特殊的肌纤维组成以适应不同部位的生理功能。总的说来，深层的肌肉主要参与机体构架和维护，主要包含氧化型肌纤维(Armstrong 等，1987)，所含的Ⅰ型纤维就比浅表的肌肉多，而浅表的肌肉则应具备快速运动的能力(Ono 等，1995)。腰大肌与背最长肌相比，具有相对丰富的Ⅱa 和Ⅱx 型肌纤维和较少的Ⅱb 型肌纤维，因而肉质更加优良(Chang 等，2003)。所以，背最长肌又称为白肌，腰大肌称为红肌。大多数的肌肉是由氧化型和酵解型的肌纤维共同构成。在猪上，主要由Ⅱb 型肌纤维构成的肌肉有背最长肌、臀中肌、股直肌、股二头肌、股四头肌、半膜肌等，主要由Ⅰ型和Ⅱa 型组成的肌肉有咬肌、斜方肌、半腱肌、臂三头肌、冈下肌和冈上肌等。

即使是同一块肌肉，浅表和深层肌纤维的类型也存在很大差异。例如，在猪和牛的半腱肌上，表层的Ⅰ型纤维的比例仅占4%，而深层则占到了45%，深层比表层具有更多的氧化代谢的酶以及氧化型肌纤维(Beermann等，1990;Brandsteter等，1997)。

7.2.1.5 遗传基因

肌纤维类型的转变是许多基因有序的时空表达调控的结果。在脊椎动物中，至少有两大家族的转录因子在调控肌定向和分化，即肌肉调节因子(Muscle regulatory factors，MRF，包括Myf-5、MyoD、Myogenin和MRF4等)和肌细胞增强因子2(MEF2)。MEF2可以通过诱导肌肉特异基因的表达从而使非生肌细胞转化成肌细胞。

Hughes等(1993)发现在成年大鼠的后肢肌肉中，MyoD和Myogenin分别在快肌和慢肌中蓄积，他们还发现交叉神经移植术和甲状腺激素可以诱导肌纤维快：慢比值的变化，推测MRF在肌纤维类型的决定和转化过程中可能发挥着一定的作用。从理论来讲，采用基因敲除模型能够提供MRF与肌纤维类型转化相关的确凿证据，然而，采用基因敲除模型并未发现特异的MRF与肌纤维类型之间存在某种因果关系。这其中的主要原因是MRF仅仅在肌形成的早期发挥作用，而MRF基因敲除模型主要局限在研究胚胎肌肉发育方面，且$MyoD^{-/-}$的生存能力非常差，给研究带来了很大难度。由此推测，MyoD蛋白的缺乏可能会导致快肌纤维的发育受阻，MyoD对于肌肉组织的沉积和力量是必不可少的(Schiaffino和Salviati，1997)，而这些又归因于Ⅱb型肌纤维的缺乏。Myogenin基因敲除的小鼠不能正常形成肌纤维，因此就无法检测MRF的表达水平。Olson等(1996)研究表明，MRF4基因敲除的小鼠所产生的后代或者生活力正常，或者死亡。因此，采用基因敲除技术研究肌纤维类型的分化规律就存在很大的局限性。

钙蛋白酶抑制蛋白(Calpastatin，CAST)基因是一种内源性的需要Ca^{2+}激活的专一性的钙蛋白酶抑制剂。骨骼肌生长速度依赖于肌内蛋白的降解。CAST参与了肌原纤维蛋白的降解，对肌肉的生长和宰后肉的嫩化都发挥着极为重要的作用，因此CAST基因是一个研究肉质性状极有希望的候选基因。但是目前关于该基因对肌纤维类型的形成和转化的影响的研究报道较少。Tidball等(2002)采用肌肉组织特异性过表达CAST的小鼠，通过后肢去负荷10 d的方法建立肌肉萎缩模型，过表达CAST的小鼠产生的CAST蛋白是正常小鼠的30～50倍，以消除所有的钙蛋白酶的活性。过表达CAST的小鼠与对照组相比在10 d内肌肉萎缩减少了30%，并且过表达CAST彻底阻止了慢肌纤维向快肌纤维的转化。这些结果表明，过表达CAST基因对肌纤维类型的转化也是存在某种调控作用的，具体机理有待进一步研究。

此外，目前已经发现的一些肉质相关的主效基因也会影响到肌肉中各种类型肌纤维的分布。例如，氟烷基因(Halothnac gene，Hal)的隐性纯合子猪对应激敏感，从而引起肌细胞中钙离子的非正常释放，表现猪应激综合征(Procine stress sydrome)，产生PSE肉。有研究表明，Hal基因的隐性纯合子猪与显性纯合子和杂合子猪相比有更高比例的Ⅱb型肌纤维(Ess N-Gustavsson等，1984，Depreux等，2002)。酸肉基因(Rendement napole，RN)是影响猪肉加工性状的主效基因，主要表现在肉品加工时造成烹饪损失增加。但目前有关RN基因与肌纤维类型的报道不尽一致。携带RN基因的猪的体内以及宰后24 h其白肌纤维中的糖原含量较高，尤其是在酵解型纤维中更是如此，这样会导致冷藏后的最终pH和系水力降低而产生劣质肉。Lebret等(1999)研究认为，携带RN基因的猪具有更高比例的氧化型肌纤维和较低的酵解型肌纤维。

7.2.1.6 饲养方式

饲养方式也会影响到肌肉中不同类型肌纤维的分布。舍饲和散养动物同一部位肌肉中各种肌纤维的分布也存在差异，其主要原因是散养动物的运动量较大，而运动量的增加会促进肌肉的有氧代谢，对肌纤维类型的转化产生影响，从而对肌纤维的分布产生影响。增加猪的运动，可使肌肉的有氧代谢能力加强，因此对肌纤维类型的转化会产生影响，运动可以促进Ⅱb→Ⅱx→Ⅱa→Ⅰ型肌纤维的转化，减少运动可以促进肌纤维向相反的方向转化(Lefaucheur 和 Gerrard,2000)。有研究结果表明，散养猪比舍内饲养猪的肌肉组织中Ⅱa含量增多，而Ⅱb和Ⅱx含量减少(Petersen 等,1997)，此外，散养猪肌肉糖的有氧代谢能力加强并对肉品质性状产生影响。Gentry 等(2004)研究环境因素对猪肌肉性状的影响，结果表明，试验组(产于舍外并饲养于紫花苜蓿上)与对照组(产于室内并饲养于水泥板面上)相比，试验组猪背最长肌中的Ⅰ型肌纤维的含量极显著地高于对照组，而Ⅱa，Ⅱb和Ⅱx型肌纤维百分比显著降低。因此，户外生产系统可能影响猪的生长、猪肉颜色和肌纤维类型。可见，不同饲养模式下肌纤维的分布和组成上的差异可能是导致肉产品品质不同的重要原因。

7.2.1.7 激素

肌纤维的类型也受激素水平的调节，并且不同的激素调节的方式也不同。在所有的激素中，甲状腺激素类对肌纤维类型的成熟和多样化是最为重要的(Pette 等,1997)。围产期或产后早期采用三碘甲腺原氨酸的刺激可以导致胎儿/初生型 MyHC 的消失，取而代之的是成年型的快肌亚型，三碘甲腺原氨酸还可以诱发成年动物慢肌纤维向快肌纤维的转化。反之，甲状腺缺乏可导致Ⅱ型肌纤维向Ⅰ型纤维转变(Nwoye 等,1982)。

众所周知，生长激素(GH)位于生长轴的中心环节，对调节动物的生长发育有重要调节作用。但大多数的研究认为生长激素仅能增加肌纤维的横截面积，对肌纤维类型组成没有影响(Rehfeldt 等,1993;Sorensen 等,1996)。但是，这种调节似乎也依赖于肌肉的部位，Solomon 等(1994)报道外源生长激素能改变半腱肌中肌纤维的组成，但是对背最长肌、半膜肌等的肌纤维组成却没有影响。Aroniadou - Andderjaska 等(1996)的试验也表明，外源生长激素能选择性地诱导大鼠腓肠肌中Ⅱb型肌纤维的肥大。

胰岛素能促进蛋白质的合成，对肌纤维的肥大有重要作用，胰岛素缺乏能引起Ⅱa型肌纤维的萎缩(Armstrong 等,1975;Gaster 等,2001)。类固醇激素也能影响不同肌纤维类型在肌肉中的组成和比例。

7.2.1.8 其他

长期的驯化或人工选育也会影响肌纤维的分布和组成。家猪是经过长期的人工选育而成的，长期的对高瘦肉率和生长速度的遗传选育，使得肌肉中Ⅱb型纤维比例增加。研究表明，同一部位的肌肉，家猪和野猪相比，家猪含有更多Ⅱb型肌纤维和较少的Ⅱa型肌纤维(Essen - Gustavsson 等,1984;Weiler 等,1995;Uusunen 等,2004)。

环境温度也能影响肌纤维类型的组成和转化以及肌肉的能量代谢。低温环境诱使氧化相关酶的活性增加，而糖酵解相关的酶活性则不受影响，这一变化的生理学意义可能在于低温诱导机体的产热增加以保持体温处于正常水平。研究结果表明，长时间暴露在低温环境中会导致Ⅰ型肌纤维比例的增加,这与机体氧化代谢增加相一致(Lefaucheur 等,1991;Herpin 等,1992)。研究证实,初生 5 d 的小猪暴露在低温环境下(15～24℃对 30～34℃)能引起Ⅰ型肌纤维比例的显著增加。相反,在 9～33 kg 期间将小猪暴露在较高温度环境中(31℃对 18℃),则会导致氧化和糖酵解代谢水平同时降低,尤其是在白肌纤维中,总体表现为肌肉能量代谢的减弱(Rinaldo 等,1991)。

一些疾病也是导致动物机体肌纤维的组成和分布发生变化的诱因。有研究表明,自发性高血压大鼠慢肌中肌纤维类型会发生由慢肌向快肌的转化,慢收缩型纤维比例减少(64%对53%),ⅡA 型肌纤维增加(19%对 39%),作者认为这可能与血浆中儿茶酚胺水平的升高有关(Ben 等,1990)。

去神经支配、机械负荷、训练等也可以引起肌纤维类型的转变。在长期耐力训练中,氧化型的肌纤维含量增加,但在要求速度和力量的训练后,Ⅱb 型纤维的比例会显著地增加。大鼠上的研究表明,长期慢性的耐力训练后,许多部位肌肉中都出现氧化型肌纤维含量的增加(Sullivan 等,1995)。此外,宰前的运输、宰前应激、圈栏的大小等都能影响肌纤维类型组成。

7.2.2 肌纤维类型转化的机制

对于单个动物机体而言,肌纤维的类型并不是一成不变的,出生后早期生长是肌纤维代谢和收缩类型转变的重要阶段,而在这一阶段动物肌纤维类型在品种间无显著差异。从前面的论述中我们知道,肌纤维类型的转化和分布受多方面因素影响,归纳起来主要包括遗传、营养和生理 3 方面的因素。大量研究资料显示,肌纤维类型的转变遵循Ⅰ→Ⅱa→Ⅱx→Ⅱb 的转化路径(Schiaffino 等,1994;Pette 等,2000)。许多动物的肌纤维类型都具有这样的双向转化的潜力,这种转化正是机体对于内在的和外在的诸多因素的改变而做出的机能性的反应和调整。

在哺乳动物中,每一种 MyHC 亚型都有相应的基因编码,对于其相应的启动子和增强子的调控都会影响到不同肌纤维类型的表达。肌纤维类型的转化从本质上来讲是许多相关功能基因有序表达的结果,然而关于肌纤维类型转化的调控机制的研究相对较少。因此,目前关于肌纤维类型转化过程及其具体的调控机制尚不清楚。近些年,随着分子生物学技术的快速发展以及功能基因组学、蛋白质组学的研究,人们开始在 mRNA 转录、蛋白质表达及其磷酸化水平研究与肌纤维类型转化相关的功能基因的表达或相关的信号途径,以深入揭示调控肌纤维类型转化的分子机制。

7.2.2.1 调控肌纤维类型转化的功能基因

肌肉生长抑制素(Myostatin)是骨骼肌的负调控因子,是调控肌纤维数量的关键因子,通过调控成肌细胞的增殖影响肌肉的生长与发育。Myostatin 基因敲除的小鼠的肌纤维发生超常的增生和肥大,导致肌肉的重量和力量急剧增加(Mcpherron 等,1997)。Myostatin 基因功能缺失是牛双肌性状形成的重要原因。分离培养双肌牛的成肌细胞进行分化诱导,发现快肌Ⅱa 和Ⅱx 纤维较正常野生型牛显著增多。向双肌牛成肌细胞中添加 Myostatin 后,肌纤维总量减少同时 MyHCⅡx 表达受抑制。最近又有研究发现,Myostatin 基因敲除的小鼠中Ⅱb 纤维增加并伴随着Ⅰ和Ⅱa 肌纤维的减少,且维持Ⅰ型肌纤维的 MEF2C 蛋白含量也有所下降。

生肌调节因子家族(MRFs)包括 MyoD、Myogenin、MRF4 和 Myf5 4 种转录调节因子,其不仅在成肌分化中发挥重要作用,也可以促使肌肉细胞向不同类型的肌纤维分化。Muroya 等(2002)从成年牛中分离了 10 种快慢肌纤维含量不同的肌肉,发现 MyoD 在Ⅱx 纤维中表达量高于 55%,而在不含Ⅱx 的肌肉中其表达量少于 30%;与此不同的是,Myf5 在Ⅱx 纤维的肌肉中最高表达量仅达 16.2%,而在慢肌中高表达约 28%。研究发现,过表达 MyoD 或 Myf-5 优先活化Ⅱb 启动子,而过表达 NFAT 或有活性的 CaN 则优先活化Ⅱa 启动子(Allen 等,2001)。Walters 等(2000)利用原位杂交技术检测了 6 周龄大鼠 MRF4 的转录本表达模式。结果显示,MRF4 在不同的纤维类型中存在特异性的表达,尤其在慢肌纤维中优先高表达。小鼠 C3H10T1/2 多能干细胞用 5-氮胞苷诱导成肌分化,发现 Myogenin 的磷酸化水平和表达量能够同时影响快慢肌肌纤维的形成。低剂量的 Myogenin 促进快肌纤维的形成,而高剂量则诱导慢肌纤维的形成。由此可见,MRFs 对于成肌分化和肌纤维分型起到重要的调节作用。

7.2.2.2 调控肌纤维类型转化的信号途径

一般情况下,骨骼肌具有较强的适应性,其可以受多种生理及外界因素的刺激而发生结构和功能特性的变化。运动可以促进骨骼肌从快肌向慢肌的转化。肌纤维负荷过重会降低Ⅱb 型、增加Ⅱa 及Ⅰ型肌球蛋白重链表达,从而促进快肌向慢肌的转化(Miyazaki 等,2004)。细胞内有多条参与调控肌纤维类型转化的重要的信号通路,如 Ca^{2+} 信号途径,Ras/MAPK 信号途径及多种转录调节因子,辅激活因子和抑制子等。

(1)Ca^{2+} 信号途径

包括 CaN/NFAT 和 Ca^{2+}/CaMK/HDAC/MEF2 两条信号途径。这两个信号途径都是 Ca^{2+} 依赖的信号途径,其被激活都会促进慢肌纤维的形成。钙调神经磷酸酶(Calcineurin,CaN)是一种受 Ca^{2+}/钙调蛋白(CaM)活化的丝/苏氨酸蛋白磷酸酶。CaN 对肌纤维特异性基因转录的作用可能是由活化的 NFAT、MEF2 或二者共同介导的(Liu 等,2001)。最近的研究表明,CaN 信号途径在慢肌纤维相关基因的转录调控中具有重要作用。钙调神经磷酸酶可调控肌纤维类型特异性的基因表达,促进肌纤维类型由快向慢的转化,且该作用具有肌肉特异性(Talmadge 等,2004)。其作用机理为持续且低振幅的钙离子流首先与钙调蛋白(CaM)结合,激活 CaN,从而使活化的 T 细胞核因子(Nuclear factor of activated T cells,NFAT)去磷酸化,进而从胞质转位到细胞核内。在核内,NFAT 与其他转录因子相互作用激活依赖 Ca^{2+} 的特异靶基因,促使慢肌纤维的形成(袁媛等,2010)。研究证实,CaN 特异性抑制剂可下调 CaN 信号途径下游基因的蛋白质表达水平并完全阻断肌肉负荷过重导致的肌纤维类型转化(Miyazaki 等,2004)。Jordan 等(2004)研究证实,抑制 RyR1 活性会提高Ⅱ型慢肌球蛋白启动子活性和激活 T 细胞核因子(NFAT)和肌细胞增强因子 2(MEF2)的转录活性,最终它们的互作促进胸大肌快肌纤维中慢肌特异性基因的表达。肌细胞增强因子-2(Myocyte enhancer factor-2,MEF2)是一种关键的生肌调控转录因子,其通过激活肌肉特异基因的表达在肌肉形成中发挥重要作用。一系列的研究表明,当 MEF2 与组蛋白脱乙酰化酶(ClassⅡ HDACs)结合时,其活性受到抑制。体外研究表明,Ca^{2+}/钙调蛋白激酶(CaMK)信号能够促使 HDACs 磷酸化后从细胞核向胞质中的转运,解除 HDACs 对 MEF2 的抑制作用,诱导肌纤维类型向慢肌的转化。

在体外培养的骨骼肌细胞上的研究结果表明,Ca^{2+}、CaM 依赖的蛋白磷酸酶和 CaN 可以激活慢肌特异性启动子(Naya 等,2000),体内研究也表明环孢霉素 A(一种 CaN 的抑制剂)可以抑制慢肌纤维相关基因的表达,表明 CaN 在激活慢肌表型中发挥着极其重要的作用。采用转基因小鼠进一步证实了 CaN 在诱导产生慢肌纤维中起着决定性的作用。在体试验表明,CaN - NFAT 在神经活动依赖的肌纤维转化过程中扮演着神经活性传感器的作用(Mccullagh 等,2004)。由此可见,CaN/NFAT 是形成和维持慢肌纤维极其重要的信号途径。但也存在不一致的报道。Swoap 等(2000)在稳定表达 CaN 或 NFAT2 的 C2C12 细胞形成的肌管中,均检测出了快肌或慢肌特异启动子。超表达 CaN,可以同时激活慢肌和快肌的启动子,然而超表达 NFAT2 并不能诱导快肌或慢肌特异启动子的表达。研究发现,在快肌纤维 MyHCⅡa、Ⅱb 和Ⅱx 的启动子区域存在多种 NFAT 结合位点,且超表达 CaN 可以活化这些快肌纤维特异的基因(Allen 等,2001)。因此,CaN/NFAT 信号通路对于肌纤维类型的形成和转化均起到重要作用,但其具体作用尚存在很大争议。

Koulmann 等(2008)研究了甲状腺激素和钙调神经磷酸酶在大鼠比目鱼肌纤维类型转化中的作用,结果表明,采用环孢菌素 A(Cyclosporin A,CsA)抑制钙调神经磷酸酶可导致比目鱼肌Ⅰ型纤维向Ⅱa 型转化,而甲状腺激素缺乏的情况下 CsA 无此作用,这提示成年动物肌纤维类型主要受到甲状腺素的调控,生理水平的甲状腺激素是钙调神经磷酸酶调节肌纤维类型转化所必需的。

(2)PGC - 1α/β,AMPK 和 PPARδ 信号途径

过氧化物酶体增殖物激活受体 γ 辅激活子 1(Peroxisome proliferators activated receptor γ coactivator - 1,PGC - 1)包括 α 和 β 两个亚型。PGC - 1α 在骨骼肌中有较高的表达,可以促进线粒体的生物合成,是调节线粒体基因表达的关键因子。PGC - 1α 在慢收缩型肌肉中的表达量显著高于快收缩型肌肉(Russell 等,2003)。体外研究发现,PGC - 1α 与 MEF2 蛋白协同激活慢肌纤维相关基因的表达并能够作为 CaN 信号通路的靶基因发挥作用(Lin 等,2002),而 CaN 是慢肌纤维所特异表达的产物,这就说明 PGC - 1α 是肌纤维类型转化的关键因子。PGC - 1β 也在骨骼肌中高表达,尤其在Ⅱx 肌纤维中优先表达(Arany 等,2007),但其表达不受运动和去神经支配的影响。与 PGC - 1α 类似,PGC - 1β 的过表达也促进了线粒体的生成和氧化酶活性。研究发现,过表达 PGC - 1β 的转基因小鼠,其线粒体和氧化酶类增加,同时还表现为Ⅱx 肌纤维增多(Arany 等,2007)。而 PGC - 1β 敲除的小鼠,其比目鱼肌中线粒体含量和氧化磷酸酶基因的表达均减少,但肌纤维类型并未发生转化(Sonoda 等,2007)。因此,PGC - 1β 在肌纤维类型转化中的作用仍有待进一步研究证实。

腺苷酸激活的蛋白激酶(AMP - activated protein kinase,AMPK)信号途径在细胞能量调节中处于中心地位,被称为“细胞能量调节器”(Hardic 和 Sakamoto,2006)。研究发现,无 AMPK 功能的转基因小鼠不耐受运动疲劳,而 AMPK 活化后能够增加线粒体氧化酶的活性和线粒体合成(Mu 等,2001),并且这种作用可能是由 PGC - 1α 介导的,因为在表达显性负突变 AMPK 的转基因小鼠和基因敲除小鼠上的研究结果证实了 PGC - 1α 在 AMPK 信号途径中的重要作用(Zong 等,2002)。

过氧化物酶体增殖物激活受体 β/δ(Peroxisome proliferator - activated receptor β/δ,PPARβ/δ)在骨骼肌中的含量显著高于 PPARα 和 PPARγ(Muoio 等,2002),且在慢氧化型肌肉中的含量显著高于快酵解型肌肉(Wang 等,2004)。进一步研究发现,PPARβ/δ 可促进肌纤维类型由快向慢的转化,同时提高线粒体 DNA 含量及慢收缩蛋白的表达(Wang 等,2004;

Schuler 等,2006)。已有研究表明,骨骼肌中超表达 PPARδ 会导致Ⅰ型肌纤维的数量增加(Luquet 等,2003;Wang 等,2004)。PPARδ 表达量的增加可能与长期耐力训练所导致的肌纤维类型转化有关。由此可见,PPARδ 在肌肉的发育和对环境的适应能力方面发挥着至关重要的作用。过表达 PPARδ 不仅使得氧化型肌纤维的数量增加,还伴随着氧化代谢相关的基因表达增加,酶的活性也增强。也就是说激活 PPARδ 可以增强机体的有氧代谢,降低机体的脂肪沉积,从而有助于预防肥胖和Ⅱ型糖尿病的发生。此外,PGC-1 是 PPARγ 的辅助激活子,可能 PGC-1 对肌纤维类型转化的影响是通过激活 PPARδ 而实现的。

(3)Ras/MAPK 信号途径

细胞分裂素活化蛋白激酶(Mitogen-activated protein kinase,MAPK)是细胞内的一类丝氨酸/苏氨酸蛋白激酶。通常情况下 MAPK 位于胞浆中,磷酸化后被激活而进入核内,激活靶基因。MAPK 信号通路主要有 3 条,即细胞外信号调节蛋白激酶 Ras/ERK1/2、p38 和 c-Jun N-末端激酶(JNK)信号通路。Dupont 等(2010)以后腿不负重的大鼠为模型研究了磷脂酰肌醇 3 激酶(Phosphatidylinositol 3-kinase),PI3K-AKT 和 MAPK 信号途径在肌肉生成和肌纤维类型转化调控中的作用,结果表明,大鼠比目鱼肌萎缩且肌纤维类型由慢型向快型转化,ERK 磷酸化程度降低,PI3K-AKT 及 MAPK 信号途径被激活。而慢性低频率电刺激有助于维持比目鱼肌 ERK 的磷酸化水平并抑制了肌纤维类型的转化。

(4)Wnt/β-catenin 信号途径

Wnt 信号途径是一个复杂的蛋白质作用网络,主要包括多个可调控的 Wnt 信号分子合成的蛋白质,其在胚胎发育和成年动物多种生理活动中具有重要作用。它们通过与靶细胞上相应配体结合,激活各级信号分子,调控靶细胞的生理功能。不同的 Wnt 配体因其活性的差异可以激活不同的信号通路,其中包括经典的 Wnt/*β*-catenin 通路和非经典 Wnt 信号通路。*β*-链蛋白(*β*-catenin)是一种多功能糖蛋白,它也是 Wnt 信号途径的核心成员。*β*-catenin 在细胞连接处与钙粘素相互作用,参与形成黏合带,而游离的 *β*-catenin 可进入细胞核,调节基因表达。Anakwe 等(2003)在体内和体外研究了 Wnt 信号途径在鸡胚翅芽肌群细胞成肌分化和肌纤维类型模式形成中的作用,结果表明 Wnt 信号途径介导了鸡胚翅芽细胞的成肌终末分化并影响了快慢肌纤维的数量和组成。Wnt5a 和 Wnt6(Anakwe 等,2002)对快慢肌纤维数量的影响与 Wnt11 相反。过表达激活的钙调蛋白激酶Ⅱ也通过 Wnt 信号途径发挥着与 Wnt5a 相似的作用,并且过表达 Wnt 拮抗剂 Sfrp2 和 δLEF1 会阻断细胞成肌分化。另有资料显示,肌肉生长抑制素(Myostatin)能够下调 Wnt/β-catenin 表达,抑制肌卫星细胞增殖和慢肌相关基因的表达(Gordon 和 Nusse,2006)。这些结果表明,Myostatin 和 Wnt/β-catenin 信号途径可能在肌纤维类型转化中具有重要调节作用。

(5)PKC 信号途径

鸟类快肌中蛋白激酶 C(Protein kinase C,PKC)的活力是慢肌中的 2～2.5 倍。利用 PKC 的抑制剂十字孢碱处理分离培养的鸟类成肌细胞,发现鸟类慢型 MyHC Ⅱ基因的表达增加。PKC 对慢肌纤维相关基因的表达具有抑制作用。体内研究表明,鸡胸大肌快肌纤维中Ⅱ型肌球蛋白的表达主要受到其内源性兰尼定受体 1(Ryanodine receptor 1,RyR1)的抑制,采用兰尼碱抑制 RyR1 可导致 PKC 活性降低并促进Ⅱ型肌球蛋白的表达(Jordan 等,2004)。进一步研究认为,PKC 活性降低对于胸大肌快肌纤维中Ⅱ型肌球蛋白的表达是必需的。蛋白激酶 D(PKD)依赖于 PKC 的磷酸化而被激活,PKD 在慢肌中则有较高的表达,且 PKD 可与

CaN 协同从而促进慢肌的形成。

此外，一些新的信号分子参与肌纤维多样化的形成过程，如 TEA 域转录因子 1(TEAD1)促进肌肉慢收缩型蛋白的表达(Tsika 等，2008)；CFL2b 可显著增加 MyHC Ⅱx 和Ⅱb 型肌纤维的基因表达，而不影响 MyHC Ⅰ的基因表达(Zhao 等，2009)；Six1 和 Six4 基因是激活小鼠初级肌节快肌基因表达所必需的相关因子(Niro 等，2009)。

7.2.3 肌纤维类型与肉品质的关系

7.2.3.1 肌纤维类型与肉品的 pH

动物宰后肌肉中糖原经过糖酵解转化成乳酸并在肌肉中积聚是引起宰后肌肉中 pH 降低的主要原因，也就是说动物屠宰时其肌肉中糖原的含量会在很大程度上影响宰后肉品的 pH(Immonen 等，2000)。由于Ⅱb 型肌纤维中具有较高活性的 ATPase 和较高含量的糖原，因而当肌肉中Ⅱb 型肌纤维比例大时，会使肌肉中 pH 下降较快，甚至产生 PSE 肉。研究表明，肌肉的氧化能力和慢收缩氧化型肌纤维的比例与肉品的 pH 呈正相关(Makin 等，1997)。在大约克夏猪上的研究也证实，酵解代谢型肌纤维比例的增加会加快宰后 pH 降低的程度和速度，并最终导致肌肉滴水损失增加和颜色的下降(Makin 等，1997)。但在携带氟烷基因的猪上的研究却表明，肌肉中所含Ⅱx 型肌纤维的比例与肉品的 pH 呈负相关(Eggert，等，2002)。

7.2.3.2 肌纤维类型与肉品的风味

肌肉中影响肉品风味的物质主要包括肌内脂肪、磷脂和肌酐酸等。有氧代谢型肌纤维与酵解代谢型肌纤维相比，具有更高的磷脂含量(Leseigneur - Meynier 等，1991)，因而氧化型肌纤维比例高可以增加肉品的风味。在牛、羊上的研究也证实，肌肉中Ⅰ型肌纤维的含量与肉品的多汁性和风味成正相关(Maltin 等，1998)。

7.2.3.3 肌纤维类型与肉品的颜色

肉色是肉品质一项重要的外观指标，肌纤维类型直接影响肌肉的颜色。Ⅱb 型肌纤维所含肌红蛋白的含量低，肌肉中若Ⅱb 型纤维在肌肉中所占比例高，则肌肉颜色显得苍白，肉色评分较低。相反，有氧代谢型肌纤维所含肌红蛋白的量高，因此，肌肉中若有氧代谢型肌纤维所占比例较高，则肌肉颜色鲜红，肉色评分较高。肌肉的系水力直接影响肌肉的颜色，而系水力与肌纤维类型密切相关，酵解代谢型肌纤维含量高会导致肌肉保水性能下降(Offcr，1991)。

7.2.3.4 肌纤维类型与肉品的嫩度

肌肉的嫩度是指咀嚼时牙齿对肌肉的感觉，可通过测定剪切力对肉嫩度进行评定。肌纤维直径和结缔组织的分布等因素对肉的嫩度影响显著。就肌纤维直径而言，氧化型肌纤维(Ⅰ型和Ⅱa 型)直径较细，而酵解型纤维(Ⅱx 型和Ⅱb 型)直径较粗。因此，在相同屠宰和贮藏条件下，肌肉酵解型尤其是Ⅱb 型肌纤维比例增大，会增加肌肉的剪切力，从而降低肉品的嫩度。宰后的肌节长度会影响肌肉的嫩度，肌节长度越长，肌肉越嫩。研究表明，氧化型肌纤维比酵解型肌纤维具有更强的缩短效应(Cena 等，1992)，因而从屠宰的收缩效应来看，酵解型纤维含量高的肌肉似乎具有较高的嫩度。总体来说,由于影响肉品嫩度的因素较多,肌纤维类型与肉品嫩度的关系因而显得更为复杂。目前对肌纤维类型与嫩度的关系的研究尚没有一致结论。

7.3 肌纤维类型转化的营养调控

营养是肌肉正常生长发育的物质基础,出生前和出生后的营养均可能会影响肌纤维发育和肌纤维类型的分布及转化。

7.3.1 母体营养对肌纤维发育和类型转化的调控

出生前的营养主要是通过母体的营养状况来体现的。母体营养调控肌纤维发育与类型转化,主要通过两种途径进行,一是母体子宫内自身营养分配不均造成仔猪先天营养不足或过剩,从而引起肌纤维的变化;另外一种是人为改变日粮营养水平来调控后代肌纤维生长发育。目前主要通过后一种方式来调控肌纤维生长。

母体的营养变化,会影响胚胎和新生动物肌肉的发育。目前,母体营养对仔猪肌纤维发育的研究主要集中于肌纤维数方面,且主要表现在次级肌纤维数的改变(Rehfeldt 等,1999;Bee 等,2004)。胎儿时期营养不良会引起仔猪发育不良,尤其是减少次级纤维的数量,进而造成出生后肌肉生长潜能永久性降低(Powell 等,1981)。对同窝内不同仔猪肌肉生长发育差异的研究发现,体重较大仔猪的肌纤维数比体重小的仔猪多 17%(Wigmore 等,1983),其主要原因是体重较大的仔猪初级纤维直径较大,从而能形成更多的次级纤维。Pond 等(1992)研究表明,母猪妊娠全程蛋白限饲比早期蛋白限饲对后代肌肉发育产生的损伤较大。而如果母猪在妊娠期全程 50%的能量限饲,仔猪的半腱肌和三头肌重显著降低(Rehfeldt 等,2004)。绵羊上的研究表明,妊娠 18~75 d 营养不良会引起胎儿的肌肉发育缓慢,肌束的平均面积减小,次级纤维数目减少(Quigley 等,2005)。同时日粮维生素水平的缺乏对肌肉生长也有影响。研究表明,大鼠妊娠期间中等程度的维生素 A 缺乏会降低胎儿生肌调节蛋白的表达(Downie 等,2005)。

母体营养的调控如调节采食量,改变日粮水平及限饲等对初级纤维的数量基本没有影响,但却调控次级纤维的数目和调节肌纤维类型的转化。目前许多研究都表明母体营养不足会导致胎儿次级肌纤维数目减少。研究发现,胎盘营养不足造成次级纤维数目降低,但背最长肌中无此现象(Aberle,1984)。猪和绵羊的研究报道显示,肌纤维形成之前提高母体营养摄入,胎儿次级纤维密度、次级纤维与初级纤维的比率提高(Gatford 等,2003)。Dwyer 等(1994)研究发现,妊娠期提高母猪采食量能增加仔猪半腱肌的次级肌纤维数目,降低同窝肌纤维数少的仔猪头数的比率。而母体营养限饲会导致胎儿次级纤维密度、次级纤维与初级纤维的比率降低(Gatford 等,2003;Zhu 等,2006)。

胚胎期营养(母体营养)也可以调控初生动物的肌纤维类型。Cerisuelo 等(2009)在猪上的研究表明,提高妊娠中期(45~85 d)母猪的采食量(1.5~2.0 kg/d)对产仔数和仔猪初生重无显著影响,但减少了初级肌纤维、次级肌纤维和总肌纤维数量,同时降低Ⅱb 型肌纤维的数量。Fahey 等(2005)研究表明,在肌纤维形成前减少母体营养,羔羊的背最长肌和股外侧肌中快肌纤维明显减少，慢肌纤维明显增加，而在肌纤维形成以后的母体营养对羔羊的肌纤维数量没有影响。对猪而言，在胚胎期 90 d 肌纤维的数目就已经不再发生变化，如果母猪在怀孕 25～50 d 期间营养过剩或在 10～24 d 期间注射生长激素会导致出生后猪的肌纤维总数增加（Harrison 等，1996），其具体的作用机制目前还不是很清楚。Bee（2004）研究发现，饲喂低能量的妊娠母猪所产仔猪半腱肌中快速酵解型（FG）肌纤维的含量较低，这在白肌中被快速氧化型（FOG）肌纤维所代替，而在红肌中被慢速氧化型（SO）肌纤维所代替。其作用机制可能是母体营养不足，导致胎儿血浆氨基酸和葡萄糖的含量降低，进一步引起骨骼肌 mTOR 信号下调，导致骨骼肌蛋白合成率下降，从而导致次级肌纤维数目和肌肉品质的降低（Zhu 等，2006）。

由此可见，母体营养对后代肌纤维发育和类型转化有重要的影响，而这种影响可能与 IGF 的水平或胎盘形态和功能的变化有关（Dwyer 等，1992；Dwyer 等，1992；Dwyer 等，1992），但具体的作用机制仍有待于进一步的研究。最近几年对母体营养影响胎儿肌肉发育的机制成为新的研究热点，更详细的内容见“母体营养对胎儿发育及子代脂肪和结缔组织沉积的影响”一章。

7.3.2 出生后营养对肌纤维生长和类型转化的调控

肌纤维的增殖在出生前就已完成，故出生后的营养状况不会影响肌纤维的数目（Bidanel 等，1991），主要影响肌纤维的肥大与类型转化。在猪、羊、大鼠等多种动物上研究表明，出生后营养不足会引起骨骼肌重量降低，其原因与肌纤维大小有关。出生后营养不良对肌纤维类型的转化也产生影响。Lefaucheur 等（2003）研究发现，出生后第一周营养不良对肌肉发育和肌纤维的分布有很大的影响，营养不良会显著降低仔猪背最长肌中快速酵解型肌纤维的过度增长，而Ⅱa 型肌纤维的增长减缓，从而延迟了肌纤维的成熟。出生后营养可以通过调控 MyHC 异构体的表达来影响肌纤维类型的转化及肌肉表型，但目前这方面的研究资料较为匮乏，且结果不一，动物体重或年龄、肌肉部位和营养缺失程度都会对结果产生影响（Harrison 等，1996；White 等，2000；Lefaucheur 等，2003）。目前，关于出生后营养水平对其肌纤维类型的影响的研究主要集中限制饲养方面，而蛋白、能量以及激素等对其影响研究比较少。

7.3.2.1 出生后日粮蛋白水平对肌纤维生长和类型转化的调控

日粮蛋白水平对动物生长和健康的影响一直是动物营养学研究的重点，但是在其对肌纤维类型方面影响的研究却较少。近年来研究发现，蛋白质及氨基酸之间的平衡在决定饲料利用率和肌纤维类型转化上起重要作用。Gocrl 等（1995）在蛋白水平对生长猪肉品质的研究中发现，低蛋白可以提高肉品质。Solomon 等（1994）研究结果也表明，低蛋白日粮组较高蛋白日粮组猪的背最长肌中含有更高比例的氧化型肌纤维和较低比例的酵解型肌纤维。Karlsson 等（1993）对 25～103 kg 阶段猪饲喂不同蛋白水平的日粮，结果表明，低蛋白水平日粮可以增加肌内脂肪含量和肌肉嫩度。而且，在低蛋白日粮组中猪的背最长肌含有更高比例的Ⅰ型肌纤维和较低比例的Ⅱb 型肌纤维。不过 Essén - Gustavsson 等（1994）的研究也表明，低蛋白日粮组含有更高比例的肌内脂肪，但是高低蛋白水平间肌纤维的类型组成并无差异。综上所述，蛋白水平对肌纤维类型和生长均有一定作用，但具体机制十分复杂，可能是多种原因包括年龄、品种以及生存环境等共同作用的结果。

7.3.2.2 出生后日粮能量水平对肌纤维生长和类型转化的调控

日粮能量水平对肌纤维的生长发育和类型转化也有重要的调控作用。能量水平主要改变肌纤维的直径以及快肌纤维的数目(Vollestad 等,1975),而对慢肌纤维的数目却没有显著影响。能量不足时会导致机体快肌纤维萎缩,其机制可能是相对于快肌纤维而言,慢肌纤维生长发育需要较少的 ATP。Harrison 等(1996)研究表明,在仔猪刚断奶阶段(3~7 周)的限饲(自由采食量的 50%)虽不改变背最长肌中肌纤维类型的比例,但是会导致背最长肌、比目鱼肌和菱形肌中肌纤维的面积降低了一半,而且选择性降低Ⅰ型慢肌纤维直径以及改变肌肉中肌纤维类型的比例。但也存在不一致的报道。有研究表明,在 7~100 kg 阶段限饲(自由采食量的 30%)并不改变猪肌纤维类型的比例,但是可以增加肌纤维的横截面积,这与限饲可提高动物的瘦肉率的结果一致。虽然有实验已经证明,日粮能量水平对肌纤维生长发育和类型转化有一定影响,但机制并不清楚,还有待于进一步研究。

7.3.2.3 一水肌酸水平对肌纤维生长和类型转化的调控

一水肌酸能够保证肌肉高强度反复收缩时的能量供给,增强肌肉运动能力,一直是国内外运动医学研究的热点。近年来,一水肌酸对动物生产性能、胴体品质以及肌纤维生长和类型转化等影响方面已有一些国外文献报道。韩新燕等(2007)研究发现肥育猪饲料中添加一水肌酸可显著提高眼肌面积和背最长肌率,以及通过降低肌肉中乳酸的积累,提高肌肉 pH,从而降低宰后肌肉的滴水损失,改善肉质。Gallo 等(2006)对大鼠研究表明,日粮中添加肌酸可以增加快肌纤维的含量。Volek 等(1999)研究发现肌酸可以改善肌肉中肌纤维类型的组成。一水肌酸的作用机制目前还不清楚,有待于进一步研究。

总之,肌肉由肌纤维组成,它是畜禽胴体中最主要的组成成分。根据肌纤维的代谢特性、收缩功能和肌球蛋白重链(MyHC)的多态性,可将其划分为不同类型。虽然动物肌纤维的数目在出生时已经固定,但肌纤维类型在出生后并不是固定不变的。大量研究表明,肌纤维类型是决定肉品质的一个重要因素。因此,了解肌纤维类型转化的规律及其调节机制十分重要。尽管当前的研究初步揭示了肌纤维类型转化的可能机制,但相关资料仍较少,其具体的分子机制和信号途径仍有待于进一步研究。由于肌纤维发育与类型转化过程涉及许多基因的互作,各基因之间的网络联系尚不清楚,而各个基因表达的变化及信号传导通路最终又如何影响肌纤维发育与类型转化仍需开展大量深入细致的研究。尽管母体营养和出生后营养均会影响肌纤维发育及肌纤维类型的分布和转化,但营养影响肌纤维发育与类型转化的分子机制目前还大部分未知,只有通过研究营养素对动物机体的整体调控,深入机体这个“黑箱”,采用功能基因组学和蛋白质组学的理论与技术才能找出关键调控点或环节。

(本章由四川农业大学黄志清和陈代文主笔)

参考文献

[1] 陈晓娟,石坚,黄帅,等.二花脸仔猪与皮特兰仔猪肌纤维类型特性的比较及其与肉质的关系.福建农林大学学报(自然科学版),2008,37(2):185-189.

[2] 程甦. 品种及营养水平对猪肌纤维发育规律的影响研究. 重庆;西南大学,2008.

[3] 韩新燕,许梓荣,邵明丽,等. 一水肌酸对肥育猪胴体组成及肌肉系水力的影响. 动物营养学报,2007,19(4):401-406.

[4] 何波. 猪骨骼肌卫星细胞的培养、鉴定及猪 MEF2B 和 MEF2C 基因的初步研究. 硕士学位论文. 武汉,华中农业大学,2006.

[5] 呼红梅,王继英,朱荣生,等. 莱芜猪和杜洛克猪肌肉肌球蛋白重链组成对肉质性状的影响. 中国科学:C辑,2008,38(1):60-65.

[6] 胡来根,潘锡桂. 猪肌纤维类型转化规律的研究. 河南农业科学,1990,3:28-29.

[7] 李云龙,刘春巧. 动物发育生物学. 济南:山东科学技术出版社,2003.

[8] 刘顺德,刘孟洲,王玉涛,等. 宁夏几个主要品种猪背最长肌组织学特性的研究. 农业科学研究,2006,27(2):33-37.

[9] 刘艳芬,刘铀. 生长猪肌纤维类型的转化规律. 西北农业学报,1996,5(4):41-44.

[10] 王雷杰. 金华猪与长白猪生长和肌肉发育差异的机理研究. 博士学位论文,浙江大学,浙江,2009.

[11] 王玲. 普通牛 FoxO1、FoxO3、FoxO4 基因的克隆、表达及其对肉质性状的遗传效应. 博士学位论文. 四川农业大学. 雅安,2010.

[12] 王颖. 于洁,张芳婷. Notch 信号通路与细胞的增殖分化. 广东医学,2009,30(7):1181-1183.

[13] 胥清富. 生长激素作用的靶基因在猪肝脏和肌肉上的表达及调控. 博士学位论文,南京农业大学,2002. 6.

[14] 杨凤. 动物营养学(2 版). 北京:中国农业出版社,1999.

[15] 杨晓静,赵茹茜,陈杰,等. 猪背最长肌肌纤维类型的发育性变化及其品种和性别特点. 中国兽医学报,2005,25(1):89-94.

[16] 杨烨,方桂友,李忠荣,等. 不同地方品种肉鸡肌纤维组织学特性与肌肉嫩度的研究. 安徽农业科学,2009,37(13):5987-5988,6018.

[17] 袁媛,刘月光,史新娥,等. 调控骨骼肌纤维类型转化的信号通路. 中国生物化学与分子生物学报. 2010,26(9):796-801.

[18] 张克英,陈代文. 类胰岛素生长因子及其营养调控. 中国畜牧杂志,2002,38(6):42-44.

[19] 朱砺,李学伟,李芳琼,等. 肌纤维生长发育规律的研究. 四川农业大学学报,2002,20(1):46-48.

[20] Aberle. 1984. Myofiber differentiation in skeletal muscles of newborn runt and normal weight pigs. J. Anim. Sci. 59: 1651-1656.

[21] Aigner, B. G., N. Hämäläinen, R. S. Staron, A. Uber, U. Wehrle, and D. Pette. 1993. Fast myosin heavy chain diversity in skeletal muscles of the rabbit: heavy chain IId, not IIb predominates. Eur. J. Biochem. 211(1-2): 367-372.

[22] Allen, C. A. S., L. K. Sycuro, and L. A. Leinwand. 2001. Different pathways regulate expression of the skeletal myosin heavy chain genes. J. Biol. Chem. 276(47): 43524-43533.

[23] Anakwe, L. R., J. Hadley, P. Buxton, V. Church, S. Allen, C. Hartmann, B. Harfe, T. Nohno, A. M. C. Brown, D. J. R Evans, and P. Francis-West. 2002. 16 Wnt regulation of limb muscle differentiation. J. Anat. 201(5): 421.

[24] Anakwe, L. R., J. Hadley, P. Buxton, V. Church, S. Allen, C. Hartmann, B. Harfe, T. Nohno, A. M. C. Brown, D. J. R. Evans, and P. Francis-West. 2003. Wnt signalling regulates myogenic differentiation in the developing avian wing. Development 130(15): 3503-3514.

[25] Arany, N. L., C. Morris, E. Smith, W. Yang, Y. Ma, S. Chin, and B. M. Spiegelman. 2007. The transcriptional coactivator PGC-1β drives the formation of oxidative type Ⅱx fibers in skeletal muscle. Cell Metab. 5(1): 35-46.

[26] Armstrong, M. , E. F. Goljan, and M. H. Laughlin. 1987. Distribution of blood flow in muscles of miniature swine during exercise. Journal of Applied Physiology 62(3): 1285 - 1298.

[27] Armstrong, P. D. Gollnick, and C. D. Ianuzzo. 1975. Histochemical properties of skeletal muscle fibers in streptozotocin - diabetic rats. Cell and Tissue Research 162(3): 387 - 393.

[28] Aroniadou - Anderiaska, P. W. R. L. , and J. Gilloteaux. 1996. Effects of exogenous growth hormone on skeletal muscle of young female rats. Tissue and Cell 28 (6): 719 - 724.

[29] Artaza, S. B. , T. R. Magee, S. Reisz - Porszasz, R. Shen, N. P. Groome, M. M. Fareez, and N. F. Gonzalez - Cadavid. 2005. Myostatin inhibits myogenesis and promotes adipogenesis in C3H 10T(1/2) mesenchymal multipotent cells. Endocrinology 146(8): 3547 - 3557.

[30] Ashmore, L. D. 1971. Comparative aspects of muscle fiber types in different species. Experimental neurology 31(3): 408 - 418.

[31] Ashmore, W. P. , H. Stokes, and L. Doerr. 1974. Comparative aspects of muscle fiber types in fetuses of the normal and "double - muscled" cattle. Growth 38(4): 501 - 506.

[32] Bachir - Lamrini, B. S. , M. H. Mayet, and R. J. Favier. 1990. Evidence of a slow - to - fast fiber type transition in skeletal muscle from spontaneously hypertensive rats. Am. J. Physiol. 258(2): R352 - 357.

[33] Bajard, F. R. , M. Lagha, D. Rocancourt, P. Daubas, and M. E. Buckingham. 2006. A novel genetic hierarchy functions during hypaxial myogenesis: Pax3 directly activates Myf5 in muscle progenitor cells in the limb. Genes & Dev. 20: 2450 - 2464.

[34] Bee, G. G. , and W. Herzog. 2004. Free - range rearing of pigs during the winter: Adaptations in muscle fiber characteristics and effects on adipose tissue composition and meat quality traits. J. Anim. Sci. 82(4):1206 - 1218.

[35] Bee, M. B. S. , S. M. Czerwinski, C. Long, and V. G. Pursel. 1999. Correlation between histochemically assessed fiber type distribution and isomyosin and myosin heavy chain content in porcine skeletal muscles. J. Anim. Sci. 77(8): 2104 - 2111.

[36] Bee. 2004. Effect of early gestation feeding, birth weight, and gender of progeny on muscle fiber characteristics of pigs at slaughter. J. Anim. Sci. 82(3):826 - 836.

[37] Beermann, R. G. C. , and G. J. Hausman. 1978. A second look at fiber type differentiation in porcine skeletal muscle. J. Anim. Sci. 46: 125 - 132.

[38] Beermann, V. K. F. , K. Roneker, R. D. Boyd, G. Armbruster, and L. Souza. 1990. Dose - response relationships between porcine somatotropin, muscle composition, muscle fiber characteristics and pork quality. J. Anim. Sci. 68(9): 2690 - 2697.

[39] Berchtold, H. B. , and M. M. 2000. Calcium ion in skeletal muscle: its crucial role for muscle function, plasticity, and disease. Physiol. Rev. 80(3): 1215 - 1265.

[40] Bernardi, S. G. , Y. Fedon, B. Vernus, A. Bonnieu, and F. Bacou . 2011. Wnt4 Activates the Canonical β - Catenin Pathway and Regulates Negatively Myostatin: Functional Implication in Myogenesis. Am. J. Physiol. Cell Physiol. 300(5):C1122 - 1138.

[41] Bidanel, M. B. , A. Pointillart, J. Gruand, J. Mourot, and I. Demade. 1991. Effects of exogenous porcine somatotropin (pST) administration on growth perform, carcass traits, and pork meat quality of Meishan, Pietrain, and crossbred gilts. J. Anim. Sci. 69(9): 3511 - 3522.

[42] Birgitta, A. L. 1984. Fiber types and metabolic characteristics in muscles of wild boars, normal and halothane sensitive Swedish landrace pigs. Comparative biochemistry and physiology Part A: physiology 78 (1): 67 - 71.

[43] Birgitta, F. S. 1985. Skeletal muscle characteristics in different breeds of pigs in relation to sensory

properties of meat. Meat Science 13(1): 33 - 47.

[44] Bonneau, J. M., J. Noblet, L. Lefaucheur, and J. P. Bidanel. 1990. Tissue development in Meishan pigs: Muscle and fat development and metabolism and growth regulation by somatotropic hormone. Pages 199 - 213 in Chinese pig symposium, Toulouse, France.

[45] Borycki, J. L., F. Jin, C. P. Emerson, and J. A. Epstein. 1999. Pax3 functions in cell survival and in Pax7 regulation. Development 126:1665 - 1674.

[46] Bower, I. A. J. 2010. Transcriptional Regulation of the IGF Signaling Pathway by Amino Acids and Insulin - Like Growth Factors during Myogenesis in Atlantic Salmon. PLoS ONE 5(6): e11100.

[47] Brand - Saberi. 2005. Genetic and epigenetic control of skeletal muscle development. Ann. Anat. 187: 199 - 207.

[48] Brand - Saberi. 2005. Genetic and epigenetic control of skeletal muscle development. Ann. Anat. 187 (3): 199 - 207.

[49] Brandstetter, B. P., and Y. Geay. 1997. Regional variations of muscle fibre characteristics in m. semitendinosus of growing cattle. Journal of muscle research and cell motility 18(1): 57 - 62.

[50] Brandstetter, B. P., and Y. Geay. 1998. Muscle fibre characteristics in four muscles of growing bulls: I. Postnatal differentiation. Livest. Prod. Sci. 53(1):15 - 23.

[51] Brandstetter, B. P., and Y. Geay. 1998. Muscle fibre characteristics in four muscles of growing male cattle: Ⅱ. Effect of castration and feeding level. Livest. Prod. Sci. 53(1):25 - 36.

[52] Brent, D. D. M., and P. R. Larsen. 1991. Thyroid hormone regulation of gene expression. Annu. Rev. Physiol. 53:17 - 35.

[53] Brooke, K. K. K. 1970. Three "myosin adenosine triphosphatase" systems: the nature of their pH lability and sulfhydryl dependence. Journal of Histochemistry and Cytochemistry 18(9): 670 - 672.

[54] Brunelli, F. R., S. Baesso, M. Buckingham, and G. Cossu. 2007. Beta catenin - independent activation of MyoD in presomitic mesoderm requires PKC and depends on Pax3 transcriptional activity. Dev. Biol. 304(2):604 - 614.

[55] Buckingham, L. B., T. Chang, P. Daubas, J. Hadchouel, S. Meilhac, D. Montarras, D. Rocancour, and F. Relaix. 2003. The formation of skeletal muscle: from somite to limb. J. Anat. 202(1): 59 - 68.

[56] Campion, R. L. R., J. O. Reagan, and R. R. Kraeling. 1981. Changes in the satellite cell population during postnatal growth of pig skeletal muscle. J. Anim. Sci. 52:1014 - 1018.

[57] Campion, R. L. R., R. R. Kraeling, and J. O. Reagan. 1979. Changes in the satellite cell population in fetal pig skeletal muscle. J. Anim. Sci. 48(5):1109 - 1115.

[58] Ceńa, I. J., J. A. Beltran, and P. Roncales. 1992. Postmortem shortening of lamb logissimus oxidative and glycolytic fibers. J. Muscle Foods 3(3):253 - 260.

[59] Cerisuelo, M. D. B., J. Gasa, J. Coma, D. Carrión, N. Chapinal, and R. Sala. 2009. Increased sow nutrition during midgestation affects muscle fiber development and meat quality, with no consequences on growth performance. J. Anim. Sci. 87(2): 729 - 739.

[60] Chang, K. C., N. da Costa, R. Blackley, O. Southwood, G. Evans, G. Plastow, J. D. Wood, and R. I. Richardson. 2003. Relationships of myosin heavy chain fibre types to meat quality traits in traditional and modern pigs. Meat Science 64(1): 93 - 103.

[61] Chang, K. F. 1997. Developmental expression and 5′ end cDNA cloning of the porcine 2x and 2b myosin heavy chain genes. DNA Cell Biol. 16(12): 1429 - 1437.

[62] Chang, K. F., and G. Goldspink. 1993. In vivo expression and molecular characterization of the porcine slow - myosin heavy chain. J. Cell Sci. 106:331 - 341.

[63] Chang, K. F., and M. J. Dauncey. 1995. Molecular characterization of a developmentally regulated porcine skeletal myosin heavy chain gene and its 5′ regulatory region. J. Cell Sci. 108 (4):1779 - 1789.

[64] Chung, V. K. M., and T. D. Etherton. 1983. Temporal nature of insulin binding and insulin - stimulated glucose metabolism in isolated swine adipoytes. J. Anim. Sci. 56:58 - 66.

[65] Clark, E. D. H., E. Lai, and S. K. Burley. 1993. Co - crystal structure of the HNF-3/*fork head* DNA - recognition motif resembles histone H5. Nature 364:412 - 420.

[66] Cole, D. B., and H. M. Cooper. 2007. Neogenin: a multifunctional receptor regulating diverse developmental processes. Int. J. Biochem. & Cell Biol. 39:1569 - 1575.

[67] Condon, L. S., H. M. Blau, and W. J. Thompson. 1990. Differentiation of fiber types in aneural musculature of the prenatal rat hindlimb. Dev. Biol. 138(2):275 - 295.

[68] Coolican, D. S. S., D. Z. Ewton, F. J. McWade, and J. R. Florini . 1997. The mitogenic and myogenic actions of insulin - like growth factors utilize distinct signaling pathways. J. Biol. Chem. 272: 6653 -6662.

[69] Davies. 1972. Postnatal changes in the histochemical fibre types of procine skeletal muscle. Journal of Anatomy 113(Pt 2):213 - 240.

[70] Dentice, A. M., R. Ambrosio, O. Guardiola, A. Sibilio, J. Paik, G. Minchiotti, R. A. DePinho, G. Fenzi, P. R. Larsen, and D. Salvatore. 2010. The FoxO3/type 2 deiodinase pathway is required for normal mouse myogenesis and muscle regeneration. J. Clin. Invest. 120(11): 4021 - 4030.

[71] Depreux, A. L. G., D. B. Anderson, and D. E. Gerrard. 2002. Paylean alters myosin heavy chain isoform content in pig muscle. J. Anim. Sci. 80(7): 1888 - 1894.

[72] Downie, C. A., M. I. Delday, C. A. Maltin, and A. A. Sneddon. 2005. Moderate maternal vitamin A deficiency alters myogenic regulatory p rotein exp ression and perinatal organ growth in the rat. Am. J. Physiol. Regul. Integr. Comp. Physiol. 288: R73 - R79.

[73] Dreyer, R. T. N., J. W. Henning, and E. Rossouw. 1977. The influence of breed, castration and age on muscle fibre type and diameter in Friesland and Afrikaner cattle. S. Afr. J. Anim. Sci. 7(3): 171 -180.

[74] Du, X. Y., J. F. Tong, J. Zhao, and M. J. Zhu. 2010. Maternal Obesity, Inflammation, and Fetal Skeletal Muscle Development. Biology Reproduction 82(1):4 - 12.

[75] Dugan, J. L. A., A. L. Schaefer, and J. K. G. Kramer. 1997. The effect of conjugated linoleic acid on fat to lean repartitioning and feed conversion in pigs. Can. J. Anim. Sci. 77: 723 - 725.

[76] Dupont, C. C., B. Bastide, and L. Stevens. 2011. Electrostimulation during hindlimb unloading modulates PI3K - AKT downstream targets without preventing soleus atrophy and restores slow phenotype through ERK. Am. J. Physiol. Regul. Integr. Comp. Physiol. 300(2): R408 - R417.

[77] Dwyer, A. J. M., A. R. Crook, and N. C. Stickland. 1992. The effect of maternal undernutrition on the growth and development of the guinea pig placenta. J. Dev. Physiol. 18(6): 295 - 302.

[78] Dwyer, N. C. S. 1992. Does the anatomical location of a muscle affect the influence of undernutrition on muscle fibre number?. J. Anat. 181(Pt 2):373 - 376.

[79] Dwyer, N. C. S. 1992. The effects of maternal undernutrition on maternal and fetal serum insulin - like growth factors, thyroid hormones and cortisol in the guinea pig. J. Dev. Physiol. 18(6): 303 - 313.

[80] Dwyer, N. C. S. 1994. The influence of maternal nutrition on muscle fiber number development in the porcine fetus and on subsequent postnatal growth. J. Anim. Sci. 72:911 - 917.

[81] Edmonson, E. N. O. 1989. A gene with homology to the myc similarity region of MyoD1 is expressed during myogenesis and is sufficient to activate the muscle differentiation program. Genes Dev. 3:

628 -640.

[82] Eggert, F. F. S. D. , A. P. Schinckel, A. L. Grant, and D. E. Gerrard. 2002. Myosin heavy chain isoforms account for variation in pork quality. Meat Sci. 61(2): 117 - 126.

[83] Essén - Gustavsson, A. K. , K. Lundström, and A. C. Enfält. 1994. Intramuscular fat and muscle fibre lipid contents in halothane - gene - free pigs fed high or low protein diets and its relation to meat quality. Meat Science 38(2):269 - 277.

[84] Essén - Gustavsson, A. L. 1984. Fiber types and metabolic characteristics in muscles of wild boars, normal and halothane sensitive Swedish landrace pigs. Comp. Biochem. Physiol. A. Comp. Physiol. 78 (1): 67 - 71.

[85] Etherton. 1982. The role of insulin - receptor in interactions in regulation of nutrient utilization by skeletal Muscle and adipose tissue: A review. J. Anim. Sci. 54(l):58 - 66.

[86] Fahey, A. J. , J. M. Brameld, T. Parr, and P. J. Buttery. 2005. The effect of maternal undernutrition before muscle differentiation on the muscle fiber development of the newborn lamb . J Anim Sci. 83(11): 2564 - 2571.

[87] Filvaroff, E. H. , and R. Derynck. 1996. Introduction of myogenesis in mesenchymal cells by MyoD dependents on their differentiation. Dev Biol. 178:459 - 471.

[88] Firulli, A. B. , and E. N. Olson 1997. Modular regulation of muscle gene transcription: a mechanism for muscle cell diversity. Trends Genet. 13:364 - 369.

[89] Furuyama, T. , T. Nakazawa, I. Nakano, and N. Mori. 2000. Identification of the differential distribution patterns of mRNAs and consensus binding sequences for mouse DAF216 homologues. Biochem J. 349:629 - 634.

[90] Gallo, M. , T. Gordon, D. Syrotuik, Y. Shu, N. Tyreman, I. Maclean, Z. Kenwell, and C. T. Putman. 2006. Effects of long - term creatine feeding and running on isometric functional measures and myosin heavy chain content of rat skeletal muscles. Pflugers Arch - Eur J Physiol. 452: 744 - 755.

[91] Gaster, M. , P. Staehr, H. Beck - Nielsen, H. D. SchrA'øder, and A. Handberg. 2001. GLUT4 is reduced in slow muscle fibers of type 2 diabetic patients: is insulin resistance in type 2 diabetes a slow, type 1 fiber disease? Diabetes. 50:1324 - 1329.

[92] Gatford, K. L. , J. E. Ekert, K. Blackmore, M. J. De Blasio, J. M. Boyce, J. A. Owens, R. G. Campbell, and P. C. Owens. 2003. Variable maternal nutrition and growth hormone treatment in the second quarter of pregnancy in pigs alter semitendinosus muscle in adolescent progeny. Br J Nutr . 90: 283 - 293.

[93] Geetha - Loganathan, P. , S. Nimmagadda, R. Huang, M. Scaal, and B. Christ. 2006. Role of Wnt - 6 in limb myogenesis. Anatomy and Embryology. 211(3):183 - 188.

[94] Gentry, J. G. , J. J. Mcglone, M. F. Miller, and J. R. Jr. Blanton. 2004. Environmental effects on pig performance, meat quality, and muscle characteristics. J Anim Sci. 82(1): 209 - 217.

[95] Gianakopoulos, P. J. , V. Mehta, A. Voronova, Y. Cao, Z. Yao, J. Coutu, X. Wang, M. S. Waddington, S. J. Tapscott, and I. S. Skerjanc. 2011. MyoD Directly Up - regulates Premyogenic Mesoderm Factors during Induction of Skeletal Myogenesis in Stem Cells. J Biol Chem. 286(4): 2517 - 2525.

[96] Goerl, K. F. , S. J. Eilert, R. W. Mandigo, H. Y. Chen, amd P. S. Miller. 1995. Pork character - ristics as affected by two populations of swine and six crude protein levels. J Anim Sci. 73 (12): 3621 -3626.

[97] Gondret, F. , L. Lefaucheur, A. Dálbis, and M. Bonneau. 1996. Myosin isoform transitions in four rabbit muscles during postnatal growth. J Muscle Res Cell Motil. 17(6): 657 - 667.

[98] Gordon, M. D. , and R. Nusse. 2006. Wnt signaling: multiple pathways, multiple receptors, and multiple transcription factors . J Biol Chem. 281(32):22429 - 22433.

[99] Gorza, L. 1990. Identification of a novel type 2 fiber population in mammalian skeletal muscle by combined use of histochemical myosin ATPase and anti - myosin monoclonal antibodies . J Histochem Cytochem. 38(2): 257 - 265.

[100] Gros, J. , O. Serralbo, and C. Marcelle. 2009. WNT11 acts as a directional cue to organize the elongation of early muscle fibres . Nature. 457(7229): 589 - 593.

[101] Grozovsky, R. , S. Ribich, M. L. Rosene, M. A. Mulcahey, S. A. Huang, M. E. Patti, A. C. Bianco, and B. W. Kim. 2009. Type 2 deiodinase expression is induced by peroxisomal proliferator - activated receptor - gamma agonists in skeletal myocytes . Endocrinology. 150(4):1976 - 1983.

[102] Hardie, D. G. and K. Sakamoto. 2006. AMPK: a key sensor of fuel and energy status in skeletal muscle. Physiology (Bethesda). 21:48 - 60.

[103] Harrison, A. P. , A. M. Rowlerson, and M. J. Dauncey. 1996. Selective regulation of myofiber differentiation by energy status during postnatal development . Am J Physiol. 270: 667 - 674.

[104] Harrison, A. P. , R. Latorre, and M. J. Dauncey. 1997. Postnatal development and differentia - tion of myofibres in functionally diverse porcine skeletal muscles. Reprod Fertil Dev. 9(7): 731 - 740.

[105] Hasty, P. , A. Bradley, J. H. Morris, D. G. Edmondson, J. M. Venuti, E. N. Olson, and W. H. Klein. 1993. Muscle deficiency and neonatal death in mice with targeted mutation in the myogenin gene. Nature. 364:501 - 506.

[106] Herpin, P. , and L. Lefaucheur. 1992. Adaptive changes in oxidative metabolism in skeletal muscle of cold - acclimated piglets. J Therm Biol. 17:277 - 285.

[107] Hribal, M. L. , J. Nakae, T. Kitamura, J. R. Shutter, and D. Accili. 2003. Regulation of insulin - like growth factor - dependent myoblast differentiation by Foxo forkhead transcription factors . The Journal of Cell Biology. 162(4):535 - 541.

[108] Huang, Z. Q. , D. W. Chen, K. Y. Zhang, B. Yu, X. L. Chen, and J. Meng. 2007. Regulation of myostatin signaling by c - Jun N - terminal kinase in C2C12 cells . Cell Signal. 19:2286 - 2295.

[109] Hughes, S. M. , J. M. Taylor, S. J. Tapscott, C. M. Gurley, W. J. Carter, and C. A. Peterson. 1993. Selective accumulation of MyoD and myogenin mRNAs in fast and slow adult skeletal muscle is controlled by innervation and hormones . Development. 118(4): 1137 - 1147.

[110] Immonen, K. , M. Ruusunen, K. Hissa, and E. Puolanne. 2000. Bovine muscle glycogen concentration in relation to finishing diet, slaughter and ultimate pH. Meat Sci. 55:25 - 31.

[111] Jacpbs, F. M. , L. P. Van - Der - Heide, P. J. Wijchers, J. P. Burbach, M. F. Hoekman, and M. P. Smidt. 2003. FoxO6,a novelmember of the FoxO class of transcription factors with distinct shuttling dynamics. J Biol Chem. 278(38):35959 - 35967.

[112] Ji S. , R. L. Losinski, S. G. Cornelius, G. R. Frank, G. M. Willis, D. E. Gerard, F. F. Depreux, and M. E. Spurlock. 1998. Myostatin expression in porcine tissues: tissue specificity and developmental and postnatal regulation. Am J Physiol. 275(4): R1265 - R1273.

[113] Jordan, T. , H. Jiang, H. Li, and J. X. Dimario. 2004. Inhibition of ryanodine receptor 1 in fast skeletal muscle fibers induces a fast - to - slow muscle fiber type transition. J Cell Sci. 117(25): 6175 - 6183.

[114] Joulia, D. , H. Bernardi, V. Garandel, F. Rabenoelina, B. Vernus, and G. Cabello. 2003. Mechanisms involved in the inhibition ofmyoblast proliferation and differentiation by myostatin. Exp Cell Res. 286:263 - 275.

[115] Kaestner, K. H. , W. Knochel, and D. E. Martinez. 2000. Unified nomenclature for the winged he-

lix/forkhead transcription factors. Genes Dev. 14(2):142 - 146.

[116] Kang, J. S., M. J. Yi, W. Zhang, J. L. Feinleib, F. Cole, and R. S. Krauss. 2004. Netrins and neogenin promote myotube formation. J. Cell Biol. 167:493 - 504.

[117] Karlsson, A., A. Enfalt, B. EssAe'n - Gustavsson, K. LundstrAöm, L. Rydhmer, and S. Stern. 1993. Muscle histochemical and biochemical properties in relation to meat quality during selection for increased lean tissue growth rate in pigs. Am Soc Animal Sci. 71(4): 930 - 938.

[118] Kaushal, S., J. W. Schneider, B. Nadal - Ginard, and V. Mahdavi. 1994. Activation of the myogenic lineage by MEF2A, a factor that induces and cooperates with MyoD. Science. 266(5188):1236 - 1240.

[119] Kollias, H. D., and J. C. McDermott. 2008. Transforming growth factor - β and myostatin signaling in skeletal muscle. J Appl Physiol. 104(3): 579 - 587.

[120] Koulmann, N., L. Bahi, F. Ribera, H. Sanchez, B. Serrurier, R. Chapot, A. Peinnequin, R. Ventura - Clapier, and X. Bigard. 2008. Thyroid hormone is required for the phenotype transitions induced by the pharmacological inhibition of calcineurin in adult soleus muscle of rats. Am J Physiol Endocrinol Metab. 294(1): E69 - 77.

[121] Langley, B., M. Thomas, A. Bishop, M. Sharma, S. Gilmour, and R. Kambadur. 2002. Myostatin inhibits myoblast differentiation by down regulating MyoD expression. J Biol Chem. 277(51): 49831 -49840.

[122] Larzul, C., L. Lefaucheur, P. Ecolan, J. Gogue, A. Talmant, P. Sellier, P. Le Roy, and G. Monin. 1997. Phenotypic and genetic parameters for longissimus muscle fiber characteristics in relation to growth, carcass, and meat quality traits in large white pigs. J Anim Sci. 75(12): 3126 - 3137.

[123] Lebret, B., P. Le Roy, G. Monin, L. Lefaucheur, J. C. Caritez, A. Talmant, J. M. Elsen, and P. Sellier. 1999. Influence of the three RN genotypes on chemical composition, enzyme activities, and myofiber characteristics of porcine skeletal muscle. J Anim Sci. 77(6):1482 - 1489.

[124] Lefaucheur, L., and D. Gerrard. 2000. Muscle fiber plasticity in farm mammals. J Anim Sci. 77: 1 -19.

[125] Lefaucheur, L., and P. Vigneron. 1986. Post - natal changes in some histochemical and enzymatic characteristics of three pig muscles. Meat Sci. 16(3):199 - 216.

[126] Lefaucheur, L., J. Le Dividich, J. Mourot, G. Monin, P. Ecolan, and D. Krauss. 1991. Influence of environmental temperature on growth, muscle and adipose tissue metabolism, and meat quality in swine. J Anim Sci. 69(7): 2844 - 2854.

[127] Lefaucheur, L., P. Ecolan, G. Lossec, J. C. Gabillard, G. S. Butler - Browne, and P. Herpin. 2011. Influence of early postnatal cold exposure on myofiber maturation in pig skeletal muscle. J Muscle Res Cell Motil. 22(5): 439 - 452.

[128] Lefaucheur, L., P. Ecolan, Y. M. Barzic, J. Marion, and J. Le Dividich. 2003. Early postnatal food intake alters myofiber maturation in pig skeletal muscle. J Nutr. 133(1):140 - 147.

[129] Leseigneur - Meynier, A., G. Gandemer. 1991. Lipid - composition of pork muscle in relation to the metabolic type of the fibers. Meat Sci. 19:229 - 241.

[130] Lin, J., H. Wu, P. T. Tarr, C. Y. Zhang, Z. Wu, O. Boss, L. F. Michael, P. Puigserver, E. Isotani, E. N. Olson, B. B. Lowell, R. Bassel - Duby, and B. M. Spiegelman. 2002. Transcriptional co - activator PGC - 1 alpha drives the formation of slow - twitch muscle fibres. Nature. 418(6899):797 - 801.

[131] Lin, Q., J. Schwarz, C. Bucana, and E. N. Olson. 1997. Control of mouse cardiac morphogenesis and myogenesis by transcription factor MEF2C. Science. 276: 1404 - 1407.

[132] Liu, Y., Z. Cseresnyes, W. R. Randall, and M. F. Schneider. 2001. Activity - dependent nuclear translocation and intranuclear distribution of NFATc in adult skeletal muscle fibers. J Cell Biol. 155 (1):27 - 39.

[133] Luquet, S., J. Lopez - Soriano, D. Holst, A. Fredenrich, J. Melki, M. Rassoulzadegan, and P. A. Grimaldi. 2003. Peroxisome proliferator - activated receptor delta controls muscle development and oxidative capability. FASEB J. 17(15): 2299 - 2301.

[134] Makin, C. A., C. C. Warkup, K. R. Mathews, C. M. Grant, A. D. Porter, and M. I. Delday. 1997. Pig muscle fibre characteristics as a source of variation in eating quality. Meat Sci. 47:237 - 248.

[135] Maltin, C. A., K. D. Sinclair, P. D. Warriss, C. M. Grant, A. D. Porter, M. I. Delday, and C. C. Warkup. 1998. The effects of age at slaughter, genotype and finishing system on the biochemical properties, muscle fibre type characteristics and eating quality of bull beef from suckled calves. Anim Sci. 66:341 - 348.

[136] Mansouri, A., A. Stoykova, M. Torres, and P. Gruss. 1996. Dysgenesis of cephalic neural crest derivatives in Pax7 -/- mutant mice. Development. 122(3): 831 - 838.

[137] Maroto, M., R. Reshef, A. E. Munsterberg, S. Koester, M. Goulding, and A. B. Lassar. 1997. Ectopic Pax - 3 activates MyoD and Myf - 5 expression in embryonic mesoderm and neuraltissue. Cell. 89(1): 139 - 148.

[138] Massague, J. 1990. The transforming growth factor - beta family. Annu Rev Cell Biol. 6: 597 - 641.

[139] Mccullagh, K. J., E. Calabria, G. Pallafacchina, S. Ciciliot, A. L. Serrano, C. Argentini, J. M. Kalhovde, T. LA'ømo, and S. Schiaffino. 2004. NFAT is a nerve activity sensor in skeletal muscle and controls activity - dependent myosin switching. Proc Natl Acad Sci U S A. 101(29): 10590 - 10595.

[140] McKinnell, I. W., J. Ishibashi, F. Le Grand, V. G. Punch, G. C. Addicks, J. F. Greenblatt, F. J. Dilworth, and M. A. Rudnicki. 2008. Pax7 activates myogenic genes by recruitment of a histone methyltransferase complex. Nat Cell Biol. 10:77 - 84.

[141] Mcpherron, A. C., A. M. Lawler, and S. J. Lee. 1997. Regulation of skeletal muscle mass in mice by a new TGF - beta superfamily member. Nature. 387(6628): 83 - 90.

[142] McPherron, A. C., and S. J. Lee. 1997. Double muscling in cattle due to mutations in the myostatin gene. Proc Natl Acad Sci USA. 94(23):12457 - 12461.

[143] Meadus, W. J., R. MacInnis, and M. E. Dugan. 2002. Prolonged dietary treatment with conjugated linoleic acid stimulates porcine muscle peroxisome proliferator activated receptor gamma and glutamine - fructose aminotransferase gene expression in vivo. J Mol Endocrinol. 28(2):79 - 86.

[144] Messina, G., and G. Cossu. The origin of embryonic and fetal myoblasts: a role of Pax3 and Pax7. Genes Dev. 23:902 - 905.

[145] Miller, L., V. Garwood, and M. Judge. 1975. Factors affecting porcine muscle fiber type, diameter and number. Journal of Animal Science. 41(1): 66.

[146] Miyazaki, M., Y. Hitomi, T. Kizaki, H. Ohno, S. Haga, and T. Takemasa. 2004. Contribution of the calcineurin signaling pathway to overload - induced skeletal muscle fiber - type transition. J Physiol Pharmacol. 55(4):751 - 764.

[147] Molkentin, J. D., B. L. Black, J. F. Martin, and E. N. Olson. 1995. Cooperative activation of muscle gene expression by MEF2 and myogenic bHLH proteins. Cell. 83:1125 - 1136.

[148] Mu, J., J. T. Jr. Brozinick, O. Valladares, M. Bucan, and M. J. Birnbaum. 2001. A role for AMP - activated protein kinase in contraction - and hypoxia - regulated glucose transport in skeletal muscle. Mol Cell. 7(5):1085 - 1094.

[149] Munsterberg, A. E. , J. Kitajewski, D. A. Bumcrot, A. P. McMahon, and A. B. Lassar. 1995. Combinatorial signaling by Sonic hedgehog and Wnt family members induces myogenic bHLH gene expression in the somite. Genes Dev. 9(23): 2911 - 2922.

[150] Muoio, D. M. , P. S. Maclean, D. B. Lang, S. Li, J. A. Houmard, J. M. Way, D. A. Winegar, J. C. Corton, G. L. Dohm, and W. E. Kraus. 2002. Fatty acid homeostasis and induction of lipid regulatory genes in skeletal muscles of peroxisome proliferator - activated receptor (PPAR) alpha knock - out mice. Evidence for compensatory regulation by PPAR delta. J Biol Chem. 277(29): 26089 - 26097.

[151] Muroya, S. , I. Nakajima, and K. Chikuni. 2002, Related expression of MyoD and Myf5 with myosin heavy chain isoform types in bovine adult skeletal muscles. Zoological Science. 19(7):755 - 761.

[152] Muscat, G. E. , M. Downes, and D. H. Dowhan. 1995. Regulation of vertebrate muscle differentiation by thyroid hormone: the role of the MyoD gene family. Bioessays. 17(3):211 - 218.

[153] Naya, F. J. , B. Mercer, J. Shelton, J. A. Richardson, R. S. Williams, and E. N. Olson. 2000. Stimulation of slow skeletal muscle fiber gene expression by calcineurin in vivo. J. Biol. Chem. 275: 4545 - 4548.

[154] Niro C. , J. Demignon, S. Vincent, Y. Liu, J. Giordani, N. Sqarioto, M. Favier, I. Guillet - Deniau, A. Blais, and P. Maire. 2010. Sixl and Six4 gene expression is necessary to activate the fast - type muscle gene program in the mouse primary myotome. Dev. Biol. 338:168 - 182.

[155] Nwoye L. , W. F. Mommaerts, D. R. Simpson, K Seraydarian, and M Marusich. 1982. Evidence for a direct action of thyroid hormone in specifying muscle properties. Am. J. Physiol. 242:401 - 408.

[156] Offer G. 1991. Modelling of the formation of pale soft and exudative meat: effect of chilling regime and rate and extent of glycolysis. Meat Sci. 157:30 - 35.

[157] Oksbjerg N. , P. Henckel, and T. Rolph. 1994. Effects of Salbutamol, a β2 - Adrenergic Agonist, on Muscles of Growing Pigs Fed Different Levels of Dietary Protein. I. Muscle Fibre Properties and Muscle Protein Accretion. Acta Agric. Scand. 44:12 - 19.

[158] Olson E. N. 1990. MyoD family: a Paradigm for development? Genes Devel. 4:1454 - 1461.

[159] Olson E. N. , H. H. Arnold, P. W. Rigby, and B. J. World. 1996. Know your neighbors: three phenotypes in null mutants of the myogenic bHLH gene MRF4. Cell. 85:1 - 4.

[160] Ono Y. , M. B. Solomon, C. M. Evock - Clover, N. C. Steele, and K. Maruyama. 1995. Effects of porcine somatotropin administration on porcine muscles located within different regions of the body. J Anim Sci. 73:2282 - 2288.

[161] Patruno M, F. Caliaro, L. Maccatrozzo, R. Sacchetto, T. Martinello, L. Toniolo, C. Reqqiani, and F. Mascarello. 2008. Myostatin shows a specific expression pattern in pig skeletal and extraocular muscles during pre - and post - natal growth. Differentiation. 76:168 - 181.

[162] Pete D. , and G. Vrbova. 1992. Adaptation of mammalian skeletal muscle fibers to chronic electrical stimulation. Rev. Physiol. Biochem. Pharmacol. 120:116 - 202.

[163] Peter J. B. , S. Sawaki, R. J. Barnard, V. R. Edqerton, and C. A. Gillespie. 1971. Lactate dehydrogenase isoenzymes: distribution in fast - twitch red, fast - twitch white, and slow - twitch intermediate fibers of guinea pig skeletal muscle. Arch. Biochem. Biophys. 144:304 - 307.

[164] Petersen J. S. , P. Henckel, N. Oksbjerg, B. Jorgensen, and M. T. Sorensen. 1998. Adaptations in muscle fibre characteristics induced by physical activity in pigs. Anim. Sci. 66:733 - 740.

[165] Pette D, and R. S. Staron. 2000. Myosin isoforms, muscle fiber types, and transitions. Microsc. Res. Tech. 50:500 - 509.

[166] Pette D. , and R. S. Staron. 1997. Mammalian skeletal muscle fiber type transitions. Int Rev. Cytol.

170:143 - 223.

[167] Pond W. G. , R. R. Maurer, H. J. Mersmann, and S. Cummins. 1992. Response of fetal and newborn piglets tomaternal protein restriction during early or late pregnancy. Growth Dev. Aging. 56:115 - 127.

[168] Powell S. E. , and E. D. Aberle. 1981. Skeletal Muscle and Adipose Tissue Cellularity in Runt and Normal Birth Weight Swine. J. Anim. Sci. 52:748 - 756.

[169] Quigley S. P. , D. O. Kleemann, M. A. Kakar, J. A. Owens, G. S. Nattrass, S. Maddocks, and S. K. Walker. 2005. Myogenesis in sheep is altered by maternal feed intake during the peri - conception period. Anim. Rep. rod Sci. 87:241 - 251.

[170] Rehfeldt C. , and K. Ender. 1993. Skeletal muscle cellularity and histochemistry in response to porcine somatotropin in finishing pigs. Meat Sci. 34:107 - 118.

[171] Rehfeldt C. , P. M. Nissen, G. Kuhn, M. Vestergaard, K. Ender, and N. Oksbjerg. 2004. Effects of maternal nutrition and porcine growth hormone (pGH) treatment during gestation on endocrine and metabolic factors in sows, fetuses and pigs, skeletal muscle development, and postnatal growth. Domest. Anim. Endocrinol. 27:267 - 285.

[172] Ridgeway A. G. , S. Wilton, and I. S. Skerjanc. 2000. Myocyte enhancer factor 2C and myogenin upregulate each other's expression and induce the development of skeletal muscle in P19 cells. J. Biol. Chem. 275:41 - 46.

[173] Rinaldo D. , and J. Le Dividich. 1991. Effects of warm exposure on adipose tissue and muscle metabolism in growing pigs. Comp. Biochem. Physiol. 100:995 - 1002.

[174] Rios R. , I. Carneiro, V. M. Arce, and J. Devesa. 2001. Myostatin regulates cell survival during C2C12 myogenesis. Biochem. Biophys. Res. Commun. 280:561 - 566.

[175] Rios R. , I. Carneiro, V. M. Arce, and J. Devesa. 2002. Myostatin is an inhibitor of myogenic differentiation. Am. J. Physiol. 282:C993 - C999.

[176] Rudnicki M. A. , P. N. Schnegelsberg, R. H. Stead, T. Braun, H. H. Arnold, and R. Jaenisch. 1993. MyoD or Myf - 5 is required for the formation of skeletal muscle. Cell. 75:1351 - 1359.

[177] Russell A. P. , J. Feilchenfeldt, S. Schreiber, M. Praz, A. Crettenand, C. Gobelet, C. A. Meier, D. R. Bell, A. Kralli, J. P. Giacobino, and O. Dériaz. 2005. Endurance training in humans leads to fiber type - specific increases in levels of peroxisome proliferator - activated receptor - gamma coactivator - 1 and peroxisome proliferator - activated receptor - alpha in skeletal muscle. Diabetes. 52:2874 - 2881.

[178] Ruusunen M. , and E. Puolanne. 2004. Histochemical properties of fibre types in muscles of wild and domestic pigs and the effect of growth rate on muscle fibre properties. Meat Sci. 67:533 - 539.

[179] Salvatore D. , T. Bartha, J. W. Harney, and P. R. Larsen. 1996. Molecular biological and biochemical characterization of the human type 2 selenodeiodinase. Endocrinology. 137:3308 - 3315.

[180] Sartorelli V. , and G. Caretti. 2005. Mechanisms underlying the transcriptional regulation of skeletal myogenesis. Curr. Opin. Genet. Dev. 15:528 - 535.

[181] Schiaffino S. , and C. Reggiani C. 1994. Myosin isoforms in mammalian skeletal muscle. J. Appl. Physiol. 77:493 - 501.

[182] Schiaffino S. , and C. Reggiani. 1996. Molecular diversity of myofibrillar proteins: gene regulation and functional significance. Physiol. Rev. 76:371 - 423.

[183] Schiaffino S. , and G. Salviati. 1997. Molecular diversity of myofibrillar proteins: isoforms analysis at the protein and mRNA level. Methods Cell Biol. 52:49 - 69.

[184] Schuler M. , F. Ali, C. Chambon, D. Duteil, J. M. Bornert, A. Tardivel, B. Desvergne, W. Wahli,

P. Chambon, and D. Metzger. 2006. PGC1alpha expression is controlled in skeletal muscles by PPAR-beta, whose ablation results in fiber - type switching, obesity, and type 2 diabetes. Cell Metab. 4:407 - 414.

[185] Seale P. , L. A. Sabourin, A. Girgis - Gabardo, A. Mansouri, P. Gruss, and M. A. Rudnicki. 2000. Pax7 is required for the specification of myogenic satellite cells. Cell. 102:777 - 786.

[186] Smerdu V. , I. Karsch - Mizrachi, M. Campione, L. Leinwand, and S. Schiaffino. 1994. Type Ⅱ x myosin heavy chain transcripts are expressed in type Ⅱ b fibers of human skeletal muscle. Am. J. Physiol. 267:C1723 - C1728.

[187] Solomon M. B. , T. J. Caperna, R. J. Mroz, and N. C. Steele. 1994. Influence of dietary protein and recombinant porcine somatotropin administration in young pigs: III. Muscle fiber morphology and shear force. J. Anim. Sci. 72:615 - 621.

[188] Solomon M. B. , W. G. Moody, J. D. Kemp, and D. G. Ely. 1981. Effect of breed, slaughter weight and sex on histological properties of ovine muscle. J. Anim. Sci. 52:1019 - 1025.

[189] Solomon M. , R. Campbell, and N. C. Steele. 1990. Effect of sex and exogenous porcine somatotropin on longissimus muscle fiber characteristics of growing pigs. Am. Soc. Animal Sci. 1990: 68: 1176 -1181.

[190] Sonoda J. , I. R. Mehl, L. W. Chong, R. R. Nofsinger, R. M. Evans. 2007. PGC-1beta controls mitochondrial metabolism to modulate circadian activity, adaptive thermogenesis, and hepatic steatosis. Proc. Natl. Acad. Sci. USA. 104:5223 - 5228.

[191] Srensen M. , N. Oksbjerg, N. Agergaard, and J. S. Petersen. 1996. Tissue deposition rates in relation to muscle fibre and fat cell characteristics in lean female pigs (Sus scrofa) following treatment with porcine growth hormone (pGH). Comp. Biochem. Physiol. 113:91 - 96.

[192] Steelman C. A. , J. C. Recknor, D. Nettleton, and J. M. Reecy. 2006. Transcriptional profiling of myostatin - knockout mice implicates Wnt signaling in postnatal skeletal muscle growth and hypertrophy. Faseb J. 20:580 - 582.

[193] Sullivan V. , S. Powers, D. S. Criswell, N. Tumer, J. S. Larochelle, and D. Lowenthal. 1995. Myosin heavy chain composition in young and old rat skeletal muscle: effects of endurance exercise. J. Appl. Physiol. 78:2115 - 2120.

[194] Suzuki A. , N. Kojima, and Y. Ikeuchi. 1991. Carcass composition and meat quality of chines purebred and european chinese crossbred pigs. Meat Sci. 29:31 - 41.

[195] Swoap S. J. , R. B. Hunter, E. J. Stevenson, H. M. Felton, N. V. Kansagra, J. M. Lang, K. A. Esser, and S. C. Kandarian. 2000. The calcineurin - NFAT pathway and muscle fiber - type gene expression. Am. J. Physiol. 279:C915 - C924.

[196] Tajbakhsh S. , U. Borello, F. Vivarelli, R. Kelly, J. Papkoff, D. Duprez, M. Buckingham, and G. Cossu. 1998. Differential activation of Myf5 and MyoD by different Wnts in explants of mouse paraxial mesoderm and the later activation of myogenesis in the absence of Myf5. Development. 125: 4155 -4162.

[197] Talmadge R. J. , J. S. Otis, M. R. Rittler, N. D. Garcia, S. R. Spencer, S. J. Lees, and F. J. Naya. 2004. Calcineurin activation influences muscle phenotype in a muscle - specific fashion. BMC. Cell Biol. 5:28.

[198] Tanabe R. , S. Muroya, and K. Chikuni. 1998. Sequencing of the 2a, 2x, and slow isoforms of the bovine myosin heavy chain and the different expression among muscles. Mamm. Genome, 9:1056 - 1058.

[199] Tapscott S. J. 2005. The circuitry of a master switch: Myod and the regulation of skeletal muscle gene

transcription. Development. 132:2685 - 2695.

[200] Taylor W. E., S. Bhasin, J. Artaza, F. Byhower, M. Azam, D. H. Willard Jr, F. C. Kull Jr, and N. Gonzalez - Cadavid. 2001. Myostatin inhibits cell proliferation and protein synthesis in C(2)C(12) muscle cells. Am. J. Physiol. 280:E221 - E228.

[201] Te Pas M. F., A. Soumillion, F. L. Harders, F. J. Verburg, T. J. van den Bosch, P. Galesloot, T. H. Meuwissen. 1999. Influences of myogenin genotypes on birth weight, growth rate, carcass weight, backfat thickness, and lean weight of pigs. J. Anim. Sic. 77:2352 - 2356.

[202] Thiel - Cooper R. L., F. C. Pamsh, J. C. Sparks, B. R. Wiegand, and R. C. Ewan. 2001. Conjugated linoleic acid changes swine performance and carcass. J. Anim. Sci. 79:1821 - 1828.

[203] Thomas M., B. Langley, C. Berry, M. Sharma, S. Kirk, J. Bass, and R. Kambadu. 2000. Myostatin, a negative regulator of muscle growth, functions by inhibiting myoblast proliferation. J. Biol. Chem. 275:40235 - 40243.

[204] Tidball J. G., and M. J. Spencer. 2002. Expression of a calpastatin transgene slows muscle wasting and obviates changes in myosin isoform expression during murine muscle disuse. J. Physiol. 545: 819 -828.

[205] Tsika R. W., C Schramm, G. Simmer, D. P. Fitzsimons, R. L. Moss, J. Ji. 2008. Overexpression of TEAD - 1 in transgenic mouse striated muscles produces a slower skeletal muscle contractile phenotype. J. Biol. Chem. 283:36154 - 36167.

[206] Volek J. S., N. D. Duncan, S. A. Mazzetti, R. S. Stron, M. Putukian, A. L. Gómez, D. R. Pearson, W. J. Fink, and W. J. Kraemer. 1999. Performance and muscle fiber adaptations to creatine supplementation and heavy resistance training. Med. Sci. Sport Exer. 31:1147 - 1156.

[207] Vollestad N. K., and P. C. Blom. 1975. Effects of severe energy and protein deficiencies on the fibres and nuclei in skeletal muscles of pigs. Br. J. Nuts. 34:421 - 428.

[208] Walters E. H., N. C. Stickland, and P. T. Loughna. 2000. MRF - 4 exhibits fiber type - and muscle - specific pattern of expression in postnatal rat muscle. AJP - Regu. Physiol. 278:1381 - 1384.

[209] Wang Y. X., C. L. Zhang, R. T. Yu, H. K. Cho, M. C. Nelson, C. R. Bayuqa - Ocampo, J. Ham, H. Kang, and R. M. Evans. 2004. Regulation of muscle fiber type and running endurance by PPARdelta. PloS. Biol. 2: e294.

[210] Wang Y., J. W. Tang, W. Q. Ma, J. Feng, and J. Feng. 2010. Dietary zinc glycine chelate on growth performance, tissue mineral concentrations, and serum enzyme activity in weanling piglets. Biol. Trace Elem. Res. 133:325 - 334.

[211] Weiler U., H. Appell, M. Kremser, S. Hofäcker, and R. Claus. 1995. Consequences of selection on muscle composition. A comparative study on gracilis muscle in wild and domestic pigs. Anatomia, Histologia, Embryologia. 24:77 - 80.

[212] Weiss A., and L. A. Leinwand. 1996. The mammalian myosin heavy chain gene family. Annu. Rev. Cell Dev. Biol. 12:17 - 39.

[213] White P., D. Cattaneo, and M. J. Dauncey. 2000. Postnatal regulation of myosin heavy chain isoform expression and metabolic enzyme activity by nutrition. Br. J. Nutr. 84:185 - 194.

[214] Wigmore P. M. C., and N. C. Stickland. 1983. Muscle development in large and small pig fetuses. J. Anat. 137:235 - 245.

[215] Wilson, N. H., and B. Key. 2007. Neogenin: one receptor, many functions. Int. J. Biochem. Cell Biol. 39:874 - 878.

[216] Wray - Cahen C. D., D. E. Kerry, C. M. Evock - Clover, N. C. Steele. 1998. Redefining body com-

position: nutrients hormones, and genes in meat production. Ann. Rev. Nutr. 18:63 - 92.

[217] Zhu M. J. , S. P. Ford, W. J. Means, B. W. Hess, P. W. Nathanielsz, and M. Du. 2006. Maternal nutrient restriction affects properties of skeletal muscle in offspring. J. Physiol. 575:241 - 250.

[218] Zong H. , J. M. Ren, L. H. Young, M. Pypaert, J. Mu, M. J. Birnbaum, and G. I. Shulman. 2002. AMP kinase is required for mitochondrial biogenesis in skeletal muscle in response to chronic energy deprivation. Proc. Natl. Acad. Sci. USA. 99:15983 - 15987.

第8章

肌肉能量代谢与肉品质

动物从外界环境摄取的营养物质如糖类、脂肪、蛋白质都含有能量，然而饲料中的能量并不能被机体的肌肉细胞直接利用，机体必须通过细胞内一系列的化学反应，将饲料中贮存的能量释放出来，并以能够被细胞利用的形式将能量捕获、贮存起来，以用于肌细胞的各种功能需要。以往的研究表明多项肉质指标均与肌肉的能量代谢方式有直接相关，肌肉能量代谢的特点直接决定了肉的品质。本章主要论述了肌肉能量代谢的方式，反映肌肉代谢状况的主要指标，肌肉代谢的内分泌调节以及与肉品质的关系。

8.1 肌肉的能量代谢

肌肉的任何活动都需要能量，直接供肌肉代谢的能源物质是三磷酸腺苷（Adenosine-triphosphate，ATP）。在静息的肌肉内 ATP 的浓度相当低，如在哺乳动物肌肉中 ATP 的浓度为 3～86 mmol/kg，很难维持 1 min 的肌肉收缩活动。但是肌肉中 ATP 的转换效率高，合成迅速，从而使能量供应不间断。肌肉中 ATP 再合成的途径除了磷酸肌酸补充外，还有糖酵解和有氧氧化途径。按照提供能量的方式，ATP 以及磷酸肌酸能够迅速为肌细胞提供能量，称为肌细胞代谢的即时能量系统。糖酵解可以快速地提供 ATP，并且在肌细胞内发生代谢的位置与需要 ATP 的地方非常近，属于短期能量系统。在静息状态下（resting state），肌肉所需能量主要来源于糖类和脂类的有氧代谢，称为长期能量系统（余志斌等，2010）。

8.1.1 直接来源——ATP

腺嘌呤核苷三磷酸，又叫三磷酸腺苷，简称为 ATP，其中 A 表示腺苷，T 表示其数量为 3 个，P 表示磷酸基团，即一个腺苷上连接 3 个磷酸基团。ATP 是机体内直接用以做功的能量贮存形式，在能量交换中起着核心作用。当 ATP 水解为二磷酸腺苷(ADP)和正磷酸(Pi)时，或水解为磷酸腺苷(AMP)和焦磷酸时，分别可释放出约 30.54 kJ/mol 的能量。ATP 作为能量的贮存分子，并不是以长期不变的形式存在，而是不断地处于动态平衡的周转之中。一般情况下，ATP 分子一旦形成，1 min 之内就被利用。

三磷酸腺苷是肌肉收缩的直接能源。为保证肌肉收缩的进行，要求能量代谢系统不断地合成 ATP，以满足肌肉对能量的需求。实际上物质代谢所产生的能量先转移到 ATP 的高能磷酸键中，再被用于各种生理过程。ATP、ADP 和无机磷酸盐广泛存在于生物体的各个细胞内，起着能量传递的作用，因此又称为能量传递系统(Energy-transmitting system)。细胞所处的能量状态用 ATP、ADP 和 AMP 之间的关系式来表示，称为能荷(Energy charge)。能荷的公式表示为(Atkinson，1968)：

$$能荷=\frac{[ATP]+1/2[ADP]}{[ATP]+[ADP]+[AMP]}$$

当细胞内的 ATP 全部转变成 AMP 时，能荷值为“0”。当 AMP 全部转变成 ATP 时，能荷值为“1”。ATP 浓度的下降减少了细胞的能荷，降低了肌细胞的活动能力。高能荷值对 ATP 的生成有抑制作用，但是高能荷值可以促进肌体内的合成代谢，从而促进 ATP 的利用。

线粒体是肌细胞内产生 ATP 的主要部位。线粒体容量与肌细胞总容量有关，在快收缩糖酵解型肌细胞中，线粒体的容量不到肌细胞总容量的 2%，但是在蜂鸟等具有强的耐力运动的动物肌肉中，线粒体可占肌细胞总容积的 40%以上。线粒体有两层膜，内膜有许多向内的折叠称为嵴(Cristate)。嵴的数目和结构随细胞类型的不同而不同。嵴的存在大大增加了内膜的面积，扩大了其产生 ATP 的能力。骨骼肌线粒体的嵴相当于肝细胞嵴的 3 倍，说明了肌细胞对 ATP 的大量需求。

在肌肉的活动中，主要有 3 个反应过程需要 ATP，肌肉兴奋时，动作电位引发 Ca^{2+} 从终末池的释放，引起细胞膜内外 Na^{+} 和 K^{+} 浓度变化，在利用离子泵主动转运离子恢复到静息状态的浓度的过程都需要 ATP。在肌肉收缩过程中，肌动蛋白分子上能与肌球蛋白横桥结合的位点暴露，横桥与肌动蛋白结合后，ATP 酶被激活，使 ATP 水解，释放出能量，引起横桥扭动，每扭动一次牵引细肌丝向粗肌丝的间隙移动 10 nm。ATP 水解释放出能量转变为肌肉做功。

能够直接提供能量的核苷酸类分子除了 ATP 外，还有 GTP(鸟苷三磷酸)、UTP(尿苷三磷酸)以及 CTP(胞苷三磷酸)。

8.1.2 磷酸肌酸

磷酸肌酸(Phosphocreatine，PCr)，又称为肌酸磷酸(Creatine phosphate，CP)。磷酸原系统(CK/PCr system)由肌酸激酶(CK)催化磷酸肌酸与 ATP 间高能磷酸键的互换组成，反应过程为：CP＋ADP→C＋ATP，因此磷酸肌酸在骨骼肌能量代谢中起着能量贮存库的作用。当 ATP 合成不能满足消耗时，磷酸肌酸能为 ADP 提供高能磷酸键，以维持肌细胞内的 ATP 浓度，磷酸原系统供能具有快速、最大输出功率的特点，是短时间、大强度运动的主要供能系统。磷酸肌酸是由肌酸和磷酸合成的，主要贮存在肌肉组织中。与其他细胞不同，即使是很短时间的活动，肌细胞都需要能够迅速的补充 ATP，所以肌肉组织中含有大量的磷酸肌酸作为能量储备。静息状态下，肌纤维中磷酸肌酸的储备量是 ATP 的 4～8 倍。当物质氧化释放的能量过多时，ATP 将高能磷酸键转移给肌酸，生成磷酸肌酸而将能量贮存起来。另一方面，当 ATP 被消耗而减少时，磷酸肌酸可将所贮存的能量再转给 ADP，生成 ATP。这一反应过程由肌酸激酶(Creatine kinase,CK)催化完成。因此磷酸肌酸可以看作是 ATP 的贮存库，但它不能直接提供细胞生命活动所需要的能量。

近年来的研究表明磷酸肌酸除了作为能量储备外，它的生理功能并不局限于暂时补充高能磷酸根。肌酸(Creatine)能够促进肌纤维的有氧代谢，调节能量在线粒体和肌原纤维间的转运(Walsh 等，2001)。Bessmanhe 等(1966)提出肌酸能量往返机制(The Creatine-Creatine Phosphate Energy Shuttle，图 8-1)，已得到越来越多的实验支持。骨骼肌细胞内的磷酸肌酸能量往返机制是一个不断进行的循环系统。当肌纤维收缩时，结合在肌原纤维上的 ATP 酶将其附近的 ATP 转交为 ADP，以提供能量。由此产生的 ADP 在附着于肌原纤维外膜的肌酸激酶催化下，接受磷酸肌酸的高能磷酸根，重新转变为 ATP。磷酸肌酸供出高能磷酸根后，转变为肌酸。肌酸向线粒体扩散并进入线粒体的内外膜之间，在 CK 催化下，接受呼吸链产生的 ATP 的高能磷酸根，重新转变为磷酸肌酸。磷酸肌酸逸出线粒体，返回肌原纤维。在肌原纤维 CK 的催化下，再次转移高能磷酸根给 ADP，生成的 ATP 又用于肌原纤维的收缩。

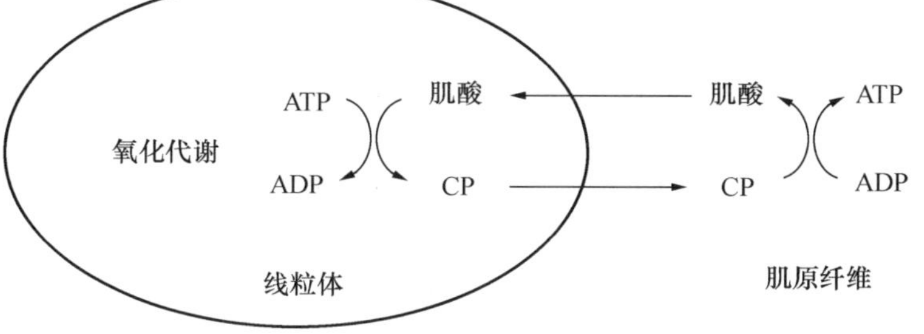

图 8-1 肌酸能量往返机制

从磷酸肌酸的往返机制看来，骨骼肌细胞内的磷酸肌酸不只是高能磷酸根的“仓库”，而且是把线粒体内氧化磷酸化产生的能量输送到肌原纤维所必需的能量转递者。磷酸肌酸不仅参与磷酸原供能系统，还作为能量的转递者，积极参与有氧氧化供能。快肌纤维的线粒体较少，磷酸肌酸的含量较高，在运动中主要依靠磷酸原与糖酵解供能。但是在慢肌纤维的线粒体中主要依靠有氧氧化供能，因此磷酸肌酸含量相对较少。

在肌肉活动急需能量的情况下，磷酸肌酸可使 ATP 含量维持在较高的水平。磷酸肌酸系统的存在是肌肉能量代谢有别于肝脏的重要特点。磷酸肌酸在保持骨骼肌中 ATP/ADP 比例稳定方面发挥重要作用，在运动引起肌肉内磷酸肌酸大量消耗之前，ADP 和 AMP 的绝对浓度改变不大。在剧烈运动中，肌肉运动能力的下降与肌肉中磷酸肌酸含量下降有关，而骨骼肌中肌酸含量在调节磷酸肌酸再合成中起重要作用，因此肌肉中肌酸、磷酸肌酸的储量在动物剧烈运动中起重要作用。肌肉中超量的肌酸并不增加静息状态时的 ATP 浓度，但可保证运动中消耗的高能磷酸化合物的再合成，维持肌肉中的 ATP∶ADP 比例，最大限度地减少肌肉局部乳酸生成。磷酸肌酸系统在肌肉收缩开始时最早启动，为激活糖酵解供能系统提供了过渡时间，当肌肉收缩引起磷酸肌酸下降 60％或高能磷酸化合物总量下降 40％都将导致 ADP、AMP 和 Pi 等物质浓度上升，从而激活糖酵解系统，并促使 ADP 转移进入线粒体，促进氧化磷酸化过程，提高有氧合成 ATP。

肌酸激酶有数种同工酶，骨骼肌中至少含有两种同工酶，在胞浆中结合在肌原纤维 M 线上的称为 CKc，另一种称为 CKs，结合在肌细胞内 ATP 酶活性较高的区域如肌浆网、内质网等，这些酶定位于 ATP 分解且需要快速补充的区域。以往的研究表明无论在静止状态，还是运输应激后，中国地方猪种二花脸背最长肌中肌酸激酶的活性均高于皮特兰猪($P<0.01$)，约为其活性的 2 倍，且肌肉中 pH_{45min}($r=0.741$，$P<0.01$)，pH_{24h}($r=0.573$，$P<0.05$)，肉色评分($r=0.392$，$P<0.05$)，系水力($r=0.602$，$P<0.01$)均与肌内 CK 活性呈正相关(石坚，2006)。氟烷基因的不同基因型猪，Ha1NN、Ha1nn 型猪背最长肌 CK 活性极显著高于 Ha1Nn 型猪，Ha1NN 和 Ha1Nn 型之间没有差异(单斌，2008)。

8.1.3 糖酵解

糖酵解是指葡萄糖经过一系列的反应转变成丙酮酸或者乳酸的过程。在一般情况下，绝大多数组织细胞有足够的氧供应，能够通过糖的有氧氧化获得能量。在氧供应不足时，葡萄糖只能分解成丙酮酸或者乳酸，并释放少量的能量。1 mol 的葡萄糖经这个途径释放的能量只能合成 2 mol 的 ATP。糖酵解时葡萄糖转变为乳酸，并产生 ATP，一般包括 4 个过程：①由葡萄糖形成 1,6-二磷酸果糖；②1,6 二磷酸果糖裂解为 3-磷酸甘油醛和磷酸二羟丙酮；③3-磷酸甘油醛转变为丙酮酸；④丙酮酸被 $NADH+H^+$ 还原生成乳酸和 NAD^+。

在糖酵解途径中由己糖激酶、磷酸果糖激酶和丙酮酸激酶催化的反应都是不可逆反应，都具有调节糖酵解的作用(周顺伍，1999)。磷酸果糖激酶是糖酵解过程中的一个关键酶，受变构调节，ATP 和 H^+ 可抑制该酶的活性，Ca^{2+}、ADP 和 Pi 可增强该酶的活性。因糖酵解不只是为在缺氧情况下提供能量，也为体内生物合成提供碳骨架，因此碳骨架需要的情况也影响酵解作用的速度。当细胞内的柠檬酸含量高时，体内有足够的生物合成前提，葡萄糖不需要为提供合成前体而降解，柠檬酸通过加强 ATP 的抑制效应来抑制磷酸果糖激酶的活性，使糖酵解速度减慢。高等动物通过糖酵解途径能够获取的能量非常有限。当动物应激时，能量需要量增加，从而使糖酵解增加来供应能量，肌肉中乳酸大量堆积，肉中 pH 下降。

糖酵解过程中，每分子葡萄糖分解仅产生 2 分子 ATP，而葡萄糖完全氧化可产生 36～38 分子 ATP，看上去好像无氧酵解供能很不经济，但是它却能在短时间迅速提供能量，并且其代谢产物能够激活有氧代谢系统。糖酵解产生的 NADH 存在于胞质中，如果能够被转运到线粒体中，经过电子传递进行氧化磷酸化，也可以产生 ATP。糖酵解的代谢产物乳酸，经过“乳酸穿梭”，也可被其他具有高氧化能力的组织利用和清除，而且从代谢的角度来看，乳酸和葡萄糖相比具有较高的氧化速率。肌糖原的酵解作用是糖类供给组织能量的一种方式。当机体突然需要大量的能量，而供氧不足如剧烈运动时，则糖原的酵解作用暂时满足能量消耗的需要。在有氧条件下，肌肉内糖原的酵解作用受到抑制。

8.1.4 有氧氧化

有氧氧化系统是指在有氧情况下，糖、脂肪、蛋白质等完全氧化生成 CO_2 和 H_2O，释放的能量用以合成 ATP 的过程。有氧代谢是长时间运动时的基本能量供应途径。饲料中主要的营养物质，糖、脂肪和蛋白质均可在细胞内氧化，并释放出大量能量。通常机体所需能量的70%以上由糖供给，其余由脂肪供给。只有在某些特殊情况下，如长期不能进食或体力极度消耗，而体内糖原、脂肪储备耗竭时，才依靠蛋白质分解供能，以维持必要的生理活动。

动物采食后吸收的葡萄糖由肝门静脉吸收。在胰岛素的作用下，葡萄糖在肝脏中合成糖原，运送到肌肉组织中贮存。在氧供应充分的情况下，葡萄糖可完全氧化并释放出大量能量。1 mol 葡萄糖完全氧化所释放的能量可供合成 38 mol ATP，能量转化的效率可高达 66%。在有氧供能系统中，许多线粒体酶，如柠檬酸合成酶(CS)、异柠檬酸脱氢酶(ICDH)、琥珀酸脱氢酶(SDH)、细胞色素氧化酶(COX)常用来评价肌肉氧化活性。葡萄糖进行有氧代谢的途径中最关键过程是柠檬酸循环，又称为三羧酸循环，Krebs 循环。柠檬酸循环是在线粒体中进行的。由 β-氧化和丙酮酸脱羧生成的乙酰 CoA，与草酰乙酸合成柠檬酸，经过一系列脱羧反应后释放 CO_2 并再次形成草酰乙酸。

在超过 3 min 以上的全力运动中，基本上由有氧代谢提供能量，随着运动时间的延长，最大输出功率逐渐降低，供能燃料由糖氧化为主转为以脂肪氧化为主(Hocquette 等，1998)。体内脂肪的贮存量要比糖多得多。在体内氧化供能时，每克脂肪所释放的能量约为糖有氧氧化时释放能量的 2 倍。当动物消耗大量能量，肌糖原耗尽时，就需要脂类代谢来维持能量需要。贮存的脂肪首先在酶的催化下分解为甘油和脂肪酸。甘油主要在肝脏被利用，它经过磷酸化和脱氢处理而进入糖的氧化分解途径来供能，或转变为葡萄糖。脂肪酸的氧化分解是在肝及肝以外的许多组织细胞内进行的，长链脂肪酸经过活化和 β-氧化，逐步分解为许多乙酰辅酶 A 而进入糖的氧化途径，彻底分解，同时释放能量。脂肪虽为重要的供能物质，但不能在机体缺氧条件下供能。肌纤维内的脂质大部分是以脂肪酸的形式通过血液运输来的，但也有部分脂肪酸与甘油结合形成甘油三酯以脂滴的形式存在胞质中。

8.2 影响肌肉能量代谢状况的主要因素

如前所述，肌肉代谢时提供能量的途径主要有 3 种：即时能量系统、短期能量系统和长期能量系统。即时能量系统通过分解磷酸肌酸产生 ATP，能够迅速地为机体提供能量。短期能量系统主要通过糖酵解来提供 ATP，这种方式也能较快地提供能量，但产生量较少。长期的能量系统通过有氧氧化提供能量，可以大量提供 ATP。根据肌肉代谢时提供能量的方式，肌肉的代谢类型可大致分为氧化型、酵解型以及中间型。肌肉活动时代谢升高的程度决定于肌肉所做功的大小。在相同的条件下，肌肉处于何种代谢类型与肌肉自身的状况有关，肌肉中肌糖原含量，LDH 和 AMPK 活性高低，葡萄糖转运载体的多少，Ca^{2+} 离子通道的突变与否等能在一定程度上反应肌肉代谢状况。

8.2.1 肌糖原

肌糖原(Muscle glycogen)，是肌肉中糖的储存形式。糖原是由葡萄糖残基构成的含有许多分枝的大分子高聚合物，在电镜下可以观察到颗粒状，直径为 100～400 μm。糖原增加分枝可以提高糖原的溶解度，同时增加了许多非还原性末端残基，这些是糖原磷酸化酶和糖原合成酶的作用部位。肌肉中糖原含量占其重量的1%～2%。肌糖原分解释放能量有无氧分解和有氧分解两条途径。无氧分解是在没有氧的参加下，通过氧化酶的作用，肌糖原分解为乳酸，并释放出能量；有氧分解是在氧的参与下，通过氧化酶的作用，肌糖原分解为二氧化碳和水，同时产生大量能量。在剧烈运动消耗大量血糖时，肌糖原分解供能，由于肌肉中没有分解葡萄糖-6-磷酸的酶，肌糖原不能直接分解成葡萄糖，其代谢产物需经血液循环到肝脏，再在肝脏内转变为肝糖原或分解成葡萄糖。

糖原的含量对肌肉嫩化的程度和速度有很大的影响(Przybylski 等，2006)。动物屠宰后，血液循环停止，供给肌肉的氧气也就中断了，糖原酵解，形成乳酸。因此动物屠宰时肌肉中糖原的含量在很大程度上决定动物宰后的 pH(Immonen 等，2000)，pH 的下降程度与猪屠宰时肌肉中能源物质含量高度相关。而 2b 型纤维中具有高活性的 ATPase 和高含量的糖原，当肌肉中 2b 型纤维占的比例大时，会使肌肉 pH 下降较快，甚至产生 PSE 肉。最终的 pH 与肌肉的氧化能力以及慢速氧化型纤维的比例成正相关。Renou 等(1986)的研究表明Ⅱ型纤维的 ATP、磷酸肌酸和糖原含量显著高于Ⅰ型纤维。有研究表明Ⅱ型肌纤维比例较高肌肉的 pH 下降程度明显高于Ⅰ型纤维含量丰富的肌肉组织，对牛、羊和猪肉均是如此。

酸肉基因(Rendement napole，RN)，多见于汉普夏猪中，在肉品加工时，易造成酸肉和烹饪损失。研究表明 RN 基因携带猪有较低的最终 pH 和较高的糖原浓度。有 RN 基因携带猪肌肉的 pH 总是低于隐性纯合子，其差值的变化范围为－0.06～－0.22 个 pH 单位。这种 RN 基因携带者肌肉终 pH 的降低总是伴随着较高的反射值，表现为肉色苍白和滴水损失增加。糖酵解潜能(Glycolytic potential，GP)可作为猪屠宰时肌肉中糖原与乳酸含量的一个估计值。糖酵解潜能＝2(糖原＋葡萄糖＋6-磷酸葡萄糖)＋乳酸。糖原是糖酵解潜能最重要的成分，因此用糖原含量来估计糖酵解潜能更为简便。通过测定猪肉中糖酵解潜能，可以确定携带 RN^- 基因的猪。目前普遍用肌糖原含量来区分 RN 基因携带者和非携带者。即将 GP＞185 μmol/g 划分为显性 RN^- 基因的携带者(RN^-RN^- 或 RN^-rn^+)，而将 GP＜185 μmol/g 划分为正常型(rn^+rn^+)(Miller 等，2000)。

近年来研究发现一磷酸腺苷激活蛋白激酶 γ3 基因(AMP-activated protein kinase γ3，PRKAG3)对骨骼肌糖代谢有显著的影响。编码 PRKAG3 基因发生突变会引发骨骼肌糖代谢发生明显变化，其中第 200 个密码子发生突变(Arg200→Gln200)引起猪肉中糖原含量过度增加，是引起 RN 效应的主要原因(Milan 等，2000)，而紧邻 Arg200 的 Val199→Ile199 突变具有与酸肉基因相反的效应，它可使骨骼肌中糖原含量降低，因而有利于改善肉质(Ciobanu 等，2001)。PRKAG3 只在骨骼肌中特异性表达。这种肌肉特异性表达的情形与 RN 基因携带的动物只在骨骼肌而不是肝脏中显示高糖原含量的事实相一致。另外 PRKAG3 的表达还与骨骼肌纤维类型有关。研究发现，PRKAG3 在酵解型肌纤维中表达较高，而在氧化型纤维中表达很低。

8.2.2 乳酸脱氢酶

乳酸脱氢酶(Lactate dehydrogenase，LDH)是一种结合蛋白，辅酶是 NAD^+，定位于细胞液，是广泛分布的可溶性酶，为糖原分解的酶系，在多种细胞代谢中起关键作用。肌肉在无氧条件下，葡萄糖分解产生的 NADH 在乳酸脱氢酶催化下将 H^+ 转移给丙酮酸，NADH 被氧化产生 NAD，使酵解能继续进行，而丙酮酸被还原形成乳酸。这一反应为胞浆中糖酵解的继续提供了两个重要条件：丙酮酸浓度的降低和 NAD^+ 浓度的升高。

乳酸脱氢酶的同工酶有 5 种形式，即 LDH - 1(H4)、LDH - 2(H3M)、LDH - 3(H2M2)、LDH - 4(HM3)及 LDH - 5(M4)，可用电泳方法将其分离。LDH 同工酶的分布有明显的组织特异性，所以可以根据其组织特异性来协助诊断疾病。这 5 种同工酶催化相同的反应，但是每种同工酶都对底物(丙酮酸和 NADH 或乳酸和 NAD^+)有特有的 K_m 值。LDH1 主要存在于心肌中，其对丙酮酸的亲和力最小，有利于有氧代谢，确保了在心肌中丙酮酸不能转变成乳酸。LDH5 是骨骼肌的典型同工酶，对丙酮酸有较高的亲和力，高浓度的丙酮酸和乳酸不能抑制 LDH5，因而有利于无氧代谢。有研究表明血清 LDH 及同工酶 LDH1、LDH5 与肉质指标中的系水力、pH 存在显著相关(杨金增，1990)。

LDH 活性可反映细胞内无氧酵解的活跃程度，应激可使肌肉中 LDH 活性增强。要特别说明的是，动物体内无氧酵解的能力强并不代表在一定时间内肌肉产生的乳酸就多，而是机体供能的一种选择方式。中国地方品种二花脸猪和皮特兰猪在 pH_{45min}、pH_{24h}、系水力、肉色评分等多项肉质指标上均存在显著差异，且二花脸猪均优于皮特兰猪，而二花脸猪 LDH 活性高于皮特兰猪，提示二花脸猪肌肉具有较强的无氧酵解潜能，有利于肌肉在宰后保持细胞内稳态，延迟由于 ATP 耗竭引起尸僵的时间(石坚，2006)。

8.2.3　AMPK

Berg 等(1973)报道了一个与羟甲基戊二酸单酰 CoA(3 - hydroxy - 3 - methylglutaryl-CoA，HMG-CoA)还原酶相关的蛋白激酶，研究表明其活性受 AMP 的调节，故称为 AMP 激活的蛋白激酶(AMP-activated protein kinase，AMPK)。AMPK 是 AMP 依赖的蛋白激酶，由 α、β、和 γ 三个亚基组成。3 个亚单位均为 AMPK 活性所必需。α 亚单位是激酶的主要催化部位，负责将 ATP 的磷酸传递给目标蛋白，其含有 2 个功能区：N 末端是催化核心部位，C 末端主要负责活性调节及与其他亚单位的联系。

AMPK 主要通过感受细胞内 ATP 的水平来控制能量代谢，被称作细胞的“代谢传感蛋白”或“能量监测器”。当 ATP 减少时(如缺氧、运动、休克和低血糖等)，AMPK 就会被激活，通过对下游靶蛋白的磷酸化，关闭消耗 ATP 的合成代谢途径，并开启分解代谢途径，如脂肪酸的氧化等，来维持细胞能量的供应。其激活途径主要有以下 3 种：①构象变化激活。代谢应激时细胞中 AMP/ATP 的升高和磷酸肌酸/肌酸(CP/C)的降低可变构激活 AMPK。体外研究表明 AMP 对 AMPK 活性的影响可被高浓度的 ATP 所拮抗，说明 ATP 和 AMP 能够竞争结合 AMPK 的变构位点，也提示 AMPK 激活的关键信号是 AMP 的升高和 ATP 的降低。在一般生理条件下，真核细胞内 ATP∶AMP 约为 100∶1，AMP 含量极低，AMPK 处于无活性状态。当细胞经历环境或营养应激状态时，AMP/ATP 会升高，启动 AMPK 激酶系统。②共价激活。AMPK 可被 AMPK 激酶(AMPKKs)磷酸化而被共价激活，其作用位点是 AMPKα 亚基的第 172 位苏氨酸。③糖原的调节。在 AMPK 激活剂 5 - 氨基咪唑 - 4 - 甲酰胺核糖核苷酸(AICAR)下，糖原含量高的骨骼肌中 AMPKα2 的活性低于糖原含量低的骨骼肌，推测糖原可能参与 AMPK 的调节。近年来发现 AMPKβ 亚基中存在一个糖原结合域(GBD)，可能与糖原的调节有关(Polekhina 等，2003)。

AMPK 是调节细胞能量代谢的关键酶，具有激活 NOS、促进葡萄糖转运、增加脂肪酸 β-氧化、抑制脂肪酸和蛋白质合成等作用，其活性受多种因素影响（Winder 等，1999）。AMPK 能感知细胞能量代谢状态的改变，并通过影响细胞物质代谢的多个环节维持细胞能量供求平衡。当细胞内 ATP 减少时，AMPK 一方面通过抑制糖原、脂肪和胆固醇的合成，减少 ATP 的利用；另一方面，通过促进脂肪酸氧化、葡萄糖转运等，增加 ATP 的产生。

研究表明 AMPK 在骨骼肌收缩时被激活，同时葡萄糖摄取增加。离体灌注的后肢肌肉，在缺乏胰岛素情况下 5-氨基-4-氨甲酰咪唑核苷（AICAR）可促进葡萄糖的摄取，增加葡萄糖转运载体 4（GLUT4）从微囊转位到质膜上（Koistinen 等，2003）。用 AICAR 注射大鼠后发现 GLUT4 增加伴随 mRNA 表达和葡萄糖摄取增加，表明 AMPK 参与了葡萄糖转运载体的表达调控，因此推测 AMPK 可能通过磷酸化下游转录因子促进 GLUT4 基因的表达。AMPK 可以通过增加脂肪酸氧化而减少骨骼肌中甘油三酯的合成并改善胰岛素抵抗（Winder 等，2001）。

8.2.4 GLUT

葡萄糖跨膜转运是骨骼肌细胞摄取葡萄糖过程和肌糖原合成贮存过程的主要限速步骤（Daugaard 等，2004）。葡萄糖向细胞内的运输需要一类转运蛋白的协助才能完成，这类专门转运葡萄糖的蛋白称为葡萄糖转运载体（Glucose transporter，GLUT）。目前已发现种 6 种葡萄糖转运载体，骨骼肌中存 GLUT1，GLUT4，GLUT5。GLUT1 和 GLUT4 在骨骼肌细胞中的含量、分布及对葡萄糖的跨膜转运功能的改变，对肌细胞的葡萄糖代谢有重要意义。

葡萄糖转运蛋白 4 是骨骼肌受到生理因素如收缩、缺氧、胰岛素等刺激下参与葡萄糖转运的主要功能蛋白（James 等，1989）。GLUT4 蛋白是疏水的膜结合蛋白，含有 12 个跨膜结构域和一个位于 N 端的胞外环状结构域，有 509 个氨基酸，大小为 45～55 ku，主要分布于脂肪、骨骼肌和心肌组织的细胞内。GLUT4 在骨骼肌细胞中存在着肌纤维类型的特异性，在红肌纤维中 GLUT4 的蛋白含量高于白肌纤维，说明氧化型肌纤维 GLUT4 含量高于酵解型肌纤维（Marette 等，1992）。骨骼肌中 GLUT4 含量与骨骼肌中Ⅱb 型纤维含量呈负相关性。肌纤维中 GLUT4 含量与代谢性质有关，而与肌纤维的收缩特性无关。进一步的研究表明，糖尿病大鼠 GLUT4 在红肌中减少约 40%，而在白肌中无改变，通过药物降低血糖后，GLUT4 在红肌中明显增加，在白肌中没有变化，说明红肌在糖尿病的葡萄糖转运缺陷中有重要作用。

GLUT4 是胰岛素依赖性蛋白，基础状态下 GLUT4 主要位于细胞内的贮存囊泡内。囊泡内的 GLUT4 一部分来源于从细胞膜返回的 GLUT4，一部分来源于新合成的 GLUT4。当胰岛素与受体结合后，激发一系列级联效应，促使胞浆内的含有葡萄糖转运体的囊泡向细胞膜移动并与膜融合，这样细胞膜上的葡萄糖转运体含量增加，转运葡萄糖的能力就增加。体外实验表明，用胰岛素以及胰岛素加葡萄糖孵育鼠比目鱼肌，GLUT4 mRNA 表达丰度分别增加 25%和 40%。葡萄糖转运速率随肌纤维类型不同而不同的原因还不完全清楚，可能与各类肌纤维 GLUT4 总含量和 GLUT4 由 kD 点向细胞膜的转位量不同有关，也可能与肌糖原的贮存量和消耗量有关。

在骨骼肌细胞中除了 GLUT4 外，还有一类重要的葡萄糖转运载体 GLUT1，结构与 GLUT4 相似，也含有 12 个跨膜结构域。GLUT1 对葡萄糖的转运，不受胰岛素的作用，主要负责供应基础代谢状态下骨骼肌的葡萄糖需要，与葡萄糖的亲和力低于 GLUT4。GLUT1 在骨骼肌中的分布与遗传基础和肌纤维类型有关。Duehlmeier 等(2007)研究发现反刍动物酵解型骨骼肌(背最长肌、半膜肌)中 GLUT1 蛋白含量比氧化型骨骼肌(咬肌、隔膜肌)高 2.2～8.3 倍，而在猪上氧化型肌肉和酵解型肌肉中 GLUT1 蛋白含量无显著差异。

8.2.5 Ca^{2+} 离子通道

钙(Ca)是动物机体的主要元素之一，具有多种生理功能，除作为组成骨骼、牙齿的主要原料外，还能降低毛细血管及细胞膜的通透性，参与肌肉收缩、细胞分泌、凝血过程以及神经体液调节和细胞代谢调节。

在骨骼肌的代谢中，Ca^{2+} 起着非常重要的作用。首先，当神经冲动到达神经肌肉接头时，引起该处特有的电压门控式 Ca^{2+} 通道开放，细胞外 Ca^{2+} 进入神经末梢内，促使大量囊泡向前膜靠近，并与之融合，然后通过胞裂外排的方式将囊泡中的 Ach 分子全部释放入接头间隙。其次，肌细胞膜表面的动作电位通过肌细胞的三联管结构传到肌细胞内部，引起终末池的大量 Ca^{2+} 进入胞浆，肌浆中高浓度 Ca^{2+} 通过肌浆内调节蛋白，引起肌丝滑行，并使肌肉收缩。

在肌细胞内有两种钙离子通道，第一种通道是二氢吡啶受体(DHPR)，它可以和二氢吡啶结合，也称为 L 型 Ca^{2+} 通道(L-type Ca^{2+} channel)。它是由 5 个多肽链组成，包括 4 个结构域，每个结构域包括 6 个跨膜片段。DHPR 在骨骼肌 T 管(T tubule)膜上的密度是其他组织的 50～100 倍。嵌入终末池且与 DHPR 十分靠近的 Ryanodine 受体(Ryanodine receptor，RYR)是另一种十分有效的 Ca^{2+} 通道。它由 4 个亚基组成，能够快速释放 Ca^{2+} 进入胞浆。DHPR 主要起电压感受器作用，将信号传给 RYR 钙离子通道(图 8-2)。

因此，钙离子作为肌肉收缩和新陈代谢的关键控制器(Martin 等，2000)，在肌肉收缩的过程中，胞浆内 Ca^{2+} 浓度升高和降低是引起肌肉收缩和舒张的关键，而胞浆中 Ca^{2+} 浓度的变化是一个涉及许多 Ca^{2+} 转运蛋白活动的复杂过程。在一次肌肉的收缩过程中 Ca^{2+} 变化的基本过程包括：①肌膜上的动作电位沿肌膜和肌膜延续形成的 T 管膜扩布至连接肌浆网(Junctional sarcoplamic reticulum，JSR)，同时激活 T 管膜和肌膜上的 L 型 Ca^{2+} 通道；②L 型 Ca^{2+} 通道的激活，通过变构作用激活 JSR 膜上的 RYR，它的激活使 JSR 中的 Ca^{2+} 释放入胞浆，胞浆内的 Ca^{2+} 浓度由静息时 0.1 μmol/L 的水平升高至 1～10 μmol/L。③胞浆内 Ca^{2+} 浓度的升高促使肌钙蛋白 C(TnC)与 Ca^{2+} 结合并引发肌肉收缩；④胞浆内 Ca^{2+} 浓度升高的同时，激活肌浆网(Sarcoplamic reticulum，SR)膜上的钙泵(SERCA)，SERCA 将胞浆中 Ca^{2+} 回收至肌浆网，从而使胞浆中 Ca^{2+} 浓度降低，肌肉舒张。

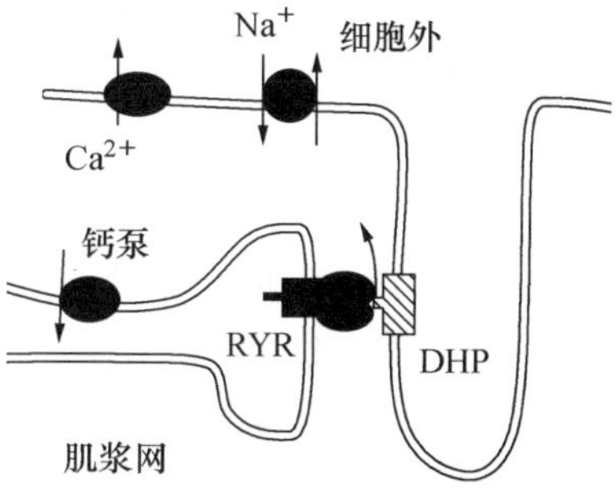

图 8-2 DHP 和 RYR 结构图
粗箭头表示 Ca^{2+} 运动的方向。

用氟烷麻醉剂可以诱导猪产生应激综合征 PSS(Porcine stress syndrome)，因此将控制 PSS 的基因称为氟烷基因(*Hal*)，该基因即为兰尼受体基因(RYR1)。氟烷基因阴性(Hal^{nn})的猪其 cDNA 基因序列的 1843 号核苷酸发生 C 到 T 的突变，导致其 RYR 蛋白结构在 615 位碱基发生精氨酸 Arg 到半胱氨酸 Cys 的突变，从而引起其 RYR 在应激条件下过度开放或不能关闭，肌浆网内 Ca^{2+} 大量释放，同时 SERCA 对钙的回收能力下降，电解质代谢紊乱，引起持续代谢亢进和细胞完整性的缺损，诱发肌肉强直，能量代谢耗竭，乳酸盐过剩，ATP 的氧消耗过高，CO_2 及产热增加，最后使 ATP 枯竭(James 等，1996；Mickelson 等，1996)。ATP 的损耗导致细胞膜泵供能丧失，使钾、钙等电解质，肌酸磷酸激酶以及肌细胞中肌红蛋白泄漏，从而使心率失常、心力衰竭、器官损伤，最终导致死亡。因此 Ha1nn 的猪容易发生应激综合征，这一钙离子转运紊乱症状也称为恶性高热综合征(Malignant hyperthermia，MH)。

8.2.6 肌肉代谢所需的能量

肌细胞膜兴奋触发肌纤维收缩的生理过程称为兴奋 - 收缩耦联(Excitation-contraction coupling)。这一过程包括 3 个主要步骤：①肌细胞兴奋产生的动作电位通过横管传向肌细胞深部。②电信号在三联管部位的传递，存在于横管膜上的 L - 型钙通道胞浆侧的肽链结构，正好与终末池上 RYR 钙离子通道相对。前者可能对后者的通道开放起堵塞作用。但当电信号到达横管时，横管膜上的钙通道发生变构，导致堵塞消除。终末池的大量 Ca^{2+} 进入胞浆，引起肌丝滑行。③纵管系统(即肌浆网)中 Ca^{2+} 的释放和再积聚。Ca^{2+} 释放进入肌浆，引起肌丝滑行，此后迅速回到肌浆网内。由于肌浆中 Ca^{2+} 浓度的降低，和肌钙蛋白结合的 Ca^{2+} 解离，引起肌肉舒张。研究表明，这一过程是肌浆网膜结构中钙泵活动的结果。钙泵是一种 Ca^{2+} 依赖性 ATP 酶。当骨骼肌兴奋过程中，主要有 3 个环节的离子泵需要 ATP：Na^{+} - K^{+} - ATP 酶、Ca^{2+} - ATP 酶和肌球蛋白 ATP 酶。这些离子泵的功能是恢复肌肉兴奋后细胞内外 Na^{+}、K^{+} 和 Ca^{2+} 的浓度，其所需要的能量数量取决于肌纤维产生动作电位的次数和参与兴奋的运动单位的数量。根据肌肉收缩过程，Stainsby 等(1979)提出了计算肌肉收缩所需要的能量方程，公式中包括了肌肉长度、收缩速度、横桥循环速率等因素。

在一次兴奋过程中 Na^{+} 通道周期性的开放，使 Na^{+} 迅速进入肌细胞内，因此必须有一个机制使得细胞膜内外的离子浓度恢复到正常，Na^{+} - K^{+} - ATP 酶(泵)就起到了这个作用。在静息状态细胞内液 K^{+} 浓度高于细胞外液，而细胞外液 Na^{+} 浓度高于细胞内液。这种明显的离子浓度差的形成和维持，是靠存在于细胞膜中的特殊蛋白质 Na^{+} - K^{+} 泵来完成的。其作用是逆着浓度梯度将 Na^{+} 由细胞内移向细胞外液。同时将细胞外液中的 K^{+} 移向细胞内液，形成并维持细胞内、外离子浓度梯度。Na^{+} - K^{+} 泵也称为钠泵，是镶嵌在膜上的一种特殊蛋白质，通过构型的改变来转运物质。它之所以能对 Na^{+}、K^{+} 进行主动转运，是因为它本身还具有 ATP 酶的活性，能分解 ATP 释放能量，供其主动转运 Na^{+}、K^{+} 所需。钠泵活动时，泵出 Na^{+} 和泵入 K^{+} 这两个过程是同时进行的，称为“耦联”。一般情况下，每分解 1 分子 ATP，可移出 3 个 Na^{+}，并换回 2 个 K^{+}(图 8 - 3)。肌细胞膜表面的 Na^{+} - K^{+} 泵可以在几小时内发生变化，肌肉活动的强度可以改变泵的密度。儿茶酚胺、胰岛素、胰岛素样生长因子等都可以引起 Na^{+} - K^{+} 泵的活性增加。

Ca^{2+} - ATP 酶主要是存在于肌细胞内肌浆网膜上的离子泵(Sarcoplasmic reticulum Ca^{2+} - ATPase，SERCA)，其主要功能是将 Ca^{2+} 从胞浆转运到肌浆网中，从而终止肌丝的收缩活动。钙泵在胞浆中具有比在组织间隙及肌浆网中更高的 Ca^{2+} 亲和力。每分解一个 ATP 分子，可以转运 2 个 Ca^{2+}。肌质网钙泵是一条 100 ku 的多肽链，有 3 种基因表达形式，分别为 SERCA1、SERCA2、SERCA3。SERCA1 主要存在于骨骼肌中，分为 SERCA1a，SERCA1b 两个亚型，前者主要分布于成人，后者分布于新生儿和胎儿中。SERCA2a 主要在心肌和骨骼肌的慢肌纤维中大量表达，SERCA2b 主要存在于平滑肌和其他非肌细胞中。SERCA3 主要存在于上皮内皮系统，对 Ca^{2+} 的亲和力较低。

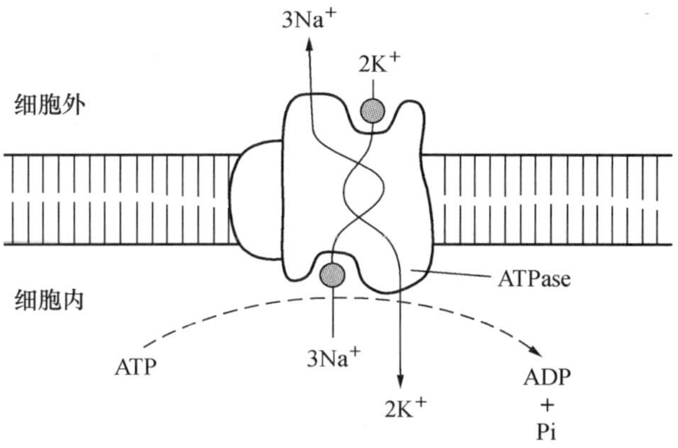

图 8-3　Na^+-K^+-ATP 酶工作示意

肌原纤维由粗肌丝和细肌丝组成。粗肌丝主要由肌球蛋白（Myosin，亦称肌凝蛋白）组成，它们的分子在粗肌丝中呈独特的有规则排列。一条粗肌丝大约含有 200～300 个肌球蛋白分子，分子呈杆状，长 150 nm，其一端有膨大的球状部，为双球形的头部，称为横桥。细肌丝至少由 3 种蛋白质组成，包括肌动蛋白、原肌球蛋白和肌钙蛋白，其中 60％是肌动蛋白。肌动蛋白与肌丝滑行有直接的关系，故和肌球蛋白一同被称为收缩蛋白质。肌动蛋白分子单体呈球状，但它们在细肌丝中则聚合成双螺旋状，成为细肌丝的主干。原肌球蛋白和肌钙蛋白并不直接参与肌丝间的相互作用，但可影响和控制收缩蛋白质之间的相互作用，故称为调节蛋白质。在肌肉收缩过程中，肌动蛋白上的活性位点暴露，肌球蛋白与肌动蛋白结合，ATP 酶被激活，水解 ATP，释放能量。横桥的运动与 ATP 水解相关。对于特定的肌纤维肌动蛋白上结合位点的暴露程度与形成横桥的数目在很大程度上决定其所需要的能量。

8.3　肌肉代谢的内分泌调节

肌细胞从增殖、迁移、集聚、融合到分化直至成熟，受到许多因子的调节，在特定的发育阶段，被特定的基因或激素调节。营养的供给状况，动物对营养物质的消化、吸收情况对肌肉的生长起决定作用，营养水平包括能量和蛋白质水平、脂肪、维生素和矿物元素都可以影响其生长速度。但营养对肌肉生长的调节最终是通过对神经内分泌系统的调控以及相关功能基因表达而起作用的。

8.3.1　生长轴

生长轴（Somatotropic axis）是由“下丘脑—垂体（生长激素）—靶器官”上有关激素及受体组成的神经内分泌轴。下丘脑整合体内外各种因素，通过生长激素释放激素（Growth hormone releasing hormone，GHRH）和生长抑素（Somatostatin，SS）调节垂体生长激素（Growth hormone，GH）的合成与分泌。其中 GHRH 主要刺激 GH 分泌和释放，而 SS 则抑制 GH 分泌和释放。在 GHRH 和 SS 共同作用下，GH 呈脉冲式分泌，GHRH 和 SS 分泌的低谷诱发形成 GH 的分泌峰，而峰的高度取决于 GHRH 的浓度和垂体对 GHRH 的敏感性（Hartman 等，1993；Muller 等，1999）。

生长激素是一种具有种属特异性的蛋白质激素，不同种属动物的 GH，无论在化学结构、生物活性和免疫性质上都有很大的差异。人、鼠、牛、羊、猪的 GH 相对分子质量在 22 000～48 000 之间，各种动物 GH 氨基酸的序列不同。垂体产生的 GH 进入血液与 GH 结合蛋白(GHBP)结合后运送到靶器官。GH 作用有两种方式：一是先作用于肝脏等靶器官的生长激素受体(GHR)，产生胰岛素样生长因子(insulin-like growth factors，IGFs)，IGFs 以内分泌方式进入血液，与结合蛋白(IGFBPs)结合后到达肌肉，作用于 IGF 受体(IGFR)，调节肌肉生长发育；二是 GH 直接作用于肌肉 GHR，通过旁分泌或自分泌 IGFs 或直接影响细胞的代谢而调节肌肉的代谢。

IGFs 主要有 IGF－Ⅰ和 IGF－Ⅱ。IGF－Ⅰ和 IGF－Ⅱ都能刺激 DNA 合成和细胞复制，诱导 G_0 期静止状态的细胞进入 G_1 期，推动细胞依次经历细胞周期的各个时期。IGF－Ⅰ能激活 RNA 聚合酶，促进非组蛋白磷酸化，刺激 RNA 和 DNA 合成，从而促进细胞的生长和分化。IGF－Ⅰ能提高蛋白质合成中氨基酸的利用率和抑制蛋白质降解，因而可提高蛋白质的净增率，从而促进肌肉细胞的增殖(Florini 等，1996；O'Dell 等，1998)。IGF－Ⅰ被全身性敲除的鼠生长慢，且不能发育成熟，成年体重仅为正常鼠的 1/3，体长仅为正常鼠的 2/3，这种鼠用 GH 处理不能刺激其生长，而 IGF－Ⅰ基因完好的动物用 GH 处理，体重和体长都明显增加(Liu 等，1999)，表明 GH 对出生后动物生长的调节作用主要是通过 IGF－Ⅰ介导的。研究表明在二花脸猪和大白猪以及杂交猪的肌肉上均检测 IGF－Ⅰ mRNA 或 IGF－Ⅰ蛋白，且重组猪生长激素处理后血液中 IGF－Ⅰ水平、肌肉 IGF－Ⅰ mRNA 丰度或 IGF－Ⅰ蛋白含量均明显增加(胥清富等，2002)，这提示血液中 IGF－Ⅰ升高也可能部分来源于肌肉 IGF－Ⅰ。在小鼠上通过转基因过表达 IGF－Ⅰ，可以增强肌酸激酶或肌球蛋白轻链启动子的活性，造成了肌肉肥大。肌肉的肥大伴随着肌肉力量的增加和肌肉再生能力的提高。IGF－Ⅱ的过表达也有同样的效果，因为二者共用一个受体发挥生物学效应。体外实验证明了 IGFs 可以刺激肌肉的合成代谢。对于来源于卫星细胞的肌管，IGF－Ⅰ刺激其葡萄糖的摄取、氨基酸的摄取、蛋白质的合成和抑制蛋白质的降解。

IGFs 的大部分生物学作用是 IGFR 介导的。IGFR 有两种类型：IGF－ⅠR 和 IGF－ⅡR。IGF－ⅠR 有 α 和 β 两个亚基，以二硫键相连，与胰岛素受体(Insulin receptor，ⅠR)结构同源，都属于酪氨酸激酶受体家族成员(Emolon 等，1987；刘宝英，1998)。它可以与 IGF－Ⅰ、Ⅱ和胰岛素结合，亲和力大小依次为 IGF－Ⅰ＞IGF－Ⅱ＞胰岛素。IGF－ⅡR 是一条直链单体蛋白质，分子中无二硫键，不能与胰岛素结合，与 IGF－Ⅱ亲和力高于与 IGF－Ⅰ的亲和力。IGF－ⅡR 在信号转导中的作用还不清楚，有人认为其无信号转导功能，仅为“清道夫”受体(Scavenger receptor)，即主要功能是摄取和降解 IGF－Ⅱ。IGFs 对细胞的作用绝大多数都是通过与 IGF－ⅠR 结合而实现的(Emolon 等，1987)。

8.3.2 胰岛素

胰岛素是含有 51 个氨基酸的小分子蛋白质，由 A 链(21 肽)和 B 链(30 肽)组成，其间靠两个二硫键平行连接，如果二硫键被打开，则失去活性。胰岛 β 细胞首先合成一个大分子的前胰岛素原，以后加工成胰岛素原，在分泌颗粒中再经酶的作用水解成为胰岛素以及游离的连接肽(C 肽)。C 肽无胰岛素活性，C 肽的形成与胰岛素的合成同步，其数量与胰岛素分泌量平行，因此测定血中C肽的含量可反映β细胞的分泌功能。

胰岛素是促进合成代谢、维持血糖相对稳定的重要激素。胰岛素对糖代谢的作用主要是刺激糖原的合成，作用途径主要是通过去磷酸化作用使糖原合酶解除抑制，同时使磷酸化酶激酶和磷酸化酶a由于去磷酸化而受到抑制。胰岛素促进糖原合成、抑制糖异生；促进脂肪合成和沉积、抑制脂肪细胞释放游离脂肪酸；促进蛋白质的合成、抑制蛋白分解，对机体能源物质的储存和肌肉的肥大是必需的。胰岛素受体为糖蛋白，是由2个α和2个β亚基构成的异种二聚体。

8.3.3 甲状腺激素

甲状腺激素的主要作用是调节新陈代谢，促进生长、发育等生理过程。它的作用特点是范围广、持续时间长，作用机制十分复杂。甲状腺激素促进蛋白质及各种酶的生成，但其分泌过多时，则加速蛋白质特别是骨骼肌蛋白质的分解，还促进骨的分解。甲状腺激素一方面能够促进小肠黏膜对糖的吸收，增强肝糖原分解，抑制糖原合成，并可加强肾上腺素、胰高血糖素、皮质醇和生长激素的升糖作用，升高血糖浓度；另一方面由于T_4与T_3也可加强外周组织对糖的利用，故有降低血糖的作用。甲状腺激素促进脂肪酸氧化，增强儿茶酚胺和胰高血糖素对脂肪的分解作用，对胆固醇的作用有双重性，一般分解作用要强于合成作用。甲状腺激素是调节机体生长、发育和成熟的重要激素，生长激素促进组织生长的作用，需要有适量的甲状腺激素存在，甲状腺激素对生长激素有“允许作用”。甲状腺功能亢进的大鼠，肌肉离子泵活性比甲状腺功能减退动物增强10倍。

8.3.4 糖皮质激素

皮质醇主要在肾上腺皮质束状带，以胆固醇为原料，通过细胞色素P450酶和羟化类固醇脱氢酶等多步酶促反应生成的。它对糖代谢两个方面的作用：一方面促进蛋白质分解，使氨基酸在肝中转变为糖原；另一方面又有对抗胰岛素的作用，抑制外周组织对葡萄糖的利用，使血糖升高。过量的糖皮质激素可引起血糖明显升高，可能引起类固醇性糖尿病。有隐性糖尿病的患者，临床上需用糖皮质激素时要慎重。糖皮质激素对不同部位脂肪的作用不同。四肢脂肪组织分解增加，反而使腹、面、两肩及背部脂肪合成增加。肾上腺皮质功能亢进时或服用过量的糖皮质激素后，可出现满月脸、水牛背和“向心性肥胖”等体形特征。

下丘脑-垂体-肾上腺皮质轴机能增强是应激反应最重要的特征。在应激情况下，下丘脑分泌促肾上腺皮质激素释放激素(Corticotrophin releasing hormone，CRH)加强，CRH通过垂体门静脉系统转运到垂体前叶刺激促肾上腺皮质激素(Adrenocorticotropic hormone，ACTH)的释放，ACTH的主要作用是促进肾上腺皮质合成糖皮质激素，对维持内环境稳定是必不可少的。摘除肾上腺的动物对应激原的适应能力显著降低，注射肾上腺皮质激素可提高机体的抵抗力。

在应激情况下，动物机体进入警戒和抵抗时相，精神高度紧张，肌肉剧烈收缩，能量代谢亢进。应激时血液中糖皮质激素的含量迅速升高，过量的糖皮质激素作用于骨骼肌，使骨骼肌蛋白质的分解代谢加速，合成代谢抑制。应激时(尤其是在抵抗期)机体血糖的浓度升高，可出现糖尿。血糖的升高与神经-内分泌的变化密切相关。糖皮质激素在肝内能激活肝细胞的糖原合成酶，加强肝糖原的合成，同时也能提高肝细胞内糖原异生途径中许多关键酶类，加速肝细胞内糖原异生作用。在肝脏外，糖皮质激素能限制骨骼肌和脂肪组织摄取和利用葡萄糖。有报道表明猪在运输应激后，血糖浓度比运输前上升了31.57%。另外，骨骼肌的紧张收缩，导致肌肉内ATP和磷酸肌酸很快被消耗，肌糖原迅速酵解生成大量乳酸，血液pH迅速下降，机体的高温和低pH造成多种酶类发生变化或变性，进一步促进了糖原的分解。

8.3.5 肾上腺素

动物受到应激刺激后，应激原的神经冲动从大脑皮层到达下丘脑，并刺激植物神经系统，使交感神经兴奋，末梢释放去甲肾上腺素(Norepinephrine)，其中一部分进入血液循环；另外神经冲动到达肾上腺髓质，促进肾上腺素(Epinephrine)和去甲肾上腺素向血液中释放，从而引起应激反应，此时动物呈现出心跳加快、呼吸加深加快、血糖和血压升高、瞳孔扩张等临床表现。肾上腺素参与物质代谢的调节，加速糖原分解，当肾上腺素与其受体结合时，激活与其耦联的G蛋白，肌细胞内释放cAMP。cAMP可以激活蛋白激酶(Protein kinase)，激活的蛋白激酶使磷酸化酶磷酸化具有活性，从而使糖原分解(图8-4)。肾上腺素同时还使有活性的糖原合成酶Ⅰ磷酸化为无活性的糖原合成酶D，抑制了糖原的合成以提高血糖；加速脂肪组织中脂肪氧化降解，因而对保证机体在应激时的能量需要起着重要作用。去甲肾上腺素参与循环系统的调节，起类似交感神经兴奋的作用。通过这些应激性的变化可以动员机体的潜能，应付环境的急剧变化。

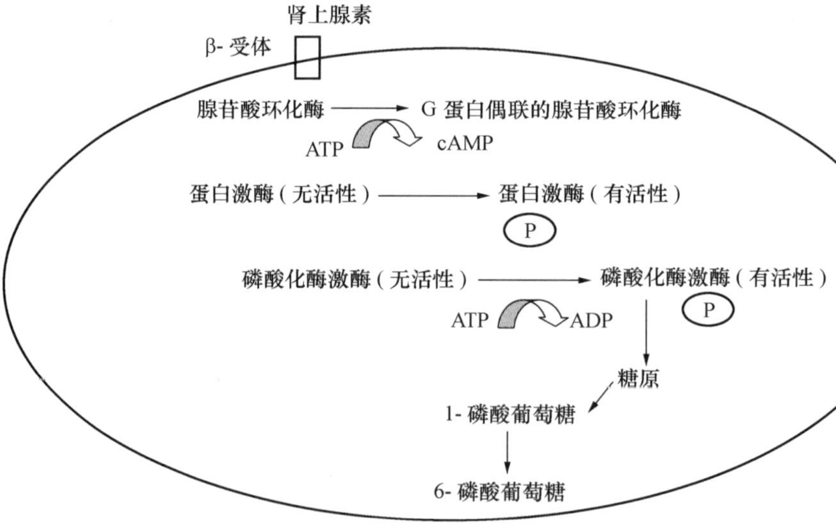

图8-4 肾上腺素促进糖原分解的细胞内信号转导图

8.4 肌肉的代谢类型与肉品质

对于动物个体来说，肌肉的代谢类型是在很大程度上是由组成肌肉的肌纤维类型决定的。腰大肌（*M. psoas*）与背最长肌（*M. longissimus dorsi*）相比，具有相对丰富的2a和2x型纤维和较少的2b型纤维，因而肌肉代谢以氧化型为主，肉质优良（Chang 等，2003）。大多数的肌肉是由氧化型和酵解型的肌纤维共同构成。在猪上，主要由2b型肌纤维构成的肌肉有背最长肌、臀中肌（*M. gluteus medius*）、股直肌（*M. recturs femoris*）、股二头肌（*M biceps femoris*）、股四头肌（*M. quadriceps femoris*）、半膜肌（*M. semimem-branosus*）等；主要由氧化型I型和2a型组成的肌肉有咬肌（*M. masseter*）、斜方肌（*M. trapezius*）、半腱肌（*M. semitenderness*）、臂三头肌（*M. triceps brachii*）、冈下肌（*M. infra spinaturs*）和冈上肌（*M. supra spinam*）等（Karlsson 等，1999）。

肉质是一个复杂的概念，它是鲜肉或深加工肉的外观、适口性、营养价值等各方面理化性质的综合。多种宰前因素都将影响猪肉品质，造成其肌肉合成ATP能力下降。总的来说，影响猪肌肉合成ATP能力的因素主要是基因类型和环境因素，氟烷基因或者是酸肉基因都是导致肌肉能量代谢能力下降的主要遗传因素，而运输和屠宰应激则是最重要的环境因素。肌肉的颜色、pH和系水力均与肌肉的能量代谢直接相关，这主要是因为由于宰前应激，肌细胞内Ca^{2+}浓度升高，肌肉能量代谢加强，随着磷酸肌酸系统的耗竭，过度的无氧酵解造成乳酸堆积，导致肌肉内pH下降，过多的H^+又引起肌细胞内Ca^{2+}转运能力下降，过早使肌肉进入肌僵状态，使能量代谢需求进一步加强，然而酶活力下降，ATP合成受阻，细胞内环境被破坏，肌细胞膜通透性增强，大量的蛋白质泄漏，造成肌肉系水能力下降，肌红蛋白和Fe^{2+}的流失又导致肉色的变化。

肌肉代谢类型会直接影响肌肉的颜色。以有氧代谢类型为主的肌肉所中含肌红蛋白和血红蛋白的量高，肌肉颜色鲜红，肉色评分较高。相反，以酵解型代谢为主的肌肉中所含肌红蛋白和血红蛋白的含量低，肌肉颜色显得苍白，肉色评分较低。肌肉的系水力直接影响肌肉的颜色，而系水力与肌肉代谢类型有直接的关系，高含量的酵解型肌肉会导致肌肉保水性能的下降。

pH是反映宰杀后畜禽肌肉糖原酵解速率的重要指标。常用的有宰后45～60 min（也称为pH1）和宰后24 h（也称为pHu）肌肉的pH。畜禽被宰杀后，机体的生命活动及其稳态调节机能终止，但一系列物理、化学和生物化学反应仍持续进行。当屠宰应激使敏感猪高度兴奋和狂躁，胴体糖原酵解加强，产生过量乳酸，使肌肉pH大幅下降，会产生苍白、疏软而渗水的PSE肉。相反，如果猪屠宰前长时间绝食和肌肉运动，肌肉中糖原耗竭而几乎不产生乳酸，pH较高，肌纤维的系水力很高，则易产生色黑、质硬和干燥的PFD肉。pH的测定一般采用pH计，将电极直接插入猪胴体背最长肌中部所刺的孔中，电极头部需完全包埋在肉样中，进行测定。当同时具备遗传因素、环境应激和肌肉中含有较高的糖原时，容易产生PSE肉（Kuchenmeister 等，2002），因此降低屠宰前肌纤维细胞中糖原储备是减少PSE肉产生的可能途径之一。然而，如果猪屠宰前长时间绝食和肌肉运动，肌肉中糖原耗竭而几乎不产生乳酸，则易产生DFD肉。DFD肉不需要遗传基础，所有的猪都可能发生，唯一的条件是屠宰时肌肉中的能量水平低，死前肌糖原耗竭，而不能产生乳酸，pH 也不会降到 5.5 以下，细胞中各种酶活性得以保持，特别是氧合肌红蛋白质的氧被细胞色素酶系消耗掉，使肌肉表面呈暗紫色，肌纤维不发生萎缩，肌肉表面保水力维持在较高水平，最终导致 DFD 肉的发生。

大理石纹指肌肉中肉眼可见的脂肪分布情况，反映肌肉内脂肪的含量。肌内脂肪(intramuscular fat，IMF)含量适中的猪肉可以产生好的口感，同时肌内脂肪对肉品风味也有重要影响，一般认为其最佳范围在 2.5%～3.5%之间。大理石纹的评分通常与肉色评分同步进行，一般也采用 5 分制评分标准。肌内脂肪含量测定常用的方法为索氏抽提法。以氧化型代谢为主的肌肉肌纤维内脂质含量更高，会在一定程度上影响肌内脂肪含量，因此氧化型代谢为主的肌肉中肌内脂肪含量较高(Serra 等，1998)。但这种观点存在争议，有实验证明肌内脂肪与肌肉代谢类型没有相关性(Seideman 等，1986)。这些研究发现虽然氧化型肌肉中肌纤维脂质含量更高，但肌纤维中的脂质含量相对脂肪细胞中脂质含量而言仍较少，因而肌内脂肪的含量主要还是由肌肉内的脂肪细胞决定。尽管如此，氧化型肌纤维与酵解型肌纤维相比，还是具有更高的磷脂含量(Leseigneur-Meynier 等，1991)，而磷脂又是决定肉品风味的一个重要因素。在牛和羊的实验中分别得到证实，肌肉中Ⅰ型纤维含量与肉品的多汁性和风味呈正相关(Valin 等，1982；Maltin 等，1998)，因此以氧化型代谢为主的肌肉中肉的风味会增加。

由上述可知，肌肉中即时能量系统、短期能量系统以及长期能量系统相互协调，共同维持骨骼肌中的能量代谢需要。肌肉代谢类型在很大程度上决定了动物肌肉的生长以及肉的品质。就肉质而言，以有氧代谢为主的肌肉无论是在颜色、所含脂质的含量等方面都会更加优良。

(本章由南京农业大学杨晓静主笔)

参考文献

[1] 刘宝英，王会信. 胰岛素样生长因子 1 受体激活机制及信号转导特异性. 生理科学进展，1998，29(3)：249-252.

[2] 石坚. 运输应激下二花脸猪与皮特兰猪的肉质、肌肉能量代谢和 MyHCmRNA 表达的比较研究. 南京农业大学硕士学位论文，2006.

[3] 杨金增. 猪血清酶和氟烷敏感性与肌肉品质的关系. 中国农业科学，1990，23(5)：67-71.

[4] 余志斌，李全徐，彭涛，等. 骨骼肌结构与功能. 西安：第四军医大学出版社，2010.

[5] 胥清富，赵志辉，倪迎冬，等. 重组生长激素对猪生长激素受体和胰岛素样生长因子基因表达的影响. 中国科学，2002，32(5)：430-435.

[6] 单斌. 氟烷基因型对猪背最长肌 MyHC 表达和能量代谢的影响以及与肉质的关系. 南京农业大学硕士学位论文，2006.

[7] 周顺伍. 动物生物化学. 北京：中国农业出版社，1999.

[8] Atkinson，D E. 1968. Energy charge of the adenylate pool as a regulatory parameter. Interaction with feedback modifiers. Biochemistry，7(11)：4030-4034.

[9] Bessman，S. P. and A. Fonyo. 1966. The possible role of the mitochondrial bound creatine kinase in regulation of mitochondrial respiration. Biochem. Bioph. Res. Co. 22：597-602.

[10] Brooks，G. A. 1985. Lactate：glycolytic product and oxidative substrate during sustained exercise in

mammals-the ‘lactate shuttle’. In Comparative Physiology and Biochemistry: Current Topics and Trends. Ed: Berlin, G. R. : Springer: 208 - 218.

[11] Chang, K. C. , N. D. Costaa, R. Blackleya, O. Southwoodb, G. Evansb, G. Plastowb, J. D. Woodc, and R. I. Richardsonc. 2003. Relationships of myosin heavy chain fibers types to meat quality traits in traditional and modern pigs. Meat Sci. 64: 93 - 103.

[12] Ciobanu, D. , J. Bastiaansen, and M. Malek. 2001. Evidence for new alleles in the protein kinase adenosine monophosphate activated gamma(3) - subunit gene associated with low glycogen content in pig skeletal muscle and improved meat quality. Genetics, 159 (3) :1151 - 1162.

[13] Daugaard, J. R. , and E. A. Richter. 2004. Muscle and fibre type specific expression of glucose transporter 4, glycogen synthase and glycogen phosphorylase proteins in human skeletal muscle. Pflügers Archiv: European J. of Physiol. 447 (4): 452 - 456.

[14] Emolon, D. Z. , S. L. Falen, and J. R. Florini. 1987. The type Ⅱ Insulin-like growth factor (IGF) receptor has low affinity for IGF - Ⅰ analogs: Pleiotypic action of IGFs on Myolalsts are apparently mediated by type I receptor. Endocrinology, 120(1): 115 - 123.

[15] Florini, J. R. , D. Z. Ewton, and S. A. Coolican. 1996. Growth hormone and the insulin-like growth factor system in myogenesis. Endocr. Rev. 17: 481 - 517.

[16] Kuchenmeister, U. , G. Kuhn, B. Stabenow, and K. Ender. 2002. The effect of experimental stress on sarcoplasmic reticulum Ca^{2+} transport and meat quality in pig muscle. Meat Sci. 61: 375 - 380.

[17] Hartman, M. L. , J. D. Veldhuis, and M. O. Thorner. 1993. Normal control of growth hormone secretion. Horm. Res. , 40: 37 - 47.

[18] Hocquette, J. F, I. Ortigues Marty, and D. Pethick. 1998. Nutritional and hormonal regulation of energy metabolism in skeletal muscles of meat-producing animals. Livest. Prod. Sci. 56: 115 - 143.

[19] Immonen, K. , M. Ruusunen, and K. Hissa. 2000. Bovine muscle glycogen concentration in relation to finishing diet, slaughter and ultimate pH. Meat Sci. , 55:25 - 31.

[20] James, D. E. , M. Strube, and M. Mueckler. 1989. Molecular cloning and characterization of an insulin regulatable glucose transporter. Nature, 338 (6210): 83 - 87.

[21] Mickelson, J. R. , and F. L. Charles. 1996. Malignant Hyperthermia: Excitation-Contraction Coupling, Ca^{2+} Release Channel, and Cell Ca^{2+} Regulation Defects. Physiol. Rev. 76 (2): 542 - 558.

[22] Fuji, J. K. , Otsu, and D. H. Maclennan. 1991. Identification of a Mutation in Porcine Ryanodine Receptor Associated with Malignant Hyperthermia. Science, 253, (26): 448 - 450.

[23] Karlsson, A. H. , E. K. Ronald, and F. Xavier. 1999. Skeletal muscle fibres as factors for pork quality. Livest. Prod. Sci. 60: 255 - 269.

[24] Koistinen, H. A. , D. Galuska, A. V. Chibalin, J. Yang, J. R. Zierath, G. D. Ho/man, and H. Wallberg - Henriksson. 2003. 5 - amino-imidazole Carboxamide Riboside increases glucosetransport and cell surface GLUT4 content in skeletal muscle from subjects with type 2 diabetes. Diabetes, 2(5):1066 - 1074.

[25] Leseigneur-Meynier, A. , and G. Gandemer. 1991. Lipid composition of pork muscle in relation to the metabolic type of the fibres. Meat Sci. 19:229 - 241.

[26] Liu, J. L. and D. LeRoith. 1999. Insulin-like growth factor I is essential for postnatal growth in response to growth hormone. Endocrinology, 140(11): 5178 - 5184.

[27] Maltin, C. A. , K. D. Sinclair, and P. D. Warriss. 1998. The effects of age at slaughter, genotype and finishing system on the biochemical properties, muscle fibre type characteristics and eating quality of bull beef from suckled calves. Anim. Sci. 66: 341 - 348.

[28] Marette, A. , J. M. Richardson, and T. Ramlal. 1992. Abundance, localization, and insulin-induced

translocation of glucose transporters in red and white muscle. Am. J. Physiol. 263:C443 - C452.

[29] Berchtold, M. W. , H. Brinkmeier, and M. Muntener. 2000. Calcium Ion in Skeletal Muscle: Its Crucial Role for Muscle Function, Plasticity, and Disease. Physiol. Rev. 80 (1): 1215 - 1217.

[30] Michael, F. , and J. A. Copello. 2002. Ryanodine Receptor Calcium Release Channels. Physiol. Rev. 82: 893 - 922.

[31] Milan, D. , J. T. Jeon, and L. Christian. 2000. A mutation in PRKAG3 associated with excess glycogen content in pig skeletal muscle. Science, 288: 1248 - 1251.

[32] Miller, K. D. , M. Ellis, F. K. McKeith, B. S. Bidner, and D. J. Meisinger. 2000. Frequency of the Rendement Napole RN-allele in a population of American Hampshire pigs. J. Anim. Sci. 78: 1811 -1815.

[33] Muller, E. E. , V. Locatell, and D. Cocchi. 1999. Neuroendocrine control of growth hormone secretion. Physiol. Rev. 79(2): 511 - 607.

[34] O'Dell, S. D. and I. N. Day. 1998. Insulin-like growth factor Ⅱ (IGF - Ⅱ). Int. J. Biochem. Cell Bio. 30(7): 767 - 771.

[35] Polekhina, G. , Gupta, A. , and B. J. Michell. 2003. AMPKβ2 subunit targets metabolic stress sensing to glycogen. Curr. Biol. 13:867 - 871.

[36] Renou, L. 1986. Phosphorus - 31 nuclear magnetic resonance study of postmortem catabolism and intracellular pH in intact excised rabbit muscle. Biochimie, 68: 543 - 554.

[37] Serra, X. , F. Gil, Perez-Enciso, M. Oliver, M. A. Vazquez, and M. A Gilpert. 1998. Comparison of carcass, meat quality and histochemical characteristics of Iberian and landrace pigs. Livest. Prod. Sci. 56:215 - 223.

[38] Seideman, S. C. , J. D. Crouse, and H. R. Cross. 1986. The effect of sex condition and growth implants on bovine muscle fiber characteristics. Meat Sci. 17: 79 - 95.

[39] Stainsby, W. N. and C. R. Lambert. 1979. Determinants of oxygen uptake in skeletal muscle. Exercise and Sport Science Reviews. 7(1): 125 - 152.

[40] Valin, C. , C. Touraille, P. Vigneron, and C. R. Ashmore. 1982. Prediction of lamb meat quality traits based on muscle biopsy bibre typing. Meat Sci. 6: 257 - 263.

[41] Walsh, B. , M. Tonkonogi, K. Soderlund, K. Hultman, E. Saks, and K. Sahlin. 2001. The role of phosphorylcreatine and creatine in the regulation of mitochondrial respiration in human skeletal muscle. J. Physiol. 537:971 - 978.

[42] Wiesław, P. , G. Monin, M. Kocwin-Podsiadła, and E. Krzecio. 2006. Glycogen metabolism in muscle and its effects on meat quality. Pol. J. Food Nutr. Sci. 3: 257 -262.

[43] Winder, W. W, and D. G. Hardie. 1999. AMP-activated protein kinase, a metabolic aster switch : possible roles in type diabetes. Am. J. Physiol. 277: 1 - 10.

[44] Winder, W. W. 2001. Energy sensing and signaling by AMP-activated protein kinase in skeletal muscle. J. Appl. Physiol. 91(3): 1017 - 1028.

第9章

畜禽脂肪的组成、变化与肉品质

脂肪是动物机体不可缺少的组成部分，一般占动物活重的2%～40%。胴体中脂肪含量的高低以及脂肪酸组成上的差异，对肉类食品的感官品质、营养价值和加工特性等有着至关重要的作用。最近几十年来，畜禽的生长速度、饲料转化率和瘦肉率等都有了较大幅度的提高，但是，伴随着生长性能的提高，肉类的品质尤其是感官品质和加工性能却发生了较为明显的下降，比较典型的就是畜禽的肌内脂肪含量和脂肪品质下降(Lo Fiego 等，2005；Hugo 等，2007)。因此，肌内脂肪含量和脂肪品质下降是目前规模化养殖所面临的一个非常突出的问题，已经引起了全球消费者的广泛关注。

9.1 脂肪的种类

脂肪，又称脂质，主要由碳、氢、氧3种元素组成。脂肪不仅是动物机体组织的重要构成部分，而且是提供能量的主要物质之一。动物脂肪主要的存在形式是甘油三酯，它是脊椎动物体内最重要的能量来源，体内过多的碳水化合物和脂质都会被有效转化成甘油三酯并贮藏于脂肪组织中(Lass 等，2006)。肉类的脂肪总体来说可以分成3种，即皮下脂肪(Subcutaneous fat)、肌间脂肪(Intermuscular fat)和肌内脂肪(Intramuscular fat)(图9-1)。肌间脂肪的组成和性质与皮下脂肪非常相近(Timón 等，2001)，因此，本章对此不单独介绍。

猪体内的脂肪主要分布在皮下、大网膜、肠系膜、肌肉和肾脏周围等处。肉品加工涉及的脂肪主要是贮存于皮下的皮下脂肪以及存在于肌肉中的肌内脂肪。皮下脂肪的主要组成是中性脂肪(甘油三酯)，而肌内脂肪中则含有相对较多的磷脂。

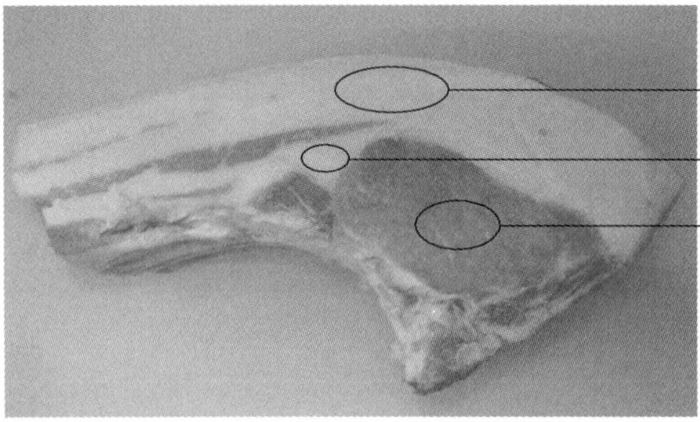

图 9-1　猪皮下脂肪、肌间脂肪和肌内脂肪示意图

9.2　畜禽脂肪的组成

9.2.1　皮下脂肪的组成

猪的皮下脂肪是肉品加工中常用的原料，它至少占胴体总脂肪的 80%。皮下脂肪中含有 75%～80%的脂质，5%～15%的水以及少量的蛋白质。皮下脂肪的主要成分为甘油三酯（含量超过 99%），其次还含有少量的胆固醇、甘油二酯（DG）、甘油一酯（MG）及游离脂肪酸（FFA）（Gandemer，2002）。通常情况下，猪皮下脂肪中含量最多的是单不饱和脂肪酸（MUFA），占总脂肪酸的 50%左右，多不饱和脂肪酸（PUFA）最少，占 12%左右（Davenel 等，1999；杨红菊，2005）。具体比例随猪的品种、性别、年龄、饲养条件等的变化而不同。欧洲地区干腌火腿原料猪的皮下脂肪组成见表 9-1。

从表 9-1 中结果可以看出，POO 和 PSO 是含量最大的两种组成，约占总甘油三酯的 70%；除此之外，还存在少量的 OOO、PSL、PPO、OOL，各占 3%左右（P、S、O、L 分别代表甘油三酯中与甘油酰基化的棕榈酸、硬脂酸、油酸和亚油酸）。脂肪酸的差异及其在甘油骨架上的位置决定了每一种甘油三酯的熔点。研究证明，含两种饱和脂肪酸的甘油三酯（如 PSO 和 PPO）在 20℃多呈固体状态，而含两种不饱和脂肪酸的甘油三酯分子（如 POL、POO 及 OOL）在 14～18℃呈液体状态（Davenel 等，1999）。因此，皮下脂肪这种组成上的差异将决定肉制品加工过程中脂肪的降解状况。

9.2.2　肌内脂肪的组成

肌内脂肪是指沉积在肌肉内的肌纤维与肌束间的脂肪，它由肌内脂肪组织和肌纤维中的脂肪组成。肌内脂肪组织由沿肌纤维方向排列的脂肪细胞组成，位于肌束间隙（Cassens 和 Cooper，1971；Gandemer，2002），脂肪细胞独立或成簇存在，这部分脂肪几乎全由甘油三酯组成。肌纤维中的脂肪则是由肌浆中的甘油三酯液滴、膜脂、磷脂和胆固醇组成。不同解剖部位的肌肉，肌纤维中甘油三酯含量的差异较大，但这部分甘油三酯占肌内脂肪总甘油三酯的比例很小,大部分的甘油三酯包含在脂肪细胞内(Gandemer,2002)。

表 9-1　干腌火腿原料猪皮下脂肪的脂肪酸和甘油三酯的组成　%

	Parma (n=10)	Italian Country style (n=9)	Bayonne (n=10)	Corsican (n=10)	Serrano (n=10)	Iberian (n=10)
脂肪酸						
C16:0	22.7	22.6	22.2	21.6	21.0	20.4
C18:0	12.4	12.5	12.9	12.1	11.2	10.6
C18:1	48.7	49.2	49.1	51.7	51.5	54.9
C18:2	10.7	9.1	9.9	8.7	10.2	8.4
C18:3	0.4	1.1	0.7	1.0	0.8	0.6
甘油三酯						
PSO	26.0	26.6	27.5	25.6	19.9	18.9
POO	43.0	43.8	41.6	42.9	45.8	47.8
OOO	4.0	4.1	4.4	6.5	6.2	10.9
OOL	1.8	1.6	1.9	2.2	2.7	3.0
SFC(20℃,%)	16.7	17.0	17.3	15.9	12.0	10.8

注:(1)SFC(Solid fat content):固态脂肪含量;(2)P、S、O、L 分别代表的是甘油三酯中与甘油酰基化的棕榈酸、硬脂酸、油酸和亚油酸;(3)数据摘自 Gandemer,2002。

肌内脂肪的含量和脂肪酸组成通常受动物的品种、性别、年龄、肌肉部位、饲料等因素的影响。肌内脂肪的含量从 2.5%～12%不等,在影响其含量的诸多因素中,最重要的是品种、饲养方式、解剖部位、动物的日龄和性别等(Cava 等,1997;Tejeda 等,2002;Petrón,2004)。传统方式养殖的伊比利亚猪及科西嘉猪的肌内脂肪含量高达 7%～12%,而现代养殖方式养的猪的肌内脂肪含量只有 2.5%～3.5%。

肌内脂肪的含量取决于脂肪体细胞数量和脂肪的合成能力,一般在出生前或生长发育早期被确定,在肥育期仅仅通过脂肪细胞体积的增大和重量的增加来完成脂肪的沉积(张海燕等,2009)。肌肉中含磷脂较多,所以脂肪酸中 PUFA 的含量相对较高(Gandemer 等,1997;Gandemer,2002;Wood 等,2003;Wood 等,2004;Wood 等,2008)。

同种动物肌内脂肪的脂肪酸组成和皮下脂肪组织非常相近,但不同种类动物肌肉中甘油三酯的脂肪酸组成存在差异,尤其是 PUFA 的含量差异明显。牛肉肌内脂肪的甘油三酯中 PUFA 的含量只有 2%～3%,猪肉中为 7%～15%,鸡肉中为 20%～25%,而兔肉中则高达 30%以上。这些 PUFA 主要是含 18 个碳原子的多不饱和脂肪酸即亚油酸(C18:2)和少量的亚麻酸(C18:3)(表 9-2)。肌肉类型对于牛、鸡和兔肌肉甘油三酯中 PUFA 含量的影响较小(分别为 2%～3%、24%～26%和 28%～32%),而对猪的影响却很大(7%～15%)(Leseigneur-Meynier 等,1991;杨红菊,2005)。猪和鸡日粮中的脂肪状况会影响其肌内脂肪中甘油三酯的脂肪酸组成(Marion,1965)。

在 100 g 新鲜肌肉组织中,磷脂的含量为 0.5～1.0 g,与肌肉中的总脂肪含量无关,品种、饲养条件、日龄或日粮对肌肉中磷脂含量的影响很小或几乎没有影响(表 9-2)。肌肉中的磷

表 9-2 **畜禽肌肉(100 g)中三酰基甘油和磷脂的含量和脂肪酸组成**

品种	牛肉		猪肉		鸡肉		火鸡肉		兔肉	
代谢类型	糖酵解型	氧化型	糖酵解型	氧化型	糖酵解型	氧化型	糖酵解型	氧化型	糖酵解型	氧化型
肌肉部位	背最长肌	横隔膜	背最长肌	咬肌	胸肌	缝匠肌	胸肌	缝匠肌	腰大肌	半膜肌
三酰基甘油的含量/g	2.1	4.1	1.0	0.9	0.6	1.5	0.9	2.0	0.5	3.5
脂肪酸组成/%										
C18:2	1.6	2.5	7.2	8.2	17.9	16.9	24.6	24.2	21.2	18.8
C18:3	0.4	0.5	0.7	1.0	1.2	1.1	5.1	5.3	3.7	3.3
磷脂的含量/g	0.7	1.1	0.5	0.9	0.5	0.9	0.5	0.9	0.7	0.9
脂肪酸组成/%										
C18:2	13.8	20.1	22.9	24.7	14.8	21.8	18.1	23.5	25.5	14.3
长链 $n-6$	11.6	11.2	8.3	8.5	20.3	19.5	15.8	18.8	15.6	18.5
长链 $n-3$	6.2	4.4	1.1	1.9	5.0	5.1	7.5	5.8	2.8	3.7

注:数据摘自杨红菊(2005)。

脂主要由磷酯酰胆碱(PC)和磷酯酰乙醇胺(PE)组成,两者分别占磷脂总量的45%～60%和20%～30%,其他磷脂组分的含量较低。心肌磷脂(CL)和肌醇磷脂(PI)分别占磷脂总量的2%～10%和4%～10%。另外,肌肉磷脂中还含有少量(2%以下)的鞘磷脂和磷酯酰丝氨酸(Leseigneur-Meynier 等,1991;Kim 等,1987;Alasnier 等,1996;Rabot 等,1995)。肌肉中的磷脂含量和组成与肌肉的代谢类型有关,氧化型肌肉比糖酵解型肌肉的磷脂含量高(1.0%对0.5%),而且含有更多的CL和PE。这是由于氧化型肌肉主要是由氧化型肌纤维组成的,线粒体含量高,因而磷脂的含量也高(Cassens 等,1971)。此外,在细胞内膜中线粒体是富含心肌磷脂的唯一细胞器(20%以上)(Fleischer 等,1965),而线粒体膜上的PE含量也比内质网膜和细胞质膜高(Jain,1988)。

磷脂对肉的风味既有积极作用又有消极影响,虽然其氧化产生的挥发性物质对风味不利,但能够抑制美拉德反应中杂环化合物的过度生成。因此,肉的风味是脂肪氧化和美拉德反应产物之间达成一种微妙平衡的结果(杨红菊等,2004)。

磷脂和甘油三酯的脂肪酸组成差异很大,磷脂的脂肪酸中PUFA的含量(45%～55%)明显高于甘油三酯。这些PUFA主要是亚油酸(14%～30%)和长链多不饱和脂肪酸,如花生四烯酸(C20:4 *n*-6)(8%～14%)和22碳多不饱和脂肪酸(如C20:5 *n*-3、C22:6 *n*-6 和C22:6 *n*-3)(Gandemer 等,1997)(表9-2)。磷脂是肌肉中膜的主要组成成分,磷脂中PUFA含量的变化会改变膜的性质,所以磷脂中PUFA的总量基本稳定。磷脂中PUFA的含量受动物细胞内各种复杂酶系统的严格调控,这些酶与脂肪酸的不饱和化和碳链延长以及这些脂肪酸在磷脂中的酯化作用有关。然而,磷脂中*n*-3系列多不饱和脂肪酸与*n*-6系列多不饱和脂肪酸的比例却因动物种类及日粮中脂肪含量和组成的不同而存在较大的差异。单胃动物的*n*-3 PUFA/*n*-6 PUFA比值取决于日粮中油酸和亚油酸的供给水平,因为这些脂肪酸是其他长链不饱和脂肪酸的前体物。一般来讲,在牛肉和兔肉中*n*-3 PUFA/*n*-6 PUFA比值高于猪肉。另外,在不同的磷脂组分中PUFA的含量和种类也各不相同:CL和PE的不饱和程度最高,CL中的PUFA主要是亚油酸,而PE中的PUFA则主要是长链多不饱和脂肪酸;PC大约含有30%的PUFA,主要是亚油酸和少量的花生四烯酸(Alasnier 等,1998)。

肌内脂肪的沉积对肉品风味有重要影响,但人们对肌内脂肪组织的发育还知之甚少。从动物细胞发育的角度看,肌内脂肪组织比肌间脂肪组织的发育要晚一些,而肌内脂肪细胞与其他脂肪组织中的脂肪细胞一样,可能都来源于血管周围(Perivascular origin)(Nnodim,1987)。最早的肌内脂肪细胞出现于新生个体中,起初的发育速度很慢,这是因为,一方面它们重新合成脂肪酸的能力很弱(Mourot 等,1995),另一方面,通过脂蛋白脂酶从血液循环中的甘油三酯中获得脂肪酸的能力也比较弱。因此,这些脂肪细胞的体积要比其他脂肪组织中脂肪细胞的体积小(Hauser 等,1997)。

9.3 畜禽脂肪对肉品质的影响

动物脂肪不仅是人体的重要能源物质,而且为人类提供必需脂肪酸,协助脂溶性维生素和胡萝卜素的吸收(Honkavaara,1989;Suess,1993)。作为肉食品来讲,脂肪是肌肉的组成成分,皮下脂肪也是肉品加工的重要原料。脂肪对肉类的感官品质和加工特性有着至关重要的作用（Webb 等，2008；Dransfield，2008）。提高商品猪的肌内脂肪含量及调节猪肉脂肪酸的组成使之更符合人类健康和肉品加工的需求是当今肉品科学中的研究热点问题之一（Wood 等，2003；Wood 等，2008；Webb 等，2008）。因此，在肉品质的研究中，有一些学者又专门提出了“脂肪品质”（Fat quality）的概念（Barton-Gade，1983；Fischer，1989；Wood，1984；Hugo 等，2007）。

从外观上讲，优质脂肪的质地坚实，色泽洁白；而劣质脂肪表现为组织松软，表面湿润、油滑，色泽灰暗或呈淡黄色。另外，脂肪的风味特征也是评价脂肪品质优劣的重要标准（Wood，1984）。因此，评价脂肪品质最重要的标准是脂肪的色泽、黏结性、氧化稳定性、风味以及可提出脂质（Extractable fat）的含量（Hugo 等，2007；Fischer，1989；Barton-Gade，1983）。通常情况下，测定脂肪的物理特性和脂肪酸组成，可以用作评价脂肪品质的标准，所以，脂肪中脂肪酸的种类和组成比例决定了猪肉的脂肪品质（Hugo 等，2007）。

总之，肉类品质涉及的内容较多，其中，肌内脂肪的含量和猪体内脂肪的脂肪酸组成是决定猪肉品质的重要内容。肉的品质直接影响肉类的感官质量、营养价值、加工性能以及肉制品的质量。猪肉是目前全球最重要的肉类产品，生产优质的猪肉可以扩大全球猪肉制品的市场占有份额，提升猪肉与其他动物肉制品在市场上的竞争实力（Hugo 等，2007）。随着人们生活水平的不断提高，畜禽的肉品质问题已经引起了肉类生产、加工和消费各个环节广泛的关注。

9.3.1 脂肪对肉及肉制品品质的影响

脂肪的理化特性会影响肉类的食用性（Kempster 等，1982），降低肉中的脂肪含量，会影响人们食用肉食品时的满意度（Webb，2008）。皮下脂肪和肌内脂肪是影响肉食品品质、营养价值和加工性能的重要因素，因此，发达国家已把提高肌内脂肪含量列为今后猪育种的重要选择内容。适当含量的肌内脂肪可以使肉类柔软多汁，口感细嫩，并且可以改善肉及肉制品的保水性，因此，肌内脂肪是决定肉品质的主要因素（Wood，1993；Hugo 等，2007；Wood 等，2008）。皮下脂肪是传统干腌火腿、腊肉及培根的组成部分，香肠类肉制品的生产中也常常使用一定数量的皮下脂肪作为原料。皮下脂肪在肉制品中的作用与肌内脂肪相近，适量的皮下脂肪可以改善肉制品的嫩度与多汁性，相反，肉制品中脂肪含量过少，产品则干硬乏味，整体可接受性差。

9.3.2 畜禽脂肪含量变化与脂肪酸组成变化的关系

脂肪合成与分解代谢的调控对于动物体内脂肪的总量有非常重要的影响（Haemmerle 等，2006）。对猪的皮下脂肪组织来说，从出生一直到正常屠宰年龄的这段时间内，脂肪含量（或背膘厚度）逐渐增加，脂肪酸的含量也在发生相应的变化（Wood 等，2008）。随着猪的皮下脂肪脂质含量的增加，脂肪酸组成中 C18:0 和 C18:1 含量增加，C18:2 含量下降，这主要是由于组织重新合成饱和以及单不饱和脂肪酸的作用增加（Wood 等，1984）。Kouba 等（2003）报道，初始体重都为 40 kg 的猪用同样饲料分别喂养 20、60 和 100 d，结果表明，皮下脂肪的总脂肪酸中 C18:0 从 10% 增加到 13%；C18:1 从 38%增加到 42%；C18:2 的含量从 19%下降到 11%，皮下脂肪 C18:2 的含量与脂肪含量或背膘厚度呈负相关。与此类似，Wood 等（1989）研究表明，猪的P2点的背膘厚度为8 mm、12 mm和16 mm时，皮下脂肪中C18:2的平均含量分别为14.9%、12.4%和10.6%(表9-3)。因此，脂肪含量(或背膘厚度)越低，皮下脂肪中PUFA的含量有明显增加的趋势(Wood等，2008)。

表9-3 猪不同厚度皮下脂肪(腰部)的水分、脂质含量及脂肪酸组成

项目	8 mm	12 mm	16 mm	P
水分	22.4	17.1	14.1	***
脂质	69.2	77.0	81.6	***
C18:0	13.1	13.8	13.9	***
C18:1	40.3	41.8	43.1	***
C18:2	14.9	12.4	10.6	***
C18:3	1.1	0.9	0.8	***

注：(1)水分和脂质的单位为g/100 g新鲜组织；脂肪酸组成的单位为g/100 g总脂肪酸；(2)数据摘自Wood等，2008。

与脂肪组织一样，随着肌内脂肪含量的增加，肌内脂肪中中性脂肪和磷脂的脂肪酸组成也有变化，肌肉的总脂肪酸组成也会发生显著的改变(Wood等，2008)。肌肉中脂肪沉积较少时，其磷脂的组成中C18:1含量较低，C18:2含量较高，所以对肌内脂肪的总脂肪酸组成有较大影响。随着机体脂肪沉积量的增加，中性脂肪对肌肉总脂肪的贡献有逐渐增加的趋势(Kouba等，2003)。

9.3.3 脂肪酸对肉品质的影响

9.3.3.1 脂肪酸对脂肪物理特性的作用

对猪和反刍动物的研究表明，皮下脂肪的脂肪酸组成影响脂肪的硬度，原因是不同脂肪酸的熔点不同。饱和脂肪酸(SFA)的熔点较高，不饱和脂肪酸(UFA)的熔点较低。例如，C18:0的熔点为69℃，C18:2的熔点只有-5℃。皮下脂肪中由于存在多种脂肪酸，其熔点通常在25～50℃之间(Wood，1984)。

对于猪的皮下脂肪来讲，不同的脂肪酸组成会显著影响脂肪的熔点、坚实度(Firmness)和黏结性能(Cohesiveness)(Wood等，2008)。Davenel等(1999)研究指出，硬质脂肪(Solid fat/firm fat)与棕榈酸和硬脂酸两种饱和脂肪酸含量高度相关，软脂(Soft fat)中硬质脂肪的含量低于15%，而优质脂肪皮下脂肪中硬质脂肪的含量应大于18%。

在脂肪的组成中，含量过多的PUFA会出现“黄色脂肪”(Yellow fat disease)(Warnants等，1996)。这种新鲜脂肪暴露在空气中时，由于氧气的作用呈粉红色，但在真空包装后为黄白色(Barton-Gade，1983)。

此外，早期的研究认为，由于胶原蛋白的交联程度和种类不同，它们在脂肪组织中形成的网状结构有差异，因此非脂干物质的含量对皮下脂肪的黏结性能有重要作用(Enser等，1984)。但是后来的研究表明，脂肪的黏结性主要取决于脂质的物理状态，这主要由脂肪酸和甘油三酯的组成来决定的(Perrin等，1990；Davenel等，1999)。

9.3.3.2 脂肪酸对肉类风味的贡献

早期研究显示，不同种类动物肉之间脂肪组织的挥发性化合物有明显不同，脂肪组织是决定肉类特有风味的主要原因(Mottram，1998)。例如，羊肉特殊的膻味与脂肪中的支链脂肪酸密切相关，来自牧草中的3-甲基吲哚和烷基酚会加剧羊肉的膻味(Young 等，1997)。碳链长度少于10个碳原子的脂肪酸(如蚁酸和丙炔酸)，对人类来说可能呈酸味(Forss，1972)，并且人们并不觉得它们是油性的。另外，沸点高的脂质缺乏味感，可能是它们难溶于水所造成的(Forss，1972)。

近年来的研究表明，脂肪在口腔中会产生化学感觉(Webb，2008)。Hiraoka 等(2003)对老鼠的研究发现，长链脂肪酸刺激口腔时，胰腺头段的酶液分泌量增加，而中链脂肪酸和长链脂肪酸衍生物却不能产生这样的效果。同时，长链脂肪酸、中链脂肪酸和长链脂肪酸衍生物同时提供时，老鼠偏向选择长链脂肪酸。因此，长链脂肪酸会引起口腔产生化学响应，长链脂肪酸以及羧酸盐类与脂肪的识别有关。此外，一些临床医学资料也证明，人类可以对脂肪(或脂肪酸)产生特殊的感觉。

因此，脂肪中饱和脂肪酸的含量是影响肉类风味品质的重要因素(Webb 等，2008)。含有长链脂肪酸且饱和度高的脂肪在冷却降温时容易凝固，从而可以直接影响肉类的口味；脂肪的饱和程度较低时，其中不饱和脂肪酸的双键容易在化学变化或脂肪分解酶的作用下发生氧化，这样也可以间接影响肉类的滋味和气味。

此外，对脂肪和脂肪酸产生的感觉可能依赖于组织结构感觉、嗅觉、味觉、痛觉、温度觉等共同作用(Dransfield 等，2008)。由于脂肪、脂肪酸对人类风味感觉等的研究非常复杂，往往也是间接研究，对有一些研究结果还存在争论，但是，目前都倾向认为脂肪酸可以直接影响风味感觉。

9.4 贮藏或加工中脂肪与脂肪酸的变化对肉制品品质的影响

肉类在加工或贮藏过程中，脂类物质主要发生水解和氧化两种化学变化，水解和氧化两个途径密切相关。中性脂肪和磷脂的水解和氧化是脂类物质形成风味成分的基础。磷脂的不饱和程度较高，其变化对肉类风味最为重要。

9.4.1 脂类物质的水解

脂肪水解是肉品中脂肪降解的重要变化之一(Toldra 等，1998)。动物刚屠宰后，肌肉中的游离脂肪酸含量很低，在肉类贮藏或加工过程中，脂肪会发生显著水解并产生大量的游离脂肪酸。

冷冻是原料肉长期保藏的一种常用方法，在长时间冷冻贮藏中，动物脂肪的脂肪酸组成会发生明显的改变。冷冻贮藏后，皮下脂肪、肌肉和肝脏的磷脂含量都会显著下降，游离脂肪酸含量急剧上升，表明冷冻贮藏中有大量磷脂水解。同时，上述3种组织脂肪的水解速度并不一致，其中，皮下脂肪的水解最慢，肌内脂肪的水解较慢，而肝脏脂肪在冷冻贮藏中的水解速度最快。此外，冷冻贮藏中不饱和脂肪酸比饱和脂肪酸的水解速度更快(杨勇等，2010)。

在干腌火腿加工过程中，肌内脂肪容易发生强烈的水解，脂肪水解的速率在最初的6个月内很快，随后逐渐降低直到加工末期(12～24个月)(Motilva等，1993a；Motilva等，1994；Buscailhon等，1994)。在加工完成后，根据加工时间的长短、加工工艺和原料肉的不同，游离脂肪酸在肌肉和脂肪组织的总脂肪中所占的比例达到8%～20%。甘油三酯水解只释放18碳且含2个或3个双键的PUFA，而磷脂水解则释放长链含4个、5个甚至6个双键的PUFA。

关于干腌火腿的脂肪水解，有两个方面的问题引起了研究人员的广泛关注。首先，脂肪水解是否存在种类或位置特异性？对此，目前仍然说法不一。部分学者认为各种脂肪酸在加工过程中的变化不存在显著性差异，脂肪的水解程度与脂肪酸链的长度及不饱和度都没有关系(Buscailhon等，1994)；而另外一些学者在研究伊比利亚火腿的水解时发现，棕榈酸、亚油酸和花生四烯酸存在特异性水解(Martín等，1999)。其次，游离脂肪酸主要来自于中性脂肪还是磷脂？这是研究者普遍关注的另一个问题。事实上，甘油三酯和磷脂水解对游离脂肪酸的贡献是有差异的，一般可以通过比较这三者量的变化及它们脂肪酸组成的相似性来判断。甘油三酯和磷脂的水解都对游离脂肪酸的生成都有贡献，其贡献程度取决于脂肪的含量、原料的组成、动物的品种及肉品加工过程。在大多数情况下，磷脂是鲜肉和干腌火腿中脂肪水解的主要底物(Buscailhon等，1994；Coutron-Gambotti等，1999)，这是由于在火腿生产过程中磷脂的含量显著下降，游离脂肪酸随之增加，而甘油三酯的含量变化很小；此外，游离脂肪酸组分中含有丰富的长链PUFAs，而这类PUFAs毫无疑问来自磷脂。然而，甘油三酯也会在一定程度上水解产生游离脂肪酸，它对游离脂肪酸含量的贡献似乎与肌肉中脂肪的含量有关，当肌肉中甘油三酯含量较低时，其影响较小；但当肌肉中甘油三酯含量较高时，由甘油三酯水解产生的游离脂肪酸却可能达到30%～50%。因此，在法国巴依奥纳火腿中甘油三酯对游离脂肪酸的贡献较小(Buscailhon等，1994)，而在科西嘉火腿和西班牙伊比利亚火腿中则较大，因为后两种火腿的肌内脂肪中甘油三酯含量明显高于前一种火腿(每100 g火腿中5～8 g对2 g)(Gandemer，2002)。

在通常的肉制品中，pH的高低都不足以导致脂质的酸碱水解，火腿中脂质的水解主要是在酶的作用下进行的。火腿的脂肪水解酶可能是来自于脂肪细胞和肌肉纤维的内源性酶和(或)来自于表面生长的微生物。研究表明，对脂肪水解起主要作用的是内源性酶(Toldra等，1997；Molly等，1996)。有关的酶类主要包括脂酶、酯酶和磷脂酶。

猪肌肉中至少存在3种脂酶的活性，即酸性脂酶(最适pH为4～5)、中性脂酶(最适pH为7～7.5)和碱性脂酶(最适pH为8～9)，分别可能是溶酶体酸性脂酶、脂蛋白脂酶(Lipoprotein lipase，LPL)和激素敏感脂酶(Hormone-sensitive lipase，HSL)(Oscai等，1990；Motilva等，1993a；Toldra等，1996)。LPL作用于毛细血管内皮，是脂蛋白中降解三酰基甘油(Triacylglycerols)的主要酶类，同时作用于细胞中脂肪酸的摄取。HSL存在于细胞质中，能够水解甘油三酯和二酰基甘油以保证脂肪酸的调动，单酰甘油脂酶通过水解单酰基甘油结束这一过程。在活体内，水解速率的限制步骤是由HSL催化的，HSL水解甘油三酯的速率要比水解二酰基甘油和单酰基甘油的速率慢(1∶10∶4)。溶酶体酸性脂酶，存在于溶酶体中，目前关于该酶对火腿脂肪水解的贡献存在争议，有研究证明其活性较低(Motilva等，1993a)，但也有研究发现，酸性脂酶的活性远高于中性脂酶，且因为干腌火腿的pH一般在5.5～6.2，因此认为该酶是肌肉脂肪水解的主要脂酶(Vestergaard等，2000)。分析其原因可能是由于酶活性的测定方法不一样，也可能是由于原料猪的品种、年龄或加工工艺不同而导致的，这些因素都对酶活有较大的影响。脂肪组织中只有 HSL 和 LPL 酶活，这两种脂酶在腌制和盐平衡阶段都有活性，但只有 HSL 在干燥/成熟阶段仍然有活性(Belfrage 等，1984；Motilva 等，1993b)，而肌肉中这 3 种脂酶在贮藏 15 个月以上的干腌火腿中仍有活性(Toldra 等，1998)。

到目前为止，关于宰后肌肉中这些酶的特性还知之甚少。从宰后肌肉脂肪水解的研究结果中很难得出甘油三酯水解过程是专一性还是非专一性的结论，这至少可从以下两个方面分析原因：首先，从肌肉中提取的游离脂肪酸同时来自脂肪细胞甘油三酯和肌纤维甘油三酯及磷脂。其次，因为单酰甘油脂肪酶的活性较高，始于 LPL 和 HSL 的甘油三酯水解一般都比较彻底。含有多不饱和脂肪酸的甘油三酯水解过程可能是专一性的。研究表明，在科西嘉猪的皮下脂肪组织中，亚油酸在游离脂肪酸中的比例高于在甘油三酯中的比例(14%对 8%)，脂肪水解主要作用于含亚油酸的甘油三酯组分，如棕榈酰-油酰-亚油酰甘油(Coutron-Gambotti 等，1999)。在干腌火腿加工过程所采用的温度条件下，猪脂肪中的大多数甘油三酯以固态存在，而上述甘油三酯组分棕榈酰-油酰-亚油酰甘油则呈液态，便于脂肪酶的作用，从而使亚油酸从甘油三酯中优先释放出来。

酯酶的活力也可以在整个腌制过程中检测到。酸性酯酶在腌制的前 5 个月活力较高，之后突然下降，中性酯酶的活力很低，在整个腌制过程中都表现得相当稳定(Motilva 等，1993a)，相对于脂酶而言，酯酶在火腿风味形成中的作用很模糊，整个加工过程中挥发性游离脂肪酸的含量十分低，含量最高的挥发性脂肪酸是乙酸，其他挥发性脂肪酸的含量很低，在 2 mg/100 g 以下，甚至可以忽略(Motilva 等，1993a)。这一结果除了与酯酶的活力低有关外，还与肉中酯酶底物(短链的脂肪酸甘油酯)的不充足有关，肉中的甘油脂和磷脂大多是长链脂肪酸酯(Leseigneur-Meynier 等，1991)，这说明酯酶在火腿腌制过程中的作用可能很小(Motilva 等，1993a)。

磷脂是干腌火腿脂肪水解和氧化的主要底物(Buscailhon 等，1993；Coutron-Gambotti 等，1999)，但目前有关磷脂酶在哺乳动物骨骼肌中的作用却研究得很少(Alasnier 等，2000)。磷脂的水解涉及磷脂酶 A(A1 和 A2)和溶血磷脂酶，这些酶与磷脂和脂肪酸的更新代谢有关，其中磷脂酶 A2 在激素信号传递、生物膜的稳恒过程、脂质介体(如血小板激活因子)的产生等生物学过程中发挥着重要作用(杨建东等，2002)。关于哺乳动物骨骼肌中存在的磷脂酶的种类以及动物屠宰后和干腌火腿加工过程中磷脂酶的活性状况如何，目前还没有相关数据。但可以推测，磷脂酶肉类在加工过程中很可能仍保持有活性，因为在干腌火腿加工的前 6 个月内游离脂肪酸组分中长链 PUFA 的含量不断增加(Buscailhon 等，1994)。

9.4.2 脂类物质的氧化

脂肪水解产生游离脂肪酸只是脂肪降解的第一阶段，游离脂肪酸会进一步发生氧化反应生成一些小分子物质(如醛类、酮类)，它们对肉制品风味有很大贡献。目前，许多研究和报道都证明，干腌火腿中特征香味的产生与脂质氧化的开始是一致的(Flores 等，1997；Meynier 等，1999)。

脂类物质的氧化过程十分复杂，分为自动氧化和酶促氧化两种情况(Rhee，1988；方允中，1994)，不管哪种情况都与脂肪中自由基的产生有关(Frankel 等，1984；方允中，1994)。脂肪在氧化过程中，并不是与 O_2 直接作用的，这是由于脂肪酸与氧结合时，自由能（ΔG）为很高的正值，而反应的活性能也很高，另外氧分子有两个平行自旋的不成对电子，由于受自旋阻遏的影响，O_2 很难和具有成对电子结构的不饱和脂肪酸结合，因此不饱和脂肪酸通常被认为不可能直接与 O_2 结合而发生氧化（方允中，1994）。自由基和氢过氧化物的产生是发生氧化的基础（Frankel 等，1984）。通常有两种过程，一种是活性氧的产生，一种是铁离子作用下过氧化物的产生（方允中，1994）。

活性氧是指具有比氧气分子活泼的氧的某些物质及其衍生物，如：· OH，H_2O ，H_2O_2 等。其产生的过程如下（Frankel 等，1984；方允中，1994）：

$$O_2 \rightarrow O_2^- \rightarrow H_2O_2 \rightarrow \cdot OH \rightarrow OH^- \rightarrow H_2O$$

· OH 最为活泼，可直接作用于脂肪形成脂类过氧化物 ROOH（Frankel 等，1984）。

组织中微量的铁离子可以与 ADP 结合形成[ADP - Fe^{2+} - O_2]复合物，该复合物又可以转化为[ADP - Fe^{3+} - O_2]，且该转化为可逆反应，在一定条件下，这两种复合物可以引发不饱和脂肪酸过氧化，产生 RO ·，RO_2 ·，ROOH（Schaich，1992；方允中，1994）。

ROOH 不会使脂类过氧化过程延续，但在 Fe^{2+} 和 Fe^{3+} 复合物的存在下，可以进一步转变为 RO · 和 RO_2 · 自由基而使脂肪氧化继续下去（方允中，1994）。

RO · 很不稳定，分解为低分子的醛、酮、醇和新的烷基自由基。RO_2 · 除了可以与 RH 反应生成 ROOH 重复上述变化外，还可以转化为环过氧化物。

酶促氧化主要是脂肪氧化酶催化不饱和脂肪酸发生的氧化反应，大多数的脂肪氧化酶以花生四烯酸为主要底物，猪骨骼肌中的脂肪氧化酶还可以亚油酸为底物（Gata 等，1996）。这种对亚油酸较高的酶催化活性可能是由于在猪肌肉中亚油酸的浓度高于花生四烯酸。脂肪氧化酶使 1 个氧分子与脂肪酸结合，该酶主要的作用是从不饱和脂肪酸中的 1，4 - 戊二烯结构中有立体取向地消除氢，随后发生氧合作用（Frankel 等，1984；方允中，1994）。但也有其他反应类型，如在底物的其他部位发生氧化，一级氢过氧化物的进一步氧化，一级氢过氧化物转化为环氧酸，当氢过氧化物通过均裂或 β - 裂变分解时，就形成了二级氧化产物（Frankel 等，1984；Shahidi，2001），醛、酮就是对火腿风味贡献很大的二级产物（Flores 等，1997；Shahidi，2001）。

脂类物质在发生氧化时，不同部位的脂肪其氧化程度不完全相同。在长时间冷冻贮藏过程中，肝脏的脂肪组分最容易发生氧化，其次是肌肉中的脂肪，而皮下脂肪的氧化稳定性最高（杨勇等，2010）。在干腌火腿加工中，皮下脂肪的挥发性成分高于肌间脂肪中的挥发性成分，这是由于挥发性成分的形成涉及脂肪的氧化，而表层脂肪较肌间脂肪易受氧气、光线的作用从而易发生氧化，这也解释了表层脂肪的水解程度比较高，但多不饱和脂肪酸含量较低的原因（Timón，2001）。

猪肉的脂肪酸中，多不饱和脂肪酸比饱和脂肪酸和单不饱和脂肪酸更容易发生氧化变化。不饱和脂肪酸可以通过自动氧化或酶促氧化直接产生大量的风味物质（醛、酮、醇等），同时一级氧化产物还可以与氨基酸发生美拉德反应而生成更多的风味成分。醛可能是来自脂肪的挥发性化合物中最有价值的成分，它们的风味阈值很低，己醛是其中最丰富的风味物质。醇是由脂肪氧化产生的醛在醇脱氢酶的作用下产生的。羟基脂肪酸内酯化及脂肪氧化可能会产生内酯（Stahnke，1995）。肉类在腌制过程中，氧化产物还可以通过美拉德反应与其他化合物进一步作用形成风味物质。脂质的适度氧化是形成干腌肉制品风味的重要途径。但是，脂肪过度氧化就会影响产品的贮藏性，出现肉制品的氧化酸败和哈喇味，并可能产生有害物质（Webb，2008；Dransfield，2008）。

肉类烹调过程中，瘦肉的非挥发性成分和脂肪酸之间进行的一系列复杂化学反应，会产生肉类典型的风味化合物。目前，已经鉴定出的挥发性风味化合物超过1 000种（Mottram，1998；Dransfield，2008）。此外，从加热处理后的肉中发现了几百种从脂肪降解得来的挥发性成分，其中包括脂肪烃、醛、酮、醇、酸以及酯类，也发现了一些芳香族化合物（如烃类）和氧化杂环化合物（如内酯和烷基呋喃）。总之，上述各种化合物都与脂肪酸的氧化有关。

此外，脂肪暴露在空气中，或者在贮藏、加热过程中，都会逐渐发生氧化并出现不新鲜（Stale），或类似硫黄/橡胶（Sulphur/rubbery），或氧化酸败（Rancid）等异味（Off-flavor）。脂肪的自动氧化也是形成所谓 WOF 异味（Warmed-over flavor）的主要原因（Byrne 等，2002）。

因此，无论皮下脂肪还是肌内脂肪，它们的脂肪组分（Lipid fraction）和脂肪酸组成以及加工过程中的变化对产品的感官质量、氧化稳定性以及肉制品的风味特性都有非常重要的作用（Wood 等，2003；Visessanguan 等，2006；Hugo，等，2007）。

9.4.3 脂肪水解与氧化的关系

关于脂肪水解与氧化的关系至今仍不清楚。一般认为脂肪水解是促进脂肪氧化的重要因素（Sklan 等，1983；Nawar，1996），但是，脂肪水解促进脂肪氧化的机理至今不明，目前存在几种假说。第一种假说认为，与肌肉细胞中存在的酶系统有关，如脂氧合酶和环氧酶，这些酶会氧化不饱和脂肪酸，如花生四烯酸。第二种假说的依据是，较低水平的磷脂水解会引起细胞膜结构的破坏，从而为氧自由基或者铁进入膜系统提供了更大的机会，并最终导致磷脂的氧化加速。不过，也有研究结果表明，磷脂水解不总是促进其氧化（Alasnier 等，2000）。在干腌火腿加工末期，游离脂肪酸的含量能达到肌肉总脂肪的 10%～15%，而且游离脂肪酸中含有大量长链 PUFA，其浓度在加工过程中并未发生显著变化（Buscailhon 等，1994），这些结果说明，在干腌火腿加工过程中，磷脂的水解可能会保护长链 PUFA 免受氧化影响，不过其机理还有待于进一步阐明。

9.4.4 脂质和美拉德反应间的相互作用

多年来，人们认为脂肪氧化产生了不良风味的前体物质，美拉德反应是很多具有良好风味的挥发性化合物形成的重要途径（Bailey，1982），事实上脂质和美拉德反应间相互作用对良好风味的形成至关重要。Mottram 等（1983）提出了磷脂参与熟肉香味形成的假设，随后围绕磷脂在熟肉香味化合物形成机理方面展开了大量的研究。脂肪氧化和美拉德反应进程都受反应物、介质和其他反应产物的调节（Whitfield，1992），其反应都非常复杂，因此可以采用模型系统来研究和分析这两种类型反应之间的相互作用。肉的模型系统采用磷酸缓冲液，反应物包括氨基酸（主要是半胱氨酸或甲硫氨酸）和核糖，还添加了各种磷脂的组分或磷脂（Whitfield，1992；Farmer，1992）。从研究中得到了如下结论：

①在只含有半胱氨酸和核糖的模型系统中，形成的主要的挥发物是呋喃和含硫化合物，具

有很强的硫味儿和烧焦的气味，是一种令人不太愉快的味道。

②当在系统中加入磷脂、不饱和脂肪酸和/或磷脂的极性头部，系统中出现大量的不饱和脂肪酸的氧化产物，含硫杂环化合物所占的比例明显下降而呋喃所占的比例只有微小的变化。这时系统出现脂肪和熟肉的气味特征。含硫杂环挥发物减少的最可能的机制是来自于脂肪酸氧化的醛类和 H_2S 发生了反应，因此减少了含硫杂环物形成的可能性。另一种可能的机制涉及来自于还原糖的糠醛和氨基酸的氨基或磷脂的极性头部例如乙醇胺之间的反应。后一种反应的发生是通过向模型中添加乙醇胺导致糠醛的量下降而得到证明的。同样，来自于脂肪氧化的醛类可以和 NH_3 反应形成非挥发性的席夫碱(Schiff-bases)，从而减少了合成吡嗪和烷基吡嗪的可获得性 NH_3(Zhang 等，1994)。

③美拉德反应/脂肪氧化相互作用产生的特殊成分的种类和数量都非常小，从各种熟肉中萃取了1 000多种挥发性化合物，其中最多只有 32 种可能来源于美拉德反应/脂肪氧化相互作用(牛肉中 23 种，羊肉中 5 种，猪肉没有)(MacLeod 等，1981)。它们都是链长等于或大于 4 碳的烷基取代化合物。作者推断美拉德反应/脂肪氧化相互作用不会对模型系统气味的变化产生影响，但目前越来越多的研究认为他们的相互作用对肉品风味的形成具有重要作用。

图 9-2 总结了脂肪和美拉德反应的相互作用(Zhang 等，1994)。脂肪是通过磷脂极性头部的氨基或脂肪酸氧化断裂的产物如醛类和美拉德反应发生相互作用的。因此，脂肪通过降低含硫化合物的量以及提供挥发性化合物如羰基或醇来改善肉的香味。磷脂对肉风味的有利贡献似乎主要在于结束美拉德反应产物(主要是含硫挥发物)的形成，由于脂肪的介入美拉德反应没能产生大量的特异性挥发物，特别是当肉中含有高比例的多不饱和脂肪酸时这种作用更为显著(MacLeod 等，1981)。

有学者在研究意大利伊比利亚火腿的脂质氧化时发现，醛类物质的含量在腌制开始阶段持续上升，过氧化值(PV)也持续增高，但到干燥阶段(约 168 d) PV 没有进一步上升，醛的含量下降。这可能与该阶段的温度比较高有关，在较高温度下，醛类物质之间以及与它们的降解物之间发生了反应，醛类物质和氨基酸之间，尤其是与碱性氨基酸之间也发生了反应，该反应就是羰基和氨基之间的美拉德反应，干燥阶段的条件比较适合于该反应的进行，此时的 pH 为 6.06，半膜肌的水分活度为 0.88，股二肌的水分活度为 0.92(Antequera 等，1992)。所谓水分活度(Water activity)，也叫水分活性，通常用 a_w 表示。在物理化学上，水分活度是指食品的水蒸气压(p)与相同温度下纯水蒸气压(p_0)的比值，即 $a_w = p/p_0$。水分活度值降低，食品中微生物的活动及一些酶的活性下降，有利于食品的保藏。

此外，也有学者在研究甘油酯和 3 种磷脂与胱氨酸和核糖的热降解风味成分时指出，胱氨酸和核糖与脂类氧化成分一起受热时风味发生了很大变化，最大的变化是醛，尤其是不饱和醛的含量降低，美拉德反应主要降低了不含胆胺的脂肪醛的含量，由磷脂形成的含有胆胺极性基团的不饱和醛有助于席夫碱的形成，美拉德反应也可能会形成呋喃类物质，因为醛的阈值很低，并且被认为与肉制品的哈喇味相关，因此不论何种机制的美拉德反应都会降低醛的含量，对肉制品的风味质量产生很重要的影响 (Farmer 等，1992)。

9.4.5 脂类物质在干腌火腿风味形成中的作用

风味是通过对摄入口腔的食物的化学感觉而获得的印象，其中包括香味(嗅觉器官和感

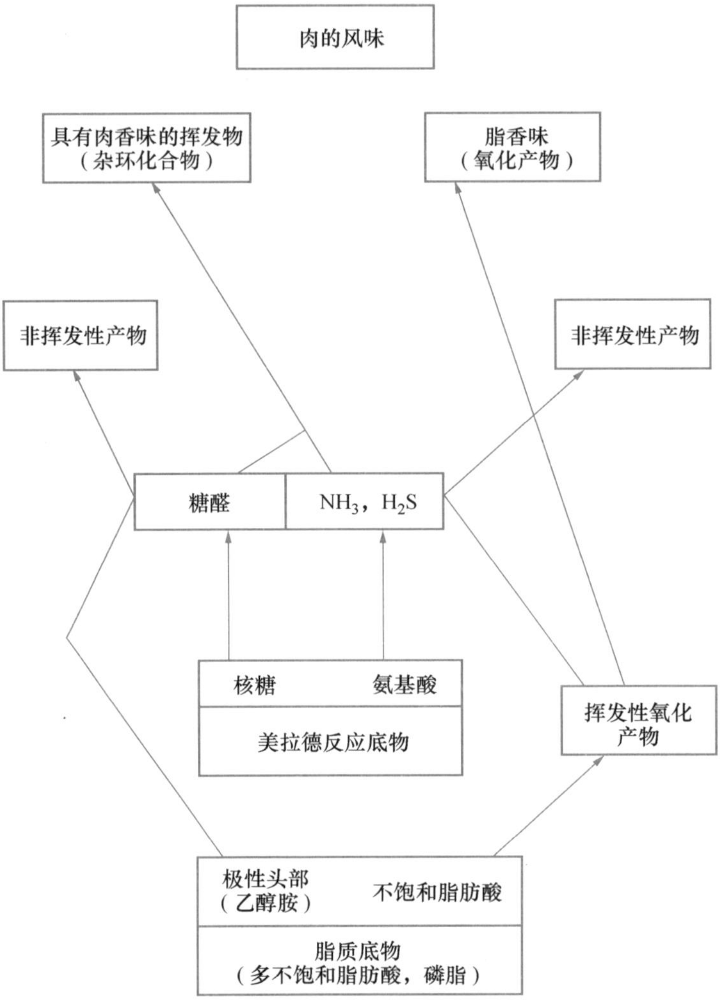

图 9-2 **脂质参与美拉德反应可能的机理**

觉）、滋味（味觉器官和感觉）和化学感觉因子。在肉制品原料及肉制品风味的研究中，种类繁多的风味化合物已经得到分离和鉴定，然而，没有哪一种化合物或哪一类化合物可以单独形成肉的风味，肉的风味是多种化合物在量上达到一定的平衡共同产生的（Mottram 等，1983），其中脂类物质在风味的形成中起到了很大的作用（郇延军等，2004）。脂类物质在肉制品风味形成中主要有两种作用，一种作用是形成风味化合物，该过程经过了水解、氧化，并且其产物可与其他化合物进一步反应；另一种作用是作为风味化合物的溶剂，在风味化合物形成过程中蓄积该类化合物或作为风味物质进一步反应的场所（Mottram 等，1983）。

在对火腿风味的研究中，许多研究者分别采用减压蒸馏技术（Garcia 等，1991）、溶剂萃取技术、动态顶空技术（Hinrichsen 等，1995）和固相微萃取技术（要萍等，2004）对多种火腿的风味化合物进行了鉴别和定量。由于火腿品种的不同和分析方法的不同，所鉴定成分也不完全一样。Flores 等（1997）在对西班牙 Serrano 火腿进行分析时，采用动态顶空方法，通过吹扫-冷阱捕集技术浓缩并把挥发性风味化合物吸附在吸附剂 Tenax 上，检测出 100 多种挥发性物质，所鉴别的化合物从相对分子质量为 46 的乙醇到相对分子质量为 184 的支链碳氢化合物，化合物按照其数量上的重要性排列的顺序是:17 种支链碳氢化合物(占总挥发面积的 47%~48%)、17 种醇(16%~17%)、11 种醛(13%~15%)、9 种酮(6%~7%)、7 种开链烃(6.0%~6.6%)、10 种酯(3%~3.5%)、4 种芳香烃(1.3%~1.4%)、2 种呋喃(0.75%)、2 种卤化物(0.6%~0.9%)、3 种硝基化合物(0.5%)和其他(1.7%~2.2%)(Shahidi,2001;Flores 等,1997)。显而易见,这些化合物并不都是由脂类物质产生,如醛,它可以由脂肪酸氧化产生,也可以由氨基酸经 Streker 反应降解产生,而酯、芳香烃、呋喃类化合物则大多不是脂类物质的直接产物,但脂类物质的直接产物与其他化合物的进一步反应可以形成这些化合物,当然它们也可以经由其他途径,由水溶性物质产生。

9.4.5.1 醇的产生

在脂肪的氧化过程中,烷氧基自由基和另一个脂肪分子反应,产生一个醇和一个烷自由基,后者再参与到游离基的链传递过程中去(方允中等,1994)。由于醇的阈值相对较高,它们的风味在肉制品中被认为并不十分重要(Drumm 等,1991)。已经证明,直链的一级醇(C2 和 C3-烷醇、2-烷醇)相对来说是无风味的,但随着碳链的增长,风味增强了(Forss,1972),产生出清香、木香、脂肪香的特征。在 Serrano 火腿中鉴别的 17 种醇中,大多数是脂质氧化分解所产生,1-丙醇和 1-丁醇可能产生于豆蔻油酸,1-戊醇来自于亚油酸,1-己醇可能是由棕榈酸和油酸生成,1-辛醇来自于油酸的氧化,1-丙烯-3-醇是亚麻酸的氧化产物。而侧链上有甲基的醇则可能是经氨基酸的 Streker 反应降解和还原产生(Shahidi,2001;Frankel,1984;Flores 等,1997)。

9.4.5.2 醛的产生

在脂肪的氧化过程中,烷氧基自由基可以分解为醛和另一个烷自由基(方允中,1994)。在火腿的风味成分中,羰基化合物是含量最大的一类物质(Antequera 等,1992),其浓度随成熟时间的延长而增加。在羰基化合物中,由于醛的阈值很低,并且在脂质氧化中形成的速率很快,因此它对干腌火腿风味形成的贡献很大。多数的直链醛是由于不饱和脂肪酸的氧化形成,如己醛来自于亚油酸的氧化分解,2,4-癸二烯醛是亚油酸氧化的其他产物,而大多数的支链醛则是由于氨基酸的 Streker 反应降解产生。不饱和醛还会发生进一步的氧化反应,产生碳链较短的醛(Drumm 等,1991)。3~4 个碳原子的醛具有强烈的刺激性风味,5~9 个碳原子的醛具有清香、油香、脂香风味,分子质量较高的醛具有橘子皮似的风味(Forss,1972)。Du 等(2001)在研究金华火腿时发现,挥发性成分中 15%是醛类物质,其中许多是脂肪氧化产物,其中包括戊醛和己醛。在 Serrano 火腿中,有 4 种醛被认为与火腿的芳香风味密切相关,它们分别是 3-甲基丁醛、己醛、辛醛和壬醛,具有清香的气味(Flores 等,1997)。Antequera 等(1992)在研究伊比利亚火腿脂质氧化时,鉴定出己醛、庚醛、辛醛、壬醛、2-壬烯醛、2,4-壬二烯醛、2,4-癸二烯醛与伊比利亚火腿的风味相关。腌制后期和风干过程中的温度与挥发性醛的产生密切相关(Frankel,1984;Martín 等,2000)。

9.4.5.3 酮的产生

火腿风味成分中的酮也主要是通过脂质的氧化作用产生(Frankel,1984;Flores 等,1997;Shahidi,2001)。烷氧基被另一个烷游离基所氧化,生成酮和烃类物质,这是一个链终止反应(方允中,1994)。意大利帕尔玛火腿中酮占挥发性物质的7%(Barbieri等,1992),西班牙Serrano火腿中酮占挥发性物质的6%~7%,两者十分接近(Flores等,1997;Shahidi,2001)。其中的2-庚酮是由亚油酸氧化产生(Frankel,1984;Flores等,1997;Shahidi,2001),多数的酮具有清香的气味(Forss,1972)。

除了以上的风味物质外,还有一些其他的化合物也是由于脂质的氧化降解作用产生的,如2-戊基呋喃被认为是亚油酸的一种氧化产物。但呋喃类化合物的产生并不都是由脂质的氧化降解产生,硫胺素的降解也能产生数量众多的呋喃类化合物(丁耐克,1996)。

9.5 现代养殖业中与畜禽脂肪有关的肉品质问题

近几十年来,畜禽的生长速度、饲料转化率和瘦肉率等都有了较大幅度的提高,肉的产量也快速增加,这在一定程度上顺应了市场的需求。但是,伴随着生长性能的提高,畜禽肉品质尤其是感官品质和加工性能却发生了明显的下降(Lo Fiego等,2005;武翠等,2006)。

由于对生长速度和瘦肉率的过度选育,导致畜禽肌肉组织中脂肪含量大大下降,瘦肉率大幅度增加,导致了肉品质与产肉量遗传负相关的反应(陈润生等,2007)。猪肉肌内脂肪含量的大幅度下降和猪肉品质的恶化,其根本原因是由于肉类的生产、加工和消费这三者之间存在矛盾。

目前,消费者普遍认为脂肪摄入过多对人体健康有害,所以,动物脂肪并不受欢迎(Hugo等,2007;Wood等,2008;Dransfield,2008)。对现代消费者来讲,一方面要求肌肉中不能含有太多明显可见的脂肪,另一方面人们又对肉类的嫩度和风味品质提出了较高的要求,这也是一个两难的问题,因为脂肪是肉及肉制品的重要组成部分,脂肪的存在对肉类的食用品质和加工特性等有着非常重要的作用(Webb,2008)。

9.5.1 脂肪品质下降引起的肉品质问题

现代养殖业大幅度缩短了动物出栏所需的时间,但是这样生产的肉可能并不符合肉类加工的要求。从肉类加工的角度,皮下脂肪最重要的是颜色洁白,质地坚实,风味良好,具有较好的黏性,风味优良,抗氧化能力好,同时,其中可提取的脂质含量要高(Enser,1983;Wood,1984;Fischer,1989;Davenel等,1999;Hugo等,2007)。然而,目前商品猪的皮下脂肪很难达到以上要求,表现为颜色发暗或带黄色,质地松软,含水量较多,外观润湿,烹调后风味差(Hugo等,2007)。同时,这种脂肪中可提出的脂质含量低,不饱和脂肪酸含量高,熔点低,容易发生氧化。肌肉中含有较多的多不饱和脂肪酸(PUFA)使肉类容易氧化酸败,导致产品的保质期下降和风味恶化(Webb,2008;Hadorn等,2008)。

由于原料肉品质的下降,目前不少企业的肉制品加工都依赖品质改良剂、风味调节剂等食品添加剂来维持产品的加工特性和一定的感官质量,在一定程度上造成了滥用食品添加剂,产品质量低劣,肉食品安全问题严重和市场混乱等问题。

9.5.2 影响畜禽脂肪含量、组成和加工特性的因素

9.5.2.1 品种

脂肪含量、组成以及氧化稳定性主要受遗传和饲养的影响(Rosenvold 等,2003)。一般来说,中国地方品种猪的背膘较厚,肌内脂肪含量较高,肌肉品质比外种猪和杂交猪的好(熊火印等,1991;杨公社等,1994)。随着国外猪种血缘比例在商品猪中的增加,肌肉品质呈下降趋势。对中国部分地方猪种肌内脂肪含量研究的结果表明(表 9-4),我国地方猪种背最长肌脂肪含量平均为 5.80%,比外来猪种(长白猪、大约克夏猪)肌内脂肪平均含量(2.3%)高出 3.5%,同时还表明某些长白猪在我国长期饲养条件下肌内脂肪含量为 3%左右,而较晚引进的长白猪肌内脂肪含量较低,一般为 1.5 %左右(许振英,1989;杨公社等,1994;孟令军等,2007;詹鹤,2009)。

表 9-4 我国地方猪种肌内脂肪含量

猪种	小梅山猪	梅山猪	内江猪	东北民猪	姜曲海猪	大花白猪	二花脸猪	八眉猪	莱芜猪	金华猪	定远猪
肌内脂肪/%	6.15	7.20	5.42	5.22	5.10	5.01	4.48	8.76	10.22	3.98	3.26

注:摘自许振英,1989 和杨公社等,1994。

同时,国内学者对我国部分地方品种猪肉的脂肪酸组成也进行了研究,表明国内地方品种猪肉具有良好的加工性能。例如,乐平花猪脂肪的 UFA 比例较高,贮藏加工性能优良(熊火印,1991);八眉猪脂肪组织的 C14:0、C18:2 及 UFA、PUFA 含量显著低于长白猪和杂交品种猪,而 C16:0、C18:0 及 SFA 含量较高,同时,八眉猪的肌内脂肪中 PUFA 所占的比例较低,因此,八眉猪的皮下脂肪和肌内脂肪的加工品质较好(杨公社等,1994)。

早期研究认为,现代瘦肉型猪的脂肪品质(脂质含量、组成及加工性能)明显较传统脂肪型猪品种差,其主要原因是瘦肉型猪的瘦肉率多而皮下脂肪薄,其脂肪的含水量和单不饱和脂肪酸(MUFA)含量较高,所以,这种质地松软的皮下脂肪更容易与其连接的肌肉分离(Warriss 等,1990)。比如,DFD 猪肉比 PSE 和正常猪肉含有较低的 C16:0 和 PUFA,同时 DFD 肉的饱和脂肪酸含量较高(Jeremiah,1982)。对应激反应敏感的猪个体,脂肪酸组成中 18:2、C18:3 以及总的 PUFA 的含量更高(Honkavaara 等, 1989),C14:0、C16:0 及 C16:1 的含量下降而 C18:0 增加,同时,这种应激敏感猪的背膘厚度较薄,造成了皮下脂肪的不饱和脂肪酸含量较高(Piedrafita 等,2001)。

随后,不少研究人员对传统猪品种和现代商品猪的肉品质进行了大量研究。Kouba 和 Mourot 等(1999)认为,现代商品猪的脂肪中 C18:2 等不饱和脂肪酸含量较传统品种高,脂肪质地松软,贮藏和加工过程中的稳定性差(Kouba 等,1999)。Wood 等(2004)研究表明,现代品种猪(杜洛克、大白猪)与传统品种(波克夏和塔姆沃思猪)相比,其生长速度快,胴体瘦肉率高。在不同品种之间,皮下脂肪与肌内脂肪的脂肪组分中,中性脂肪及磷脂的脂肪酸组成有较大的差异;胴体瘦肉率高的品种,中性脂肪的 PUFA 含量较高,但不同品种之间的磷脂含量差异不明显。Lo Fiego 等(2005)研究证明了不同品种和杂交品系之间背膘厚度、皮下脂肪的脂

肪酸组成的差异。Franci 等(2005,2007)研究了席恩那-琴塔猪(Cinta Senese pig)、大白猪以及它们之间二元杂交猪肌肉和皮下脂肪的理化和加工特性,结果显示,不同品种猪以及杂交猪的脂肪含量、脂肪酸组成、肌肉的保水性、加工火腿时的性能等都存在明显差异。然而,Muriel 等(2004)比较了 4 个不同品系的伊比利亚猪的肉质差异,发现肌肉的脂肪含量在不同品种之间尽管存在差异,总脂质和极性脂质(Polar lipids)中有一些脂肪酸的含量也明显不同,但是,总脂肪的脂肪酸组成以及脂肪酸氧化稳定性在各品种之间差异不显著。此外,国外还有研究表明,杜洛克、汉普夏、长白及约克夏猪在相同饲养和管理条件下,肌肉的脂肪含量、嫩度、保水性、蒸煮损失、风味等在不同品种之间差异较大(张敏红等,1998)。

上述各种研究结果之间存在一定的差距,这也正好说明不同品种、不同动物之间肉品质是有较大差异的。

9.5.2.2 性别

由于公猪、母猪性激素及代谢上的差异,造成了公猪的皮下脂肪沉积较少,公猪与母猪的脂肪酸组成也明显不同(Nürnberg 等,1998),因此,性别差异以及生产中的去势处理对皮下脂肪和肌肉脂肪都会产生一定影响。

研究表明,胴体的脂肪含量阉猪最高,母猪其次,未阉割公猪胴体的脂肪含量最低而瘦肉产量最高(Bruwer 等,1991;Van Oeckel 等,1996)。同时,阉割公猪皮下脂肪的硬质脂肪(Solid fat/firm fat)明显高于母猪(Davenel 等,1999)。此外,在皮下脂肪厚度相同的情况下,未去势公猪比母猪的皮下脂肪脂质含量低,水分含量高,表现出没有完全成熟脂肪组织的特征,脂肪中的 C18:1 和 C18:2 的含量在公母猪之间有较大差异(Wood 等,1989)(图 9-3)。

近年来研究发现,阉公猪的饱和脂肪酸和单不饱和脂肪酸含量比母猪的要高,而肌内脂肪的磷脂中多不饱和脂肪酸含量低(Biedermann 等,2000;Jacyno 等,2002);公猪和母猪的肌内脂肪含量、脂肪的软硬程度以及脂肪酸组成上都有不同程度差异(Correa 等,2006;Correa 等,2008)。最近,国内研究人员采用 60 头杜长大杂交小公猪,研究了手术去势、免疫去势对公猪肉品质的影响,结果表明,公猪在去势后肌内脂肪含量显著增加,磷脂含量显著下降,同时,去势公猪总脂肪酸中 MUFA 显著增加,PUFA 显著下降,去势公猪皮下脂肪的厚度显著增加;免疫去势与手术去势的效果基本相同,两种去势方式对猪肉的肌内脂肪和脂肪酸组成没有显著影响(詹鹤,2009)。但是,同时也有少数报道认为,性别对皮下脂肪(Serrano 等,2008)和肌内脂肪(Kondracki,2000)的脂肪酸酸组成没有影响,对猪肉的嫩度、蒸煮损失等肉品质特性也没有影响(Jeremiah 等,1999)。

目前,英国、爱尔兰、西班牙和丹麦等欧洲一些国家还专门生产公猪肉(Verbeke 等,1999;Hugo 等,2007)。但是,未经过去势直接生产的公猪肉,其最大问题就是肉中带有令人不愉悦的公猪臭味(Boar taint),这种难闻的气味让许多消费者很难接受未经去势的公猪肉(Wood 等,1982;Bonneau,1998;Hugo 等,2007)。

9.5.2.3 年龄或屠宰体重

肌肉和脂肪组织的生长发育是家养动物肉产品形成的基础。在正常的饲养条件和饲养期之内,随着年龄的增长,动物体重一般会逐渐增加,皮下脂肪和肌内脂肪会发生含量和组成上的变化(Lo Fiego 等,2005;Hugo 等,2007)。皮下脂肪和肌内脂肪的含量和性质也是影响肉

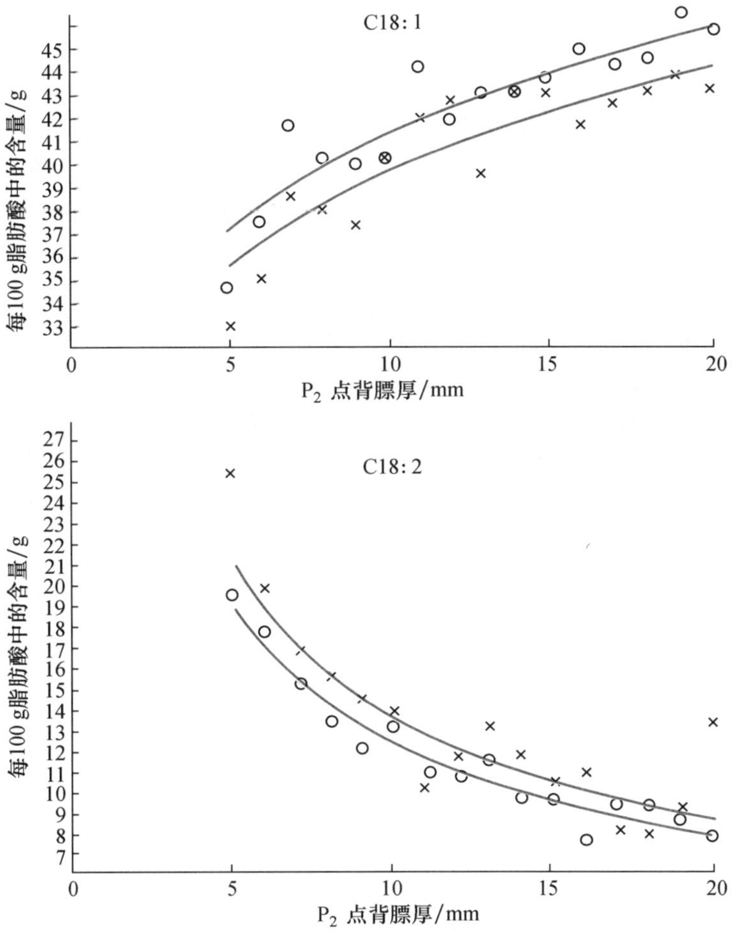

图 9-3 公、母猪皮下脂肪 C18:1 和 C18:2 的含量比较(x:公猪;o:母猪)

Wood 等，1989。

品质量与风味的重要因素。

最近几十年来，为了给消费者提供更多的瘦肉产品，猪的屠宰体重比以前有大幅度下降(Kühne，1983；Hugo 等，2007)。通常情况下，延长猪的屠宰年龄或增加屠宰体重，会增加肌内脂肪的含量，改善猪肉的多汁性、嫩度和风味等感官品质，但是，这往往要增加猪的皮下脂肪厚度(Nürnberg 等，1998；Hugo 等，1999；Čandek-Potokar 等，1999；Beattie 等，1999；Correa 等，2008)。

软脂(Soft fat)往往发生在瘦肉型猪种中，这些猪的屠宰年龄和体重都比较小，皮下脂肪较薄(Santoro，1983)。低龄动物的皮下脂肪色泽灰暗或呈淡黄色，部分原因是结缔组织的含量高所引起的(Wood，1984)。也有研究认为，质地坚实的脂肪之所以为白色，是由于脂肪组织中血红素被硬质脂肪(Solid fat/firm fat)所遮挡造成的(Enser，1983)。另一方面，皮下脂肪未完全变得坚实之前呈现出灰暗或黄色，是由于其中的毛细血管含有血液，同时结缔组织和类胡萝卜素都会影响脂肪的色泽。类胡萝卜素尤其与亚油酸和亚麻酸联合作用下可以使脂肪带黄色，而脂肪酸本身是无色的(Maw 等，2003)。此外，劣质脂肪的产生是由于硬质脂肪并没有完全成熟，导致其中的结缔组织存在缺陷，这种脂肪在斩拌加工时为颗粒状，表面不是理想的圆滑形(Santoro,1983)。

大量研究已经证明,幼龄动物的脂肪中 UFA 含量高,质地松软;与之相反,老龄猪肉的脂肪坚实,脂肪的黏结性能好,更有利于宰后处理和肉制品的加工(Metz,1985;Bruwer 等,1991;Hugo 等,2007)。据报道,猪在生长过程中,皮下脂肪的厚度增加时,脂质含量大量增加,水分含量显著下降(Wood 等,1989)。猪在达到正常屠宰体重之前,随着动物年龄和体重的增加,皮下脂肪的厚度和肌内脂肪的含量都逐渐增加(Lo Fiego 等,2005)。Kouba 等(2003)研究表明,初始体重都为 40 kg 的猪用同样饲料分别喂养 20、60 和 100 d。当猪饲养 20 d时,肌肉脂质中磷脂含量为 46%,而饲养 100 d 时,肌肉磷脂含量只有 28%,同时,不同处理中肌肉脂肪酸含量也有明显变化。这表明,随着动物体内脂肪沉积量的不断增加,中性脂肪的含量逐渐增加而磷脂含量下降。此外,据报道(Wood 等,2008),从 14 月龄生长到 24 月龄时,牛肉中磷脂的含量呈显著下降趋势,同时伴随着肌肉中脂肪酸含量的变化。因此,适当提高屠宰体重,会提高皮下脂肪的脂质含量,增加猪的肌内脂肪含量,改变脂肪以及脂肪酸的组成,脂肪和肌肉的加工质量都会得到显著改善(Čandek-Potokar 等,1998;Beattie 等,1999)。

但是,也有少数研究认为,猪屠宰体重的少量增加并不影响肌内脂肪的含量(Beattie 等,1999),也不会影响胴体品质和肉品质(Čandek-Potokar 等,1999;Correa 等,2006;Serrano 等,2008)。

9.5.2.4 饲料

目前,已经发现多种营养因子对机体脂肪沉积和脂肪酸组成有重要的调控作用,通过调整日粮组成可以改善猪肉的品质,因此营养调控是当前调节猪肉品质的一种重要手段。

(1)脂肪

日粮中的脂肪主要影响猪肉的脂肪含量和脂肪酸组成。日粮脂肪酸在猪肠道内被吸收后,大部分沉积于脂肪组织,也有少部分沉积到肌肉中(蒋宗勇等,2006)。据报道,猪高能日粮中每增加 1%的脂肪,猪背膘厚度会增加 0.024～0.059 cm,但对肌内脂肪含量无明显改变(张克英等,2002)。饲料中的脂肪能降低猪体内脂肪的合成速度,使饲料中的脂肪在动物脂肪组织中沉积。同时,肌内脂肪沉积速度比皮下脂肪要慢,所以日粮中的脂肪对肌内脂肪的影响相对较小(Hugo 等,2007)。

(2)脂肪酸

猪是单胃动物,日粮中的脂肪酸通过消化系统可以直接在体内沉积,因此,改变饲料的组成能够调节动物体内脂肪酸的组成(Nürnberg 等,1998;Rosenvold 等,2003)。猪机体的内源性 MUFA 较多,日粮中 MUFA 对猪体脂肪的影响相对较小,而脂肪中的 PUFA 都来源于饲料供给,所以,日粮中 PUFA 对猪脂肪组成的影响很大(Ellis 等,1926;Warnants 等,1996;Verbeke 等,1999)。猪饲喂 PUFA 含量高的日粮后,皮下脂肪和肌内脂肪的酸组成中含有较多以 C18:2 和 C18:3 为主的 PUFA,而 C16:0、C18:0 等 SFA 含量较低。同时,这种猪肉在低温冷冻贮藏或加工香肠时硫代巴比妥酸反应底物(TBARS)值明显增加,产品容易氧化酸败(Bryhni 等,2002)。

饲料中如果使用含有较多 PUFA 的鱼油,猪脂肪的碘价和折射指数值(Refraction index values)上升,脂肪的硬度下降,但对脂肪颜色没有影响(Irie 等,1992)。

近年来,人们从自身营养和健康角度考虑,开始研究并利用含有较多 C18:3 的亚麻籽或双低菜籽油来改变猪肉的脂肪酸组成，以降低 $n-6$ 与 $n-3$ 脂肪酸的比例（$n-6/n-3$），降低猪肉中饱和脂肪酸的含量（Rhee 等，1988；Warnants 等，1996；Okuyama 等，1999）。但是，这种 PUFA 含量过高的猪肉在贮藏和加工中易于氧化和酸败（Nürnberg 等，1998；Hugo 等，2007），对肉类的风味可能也有不利的影响（Wood 等，2003）。肉类在加工过程中，如果存在加速脂肪氧化的条件，总脂肪或者中性脂肪中 C18:3 的含量超过 3%就会使产品出现不良风味（Wood 等，2003）。

研究表明，日粮中共轭亚油酸（CLA）使肌内脂肪的亚油酸浓度显著降低，而使肌肉中 CLA 的含量显著增加，贮藏中肌肉抗氧化的能力明显增强（Joo 等，2002）。同时，饲料中 CLA 添加可以提高肌内脂肪的含量，改善猪肉的色泽，并显著提高肌肉的保水性。还有一些研究表明，饲喂 CLA 之后，脂肪的 C14:0、C16:0、C18:2、C20:4 增加，C18:1、C18:2 下降（Hugo 等，2007）。此外，饲料中添加 CLA 可以增加肌内脂肪和皮下脂肪的 SFA/PUFA 比例，增加腹部脂肪的硬度，改善肌肉的保水性、嫩度、多汁性、风味以及整体可接受性（Rosenvold 等，2003）。

（3）能量蛋白水平

日粮中氨基酸与能量之间的比例对肌内脂肪的沉积起决定性的作用（张海燕等，2009）。如果蛋白质相对于能量来说供应不足，瘦肉生长就会受到抑制，就有多余能量沉积为脂肪。因此，随着日粮蛋白水平的增加，肌内脂肪含量降低；提高日粮能量水平则增加体脂肪沉积。据报道，能量水平影响脂肪沉积可能是通过调节脂肪酸合成酶和激素敏感脂酶两种酶 mRNA 表达量实现的（詹鹤，2009）。

不少研究表明，在整个生长和育肥阶段，饲喂低蛋白质日粮后肌内脂肪的含量增加（Adeola 等，1989；Karlsson 等，1993；Castell 等，1994；Kerr 等，1995）。在肥育阶段饲喂赖氨酸缺乏日粮，同样显著增加了背最长肌的肌内脂肪含量（Witte 等，2000）。但是，中低能低蛋白日粮与标准日粮组相比，可以增加肌内脂肪含量而没有过多的皮下脂肪沉积（Gondret 等，2002）。因此，低能低蛋白日粮被认为是增加肌内脂肪含量而又不过多增加皮下脂肪沉积的有效的方式，从而改善猪肉的食用品质。

9.5.2.5 其他因素的影响

一些研究表明，猪的饲养方式同样会影响脂肪酸组成。比如，饲养方式可以明显改变猪肌肉的脂肪酸组成，并对肌内脂肪的氧化稳定性产生影响（Andrés 等，2001），但是对肌肉中脂肪含量没有影响（Lebret 等，2002）；猪户外饲养时脂肪组织的 PUFA 含量较高（Nilzén 等，2001）；自由采食与限饲的猪比较，前者的背膘中单不饱和脂肪酸含量高，而多不饱和脂肪酸含量则较低，同时，两种饲养方式可以一定程度影响猪肉的风味（Cameron 等，2000）。此外，还有研究表明，猪饲养的环境温度（Hugo 等，2007）和猪肉的不同组织部位也会影响脂肪的含量和组成（Wood 等，2004；Webb 等，2008）。

总之，脂肪是原料肉以及肉制品重要的组成成分，对肉及肉制品的感官品质、营养价值和加工特性有着至关重要的作用。因此，肌内脂肪含量和脂肪品质下降是目前养殖业面临的一个突出问题。随着畜牧业由“数量型”向“质量型”的转变，消费者对肉品质量的要求和重视程度将越来越高，这一问题是养殖业发展所不能回避的现实。因此，原料肉生产者可以根据普通消费者和肉类加工企业各自不同的需求，按照不同的饲养模式，分别为市场提供“鲜肉型”（供消费者家庭烹调食用）和“加工型”（供肉品企业加工各类肉制品使用）原料肉，这也许是目前解决上述矛盾比较容易实现的一条有效途径。

（本章由四川农业大学杨勇和中国农业大学马长伟主笔，中国动物疫病预防控制中心杨红菊参加了编写工作）

参考文献

[1] 丁耐克. 食品风味化学. 北京：中国轻工出版社，1996，54.

[2] 方允中，李文杰. 自由基与酶. 北京：科学出版社，1994，57.

[3] 蒋宗勇，邹书通，林映才，等. 猪肉品质营养调控的研究进展. 养猪，2006(2)：49 - 54.

[4] 孟令军，李洪军. 我国地方猪种肌内脂肪和脂肪酸的研究. 肉类研究，2007(4)：35 - 37.

[5] Shahidi F. 肉制品与水产制品的风味. 李洁，朱国斌译. 北京：中国轻工出版社，2001，278 -291.

[6] 陶立，金邦荃，尹晴红，等. F1 代猪体脂、肌肉脂肪和游离脂肪酸组分的分析. 江苏农业学报，2001，17(2)：101 - 103.

[7] 吴德，杨凤，周安国，等. 不同比例梅山猪血缘生长育肥猪肉质及肌纤维组织学特性研究. 四川农业大学学报，2001，19(3)：252 - 255.

[8] 熊火印，罗明，朱正义，等. 地方品种外来品种及其杂种猪肉食用品质的研究. 江西农业大学学报，1991，13(4)：322 - 328.

[9] 熊火印. 地方品种外来品种及其杂种猪肉脂肪酸组成的气相色谱分析. 中国畜牧杂志，1991，27(4)：14 -16.

[10] 许振英. 中国地方猪种种质特性. 杭州：浙江科学技术出版社，1989，353.

[11] 杨公社，高整团，刘艳芬，等. 猪体脂肪形成的研究. 中国农业科学，1994，5：63 - 68.

[12] 杨红菊，乔发东，马长伟，等. 脂肪氧化和美拉德反应与肉品风味质量的关系. 肉类研究，2004(1)：25 - 28.

[13] 杨红菊. 宣威火腿加工过程中肌内脂肪水解及磷脂水解酶的纯化鉴定：[博士学位论文]. 北京：中国农业大学，2005.

[14] 杨建东，景炳文. 磷脂酶 A2 研究进展. 急诊医学，2002，7(2)：132 - 133.

[15] 杨勇，赵春江，王振宇，等. 冷冻对香猪组织和器官中脂类成分的影响研究. 食品科学，2010，31(17)：29 -35.

[16] 要萍，乔发东，阎红，等. 宣威火腿挥发性风味成分的分离与鉴定. 食品科学，2004，25(2)：146 - 150.

[17] 詹鹤. 公猪去势疫苗 Improvac 对腰肌肌内脂肪组分和皮下脂肪 ATGL 酶活的影响. 硕士学位论文. 北京：中国农业大学，2009.

[18] 张海燕，姜学，尹靖东. 猪肌内脂肪沉积的营养调控及候选基因的研究进展. 中国畜牧杂志，2009，45(21)：60 - 64.

[19] 张克英，陈代文，胡祖禹，影响猪肉品质的主要因素，四川农业大学学报，2002，20(1)：67 - 74.

[20] 张敏红编译，吕同校. 不同品种猪胴体性状和肉品质的比较研究. 国外畜牧科技，1998，25(1)：49 - 50.

[21] Adeola O. , and L G Young. 1989. Dietary protein-induced changes in porcine muscle respiration, protein synthesis and adipose tissue metabolism. J. Anim. Sci. 67: 664 - 673.

[22] Alasnier, C. , and G. Gandemer. 2000. Activities of phospholipase A and lysophospholipases in glycolytic and oxidative muscle in the rabbit. J. Sci. Food Agric. 80: 698 - 704.

[23] Alasnier, C. , and G. Gandemer. 1998. Fatty acid and aldehyde composition of individual phospholipid classes of rabbit skeletal muscles is related to the metabolic type of the fibres. Meat Sci. 48: 225 - 235.

[24] Alasnier, C. , A. Meynier, M. Viau, and G. Gandemer. 2000. Hydrolytic and oxidative changes in the

lipids of chicken breast and thigh muscles during refrigerated storage. J. Food Sci. 65(1): 9 - 14.

[25] Alasnier, C., H. Remignon, and G. Gandemer. 1996. Lipid characteristics associated with oxidative and glycolytic fibres in rabbit muscles. Meat Sci. 43: 213 - 224.

[26] Andrés, A. I., R. Cava, A. I. Mayoral, J. F. Tejeda, D. Morcuende, and J. Ruiz. 2001. Oxidative stability and fatty acid composition of pig muscles as affected by rearing system, crossbreeding and metabolic type of muscle fibre. Meat Sci. 59: 39 - 47.

[27] Antequera, T. 1992. Lipid oxidative changes in the processing of Iberian pig hams. Food Chem. 45: 105 -110.

[28] Bailey, M. E. 1982. The Maillard reaction and meat flavor. Page 169 - 184 in The Maillard Reaction in Foods and Nutrition. W. G. Waller, and M. S. Feather, ed. American Chemical Society, Washington D. C.

[29] Barbieri, G., L. Bolzoni, G. Parolari, R. Virgili, R. Buttini, M. Careri, and A. Mangia. 1992. Flavour compounds of dry-cured ham. J. Agric. Food Chem. 40: 2389 - 2394.

[30] Barton-Gade, P. A. 1983. Some Experience on Measuring the Quality of Pork Fat. Page 47 - 52 in Fat Quality in Lean Pigs. J. D. Wood, ed. Meat Research Institute Special Report No. 2. Brussels, Belgium.

[31] Beattie, V. E., R. N. Weatherup, B. W. Moss, and N. Walker. 1999. The Effect of Increasing Carcass Weight of Finishing Boars and Gilts on Joint Composition and Meat Quality. Meat Sci. 52: 205 -211.

[32] Belfrage, P., G. Frederikson, P. Stralfors, and H. Tornqvist. 1984. Adipose tissue lipases. Page 365 - 416 in Lipases. B. Borgström, and H. L. Brockerman, ed. Elsevier, Amsterdam.

[33] Biedermann, G., C. Jatsch, W. Peschke, J. P. Lindner, and W. Wittmann. 2000. Fattening and carcass performance and meat-and fat quality of Piétrain pigs of different MHS-genotype and sex. II. Fatty acid pattern of the adipose tissues back fat, leaf fat and intermuscular fat and of the total-and phospholipids of the M. long. Dorsi. Arch. Tierz. 43(2): 165 - 178.

[34] Bonneau, M. 1998. The Use of Entire Males for Pig Meat in the European Union. Meat Sci. 49(suppl. 1): S257 - S272.

[35] Bruwer, G. G., P. H. Heinze, I. B. Zondach, and Naude R. T. 1991. The Development of a New Classification System for Pig Carcasses in the RSA. Porcus. 6: 27 - 31.

[36] Bryhni, E. A., N. P. Kjos, R. Ofstad, and M. Hunt. 2002. Polyunsaturated Fat and Fish Oil in Diets for Growing-Finishing Pigs: Effects on Fatty Acid Composition and Meat, Fat, and Sausage Quality. Meat Sci. 62: 1 - 8.

[37] Buscailhon, S., G. Gandemer, and G. Monin. 1994. Time-related changes in intramuscular lipids of French dry-cured ham. Meat Science, Meat Sci. 37: 245 - 255.

[38] Buscailhon, S., J. L. Berdague, and G. Monin. 1993. Time-Related changes in Volatile compounds of lean tissue during processing of French Dry-cured ham. J. Sci. Food Agric. 63: 69 - 75.

[39] Byrne, D. V., and W. L. P. Bredel. 2002. Sensory meat quality and warmed over flavor. A review. Page 95 - 121 in Research advances in the quality of meat and meat products. F. Toldra, ed. Trivandrum, India.

[40] Cameron, N. D., M. Enser, G. R. Nute, F. M. Whittington, J. C. Penman, A. C. Fisken, A. M. Perry, and J. D. Wood. 2000. Genotype with nutrition interaction on fatty acid composition of intramuscular fat and the relationship with flavour of pig meat. Meat Sci. 55: 187 - 195.

[41] Čandek-Potokar, M., L. Lefaucheur, B. Žlender, and M. Bonneau. 1999. Effect of slaughter weight

and/or age on histological characteristics of pig longissimus dorsi muscle as related to meat quality. Meat Sci. 52: 195 - 203.

[42] Čandek-Potokar, M., B. Zlender, and M. Bonneau. 1998. Effects of breed and slaughter weight on longissimus muscle biochemical traits and sensory quality in pigs. Ann. Zootech. 47: 3 - 16.

[43] Cassens, R. G., and C. C. Cooper. 1971. Red and white muscle. Adv. Food Res. 19: 1 - 74.

[44] Castell, A. G., R. L. Cliplef, L. M. Poste-Flynn, and G. Butler. 1994. Performance, carcass and pork characteristics of castrates and gilts self-fed diets differing in protein-content and lysine-energy ratio. Can. J. Anim. Sci. 74: 519 - 528.

[45] Cava, R., J. Ruiz, C. López-Bote, L. Martín, C. García, J. Ventanas, and T. Antequera. 1997. Influence of finishing diet on fatty acid profiles of intramuscular lipids, triglycerides and phospholipids in muscle of the Iberian pigs. Meat Sci. 45: 263 - 270.

[46] Correa, J. A., L. Faucitano, J. P. Laforest, J. Rivest, M. Marcoux, and C. Gariépy. 2006. Effects of slaughter weight on carcass composition and meat quality in pigs of two different growth rates. Meat Sci. 72: 91 - 99.

[47] Correa, J. A., C. Gariépy, M. Marcoux, and L. Faucitano. 2008. Effects of growth rate, sex and slaughter weight on fat characteristics of pork bellies. Meat Sci. 80: 550 - 554.

[48] Coutron-Gambotti, C., and G. Gandemer. 1999. Lipolysis and oxidation in subcutaneous adipose tissue during dry-cured ham processing. Food Chem. 64: 95 - 101.

[49] Davenel, A., A. Riaublanc, P. Marchal, and G. Gandemer. 1999. Quality of pig adipose tissue: Relationship between solid fat content and lipid composition. Meat Sci. 51: 73 - 79.

[50] Dransfield, E. 2008. The taste of fat. Meat Sci. 80: 37 - 42.

[51] Drumm, T. D., and A. M. Spanier. 1991. Changes in the content of lipid autoxidation and sulphur-containing compounds in cooked beef furing storage. J. Agric. Food Chem. 39: 336 - 343.

[52] Du, M., and D. U. Ahn. 2001. Volatile substances of Chinese traditional Jinhua ham and Cantonese sausage. J. Food Sci. 66(6): 827 - 831.

[53] Ellis, N. R., and H. S. Isbell. 1926. Soft Pork Studies. 2. The Influence of the Character of the Ration upon the Composition of the Body Fat of Hogs. J. Biol. Chem. 69: 219 - 238.

[54] Enser, M. B. 1983. The Relationship Between the Composition and the Consistency of Pig Backfat. Page 53 - 57 in Fat Quality in Lean Pigs. J. D. Wood, ed. Meat Research Institute Special Report No. 2. Brussels, Belgium.

[55] Enser, M., E. Dransfield, P. D. Jolley, R. C. D. Jones, and M. Leedham. 1984. The Composition and Consistency of Pig Backfat as It Affects the Quality of Vacuum-Packed Rindless Bacon Rashers. J. Sci. Food Agric. 35: 1230 - 1240.

[56] Farmer, L. J. 1992. Meat flavour. Page 169 - 182 in The Chemistry of Muscle-Based Foods. D. A. Ledward, D. E. Johnston, and M. K. Knight, ed. Royal Society of Chemistry, Cambridge, UK.

[57] Farmer, L. J., and D. S. Mottram. 1992. Effect of cysteine and ribose on the volatile thermal degradation products of a triglyceride and three phospholipids. J. Sci. Food Agric. 60: 489 - 497.

[58] Fischer, A. 1989. Requirements Asked from and Properties Found in Pig's Fatty Tissue: On the Processing of Fats from Slaughter Animals (Part I). Die Fleischerei. 8: iv - v.

[59] Fleischer, S., and G. Rouser. 1965. Lipids of subcellular particles. J. Am. Oil Chem. Soc. 42: 588 -608.

[60] Flores, M., C. C. Grimm, F. Toldrá, and A. M. Spanier. 1997. Correlations of sensory and volatile compounds of Spanish 'Serrano' dry-cured hamas a function of two processing times. J. Agric. Food

Chem. 45:2178 -2186.

[61] Forss, D. A. 1972. Odor and flavour compounds from lipids. Prog. Chem. Fats Other Lipids. 13:181 - 258.

[62] Franci, O., R. Bozzi, C. Pugliese, A. Acciaioli, G. Campodoni, and G. Gandini. 2005. Performance of Cinta Senese pigs and their crosses with Large White. 1 Muscle and subcutaneous fat characteristics. Meat Sci. 69: 545 - 550.

[63] Franci, O., C. Pugliese, A. Acciaioli, R. Bozzi, G. Campodoni, F. Sirtori, L. Pianaccioli, and G. Gandini. 2007. Performance of Cinta Senese pigs and their crosses with Large White 2. Physical, chemical and technological traits of Tuscan dry-cured ham. Meat Sci. 76: 597 - 603.

[64] Frankel, E. N. 1984. Lipid oxidation: Mechanism, products and biological significance. J. Am. Oil Chem. Soc. 1984, 61: 1908 - 1917.

[65] Gandemer, G. 2002. Lipids in muscles and adipose tissues, changes during processing and sensory properties of meat products. Meat Sci. 62: 309 - 321.

[66] Gandemer, G., A. Meynier, and C. Genot. 1997. Phospholipids-Lipolysis, Oxidation and Flavour of meat. Page 119 - 136 in Animal Fats-BSE and After. K. G. Berger, ed. PJ Barnes and Associates, Bridgewater, UK.

[67] Garcia, C., J. J. Berdagué, T. Antequera, C. López-Bote, J. J. Córdoba, and J. Ventanas. 1991. Volatile components of dry cured Iberian ham. Food chem. 41: 23 - 32.

[68] Gata, J. L., M. C. Pinto, and P. Macías. 1996. Lipoxygenase activity in pig muscle: purification and partial characterization. J. Agric. Food Chem. 44: 2573 - 2577.

[69] Gondret, F., and B. Lebret. 2002. Feeding intensity and dietary protein level afect adipocyte cellularity and lipogenic capacity of muscle homogenates in growing pigs, without modification of the expression of sterol regulatory element binging protein. J. Anim. Sci. 80: 3184 - 3193.

[70] Hadorn, R., P. Eberhard, D. Guggisberg, P. Piccinali, and H. Schlichtherle-Cerny. 2008. Effect of fat score on the quality of various meat products. Meat Sci. 80: 765 - 770.

[71] Haemmerle, G., A. Lass, R. Zimmermann, G. Gorkiewicz, C. Meyer, J. Rozman, G. Heldmaier, R. Maier, C. Theussl, S. Eder, D. Kratky, E. F. Wagner, M. Klingenspor, G. Hoefler, and R. Zechner. Defective lipolysis and altered energy metabolism in mice lacking adipose triglyceride lipase. Science. 312: 734 - 737.

[72] Hauser, N., J. Mourot, L. Declercq, C. Genart, and C. Remacle. 1997. The cellularity of developing adipose tissues in Pietrain and Meishan pigs. Reprod. Nutr. Dev. 37: 617 - 625.

[73] Hinrichsen, L. L., and S. B. Pedersen. 1995. Relationship among flavour, volatile compounds, chemical changes, and microflora in Italian-type dry-cured ham during processing. J. Agric. Food Chem. 43: 2932 - 2940.

[74] Hiraoka, T., T. Fukuwatari, M. Imaizumia, and T. Fushiki. 2003. Effects of oral stimulation with fats on the cephalic phase of pancreatic enzyme secretion in esophagostomized rats. Physiol. Behav. 79: 713 - 717.

[75] Honkavaara, M. 1989. Influence of Porcine Stress and Breed on the Fatty Acid Profiles of Subcutaneous and Intramuscular Total Lipids. Fleischw. 69 (9): 1429 - 1432.

[76] Hugo, A., and A. E. Roodt. 2007. Significance of Porcine Fat Quality in Meat. Food Rev. Int. 23: 175 - 198.

[77] Irie, M., and M. Sakimoto. 1992. Fat Characteristics of Pigs Fed Fish Oil Containing Eicosapentaenoic and Docosahexaenoic Acids. J. Anim. Sci. 70 (2): 470 - 477.

[78] Jacyno, E., A. Pietruszka, A. Kolodziej, and R. Czarnecki. 2002. Content of lipid components in m. longissimus dorsi of progeny of the boars descending from reciprocal crossing of the Pietrain and Duroc breeds. Archiv Tierzucht-Arch. Anim. Breed. 45 (3): 237 - 245.

[79] Jain, M. 1988. Introduction to biological membranes. John Wiley & Sons Inc, New York.

[80] Jeremiah, L. E. 1982. Influences of Anatomical Location and Muscle Quality on Porcine Lipid Composition. Meat Sci. 7: 1 - 7.

[81] Jeremiah, L. E., J. P. Gibson, L. L. Gibson, R. O. Ball, C. Aker, and A. Fortin. 1999. The influence of breed, gender, and PSS (Halothane) genotype on meat quality, cooking loss, and palatability of pork. Food Res. Int. 32: 59 - 71.

[82] Joo, S. T., J. I. Lee, Y. L. Ha, and G. B. Park 2002. Effects of Dietary Conjugated Linoleic Acid on Fatty Acid Composition, Lipid Oxidation, Color and Water-Holding Capacity of Pork Ioin. J. Anim. Sci. 80: 108 - 112.

[83] Karlsson, A., A. C. Enfalt, B. Essen-Gustavsson, K. Lundstrom, L. Rydhmer, and S. Stern. 1993. Muscle histochemical and biochemical properties in relation to meat quality during selection for increased lean tissue growth rate in pigs. J. Anim. Sci. 71(4): 930 - 938.

[84] Kempster, A. J., A. Cuthbertson, and G. Harrington. 1982. The relationship between conformation and the yield and distribution of lean meat in the carcasses of British pigs, cattle and sheep: A review. Meat Sci. 6: 37 - 53.

[85] Kerr, B. J., F. K. McKeith, and R. A. Easter. 1995. Effect on performance and carcass characteristics of nursery to finisher pigs fed reduced crude protein, amino acid-supplemented diets. J. Anim. Sci. 73: 433 - 440.

[86] Kim, E. K., and G. Gandemer. 1987. Lipid and PUFA contents of muscles and skin of chicken. Influence of anatomical location. 33rd International Congress of Meat Science and Technology. Helsinki, Finland I: 213 - 219.

[87] Kondracki, S. 2000. Effect of breed, sex and feeding intensity on fatty acid composition of longissimus dorsi muscle. Pig News Inf. 21(3): 105 - 108.

[88] Kouba, M., and J. Mourot. 1999. Effect of a high linoleic acid diet on lipogenic enzyme activities and on the composition of the lipid fraction of fat and lean tissues in the pig. Meat Sci. 52: 39 - 45.

[89] Kouba, M., M. Enser, F. M. Whittington, G. R. Nute, and J. D. Wood. 2003. Effect of a high-linolenic acid diet on lipogenic enzyme activities, fatty acid composition, and meat quality in the growing pig. J. Anim. Sci. 81: 1967 - 1979.

[90] Kühne, D. 1983. Fat Quality in Lean Pigs. Page 36 - 42 in Meat Research Institute Special Report No. 2. J. D. Wood, ed. Brussels, Belgium.

[91] Lass, A., R. Zimmermann, G. Haemmerle, M. Riederer, G. Schoiswohl, M. Schweiger, P. Kienesberger, J. G. Strauss, G. Gorkiewicz, and R. Zechner. 2006. Adipose triglyceride lipase-mediated lipolysis of cellular fat stores is activated by CGI - 58 and defective in Chanarin-Dorfman Syndrome. Cell Metab. 3(5): 309 - 319.

[92] Lebret, B., P. Massabie, R. Granier, H. Juin, J. Mourot, and P. Chevillon. 2002. Influence of Outdoor Rearing and Indoor Temperature on Growth Performance, Carcass, Adipose Tissue and Muscle Traits in Pigs, and on the Technological and Eating Quality of Dry-cured Hams. Meat Sci. 62:447 -455.

[93] Leseigneur-Meynier, A. and G. Gandemer. 1991. Lipid composition of pork muscle in relation to the metabolic type of the fibres. Meat Sci. 29: 229 - 241.

[94] Lo Fiego, D. P., P. Santoro, P. Macchioni, and E. De Leonibus. 2005. Influence of genetic type, live

weight at slaughter and carcass fatness on fatty acid composition of subcutaneous adipose tissue of raw ham in the heavy pig. Meat Sci. 69: 107 - 114.

[95] MacLeod, G., and M. Seyyedain-Ardebili. 1981. Natural and simulated meat flavors (with particular reference to beef). Crit. Rev. Food Sci. Nutr. 14: 309 - 437.

[96] Marion, J. E. 1965. Effect of age, dietary fat on the lipids of the chicken muscle. J. Nutr. 85: 38 - 44.

[97] Martín, L., J. J. Cordoba, J. Ventanas, and T. Antequera. 1999. Changes in intramuscular lipids during ripening of Iberian dry-cured ham. Meat Sci. 51:129 - 134.

[98] Martín, L., M. L. Timón, M. J. Petrón, J. Ventanas, and T. Antequera. 2000. Evolution of volatile aldehydes in Iberian ham matured under different processing conditions. Meat Sci. 54: 333 - 337.

[99] Maw, S. J., V. R. Fowler, M. Hamilton, and A. M. Petchey. 2003. Physical Characteristics of Pig Fat and Their Relation to Fatty Acid Composition. Meat Sci. 63: 185 - 190.

[100] Metz, S. H. M. 1985. Genetic Effects on Fat Deposition and Fat Quality in the Growing Pig. Pig News Info. 6: 291 - 294.

[101] Meynier, A., C. Genot, and G. Gandemer. 1999. Oxidation of muscle phospholipids in relation to their fatty acid composition, with emphasis on volatile compounds. J. Sci. Food Agric. 79: 797 - 804.

[102] Molly, K., D. Demeyer, T. Civera, and A. Verplaetse. 1996. Lipolysis in Belgian sausage: relative importance of endogenous and bacterial enzymes. Meat Sci. 43: 234 - 244.

[103] Motilva, M. J., F. Toldra, P. Nieto, and J. Flores. 1993a. Muscle lipolysis phenomena in the processing of dry-cured ham. Food Chem. 48: 121 - 125.

[104] Motilva, M. J., F. Toldra, and J. Flores. 1993b. Subcutaneous adipose tissue lipolysis in the processing of dry-cured ham. J. Food Biochem. 16: 323 - 335.

[105] Motilva, M. J., F. Toldra, M. I. Nadal, and J. Flores. 1994. Prefreezing hams affect lipolysis during dry-curing. J. Food Sci. 59: 303 - 305.

[106] Mottram, D. S. 1998. Flavour formation in meat and meat products: A review. Food Chem. 6(4): 415 -424.

[107] Mottram, D. S., and R. A. Edwards. 1983. The role of triglycerides and phospholipids in the aroma of cooked beef. J. Agric. Food Chem. 34: 517 - 522.

[108] Mourot, J., M. Kouba, and P. Peiniau. 1995. Comparative study of in vitro lipogenesis in various adipose tissues in the growing domestic pig (Sus domesticus). Comp. Biochem. Biophys. 111:379 - 384.

[109] Muriel, E., J. Ruiz, J. Ventanas, M. J. Petrón, and T. Antequera. 2004. Meat quality characteristics in different lines of Iberian pigs. Meat Sci. 67: 299 - 307.

[110] Nawar, W. W. 1996. Lipids. Page 225 - 319 in Food Chemistry. O. R. Fennema, ed. Marcel Dekker, Inc., New-York.

[111] Nilzén, V., J. Babol, P. C. Dutta, N. Lundeheim, A. C. Enfält, and K. Lundström. 2001. Free range rearing of pigs with access to pasture grazing-effect on fatty acid composition and lipid oxidation products. Meat Sci. 58: 267 - 275.

[112] Nnodim, J. O. 1987. Development of adipose tissues. Anat. Rec. 219: 331 - 337.

[113] Nürnberg, K., J. Wegner, and K. Ender. 1998. Factors Influencing Fat Composition in Muscle and Adipose Tissue of Farm Animals. Livest. Prod. Sci. 56: 145 - 156.

[114] Okuyama, H., and A. Ikemoto. 1999. In Needs to Modify the Fatty Acid Composition of Meats for Human Health. Proceedings of the 45th International Congress of Meat Science and Technology, Yokohama, Japan, 638 - 640.

[115] Oscai, L. B., D. A. Essig, and W. K. Palmer. 1990. Lipase regulation of muscle triglyceride hydrol-

ysis. J. Appl. Physiol. 69: 1571 - 1577.

[116] Perrin, J. L., J. Dinis, J. C. Rousseau, and C. Vidal. 1990. Recherche des relations entre les propriétés rhéologiques des corps gras naturels ou fractionnés et leur composition en triglycérides. Rev. Fse. Corps Gras. 3: 17 - 22.

[117] Petrón, M. J., E. Muriel, M. L. Timón, L. Martín, and T. Antequera. 2004. Fatty acids and triacylglycerols profiles from different types of Iberian dry-cured hams. Meat Sci. 68: 71 - 77.

[118] Piedrafita, J., L. L. Christian, and S. M. Lonergan. 2001. Fatty Acid Profiles in Three Stress Genotypes of Swine and Relationships with Performance, Carcass and Meat Quality Traits. Meat Sci. 57: 71 - 77.

[119] Rabot, C., H. Remignon, and G. Gandemer. 1995. Phospholipid composition of three muscles as related to their fibre composition and oxidative pattern in the chicken. 41th Int. Cong. Meat Sci. Technol., San Antonio, USA, 560 - 561.

[120] Rhee, K. S. 1988. Enzymic and non-enzymic catalysis of lipid oxidation in muscle foods. Food Technol. 58: 127 - 132.

[121] Rosenvold, K. and H. J. Andersen. 2003. Factors of Significance for Pork Quality-A Review. Meat Sci. 64: 219 - 237.

[122] Santoro, P. 1983. Fat Quality in Pigmeat with Special Emphasis on Cured and Seasoned Raw Hams. Page 43 - 46 in Fat Quality in Lean Pigs. J. D Wood, ed. Meat Research Institute Special Report No. 2. Brussels, Belgium.

[123] Schaich, K. M. 1992. Metals and lipid oxidation. Contemporary issues. Lipids. 27: 209 - 218.

[124] Serrano, M. P., D. G. Valencia, A. Fuentetaja, R. Lázaro, and G. G. Mateos. 2008. Effect of gender and castration of females and slaughter weight on performance and carcass and meat quality of Iberian pigs reared under intensive management systems. Meat Sci. 80: 1122 - 1128.

[125] Sklan, D., E. Z. Tenne, and P. Budowski. 1983. Simultaneous lipolytic and oxidative changes in turkey meat stored at different temperatures. Journal of Agricultural and Food Chem. 34: 93 - 99.

[126] Stahnke, L. H. 1995. Dry sausages fermented with Staphylococcus xylosus at different temperatures and with different ingrendient levels-Part I. Chemical and bacteriological data. Meat Sci. 41(2): 179 - 191.

[127] Suess, I. 1993. The Nutritional Importance of Animal Fatty Tissue. Fleischw. 73(7): 751 - 754.

[128] Tejeda, J. F., G. Gandemer, T. Antequera, M. Viau, and C. García. 2002. Lipid traits of muscle as related to genotype and fattening diet in Iberian pigs: Total intramuscular lipids and triacylglycerols. Meat Sci. 60: 357 - 363.

[129] Timón, M. L., J. Ventanas, A. I. Carrapiso, A. Jurado, and C. García. 2001. Subcutaneous and intermuscular fat characterization of dry-cured Iberian hams. Meat Sci. 58, 85 - 91.

[130] Toldra, F., and M. Flores. 1998. The role of muscle proteases and lipases in flavor development during the processing of dry-cured ham. Crit. Rev. Food Sci. Nutr. 38(4): 331 - 352.

[131] Toldra, F., M. Flores, and M. C. Aristoy. 1996. Pattern of muscle proteolytic and lipolytic enzymes from light and heavy pigs. J. Agric. Food Chem. 71: 124 - 128.

[132] Toldra, F., M. Flores, and Y. Sanz. 1997. Dry-cured ham flavour: enzymatic generation and process influence. Food Chem. 59(4): 523 - 530.

[133] Van Oeckel, M. J., M. Casteels, N. Warnants, L. Van Damme, and Ch. V. Boucqué. 1996. Omega - 3 Fatty Acids in Pig Nutrition: Implications for the Intrinsic and Sensory Quality of Meat. Meat Sci. 44: 55 - 63.

[134] Verbeke, W., M. J. Van Oeckel, N. Warnants, J. Viaene, and Ch. V. Boucqué. 1999. Consumer Perception, Facts and Possibilities to Improve Acceptability of Health and Sensory Characteristics of

Pork. Meat Sci. 53: 77 - 99.

[135] Vestergaard, C. S., C. Schivazappa, and R. Virgili. 2000. Lopolysis in dry-cured ham maturation. Meat Sci. 55: 1 - 5.

[136] Visessanguan, W., S. Benjakul, S. Riebroy, M. Yarchai, and W. Tapingkae. 2006. Changes in lipid composition and fatty acid profile of Nham, a Thai fermented pork sausage, during fermentation. Food Chem. 94: 580 - 588.

[137] Warnants, N., M. J. Van Oeckel, and Ch. V. Boucqué. 1996. Incorporation of Dietary Polyunsaturated Fatty Acids in Pork Tissues and Its Implications for the Quality of the End Products. Meat Sci. 44: 125 - 144.

[138] Warriss, P. D., S. N. Brown, J. G. Franklin, and S. C. Kestin. 1990. The Thickness and Quality of Backfat in Various Pig Breeds and Their Relationship to Intramuscular Fat and the Setting of Joints from the Carcasses. Meat Sci. 28: 21 - 29.

[139] Webb, E. C., and H. A. O'Neill. 2008. The animal fat paradox and meat quality. Meat Sci. 80: 28 - 36.

[140] Whitfield, F. B. 1992. Volatiles from interactions of Maillard reaction and lipids. Crit. Rev. Food Sci. Nutr. 31: 1 - 58.

[141] Witte, D. P., M. Ellis, F. K. McKeith, and E. R. Wilson. 2000. Effect of dietary lysine level and environmental temperature during the finishing phase on the intramuscular fat content of pork. J. Anim. Sci. 78: 1272 - 1276.

[142] Wood, J. D., and M. Enser. 1982. Comparison of Boars and Castrates for Bacon Production. 2. Composition of Muscle and Subcutaneous Fat, and Changes in Side Weight During Curing. Anim. Prod. 35: 65 - 74.

[143] Wood, J. D. 1984. Fat deposition and the quality of fat tissue in meat animals. Page 407 - 435 in Fats in animal nutrition. J. Wiseman, ed. Butterworths, London.

[144] Wood, J. D. 1993. Production and processing practices to meet consumer needs. Page 135 - 147 in Manipulating pig production IV. E. Batterham, ed. Australasian Pig Science Association, Attwood, Victoria, Australia.

[145] Wood, J. D., M. Enser, A. V. Fisher, G. R. Nute, P. R. Sheard, R. I. Richardson, S. I. Hughes, and F. M. Whittington. 2008. Fat deposition, fatty acid composition and meat quality: A review. Meat Sci. 78: 343 - 358.

[146] Wood, J. D., M. Enser, F. M. Whittington, C. B. Moncrieff, and A. J. Kempster. 1989. Backfat composition in pigs: differences between fat thickness groups and sexes. Livest. Prod. Sci. 22: 351 - 362.

[147] Wood, J. D., G. R. Nute, R. I. Richardson, F. M. Whittington, O. Southwood, G. Plastow, R. Mansbridge, N. da Costa, and K. C. Chang. 2004. Effects of breed, diet and muscle on fat deposition and eating quality in pigs. Meat Sci. 67: 651 - 667.

[148] Wood, J. D., R. I. Richardson, G. R. Nute, A. V. Fisher, M. M. Campo, E. Kasapidou, P. R. Sheard, and M. Enser. 2004. Effects of fatty acids on meat quality: A review. Meat Sci. 66: 21 - 32.

[149] Young, O. A., J. L. Berdagué, C. Viallon, S. Rousset - Akrim, and M. Theriez. 1997. Fatborne volatiles and sheep meat odour. Meat Sci. 45: 183 - 200.

[150] Zhang, Y. Z., W. J. Ritter, C. C. Barker, P. A. Traci, and C. T. Ho. 1994. Volatile formation by lipid-mediated Maillard reaction in model systems. Page 49 - 60 in Lipids in Food Flavors. American Chemical Society, Washington D. C.

第10章

畜禽脂肪生成的调控与脂肪组织的分泌

动物组织的生长发育具有自身的规律。在生长初期骨骼生长迅速，稍后生长重点转移到肌肉，后期脂肪沉积成为重点。动物体内的脂肪主要分布于皮下、内脏以及肌肉组织等部位。猪的皮下脂肪主要为背脂，而鸡的皮下脂肪主要是腹脂。与哺乳动物脂肪细胞不同，禽类脂肪细胞合成脂肪的能力有限，因此其脂肪主要由肝脏合成或由肠消化吸收而来。适量的脂肪沉积对于动物维持生命和保持健康是必要的，但过多的皮下脂肪和内脏脂肪会导致畜禽瘦肉率下降、生长效率降低、养殖收益减少。脂肪在肌肉组织中的沉积量与肉品的嫩度、风味和多汁性正相关，是决定肉质品质的重要性状之一。如何保持皮下脂肪、内脏脂肪与肌内脂肪的适量平衡，是动物科学领域中的一个重要科学问题，需要深入认识脂肪细胞的分化和脂肪沉积的调控机理。

10.1 脂肪细胞

脂肪细胞的直径从 20～200 μm 不等，相比其他细胞，其体积非常庞大。脂肪细胞表面被一些易于连接的组织基质所包裹，这些基质使得它非常适合能量的存储和释放。脂肪细胞能吸收机体中多余的能量，并以甘油三酯的形式存储于脂滴中。为了容纳这些脂滴，脂肪细胞的直径可以增加 20 倍，体积更是可以增加上千倍。由于绝大部分(90%)的体积被脂滴所占据，细胞核和细胞质被挤到了细胞的边缘上。

脂肪组织是生物体内最大的储能组织，它主要以甘油三酯的形式储存能量，并且其存储的能量非常巨大。有人做过计算，假设一个成年人有 15 kg 的脂肪，那么这些脂肪中包含 110 000 kcal(约 440 MJ)的脂质能量，按照日均消耗 2 000 kcal(约 8.37 MJ)计算，这些能量足够维持机体近 2 个月的消耗(Jensen，1997；Ramsay，1996)。当饥饿或者有需要的时候，甘油三酯能被迅速地动员起来。激素信号决定脂肪细胞对甘油三酯是存储还是动员。这些激素信号主要包括胰岛 β 细胞分泌的胰岛素，交感神经系统分泌的儿茶酚胺以及肾上腺皮质分泌的糖皮质激素等。

长时间以来，脂肪细胞一直被认为仅具有存储能量的作用。然而，近年来大量的研究表明，脂肪细胞的内分泌功能在维持机体的能量平衡中发挥着重要作用。研究人员发现，大量的激素、生长因子和细胞因子实际上都是脂肪组织分泌的。其中包括一些重要的信号分子，如瘦素(Leptin)、肿瘤坏死因子 α(TNFα)、白介素 6(IL-6)以及它们的可溶性受体；还有一些重要的脂蛋白代谢调控因子，如脂蛋白脂酶、载脂蛋白 E、胆固醇酯转运蛋白；以及血管紧张素原(Angiotensinogen)、纤溶酶原激活物抑制因子 1、转化生长因子 β 等(表 10-1)。Leptin 的缺失在人(Montague 等，1997)和鼠(Zhang 等，1994)中都引起了严重的肥胖，它的发现确立了脂肪细胞的内分泌功能(Flier，1995；Serrero 和 Lepak，1996)。

表 10-1 脂肪细胞因子及功能

名 称	功 能
Leptin	调节食欲和能量消耗
TNFα	干扰胰岛素受体信号，参与了肥胖中胰岛素抵抗的形成
IL-6	与免疫、糖脂代谢相关
PAI-1	纤溶酶原的抑制因子
Angiotensinogen	血管紧张素Ⅱ的前体，调节血压
Adipsin	与脂肪组织代谢相关
ASP	调控脂肪组织中甘油三酯的合成速率
Adiponectin	增加机体对胰岛素的敏感性，防止动脉粥样硬化的形成
PGI_2 and $PGF_{2\alpha}$	参与调节炎症、血液凝结、排卵、月经
TGFβ	有广泛的生物学功能，能够调节细胞的增殖、分化、凋亡、发育
IGF-I	促进各种细胞的增殖，调节大量生长激素的作用
MIF	参与促炎反应和免疫调节

脂肪细胞分泌功能的发现使得人们认识到，脂肪细胞的功能不仅仅是存储甘油三酯，它在免疫应答、动脉相关疾病、食欲调节中也具有重要作用。譬如促酰化蛋白(ASP)、脂联素(Adiponectin)、肿瘤坏死因子 α(TNFα)和巨噬细胞迁移抑制因子(MIF)虽然是脂肪细胞分泌的免疫系统相关蛋白，但现在发现这些因子参与了能量平衡和胰岛素抵抗的调控。ASP 通过促进甘油三酯的合成和葡萄糖的转运来调控能量平衡(Maslowska 等，1997；Sniderman 等，1997)。与补体因子 D 相似，脂联素在血液中大量存在，并且胰岛素还能进一步提高它的水平，这些表明它可能作为一种信号分子调节能量平衡(Scherer 等，1995；Hu 等，1996)。众所周知，TNFα 不仅能抑制脂肪细胞分化，用它处理成熟的脂肪细胞还能降低脂肪细胞基因的表达水平(Stephens 和 Pekala，1991，1992)。同时，人们还发现在肥胖的啮齿动物和人中，TNFα 的表达量增加，这使得人们相信它参与了与肥胖相关的胰岛素抵抗的形成(Hotamisligil 等，1995；Hotamisligil 等；1996)。另外，根据报道 TNFα 增加了脂肪细胞中 MIF 的分泌，这使得 MIF 与 TNFα 相关的胰岛素抵抗也关联起来(Hirokawa 等，1997)。与以上因子不同，血管紧张素原和纤溶酶原激活物抑制因子 1(PAI-1)是脂肪细胞分泌的血管功能相关蛋白。血管紧张素原在调节脂肪组织血液供应和脂肪酸释放中发挥重要作用。PAI-1 的表达量在中心性肥胖个体中明显升高，并且参与了异常肥胖导致的血管类疾病(Shimomura 等，1996；Alessi 等，

1997)。

近10年的研究已证明,脂肪细胞不但具有内分泌功能,同时还兼有旁分泌和自分泌功能。在调控能量平衡的同时,脂肪组织还调节多种生理过程。

10.2 脂肪细胞和脂肪组织的起源

脂肪细胞在体内从什么组织分化而来、从什么时间开始出现,至今还不很清楚。Taylor 和 Jones 等用多潜能干细胞诱导分化出了肌肉、软骨和脂肪细胞(Taylor 和 Jones,1979);Dani 等将胚胎干细胞(Embryonic stem cell,ES cell)诱导分化成前脂肪细胞(Dani 等,1997);Pittenger 等用骨髓基质细胞诱导生成骨骼细胞和脂肪细胞(Pittenger 等,1999)。上述结果表明胚胎干细胞或多潜能干细胞可能是脂肪细胞的直接来源。

经过多年的探索,人们对脂肪细胞和脂肪组织的起源有了一定的认识。通过研究多种多能干细胞系,人们发现脂肪细胞是由起源于中胚层的多能干细胞逐步分化、发育而成。C3H10T1/2 细胞系是中胚层多能干细胞中的一种,研究者用去甲基化试剂处理鼠源的该细胞后,发现其可分化为肌细胞、软骨细胞和脂肪细胞,并且相同细胞相互聚集,三者分别占总量的25%、1%和7%(Konieczny 和 Emerson, 1984)。肌细胞的分化率明显高于脂肪细胞,暗示脂肪细胞的形成可能需要更多基因的表达。然而,这种分化上的差别也有可能是培养条件造成的。有证据表明骨髓间充质干细胞在适合的培养条件下就能分化为脂肪细胞(Gimble 等,1996)。

人、猪、小鼠和大鼠的胚胎形态学研究发现,绝大多数物种的白色脂肪组织在出生之前就已经形成(Slavin,1979;Poissonnet 等,1983)。而在出生后,由于脂肪细胞数量的增加以及体积的增大,白色脂肪组织迅速的膨胀,甚至到了成年后,机体仍然具有形成新的脂肪细胞的能力。Miller 等(1984)发现,用高碳水化合物或者高脂食物喂养大鼠后,它的脂肪细胞数目增加。研究者们在肥胖的人类个体中也发现了这一现象。由于从年迈的小鼠组织中也能检测到脂肪细胞早期分化标志基因(Kirkland 等, 1990),并且从各种物种的脂肪组织分离的前脂肪细胞,都能在体外分化为成熟脂肪细胞。因此现在认为在整个生命周期中,脂肪细胞的数目不是固定不变的(Deslex 等,1987;Hauner 等,1989;Suryawan 等,1997)。

10.3 脂肪细胞分化过程

人和动物的脂肪组织大约1/3是脂肪细胞,其余的2/3是微血管、神经组织、成纤维细胞和处于不同分化阶段的前脂肪细胞。想从形态学上对成纤维细胞和前脂肪细胞做出区别,或者想对处于不同分化阶段的前脂肪细胞做出区别是比较困难的。近20多年来对脂肪细胞增殖分化及调控方面的研究主要是利用体外分化系统。最常用的有两种体外培养系统,即前脂肪细胞系(Preadipose cell line)和原代前脂肪细胞(Primary preadipocyte)。现在已经建立起来的最有代表性的两株前脂肪细胞系是从小鼠胚胎的 Swiss3T3 细胞中诱导分化出来的,即3T3 - F442A 和 3T3 - L1 小鼠前脂肪细胞系,二者都能特异性地分化成脂肪细胞。

3T3 - L1 和 3T3 - F442A 这两株细胞的分离，为体外研究脂肪细胞的分化提供了可能(Green 和 Kehinde，1975，1976，1974)。用分化试剂如 cAMP、insulin、glucocorticoids 处理后，3T3 - L1 和 3T3 - F442A 就能分化为脂肪细胞。整个分化过程要经历 10～15 d。其他的前脂肪细胞，如 Ob17(Negrel 等，1978)和 TA1(Chapman 等，1984)也要经历相似的过程。近来，Wolins 分离得到了一株新的细胞 OP9，它分化为脂肪细胞只需 2 d 时间，大大加快了分化速度，提高了研究效率(Wolins 等，2006)。脂肪细胞的分化一般分为 4 个阶段，我们称为生长抑制、克隆扩增、早期分化和终末分化。

10.3.1 生长抑制

不只是在脂肪细胞的分化中，事实上在绝大多数细胞系的分化中，第一阶段都是生长抑制。一般而言，在接触抑制之后就会形成生长抑制。有人将汇合后的 3T3 - F442A 细胞转移到含有甲基纤维素的培养基中进行悬浮培养，结果发现该细胞仍然分化为脂肪细胞(Pairault 和 Green，1979)。这一结果说明，虽然汇合导致了生长抑制，然而细胞间的接触并不是脂肪细胞分化所必需的。

10.3.2 克隆扩增

生长抑制之后，为了进入后续的分化阶段，前脂肪细胞必须要接受到调控有丝分裂和脂肪生成的正确信号。生长抑制后的前脂肪细胞至少还要经历一次 DNA 复制和细胞增殖(Pairault 和 Green，1979)，这称为细胞的克隆扩增。对于 3T3 - F442A 和 Ob17 细胞的研究表明，DNA 合成的增加早于晚期分化标记基因的表达，并且抑制 DNA 合成会阻止脂肪细胞的形成(Kuri-Harcuch 和 Marsch-Moreno，1983；Amri 等，1986)。不同的是，人原代前脂肪细胞分化为脂肪细胞时，并不需要经过这一阶段。当人原代细胞的有丝分裂受到抑制时，并不影响其继续分化。也有研究者认为，可能是这些细胞在体内已经经过了克隆扩增的阶段，因而能够继续其分化过程(Entenmann 和 Hauner，1996)。

10.3.3 早期分化

C/EBP 和 PPAR 这两个家族的转录因子，在脂肪细胞分化的早期都有表达(图 10 - 1)，它们对分化的调控至关重要。PPARγ 在脂肪细胞中大量表达，但在前脂肪细胞中表达量极低。用分化培养基培养 3T3 - L1 细胞，2 d 后可以检测到 PPARγ，分化完成时其表达量达到最大(Brun 等，1996；Chawla 和 Lazar，1994)。PPARδ 广泛存在于各种组织和细胞中，如 C3H10T1/2，3T3 - C2，NIH 3T3 中都有表达(Amri 等，1995)。研究发现 PPARδ 在脂肪细胞中的表达要早于 PPARγ。同样，C/EBPβ 和 C/EBPδ 的表达也在 PPARγ 之前(Mandrup 和 Lane，1997；Wu 等，1996)，它们的表达量在经过一个短暂的增加后，随着 C/EBPα 的上升而下降。而 C/EBPα 的出现稍早于脂肪细胞特异基因的表达(Brun 等，1996；Mandrup 和 Lane，1997)。除了上述两类转录因子，SREBP1/ADD1 也在脂肪细胞分化的早期产生，它主要调节胆固醇和脂肪酸的代谢，对某些脂肪细胞基因也具有调控作用(Kim 和 Spiegelman，1996；Kim

等,1995)。

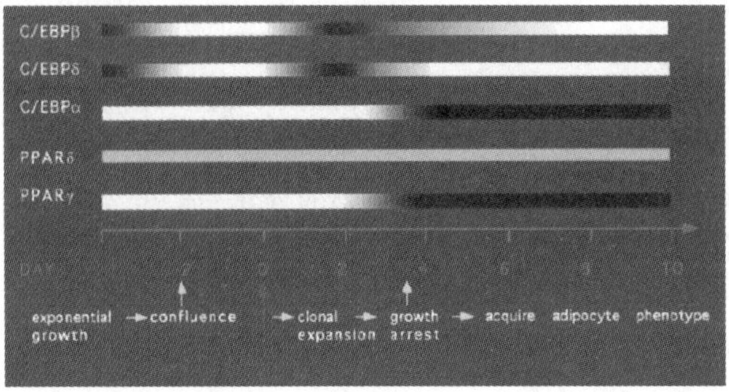

图 10-1　在脂肪细胞分化过程中,C/EBP 和 PPAR 家族基因的表达情况

黑色代表表达,白色代表不表达。Mandrup 和 Lane,1997。

随着脂肪细胞的分化,细胞从纤维状转变成球状,细胞形态、细胞骨架以及胞外基质都发生了巨大的变化。研究表明在早期分化过程中,Actin 和 Tubulin 的水平均下降,并且它们的改变明显早于细胞形态的变化以及脂肪细胞特异基因的表达。通过这些结果,研究人员发现细胞形态的改变能够反映脂肪细胞分化的不同阶段,同时也说明细胞形态的改变并不是脂质积累的结果(Spiegelman 和 Farmer,1982)。

10.3.4　终末分化

进入脂肪细胞的终末分化阶段后,新的脂肪明显增加,并且脂肪细胞对胰岛素也趋于敏感。参与甘油三酯代谢的基因,如乙酰 CoA 羧化酶、硬脂酰 CoA 脱饱和酶、3-磷酸甘油乙酰转移酶、3-磷酸甘油脱氢酶、脂肪酸合成酶和 3-磷酸甘油醛脱氢酶等,它们的 mRNA 水平、蛋白水平或者活性上升 10~100 倍(Spiegelman 等,1983;Paulauskis 和 Sul,1988;Weiner 等,1991)。葡萄糖转运蛋白,胰岛素受体数目以及胰岛素敏感性都随之增加。随着分化的进一步深入,脂肪细胞不再表达 β_1 型肾上腺素受体,而 β_2 和 β_3 型肾上腺素受体的水平却增加了,从而在总体上增加了肾上腺素受体的数量(Feve 等,1990;Feve 等,1991)。除了那些与脂代谢直接相关的基因表达量增加以外,脂肪细胞还生成一些脂肪细胞特异产物,例如脂肪组织脂肪酸结合蛋白(Spiegelman 等,1983;Bernlohr 等,1984)、脂肪酸转运蛋白(Ibrahimi 等,1996)、脂滴相关蛋白(Greenberg 等,1993)等。

10.4　细胞的成脂分化及其调控

研究者们以前脂肪细胞系和成纤维细胞系为研究对象,做了大量的工作来揭示脂肪生成的转录级联。大量证据显示 PPARs,C/EBPs,SREBP 和 KLFs 这些转录因子直接参与了脂肪细胞的形成。

10.4.1 PPAR家族

过氧化物酶体增殖物激活受体家族(PPARs)属于核激素受体，在调节脂肪形成中起重要作用。PPARs分为α、β、γ和δ等几种亚型，其中PPARγ主要存在于脂肪细胞与脾细胞，参与脂肪细胞分化和成脂作用。而PPARα和PPARβ则分别与机体的脂质代谢和细胞的基础脂质代谢相关。与这个家族的许多成员一样，PPARγ必须与视黄酸X受体(RXR)等核激素受体结合形成异源二聚体，才能绑定DNA从而发挥转录活性。编码PPARγ的基因通过利用不同的启动子，可产生两种不同的产物，即PPARγ1和PPARγ2。PPARγ2在N端比PPARγ1多30个氨基酸，并且二者的分布不同。PPARγ2主要局限于脂肪组织中，在调控大多数脂肪细胞特异基因的功能上发挥重要作用(Tontonoz等，1995)；而PPARγ1在多种细胞和组织中都有表达，如巨噬细胞、Ⅱ型肺炎细胞、结肠上皮细胞，以及膀胱、乳腺和前列腺组织等，但是表达量较低(Mansen等，1996；Michael等，1997；Mueller等，1998；Sarraf等，1998；Tontonoz等，1998)。

脂肪细胞分化的不同时段有不同的特异基因表达。脂肪细胞的一些标志基因上都有PPARγ的调控位点，在体内和体外的研究都证实PPARγ能够激活脂肪酸结合蛋白(ap2)、磷酸烯醇式丙酮酸羧激酶(PEPCK)等基因的转录(Tontonoz等，1995)。通过对转基因小鼠的研究，人们发现虽然在其他组织中PEPCK的表达不依赖于PPARγ，但是在脂肪细胞中PPARγ对其表达有决定作用(Devine等，1999)。

核激素受体超家族的成员都是由配体激活的转录因子，PPARγ也不例外。研究者发现，一种抗糖尿病药物TZDs能够刺激PPARγ表达(Lehmann等，1995)，虽然其具体机制还不是十分明确，但TZDs已经作为一种有效的药物在临床上用于治疗高血脂和胰岛素抵抗。人们发现利用TZDs处理前脂肪细胞后，由于它刺激了PPARγ的表达，脂肪生成的速率加快了(Kletzien等，1992；Sandouk等，1993)。

PPARγ是否是启动脂肪细胞分化的充要条件，一直是研究者们关心的热点问题。在体外，PPARγ基因缺失的ES细胞能分化为多种细胞，但唯独不能分化成脂肪细胞。利用基因敲除技术敲除小鼠的PPARγ基因后，这种小鼠在胚胎期10 d左右就会死亡。研究发现这是由于胎盘发育障碍造成的。重要的是该小鼠胚胎还没有形成可检测到的脂肪；而正常的小鼠10 d以内的胚胎已经可以检测到脂肪的存在(Barak等，1999；Kubota等，1999)。为了防止小鼠在胚胎期死亡，使得其能够存活，有人运用嵌合鼠技术也对这一问题进行了研究。Rosen等用正常ES细胞和缺失PPARγ的细胞培育嵌合鼠，利用这种小鼠，研究者可以检测缺失PPARγ的细胞在组织中的分布。结果显示在脂肪组织中没有检测到缺失PPARγ的细胞，证明PPARγ对于体内的脂肪生成是必需的(Rosen等，1999)。Barak等利用野生型的四倍体细胞和缺失PPARγ的细胞培育了嵌合鼠。虽然这种小鼠不再发生胎盘发育障碍，但在出生后不久也会死亡。通过解剖发现，这种小鼠棕色脂肪组织中的脂肪沉积明显下降，但对于白色脂肪组织并没有得到有意义的结论(Barak等，1999)。利用一些PPARγ抑制剂进行的研究对上述研究结果给予了补充，PPARγ的拮抗剂能够降低激素诱导的脂肪生成(Oberfield等，1999；Wright等，2000)。另外，Gurnell等构建了一个PPARγ的显性失活等位基因，该基因能够正常结合DNA和配体，却不具有PPARγ的功能，将其在人前脂肪细胞中表达，结果终止了TZDs诱导的脂肪细胞分化(Gurnell等，2000)。

近年来，在患有严重胰岛素抵抗疾病的病人体内，人们检测到 PPARγ 的基因突变。将这种突变体在体外研究发现，该基因失去了正常的功能。然而奇怪的是，这些病人的体脂含量正常，脂肪组织并没有明显改变，这表明人体维持脂肪生成和胰岛素敏感性所需要的 PPARγ 量可能是不同的(Barroso 等，1999)。

10.4.2 C/EBP 家族

CAAT/增强子结合蛋白家族(C/EBPs)属于一个具有碱性亮氨酸拉链的转录因子家族。该家族目前已经确定了 6 个成员，所有成员间都能以 b-ZIP 结构域形成同源或异源二聚体(Lekstrom-Himes 和 Xanthopoulos，1998)。有证据表明，C/EBPs 不仅在脂肪细胞的分化中发挥作用，其在粒细胞(Zhang 等，1997)和肝细胞(Flodby 等，1996；Wang 等，1995)的终末分化中也具有重要作用。C/EBPs 作用广泛，除了能激活大量基因的转录以外，在抗感染(Yamanaka 等，1997)以及机体对伤害的回应(Flodby 等，1996)中也具有关键作用。

C/EBPs 具有激活基因 DNA 特定增强子——CAAT 重复序列的功能。它的 C/EBPα、β、δ 三成员长期以来被认为在脂肪细胞分化中具有重要作用。体外培养的前脂肪细胞系中，C/EBPβ 和 C/EBPδ 在分化的早期瞬时表达，而 C/EBPα 是在分化的较晚阶段才表达的；C/EBPα 一旦表达，随即就有大量的脂肪细胞分化的特异基因开始出现。

最初发现 C/EBPβ 和 C/EBPδ 的成脂作用，是由于观察到胰岛素、cAMP 和地塞米松在诱导脂肪细胞分化过程中促使了它们的表达。C/EBPβ 的异位表达在不添加激素诱导剂的情况下也能启动 3T3-L1 细胞的分化。C/EBPβ 还能促使其他细胞向脂肪细胞转化，并启动它们的分化。例如，在 NIH-3T3 中表达 C/EBPβ，当加入激素诱导剂后，NIH-3T3 就能分化为脂肪细胞(Wu 等，1995)；C/EBPδ 的异位表达虽然在添加激素诱导剂的情况下才能启动 3T3-L1 细胞的分化，但是它的表达加速了脂肪生成的速度(Yeh 等，1995)。另外，缺失 C/EBPβ 或者 C/EBPδ 的胚胎成纤维细胞，其分化为脂肪细胞的能力有所下降，而当细胞同时缺失 C/EBPβ 和 C/EBPδ 后，就失去了分化为脂肪细胞的能力(Tanaka 等，1997)。虽然体内的实验在总体上也支持上述结论，但是结果却并不明确。敲除 C/EBPβ 或者 C/EBPδ 的小鼠虽然棕色脂肪组织中的质脂积累有所下降，但其白色脂肪组织却无明显变化。当 C/EBPβ 和 C/EBPδ 同时被敲除后，情况似乎明确了一些，85%这种小鼠在围产期就会死亡，剩下的表现出白色脂肪组织减少，棕色脂肪组织显著减少。进一步研究发现，脂质积累的下降是导致棕色脂肪组织减少的原因；而白色脂肪组织减少是由于细胞发育障碍导致了细胞数量的减少，但是其中的成熟的细胞有着正常的大小、形态以及基因表达模式(Tanaka 等，1997)。另外，人们发现 C/EBPβ 和 C/EBPδ 还能活化 C/EBPα 和 PPARγ 这两个脂肪形成的关键转录因子。

与以上两个因子不同，体内和体外的证据都表明 C/EBPα 与脂肪生成密切相关。C/EBPα 有两种亚型，一个有 42 ku(p42)，另一个 30 ku(p30)。p42 的转录活性强于 p30。研究发现在脂肪生成的过程中，p42/p30 的比值不断升高(Lin 等，1993)。另外，体外研究表明，在 3T3-L1 前脂肪细胞中过量表达 C/EBPa 能够促使其分化(Freytag 等，1994)；而换用其反义 RNA 后，细胞的分化就被抑制了(Lin 和 Lane，1992)。通过研究缺失 C/EBPa 的小鼠发现，白色脂肪组织和棕色脂肪组织中的脂肪积累都显著降低了；然而由于肝脏无法合成葡萄糖，致使这些小鼠在出生后的 1 周内都死于低血糖。因此，这些小鼠脂肪量的减少也可能是代谢紊乱的结果。考虑到这些小鼠的脂肪组织中仍然可以检测到脂肪细胞分化的标志基因,作者认为脂肪的减少更有可能是脂肪生成受到抑制的结果(Wang 等,1995)。

10.4.3 ADD1/SREBP1

脂肪细胞定向分化因子 1(ADD1)属于一个具有碱性螺旋环螺旋结构域的转录因子家族,该因子首先是从大鼠的脂肪细胞 cDNA 文库中被发现的(Tontonoz 等,1993)。后来,Yokoyama 等发现了一个能结合固醇调节元件的新蛋白,随即将其命名为固醇调节元件结合蛋白-1(SREBP1)(Yokoyama 等,1993)。经过序列分析发现,两者是同一基因。此转录因子家族调节特异组织中的基因表达,特别是起源于中胚层的脂肪组织和肌肉组织。

最初,人们观察到在脂肪细胞分化过程中 ADD1/SREBP1 的表达量显著提高,从而推测 ADD1/SREBP1 在脂肪生成中发挥作用(Kim 和 Spiegelman,1996)。事实上,它的表达模式与 PPARγ 较为相似。在激素诱导剂存在的情况下,将 ADD1/SREBP1 在 3T3-L1 细胞中超量表达,结果增加了脂肪细胞标志基因的表达量,同时也加剧了脂肪沉积。在终末分化的成纤维细胞中异位表达 ADD1/SREBP1,导致成纤维细胞有向脂肪细胞分化的趋势。值得注意的是,ADD1/SREBP1 显性失活突变体的表达,能够完全抑制前脂肪细胞向脂肪细胞的分化。这些结果显示 ADD1/SREBP1 至少在体外的脂肪生成中是必需的。

ADD1/SREBP1 在脂肪生成中发挥作用的具体机制,目前了解的还不全面。一些研究结果表明,它与 PPARγ 之间存在着诸多联系。将 PPARγ 与 ADD1/SREBP1 共表达于具有 PPARγ 启动子的一个报告系统中,结果引起报告基因的活性显著增加;而 ADD1/SREBP1 单独表达时作用并不明显(Kim 和 Spiegelman,1996)。另一项研究表明,TZDs 的加入,能够使由于 ADD1/SREBP1c 的显性失活而不能分化的细胞继续分化(Kim 等,1998b)。种种迹象说明,ADD1/SREBP1 可能参与了 PPARγ 的表达调控。奇怪的是,虽然 ADD1/SREBP1 似乎对 PPARγ 的表达有正调控作用,但 Yoshikawa 等却发现 PPARs 能够通过抑制 LXR 信号从而削弱 ADD1/SREBP1 的转录活性(Yoshikawa 等,2003)。总体说来,这些结果都暗示 ADD1/SREBP1 对 PPARγ 内源性配体的产生具有正调控作用。

ADD1/SREBP1 能够促进许多脂生成相关基因的表达,如脂蛋白脂酶、脂肪酸合成酶、甘油磷酸酰基转移酶等(Kim 和 Spiegelman,1996)。当动物进食后,ADD1/SREBP1 在脂肪组织中的表达量迅速提高,脂肪生成也随之启动(Kim 等, 1998a);而当 ADD1/SREBP1c 被敲除后,小鼠进食后的脂肪生成明显减缓(Kim 等,1998b)。进食的影响可能受到胰岛素的调控,特别是在脂肪和肝脏中 ADD1/SREBP1 的表达量受到胰岛素的紧密控制(Kim 等,1998b)。近来的研究发现,ADD1/SREBP1 也能抑制 IRS-2 的转录,暗示它可能对胰岛素信号具有负调控作用(Ide 等,2004)。

10.4.4 KLF 家族

10.4.4.1 KLF 家族因子概述

Kruppel 样转录因子(Kruppel-like factors,KLFs)是真核生物体内广泛存在的一类基础转录因子，因其DNA结合结构域与果蝇的Kruppel因子高度同源而得名（Schuh等，1986）。KLF因子的DNA结合结构域又和20世纪80年代早期发现的Sp1（Specific protein 1）家族因子高度相似（Dynan和Tjian，1983），其羧基端均具有3个串联的Cys2His2类型的锌指结构，因此两者可并归于Sp1/KLFs家族（Kaczynski等，2003）。

根据序列和结构的相似性，Sp1/ KLFs家族分为3个亚家族，与Spl高度相关的Sp蛋白形成亚家族Ⅰ，以及KLF蛋白组成的另外两个亚家族Ⅱ和Ⅲ。KLF家族因子存在于从线虫属到人类的种属中，到目前为止，在人、小鼠和大鼠中均发现了17个KLF基因（表10-2）（Oates等，2001；Kaczynski等，2003；Suske等，2005； van Vliet等，2006）。和发育调控因子HOX（Homeobox）家族、KRAB（Kruppel associated box）家族的染色体上成簇分布不同（Eichler等，1998；Patel和Prince，2000；Ferrier和Holland，2001），KLF家族因子随机散布于整个基因组。目前尚无文献对KLF家族成员的基因结构进行过详细研究。

表10-2 KLF家族因子功能等特征

蛋白质名称[a]	KLF	染色体定位[b]	转录功能及功能域	表达特征	辅因子	细胞功能
EKLF	KLF1	19p13	激活子（酸性结构域）	红细胞和肥大细胞	p300/CBP，PCAF，SWI/SNF，mSin3A	红细胞生成
LKLF	KLF2	19p13	激活子（酸性结构域）	肺，血管，淋巴细胞	未知	血管和发育，T细胞存活
BKLF	KLF3	4p14	激活/抑制（PVDLS/T域）	红细胞，脑组织	CtBP2	未知
GKLF	KLF4	9q31	激活/抑制（酸性结构域）	小肠组织	p300/CBP	增殖，存活
IKLF	KLF5	13q21	激活子	小肠，上皮组织	未知	细胞生长
CPBP	KLF6	10p15	激活子	广谱表达	未知	肿瘤抑制子
UKLF	KLF7	2q32	激活子（酸性结构域）	广谱表达	未知	细胞周期抑制子
BKLF3	KLF8	Xp11	抑制子（PVDLS/T域）	广谱表达	CtBP2	未知
BTEB1	KLF9	9q13	激活/抑制（SID）	广谱表达	mSin3A	神经生长，癌症发生
TIEG1	KLF10	8q22	抑制子（SID，R2，R3）	广谱表达	mSin3A	细胞程序死亡，抗增殖
TIEG2/FKLF	KLF11	2p25	激活/抑制（SID，R2，R3）	广谱表达	mSin3A	抗增殖
AP-2rep	KLF12	13q21	抑制子（PVDLS/T域）	脑，肾，肝，肺	CtBP1	未知

续表 10-2

蛋白质名称[a]	KLF	染色体定位[b]	转录功能及功能域	表达特征	辅因子	细胞功能
BTEB3/RFLAT-1/FKLF-2	KLF13	15q12	激活/抑制(SID,R2,R3)	广谱表达	p300/CBP,PCAF,mSin3A	抗增殖,癌症发生
BTEB5	KLF14	7q32	未知	未知	未知	未知
KKLF	KLF15	3q13	抑制子	广谱表达	未知	未知
BTEB4/DRRF	KLF16	19q13	抑制子(SID)	广谱表达	mSin3A	癌症发生
Zfp393/ZNF393	KLF17	1p34	激活子	生殖细胞	未知	生殖细胞发育

a. 最初发现时使用的名字;b. 来源于 NCBI 的人基因组的染色体定位信息。Kaczynski 等,2003。

10.4.4.2 KLF 家族因子的结构特征

作为序列特异转录调控因子必须具备以下 3 个结构域:一个 DNA 结合结构域,一段负责核定位的信号肽和一个转录调控结构域。KLF 家族因子的主要特征是羧基端含有高度保守的 DNA 结合结构域(同源性超过 65%)。它是由 3 个连续的 Cys2His2 锌指模体组成,每个锌指均含有 Cys2His2 的共同序列 C-X_{2-5}-C-X_3-(F/Y)-X_5-Φ-X_2-H-X_{3-5}-H (X 代表任何氨基酸,Φ 是疏水残基)。在前两个锌指中各包含 23 个氨基酸,而第 3 个锌指则含有 21 个氨基酸。锌指之间由 7 个氨基酸组成的肽链连接,其序列也高度保守 TGE(R/K)(P/K/R)(F/Y)X (Lomberk 和 Urrutia, 2005;Wolfe 等,2000)。

KLF 家族因子的氨基端差异较大,通常含有转录激活和/或转录抑制结构域。尽管 KLF 家族成员均具有高度相似的 DNA 结合活性,但功能各异,如 KLF1、KLF2、KLF5 等是有效的转录激活因子,KLF3、KLF8、KLF12 等则是转录抑制因子。该家族成员是激活因子还是抑制因子,主要依赖与它们相互作用的共调节因子的功能。它通过氨基端的特异激活区或抑制区与共激活或共抑制因子作用来发挥调节转录的功能。例如 KLF3、KLF8 和 KLF12 氨基端的 PVAL(S/T)基序与属于 C 末端结合蛋白(CtBP)家族的抑制因子结合而抑制转录(van Vliet 等,2000;Turner 和 Crossley,1998;Schuierer 等,2001)。KLF9、KLF10、KLF11、KLF13 和 KLF16 氨基端的 SID 结构域与组蛋白脱乙酰酶共抑制子复合物 mSIN3a 结合而介导转录抑制(Kaczynski 等,2001;Zhang 等,2001)。此外,部分 KLF 因子还同时具有转录激活和转录抑制活性。如 KLF4 氨基端的转录活性区与共激活子 EP300 和 CREBBP 结合时表现转录激活活性,而与共抑制子 HDAC3 结合时就表现为转录抑制活性(Evans 等,2007)。此外,KLF 因子在其锌指内或与其相邻区域还存在核定位序列(Song 等,2002)。

10.4.4.3 KLF 家族因子与脂肪细胞分化调控

既然 KLF 家族成员作为基础转录调节因子参与细胞的生长、增殖、分化和凋亡,那么部分的 KLF 因子参与脂肪细胞的增殖分化调控和脂肪组织形成也就成为必然。近年越来越多的研究结果表明,KLF 转录因子家族的多个成员也在脂肪细胞分化中发挥了重要作用(Brey 等,2009)。参与脂肪细胞分化过程调控的 KLF 因子,既有促进脂肪细胞分化的因子,也有抑制脂肪细胞分化的因子。其中 KLF4、KLF5、KLF6 和 KLF15 是脂肪细胞分化的正调控转录因子,而 KLF2、KLF3 和 KLF7 为脂肪细胞分化的负调控转录因子(图 10-2)。

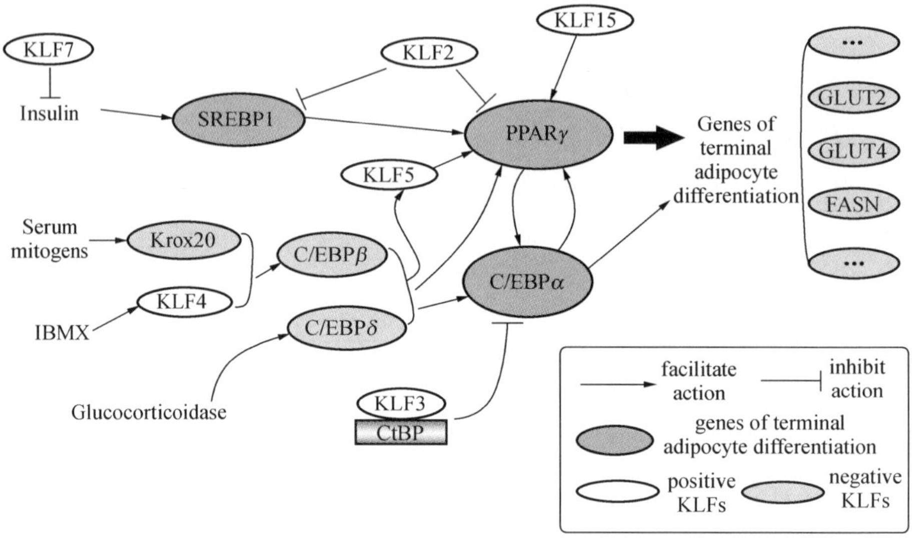

图 10-2 KLF 因子级联调控脂肪细胞分化示意图

张志威等,2009。

10.4.4.4 正调控脂肪细胞分化的 KLF 因子

(1)KLF4

KLF4,又称肠 Kruppel 样锌指转录因子(Gut-enriched Kruppel-like factor,GKLF)或上皮锌指蛋白(Epithelial zinc-finger protein,EZF)。最初从肠道和皮肤上皮细胞克隆鉴定,对上皮细胞的分化起重要的调控作用(Garrett-Sinha 等, 1996;Shields 等,1996;Segre 等,1999)。随后的研究表明 KLF4 在多种组织和细胞生理途径中,如单核细胞分化、巨噬细胞激活、肿瘤发生和胚胎发育中发挥调控作用(Dang 等, 2003;Feinberg 等,2005;Takahashi 和 Yamanaka,2006; Feinberg 等,2007;Takahashi 等,2007)。

KLF4 因子也是脂肪细胞早期分化所必需的转录调节因子之一。小鼠 3T3-L1 前脂肪细胞用诱导分化剂处理 30 min,KLF4 基因就开始表达,处理 2 h 左右表达量达到最高值(Birsoy 等,2008)。研究表明 KLF4 可以直接结合于脂肪细胞早期分化关键性转录因子 C/EBPβ 基因的启动子上,激活 C/EBPβ 的表达。其具体的调控机制为分化诱导剂中的 3-异丁基-1-甲基黄嘌呤(Isobutyl methyl xanthine,IBMX)通过环腺苷酸(cAMP)信号通路诱导细胞 KLF4 基因表达,表达产生的 KLF4 与另一转录因子 Krox20 协同作用,激活 C/EBPβ 基因的表达,进而激活下游的脂肪细胞分化的级联反应,促进脂肪细胞分化。用 RNA 干扰试验敲除 KLF4 基因表达会抑制 C/EBPβ 的表达量,显著抑制脂肪细胞分化。此外,KLF4 基因还受到 C/EBPβ 的严格反馈调节,当 C/EBPβ 表达量增高时,KLF4 的表达量反而下降。

(2)KLF5

KLF5,也称小肠富集 Kruppel 样锌指转录因子(Intestinal-enriched kruppel-like factor, IKLF)或基础转录元件结合蛋白 2(Basic transcription element-binding protein 2,BTEB2)(Conkright 等,1999;Shi 等,1999)。

KLF5 除了在血管生成和血管损伤修复过程中发挥作用外,同时也对白色脂肪组织的分化具有关键性调控作用(Oishi 等,2005; Shindo 等,2002)。KLF5 基因纯合子敲除($KLF5^{-/-}$)的小鼠在胚胎期 8.5 d 之前死亡(Shindo 等,2002),而 KLF5 基因杂合子敲除($KLF5^{+/-}$)的小鼠可以正常存活(Oishi 等,2005)。3 日龄的 $KLF5^{+/-}$ 小鼠比较同期的野生型小鼠表现出明显的白色脂肪组织减少,组织学观察结果显示,其脂肪细胞的数目并没有减少,只是脂肪细胞体积相对变小,然而 4 周龄的 $KLF5^{+/-}$ 小鼠的白色脂肪组织与野生型小鼠就没有明显差别。这一结果暗示,降低 KLF5 基因的表达可延缓白色脂肪组织细胞的分化和形成。此外,体外实验中,来源于 $KLF5^{+/-}$ 小鼠的胚胎干细胞向脂肪细胞分化的能力也存在明显缺陷。在小鼠 3T3 - L1 前脂肪细胞分化过程中实时测量 KLF5 基因的时间性表达,发现 KLF5 基因表达发生在脂肪细胞分化早期,其表达稍晚于 C/EBPβ 和 C/EBPδ 基因表达,而先于 PPARγ2 和 C/EBPα 基因表达。在前脂肪细胞中表达 KLF5 基因的负显性突变体可以显著抑制脂肪细胞的分化,而过表达 KLF5 基因在无分化诱导剂诱导的情况下就可以引发脂肪细胞的分化。详细的研究表明 KLF5 在脂肪细胞分化中的作用机制为:在脂肪细胞分化早期,C/EBPβ 基因和 C/EBPδ 基因首先表达,二者的表达产物都可以结合 KLF5 基因的启动子,激活 KLF5 基因表达,表达产生的 KLF5 再结合 PPARγ2 基因的启动子,激活 PPARγ2 基因表达,从而促进脂肪细胞分化。KLF5 与 C/EBPβ 及 C/EBPδ 可以发生蛋白互作,对 PPARγ2 的表达具有协同作用,共同激活 PPARγ2 基因的转录。

此外,KLF5 还可与 SREBP1c 发生蛋白互作,提高 SREBP1c 介导的脂肪酸合成酶基因表达,促进脂肪细胞分化(Lee 等,2009)。

(3)KLF6

KLF6,又叫核心元件结合蛋白(CPBP),是最初克隆于大鼠和人的肝脏和胎盘组织,并在哺乳动物细胞中广泛表达的一个锌指转录因子(Koritschoner 等,1997)。

KLF6 基因敲除($KLF6^{-/-}$)的小鼠在胚胎期第 12.5 天致死(Matsumoto 等,2006)。KLF6 在多种组织中表达,它在脂肪细胞的分化过程中也发挥一定的调控功能(Li 等,2005)。虽然超表达 KLF6 基因不能有效促进脂肪细胞分化,但降低其表达量则抑制脂肪细胞分化。KLF6 通过抑制前脂肪细胞因子(Pre-adipocyte factor 1,PREF1)基因表达,参与脂肪细胞分化的调控。PREF1 也叫 DLK1(Delta-like 1 homolog),是一种脂肪细胞分化的抑制剂,它通过 Notch 信号通路抑制前脂肪细胞向脂肪细胞分化。脂肪分化过程中,KLF6 抑制 DLK1 基因的表达的作用依赖于组蛋白脱乙酰酶 3(HDAC3)作用于 KLF6 的激活结构域。KLF6 表达沉默可以显著激活 PREF1 的表达。在 3T3 - L1 细胞中过表达 PREF1 基因会抑制脂肪细胞的分化,而敲除 PREF1 的小鼠表现为生长延迟,骨骼异常和肥胖等(Moon 等,2002)。

(4)KLF15

KLF15,又名肾脏富集 Kruppel 样锌指转录因子,最早是利用酵母单杂交技术从人肾 cD-NA 文库中分离和克隆的(Uchida 等,2000)。近年来的研究表明 KLF15 不仅参与调控心肌肥大通路、糖异生途径,而且对脂肪细胞分化也具有重要的调控作用(Mori 等,2005; Teshigawara 等，2005；Fisch 等，2007；Gray 等，2007）。基因差异表达芯片分析结果显示，在 3T3 - L1 前脂肪细胞分化过程前后，KLF15 基因的表达量呈显著上调。不管是利用显性负相缺失还是 RNA 干扰抑制 KLF15 的功能，都将引起 PPARγ 表达量的下降，最终表现出脂肪细胞分化的抑制作用。KLF15 异位表达于 NIH - 3T3 成纤维细胞，在地塞米松、IBMX、胰岛素和 PPARγ 配体如环格列酮刺激下可以表现脂肪细胞特性如脂肪滴积累，脂肪分化标记基因 PPARγ 和 aP2 表达，但检测不到 C/EBPα 的表达。这不仅说明 KLF15 不能诱导 C/EBPα 表达，还证实了 KLF15 参与脂肪细胞分化主要依赖 PPARγ 发挥作用。而 KLF6 或 KLF9 的异位表达并不能诱导 NIH - 3T3 细胞分化成脂肪细胞。KLF15 的异位表达同样也可以使 C2C12 成肌细胞表现具备分化为脂肪细胞的能力。研究在 NIH - 3T3 或者 C2C12 细胞中异位表达 KLF15 都可以诱导 PPARγ 基因的表达，进而引起脂滴沉积。抑制 KLF15 基因表达并不会影响 C/EBPβ 和 C/EBPδ 基因表达，这说明 KLF15 作用位点在 PPARγ 之前，而不是其上游的 C/EBPβ 和 C/EBPδ。另外，在 NIH - 3T3 细胞中的实验表明，C/EBPβ 和 C/EBPδ 都可单独作用促进 KLF15 基因的表达。C/EBPβ 和 C/EBPδ 在分化前期作用于 PPARγ 基因，引发脂肪细胞的分化，而 KLF15 的主要作用是在 C/EBPβ 和 C/EBPδ 的表达量下降后继续维持 PPARγ 的表达，进而维持脂肪细胞的末期分化状态。

PPARγ 异位表达于 NIH - 3T3 细胞并不引起 KLF15 的表达，C/EBPα、C/EBPβ 或 C/EBPδ 的异位表达却可以引起 KLF15 的表达，这也说明了 KLF15 在诱导脂肪细胞分化中的作用时间介于 C/EBPs 与 PPARγ 之间（Mori 等，2005）。KLF15 也可以与 C/EBPα 协同激活 PPARγ 的表达，但研究发现 KLF15 并不作用于 PPARγ 启动子序列中的 CACCC 这一识别元件，有关 KLF15 是否直接作用于 PPARγ 启动子，若直接作用其具体的结合位点是什么目前暂无报道。

此外，超表达 KLF15 基因的 3T3 - L1 前脂肪细胞显著诱导 GLUT4 的表达，引起胰岛素缺乏和胰岛素刺激下的葡萄糖吸收作用的增强（Gray 等，2002）。该作用具备一定的特异性，KLF2 和 KLF4 的超表达反而抑制 GLUT4 的表达。超表达 KLF15 基因的 C2C12 成肌细胞也可以诱导 GLUT4 的表达。近来的研究表明胰岛素抵抗主要由葡萄糖转运子的缺乏引起，而 GLUT4 恰好正是由胰岛素刺激的主要合成于脂肪细胞和肌细胞的葡萄糖转运子，由此可以推测 KLF15 也很有可能在治疗 2 型糖尿病中发挥重要作用。

目前的研究对 KLF15 诱导 GLUT4 表达的机理已比较清楚（Gray 等，2002），通过电泳迁移率分析证实 KLF15 特异性结合于 GLUT4 基因启动子序列中的 CACCC 元件，该元件是 KLF 的保守识别位点之一。另外，GLUT4 基因启动子序列的 CACCC 元件的邻域还存在有肌细胞增强因子 MEF2A 的作用位点，KLF15 和 MEF2A 发生蛋白互作，协同激活 GLUT4 基因的表达。

10.4.4.5 负调控脂肪细胞分化的 KLF 因子

（1）KLF2

KLF2 因子在肺组织中高表达，又被称为肺组织 KLF（Lung Kruppel-like factor，LKLF）（Anderson 等，1995）。KLF2 可调节许多细胞功能，如细胞生长、分化、凋亡等。缺失 KLF2 基因的小鼠在胚胎发育期 E12.5 到 E14.5 死亡，表现出生长发育迟缓、颅脑畸形、腹部出血和贫血现象，显示 KLF2 在细胞生长发育中起重要调控作用（Kuo 等，1997；Wani 等，1998）。

研究发现，KLF2 基因也在脂肪组织中表达，它在小鼠白色脂肪组织和棕色脂肪组织中均呈高表达(Banerjee 等，2003)。在前脂肪细胞系和原代培养的前脂肪细胞的研究结果都表明，KLF2 仅在前脂肪细胞中表达，而在成熟脂肪细胞中不表达，随脂肪细胞分化的进行，KLF2 的表达量下降。KLF2 不影响前脂肪细胞的定型，它的主要作用是维持前脂肪细胞状态(Wu 等，2005)。在前脂肪细胞中，KLF2 直接结合于靶基因 PPARγ 的启动子，抑制 PPARγ 启动子活性，降低 PPARγ 基因表达，从而抑制脂肪细胞的分化。KLF2 对 C/EBPα 和 SREBP1c/ADD1 基因也具有抑制作用，但 KLF2 对 PPARγ 上游的 C/EBPβ 和 C/EBPδ 基因的表达没有影响。此外，KLF2 还可以通过促进 PREF1 基因的表达来维持前脂肪细胞状态，从而抑制脂肪细胞分化(Wu 等，2005)。

(2)KLF3

KLF3，又叫碱性 KLF 因子(BKLF)(Crossley 等，1996)。KLF3 基因主要在造血细胞和胚胎细胞中高表达，KLF3 基因缺失的小鼠表现出骨髓增殖性紊乱和造血功能异常(Kirberg 等，2005)。

最近的研究发现，KLF3 也在脂肪细胞分化中发挥调控作用(Sue 等，2008)。KLF3 基因敲除小鼠(KLF3$^{-/-}$)比正常小鼠生成较少的白色脂肪组织，其脂肪细胞无论是数量还是细胞大小都低于正常小鼠。体外研究实验表明，KLF3 基因的表达量随着 3T3 - L1 脂肪细胞的分化而下降，过表达 KLF3 基因可以抑制 3T3 - L1 脂肪细胞分化。进一步研究发现，KLF3 是通过募集辅助抑制因子 C 末端结合蛋白(C-terminal binding protein，CtBP)形成 KLF3 - CtBP 抑制复合体，并结合于 C/EBPα 启动子上的 KLF 结合位点，抑制 C/EBPα 基因表达，从而抑制脂肪细胞的分化。不能结合 CtBP 的 KLF3 突变体则不能抑制脂肪细胞的分化。

体外研究表明，KLF3 具有抑制脂肪细胞分化的功能，但是 KLF3 敲除小鼠的白色脂肪组织却在减少，产生这种现象的原因据推测可能有两个：其一，C/EBPα 具有抑制细胞有丝分裂的功能，在体外细胞培养过程中，过表达 KLF3 基因导致 C/EBPα 基因表达抑制，从而抑制脂肪细胞分化；而在敲除 KLF3 基因小鼠体内由于 C/EBPα 这种有丝分裂抑制基因的过早表达，影响了前脂肪细胞的数量扩增，因此导致小鼠白色脂肪组织细胞的减少。其二，可能是其他间接因素导致了白色脂肪组织的减少。KLF3 基因在众多组织中广泛表达，KLF3 的敲除可能引发某些组织及其功能的变化，这些变化又进一步影响到了小鼠的生理或行为，导致 KLF3$^{-/-}$ 小鼠的进食量较正常小鼠减少，从而使得其积累的能量减少，最直接的表现就是白色脂肪组织的减少。

(3)KLF7

KLF7 是一个在多种组织表达的因子，所以又叫 UKLF(Matsumoto 等，1998)。KLF7 基因在人前脂肪细胞和成熟脂肪细胞中均有表达(Kawamura 等，2006)。诱导小鼠 3T3 - L1 前脂肪细胞分化 6 h，检测 KLF7 表达显著下降，随分化进行表达又明显升高。地塞米松、IBMX 和儿茶酚处理可以显著抑制 KLF7 表达，而胰岛素、匹格列酮对其表达无影响(Cho 等，2006；Kawamura 等，2006)。在人前脂肪细胞中过表达 KLF7 基因会显著抑制脂肪细胞的分化，其脂肪滴积累仅为正常分化细胞的 0.5%，脂肪细胞分化的标记因子 C/EBPα、PPARγ、aP2、adipsin 表达量也明显下降，而 C/EBPβ 和 δ 表达无明显差异。KLF7 过表达的成熟脂肪细胞中，IL - 6 表达上升，Adiponectin、Leptin 表达下降，而 Resistin、PAI - 1 表达无明显差异。在胰岛素分泌的 HIT - T15 细胞系中，KLF7 的过表达可以引起葡萄糖刺激下的胰岛素表达显著下降，同时伴随有 Glucose transporter 2(GLUT2)、Sulfonylurea receptor 1、Kir6、Pancreatic-duodenal homeobox factor 1 表达的下降。此外，平滑肌细胞 L6 中 hexokinase 2，肝细胞 HepG2 中 GLUT2 受 KLF7 过表达影响表达量也明显下降(Kawamura 等，2006)。由此可见 KLF7 可以减弱胰腺 β 细胞的胰岛素合成和分泌以及降低周缘组织的胰岛素敏感性，从激素水平抑制脂肪细胞的分化。

10.5 脂肪细胞分泌因子及其功能

多年来，人们对脂肪细胞进行了大量研究，从而对脂肪细胞的功能有了深刻的认识。如图 10-3，脂肪细胞的功能总体上可以分为 3 大类，即糖代谢、脂代谢及内分泌功能。脂肪细胞在脂代谢中以三酰甘油的形式存储脂肪酸；与脂代谢相关的重要生理活动如心肌收缩，例证了脂肪酸的存储和释放对生命活动的重要性。同时，脂肪细胞分泌的甘油和脂肪酸，也在肝脏和周边组织的葡萄糖代谢中扮演重要角色。另外，脂肪组织能够表达 GLU4，一种受到胰岛素调控的葡萄糖转运蛋白，它有助于运输葡萄糖进入细胞，在整个机体中，也只有脂肪、心脏和骨骼肌中表达这种转运蛋白。

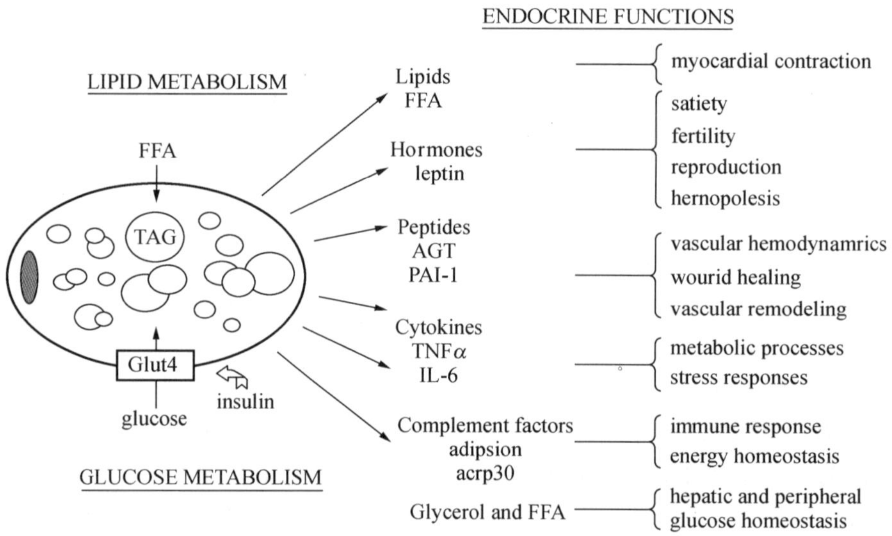

图 10-3 脂肪细胞的多种功能

Morrison 和 Farmer，2000。

体内研究揭示脂肪组织表达 8 000 多个基因，其中包括 120 个受体基因和 803 种分泌蛋白和激素(Yang 等，2003)。脂肪细胞分泌因子不仅参与脂肪组织代谢的调节，如图 10-4 所示(详见第 12 章)，也在免疫应答、动脉相关疾病、食欲调节中发挥重要作用。例如促酰化蛋白(ASP)、肿瘤坏死因子 α(TNFα)和巨噬细胞迁移抑制因子(MIF)是脂肪细胞分泌的免疫系统相关蛋白；而血管紧张素原和纤溶酶原激活物抑制因子 1(PAI-1)是脂肪细胞分泌的血管功能相关蛋白。脂肪细胞通过其分泌因子和内分泌功能调节大量的生理活动，它所有的功能都与这些分泌产物紧密联系。

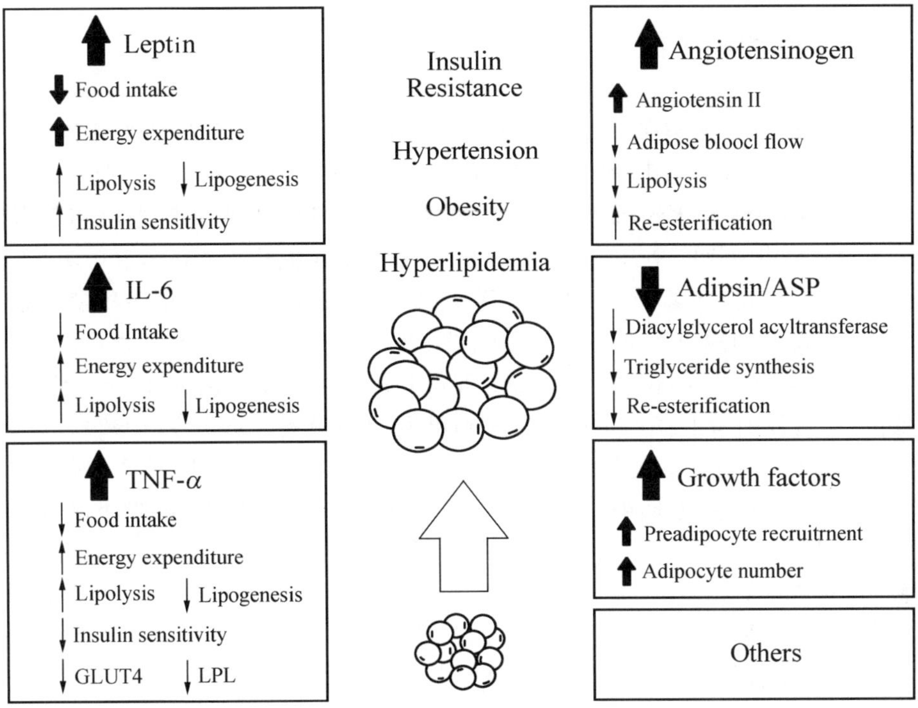

图 10-4 脂肪细胞因子的功能及表达调控

Fruhbeck 等,2001。

10.5.1 瘦素(Leptin)

瘦素的单基因突变,造成了一种病态的肥胖表型,即 ob/ob 小鼠,该现象使人们发现了瘦素(Zhang 等,1994)。瘦素是一种分子质量为 16 ku 的高度保守的激素,主要在脂肪组织中表达,在胃、血液和脑脊髓液中也发现其表达。

瘦素调节机体的摄食、体重、能量消耗和神经内分泌功能(Friedman 和 Halaas, 1998)。它的许多作用是由中枢介导的,但在外周也起作用。瘦素缺陷的 ob/ob 小鼠和瘦素受体缺陷的 db/db 小鼠表现严重的胰岛素抵抗,而将瘦素注射到 ob/ob 小鼠中能扭转这种病态。由该缺陷导致的胰岛素抵抗的程度要比过量摄食和肥胖引起的要深,这说明了瘦素的作用是直接的(Kahn 和 Flier,2000)。而且,在由于缺乏脂肪组织而导致严重胰岛素抵抗的小鼠中,瘦素水平较低,用瘦素处理这种模型小鼠后能够恢复其胰岛素敏感性(Shimomura 等,1999)。

在脂肪组织、骨骼肌和肝脏中发现了瘦素受体,表明瘦素在这些经典的胰岛素靶组织中具有作用(Tartaglia,1997)。在正常的小鼠中,注射瘦素导致血胰岛素水平下降及血糖水平上升(Harris,1998)。相反,注射瘦素到禁食条件下的小鼠,血胰岛素和血糖水平均下降。总体讲,瘦素似乎发挥纯粹的降低血糖的作用。而在肝脏细胞中,瘦素发挥拮抗胰岛素的作用。例如,瘦素处理肝脏细胞后,降低胰岛素受体底物(IRS-1)酪氨酸磷酸化,增加磷酸烯醇式丙酮酸羧化酶的合成及抑制葡萄糖激酶活性,因此导致糖异生增强和肝糖原分解减缓(Rossetti 等,1997)。

10.5.2 肿瘤坏死因子(TNFα)

起初人们认为肿瘤坏死因子 TNFα 是由巨噬细胞和淋巴细胞分泌的炎症因子,后来发现脂肪组织也能分泌 TNFα。在几种肥胖动物模型(即 ob/ob,tub/tub 和 Zucker fa/fa 大鼠)的脂肪组织中,TNFα mRNA 水平都上升;而中和其体内的 TNF 后,能增强由胰岛素诱导的葡萄糖吸收。有更多证据表明 TNFα 参与肥胖相关的胰岛素抵抗(Moller,2000)。TNFα 可能通过抑制胰岛素介导的胰岛素受体(IR)及 IRS-1 的磷酸化,从而引起胰岛素抵抗(Moller,2000)。TNFα 还能下调脂肪细胞和肌细胞葡萄糖转运子 GLU4 及 3T3-L1 脂肪细胞的 GLU4、IRS-1 和 IR 等蛋白的表达(Stephens 等,1997)。注射重组的人 TNFα 到大鼠中,引起了胰岛素抵抗,而且伴随着肝糖产量的下降和血糖利用的减缓(Lang 等,1992)。

利用 Gold thioglucose(金硫葡萄糖)诱导小鼠肥胖后,与野生型相比,TNFα 缺失的小鼠血胰岛素水平较低、体重下降、胰岛素耐受性增强;在高脂饮食条件下,TNFα 缺陷小鼠避免了肥胖诱导的胰岛素抵抗(Uysal 等,1997)。然而,利用缺失所有已知的 TNFα 受体的小鼠模型研究其对胰岛素敏感性的影响时,所得结果并不一致。Uysal 等(1997)发现缺失 TNFα 受体的 ob/ob 小鼠与正常的 ob/ob 小鼠肥胖程度相似,但高血糖及高胰岛素血症程度比正常 ob/ob 小鼠低。与此不同的是,在喂养高脂食物后,两类小鼠都发生胰岛素抵抗(Schreyer 等,1998)。

10.5.3 白介素 6(IL-6)

白介素刚被发现时被认为是来源于白细胞的活性蛋白,现在人们认识到免疫细胞和非免疫细胞均能合成白介素。多种细胞能产生 IL-6,比如非成熟的免疫细胞、纤维原细胞、上皮细胞和肌细胞。除此之外,脂肪细胞和脂肪组织的血管基质也能分泌 IL-6。研究发现,肥胖人群的 IL-6 表达水平上升(Mohamed-Ali 等, 1999)。另外一些研究揭示,在严重肥胖但无糖尿病的人群中,其内脏脂肪组织分泌的 IL-6 比下皮脂肪组织多 2～3 倍。对比瘦和胖的女性,发现胰岛素抵抗与循环中的 IL-6 水平呈正相关(Bastard 等,2000)。IL-6 能增加肝脏甘油三酯的分泌及降低脂肪细胞 LPL 活性。因此,人们推测 IL-6 是通过增加循环中游离脂肪酸(FFAs),从而影响肥胖相关的胰岛素抵抗。

10.5.4 脂联素/ACRP30

脂联素最早是由 Scherer 等(1995)发现的。他们用分化前后的 3T3-L1 脂肪细胞 RNA 构建差减 cDNA 文库,发现一个 250bp 的克隆在脂肪细胞分化过程中被明显诱导,研究显示它是一个新基因,含有 741bp 的开放阅读框,编码 249 个氨基酸。因为这个蛋白的结构与补体因子 C1q 非常相似,所以命名为脂肪细胞补体相关蛋白(Adipocyte complement related protein of 30 ku,Acrp30)。Acrp30 的 N 端含有信号肽,推测它是一种分泌蛋白。脉冲场实验也证明胰岛素能刺激脂肪细胞分泌脂联素,推测脂联素的分泌是受调控的。1999 年 Bogan 和 Lodish(1999)发现脂肪细胞中调控脂联素分泌有两类分泌小泡:调控型分泌小泡,受胰岛素调控;组成型分泌小泡,不被胰岛素调控。Hu 等(1996)研究脂肪细胞发育过程中基因表达变化时,也发现这个基因,命名为 AdipoQ。这两个研究小组都发现脂联素由脂肪组织特异表达,其表达在脂肪细胞分化过程中被强烈诱导。另外,Hu 等(1996)发现在肥胖的人和小鼠中脂联素表达量下降,暗示脂肪沉积可能对脂联素有负调控作用。Maeda 等(1996)对人脂肪组织 cDNA 文库进行随机测序,发现一个脂肪组织表达量最高的克隆,进而克隆、测序,发现是人脂联素,其蛋白质序列与小鼠有很高的同源性(83%),结构也相似。

10.5.4.1 脂联素的分子结构

脂联素由 4 个部分组成,包括 N 端信号肽(氨基酸 1~17)、非同源区(氨基酸 18~44)、胶原样结构域(氨基酸 45~110)和 C 端球状结构区(氨基酸 111~247)(图 10-5)。非同源区与任何已知的蛋白质都没有同源性。胶原样结构域由 22 个 Gly-X-Pro/Gly-X-X 重复序列组成。脂联素的球状区(Globular domain)与补体因子 C1q、Ⅷ型/Ⅹ型胶原等的球状区有较高同源性,在血液中独立存在(Fruebis 等,2001),但含量很少。在不同物种之间脂联素的保守性很强。人、牛、小鼠与猪相比,同源性分别为 87%、88%和 85%。成熟形式的脂联素需进行多种翻译后的修饰,如糖基化、多聚化和蛋白酶切割等。胶原样结构域有 4 个赖氨酸可以进行羟基-糖基化(Wang 等,2002),分别是 Lys68、Lys71、Lys80 和 Lys104。另外,Pro94 也能发生羟基化。胰岛素能抑制肝脏中葡萄糖的异生作用,而脂联素能增强胰岛素的这一功能(Berg 等,2001)。值得注意的是,如果将 4 个 Lys 置换成 Arg 后,或使用大肠杆菌表达的脂联素,这种增强作用就会丧失。这说明脂联素的羟基上的糖基化修饰可能参与了其高级结构的形成或脂联素与受体结合作用。除此之外,脂联素还含有 O 连接的 α-2,8-唾液酸化,由脂肪细胞表达的 α-2,8-唾液酸转移酶Ⅲ(ST8SiaⅢ)催化形成(Sato 等,2001)。

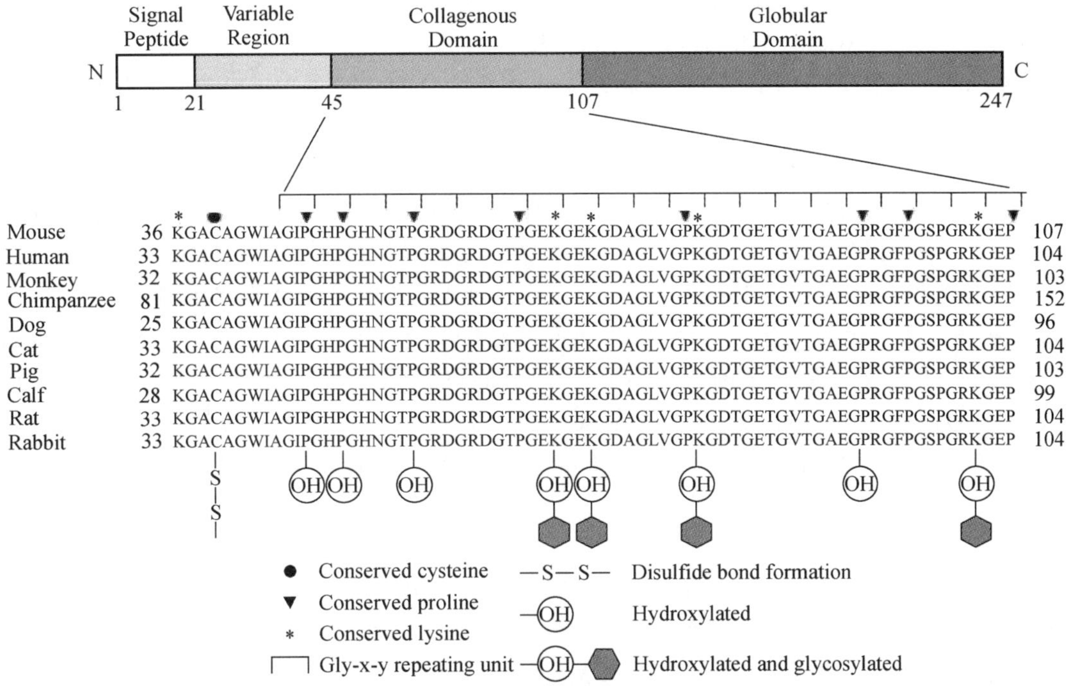

图 10-5 脂联素的蛋白结构

Wang 等,2008。

血浆中脂联素含量极高，且以多种形式存在，主要的存在形式是六聚体和高分子质量复合物(Tsao 等，2002)。小鼠血浆中的脂联素的分布与性别有关(Pajvani 等，2004)，即雌性小鼠高分子质量复合物形式的脂联素含量显著高于雄性小鼠，而六聚体含量相当。在人体内也发现男性血液脂联素水平低于女性(Arita 等，1999)，减少的部分同样是高分子质量复合物形式的脂联素(Waki 等，2003)。点突变研究表明，位于非同源区的 Cys39 对脂联素形成六聚体非常重要。脂联素单体与单体之间通过二硫键形成二聚体，然后与第三个单体形成三聚体，最后第三个单体通过自身的 Cys39 与另一个三聚体形成六聚体。高分子质量复合物形式的脂联素由非共价键连接，但依赖于完整的六聚体形式。体外重组实验表明，Gly84Arg 和 Gly90Ser 突变后将不能形成高分子质量复合物形式的脂联素，但三聚体和六聚体的形成不受影响，说明这两个氨基酸位点对形成高分子质量复合物形式的脂联素非常重要。Arg112Cys、Try159Asp 和 Ile164Thr 突变则导致所表达的蛋白质只形成单体，而且不能分泌到细胞外。而 Arg221Ser 和 His241Pro 突变的脂联素能形成正常的多聚体并向细胞外分泌。另外，Shapiro 和 Scherer(1998)发现脂联素球状区的高级结构与 TNF 家族蛋白质很相似(尽管一级结构没有同源性)，说明二者在进化上有一定的亲缘关系。

10.5.4.2 脂联素参与的细胞代谢调控

(1)APPL1

Miaczynska 等(2004)在寻找 Rab5 新的效应器的时候，鉴定发现两个既包含磷酸酪氨酸结合结构域，又包含与血小板 - 白细胞 C 激酶底物同源的结构域(PH 结构域)的衔接子蛋白 APPL(Adaptor protein containing PH domain，PTB domain，and leucine zipper motif，APPL)，分别命名为 APPL1 和 APPL2，两者在氨基酸序列上有 54%的同源性。

Mao 等(2006)以 AdipoR1 的细胞质内结构域为诱饵，通过酵母双杂交系统来筛选人类胎儿大脑 cDNA 文库，发现 APPL1 是与脂联素受体相互结合的一个蛋白。通过 APPL1 的 PTB 结构域与 AdipoR1 的 N 端结合，说明了 APPL1 在脂联素信号途径中所扮演的重要作用(Hosch 等，2006)。

Nechamen 等(2004)发现在 HEK293/FSHR 细胞中，APPL1 通过其 PTB 结构域与 FSHR(Follicle stimulateng hormone receptor)相结合。Liu 等(2002)研究证实，APPL1 通过直肠癌缺失基因(Deleted in colorectal cancer gene，DCC)作用途径能调节细胞凋亡。这与 FSH 信号能调节卵泡生成是相一致的。Miaczynska 等(2004)指出，APPL1 与一种小 G 蛋白(Rab5)相互作用，调节细胞内吞作用，APPL1 调节脂联素信号途径必须与 Rab5 相互作用(Mao 等，2006)。研究也表明，APPL1 作为 AdipoR1 和 AdipoR2 下游效应器，介导脂联素诱导的 NO 产生和内皮组织依赖的血管舒展(Cheng 等，2007)。并且 APPL1、APPL2、Akt2 和 FOXO1α 与 FSHR 相互作用，并且 APPL1 与 APPL2 之间能够通过 BAR 结构域形成二聚体的形式(Nechamen 等，2007)。

APPL1 通过 PTB 结构域以及亮氨酸拉链模体与 AdipoR1 和 AdipoR2 胞内结构域(N 端)直接作用(Mao 等，2006)。已有研究表明，APPL1 能与 Akt 结合，引起无活性的 Akt2 结合到磷脂酰肌醇 - 3 - 激酶(PI3K)的 p110 亚基(Mitsuuchi 等，1999)，另外，APPL1 与 FSH 受体结合参与 FSH 诱导的 PI - 3K 信号途径活化(Nechamen 等，2004)。脂联素能促进 AdipoR1 和 APPL1 的结合，这是脂联素活化下游信号(如 p38 MAPK 和 AMPK)所必需的。AP-

PL1 与 Rab5 共同调节脂联素刺激的 GLUT4 的转位，因此 APPL1 在脂联素调节的葡萄糖利用和脂肪酸氧化中起关键作用(图 10 - 6)(Mao 等,2006)。

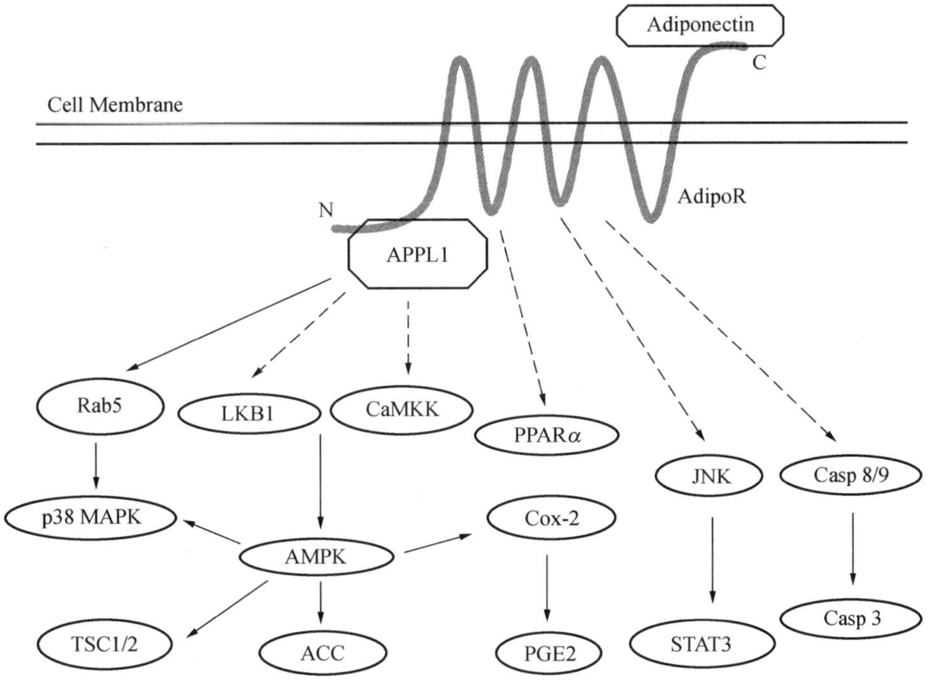

图 10 - 6 **脂联素参与的细胞信号途径**

Mao 等，2006。

(2)腺苷酸活化蛋白激酶(AMPK)途径

脂联素具有调节代谢的作用(Fruebis 等,2001)。啮齿动物注射脂联素的球状结构域蛋白后能加速肌肉中游离脂肪酸的氧化，且球状脂联素和全长脂联素都能刺激并活化肌肉中 AMPK Thr172 磷酸化(Tomas 等,2002;Wu 等,2003)。活化的 AMPK 引起乙酰辅酶 A 羧化酶 Ser79 磷酸化，并抑制其功能，最后使肌肉中脂肪酸氧化增加。APPL1 与 AdipoR1 的结合调控脂联素的这一功能。在肥胖和 2 型糖尿病样品原代培养的肌肉细胞中，下调脂联素能刺激 AMPK 和乙酰 CoA 羧化酶(ACC)磷酸化，脂联素抗性的存在和脂联素受体下游信号途径的损伤可能是降低脂联素作用的关键所在(Chen 等,2005)。

脂联素在很多组织中都能激活 AMPK 途径。肝细胞中，只有全长的脂联素具有潜在的调控 AMPK 磷酸化和活化，刺激游离脂肪酸氧化的功能(Tomas 等, 2002;Wu 等,2003)。脂联素激活 AMPK 后引起 ACCα 的磷酸化和失活，而 ACCα 是肝脏中调节脂肪酸合成的重要因子。AMPK 的显性负抑制突变体(DN - AMPK)抑制 AMPK 活性的实验表明，AMPK 对肝脏中脂联素介导的葡萄糖异生作用的发挥具有重要调控作用(Combs 等,2001;Yamauchi 等,2002)。内皮细胞中，AMPK 的活化在高分子质量脂联素调节的选择性抑制细胞凋亡中起关键作用。用含球状脂联素的培养液培养的大鼠附睾脂肪细胞后，葡萄糖吸收的增加与 AMPK 呈剂量依赖性(Wu 等,2003)。新生兔心脏在没有胰岛素时，球状脂联素能刺激脂肪酸的氧化，这一变化和 ACC 或丙二酸单酰辅酶 A 无关(Onay-Besikci 等,2004)。胰腺 β 细胞中有实验表明，球状脂联素活化 AMPK 后抑制葡萄糖 - 碳水化合物向脂质转变(Huypens 等,2005)。

值得注意的是，全长脂联素只在刺激大脑 AMPK 控制进食上起作用（Andersson 等，2004；Qi 等，2004）。综上所述，脂联素在各种组织中的广泛调节作用都要通过活化 AMPK 这一条信号途径。

脂联素信号传递到 AMPK 的机制还不清楚。众所周知 LKB1 是磷酸化和激活 AMPK Thr172 的主要上游因子。最近大量研究发现，Ca^{2+}/钙调蛋白依赖性蛋白激酶激酶（CaMKK）也能磷酸化和激活 AMPK（Hurley 等，2005）。到底是 LKB1 还是 CaMKK 途径在脂联素刺激的 AMPK 活化中发挥作用也还不清楚。

（3）丝裂源激活蛋白激酶（MAPK）途径

C2C12 成肌细胞中，脂联素能激活 p38 MAPK（Yamauchi 等，2003）。用特异性抑制剂抑制 p38 MAPK 活性后，能部分抑制脂联素刺激的葡萄糖吸收和脂肪酸氧化，暗示 p38 MAPK 在脂联素调节代谢功能上发挥一定的作用。最近研究发现脂联素刺激 p38 MAPK 和 JNK 从而调节人骨骼细胞的增生和分化（Luo 等，2005）。

p38 MAPK 的激活可能是通过与特定的接头蛋白直接结合调节的（Lemieux 等，2003），或者是通过经典的 MAPK 途径实现（Johnson 等，2000）。脂联素如何刺激 MAPK 途径的证据很有限，然而 AMPK 的活化剂 AICAR 能刺激骨骼肌细胞中的 p38 MAPK（Chen 等，2003），暗示 AMPK 是 p38 MAPK 上游的激活子。体外培养的细胞中，用 AICAR 或者超表达组成型活化突变体 AMPK（CA-AMPK）显著地激活 p38 MAPK（Xi 等，2001），这进一步地说明在脂联素信号途径中 AMPK 位于 p38 MAPK 上游。

研究表明 APPL1 是脂联素刺激的 p38 MAPK 激活的重要信号分子。过量表达显性负抑制突变体 Rab5 显著地抑制脂联素刺激的 p38 MAPK 激活，表明脂联素激活 p38 MAPK 部分是通过调节 APPL1 和 Rab5 的相互作用来实现的（Mao 等，2006）。

脂联素还可能激活 MAPK 家族的其他成员。过去的研究表明前列腺癌细胞、HepG2 肝癌细胞和 C2C12 成肌细胞中 JNK 和 STAT3 是脂联素下游的效应因子。JNK 激活后的作用还不是很清楚，但脂联素抑制 STAT3 可能成为治疗癌症的手段之一（Miyazaki 等，2005）。脂联素的水平和前列腺癌特异性抗原水平呈现明显的负相关（Goktas 等，2005）。同样的相关性也出现在女性的子宫癌和乳腺癌中（Wolf 等，2006）。这些都表明脂联素可能有抗癌的功能。

脂联素还能在体内和体外调控细胞外信号调节激酶（ERK）的活性。脂联素缺陷小鼠中，压力负荷过大导致心肌过度肥大可能就是与激活 ERK 和降低 AMPK 信号有关。给这些小鼠添加脂联素后心肌肥大的症状有所减轻（Shibata 等，2004）。培养的心肌细胞中，同样有研究表明在心得安和血管紧张素Ⅱ存在下，脂联素抑制去甲肾上腺素诱导的 ERK 激活，而 DN-AMPK 抑制这一作用。这些数据都表明脂联素可能通过激活 AMPK 来抑制 ERK 的激活。同时，NIH-3T3 细胞中 AICAR 激活 AMPK 显著地抑制由胰岛素样生长因子（IGF-1）诱导的 Ras、Raf-1 和 ERK 的活化（Kim 等，2001b）。相反，用反义 RNA 抑制 AMPK 显著地降低 AICAR 的效果，暗示脂联素通过 AMPK 的激活负调控 ERK1/2。存在争议的是，Chen 等报道 AICAR 激活骨骼肌中 ERK 和 aPKCs，这种作用受到酪氨酸激酶抑制剂 Genistein 和 MEK1 抑制剂 PD98059 的抑制（Chen 等，2002a）。最近研究表明，AICAR 还能在卵细胞中刺激 ERK，这一作用受到 MEK 抑制剂 PD98059 和 U0126 的抑制。这些矛盾可能是由于 AICAR 能特异性地调节信号途径而不是激活细胞中的 AMPK。

(4)过氧化物增殖物激活受体(PPAR)信号途径

除激活一些蛋白激酶以外，脂联素还能调节 PPAR 的配体活性。脂联素处理的 C2C12 成肌细胞显著地增加 PPARα 配体活性(Yamauchi 等，2003)。同时，脂联素处理后上调 PPARα 靶基因的表达，如 CD36、乙酰辅酶 A 氧化酶和解偶联蛋白 2(Yamauchi 等，2001)。

合成的 PPARγ 配体(TZDs)能增强脂肪细胞中脂联素表达(Combs 等，2002)。脂联素缺陷小鼠中，TZDs 改善葡萄糖耐受的功效受损，表明脂联素调节 TZDs 对胰岛素的增敏作用。有趣的是，3T3 - L1 前脂肪细胞中过量表达脂联素后 PPARγ 表达显著提高，同时增殖和分化的比例也增强了(Fu 等，2005)。这些数据表明脂联素可能通过一种尚未了解的机制激活 PPARγ 途径，进而增强脂联素表达和通过特异的“正反馈”调节方式调控脂肪细胞增殖分化。Ⅱ型糖尿病中，降低脂联素水平可能进一步加剧对脂联素表达的抑制，形成所谓的“恶性循环”(Statnick 等，2000；Weyer 等，2001)。

10.5.4.3　脂联素信号途径和胰岛素信号途径的对话

胰岛素作为一种重要的激素调节和控制着能量代谢和保持着体内的血糖和血脂的平衡。过去 20 年通过大量研究者的努力，胰岛素的作用机制已经比较清楚(Lizcano 和 Alessi，2002)。胰岛素发挥生理作用主要是通过细胞中两条信号途径：PI - 3 激酶途径和 MAPK 途径(Saltiel 和 Kahn，2001)。胰岛素通过结合到细胞表面的胰岛素受体(IR)引起受体的自磷酸化，而后募集和(或)磷酸化这两条途径中的各种底物(图 10 - 7)。

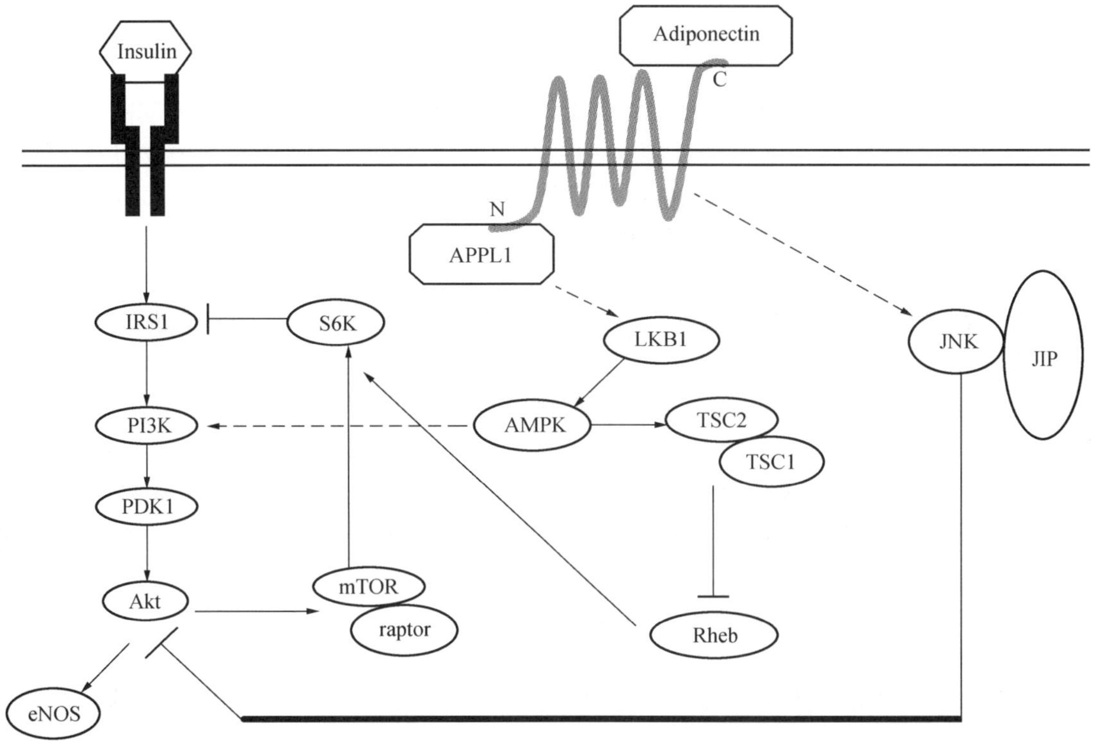

图 10 - 7　脂联素与胰岛素信号途径的对话

Mao 等，2006。

胰岛素受体底物(IRS)蛋白(IRS-1、IRS-2、IRS-3和IRS-4)是PI-3激酶途径中IR下游第一个信号分子,通过IR促使IRS的酪氨酸上发生磷酸化为下游的信号分子(PI-3激酶)提供停泊结合位点;PI-3激酶进而激活信号途径上的一系列的丝氨酸/酪氨酸蛋白激酶(如Akt/PKB)。Akt的激活在调节胰岛素的生理学功能上起关键作用,下调Akt后会引起胰岛素抵抗的产生(Zdychova和Komers,2005)。

脂联素具有显著的胰岛素增敏作用。用脂联素处理有胰岛素抵抗的Ⅱ型糖尿病动物模型能显著地增强胰岛素的作用效果,这可能是通过增强IRS-1和Akt的磷酸化而实现的(Yamauchi等,2001)。脂联素缺陷小鼠表现出胰岛素抵抗可能是由于肌肉中IRS-1/PI-3K活性降低而产生(Maeda等,2002)。大量的资料表明脂联素通过IRS-PI-3K途径增敏胰岛素信号。

最近研究发现APPL1可能是脂联素信号和PI-3K信号的链接点。C2C12成肌细胞中,用脂联素和胰岛素共同处理后对Akt的磷酸化作用具有协同作用,这种作用依赖于APPL1的表达(Mao等,2006)。值得注意的是,APPL1与胰岛素信号途径的信号分子Akt和PI-3K有关联(Mitsuuchi等,1999),还可能参与FSH信号途径中的PI-3K途径(Nechamen等,2004)。由于APPL1作为锚定蛋白含有多种功能域,APPL1可能作为一种脚手架蛋白调节胰岛素信号途径和脂联素信号途径。

此外,胰岛素可能在心脏中作为一种促生存因子(Pro-survival factor)存在。分离的缺氧-再供氧处理的大鼠新生细胞中,胰岛素通过PI-3K依赖的Akt磷酸化降低细胞凋亡(Jonassen等,2000)。值得注意的是,脂联素也有保护心肌细胞、抑制心肌梗塞和炎症产生的作用,这是通过AMPK和COX-2依赖性机制发生的(Shibata等,2005)。脂联素调控的AMPK-COX-2途径和胰岛素调控的PI-3K-Akt途径汇合,共同上调促生存因子从而增强胰岛素在细胞凋亡中的作用。

脂联素还具有调控MAPK信号途径的作用。成骨细胞中,脂联素诱导两个分裂素激活的蛋白激酶p38 MAPK和JNK,引起细胞增殖和分化的加快(Luo等,2005)。有文献称JNK激活后损伤GULT4的转位功能,加强脂肪酸引起的胰岛素抵抗(Nguyen等,2005),同时发现脂联素的分泌水平显著降低。抑制JNK的激活能部分地恢复脂联素的表达(Kim等,2005)。JNK作用蛋白(JIP)作为一种脚手架蛋白与JNK相互作用调节其活性,它也具有一定的调节脂联素作用的功能。JIP缺陷小鼠表现出增强的胰岛素敏感性和Akt磷酸化的水平,同时血浆中脂联素的浓度也增加(Jaeschke等,2004)。这些实验结果都表明,脂联素信号途径与JNK信号途径发生对话,调控JNK活性是调节血浆脂联素浓度的机制之一。

在血管内皮细胞的研究中发现,脂联素途径中的AMPK和胰岛素途径中的Akt的对话是对脂联素刺激的一种反应,但不依赖Akt的作用依然存在。通过这种信号途径的对话,脂联素还可能刺激血管生成和内皮一氧化氮(eNO)的产生。抑制AMPK途径后能阻止Akt的激活,因此AMPK是Akt上游的一个活化物,Akt的活化还依赖于PI-3K。所以,内皮细胞中脂联素的促血管生成作用是通过AMPK-PI3K-Akt-eNOS途径调控的(Chen等,2003;Ouchi等,2004)。

AICAR处理大鼠骨骼肌细胞后,AMPK的激活能通过mTOR/S6K的下调来抑制蛋白质的合成,mTOR/S6K是PI-3K下游的信号分子(Bolster等,2002)。与这一实验结果一致的是,S6K1缺陷小鼠表现为胰岛素敏感性的增强和保护动物免受食物诱导引起肥胖的作用(Um等,2004),表明S6K1通过负反馈调节的方式对胰岛素敏感性产生负调节。AICAR或脂联素激活 AMPK 可能引起 TSC2 的磷酸化和激活(Inoki 等,2003),TSC2 和 TSC1 结合作为一种 GTPase 活化蛋白进而抑制 Rheb 活性。过量表达小 GTPase 以及 Rheb 诱导 S6K 激活和抑制胰岛素诱导的 Akt 激活(Garami 等,2003)。因此,脂联素抑制 mTOR/S6K 信号途径诱导 AMPK 激活可能与脂联素参与的胰岛素敏感性的增强有关。

综上所述,对脂肪细胞增殖分化及脂肪细胞分泌因子的深入研究对更清楚地阐明脂肪过度沉积和代谢综合征的发生机理有着重要的意义。而对脂肪细胞特异表达的脂联素基因的表达和分泌的研究在揭示脂肪细胞分化、代谢综合征的发生以及脂肪在机体能量代谢平衡调控中的作用方面有较高的理论价值。

10.5.5 抗素

10.5.5.1 抗素的发现

前面已经谈到,TZDs 是一种降低血糖和胰岛素水平的临床药物,能够提高Ⅱ型糖尿病病人体内的胰岛素敏感性(Day,1999;Reginato 和 Lazar,1999)。虽然 TZDs 可以调节一些影响胰岛素抵抗和代谢调控的因子,但是有可能一些尚未发现的、受 TZDs 调节的基因也发挥着抗糖尿病和提高胰岛素敏感性的作用。为证明这种可能性,人们利用抑制消减杂交的方法研究了 3T3 - L1 脂肪细胞,最终筛选出一种新的 mRNA。该基因受到罗格列酮的负调控(Steppan 等,2001a)。这种新基因由 114 个氨基酸组成,氨基端有信号肽序列,表明它是一种分泌分子。最初人们推测它与胰岛素抵抗的形成相关,因而命名为抗素。进一步研究发现,这种蛋白富含半胱氨酸,具有一个独特的结构模体(X11 - C - X8 - C - X - C - X3 - C - X10 - C - X - C - C - C - X9 -CC - X6)。体外实验表明,抗素在脂肪细胞分化期间表达,而且能分泌到培养基中。小鼠抗素特异性地在白色脂肪组织(WAT)中高水平表达。研究发现在小鼠血清中能检测到抗素,证明它也参与血液循环。用 TZDs 处理小鼠后,抗素蛋白水平下降,与体外研究的结果相似(Steppan 等,2001a)。

为了更直接地研究抗素是否导致肥胖相关的胰岛素抵抗,人们通过在体内和体外控制其蛋白质水平,来研究抗素的功能。在饮食诱导的肥胖小鼠中,中和抗素蛋白后导致血糖下降20%,通过胰岛素耐受性测试发现胰岛素敏感性增强。相反地,利用纯化的抗素蛋白处理野生型小鼠,致使葡萄糖耐受性降低。用抗素蛋白处理 3T3 - L1 脂肪细胞后,显著地抑制了胰岛素诱导的葡萄糖吸收(Steppan 等,2001a)。

几乎同时,另外两个研究小组利用不同方法也发现了抗素。Rajah 等利用抑制消减杂交技术,通过比较处于不同分化阶段的脂肪细胞后,筛选得到抗素(Rajala 等,2002)。Kim 等利用 cDNA 芯片,筛选在脂肪细胞分化中被诱导表达的脂肪细胞特异基因,最后在大鼠中发现抗素(Kim 等,2001a)。这些研究小组都证实抗素受禁食和重新喂食调节,并且抗素抑制 3T3 - L1 前脂肪细胞的分化。

依据抗素 cDNA 序列在数据库中搜索发现一个蛋白家族,命名为抗素样分子家族(RELMs)(Steppan 等,2001b)。同时,由于该家族蛋白都在炎症区域表达,因而也称为 FIZZ 家族。与小鼠抗素(Resistin/FIZZ3)同源的蛋白分别命名为 RELMα(FIZZ1)、RELMβ(FIZZ2)和 RELMγ(FIZZ4),它们都富含半胱氨酸也具有信号序列。然而,它们的组织分布与抗素不同：RELMα 在脂肪组织和肺部的血管基质部分表达；RELMβ 在增殖的上皮细胞表达；RELMγ 在骨髓、脾、白细胞、肺中表达。

10.5.5.2 抗素的结构生物学

目前已经在小鼠中发现 RELMs 家族中的 4 个基因，然而在人基因组中仅仅发现两个同源基因。最近在人中发现一个抗素基因的选择性剪切体即 resistinΔ2（Nohira 等，2004）。在大鼠中也发现一个剪切体，命名为 S-Resistin(Short resistin)（Del Arco 等，2003）。目前已经在多个物种中发现抗素基因，包括人、小鼠、大鼠、牛、猪等。

通过蛋白分子质量和突变研究，人们揭示抗素是以二聚体形式分泌的（Banerjee 和 Lazar，001；Rajala 等，2002）。RELMβ 与抗素半胱氨酸残基模式相同，同样也是以二聚体形式分泌；然而，RELMα 由于缺少氨基端的一个重要的半胱氨酸（Cys - 26），从而不能形成二聚体，所以它是以单体的形式分泌。当抗素 Cys - 26 突变为丙氨酸时，它也只能以单体形式分泌，说明这个残基对二聚化至关重要（Banerjee 和 Lazar，2001；Rajala 等，2002）。这些研究结果说明，分子内另外 10 个半胱氨酸主要形成链内二硫键，而 Cys - 26 形成链间二硫键。

Patel 等（2004）报道了抗素的多聚体结构，这项研究意义重大。研究表明，抗素以两种不同的形式参与循环：大量的高分子（HMW）六聚体形式和低分子质量（LMW）的单体形式，并且研究表明后者在体内比六聚体形式更易于损害胰岛素对肝脏的作用。随后对抗素的结构研究得到进一步的发展。Gerber 等证实在人血液中存在几种不同的抗素 HMW 形式，利用色谱发现主峰顶点大于 666，分子质量为 55 ku，认为这可能是抗素的寡聚体（Gerber 等，2005），或者是与 RELM 家族其他成员聚合形成的异源多聚体（Chen 等，2002b）。鉴于这些初步研究，由于血液循环中抗素存在几种不同形式，所以在比较不同实验方法得到的数据时会产生许多问题。因此，必须谨慎解释从免疫实验得到的结果。这些初步研究为发展针对不同抗素变体的实验方法奠定了基础，所以有可能定量 HMW 和 LMW 在血液循环中的比例。Graveleau 等（2005）已经在抗素多聚体功能方面开展了研究。首先，他们发现人和小鼠抗素的寡聚体形式是损害小鼠心肌细胞胰岛素作用的必要形式，从而首次证明了人类抗素与啮齿类动物的抗素性质相似。其次，研究揭示了肝脏和心脏组织对抗素单体和六聚体的反应差异。与肝脏不同，只有抗素的寡聚体才能在心肌细胞中发挥作用。抗素可能与脂联素相同，都要在肝脏中经过加工从而产生单体形式。

10.5.5.3 糖脂代谢中抗素的作用

(1)抗素在胰岛素抵抗模型中的表达调控

早期对啮齿类动物的研究表明，血清中抗素水平的降低与体重的降低及胰岛素敏感性的增强相关（Hirosumi 等，2002）。最近 Rajala 等发现在 ob/ob 老鼠中抗素循环水平显著上升，并且与胰岛素、血糖和脂肪水平的提高相关。这项研究也揭示了抗素和瘦素之间可能存在相互作用，即瘦素具有抑制抗素 mRNA 和蛋白水平的能力，并能够导致血糖和胰岛素水平的降低（Rajala 等，2004）。此外，Asensio 等发现在 ob/ob 老鼠中注射瘦素能增强胰岛素的敏感性，同时伴有抗素基因表达水平的下降（Asensio 等，2004）。总之，这些研究都表明瘦素可能通过反馈调节来改善胰岛素抵抗，并具有抑制抗素生成的作用。然而，Lee 等报道抗素的转录调控或循环水平与血清中胰岛素或葡萄糖水平没有关系（Lee 等，2005）。随后的研究也表明在胰岛素抵抗的啮齿类动物模型中抗素水平没有被抑制(Juan 等,2001)或无变化(Makimura 等,2002)。而且尽管在胰岛素抵抗的大鼠中抗素 mRNA 水平升高,但它与胰岛素抵抗并无相关性(Levy 等,2002)。

为了了解人中抗素与胰岛素敏感性的关系,研究人员进行了大量的探索。有几项研究证明在体内(Silha 等,2003)和体外(Smith 等,2003)抗素水平和胰岛素抵抗正相关。并且,有数据显示血清中抗素水平在Ⅱ型糖尿病个体中增加了约 20% (Fujinami 等,2004;McTernan 等,2003)。不同的是,另一些研究表明,在Ⅱ型糖尿病病人或胰岛素抵抗病人体内,血清中抗素水平与胰岛素抵抗的标志基因间无相关性(Pfutzner 等,2003)。在体外研究中,用重组的小鼠抗素刺激 L6 肌细胞后,导致胰岛素诱导的葡萄糖摄取能力下降(Palanivel 等,2006)。除了葡萄糖代谢,长时间的抗素刺激抑制了 L6 肌细胞中脂肪酸的摄取和代谢,而这一过程是通过 CD36、脂肪酸转运蛋白-1、乙酰辅酶 A 羧化酶和 AMP 激活蛋白激酶完成的(Palanivel 和 Sweeney,2005)。通过对糖尿病人的检测发现,血清和血浆中抗素水平在Ⅱ型糖尿病患者中既没增加也没减少,并且抗素水平与 HOMA-IR (Homoeostasis model assessment for insulin resistance)、腰围、体重指数或总胆固醇含量没有相关性(Youn 等,2004)。据此,作者推测抗素不可能在胰岛素抵抗或能量平衡代谢中起重要的内分泌作用;然而,他们也认为不能忽视抗素通过旁分泌或自分泌途径调节代谢过程。

(2)抗素在葡萄糖代谢中的作用

有报道表明在抗素超表达的转基因小鼠中,受胰岛素调节的葡萄糖转运受损。但这种改变并不是通过影响胰岛素信号途径实现的,而是通过降低细胞表面葡萄糖转运子的活性达到的(Moon 等,2003)。然而,Lazar 等却发现抗素能诱导 SOCS-3 的表达,SOCS-3 被公认为是一种胰岛素信号的抑制因子。并且,脂肪细胞中 SOCS-3 的缺失会降低抗素对胰岛素活性的拮抗作用(Steppan 等,2005)。这些结果说明在脂肪细胞中抗素对胰岛素信号的抑制作用可能部分来自对 SOCS-3 的激活,而这可能会对葡萄糖代谢产生负调控。

Rajala 等(2003)发现给大鼠注入抗素或 RELMβ 后,胰岛素敏感性会降低,尤其以肝部最为明显。这支持了脂肪组织和胰岛素靶组织(如肝)之间存在反馈调节的观点。通过对敲除抗素基因的小鼠进行研究后发现,该小鼠禁食时能通过减少肝糖生成而降低血糖水平,但并没有显著改变整个机体对葡萄糖的利用。这个研究表明可以通过增强肝中的 AMPK(AMP-激活的蛋白激酶)的活性,并降低葡萄糖六磷酸激酶和磷酸烯醇式丙酮酸羧基酶的基因表达水平,从而改善葡萄糖代谢。与之相反,研究人员也发现用抗素处理这些基因敲除小鼠后,肝糖产量提高了 25% (Banerjee 等,2004)。此外,Rangwala 等(2004)证明高水平抗素的小鼠中伴随着高血糖和葡萄糖耐受受损的现象;作者认为这与增强的肝糖生成相关,并将其部分归因于肝脏中与葡萄糖生成相关的酶基因的大量表达。

在对人进行的研究中,关于抗素在葡萄糖摄取中的作用依然不清楚。通过对比印第安人的研究发现,尽管抗素水平与肥胖程度正相关,但与胰岛素和血糖水平无关(Vozarova de Courten 等,2004)。另外一项研究指出血清抗素水平与葡萄糖摄取率负相关(Heilbronn 等,2004)。总体来说,鼠中抗素的转基因和基因敲除的研究表明抗素可能通过调节禁食条件下的葡萄糖水平,从而在肝脏中发挥重要的生理作用。因此,抗素对于人类有重要的生理意义,当然这需要更多的研究去探索。

10.5.5.4 抗素基因表达的调控

抗素作为一种新的涉及糖尿病和肥胖的脂肪特异分泌因子，其发现引起人们的关注。许多实验室在糖尿病和肥胖动物模型中研究了抗素的表达调控，发现抗素具有调控胰岛素敏感性的作用。部分结果汇总于表 10-3 中。

表 10-3 调控抗素基因表达的因素

调控因素	模型系统	调控因素	模型系统
抑制因素		诱导因素	
噻唑烷二酮	3T3-L1，小鼠，大鼠	葡萄糖	3T3-L1，大鼠
肥胖	小鼠	地塞米松	3T3-L1，小鼠
胰岛素	3T3-L1	睾丸素	小鼠
癌症坏死因子	3T3-L1	生长激素	SDR 大鼠
去甲肾上腺素	3T3-L1	重新喂料	小鼠
肾上腺素	3T3-L1	脂多糖	3T3-L1，大鼠
生长激素	3T3-L1		
禁食	小鼠		

(1)胰岛素增敏剂对抗素的调控

用罗格列酮处理 db/db 小鼠的白色脂肪组织、患糖尿病的肥胖大鼠及 3T3-L1 脂肪细胞后，抗素的表达水平下降。不仅罗格列酮(Steppan 等，2001a)可下调抗素水平，抗素也可以被匹格列酮(Haugen 等，2001)、曲格列酮(Shojima 等，2002)和二甲双胍下调(Rasouli 等，2006；Rea 和 Donnelly，2006)。相反，后续对啮齿类动物的研究发现 PPARγ(过氧化物酶体增殖物激活受体)激活剂，如匹格列酮、曲格列酮(Fukui 和 Motojima，2002)，它们和二甲双胍(Fujita 等，2002；Jung 等，2005)都可以提高抗素 mRNA 和蛋白水平。

然而，对人的研究表明，以 PPARγ 激活剂处理单核细胞不影响抗素的表达(Savage 等，2001)。这些发现表明，在 TZDs 发挥抗糖尿病的作用时，抗素的表达并不会在所有的模型系统中下调，作者认为这表明抗素的作用可能不是关键性的。然而，最近在人中研究 TZDs 对抗素的调控有了新的进展。服用匹格列酮的二型糖尿病患者血浆抗素水平降低，并且与肝脏脂肪含量的降低以及胰岛素敏感性的增强正相关(Bajaj 等，2004)。此外，McTernan 等发现罗格列酮能降低人脂肪细胞中抗素的分泌量(McTernan 等，2003)，也降低了人巨噬细胞中抗素的表达量(Patel 等，2003)。研究表明罗格列酮具有降低炎症细胞因子表达量的作用，从而具有抗炎效力，而它就是可能通过该途径来影响抗素的表达量(Hong 等，2003)。总之，这些研究表明抗素表达的抑制可能来源于 TZDs 的作用；并且说明 TZDs 的抗炎作用与其抗糖尿病的作用同样重要。

(2)抗素基因的转录调控

为了研究罗格列酮下调抗素表达是否通过 PPARγ 而发生，Patel 等鉴定了抗素基因中 5 种假定的 PPARγ 结合元件。其中一种，PPRE2(PPARγ 反应元件 2)结合 PPARγ(Patel 等，2003)。尽管已经表明招募转录的辅抑制因子起一定作用，但是 PPARγ 如何发挥对抗素表达的抑制作用还需阐明。最近有研究报道 PPARγ 是通过 Sp1 对抗素发挥抑制作用的(Chung 等,2006)。同时,Hartman 等发现 C/EBPα 对抗素的表达有较强的促进作用(Hartman 等,2002)。一些其他因子对抗素的调控也受到关注,SREBP 作为一个作用广泛的转录因子,它在抗素转录过程中的作用目前还不明确。

抗素,一个受到多种激素、药物、生理状态调控的分子,它的发现具有重要的价值。但现在的首要问题是,抗素在正常生理中的作用是什么?它的靶组织是什么?它是否有受体?为了回答这些问题,我们还必须等待动物模型的发展以及对其的进一步分析。事实上,抗素受到如此众多物质的调控,本身已经表明它具有重要的生理作用。

细胞的成脂分化和脂肪沉积受到多因素、多层次的调控。不仅有来自机体的能量状态、代谢水平的调控,也有来自自身分泌因子的正反馈调节。弄清楚这些调控因素之间的关系和次序,有助于我们进一步理解成脂分化的步骤和脂肪沉积的机制,为最终在畜牧生产中运用这一机制调节机体脂肪沉积、提高畜禽产品品质奠定基础。

(本章由华中农业大学周磊、杨在清主笔)

参考文献

[1] 张志威,李辉,王宁. Klf 转录因子家族与脂肪细胞分化. 中国生物化学与分子生物学报,2009,25:983-990.

[2] Alessi, M. C., F. Peiretti, P. Morange, M. Henry, G. Nalbone, and I. Juhan-Vague. 1997. Production of plasminogen activator inhibitor 1 by human adipose tissue: Possible link between visceral fat accumulation and vascular disease. Diabetes 46: 860 - 867.

[3] Amri, E. Z., F. Bonino, G. Ailhaud, N. A. Abumrad, and P. A. Grimaldi. 1995. Cloning of a protein that mediates transcriptional effects of fatty acids in preadipocytes. Homology to peroxisome proliferator-activated receptors. J Biol Chem 270: 2367 - 2371.

[4] Amri, E. Z., C. Dani, A. Doglio, P. Grimaldi, and G. Ailhaud. 1986. Coupling of growth arrest and expression of early markers during adipose conversion of preadipocyte cell lines. Biochem Biophys Res Commun 137: 903 - 910.

[5] Anderson, K. P., C. B. Kern, S. C. Crable, and J. B. Lingrel. 1995. Isolation of a gene encoding a functional zinc finger protein homologous to erythroid kruppel-like factor: Identification of a new multigene family. Mol Cell Biol 15: 5957 - 5965.

[6] Andersson, U., K. Filipsson, C. R. Abbott, A. Woods, K. Smith, S. R. Bloom, D. Carling, and C. J. Small. 2004. Amp-activated protein kinase plays a role in the control of food intake. J Biol Chem 279: 12005 - 12008.

[7] Arita, Y., S. Kihara, N. Ouchi, M. Takahashi, K. Maeda, J. Miyagawa, K. Hotta, I. Shimomura, T. Nakamura, K. Miyaoka, H. Kuriyama, M. Nishida, S. Yamashita, K. Okubo, K. Matsubara, M. Muraguchi, Y. Ohmoto, T. Funahashi, and Y. Matsuzawa. 1999. Paradoxical decrease of an adipose-specific protein, adiponectin, in obesity. Biochem Biophys Res Commun 257: 79 - 83.

[8] Asensio, C., P. Cettour-Rose, C. Theander-Carrillo, F. Rohner-Jeanrenaud, and P. Muzzin. 2004. Changes in glycemia by leptin administration or high-fat feeding in rodent models of obesity/type 2 diabetes suggest a link between resistin expression and control of glucose homeostasis. Endocrinology 145:

2206 - 2213.

[9] Bajaj, M. , S. Suraamornkul, L. J. Hardies, T. Pratipanawatr, and R. A. DeFronzo. 2004. Plasma resistin concentration, hepatic fat content, and hepatic and peripheral insulin resistance in pioglitazone-treated type ii diabetic patients. Int J Obes Relat Metab Disord 28: 783 - 789.

[10] Banerjee, R. R. , and M. A. Lazar. 2001. Dimerization of resistin and resistin-like molecules is determined by a single cysteine. J Biol Chem 276: 25970 - 25973.

[11] Banerjee, R. R. , S. M. Rangwala, J. S. Shapiro, A. S. Rich, B. Rhoades, Y. Qi, J. Wang, M. W. Rajala, A. Pocai, P. E. Scherer, C. M. Steppan, R. S. Ahima, S. Obici, L. Rossetti, and M. A. Lazar. 2004. Regulation of fasted blood glucose by resistin. Science 303: 1195 - 1198.

[12] Banerjee, S. S. , M. W. Feinberg, M. Watanabe, S. Gray, R. L. Haspel, D. J. Denkinger, R. Kawahara, H. Hauner, and M. K. Jain. 2003. The kruppel-like factor klf2 inhibits peroxisome proliferator-activated receptor-gamma expression and adipogenesis. J Biol Chem 278: 2581 - 2584.

[13] Barak, Y. , M. C. Nelson, E. S. Ong, Y. Z. Jones, P. Ruiz-Lozano, K. R. Chien, A. Koder, and R. M. Evans. 1999. Ppar gamma is required for placental, cardiac, and adipose tissue development. Mol Cell 4: 585 - 595.

[14] Barroso, I. , M. Gurnell, V. E. Crowley, M. Agostini, J. W. Schwabe, M. A. Soos, G. L. Maslen, T. D. Williams, H. Lewis, A. J. Schafer, V. K. Chatterjee, and S. O'Rahilly. 1999. Dominant negative mutations in human ppargamma associated with severe insulin resistance, diabetes mellitus and hypertension. Nature 402: 880 - 883.

[15] Bastard, J. P. , C. Jardel, E. Bruckert, P. Blondy, J. Capeau, M. Laville, H. Vidal, and B. Hainque. 2000. Elevated levels of interleukin 6 are reduced in serum and subcutaneous adipose tissue of obese women after weight loss. J Clin Endocrinol Metab 85: 3338 - 3342.

[16] Berg, A. H. , T. P. Combs, X. Du, M. Brownlee, and P. E. Scherer. 2001. The adipocyte-secreted protein acrp30 enhances hepatic insulin action. Nat Med 7: 947 - 953.

[17] Bernlohr, D. A. , C. W. Angus, M. D. Lane, M. A. Bolanowski, and T. J. Kelly, Jr. 1984. Expression of specific mrnas during adipose differentiation: Identification of an mrna encoding a homologue of myelin p2 protein. Proc Natl Acad Sci U S A 81: 5468 - 5472.

[18] Birsoy, K. , Z. Chen, and J. Friedman. 2008. Transcriptional regulation of adipogenesis by klf4. Cell Metab 7: 339 - 347.

[19] Bogan, J. S. , and H. F. Lodish. 1999. Two compartments for insulin-stimulated exocytosis in 3t3 - l1 adipocytes defined by endogenous acrp30 and glut4. J Cell Biol 146: 609 - 620.

[20] Bolster, D. R. , S. J. Crozier, S. R. Kimball, and L. S. Jefferson. 2002. Amp-activated protein kinase suppresses protein synthesis in rat skeletal muscle through down-regulated mammalian target of rapamycin (mtor) signaling. J Biol Chem 277: 23977 - 23980.

[21] Brey, C. W. , M. P. Nelder, T. Hailemariam, R. Gaugler, and S. Hashmi. 2009. Kruppel-like family of transcription factors: An emerging new frontier in fat biology. Int J Biol Sci 5: 622 - 636.

[22] Brun, R. P. , J. B. Kim, E. Hu, S. Altiok, and B. M. Spiegelman. 1996. Adipocyte differentiation: A transcriptional regulatory cascade. Curr Opin Cell Biol 8: 826 - 832.

[23] Chapman, A. B. , D. M. Knight, B. S. Dieckmann, and G. M. Ringold. 1984. Analysis of gene expression during differentiation of adipogenic cells in culture and hormonal control of the developmental program. J Biol Chem 259: 15548 - 15555.

[24] Chawla, A. , and M. A. Lazar. 1994. Peroxisome proliferator and retinoid signaling pathways co-regulate preadipocyte phenotype and survival. Proc Natl Acad Sci U S A 91: 1786 - 1790.

[25] Chen, H. , M. Montagnani, T. Funahashi, I. Shimomura, and M. J. Quon. 2003. Adiponectin stimulates production of nitric oxide in vascular endothelial cells. J Biol Chem 278: 45021 - 45026.

[26] Chen, H. C. , G. Bandyopadhyay, M. P. Sajan, Y. Kanoh, M. Standaert, R. V. Farese, Jr. , and R. V. Farese. 2002a. Activation of the erk pathway and atypical protein kinase c isoforms in exercise-and aminoimidazole - 4 - carboxamide - 1 - beta-d-riboside (aicar)-stimulated glucose transport. J Biol Chem 277: 23554 - 23562.

[27] Chen, J. , L. Wang, Y. S. Boeg, B. Xia, and J. Wang. 2002b. Differential dimerization and association among resistin family proteins with implications for functional specificity. J Endocrinol 175: 499 - 504.

[28] Chen, M. B. , A. J. McAinch, S. L. Macaulay, L. A. Castelli, E. O'Brien P, J. B. Dixon, D. Cameron-Smith, B. E. Kemp, and G. R. Steinberg. 2005. Impaired activation of amp-kinase and fatty acid oxidation by globular adiponectin in cultured human skeletal muscle of obese type 2 diabetics. J Clin Endocrinol Metab 90: 3665 - 3672.

[29] Cheng, K. K. , K. S. Lam, Y. Wang, Y. Huang, D. Carling, D. Wu, C. Wong, and A. Xu. 2007. Adiponectin-induced endothelial nitric oxide synthase activation and nitric oxide production are mediated by appl1 in endothelial cells. Diabetes 56: 1387 - 1394.

[30] Cho, S. Y. , P. J. Park, H. J. Shin, Y. K. Kim, D. W. Shin, E. S. Shin, H. H. Lee, B. G. Lee, J. H. Baik, and T. R. Lee. 2006. (-)-catechin suppresses expression of kruppel - like factor 7 and increases expression and secretion of adiponectin protein in 3T3 - L1 cells. Am J Physiol Endocrinol Metab.

[31] Chung, S. S. , H. H. Choi, Y. M. Cho, H. K. Lee, and K. S. Park. 2006. Sp1 mediates repression of the resistin gene by ppargamma agonists in 3T3 - L1 adipocytes. Biochem Biophys Res Commun 348: 253 - 258.

[32] Combs, T. P. , A. H. Berg, S. Obici, P. E. Scherer, and L. Rossetti. 2001. Endogenous glucose production is inhibited by the adipose-derived protein acrp30. J Clin Invest 108: 1875 - 1881.

[33] Combs, T. P. , J. A. Wagner, J. Berger, T. Doebber, W. J. Wang, B. B. Zhang, M. Tanen, A. H. Berg, S. O'Rahilly, D. B. Savage, K. Chatterjee, S. Weiss, P. J. Larson, K. M. Gottesdiener, B. J. Gertz, M. J. Charron, P. E. Scherer, and D. E. Moller. 2002. Induction of adipocyte complement-related protein of 30 kilodaltons by ppargamma agonists: A potential mechanism of insulin sensitization. Endocrinology 143: 998 - 1007.

[34] Conkright, M. D. , M. A. Wani, K. P. Anderson, and J. B. Lingrel. 1999. A gene encoding an intestinal-enriched member of the kruppel-like factor family expressed in intestinal epithelial cells. Nucleic Acids Res 27: 1263 - 1270.

[35] Crossley, M. , E. Whitelaw, A. Perkins, G. Williams, Y. Fujiwara, and S. H. Orkin. 1996. Isolation and characterization of the cdna encoding bklf/tef - 2, a major caccc-box-binding protein in erythroid cells and selected other cells. Mol Cell Biol 16: 1695 - 1705.

[36] Dang, D. T. , X. Chen, J. Feng, M. Torbenson, L. H. Dang, and V. W. Yang. 2003. Overexpression of kruppel-like factor 4 in the human colon cancer cell line rko leads to reduced tumorigenecity. Oncogene 22: 3424 - 3430.

[37] Dani, C. , A. G. Smith, S. Dessolin, P. Leroy, L. Staccini, P. Villageois, C. Darimont, and G. Ailhaud. 1997. Differentiation of embryonic stem cells into adipocytes in vitro. J Cell Sci 110 (Pt 11): 1279 - 1285.

[38] Del Arco, A. , S. Peralta, J. M. Carrascosa, M. Ros, A. Andres, and C. Arribas. 2003. Alternative splicing generates a novel non-secretable resistin isoform in wistar rats. FEBS Lett 555: 243 - 249.

[39] Deslex, S. , R. Negrel, C. Vannier, J. Etienne, and G. Ailhaud. 1987. Differentiation of human adipo-

cyte precursors in a chemically defined serum-free medium. Int J Obes 11: 19 - 27.

[40] Devine, J. H., D. W. Eubank, D. E. Clouthier, P. Tontonoz, B. M. Spiegelman, R. E. Hammer, and E. G. Beale. 1999. Adipose expression of the phosphoenolpyruvate carboxykinase promoter requires peroxisome proliferator-activated receptor gamma and 9-cis-retinoic acid receptor binding to an adipocyte-specific enhancer in vivo. J Biol Chem 274: 13604 - 13612.

[41] Dynan, W. S., and R. Tjian. 1983. The promoter-specific transcription factor sp1 binds to upstream sequences in the sv40 early promoter. Cell 35: 79 - 87.

[42] Eichler, E. E., S. M. Hoffman, A. A. Adamson, L. A. Gordon, P. McCready, J. E. Lamerdin, and H. W. Mohrenweiser. 1998. Complex beta-satellite repeat structures and the expansion of the zinc finger gene cluster in 19p12. Genome Res 8: 791 - 808.

[43] Entenmann, G., and H. Hauner. 1996. Relationship between replication and differentiation in cultured human adipocyte precursor cells. Am J Physiol 270: C1011 - C1016.

[44] Evans, P. M., W. Zhang, X. Chen, J. Yang, K. K. Bhakat, and C. Liu. 2007. Kruppel-like factor 4 is acetylated by p300 and regulates gene transcription via modulation of histone acetylation. J Biol Chem 282: 33994 - 34002.

[45] Feinberg, M. W., Z. Cao, A. K. Wara, M. A. Lebedeva, S. Senbanerjee, and M. K. Jain. 2005. Kruppel-like factor 4 is a mediator of proinflammatory signaling in macrophages. J Biol Chem 280: 38247 -38258.

[46] Feinberg, M. W., A. K. Wara, Z. Cao, M. A. Lebedeva, F. Rosenbauer, H. Iwasaki, H. Hirai, J. P. Katz, R. L. Haspel, S. Gray, K. Akashi, J. Segre, K. H. Kaestner, D. G. Tenen, and M. K. Jain. 2007. The kruppel-like factor klf4 is a critical regulator of monocyte differentiation. Embo J 26: 4138 - 4148.

[47] Ferrier, D. E., and P. W. Holland. 2001. Ancient origin of the hox gene cluster. Nat Rev Genet 2:33 - 38.

[48] Feve, B., L. J. Emorine, M. M. Briend-Sutren, F. Lasnier, A. D. Strosberg, and J. Pairault. 1990. Differential regulation of beta 1 - and beta 2 - adrenergic receptor protein and mrna levels by glucocorticoids during 3t3 - f442a adipose differentiation. J Biol Chem 265: 16343 - 16349.

[49] Feve, B., L. J. Emorine, F. Lasnier, N. Blin, B. Baude, C. Nahmias, A. D. Strosberg, and J. Pairault. 1991. Atypical beta-adrenergic receptor in 3t3 - f442a adipocytes. Pharmacological and molecular relationship with the human beta 3 - adrenergic receptor. J Biol Chem 266: 20329 - 20336.

[50] Fisch, S., S. Gray, S. Heymans, S. M. Haldar, B. Wang, O. Pfister, L. Cui, A. Kumar, Z. Lin, S. Sen-Banerjee, H. Das, C. A. Petersen, U. Mende, B. A. Burleigh, Y. Zhu, Y. M. Pinto, R. Liao, and M. K. Jain. 2007. Kruppel-like factor 15 is a regulator of cardiomyocyte hypertrophy. Proc Natl Acad Sci U S A 104: 7074 - 7079.

[51] Flier, J. S. 1995. The adipocyte: Storage depot or node on the energy information superhighway? Cell 80: 15 - 18.

[52] Flodby, P., C. Barlow, H. Kylefjord, L. Ahrlund-Richter, and K. G. Xanthopoulos. 1996. Increased hepatic cell proliferation and lung abnormalities in mice deficient in ccaat/enhancer binding protein alpha. J Biol Chem 271: 24753 - 24760.

[53] Freytag, S. O., D. L. Paielli, and J. D. Gilbert. 1994. Ectopic expression of the ccaat/enhancer-binding protein alpha promotes the adipogenic program in a variety of mouse fibroblastic cells. Genes Dev 8: 1654 - 1663.

[54] Friedman, J. M., and J. L. Halaas. 1998. Leptin and the regulation of body weight in mammals. Na-

ture 395: 763 - 770.

[55] Fruebis, J., T. S. Tsao, S. Javorschi, D. Ebbets-Reed, M. R. Erickson, F. T. Yen, B. E. Bihain, and H. F. Lodish. 2001. Proteolytic cleavage product of 30 - kda adipocyte complement-related protein increases fatty acid oxidation in muscle and causes weight loss in mice. Proc Natl Acad Sci U S A 98: 2005 - 2010.

[56] Fruhbeck, G., J. Gomez-Ambrosi, F. J. Muruzabal, and M. A. Burrell. 2001. The adipocyte: A model for integration of endocrine and metabolic signaling in energy metabolism regulation. Am J Physiol Endocrinol Metab 280: E827 - E847.

[57] Fu, Y., N. Luo, R. L. Klein, and W. T. Garvey. 2005. Adiponectin promotes adipocyte differentiation, insulin sensitivity, and lipid accumulation. J Lipid Res 46: 1369 - 1379.

[58] Fujinami, A., H. Obayashi, K. Ohta, T. Ichimura, M. Nishimura, H. Matsui, Y. Kawahara, M. Yamazaki, M. Ogata, G. Hasegawa, N. Nakamura, T. Yoshikawa, K. Nakano, and M. Ohta. 2004. Enzyme-linked immunosorbent assay for circulating human resistin: Resistin concentrations in normal subjects and patients with type 2 diabetes. Clin Chim Acta 339: 57 - 63.

[59] Fujita, H., H. Fujishima, T. Morii, J. Koshimura, T. Narita, M. Kakei, and S. Ito. 2002. Effect of metformin on adipose tissue resistin expression in db/db mice. Biochem Biophys Res Commun 298: 345 - 349.

[60] Fukui, Y., and K. Motojima. 2002. Expression of resistin in the adipose tissue is modulated by various factors including peroxisome proliferator-activated receptor alpha. Diabetes Obes Metab 4: 342 - 345.

[61] Garami, A., F. J. Zwartkruis, T. Nobukuni, M. Joaquin, M. Roccio, H. Stocker, S. C. Kozma, E. Hafen, J. L. Bos, and G. Thomas. 2003. Insulin activation of rheb, a mediator of mtor/s6k/4e - bp signaling, is inhibited by tsc1 and 2. Mol Cell 11: 1457 - 1466.

[62] Garrett-Sinha, L. A., H. Eberspaecher, M. F. Seldin, and B. de Crombrugghe. 1996. A gene for a novel zinc-finger protein expressed in differentiated epithelial cells and transiently in certain mesenchymal cells. J Biol Chem 271: 31384 - 31390.

[63] Gerber, M., A. Boettner, B. Seidel, A. Lammert, J. Bar, E. Schuster, J. Thiery, W. Kiess, and J. Kratzsch. 2005. Serum resistin levels of obese and lean children and adolescents: Biochemical analysis and clinical relevance. J Clin Endocrinol Metab 90: 4503 - 4509.

[64] Gimble, J. M., C. E. Robinson, X. Wu, and K. A. Kelly. 1996. The function of adipocytes in the bone marrow stroma: An update. Bone 19: 421 - 428.

[65] Goktas, S., M. I. Yilmaz, K. Caglar, A. Sonmez, S. Kilic, and S. Bedir. 2005. Prostate cancer and adiponectin. Urology 65: 1168 - 1172.

[66] Graveleau, C., V. G. Zaha, A. Mohajer, R. R. Banerjee, N. Dudley-Rucker, C. M. Steppan, M. W. Rajala, P. E. Scherer, R. S. Ahima, M. A. Lazar, and E. D. Abel. 2005. Mouse and human resistins impair glucose transport in primary mouse cardiomyocytes, and oligomerization is required for this biological action. J Biol Chem 280: 31679 - 31685.

[67] Gray, S., M. W. Feinberg, S. Hull, C. T. Kuo, M. Watanabe, S. Sen-Banerjee, A. DePina, R. Haspel, and M. K. Jain. 2002. The kruppel-like factor klf15 regulates the insulin-sensitive glucose transporter glut 4. J Biol Chem 277: 34322 - 34328.

[68] Gray, S., B. Wang, Y. Orihuela, E. G. Hong, S. Fisch, S. Haldar, G. W. Cline, J. K. Kim, O. D. Peroni, B. B. Kahn, and M. K. Jain. 2007. Regulation of gluconeogenesis by kruppel-like factor 15. Cell Metab 5: 305 - 312.

[69] Green, H., and O. Kehinde. 1974. Sublines of mouse 3t3 cells that accumulate lipid. Cell 1: 113 - 116.

[70] Green, H., and O. Kehinde. 1975. An established preadipose cell line and its differentiation in culture. Ii. Factors affecting the adipose conversion. Cell 5: 19 - 27.

[71] Green, H., and O. Kehinde. 1976. Spontaneous heritable changes leading to increased adipose conversion in 3t3 cells. Cell 7: 105 - 113.

[72] Greenberg, A. S., J. J. Egan, S. A. Wek, M. C. Moos, Jr., C. Londos, and A. R. Kimmel. 1993. Isolation of cdnas for perilipins a and b: Sequence and expression of lipid droplet-associated proteins of adipocytes. Proc Natl Acad Sci U S A 90: 12035 - 12039.

[73] Gurnell, M., J. M. Wentworth, M. Agostini, M. Adams, T. N. Collingwood, C. Provenzano, P. O. Browne, O. Rajanayagam, T. P. Burris, J. W. Schwabe, M. A. Lazar, and V. K. Chatterjee. 2000. A dominant-negative peroxisome proliferator-activated receptor gamma (ppargamma) mutant is a constitutive repressor and inhibits ppargamma-mediated adipogenesis. J Biol Chem 275: 5754 - 5759.

[74] Harris, R. B. 1998. Acute and chronic effects of leptin on glucose utilization in lean mice. Biochem Biophys Res Commun 245: 502 - 509.

[75] Hartman, H. B., X. Hu, K. X. Tyler, C. K. Dalal, and M. A. Lazar. 2002. Mechanisms regulating adipocyte expression of resistin. J Biol Chem 277: 19754 - 19761.

[76] Haugen, F., A. Jorgensen, C. A. Drevon, and P. Trayhurn. 2001. Inhibition by insulin of resistin gene expression in 3t3 - l1 adipocytes. FEBS Lett 507: 105-108.

[77] Hauner, H., G. Entenmann, M. Wabitsch, D. Gaillard, G. Ailhaud, R. Negrel, and E. F. Pfeiffer. 1989. Promoting effect of glucocorticoids on the differentiation of human adipocyte precursor cells cultured in a chemically defined medium. J Clin Invest 84: 1663-1670.

[78] Heilbronn, L. K., J. Rood, L. Janderova, J. B. Albu, D. E. Kelley, E. Ravussin, and S. R. Smith. 2004. Relationship between serum resistin concentrations and insulin resistance in nonobese, obese, and obese diabetic subjects. J Clin Endocrinol Metab 89: 1844-1848.

[79] Hirokawa, J., S. Sakaue, S. Tagami, Y. Kawakami, M. Sakai, S. Nishi, and J. Nishihira. 1997. Identification of macrophage migration inhibitory factor in adipose tissue and its induction by tumor necrosis factor-alpha. Biochem Biophys Res Commun 235: 94 - 98.

[80] Hirosumi, J., G. Tuncman, L. Chang, C. Z. Gorgun, K. T. Uysal, K. Maeda, M. Karin, and G. S. Hotamisligil. 2002. A central role for jnk in obesity and insulin resistance. Nature 420: 333 - 336.

[81] Hong, G., B. Davis, N. Khatoon, S. F. Baker, and J. Brown. 2003. Ppar gamma-dependent anti-inflammatory action of rosiglitazone in human monocytes: Suppression of tnf alpha secretion is not mediated by pten regulation. Biochem Biophys Res Commun 303: 782 - 787.

[82] Hosch, S. E., J. M. Olefsky, and J. J. Kim. 2006. Applied mechanics: Uncovering how adiponectin modulates insulin action. Cell Metab 4: 5 - 6.

[83] Hotamisligil, G. S., P. Arner, J. F. Caro, R. L. Atkinson, and B. M. Spiegelman. 1995. Increased adipose tissue expression of tumor necrosis factor-alpha in human obesity and insulin resistance. J Clin Invest 95: 2409 - 2415.

[84] Hotamisligil, G. S., P. Peraldi, A. Budavari, R. Ellis, M. F. White, and B. M. Spiegelman. 1996. Irs - 1 - mediated inhibition of insulin receptor tyrosine kinase activity in tnf-alpha-and obesity-induced insulin resistance. Science 271: 665 - 668.

[85] Hu, E., P. Liang, and B. M. Spiegelman. 1996. Adipoq is a novel adipose-specific gene dysregulated in obesity. J Biol Chem 271: 10697 - 10703.

[86] Hurley, R. L., K. A. Anderson, J. M. Franzone, B. E. Kemp, A. R. Means, and L. A. Witters. 2005. The ca2+/calmodulin-dependent protein kinase kinases are amp-activated protein kinase kinases. J

Biol Chem 280：29060 - 29066.

[87] Huypens, P., K. Moens, H. Heimberg, Z. Ling, D. Pipeleers, and M. Van de Casteele. 2005. Adiponectin-mediated stimulation of amp-activated protein kinase (ampk) in pancreatic beta cells. Life Sci 77：1273 - 1282.

[88] Ibrahimi, A., Z. Sfeir, H. Magharaie, E. Z. Amri, P. Grimaldi, and N. A. Abumrad. 1996. Expression of the cd36 homolog (fat) in fibroblast cells：Effects on fatty acid transport. Proc Natl Acad Sci U S A 93：2646 - 2651.

[89] Ide, T., H. Shimano, N. Yahagi, T. Matsuzaka, M. Nakakuki, T. Yamamoto, Y. Nakagawa, A. Takahashi, H. Suzuki, H. Sone, H. Toyoshima, A. Fukamizu, and N. Yamada. 2004. Srebps suppress irs - 2 - mediated insulin signalling in the liver. Nat Cell Biol 6：351 - 357.

[90] Inoki, K., Y. Li, T. Xu, and K. L. Guan. 2003. Rheb gtpase is a direct target of tsc2 gap activity and regulates mtor signaling. Genes Dev 17：1829 - 1834.

[91] Jaeschke, A., M. P. Czech, and R. J. Davis. 2004. An essential role of the jip1 scaffold protein for jnk activation in adipose tissue. Genes Dev 18：1976 - 1980.

[92] Jensen, M. D. 1997. Lipolysis：Contribution from regional fat. Annu Rev Nutr 17：127 - 139.

[93] Johnson, R. A., S. M. Huong, and E. S. Huang. 2000. Activation of the mitogen-activated protein kinase p38 by human cytomegalovirus infection through two distinct pathways：A novel mechanism for activation of p38. J Virol 74：1158 - 1167.

[94] Jonassen, A. K., B. K. Brar, O. D. Mjos, M. N. Sack, D. S. Latchman, and D. M. Yellon. 2000. Insulin administered at reoxygenation exerts a cardioprotective effect in myocytes by a possible anti-apoptotic mechanism. J Mol Cell Cardiol 32：757 - 764.

[95] Juan, C. C., L. C. Au, V. S. Fang, S. F. Kang, Y. H. Ko, S. F. Kuo, Y. P. Hsu, C. F. Kwok, and L. T. Ho. 2001. Suppressed gene expression of adipocyte resistin in an insulin-resistant rat model probably by elevated free fatty acids. Biochem Biophys Res Commun 289：1328 - 1333.

[96] Jung, H. S., B. S. Youn, Y. M. Cho, K. Y. Yu, H. J. Park, C. S. Shin, S. Y. Kim, H. K. Lee, and K. S. Park. 2005. The effects of rosiglitazone and metformin on the plasma concentrations of resistin in patients with type 2 diabetes mellitus. Metabolism 54：314 - 320.

[97] Kaczynski, J., T. Cook, and R. Urrutia. 2003. Sp1 - and kruppel-like transcription factors. Genome Biol 4：206.

[98] Kaczynski, J., J. S. Zhang, V. Ellenrieder, A. Conley, T. Duenes, H. Kester, B. van Der Burg, and R. Urrutia. 2001. The sp1 - like protein bteb3 inhibits transcription via the basic transcription element box by interacting with msin3a and hdac - 1 co-repressors and competing with sp1. J Biol Chem 276：36749 - 36756.

[99] Kahn, B. B., and J. S. Flier. 2000. Obesity and insulin resistance. J Clin Invest 106：473 - 481.

[100] Kawamura, Y., Y. Tanaka, R. Kawamori, and S. Maeda. 2006. Overexpression of kruppel-like factor 7 regulates adipocytokine gene expressions in human adipocytes and inhibits glucose-induced insulin secretion in pancreatic beta-cell line. Mol Endocrinol 20：844 - 856.

[101] Kim, J. B., P. Sarraf, M. Wright, K. M. Yao, E. Mueller, G. Solanes, B. B. Lowell, and B. M. Spiegelman. 1998a. Nutritional and insulin regulation of fatty acid synthetase and leptin gene expression through add1/srebp1. J Clin Invest 101：1 - 9.

[102] Kim, J. B., and B. M. Spiegelman. 1996. Add1/srebp1 promotes adipocyte differentiation and gene expression linked to fatty acid metabolism. Genes Dev 10：1096 - 1107.

[103] Kim, J. B., G. D. Spotts, Y. D. Halvorsen, H. M. Shih, T. Ellenberger, H. C. Towle, and B.

M. Spiegelman. 1995. Dual DNA binding specificity of add1/srebp1 controlled by a single amino acid in the basic helix-loop-helix domain. Mol Cell Biol 15: 2582 - 2588.

[104] Kim, J. B., H. M. Wright, M. Wright, and B. M. Spiegelman. 1998b. Add1/srebp1 activates ppar-gamma through the production of endogenous ligand. Proc Natl Acad Sci U S A 95: 4333 - 4337.

[105] Kim, K. H., K. Lee, Y. S. Moon, and H. S. Sul. 2001a. A cysteine-rich adipose tissue-specific secretory factor inhibits adipocyte differentiation. J Biol Chem 276: 11252 - 11256.

[106] Kim, K. Y., J. K. Kim, J. H. Jeon, S. R. Yoon, I. Choi, and Y. Yang. 2005. C-jun n-terminal kinase is involved in the suppression of adiponectin expression by tnf-alpha in 3t3 - l1 adipocytes. Biochem Biophys Res Commun 327: 460 - 467.

[107] Kim, S. W., A. M. Muise, P. J. Lyons, and H. S. Ro. 2001b. Regulation of adipogenesis by a transcriptional repressor that modulates mapk activation. J Biol Chem 276: 10199 - 10206.

[108] Kirberg, J., C. Gschwendner, J. P. Dangy, F. Ruckerl, F. Frommer, and J. Bachl. 2005. Proviral integration of an abelson-murine leukemia virus deregulates bklf-expression in the hypermutating pre-b cell line 18 - 81. Mol Immunol 42: 1235 - 1242.

[109] Kirkland, J. L., C. H. Hollenberg, and W. S. Gillon. 1990. Age, anatomic site, and the replication and differentiation of adipocyte precursors. Am J Physiol 258: C206 - 210.

[110] Kletzien, R. F., S. D. Clarke, and R. G. Ulrich. 1992. Enhancement of adipocyte differentiation by an insulin-sensitizing agent. Mol Pharmacol 41: 393 - 398.

[111] Konieczny, S. F., and C. P. Emerson, Jr. 1984. 5 - azacytidine induction of stable mesodermal stem cell lineages from 10tl/2 cells: Evidence for regulatory genes controlling determination. Cell 38: 791 -800.

[112] Koritschoner, N. P., J. L. Bocco, G. M. Panzetta-Dutari, C. I. Dumur, A. Flury, and L. C. Patrito. 1997. A novel human zinc finger protein that interacts with the core promoter element of a tata box-less gene. J Biol Chem 272: 9573 - 9580.

[113] Kubota, N., Y. Terauchi, H. Miki, H. Tamemoto, T. Yamauchi, K. Komeda, S. Satoh, R. Nakano, C. Ishii, T. Sugiyama, K. Eto, Y. Tsubamoto, A. Okuno, K. Murakami, H. Sekihara, G. Hasegawa, M. Naito, Y. Toyoshima, S. Tanaka, K. Shiota, T. Kitamura, T. Fujita, O. Ezaki, S. Aizawa, T. Kadowaki, and et al. 1999. Ppar gamma mediates high-fat diet-induced adipocyte hypertrophy and insulin resistance. Mol Cell 4: 597 - 609.

[114] Kuo, C. T., M. L. Veselits, K. P. Barton, M. M. Lu, C. Clendenin, and J. M. Leiden. 1997. The lklf transcription factor is required for normal tunica media formation and blood vessel stabilization during murine embryogenesis. Genes Dev 11: 2996 - 3006.

[115] Kuri-Harcuch, W., and M. Marsch-Moreno. 1983. DNA synthesis and cell division related to adipose differentiation of 3t3 cells. J Cell Physiol 114: 39 - 44.

[116] Lang, C. H., C. Dobrescu, and G. J. Bagby. 1992. Tumor necrosis factor impairs insulin action on peripheral glucose disposal and hepatic glucose output. Endocrinology 130: 43 - 52.

[117] Lee, J. H., J. W. Bullen, Jr., V. L. Stoyneva, and C. S. Mantzoros. 2005. Circulating resistin in lean, obese, and insulin-resistant mouse models: Lack of association with insulinemia and glycemia. Am J Physiol Endocrinol Metab 288: E625 - 632.

[118] Lee, M. Y., J. S. Moon, S. W. Park, Y. K. Koh, Y. H. Ahn, and K. S. Kim. 2009. Klf5 enhances srebp - 1 action in androgen-dependent induction of fatty acid synthase in prostate cancer cells. Biochem J 417: 313 - 322.

[119] Lehmann, J. M., L. B. Moore, T. A. Smith-Oliver, W. O. Wilkison, T. M. Willson, and S. A.

Kliewer. 1995. An antidiabetic thiazolidinedione is a high affinity ligand for peroxisome proliferator-activated receptor gamma (ppar gamma). J Biol Chem 270: 12953 - 12956.

[120] Lekstrom-Himes, J., and K. G. Xanthopoulos. 1998. Biological role of the ccaat/enhancer-binding protein family of transcription factors. J Biol Chem 273: 28545 - 28548.

[121] Lemieux, K., D. Konrad, A. Klip, and A. Marette. 2003. The amp-activated protein kinase activator aicar does not induce glut4 translocation to transverse tubules but stimulates glucose uptake and p38 mitogen-activated protein kinases alpha and beta in skeletal muscle. Faseb J 17: 1658 - 1665.

[122] Levy, J. R., B. Davenport, J. N. Clore, and W. Stevens. 2002. Lipid metabolism and resistin gene expression in insulin-resistant fischer 344 rats. Am J Physiol Endocrinol Metab 282: E626 - 633.

[123] Li, D., S. Yea, S. Li, Z. Chen, G. Narla, M. Banck, J. Laborda, S. Tan, J. M. Friedman, S. L. Friedman, and M. J. Walsh. 2005. Kruppel-like factor - 6 promotes preadipocyte differentiation through histone deacetylase 3 - dependent repression of dlk1. J Biol Chem 280: 26941 - 26952.

[124] Lin, F. T., and M. D. Lane. 1992. Antisense ccaat/enhancer-binding protein rna suppresses coordinate gene expression and triglyceride accumulation during differentiation of 3t3 - l1 preadipocytes. Genes Dev 6: 533 - 544.

[125] Lin, F. T., O. A. MacDougald, A. M. Diehl, and M. D. Lane. 1993. A 30 - kda alternative translation product of the ccaat/enhancer binding protein alpha message: Transcriptional activator lacking antimitotic activity. Proc Natl Acad Sci U S A 90: 9606 - 9610.

[126] Liu, J., F. Yao, R. Wu, M. Morgan, A. Thorburn, R. L. Finley, Jr., and Y. Q. Chen. 2002. Mediation of the dcc apoptotic signal by dip13 alpha. J Biol Chem 277: 26281 - 26285.

[127] Lizcano, J. M., and D. R. Alessi. 2002. The insulin signalling pathway. Curr Biol 12: R236 - 238.

[128] Lomberk, G., and R. Urrutia. 2005. The family feud: Turning off sp1 by sp1 - like klf proteins. Biochem J 392: 1 - 11.

[129] Luo, X. H., L. J. Guo, L. Q. Yuan, H. Xie, H. D. Zhou, X. P. Wu, and E. Y. Liao. 2005. Adiponectin stimulates human osteoblasts proliferation and differentiation via the mapk signaling pathway. Exp Cell Res 309: 99 - 109.

[130] Maeda, K., K. Okubo, I. Shimomura, T. Funahashi, Y. Matsuzawa, and K. Matsubara. 1996. Cdna cloning and expression of a novel adipose specific collagen-like factor, apm1 (adipose most abundant gene transcript 1). Biochem Biophys Res Commun 221: 286 - 289.

[131] Maeda, N., I. Shimomura, K. Kishida, H. Nishizawa, M. Matsuda, H. Nagaretani, N. Furuyama, H. Kondo, M. Takahashi, Y. Arita, R. Komuro, N. Ouchi, S. Kihara, Y. Tochino, K. Okutomi, M. Horie, S. Takeda, T. Aoyama, T. Funahashi, and Y. Matsuzawa. 2002. Diet-induced insulin resistance in mice lacking adiponectin/acrp30. Nat Med 8: 731 - 737.

[132] Makimura, H., T. M. Mizuno, H. Bergen, and C. V. Mobbs. 2002. Adiponectin is stimulated by adrenalectomy in ob/ob mice and is highly correlated with resistin mrna. Am J Physiol Endocrinol Metab 283: E1266 - 1271.

[133] Mandrup, S., and M. D. Lane. 1997. Regulating adipogenesis. J Biol Chem 272: 5367 - 5370.

[134] Mansen, A., H. Guardiola-Diaz, J. Rafter, C. Branting, and J. A. Gustafsson. 1996. Expression of the peroxisome proliferator-activated receptor (ppar) in the mouse colonic mucosa. Biochem Biophys Res Commun 222: 844 - 851.

[135] Mao, X., C. K. Kikani, R. A. Riojas, P. Langlais, L. Wang, F. J. Ramos, Q. Fang, C. Y. Christ-Roberts, J. Y. Hong, R. Y. Kim, F. Liu, and L. Q. Dong. 2006. Appl1 binds to adiponectin receptors and mediates adiponectin signalling and function. Nat Cell Biol 8: 516 - 523.

[136] Maslowska, M., A. D. Sniderman, R. Germinario, and K. Cianflone. 1997. Asp stimulates glucose transport in cultured human adipocytes. Int J Obes Relat Metab Disord 21: 261 - 266.

[137] Matsumoto, N., A. Kubo, H. Liu, K. Akita, F. Laub, F. Ramirez, G. Keller, and S. L. Friedman. 2006. Developmental regulation of yolk sac hematopoiesis by kruppel-like factor 6. Blood 107: 1357 - 1365.

[138] Matsumoto, N., F. Laub, R. Aldabe, W. Zhang, F. Ramirez, T. Yoshida, and M. Terada. 1998. Cloning the cdna for a new human zinc finger protein defines a group of closely related kruppel-like transcription factors. J Biol Chem 273: 28229 - 28237.

[139] McTernan, P. G., F. M. Fisher, G. Valsamakis, R. Chetty, A. Harte, C. L. McTernan, P. M. Clark, S. A. Smith, A. H. Barnett, and S. Kumar. 2003. Resistin and type 2 diabetes: Regulation of resistin expression by insulin and rosiglitazone and the effects of recombinant resistin on lipid and glucose metabolism in human differentiated adipocytes. J Clin Endocrinol Metab 88: 6098 - 6106.

[140] Miaczynska, M., S. Christoforidis, A. Giner, A. Shevchenko, S. Uttenweiler-Joseph, B. Habermann, M. Wilm, R. G. Parton, and M. Zerial. 2004. Appl proteins link rab5 to nuclear signal transduction via an endosomal compartment. Cell 116: 445 - 456.

[141] Michael, L. F., M. A. Lazar, and C. R. Mendelson. 1997. Peroxisome proliferator-activated receptor gamma1 expression is induced during cyclic adenosine monophosphate-stimulated differentiation of alveolar type ii pneumonocytes. Endocrinology 138: 3695 - 3703.

[142] Miller, W. H., Jr., I. M. Faust, and J. Hirsch. 1984. Demonstration of de novo production of adipocytes in adult rats by biochemical and radioautographic techniques. J Lipid Res 25: 336 - 347.

[143] Mitsuuchi, Y., S. W. Johnson, G. Sonoda, S. Tanno, E. A. Golemis, and J. R. Testa. 1999. Identification of a chromosome 3p14. 3 - 21. 1 gene, appl, encoding an adaptor molecule that interacts with the oncoprotein-serine/threonine kinase akt2. Oncogene 18: 4891 - 4898.

[144] Miyazaki, T., J. D. Bub, M. Uzuki, and Y. Iwamoto. 2005. Adiponectin activates c-jun nh2 - terminal kinase and inhibits signal transducer and activator of transcription 3. Biochem Biophys Res Commun 333: 79 - 87.

[145] Mohamed-Ali, V., S. Goodrick, K. Bulmer, J. M. Holly, J. S. Yudkin, and S. W. Coppack. 1999. Production of soluble tumor necrosis factor receptors by human subcutaneous adipose tissue in vivo. Am J Physiol 277: E971 - 975.

[146] Moller, D. E. 2000. Potential role of tnf-alpha in the pathogenesis of insulin resistance and type 2 diabetes. Trends Endocrinol Metab 11: 212 - 217.

[147] Montague, C. T., I. S. Farooqi, J. P. Whitehead, M. A. Soos, H. Rau, N. J. Wareham, C. P. Sewter, J. E. Digby, S. N. Mohammed, J. A. Hurst, C. H. Cheetham, A. R. Earley, A. H. Barnett, J. B. Prins, and S. O'Rahilly. 1997. Congenital leptin deficiency is associated with severe early-onset obesity in humans. Nature 387: 903 - 908.

[148] Moon, B., J. J. Kwan, N. Duddy, G. Sweeney, and N. Begum. 2003. Resistin inhibits glucose uptake in l6 cells independently of changes in insulin signaling and glut4 translocation. Am J Physiol Endocrinol Metab 285: E106 - E115.

[149] Moon, Y. S., C. M. Smas, K. Lee, J. A. Villena, K. H. Kim, E. J. Yun, and H. S. Sul. 2002. Mice lacking paternally expressed pref - 1/dlk1 display growth retardation and accelerated adiposity. Mol Cell Biol 22: 5585 - 5592.

[150] Mori, T., H. Sakaue, H. Iguchi, H. Gomi, Y. Okada, Y. Takashima, K. Nakamura, T. Nakamura, T. Yamauchi, N. Kubota, T. Kadowaki, Y. Matsuki, W. Ogawa, R. Hiramatsu, and M. Ka-

suga. 2005. Role of kruppel-like factor 15 (klf15) in transcriptional regulation of adipogenesis. J Biol Chem 280: 12867 - 12875.

[151] Morrison, R. F., and S. R. Farmer. 2000. Hormonal signaling and transcriptional control of adipocyte differentiation. J Nutr 130: S3116 - S3121.

Mueller, E., P. Sarraf, P. Tontonoz, R. M. Evans, K. J. Martin, M. Zhang, C. Fletcher, S. Singer, and B. M. Spiegelman. 1998. Terminal differentiation of human breast cancer through ppar gamma. Mol Cell 1: 465 - 470.

[152] Nakano, Y., T. Tobe, N. H. Choi-Miura, T. Mazda, and M. Tomita. 1996. Isolation and characterization of gbp28, a novel gelatin-binding protein purified from human plasma. J Biochem 120: 803 - 812.

[153] Nechamen, C. A., R. M. Thomas, B. D. Cohen, G. Acevedo, P. I. Poulikakos, J. R. Testa, and J. A. Dias. 2004. Human follicle-stimulating hormone (fsh) receptor interacts with the adaptor protein appl1 in hek 293 cells: Potential involvement of the pi3k pathway in fsh signaling. Biol Reprod 71: 629 - 636.

[154] Nechamen, C. A., R. M. Thomas, and J. A. Dias. 2007. Appl1, appl2, akt2 and foxo1a interact with fshr in a potential signaling complex. Mol Cell Endocrinol 260 - 262: 93 - 99.

[155] Negrel, R., P. Grimaldi, and G. Ailhaud. 1978. Establishment of preadipocyte clonal line from epididymal fat pad of ob/ob mouse that responds to insulin and to lipolytic hormones. Proc Natl Acad Sci U S A 75: 6054 - 6058.

[156] Nguyen, M. T., H. Satoh, S. Favelyukis, J. L. Babendure, T. Imamura, J. I. Sbodio, J. Zalevsky, B. I. Dahiyat, N. W. Chi, and J. M. Olefsky. 2005. Jnk and tumor necrosis factor-alpha mediate free fatty acid-induced insulin resistance in 3t3 - l1 adipocytes. J Biol Chem 280: 35361 - 35371.

[157] Nohira, T., K. Nagao, K. Kameyama, H. Nakai, N. Fukumine, K. Okabe, S. Kitano, and H. Hisatomi. 2004. Identification of an alternative splicing transcript for the resistin gene and distribution of its mrna in human tissue. Eur J Endocrinol 151: 151 - 154.

[158] Oates, A. C., S. J. Pratt, B. Vail, Y. Yan, R. K. Ho, S. L. Johnson, J. H. Postlethwait, and L. I. Zon. 2001. The zebrafish klf gene family. Blood 98: 1792 - 1801.

[159] Oishi, Y., I. Manabe, K. Tobe, K. Tsushima, T. Shindo, K. Fujiu, G. Nishimura, K. Maemura, T. Yamauchi, N. Kubota, R. Suzuki, T. Kitamura, S. Akira, T. Kadowaki, and R. Nagai. 2005. Kruppel-like transcription factor klf5 is a key regulator of adipocyte differentiation. Cell Metab 1:27 -39.

[160] Onay-Besikci, A., J. Y. Altarejos, and G. D. Lopaschuk. 2004. Gad-globular head domain of adiponectin increases fatty acid oxidation in newborn rabbit hearts. J Biol Chem 279: 44320 - 44326.

[161] Ouchi, N., H. Kobayashi, S. Kihara, M. Kumada, K. Sato, T. Inoue, T. Funahashi, and K. Walsh. 2004. Adiponectin stimulates angiogenesis by promoting cross-talk between amp-activated protein kinase and akt signaling in endothelial cells. J Biol Chem 279: 1304 - 1309.

[162] Pairault, J., and H. Green. 1979. A study of the adipose conversion of suspended 3t3 cells by using glycerophosphate dehydrogenase as differentiation marker. Proc Natl Acad Sci U S A 76: 5138 - 5142.

[163] Pajvani, U. B., M. Hawkins, T. P. Combs, M. W. Rajala, T. Doebber, J. P. Berger, J. A. Wagner, M. Wu, A. Knopps, A. H. Xiang, K. M. Utzschneider, S. E. Kahn, J. M. Olefsky, T. A. Buchanan, and P. E. Scherer. 2004. Complex distribution, not absolute amount of adiponectin, correlates with thiazolidinedione-mediated improvement in insulin sensitivity. J Biol Chem 279:12152 -12162.

[164] Palanivel, R., A. Maida, Y. Liu, and G. Sweeney. 2006. Regulation of insulin signalling, glucose uptake and metabolism in rat skeletal muscle cells upon prolonged exposure to resistin. Diabetologia 49: 183 - 190.

[165] Palanivel, R., and G. Sweeney. 2005. Regulation of fatty acid uptake and metabolism in l6 skeletal muscle cells by resistin. FEBS Lett 579: 5049 - 5054.

[166] Patel, L., A. C. Buckels, I. J. Kinghorn, P. R. Murdock, J. D. Holbrook, C. Plumpton, C. H. Macphee, and S. A. Smith. 2003. Resistin is expressed in human macrophages and directly regulated by ppar gamma activators. Biochem Biophys Res Commun 300: 472 - 476.

[167] Patel, S. D., M. W. Rajala, L. Rossetti, P. E. Scherer, and L. Shapiro. 2004. Disulfide-dependent multimeric assembly of resistin family hormones. Science 304: 1154 -1158.

[168] Paulauskis, J. D., and H. S. Sul. 1988. Cloning and expression of mouse fatty acid synthase and other specific mrnas. Developmental and hormonal regulation in 3t3 - l1 cells. J Biol Chem 263: 7049 - 7054.

[169] Pfutzner, A., M. Langenfeld, T. Kunt, M. Lobig, and T. Forst. 2003. Evaluation of human resistin assays with serum from patients with type 2 diabetes and different degrees of insulin resistance. Clin Lab 49: 571 - 576.

[170] Pittenger, M. F., A. M. Mackay, S. C. Beck, R. K. Jaiswal, R. Douglas, J. D. Mosca, M. A. Moorman, D. W. Simonetti, S. Craig, and D. R. Marshak. 1999. Multilineage potential of adult human mesenchymal stem cells. Science 284: 143 - 147.

[171] Poissonnet, C. M., A. R. Burdi, and F. L. Bookstein. 1983. Growth and development of human adipose tissue during early gestation. Early Hum Dev 8: 1 - 11.

[172] Qi, Y., N. Takahashi, S. M. Hileman, H. R. Patel, A. H. Berg, U. B. Pajvani, P. E. Scherer, and R. S. Ahima. 2004. Adiponectin acts in the brain to decrease body weight. Nat Med 10: 524 - 529.

[173] Rajala, M. W., Y. Lin, M. Ranalletta, X. M. Yang, H. Qian, R. Gingerich, N. Barzilai, and P. E. Scherer. 2002. Cell type-specific expression and coregulation of murine resistin and resistin-like molecule-alpha in adipose tissue. Mol Endocrinol 16: 1920 - 1930.

[174] Rajala, M. W., S. Obici, P. E. Scherer, and L. Rossetti. 2003. Adipose-derived resistin and gut-derived resistin-like molecule-beta selectively impair insulin action on glucose production. J Clin Invest 111: 225 - 230.

[175] Rajala, M. W., Y. Qi, H. R. Patel, N. Takahashi, R. Banerjee, U. B. Pajvani, M. K. Sinha, R. L. Gingerich, P. E. Scherer, and R. S. Ahima. 2004. Regulation of resistin expression and circulating levels in obesity, diabetes, and fasting. Diabetes 53: 1671 - 1679.

[176] Ramsay, T. G. 1996. Fat cells. Endocrinol Metab Clin North Am 25: 847 - 870.

[177] Rangwala, S. M., A. S. Rich, B. Rhoades, J. S. Shapiro, S. Obici, L. Rossetti, and M. A. Lazar. 2004. Abnormal glucose homeostasis due to chronic hyperresistinemia. Diabetes 53: 1937 - 1941.

[178] Rasouli, N., A. Yao-Borengasser, L. M. Miles, S. C. Elbein, and P. A. Kern. 2006. Increased plasma adiponectin in response to pioglitazone does not result from increased gene expression. Am J Physiol Endocrinol Metab 290: E42 - E46.

[179] Rea, R., and R. Donnelly. 2006. Effects of metformin and oleic acid on adipocyte expression of resistin. Diabetes Obes Metab 8: 105 - 109.

[180] Reginato, M. J., and M. A. Lazar. 1999. Mechanisms by which thiazolidinediones enhance insulin action. Trends Endocrinol Metab 10: 9 - 13.

[181] Rosen, E. D., P. Sarraf, A. E. Troy, G. Bradwin, K. Moore, D. S. Milstone, B. M. Spiegelman, and R. M. Mortensen. 1999. PPAR gamma is required for the differentiation of adipose tissue in vivo and in vitro. Mol Cell 4: 611 - 617.

[182] Rossetti, L., D. Massillon, N. Barzilai, P. Vuguin, W. Chen, M. Hawkins, J. Wu, and J. Wang. 1997. Short term effects of leptin on hepatic gluconeogenesis and in vivo insulin action. J Biol Chem 272:

27758 - 27763.

[183] Saltiel, A. R., and C. R. Kahn. 2001. Insulin signalling and the regulation of glucose and lipid metabolism. Nature 414: 799 - 806.

[184] Sandouk, T., D. Reda, and C. Hofmann. 1993. Antidiabetic agent pioglitazone enhances adipocyte differentiation of 3t3 - f442a cells. Am J Physiol 264: C1600 - C1608.

[185] Sarraf, P., E. Mueller, D. Jones, F. J. King, D. J. DeAngelo, J. B. Partridge, S. A. Holden, L. B. Chen, S. Singer, C. Fletcher, and B. M. Spiegelman. 1998. Differentiation and reversal of malignant changes in colon cancer through ppargamma. Nat Med 4: 1046 - 1052.

[186] Sato, C., Z. Yasukawa, N. Honda, T. Matsuda, and K. Kitajima. 2001. Identification and adipocyte differentiation-dependent expression of the unique disialic acid residue in an adipose tissue-specific glycoprotein, adipo q. J Biol Chem 276: 28849 - 28856.

[187] Savage, D. B., C. P. Sewter, E. S. Klenk, D. G. Segal, A. Vidal-Puig, R. V. Considine, and S. O'Rahilly. 2001. Resistin / fizz3 expression in relation to obesity and peroxisome proliferator-activated receptor-gamma action in humans. Diabetes 50: 2199 - 2202.

[188] Scherer, P. E., S. Williams, M. Fogliano, G. Baldini, and H. F. Lodish. 1995. A novel serum protein similar to c1q, produced exclusively in adipocytes. J Biol Chem 270: 26746 - 26749.

[189] Schreyer, S. A., S. C. Chua, Jr., and R. C. LeBoeuf. 1998. Obesity and diabetes in tnf-alpha receptor-deficient mice. J Clin Invest 102: 402 - 411.

[190] Schuh, R., W. Aicher, U. Gaul, S. Cote, A. Preiss, D. Maier, E. Seifert, U. Nauber, C. Schroder, R. Kemler, and et al. 1986. A conserved family of nuclear proteins containing structural elements of the finger protein encoded by kruppel, a drosophila segmentation gene. Cell 47: 1025 - 1032.

[191] Schuierer, M., K. Hilger-Eversheim, T. Dobner, A. K. Bosserhoff, M. Moser, J. Turner, M. Crossley, and R. Buettner. 2001. Induction of ap - 2alpha expression by adenoviral infection involves inactivation of the ap - 2rep transcriptional corepressor ctbp1. J Biol Chem 276: 27944 - 27949.

[192] Segre, J. A., C. Bauer, and E. Fuchs. 1999. Klf4 is a transcription factor required for establishing the barrier function of the skin. Nat Genet 22: 356 - 360.

[193] Serrero, G., and N. Lepak. 1996. Endocrine and paracrine negative regulators of adipose differentiation. Int J Obes Relat Metab Disord 20 Suppl 3: S58 - 64.

[194] Shapiro, L., and P. E. Scherer. 1998. The crystal structure of a complement - 1q family protein suggests an evolutionary link to tumor necrosis factor. Curr Biol 8: 335 - 338.

[195] Shi, H., Z. Zhang, X. Wang, S. Liu, and C. T. Teng. 1999. Isolation and characterization of a gene encoding human kruppel-like factor 5 (iklf): Binding to the caat/gt box of the mouse lactoferrin gene promoter. Nucleic Acids Res 27: 4807 - 4815.

[196] Shibata, R., N. Ouchi, M. Ito, S. Kihara, I. Shiojima, D. R. Pimentel, M. Kumada, K. Sato, S. Schiekofer, K. Ohashi, T. Funahashi, W. S. Colucci, and K. Walsh. 2004. Adiponectin-mediated modulation of hypertrophic signals in the heart. Nat Med 10: 1384 - 1389.

[197] Shibata, R., K. Sato, D. R. Pimentel, Y. Takemura, S. Kihara, K. Ohashi, T. Funahashi, N. Ouchi, and K. Walsh. 2005. Adiponectin protects against myocardial ischemia-reperfusion injury through ampk-and cox - 2 - dependent mechanisms. Nat Med 11: 1096 - 1103.

[198] Shields, J. M., R. J. Christy, and V. W. Yang. 1996. Identification and characterization of a gene encoding a gut-enriched kruppel-like factor expressed during growth arrest. J Biol Chem 271: 20009 -20017.

[199] Shimomura, I., T. Funahashi, M. Takahashi, K. Maeda, K. Kotani, T. Nakamura, S. Yamashita,

M. Miura, Y. Fukuda, K. Takemura, K. Tokunaga, and Y. Matsuzawa. 1996. Enhanced expression of pai - 1 in visceral fat: Possible contributor to vascular disease in obesity. Nat Med 2: 800 - 803.

[200] Shimomura, I. , R. E. Hammer, S. Ikemoto, M. S. Brown, and J. L. Goldstein. 1999. Leptin reverses insulin resistance and diabetes mellitus in mice with congenital lipodystrophy. Nature 401: 73 - 76.

[201] Shindo, T. , I. Manabe, Y. Fukushima, K. Tobe, K. Aizawa, S. Miyamoto, K. Kawai-Kowase, N. Moriyama, Y. Imai, H. Kawakami, H. Nishimatsu, T. Ishikawa, T. Suzuki, H. Morita, K. Maemura, M. Sata, Y. Hirata, M. Komukai, H. Kagechika, T. Kadowaki, M. Kurabayashi, and R. Nagai. 2002. Kruppel-like zinc-finger transcription factor klf5/bteb2 is a target for angiotensin ii signaling and an essential regulator of cardiovascular remodeling. Nat Med 8: 856 - 863.

[202] Shojima, N. , H. Sakoda, T. Ogihara, M. Fujishiro, H. Katagiri, M. Anai, Y. Onishi, H. Ono, K. Inukai, M. Abe, Y. Fukushima, M. Kikuchi, Y. Oka, and T. Asano. 2002. Humoral regulation of resistin expression in 3t3 - l1 and mouse adipose cells. Diabetes 51: 1737 - 1744.

[203] Silha, J. V. , M. Krsek, J. V. Skrha, P. Sucharda, B. L. Nyomba, and L. J. Murphy. 2003. Plasma resistin, adiponectin and leptin levels in lean and obese subjects: Correlations with insulin resistance. Eur J Endocrinol 149: 331 - 335.

[204] Slavin, B. G. 1979. Fine structural studies on white adipocyte differentiation. Anat Rec 195: 63 - 72.

[205] Smith, S. R. , F. Bai, C. Charbonneau, L. Janderova, and G. Argyropoulos. 2003. A promoter genotype and oxidative stress potentially link resistin to human insulin resistance. Diabetes 52: 1611 - 1618.

[206] Sniderman, A. D. , K. Cianflone, L. Summers, B. Fielding, and K. Frayn. 1997. The acylation-stimulating protein pathway and regulation of postprandial metabolism. Proc Nutr Soc 56: 703 - 712.

[207] Song, A. , A. Patel, K. Thamatrakoln, C. Liu, D. Feng, C. Clayberger, and A. M. Krensky. 2002. Functional domains and DNA-binding sequences of rflat - 1/klf13, a kruppel-like transcription factor of activated t lymphocytes. J Biol Chem 277: 30055 - 30065.

[208] Spiegelman, B. M. , and S. R. Farmer. 1982. Decreases in tubulin and actin gene expression prior to morphological differentiation of 3T3 adipocytes. Cell 29: 53 - 60.

[209] Spiegelman, B. M. , M. Frank, and H. Green. 1983. Molecular cloning of mrna from 3t3 adipocytes. Regulation of mrna content for glycerophosphate dehydrogenase and other differentiation-dependent proteins during adipocyte development. J Biol Chem 258: 10083 - 10089.

[210] Statnick, M. A. , L. S. Beavers, L. J. Conner, H. Corominola, D. Johnson, C. D. Hammond, R. Rafaeloff-Phail, T. Seng, T. M. Suter, J. P. Sluka, E. Ravussin, R. A. Gadski, and J. F. Caro. 2000. Decreased expression of apm1 in omental and subcutaneous adipose tissue of humans with type 2 diabetes. Int J Exp Diabetes Res 1: 81 - 88.

[211] Stephens, J. M. , J. Lee, and P. F. Pilch. 1997. Tumor necrosis factor-alpha-induced insulin resistance in 3t3 - l1 adipocytes is accompanied by a loss of insulin receptor substrate - 1 and glut4 expression without a loss of insulin receptor-mediated signal transduction. J Biol Chem 272: 971 - 976.

[212] Stephens, J. M. , and P. H. Pekala. 1991. Transcriptional repression of the glut4 and c/ebp genes in 3t3 - l1 adipocytes by tumor necrosis factor-alpha. J Biol Chem 266: 21839 - 21845.

[213] Stephens, J. M. , and P. H. Pekala. 1992. Transcriptional repression of the c/ebp-alpha and glut4 genes in 3t3 - l1 adipocytes by tumor necrosis factor-alpha. Regulations is coordinate and independent of protein synthesis. J Biol Chem 267: 13580 - 13584.

[214] Steppan, C. M. , S. T. Bailey, S. Bhat, E. J. Brown, R. R. Banerjee, C. M. Wright, H. R. Patel, R. S. Ahima, and M. A. Lazar. 2001a. The hormone resistin links obesity to diabetes. Nature 409: 307 - 312.

[215] Steppan, C. M., E. J. Brown, C. M. Wright, S. Bhat, R. R. Banerjee, C. Y. Dai, G. H. Enders, D. G. Silberg, X. Wen, G. D. Wu, and M. A. Lazar. 2001b. A family of tissue-specific resistin-like molecules. Proc Natl Acad Sci U S A 98: 502 - 506.

[216] Steppan, C. M., J. Wang, E. L. Whiteman, M. J. Birnbaum, and M. A. Lazar. 2005. Activation of socs - 3 by resistin. Mol Cell Biol 25: 1569 - 1575.

[217] Sue, N., B. H. Jack, S. A. Eaton, R. C. Pearson, A. P. Funnell, J. Turner, R. Czolij, G. Denyer, S. Bao, J. C. Molero-Navajas, A. Perkins, Y. Fujiwara, S. H. Orkin, K. Bell-Anderson, and M. Crossley. 2008. Targeted disruption of the basic kruppel-like factor gene (klf3) reveals a role in adipogenesis. Mol Cell Biol 28: 3967 - 3978.

[218] Suryawan, A., L. V. Swanson, and C. Y. Hu. 1997. Insulin and hydrocortisone, but not triiodothyronine, are required for the differentiation of pig preadipocytes in primary culture. J Anim Sci 75: 105 - 111.

[219] Suske, G., E. Bruford, and S. Philipsen. 2005. Mammalian sp/klf transcription factors: Bring in the family. Genomics 85: 551 - 556.

[220] Takahashi, K., K. Tanabe, M. Ohnuki, M. Narita, T. Ichisaka, K. Tomoda, and S. Yamanaka. 2007. Induction of pluripotent stem cells from adult human fibroblasts by defined factors. Cell 131:861 - 872.

[221] Takahashi, K., and S. Yamanaka. 2006. Induction of pluripotent stem cells from mouse embryonic and adult fibroblast cultures by defined factors. Cell 126: 663 - 676.

[222] Tanaka, T., N. Yoshida, T. Kishimoto, and S. Akira. 1997. Defective adipocyte differentiation in mice lacking the c/ebpbeta and/or c/ebpdelta gene. Embo J 16: 7432 - 7443.

[223] Tartaglia, L. A. 1997. The leptin receptor. J Biol Chem 272: 6093 - 6096.

[224] Taylor, S. M., and P. A. Jones. 1979. Multiple new phenotypes induced in 10t1/2 and 3t3 cells treated with 5 - azacytidine. Cell 17: 771 - 779.

[225] Teshigawara, K., W. Ogawa, T. Mori, Y. Matsuki, E. Watanabe, R. Hiramatsu, H. Inoue, K. Miyake, H. Sakaue, and M. Kasuga. 2005. Role of kruppel-like factor 15 in pepck gene expression in the liver. Biochem Biophys Res Commun 327: 920 - 926.

[226] Tomas, E., T. S. Tsao, A. K. Saha, H. E. Murrey, C. Zhang Cc, S. I. Itani, H. F. Lodish, and N. B. Ruderman. 2002. Enhanced muscle fat oxidation and glucose transport by acrp30 globular domain: Acetyl-coa carboxylase inhibition and amp-activated protein kinase activation. Proc Natl Acad Sci U S A 99: 16309 - 16313.

[227] Tontonoz, P., E. Hu, J. Devine, E. G. Beale, and B. M. Spiegelman. 1995. Ppar gamma 2 regulates adipose expression of the phosphoenolpyruvate carboxykinase gene. Mol Cell Biol 15: 351 - 357.

[228] Tontonoz, P., J. B. Kim, R. A. Graves, and B. M. Spiegelman. 1993. Add1: A novel helix-loop-helix transcription factor associated with adipocyte determination and differentiation. Mol Cell Biol 13: 4753 - 4759.

[229] Tontonoz, P., L. Nagy, J. G. Alvarez, V. A. Thomazy, and R. M. Evans. 1998. Ppargamma promotes monocyte/macrophage differentiation and uptake of oxidized ldl. Cell 93: 241 - 252.

[230] Tsao, T. S., H. E. Murrey, C. Hug, D. H. Lee, and H. F. Lodish. 2002. Oligomerization state-dependent activation of nf-kappa b signaling pathway by adipocyte complement-related protein of 30 kda (acrp30). J Biol Chem 277: 29359 - 29362.

[231] Turner, J., and M. Crossley. 1998. Cloning and characterization of mctbp2, a co-repressor that associates with basic kruppel-like factor and other mammalian transcriptional regulators. Embo J 17:

5129 -5140.

[232] Uchida, S., Y. Tanaka, H. Ito, F. Saitoh-Ohara, J. Inazawa, K. K. Yokoyama, S. Sasaki, and F. Marumo. 2000. Transcriptional regulation of the clc-k1 promoter by myc-associated zinc finger protein and kidney-enriched kruppel-like factor, a novel zinc finger repressor. Mol Cell Biol 20: 7319 - 7331.

[233] Um, S. H., F. Frigerio, M. Watanabe, F. Picard, M. Joaquin, M. Sticker, S. Fumagalli, P. R. Allegrini, S. C. Kozma, J. Auwerx, and G. Thomas. 2004. Absence of s6k1 protects against age-and diet-induced obesity while enhancing insulin sensitivity. Nature 431: 200 - 205.

[234] Uysal, K. T., S. M. Wiesbrock, M. W. Marino, and G. S. Hotamisligil. 1997. Protection from obesity-induced insulin resistance in mice lacking tnf-alpha function. Nature 389: 610 - 614.

[235] van Vliet, J., L. A. Crofts, K. G. Quinlan, R. Czolij, A. C. Perkins, and M. Crossley. 2006. Human klf17 is a new member of the sp/klf family of transcription factors. Genomics 87: 474 - 482.

[236] van Vliet, J., J. Turner, and M. Crossley. 2000. Human kruppel-like factor 8: A caccc-box binding protein that associates with ctbp and represses transcription. Nucleic Acids Res 28: 1955 - 1962.

[237] Vozarova de Courten, B., M. Degawa-Yamauchi, R. V. Considine, and P. A. Tataranni. 2004. High serum resistin is associated with an increase in adiposity but not a worsening of insulin resistance in pima indians. Diabetes 53: 1279 - 1284.

[238] Waki, H., T. Yamauchi, J. Kamon, Y. Ito, S. Uchida, S. Kita, K. Hara, Y. Hada, F. Vasseur, P. Froguel, S. Kimura, R. Nagai, and T. Kadowaki. 2003. Impaired multimerization of human adiponectin mutants associated with diabetes. Molecular structure and multimer formation of adiponectin. J Biol Chem 278: 40352 - 40363.

[239] Wang, N. D., M. J. Finegold, A. Bradley, C. N. Ou, S. V. Abdelsayed, M. D. Wilde, L. R. Taylor, D. R. Wilson, and G. J. Darlington. 1995. Impaired energy homeostasis in c/ebp alpha knockout mice. Science 269: 1108 - 1112.

[240] Wang, Y., K. S. Lam, M. H. Yau, and A. Xu. 2008. Post-translational modifications of adiponectin: Mechanisms and functional implications. Biochem J 409: 623 - 633.

[241] Wang, Y., A. Xu, C. Knight, L. Y. Xu, and G. J. Cooper. 2002. Hydroxylation and glycosylation of the four conserved lysine residues in the collagenous domain of adiponectin. Potential role in the modulation of its insulin-sensitizing activity. J Biol Chem 277: 19521 - 19529.

[242] Weiner, F. R., P. J. Smith, S. Wertheimer, and C. S. Rubin. 1991. Regulation of gene expression by insulin and tumor necrosis factor alpha in 3t3 - l1 cells. Modulation of the transcription of genes encoding acyl-coa synthetase and stearoyl-coa desaturase - 1. J Biol Chem 266: 23525 - 23528.

[243] Weyer, C., T. Funahashi, S. Tanaka, K. Hotta, Y. Matsuzawa, R. E. Pratley, and P. A. Tataranni. 2001. Hypoadiponectinemia in obesity and type 2 diabetes: Close association with insulin resistance and hyperinsulinemia. J Clin Endocrinol Metab 86: 1930 - 1935.

[244] Wolf, I., S. Sadetzki, H. Kanety, Y. Kundel, C. Pariente, N. Epstein, B. Oberman, R. Catane, B. Kaufman, and I. Shimon. 2006. Adiponectin, ghrelin, and leptin in cancer cachexia in breast and colon cancer patients. Cancer 106: 966 - 973.

[245] Wolfe, S. A., L. Nekludova, and C. O. Pabo. 2000. DNA recognition by cys2his2 zinc finger proteins. Annu Rev Biophys Biomol Struct 29: 183 - 212.

[246] Wolins, N. E., B. K. Quaynor, J. R. Skinner, A. Tzekov, C. Park, K. Choi, and P. E. Bickel. 2006. Op9 mouse stromal cells rapidly differentiate into adipocytes: Characterization of a useful new model of adipogenesis. J Lipid Res 47: 450 - 460.

[247] Wright, H. M., C. B. Clish, T. Mikami, S. Hauser, K. Yanagi, R. Hiramatsu, C. N. Serhan, and

B. M. Spiegelman. 2000. A synthetic antagonist for the peroxisome proliferator-activated receptor gamma inhibits adipocyte differentiation. J Biol Chem 275：1873 - 1877.

[248] Wu，J.，S. V. Srinivasan，J. C. Neumann，and J. B. Lingrel. 2005. The klf2 transcription factor does not affect the formation of preadipocytes but inhibits their differentiation into adipocytes. Biochemistry 44：11098 - 11105.

[249] Wu，X.，H. Motoshima，K. Mahadev，T. J. Stalker，R. Scalia，and B. J. Goldstein. 2003. Involvement of amp-activated protein kinase in glucose uptake stimulated by the globular domain of adiponectin in primary rat adipocytes. Diabetes 52：1355 - 1363.

[250] Wu，Z.，N. L. Bucher，and S. R. Farmer. 1996. Induction of peroxisome proliferator-activated receptor gamma during the conversion of 3t3 fibroblasts into adipocytes is mediated by c/ebpbeta，c/ebpdelta，and glucocorticoids. Mol Cell Biol 16：4128 - 4136.

[251] Wu，Z.，Y. Xie，N. L. Bucher，and S. R. Farmer. 1995. Conditional ectopic expression of c/ebp beta in nih - 3t3 cells induces ppar gamma and stimulates adipogenesis. Genes Dev 9：2350 - 2363.

[252] Xi，X.，J. Han，and J. Z. Zhang. 2001. Stimulation of glucose transport by amp-activated protein kinase via activation of p38 mitogen-activated protein kinase. J Biol Chem 276：41029 - 41034.

[253] Yamanaka，R.，C. Barlow，J. Lekstrom-Himes，L. H. Castilla，P. P. Liu，M. Eckhaus，T. Decker，A. Wynshaw-Boris，and K. G. Xanthopoulos. 1997. Impaired granulopoiesis，myelodysplasia，and early lethality in ccaat/enhancer binding protein epsilon-deficient mice. Proc Natl Acad Sci U S A 94：13187 - 13192.

[254] Yamauchi，T.，J. Kamon，Y. Ito，A. Tsuchida，T. Yokomizo，S. Kita，T. Sugiyama，M. Miyagishi，K. Hara，M. Tsunoda，K. Murakami，T. Ohteki，S. Uchida，S. Takekawa，H. Waki，N. H. Tsuno，Y. Shibata，Y. Terauchi，P. Froguel，K. Tobe，S. Koyasu，K. Taira，T. Kitamura，T. Shimizu，R. Nagai，and T. Kadowaki. 2003. Cloning of adiponectin receptors that mediate antidiabetic metabolic effects. Nature 423：762 - 769.

[255] Yamauchi，T.，J. Kamon，Y. Minokoshi，Y. Ito，H. Waki，S. Uchida，S. Yamashita，M. Noda，S. Kita，K. Ueki，K. Eto，Y. Akanuma，P. Froguel，F. Foufelle，P. Ferre，D. Carling，S. Kimura，R. Nagai，B. B. Kahn，and T. Kadowaki. 2002. Adiponectin stimulates glucose utilization and fatty-acid oxidation by activating amp-activated protein kinase. Nat Med 8：1288 - 1295.

[256] Yamauchi，T.，J. Kamon，H. Waki，Y. Terauchi，N. Kubota，K. Hara，Y. Mori，T. Ide，K. Murakami，N. Tsuboyama-Kasaoka，O. Ezaki，Y. Akanuma，O. Gavrilova，C. Vinson，M. L. Reitman，H. Kagechika，K. Shudo，M. Yoda，Y. Nakano，K. Tobe，R. Nagai，S. Kimura，M. Tomita，P. Froguel，and T. Kadowaki. 2001. The fat-derived hormone adiponectin reverses insulin resistance associated with both lipoatrophy and obesity. Nat Med 7：941 - 946.

[257] Yang，Y. S.，H. D. Song，R. Y. Li，L. B. Zhou，Z. D. Zhu，R. M. Hu，Z. G. Han，and J. L. Chen. 2003. The gene expression profiling of human visceral adipose tissue and its secretory functions. Biochem Biophys Res Commun 300：839 - 846.

[258] Yeh，W. C.，Z. Cao，M. Classon，and S. L. McKnight. 1995. Cascade regulation of terminal adipocyte differentiation by three members of the c/ebp family of leucine zipper proteins. Genes Dev 9：168 -181.

[259] Yokoyama，C.，X. Wang，M. R. Briggs，A. Admon，J. Wu，X. Hua，J. L. Goldstein，and M. S. Brown. 1993. Srebp - 1，a basic-helix-loop-helix-leucine zipper protein that controls transcription of the low density lipoprotein receptor gene. Cell 75：187 - 197.

[260] Youn，B. S.，K. Y. Yu，H. J. Park，N. S. Lee，S. S. Min，M. Y. Youn，Y. M. Cho，Y. J.

Park, S. Y. Kim, H. K. Lee, and K. S. Park. 2004. Plasma resistin concentrations measured by enzyme-linked immunosorbent assay using a newly developed monoclonal antibody are elevated in individuals with type 2 diabetes mellitus. J Clin Endocrinol Metab 89: 150 - 156.

[261] Zdychova, J., and R. Komers. 2005. Emerging role of akt kinase/protein kinase b signaling in pathophysiology of diabetes and its complications. Physiol Res 54: 1 - 16.

[262] Zhang, D. E., P. Zhang, N. D. Wang, C. J. Hetherington, G. J. Darlington, and D. G. Tenen. 1997. Absence of granulocyte colony-stimulating factor signaling and neutrophil development in ccaat enhancer binding protein alpha-deficient mice. Proc Natl Acad Sci U S A 94: 569 - 574.

[263] Zhang, J. S., M. C. Moncrieffe, J. Kaczynski, V. Ellenrieder, F. G. Prendergast, and R. Urrutia. 2001. A conserved alpha-helical motif mediates the interaction of sp1-like transcriptional repressors with the corepressor msin3a. Mol Cell Biol 21: 5041 - 5049.

[364] Zhang, Y., R. Proenca, M. Maffei, M. Barone, L. Leopold, and J. M. Friedman. 1994. Positional cloning of the mouse obese gene and its human homologue. Nature 372: 425 - 432.

第11章

猪肌内脂肪沉积及其调控

20 世纪以来，国内外育种工作者选育了一大批瘦肉型品种猪，选育时主要的目标性状是生长速度、饲料转化率和屠宰后的胴体瘦肉率。经过这样的选育，猪的瘦肉率提高了，背膘厚降低了，但同时肌内脂肪含量也大幅度下降了，如英国 20 年来猪的背膘厚下降了 33.0%，胴体中脂肪率降低了 35.0%，但肌内脂肪也下降了 27.0%；丹麦 1978—1992 年 4 个品种猪肌内脂肪下降了约 50.0%，长白猪、大白猪肌内脂肪含量仅为 1%左右，杜洛克猪肌内脂肪含量也仅为 2.1%。肌内脂肪与猪肉品质密切相关，是决定猪肉嫩度、多汁性和口感的物质基础（Lefaucheur，2010；Bai 等，2003；Devol 等，1988）。因此近年来，揭示调控肌内脂肪沉积的内在分子机制进而改善猪肉品质成为营养学、遗传学等学科研究的热点。

11.1 肌内脂肪的定义

肌内脂肪（Intramuscular fat，IMF）是指沉积在肌束和肌纤维间的脂肪，伴随着肌束和肌纤维间结缔组织的发育而逐渐沉积下来。肌内脂肪沉积顺序是肌肉内的大血管周围、肌外膜、肌束膜、肌内膜及其周围的毛细血管。与其他脂肪组织相比，肌内脂肪中含有更多的磷酸甘油三酯、胆固醇、胆固醇酯和少量的鞘类酯物。以总酯类物为基础，沉积在猪肌肉组织中的这种脂类比例高达 20.0%～25.0%，与其他脂肪组织的组成差异较大。鲁绯等（2001）研究表明肌内脂肪虽然只占胴体脂类的 1.0%～2.0%，但它对肉的感官品质、食用品质、加工和贮藏性能等都有重要的影响。

11.2 肌内脂肪与肉品质的关系

肌内脂肪是评定肉质的一个重要指标，它与肌肉的嫩度、多汁性、风味等直接相关。含量适中且分布均匀的大理石纹能使肉品味美多汁、口感良好、含量过少则肉品干硬乏味；含量过多或分布不均，会引起消费者对摄入脂肪过多的担忧且在肉的加工中存在不利因素。

肌内脂肪与猪肉品质密切相关，是影响猪肉嫩度、多汁性和口感的重要因素（Lefaucheur，2010；Bai 等，2003；Devol 等，1988）。近年来，寻求最佳的肌内脂肪含量，揭示调控肌内脂肪沉积的内在分子机制进而改善猪肉品质成为营养学、遗传学等学科研究的热点。脂肪在猪不同部位沉积下来分别形成皮下脂肪、腹脂、内脏脂肪和肌内脂肪。目前从遗传和育种的角度来看，肌内脂肪沉积与皮下脂肪的沉积呈表型正相关，但是皮下脂肪、腹脂、内脏脂肪和肌内脂肪的代谢机制存在明显差异（Gardan 等，2006）。

11.2.1 肌内脂肪含量影响肉的嫩度和多汁性

沉积在肌外膜、肌束膜甚至肌内膜上的脂肪从肌纤维间融化出来使肉质鲜嫩而多汁。当肌束间积聚的脂肪较多时，这种形态结构能疏松结缔组织、降低结缔组织的物理强度，使得肌纤维容易分离，肌肉即变得柔软细嫩，适口性好，易于咀嚼。此外，肌肉在烹调加工过程中，肌内脂肪浸润了肌纤维束，从而进一步提高了肌肉嫩度。肌内脂肪含量越多，经烹调后嫩度就越好。Pedersen 等（1979）对丹麦商品猪肉质进行研究后发现，肉的风味和多汁性随肌内脂肪含量的增加而持续改善，提高肌内脂肪将会使肉的嫩度和多汁性相应改进。Seideman 等（1987）研究表明，肌肉剪切力与牛肉大理石花纹呈负相关。Laack 等（2001）认为肌内脂肪通过两方面的作用来改善肉的嫩度，一是切断了肌纤维束间的交联结构，二是有利于咀嚼过程中肌纤维的断裂。Okeudo 等（2005）研究也表明，肌内脂肪与肌肉剪切力、烹饪损失呈负相关，并认为肌肉剪切力的变异 30.0%与肌内脂肪有关，而烹饪损失的变异 17.6%与肌内脂肪有关。

11.2.2 肌内脂肪是影响肉品风味的主要因素之一

肉的风味主要指味觉和嗅觉方面的效应，包括滋味和香味两方面。肉的滋味物来源于肉的基本成分蛋白质、核酸、无机盐和矿物质，体现肉品基本的滋味，因此种间无明显的不同。而肉的香味则来源于肌内脂肪酸的氧化降解产物，肌内脂肪的含量及组成对肉香味的形成具有重要影响（Cameron 等，2000），不同种类畜禽风味的差异也主要是由于肌内脂肪氧化产物的不同所导致的（Zderic 等，2003）。脂肪氧化作用对肉香的形成有几个途径：它本身及其热解产物可能就是风味物质，脂肪酸和游离脂肪酸受热氧化可产生大量的风味物质，当脂肪分子有几个游离基时，在 60℃就会发生自动氧化，内酯、醇、酮和低级脂肪酸的产生都与脂肪的热解有关；另外，肌内脂肪中的磷脂通过美拉德反应（Malliard reaction）相互作用，改变其挥发性产物的构成从而影响肉品的风味（Parrici 等，1985）。

11.3 肌内脂肪发生、生成与分布

最初研究发现，脂肪细胞是由起源于中胚层的多能干细胞逐步分化、发育而来，但肌内脂肪细胞的起源是否与脂肪细胞同源尚未定论。Pisani 等（2010）研究发现，某些特殊的骨骼肌

细胞(表达 CD34)在体内外有很强的生脂潜力,能分化为脂肪细胞,但肌内脂肪细胞究竟是由多功能干细胞逐步分化而来还是由肌细胞分化所得尚未见报道。Joe 等(2009)研究发现,不同的脂肪组织其发育方式各有不同,内脏脂肪的发育主要以细胞体积增大为主,而皮下脂肪则以脂肪细胞增殖为主,成脂祖细胞在皮下脂肪中的数量是在内脏脂肪中的 8 倍之多。而肌内脂肪组织的生长发育包括脂肪细胞数目的增加(即脂肪细胞的增殖)和脂肪细胞体积的增大(即脂肪细胞的肥大)两方面,一般说来,动物脂肪组织的生长发育在胚胎期以脂肪细胞的增殖为主,而出生后主要以脂肪细胞的肥大为主,但肌内脂肪沉积在动物生长各阶段中哪一方面占主导地位尚未明确。在猪的不同部位脂肪沉积的先后顺序依次为:皮下脂肪、腹脂、内脏脂肪和肌内脂肪。不同部位脂肪发育的速度和模式是不同的,这与前体脂肪细胞的数目及分化能力、神经支配、激素调节和血液供应等因素有关。Kouba 等(1999)研究表明,来自于肌内脂肪组织的脂肪细胞合成脂肪能力高于外周脂肪组织的脂肪细胞。

11.3.1 肌内脂肪沉积的分子机制

肌内脂肪沉积主要包括 3 个方面,肌内脂肪细胞数目的增加、肌内脂肪细胞内脂滴和肌细胞内脂滴的沉积。其中肌内脂肪细胞数目及其细胞内脂滴的沉积是肌内脂肪沉积的主要部分,约占 80.0%,肌纤维内脂滴的沉积仅仅占极少比例,占 5.0%～20.0%(Essengustavsson,1994; Gondret,1998)。

肌内脂肪细胞数目的增加

目前研究推测,肌内脂肪沉积机制主要从以下两个方面开展研究:①脂肪细胞数目的增加;②脂肪细胞的肥大即肌内脂肪细胞和肌细胞内脂滴的沉积。目前关于肌内脂肪细胞的来源以及细胞数目的增加机制尚存争议。Lee 等(1974)研究发现,24 周龄前,猪肌内脂肪细胞数目仍处于增加阶段。部分研究报道揭示出生后肌内脂肪细胞数目的增加可能是由肌内前体脂肪细胞和肌卫星细胞分化而来(Rudnicki 等,2001)。Katsumata(2011)综述中指出,Kyoya 研究小组发现 10 周龄前猪肌内脂肪细胞处于增加阶段,10 周龄后,肌内脂肪细胞数目停止增加。而目前关于畜禽在出生后机体内肌内脂肪细胞的来源未见报道。Pisani(2010)在人类肌肉组织中研究发现,肌肉中的间充质干细胞(Mesenchymal stem cells,MSC)有多种分化功能,可以分化为肌肉内脂肪前体细胞以及肌卫星细胞,而大量研究发现人类肌卫星细胞具有向脂肪细胞分化的潜能(Vettor 等, 2009),其中调控肌卫星细胞向脂肪细胞分化的信号通路研究有 PPARs 家族、Wnt 通路等,推测这可能与出生后肌内脂肪细胞数目的增加有关,但关于猪肌内脂肪细胞数目增加是否是由间充质干细胞分化而来,目前尚未研究报道。

11.3.2 肌内脂肪细胞和肌细胞内脂滴沉积

脂滴的沉积是脂肪合成代谢与分解代谢的一种正平衡状态,脂肪细胞是甘油三酯的贮存库,脂肪的沉积是能量贮存的主要方式,肌内脂肪的沉积能力在 3 个方面受到调控,即肌内脂肪的合成代谢、分解代谢和脂肪(酸)的转运。

11.3.2.1 调控肌内脂肪合成和分解代谢的相关基因

过氧化物酶体增殖物激活受体 γ(Peroxisome proliferator - activated receptor γ, PPAR γ)是调节目标基因表达的核内受体转录因子超家族成员。PPAR γ 具有脂肪组织特异性，能被脂肪酸及外源性过氧化物酶体增殖剂激活，而调控某些参与脂质代谢的酶的表达。PPAR γ 在许多脂肪细胞基因转录激活前被诱导，对细胞分化有重要作用(Houseknecht 等，2002；Lehrke 和 Lazar，2005)。PPAR γ 是脂肪细胞分化过程中重要的调节因子，它还可促使成纤维细胞或骨髓间充质干细胞向脂肪细胞分化(Singh, Artaza 等 2003)。饲喂高能日粮，能够提高荣昌猪的背膘厚及肌内脂肪含量，同时促进脂肪中 PPAR γ 的基因表达(Zeng 等，2011)。最近研究表明，降低饲料中蛋白水平，能够提高猪肌内脂肪含量($P<0.05$)，同时背最长肌中 PPAR γ 的基因表达量升高(Guo 等，2011)。PPAR γ 与调控脂肪代谢的基因密切相关(Schadinger 等，2005；Teruel 等，2005)，提示 PPAR γ 可能是影响脂肪代谢甚至肌内脂肪代谢的关键基因。

PGC - 1 α (Peroxisome proliferator-activated receptor gamma coactivator 1 alpha)是 PPAR γ 的配体，在 PPAR γ 发挥功能的过程中发挥重要作用，与机体的线粒体生物合成等生理活动密切相关。研究发现，PGC - 1 α 与藏猪肌内脂肪含量显著相关，且与肌纤维形成有关(Liu 等，2011)。肌纤维类型影响猪肌内脂肪含量及猪肉品质，研究表明金华猪肌肉中氧化型肌纤维和中间型肌纤维含量高于长白猪，同时肌内脂肪含量较高的金华猪滴水损失低，肉质优良(Guo 等，2011)。Lin 等(2002)研究发现，PGC - 1 α 能够通过调控 Mef2 基因的表达促进氧化型肌纤维的生成。提示，PGC - 1α 可能通过影响脂肪细胞分化及肌纤维的生成进而影响肌内脂肪沉积。

此外，与皮下脂肪相似，在肌内脂肪合成和分解代谢过程中发挥重要作用的基因还包括乙酰 CoA 羧化酶(ACC)、脂肪酸合成酶(FAS)、甘油二酯酰基转移酶(DGAT)、脂肪甘油三酯水解酶(Adipose triglyceride lipase，ATGL)、激素敏感酯酶(HSL)和脂联素(Adiponectin)等。肌内脂肪的合成还受激素的调节，如雌激素、胰岛素促进脂肪的合成，而雄激素、生长激素却有抑制作用。

11.3.2.2 肌内脂肪转运的相关基因

脂肪酸是肌肉的重要组成成分和主要的能量来源之一，肌肉组织中脂肪酸的含量及其利用程度可直接影响机体糖脂代谢和胰岛素抗性，其代谢紊乱往往是形成如高血脂、高胆固醇和糖尿病等疾病的主要原因。肌肉中，约 90%脂肪酸是长链脂肪酸，它可以由乙辅酶 A 羧化酶和脂肪酸合成酶内源性合成，也可通过水解甘油三酯和膜脂的循环产生，但最主要的还是通过外源性摄取。

外源性脂肪酸或胞液内合成的脂肪酸在进入肌肉细胞内进行代谢时必须经过一系列转运过程，主要包括细胞外转运和细胞内转运。细胞外转运是使外源性脂肪酸结合到细胞膜外。由于脂肪酸在血液中的溶解度很低，必须与血浆脂蛋白结合才能进行转运，在脂蛋白的作用下，脂肪酸到达细胞膜表面。细胞内转运则包括脂肪酸穿越细胞膜和穿越后的解吸，离开胞质细胞膜，每步都必须有蛋白质催化才能使脂肪酸有效移动。近年来，与脂肪酸转运有关的蛋白相继被发现。

(1)脂肪酸结合蛋白家族(Fatty acid binding proteins,FABPs)

FABPs的主要作用是调节脂肪酸的吸收及其在细胞内的转运。脂肪酸通过各种细胞质膜的转运一般认为是简单扩散和脂类分离的被动过程。通过这种转运的脂肪酸随之就结合到细胞质FABPs上,然后运输到细胞器里,或者沿着细胞内膜继续移动。FABPs能够加强脂肪酸的转运扩散,促进细胞膜吸附脂肪酸。它不仅能结合囊泡和脂质体中的脂肪酸,还能结合线粒体膜和脂单层中的脂肪酸。

心脏脂肪酸结合蛋白(Heart fatty acid binding protein, H-FABP)基因、脂肪组织脂肪酸结合蛋白(Adipocyte fatty acid binding protein, A-FABP)和膜脂肪酸结合蛋白(Plasma membrane fatty acid binding protein,FABPpm)已被证实与肌肉内的脂肪酸转运有关。Gerbens等(1997)的试验表明,该基因存在多态性位点,且不同基因型个体间肌内脂肪含量及背膘厚差异显著,位于与脂肪沉积相关的数量性状遗传位点区域内,是一个与脂肪沉积相关的候选功能基因。心脏脂肪酸结合蛋白基因在肌内脂肪上表现出的多态性可能与心脏脂肪酸结合蛋白调节肌肉细胞中脂肪酸的转运和使骨骼肌细胞中进入更多有效的脂肪酸有关。大量研究表明,H-FABP参与细胞内脂肪酸的运输,可将脂肪酸从细胞膜运送到脂肪酸氧化、甘油三酯和磷脂的合成部位(Gerbens等,1999)。H-FABP在细胞内与脂肪酸结合,使细胞内外保持一定的脂肪酸浓度差,促进细胞摄取脂肪酸。哺乳动物的H-FABP在心肌中最为丰富,而未成熟肌肉组织中H-FABP表达量极低或几乎没有表达。当细胞开始利用脂肪酸作为能源时,H-FABP浓度迅速上升。H-FABP的表达与细胞有丝分裂后终极分化状态密切相关,且其表达随着对脂肪酸依赖性代谢的增强而提高(张海燕等,2009)。但是,目前心脏脂肪酸结合蛋白基因对肌内脂肪的调控机理尚不清楚,需要进一步的研究。

最早证明,FABPpm与脂肪酸转运相关的证据来自FABPpm对油酸的亲和性。在非洲爪蟾卵母细胞和3T3细胞中表达FABPpm均能提高油酸的吸收率(Abumrad等,1999)。Clarke等(2004)对比目鱼肌注射FABPpm cDNA,发现在FABPpm表达水平提高173.0%的条件下,棕榈酸的跨膜转运量上升79.0%,在膜磷脂中的掺入量提高36.0%。作为肌肉的重要能量来源,脂肪酸的吸收和氧化会因运动和锻炼而迅速上升,FABPpm的表达水平也相应提高。Turcotte等(1997)在大鼠中发现氧化能力更高的红肌细胞中FABPpm的mRNA表达水平比白肌细胞高83.0%。短时间的禁食后,大鼠血糖下降42.0%,血浆中游离脂肪酸增加5倍,白肌细胞(糖酵解供能为主)的FABPpm没有任何变化,而红肌细胞(氧化供能为主)中的FABPpm却有明显的增加,表明FABPpm可能与高速率的脂肪酸氧化有关。

A-FABP基因定位在猪的第4号染色体上,包括上游调控区、4个外显子、3个内含子和下游编码区。Gerbens等(1997)通过PCR扩增分析,在6个猪种的品种中发现了9个等位基因,不同基因型间的肌内脂肪含量差异显著,并确定了4号染色体的脂肪型脂肪酸结合蛋白基因位点对肌内脂肪含量有明显影响。最早研究A-FABP的动物模型是1996年建立的。Prisen等(1998)将A-FABP转染至L6成肌细胞,发现A-FABP不影响脂肪酸的摄取,但降低了肌细胞中脂肪酸的氧化,卵磷脂脑磷脂合成却增多。

(2)肉碱脂酰转移酶(Carnitine palmitoyltransferase 1,CPT1)

哺乳动物体内,长链脂肪酸作为一种主要的供能前体物质不能通过简单扩散进入线粒体,而是需要借助于肉碱棕榈酰转移酶系统[Carnitine palmitoyltransferase (CPT) system]转入线粒体内进行β氧化。目前已知有两种不同的CPT在CPT系统中发挥作用。位于线粒体外膜的 CPT1 主要催化肉碱(Carnitine)和乙酰辅酶 A(Acyl - CoA)合成乙酰基肉碱(Acylcarnitine),而位于线粒体内膜 CPT2 主要催化乙酰基肉碱(Acylcarnitine)和辅酶 A(CoA)反应释放乙酰辅酶 A(Acyl - CoA)的反应。

CPT1 是脂肪酸 β - 氧化的关键限速酶,受到包括丙二酸单酰 CoA 在内的各种因子在转录水平、翻译及翻译后水平的调节作用。张艳芳(2010)研究推测,CPT1 基因的表达量与肌内脂肪含量相关, CPT1 的上游基因 CB1 可能通过调控 CPT1 基因的表达进而影响脂肪沉积。在此过程中,PPARα 信号通路可能发挥着重要的作用。

(3)其他相关基因

脂蛋白酯酶(Lipoprteinlipase,LPL):国内外专家学者在猪、湖羊和肉鸭的研究中均发现 LPL 是肌内脂肪的沉积密切相关的候选基因(王刚,2006;乔永,2007;Saez 等,2009)。LPL 基因的表达具有组织特异性,在肌肉和骨骼肌组织中表达丰度最高。LPL 对外源性脂肪酸运输有重要调节作用,尤其在肌内脂肪合成时,控制肌肉和脂肪中甘油三酯的分配。肌肉和脂肪组织中都有 LPL 产生,它们对甘油三酯的利用存在竞争关系。LPL 基因的转录表达调控是通过各种转录因子来实现的,目前已知对 LPL 转录有重要调节作用的转录因子有过氧化物增殖物激活受体(PPARs),肿瘤坏死因子 α(Tumor Necrosis Factor-alpha,TNF - α),cAMP 反应元件结合蛋白(cAMP response element binding protein,CREB)(王刚,2006)。

脂肪酸转运蛋白 1(Fatty acid transport protein 1,FATP - 1):FATPs 是一个由 6 个成员组成的蛋白家族,其中 FATP - 1 主要在对胰岛素敏感的组织(脂肪组织和骨骼肌)中特异表达。现有研究表明,FATP - 1 在脂肪酸的转运过程中具有着重要作用,敲除 FATP - 1 基因能够减少肌肉中甘油三酯的沉积(Richards,2003)。脂肪细胞分泌的脂联素补体相关蛋白能特异性提高肌肉中 FATP1 的表达水平(周丽华,2008)。Abumrad(1999)等发现,肿瘤坏死因子2α、脂多糖和白介素 21 能够下调 FATP - 1 的表达水平。作为脂肪酸转运的重要载体蛋白,FATP - 1 的基因表达不仅受到胰岛素以及脂肪细胞分泌激素等的调控,而且还直接受控于核转录因子——过氧化物酶体增殖物激活受体家族的调控(周丽华,2008)。

FATP - 1 在脂肪酸的转运过程中具有重要作用,敲除 FATP - 1 基因能够减少肌肉中甘油三酯的沉积,而在小鼠心肌细胞中过量表达 FATP - 1 能够提高细胞的 LCFA 积累和脂代谢水平。将 FATP - 1 转染至 3T3 成纤维细胞时,细胞对油酸的吸收比对照组提高 3~4 倍。Wu 等研究还发现,胰岛素不能有效激发 FATP - 1 缺失的脂肪细胞对 LCFA 的吸收,但本底 LCFA 的吸收则不受 FATP - 1 缺失的影响。上述试验结果说明,FATP - 1 主要介导由胰岛素诱导的 LCFA 转运。另外,FATP - 1 对 LCFA 的转运具有一定的选择性和方向性。研究表明,FATP - 1 主要介导主链长度大于 10 个碳原子脂肪酸的跨膜转运。FATP - 1 只介导从细胞膜外到细胞膜内的单向 LCFA 转运。尽管 FATP - 1 转运脂肪酸的详细机制还不十分清楚,但有部分研究认为,FATP - 1 介导的 LCFA 吸收可能是通过酯化耦连的机制。脂肪细胞分泌的脂联素补体相关蛋白能够特异性地提高肌肉中 FATP - 1 的表达水平。Memon 等发现,TNF2α、脂多糖和白介素 1 能够下调 FATP - 1 的表达水平。作为脂肪酸转运的重要载体蛋白 FATP - 1 的基因表达不仅受到胰岛素以及脂肪细胞分泌激素等的调控,而且还直接受控于核转录因子过氧化物酶体增殖物激活受体家族,FATP - 1 的启动子含有 PPAR 结合位点,PPARs 的激活能显著提高 FATP - 1 的表达水平。一些 LCFA 及其衍生物(如前列腺素)是 PPARs 的重要内源配体。因此,有研究推测,脂肪酸和 FATP - 1 之间可能存在着正反馈的调节机制，即细胞外的 LCFA 被 FATP－1 转运至细胞内，激活 PPARs，而 PPARs 结合 FATP－1 上游的启动子，进一步提高 FATP－1 的表达水平，增加 LCFA 的吸收。

随着现代生物学技术发展和研究的进一步深入，将会有更多与脂肪转运相关的基因被挖掘，这些基因的染色体定位、多态性作用、蛋白质结构、演化及相互关系也将逐步被揭示。

11.3.3 肌内脂肪与肌纤维类型的关系

研究发现，肌内脂肪的乙酰辅酶 A 脱羧酶、柠檬酸裂解酶、葡萄糖－6－磷酸脱氢酶、苹果酸酶、*L*－α－磷酸甘油脱氢酶等能量代谢相关酶的活性均低于皮下脂肪。而且从形态看，肌内脂肪中的脂肪细胞体积小于皮下脂肪（Lee 等，1974）。肌内脂肪特殊的沉积部位决定了其与肌纤维有密切的联系。

11.3.3.1 胚胎期脂肪细胞与肌纤维的关系

动物肌内脂肪沉积包括脂肪细胞增殖和脂肪细胞肥大以及脂滴的沉积。脂肪细胞增殖主要发生在胚胎期，在胚胎期，脂肪细胞和肌纤维均是由中胚层的间充质多能干细胞（Mesenchymal Multipotent Cells，MC）逐步分化、发育而来（Du 等，2011）。间充质多能干细胞首先分化形成尚未有脂滴的前体脂肪细胞。前体脂肪细胞发生克隆性增生，细胞数目显著增多，形成刚开始出现脂滴的前脂肪细胞。前脂肪细胞经过一系列基因表达的变化形成含大量小脂滴的多室脂肪细胞。多室脂肪细胞随着脂类在细胞中的沉积，小脂滴逐渐汇集成一个大脂滴充满细胞的大部分，形成单室脂肪细胞，单室脂肪细胞即成熟的脂肪细胞。而间充质多能干细胞也可以形成肌细胞。这些肌生成前体细胞能够决定并增殖为成肌细胞群，在细胞信号的诱导下，成肌细胞退出细胞循环，停止分裂和分化，并开始表达肌细胞的特异性蛋白，最终融合形成多细胞核的肌管。肌管经过复杂的组合构成肌纤维，单个的肌纤维再构成肌纤维束，最后形成不同解剖学部位的肌肉块（Rehfeldt 等，2000）。调控间充质多能干细胞向脂肪细胞、肌细胞、成骨细胞分化的内在机制尚不清楚，Du 等发现 Wnt 信号通路通过调控间充质多能干细胞向成肌或成脂方向分化进而提高肌内脂肪含量（Du 等，2010）。调控间充质多能干细胞分化的信号通路的研究已成为当前的研究热点。

11.3.3.2 肌纤维能量代谢对肌内脂肪的影响

猪出生后骨骼肌中主要含 4 种肌纤维，肌纤维按其所含肌球蛋白重链及代谢特点可分为很多类型，不同类型的肌纤维其形态特征、收缩特性和能量代谢具有特异性。目前最科学的分类方法是根据肌球蛋白重链（Myosin heavy chain，MyHC）的不同亚型将其分为Ⅰ型、Ⅱa 型、Ⅱx 型、Ⅱb 型 4 种类型（Hammelman 等，2003）。肌纤维类型及组成不仅与肌内脂肪密切相关，而且与肉色、滴水损失和 PSE 肉的发生具有密切关系。肌肉中Ⅰ型、Ⅱa 型纤维含量高，肌内脂肪含量高，肉色红润，宰后 PSE 肉发生率低；Ⅱb 型纤维含量高，则反之。研究发现其关键是不同肌纤维类型其能量代谢方式存在差异，Ⅰ型和Ⅱa 型肌纤维肌红蛋白含量高，有氧代谢的酶系如琥珀酸脱氢酶活性高，靠有氧氧化机制供能（主要是糖和脂肪酸的有氧氧化），而Ⅱb 型肌纤维糖原和糖酵解酶系的活性高，主要通过糖酵解途径获得能量（表 11－1）。肌纤维类型与肉质的关系详见第 7 章。

表 11-1 肌纤维的分类与理化特征

项　目	肌纤维类型			
	Ⅰ	Ⅱa	Ⅱx	Ⅱb
收缩能力	+	+++	++++	+++++
ATP 酶活性	+	+++	++++	+++++
氧化能力	+++++	++++	++	+
酵解能力	+	++++	++++	+++++
己糖激酶	+++++	+++	+	+
磷酸肌酸	+	+++++	+++++	+++++
糖原含量	+	+++++	++++	+++++
甘油三酯含量	+++++	++	+	+
肌红蛋白含量	+++++	++++	++	+
直径	++	+	++++	+++++
抗疲劳能力	+++++	++++	++	+

注：+，很低；++，低；+++，中；++++，高；+++++，很高。

动物出生后，脂肪组织的沉积主要是由脂肪细胞肥大即脂滴的沉积决定的(Du 等，2010)。脂滴的沉积取决于脂肪酸摄取和氧化之间的动态平衡，肌肉主要依靠脂肪酸作为燃料来源，通过脂肪酸 β-氧化供能，脂肪酸进入细胞通过脂酰 CoA 合成酶使 CoA 酯化，或合成甘油三酯或进入线粒体进行 β 氧化。脂酰 CoA 转运进入线粒体是脂肪酸氧化的限速环节，但长链脂酰 CoA 不能直接透过线粒体内膜，要在肉碱脂酰转移酶 1(Carnitine palmitoyltransferase 1, CPT-1)的催化下转化为脂酰肉碱通过线粒体内膜，进入线粒体基质中。而丙二酰 CoA (Malonyl-CoA，MCA)是 CTP-1 的抑制蛋白，同时也是脂肪酸合成的前体，是脂肪酸代谢的关键调节蛋白。皮下脂肪动员来的长链脂肪酸在 CPT-1 转运下到肌肉线粒体内进行 β 氧化。随着脂肪酸源源不断运送到肌肉中，一部分被肌纤维利用进行氧化供能，一部分则被肌内脂肪细胞摄取，用于甘油三酯的合成，促进肌内脂肪沉积。有研究发现肌肉脂肪酸氧化能力的降低，可导致肌内脂肪的增加(Olivares 等，2009)。Hauser 等(1997)的研究指出肌内脂肪的沉积相对于其他脂肪组织较晚的原因可能是由于在肌肉组织中脂肪细胞和肌纤维从血液中竞争性摄入脂肪酸，肌纤维摄入脂肪酸用于氧化供能，而肌内脂肪细胞脂肪酸用于脂滴的沉积，因此肌纤维能量代谢与肌内脂肪沉积密切相关。

近期研究发现，腺苷酸活化蛋白激酶(AMP-activiated protein kinase, AMPK)是肌纤维能量代谢感受器，AMPK 通过抑制乙酰 CoA 羧化酶(Acetyl-coenzyme A carboxylase, ACC)、激活丙二酰 CoA 脱羧酶(Malonyl-CoA decarboxylase, MCD)而降低丙二酰 CoA 水平，调节肌纤维脂肪酸代谢。因此，研究调控肌纤维能量代谢的内在机制也成为提高肌内脂肪沉积的另一个研究热点。关于肌肉能量代谢的调节参加第 8 章“肌肉能量代谢与肉品质”。

11.3.4 不同类型猪肌内脂肪沉积差异的分子基础

我国地方猪大多属于脂肪型猪，瘦肉率低而肌内脂肪含量高。肌内脂肪含量平均可以达到 4%左右，明显高于外来猪种大约克(1.38%)、长白猪(1.46%)、杜洛克(2.1%)。同时，我国地方品种猪还具有PSE肉发生率低、肉色鲜红、系水力强、肌肉大理石纹适中、肌肉水分少、肌内脂肪含量高、肌纤维直径小等优良的肉质性状。通过研究不同类型猪的肌肉组织的成肌、成脂调控的差异，有助于揭示肌内脂肪沉积的分子机理。这在牛上也是如此，日本和牛的肌内脂肪高达27%，远远高于普通牛肉的肌内脂肪含量，成为研究牛肉肌内脂肪沉积的很好模型。

胚胎期肌内脂肪细胞与肌纤维的同源性及调控间充质多能干细胞分化的信号通路尚不清楚，但毫无疑问，肌肉中成肌与成脂是两个相互联系、不可分割的生物学过程。因此研究肌内脂肪沉积，就不能脱离开对肌纤维生成和发育以及肌纤维类型转化的深入了解。Zhao等(2003)用cDNA基因芯片技术对猪胎儿和出生后骨骼肌的不同表达谱进行了分析，对可能参与肌肉发育的基因进行了研究；Bai等(2003)用表达谱基因芯片技术测定了猪不同类型骨骼肌中低等和中等丰度表达基因的差异转录谱，鉴定出一批可能参与肌肉表型决定的候选基因；朱正茂等以杜洛克猪胎儿5个不同发育时期的背最长肌作为样本研究了其基因表达谱，并对结果进行聚类分析发现猪在胚胎发育35～45 d时基因表达状态与第55天以后的基因表达状态差别大，而第55天与第65天的基因表达状态极为相似，Lin等(2005)运用由9 182个cDNA探针构成的基因芯片对杜洛克和桃园猪骨骼肌的表达谱进行了研究，结果显示在杜洛克猪中与肌原纤维蛋白、转率调控蛋白、能量代谢酶相关的基因表达明显上调，解释了杜洛克猪在出生后比桃园猪具有更高的肌肉增长率的一般作用机制。本实验室也通过基因芯片技术比较了金华猪和长白猪背最长肌和皮下脂肪组织基因表达谱系，筛选获得了45个可能与肌内脂肪沉积密切相关的差异基因，其中包括12个已知基因和33个未知基因。这些研究将最终促进我们对肌内脂肪沉积的基因调控网络和信号通路的阐明。

11.4 肌内脂肪沉积的营养调控

在畜牧生产中，肌内脂肪越来越引起人们的兴趣。人们在要求降低背膘和腹脂的同时，希望能提高肌内脂肪的含量。肌内脂肪是机体发育后期沉积脂肪的部位，除遗传因素影响前期脂肪细胞的增殖外，脂肪的沉积在很大程度上取决于后天的营养水平。目前，已发现一些营养因子如日粮能量水平、蛋白质和氨基酸组成、日粮中添加脂肪、微量元素以及甜菜碱和环境因素等对肌内脂肪沉积有调控作用，但以目前的技术水平，还未完全掌握利用营养的手段，在不增加背膘的情况下，增加了肌内脂肪的含量。

11.4.1 日粮能量水平对肌内脂肪沉积的影响

能量水平与动物的生产性能和胴体品质密切相关。一般来说，能量水平提高，日增重增加，饲料利用率提高，胴体脂肪沉积也增多。能量水平可影响脂肪的沉积，当能量维持在需要水平时，肌肉中蛋白质含量增加而脂肪含量降低，但当摄入的能量上升到一定量时，肌肉中蛋白质含量将不再增加，而且能量的摄入量可能会影响肌内脂肪和皮下脂肪的沉积。肌内脂肪组织是最后的脂肪沉积部位，相对其他脂肪组织，其对不同日粮能量水平有不同的反应方式。Gondret和Lebret(2002)研究表明，与对照组相比，限饲和低蛋白低能日粮均使猪骨骼肌中生脂因子SREBP-1的mRNA水平降低了12.0%，但未达到显著水平。刘作华等(2007)研究了日粮能量水平对生长育肥猪肌内脂肪含量的影响。结果表明，饲喂高能量水平日粮显著提高了猪的外周脂肪含量、背膘厚以及肌内脂肪含量，提示提高日粮的能量水平有利于脂肪的沉积。

此外，日粮能量水平对猪胴体肌内脂肪沉积的调控受日粮中蛋白质(氨基酸)/能量比例的影响。Gondret 和 Lebret(2002)研究发现，低能低蛋白(DE12.96 MJ/kg，CP 13.1%)日粮和对照组日粮相比，增加了肌内脂肪含量而没有过多的胴体脂肪沉积。陈代文等(2002)研究高(14.2 MJ/kg DE)和低(12.0 MJ/kg DE)两种能量水平对生长育肥猪肉质性状发育规律的影响，结果发现低能量水平能明显降低肌内脂肪含量。Luccia(2003)和 Smet(2000)研究表明，高能量水平不仅会提高肌内脂肪的含量，还会使单不饱和脂肪酸(C16:1，C18:1)含量增加，多不饱和脂肪酸(C18:2，C20:4)含量下降，饱和脂肪酸含量不变。Costa 等(2004)给仔猪饲喂9～12 周传统的日粮和试验日粮(蛋白质降低 20%，能量水平降低 7%)后，研究骨骼肌基因表达的不同，结果显示，限饲导致了红肌和白肌中肌内脂肪显著累积，以及在底物周转(包括蛋白质、糖原和脂肪)、翻译和线粒体功能基因表达的增加，糖酵解和氧化磷酸化电位升高。如在肉牛生长期间用高蛋白质、低能量饲料，育肥期间用低蛋白质、高能量饲料能满足脂肪沉积，有利于形成大理石状花纹。

11.4.2 日粮蛋白质水平和氨基酸组成对肌内脂肪沉积的影响

Goerl 等(1995)研究日粮蛋白质水平对猪肉品质的影响，结果发现，随日粮蛋白质水平增加，28～104 kg 猪胴体背膘下降，瘦肉率增加，同时肌肉大理石纹减少，肉嫩度下降；而当日粮蛋白质水平偏低时，能显著提高猪肉食用品质。张克英等(2002)研究发现，提高蛋白质水平，眼肌面积和瘦肉率增加，皮脂率和背膘厚下降，肌内脂肪含量和大理石纹评分下降，对肌肉pH、肉色评分、滴水损失和失水率无显著影响。Gondret 等(2002)研究了饲养强度和日粮蛋白水平对生长猪肌肉组织脂肪细胞和脂肪生成的影响，发现减少能量和蛋白的摄入可导致肌肉能量代谢失调，但可促进肌内脂肪的沉积。Correa 等(2006)研究了日粮油脂和蛋白水平对猪肉质的影响，结果也表明，低蛋白日粮提高了肌内脂肪含量。由此可见，适当降低饲粮蛋白质水平有提高肌内脂肪含量的作用，其原因可能是肌肉内脂肪含量的升高与低蛋白饲粮加快了体内蛋白质周转。

另外蛋白质的类型和质量也影响着脂肪的沉积。如家禽的第一限制性氨基酸为蛋氨酸，它在日粮中的含量不仅影响蛋白质的消化吸收，对脂类代谢也有显著影响。畜禽日粮蛋白质水平和氨基酸类物质还可以影响基因的表达。当饲喂高蛋白质日粮时，会抑制猪脂肪合成酶mRNA 的表达，降低脂肪的沉积(Mildner 和 Clarke，1991)。Witte 等(2000)研究了日粮赖氨酸水平和温度条件对育肥猪肌内脂肪含量的影响，结果表明，在育肥期后期饲喂赖氨酸缺乏日粮可提高肌内脂肪的沉积。Bidner 等(2004)研究了日粮赖氨酸水平、宰前禁食和 RN 基因型对猪肉品质的影响，也发现赖氨酸缺乏日粮可提高肌内脂肪含量，但宰前禁食不会影响肉质。以上结果表明，适宜的饲粮蛋白质和赖氨酸水平可以提高肌内脂肪含量和肌肉嫩度从而改善肉质，但生长性能、瘦肉率会受到影响。因此，如何在保证生长性能和蛋白沉积的前提下提高肌内脂肪含量还有待进一步的研究。

11.4.3 日粮中脂肪对肌内脂肪沉积的影响

猪肉脂肪中的脂肪酸组成与日粮中的脂肪酸密切相关，肌内脂肪沉积和脂肪酸组成模式同时也受到体内合成脂肪能力和外源日粮脂肪类型的影响。体内合成的脂肪酸主要是 C16:0 和 C18:0，含有少量的 C16:1 和和 C18:1，而外源性脂肪酸 C18:2 和 C18:3 体内不能合成，必须由饲粮提供。Koskela 等(1998)发现白鲫肌肉、内脏含脂量随饲料脂肪用量的增加而提高。饲喂饲料油脂可提高肌内脂肪的含量，与普通玉米相比，饲喂等能量的高油玉米日粮可促进肌内脂肪的沉积，并改善牛肉的大理石纹结构。最近国内外对共轭亚油酸(CLA)研究较多，共轭亚油酸是一类亚油酸异构体混合物，主要存在于葵花籽油中，它可以降低背膘厚度，使皮下脂肪沉积减少，使肌肉脂肪中脂肪酸含量提高，改善肉质。Joo 等(2002)研究了日粮共轭亚油酸对脂肪酸组成、脂质氧化和肉质的影响，结果表明，添加 5%共轭亚油酸组肌内脂肪含量显著高于对照组。Meadus 等(2003)对阉公猪饲喂 1 kg 含共轭亚油酸 11 g 日粮 45 d，研究发现，饲喂共轭亚油酸可以促进肌肉组织 PPARγ 的表达，从而促进肌内脂肪的沉积。Huang 等(2005)研究了日粮添加亚麻籽对生长育肥猪皮下脂肪、肌内脂肪沉积和肌肉生长的影响，结果，添加亚麻籽可促进肌内脂肪的沉积，并可提高背最长肌中 C18:3(n-3)的浓度。Zhou 等(2007)利用皮下脂肪组织中的前脂肪细胞和肌肉组织中的脂肪前体细胞，在分子和细胞水平上证实了皮下脂肪组织和肌肉中脂肪生成的调控机制是不一样的，这一结论为营养选择性调控肌内脂肪沉积奠定了理论依据。

11.4.4 日粮中其他营养因子对肌内脂肪沉积的影响

铬是胰岛素的协同因子，虽然胰岛素和铬在动物体内表现不同的生理功能，但胰岛素和铬均调节机体碳水化合物、蛋白质和脂肪代谢，胰岛素促进血糖进入肝脏、骨骼肌和脂肪细胞，分别转化为糖原和甘油三酯。铬虽然不能取代胰岛素，但它作为葡萄糖耐受因子(GTF)中的一种辅助因子，为活化胰岛素，促进葡萄糖从循环系统进入外周组织所必需。Page 等(1993)在生长育肥猪饲料中补加 0.2 mg/kg 吡啶羧酸铬，显著改善了胴体品质，增加了瘦肉率，提高了眼肌面积，减低了第十肋骨处背膘厚度。Boleman(1995)研究报道，补铬不仅增加了肉的嫩度，增加了背最长肌中肌内脂肪，改善了胴体品质。

甜菜碱是一种非常有效的甲基供体，肥育猪日粮中添加甜菜碱可显著降低猪的胴体脂肪率，提高胴体瘦肉率，还可以提高猪肉中肌红蛋白、肌内脂肪含量，有效改善肉质。大量研究表明，甜菜碱分子中的"有效甲基"是一种最容易参与合成生物体内肉碱、肌酸等必需物质的生化反应系统的甲基，促进肝脂转移，影响血液脂蛋白浓度，改善线粒体中脂肪酸的氧化过程，提高瘦肉率。汪以真等(1998)研究表明，添加甜菜碱使三元杂交猪背最长肌脂肪含量明显增加，肉质得以明显改善。并且甜菜碱能促进长链脂肪酸进入肌肉线粒体进行 β-氧化，在减少体脂(主要是皮下脂肪)同时，能适度增加肌肉脂肪含量，从而发挥着重新分配体脂的作用(汪以真，许梓荣，2001)。随后通过研究添加不同甜菜碱水平对肉鸭胴体组成的影响，发现不同甜菜碱水平对肉鸭胴体组成尤其是体脂沉积有显著影响，并且，甜菜碱在显著降低了肉鸭的腹脂率、皮脂厚和肝脏粗脂肪含量的同时，却明显增加了胸肌粗脂肪的含量(汪以真等，2000)。王敏奇等(2001)研究表明,与对照组相比,添加 1 000 mg/kg 甜菜碱使生长猪的日增重提高了 13.2%,料重比降低了 7.9%,日采食量未发生显著变化,猪背最长肌的粗脂肪含量比对照组提高了 35.9%,这揭示了甜菜碱可能通过加强猪体脂肪动员,促进脂肪酸向肌肉组织转运和β-氧化,在降低背膘厚的同时,适度增加肌内脂肪含量,从而发挥着在脂肪组织和肌肉组织之间重新分配脂肪的作用,这在提高肌肉风味上具有重要意义。

此外,研究表明,脂溶性维生素与肌内脂肪的形成呈负相关。日本学者松原英二针对许多饲料场为了追求高的肌内脂含量而盲目降低饲料维生素水平的做法进行了试验,发现血液中维生素 A 水平和维生素 E 水平下降,分析认为其下降是由于饲料维生素降低所致。通过统计分析说明血液中维生素 A 水平和维生素 E 水平较高时,其变化对肉质影响较大,而维生素 A 和维生素水平 E 降到一定程度后,对肉质的影响减少。因此,不难发现,长期使用低维生素的饲料对肉质无好处。用肌内脂肪前体细胞株观察维生素对其生长的影响,也发现在脂肪细胞生长的后期,高维生素并未使肌肉内脂肪蓄积下降,相反有增加的可能。维生素 A 和维生素 E 与肥育前期和中期肌内脂肪的形成呈较强的负相关。饲喂低维生素 A 和维生素 E 的饲料,能提高肌肉内脂肪的含量,而对肥育后期肌肉内脂肪的形成无多大的影响,相反有可能由于维生素的不足,导致一些疾病,造成更大的损失。维生素 A 对猪肌内脂肪沉积关系可能与猪的品种有关,主要通过调控体内脂肪细胞的分化影响脂肪沉积。Olivares 等研究发现,饲粮中添加 100 000 IU 的维生素 A 能够增加杜洛克猪肌内脂肪,改善猪肉品质,但是对约克×长白杂交猪的肌内脂肪含量没有改善。

饲粮中的其他营养因子也会对肌内脂肪的沉积产生重要的影响。韦习会等(2003)研究结果表明,180 mg/kg 半胱胺能降低体脂肪沉积。在牛上市前的 2~3 个月期间,也就是牛肉中大理石花纹形成的高峰期,每天给牛饲喂一定量的丙二醇,可获得较好的大理石花纹牛肉;在此期间给牛饲喂瘤胃保护性棉籽饼,同样也会获得好的大理石花纹牛肉;使用瘤胃保护性葡萄糖,使其能够顺利地被小肠吸收,从而达到肌内脂肪合成所需葡萄糖的上限数量。另外,影响肌内脂肪沉积的营养因素还有如莱克多巴胺、氧化三甲胺、色氨酸等。在饲料日粮中添加适量的各种营养物质可以得到较高品质的猪肉,但是要想从根本上得到肌内脂肪含量较高的猪肉,基因筛选法是一种不可缺少的方法。因此要想改善我国猪肉品质,营养因素与基因因素的综合考虑是最根本的途径。

11.4.5 环境因素对肌内脂肪沉积的影响

环境因素不但可以影响动物的生长性能,同时对肌内脂肪的沉积也有影响。目前,关于环境因素对肌内脂肪沉积的影响还鲜有报道。Bee 等(2004)研究冬季自由散养对猪肉品质性状的影响,结果表明,散养对猪半腱肌肌内脂肪含量无影响,但导致背最长肌中肌内脂肪含量降低,而股直肌中肌内脂肪含量有升高趋势;散养猪背部脂肪的外层 PUFA 含量升高。而在网膜脂肪、背最长肌和半腱肌的颜色深的部分,MUFA 的含量降低;在散养猪所有组织中,共轭亚油酸含量升高,($n-6$)和($n-3$)的比值降低。Lebret 等(2002)研究了饲养条件对生长育肥猪生长性能、屠宰应激、胴体指标和肉质的影响,结果表明,户外饲养猪股直肌和半腱肌有较高的肌内脂肪含量,且夏季猪比冬季猪有较高的肌内脂肪含量。Pugliese 等(2004)研究了不同饲养方式对意大利猪肌肉和皮下脂肪的理化性状的影响,结果表明,户外饲养猪有较高的腰部最长肌肌内脂肪和粗蛋白质含量，这些研究为通过环境因素调控肌内脂肪含量提供了理论依据。

（本章由浙江大学汪以真、单体中主笔，研究生郭佳、伍婷、袁章琴、徐娥、黄艳娜、朱琳娜和任阳参加了文献的查阅和初稿的撰写）

参考文献

[1] 陈代文，刘宗慧. 营养水平及性别对生长育肥猪肉质性状发育规律的影响. 四川农业大学学报，2002，20(1)：7-11.

[2] 刘作华，杨飞云，孔路军，等. 日粮能量水平对生长育肥猪肌内脂肪含量以及脂肪酸合成酶和激素敏感脂酶 mRNA 表达的影响. 畜牧兽医学报，2007，38(9)：939.

[3] 鲁绯，孙君社，冯书堂，等. 五指山猪的肉质分析研究. 中国食品学报，2001，1：1.

[4] 乔永. 湖羊羔羊不同部位肌肉肌内脂肪沉积相关基因表达的发育性变化研究. 南京农业大学硕士毕业论文，2007，21-22.

[5] 汪以真，许梓荣，陈民利. 甜菜碱对肉鸭体内脂肪代谢的影响. 中国兽医学报，2000，20(4)：409-413.

[6] 汪以真，冯杰，许梓荣. 甜菜碱对杜长大肥育猪生长性能、胴体组成和肉质的影响. 动物营养学报，1998，10(3)：21-28.

[7] 汪以真，许梓荣. 甜菜碱对生长肥育猪体脂重分配的作用及机理研究. 畜牧兽医学报，2001，32(2)，122-128.

[8] 王刚. 猪 LPL 和 HSL 基因的遗传变异及其表达的发育性变化与肌内脂肪关系的研究，山东农业大学硕士毕业论文，2006，14-17.

[9] 王敏奇，许粹荣，汪以真. 甜菜碱对生长猪脂肪代谢的影响. 浙江农业学报，2001，13(6)：339-342.

[10] 韦习会，夏东，高勤学，等. 半胱胺(CT2000)对育肥后期猪生产性能与经济效益的影响. 江苏农业科学，2003，3：56-58.

[11] 张海燕，姜学，尹靖东. 猪肌内脂肪沉积的营养调控及候选基因的研究进. 中国畜牧杂志，2009，45(21)：60-64.

[12] 张克英，陈代文，胡祖禹. 影响猪肉品质的主要因素. 四川农业大学学报，2002，20(1)：67-74.

[13] 张艳芳. CPT1 基因对猪脂肪沉积的影响及其调控机制的研究. 浙江大学博士毕业论文，2010，2-3.

[14] 周丽华，束刚，朱晓彤，等. 肌肉脂肪酸转运膜蛋白及其相互关系. 中国生物化学与分子生物学报，2008，24(11)：992-1 000.

[15] Abumrad, N., C. Coburn, A. Ibrahimi. 1999. Membrane proteins implicated in long2chain fatty acid uptake by mammalian cells: CD36, FATP and FABPpm. Biochim Biophys Acta. 1 441(1): 4-13.

[16] Arany, Z., H. He, J. Lin, K. Hoyer, C. Handschin, O. Toka, F. Ahmad, T. Matsui, S. Chin, and P. H. Wu. 2005. Transcriptional coactivator PGC-1 alpha controls the energy state and contractile function of cardiac muscle. Cell. Metab. 1: 259-271.

[17] Bai, Q., C. McGillivray, N. Da Costa. 2003. Development of a porcine skeletal muscle cDNA microarray: analysis of differential transcript expression in phenotypically distinct muscles. BMC Genomics. 4(1): 8.

[18] Bee, G., G. Guex, W. Herzog. 2004. Free-range rearing of pigs during the winter: adaptations in

muscle fiber characteristics and effects on adipose tissue composition and meat quality traits. J. Anim. Sci. 82(4):1206 - 1218.

[19] Bidner, B. S., M. Ellis, D. P. Witte, S. N. Carr and F. K. McKeith. 2004. Influence of dietary lysine level, pre - slaughter fasting and rendement napnle genotype on fresh pork quality. Meat Sci. 68:53 - 60.

[20] Boleman, S. L., T. D. Bidner, L. L. Southern. 1995. Effect of chromium picolinate on growth body - composition, and tissue accretion in pigs. J. Anim. Sci. 73:(7):2033 -2042.

[21] Cameron, N. D., M. Enser, G. R. Nuteb, F. M. Whittingtonb, J. C. Penmana, A. C. Fiskena, A. M. Perryb, and J. D. Wood. 2000. Genotype with nutrition interaction on fatty acid composition of intramuscular fat and the relationship with flavour of pig meat. Meat Sci. 55(2):187 - 195.

[22] Cho, K. H., M. J. Kim, G. J. Jeon, and H. Y. Chung. 2011. Association of genetic variants for FABP3 gene with back fat thickness and intramuscular fat content in pig. Mol. Biol. Rep. 38(3):2161 - 2166.

[23] Clarke, D. C., D. Miskovic, X. X. Han, J. Calles - Escandon, J. F. Glatz, J. J. Luiken, J. J. Heikkila, and A. Bonen. 2004. Overexpression of Membrane 2 associated fatty acid binding protein (FABPpm) in vivo increases fatty acid sarcolemmal transport and metabolism. Physiol. Genomics. 17(1): 31 -37.

[24] Cohen, W. A., R. Hnasko, W. Schubert and M. P. Lisanti. 2004. Role of caveolae and caveolins in health and disease. Physiol. Rev. 84 (4):1341 - 1379.

[25] Correaa, J. A., L. Faucitanoa, J. P. Laforest, J. Rivest, M. Marcoux, and C. Gariépy. 2006. Effects of slaughter weight on Carcass composition and meat quality in pigs of two different growth rates. J. Meat Sci. 72:91 - 99.

[26] Costa, N., C. McGillivray, Q. Bai, J. D. Wood, G. Evans, and K. C. Chang. 2004. Restriction of dietary energy and protein induces molecular changes in young porcine skeletal muscles. J. Nutr. 134(9): 2191 - 2199.

[27] Devol, D. L., F. K. Mckeith, P. J. Bechtel, P. J. Novakofski, R. D. Shanks, and T. R. Carr. 1988. Variation in composition and palatability traits and relationships between muscle characteristics and palatability in a random sample of pork carcasses. J. Anim. Sci. 66:385 - 395.

[28] Du, M., J. Tong, J. Zhao, K. R. Underwood, M. Zhu, S. P. Ford, and P. W. Nathanielsz. 2010. Fetal programming of skeletal muscle development in ruminant animals. J. Anim. Sci. 88:E51 - E60.

[29] Du, M., J. X. Zhao, X. Yan, Y. Huang, L. V. Nicodemus, W. Yue, R. J. McCormick, and M. J. Zhu. 2011. Fetal muscle development, mesenchymal multipotent cell differentiation, and associated signaling pathways. J. Anim. Sci. 89(2):583 - 590.

[30] Essengustavsson, B., A. Karlsson, K. Lundströmb, and A. C. Enfältb. 1994. Intramuscular Fat and Muscle - Fiber Lipid Contents in Halothane - Gene - Free Pigs Fed High or Low - Protein Diets and Its Relations to Meat Quality. Meat Sci. 38(2):269 -277.

[31] Gardan, D., F. Gondret, and I. Louveau. 2006. Lipid metabolism and secretory function of porcine intramuscular adipocytes compared with subcutaneous and perirenal adipocytes. Am J Physiol Endocrinol Metab. 291:E372 - E380.

[32] Gerbens, F., A. J. van Erp, F. L. Harders, F. J. Verburg, T. H. Meuwissen, J. H. Veerkamp, and M. F. Pas. 1999. Effect of genetic variants of the heart fatty acid-binding protein gene on intramuscular fat and performance traits in pigs. J. Anim. Sci. 77(4):846 - 852.

[33] Gerbens, F., G. Rettenberger, J. A. Lenstra, J. H. Veerkamp and M. F. Pas. 1997. Characteriza-

tion, chromosomal localization, and genetic varitation of the porcine heart fattyacid - binding procine gene. Mamm. Genome 8(5):328 - 332.

[34] Goerl, K. F., S. J. Eilert, R. W. Mandigo, H. Y. Chen, and P. S. Miller. 1995. Pork characteristics as affected by two populations of swine and six crude protein level. J. Anim. Sci. 73:3621 - 3626.

[35] Gondret, F., B. Lebret. 2002. Feeding intensity and dietary protein level affect adipocyte cellularity and lipogenic capacity of muscle homogenates in growing pigs, without modification of the expression of sterol regulatory element binging protein. J. Anim. Sci. 80:3184 - 3193.

[36] Gondret, F., J. Mourota, M. Bonneaua. 1998. Comparison of intramuscular adipose tissue, cellularity in muscles differing in their lipid content and fibre type composition during rabbit growth. Livest. Sci. 54 (1):1 - 10.

[37] Guo, J., T. Shan, T. Wu, Y. Wang. 2011. Comparisons of different muscle metabolic enzymes and muscle fiber types in Jinhua and landrace pigs. Journal of Animal Science 89:185 - 191.

[38] Hammelmanl, J. E., B. C. Bowker, A. L. Grant, J. C. Forrest, A. P. Schinckel and D. E. Gerrard. 2003. Early postmortem electrical stimulation simulates PSE pork development. Meat Sci. 63: 69 -77.

[39] Handschin, C., B. M. Spiegelman. 2006. Peroxisome proliferator - activated receptor gamma coactivator 1 coactivators, energy homeostasis, and metabolism. Endocr. Rev. 27:728 - 735.

[40] Hauser, N., J. Mourot, L. D. Clercq, C. Genart, C. Remacle, and L. De Clercq. 1997. The cellularity of developing adipose tissue in Pietrain and Meishan pigs. Reprod. Nutr. Dev. 37(6):617 - 625.

[41] Houseknecht, K. L., B. M. Cole, and P. J. Steele. 2002. Peroxisome proliferator - activated receptor gamma (ppar gamma) and its ligands: A review. Domestic Animal Endocrinology 22:1 - 23.

[42] Huang, F. R., Z. P. Zhan, J. Luo Z. X. Liu, and J. Peng. 2008. Duration of dietary linseed feeding afects the intramuscular fat, muscle mass and fatty acid composition in pig muscle. Livest. Sci. 118: 132 -139.

[43] Jiang Y. Z., X. W. Li, and G. X. Yang. 2006. Sequence Characterization, Tissue - specific Expression and Polymorphism of the Porcine (Sus scrofa) Liver - type Fatty Acid Binding Protein Gene. Acta. Genetica. Sinica. 33(7):598 - 606.

[44] Joe, A. W., L. Yi, Y. Even, A. W. Vogl, and F. M. Rossi. 2009. Depot - Specific Differences in Adipogenic Progenitor Abundance and Proliferative Response to High - Fat. Diet. Stem cells 27: 2563 -2570.

[45] Joo, S. T., J. I. Lee, Y. L. Ha, and G. B. Park. 2002. Effects of dietary conjugated linoleic acid on fatty acid composition, lipid oxidation, color, and water - holding capacity of pork loin. J. Anim. Sci. 80:108 - 112.

[46] Katsumata, M. 2011. Promotion of intramuscular fat accumulation in porcine muscle by nutritional regulation. Anim. Sci. J. 82:17 - 25.

[47] Katsumata, M.. 2011. Promotion of intramuscular fat accumulation in porcine muscle by nutritional regulation. Anim. Sci. J. 82(1):17 - 25.

[48] Kouba, M., M. Bonneau, and J. Noblet. 1999. Relative Development of Subcutaneous, Intermuscular, and Kidney Fat in Growing Pigs with Different Body Compositions. J. Anim. Sci. 77:622 - 629.

[49] Laack, V., S. G. Stevens, and K. J. Stalder. 2001. The influence of ultimate pH and intramuscular fat content on pork tenderness and tenderization. J. Anim. Sci. 79(2):392 - 397.

[50] Lebret, B., P. Massabieb, R. Granierb, H. Juinc, J. Mourota, and P. Chevillond. 2002. Influence of outdoor rearing and indoor temperature on growth performance, carcass, adipose tissue and muscle traits

in pigs,and on the technological and eating quality of dry - cured hams. J. Meat. Sci. 62:447 - 455.

[51] Lebret. B. , Meunier, M. C. Salann A. Foury. 2006. Influence of rearing conditions on performance, behavioral, and physiological responses of pigs to pre - slaughter handling, carcass traits, and meat quality. J. Anim. Sci. 84:2436 - 2447.

[52] Lee, Y. B. , R. G. Kauffman. 1974. Cellular and Enzymatic Changes with Animal Growth in Porcine Intramuscular Adipose - Tissue. J. Anim. Sci. 38(3):532 - 537.

[53] Lee, Y. B. , R. G. Kauffman. 1974. Cellularity and Lipogenic Enzyme activities of porcine intramuscular adipose tissue. J. Anim. Sci. 38:538 - 544.

[54] Lefaucheur L. 2010. A second look into fibre typing - Relation to meat quality. Meat Sci. 84:257 - 270.

[55] Lehrke, M. , M. A. Lazar. 2005. The many faces of ppar gamma. Cell 123:993 - 999.

[56] Li, X. , S. W. Kim, J. S. Choi, Y. M. Lee, C. K. Lee, B. H. Choi, T. H. Kim, Y. I. Choi, J. J. Kim, and K. S. Kim. 2010. Investigation of porcine FABP3 and LEPR gene polymorphisms and mRNA expression for variation in intramuscular fat content. Mol. Biol. Rep. 37(8):3931 - 3939.

[57] Lin, C. S. , C. W. Hsu. 2005. Differentially transcribed genes in skeletal muscle of Duroc and Tanyuan pigs. J. Anim. Sci. 83(9):2075 - 2086.

[58] Lin, J. , H. Wu. 2002. Transcriptional co - activator PGC - 1 alpha drives the formation of slow - twitch muscle fibres. Nature 418(6899):797 - 801.

[59] Liu, R. , J. L. Li and X. B. Lv. 2011. Association of PGC - 1α gene with intramuscular fat content and muscle fiber traits and gene expression in Tibetan pigs. J. Anim. Vet. Adv. 10(17):2301 - 2304.

[60] Listenberger, L. L. , X. L. Han. 2003. Triglyceride accumulation protects against fatty acid - induced lipotoxicity. P. Natl. Acad. Sci. USA. 100(6):3077 - 3082.

[61] Luccia, D. , A. Satriani, C. M. A. Barone, P. Colatruglio, S. Gigli, M. Occidente, E. Trivellone, A. Zullo and D. Matassino. 2003. Effect of dietary energy content on the intramuscular fat depots and triglyceride composition of river buffalo meat. Meat Sci. 65(4):1379 - 1389.

[62] Meadus, W. J, R. Maclnnis, and M. E. R. Dugan. 2002. Prolonged dietary treatment with conjugated linoleic acid stimulates porcine muscle petexisome proliferator activated receptor gamma and glutamine - fructose aminotransferase gene expression in vivo. J. Mol. Endocrinol. 28:79 - 86.

[63] Mildner, A. M. , and S. D. Clarke. 1991. Porcine fatty - acid synthase - cloning of a complementary - DNA, tissue distribution of its messenger - RNA and suppression of of expression by somatotropin and dietary - protein. J. nutr. 121 (6):900 - 907.

[64] Mourot, J. , M. Kauba, G. Salvatori. M. Kouba, G. Sa . 1999. Variation of lipogenesis in pig adipocytes and adipose tissues. Prod Anim. 12:311 - 318.

[65] Okeudo, N. J. , and B. W. Moss. 2005. Interrelationships amongst carcass and meat quality characteristics of sheep. Meat Sci. 69(1):1 - 8.

[66] Olivares, A. , A. Daza, A. I. Reyetal. 2009. Interactions between genotype, dietary fat saturation and Vitamin A concentration on intramuscular fat content and fatty acid composition in pigs. J Meat Sci. 82: 6 - 12.

[67] Page, T. G. , L. L. Southern, T. L. Ward, and D. L. Thompson. 1993. Effect of chromium picolinate on growth and serum and carcass traits of growing - finishing pigs. J. Anim. Sci. 71(3):656 - 662.

[68] Parrici A. 1985. Eating quality of pork in Denmark. Pig Farming 10(Supplement):56 - 57.

[69] Pedersen, O. K. 1979. Testing of Breeding Animals for Meat Production and Meat Quality in Denmark. Acta Agriculturae Scandinavica:122 - 135.

[70] Pettigrew, J. E. , M. A. Esnaola. 2001. Swine nutrition and pork quality: A review. J. Anim. Sci. 79:

316 - 342.

[71] Pisani, D. F., N. Clement, A. Loubat, M. Plaisant, S. Sacconi, J. Y. Kurzenne, C. Desnuelle, C. Dani, and C. A. Dechesne. 2010. Hierarchization of Myogenic and Adipogenic Progenitors Within Human Skeletal Muscle. Stem Cells 28(12):2182 -2194.

[72] Prinsen, C. F., J. H. Veerkamp. 1998. Transfection of L6 myoblasts with adipocyte fatty acid binding protein CDNA does not affect fatty acid uptake but disturbs lipid metabolism and fusion. Biochem J. 329 (Pt2):265 - 273.

[73] Pugliese, C., R. Bozzi, G. Campodoni. 2004. Performance of Cinta senese pigs reared outdoors and indoors:Meat and subcutaneous fat characteristics. Meat Sci. 69:459 -464.

[74] Rehfeldt, C., I. Fiedler. 2000. Myogenesis and postnatal skeletal muscle cell growth as influenced by selection. Livest. Sci. 66(2):177 - 188.

[75] Richards, M. R., L. L. Listenberger, A. A. Kelly. 2003. Oligomerization of the murine fatty acid transport protein. J. Biol. Chem. 278(12):10477 - 10483.

[76] Rudnicki, M. A., A. Asakura. 2001. Muscle satellite cells are multipotential stem cells that exhibit myogenic, osteogenic, and adipogenic differentiation. Differentiation 68(4 - 5):245 - 253.

[77] Saez G., S. Davail, G. Gentès, J. F. Hocquette, T. Jourdan, P. Degrace, and E. Baéza. 2009. Gene expression and protein content in relation to intramuscular fat content in Muscovy and Pekin ducks. Poultry Sci. 88:2382 - 2391.

[78] Sanosaka, M., T. Minashima, K. Suzuki, K. Watanabe, S. Ohwada, A. Hagino, M. T. Rose, T. Yamaguchi, and H. Aso. 2008. A combination of octanoate and oleate promotes in vitro differentiation of porcine intramuscular adipocytes. Comp. Biochem. Physiol. B Biochem. Mol. Biol. 149 (2): 285 -292.

[79] Schadinger, S. E., N. L. Bucher, B. M. Schreiber, and S. R. Farmer. 2005. Ppargamma2 regulates lipogenesis and lipid accumulation in steatotic hepatocytes. Am. J. Physiol. Endocrinol. Metab. 288: E1195 - 1205.

[80] Seideman, S. C., M. Koohmaraie. 1987. Factors associated with tenderness in young beef. Meat Sci. 20:281 - 291.

[81] Singh, R., J. N. Artaza, W. E. Taylor, N. F. Gonzalez - Cadavid, and S. Bhasin. 2003. Androgens stimulate myogenic differentiation and inhibit adipogenesis in c3h 10t1/2 pluripotent cells through an androgen receptor - mediated pathway. Endocrinology 144:5081 - 5088.

[82] Smet S. D., E. C. Webb, E. Claeys, L. Uytterhaegen and D. I. Demeyer. 2000. Effect of dietary energy and protein levels on fatty acid composition of intramuscular fat in double - muscled Belgian Blue bulls. Meat Sci. 56(1):73 - 79.

[83] Teruel, T., R. Hernandez, E. Rial, A. Martin - Hidalgo, and M. Lorenzo. 2005. Rosiglitazone up - regulates lipoprotein lipase, hormone - sensitive lipase and uncoupling protein - 1, and down - regulates insulin - induced fatty acid synthase gene expression in brown adipocytes of wistar rats. Diabetologia 48: 1180 - 1188.

[84] Trigatti, B. L., R. G. W. Anderson, G. E. Gerber. 1999. Identification of caveolin 1 as a fatty acid binding protein. Biolchem. Biophys. Res. Cummun. 255(1):34 - 39.

[85] Turcotte, L. P., A. K. Srivastava, J. L. Chiasson. 1997. Fasting increases plasma membrane fatty acid2binding protein (FABPpm) in red skeletal muscle. Mol. Cell. Biochem. 166(122):153 - 158.

[86] Unger, R. H., and L. Orci. 2002. Lipoapoptosis:its mechanism and its diseases. Bba - Mol. Cell. Biol. L. 1585(2 - 3):202 - 212.

[87] Vettor, R. , G. Milan,. 2009. The origin of intermuscular adipose tissue and its pathophysiological implications. Am. J. Physiol - Endoc. M. 297(5):E987 - E998.

[88] Witte, D. P. , M. Ellis, F. K. McKeith. 2000. Effect of dietary lysine level and environmental temperature during the finishing phase on the intramuscular fat content of pork. J. Anim. Sci. 78:1272 - 1276.

[89] Zeng, Z. , B. Yu, X. Mao, and D. Chen. 2011. Effects of dietary digestible energy concentration on growth, meat quality, and ppargamma gene expression in muscle and adipose tissues of rongchang piglets. Meat Sci. published online.

[90] Zderic, T. W. , S. Schenk. 2003. Intramuscular triglyceride and fat oxidation during exercise are not affected by fat intake when carbohydrate intake is high. Faseb J. 17(4):A374 - A375.

[91] Zhao, S. H. , Nettleton D,W. Liu. 2003. Complementary DNA macroarray analyses of diferential gene expression in porcine fetal and postnatal muscle. J. Anim. Sci. 81(9):2179 - 2188.

[92] Zhou X, D. F. Li, J. D. Yin, J. J. Ni, B. Dong, J. X. Zhang, and M. Du. 2007. Conjugated linoleic acid differently regulates adipogenesis in stromal vascular cells from subcantenous adipose tissue and skeletal muscle of neonatal pigs. J Lipid Res. 48(8):1701 - 1709.

第12章

畜禽脂肪代谢与营养调控

畜禽脂肪代谢包括合成代谢和分解代谢两个动态平衡过程。畜禽机体脂肪的沉积既是脂肪合成代谢与分解代谢的一种平衡状态，也是供能物质的摄入量与机体能量消耗之间的平衡状态。脂肪代谢过程除了受遗传因素影响外，还受生理生化因素(激素、酶)和营养水平等因素的影响。脂肪代谢的调控不仅涉及激素影响下的脂肪和糖类等物质代谢途径之间的相互关系，而且还涉及脂肪、肝脏和肌肉等多个组织器官的功能协调。深入了解这一调控机制，将有助于控制动物脂肪的沉积量并提高胴体品质。

12.1 畜禽脂肪代谢

12.1.1 脂肪的合成代谢

机体组织沉积的脂肪，既可直接来自于外源的饲粮，也可在体内进行内源合成。在饲粮脂类和能量供给充足的情况下，畜禽体内脂肪组织和肌肉组织均以甘油三酯的合成代谢为主。猪和反刍动物的脂肪合成主要在脂肪组织中进行；家禽的脂肪合成则完全在肝脏中进行，当合成的脂肪过量时，则沉积于肝脏，形成脂肪肝；鼠、家兔等动物的肝脏和脂肪组织中均可进行较为活跃的脂肪合成。

在动物机体内，脂肪是由甘油和脂肪酸合成而来，甘油则由葡萄糖合成。葡萄糖首先分解并经过一系列变化生成磷酸二羟丙酮，之后进一步反应生成α-磷酸甘油，再经过乙酰 CoA 酯化生成磷酸甘油二酯。磷酸甘油二酯在磷酸酶存在条件下脱去磷酸基，与乙酰 CoA 反应生成甘油三酯(图 12-1)。此外，单甘油酯在单甘油酯转酰基酶的存在下，亦可在肠道黏膜中直接合成甘油三酯。

家畜脂肪组织中脂肪的合成，由若干酶催化完成。无论是脂肪酸还是脂肪的合成，任何影响其酶促反应的因素，如酶的活性和含量等，均会影响脂肪合成的强弱。动物机体中葡萄糖转变成脂肪酸是由激素和营养调控的。葡萄糖分解产生乙酰 CoA，通过一系列中间反应，在胞液中进入脂肪酸合成系统。脂肪组织合成的最后一步是脂肪酸的酯化，哺乳动物细胞的脂肪酸被酯化以形成甘油三酯或甘油磷脂等膜酯复合物。甘油三酯合成所需的甘油 - 3 - 磷脂，主要由磷酸二羟丙酮还原生成，或者是在甘油激酶的催化下由甘油和 ATP 生成。在酰基转移酶的作用下，脂肪酸与甘油 - 3 - 磷酸合成甘油三酯。其中甘油二酯酰基转移酶(DGAT)催化甘油 - 3 - 磷脂通路中甘油三酯合成最后一步的酯化反应，是甘油三酯合成的限制性酶，可能与肌内脂肪的合成有关。研究发现，DGAT 的活性与肌内脂肪含量呈显著负相关，肌内脂肪组织中 DGAT 活性与肌肉中 DGAT 活性有很强的相关性，肌内脂肪或肌肉内 DGAT 活性与皮下脂肪 DGAT 活性之间无相关性。

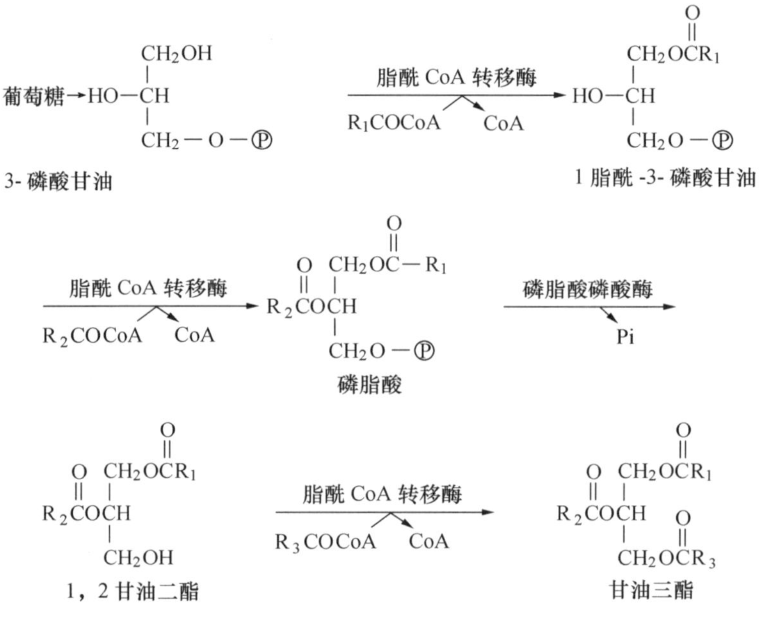

图 12 - 1　甘油三酯的合成

王镜岩等，2002。

猪可利用经消化道吸收的脂肪酸作为合成脂肪的原料，但大多数脂肪来自脂肪酸的从头合成(O'Hea 和 Leveill，1969)。碳水化合物、短链脂肪酸和氨基酸脱氨后的产物均可用于脂肪酸的再合成，所合成的脂肪酸主要是棕榈酸和硬脂酸(Nurnberg 等，1998)。进入糖酵解循环最终转化为丙酮酸的葡萄糖可作为脂肪酸合成的底物。在饲粮供给充足的条件下，大量的草酰乙酸和丙酮酸被转化并用于脂肪合成的乙酰 CoA。乙酰 CoA 与草酰乙酸进行缩合生成柠檬酸进入细胞质，草酰乙酸被脱去，剩下了能用于脂肪酸合成的乙酰 CoA。脂肪酸在体组织中经胞质体系与线粒体体系合成，胞质体系是将乙酰 CoA 合成棕榈酸，线粒体体系则可以将合成的棕榈酸延伸(每次延伸可加 2 个碳原子)，以及对饱和脂肪酸(SFA)进行脱饱和作用。胞质体系在合成脂肪酸过程中需要供给 $NADP^+$、ATP、CO_2 和 Mn^{2+}，以乙酰 CoA 为底物最后合成棕榈酰 - ACP，棕榈酰 - ACP 经水解生成游离的棕榈酸和 ACP。在线粒体体系中的合成，主要是生成 18、20、22 和 24 碳的 SFA，其合成过程需要供给 ATP、还原型 NAD^+ 和还原型

$NADP^+$。SFA还能通过脱饱和作用生成带一个双键的不饱和脂肪酸(UFA),例如,棕榈酸经脱饱和作用可生成棕榈油酸。在动物体内,SFA的脱饱和作用不能生成带两个或两个以上双键的脂肪酸。因此,动物体正常代谢所必需的含两个或更多双键的UFA,需要依赖饲粮的直接供给。

家禽肝脏内NADP-苹果酸脱氢酶参与的反应是合成脂肪酸不可缺少的NADPH的主要供给源。磷酸戊糖循环也参与脂肪酸的合成。在肝脏中合成的脂肪酸以及从血液中以游离脂肪酸(FAA)或脂蛋白形式吸收到肝脏中的脂肪酸,经过酯化作用后变成甘油三酯、磷脂和胆固醇酯等。

12.1.2 脂肪在畜禽体内的转运

无论是内源性脂肪还是外源性脂肪,主要储存于脂肪组织,当机体其他组织需要时,又动用起来运输至需要的组织。脂肪在体内各组织的转运情况代表着脂肪在体内的代谢状况。

外源性脂肪酸或胞液内合成的脂肪酸在进入细胞内进行代谢时必须经过一系列的转运过程,主要包括细胞外转运和细胞内转运。细胞外转运是使外源性脂肪酸结合到细胞膜外。游离脂肪酸通过与血浆白蛋白结合的形式转运,其他脂类物质则通过与脂蛋白的结合进行转运。细胞内转运则包括脂肪酸穿越细胞膜进入胞质,离开胞质细胞膜,每步都必须有蛋白酶催化才能使脂肪酸有效移动。近年来,与脂肪酸转运有关的蛋白相继被发现。

脂肪的运输是在血液中进行的,除了FFA是与血清白蛋白和其他蛋白质简单结合而被运输外,大多数脂质在血液中的转运都是以脂蛋白复合体形式进行的。脂蛋白根据密度增加顺序可分为乳糜微粒(CM)、极低密度脂蛋白(VLDL)、中间密度脂蛋白(IDL)、低密度脂蛋白(LDL)和高密度脂蛋白(HDL)。从日粮中吸收和在如小肠、肝和脂肪组织等部位合成的脂类物质,以脂蛋白的形式组装、运输,转运到其他部位。哺乳动物脂蛋白合成的部位有肝、小肠和发育中胎儿的卵黄囊,这些组织都能合成富含甘油三酯的VLDL。禽类肝合成的是VLDL和卵黄生成素(VTG),小肠合成的是门静脉微粒(Potimicron)(尹靖东等综述,2000)。禽类和哺乳动物的高密度脂蛋白(HDL)都由肝脏合成,低密度脂蛋白(LDL)是由富含甘油三酯的脂蛋白在血液中代谢产生的。其中,CM和VLDL的核心组分甘油三酯会被毛细血管中的脂蛋白脂酶(LPL)水解。在脂肪组织中,CM和VLDL所携带的甘油三酯被LPL催化水解为脂肪酸和甘油。LPL在需要脂肪酸的组织中特异表达,并且依赖于机体的营养状况,即特定时间的某一组织对脂肪酸的需求程度(Nilsson-Ehle,1980)。因此,LPL对脂肪酸的运输具有重要调节作用,LPL活性的高低是脂肪蓄积程度的标志,也是决定脂肪组织脂肪细胞大小的重要因素(Olivecrona等,2007)。

禽类的淋巴系统发育不健全,所有脂类基本上都是以门静脉微粒的形式经过门脉血液转运。血液中的脂类被转运至脂肪组织、肌肉和乳腺等毛细血管后,FAA通过被动扩散进入细胞内,甘油三酯经过存在于毛细血管壁上的酶分解成为FAA后再被吸收,未被吸收的物质则经血液循环到达肝脏进行代谢。

12.1.3 脂肪的分解代谢

脂肪组织是机体最大的能量储存库。机体可以通过水解脂肪组织中的甘油三酯，随后经β-氧化作用将脂肪酸释放进入血液，参与能量代谢而供能。HDL-胆固醇在HDL-受体的介导下使细胞内源性胆固醇合成下降，具有清除细胞内脂肪的作用。同时，在β-肾上腺素能受体和Ca^{2+}的参与下，脂肪进入β-氧化和三羧酸循环的速度加快，最终使脂肪的分解代谢增强。

肾上腺素、胰高血糖素和促肾上腺皮质激素等均可以作用于细胞膜表面受体而激活腺苷酸环化酶，促使AMP转变为cAMP，后者激活蛋白激酶A进而磷酸化激素敏感脂酶和脂滴包被蛋白，启动脂肪分解。所以，肾上腺素、胰高血糖素和促肾上腺皮质激素常被称为脂解激素。而胰岛素、腺苷和前列腺素等则可抑制脂肪的分解，又被称为抗脂解激素（Holm等，2000）。在饥饿、寒冷、使役、生殖和生长等条件下，畜禽体内的脂肪组织以氧化分解代谢为主，机体需要脂肪组织中贮存的甘油三酯，此时均可通过增加脂解激素和减少抗脂解激素的分泌来实现。脂肪分解生成的脂肪酸随后进入线粒体进行β-氧化。此外，体内肉碱等物质含量的升高也会增强脂肪酸的转运，促进脂肪酸的β-氧化。

脂肪的分解是在线粒体内进行的，脂肪细胞内的甘油三酯通过三步反应逐步水解为甘油和FAA（图12-2）。甘油经过血液循环运至肝脏，在甘油激酶的催化下，甘油与ATP作用生成3-磷酸甘油，3-磷酸甘油可与脂肪酸生成甘油三酯，也可在3-磷酸甘油脱氢酶催化下转变为磷酸二氢丙酮，参与三羧酸循环或糖的异生，脂肪酸则参与β-氧化反应。

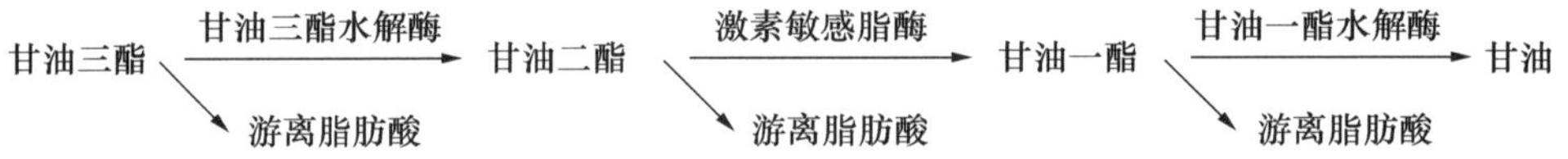

图12-2 **脂肪的分解过程**

Mersmann，1998。

脂肪酸在进入细胞线粒体基质中进行β-氧化之前，必须先在胞液中由脂酰CoA合成酶催化被活化成脂酰CoA。在活化的脂酰CoA分子中，短链或中长链（10个碳原子以下）的脂酰CoA分子可以比较容易地渗透穿过线粒体内膜，而长链脂酰CoA则难以通过线粒体内膜，必须有载体肉碱的参与，并通过线粒体肉碱脂酰转移酶系统的转运才能进入到线粒体基质中进行β-氧化。脂酰CoA在线粒体基质中进入β-氧化要经过脱氢、加水、再脱氢和硫解4步反应。长链脂酰CoA经过上述循环，碳链减少2个碳原子，并生成1分子乙酰CoA，多次重复上面的循环，最后生成乙酰CoA（图12-3）。

脂肪细胞中的脂肪代谢，主要是为了贮存过多的能量和通过脂肪代谢循环向血浆提供FFA。当机体需要能量时，脂肪组织水解产生的FFA和甘油可参与代谢，氧化释放能量供给机体利用，其中脂肪酸是主要的供能物质。脂肪酸通过β-氧化可在机体各个组织细胞中进行氧化分解。FFA在血浆中的量超过机体需要量时，会重新进入肝脏，转变成甘油三酯，并以VLDL的形式进入血液，之后回到脂肪组织中储存备用。

肌肉细胞中的脂肪分解代谢主要是氧化供能，是体内重要的脂肪代谢库。肌肉组织中沉积的脂肪酸可直接通过局部循环进入肌肉细胞进行氧化代谢，使脂肪表现出高的能量利用效率。肌肉细胞能氧化利用饲料和内源代谢供给的脂肪酸，但长链脂肪酸（LCFA）只有在葡萄糖供能不充足情况下才能发挥供能作用。肌肉组织中脂肪酸的含量及其利用程度可直接影响机体糖脂代谢和胰岛素抗性，其代谢紊乱往往是形成高血脂、高胆固醇和糖尿病等疾病的主要原因。肌肉中约 90％的脂肪酸是 LCFA，它可以由乙酰辅酶 A 羧化酶和脂肪酸合成酶催化内源性合成，也可通过水解甘油三酯和膜脂的循环产生，但最主要的还是通过外源性摄取。

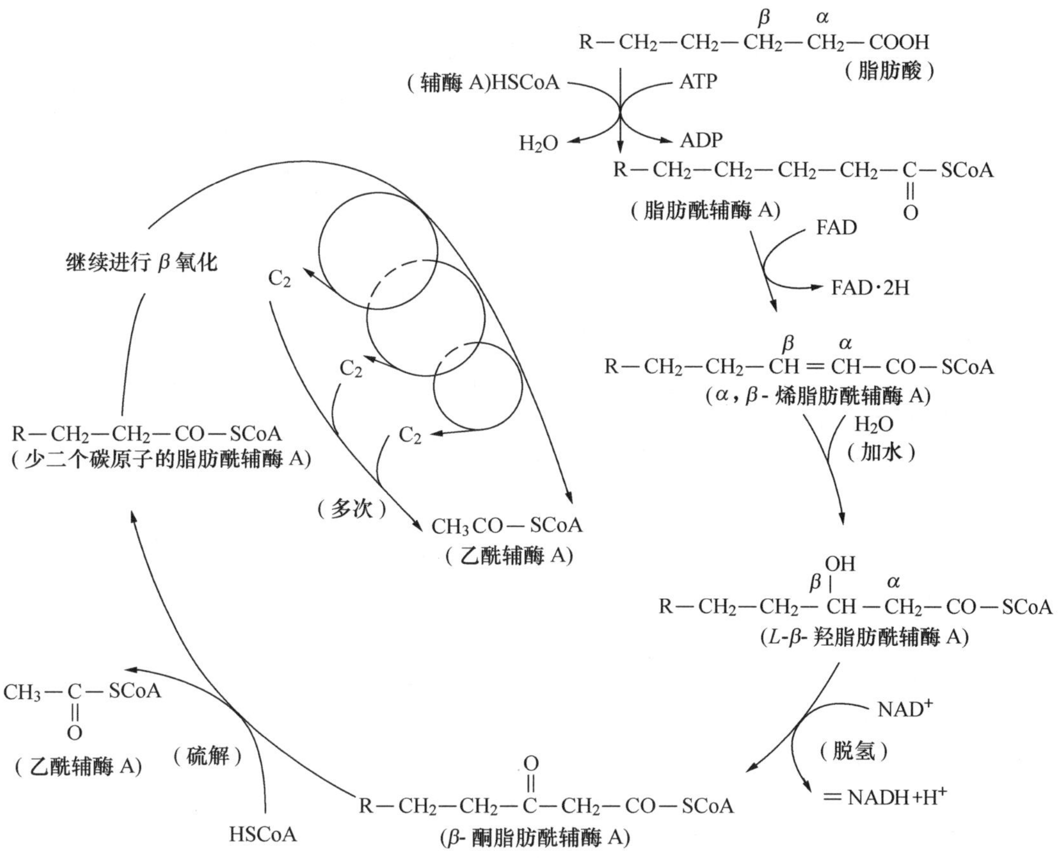

图 12 - 3 脂肪酸的 β- 氧化

王镜岩等，2002。

肝脏细胞中的脂肪代谢主要是摄取血液中的 FFA，合成甘油三酯或脂蛋白，然后转运到其他组织器官进行代谢。肝脏细胞也能氧化摄取 FFA，但在正常情况下比例不大，而且在被氧化的 FFA 中，约有 70％被转变为酮体。尽管肝脏对酮体和乙酸氧化不够彻底，但这些物质比脂肪酸和脂肪更易溶于水，在血浆或细胞内转运不需要载体，容易转运。

脂肪组织具有很强的储存甘油三酯的能力，其他一些组织也能聚集甘油三酯，但是该过程与细胞病理以及胰岛素抵抗相关。同时，需要指出的是，甘油三酯自身是否是脂肪酸调控作用中的主导因子，目前尚无定论。但是，更有力的证据支持甘油二酯能削弱胰岛素信号通路，甘油二酯酰基转移酶的表达能改善胰岛素的敏感性，蛋白激酶 C - Θ（PKC - Θ）是其中一个可能的作用位点。

12.1.4 调控脂肪代谢的关键酶

畜禽脂肪的合成与分解是一个由多种酶参与和催化完成的生化反应过程，酶的活性和含量直接影响脂肪合成和分解的进程。

12.1.4.1 脂肪酸合成酶

脂肪酸合成酶(FAS)是由许多酶组成的大分子蛋白复合体系，根据其在细胞中的定位分为两种类型：位于细胞胞浆中的Ⅰ型 FAS 和位于线粒体中的Ⅱ型 FAS。FAS 有多种催化功能，并以头-尾相连的方式结合形成催化中心，包括 N 端的 β-酮酯酰合成区域、乙酸/丙二酰单酸转移和脱水区域、C 端的烯醇还原区域、β-酮酯酰还原区域、酰基载体蛋白和硫酯区域。其中，乙酰/丙二酰转移区域参与底物负荷反应，β-酮酯酰合成区域参与合成反应，硫酯区域参与碳链终止反应。

细胞胞浆内的 FAS 是脂肪酸从头合成的关键限速酶(Witkowski 等，2007)，其表达调控主要为转录水平的调控。Clarke(1993)认为，在脂肪组织中，FAS 基因的转录速度和 mRNA 的稳定性共同影响着 FAS mRNA 的水平；在肝脏中，FAS mRNA 含量主要由基因的转录速度决定。动物体脂沉积所需的脂肪酸大多来自 FAS 催化生成。FAS 蛋白的多寡、活性的高低对控制动物体脂沉积具有重要意义。熊文中等(2001)研究发现，猪脂肪组织中 FAS 的活性与胴体脂肪量、脂肪率呈极显著正相关。FAS 基因的表达增加能显著促进甘油三酯的沉积，从而导致肥胖症的发生(Smith 等，2003)。白色脂肪组织中 FAS 的活性随着年龄的增长而显著下降(Nogalska 等，2003)。FAS 活性及其表达受激素的调控，脂肪和肝脏是主要的调控组织。激素对 FAS 的影响主要集中在对其基因表达及调控的影响，对其酶活的研究则较少。胰岛素能诱导 FAS 酶的合成，从而促进脂肪酸的合成；生长激素(GH)可以抑制 FAS 的活性，从而降低脂肪酸的合成。在前脂肪细胞分化过程中，FAS 不仅为甘油三酯的合成提供底物，同时这些产物也可作为该分化过程中的信号分子(Schmid 等，2005)。

12.1.4.2 乙酰辅酶 A 羧化酶

乙酰辅酶 A 羧化酶(ACC)是脂肪酸合成的限速酶，它催化脂肪酸合成的第一步反应，即乙酰 CoA 羧合成丙二酰 CoA，然后丙二酰 CoA 在脂肪酸碳链延长酶系作用下进一步合成 LCFA。ACC 有两种同型物，即 ACC1 和 ACC2，分子质量分别为 265 ku 和 280 ku。这两种酶由不同的基因编码，分布在细胞不同的位置，ACC1 位于细胞液内(Abu-Elheiga 等，2005)，而 ACC2 则定位在线粒体外膜上。ACC1 主要存在于乳腺、脂肪组织和肝脏中，主要作用是产生丙二酰 CoA 作为脂肪酸合成的活化二碳单位；而 ACC2 主要分布在心脏、肌肉和肝脏中，产生的丙二酰 CoA 主要是调节肉碱棕榈酸穿梭体。由于脂肪酸的合成部位在胞液，而合成的原料 ACC 产生于线粒体，其不能通过线粒体膜，所以进入胞液需进行柠檬酸-丙酮酸循环。

营养物质和激素对 ACC 的转录及转录后调节具有重要作用(Katsurada，1990)。摄取食物，尤其是高碳水化合物的食物，可以增加 ACC 的活性，饥饿或者糖尿病则可以降低 ACC 的活性。柠檬酸和其他羧基酸通过别构调节可激活 ACC，胰岛素通过对 ACC 在不同位点的磷酸化(无活性)/脱磷酸化(激活)来调节 ACC 的活性。Rumberger 等(2003)将脂肪细胞与胰岛素共同培养发现,ACC的活性随胰岛素浓度的升高而升高,二者呈线性正相关。胰岛素主要是在肝脏和白色脂肪组织中对ACC起调节作用,而在棕色脂肪组织和其他组织则无明显作用。Nogalska等(2005)研究发现,在大白鼠白色脂肪组织中,随瘦素浓度的升高ACC活性逐渐降低。ACC是腺苷酸活化蛋白激酶(AMPK)的下游靶点,AMPK通过对ACC的磷酸化作用来抑制该酶,从而进一步抑制脂肪合成并促进脂肪氧化。因此,AMPK-ACC体系已经成为治疗脂肪代谢综合征的靶点。

12.1.4.3 激素敏感脂酶

激素敏感脂酶(HSL)是最初启动脂肪组织中甘油三酯分解的关键酶和限速酶,负责分解脂肪组织中的甘油三酯释放出FFA,是调控脂肪组织分解最关键的因素,在调控能量平衡中起着重要作用(Yeaman等,1994)。猪HSL基因编码171个氨基酸,定位于第6号染色体上,其蛋白分子质量为82.8 ku。HSL分子结构含有3个相互独立的功能区域:调节区、催化区和脂质结合区。调节区包括两个磷酸化位点,即调节位点和基本位点。调节位点所在区域具有亲水和α-螺旋特性,使HSL分子表面存在蛋白激酶进入的通道,从而调节HSL的活性;基本位点并不能增强HSL的活性,但能防止调节位点的磷酸化。催化区主要负责催化HSL的活性。脂质结合区是与脂肪结合的部位,功能是在脂质-水的界面上锚定HSL,使其发挥酯解作用。

HSL在动物体内以活性和无活性两种形式存在,活化的HSL向储存在脂滴内的脂质底物移位,催化甘油三酯水解为甘油二酯和脂肪酸。HSL的活性受复杂的级联反应机制调控,HSL的含量和活性受促脂解类激素和抗脂解类激素的双向调控。当无活性的HSL受到cAMP-依赖性蛋白激酶(PKA)的催化而被ATP磷酸化后即具有活性;活化的HSL通过作用于脂肪酶的磷酸酯酶去磷酸化而失去活性(Olsson等,1986)。HSL水解脂肪的过程除了其水解活性的活化,还包括HSL与脂肪滴结合。在促脂解激素的作用下,HSL从胞质溶胶中易位至细胞内脂肪滴的表面,并启动脂解作用(Kraemer和Shen,2002)。因此,HSL易位至脂肪滴表面上是其发生水解的重要过程。与正常人相比,肥胖个体脂肪细胞中HSL的活性、蛋白浓度以及基因表达水平分别降低42.6%、47.2%和27.8%(Large等,1999)。HSL基因敲除小鼠脂肪组织中的总胆固醇含量显著增加,脂肪沉积的两个主要转录因子PPARγ和c/EBPα在白色脂肪组织中的表达水平下调40%~70%(Harada等,2003)。由于HSL在脂肪代谢中发挥着重要作用,许多研究者认为,HSL是调节脂肪代谢以及脂肪沉积相关性状的候选基因。

12.1.4.4 肉碱脂酰转移酶

在哺乳动物体内,长链脂肪酸作为一种主要的供能前体物质需要借助于肉碱脂酰转移酶(Carnitine palmitoyltransferase,CPT)转入到线粒体内进行β-氧化。位于线粒体外膜的CPT1主要负责催化肉毒碱和乙酰CoA合成乙酰基肉碱,而位于线粒体内膜的CPT2主要负责催化乙酰基肉碱和CoA反应释放乙酰CoA的反应。CPT1膜上有两个暴露在线粒体胞浆面的重要位点,一个为丙二酰辅酶A结合位点,另一个为催化位点。CPT1是脂肪酸β-氧化的关键限速酶,受到包括丙二酸单酰CoA在内的各种因子在转录水平、翻译及翻译后水平的调节作用。将M-CPT1、L-CPT1与CPT2的氨基酸序列进行同源比较,可发现N端均存在

124 个氨基酸的保守序列。在脂肪酸利用率较高的组织如心脏、肌肉和肝脏中，CPT1 基因易受日粮和激素的调节。

12.1.4.5 脂蛋白脂酶

脂蛋白脂酶(LPL)是调控脂肪和脂蛋白代谢的关键酶，位于毛细血管内皮的腔面，在甘油三酯代谢中起着关键作用。刚从细胞中分泌出来的 LPL 是没有活性的，只有到达毛细血管壁才具有生理活性。LPL 属于脂肪酶基因家族的成员，分子质量约为 54 ku，猪的 LPL 基因定位在第 14 号染色体上。活化的 LPL 以同源二聚体形式存在，功能位点主要包括 N-连接糖基化位点、与脂蛋白类物质的结合位点、结合肝素的位点、与协同作用因子载脂蛋白相互作用的位点、与另一个 LPL 亚单位结合以形成活性同源二聚体的位点以及催化位点(Goldberg 和 Merkel，2001)。LPL 的主要功能是催化水解 CM 与 VLDL 中的甘油三酯，向组织提供产能所需的 FFA，并促进各种脂蛋白之间的相互转换。

LPL 主要在骨骼肌、脂肪组织、心肌和乳腺中表达，其基因表达是脂肪细胞分化的一个早期标志，对控制脂肪沉积起着核心作用(Goldberg，1996)，其基因表达量与肉质性状紧密相关(Hocquette 等，1998)。LPL 广泛存在于肝外组织的毛细血管内皮细胞中，但其表达具有很强的组织特异性，且不同组织对于 LPL 在转录与转录后各级水平上的调控也存在明显差异(杜纪坤和黄青阳，2007)。因不同组织中 LPL 的表达量和活性存在差异，其对脂质代谢的作用也各不相同。LPL 作用于甘油三酯使其分解为非酯化脂肪酸和甘油，在脂肪组织中前者进入脂肪细胞重新酯化为甘油三酯而贮存；在肌肉组织中，非酯化脂肪酸被肌肉组织摄取而氧化。因此，动物体内 LPL 的活性是决定外周组织从血浆中摄取甘油三酯的重要因素，其活性也是控制血浆甘油三酯在体内流动和组织分配的“限速阀”。LPL 在脂肪组织中的活性及其在肌肉组织中的相对活性决定了脂肪是储存或是供能，可用脂肪组织与肌肉组织中的 LPL 活性比值作为判断 FFA 流向的一个有效指标，比值较高时，体内 FFA 将更多流向脂肪组织进行脂质积聚与能量储备，比值较低时，FFA 则进入肌肉组织以利于氧化产能。

外源性胰岛素可增加脂肪组织中 LPL 的活性，但轻度降低骨骼肌 LPL 的活性(Eckel 等，1996)。脂肪细胞中肿瘤坏死因子-α(TNF-α)的表达量与 LPL 的活性呈负相关，给大鼠注射 TNF-α 导致脂肪组织 LPL 活性下降，抑制脂肪组织外源性脂肪酸的生成，并增加循环中甘油三酯和 VLDL 的浓度(Kern 等，1995)。儿茶酚胺和 β-肾上腺素可以抑制脂肪组织中 LPL 的活性，但提高了心肌和骨骼肌中 LPL 的活性。GH 可以降低脂肪组织中 LPL 的活性，进而影响脂肪沉积(Wang 等，1993)。LPL 是调控肉鸡脂肪组织中脂肪沉积过程的关键酶(李慧峰，2005)，通过催化 CM 和 VLDL 核心的甘油三酯水解成甘油和脂肪酸，以供组织氧化供能和脂蛋白之间相互转换贮存。LPL 对脂肪的运输具有重要调节作用，其活性的高低是脂肪蓄积程度的标志，也是决定脂肪细胞大小的重要因素。

12.1.4.6 脂肪甘油三酯水解酶

脂肪甘油三酯水解酶(ATGL)是甘油三酯水解的主要限速酶。过去一直认为，HSL 是脂肪动员过程中唯一的脂肪水解限速酶，但随着 HSL 基因敲除鼠的出现，其限速作用受到质疑。Haemmerle 等将小鼠的 HSL 基因敲除后发现，甘油二酯而不是甘油三酯有积聚(Haemmerle 等，2002)，提示存在另一种非 HSL 脂肪酶将甘油三酯水解为甘油二酯，ATGL 即是其中的一种。ATGL 由 486 个氨基酸组成，分子质量大约是 54 ku。猪 ATGL 基因与人和小鼠在核苷酸水平上有较高的同源性，它们之间可能具有相似的功能和表达调控。

ATGL 能增强正常和肾上腺诱导的甘油三酯水解，但其调控的机理仍然不是很清楚，可能通过磷酸化激活，但并不是通过 PKA 途径。该酶的表达也受到机体营养状况的调控，在快速生长期 ATGL 基因的表达水平增强。ATGL 和 HSL 对底物的不同偏好说明脂肪动员过程中存在这两种酶的协调作用。ATGL 可以将甘油三酯水解为 DG，HSL 则进一步将其降解为脂肪酸和甘油，但在该过程中 HSL 的作用略大于 ATGL。作为一种与 HSL 相关的脂肪代谢酶，ATGL 的表达同样受到体内一些参与脂肪代谢的重要调控因子的调节。去甲肾上腺素、TNF 和胰岛素均可以显著降低 ATGL mRNA 的表达，且其表达量随处理时间和剂量而改变(Kralisch 等，2005)，表明 ATGL 可能同时具有合成和分解甘油三酯的能力，因此作用不同的调控因子会产生相同的效果。在诱导产生糖尿病鼠的脂肪细胞中，由于胰岛素的缺乏 ATGL 的表达上调，但是当胰岛素恢复时表达量则下降(Kershaw 等，2006)，上述数据再次证明，ATGL 承担着脂肪细胞基础脂解的作用。体内和体外研究还揭示，ATGL 还参与瘦素介导的脂解过程。在此脂解过程中，ATGL mRNA 表达升高的同时其蛋白水平却不断降低，且受到 JAK、MAPK 信号通路和 PPARγ 的共同调控(李玉成，2008)。

目前对于 ATGL 调控机制与脂肪代谢关系的研究才刚刚起步。ATGL 同时具有分解和合成脂肪的能力，这两种对立的功能是如何协调的，以及调节 ATGL mRNA 表达水平的激素是如何影响依赖于 ATGL 的脂肪合成和分解过程的，均有待于进一步的研究。

12.1.5 调控畜禽脂肪代谢的激素

甘油三酯的水解受到许多激素的调节，这些激素在能量缺乏期间与相应的受体结合，引发级联反应进而增加细胞内 cAMP 的水平，活化蛋白激酶 A，磷酸化 HSL，从而使甘油三酯水解为 DG 和非酯化脂肪酸(Belfrage 等，1984)。激素可以通过自身的受体介导或干扰其他激素信号传导通路的某个环节来调控脂肪代谢，其作用既可从 DNA 水平上调节相关基因的表达、从 mRNA 水平上调节转录物的稳定性，也可从蛋白质水平上通过磷酸化来调节酶及相关蛋白质的活性。激素对脂肪代谢的调控是一种胞外信息和胞内信息传递及调控的过程，伴随着能量在体内的重新分配。

12.1.5.1 生长激素/类胰岛素样生长因子Ⅰ系统

生长激素(GH)是腺垂体分泌的一种肽类激素，调节机体大部分组织中的蛋白质、碳水化合物、脂肪和核酸的代谢。大量研究表明，提高机体的 GH 水平，能促进动物肌肉的生长，减少脂肪的沉积(Etherton，2000)。GH 可显著降低 LPL 的活性，减少 FAS 等脂肪合成酶在脂肪组织中的表达，从而抑制前脂肪细胞增殖和降低脂肪组织自身的脂肪合成(Boone 等，2000)。Harris 等(1993)给阉公猪注射重组猪生长激素(rPST)，屠宰后发现脂肪组织中 FAS 的活性和 mRNA 丰度均降低。GH 还可以通过降低 NADPH 生成酶的活性来抑制脂肪酸的合成，减少体脂的沉积(Harris 等，1993)。张曼夫(1990)报道，注射 GH 的猪皮下脂肪组织中苹果酸脱氢酶、6-磷酸葡萄糖脱氢酶和异柠檬酸脱氢酶的活性显著低于未注射 GH 的猪。Rehfeldt 等(1994)研究发现，GH mRNA 表达量高的猪具有较低的背膘厚。rPST 处理可降低猪的背膘厚，提高眼肌面积和瘦肉率（Steen 等，1991）。

GH 降低体脂的沉积是因为体内葡萄糖转运和脂肪合成明显减少，同时促进脂肪的分解，使储存的甘油三酯分解为脂肪酸，血浆 FFA 含量增高，机体对脂肪酸的利用增多。GH 对脂肪代谢具有双重效应。GH 的生物学效应可以通过 cAMP 途径实现，GH 通过作用于脂肪细胞膜上的受体，使细胞膜上的腺苷酸环化酶激活，脂肪细胞内 cAMP 的浓度升高，通过cAMP-蛋白激酶系统使脂肪酶的活性增强，从而使脂肪组织内的脂肪分解加强（Etherton，1993）。GH 对脂肪沉积的另一个调节机制是降低脂肪组织对胰岛素的敏感性，结果降低了胰岛素调节的葡萄糖转运、FAS 活性、FAS 基因的表达和脂肪合成（Moller 和 Jorgensen，2009）。GH 对胰岛素敏感性的改变具有组织特异性，胰岛素敏感性的改变几乎只与脂肪组织有关，骨骼肌的胰岛素敏感性则不受影响，使得大量用于脂肪合成的葡萄糖转向肌肉，被肌肉代谢利用（Etherton，1993）。

GH 可通过其受体（GHR）直接发挥生理作用。GH 与 GHR 结合时 GHR 发生二聚化，并产生大量的信息分子，之后诱导下游信号转导途径。这些下游信号转导途径中的组分在不同组织和细胞间存在同工型或反应性的差异，这可能是 GH 对不同组织细胞产生不同生物学效应的部分原因，从而也影响养分在组织间的分配代谢。

GH 除了自身的直接作用外，还可通过类胰岛素生长因子Ⅰ（IGF-Ⅰ）的介导发挥生理作用（Florini 等，1996）。IGF-Ⅰ为单链碱性蛋白，由 70 个氨基酸残基构成，主要在肝脏合成，分子质量为 7.5 ku。IGF-Ⅰ在正常机体内主要由肝脏合成，并分泌进入血液，被运输到周边组织发挥作用。肝脏特异性缺失 IGF-Ⅰ基因的小鼠，虽然血液中 IGF-Ⅰ的含量下降约 75%，血液 GH 水平升高约 4 倍，但除肝脏外的外周组织 IGF-Ⅰ mRNA 水平没有受到影响，说明肝脏是血液中 IGF-Ⅰ的主要来源，并且肝脏来源的 IGF-Ⅰ是 GH 分泌的主要调节者（Frank，2007）。

IGF-Ⅰ的作用主要通过与细胞表面的 IGF-Ⅰ受体（IGF-ⅠR）结合后经 MAPK/ERK 或 PI3K-Akt/PKB 信号途径激活细胞内信号通路，发挥生物学作用（Hansen 等，2002；Xu 和 Liao，2004）。IGF 既是 GH 发挥作用最主要的介导因子，又具有与 GH 无关的独特作用。IGF-Ⅰ可促进前脂肪细胞的增殖和分化（Louveau 和 Gondret，2004），其对脂肪细胞中脂肪合成的抑制是通过减少胰岛素分泌而间接实现的（Frick 等，2000），IGF-Ⅰ还可以增强脂肪细胞对儿茶酚胺的敏感性（Frick 等，2000）。但是，有关 IGF-Ⅰ对成熟脂肪细胞的作用尚有不同的观点。Klindt 等（1998）用 IGF-Ⅰ处理生长期的梅山公猪 28 d 后，虽然血清 IGF-Ⅰ增加了 60%，但猪的增重和胴体组成未发生显著变化；而利用 GH 和 IGF-Ⅰ同时处理后，猪的背膘厚大于 GH 单独处理猪的背膘厚。经 GH 处理后，猪皮下脂肪 IGF-Ⅰ mRNA 的表达量显著增加（Brameld 等，1996），表明 GH 能显著促进脂肪组织产生 IGF-Ⅰ，有可能参与脂肪细胞代谢的调节。GH 缺乏的人经 IGF-Ⅰ处理后，其脂肪分解作用增加（Hussain 等，1994）。IGF-Ⅰ对脂肪组织有类似胰岛素的作用，可提高机体脂肪组织摄取葡萄糖并转化为甘油三酯的能力（Shimode 等，1997）。去除垂体的大鼠经 IGF-Ⅰ处理后，其脂肪组织中基础性的以及由胰岛素引起的葡萄糖转运降低（Frick 等，2000），提示 IGF-Ⅰ可能在 GH 缺乏时调节脂肪代谢。Lupu 等（2001）根据对 GHR、IGF-Ⅰ双缺陷和 IGF-Ⅰ缺陷大鼠生长的研究，估计 IGF-Ⅰ途径对体重的贡献占 35%，GH 途径占 14%，GH/IGF-Ⅰ途径占 34%，还有 17%是其他促生长因子的作用，与生长轴无关。

不管是在细胞水平还是机体水平，GH/IGF-Ⅰ系统对脂肪组织发育和代谢的影响都十分复杂，而且很难将GH与IGF-Ⅰ的作用区别开来。GH能增加脂肪细胞系的分化，相反，IGF-Ⅰ却可以降低原代培养的前脂肪细胞的分化。与IGF-Ⅰ不同的是，猪的GH对葡萄糖转运、脂肪生成以及脂肪分解的作用机制均已经得到了很好的阐明，最终实现脂肪细胞脂肪含量的下降。虽然GH的主要作用是降低整个机体的脂肪含量，但是GH发挥上述作用的细胞机理还没有得到充分的解释。

12.1.5.2 胰岛素

胰岛素是促进动物脂肪沉积的主要激素，它可显著促进脂肪组织的合成代谢。胰岛素可通过改变质膜与胞内转运蛋白的分布，刺激葡萄糖被脂肪细胞吸收利用。胰岛素的作用机理可能是通过细胞表面丰富的胰岛素受体诱导细胞DNA的合成以引起细胞分裂增殖。

胰岛素对脂肪代谢的调节作用主要表现在以下几个方面：诱导脂肪酸合成过程中的3个关键酶——ACC、FAS和柠檬酸裂解酶的生成，提高脂肪酸的合成效率，从而促进脂肪沉积(Yin等，1998)；通过抑制AC和激活cAMP磷酸二酯酶，减少细胞内cAMP的含量，从而抑制PKA和HSL的活性，使甘油三酯水解减弱，脂肪动员减少(Holm等，2000)；通过增强肝脏和脂肪细胞中6-磷酸葡萄糖脱氢酶和苹果酸脱氢酶的活性加强由葡萄糖转变为脂肪的代谢过程，使体内多余的能量用于脂肪沉积；增加葡萄糖转运载体4(GLUT4)mRNA的表达，促进含GLUT4的胞内小泡从胞内移到质膜，刺激葡萄糖被脂肪细胞吸收，为脂肪合成提供原料；通过增强脂肪组织中LPL的活性，促进脂肪酸进入脂肪组织合成脂肪并沉积；通过抑制肉碱脂酰转移酶Ⅱ的作用，使进入线粒体的脂肪酸减少，从而降低脂肪酸在线粒体内通过β-氧化而进行的分解，从而减少脂肪的分解；胰岛素对FAS基因表达的调控作用可能是通过IGF-Ⅰ受体介导的，因为IGF-Ⅰ在比胰岛素低得多的水平就能够产生与胰岛素类似的促进FAS表达的作用(Stapleton等，1990)。

12.1.6 调控畜禽脂肪代谢的细胞因子

脂肪组织生物学的发展，彻底改变了人们对脂肪组织的传统观念。脂肪组织不再只是一个能量储存器官，同时也是一个活跃的内分泌器官。成熟脂肪细胞能分泌多种生物活性物质，这些因子通过内分泌、旁分泌、自分泌和(或)近旁分泌模式，在脂肪细胞与其他组织之间传递信息以及在脂肪细胞感知自身能量储备和控制自身体积方面发挥着重要作用，参与维持机体的脂肪代谢平衡和能量稳态。

12.1.6.1 瘦素

瘦素是肥胖基因(ob基因)的编码产物，是一种能够调节体脂贮存量、能量代谢及体重的内分泌因子(Fan，1997)。成熟的瘦素有146个氨基酸残基，分子质量为16 ku。瘦素主要由机体白色脂肪细胞分泌，在上皮细胞、内皮细胞以及胰腺细胞等组织也有少量合成和分泌(Margetic等，2002)。在不存在瘦素抵抗的正常动物，瘦素水平与体内的脂肪沉积量呈正相关。当畜禽摄入的能量较高时，脂肪细胞分泌的瘦素较多，反之亦然(Frederich等，1995)。动物实验表明，瘦素通过抑制食欲，减少能量的摄取而使体重和脂肪量明显降低(Zhang等，

1994)。血清瘦素水平与脂肪组织瘦素 mRNA 的表达量也呈正相关(姚国佳等,2006),并且可以作为反应体脂含量的一个信号(Gill 等,1997)。

瘦素具有广泛的生物学效应,不仅能调节摄食,而且能影响脂肪组织及其他组织特定的代谢途径,因此瘦素又被称为脂肪分解激素。瘦素通过与其受体结合,刺激下丘脑,引起食欲降低、能量消耗增加,从而减少体脂的沉积(Münzberg,2008)。瘦素调节机体脂肪沉积的主要机制如下:脂肪细胞分泌瘦素进入血液,在大脑通过与脉络膜上的瘦素受体结合而被转运至脑脊液中,与下丘脑瘦素受体结合,并通过该受体的信号传导作用引起下丘脑与能量、脂质代谢相关的一系列变化,如神经肽 Y 的变化,导致食物摄入减少,能量消耗增加,脂肪沉积减少。作用于神经中枢,通过下丘脑-垂体-肾上腺轴提高肾上腺素的释放,肾上腺素通过 cAMP 信号机制激活线粒体内膜上的解偶联蛋白,增加脂肪的氧化与产热,使能量消耗与利用增加,从而减少体内脂肪的储存(Lissett 等,2001);通过激活 AMPK-ACC 抑制肉碱棕榈酰转移酶Ⅰ将脂肪酸转运进线粒体进行氧化产能,降低细胞内脂质含量;通过减少胰岛素分泌或削弱胰岛素敏感性,抑制胰岛素对脂肪合成的刺激作用和对脂解的抑制作用,实现对体脂的调节(Ramsay,2003);由于瘦素受体不仅在下丘脑表达,同时也存在于脂肪组织中,因此瘦素可以直接抑制脂肪组织中脂类的合成,这是通过增加脂酶的合成、减少 FAS 和细胞色素 C 氧化酶的产生来实现的,从而最终抑制脂肪的合成(Hirose 等,1998)。畜禽采食后,瘦素表达的增加发生在胰岛素分泌高峰之后(Saladin 等,1995);禁食时,胰岛素水平下降可能介导瘦素水平的下降(Boden 等,1996)。胰岛素可以直接刺激培养的脂肪细胞表达瘦素(Rentsch 和 Chiesi,1996),注射胰岛素也可以使啮齿类动物体内瘦素水平升高(Saladin 等,1995)。相反,在胰岛素水平较低时,瘦素水平也较低(Macdougald 等,1995)。瘦素还可以通过调节体内 GH 的水平而发挥作用。Cocchi 等(1999)向自由活动的雄性大鼠脑室内注射瘦素发现,垂体的 GH mRNA 增加 53.2%,GH 的分泌显著增加。

12.1.6.2 肿瘤坏死因子

肿瘤坏死因子(TNF-α)是由激活的单核-巨噬细胞产生的具有多种生物学效应的重要生理炎症介质(Medina 等,2002),脂肪细胞也能分泌产生 TNF-α,是人们发现的一种能够调控脂肪代谢的活性蛋白质。TNF-α 分子质量为 17 ku,通过与细胞表面的两个受体(TNFR1 和 TNFR2)结合发挥对脂肪组织的生物学效应。TNF-α 能诱导胰岛素抵抗和瘦素生成,促进脂肪分解,抑制脂肪细胞的分化和脂肪合成(周杰等,2004)。在脂肪组织中,TNF-α 的表达及血浆水平的升高与脂肪量平行,肥胖个体的脂肪组织中 TNF-α 的 mRNA 和蛋白水平均增加(Hotamisligil 等,1999)。Chen 等(2004)报道,脂肪型猪和瘦肉型猪相比,脂肪组织中的 TNF-α 表达量更高,且随着年龄的增长和肥胖程度的增加而增加,限饲和体重减轻后表达量均下降。

TNF-α 抑制脂肪沉积的可能机理包括:通过下调脂肪组织 GLUT4 的表达抑制血液中葡萄糖转运到脂肪组织,通过降低 LPL 活性以及 FAS 和 ACC mRNA 表达抑制脂肪合成,从而减少动物体脂的沉积(Enerback 等,1998);通过调节 LPL 和降低与甘油再生以及脂肪酸酯化转录水平有关蛋白的表达,从而减少脂肪的生成(Cawthorn 和 Sethi,2008);直接通过抑制脂肪细胞分化转录因子的表达,对脂肪细胞的分化和成熟起重要的负反馈调节作用,能显著抑制脂肪细胞的分化并使发育的脂肪细胞脱脂,从而对抗脂肪生成(Ruan 等,2002);引起胰岛素受体底物的丝氨酸磷酸化，而磷酸化的胰岛素受体底物对胰岛素受体酪氨酸激酶的敏感性下降，抑制胰岛素抵抗信号，从而导致胰岛素抗性(Sykiotis 等,2001)；TNF-α 与细胞表面的受体结合，上调促凋亡基因如 Bcl-2 和 Caspase 蛋白家族的表达，进而激活 Caspase-3，引起级联放大反应，诱导前脂肪细胞和脂肪细胞的凋亡，最终降低脂肪沉积(Gupta,2001)。此外，TNF-α 还能控制摄食，增加机体产热，抑制脂肪细胞分化，诱导脂肪细胞凋亡，从而调节机体的脂肪代谢和能量平衡(孟德连等,2004)。综合 TNF-α 各个方面的活性，其作用可以概括为减少脂肪组织的重量，调节机体的能量平衡。

12.1.6.3 脂联素

脂联素(ADP)是由脂肪组织分泌的一种激素类脂肪细胞因子，是脂肪细胞中表达最丰富的激素之一，也是至今发现的唯一与肥胖呈负相关的脂肪细胞特异性蛋白，它以内分泌方式循环于血液中，参与调节葡萄糖和脂肪酸代谢以及抵抗炎症反应等生命活动。猪的 ADP 仅表达在脂肪组织中，而脂联素受体 AdipoR1 和 AdipoR2 在除大脑外的各个组织中均有表达。ADP 必须通过 AdipoR1 和 AdipoR2 的介导才能发挥作用。

ADP 可以降低血浆中甘油三酯的浓度，增强机体糖代谢，提高胰岛素敏感性，刺激脂肪酸的氧化，减少成熟脂肪细胞对脂肪的吸收，最终减少机体的脂肪沉积。Beltowski(2003)试验表明，动物血清 ADP 水平与胰岛素抵抗和脂肪沉积呈负相关。ADP 调节机体脂肪代谢，主要通过过氧化物酶体增殖物激活受体(PPAR)和 AMPK 两条信号传导通路起作用(Myeong 等,2006)。

ADP 基因上游具有 PPAR 的结合位点，可以激活 PPAR，而 PPAR 参与脂肪细胞对脂肪酸的摄取、结合、运输以及氧化等，最终增加脂肪酸氧化和葡萄糖摄入(McClelland,2004)。PPARα 控制有关过氧化酶的大部分基因的表达和线粒体 β-氧化，如乙酰辅酶 A 氧化酶、肉碱棕榈酰转移酶Ⅰ和脂肪酸结合蛋白 3。PPARα 可诱导脂肪酸转运蛋白和脂肪酸转位酶(FAT/CD36)，进而促进脂肪酸的跨膜运输；PPARα 直接刺激肝脏和巨噬细胞中 LPL 的基因表达，进而促进甘油三酯的水解。

ADP 可以活化 AMPK，启动 AMPK 信号转导途径：通过磷酸化 ACC 而抑制其活性，ACC 活性降低从而减少细胞内丙酰辅酶 A 的水平，并激活肉碱棕榈酰转移酶Ⅰ，使长链脂肪酸流入线粒体并被氧化增加(Yoon 等,2006)；抑制 DG 和甘油三酯的合成，通过磷酸化 3-羟基-3-甲基戊二酰 CoA 还原酶而抑制总胆固醇的合成(Chan 等,2005)；抑制糖原的合成，促进肌细胞葡萄糖的摄取(Wu 等,2003)。

12.1.6.4 过氧化物酶体增殖物激活受体 γ

PPAR 是核受体家族中的一员，是调控基因转录和细胞功能的一个重要成分。根据 PPAR 的结构及功能可分为 PPARα、PPARβ(亦称 PPARδ)和 PPARγ 三种亚型。PPARγ 是由配体激活的核转录因子，与配体结合后均能与视黄酸类受体形成异二聚体，结合于靶基因启动子上游的过氧化物酶增殖体反应元件而发挥转录调控作用(Ferré,2004)。PPARγ 是脂肪细胞基因表达和胰岛素细胞间信号传递的主要调节者，在脂肪细胞分化和机体能量、葡萄糖和脂肪代谢调控中起着重要作用。PPARγ 又可分为 γ1、γ2 和 γ3，三者仅 N 端序列不同(Werman 等,1997)。其中 PPARγ2 另有一个外显子编码的 30 个氨基酸序列，在脂肪细胞中特异表达(Berger 和 David,2002)。猪的 PPARγ 基因位于第 13 号染色体上(Grindflek 等,2000),PPARγ1 和 γ2 在猪的脂肪组织高度表达,且 PPARγ1 占优势。已经证实,PPARγ 表达足够引起对数生长期成纤维细胞系的生长停滞及促使脂质形成的开始;PPARγ 基因敲除的动物出现脂肪组织发育障碍(Rosen 等,1999)。在体外 PPARγ 基因纯合缺失的 ES 细胞能分化成多种组织,但唯独不能分化成脂肪组织(Rosen 等,1999),说明 PPARγ 在脂肪细胞分化过程中发挥着关键作用。PPARγ 介导的脂肪细胞分化包括脂质累积和脂肪细胞特异性基因的表达(Tamori 等,2002)。

PPARγ 在介导脂肪酸氧化及脂质代谢中起着重要作用。多种参与脂肪酸转运和代谢的基因在转录水平上受 PPARγ 的调控。PPARγ 可以调节脂肪酸代谢的各个环节,增加脂肪酸转运蛋白和脂肪酸转运酶的表达,刺激细胞对脂肪酸的摄取和向脂酰 CoA 的转化(Kamon 等,2003);通过控制脂肪生成酶如硬酯酰辅酶 A 去饱和酶 - Ⅰ 的表达来调节脂肪组织中脂肪酸的合成(Riserus 等,2005);通过直接调控甘油激酶启动子促进脂肪酸脂化生成甘油三酯(Guan 等,2002)。PPARγ 能选择性地诱导 LPL 基因在脂肪组织中的表达,调节脂肪细胞的信号转导,减缓脂解速度,从而降低 FFA 的含量。PPARγ 能够诱导肝细胞表达载脂蛋白、脂肪酸氧化酶系和 LPL 等,从而促进脂质的氧化代谢,降低血脂浓度。PPARγ 通过改善胰岛 β 细胞功能降低脂肪细胞瘦素和 TNF - α 的表达来调节脂质代谢。

PPARγ 是脂肪组织发育的中心调控剂,其信号通路可影响脂肪代谢。PPARγ 可以调节脂肪酸代谢的各个环节,增加脂肪酸转运蛋白和脂肪酸转运酶的表达,刺激细胞对脂肪酸的摄入和向脂酰 CoA 的转化(Rangwala 和 Lazar,2004)。PPARγ 还能选择性地诱导 LPL 基因在脂肪组织中的表达,调节脂肪细胞的信号转导,减缓脂解速度,降低 FAA 的含量。脂肪细胞 PPARγ 敲除的小鼠出现进行性脂肪营养不良,也进一步说明 PPARγ 在脂肪代谢中起着重要作用。PPARγ 还可对肉碱乙酰肉毒碱转位酶和胆固醇反转运物的表达进行调节,从而调节脂质代谢,并通过增加细胞内磷脂和总胆固醇的外流促进 HDL 对总胆固醇的转运(Ricote 和 Glass,2001)。

12.1.7 调控脂肪代谢的其他蛋白

12.1.7.1 脂肪酸结合蛋白家族

脂肪酸结合蛋白家族(FABPs)的主要作用是调节脂肪酸的吸收及其在细胞内的转运。脂肪酸通过各种细胞质膜的转运,一般认为是简单扩散和脂类分离的被动过程。这种转运随之就结合到细胞质 FABPs 上,然后运输到细胞器内,或者沿着细胞内膜继续移动。FABPs 能够加强脂肪酸的转运扩散,促进细胞膜吸附脂肪酸。它不仅能结合囊泡和脂质体中的脂肪酸,还能结合线粒体膜和脂单层中的脂肪酸。作为细胞内类脂结合蛋白家族,如前面章节中所述,FABPs 至少有 10 种结构上不同的类型,不同类型的 FABPs 在不同组织和细胞中表达,其中心脏 FABP(H - FABP)和脂肪型 FABP(A - FABP)、膜 FABP(FABP pm)已被证实与肌肉内的脂肪酸转运有关。

A - FABP 是一种膜周边蛋白,其分子中心有高亲和力的结合位点,能与 LCFA 以非共价键结合,增加脂肪酸的溶解性并将脂肪酸从脂膜运输到脂肪酸氧化、脂化成甘油三酯或磷脂的位置和进入细胞核内发挥其调控功能的位置。由于LCFA和其代谢产物在信号转导通路中可起到一级或二级信号作用，因而A-FABP可能以非酯化脂肪酸为配体，在转移脂肪酸的同时，起到信号转导的作用。A-FABP还能结合维甲酸和类花生酸类物质，参与其代谢与运转。敲除小鼠A-FABP基因，发现小鼠的生理指标无明显改变，高脂饮食喂养后与对照A-FABP +/+鼠比较，A-FABP-/-鼠的体重稍有增加，血浆FFA的浓度轻度升高，而胆固醇和甘油三酯的水平却中度降低。上述结果提示，A-FABP基因的缺失改变了肥胖小鼠脂肪细胞的生理功能和FFA的代谢，防止了机体血脂代谢紊乱的发生。早期的研究发现，A-FABP基因敲除小鼠脂肪组织基础脂解降低。但Smith等研究发现，A-FABP基因敲除小鼠脂肪组织非酯化脂肪酸增多，说明脂解增高了，原因是A-FABP在脂肪细胞中能与脂肪酸结合，将脂肪酸从脂滴(脂解部位)运输到质膜，有利于脂肪酸的释放，释放的脂肪酸又反馈性地抑制脂解作用。A-FABP与激素敏感性脂肪酶结合体发生改变可进一步降低脂解。因而推断，若A-FABP缺失，脂解作用应增强。Fu等通过慢病毒诱导巨噬细胞中A-FABP的高表达，发现胆固醇酰基转移酶1基因表达上调，相反三磷酸腺苷结合转运体A1和HSL基因的表达均下调，导致了胆固醇沉积和甘油三酯脂解降低，与Smith等的发现一致。以上研究均表明，A-FABP通过影响脂肪代谢过程中的关键酶及其受体的表达，参与细胞内信号转导，在脂类的代谢和转运中起着重要作用。

在脂肪细胞聚脂分化时，FABP pm水平有所上调，并且细胞脂肪酸转运能力显著升高。Glatz等认为，脂肪酸的跨膜转运过程为：脂肪酸与白蛋白形成复合体，当复合体结合细胞膜上的白蛋白结合蛋白后，脂肪酸游离释放，被FABP pm转运至细胞内，再结合细胞质中的FABP进行代谢。国外相关研究发现，男性运动员FABP pm的mRNA和蛋白表达水平比2型糖尿病男性病人和男性肥胖者明显高。

12.1.7.2 脂肪酸转运蛋白家族

脂肪酸转运蛋白家族(FATPs)，又称溶质携带家族。最初由Shaffer等首先在3T3-L1脂肪细胞基因文库中发现。离体培养细胞中过量表达该基因时，发现细胞对LCFA的吸收水平明显提高。因此，推断该蛋白是LCFA的膜转运载体，并命名为脂肪酸转运蛋白。这是一个由6个成员组成的蛋白家族，其中FATP-1主要在对胰岛素敏感的组织(脂肪组织和骨骼肌)中特异表达。

脂肪酸转位酶FAT/CD36对FA的转运具有重要作用。Sfeir等通过在3T3脂肪前体细胞表达FAT/CD36反义序列，降低细胞内的FAT/CD36表达水平，同时导致放射性标记油酸吸收的减少。对小鼠FAT/CD36基因进行敲除，其心脏、肌肉和脂肪组织对脂肪酸的吸收量均下降40%～80%(Coburn等，2000)。FAT/CD36对LCFA具有偏好性。有研究报道，FAT/CD36不能结合辛烷酯，但是能结合油酸、棕榈酸、硬脂酸、花生四烯酸和亚油酸。FAT/CD36的正确定位与其转运功能密切相关。Ring等研究发现，存在于胞浆内的FAT/CD36不能有效转运LCFA。Bonen等却认为，正常细胞内FAT/CD36存在着循环机制。目前，对于细胞膜上FAT/CD36转运脂肪酸的详尽机制还不明确。Abumrad等研究发现，LCFA对FAT/CD36的表达水平有正反馈作用。利用外源脂肪酸处理脂肪前体细胞发现，棕榈酸、油酸和亚油酸均可提高FAT/CD36的mRNA水平，但短链脂肪酸对FAT/CD36的表达水平无任何改变。FAT/CD36是脂肪细胞分化的主要标志，其表达水平受到核转录因子PPAR的调控。PPARα 激动剂和 PPARγ 激动剂能分别提高 FAT/CD36 的转录水平。

12.1.7.3 **小窝蛋白-1**

Trigatti(1999)等通过光亲和标记技术,确认 Caveolin-1 为一种脂肪酸结合蛋白。缺失 Caveolin-1 基因的小鼠在高脂日粮条件下表现消瘦,其脂肪细胞的脂滴变小且出现脂肪组织的消融(Cohen,2004)。对 Caveolin-1 在脂肪酸转运中的作用存在着很多争议。一些科学家认为,Caveolin-1 主要协助脂肪酸转运膜蛋白正确定位。这种说法的有力证据就是 Caveolin-1 对 FAT/CD36 的定位实验,敲除小鼠成纤维细胞膜上的 Caveolin-1 后,FAT/CD36 的表达水平没有发生显著变化,但 FAT/CD36 会错误定位在细胞内,而油酸的吸收有所下降;当转染 Caveolin-1 后,FAT/CD36 会重新正确定位在细胞膜上,油酸的吸收也会恢复正常。这表明 Caveolin-1 对 FAT/CD36 的定位具有重要作用,但对脂肪酸转运的作用是间接的。与之相反,随着脂筏(Lipid raft)的发现及其研究的兴起,Pohl 等发现,Caveolin-1 是脂筏中的重要组成蛋白,并认为 Caveolin-1 以脂筏为平台直接结合 FFA,参与脂肪酸的转运。

随着现代生物学技术发展和研究的进一步深入,将会有更多与脂肪转运相关的基因和蛋白被挖掘和发现。

12.2 畜禽脂肪代谢的营养调控

众多学者利用遗传选育、外源激素、免疫和营养等途径手段,开展了大量的调节畜禽的脂肪代谢的研究,其中营养手段效果显著而且容易被消费者接受。日粮营养素作为机体代谢过程的底物、辅酶或辅助因子,不仅可以在细胞和基因水平上对脂肪代谢进行调控,又可通过神经内分泌等生理途径对畜禽脂肪代谢进行调控,最终通过改变调节营养物质的吸收、转化等代谢途径的关节酶对表达或活性来调节脂肪代谢。

12.2.1 碳水化合物对脂肪代谢的调控

12.2.1.1 **碳水化合物对脂肪代谢的调控作用**

日粮碳水化合物主要通过改变餐后循环血液中能量代谢的强信号分子,例如葡萄糖和胰岛素的含量及其变化幅度来调控畜禽的脂肪代谢。此外,也可以通过调节循环血液中脂肪代谢产物的水平以及肠道微生物的发酵模式来调控脂肪代谢。Yin 等(2011)研究发现,淀粉的消化速率与餐后机体脂肪合成的效率存在显著的正相关,采食高消化速率淀粉的试验猪在餐后 3 h 内,循环血液中甘油三酯、总胆固醇、LDL-胆固醇和 HDL-胆固醇的含量均显著高于采食低消化速率淀粉的猪;而采食高消化速率淀粉的猪循环血液中乙酸、丙酸和丁酸的含量均显著低于采食低消化速率淀粉的猪。戴求仲等(2009)研究了不同淀粉来源对生长猪门静脉脂肪酸含量的影响,发现采食糯米后猪门静脉中乳酸的净吸收量(2.52 g)显著高于采食抗性淀粉(1.60 g)、玉米(1.66 g)和糙米(1.51 g)的猪。淀粉来源影响生长猪 8 h 内门静脉吸收的短链脂肪酸的总量和组成。采食抗性淀粉的猪总短链脂肪酸的吸收量最高(403.9 mmol/100 g),

分别比采食玉米、糯米和糙米的试猪高38.6%、48.3%和68.7%。在采食抗性淀粉的猪吸收的短链脂肪酸中，乙酸、丙酸和丁酸分别占43.0%、34.2%和22.8%，其中乙酸在总短链脂肪酸中的比例明显低于采食玉米(54.9%)、糯米(57.8%)和糙米(53.1%)的猪，丙酸所占的比例比采食玉米(25.2%)、糯米(21.2%)和糙米(23.9%)的猪高，而丁酸含量无显著差异。

王振来(1999)报道，在育肥猪饲料中以草粉形式添加日粮纤维有利于脂肪代谢，能够降低血液中总胆固醇和LDL的含量，提高血液中HDL的含量。高新等(2003)分别用含粗纤维水平为4%、8%、12%的日粮饲喂鹅，进行为期4周的饲养试验，发现随着日粮纤维水平的提高，血清总胆固醇、甘油三酯和LDL-胆固醇的水平显著降低，而HDL-胆固醇的水平升高；谷草转氨酶和谷丙转氨酶活性随日粮纤维水平的增加呈上升趋势；载脂蛋白B的水平随日粮纤维水平提高而显著下降；12%纤维日粮组腹脂率最低。上述结果说明，鹅日粮中的纤维水平6周龄前以8%、6周龄后以12%对鹅生长和维持较低血脂水平及降低腹脂有利。

12.2.1.2 碳水化合物对脂肪代谢的调控机制

碳水化合物主要通过对脂肪合成途径中的有关代谢酶：脂肪酸合成酶FAS、乙酰CoA羧化酶ACC、ATP柠檬酸裂解酶(ATP-CL)等的活性、基因表达以及相关激素的影响来调控脂肪代谢(樊红平和侯水生，2003)。

大量研究表明，高碳水化合物能够促进脂肪的合成，其作用可能涉及基因转录、mRNA的加工和稳定性(Towle，1997)。高碳水化合物可以增强ACC和FAS的表达，从而提高ACC和FAS在体内的含量，促进脂肪酸的合成。Coupe等(1990)报道，断奶或饥饿动物在饲喂高碳水化合物日粮时其机体内ACC mRNA的转录水平急剧升高，而ACC mRNA水平与ACC酶的活性密切相关，ACC转录水平的增加会直接导致其mRNA水平和蛋白含量的增加。Thompson等(1991)报道，高碳水化合物日粮可以增加肝脏FAS的合成，但这似乎需要胰岛素和肾上腺糖皮质激素的协同作用。至于碳水化合物对FAS基因表达的调控机制，一般认为FAS基因可能与肝脏其他两个脂肪合成酶(*L*-丙酮酸激酶和S14)一样，在其5′端侧翼存在一段碳水化合物代谢中间物的靶位序列，当碳水化合物与之结合时，就会增强FAS基因的转录。

Yin等(2011)研究发现，采食消化速率高的淀粉的猪脂肪组织(腹脂和前肩脂)以及肝脏和心肌中的FAS、ACC和ATP-CL活性均显著高于采食中等消化速率和低消化速率淀粉的猪，并且这与上述关键酶在相应组织中的mRNA丰度是相对应的，同时也与采食不同消化速率淀粉后循环血液中葡萄糖和胰岛素的水平及其变化趋势是一致的。其可能机制有以下三种：由于葡萄糖在机体各组织中通过脂质合成途径调控转录抑制子的水平直接影响脂肪合成酶基因的表达(Hasegawa等，1999)；胰岛素通过将脂肪细胞内的胰岛素应答性的葡萄糖转运蛋白4(IRGT-4)异位至血浆膜蛋白来提高葡萄糖的转运或者代谢；或者通过活化的葡萄糖激酶途径加速葡萄糖在肝脏中的代谢从而间接调控脂肪合成酶基因的表达(Weickert和Pfeiffer，2006)。因此，可以推测不同消化速率的淀粉对餐后脂肪合成的调控主要是通过葡萄糖和胰岛素等信号途径实现的。

碳水化合物对基因表达的调控实质是葡萄糖的作用，但目前尚不清楚是由于葡萄糖的直接作用还是因为激素分泌改变的结果。FAS的mRNA水平与6-磷酸-葡萄糖含量呈强相关，6-磷酸-葡萄糖可能就是启动FAS基因表达的直接诱因(Doiron等，1996)。Ferré(1999)认为，葡萄糖的直接作用是碳水化合物对基因表达调控的关键，胰岛素对生脂基因的调节是通过葡萄糖来实现的。但是,某些基因的最大表达可能需要葡萄糖与激素的协同作用。Towle(1997)认为,由葡萄糖诱发的包括葡萄糖、激素及其他代谢信号的综合作用及机体对这些信号的平衡结果,是基因表达与否及其表达程度的决定因素。但 Hasegawa 等(1999)认为,碳水化合物也可能通过调控葡萄糖应答元件结合蛋白的含量,从而在转录水平上对 FAS mRNA 的丰度进行调控。

另外,葡萄糖还可以通过对脂肪细胞中瘦素表达的影响来调节脂肪代谢。但目前的研究结果不尽一致。Spurlock(1998)报道,禁食可以减少猪肥胖基因的表达,但维持状态或低于维持状态较自由采食状态对肥胖基因的表达没有差异,肥胖基因的表达只与猪脂肪的沉积量和脂肪占体重的百分比有关。

12.2.2 蛋白质(氨基酸)对脂肪代谢的调控

日粮蛋白质是影响畜禽胴体构成的主要营养因素,摄入不足会降低胴体瘦肉率、增加脂肪沉积,摄入过量又会降低瘦肉率、增加料/肉比。Davey(1976)研究发现,用高蛋白日粮饲喂瘦肉型猪可提高瘦肉率,降低肌内脂肪含量。在鸡上也是类似的,提高日粮蛋白质水平可使肉鸡胴体脂肪含量降低;反之,则胴体脂肪和腹脂含量升高。Rosebrough(1985)报道,体内脂肪合成在饲喂 18%蛋白质水平日粮时最强,在饲喂 30%蛋白质水平日粮时最弱。

蛋白质对 FAS 基因的表达调控报道不多,一般认为增加日粮蛋白质的含量能抑制 FAS 基因的表达调控。Mildner 和 Clarke(1991)研究发现,采食含有 18%和 24%粗蛋白日粮的肥育猪脂肪组织中 FAS mRNA 含量比 14%粗蛋白日粮组分别下降 11.73%和 48.24%,而肝脏中 FAS mRNA 水平基本无变化。可见,日粮中蛋白质含量的高低能调控脂肪组织中 FAS 基因的表达,但这种调控发生在哪个水平及其作用机理尚不清楚。

氨基酸作为日粮蛋白质的基本组成单元,对畜禽脂肪代谢也存在明显的调控作用。Tan 等(2011)在日粮中添加 1%的精氨酸,可显著提高肥育猪胴体瘦肉率 5.5%、肌内脂肪含量 70.2%,显著降低脂肪含量 11%;显著降低血清甘油三酯、瘦素、皮质醇浓度和组织中皮质醇受体基因表达水平;显著提高肌肉中与肉质正相关的肌肉 C18:1 含量,而降低与肉质负相关的 C18:0 和 C18:2 含量,肌肉乳酸含量降低 37%。He 等(2009)利用代谢组学方法分析表明,添加 1%的精氨酸降低了血清 LDL 和 VLDL 的浓度,提高了肌酐和三羧酸循环代谢物的浓度;精氨酸添加影响了甘油磷酸胆碱和肌醇等脂蛋白信号分子和甲酸、乙醇、甲胺、二甲胺、乙酸和丙酸等胃肠道菌群代谢物,提示精氨酸有可能通过调控胃肠道菌群的代谢而影响生长猪的脂肪代谢。在脂肪细胞培养基中添加 0.5 mmol/L 和 2 mmol/L 的精氨酸分别使脂肪降解增加 24%和 50%(Wu 等,2007)。在 3T3 - L1 前脂肪细胞培养液中添加精氨酸可导致葡萄糖和油酸氧化线性增加,但对乳酸盐释放和葡萄糖转化为脂质没有影响。Jobgen(2007)研究表明,日粮补充精氨酸或在培养基中添加精氨酸能促进线粒体的生物合成。上述发现说明,精氨酸通过对脂肪组织和肌肉组织中脂肪代谢相关基因的调控,从而调控能量在脂肪组织和肌肉组织中的分配。精氨酸对脂类代谢和脂肪沉积的调节具有组织特异性,不同部位,精氨酸的调节作用是不同的。

Tan 等(2011)在日粮中添加 1%精氨酸,可显著提高脂肪组织中 HSL 及骨骼肌 FAS 的表达水平和 FAS/HSL 比值,显著降低脂肪组织中 LPL、FAS/HSL、GLUT4 和 ACCα mRNA

的表达水平及骨骼肌中 LPL 的活性。在牛肾周前脂肪细胞，精氨酸能刺激 PPARγ 基因表达而促进细胞分化，同时能够促进 SCD、TNF-α 和 LPL 基因的表达(Chung 等，2006)。精氨酸可促进 PPARγ 协同刺激因子-1α(PGC-1α)基因的表达(Fu 等，2005)，从而调节能量代谢，促进脂肪细胞的脂质降解(Jobgen 等，2006)。精氨酸能降低血浆葡萄糖和非酯化脂肪酸的含量，增强腹部和附睾脂肪组织葡萄糖的体外氧化(Fu 等，2005)；精氨酸可降低 FAS 和 SCD1 的表达，直接影响肝脏中葡萄糖生物合成脂肪酸。Ntambi 等(2002)报道，补充精氨酸可促进大鼠肝脏中 AMPK 的磷酸化(Jobgen，2007)。AMPK 的激活，可磷酸化下游靶蛋白，关闭消耗 ATP 的合成代谢的途径，开启产生 ATP 的分解代谢途径(Kahn 等，2005)。精氨酸可提高肝脏中 CPT-Ⅰ、AMPKα、PCG-1α 和丙二酸单酰辅酶 A 脱羧酶的表达，从而促进肝脏线粒体的生物合成。因此，认为精氨酸通过刺激线粒体的生物合成，增加葡萄糖和脂肪酸的氧化，增强糖原和脂肪的降解，减少葡萄糖和脂类的合成，从而减少体脂的沉积。

在同一蛋白及能量水平下，含硫氨基酸的增加会显著降低体脂的生成。Rosebrough(1982)指出，家禽含硫氨基酸的供给水平与脂肪生成密切相关，当含硫氨基酸含量从亚水平增加至最佳水平，就会降低体脂肪的生成。王增敏等(2009)研究了蛋氨酸对开产海兰褐蛋鸡脂肪代谢的影响及其机理。结果表明，日粮蛋氨酸水平低于 0.48%时处于缺乏状态，随着蛋氨酸添加量的增加，脂肪代谢逐渐增强；在日粮蛋氨酸水平为 0.48%时，各项指标表现最佳；当超过 0.48%水平后，蛋氨酸中毒现象随着添加量的加大而越加明显，蛋鸡脂肪代谢不断下降。说明在开产蛋鸡日粮中适当添加蛋氨酸能够增进蛋鸡的脂肪代谢。

许梓荣等(2000)研究了不同剂量 N-甲基-*D*,*L*-天门冬氨酸(NMA)对肥育猪脂肪代谢的影响。结果表明，饲粮中添加 50 mg/kg 的 NMA，胴体瘦肉率显著提高，脂肪率显著降低，皮下脂肪苹果酸脱氢酶、葡萄糖-6-磷酸脱氢酶和异柠檬酸脱氢酶总活力分别下降 18.6%、15.9%和 47.7%，激素敏感脂酶和血清脂肪酶活性分别提高 37.4%和 115.2%，脂肪组织中 cAMP 含量提高 36.7%，血清 FFA 浓度上升 22.6%。据此认为，NMA 可以通过调控脂肪代谢相关酶的活性影响猪的脂肪代谢。

12.2.3 脂肪(脂肪酸)对脂肪代谢的调控及机制

近年来的研究表明，植物油中含有的多不饱和脂肪酸(PUFA)能够调控脂肪细胞的增殖分化和有关脂肪代谢，在降低血脂、胆固醇以及调控脂肪沉积等方面应用广泛。

徐海军等(2009)报道，以添加大豆油的方式提高日粮能量水平可以在不降低肌内脂肪含量的前提下改善猪肉的脂肪酸组成，从而提高猪肉的营养价值而不降低肉质。于会民和李德发等(1998)的研究结果表明，添加豆油后肝脏脂肪含量下降，胸肌中 C18:2*n*-6 和 C18:3*n*-3 等含量提高；添加饱和度高的黄油和油脂后肝脏脂肪含量升高，C18:2*n*-6 含量明显下降。Ajuyah 等(1996)的研究表明，蛋鸡采食亚麻油日粮时，腿肉中胆固醇含量显著降低。

肖颖等(1999)在雄性 Wistar 大鼠高脂日粮中分别添加富含 MUFA 的橄榄油和富含 PUFA 的鱼油，发现二者均可降低肝脏/体重、脂肪组织/体重、总胆固醇和甘油三酯水平，提高 HDL 水平，但鱼油要优于橄榄油的效果。何维明等(1996)的研究表明，水飞蓟油中富含亚油酸、亚麻酸等 PUFA，补喂水飞蓟油能显著降低患外源性高血脂症大鼠体内的胆固醇和甘油三酯含量。郭英等(1996)研究了紫苏油和松籽油对大鼠机体脂类代谢的影响，分别以紫苏油和松籽油代替部分猪油，结果不同程度地降低了高血脂症大鼠血清中甘油三酯和总胆固醇含量，但紫苏油调节血脂作用比松籽油更为显著，这可能与紫苏油中亚麻酸的调节血脂作用较松籽酸中的亚油酸和油酸更有效有关。

Stangl 等(1999)在成年母猪日粮中添加 1%的共轭亚油酸(CLA)，6 周后血液中非酯化脂肪酸含量下降 38%，血清胰岛素、甘油三酯、胆固醇含量及 LDL 胆固醇与 HDL 胆固醇比值均升高，提示 CLA 可能通过对脂肪酸的转移而调节脂肪代谢。Ostronwska 等(2002)报道，在肥育猪日粮中分别添加 0、1.25、2.5、5、7.5 和 10 g/kg 的 CLA，猪背部脂肪厚度线性降低，10 g/kg CLA 组胴体脂肪下降 20%、背部脂肪下降 25%；但与之前的结果不同的是，在大白×长白杂交母猪日粮中添加 CLA，8 d 后血浆非酯化脂肪酸含量升高，这可能是脂肪分解代谢升高造成的；血浆甘油三酯含量升高，表明 CLA 可能通过降低脂蛋白酯酶活性，使脂肪组织中脂肪合成下降，从而减少对血脂的利用，与此同时，血糖和血清胰岛素浓度不变，表明脂肪酸合成可能不受影响。脂肪合成减少导致脂肪细胞体积变小是 CLA 引起体脂沉积下降的重要机制。

国内外学者做了大量的研究，发现日粮中的脂肪和脂肪酸对脂肪代谢的影响主要通过影响 FAS、ACC、LPL 和脂酰 CoA 脱氢酶的表达和活性起作用。

Allee 等(1971)研究发现，日粮脂肪可以降低猪脂肪组织中脂肪酸的合成及整个脂肪合成酶的活性。Meramann 等(1973)报道，在成年猪日粮中添加脂肪酸，可降低脂肪酸的合成和 FAS 的活性。Donaldson(1985)试验表明，乙酰辅酶 A 脱氢酶和 FAS 活性随饲粮脂肪水平升高而降低。PUFA 对肝脏 FAS 合成的抑制会使 FAS mRNA 含量降低 70%～90%(Clarke 等，1992)。日粮 PUFA 是 FAS mRNA 的强抑制剂，其降低 FAS mRNA 是 FAS 基因转录受到抑制造成的，这种抑制作用不依赖于胰岛素的作用，也不是通过 cAMP 介导完成的。有研究认为存在一个 FAS 的调节基因，其编码的特异性核蛋白能结合 PUFA 或其代谢产物，这种结合作用将直接控制基因的转录。由此可以得出如下结论，脂肪酸控制基因转录的能力取决于脂肪酸的碳链长度、双键位置和数量。饱和脂肪酸、只有一个双键的脂肪酸和 $n-9$ 脂肪酸不能抑制 FAS 基因的表达，$n-6$ 和 $n-3$ 是这些基因表达的强抑制剂，$n-3$ 脂肪酸对 FAS 基因转录的抑制比 $n-6$ 脂肪酸更有效。

日粮脂肪酸除了直接调节 FAS 外，还可以调节生脂酶的表达，这是其抑制生脂作用的重要原因。Girard(1994)报道，日粮中的长链多不饱和脂肪酸对肝脏 ACC mRNA 也有一定的抑制作用，但对脂肪组织 ACC mRNA 水平几乎无影响，且长链脂肪酸对肝脏 ACC 的影响最大，而中链脂肪酸对 ACC 的影响较小。这表明长链多不饱和脂肪酸对 ACC 的转录表达的调控具有组织特异性。

Donaldson(1985)试验表明，乙酰 CoA 脱氢酶活性随饲粮脂肪水平升高而降低。PUFA 能够增加线粒体中脂酰 CoA 脱氢酶的表达(Rise 和 Galli，1999)。另外，还有研究表明，日粮中脂肪的含量和种类对控制长链脂肪酸进入线粒体的肉碱棕榈酰转移酶 CPTI 以及胰脂肪酶基因表达有影响。据 Wicker 等(1990)报道，增加日粮中 PUFA 的含量，会增加胰脂酶的转录水平和含量。胰脂酶 mRNA 含量随脂肪含量的增加而增加，而胰脂酶的活力取决于脂肪的类型和含量。Chatelain 等(1996)采用 20 日龄大鼠胚胎肝细胞进行的体外研究表明，在培养基中添加二丁酰 cAMP 能增加 CPTI mRNA 的含量，而添加脂肪酸的效果则不一致。中链脂肪酸(辛酸、癸酸)不能增加 CPTI mRNA 的水平，而长链脂肪酸能将 CPTI mRNA 的含量提高 2～4 倍。其中 PUFA(亚麻酸)不仅能够将 CPTI mRNA 的含量提高 2 倍，而且还能将其半衰期延长50%，这说明LCFA对基因表达的调控既有转录水平上的，也有转录后水平上的。

CLA对动物的降脂作用在于其对脂肪代谢的影响。CLA影响并调节与机体脂肪代谢相关的关键酶活性，可以提高CPT和HSL的活性，而降低LPL的活性，有利于体内脂肪的分解和蛋白质的合成。Bee(2000)研究发现，随着CLA水平的增加，断奶仔猪的葡萄糖-6-磷酸脱氢酶和苹果酸酶活性增加，而对脂肪合成影响不大，表明CLA增加脂肪酸饱和度的效应是通过下调Δ^9脱饱和酶的作用实现的，而与脂肪合成的速率无关。Smith等(2002)研究发现，利用CLA处理的小公猪，其皮下脂肪组织中硬脂酰辅酶A脱饱和酶活性、Δ^9脱饱和酶指数即MUFA/(MUFA+SFA)均显著低于玉米油和牛油处理组。Rahamann等(2001)用含有1%甘油酯形式CLA(TG-CLA)和1%的FAA CLA(FFA-LA)饲喂OLETF大鼠4周后，发现血清瘦素浓度降低42%，肾周脂肪、附睾脂肪、网膜和内脏脂肪重量均降低，而且两种形式的CLA均可提高褐色脂肪组织和腓肠肌组织中肉碱-软脂酰转移酶的活性，而降低血清中非酯化脂肪酸和甘油三酯的含量。

12.2.4 饲料添加剂对脂肪代谢的调控

近年来，关于利用饲料添加剂调控动物脂肪代谢的研究报道较多，并开发出多种功能性饲料添加剂产品，如微量元素、维生素、甜菜碱、大豆活性成分、中草药提取物、牛磺酸和寡糖等，广泛应用于畜牧生产中。

12.2.4.1 微量元素对脂肪代谢的调控

铬是动物机体必需的微量元素。近年来的研究表明，铬可以调节动物的脂质代谢，降低脂质沉积。王敏奇等(2009)在研究不同三价铬源对肥育猪胴体组成和脂肪代谢的影响时发现，纳米铬可以显著增加胴体瘦肉率、血清HDL和IGF-Ⅰ水平以及脂肪酶活性，显著降低脂肪率、背膘厚以及血清甘油三酯和胆固醇含量；纳米铬和吡啶羧酸铬可显著提高皮下脂肪组织HSL的活性及血清FFA水平，这表明三价纳米铬对机体脂肪代谢具有调控作用。崔波等(2009)报道，蛋氨酸螯合铬可显著降低血清甘油三酯和总胆固醇含量，影响GH、IGF-Ⅰ、游离三碘甲腺原氨酸、游离甲状腺素和胰岛素水平，以此来调节肥育猪的脂肪代谢，达到减少脂肪沉积的作用，而且与甜菜碱复合添加效果更优。王丹莉等(2000)报道，高温下日粮添加吡啶羧酸铬可以显著降低8周龄肉鸡的腹脂率、血清胆固醇和HDL-胆固醇水平。

铬对脂肪代谢的作用主要是维持血清中胆固醇的正常水平，影响动物肝脏中脂肪和胆固醇的合成及脂肪组织中脂肪合成酶与分解酶的活力，促进脂肪的重分配。Rink等(2006)报道，补充铬能降低血清甘油三酯和胆固醇水平，提高血液中HDL水平。铬通过抑制脂肪组织和肝脏的脂肪合成酶活性、增加脂肪分解酶活性，从而降低脂肪组织和肝脏的脂肪沉积，同时增加血清FFA水平(Lien等，1998)。但其作用机制目前还不是很清楚。一些学者提出，铬是通过形成葡萄糖耐量因子(GTF)增强胰岛素的功能而调节机体脂类代谢的。王俊东等(2003)研究表明，铬能增加肉鸡血清中FAA的含量，促进脂肪的动员，其作用机制可能是铬以GTF形式通过优化胰岛素的功能，既能促进血糖转化为脂肪，又能促进能量转化，以供给组织更多的ATP，从而抑制环腺苷酸二酯酶的活性，阻止cAMP的降解。

王福等(2010)研究了高浓度硫酸锌对仔猪肝脏脂肪代谢的影响。结果表明，高锌显著提高血清总甘油三酯和LDL-胆固醇含量，改变了血液脂肪酸组成，上调了仔猪肝脏SCD1的转录水平，促进了机体饱和脂肪酸的去饱和化，增加了机体甘油三酯和胆固醇的合成，高锌可能通过促进瘦素和胰岛素的分泌调节机体的脂肪代谢。

在饲料中添加铜(10～20 mg/kg DM)，阉牛背膘有减少趋势，或许可以改变皮下脂肪组织中的脂类代谢，但不影响特定成脂基因，如ACC、SCD、UCP2和leptin基因的转录表达。

12.2.4.2 维生素对脂肪代谢的调控

(1)胆碱

胆碱是动物生长发育所必需的水溶性维生素，其在动物脂肪沉积的调控中起着非常重要的作用。胆碱除了可以提供甲基外，还具有甜菜碱和蛋氨酸所无法替代的作用，如作为磷脂的组成成分，是构筑和维持细胞结构所必需的；有利于机体利用脂肪和从肝脏输出脂肪，是肝脏脂肪代谢所必需的；是交感神经系统脉冲传递剂乙酰胆碱的前体(刘隆基，1998)。

沈红等(1999)研究表明，日粮中添加氯化胆碱可显著影响肝脏中的脂肪含量，随着添加量的增加，肝脏脂肪含量明显降低；日粮中添加氯化胆碱可显著提高肉仔鸡血清中甘油三酯和磷脂的含量。饲料中添加胆碱也可以显著降低蛋鸡等动物肝脏中粗脂肪的含量(Ruiz等，1983)。Sutton等(1957)给饲喂低脂日粮的成年白色来航母鸡补充1%氯化胆碱+1%胆固醇，发现血清胆固醇含量显著降低。郭玉琴等(1998)报道，添加400～1 000 mg/kg的氯化胆碱，能显著提高21日龄肉仔鸡血清磷脂、HDL和胆固醇含量，显著降低肉仔鸡肝脏脂肪含量。胆碱一方面通过合成卵磷脂，将脂肪以脂蛋白的形式从肝脏中运输出去，从而减少脂肪在肝脏中的沉积；另一方面通过提高脂肪酸在肝脏中的氧化利用，降低脂肪的形成。

目前，关于胆碱降低动物脂肪沉积作用机理的研究尚未见系统报道。基于胆碱代谢和蛋氨酸代谢的生化研究，一般认为胆碱可能通过胆碱氧化途径生成甜菜碱，继而通过蛋氨酸再甲基化途径间接参与S-腺苷甲硫氨酸的合成，进而通过以S-腺苷甲硫氨酸为活性甲基供体的甲基代谢促进肉碱的合成，增强组织中脂肪酸的氧化，提高组织对脂肪酸的降解，最终达到降低动物脂肪沉积的作用。

(2)烟酸

文杰等(1993)研究发现，日粮烟酸添加量由0提高到20 mg/kg时，产蛋鸡血浆胆固醇、β-脂蛋白、甘油三酯及FFA含量分别降低40.9%、35.7%，18.2%和54.3%，肝脂、肌内总脂及腹脂含量分别降低26.7%、33.4%和12.3%。提高日粮烟酸水平，可显著降低产蛋鸡的血浆雌二醇含量和肝脏苹果酸脱氢酶活性；日粮烟酸缺乏可引起产蛋鸡肝脏颜色变黄、易碎，肝细胞内充满大量脂滴，细胞器严重受损、数量减少，从而导致脂肪肝。当日粮色氨酸、烟酸含量分别为0.20%和23.8 mg/kg时，产蛋鸡日粮烟酸添加量以20 mg/kg为宜。文杰等(1995)在肉鸡日粮中分别添加15、30、60 mg/kg和120 mg/kg的烟酸，发现随着日粮烟酸水平的提高，肉鸡血浆胆固醇、甘油三酯、FAA含量呈下降趋势，其中添加量为60和120 mg/kg时，这种趋势最明显；同时肝脏、肌肉总脂及腹脂率也有下降趋势；烟酸可显著降低肝脏苹果酸脱氢酶的活性，而其活性与肉鸡腹脂和体脂沉积有关。

(3)*L*-肉碱

肉碱，化学名为β-羟基-γ-三甲氨基丁酸，是B族维生素的类似物，也称为维生素B_T，具有生理作用的是其左旋异构体即*L*-肉碱。Heo(2000)研究发现，*L*-肉碱作为肉碱脂酰转移酶的辅酶,可将长链脂肪酸从线粒体外运输到线粒体内,从而促进脂肪酸的β-氧化,降低血清胆固醇和甘油三酯的含量,从而降低体内脂肪的沉积。周建鸿等(1996)以大鼠为实验动物的研究结果也证实,*L*-肉碱可以降低大鼠血清中FAA和甘油三酯的含量。

Smith等(1994)报道,饲料中添加50 mg/kg *L*-肉碱,可明显降低猪的平均背膘厚,提高背最长肌面积与胴体瘦肉率。Owen等(1994)将*L*-肉碱以不同剂量梯度添加饲喂生长猪和肥育猪,发现眼肌面积显著增加,胴体背膘厚明显下降。Newton等也报道,10 mg/kg的*L*-肉碱可以降低肥育母猪和阉猪的背膘厚。闻爱友(1999)的试验表明,饲喂*L*-肉碱后,初产母猪的瘦肉率提高3.7%,眼肌面积增大8.3%,皮脂率降低1.43%,背膘厚减少10.5%,板油率减少9.8%,表明*L*-肉碱能提高胴体瘦肉率,降低体脂含量,改善胴体品质。Kempen等(1995)研究表明,增加日粮*L*-肉碱含量能刺激肉猪体内脂肪酸的β-氧化,增加体脂的分解,提高能量的利用。由此可见,*L*-肉碱能调节机体的脂肪代谢,减少体脂沉积、增强瘦肉生长,且具有一定的营养调配剂作用。

Lien等(2001)对肉鸡的试验研究也表明,*L*-肉碱可以显著提高其体内肉碱酰基转移酶的活性。王俊东等(2003)研究表明,*L*-肉碱能增加肉鸡血清中FAA的含量,也说明*L*-肉碱对脂肪分解代谢的影响。而关于*L*-肉碱调节脂肪合成代谢的报道不多。

12.2.4.3 甜菜碱对脂肪代谢的调控

甜菜碱是一种季胺型生物碱(N-3甲基甘氨酸),可以为肉碱和肌酸的合成提供甲基,增强细胞线粒体中FFA的氧化。甜菜碱对动物脂肪代谢的作用,一是甜菜碱提供甲基,部分替代胆碱合成磷脂酰胆碱,促进肝脏脂肪转运,抑制肝脏脂肪蓄积;二是甜菜碱提供甲基,部分替代蛋氨酸合成肉碱,促进动物脂肪氧化分解,从而产生降低动物体脂含量或重新分配体脂的作用。

Cadogan等(1993)报道,屠宰前35 d在母猪饲料中添加0.125%甜菜碱使背膘厚减少14.8%。汪以真和许梓荣(2001)在生长猪和肥育猪日粮中分别添加1 000 mg/kg和1 500 mg/kg甜菜碱,使生长猪和肥育猪的背膘厚降低14.8 %和14.9 %、脂肪率降低5.8 %和11.5%。余东游和许梓荣(2004)报道,生长猪日粮中添加1 500 mg/kg甜菜碱可以使胴体脂肪率降低5.8%,并且降低了第10肋处背膘厚14.8%和板油重20.9%。甜菜碱降低背膘厚和腹脂的具体机制尚不完全清楚。

邹晓庭等(2002)报道,在日粮中添加600 mg/kg甜菜碱使蛋鸡50周龄和70周龄的腹脂率、肝脂率显著下降;70周龄蛋鸡腹脂中LPL和肝脏中NADPH生成酶、MDH酶活性均显著下降,而HSL酶活性显著升高;同时甜菜碱使50周龄和70周龄蛋鸡血清中的葡萄糖、磷脂和FAA浓度以及下丘脑、腺垂体中cAMP的含量均显著升高。黄其春(2006)研究发现,甜菜碱可以提高脂肪组织中HSL的活性,而降低FAS、ACC、MDH和LPL的活性,通过对上述脂肪代谢关键酶的调控作用促进脂肪组织的脂肪动员,降低脂肪合成。

12.2.4.4 大豆活性成分对脂肪代谢的调控

随着对大豆研究的不断深入,发现大豆中含有的大豆异黄酮、大豆低聚糖、大豆皂苷和大豆磷脂等生物活性物质,均具有调节脂肪代谢的作用。

异黄酮类化合物于1974年首次被匈牙利科学家用作饲料添加剂,已逐渐成为营养学的研究热点。大豆异黄酮不仅具有免疫调节、促进生殖、泌乳和生长作用，还具有调节脂肪代谢的作用。Anthony等(1996)利用乙醇洗脱大豆分离蛋白(异黄酮含量从9.41 mg/kg降低到0.97 mg/kg)和未经洗脱的大豆分离蛋白分别喂饲青春期猴，证实了异黄酮的降血脂作用，总胆固醇、LDL、VLDL和载脂蛋白B均显著下降，HDL和载脂蛋白A等抗动脉硬化成分均明显升高。闫祥华等(2000)用正常饲料、高脂饲料、高脂饲料+300 mg/kg大豆异黄酮糖甙和高脂饲料+300 mg/kg大豆异黄酮甙元分别饲喂Wistar大鼠，观察大豆异黄酮对大鼠血脂水平的影响，结果发现，大豆异黄酮能显著抑制高脂饲料所致的血浆甘油三酯水平升高，对高血甘油三酯有降低作用，但对总胆固醇、LDL-胆固醇和HDL-胆固醇含量几乎无影响。刘哲洁等(2003)报道，大豆黄酮可显著降低仔鹅的腹脂率、血浆总脂浓度、肝脏G-6-PDH和MDH的活性，肝脏中G-6-PDH和MDH在糖代谢过程中提供乙酰乙酸用于脂肪合成，由于此途径作用降低，机体合成脂肪的原料减少，从而导致机体合成脂肪的量必然减少。尹靖东等(2002)的研究发现在31周龄蛋鸡日粮中添加10 mg/kg大豆黄酮有降低总胆固醇、甘油三酯和LDL-胆固醇含量的趋势，但与先前显著降低血脂的研究相比作用并不显著，这可能与蛋鸡高峰期血脂非常高，而且机体维持高水平血脂的能力较强有关。但是，Tovar等(1993)用乙醇洗脱大豆蛋白与补充异黄酮的大豆蛋白分别喂饲沙土鼠，结果两组均能降低总胆固醇、LDL+VLDL、Apo B等促动脉硬化成分，并且可降低肝脏中ApoA-1的mRNA水平，提示大豆异黄酮可能是部分通过影响脂质代谢相关基因表达而降低血脂。大豆磷脂中主要含有磷脂酰胆碱(卵磷脂)、磷脂酰乙醇胺(脑磷脂)、磷脂酰丝氨酸、磷脂酰肌醇(肌醇磷脂)和亚油酸等成分。肝脏可以合成磷脂，也可以迅速将其转化。在饲料中添加大豆磷脂系列产品3%～10%，可起到乳化、分散、增加表面活性及抗氧化等作用，还可以提供胆碱、胆胺、有机磷和肌醇，减少肝脏中的脂肪沉积。邵邻相等(1996)在高脂日粮中添加大豆磷脂饲喂大鼠，发现大鼠血清中总胆固醇、甘油三酯和LDL-C的含量均明显降低，证明大豆磷脂具有降血脂作用。磷脂(特别是卵磷脂)具有良好的乳化特性，能防止总胆固醇在血管内壁的沉积并清除部分沉积物，同时改善脂肪的吸收与利用，因此具有预防心血管疾病的作用。大豆磷脂中含有大量的亚油酸、亚麻酸等PUFA，不但能促进正常的脂肪代谢、分解、消化和吸收多余的总胆固醇，而且能使肉产品中这两种必需脂肪酸的沉积量升高。

王素敏等(1997)的大鼠试验表明，大豆低聚糖能显著降低血清总胆固醇和甘油三酯的含量，提高HDL含量，具有良好的降血脂作用。大豆皂苷可以抑制血清中脂类的氧化和过氧化脂质的形成，降低血中总胆固醇和甘油三酯含量。Ohminami(1981)的研究发现，大豆皂苷Ⅰ和大豆皂苷Ⅲ可抑制脂肪细胞中由肾上腺素诱导的脂质化过程。家兔高脂日粮中添加大豆皂苷可显著降低血清中总胆固醇和甘油三酯含量，但加到基础饲料中降血脂作用不明显。由此可表明，大豆皂苷能预防高脂肪膳食造成的高脂血症，而对总胆固醇和甘油三酯仍可使其保持正常状态。

12.2.4.5 中草药提取物对脂肪代谢的调控

李莉等(2009)初步探讨了不同剂量的山楂叶总黄酮对黄羽肉鸡脂肪代谢的影响，发现日粮中添加山楂叶总黄酮对黄羽肉鸡脂肪沉积具有一定的调节作用：49日龄时，添加山楂叶总黄酮可提高鸡的脂肪沉积量，其中20 mg/kg剂量组肉鸡腹脂率显著高于对照组；63日龄时，添加山楂叶总黄酮可降低鸡的脂肪沉积，其中20 mg/kg剂量组皮下脂肪率与腹脂率分别比对照组降低 20.1%与 26.6%，血清甘油三酯、总胆固醇水平也显著降低；添加山楂叶总黄酮对 49 日龄黄羽肉鸡肝脏苹果酸脱氧酶活性无显著影响，但显著降低了脂肪组织中 HSL 的活性；63 日龄时，20 mg/kg 剂量组肝脏苹果酸脱氧酶活性显著低于对照组，表明试验后期脂肪合成减少，而脂肪分解增强。黄羽肉鸡血清瘦素水平呈现阶段性变化：在 49 日龄时，血清瘦素水平显著升高；63 日龄时，血清瘦素水平降低，其中 10 mg/kg 剂量组与对照组差异显著。林秋实等(2000)报道，山楂及山楂黄酮能显著抑制饲喂高脂高总胆固醇饲料大鼠血清总胆固醇、LDL 胆固醇和 Apo B 的浓度，显著提高 HDL 胆固醇和 Apo A 的浓度。李贵海等(2002)研究证实，金丝桃苷和熊果酸是山楂降血脂的主要有效成分，这两种化合物均能显著降低高脂小鼠血清总胆固醇含量、提高 HDL/总胆固醇比值，具有降低总胆固醇、调节血脂的作用。尹靖东等(2002)的研究还发现，茶叶中的多酚类黄酮儿茶酚同样能降低血浆中总胆固醇的含量，有调节血脂的作用。

刘长伟等(2008)报道，0.1%的沙棘提取物可降低民猪血清总胆固醇、LDL、HDL 含量和胰岛素水平。张志宏等(2009)研究发现，在 28 日龄断奶仔猪日粮中添加 0.1%的沙棘提取物可通过影响脂肪瘦素 mRNA 表达量及血清 leptin 水平，改善肥育猪肉质特性。

胡忠泽等(2008)报道，添加 250、350 mg/kg 的姜黄素可显著降低皖江黄鸡的腹脂率、肝脂率、血清总胆固醇和甘油三酯浓度，显著提高血清中 HDL 和 FFA 的浓度，使腹脂中 HSL 活性显著增强，苹果酸脱氢酶活性显著降低；添加 350 mg/kg 姜黄素还可显著降低皖江黄鸡皮下脂肪厚度和肌间脂肪宽度，显著降低血清中 LDL 的水平。上述结果提示，姜黄素通过调节血脂代谢和改变脂肪代谢相关酶的活性，以降低皖江黄鸡的脂肪沉积。

12.2.4.6 牛磺酸对脂肪代谢的调控

牛磺酸，化学名称为 2-氨基乙磺酸，广泛存在于动物组织细胞内，在海洋动物中的含量尤为丰富。牛磺酸易在小肠中溶解并与脂肪混合形成乳糜微粒而被吸收。肝脏中的牛磺酸可与胆汁酸结合形成牛黄胆酸，而牛黄胆酸是胆汁中的胆汁盐，有助于脂肪的溶解和降解，这对脂类的吸收是必需的。

牛磺酸具有降低血清总胆固醇、升高血清 HDL、防止动脉粥样硬化等作用。范建高等(1999)报道，金牡蛎及其提取的牛磺酸能降低饲喂高脂日粮大鼠的血脂和肝脏组织脂肪含量，可有效防治高血脂症和脂肪肝。林静等(1998)建立了正常与牛磺酸缺乏大鼠模型，观察外源性补充牛磺酸对高脂血症大鼠脂肪代谢的影响，结果发现，体内缺乏牛磺酸会加重高脂血症，而添加外源牛磺酸可降低血液中总胆固醇、甘油三酯和 LDL 的水平，提高 HDL 水平，有良好的降脂作用。

牛磺酸对动物降脂作用的效果可能受到日粮中牛磺酸添加水平的影响。王芙蓉等(2010)研究了日粮添加牛磺酸对鹌鹑脂肪代谢的影响。结果表明，日粮中添加 0.01%的牛磺酸可显著降低动脉硬化指数和甘油三酯含量；添加 0.05%的牛磺酸可显著提高血清 HDL 含量和 LPL 活性，显著降低甘油三酯含量和动脉指数。何天培等(1997)给 Wistar 大白鼠饲喂高脂高总胆固醇饲料，并添加不同剂量的牛磺酸，结果向大鼠日粮中添加 1%的牛磺酸可显著降低血清中甘油三酯、乳酸脱氢酶和磷酸肌酸酶的含量；而添加 3%或 5%的牛磺酸时，除了能使血清中甘油三酯、LDH、CK 含量降低外，还使血清中总胆固醇含量显著下降、HDL 水平升高，且 5%牛磺酸的添加效果优于 3%。杨燕等(2002)的研究也表明，不同剂量的牛磺酸均可显著影响大鼠血浆脂质水平，但 6 g/kg 牛磺酸降低血清总胆固醇、LDL 含量的效果最明显，13.5 g/kg 牛磺酸可显著降低血清甘油三酯和 Apo B 水平，30 g/kg 牛磺酸对降低肝脏总胆固醇、提高血清 Apo 效果较好。

12.2.4.7 寡糖对脂肪代谢的调控

寡果糖因能改善动物肠道微生物环境、提高动物免疫力和促进动物生长，日益受到养殖生产者的注重。近年来有研究表明，寡果糖能降低动物血清中总胆固醇的含量。Hata 等(1994)发现在食入一定量的寡糖后，人体血清中总胆固醇的含量降低。王国杰等(2000)研究了寡果糖对蛋用鹌鹑脂肪代谢的影响，发现饲喂寡果糖的鹌鹑腹脂重、脂肪表观代谢率、血清总胆固醇和蛋黄总胆固醇的水平均有所降低，血液中 T3 和 IGF-Ⅰ的浓度均升高，据此分析认为，寡果糖可通过调节一些与脂肪代谢有关的激素来控制家禽的脂肪沉积。Suzuki 等(1991)认为，寡果糖能促进肠道双歧杆菌的增生，而双歧杆菌有形成烟酸的作用，烟酸可通过抑制与脂肪合成有关的激素，从而降低脂肪的蓄积量。

马小珍等(2001)报道，在日粮中添加 1%～3%的壳聚糖，可以促进肉鸡的生长，显著降低腹脂、皮下脂肪和肌内脂肪的含量；随着壳聚糖在日粮中添加量的增加，血清甘油三酯、总胆固醇和总胆红素的含量均显著下降。王述柏等(1998)用添加壳多糖的饲料饲喂肉鸡，降低了肉鸡血清中总胆固醇和 PUFA 的含量但并不影响生长速度和饲料效率。张丽英等(1998)的研究结果显示，壳多糖使肉鸡腿肌和胸肌总胆固醇含量分别下降 5.08%和 4.96%。孙茂红等(2009)报道，壳聚糖可降低黑白花奶犊牛血清总胆固醇含量。但也有不同报道，郑晓灵等(2007)在日粮中添加 0.1%～0.5%的壳聚糖，不影响 0～3 周龄的优质黄羽肉仔鸡的血脂浓度。

总之，人们在控制畜禽脂肪代谢、预防动物与人类有关疾病等方面已做了大量的研究工作。然而，脂肪代谢受到多种因素的影响，要制定一个统一的、可以理解的控制途径是一件极其复杂的任务，因而控制脂肪代谢的研究将是一项长期而有意义的工作。

（本章由中国科学院亚热带农业生态研究所孔祥峰、李凤娜主笔）

参考文献

[1] 崔波，耿忠诚，孙海涛，等. 甜菜碱与蛋氨酸螯合铬对肥育猪脂肪代谢的影响. 黑龙江畜牧兽医，2009(8)：41-42.

[2] 戴求仲，王康宁，印遇龙，等. 日粮淀粉来源对生长猪门静脉养分及能量净吸收的影响. 动物营养学报，2009，21(3)：272-278.

[3] 杜纪坤，黄青阳. 脂蛋白脂酶基因的研究进展. 遗传，2007，29(1)：8-16.

[4] 何维明，杨菁，毛跟年，等. 水飞蓟对动物机体免疫功能的影响研究. 畜牧兽医学报，1995，26(2)：147-153.

[5] 何天培，周毓平. 牛磺酸对饲高脂饲料大鼠脂肪代谢及免疫作用的影响. 营养学报，1997，19(1)：7-10.

[6] 胡忠泽，王立克，闻爱友. 姜黄素对皖江黄鸡脂肪代谢的影响. 粮食与饲料工业，2008(4)：29-30，33.

[7] 范建高，曾民德，钟岚，等. 牛磺酸、金牡蛎对大鼠清性肝损伤的防治作用. 肝脏，1999，4(3)：154-156.

[8] 郭英，蔡秀成，李华娟，等. 紫苏油和松籽油对大鼠机体脂类和脂质过氧化的影响. 营养学报，1996，18

(3):268-273.
[9] 李莉,朱晓彤,束刚,等. 日粮中添加山楂叶总黄酮对黄羽肉鸡脂肪代谢的影响. 江西农业大学学报,2009,31(4):610-615.
[10] 李贵海　杨振宁,等. 山楂降血脂有效成分的实验研究. 中草药,2002,33(1):50-52.
[11] 李惠峰. 鸡脂肪代谢相关基因的表达与网络分析. 北京:中国农业大学博士研究生学位论文,2005.
[12] 李玉成. ATGL在Leptin介导脂解过程中的表达调控及其机理研究. 陕西杨陵:西北农林科技大学硕士研究生学位论文,2008.
[13] 刘长伟,李盎,左金国,等. 沙棘提取物对断奶仔猪生长和脂肪代谢的影响. 饲料工业,2008,29(8):6-8.
[14] 刘皙洁,马海田,范锡龙,等. 日粮添加大豆黄酮对东北仔鹅脂肪代谢的影响. 中国饲料,2003(9):12-14.
[15] 刘隆基. 甜菜碱与蛋氨酸胆碱的功能比较及应用. 天津粮油科技,1998(1):23-24.
[16] 林静,康毅. 牛磺酸对血脂的影响. 高血压杂志,1998,6(1):14-16.
[17] 林秋实,陈吉棣. 山楂及山楂黄酮预防大鼠脂质代谢紊乱的分子机制研究. 营养学报,2000,22(2):131-136.
[18] 马小珍,杨烨,谢新东,等. 壳聚糖对肉仔鸡(公鸡)生长性能和脂肪代谢的影响. 福建农业学报,2001,16(4):30-34.
[19] 沈红,霍齐光. 日粮胆碱及其存在形式对内仔鸡的影响. 中国畜牧杂志,1999,35(6):24-26.
[20] 孙茂红,岳春旺,穆秀明,等. 壳聚糖对黑白花奶犊牛脂肪代谢的影响. 西北农业学报,2009,18(5):80-82.
[21] 王俊东,杜荣,秦健,等. 酵母铬与L-肉碱对肉鸡生长性能及脂质代谢的影响. 畜牧兽医学报,2003(1):32-35.
[22] 王增敏,谭利伟,尹兆正. 蛋氨酸对开产蛋鸡脂肪代谢性能的影响及机理研究. 上海畜牧兽医通讯,2009(1):4-5.
[23] 王芙蓉,董晓芳,张晓鸣,等. 牛磺酸对鹌鹑产蛋性能、脂肪代谢及免疫功能的影响. 食品与生物技术学报,2010,29(3):381-384.
[24] 王振来 译. 不同日粮纤维对育肥猪某些脂肪代谢参数的影响. 国外畜牧学一饲料,1999(1):29-30.
[25] 王敏奇,许晓玲,雷剑,等. 不同形式三价铬对肥育猪胴体组成和脂肪代谢的影响. 畜牧兽医学报,2009,40(1):59-65.
[26] 王丹莉,张敏红,杜荣,等. 高温时日粮铬水平对肉鸡血液生理生化指标和脂肪代谢的影响. 畜牧兽医学报,2000,31(2):120-123.
[27] 王福,钱利纯,崔华伟,等. 高锌对仔猪肝脏脂肪代谢的影响. 动物营养学报,2010,22(5):1200-1206.
[28] 王述柏,王宝维,张丽英,等. 壳聚糖对肉鸡生产性能及血液生化指标的影响. 中国饲料,1998(12):19.
[29] 王素敏,刘福英,徐增年,等. 大豆低聚糖对大鼠血脂和抗氧化作用的影响. 营养学报,1997,19(4):468-469.
[30] 王镜岩,朱圣庚,徐长法. 生物化学(下册). 北京:高等教育出版社,2002.
[31] 汪以真,许梓荣. 甜菜碱对生长肥育猪体脂重分配的作用及机理研究. 畜牧兽医学报,2001,32(2):122-128.
[32] 文杰,王和民. 日粮烟酸水平对产蛋鸡生产性能及脂肪代谢的影响. 营养学报,1993,15(2):200-206.
[33] 文杰,王和民. 日粮烟酸水平对肉仔鸡生长及脂肪代谢的影响. 中国农业科学,1995,28(3):67-72.
[34] 闻爱友,姚尚奎. 日粮中添加促生长剂对初产母猪生产性能的影响. 安徽农业技术师范学院学报,1999,13(2):30-32.
[35] 肖颖,闫少芳,王军波,等. 橄榄油和鱼油对大鼠血脂和脂质过氧化的影响. 卫生研究,2001,30(4):211-212.

[36] 熊文中,杨凤,周安国. 猪重组生长激素对不同杂交肥育猪脂肪代谢调控的研究. 畜牧兽医学报,2001,32(1):1-4.

[37] 许梓荣,冯杰,余国乔. N-甲基-*D*,*L*-天门冬氨酸(NMA)对肥育猪脂肪沉积的影响及其机制. 中国兽医学报,2000,20(6):612-616.

[38] 徐海军,都文,李亚君,等. 日粮能量水平对肥育猪肌内脂肪含量、肌内和皮下脂肪组织脂肪酸组成的影响. 畜牧兽医学报,2009,40(7):1019-1027.

[39] 闰祥华,顾景范,孙存普,等. 大豆异黄酮对大鼠血脂和过氧化状态的影响. 营养学报,2000,22(1):31-35.

[40] 杨燕,肖荣,邱服斌,等. 补充牛磺酸对正常大鼠脂代谢的影响. 卫生研究,2002,31(1):63-65.

[41] 姚国佳,单体中,汪以真,等. 脂肪酸合成酶基因在皮下脂肪中表达及其与血清 Leptin 的关系. 农业生物技术学报,2006,14(5):818-819.

[42] 尹靖东,齐广海,霍启光. 类黄酮对蛋鸡脂类代谢的影响. 畜牧兽医学报,2002,33(3):215-220.

[43] 尹靖东,齐广海,霍启光. 家禽脂类代谢调控机理的研究进展。动物营养学报,2000,12(2):1-7.

[44] 于会民,李德发,管武太,等. 不同脂肪对肉鸡营养素沉积,体组成和血清代谢物的影响. 畜牧兽医学报,1998,29(4):304-314.

[45] 张志宏,夏蕾,陈鑫,等. 早期饲喂沙棘提取物对猪生长性能、肉品质和血清 Leptin 水平及脂肪 Leptin mRNA 表达的影响. 动物营养学报,2009,21(5):734-740.

[46] 张丽英,王宝维,单虎,等. 壳聚糖对肉鸡体内胆固醇及 PUFA 含量的影响. 中国家禽,1998(1):19-20.

[47] 张曼夫. 注射生长激素对猪脂肪组织中脂肪合成酶的影响. 中国畜牧杂志,1990,26:6-8.

[48] 郑晓灵,黄冠庆,刘铀,等. 壳聚糖对黄羽肉鸡早期生长性能与脂肪代谢的影响. 饲料广角,2007(5):27-28,30.

[49] 朱连勤,朱风华,马霞,等. 低钙日粮对蛋鸡脂肪代谢的影响. 江苏农业科学,2007(4):146-150.

[50] 邹晓庭,卢建军. 甜菜碱调控蛋鸡脂肪代谢的机理研究. 中国农业科学,2002,35(3):324-330.

[51] 周杰,赵茹茜,赵志辉,等. 重组猪生长激素对猪脂肪组织 GH-R、IGF-Ⅰ、IGF-IR 和 Leptin 基因表达的影响. 中国兽医学报,2004,24(1):56-59.

[52] 周建鸿,刘冬生. 强化 *L*-肉碱对幼鼠生长和脂肪代谢的影响. 营养学报,1996,18(2):209-212.

[53] Abu-Elheiga, L., M. M. Matzuk, P. Kordari, W. Oh, T. Shaikenov, Z. Gu, and S. J. Wakil. 2005. Mutant mice lacking acetyl-CoA carboxylase 1 are embryonically lethal. Proc. Nat. Acad. Sci. 102:12011-12016.

[54] Abumrad, N., C. Harmon, and A. Ibrahimi. 1998. Membrane transport of long-chain fatty acids: evidence for a facilitated process. J. Lipid Res. 39(12):2309-2318.

[55] Allee, G. L., E. K. O'Hea, G. A. Leveille, and D. H. Baker. 1971. Influence of dietary protein and fat on lipogenesis and enzymatic activity in pig adipose. J. Nutr. 101:869-878.

[56] Bee, G. 2000. Dietary conjugated linoleic acid consumption during pregnancy and lactation influences growth and tissue composition in weaned pigs. J. Nutr. 130(12):2981-2989.

[57] Belfrage, P., G. Fredrikson, P. Sstralfors, and H. Tornqvist. 1984. Adipose tissue lipase, in: Borgstrom B, Brockman HL (Eds). Lipases, Elsevier Amsterdam, 365-416.

[58] Beltowski, J. 2003. Adiponectin and resistin-new hormones of white adipose tissue. Med. Sci. Monitor 9:55-61.

[59] Boden, G., X. Chen, M. Mozzoli, and I. Ryan. 1996. Effect of fasting on serum leptin in normal human subjects. J. Clin. Endocrinol. Metab. 81:3419-3423.

[60] Bonen, A., C. R. Benton, S. E. Campbell, A. Ch, D. C. Cl, X. X. Ha, J. F. Gl, and J. J. Lu. 2003. Plasmalemmal fatty acid transport is regulated by contraction, insulin and leptin in heart and skele-

tal muscle in obesity and diabetes. Acta Physiol. Scand. 178 (4):347 - 356.

[61] Boone, C. , J. Mourot, F. Gregiore, and C. Remacle. 2000. The adipose conversion process:regulation by extracelular and intracelular factors. Reprod. Nutr. Devel. 40:325 - 358.

[62] Brameld, J. M. , J. L. Atkinson, J. C. Saunders, J. M. Pell, P. J. Buttery, and R. S. Gilmour. 1996. Effects of growth hormone administration and dietary protein in take on insulin - like growth factor I and growth hormone receptor mRNA expression in porcine liver, skeletal muscle, and adipose tissue. J. Anim. Sci. 74(8):1832 - 1841.

[63] Cadogan, D. J. , R. G. Campbell, D. Harrison, and A. C. Edwards. 1993. The effects of betaine on the growth performance and carcass characteristics of female pigs. In:Batterham, E. S. , (Ed.), Manipulating Pig Production. Australasian Pig Science Association, Attwood, Victoria, Australia, p219.

[64] Cawthorn, W. P. and J. K. Sethi. 2008. TNF - alpha and adipocyte biology. FEBS Lett. 582(1):117 - 131.

[65] Chan, D. C. , G. F. Watts, T. W. Ng, Y. Uchida, N. Sakai, S. Yamashita, and P. H. Barrett. 2005. Adiponectin and other adipocytokines as predictors of markers of triglyceride - rich lipoprotein metabolism. Clin. Chem. 51:1 - 8.

[66] Chen, X. D. , T. Lei, T. Xia, L. Gan, and Z. Q. Yang. 2004. Increased expression of resistin and tumour necrosis factor - α in pig adipose tissue as well as effect of feeding treatment on resistin and cAMP pathway. Diabetes Obes. Metab. 6:271 - 279.

[67] Chung, K. Y. , C. B. Choi, H. Kawachi, H. Yano, and S. B. Smith. . 2006. Trans -10, cis - 12 conjugated linoleic acid antagonizes arginine - promoted differentiation of bovine preadipocytes. Adipocytes 2:93 - 100.

[68] Clarke, D. C. , D. Miskovic, X. X. Han, J. Calles-Escandon, J. F. Glatz, J. J. Luiken, J. J. Heikkila, and Bonen A. 2004. Overexpression of membrane associated fatty acid binding protein (FABPpm) in vivo increases fatty acid sarcolemmal transport and metabolism. Physiol. Genomics. 17(1):31 - 37.

[69] Clarke, S. D. , and D. B. Jump. 1992. Regulation of hepatic gene expression by dietary fats:A unique role for polyunsaturated fatty acids. In:CD Berdanier and JL Hargrove (Ed.) CRC Press Reviews CRC Press, Boca Raton, FL. 25(6):125 - 128.

[70] Clarke, S. D. 1993. Regulation of fatty acid synthase gene expression:an approach for reducing fat accumulation. J. Anim. Sci. 71:1957 - 1996.

[71] Coburn, C. T. , F. F. Jr, M. Febbraio, A. L. Beets, R. L. Silverstein, and N. A. Abumrad. 2000. Defective uptake and utilization of long chain fatty acids in muscle and adipose tissues of CD36 knockout mice. J. Biol. Chem. 275 (42):32523 - 32529.

[72] Cocchi, D. , V. D. Colonna, M. Bagnasco, D. Bo , and E. E. Müller. 1999. Leptin regulates GH secretion in the rat by acting on GHRH and somatostatinergic functions. J. Endocrinol. 162:95 - 99.

[73] Coupe, C. , L. Casteilla, C. Dani, P. Muzzin, J. P. Revelli, and L. Pe . 1990. Adipose tissues from various anatomical sites are characterized by different patterns of gene expression and regulation. Biochem. J. 292:873 - 876.

[74] Davey, R. J. 1976. Growth and carcass characteristics of high - and low - fat swine fed diets varying in protein and lysine content. J. Anim. Sci. 43:598 - 605.

[75] Deng, D. , A. K. Li, W. Y. Chu, R. L. Huang. T. J. Li, X. F. Kong, Z. J. Liu, G. Y. Wu, Y. M. Zhang, and Y. L. Yin. 2007. Growth performance and metabolic responses in barrows fed low - protein diets supplemented with essential amino acids. Livest. Sci. 109:224 - 227.

[76] Doiron, B. , M. H. Cuif, R. Chen, and A. Kahn. 1996. Transcriptional glucose signaling through the

glucose response element is mediated by the pentose phosphate pathway. J. Biol. Chem. 271: 5321 -5324.

[77] Donaldson, W. E. 1985. Effects of dietary lead, cadmium, mercury, and selenium on fatty acid composition of blood serum and erythrocyte membranes from chicks. Biol. Trace Element Res. 7:255 - 262.

[78] Eckel, R. H, D. R. Jensen, I. R. Schlaepfer, and T. J. Yost. 1996. Tissue - specific regulation of lipoprotein lipase by isoproterenol in normal - weight humans. Am. J. Physiol. 271:1280 - 1286.

[79] Enerback, S. , H Semb, J Tavernier, G. Bjursell, and T. Olivecrona. 1998. Tissue specific regulation of guinea - pig lipoprotein lipase: effect of nutritional state and tumor necrosis factor on mRNA levels in adipose tissue, heart and liver. Gene 64:97 - 106.

[80] Etherton, T. D. 1993. Mechanisms by which somatotropin decrease adipose tissue growth. Am. J. Clin. Nutr. 58:287 - 295.

[81] Etherton, T. D. 2000. The biology of somatotropin in adipose tissue growth and nutrient partitioning. J. Nutr. 130:2623 - 2625.

[82] Fan, W. E. , B. A. Boston , R. A. Kesterson, V. J. Hruby, and R. D. Cone. 1997. Role of melanocortinergic neurons in feeding and the agouti obesity syndrome. Nat. 385:165 - 168.

[83] Ferré, P. 2004. The biology of Peroxisome prolifetator - activared receptors: relationship with lipid metabolism and insulin seneitivity. Diabetes 53:43 - 50.

[84] Ferré, P. 1999. Regulation of gene expression by glucose. Proc. Nutr. Soc. 58:621 -623.

[85] Florini, J. R. , D. Z. Ewton, and S. A. Coolican. 1996. Growth hormone and the insulin - like growth factor system in myogenesis. Endoc. Rev. 17(5):481 - 517.

[86] Frank, J. W. , J. Escobar, H. V. Nguyen, S. C. Jobgen, W. S. Jobgen, T. A. Davis, and G. Wu . 2007. Oral N - carbamylglutamate supplementation increases protein synthesis in skeletal muscle of pigets. J. Nutr. 137:315 - 319.

[87] Frick, F. , J. Oscarsson, K. Vikman - Adolfsson, M. Ottosson, N. Yoshida, and S. Edén. 2000. Different effects of IGF - I on insulin stimulated glucose uptake in adipose tissue and skeletal muscle. Am. J. Physiol. Endocrinol. Metab. 278:E729 - E737.

[88] Fu, Y. , L. Luo, N. Luo, and W. T. Garvey. 2006. Lipid metabolism mediated by adipocyte lipid binding protein (ALBP/aP2) gene expression in human THP1 macrophages. Atherosclerosis 188(1): 102 -111.

[89] Fu, W. J. , T. E. Haynes, R. Kohli, J. Hu, W. Shi, T. E. Spencer, R. J. Carroll, C. J. Meininger, and G. Wu. 2005. Dietary L - arginine supplementation reduces fat mass in Zucker diabetic fatty rats. J. Nutr. 135:714 - 721.

[90] Gerger, J. , and E. M. David. 2002. The mechanisms of action of PPARs. Annual. Rev. Med. 53: 409 -435.

[91] Gill, M. S. , A. A. Toogood, P. A. O'Neill. 1997. Relationship between growth hormone (GH) status, serum leptin and body compostion in healthy and GH deficient elderly subjects. Clin. Endocrinol. (Oxford) 47:161 - 167.

[92] Girard, J. , D. Perdereau, F. Foufelle, C. Prip - Buus, and P. Ferre. 1994. Regulation of lipogenic enzyme gene expression by nutrients and hormones. FASEB J. 8:36 -42.

[93] Glatz, J. F. , and G. J. van der Vusse. 1996. Cellular fatty acid binding proteins : their function and physiological significance. Prog. Lipid Res. 35 (3):243 - 282.

[94] Goldberg, I. J. 1996. Lipoprotein lipase and lipolysis: central roles in lipoprotein metabolism and atherogenesis. J. Lipid Res. 37(4):693 - 707.

[95] Goldberg, U. , and M. Merkel. 2001. Lipoprotein lipase: physiology biochemistry and molecular biology. Front. Biosci. 6:388 - 455.

[96] Grindflek, E. , H. Sundvold, S. Lien, and M. F. Rothschild. 2000. Rapid communication: physical and genetic mapping of the peroxisome proliferators activated receptor gamma (PPAR - gamma) gene to porcine chromosome 13. J. Anim. Sci. 78:1391 -1392.

[97] Guan, H. P. , Y. Li, M. V. Jensen, C. B. Newgard, C. M. Steppan, and M. A. Lazar. 2002. A futile metabolic cycle activated in adipocytes by antidiabetic agents. Nat. Med. 8(10):1122 - 1128.

[98] Gupta, S. 2001. Molecular steps of death receptor and mitochondrial pathways of apoptosis. Life Sci. 69:2957 - 2964.

[99] Hansen, J. B. , R. K. Petersen, C. Jorgensen, and K. Kristiansen. 2002. Deregulated MAPK activity prevents adipocyte diferentiation of fibroblasts lacking the retinoblastoma protein. J. Biol. Chem. 277 (29):26335 - 26339.

[100] Harada, K. , W. J. Shen, S. Patel, V. Natu, J. Wang, J. Osuga, S. Ishibashi, and F. B. Kraemer. 2003. Resistance to high - fat diet - induced obesity and altered expression of adipose - specific genes in HSL - deficient mice. Am. J. Physiol. Endocrinol. Metab. 285:E1182 - E1195.

[101] Harris, D. M. , F. R. Dunshea, D. E. Bauman, R. D. Boyd, S. Y. Wang, P. A. Johnson, and S. D. Clarke. 1993. Effect of in vivo somatotropin treatment of growing pig on adipose tissue lipogenesis. J. Anim. Sci. 71:3293 - 3300.

[102] Hasegawa, J. , K. Osatomi, R. F. Wu, and K. Uyeda. 1999. A novel factor binding to the glucose response elements of liver pyruvate kinase and fatty acid synthase genes. J. Biol. Chem. 274(2):1100 - 1107.

[103] Heo, K. , X. Lin, J. Odle, and I. K. Han. 2000. Kinetics of carnitine palmitoyl - transferase - l are altered by dietary variables and suggest a metabolic need for supplemental carnitine in young pigs. J. Nutr. 130(10):2467 - 2470.

[104] Hocquette, J. F. , B. Graulet, and T. Olivecrona. 1998. Lipoprotein hpase activity and mRNA levels in bovine tissues. Comp. Biochem. Physiol (Part B), Biochem. Mol. Biol. 121:201 - 212.

[105] Holm, C. 2003. Molecular mechanisms regulating hormone - sensitive lipase and lipolysis. Biochem. Soc. Trans. 20:365 - 393.

[106] Hotamisligil, G. S. 1999. The role of TNF - α and TNF receptor in obesity and insulin resistance. J. Int. Med. 245:621 - 625.

[107] Hussain, M. A. , O. Schmitz, A. Mengel, Y. Glatz, J. S. Christiansen, J. Zapf, and E. R. Froesch. 1994. Comparison of the effects of growth hormone and insulin - like growth factor I on substrate oxidation and on insulin sensitivity in growth hormone - deficient humans. J. Clin. Invest. 94: 1126 -1133.

[108] Jobgen, W. S. , S. K. Fried, W. J. Fu, C. J. Meininger, and G. Wu. 2006. Regulatory role for the arginine - nitric oxide pathway in metabolism of energy substrates. J. Nutr. Biochem. 17:571 - 588.

[109] Jobgen, W. S. 2008. Dietary L - arginine supplementation reduces fat mass in diet - induced obese rats. Texas A&M University. PhD Dissertation.

[110] Kahn, B. B. , T. Alquier, D. Carling, and D. G. Hardie. 2005. AMPK - activated protein kinase: ancient energy gauge provides clues to modern understanding of metabolism. Cell Metab. 1:15 - 25.

[111] Kamon, J. , T. Yamauchi, Y. Terauchi, N. Kubota, and T. Kadowaki. 2003. The mechanisms by which PPAR gamma and adiponectin regulate glucose and lipid metabolism. Nippon Yakurigaku Zasshi 122(4):294 - 300.

[112] Kern, P. A. , M. Saghizadeh, J. M. Ong, R. J. Bosch, R. Deem, and R. B. Simsolo. 1995. The expression of tumor necrosis factor in human adipose tissue:Regulation by obesity, weight loss, and relationship to lipoprotein lipase. J. Clin. Invest. 95:2111 - 2119.

[113] Kershaw, E. E. , J. K. Hamm, L. A. Verhagen, O. Peroni, M. Katic, and J. S. Flier. 2006. Adipose triglyceride lipase:function, regulation by insulin, and comparison with adiponutrin. Diabetes 55 (1):148 - 157.

[114] Klindt, J. , J. T. Yen, F. C. Buonomo, A. J. Roberts, and T. Wise. 1998. Growth, body composition, and endocrine responses to chronic administration of insulin - like growth factor I and (or) porcine growth hormone in pigs. J. Anim. Sci. 76(9):2368 - 2381.

[115] Kraemer, F. B. , and W. J. Shen. 2002. Hormone - sensitive lipase:control of intracellular tri - (di -) acylglycerol and cholesteryl ester hydrolysis. J. Lipid Res. 43:1585 -1594.

[116] Kralisch,S. , J. Klein, U. Lossner, M. Bluher, R. Paschke, and M. Stumvoll. 2005. Isoproterenol, TNF alpha, and insulin down regulate adipose triglyceride lipase in 3T3 - L1 adipocytes. Mol. Cell Endocrinol. 240:43 - 49.

[117] Large, V. , S. Reynisdottir, D. Langin, K. Fredby, M. Klannemark, C. Holm, and P. Arner. 1999. Decreased expression and function of adipocyte hormone - sensitive lipase in subcutaneous fat cells of obese subjects. J. Lipid Res. 40:2059 - 2065.

[118] Lien, T. F. , C. P. Wu, P. H. Lin, B. J. Wang, J. J. Lu, and T. Y. Shiao. 1998. Effect of different protein and limiting amino acid levels coupled with a supplement of chrominm picolinate on lipid metabolism and carcass characteristies of pigs. Anim. Sci. 67:601 - 607.

[119] Lien, T. F. , and Y. M. Homg. 2001. The effect of supplementary dietary L - carnitine on the growth performance, serum compenents, carcass traits and enzyme activities in relation to fatty acid 13 - oxidaxion of broiler chickens. Br. Poult. Sci. 42(1):92 - 95.

[120] Lissett, C. , P. E. Clayton, and S. Shalet. 2001. The acute leptin response to GH. J. Clin. Endocrinol. Metab. 86:4412 - 4415.

[121] Louveau, I. , and F. Gondret. 2004. Regulation of development and metabolism of adipose tissue by growth hormone and the insulin - like growth factor system. Dom. Anim. Endocrinol. 27:241 - 255.

[122] Lupu, F. , J. D. Terwilliger, K. Lee, G. V. Segre, and A. Efstratiadis. 2001. Roles of growth hormone and insulin like growth factor I in mouse postnatal growth. Devel. Biol. 229:141 - 162.

[123] Macdougald, O. A. , C. S. Hwang, H. Y. Fan, and M. D. Lane. 1995. Regulated expression of the obese gene product (leptin) in white adipose tissue and 3T3 - L1 adipocytes. Proc. Nat. Acad. Sci. 92: 9034 - 9037.

[124] Margetic, S. , C. Gazzola, G. G. Pegg, and R. A. Hill. 2002. Leptin:a review of its peripheral actions and interactions. Int. J. Obesity Related Metab. Disorders 26:1407 - 1433.

[125] McClelland, G. B. 2004. Fat to the fire:the regulation of lipid oxidation with exercise and environmental stress. Comp. Biochem. Physiol. Part B 139(3):443 - 460.

[126] Medina, E. A. , K. L. Erichson, K. L. Stanhope, and P. J. Havel. 2002. Evidence that tumor necrosis factor - alpha - induced hyperinsulinemia prevents decreases of circulating leptin during fasting in rat. Metab. 51:1104 - 1110.

[127] Medina, E. A. , K. L. Erichson, K. L. Stanhope, and P. J. Havel. 2002. Evidence that tumor necrosis factor - alpha - induced hyperinsulinemia prevents decreases of circulating leptin during fasting in rat. Metab. 51:1104 - 1110.

[128] Memon, R. A. , K. R. Feingold, A. H. Moser, J. Fuller, and C. Grunfeld. 1998. Regulation of fat-

ty acid transport protein and fatty acid translocase mRNA levels by endotoxin and cytokines. Am. J. Physiol. 274 (2):E210 - E217.

[129] Meramann H. J. , J. M. Houk, G. Phinney, M. C. Underwood, and L. J. Brown. 1973. Lipogenesis by in vitro liver and adipose tissue preparations from neonatal swine. Am. J. Physiol. 224: 1123 -1129.

[130] Mersmann, H. J. 1998. Lipoprotein and hormone sensitive lipases in porcine adipose tissue. J. Anim. Sci. 76(5):1396 - 1404.

[131] Mildner, A. M. , and S. D. Clarke. 1991. Porcine fatty acid synthase:Cloning of a complementary DNA, tissue distribution of its mRNA and suppression of expression by somatotropin and dietary protein. J. Nutr. 121:900 - 907.

[132] Moller, N. , and J. O. L. Jorgensen. 2009. Effects of growth hormone on glucose, lipid, and protein metabolism in human subjects. Endoc. Rev. 30:152 - 177.

[133] Münzberg, H. 2008. Differential leptin access into the brain - A hierarchical organization of hypothalamic leptin target sites? Physiol. Behavior 94:664 - 669.

[134] Myeong, Y. , Y. L. Gha, C. Jun-Jac, H. A. Young, H. H. Seung, and B. K. Jae. 2006. Adiponectin increases fatty acid oxidation in skeletal muscle cells by sequential activation of amp - activated protein kinase, p38 mitogen - activated protein kinase, and peroxisome proliferator - activated receptor α. Diabetes 55:2562 - 2570.

[135] Nilsson - Ehle, P. , A. S. Garfinkel, and M. C. Schotz. 1980. Lipolytic enzymes and plasma lipoprotein metabolism. Annual Rev. Biochem. 49(1):667 - 693.

[136] Nogalska, A. , A. Pankiewicz, E. Goyke, and J. Swierczynski. 2003. The age related inverse relationship between ob and lipogenic enzymes genes expression in rat white adipose tissue. Exp. Gerontol. 38, 415 - 422.

[137] Ntambi, J. M. , M. Miyazaki, J. P. Stoehr, H. La, C. M. Kendziorski, B. S. Yandell, Y. Song, P. Cohen J. M. Friedman and A. D. Attie. 2002. Loss of stearoyl - CoA desaturase - 1 function protects mice against adiposity. Proc. Nat. Acad. Sci. 99(11):11482 - 11486.

[138] Nurnberg, K. , J. Werger, and K. Ender. Factors influencing fat composition in muscle and adipose tissue of farm animals. Livest. Prod. Sci. 1998, 56:145 - 156.

[139] O'Hea, E. K. , and G. A. Leveille. 1969. Significance of adipose tissue and liver as sites of fatty acid synthesis in the pig and the efficiency of utilization of various substrates for lipogenesis. J. Nutr. 99: 338 - 344.

[140] Olivecrona, T. , M. Hultin, M. Berg, and G. Olivecrona. 2007. Lipoprotein lipase:regulation and role in lipoprotein metabolism. Proc. Nutr. Soc. 56(2):723 - 729.

[141] Olsson, H. , P. Stralfors, and P. Belfrage. 1986. Phosphorylation of the basal site of hormone - sensitive lipase by glycogen synthase kinase - 4. FEBS Lett. 209:175 - 180.

[142] Ostrowska, E. , R. F. Cross, M. Muralitharan, D. E. Bauman, and F. R. Dunshea. 2002. Effects of dietary fat and conjugated linoleic acid on plasma metabolite concentrations and metabolic responses to homeostatic signals in pigs. Br. J. Nutr. 88(6):625 - 634.

[143] Owen, K. Q. 1994. The effect of L - catinite additions on performance and carcass characteristics of growing - finishing swine. J. Anim. Sci. 71:S62.

[144] Rahman, S. M. , Y. M. Wang, H. Yotsumoto, J. Cha, S. Han, S. Inoue, and T. Yanagita. 2001. Effects of conjugated linoleic acid on serum leptine on centration, body - fat accumulation and oxidation of fatty acid in OLETF rats. Nutr. 17:385 -390.

[145] Ramsay, T. G. 2003. Porcine leptin inhibits lipogenesis in porcine adipocytes. J. Anim. Sci. 81:3008 - 3017.

[146] Rangwala, S. M., and M. A. Lazar. 2004. Peroxisome proliferators - activated receptor gamma in diabetes and metabolism. Trends Pharmacol. Sci. 25(6):331 - 336.

[147] Rehfeldt, C., K. Numberg, and K. Ender. 1994. Effects of exogenous porcine somatotropin on the development of fat cells and fatty acid composition in backfat of live finishing pigs. Meat Sci. 36: 321 -331.

[148] Rentsch, J., and M. Chiesi. 1996. Regulation of ob gene mRNA levels in cultured adipocytes. FEBS Lett. 379:55 - 59.

[149] Ricote, M., and C. K. Glass. 2001. New roles for PPARs in cholesterol homeostasis. Trends Pharmacol. Sci. 22(9):441 - 444.

[150] Rink, C., S. Roy, S. Khanna, T. Rink, D. Bagchi, and C. K. Sen. 2006. Transcriptome of the subcutaneous adipose tissue in response to oral supplementation of type 2 Leprdb obese diabetic mice with niacin - bound chromium. Physiol. Genomics 27:370 - 379.

[151] Rise, P., and C. Galli. 1999. Arachidonic and docosahexaenoic acids differentially affect the expression of fatty acyl - CoA oxidase, protein kinase c and lipid peroxidation in hepg 2 cells. Prostaglandins, Leukotrienes and Essential Fatty Acids 60:367 - 370.

[152] Riserus, U., G. D. Tan, B. A. Fielding, M. J. Neville, J. Currie, D. B. Savage, V. K. Chatterjee, K. N. Frayn, S. O'Rahilly, and F. Karpe. 2005. Rosiglitazone increases indexes of stearoyl - CoA desaturase activity in humans: link to insulin sensitization and the role of dominant - negative mutation in peroxisome proliferator - activated receptor - gamma. Diabetes 54(5):1379 - 1384.

[153] Rosen, E. D., P. Sarraf, A. E. Tory, G. Br ,K . Moore,D. S. Milstone,B. M. Spiegelman, andR . Mortensen. 1999. PPAR gamma is required for the dirrerentiation of adipose tissue *in vivo* and *in vitro*. Mol. Cell 4:611 - 617.

[154] Ruan, H., N. Hacohen, T. R. Golub, L. Van Parijs, and H. F. Lodish. 2002. Tumor necrosis factor - asuppresses adipocyte - specific genes and activates expression of preadipocyte genes in 3T3 - L1 adipocytes. Diabetes 51:1319 - 1336.

[155] Ruiz, N., R. D. Miles, H. R. Wilson, and R. H. Harms. 1983. Choline supplementation in the diets of aged white leghom hens grouped according to body weight. Poult. Sci. 62:1028 - 1032.

[156] Rumberger, J. M., T. Wu, M. A. Hering, and S. Marshall. 2003. Role of hexosamine biosynthesis in glucose - mediated up - regulation of lipogenic enzyme mRNA levels: effects of glucose, glutamine, and glucosamine on glycerophosphate dehydrogenase, fatty acid synthase, and acetyl - CoA carboxylase mRNA levels. J. Biol. Chem. 278(31):28547 - 28552.

[157] Saladin, R., P. De Vos, M. Guerre - Millo,A . Leturque,J . Girard,B . Staels, andJ. Auwerx. 1995. Transient increase in obese gene expression after food intake or insulin administration. Nat. 377: 527 -529.

[158] Schmid,B. ,J. F. Rippmann,M. Tadayyon, and B. S. Hamiiton. 2005. Inhibition of fatty acid synthase prevents preadipocyte differentiation. Biochem. Biophys. Res. Commun. 328(4):1073 - 1082.

[159] Sfeir, Z., A. Ibrahimi, E. Amri, P. Grimaldi, and N. Abumrad. 1999. CD36 antisense expression in 3T3 - F442A preadipocytes. Mol. Cell Biochem. 192(1 - 2):3 - 8.

[160] Shimoda, N., T. Tahiro, H. Yamamori, K. Takaqi, N. Nakajima, and I. Ito. 1997. Effects of growth hormone and insulin - like growth factor - I on protein metabolism, gut morphology and cell - mediated immunity in burned rats. J. Nutr. 13(6):540 - 546.

[161] Smith, A. J., B. R. Thompson, M. A. Sanders, and D. A. Bernlohr. 2007. Interaction of the adipocyte fatty acid binding p rotein with the hormone sensitive lipase: regulation by fatty acids and phosphorylation. J. Biol. Chem. 282 (44): 32424 -32432.

[162] Smith, S. B., T. S. Hively, G. M. Cortese, J . J. Han, K . Y. Chung, P . Casteñada, C. D. Gilbert, V. L. Adams, andH . Mersmann. 2002. Conjugated linoleic acid depresses the ddta9 desaturase index and stearoyl coenzyme A desaturase enzyme activity in porcine subcutaneous adipose tissue. J. Anim. Sci. 80(8): 2110 - 2115.

[163] Smith, S., A. Witkowski, and A. K. Joshi. 2003. Structural and functional organization of the animal fatty acid synthase. Progress Lipid Res. 42(4): 289 - 317.

[164] Stangl, G. I., H. Muller, and M. Kirchgessner. 1999. Conjugated linoleic acid effects on circulating hormones, metabolites and lipoproteins, and its proportion in fasting serum and erythrocyte membranes of swine. Eur. J. Nutr. 38(6): 271 - 277.

[165] Stapleton, S. R., D. A. Mitchell, L. M. Salati, and A. G. Goodridge. 1990. Triiodothyronine stimulates transcription of the fatty acid synthase gene in chick embryo hepatocytes in culture Insulin and insulin - like growth factor amplify that effect. J. Biol. 265(30): 18442 - 18446.

[166] Steen, H. A. M., J. van Dijk, P. N. De Groot, and E. Kanis. 1991. Effects of recombinant porcine somatotropin on growth and carcass traits in meishan pigs. Livest. Prod. Sci. 27: 211 - 218.

[167] Sykiotis, G. P., and A. G. Papavassiliou. 2001. Serine phosphorylation of insulin receptor substrate - 1: a novel target for the reversal of insulin resistance. Mol. Endocrinol. 15: 1864 - 1869.

[168] Suzuki, Y., H. Kaizu, and Yamaguelu. 1991. Effect of cultured milk on serum cholesterol concentrations in rats fed high cholesterol diets. Anim. Sci. Tech. 62(6): 565 -571.

[169] Tan, B. E., Y. L. Yin, Z. Q. Liu, W. J. Tang, H. J. Xu, X. F. Kong, X. L. Li, K. Yao, W. T. Gu, S. B. Smith, and G. Y. Wu. 2011. Dietary L - arginine supplementation differentially regulates expression of fat - metabolic genes in porcine adipose tissue and skeletal muscle. J. Nutr. Biochem. 22(5): 441 - 445.

[170] Tamori, Y., J. Masugi, N. Nishino, and M. Kasuga. 2002. Role of peroxisome proliferator activated receptorγ in maintenance of the characteristics of mature 3T3L1 adipocytes. Diabetes 51 (7): 2045 -2055.

[171] Thompson, K. S., and H. C. Towle. 1991. Localization of the carbohydrate response element of the rat L - type pyruvate kinase gene. J. Biol. Chem. (266): 79 -86.

[172] Towle, H. C., E. N. Kaytor, and H. Shih. 1997. Regulation of the expression of lipogenic enzyme genes by carbohydrate. Annual Rev. Nutr. 17: 405 - 433.

[173] Turcotte, L. P., A. K. Srivastava, and J. L. Chiasson. 1997. Fasting increases plasma membrane fatty acid binding protein (FABPpm) in red skeletal muscle. Mol. Cell Biochem. 166(122): 153 - 158.

[174] Wang, X. D., M. R. Briggs, X. X. Hua, C. Yokoyama, J. L. Goldstein, and M. S. Brown. 1993. Nuclear protein that binds sterol regulatory element of low density lipoprotein receptor promoter II purification and characterization. J. Biol. Chem. 268 (19): 14497 - 14504.

[175] Weickert, M. O., and A. F. H. Pfeiffer. 2006. Signalling mechanisms linking hepatic glucose and lipid metabolism. Diabetologia 49: 1732 - 1741.

[176] Werman, A., A. Hollenberg, G. Solanes, et al. 1997. Ligand - independent activation domain in the N terminus of peroxisome proliferators - activated receptor gamma (PPARgamma). Differential activity of PPARgamma1 and - 2 isoforms and influence of insulin. J. Biol. Chem. 272: 20230 - 20235.

[177] Witkowski, A., A. K. Joshi, and S. Smith. 2007. Coupling of the *de* novo fatty acid biosynthesis and

lipoylation pathways in mammalian mitochondria. J. Biol. Chem. 282:14178 - 14185.

[178] Wu, Q. W., A. M. Ortegon, B. Tsang, H. Doege, K. R. Feingold, and A. Stahl. 2006. FATP1 is an insulin sensitive fatty acid transporter involved in diet induced obesity. Mol. Cell Biol. 26(9):3455 - 3467.

[179] Wu, X. D., H. Motoshima, K. Mahadev, T. J. Stalker, R. Scalia and B. J. Goldstein. 2003. Involvement of AMP - activated protein kinase in glucose uptake stimulated by the globular domain of adiponectin in primary rat adipocytes. Diabetes 52:1355 -1363.

[180] Wu, G. Y., M. J. Lee, and S. K. Fried. 2007. The arginine - NO pathway modulates lipolysis in adipose tissues of obese human subjects. FASEB J. 21:830 - 831.

[181] Xu, J., and K. Liao. 2004. Protein kinase B/AKT 1 plays a pivotal role in insulin - like growth factor - I receptor signaling induced 3T3 - L1 adipocyte differentiation. J. Biol. Chem. 279(34):35914 - 35922.

[182] Yeaman, S. J., G. Smith, and S. L. Wood. 1994. The multifunctional role of hormone - sensitive lipase in lipid metabolism. Advances Enzyme Regulation 134:355 -370.

[183] Yin, D., S. D. Clarke, J. L. Peters, et al. 1998. Somatotropin - dependent decrease in fatty acid synthase mRNA abundance in 3T3 - F422A adipocytes is the result of a decrease in both gene transcription and mRNA stability. Biochem. J., 331(3):815 -820.

[184] Yin, F. G., Y. L. Yin, Z. Z. Zhang, M. Y. Xie, J. Huang, R. L. Huang, and T. J. Li. 2011. Digestion rate of dietary starch affects the systemic circulation of lipid profiles and lipid metabolism - related gene expression in weaned pigs. Br. J. Nutr. doi:10. 1017/S0007 114511000213

[185] Yoon M. J., G. Y. Lee, J. J. Chung, Y. H. Ahn, S. H. Hong, and J. B. Kim. 2006. Adiponectin increases fatty acid oxidation in skeletal muscle cells by sequential activation of AMP - activated protein kinase, p38 mitogen - activated protein kinase, and peroxisome proliferator - activated receptor α. Diabetes 55:2562 - 2570.

[186] Zhang, Y. Y., R. Proenca, M. Maffei, M. Barone, L. Leopold, and J. M. Friedman. 1994. Positional cloning of the mouse obese gene and its human homology. Nat. (Lond) 372:425 - 432.

第13章

肉品质的营养调控

随着人们生活水平的提高和健康意识的增强，肉品质越来越受到消费者和生产者的重视。肉品质受动物品种、营养与饲养、养殖环境及管理等多方面因素影响。鉴于肉质性状大多属于复杂性状，其表型是由众多基因在特定的饲养环境中通过复杂的信号通路共同调节形成的，所以在短期内通过遗传选育的手段改进肉质是很困难的，而通过调整动物日粮的营养组成、饲喂水平或使用特定的饲料原料、添加剂，可以在短期内对肉质有较好的改善，所以利用营养措施来改善肉品质，在现行条件下无疑是一种有效可行的办法。本章主要就一些与肉质相关的营养因素，包括日粮营养水平与饲料原料组成、维生素、矿物元素、氨基酸及其类似物，以及一些功能性饲料添加剂对肉品质的影响进行阐述，为生产提供科学的参考依据和指导。

13.1 饲粮与肉品质

日粮营养水平和饲料原料组成，可直接影响动物的生长速率及体内蛋白质和脂肪的比率进而影响胴体的组成，本节主要从饲粮养分水平和饲料原料两大方面来进行分述。

13.1.1 日粮营养水平与肉品质

13.1.1.1 饲喂水平对胴体组成和肉质的影响

英国在20世纪90年代针对自由采食与限制饲喂对猪肉品质的影响开展了大量的研究。以Warkup和Kempster(1990)和Ellis等(1996)为代表的研究认为自由采食条件下生产的猪肉的嫩度和多汁性要好于限饲条件下(采食量为自由采食量的82%)生产的猪肉。限制饲养使杜洛克猪肉嫩度降低4%，约克夏猪肉嫩度下降10%。

自由采食改善猪肉嫩度和多汁性的机理并不清楚，但研究中观察到猪肉嫩度和多汁性得益于自由采食，相对于限饲，自由采食提高了猪的生长速度和肌内脂肪含量。Warkup 和 Kempster(1991)提出一个假说，即肌内脂肪增加和/或瘦肉生长速度提高与猪肉的嫩度和多汁性改善相关。他们指出，瘦肉的快速沉积是提高肉嫩度的最重要的原因。瘦肉沉积快，肌原纤维降解酶系活性升高，造成肌肉内盐溶性胶原蛋白含量高，从而改善肉的嫩度。这一假说并没有被证实，但是提出了一个观点，即可以通过调控动物的生长曲线来改善肉的品质。

但是，与此结论相反的一些研究报道指出，饲喂水平和猪生长速度对肉的食用品质没有影响。Wood 等(1995)用大白猪和杜洛克猪进行的试验发现，对于自由采食和限制采食(自由采食量的 80%)的猪，虽然两者间生长速度、背膘厚及背最长肌中脂类和水分含量有显著差异，但肉的嫩度并无差异。普渡大学和伊利诺伊大学的研究表明，相同基因型的猪即使生长速度差异较大，但其肉的嫩度和多汁性没有差异。那么饲喂水平(制度)和生长速度到底对肉食用品质有无影响呢?

饲喂水平对肉嫩度的影响与动物品种及其遗传因素有关。同一品种内，生长速度或瘦肉沉积速度对肉嫩度的影响很小，但是对于不同品种的畜禽，生长速度快的品种，其肉的嫩度通常好于生长速度慢的品种。猪肉的食用品质可能是特定品种所固有的特性，因此有关饲喂水平对肉质调控的具体机制尚需要进一步深入的研究。另一方面，因为肉的嫩度在肉质评价中的重要性因畜禽种类和消费习惯而有所不同，肉的嫩度与其的总体可接受程度可能并不总是一致。

黄大鹏等(2009)发现，日粮能量水平是影响育肥后期三江白猪猪肉滴水损失、嫩度和肌内脂肪含量的最重要因素，日粮蛋白质水平则次之。滴水损失、嫩度和肌内脂肪含量的最优营养组合为消化能 DE 13.98 MJ/kg、CP 14.00%、Lys 0.65%。边连全等(2010)的研究表明，高能量日粮显著提高了背膘厚和肌内脂肪含量，且有促进心脏脂肪酸结合蛋白(Heart fatty acid binding protein，H-FABP)基因表达的趋势。猪 H-FABP 基因表达量与 IMF 含量呈显著正相关，肌内脂肪含量与背膘厚呈显著正相关。这表明日粮能量水平可能通过影响 H-FABP 基因的表达量影响肉质。

13.1.1.2 日粮蛋白质和氨基酸水平

日粮蛋白质含量对胴体成分有重大影响。饲喂高蛋白水平饲粮畜禽的胴体脂肪减少，瘦肉增多。随着蛋白质水平或氨基酸增加，瘦肉率显著增加，背最长肌和双股头肌的肌内脂肪含量减少，肉的嫩度下降。Goerl 等(1995)研究了饲粮蛋白水平对 28～104 kg 猪肉品质的影响，结果发现随着饲粮蛋白水平增加，胴体背膘和肌肉大理石纹下降，瘦肉率增加，肉质嫩度也下降。Karlsson 等(1992)研究了日粮蛋白质水平对猪肉品质的影响。研究发现，低蛋白质组的猪肉大约有 30%趋向于ⅡB 纤维含量降低，这可能是低蛋白质日粮猪肉 pH 值和系水力较高的原因。提高日粮蛋白质水平，猪肉剪切力增加(4.7 对 4.0)。剪切力和肌内脂肪的含量呈负相关(Essen 等，1992)。Neberaska 大学 Gotlo 等(1995)的研究表明，随着日粮粗蛋白水平的增加，眼肌面积显著增加，腿肌瘦肉率显著升高，肌肉大理石花纹呈下降趋势，但背膘厚呈二次曲线增加，这可能是日粮中的蛋白质水平过高造成的。

张克英等(2002)研究了饲粮蛋白质水平对猪肉质的影响，结果发现，提高饲粮蛋白水平可使眼肌面积和瘦肉率增加，皮脂率和背膘厚下降，肌内脂肪含量和大理石纹评分显著下降，但对肌肉 pH、肉色评分、滴水损失和失水率无显著影响。这说明低蛋白质水平能提高肉食用品质(表 13-1)。

日粮中适当补充氨基酸对肌肉组织的理化特性和肉品质有一定影响。补充赖氨酸对肌肉纤维类型没有影响,但能增加某些肌肉体积和肌纤维的直径,并且补加赖氨酸后眼肌面积增加,肌肉的多汁性和嫩度降低(Gooband 等,1990)。饲粮中色氨酸的缺乏,可引起猪肉 pH 上升,饲粮中高水平的色氨酸可降低应激反应的发生和减少 PSE 肉的发生(Adela 等,1992)。Henry 等(1993)研究发现,饲喂不同水平的色氨酸,后腿和背最长肌的肉终极 pH 差异很小,但饲喂色氨酸最佳水平色氨酸的猪肉其 pH 显著低于色氨酸缺乏或过量的猪肉,大大降低了 DFD 肉的现象。β-丙氨酸和组氨酸可使肉色的稳定性及脂肪抗氧化性得到改善。

表 13-1 不同蛋白水平对肉品质的影响(节选)

日粮水平	10%	13%	16%	19%	22%	25%
背膘厚/cm	3.17	3.73	3.67	3.18	3.32	3.38
眼肌面积/cm^2	23.91	30.39	32.58	29.95	31.48	32.12
腿肌瘦肉率/%	50.56	52.33	54.34	55.44	55.85	56.16
熟肉率/%	71.89	73.64	72.69	72.86	71.69	73.16

Gotlo 等,1995。

Ma 等(2010)研究了玉米-豆粕型日粮中添加 0.5%或 1% *L*-精氨酸对育肥猪抗氧化能力和肉品质的影响。猪饲喂至 110 kg 左右时屠宰,精氨酸能降低血清皮质醇和肌肉皮质醇受体 mRNA 水平,从而可减少猪的应激,同时提高血清中总抗氧化能力(T-AOC)和谷胱甘肽过氧化物酶活性,提高机体抗氧化能力,同时还增加了肌内脂肪含量,减少了滴水损失,改善了肉品质。

提高饲粮中粗蛋白水平能控制体脂增加。在培育后期(5～7 周)低蛋白日粮会增强肉仔鸡特别是小母鸡的脂肪沉积并降低肌肉重量。

为降低胴体的肥度,日粮中氨基酸组成必须达到平衡。氨基酸组成不平衡,肉仔鸡采食过多的饲料和相应多的能量,造成体脂沉积增加。在肉仔鸡日粮中加入赖氨酸、蛋氨酸、天门冬氨酸和谷氨酸,能降低内脏脂肪,提高屠宰率,这可能与必需氨基酸水平的提高有关。Bedford(1985)发现,必需氨基酸/非必需氨基酸之比值上升,体脂肪蓄积减少。非必需氨基酸限制必需氨基酸的作用,因此只补加必需氨基酸,则会减低胴体品质。

Geraert 等(1987)发现,在肥胖肉鸡的血液中,一些生糖氨基酸(苏氨酸、丙氨酸、精氨酸、谷氨酸)含量低,支链氨基酸(缬氨酸、亮氨酸、异亮氨酸)和含硫氨基酸(蛋氨酸、胱氨酸)含量高。供给生糖氨基酸会促进鸡体内糖原的合成,增加三磷酸吡啶核苷酸的消耗量。因此,合成脂肪酸所需的 NADPH 不足,会抑制脂肪酸的合成,减少脂肪的蓄积。

13.1.1.3 日粮能量和能量蛋白质比

日粮能量水平直接影响着畜禽生长速度以及肌肉中蛋白质和脂肪的比例。当畜禽能量摄入量维持在正常需要时,肌肉中蛋白质含量随着能量采食量的增加而线性增加,但当能量采食量超过一定水平时,肌肉中的蛋白质含量将不再增加,而脂肪沉积量则开始增加。能量水平对肌肉中胶原蛋白总量的影响很小,但可显著影响盐溶性和酸溶性胶原蛋白的比例及胶原蛋白的交联程度,从而影响肉质的嫩度(Pettigrew 和 Esnaola,2001)。

陈代文等(2002a)研究高(14.2 MJ/kg DE)和低(12.0 MJ/kg DE)两种能量水平对生长育肥猪肉质性状发育的影响,结果表明能量水平显著影响背膘厚、肌肉水分含量、肌内脂肪含量和失水率。与高能量日粮比较,低能量日粮降低猪背膘厚、提高肌肉水分含量、降低肌内脂肪含量和失水率。而对胶原蛋白含量、次黄嘌呤核苷酸含量、肌纤维面积和肉色评分无显著影响。

日粮能量水平直接影响活体肌肉糖原储存量,而宰后肌肉糖原降解引起肉的 pH 迅速下降,大量糖原降解的结果是乳酸大量积累,影响肉的系水力、肉色以及嫩度,易产生 PSE 肉。所以可通过短期禁饲的方式阻止宰前能量的摄入,这样就能够减少肌肉糖原贮存量从而延缓 pH 的下降速度。但是长期采食低能量水平日粮会使畜禽肌肉中糖原的贮备较低,屠宰后糖原降解并不能使 pH 降到蛋白质等电点,易产生 DFD 肉(Bray 等,1989)。

日粮中的能量还会影响畜禽胴体脂肪的沉淀。虽然增加能量的摄入能加速猪肉的生长速度、提高肉的口感和风味,但过多能量会使得肌内蛋白合成受阻,未被利用的能量以脂肪的形式存积于体内,从而增加了胴体的肥度、降低了瘦肉率。再加上畜禽在不同的生长发育阶段对能量的利用也有很大的差别,所以应根据不同阶段动物的生长代谢特点,配以合理的日粮能量水平,这样既能充分发挥畜禽瘦肉生长的潜能、又能保证畜禽肉的品质并节省饲粮。

日粮中氨基酸与能量之间的比例对肌内脂肪的沉积起决定性的作用(张海燕等, 2009)。日粮的能量蛋白比可使机体组成发生变化。日粮能量水平增加,蛋白水平下降,即日粮的能量蛋白比升高,则体脂肪沉积量增加;相反,则体脂肪减少。Tackson(1982)指出,体脂肪随饲粮的能量蛋白比的升高而增加。与体蛋白的蓄积相比,体脂肪蓄积量随日粮能量与蛋白质比例的变化而变化更大。

13.1.2 饲料原料对肉质的影响

13.1.2.1 蛋白类饲料

用炒熟的全脂大豆(Wablstrom 等,1971)或脱脂菜籽粕(Dranstield 等,1985)代替豆粕,并不影响猪肉的风味,但在大麦-豆粕型日粮中有超过 9%的生大豆或者超过 20%小扁豆(Lentils),就会使猪肉产生较差的风味或异味(Castell 等,1988)。王国泽等(2010)报道,黄粉虫能增加鹌鹑肉的系水力,延长肉的货架期。Christensen 等(2002)指出,苜蓿可以改善猪胴体品质,饲粮中的苜蓿草粉添加量以 5%~10%为宜,甚至更高些。

猪饲料中添加鱼粉不应超过 5%,否则会使猪肉产生鱼腥味(Davies,1939)。猪饲料中鱼副产品过量,或在屠宰前 2 周没有及时将其从日粮中去掉,都会使猪肉产生鱼腥味(Castell,1980)。如果将鱼副产品做成青贮料,可以提高使用量而不产生鱼腥味。Wanwyk 等(1977)报道,日粮中的鱼副产品青贮料达到 31%,并不影响猪肉风味,用细菌蛋白代替鱼粉,猪肉风味也没有什么变化(Branloc 等,1977)。此外,薯类、麦类和淀粉粕类会使体脂变白变硬,而糯米、豆腐渣、鱼粉和菜籽粕等会使体脂变软,并可能引起黄脂。淀粉和鱼油还可以使猪肉产生鱼腥味。

饲喂胺化处理的大麦,所产猪肉中的非蛋白氮比较高,氨基酸氮比非蛋白氮低。饲喂氨化玉米，猪肉中硝酸盐含量高。采食氨化处理的饲粮，猪肉呈现出颜色苍白、膘软、渗出高的缺陷(Dzierzynska 等，1990)。

不同来源的蛋白质对体脂肪沉积有着不同的影响，这可能与蛋白质的氨基酸组成以及氨基酸的利用率有关。在鸡饲料中，在相同能量和蛋白水平下，饲喂鱼粉和苜蓿粉的肉仔鸡，其腹脂沉积量少于单纯饲喂大豆饼的肉仔鸡。用羽毛粉和苜蓿粉代替大豆粉，胴体质量下降，这与羽毛粉中赖氨酸的品质较差有关。

13.1.2.2 油脂

日粮中的油脂可能来源于添加的油脂，也可能是饲料原料中包含的脂类物质。脂类原料通常不影响猪肉的风味，只是改变猪肉中脂肪酸组成。如花生代替玉米或提高日粮中小黑麦的水平，增加了背膘和背最长肌中棕榈油酸(小黑麦)或油酸(花生)的含量，降低了软脂酸和硬脂酸的水平(West 等，1987)。日粮中添加向日葵籽或炒熟的全脂大豆，提高了猪背膘中 α - 亚麻酸(Δ9，12，15 - 十八碳三烯酸)(18:3ω3)的含量(Hartman 等，1985)。

在生长肥育猪(25～160 kg)的日粮中分别添加动物油、玉米油和菜籽油，对腰肌重、pH、背最长肌颜色、水分、总蛋白和总脂肪含量及肉的感官评价没有影响；菜籽油能增加猪背最长肌总脂肪中的亚麻酸含量，而饲喂动物油能提高背最长肌的氧化稳定性，这表明长期添加油脂对猪肉品质基本无影响。Glaser 等(2002)报道，给 30～103 kg 大白猪饲喂葵花籽油与部分氢化的菜籽油，猪背膘中 C18:1 反式脂肪酸和 CLA 增加；随着日粮中菜籽油数量的增加，背膘中饱和脂肪酸数量增加、硬度加强。

给猪饲喂含花生、向日葵籽或炒熟的全脂大豆的日粮，提高了猪肉脂肪中亚麻酸(18:3ω3)的水平，但猪肉没有氧化引起的异味。据报道，John 等(1987)饲喂菜籽油和 Castell 等(1980)饲喂菜籽粕，都增加了猪肉中 18:2ω6 的水平，而猪肉的风味却没有变化。

也有日粮脂类同时影响猪肉脂肪组成和风味的报道。有报道称，提高某些猪肉产品中 18:3ω3的水平，可增加风味，更让消费者欢迎(Chcunnisscn 等，1979)。而增加猪肉中亚油酸(18:2ω6)的水平，可能不影响猪肉的风味。饲喂鱼粉或鱼油，显著提高了肉中 ω3 PUFA 的含量，异味浓度随着添加量的增加而提高(Coxon 等，1986)。他们发现，腹脂中 ω3 PUFA 含量超过 0.5%，则能产生鱼腥味，这是由于 ω3 PUFA 的氧化引起的。同样，生全脂大豆中的 PUFA 也会产生异味。

鱼油和海洋动物脂肪中含有 4～6 个双键的多烯脂肪酸，其氧化产物有不良气味。当肉鸡采食含海洋动物油脂的日粮，胴体中 6 种不饱和脂肪酸的含量升高，鸡肉呈现鱼腥味。若肉鸡宰前一周停饲鱼粉或用动物性脂肪代替鱼粉可使肉味大为改善。肉仔鸡日粮中，鱼油的最高用量为 0.5%。

禽类肉中的 18 种脂肪酸，其中不饱和脂肪酸和总脂肪酸的比例约为 3∶2；而游离脂肪酸的水平是不一样的。用含游离脂肪酸 11.1%～73.7%的脂肪饲喂仔鸡时，活重和料肉比都差异不显著。但有报道称，用游离脂肪酸含量高的植物性脂肪饲喂仔鸡，其肉贮藏 9 个月后失去原来风味。

饲料中添加不同种类的油脂，尤其是大豆油，使禽肉脂肪含量增加。肉鸡采食亚麻酸含量高的亚麻油，对屠宰后贮藏 10 个月的鸡肉风味起破坏作用；但菜籽油对鸡肉风味的破坏作用较弱。

喂以含低(2.5%)或高(8%,部分由玉米油提供)的油脂日粮,对瘦肉型或脂肪型肉仔鸡的脂肪组成均有很大的影响。总脂肪沉积量对棕榈酸和亚油酸的比例有小但一致的影响,脂肪沉积量越大,越有利于棕榈酸的积累。通过改变日粮蛋白质与能量比而影响总体脂肪沉积量时,也发现同样的效应(Bartor 和 Bornstein,1976)。

饲料中某些脂肪酸(亚油酸、亚麻油酸、芥子酸、月桂酸)能转变成禽体的脂肪组成。肌肉结构的完整性取决于皮肤中胶原的形成,胶原又与家禽的能量营养有关。饲喂大豆油时,鸡的大腿肌比较有弹性。但也有研究认为,胸肌和大腿肌的弹性与日粮中脂肪含量无关。

13.1.2.3 碳水化合物类饲料

Eneat 等(1955)发现,只给猪饲喂玉米或花生时,猪腿肉的风味没有什么差异,只是饲喂花生时腿肉变软。同样,饲喂玉米、小麦或大麦,猪肉的风味可接收程度没有显著变化,而饲喂高粱生产的猪肉风味则变差了(McConnell 等,1975)。用 100%裸燕麦代替玉米,猪肉风味浓度(9.2)高于玉米组(8.0),但风味接收程度如何却没有评价(Frierd 等,1988),需要进一步测定与风味的接收程度、浓度相关的挥发性物质的化学变化。

对于日粮纤维素的配合方法需要进一步研究。用纤维素含量高的日粮(燕麦+甜菜碱)饲喂公猪,猪肉嫩度和多汁性提高,而母猪则有相反的结果。Longland 等(1991)报道,含有 30%甜菜干浆的日粮能改进猪肉的可口性。

玉米、小麦和大麦 3 种饲料中,玉米使肉鸡体脂沉积最多,肉味和鲜嫩度则无差异。小麦配以燕麦与小麦配以大麦相比,可使禽肉较鲜美。饲喂小麦比饲喂玉米、大麦使肉味更鲜美,燕麦亦然。采食高粱的肉鸡,其肉味比采食其他种类谷实的差。高粱的单宁含量较高,对肉鸡肉的味道和气味有不良影响。甚至在饲料中不含任何鱼类制品时,采食高粱的鸡其肉仍带鱼腥味。因此,在肉鸡饲粮中必须使用高粱时,也应选择单宁含量少的品种。

13.1.2.4 非常规饲料

多饲喂苜蓿粉、啤酒糟之类饲料,可降低肝脏脂肪合成能力,减少腹部脂肪。然而这些饲料纤维含量较高,代谢能低,不能饲喂过多,应在不降低增重的前提下控制用量。

据报道,猪饲料中配入白酒糟可提高生产性能,改善肉质和降低饲料成本,原因在于白酒糟中含有较多的维生素 E。试验表明,饲料中配入白酒糟明显地增加了背最长肌和肝脏中维生素 E 的含量。有人报道,猪饲料中配入白酒糟,肌肉中维生素 E 的含量提高了 2~3 倍。松冈尚二等报道,用加 50%白酒糟的饲料饲喂肉鸡(台湾鸡×白洛克),其肉中维生素 E 提高 30%,肝脏中则提高 60%。

松针粉是一种低能量、高蛋白、富含畜禽生长发育所必需的氨基酸、维生素和多种微量元素的营养物质。田允波等(1997)报道,在肥育猪饲粮中添加 3%~5%的松针粉,提高了猪平均日增重和瘦肉率,猪肉品质得到改善。该添加量还能使肉鸡毛色良好,肉质鲜嫩可口。

一些可作为饲料的植物,其叶蛋白是一种无毒无害的天然高级营养饲料,富含 18 种氨基酸。国内外大量饲喂试验证明,叶蛋白完全可以替代玉米或鱼粉,其中叶黄素的含量高达 1 000~1 300 mg/kg,叶黄素是肉、皮、蛋黄的天然着色剂,能较好地改善肉的品质。

脂肪组织中粪臭素的含量与猪肉异味有关。粪臭素(3-甲基吲哚)含量升高导致了猪肉不良气味和滋味的产生。粪臭素是大肠内由微生物降解色氨酸而产生的挥发性化合物。大肠中的色氨酸来源于饲料或内源蛋白质。虽然大部分粪臭素可在肝中降解，从尿中排出，但未降解的粪臭素可贮留在机体脂肪和肌肉中，会使肉产生不良气味和滋味，特别是未阉割公猪的肉。Hanson 等(1980)研究报道，在粪臭素的作用下，人们对公猪的特殊气味雄甾酮的敏感性增加。Hane 等(1991)发现，公猪组织中的粪臭素含量比母猪高，这可能是由于肠道吸收和代谢方面的差别。在自由采食条件下，公猪组织中的粪臭素和雄甾酮含量明显增加。

最近研究表明，饲粮成分可影响肠道内容物、粪便和背膘中粪臭素含量。饲粮中豌豆比例过高可使粪臭素水平从 0.09 mg 增加到 0.12 mg，并导致猪肉风味评分和可接受程度降低。啤酒副产物酵母浆也可使大肠内粪臭素含量升高，而酪蛋白则使其降低。另外，饲粮中大量使用鱼副产品、蚕蛹和不饱和脂肪酸等饲料原料，可增加猪肉中的鱼腥味和氧化酸败等产生的异味。

减少进入大肠的未消化蛋白数量以及减少大肠蛋白质的发酵，可降低蛋白质的发酵和微生物代谢产物(短链脂肪酸和粪臭素)的产量，从而降低动物组织中的粪臭素含量。现已证明，从莫哈夫丝兰植物获得的含糖化合物可在大肠中和含氮化合物结合，所以将这一化合物加入饲粮中就可以减少粪臭素的产生。Ender 等(1993)将莫哈夫丝兰提取物(商品名 De-Odorase，译名除臭灵)加入公猪的饲粮中饲喂，并在不同体重(95～120 kg)时分别屠宰，测定未阉割公猪背膘中粪臭素含量。结果表明，粪臭素含量降低，猪肉感官评分得到显著改进(表 13 - 2)。饲粮中添加除臭灵也使肉的滴水损失从 5.64%降至 4.60%。

表 13 - 2　除臭灵对公猪背膘中粪臭素含量和感官评分值的影响

终末体重/kg	试验处理	粪臭素含量/(mg/g)	感官评分*
95	对照	0.24	0.8
	除臭灵	0.16	0.5
105	对照	0.22	0.8
	除臭灵	0.16	0.5
120	对照	0.27	1.0
	除臭灵	0.21	1.2

* 评分范围:0(无臭味)至 3(臭味强)。Ender 等,1993。

饲粮中添加易消化的纤维或大量淀粉多糖(NSP)，可减少蛋白质发酵产物。肠道微生物会优先代谢非淀粉多糖，从而抑制蛋白质发酵产物。这些物质发酵产生的挥发性脂肪酸，可使大肠中 pH 降至微生物利用蛋白质的最适 pH 以下。例如，在饲粮中加入含大量果胶的甜菜渣，可显著降低猪背膘中粪臭素含量，提高肉的可接受程度，在饲粮中加入寡糖也有相同的作用和效果。

综上所述，研究饲喂水平对肉质的调控并揭示其调控机理对于生产实践具有重要的指导意义；饲料原料对肉质也有重要的影响，这就使得我们在生产实践中需要寻找合适的饲料原料，优化饲料配方以生产满足大众需要的动物产品。

13.2 维生素与肉品质

优化维生素营养是改善猪肉质的一个重要途径，在养猪生产中维生素的缺乏会影响动物的生产力、健康、福利以及肉的品质。全球许多知名的畜禽营养需要量指南中都包含着维生素的推荐供给量。然而，这些维生素推荐值主要是为了避免畜禽维生素缺乏或是为了获得动物最大生长性能而推荐的。随着动物遗传潜力的提升和饲养环境的改变，维生素的推荐量也跟着不断完善。

为了获得使消费者满意的肉质，饲粮中维生素的添加水平可能要高于满足畜禽正常生长需要的维生素水平。动物营养学家、生理学家以及食品科学研究者对此进行了大量的探索，发现以维生素 E、维生素 D、维生素 C、维生素 B_2 和生物素对肉质的影响较为显著，现分述如下。

13.2.1 维生素 E

公认的维生素 E 有 8 种，即 α-、β-、γ-和 δ-生育酚以及与其对应的生育三烯酚。其相对效价分别为：100，15～40，3～19，1。以 α-生育酚的维生素 E 活性最高，它的基本结构是 6-羟基色满环和一个 16 个碳原子的类异戊二烯侧链。

维生素 E 的生理功能主要是抑制机体脂质过氧化反应，补偿抗自由基损伤遗传性缺陷，修复自由基损伤所致的膜结构破坏和 DNA 损伤等。维生素 E 的抗氧化作用机制与色满环上的羟基有关，它能给脂类的自由基提供一个氢。与游离的电子发生作用，抑制自由基，从而制止脂质氧化的链式反应（王和民，1995）。维生素 E 在膜脂质双边层的集中分布使其在脂质氧化的始发和延伸部位抑制脂质的氧化，因此可把维生素 E 作为自由基的清除剂。维生素 E 是一种具有高度热稳定性的膜抗氧化剂，因此可用作烹煮食物的抗氧化剂。维生素 E 通常以 α-生育酚醋酸酯的形式添加到饲粮中，在胃肠道经脱酯化作用后被吸收后才能作为抗氧化剂发挥作用。1 mg *D*-α-生育酚醋酸酯或 *DL*-α-生育酚醋酸酯相当于 1IU 的维生素 E，而 1 mg 天然存在的 α-生育酚或 *D*-α-生育酚相当于 1.49 IU 的维生素 E（杨凤，1993）。

20 世纪 90 年代初一些学者设想，饲料中添加远高于 NRC 推荐量的维生素 E 有可能使肌肉中维生素 E 浓度显著提高，从而延迟肌肉膜中脂质的氧化、肌浆中肌红蛋白内二价铁转化为三价铁，达到抑制肉酸败，减少肉中致癌性的胆固醇氧化物的产生，保护膜的完整性，减少水分渗出，使肉的理想鲜红肉色保持稳定等改善肉质的目的。Monahan 等（1990）研究了猪从断奶开始至屠宰，分别饲喂 α-生育酚醋酸酯为 30 mg/kg 和 200 mg/kg 的饲粮。结果表明血浆和组织中 α-生育酚的水平高 2.5～3 倍（表 13-3）。

表 13-3 饲喂不同含量 α-生育酚醋酸酯饲粮的猪血浆和组织中 α-生育酚水平

血浆和组织中 α-生育酚水平	饲粮中 α-生育酚水平		血浆和组织中 α-生育酚水平	饲粮中 α-生育酚水平	
	30 mg/kg	200 mg/kg		30 mg/kg	200 mg/kg
血浆/(ng/mL)	2.0	5.5	肾/(ng/mL 蛋白质)	10.3	28.3
肺/(ng/mL 蛋白质)	25.3	71.4	背最长肌/(ng/mL 蛋白质)	7.6	21.8
肝/(ng/mL 蛋白质)	39.2	98.7	肌肉线粒体/(ng/mL 蛋白质)	45.3	124.2
心/(ng/mL 蛋白质)	27.4	79.9	肌内微粒体/(ng/mL 蛋白质)	62.4	164.8

Monahan 等，1990。

Asghar 等（1991）向猪饲粮中添加 10，20 和 200 IU/kg 的维生素 E 也发现了类似的趋势。

上述结果表明，通过向饲粮中添加维生素 E 的确可显著提高组织中维生素 E 浓度，从而使其在肉品中有效地发挥抗氧化作用。

13.2.1.1 维生素E与肉的脂质氧化

脂类是肉的重要成分，具有增强肉的风味、嫩度和多汁性等优良特性，但是脂质氧化是使肉质变坏的一种主要原因。

肉中脂质氧化的速度和程度受组织中 α-生育酚的影响（Buckley 和 Morrissey，1992）。Monahan 等（1990）研究了向饲粮中添加维生素 E 延缓猪肉酸败或陈腐味产生的有效性。研究表明，每千克饲粮中添加 200 mg α-生育酚醋酸酯，显著改善了在 4℃贮存 8 d 的生的和煮熟的猪肉的抗氧化能力，熬制的猪油的抗氧化性也得以增强。饲粮中添加 α-生育酚醋酸酯能显著增强猪肝脏、心脏和肾脏对脂质氧化的抵抗。此外，α-生育反醋酸酯能增强与膜结合的脂质对由正铁肌红蛋白/H_2O_2 诱发的氧化反应的抗性。Asghar 等（1991）也证明，亚细胞结构中高水平 α-生育酚能增强膜的稳定性，能增强膜对正铁肌红蛋白/H_2O_2 诱发的氧化反应的抗性。摄入含 200 mg/kg α-生育酚醋酸酯饲粮的猪，其猪肉切块在 4℃荧光灯下贮存 10 d，硫代巴比妥酸反应物质（TBARS）极显著地减少，TBARS 为硫代巴比妥酸（TBA）与脂质过氧化产生的丙二醛反应生成的物质，呈红色，波长为 530 nm 时可测其吸光度，故 TBARS 的多少可在一定程度上衡量酸败的程度（洪平，1993）。

目前对单胃动物组织的脂肪酸组成进行调控，适当提高不饱和脂肪酸的比例以产生出符合消费者需求的保健性肉引起了学者们的兴趣（Buchley 等，1992）。Monahan 等（1992）发现向饲粮中添加 5%的大豆油，骨骼肌中中性和极性脂质部分以及脂肪组织中十八碳二烯酸与十八碳一烯酸之比显著提高，但肌肉更易发生脂质过氧化反应。每千克含大豆油的饲粮中添加 200 mg α-生育酚醋酸酯则能显著提高肌肉的抗氧化能力。Wang 等（1996）研究表明，饲粮中高水平的 *n*-3 PUFA 会使组织中维生素 E 的需要量增加，当组织过氧化性超过了机体抗氧化能力时，添加维生素 E 可以增强组织的抗氧化能力，有效防止新鲜猪肉和经加工处理的猪肉发生脂质氧化，延缓肌红蛋白氧化造成高铁肌红蛋白，从而保持肉色鲜艳，延长货架期。维生素 E 在抑制机体脂质氧化、保护肉的氧化稳定性方面起到重要作用。

Monahan 等（1993）研究表明，饲喂含 200 mg/kg α-生育酚醋酸酯的日粮，猪肌肉微粒体中自由基化合物生成速度显著低于饲喂对照日粮（添加 10 mg/kg α-生育酚醋酸酯）的猪。此外，试验组肌肉 TBARS 水平极显著低于对照组，试验组切块猪肉的脂质在冷藏贮存期间的抗氧化能力显著地高于对照组。猪日粮中脂质的氧化会导致猪血浆、肝、肌肉以及肌肉微粒体膜中 α-生育酚浓度的显著降低。综上所述，当猪日粮中 *n*-3PUFA 含量过高或氧化油脂较多时，应提高饲粮中 α-生育酚醋酸酯的添加量，从而更好地保护肉质免受脂质过氧化反应的破坏。

13.2.1.2 维生素E与肉的胆固醇氧化

新鲜肉中不存在胆固醇氧化物，肉中的胆固醇在加热、绞碎、光照以及长期贮存过程中形成了胆固醇氧化物。

Monahan 等（1992）给 30～98 kg 的约克夏×长白杂交猪分别饲喂含 10 mg/kg、100 mg/kg和200 mg/kg α-生育酚醋酸酯的饲粮。研究发现，所有煮过的猪肉样品中都测到了 3 种胆固醇氧化产物，即 5β-，6β-环氧胆甾烷-3β 醇（β-环氧化物）、胆甾基-5-烯-3β，7β-二醇（7β-OH）和 7-氧胆甾基-5-烯-3β-醇（7—Keto）。他们还发现饲喂 α-生育酚醋酸酯水平为 100 或 200 mg/kg 饲粮的猪与饲喂 α - 生育酚醋酸酯水平为 10 mg/kg 饲粮的猪相比，猪肉煮过后，在 4 ℃条件下贮存 2 d，肉中 β - 环氧化物、7 - Keto、总胆固醇氧化产物（COP）和 TBARS 值都显著降低（表 13 - 4）。冷藏贮存 4 d，肌肉中 COP 的形成与脂质的氧化（TBARS 值）呈极显著的线性正相关（$r=0.88$，$P<0.01$）。猪肉中胆固醇氧化的速度在烹煮后的贮存期间大大加快，与脂质氧化呈现相同的趋势。通过向饲粮中添加 α - 生育酚醋酸酯可有效地遏制猪肉中脂质和胆固醇的氧化，有助于维持肉加工品的"卫生形象"。

表 13 - 4　饲粮中添加 α - 生育酚醋酸酯对煮猪肉冷藏对胆固醇氧化产物形成的影响

饲粮 α - 生育酚醋酸酯水平/(mg/kg)	贮存 2 d			贮存 4 d		
	β - 环氧化物	7 - Keto	总 COP	β - 环氧化物	7 - Keto	总 COP
10	5.05^{c}	7.17^{c}	16.15^{c}	5.67^{b}	9.79^{c}	20.53^{c}
100	3.65^{b}	5.09^{b}	11.76^{b}	7.85^{b}	18.03^{b}	
200	3.42^{b}	4.06^{b}	10.33^{b}	1.55^{b}	8.79^{bc}	17.99^{b}

注：同列数据肩注字母完全不相同者，差异显著（$P<0.05$）。Monahan 等，1992。

竺尚武表明，通过在饲料中超量补充生育酚，可以大大提高动物骨骼肌中生育酚的含量，这些动物宰杀后制成的肉制品中内源性生育酚的含量也大大提高，从而可以增加肉食品的抗氧化稳定性。与在肉加工时加入的外源生育酚相比，内源性生育酚在肉制品内部分布均匀，抗氧化能力强，安全性较高。猪饲料中添加 100 mg/kg 或 200 mg/kg 生育酚醋酸酯，宰后猪肉冷藏 4 d 后，生成的胆固醇氧化物总量比对照样减少 12%。每头牛每天的饲料中添加 500 mg α - 生育酚醋酸酯，宰后牛肉冷藏 4 d 生成的胆固醇氧化物总量比对照组样减少 65%。

13.2.1.3　维生素 E 与肉色的稳定性

肉色主要取决于肌肉的色素物质，如肌红蛋白（Myoglobin）、血红蛋白（Hemoglobin）及细胞色素 C（Cytochrome C）等的含量和化学状态。放血充分时，肌红蛋白是影响肉色的关键因素。肌红蛋白在不同的状态下有 3 种形式：一是处于脱氧状态的脱氧肌红蛋白（Deoxymyoglobin，DMb），此时铁离子为 Fe^{2+}，第六个配位键没有结合配体，呈暗紫色；二是肌肉暴露于空气中，肌红蛋白与氧气结合产生氧合肌红蛋白（Oxymyoglobin，OMb），此时铁离子仍为 Fe^{2+}，但颜色为明亮的樱桃红色，为消费者所青睐；三是肌肉长期暴露于空气中，Fe^{2+} 被氧化成 Fe^{3+}，生成高铁肌红蛋白（Metmyoglobin，MMb），呈现出消费者不喜欢的棕褐色。因此肉色是随着 DMb、OMb 和 MMb 的氧化还原状态变化的，3 种肌红蛋白的相对含量决定了肉品色泽。

一般用 Hunter a 值来反映褪色情况，L 值和 b 值在展示期前 10 d 内并无显著变化，故较少用于评价肉色的稳定性，新鲜猪肉 Hunter a 值相对较高。随贮存时间延长，肉中正铁肌红蛋白积累增加，Hunter a 值降低。

Asghar 等（1991）研究表明，日粮中添加 200 mg/kg α - 生育酚醋酸酯饲喂猪，屠宰后猪肉切块冷藏贮存 4 d 以上，饲粮 α - 生育酚醋酸酯水平显著影响猪肉 TBARS 值和表面红色（以 Hunter a 值衡量）。

Arnold 等（1991）和 Lanari 等（1994）均证明饲粮中添加维生素 E 可增强猪肉氧合肌红蛋白的稳定性或者延缓鲜肉切块中高铁肌红蛋白的形成，从而增强鲜肉型理想红色的稳定性。Peeters 等（2006）报道，宰前 21 d 杂交猪（皮特兰×海波尔）日粮中添加 *DL* - α - 生育酚醋酸酯

150 mg/kg，极显著提高了宰后 48 h 背最长肌日本肉色评分的分数，显著提高了 a 值，b 值，但也有研究表明维生素 E 对猪肉颜色及稳定性影响不大，Phillips 等(2001)报道，宰前 6 周在约克夏杂交猪日粮添加 170 mg/kg 维生素 E，与对照组相比，显著提高了血浆、背最长肌、腰大肌、股二头肌、半膜肌和半腱肌的 α-生育酚含量，但背最长肌和腰大肌 L、a、b 值均无显著差异。Mason 等(2005)在宰前 33 d 生长猪日粮中添加 α-生育酚醋酸酯 200 mg/kg，极显著提高了背最长肌 α-生育酚的含量，4℃贮存 10 d L 值较低，但对 a 值无显著影响。Ohene-Adjei 等(2004)、Guo 等(2006)、Janz 等(2008)也有类似报道。这种差异可能是由于维生素 E 在不同的组织中沉积能力不同，对于沉积维生素 E 能力较强的组织，对其肉色的稳定性有较好的保护作用，反之，其保护作用较弱，其次可能与试验所选猪的品种以及日粮中多不饱和脂肪酸的含量有关。

维生素 E 对肉色的保护作用首先体现在其可以抑制脂质氧化，O'suijjvan 等(2001)提出，维生素 E 可以保护脂质免遭氧化，减少自由基对血红素的破坏，从而抑制高铁肌红蛋白的生成，避免肉品褪色，其次 Fe^{2+} 被氧化成 Fe^{3+} 生成高铁肌红蛋白，本身是氧化反应，维生素 E 等抗氧化剂的存在可以减少血红素氧化，从而增强畜禽肉色的稳定性。

13.2.1.4 维生素 E 与肉水分渗出

Asghar 等(1991)报道，给猪饲喂含 10、100、200 mg/kg α-生育酚醋酸酯的饲粮，屠宰后冻猪肉在解冻和在 4℃荧光下贮存 10 d，肉的渗水率(drip loss)显著不同。饲喂含 200 mg/kg α-生育酚醋酸酯饲粮的猪，猪肉渗水率显著低于其他两组。肉中 α-生育酚浓度的提高对减少猪肉解冻时水分的渗出具有积极效应。Monahan 等(1994)报道，日粮中添加 200 mg/kg α-生育酚醋酸酯使猪肉脂质氧化和水分渗出均降低。据此，他们推测 α-生育酚影响猪肉水分渗出的可能机制是 α-生育酚通过防止贮存期间膜脂质的氧化而保护肌肉细胞的完整性，从而抑制了肌浆液通过肌肉细胞膜向外渗。

Monahan 等(1994)应用荧光探针 1,6-二苯基-1,3,5-己三烯(DPH)测定肌肉细胞膜和亚细胞膜的荧光各向异性现象(rs)，评价了饲粮中添加维生素 E 对屠宰后过氧化条件下猪肌肉膜完整性的影响。该方法的原理是荧光探针所标记的区域膜受损，流动性下降，则荧光探针分子的活动受阻，rs 增大。研究表明，试验猪肉微粒体 rs 值显著低于对照组微粒体。维生素 E 在此方面的效应源于抗氧化作用，而非分子本身对膜的物理效应，因为在开始时对照组和试验组微粒的 rs 值并无差异。另外还发现肌肉微粒中 TBARS 值与 rs 值之间呈正相关(r=0.84)，这说明膜结构的改变与脂质的氧化有关。

另据研究报道，添加维生素 E 使禽肉细菌计数明显降低，滋味增加，滴水损失减少(表 13-5)。

表 13-5 添加维生素 E 对畜禽肉质的影响

维生素 E/(IU/kg)	滴水损失/%	细菌计数(菌落)	滋味评分
100	1.03	2.19	3.09
200	0.98	1.44	2.11
300	0.86	1.13	1.54

Meknight，1996。

李苏新等(2008)研究表明，在生长育肥猪日粮中单独添加维生素 E，其滴水损失比对照组降低了 12.50%，与硒同时添加时，滴水损失极显著降低达 16.37%。这可能与硒和维生素 E 的协同作用有关。Mahan 等(1996)认为，硒通过作为谷胱甘肽过氧化物酶(CSH-Px)的组分来发挥作用。GSH-Px 广泛存在于机体。在保持细胞膜免受氧化损伤方面，维生素 E 和硒具有补偿和协同作用，共同防止细胞膜的脂质结构遭到破坏，维持肌细胞膜完整，避免肌细胞内容物及水分外渗，但其具体的机制还有待进一步探讨。

要想通过在提高日粮中添加维生素 E 添加量来减少猪肉的滴水损失，至少需要 100 IU/kg 才可能有效果，要达到显著改善则至少需要 200 IU/kg(史清河和李静，2009)(表 13 - 6)。

表 13 - 6　日粮中添加不同比例的维生素 E 对猪肉滴水损失的影响

解冻后存放时间/h	每千克饲料中维生素 E 的添加量/IU		
	10	100	200
3	19.0^{a}	16.2^{a}	10.2^{b}
6	20.1^{a}	19.5^{a}	12.2^{b}
10	21.3^{a}	21.2^{a}	14.1^{b}

注：同行中 a，b 不同字母代表差异显著($P<0.05$)。史清河等，2009。

育肥猪饲料中添加 200 IU/kg 成本较高，在生产实践中可配合以适量的有机硒，节约成本，同时改善肉质。

13.2.1.5　维生素 E 对 PSE 肉的营养控制

对 PSE 肉所作的生化研究表明，可以通过营养学方法对来防止 PSE 肉的发生。据发现，应激敏感猪组织中的脂质过氧化产物——硫代巴比妥酸反应物的水平高于正常猪的水平(Duthie 等，1989；Hoppe 等，1989)。过氧化物会导致结缔组织蛋白质和可溶性肌肉蛋白质广泛变性，使一部分肌浆蛋白质结合于肌原纤维的表面，不使肌原纤维蛋白质的溶解度降低(Boles 等，1993)，其结果近似于 PSE 肉。事实上，PSE 肉明显类似于称为“白肌病”的一种症状(Kjolberg 等，1963)。白肌病是维生素 E 缺乏症的症状(Smith，1970)。

维生素 E 缺乏会导致体内积聚起反应性氧化代谢物如单线态氧($^{1}O_2$)、超氧阴离子(O^{-2})、羟自由基(·OH)。反应性氧化代谢物是正常代谢过程中的内源性产物，在体内有杀菌、消毒的作用，但在应激敏感猪中其产生超出了机体的生理控制范围，引起体内氧化损伤(Coclno，1994)。在正常代谢中，体内有两个可以防止在细胞内积聚起反应性氧化谢物及其毒性产物的抗氧化系统。第一个系统是金属结合大分子，该系统可运送反应性电子到一磷酸戊糖；第二个系统是可制止脂肪过氧化作用的抗氧化剂。

在第一个系统中，超氧物歧化酶(铜、锰和锌为辅助因子)、谷胱甘肽过氧化物酶(硒为辅助因子)以及过氧化氢酶(铁为辅助因子)可在反应性氧和过氧化物与芬顿反应(Fenton reaction)的化学促进剂发生反应之前即将其去除。通过还原型谷胱甘肽的氧化即可使过氧化物还原，而在含核黄素的谷胱甘肽还原酶的作用下通过氧化 NADPH 使氧化型谷胱甘肽还原产生还原型谷胱甘肽。在第二个系统中，抗氧化剂在脂肪过氧化链反应启动之后发生作用。维生素 E 是这一系统中的主要抗氧化剂，核黄素也可起抗氧化的作用(Toyosaki，1992)。维生素 E 可直接与多种有机过氧基团起反应而终止过氧化反应链。维生素 E 会在反应性氧化代谢物被消除时被氧化，但又可在抗坏血酸的作用下再生。缺乏维生素 E 时，来自还原型谷胱甘肽的谷胱甘肽巯基转移酶会与过氧基团结合，从而消耗掉谷胱甘肽。无论是缺乏维生素 E 的正常畜禽还是应激敏感猪，都因细胞膜受到自由基的损害而血浆丙酮酸激酶和肌酸激酶活性升高(Duthie 等，1987)。因此，在日粮中添加维生素 E(α-生育酚)，增高肌肉中细胞膜和亚细胞膜中维生素 E 的沉积，能有效保持动物屠宰后细胞膜的完整性，比较持久地保持肉的新鲜外观和颜色，减少滴水损失，改善动物的肉质。日粮中高水平的维生素 E 还能提高动物组织的线粒体和微粒体中维生素 E 的含量，造成亚细胞结构对铁诱导的氧化反应的稳定性增加，防止不饱和脂肪酸被氧化。维生素 E 主要是抑制磷酸酯酶的产生，而该酶是造成 PSE 肉的部分原因。

Ferket (1993) 给 0～18 周龄的火鸡分别饲喂 NRC 推荐量和相当于 NRC 推荐量 5 倍、10 倍和 20 倍的维生素 E 水平的日粮，以及在上市前最后 2～3 周内饲喂高水平维生素 E (200 IU/kg)，研究了维生素 E 对火鸡胸肉肉色的影响。肉色评分的标准为 1(极苍白)～4(深色)。1 分的是火鸡胸肉通常所见的类 PSE 肉。研究表明，胸肌评分值随日粮中维生素 E 水平增加而增高，评分 1 者的比例在 NRC 组及 5 倍 NRC 组均高于 NRC 推荐量 10 倍组和 25 倍组。甚至在宰前 2～3 周内饲喂 200 IU/kg 维生素 E，类 PSE 肉的发生率也下降。这表明，饲喂高水平日粮维生素 E 的时间越长，则类 PSE 肉的发生率愈低。这是因为日粮中维生素 E 水平高就可有较多的维生素 E 结合入肌肉组织中以对抗应激反应过程中产生的反应性氧代谢物。

13.2.1.6 维生素 E 的补充方式、时间及剂量

一些学者研究了维生素 E 的补充方式，即通过饲粮添加维生素 E 从而提高肉品中维生素 E 的水平(内源性补充)，还是直接向肉品中添加维生素 E(外源性补充)，哪种方式对于保护肉品质更有效。

Mitsumoto 等(1991)的研究表明猪肉中外源性添加维生素 E 有正效应，而其他的研究者的研究结果却表明效应很小或没有效应(Miles 等，1986)。Mitsumoto 等(1993) 报道了内源性补充维生素 E 比外源性补充维生素 E 对于改善猪肉色泽和脂质稳定性的效果更好。内源性补充维生素 E 能更有效地改善猪肉脂质的抗氧化性和肉色稳定性归因于维生素 E 在膜上的分布，而在此处，维生素 E 作为膜自由基清除剂的效价最大(McCay 和 King，1980)。屠宰后外源性添加维生素 E，维生素 E 只与肉仅仅是表面性的接触，而非膜内的，而内源性的维生素 E 能进入亚细胞区域，更好地发挥抗氧化的功能(Arnold 等，1993)。

Liu 等 (1995) 研究了每日维生素 E 的补充量、牛肌肉中 α-生育酚的浓度以及维生素 E 对牛肉品质的保护作用三者之间的关系。研究表明，当牛肌肉中 α-生育酚的浓度达 1.2 μg/g 时，即能显著地起到稳定肉色的作用；当牛肌肉 α-生育酚水平达到 2.0～3.5 μg/g 时，补充维生素 E 对稳定肉色的边际效应达最佳；当牛肌肉中 α-生育酚达 3.5 μg/g 以上时，补充维生素 E 稳定肉色的边际效应不再显著增加。他们提出了使牛屠宰时肌肉中 α-生育酚水平达到 2.0～3.5 μg/g 所需的每日维生素 E 应补充的量和补充天数的建议。对于猪，目前尚缺乏饲粮中添加维生素 E 保护猪肉品质的边际效应的研究，但 Solar-Velasquez 等(1998)的研究表明，要使组织中 α-生育酚醋酸酯的量达到最有效保护肉色的水平，α-生育酚醋酸酯添加水平至少应为 125 mg/kg，添加时间至少应持续 42 d。

某些维生素在给动物大量(超过最低需要量若干倍)饲喂时会显著地提高动物生产性能，增强免疫能力等，这种效应叫做维生素的附加作用或额外作用 (王和民，1995)。NRC(1998)

推荐的 10～100 kg 体重猪维生素 E 需要量为 11 IU/kg，所以通过向饲粮中添加高水平的维生素 E 而保护猪肉品质是维生素 E 的额外作用之一。

综上所述，通过向饲粮中添加远超过需要量的维生素 E 可提高肉食品的安全性，减少水分渗透，维持猪肉颜色，从而保护肉的品质。但为了提高经济效益和更好地指导生产实践，向饲粮中添加维生素 E 改善肉的边际效应尚需进一步研究。

13.2.2 维生素 D

从 1920 年开始，维生素 D 的化学性质和营养功能就为人所知。维生素 D 有 D_2、D_3、D_4、D_5、D_6 和 D_7 等多种形式，天然维生素 D 主要为维生素 D_2（麦角钙化醇，VD_2）和维生素 D_3（胆钙化醇，VD_3），它们在动物营养中有实际意义。1970 年后，发现了维生素 D 的许多新的生理功能，维生素 D 被视为类固醇激素而非传统意义上的维生素。维生素 D 除对传统靶器官（骨骼、肾脏和肠道）有作用外，还可调节包括免疫细胞在内许多细胞的分化、生长和功能。90 年代后期，更发现维生素 D_3 具有改善肉质的效果，对维生素 D 的研究进入了一个崭新的领域。

Swanek（1997）等研究了肉牛饲粮中添加维生素 D_3 对肌肉嫩度的影响。试验表明，屠宰前 5 d 给牛饲喂 5 000 000 IU/d 的维生素 D_3，使成熟 7 d 的背最长肌切块剪切力下降了 6.6%，硬肉（剪切力＞4.5 kg）比例下降了 21.8%。屠宰前 10 d 给牛饲喂 7 500 000 IU/d 维生素 D_3，使成熟 7 d 的背最长肌切块剪切力下降了 18%，成熟 14 d 和 21 d 的剪切力分别下降了 23.3%和 22.5%。据推测，这可能与钙化蛋白酶系中的蛋白酶活性提高有关，该酶活性可提高成熟过程中肌肉的嫩度。Enright（1998）等研究了上市前 10 d 肥育猪饲料中添加维生素 D_3（331 IU/kg、55 031 IU/kg 和 176 000 IU/kg）对肉质的影响，结果发现，维生素 D_3 显著改善了猪肉色泽、脂肪的硬度，降低了透明度和滴水损失，血清钙水平明显上升（表 13-7）。该作者认为，肥育猪上市前 10 d，饲粮中添加维生素 D_3 可显著改善肉色，提高系水力，但其机理尚有待进一步深入探讨。

表 13-7 饲粮中添加不同水平维生素 D_3 对肥育猪血清钙水平及肉质的影响

维生素 D_3/(IU/kg)	血清钙/(mg/kg)	肉色评分	硬度	透明度(Hunter *L* 值)	滴水损失/%
331	9.43±0.26	2.08	2.25	54.6	4.39
55 031	10.27±0.27	2.72	2.62	52.5	3.21
176 000	13.78±0.26	3.08	2.92	51.2	2.04

Enright，1998。

Wiegand 等（2002）给猪饲喂 5 000 000 IU 的维生素 D_3，结果发现补饲维生素 D_3 的猪肉在嫩化成熟 5 d 和 17 d 时，其 *L* 值显著降低，*a* 值升高。Wilborn 等（2004）研究发现日粮中添加高剂量的维生素 D_3（80 000 IU/kg）提高了眼肌 pH，并加深了眼肌颜色。唐仁勇等（2008）研究表明，在育肥猪日粮中添加维生素 D_3 显著降低了 24 h 臀肌的 *L* 值，并有提高臀肌 pH 值和降低眼肌 *b* 值的趋势。同时还发现，添加维生素 D_3 可以在一定程度上降低肌肉剪切力，改善肉的嫩度。肉的嫩度与 μ-Caplpain 和 Calpastatin 两种蛋白密切相关，μ-Caplpain 是肉嫩度化的基本酶类，钙是其激活剂，Calpastatin 可以抑制 Calpain 的活性，降低肌肉蛋白质水解。殷泽洋（2007）研究表明宰前短期补饲维生素 D_3 可以提高 Calpain 活性，据此推测添加维生素

D_3 增加了血清钙含量，钙的增加将激活 μ-Caplpain 酶，从而改善肉的嫩度。但由于改善肉质所需添加的维生素 D_3 水平太高，在生产实际中可能不具有应用价值。

13.2.3 维生素 C

维生素 C 又名抗坏血酸，以两种形式存在，即还原型抗坏血酸和氧化型的脱氧抗坏血酸，两者的 *L* 型异构体都具有生物学活性。抗坏血酸和脱氧抗坏血酸之间可逆的氧化-还原反应是维生素 C 最重要的化学特性，也是已知的维生素 C 生理学活性及稳定性的基础。维生素 C 是所有的维生素中最不稳定的维生素，最容易受到氧化破坏，基于维生素 C 的这一特性，维生素 C 是细胞外液中最主要的抗氧化剂，它可以消除水相中的活性氧自由基，如超氧阴离子、过氧化氢、羟自由基、单线态氧以及脂质过氧化物、脂质自由基，从而中止由自由基引发的氧化反应，保护细胞膜等生物膜免遭过氧化物的损伤。

由于维生素 C 易于被氧化-还原，它在细胞的电子传递过程中起重要作用。几乎所有的动植物的终端氧化酶都可直接的催化 *L*-抗坏血酸的氧化，这些酶包括抗坏血酸氧化酶、酚酶及过氧化物酶。维生素 C 具有还原性和螯合特性，在金属离子的代谢过程中具有重要的作用，可促进食物中非血红素铁的吸收，可在肾中酸性 pH 条件下将三价铁还原，还可以形成含有铁离子的复合物存留在十二指肠的碱性溶液中，肉碱是由赖氨酸和蛋氨酸合成的，依赖于两种三价铁和 *L*-抗坏血酸的羟化酶。维生素 C 缺乏将导致肉碱减少，并将进一步造成甘油三酯在血浆中积累。

一般认为，猪肠道内微生物可自行合成维生素 C，饲料中没有必要再另行添加，然而现代畜牧业的高度集约化以及为提高动物生产性能而进行的强度遗传选育，使畜禽对应激的敏感性提高。在发生应激的情况下，动物体内微生物合成维生素 C 的速度不能满足畜禽的需要量，就需要在日粮中额外补充维生素 C。添加维生素 C 被证明能缓解动物应激反应，减少 PSE 肉的产生。

研究表明，维生素 C 与脂肪代谢密切相关。在细胞内赖氨酸和蛋氨酸通过维生素 C 的作用生成肉碱。肉碱在将胞质内的脂肪酸转运至线粒体内发挥重要作用，特别是在长链脂肪酸转化成能量方面起着决定性作用。

现已证明，脂肪酸在进行 β-氧化之前，必须先在细胞液中活化为脂酰 CoA，而脂酰 CoA 必须在肉碱的携带下才能进入线粒体进行 β-氧化。足够量的游离肉碱可减少腺嘌呤核苷酸转移酶的抑制，促使堆积的长链酰基 CoA 进入线粒体，从而促进脂肪酸的 β-氧化，使皮下脂肪下降。

Clayton 等(2001)研究表明，宰前一次性大量饲喂维生素 C 对肉的系水力、色泽以及色泽稳定性都有改善作用。孟俊英(2006)研究表明肉鸡日粮中添加 500 mg/kg 维生素 C 能够极显著地提高肌肉的嫩度，若联合添加维生素 C 和维生素 E，能够提高肌肉中肌苷酸和谷氨酸的含量，从而改善肉的风味。

但也有研究表明，维生素 C 在低浓度时是氧化强化剂，高浓度时为抗氧化剂。维生素 C 使用不当反而有可能成为氧化强化剂，加快肌肉的失色和脂肪氧化。Pion 等(2002)于宰前 48 h给猪饮用含 500 mg/kg 的维生素 C 的水，发现有增大肌肉失色比例趋势。维生素 C 作为氧化强化剂的可能原因是维生素 C 能还原三价铁为二价铁，而二价铁可促使过氧化氢分解，产生自由基，诱导脂类发生过氧化作用（谢浩等，2002）。

13.2.4 维生素 B_2

Kuhn 等于 1933 年首次从酵母、蛋清和乳清中分离出维生素 B_2，并于 1935 年人工合成。因其结构中含有核糖且呈黄色，故称为核黄素，它的存在形式有：游离核黄素（维生素 B_2）、黄素单核酸（FMN）和黄素腺嘌呤二核苷酸（FAD），主要以辅酶（特别是 FAD）形式存在于体内。FAD 和 FMN 是多种酶的辅基，与酶蛋白一起形成黄素蛋白，参与氧化-还原反应。核黄素为脂肪酸氧化和不饱和脂肪酸代谢所必需。核黄素缺乏时，肝线粒体脂酰 CoA 脱氢酶活性降低，肝和血浆中不饱和脂肪酸明显下降。核黄素和生物膜抗氧化作用也有着密切的关系。生物膜的重要组成成分是多不饱和脂肪酸，很易被氧化破坏，谷胱甘肽过氧化物酶是细胞防止脂质过氧化作用中最重要的酶，核黄素缺乏时，谷胱甘肽还原酶（FAD 依赖酶）活性降低，谷胱甘肽（GSH）形成减少，细胞膜质过氧化（Levin 等，1990）。

脂类氧化是使肉质变坏的一种主要的原因，即使冷藏肉质也会变坏。脂类氧化产生令人难以接受的气味和酸败味，也使多不饱和脂肪酸、脂溶性维生素和色素的含量下降。最易发生氧化的脂类是存在于亚细胞膜的磷脂，因其含多不饱和脂肪酸。谷胱甘肽过氧化物酶是防止细胞膜氧化的主要因素，过氧化物的还原与谷胱甘肽的氧化相伴，而谷胱甘肽通过 NADPH 的氧化得以补充，其中含核黄素的谷胱甘肽还原酶催化这一过程。核黄素也可作为一种直接的抗氧化剂，Toyosaki（1992）证明脂肪与氧和核黄素反应，可生成还原型核黄素，还原型核黄素与过氧化物反应，可使核黄素氧化，而过氧化物分解。过氧化物分解的百分率与核黄素氧化的百分率间呈线性相关。因此在应激敏感型猪饲粮种补充维生素 B_2，最大限度地增强谷胱甘肽过氧化物酶以及谷胱甘肽还原酶预防体系，可有效降低 PSE 肉的发生率，改善胴体品质，延长肉的货架寿命。为了补充足够的可直接与自由基反应的断链抗氧化剂，每千克饲料中应添加 50 mg 维生素 B_2（Peter，1994）。

核黄素对肉质的调控研究还较少，特别是对于猪肉、牛羊肉等肉质的调控很少有报道，李绍钰等（2005）研究显示，日粮中添加核黄素具有降低鸡肉的滴水损失的趋势，在降低鸡肉存放期间产生的脂质过氧化水平上，维生素 E 和核黄素存在部分协同作用。

13.2.5 生物素

生物素已成为最受重视的水溶性维生素之一。生物素以辅酶的形式在蛋白质和核酸代谢中的脱羧-羧化反应和脱氨反应中起重要作用。生物素在蛋白质合成、氨基酸脱氨、嘌呤合成、氨基甲酰转移以及亮氨酸和色氨酸的分解代谢中起重要作用，亦为多种氨基酸脱羧所必需（McDowell，1989）。在脂类代谢中，以生物素为辅酶的乙酰 CoA 羧化酶可催化乙酰 CoA 生成丙二酰 CoA，作为脂肪酸合成的起点。生物素也是长链不饱和脂肪酸正常代谢的必需物质（Kramer 等，1984）。

最近有人提出，生长肥育猪日粮中超量添加生物素有利于改善猪的胴体质量。众所周知，当猪缺乏生物素时，只能利用饱和脂肪酸而不能利用不饱和脂肪酸，造成不饱和脂肪酸浓度升高，易产生脂质过氧化。生长猪日粮中补加生物素不仅能提高脂肪质量和数量，如提高脂肪的饱和度和硬度(Figg 等,1977),而且能提高猪生产性能。缺乏生物素时,饱和脂肪酸明显转变成不饱和脂肪酸,多不饱和脂肪酸的含量明显增加,产生质地柔软的油性背膘(Buohmann,1975)。周林(2002)用肉仔鸡进行试验表明,在后期日粮中添加生物素能显著减少腹脂沉积,并随着生物素和维生素 E 添加量的增加,肌肉酸度和失水率均有显著降低,但是其对肌内脂肪的影响及肌肉品质的影响还缺乏进一步的试验数据支持。

在实际生产中,猪饲喂高铜时,供给充足的生物素尤其重要。铜对猪背膘的不利影响可以通过补充 500 μg/kg 生物素而加以消除。在实际条件下,生物素的添加量可以减少到每千克日粮 100 μg,也能取得同等的效果。

综上所述,有关维生素对肉质调控的研究较多的是关于维生素 E 和维生素 D_3。通过在日粮中添加超量的维生素 E 和维生素 D_3 可以减少水分渗出,维持猪肉色,从而保护肉的品质,但是从生产实践的角度,关于维生素提高肉品质的边际效益还需要进一步的研究。关于维生素 C、核黄素、生物素对猪肉品质的作用还有待进一步的研究,从而更好地指导动物生产。

13.3 微量元素与肉品质

营养在肉质的调控上起重要作用,很多养分参与调控肉质变化的生化代谢过程。微量元素是畜禽不可缺少的营养元素,对畜禽肉质有着重要的影响。下面就微量元素铁、铜、硒、铬、砷对畜禽肉品质的作用效果及主要机理进行阐述。

13.3.1 铁

铁在动物体内是含量相对较高的一种微量元素,成年动物体内铁的含量按鲜组织计算平均为 0.005%~0.006%,若按灰分计算为 0.14%~0.17%。在动物体内除了有极微量的无机铁离子外,绝大部分的铁都是以有机化合物的形式存在。其有机化合物大致可分为两类:①即血铁类,构成卟啉基的部分。主要有血红蛋白、肌红蛋白和血液所含的酶类 - 细胞色素类、细胞色素氧化酶、过氧化氢酶、过氧化物酶等。②属于非血铁类,主要有铁传递蛋白、铁蛋白、血铁黄素或称血铁黄蛋白和某些含铁的蛋白类,如亚铁黄素蛋白类。在总的含铁量中血铁类占 70%~75%,非血铁类占 20%~25%。

因为体内 3/4 的铁存在于血红蛋白和肌红蛋白里,所以血液的含铁量最高,此外造血器官、溶血器官和血库中的含铁也很高(表 13 - 8)。

表 13 - 8 哺乳动物器官组织(100 g 鲜组织)中含铁量的变异*

组织	含量变异/mg	组织	含量变异/mg
全血	20~45	心	4~8
脾	20~40	骨骼肌	1.5~3
肝	10~20	脑	2~2.5
肾	4~6	骨骼	3.5~4

* 这些数值仅仅是粗略的近似值,特别是脾、肝、肾等铁沉积的器官中更是如此。引自:许梓荣,《肉的科学与动物营养》,1999。

肌肉的颜色由其中所含肌红蛋白(占肌肉的0.2%～0.4%)和残留在毛细血管里的血红蛋白(占肌肉的0.4%)组成。肉中肌红蛋白的含量稳定,而血红蛋白含量的变化很大(表13-9)。

表13-9 用电泳方法测猪肉榨汁中的肌红蛋白及血红蛋白含量 mg/g

项目	正常猪	急宰猪	自然事故死亡猪
肌红蛋白	7.2	7.1	1.3
血红蛋白	2.5	4.8	11.2

引自:许梓荣,《肉的科学与动物营养》,1999。

血红蛋白和肌红蛋白都属于色蛋白类,是由所谓珠蛋白(Globin)与含铁的辅基结合而成,以血红素为辅基并能与氧分子可逆结合的两种蛋白质。珠蛋白是单纯蛋白质,属于组蛋白类。血红蛋白的功能是将大气中的氧输送给机体;肌红蛋白的功能则是贮存氧气,当机体需要时再释放。肌红蛋白存在于肌细胞中,从软体动物到人的各种动物中都有。血红蛋白主要存在于脊椎动物血液的红细胞中。酵母、草履虫、许多无脊椎动物也有血红蛋白。人与各种动物血红蛋白的种属特异性及其结晶形态决定于珠蛋白的组成。血红蛋白的每个亚基都有一个辅基——血红素。血红素是一个由原卟啉分子与一个铁原子结合的化合物,所以又称铁卟啉。二价铁离子(Fe^{2+})的络合价(配位键)是6,与卟啉的4个氮原子络合后还剩下两价。在血红蛋白分子中,Fe^{2+}的第五个络合价在α亚基中与87位的组氨酸中的咪唑基结合,在β亚基中与92位组氨酸结合。Fe^{2+}的第六个络合价就是与氧分子(O_2)结合的地方。因此血红蛋白的每个亚基可以结合一个O_2,整个分子可结合4个O_2。血红蛋白在与O_2结合前后,血红素中的Fe^{2+}价态不变。当铁原子为二价或三价时相应的血红蛋白分别称为亚铁及正铁血红蛋白,正铁血红蛋白失去与氧结合的能力。与氧结合的血红蛋白称氧合血红蛋白,未与氧结合的血红蛋白称脱氧血红蛋白。

血红蛋白是由4分子亚铁血红素与4分子珠蛋白结合而成,常为简便起见,可写作如下式。血红素(Heme)是由4个吡咯环与1原子铁构成的铁卟啉(卟啉族)化合物;由4个吡咯借甲炔再连成卟吩,带有侧链的卟吩称为原卟啉。含有2价铁的原卟啉是亚铁血红素。

所以血红蛋白的蛋白质为珠蛋白,其红色是由亚铁血红素形成的,其分子质量为66～69 u。动物进行正常呼吸作用时它能与氧结合(HbO_2),氧分子借副键直接与Hb辅基中的铁结合,铁的化学价不变(氧合血红蛋白,鲜红色)。当它和二氧化碳结合时,则成氨基甲酸血红蛋白(暗红色)。Hb和HbO_2经某些氧化剂(铁氰化钾、氧化氮、美蓝等)的作用,铁被氧化而成含三价的高铁血红蛋白,此种Hb不能解离出O_2。血红蛋白也可以和CO结合成碳氧血红蛋白(HbCO),与氰结合成氰络血红蛋白,和亚硝基结合则成一氧化氮血红蛋白(淡红色)。

铁是动物肌肉成色的决定性因素。当饲料中缺铁则会降低肌肉中肌红蛋白与血红蛋白的水平,从而降低了肌肉的颜色评分。但饲粮中铁含量过高,会使肌肉颜色过深,不受消费者欢迎。Labie等(1977)认为,消费者喜欢购买浅颜色的犊牛肉。Hellemond等(1977)的研究表明,牛代乳料中铁含量超过25～30 mg/kg时,犊牛肉颜色就会变得太深而不适应消费者的需要。Wensing等(1990)发现,在整个肥育期添加50 mg/kg铁,可导致屠宰时牛肉颜色过红。由此可见,为了生产出色泽较好的畜禽肉品,应适当控制饲粮中的铁含量。

此外，铁还是机体抗氧化系统中过氧化氢酶的辅助因子，对防止脂类氧化保持肉味有重要作用。另一方面，铁可通过促进其他一些氧化诱发因子的形成而直接或间接地触发脂肪氧化过程（Hamilton 等，1997）。Hsieh 等（1989）报道，铁通过催化脂肪中过氧化氢的分解而在脂肪氧化反应扩展过程中起作用。Kanner 等（1988）指出，铁可能是肉品氧化酸败的主要催化剂。Ruiz 等（2000）发现，在宰前 3 周从肉鸡饲粮中去掉铁，可显著降低熟鸡肉的 TBARS 值，防止肉的脂质氧化，改善熟鸡肉的风味。Miller 等（1994）报道，在猪饲粮中添加 420 mg/kg 铁（$FeSO_4$），肉中非血红素铁含量显著增加，鲜肉和磨碎熟肉的脂肪过氧化作用显著增强。因此，为了保证贮存期间肉品的品质，屠宰前应尽量避免在畜禽饲粮中添加高水平铁。

饼粕类、动物性蛋白质饲料、糟渣类和青绿饲料中含铁很丰富，谷实和糠麸类饲料中含铁量也较多。块根、块茎和瓜果类饲料中含铁量与叶绿素含量成正比，幼嫩植物铁含量比老熟植物铁含量多，同一植株不同部位含铁量也不一样，如青玉米叶每千克干物质中含铁约 280 mg，而茎中仅含 41 mg。植物中铁易和有机酸、蛋白质和碳水化合物形成不稳定的化合物。

有机铁具有生物学效价高、吸收率高、化学结构稳定、利于环保等特点。大量研究表明，氨基酸铁可改善不同阶段猪的毛色、肤色和免疫力。有机铁是当前国内外研究和开发应用的热点。

13.3.2 铜

Branded(1955)首次发现，在动物中饲粮中添加正常需要量 10 倍的铜，可以明显地提高动物的生产性能。高剂量铜是一种高效、廉价、便捷的促生长剂，但日粮中如何科学地使用高铜，是多年来国内外动物营养学界的研究热点。

高铜作用的机理仍是众说纷纭，尚无定论。有学者认为高铜仅在胃肠道发挥类似抗生素的作用，也有人认为是通过全身性的效应而发挥作用，如改善机体相关酶活力，影响内分泌系统。许梓荣等（1998）认为，肥育猪胴体组成的改善归功于高铜对内分泌系统的影响，试验发现 240 mg/kg 铜显著提高了腺垂体 cAMP 含量和血清中生长激素水平。

高铜对肉质影响的研究表明，日粮中添加高铜，猪背最长肌肌纤维显著变粗，肌肉中蛋白质、粗脂肪和粗灰分含量未发生显著变化。研究发现高铜（240 mg/kg）和酪蛋白铜（50 mg/kg）使生长猪肌肉失水率略有升高，大理石纹评分和色泽呈下降趋势（许梓荣等，1998）。Greer（1979）报道，高铜使体内合成硬脂酸比例减少，油酸和棕榈酸的比例增加，动物背膘硬度下降，且易氧化。但另一方面，铜是铜锌超氧化物歧化酶（CuZnSOD）的重要组成成分，在该酶的催化下，超氧阴离子还原为羟自由基，羟自由基在过氧化氢酶或过氧化物酶的作用下生成水。关于日粮中添加高剂量铜对肉质的影响还未有定论。在猪饲粮中添加 175 mg/kg 的铜（$CuSO_4$）可显著增强腰大肌 SOD 酶活性，抑制贮存过程中腰大肌的脂质氧化（Lauridsen 等，1999）。但 Jensen 等（1998）报道，在猪饲粮中添加 35 或 175 mg/kg 的铜（$CuSO_4$），对冷藏过程中新鲜猪肉的肉色稳定性、脂质氧化无显著影响。

铜也参与脂肪酸的去饱和反应，使脂肪中不饱和脂肪酸比例增加，从而加快肉品酸败的速度。Ruiz 等（2000）对肉鸡的试验结果表明，在屠宰前 3 周将铜从饲粮中去掉，可降低熟腿肉中的 TBARS 值，但也降低了饲料报酬。

因此，动物屠宰前饲粮中保持适宜水平的铜对确保畜禽肉质非常重要，而且硫酸铜带来的环境污染问题不容忽视，有机铜可能是一个好的选择。近年来研究有机铜的应用引起关注，但其对畜禽肉质的影响还不甚清楚，有待于进一步的深入研究。

13.3.3 硒

猪的 PSE 肉和禽肉的滴水损失(Drop loss)过多，都是因为细胞膜氧化破裂、细胞液外溢所致。滴水损失发生后，肉的外观变差，烹饪时肉变坚韧。

硒是谷胱甘肽过氧化物酶(GSH - Px)的组成成分，能清除细胞内形成的过氧化物。有研究表明，饲粮中添加硒可增强机体抗氧化能力，有效保护了贮存过程中的肉品质量。Homma 等(1993)的研究表明，补硒可大大降低体内脂质过氧化产物——丙二醛的含量，显著提高谷胱甘肽过氧化物酶的活性，并使机体自由基水平下降，细胞损伤减轻。Edens(1997)报道，在肉仔鸡日粮中添加 0.3 mg/kg 的硒(酵母硒)，比添加同样水平的无机硒(亚硒酸钠)能更有效地提高产肉量和降低肌肉的滴水损失。Munon(1996)发现，在猪饲粮中添加 0.1 mg/kg 硒(酵母硒)能够显著降低猪背最长肌滴水损失。黄素珍等(1998)关于肉鸡的试验结果表明，在饲粮中添加 100 mg/kg 维生素 E 或 0.5 mg/kg 硒，或二者合用，可提高鸡胴体在冷藏期间抵抗自由基进攻的能力，延缓肉质氧化和脂肪酸败，有效延长了肉的保鲜期，其中以维生素 E 与硒联用较好。

硒和维生素 E 共同维护细胞内氧化还原体系的平衡。在机体内，硒和维生素 E 都是体细胞重要的抗氧化剂。维生素 E 于细胞膜上，可消除细胞膜上的自由基，是抗氧化的第一道防线。GSH - Px 存在于细胞液中，能中和穿过细胞膜进入细胞液的自由基，是机体内抗氧化的第二道防线。试验证明日粮添加一种同时含有维生素 E 和硒的酵母可以保持组织细胞膜的完整性，降低肉的滴水损失。硒在机体中的作用非常复杂。人们开始研究硒对维生素 E 的节省作用。Combs 等(1974)发现，随着日粮硒水平的提高，5 周龄鸡血浆生育酚含量呈相应的增加趋势。

在实际生产上并未充分利用维生素 E 和硒的互作来强化抗氧化系统。原因是最常用的硒添加剂是亚硒酸钠，它本身就是一种氧化剂，利用率也很低。通过亚硒酸钠来提高硒的含量，可能还会产生一些不良作用，并对动物产生毒性。有机硒如富硒谷物或硒蛋氨酸虽然利用率高，但价格昂贵。硒酵母相对廉价，利用率较无机硒高，也比较安全，可用来降低维生素 E 的用量。

另外，有研究发现，饲粮中添加硒也可改善肉质的其他一些性状。Bonomi(2001)在 1～60 日龄肉鸡饲粮中添加 0.2 和 0.3 mg/kg 硒(亚硒酸钠)，结果表明，硒提高了屠宰率、产肉率、肉消化率，改善了肉的嫩度和皮肤着色。他同时也进行了有关火鸡的试验，发现在火鸡饲粮中添加 0.3 mg/kg 硒(亚硒酸钠)可显著提高肌内脂肪含量，改善肉的风味。

也有研究表明，动物饲粮中亚硒酸钠添加水平过高时，硒则具有氧化增强剂作用(Seko 等，1989)，而有机硒如蛋氨酸硒、酵母硒则不具有这一负作用(Spallholz，1994)。Downs 等(2000)在肉鸡饲粮中添加亚硒酸钠和酵母硒，发现亚硒酸钠使胸肉的滴水损失增加，而酵母硒则有可能减少胸肉的滴水损失。Mahan 等(1999)也发现，在生长肥育猪饲粮中添加 0.05～0.3 mg/kg 硒(亚硒酸钠)，随着硒添加水平的增加，肌肉滴水损失增加，肌肉颜色苍白度增加；

而添加酵母硒时则不影响肌肉的滴水损失和亮值。Munoz 等(1997)报道,有机硒能防止 PSE 肉的形成以及由亚硒酸钠的氧化作用而导致的肉货架寿命降低的趋势。日粮中添加蛋氨酸硒对肥育猪背最长肌内脂肪含量、剪切力和滴水损失无显著影响,但滴水损失有降低趋势:0～12 h分别降低了 21.00%、19.00% 和 19.50%,0～24 h 分别降低了 14.49%、14.49% 和 12.62%(表 13 - 10)。

表 13 - 10 饲粮中添加硒代蛋氨酸对肥育猪背最长肌肌内脂肪、剪切力、滴水损失、乳酸和氧合肌红蛋白含量的影响

项目	硒源及添加水平/(mg/kg)			
	0	0.15(Se—Met)	0.30(Se—Met)	0.30(Na_2SeO_2)
肌内脂肪含量	2.15±0.46	1.96±0.43	2.02±0.64	1.13±0.06
剪切力	36.95±1.68	37.23±4.56	42.58±2.98	44.80±5.35
滴水损失(0～12 h)	2.00±0.10	1.58±0.10	1.62±0.16	1.61±0.13
滴水损失(0～24 h)	2.14±0.12	1.83±0.19	1.83±0.20	1.87±0.11
乳酸含量/(mmol/g)	1.34±0.08[a]	1.11±0.06[ab]	1.05±0.10[b]	1.10±0.07[ab]
氧合肌红蛋白含量/(mg/g)	8.50±0.96[bc]	10.41±0.97[bBC]	15.11±0.41[ab]	13.22±0.72[aAB]

蒋宗勇等,2010。

蒋宗勇等(2010)研究发现日粮中添加蛋氨酸硒显著降低了猪宰后背最长肌 12、24、48 h 的肉色 L^* 值,显著提高了 24、48 h 的肉色 a^* 值,与占秀安等(2004)研究结果一致,说明蛋氨酸硒能保护猪肉颜色的稳定性,能延长猪肉的货架期。有机硒改善肉色的原因,一方面促进了肌红蛋白的合成,另一方面延缓氧合肌红蛋白(Fe^{2+})的氧化。这对提高肌肉的鲜红度,改善肉色十分有利。尹兆正等(2005)报道,在肥育猪日粮中添加 0.10～0.25 mg/kg 的有机硒(蛋氨酸硒)与添加 0.15 mg/kg 无机硒(Na_2SeO_3)的组相比,显著降低了猪肉滴水损失。占秀安等(2004)和王惠康等(2006)也报道了同样的结论。Jiang 等(2009)也发现蛋氨酸硒显著降低了黄羽肉鸡胸肌滴水损失。Mateo 等(2007)认为有机硒在减少滴水损失方面的生物有效性是无机硒的 306%,即使基础日粮中有较高的硒(0.18 mg/kg),酵母硒仍然能显著降低猪肉滴水损失。郭新怀(2008)在杂种野猪的研究中也发现,添加 0.3 mg/kg 酵母硒显著提高了猪肉的 pH_1(宰后 45 min)、pH_2(4℃冷藏 24 h)和肉色评分,极显著降低了滴水损失。李苏新等(2008)在酵母硒与维生素 E 同时添加时也得出相同的结论。由此可见,改善肉品质方面,有机硒的作用好于无机硒。

13.3.4 铬

铬(Chromium,Cr)在很长一段时间内,被认为是有毒有害元素,甚至是致癌物质。20 世纪 60 年代后,在大鼠和人上进行铬的大量医学研究。结果表明,铬通过葡萄糖耐受因子(Glucose tolerance factor,GTF)协同增强胰岛素,进而影响糖、脂类、蛋白质和核酸代谢。铬的生物学功效引起动物营养学家的研究兴趣,经过大量的试验发现在饲粮种添加 Cr^{3+},如吡啶羧酸铬、酵母铬等,可以显著改善畜禽的胴体品质。

Page 等(1993)在生长肥育猪饲粮中补加 200 μg/kg CrP(吡啶羧酸铬),结果显著提高了胴体品质和瘦肉率，降低了第十肋背膘厚(表 13-11)。铬改善胴体品质的机制，一方面已证实铬参与碳水化合物代谢并对胰岛素活性有协同作用，铬还影响氨基酸的吸收及核蛋白 RNA 的合成；另一方面，该试验还发现生长激素浓度有上升的趋势，这亦有可能是铬发生作用的一条途径。余东游等(2001)报道，在肥育猪饲粮中添加 0.2 mg/kg 铬(吡啶羧酸铬)可显著提高猪的瘦肉率、眼肌面积，降低脂肪率、背膘厚。他认为铬可能通过降低皮下脂肪中脂肪酸合成的关键酶，如苹果酸酶、异柠檬酸脱氢酶的活性，并且增强激素敏感酶活性而使脂肪的分解加强，从而减少脂肪的沉积。而后在猪(Renteria，1993；Lindemann 等，1995；Mooney Cromwell，1995)、羔羊(Litchalong 等，1993)、肉仔鸡(Ward 等，1993)的报道也证明了铬在改善胴体方面的有益作用。Boleman 等(1995)报道，猪在肥育阶段补铬对改善胴体品质效果明显，而在生长肥育全期补铬效果不佳，这表明铬改善胴体品质的作用具有阶段性。罗刚等(2009)等研究表明，在饵料中添加有机铬，可明显改善三文鱼的肉质营养和肉味，且有机铬的添加量以提供 0.3～0.6 mg/kg 铬效果最好。

表 13-11 吡啶羧酸铬对生长肥育猪胴体品质的影响

项目	添加铬量/mg		项目	添加铬量/mg	
	0	0.2		0	0.2
屠宰率/%	65.9	67.4	背最长肌面积/cm^2	34.0	39.9
第十肋背膘厚度/cm	31.5	26.3	瘦肉率/%	51.7	54.7

Page，1993。

许梓荣等(1997)的试验表明，在生长肥育猪饲料中添加 200、400 μg/kg 吡啶羧酸铬，可明显改善肥育猪的胴体组成(表 13-12)。

表 13-12 吡啶羧酸铬对肥育猪胴体组成的影响

项目	0	200	400
日增重/g	726.67±32.24	763.63±25.64	720.84±27.83
瘦肉率/%	65.70 ± 5.25^a	70.68 ± 1.46^b	69.71 ± 0.60^b
脂肪率/%	15.03 ± 0.84^a	12.75 ± 0.97^b	13.59 ± 1.16^b
背最长肌面积/cm^2	34.21 ± 1.66^a	39.53 ± 1.90^b	38.77 ± 1.27^b
背膘厚/cm	2.11 ± 0.16^a	1.88 ± 0.40^b	1.93 ± 0.15^b

许梓荣，1997。

徐大节等(2010)研究了饲粮中添加 300 μg/kg 吡啶羧酸铬对杜长大肥育猪肉质的影响(表 13-13)。

表 13-13 吡啶羧酸铬对肥育猪肉质的影响

指标	吡啶羧酸铬添加量/(μg/kg)		指标	吡啶羧酸铬添加量/(μg/kg)	
	0	300		0	300
pH(背最长肌)	5.73^b	6.09^a	色值(%)(背最长肌)	18.72^a	14.72^b
pH(股二头肌)	5.67^c	5.98^b	色值/%(股二头肌)	17.79^a	14.90^b
系水力/%	90.21	91.30	$PSE^{\#}$/%	33.3	16.7
滴水损失/%	6.52^a	4.17^b			

注：# 表示 PSE 肉判定标准：pH<5.9 、色值>20%、滴水损失>5%、系水力<90% 。徐大节等，2010。

此外，铬可以通过改变皮质醇的产量和胰岛素的活性来增强动物对各种应激的抵抗力，减少 PSE 肉的发生，从而保证肉品质量。Kim 等(1996)报道，在生长猪饲粮中添加 0.2 mg/kg 铬(吡啶羧酸铬)，屠宰后 24 min 和 24 h 眼肌 pH 均有升高的趋势，PSE 肉的发生率下降 19.5%，猪肉的合格率提高了 10.2%。Bonomi 等(1999)对火鸡的研究表明，在饲粮中添加 0.4 mg/kg 铬(有机铬)可提高火鸡对热应激的抵抗力，改善肉品质。有研究表明，铬可促进胰岛素由血液向周围组织转移，尤其可使肌肉细胞对胰岛素的同化作用反应增强。同时可增强肌肉细胞对葡萄糖及亮氨酸等氨基酸的摄取，进而促进机体蛋白质的合成代谢(Amoikon 等，1995)。动物在运输、转群和屠宰过程中容易发生应激反应，机体分泌大量的肾上腺素，分解、消耗体内肝糖原和肌糖原，从而减少乳酸的生成，防止 PSE 肉的产生。

夏中生等(2002)给生长肥育猪日粮中添加有机铬制剂发现，全期(110 d)添加或仅后期(50 d)添加 200 μg/kg 有机铬制剂，使胴体瘦肉率分别提高 2.42%和 4.83%；胴体脂肪减少，背膘厚降低，但后期添加对改善胴体品质的效果更佳。陈代文等(2002)给肥育猪添加 200 μg/kg吡啶羧酸铬，发现添加有机铬使眼肌面积和瘦肉率分别提高 6.73%和 1.60%，皮脂率下降 1.60%。黄志坚等(2002)研究发现，给生长猪添加酵母铬可显著提高眼肌面积和后腿与胴体的比率。大量研究表明，眼肌面积和胴体瘦肉率呈一定相关性，所以眼肌面积的增加也从一个侧面反映了有机铬能提高胴体瘦肉的产量。胡忠泽等(2002)研究发现，给肉鸡添加烟酸铬可明显改善胴体品质，显著提高胸肌率、降低腹脂率。陈静(2005)研究发现，吡啶羧酸铬处理组使肉仔鸡胸肌率、腿肌率均高于对照组，2.5 mg/kg 铬 (以吡啶羧酸铬形式)添加量组的肉鸡腿肌率最高。而添加铬可以显著降低腹脂率，尤其以 1.0 mg/kg 铬(以吡啶羧酸铬形式)组腹脂率最低，比对照组低 28.5%。吴永胜等(2000)在肉鸭饲粮中添加铬-盐酸复合物发现，铬一盐酸复合物能显著提高肉鸭瘦肉率和胴体粗蛋白质含量，显著降低了肉鸭皮脂率和胴体粗脂肪含量。陈常秀(2009)研究了丙酸铬对育肥猪胴体品质的影响(表 13-14)。

研究表明，日粮中添加 200 μg/kg 铬，显著提高了眼肌面积，降低了背膘厚和板油重，而且添加铬可以显著降低肉的滴水损失，这与 Quinn 等(1998)和陈代文等(2002)的报道一致；但对肌肉大理石花纹评分和肌内脂肪含量的影响有不同报道。

Shelton 等(2003)报道，给生长肥育猪日粮中添加 200 μg/kg 的丙酸铬能降低猪肉 48 h 的滴水损失，但对肌肉大理石花纹没有明显的影响。黄志坚等(2002)报道，给生长猪日粮中添加酵母铬，肌肉失水率、滴水损失率显著降低，且改善了肉色和肌肉大理石纹。添加有机铬对肉的滴水损失、大理石纹的效果也不尽一致，可能与猪的品种、生长阶段、营养水平及有机铬的类型有关，这有待进一步研究。

目前，国内外对有机铬改善胴体组成的机理研究都集中在铬对脂类、蛋白质和核酸代谢的影响上。铬有促进氨基酸进入细胞从而促进蛋白质合成的能力，铬还能促进核酸的合成。有报道称，核糖核蛋白中有铬的存在，牛肝脏核酸每千克含铬 2 080 mg。目前对其作用机制尚不清楚。有人认为，RNA 对热变性的稳定表明，铬在维持核酸的三级结构中起着作用。铬在细胞核中积累似乎表明 Cr^{3+} 可以改变和调节基因功能。铬与核酸关系密切是因为铬是维持核酸结构必需的。

关于日粮中添加铬在猪体内残留的研究表明，不同剂量烟酸铬，在不同停药期内，其肌肉、肝脏组织的含铬量和未添加组相差不大(张春安等，2002；黄志坚等，2002；严乾临等，2002)。铬作为营养型添加剂在改善猪胴体品质方面具有广阔应用前景。一般猪日粮中有机铬的添加剂量为 200 μg/kg。

表 13-14 丙酸铬对肥育猪猪肉品质的影响

项目	丙酸铬添加量/(μg/kg)			
	0	50	100	200
肉色	2.58±0.45[a]	2.83±0.53[a]	2.90±.060[a]	2.72±0.51[a]
大理石纹	3.12±0.82[a]	3.43±0.98[a]	3.35±0.86[a]	3.29±0.88[a]
pH	6.10±0.08[a]	6.04±0.07[a]	6.08±0.05[a]	6.06±0.06[a]
水分/%	74.23±0.86[a]	74.10±1.05[a]	74.11±0.98[a]	74.23±0.92[a]
肌内脂肪/%	2.60±0.26[a]	2.90±0.31[a]	2.88±0.35[a]	2.96±0.42[a]
滴水损失/%	5.73±0.29[a]	5.68±0.25[a]	4.40±0.31[b]	4.01±0.34[b]
剪切力/kg	3.42±0.45[a]	3.62±0.53[a]	3.55±0.56[a]	3.53±0.54[a]

注：同行数据上标有不同字母者，表示差异显著（$P<0.05$），标有相同小写字母者表示不显著（$P>0.05$）。陈常秀，2009。

13.3.5 砷

砷在历史上曾长期作为强壮剂、药物和毒物应用。1910 年 Egrlich 首次合成了有机砷制剂，发表了数百种有机砷化物的研究报告，其后的研究发现对氨基苯胂酸（PAPAA）、硝羟苯胂酸及其盐对鸡等动物的锥虫病、球虫病等有良好的防治效果，进一步的研究发现，有机砷制剂能刺激动物生长。到 20 世纪 70 年代中期才证明砷是动物的条件必需微量元素之一。在其后的研究与应用中，人们发现有机砷制剂不仅可促进畜禽生长，提高饲料利用率，而且还可以明显改善产品的品质。

Kyshech 等（1984）报道，砷能增强骨髓造血功能，增加血液中红细胞数量，使动物皮肤红润，毛色光亮。硝基羟基苯胂酸能影响母鸡肉质，显著增加血浆、皮肤及腿部色素沉积（Kowalsk，1975 等）和提高血液类胡萝卜素浓度（Marusich，1973）。Hodge 等（1960）发现饲粮中添加 50、150 和 250 mg 对氨基苯胂酸，肉牛胴体品质提高了 1/3 个级别。许梓荣等（1997）用 70 mg/kg 的对氨基苯胂酸单独或分别与土霉素、金霉素联用对 180 d 生长猪进行试验，发现使用对氨基苯胂酸均不同程度地降低了胴体脂肪率，提高了瘦肉率，都显著改善了肌肉颜色，而试验猪的宰后 45 min 肌肉 pH 并无明显差异。

研究认为，对氨基苯胂酸改善胴体组成主要与其对细胞内信息传递和神经内分泌的影响有关，使用对氨基苯胂酸可显著提高试验猪肾上腺 cAMP 浓度，增强肾上腺分泌肾上腺素的机能，从而提高脂肪分解酶活力，加强脂肪分解，同时促进 RNA 合成，加强蛋白质的合成。但对氨基苯胂酸对肌肉品质的影响学术界至今未有明确定论，值得深入研究。

综上所述，微量矿物质元素对肉品质的影响较复杂，且研究结果不尽相同，其原因是多方面的，例如不同化学价态的元素的生物学利用率不同，吸收代谢及排泄的途径不同，不同微量矿物元素之间的颉颃，日粮的营养水平等多方面因素的影响。今后的研究将会逐渐深入到分子水平，以探索微量元素调控肉质的机理。

13.4 氨基酸类似物与肉品质

近年来，研究发现一些氨基酸类似物对动物肉产品品质可产生一定的影响，如三甲基甘氨酸（甜菜碱）、N-甲基天冬氨酸等。

13.4.1 三甲基甘氨酸

三甲基甘氨酸又称甘氨酸甜菜碱或甜菜碱（Betaine），这种物质广泛分布于动物、植物和微生物机体中，由于其最早从甜菜中提取出来，故称甜菜碱。甜菜碱具有两性电解质结构和活性甲基供体，其主要作用是在肝中通过提高甲基代谢调控酶（BHMT）的活力，将甲基转移给高半胱氨酸以结合成蛋氨酸，然后蛋氨酸转变为S-腺苷蛋氨酸，为机体甲基化物产物的合成提供甲基，因而可以代替胆碱和蛋氨酸的部分功能。早在20世纪40年代初，ALmquist（1944）和Mckittrick（1947）尝试把甜菜碱在糕点生产中用作添加剂，发现它对动物体内甲基代谢有显著的营养调控作用。由于当时技术落后，无法分离和化工合成进行推广，未作深入的探讨。直到70年代，芬兰人发现甜菜碱的诱食功效之后，长时间将其作为水生动物的诱食剂。直到1990年后，才开始全面研究甜菜碱的营养调节功能。由于它是一种无毒的自然化合物，广泛分布于动植物体内，临床上可作为载体调节消化道酸碱度以及补充维生素（Maindale，1982）。甜菜碱作为中药黄芪、肉苁蓉的重要成分，有提高免疫功能、性功能、改善心血管机能及抗衰老等作用（陈少华，1993）。

13.4.1.1 甜菜碱对畜禽胴体组成的影响

甜菜碱对畜禽胴体组成的影响研究颇多，国内外几乎所有的研究结论均表明，甜菜碱具有改善胴体组成的功能。澳大利亚新威尔士科罗瓦的Bung肉品工业公司的两项研究结果表明，饲粮中添加0.10%～0.125%的甜菜碱能明显降低肥育猪的背膘厚，增加眼肌面积。饲粮中添加0.52%的甜菜碱，可使肥育猪体内氮的贮留增加11.0%（Weigand等，1981）。Caclogan等（1993）报道，在屠宰前35 d的小母猪的饲料中添加0.125%甜菜碱，可使猪背膘厚减少14.8%。Shurson等（1994）研究证实，在屠宰前30 d添加甜菜碱，多数情况下可提高猪胴体瘦肉率，尤其是降低了背膘厚，相应提高了胴体瘦肉率。Hall等（1995）报道，在饲粮中含1 000～1 500 mg/kg甜菜碱，可提高肥育猪瘦肉率2.0%。

甜菜碱对不同性别猪胴体组成的影响也不同，在阉猪上的效果优于小母猪（Laurence等，1995），而在小母猪上的效果又优于未阉的公猪（Cera等，1995）。甜菜碱对肥育猪胴体组成的影响，与饲粮中氨基酸水平有关。Haydon等（1995）报道，在高赖氨酸能量比的饲粮中添加甜菜碱，能降低背膘厚，提高背最长肌面积。在低水平蛋氨酸饲粮中添加甜菜碱，在降低阉公猪背膘厚上能获得与高水平蛋氨酸饲粮相同的效果。汪以真和许梓荣等（1998）报道了甜菜碱在猪各个生长阶段都能改善胴体组成，提高瘦肉率和眼肌面积，降低背膘厚、腹脂重和脂肪率，马玉龙等（2010）也有类似的报道。

甜菜碱对禽类胴体组成的影响研究也有很多。Saunderson和Mackinlay（1990）报道，甜菜碱可减少鸡胴体脂肪。Shette(1993)报道,饲喂甜菜碱使幼禽体脂分布比较均匀,甜菜碱使肉质较柔嫩,适口性好。芬兰 CULTER 公司试验表明,甜菜碱能明显降低幼禽体脂的含量,对 1～24 日龄艾维因雏鸡,喂以 2 000 mg/kg 甜菜碱可明显提高胸肌率 16.14%,显著降低腹脂率。对 28～49 日龄艾维因肉鸡效应亦十分明显,其中添加 1 000 mg/kg 的甜菜碱组效果最显著,胴体屠宰率提高 1.95%,胸肌率提高 13.73%;全净膛率和净膛率分别提高 2.5%和 2.37%;降低腹脂率,提高了胸肌肉粗脂肪含量。许梓荣和汪以真等在樱桃谷肉鸭上的研究表明,与肉鸡相似,日粮中添加 1 300 mg/kg 甜菜碱可显著提高胸肌率 18.82%、腿肌率 4.35%、降低腹脂率 19.89%。

13.4.1.2 甜菜碱对肉的食用品质的影响

许梓荣和汪以真等(1998)报道,饲喂含甜菜碱的饲粮后,猪、鸡及鸭的肌肉的 pH、系水力、大理石纹评分和肌肉颜色都取得了很大的提高。大理石花纹的提高反映了肌内脂肪含量提高,对纠正肌肉的风味产生了良好的影响。系水力的提高改善了肉的多汁性,防止畜禽肉的滴水失重。

饲喂含甜菜碱的饲粮,肥育猪宰后 45 min 背最长肌 pH 无明显影响,对肉的食用和加工品质较好。

饲粮中添加甜菜碱,显著提高了肥育猪背最长肌肌红蛋白的含量达 14.80%,提高肌内脂肪含量 18.48%,提高了大理石纹评分 8.20%,从而改善了肉的风味(许梓荣等,1998)。应该着重指出,甜菜碱比蛋氨酸无论在肉色上、肌红蛋白和肌内脂肪含量上的效果更明显,效果极其显著。

许梓荣等(1998)还指出,不同添加剂量的甜菜碱能提高艾维因肉鸡胸肌脂肪含量,促进樱桃谷肉鸭胸肌脂肪含量的提高。

13.4.1.3 甜菜碱对畜禽风味物质含量的影响

肉品风味好坏,除受屠宰前处理和烹调技术等诸多因素影响外,肉本身风味物质含量的多少也是至关重要的。甜菜碱作为动物体内一种活性物质,参与动物体内的代谢循环,直接或间接地影响肌肉中风味物质的含量。甜菜碱是一种高效的甲基供体,它是甜菜碱－高半胱氨酸甲基转移酶(BHMT)的底物之一,并与胱硫醚 β-合成酶(β-CYST)的调控有关(Mudd,1965;Finkelstein 等,1967,1971,1974,1982)。饲粮中添加甜菜碱,显著提高了肝脏中 BHMT 的总活力及比活力和 β-CYST 的活性。这说明肝可以通过 BHMT 和 β-CYST 对甜菜碱提供甲基的代谢过程发挥双重调控作用。从而使猪、禽肝中肌酸和游离肉碱的含量明显增加,肌酸是胍基乙酸经胍基乙酸转甲基酶作用后生成。由 ATP 得到磷酸后,形成磷酸肌酸贮存在肌肉中(Cantoni,1954;Henderson,1983;Walkert,1960),约占肌肉组织重量的 0.5%。肌酸并不具有鲜味,当肌肉在烹制过程中,由于受温度、酸碱度等条件变化的影响,肌酸环化而生成肌酸酐,从而形成了烹调肉风味。

肌苷酸是禽类肌肉具有极度鲜味的物质,所产生的鲜度是谷氨酸钠的 50 倍。许梓荣等(1998)报道,甜菜碱显著提高 28～49 日龄艾维因肉鸡胸肌肌酸酐含量(添加2 000 mg/kg甜菜碱,提高了 33.59%),同时也显著提高猪背最长肌中肌酸酐的含量(33.33%)。该作者推论甜菜碱还可通过加强肌肉组织中脂肪酸的 β-氧化作用,释放 ATP,降解产生次黄嘌呤,进一步产生肌苷酸。

13.4.2 N-甲基-*D*-天门冬氨酸

N-甲基-*D*-天门冬氨酸(N-methyl-*D*-aspartic acid,NMDA)是哺乳动物和人脑内存在的游离氨基酸之一,具有两个羧基和一个氨基的酸性氨基酸,对中枢神经有兴奋作用,已被确定可作为兴奋性神经递质发挥效应而被称之为兴奋性氨基酸(Excitatory amino acid)。天门冬氨酸(Aspartic acid,Asp)是哺乳动物中枢神经系统中最重要的内源性兴奋性氨基酸之一,分布也遍及中枢神经系统。小脑、丘脑和下丘脑含量较高,大脑皮层、纹状体含量较低,脊髓含量也低于脑内,背根浓度与腹根浓度大致相等,腹部灰质含量比背部灰质高21%～49%,因而有人认定Asp是中间神经元的兴奋递质,当主动脉突发阻塞导致中间神经元死亡时,Asp含量明显下降。

Asp是非必需氨基酸,不能透过血脑屏障,因此,它不能通过血液由周围组织供给脑,而是由葡萄糖和其他一些前体物质在脑中合成。Asp可来自葡萄糖经三羧酸循环产生α-酮戊二酸和草酸乙酰,α-酮戊二酸可通过转氨酶作用或经谷氨酸脱氢酶作用的逆反应,还原加氨基生成谷氨酸(Glu);谷氨酸转氨基给草酸乙酰产生Asp。

据微电泳测定,Asp可使中枢神经系统中与之接触的所有神经元兴奋,这可作为神经递质的有力证据。研究表明,在哺乳动物脑内至少存在5种兴奋性氨基酸受体,它介导Asp引起的突触后效应。对兴奋性氨基酸受体亚型的分类是根据其选择性激动剂而定的,其中根据电生理分析、受体相应的外源性激动剂而命名的有NMDA型。兴奋性氨基酸受体根据其分子结构、亚基组成、基因家族作用模式的不同特征,NMDA型属于内离子性受体(Ionotropic receptor)。

NMDA是调控垂体功能的神经兴奋性递质Asp和Glu的强效激动剂,参与神经内分泌功能,能有效地增加周围血液中GH含量。Estienne(1989,1990)报道,静脉注射NMDA,可极显著提高去势母羊和阉公羊血清GH水平;1995年、1996年又报道阉公猪静脉注射NMDA,使GH水平提高883%～1 095%。Mason(1983)在成年鼠上做过研究亦有同样的效应。许梓荣等(1998)研究发现,饲喂50 mg/kg NMDA能显著提高肥育猪生长速度、血清GH和血清胰岛素样生长因子-1(IGF-1)水平,明显改善了胴体组成。

冯杰等(2003)报道,饲粮中添加50 mg/kg NMDA能显著提高肥育猪的日增重和饲料转化效率,明显改善胴体品质,其中血清GH含量提高92.54%。马文强和冯杰(2008)证实了NMDA显著提高了猪生长激素分泌水平,阉公猪生长激素分泌总体水平增加36.91,肥育母猪生长激素分泌总体水平提高45.95。

NMDA的作用功效及其安全性有待于进一步深入研究。

13.5 不饱和脂肪酸与肉品质

不饱和脂肪酸(PUFA)是含有两个或两个以上双键且碳原子数为18～22的直链脂肪酸,根据双键碳原子距离羧基最远端位置不同分为4系:n-3,n-6,n-7,n-9。其中后两者可以在体内合成,而哺乳动物因体内缺乏Δ12和Δ15脱饱和酶而不能合成18:2n-6(亚油酸,n-

6PUFA 的主要前体)和 18:3n-3(亚麻酸,n-3PUFA 的主要前体)。n-6 系 PUFA 包括亚油酸(LA)及其衍生物 γ-亚麻酸(GLA)和花生四烯酸(AA)等,富含亚油酸的油脂有燕麦油、玉米胚芽油、大豆油、棉籽油、葵花籽油等。n-3PUFA 主要包括亚麻酸(ALA)及其衍生物二十碳五烯酸(EPA)和二十二碳六烯酸(DHA)。富含 ALA 的油脂有大麻油、亚麻籽油、菜籽油、紫苏油等。下面从共轭亚油酸和亚麻籽对肉品质的调控来进行阐述。

13.5.1 共轭亚油酸

共轭亚油酸(Conjugated linoleic acid, CLA)是一类含共轭双键的 18 碳脂肪酸的总称,是与亚油酸(LA)的不饱和双键位置和空间构型不同的一类脂肪酸异构体的混合物,因有反式双键和共轭双键而具有多种有益的生理功能。CLA 主要来源于大豆油、亚麻油、核桃油、苏子油、大麻油、棉籽油、葵花籽油、玉米胚芽油和瓜子油等植物油中。CLA 具有与过氧化物酶体增殖物相类似的结构和特征。可以通过降低硬脂酰-CoA 去饱和酶的活性和表达来抑制脂肪酸去饱和作用和延长作用,导致饱和脂肪酸与不饱和脂肪酸比例升高,从而抑制脂肪酸合成及其酯化,降低甘油三酯的生成。

Park 等(1997)在小鼠和 Dugan 等(1997)在猪上首先发现了共轭亚油酸(CLA)具有降低动物体脂沉积的作用,随后在小鼠、大鼠、猪和人的研究中都证实了日粮中添加 ≤1%CLA 可显著降低体脂沉积(House 等,2005 综述)。Cook 和 Pariza(1998)报道,猪从 26 kg 到上市饲喂 0.6% CLA,降低猪背脂幅度超过 20%,并提高了约 7%的瘦肉量。Swan 等 (2001) 报道,日粮中添加 CLA 能降低猪皮下脂肪,提高瘦肉率。在生长肥育阉公猪日粮中添加 0.75% CLA,可提高猪背腰瘦肉重、腹部肉中蛋白含量并降低腹部肉中脂类含量。Thiel—Cooper 等(2001)研究表明,随日粮中 CLA 添加水平的提高,第 10 肋背膘厚和皮下脂肪重量呈二次曲线下降。Wiegand 等(2002)报道,CLA 能增加眼肌面积和降低腹脂厚度。Ostrowska 等(2003)也指出,随日粮 CLA 水平的提高(0.125%、0.25%、0.75%和 1.00%),猪的脂肪沉积速度线性下降,最多达 31%。Corino 等(2003)报道,补饲 CLA,猪的背膘厚也有降低的趋势。Tischendorf 等(2002)报道,随着 CLA 饲喂量的增加和饲喂期的延长,眼肌面积和肌内脂肪增加,第十肋和最后肋骨处脂肪厚度降低。Dugan 等(2004)年总结了 CLA 对猪体脂沉积影响的研究报道,在 18 篇文献报道中,除了 4 篇因为试验开始时猪的体重过大(≥72 kg)或者试验结束时猪体重太小(≤50kg),错过了 CLA 发挥调节作用的时期外,其余 14 篇报道均支持 CLA 降低猪体脂沉积。

Smith 等(2002)报道,CLA 提高猪胴体瘦肉含量和降低背膘厚度的效果与 CLA 能降低猪脂肪组织中硬脂酰辅酶 A 的活性有关,对阉公猪的效果比对母猪的显著。

CLA 降低猪体脂沉积已成为共识,但令人称奇的是,CLA 在降低皮下脂肪沉积的同时,显著地提高肌内脂肪含量和提高大理石评分(Dugan 等,1999)。Wiegand 等(2001,2002)和 Joo 等(2002)也报道了相似的结果。Wiegand 等(2002)报道,饲喂 CLA 在影响猪胴体脂肪的同时,还改善肌肉的品质。饲喂 CLA 能增加腰肉大理石纹评分和硬度,并能降低脂质的氧化。Joo 等(2002)报道,日粮补饲 CLA 是猪肉肌内脂肪增加,系水力提高;并使猪肉脂质氧化降低,脂肪酸组成发生变化,色泽的稳定性提高。

Weigand 等(2001)研究表明,在生长肥育猪日粮中添加 0.75% CLA,试验猪第十肋处背膘厚从 2.84 cm 降低到 2.34 cm,最后肋处背膘厚从 2.72 cm 降低到 2.46 cm,并且对眼肌面积没有明显的影响。Dunshea(2003)研究表明,在肥育猪日粮中添加1% CLA,试验猪的脂肪沉积减少20%,背膘厚度下降24%,瘦肉率增加9%。共轭亚油酸能改变猪胴体脂肪酸组成,日粮脂肪酸被吸收后大部分不经过代谢就直接沉积,因此猪肉脂肪酸组成与日粮脂肪酸组成密切相关。Wiegand等(2001)研究表明在生长育肥猪日粮中添加2% CLA时,肌内脂肪含量提高了22%,眼肌大理石花纹评分提高了11%,但是肉色、剪切力、滴水损失、嫩度、多汁性和风味没有显著的变化。Wiegand等(2002)研究也表明日粮中添加0.5%的CLA对育肥猪主观肉色评分无显著影响,用色度仪测定的肉色则有影响,肌肉亮度的L值显著提高,肌肉红度的a值无显著变化,同时提高了眼肌大理石花纹的评分。

13.5.2 *n*-3PUFA对肉品质的影响

近几十年来随着我国畜牧产业的快速发展,人们增加了富含n-6 PUFA油脂的摄入,致使饮食中n-6∶n-3 PUFA的比例升高。作为全球消费量最大的肉品,猪肉的n-6∶n-3 PUFA的含量大约为7.0。调控猪日粮是改变猪体脂肪酸组成的一种非常有效的方法。日粮中添加亚麻籽或亚麻油可以提高猪肉中ALA、EPA、DHA以及n-3 PUFA的含量,降低n-6∶n-3 PUFA比值。猪背最长肌和脂肪组织中的α-亚麻酸含量与日粮中的α-亚麻酸含量高度相关,根据猪日粮中的脂肪酸组成即能预测猪脂肪组织的脂肪酸组成。

Karin等(2005)给猪饲喂含5%亚麻籽油的日粮后发现,猪所有组织中都表现出长链n-3 PUFA富集的趋势,EPA和DHA均极显著增加,猪肉脂质组织中ALA含量显著增加到13.2%,其中ALA优先融合到背膘中,n-3 PUFA含量达到19.7%。随着n-3 PUFA的富集,肌肉中花生四烯酸(AA)含量降低,n-6/n-3 PUFA比值降低。刘则学(2006)在生长肥育猪屠宰前0、30、60和90 d添加10%亚麻籽,猪肌内脂肪和皮下脂肪中n-3 PUFA含量随着亚麻籽添加时间的延长极显著增加。90 d时肌内脂肪中n-3 PUFA达到7.13 g/100 g TFA(总脂肪酸),对照组1.11 g/100 g /I'FA;同时显著提高肌内脂肪和皮下脂肪中PUFA / SFA比值,且添加时间越长比值越高;显著降低肌内脂肪和皮下脂肪中n-6/n-3 PUFA比值。蔡传江等(2009,2010)报道,饲料中添加亚麻籽油显著提高猪背最长肌ALA,EPA和n-3 PUFA的含量,降低花生四烯酸和二十二碳四烯酸含量,对DHA含量没有显著影响;提出要将猪肉n-6∶n-3降低到4.0以下需在日粮中添加3.0%亚麻籽油。Kouba等(2003)在猪日粮中添加150 mg/kg维生素E,60 d后发现含6%亚麻籽日粮组的猪背最长肌中维生素E沉积量为2.1 mg/g,而对照组为2.9 mg/g。其可能原因为维生素E作为抗氧化剂在日粮和组织中n-3 PUFA含量都高的情况下消耗较多。Guillevic等(2009)给20头初始体重60 kg的三元杂交猪分别饲喂基础日粮和含4.2%亚麻籽的日粮,平均体重达到106 kg时屠宰,测得亚麻籽日粮组的猪肉抗氧化能力显著低于对照组,300 mim时亚麻籽日粮组猪肉中丙二醛含量为0.46 mg/kg,而对照组仅为0.2 mg/kg。由此提示高水平的n-3 PUFA,会导致自由基和肉中脂质氧化物增加,所以在生产实践中要合理地调控日粮中亚麻籽的添加量,同时应当以现代化的技术为指导,生产营养价值丰富的健康猪肉,为人类健康提供保障。

综上所述,共轭亚油酸能改变猪胴体脂肪酸组成,降低猪体脂和皮下脂肪蓄积,提高IFM含量;在猪日粮中添加亚麻籽或亚麻油,可增加肌肉中的n-3 PUFA的含量,改善了猪肉的风味,但使猪肉更易氧化,需要运用综合的营养手段,使猪肉品质更符合消费者需求。

13.6 中草药类添加剂与肉品质

随着植物化学研究的进步，中草药中常见的有效成分，如多糖、黄酮、生物碱及甙类化合物可以更有效地提取或制备，通过进一步的科学复配，从而达到了减少添加量，提高其功效的目的。下面主要从中草药制剂及其提取物对生长育肥猪肉质特性的影响进行叙述。

13.6.1 中草药类提取物对猪肉品质的调控

童建国等(2008)通过在猪日粮中添加复合中草药提取物，与添加抗生素组进行对比，饲喂40 d，能够显著提高日增重，胴体瘦肉率，降低板油重和脂肪率，改善肌肉风味，提高育肥猪抗病能力。之前王勇等(2006)和田允波等(2003)也有过类似的报道。这表明在生长育肥猪饲粮中添加中草药提取物能改善猪肉品质，如表 13-15 所示。

表 13-15 中草药提取物对生长肥育猪胴体品质的影响

项目	试验组	对照组
屠宰率/%	72.63±0.88	72.20±0.26
瘦肉率/%	66.28±0.49[a]	62.65±0.43[b]
脂肪率/%	8.19±0.71[a]	11.94±0.91[b]
板油重/kg	1.51±0.19[a]	1.94±0.27[b]
眼肌面积/cm²	45.81±1.54[a]	41.30±0.72[b]
平均背膘厚/cm	2.24±0.22[a]	3.12±0.16[b]

田允波等，2003。

吴买生等(2009)报道，在生长育肥猪日粮中添加蒙生草本植物调理剂和香草添加剂能够改善猪肉风味，并能显著提高猪肉中蛋氨酸和苯丙氨酸的含量，显著降低肌肉重金属残留和抗生素残留，如表 13-16 所示，草本植物调理剂对肌肉氨基酸含量的影响。

表 13-16 草本植物调理剂对肌肉氨基酸含量的影响 %

项目	香草组	蒙生组	对照组
天冬氨酸	1.77±0.23	1.96±0.30	1.75±0.24
谷氨酸	0.6±0.06	0.66±0.10	0.53±0.07
丝氨酸	1.48±0.17	1.61±0.25	1.52±0.13
组氨酸	2.16±0.25	2.36±0.37	2.14±0.17
甘氨酸	0.48±0.07	0.5±0.09	0.45±0.03
苏氨酸	2.29±1.29	1.49±0.24	1.53±1.15
精氨酸	1.67±0.38	1.91±0.21	1.66±0.34
赖氨酸	1.95±0.25	2.02±0.45	1.88±0.35
亮氨酸	1.75±0.17	1.99±0.39	1.83±0.41
丙氨酸	1.05±0.15	1.07±0.12	1.03±0.11
酪氨酸	0.64±0.09	0.72±0.10	0.65±0.13

续表 13-16

项目	香草组	蒙生组	对照组
蛋氨酸	$0.05^{A}\pm0.03$	$0.02^{B}\pm0.01$	$0.01^{C}\pm0.01$
缬氨酸	0.98 ± 0.12	1.04 ± 0.16	0.95 ± 0.17
苯丙氨酸	$0.65^{a}\pm0.10$	$0.50^{b}\pm0.13$	$0.45^{b}\pm0.10$
异亮氨酸	0.87 ± 0.10	0.99 ± 0.16	1.03 ± 0.13
总和	18.39	18.74	17.41

吴买生等，2009。

袁文军等(2010)研究表明，抗热应激中草药能显著改善生长育肥猪肉色和大理石评分，降低滴水损失，显著改善育肥猪肉质，如表 13-17 所示。

表 13-17 中草药添加剂对育肥猪胴体性状与肉质的影响

项目	对照组	0.5%组	1.0%组	1.5%组
屠宰数 N	5	5	5	5
胴体性状				
胴体重/kg	66.97 ± 1.46^{a}	67.53 ± 1.41^{a}	67.35 ± 1.51^{a}	69.38 ± 1.45^{a}
瘦肉率/%	63.32 ± 1.98^{a}	68.57 ± 1.89^{b}	69.74 ± 2.01^{b}	69.69 ± 2.11^{b}
背膘厚/cm	2.01 ± 0.11^{a}	1.83 ± 0.08^{b}	1.83 ± 0.10^{b}	1.84 ± 0.09^{b}
肉质				
肉色	3.34 ± 0.10^{a}	3.46 ± 0.08^{ab}	3.58 ± 0.11^{b}	3.574 ± 0.07^{b}
大理石纹	2.04 ± 0.09^{a}	2.54 ± 0.07^{ab}	3.02 ± 0.08^{b}	3.04 ± 0.10^{b}
pH_1	6.42 ± 0.06^{a}	6.41 ± 0.08^{a}	6.62 ± 0.07^{b}	6.64 ± 0.08^{b}
pH_{24}	5.67 ± 0.08^{a}	5.64 ± 0.7^{a}	5.75 ± 0.06^{b}	5.76 ± 0.06^{b}
滴水损失/%	3.33 ± 0.22^{a}	3.21 ± 0.28^{ab}	3.09 ± 0.19^{b}	3.06 ± 0.21^{b}

袁文军等，2010。

13.6.2 五味子和大蒜

五味子为天然植物产品，具有营养和药用两种属性，富含多糖、有机酸、维生素和微量元素。李建平等(2010)研究表明生长育肥猪日粮中添加五味子能显著降低肌肉滴水损失(表 13-18)。但是日粮中添加五味子和/或柠檬酸有显著提高血清与组织中的丙二醛(MDA)含量的作用。

表 13-18 五味子与柠檬酸对肥育猪肉质的影响

项目	Control	CA	SC	CA+SC
滴水损失/%	6.82 ± 0.69^{a}	5.73 ± 1.06^{a}	4.86 ± 0.92^{b}	5.50 ± 0.69^{ab}
烹煮损失/%	25.26 ± 3.12^{a}	24.37 ± 2.97^{a}	21.44 ± 2.15^{a}	21.3 ± 1.40^{a}
总色素含量 OD	0.142 ± 0.023^{a}	0.148 ± 0.016^{a}	0.160 ± 0.009^{a}	0.152 ± 0.021^{a}
$pH_{45\ min}$	6.32 ± 0.26^{a}	6.36 ± 0.20^{a}	6.45 ± 0.19^{a}	0.152 ± 0.021^{a}
$pH_{24\ h}$	5.50 ± 0.05^{a}	5.54 ± 0.07^{a}	5.59 ± 0.12^{a}	5.55 ± 0.07^{a}
嫩度(剪切力)/kg	2.25 ± 0.25^{a}	2.37 ± 0.76^{a}	2.13 ± 0.37^{a}	2.19 ± 0.40^{a}
大理石纹	2.89 ± 0.10^{a}	2.98 ± 0.12^{a}	3.45 ± 0.18^{a}	3.50 ± 0.14^{a}

李建平等，2010。

大蒜中的活性成分大蒜素具有抗菌、抗寄生虫和抗真菌活性，同时有报道称大蒜素能够改善猪肉品质。陈伟等(2010)研究表明，在育肥猪日粮中添加5%新鲜大蒜，其肌肉肉色、大理石纹、系水率、肌内脂肪分别比对照组高20%，100%，11.6%和52.44%。同时肌肉的滴水损失率和烹饪损失率分别降低63.91%和22.17%（表13-19）。Yan等2010试验也表明在育肥猪日粮中添加2 g/kg发酵大蒜素，可以提高猪肉的大理石花纹和嫩度。

表13-19　试验猪的肉质特性测定结果($n=6$)

项目	大蒜组	对照组	项目	大蒜组	对照组
肉色	3.00a±0.67	2.50b±0.75	熟肉率/%	63.17a±4.75	57.69±4.18
大理石纹	1.00a±0.16	0.50b±0.11	剪切值/N	36.77b±3.72	42.15a±4.26
pH_1	6.41±1.23	6.51±1.71	水分/%	72.01±1.46	73.87±1.15
pH_μ	5.23±0.87	5.19±0.76	干物质/%	27.99±1.46	26.13±1.15
系水率/%	57.34^a±4.28	51.38b±3.54	肌内脂肪/%	1.25a±0.73	0.82b±0.24
滴水损失/%	2.44b±0.95	6.76±1.39	粗蛋白/%	24.48±2.53	23.20±1.67
烹饪损失/%	21.49b±3.06	27.61a±2.58	粗灰分/%	1.25±0.09	1.23±0.10

陈伟等，2010。

我国中草药使用历史悠久，它具有防病治病，促进动物生长，无耐药性的特点。中草药添加剂作为替代抗生素及化学合成药物的绿色饲料添加剂，能解决畜产品中药物残留的问题并有可能改善肉风味等品质，现已成为国内外研究开发的热点，但中草药类饲料添加剂调控肉质的具体机理研究很少，因此有必要对其进一步深入研究，以更好地促进中草药类饲料添加剂的推广使用。

（本章由浙江大学冯杰和中国农业大学尹靖东主笔）

参考文献

[1] 边连全，许云贺，苏玉虹，等. 能量水平对猪H-FABP基因表达量及肉质的影响. 食品科学，2010，31(11)：153-156.

[2] 蔡传江，车向荣，赵克斌，等. 亚麻油对育肥猪肉品质及脂肪组织脂肪酸组成的影响. 畜牧兽医学报，2009，40(12)：1755-1760.

[3] 蔡传江，车向荣，赵克斌，等. 亚麻油对育肥猪生产性能及猪肉脂肪酸组成的影响. 中国畜牧杂志，2010，46(9)：46-48.

[4] 陈常秀. 丙酸铬对育肥猪生产性能和胴体品质影响. 江西农业大学学报，2009，31(3)：522-525.

[5] 陈代文. 有机铬添加剂对猪生产性能和肉质的影响. 四川农业大学学报，2002，20(1)：1-4.

[6] 陈伟，李华，曾勇庆，等. 日粮中添加大蒜对育肥猪肌肉抗氧化性能及肉质特性的影响. Swine production，2010，2：30-32.

[7] 黄大鹏，郑本艳，李祥辉，等. 营养水平对育肥猪后期三江白猪肌肉品质的影响. 动物营养学报，2009，21(4)：428-433.

[8] 黄金秀，杨云飞，刘作华，等. 共轭亚油酸对体外培养的猪骨骼肌肌纤维类型组成的影响. 畜牧兽医学报，2010，41(3)：295-300.

[9] 蒋宗勇，等. 硒代蛋氨酸对肥育猪生产性能和肉品质的影响. 动物营养学报，2010，22(2)：293-300.

[10] 李建平,单安山,程宝晶.五味子柠檬酸对生长肥育猪抗氧化功能和肉质的影响.Nutrition and Feedstuffs,2010,46(15):31-34.

[11] 李绍钰等,维生素E与核黄素对肉鸡生产性能及肉质的影响.河南农业科学,2005(6):82-84.

[12] 李苏新,许宗运.有机硒与维生素E对育肥猪生产性能和肉质的影响.湖北农业科学,2008,47:77-80.

[13] 李月娥,葛长荣.猪肉品质的评价及日粮蛋白质氨基酸对肉质的影响.云南畜牧兽医,2005(4):7-8.

[14] 刘海凤.猪肉品质的营养调控研究进展.中国畜牧兽医,2009,36(10):184-186.

[15] 吕林,罗绪刚,计成.矿物元素影响畜禽肉质的研究进展.动物营养学报,2004,16(1):12-19.

[16] 罗刚,夏先林.饵料中添加有机铬对三文鱼肉品质的影响.水生动物营养,2009(8):60-62.

[17] 马文强,冯杰,许梓荣.N-甲基-D-天冬氨酸(NMDA)对肥育猪血清生长激素水平及腺垂体生长激素mRNA表达的影响.浙江大学学报,2008,34(3):322-326.

[18] 马玉龙,等.甜菜碱对肥育猪胴体组成及肉质的影响.宁夏大学学报,2000,21(4):349-351.

[19] 孟俊英.维生素E和维生素C对肉仔鸡抗氧化力、肌肉品质及生产性能影响的应用研究.2006,沈阳农业大学硕士学位论文.

[20] 唐仁勇.宰前短期添加天冬氨酸镁和维生素D_3对育肥猪肉品质及μ-Calpain与Calpastatin基因表达的影响.中国畜牧杂志,2008(5).

[21] 田允波,葛长荣,高士争.天然植物中草药对生长育肥猪生长性能胴体品质和肉质特性的影响.中国畜牧杂志,2003,39(1):22-23.

[22] 童富淡,许梓荣.对氨基苯砷酸对肥育猪生长性能和肉质的影响和机理研究.中国畜牧杂志,2000,36(6):7-9.

[23] 童建国,肖钰梅,陈保华.中草药提取物对育肥猪生产性能和肉质的影响.饲料工业,2008,29(18).

[24] 汪以真,许梓荣.甜菜碱对生长肥育猪体脂重分配的作用及机理研究.畜牧兽医学报,2001,32(2):122-128.

[25] 王勇,杨元青,张金存,等.中草药添加剂对猪育肥性能和肉质的影响.Animal Husbandry and Veterinary Medicine,2006,38(9).

[26] 王国泽.黄粉虫对鹌鹑生长性能与肉质的影响.营养与日粮,2010(256):14-15.

[27] 吴买生,蒙卫红.草本植物调理剂对育肥猪肉质特性的影响.家畜生态学报,2009,30(3):47-51.

[28] 徐大节.吡啶羧酸铬和天冬氨酸镁对猪肉品质的影响.中国畜牧兽医,2010,37(6):217-220.

[29] 许梓荣,王敏奇.纳米粒径化处理三价铬对杜长大肥育猪胴体组成、肉质和组织铬沉积的影响及其机理研究.浙江大学,2004.

[30] 殷泽洋.宰前短期补饲维生素D_3对猪肉品质的影响.沈阳农业大学,2007.

[31] 袁文军,黄兴国.抗热应激中草药对育肥猪生产性能及肉质的影响.湖南饲料,2010,1:34-37.

[32] 余东游,许梓荣.甜菜碱对生长猪的生长性能和胴体组成的影响.中国兽医学报,2004,24(5):490-493.

[33] 周林.生物素和维生素E对肉鸡屠宰性能和肉品质的影响.饲料博览.2000,8:6-7.

[34] 竺尚武,肉食品中胆固醇氧化物.OOD and Machiney,2004,20(4):19-22.

[35] Ali Asghar, Jian Gray, Alden M. 1991. Effects of supranutritional dietary vitamin E levels on subcellular deposition of α-tocopherol in the muscle and on pork quality. J Sci Food Agr. 57:31-41.

[36] Almquist, H. J., C. R. Grau. 1944. Nterrelation of methionine, choline, betaine and arsenocholine in the chick. J Nutr. 27:263-269.

[37] Ansved, T., Larsson L. 1989. Effects of ageing on enzyme histochemical, morphometrical and contractile properities of the soleus muscle in the rat. J Neuro Sci. 93:105-124.

[38] Arnold, R. N., S. C. Arp, K. K. Scheller. 1993. Tissue equilibration and subcellular distribution of vitamin E relative to myoglobin and lipid oxidation in displayed beef. J Anim Sci. 71:105-118.

[39] Aschbacher, P. W., V. J. Feil. 1991. Fate of arsanilic acid in pigs and chickens. 39(1):146-149.

[40] Boleman, S. L., S. J. Boleman, T. D. Bidner, L. L. Southern, T. L. Ward, J. E. Pontif, M. M. Pike. 1995. Effect of chromium picolinate on growth, body composition, and tissue accretion in pigs. J Anim Sci. 73:2033 - 2042.

[41] Brooke, M. H., K. K. Kaiser. 1970. Muscle fiber types: how many and what kind. Arch Neurol. 23: 369 - 379.

[42] Buckley, D. J., P. A. Morrissey, J. I. Gray. 1995. Influence of dietary vitamin E on the oxidative stability and quality of pig meat. J Anim Sci. 73: 3122 - 3130.

[43] Clayton. G. 2001. Vitamin and mineral additives for meat quality. Feed International. 8:17 - 19.

[44] Corino, C., S. Magni, G. P. astorelli. 2003. Effect of Conjugated Linoleic Acid On Meat Quality, Lip idMetabolisra, and Sensory Characteristics of Dry-cured Hams from Heavy Pigs. J Anim Sci. 81: 2219 -2229.

[45] Duthie, G. G., J. R. Arthur, F. Nicol, M. Walker. 1989. Increased indices of lipid peroxidation in stress-susceptible pigs and effects of vitamine E. Res vet Sci, 46:226 - 230.

[46] Enright, K. 1998I. The effect of feeding high levels of vitamine D3 on pork quality. J Anim Sci. 76:149.

[47] Estienne, M. J, K. K. Schillo, S. M. Hi, M. A. Gr, S. H. Ha. 1990. Effect of N-Methyl-D, L-Aspartate on Luteinizing-Hormone Secretion in Ovariectomized Ewes in the Absence and Presence of Estradiol. J Bio Repro. 42:126 - 130.

[48] Eswan, J., F. C. Parrish, B. R. Wiegend. 2001. Total Body Electrical Conductivity(TOBEC) Measurement of Compositional Differences in Hams, Loins, and Bellies from Conjugated Linoleic Acid(CLA)-fed tress-Genotype Pigs. J Anim Sci. 79:1475 - 1482.

[49] Ewa Ostrowska, Danny Suster, Morley Muralitharan. 2002. Conjugated linoleic acid decreases fat accretion in pigs: evaluation by dual-energy X-ray absorptiometry. J Brit Nutr. 89:219 - 229.

[50] Ewa Ostrowska, Morley Muralitharan, Reg F. Cross, Dale E. 1999. Dietary Conjugated Linoleic Acids Increase Lean Tissue and Decrease Fat Deposition in Growing Pigs. J Nutr. 129:2037 - 2042.

[51] Fallon, R. D., S. Harrits, R. S. Hanson, T. D. Brock. 1980. The role of methane in internal carbon cycling in lake Mendota during stratification. Limnol Oceanogr. 25:357 - 360.

[52] Frank J. M, J. I. Gray, A. M. Booren, E. R. Miller, D. J. Buckley, P. A. Morrissey, E. A. Gomaa. 1992. Influence of dietary treatment on lipid and cholesterol oxidation in pork. J Agri Food Chem. 40: 1310 - 1315.

[53] Guillevic, M., M. Kouba, J. Mourot. 2009. Effect of a linseed diet on lipid composition, lipid peroxidation and consumer evaluation of French fresh and cooked pork meats. Meat Sci. 81:612 - 618.

[54] Guo, Q., B. T. Richert, J. R. Burgess, D. M. Webel, D. E. Orr, M. Blair, G. E. Fitzner, D. D. Hall, A. L. Grant. 2006. Effects of dietary vitamine E and fat supplementation on pork quality. J Anim Sci. 84:3089 - 3099.

[55] Haydon, K. D., R. G. Campbell, T. J. Prince. 1995. Effect of dietary betaine additions and amino: calorie ratio on performance and carcass traits of finishing pigs. J. Anim. Sci. 73:83.

[56] H, P. P., G., J.. 1989. Vitamin E and vitamin C supplementation and stress—susceptible pigs: Effects of halothane and pharmacologically induced muscle contractions. Livest Prod Sci. 22:341 - 350.

[57] Je, C., C., G.. 1998. Dietary vitamin E: Quality and storage stability of pork and poultry. Trends Food Sci Tech. 9:62 - 72.

[58] Joo, S. T., J. I. Lee, Y. L. Ha. 2002. Effects of Dietary Conjugated Linoteie Acid on Fatty Acid Composition, Lip id Oxidation, Color, and Water holding Capacity of Pork Loin. J Anim Sci. 80:108 - 112.

[59] Karin, N., F. klaus, N. Gerd, K. Da, E. Ga, F. Il and E. Kl. 2005. Effects of dietary olive and linseed oil

on lipid composition, meat quality, sensory characteristics and muscle structure in pigs. Meat Sci. 70: 63 -74.

[60] Kouba, M. ,. M. Enser, F. M. Whitting. 2003. Effect of a high linolenic acid diet on lipogenic enzyme activities, fatty acid composition and meat quality in the growing pig. J Anim Sci. 81:1967 - 1979.

[61] La, M. C. ,R. a,D. a. 1994. Effect of dietary vitamin E on pigment and lipid stability of frozen beef: A kinetic analysis. Meat Sci. 38:3 - 15.

[62] Lawrence, B. V. ,A. P. Schinckel, O. Adeola, K. Cera. 1995. Performance of pigs fed betaine from 60 to 110 kg body weight. J Anim Sci. 73:195.

[63] Lindemann, M. D. , C. M. Wood, A. F. Harper, E. T. Kornegay, R. A. Anderson. 1995. Dietary chromium picolinate additions improve gain:feed and carcass characteristics in growing—finishing pigs and increase litter size in reproducing sows. J Anim Sci. 73:457 - 465.

[64] Liu, Q. ,M. C. Lanari and D. M. Schaefer. 1995. A review of dietary vitamin E supplementation for improvement of beef quality. J Anim Sci. 73:3131 - 3140.

[65] Ma, X. ,Y,Z,C. ,G. ,D. ,T. ,J. and.. 2010. Dietary arginine supplementation enhances antioxidative capacity and improves meat quality of finishing pigs. Amino Acids. 38:95 - 102.

[66] Mahan, D. C, Y. Y. Kim. 1996. Effect of inorganic or organic selenium at two dietary levels on reproductive performance and tissue selenium concentrations in first—parity gilts and their progeny. J Anim Sci. 74:2711 - 2718.

[67] Mahan, D. C. ,N. A. Parret. 1996. Evaluating the efficacy of selenium—inriched yeast and sodium selenite on tissue selenium retention and serum glutathione peroxidase activity in grower and finisher swine. J Ani Sci. 74:29 - 67.

[68] Mason, L. M. , S. Hogan, A. Lynch. 2005. Effects of restricted feeding and antioxidant supplementation on pig performance and quality characteristics of longissimus dorsi muscle from landrance and duroc pigs. Meat Sci. 70:307 - 317.

[69] Mckittrick, D. S. 1947. The Interrelations of Choline and Methionine in Growth and the Action of Betaine in Replacing Them. Archives Biochem. 15:133 - 155.

[70] Mitsumoto, M. , C. Faustman, R. G. Cassens. 1991. Vitamins E and C improve pigment and lipid stability in ground beef. J Food Sci. 56:194 - 197.

[71] Mitsumoto, M. , R. N. Arnold, D. M. Schaefer. 1993. Dietary versus postmortem supplementation of vitamin E on pigment and lipid stability in ground beef. J Anim Sci. 71:1812 - 1816.

[72] Mitsuru Mtsumoto, R. G. , D. M. Cassens, R. N. Schaefe. 1991. Improvement of color and lipid stability in beef longissimus with dietary vitamine E and vitamine C dip treatment. J Food Sci. 56:1489 - 1492.

[73] Monahan, F. J. ,J. I. Gray, A. 1993. Asghar Effect of dietary lipid and vitamin E supplementation on free radical production and lipid oxidation in porcine muscle microsomal fractions. Fo. 46:1 - 6.

[74] Mo, F. J. ,D. ,J.. 1990. Effect of dietary Vitamin E on the stability of raw and cooked pork. J Meat Sci. 27:99 - 108.

[75] Mooney, K. W. , G. L. Cromwell. 1995. Effects of dietary chromium picolinate supplementation on growth, carcass characteristics, and accretion rates of carcass tissues in growing-finishing swine. J Anim Sci. 73:3351 - 3357.

[76] Ohene-adjei S,T. ,Y. ,M. ,F. ,M.. 2004. Effect of vitamin E,low dose irradiation, and display time on the quality of pork. Meat Sci, 68:19 - 26.

[77] Page, T. G. , L. L. Southern, T. L. Ward, D. L. Thompson, Jr. 1993. Effect of chromium picolinate on growth and serum and carcass traits of growing-finishing pigs. J Anim Sci. 71:656 - 662.

[78] Patrick, A. , J. Morrissey, Denis,. J. Buckley, A. Sheehy. 1994. Vitamine E and meat quality. P Nutr Soc. 53:289 - 295.

[79] Peeters, E. , B. Driessen, R. Geers. 2006. Influence of supplemental magnesium, tryptophan, vitamin C, vitamin E, and herbs on stress responses and pork quality. J Anim Sci. 84:1827 - 1838.

[80] PhillipsA. ,C. ,M. ,K. ,T. andS. . 2001. Effect of dietary α-tocopherol supplementation on color and lipid stability in pork. Meat Sci. 58:389 - 393.

[81] Pion, S. J. ,E. van Hengten. M. T. See. 2002. Effects of vitamine Csupplemented through drinking water on pork quality. Dep Anim Sci. Annual Reports,North Carolina State University.

[82] Saunderson, C. L. , J. Mackinlay. 1990. Ch. Brit J Nutr. 63:339 - 349.

[83] Smith, S. B. , T. S. Hively, G. M. Cortese. 2002. Conjugated Linoleie Acid Depresses the Desaturase Index and Stearoyl Coenzyme ADesaturase Enzyme Activity in Porcine Subcutaneous Adipose Tissue. J Anim Sci. 80:2110 - 2115.

[84] Swanek, S. S. 1998. Effects of vitamine D_3 supplementation of beef steers on longissimus muscle tendencess. . J Anim Sci. 76:13.

[85] Thiel-Cooper, R. L. , F. C. Parrish, J. C. Sparks. 2001. Conjugated linoleic acid changes swine performance and carcass composition. J Anim Sci. 79:1821 - 1828.

[86] Tischendorf, F. F. Schone, U. Kitchheim, G. Ja. 2002. Influence of a Conjugated Linoleic Acid Mixtureon Growth,Organ Weights,Carcass Traits and Meat Quality in Growing Pigs. J Anim Phys Anim Nutri. 86:117 - 128.

[87] Toshiyuki. Toyosaki. 1992. Antioxidant effect of riboflavin in enzymic lipid peroxidation. J Agri Food Chem. 40:1727 - 1730.

[88] Valin, C. , C. Touraille, P. Vigneron, R. Ashmore. 1982. Prediction of lamb meatquality traits based on muscle biopsy fibre typing. Meat Sci. 6:257 - 263.

[89] Wang, J. ,C. J. Huang, C. K. Chow. 1996. Red cell vitamin E and oxidative damage:A dual role of reducing agents. J Free Rad Res. 24:291 - 298.

[90] Ward, T. L. , L. L. Southern, S. L. Boleman. 1993. Effect of dietary chromium picolinate on growth, nitrogen balance and body composition of growing broiler chicks. Poult Sci. 72:37.

[91] Waylan, A. T. , P. R. O'Quinn, J. A. Unruh. 2002. Effects of modified tall oil and vitamine E on growth performance,carcass characteristics, and meat qualitity of growing-finishing pigs. J Anim Sci. 80: 1575 - 1585.

[92] Waylan, A. T. 2002. Effects of modified tall oil and vitamin E on growth performance, carcass characteristics, and meat quality of growing - finishing pigs. J Anim Sci. 80: 1575 - 1585.

[93] Wiegand, B. R,. F. C. Parrish, J. E. swan. 2001. conjugated 1inoleic acid improves feed efficiency,decreases subcutaneous fat,and improves certain aspects of meat quality in stress Genotype pigs. J Anim Sci. 79:2187 - 2195.

[94] Wiegand, B. R. , J. C. Sparks, F. C. Parrish. 2002. Duration of feeding conjugated linoleic acid influences growth performance,carcass traits,and meat quality of finishing barrows. J AnimSci. 80:637 - 643.

[95] Wilborn, B. S. C. R. Kerth, W. F. Owsley, W. R. Jones, L. T. Frobish. 2004. Improving pork quality by feeding supranutritional concentrations of vitamin D_3. J Anim Sci. 82 :218 - 24.

[96] Yan, L. , Q. W. Meng, X. Ao. 2010. Effects of fermented garlic powder supplementation on growth performance, blood characteristics and meat quality in finishing pigs fed low - nutrient - density diets. Live Sci. 10:544 - 545.

第 14 章

宰前处理对肉品质的影响

畜禽在屠宰前通常会经过装卸(Loading and unloading)、运输与休息(Transporting and recovery)、入栏(Lairage)、禁食(Fasting)以及宰前致晕(Stunning)等程序,然后才能进行屠宰和放血等步骤。在这些过程中,动物要面临诸多应激原的刺激,如饥饿、颠簸、拥挤、重新混群和陌生环境等客观因素,以及由此导致的惊恐、紧张等心理因素。宰前处理程序带来的应激绝大部分对于肉质的形成是不利的,但是有一些程序,如运输前禁食供水以及宰前休息等可能对肉质有一定改善作用。宰前的各种处理程序后接着要进行屠宰操作,是畜禽由活体转化为肉类产品的环节,因此对肉质形成的作用也非常重要。国内外大量研究表明,屠宰前处理对肉品品质有直接影响,因此这些程序也应被视作控制和提高肉品品质的重要环节。本章将就畜禽宰前主要的处理环节对肉品质的影响进行讨论。

14.1 宰前禁食对肉品质的影响

宰前禁食(Pre-slaughter fasting),即畜禽宰前的一定时间内停止饲喂饲料,但通常需要大量给水。宰前禁食通常包括被动和主动两种情况,即在装卸、运输过程中不可避免的断料断水,以及屠宰前畜禽休息期人为控制的禁食供水。宰前禁食经常是伴随着宰前其他处理程序共同发生的,所以也可以视作不同处理程序对肉质影响的构成因素。但是,从 20 世纪 70 年代开始,业者开始注意到人为控制的宰前断料供水可能对肉品质有改善作用,并在这方面进行了大量的研究工作,大部分研究结论均证实了上述推断。因而,目前在很多国家的法规或行业相关条例中,明文规定了畜禽在屠宰前一定时间内应当停止饲喂,但可以自由饮水。

现在国际上对于宰前禁食的益处业已形成共识,通常认为宰前禁食有利于维护食品安全,改善肉品品质。宰前禁食一定时间有助于减少屠宰时畜禽胃中残留的食物量,降低屠宰时由于偶发的肠胃破裂,食糜和粪便外溢对胴体造成污染的可能性(Faucitano 等,2006)。此外,畜禽暂时的饥饿可促进动物体内的糖原代谢，加速宰后肉的成熟，提高肉的质量。禁食期间一般会供应充足的饮水，这样可以降低血液浓度，避免放血不良，提高放血合格率，从而提高肉的贮存性。

但是对于宰前禁食效果的研究也有不同观点，这是因为动物例如猪经过较长时间运输（如超过 10 h 或更长）后继续禁食会导致屠宰率下降，影响养殖者的经济效益，但是对肉品质没有显著影响（Becker 等，1989）。其原因主要是由于运输应激会升高能量动用的相关激素（如甲状腺素）的水平，进而加剧体内的分解代谢，而持续的禁食会加剧动物运输应激以及适应新环境等应激因素引起的分解代谢，最后导致胴体重下降（Becker 等，1989）。

宰前禁食期间，畜禽虽然处于从应激中恢复的阶段，但是由于没有外源能量供应，因此必然会消耗体内的能量储备，尤其是肝糖原迅速下降；如果禁食时间持续延长，最终也会导致肌糖原的大量损失。肌肉中糖原含量对于宰后肉品形成至关重要。如果宰前肌糖原过低，会使宰后乳酸产生量不足，导致最终 pH 升高，进而使得肉品熟化所需的酶类活性不足，无法对肌肉蛋白质进行必要的分解，从而导致肉质过硬，产生 DFD 肉。考虑到这些因素，有人认为应当对宰前禁食的方式进行改进，比如在禁食期间饲喂/饮用糖（水），以保持胴体重，并克服饥饿和疲劳带来的其他负面影响。

通常认为各种畜禽的断食断水时间应当不同：猪宰前 12 h 断料，宰前 3 h 断水；牛、羊宰前 24 h 断料，宰前 3 h 断水，家禽 18～24 h 断料，宰前 2～3 h 断水。

14.2 宰前运输对肉品质的影响

14.2.1 宰前运输（Pre-slaughter transport）

通常情况下，畜禽在送往屠宰厂的运输过程中，容易产生应激反应从而导致畜禽生理性状的改变以及影响宰后肉的感官品质。不合理的运输方式和运输时间都会引起畜禽体内水分流失，体重下降；强烈的应激反应还会导致畜禽糖原损失，使肉的最终 pH 值过高，进而影响了肉质；如汽车或火车运输时，畜禽会发生掉膘、擦伤；运输时空气不流通，空间狭小，还会导致畜禽窒息甚至死亡，所以如何安排和选择合理的运输时间和运输方式对于改善肉品质是很重要的。因此，运输对于动物的影响通常被称作运输应激，即指在运输途中的禁食/限饲、环境变化（混群、密度、温度、湿度）、颠簸、心理压力等应激原的综合作用下，动物机体产生的本能的适应性和防御性反应，是影响畜禽肉品质的重要宰前因素之一。运输应激条件下，动物往往表现为呼吸急促、心跳加速、恐惧不安、性情急躁，体内的营养、水分大量消耗，并最终影响动物的生产性能、免疫水平和肉品品质（Fazio 和 Ferlazzo，2003）。

运输应激强度受畜禽品种、运输距离、运输时间和运输密度等的影响。受遗传等因素的影响，不同种类的畜禽抵御应激的能力存在差异。家禽对于运输应激的敏感度相对较高，因此运输导致的损失也相对较大。Voslářová 等（2007）对捷克 1997—2006 年间的肉仔鸡、淘汰蛋鸡和种公鸡、火鸡、鹅和鸭等家禽因运输引起的平均死亡率做的统计表明：以上几种家禽的死亡率均随运输距离的延长而显著增加，其中以淘汰蛋鸡和种公鸡最高，其次是肉仔鸡（表 14-1）。另有统计显示，运输过程中肉仔鸡的平均死亡率和受伤率分别为 0.46%和 2.2%（Nijdam 等，2004）。

表 14-1 宰前运输应激对不同种类家禽平均死亡率的影响 %

项目	统计数量[1]/10³ 只	运输距离/km				
		<50	51～100	101～200	201～300	>300
肉仔鸡	118 490	0.154[a]	0.280[ac]	0.373[ac]	0.535[a]	0.681[a]
蛋鸡和种公鸡	5 180	0.595[b]	0.766[b]	1.131[b]	1.892[b]	0.963[b]
火鸡	1 720	0.164[c]	0.297[ac]	0.340[ac]	0.341[c]	0.279[cde]
鹅	76.8	0.053[de]	0.021[d]	0.036[de]	0.045[de]	0.253[cd]
鸭	2 050	0.084[de]	0.110[e]	0.111[de]	0.069[de]	0.147[ce]

注：同一列平均值肩标字母不同者差异显著($P<0.05$)。

1 为 1997—2006 年捷克的家禽运输数量，数据源于捷克共和国兽医管理局(Voslářová 等)。

生猪对运输应激的敏感度虽然不如家禽高，但由于猪只成本较高，一旦发生死淘，也会造成很大的损失。Malena 等(2007)和 Ve čerek 等(2006b)报道的宰前运输过程中猪的死亡率分别为 0.107%和 0.108%。氟烷基因与猪的应激水平密切相关，也是猪产生 PSE 肉的重要遗传原因。在同样的运输条件下，氟烷敏感猪血浆皮质醇、CK、LDH 和 AST 均显著高于氟烷基因携带猪和无氟烷基因猪，三者在运输中的死亡率分别为 9.2%、0.27%和 0.05%，且氟烷敏感猪在运输后，其肉质下降，易产生 PSE 肉。Voslářová 等(2010)研究发现，猪运输途中的死亡率随装载密度增加而显著升高，敞篷运输车中猪的密度为小于 40 头、40～120 头和大于 120 头时，运输过程中猪的死亡率分别为 0.053%、0.130%和 0.156%。

由以上数据可见，装载密度是影响宰前运输应激强度的重要因素之一。如果装载密度过高，空气流通以及活动空间将受到严重制约，进而影响散热、空气含氧量以及肢体伸展等动物必需的正常条件，导致畜禽处于一种极“不舒服”的状态下，甚至可能窒息，进而引起畜禽高的死亡率；装载密度过低会降低运输效率，而且在冬天不利于动物的取暖保温。装载密度与运输时的外界环境有关，不适宜的气候条件会加剧运输导致的畜禽死淘。合理的运输密度和运输温度可以减少畜禽的应激反应，如在炎热的条件下，长途运输的畜禽需要较大的空间，而在冬季可以适当增加运输的密度，以便动物之间的相互依靠来抵抗寒冷刺激。有研究表明，在夏季和冬季，运输过程中动物的死亡率较高，且死亡率和运输时间(距离)呈正相关(Večerek 等，2006a,b)。

研究显示，运输过程的疲劳和饥饿会引起畜禽肌肉中水分和糖原的减少，而且，饥饿也会导致畜禽之间的争斗，产生新的应激发应。所以如果运输时间较长，应适量供给饲粮和水。为了保证牲畜肉的品质，欧盟在 2004 年 12 月 22 日关于牲畜运输时间、休息时长、喂水和喂食的时间间隔做了详细的要求：未断奶的小牛、小羊和小猪要继续喂奶；运输超过 9 h 要至少休息 1 h，补充足够的饮水后，才可以被运输下一个 9 h，猪的最大运输时间为 24 h，在运输期间必须连续喂水；其他未断奶的牲畜，必须在 14 h 的运输之后至少休息 1 h 并给足饮水，然后才可以被再运输 14 h。当畜禽到达目的地卸载时应选取较方便的卸载台，卸车坡道应小于 20°，应为非光滑表面。工作人员穿着暗色衣服较好，适用带声响的工具进行驱赶，严禁暴力鞭打或采用点刺激驱赶。

14.2.2 宰前运输对肉品质的影响

运输应激影响肌肉糖代谢，导致肉品质下降。动物屠宰时肌肉糖原含量及宰后的糖原降解的速度显著影响乳酸的生成量，进而影响肌肉 pH 变化速度和最终 pH(Bendall 和 Swatland,1988)。运输应激状态下，动物机体能量代谢加强，并通过糖酵解作用补充能量，使得宰后肌肉中糖原和乳酸含量发生变化，从而影响肉品质(Zhang 等,2009)。运输后肌肉乳酸含量升高，其 pH 比未经运输的猪下降得更快，过低的 pH 引起肌肉蛋白质变性，进而影响肉的嫩度、滴水损失、肉色等。Hambrecht 等(2005)研究了驱赶、运输及持续时间对无氟烷敏感基因的猪宰后肌肉品质的影响，发现长时间运输会增加肌肉糖酵解潜力和肉中乳酸浓度，降低肌肉嫩度和肌肉亮度，增加电导率；同时该研究表明运输应激使得糖酵解型纤维居多的背最长肌宰后 24 h 的 pH($pH_{24\,h}$)和系水力下降，易产生 PSE 肉；相反，氧化型肌纤维居多的冈上肌宰后的 $pH_{24\,h}$较高，易产生 DFD 肉。Zhang 等(2009,2010)系统研究了运输应激对肉仔鸡肉品质的影响及机理，发现运输应激可引起腿肌中Ⅱb 型肌纤类型变化，虽不能确定其转化方向，但长时间运输使肉鸡肌纤维收缩强度显著增加，诱发体内产生过量的自由基从而引发肌肉脂质过氧化反应，提高丙二醛(MDA)产量并在一定程度上影响肉质。

运输应激会增加食品安全的风险。弯曲杆菌(Campylobacter)是一种重要的食源性病原菌，可引起人类急性肠炎、格林巴利综合征、反应性关节炎、Reiter's 综合征等多种疾病，弯曲杆菌污染的肉类、水、牛奶等常可引发消费者发生疫病。近年有研究表明运输应激可引起肉鸡盲肠及粪便中弯曲杆菌数量增加，使得肉鸡胴体受弯曲杆菌污染的风险增加，对肉品质安全和公众健康构成潜在危险，而屠宰前断料和休息可降低肉鸡粪便中弯曲杆菌的含量，其机理尚不清楚(Stern 等,1995；Whyte 等,2001)。

由此可见，运输作为一种不可避免的宰前程序，其对肉产品的质量和安全都有明显或潜在的威胁。因此，在实际生产中，如何安排和选择合理的运输时间和运输方式对于改善肉品质尤为重要。

14.2.3 宰前运输影响肉品质的可能机制

14.2.3.1 内分泌变化

应激可引起机体非特异性反应，通过神经(激素)—免疫(抗体等)—内分泌网络(内分泌物)的共性通路，改变机体的内稳态，启动细胞信号传导，引起多种细胞学效应，从而对机体产生广泛的影响，严重时会发生生理功能紊乱和应激性损伤。机体存在两大应激应答系统，分别是交感神经—肾上腺髓质(SAM)轴和下丘脑—垂体—肾上腺皮质(HPA)轴(Koolhaas 等,1999)。SAM 轴活动增强可引起儿茶酚胺的释放，急性应激下，机体儿茶酚胺释放增加，刺激肝脏腺苷酸环化酶活性，催化 ATP 生成 cAMP(能量流)，增加抗体活性，心输出量(心跳增加、心脏收缩增强)和循环血量增加(骨骼肌、皮肤、胃肠道和脾脏等外周血管收缩加强)。此外，还可引起脂肪分解、肝糖原分解及糖异生作用增强(Siegel,1995)。HPA 轴激活及由此引起的糖皮质激素分泌增加是应激反应的重要特征，其研究报道较多。与 SAM 轴的调节相比，HPA

轴的调节作用广泛而持久，应激引起的神经和激素变化起源于下丘脑，先是下丘脑释放促肾上腺皮质激素释放因子(Corticotrophinreleasing factor，CRF)，CRF 刺激前垂体产生促肾上腺皮质激素(ACTH)，ACTH 刺激肾上腺皮质释放糖皮质激素(Corticosteroids)，在家禽上首先是皮质酮(Corticosterone)，对于猪等哺乳动物主要是皮质醇(Cortisol)。糖皮质激素广泛参与机体的新陈代谢、能量平衡及免疫功能等。以家禽为例，图 14 - 1 所示为应激状态下家禽 HPA 轴系统参与应激应答的调节机制。

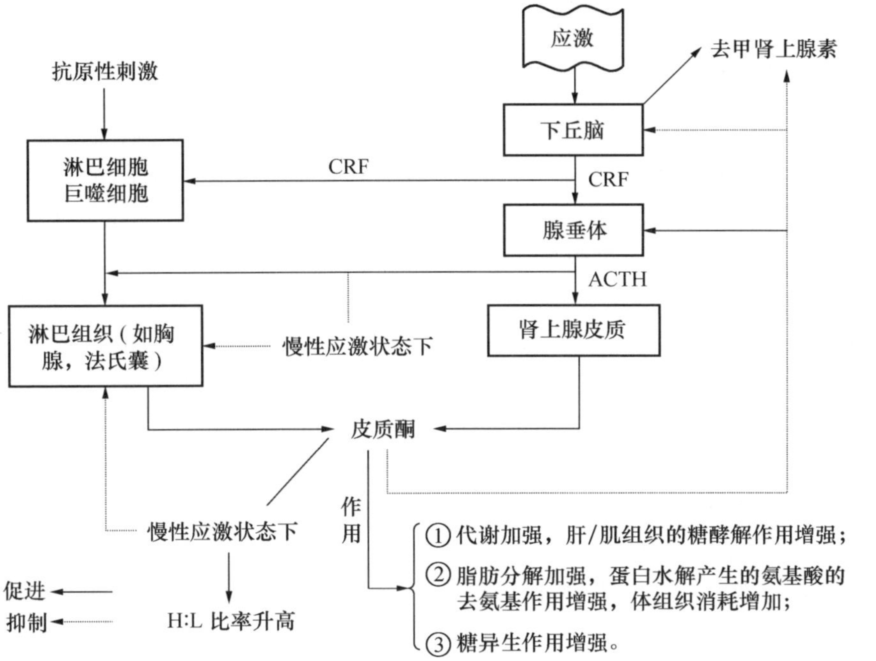

图 14 - 1 家禽丘脑—垂体—肾上腺皮质轴(HPA)应激应答系统

研究表明，在运输过程中体内众多激素会发生变化，如 β - 内啡肽、ACTH、糖皮质激素、三碘甲腺原氨酸(T_3)、甲状腺激素(T_4)、生殖激素(LH 和 FSH)等。而这些激素的变化程度因动物品种、运输距离(时间)、季节、性别、年龄、生理状况、性情、有无运输经历等而异。奶牛运输后，血浆中 ACTH 水平显著升高(Dixit 等，2001)，ACTH 可以增强肝(肌)糖原分解，加速糖酵解，影响肉品质。肉仔鸡血浆皮质酮在短时间运输后显著升高，随运输时间的增加又降至运输前水平，其主要原因是肉仔鸡在长时间的运输过程中产生了适应性(Zhang 等，2009)，这与奶牛(Wariss 等，1995)、山羊(Kannan 等，2000)、猪(Pérez 等，2002a；Apple 等，2005)等在运输过程中糖皮质激素皮质醇的变化规律相同。

14.2.3.2 生化代谢

运输应激状态下，机体对能量的需求增加，能量的分配由生产(如生长、泌乳等)转向生存，同时体组织积极分解以提供抵御应激所需的能量和氨基酸。运输应激也会引起血液中某些酶的活性发生变化。在运输应激状态下，猪血清中肌酸磷酸激酶(CPK)、天冬氨酸转氨酶(AST)和乳酸脱氢酶(LDH)等活性均有不同程度的升高，而 α - 羟丁酸脱氢酶的活性有所降低，其中 CPK 是肌细胞特异酶，其活性显著升高是肌细胞膜系统受损的信号(Baldi 等，1994；

Lee 等,2000)。鸡(Zhang 等,2009;Yue 等,2010)、牛(Kent 和 Ewbank,1983)、山羊(Kannan 等,2000)和猪(Pérez 等,2002)等动物在运输后,其血糖短时间升高,系因运输应激加强了机体组织代谢,随后血糖浓度降低,肝糖原开始分解代偿性补充血糖,随着运输时间的增加及运输过程中的断料饥饿,糖原分解作用显著降低甚至停止,不足以补充血糖,血糖持续降低直至出现低血糖症状。此外,Zhang 等(2009)发现,长时间的断料运输会引起肉鸡血浆中非酯化脂肪酸(NEFA)浓度显著升高,这主要是由于在长期运输过程中机体中血糖已经耗竭,糖原分解作用显著降低,机体动员脂肪组织分解供能,从而引起血浆 NEFA 升高。

14.2.3.3 分子机制

有氧代谢的生物机体无时无刻不在遭受活性氧(ROS)的攻击,同时也进化形成了自身的抗氧化防御体系。当 ROS 的产生速度超出细胞抗氧化防御体系的清除能力时,ROS 就会攻击细胞成分,引发一系列毒性效应,对细胞造成"氧化胁迫"作用。任何引起 ROS 产量增加或削弱体内抗氧化系统的作用均可引发细胞膜脂质过氧化反应(MDA 产量升高),造成细胞损伤,引起机体功能紊乱(Selman 等,2000;Lata 等,2004)。研究表明,冷、热应激(Selman 等,2000;Mujahid 等,2005),运输应激(Zhang 等,2010)或患病时(Raha 和 Robinson,2000)畜禽体内 ROS 产量高于正常生理状态。3 h 的长时间运输可引起 46 日龄肉仔鸡腿肌 ROS 产量显著增加,并伴随有脂质氧化产物 MDA 产量的升高(Zhang 等,2010)。

解偶联蛋白质(Uncoupling proteins,UCPs)是线粒体内膜上一个具有调节质子跨膜转运作用的转运蛋白家族,可驱散质子电化学梯度,使呼吸链和 ATP 的合成解偶联,使产能转化为产热,并提高静息代谢率(Palmieri,1994;Ledesma 等,2002),因而在适应性产热和新陈代谢中发挥着重要作用。禽解偶联蛋白质(Avian uncoupling protein,avUCP)主要在禽类的骨骼肌中表达(Raimbault 等,2001;Evock - Clover 等,2002),参与调节机体产热(Dridi 等,2004)。目前,avUCP 的具体生理功能的尚不清楚,多数研究者认为它在禽类机体产热调节中起重要作用,可能参与调控脂肪供能,调节胰岛素分泌,清除机体 ROS 产量以保护机体免受其损伤,或同时具备多种调节功能(Adams,2000;Dulloo 和 Samec,2001;Criscuolo 等,2005)。有些研究认为,骨骼肌细胞线粒体内膜阴离子载体腺苷转位因子(Adenine nucleotide translocator,ANT,又名 ATP/ADP 转运子)和 avUCP 共同参与线粒体内膜上解偶联机制,当其表达量上升时,引发温和的解偶联,清除 ROS,减轻细胞的损伤(Casteilla 等,2001;Skulachev,1991)。Zhang 等(2010)研究发现,45 min 和 3 h 的运输应激对肉仔胸肌中 avUCP 和 avANT mRNA 的表达量无显著影响,但 3 h 的长时间运输可引起腿肌中 avUCP 表达量显著升高,表明机体清除长时间运输产生的过量 ROS 的作用增加,有助于减轻骨骼肌细胞氧化损伤。

热应激蛋白(Heat stress proteins,HSPs)是所有生物细胞受到应激因素作用而选择性合成的一组高度保守的蛋白质,其主要生物学功能是在应激条件下参与细胞的抗损伤、修复和热耐受过程,保持细胞生命活动(Feder 和 Hofmann,1999)。室外放养的肉鸡和限饲的肉鸡,对运输应激的耐受力强于笼养和自由采食的肉鸡,这种耐受可能与其脑组织中 HSP70 的高表达量有关(Al-Aqil 和 Zulkifli,2009)。Yu 等(2009)研究了不同运输时间对二花脸猪背最长肌肉品质及热应激蛋白表达的影响,发现 1 h 和 2 h 的运输引起背最长肌 pH 降低,滴水损失和亮度值增加,易产生 PSE 样肉。

宰前运输包括多种应激因素。作为动物屠宰前所经历的强度最大、时间较长的应激来源，其对动物机体的影响也渗透到各个方面，而其作用机理也很可能涵盖了已知的大部分应激信号转导通路。因此，对宰前运输的控制也应当着眼于对多种因素的综合控制。

14.3 宰前管理对肉品质的影响

14.3.1 宰前休息

在从养殖场到屠宰场这一段时间里，畜禽要经历禁食、驱赶、混群、上车、途中颠簸、下车等一系列过程，造成了畜禽的应激反应，这些应激对于畜禽的情绪以及新陈代谢都有很大的影响。过分疲劳及受热应激的畜禽在屠宰时易致放血不净，而且宰后肉的品质和保存性均不良。Nedelniuc (1974)以 40 只猪在宰前行走 60 min，其肉比对照组的蛋白质含量少 2.2%，而水分含量较高(吴信法，1984)。蛋白组学研究表明，运输后立即屠宰的猪与宰前休息 12 h 的猪，其肌肉蛋白质图谱不同(Warriss 等，1991)。所以在待宰前一定要给予畜禽充分的休息，一般至少 24 h，并且在休息期间要保持安静，保留一定的空间，保证舒适的温湿度，这样有利于恢复畜禽在运输过程中造成的疲劳和紧张，恢复肌糖原储备，便于宰后肉的 pH 降低以迅速达到僵直，抑制微生物的繁殖，延长肉的保质期。同时，有利于放血和消除应激反应，减少畜禽体内的淤血现象，从而保证宰后肉的品质。

14.3.2 宰前冲洗

最近，大量研究表明，生猪宰前冲洗体表能减少猪肉品质缺陷，如 PSE 猪肉等的产生。宰前对猪进行淋浴(水温 20℃、时间 5 min)，可以清除体表的污物，保证屠宰时的清洁卫生，并且猪会有凉爽舒适的感觉，促进外围毛细血管的收缩，易于充分放血。研究者还发现当猪淋浴感觉凉爽时，还会减少相互的斗争，从而减少了应激反应，提高肉质。

14.4 宰前致晕方式对肉品质的影响

14.4.1 宰前致晕(Stunning methods)

致晕指通过物理或化学方法使动物在无痛苦或痛苦较低的状态下失去知觉(昏迷或死亡)，并且保证在后续的屠宰流程中不再苏醒。狭义的致晕是指动物在致晕后经过一段时间可以恢复意识，广义的致晕还包括宰前致晕诱导的死亡过程，即致死(致晕一致死，Stun - kill 或 stun/kill，或 Stun to kill)。致晕的最初目的是为了防止动物自主行动，如跑动、飞腾及挣扎等，便于流水作业。而今“致晕”是人道主义屠宰的必要环节，致晕的主要目的还包括减轻屠宰过程给动物带来的痛苦、减少死前挣扎造成的胴体损伤、提高屠宰效率及改善工人工作环境等。

致晕方式可以分为 3 类：器械致晕、电致晕（俗称电击晕）和化学致晕（指气体致晕，或气体麻醉）。

器械致晕方法一般指的是震荡致晕（Percussion stunning），有手持式插销枪致晕（Captive bolt stunning）和蘑菇状插销枪致晕（Mushroom bolt stunning）两种方式。分别通过穿刺和非穿刺的方式导致脑震荡和大脑创伤从而使动物陷入昏迷。目前器械致晕方式主要应用于猪、反刍动物等大家畜以及鱼类，基本未应用于家禽屠宰中。对于家禽，其致晕方式最常见的是电击晕。家禽的电击晕包括头部电击晕和水浴式电击晕。在实际生产中水浴式电击晕操作简单、致晕效率高、成本低等特点，应用范围最广。电击晕由于其涉及参数多（如电压、电流和频率以及水浴器械的尺寸等），因此不同地区使用的电击晕参数变异较大。利用气体致晕畜禽的研究最早开始于 20 世纪 50 年代（Drewniak 等，1955；Kotula 等，1957），现在已经在欧洲、美国、加拿大和日本等地得到了推广。从类型上看，气体致晕可以分为缺氧式（惰性气体＋2％以下 O_2）、高碳酸性缺氧、高碳酸性低氧、高碳酸性高氧、两阶段致晕 - 致死法（高碳酸性缺氧＋高碳酸性高氧）。而今商业化应用的气体致晕（也叫控制气体致晕）方法有 5 种，分别为：60％ Ar＋30％ CO_2＋10％ 空气（英国）；90％ Ar＋10％ 空气（英国）；两阶段的气体致晕 - 致死法：40％ CO_2＋30％ O_2＋30％ N_2 先致晕，然后 80％ CO_2＋20％ N_2 致死（欧洲大陆）；40％ 以上 CO_2 致晕 1 min 以上（日本、意大利）（Gregory，2005）。气体致晕在各种动物的屠宰中均有应用，但由于这种方式需要的致晕时间较长，因此在动物福利上存在一定的争议。

14.4.2 致晕方式对肉品质的影响

致晕虽然可以减轻动物在屠宰过程的疼痛感，但是该过程诱导的癫痫反应促使动物发生剧烈的甩头、蹬脚以及家禽拍打翅膀等反应。这些剧烈的生理活动往往造成胴体损伤，比如骨折、断骨处的血斑、翅尖红斑、皮下出血、肌肉渗血点等，另外，不当的致晕方式还对肉色、嫩度、系水力等造成不良影响。比如电击晕可以使猪在放血前不会恢复知觉，但是容易使猪胴体产生旅淤斑；而气体致晕参数设置不当，如氧气含量过高会导致多种畜禽肉的颜色变浅，货架期缩短等。这些缺陷不仅直接影响消费者的购买欲望而且影响屠宰后的胴体分级、分割和肉品加工，给屠宰业带来直接损失。影响屠宰后产品品质的因素包括致晕方式、致晕参数以及其他宰前宰后的因素。前人对这些因素进行了大量研究，形成了很多共识，但也存在不少争议。

动物死后，随着磷酸肌酸的耗尽，无氧糖酵解即成为肌肉中产生 ATP 的唯一途径。故而死前肌肉中的糖原含量可以影响到死后糖酵解的速度、程度，以及乳酸含量和最终 pH 的高低，进而影响僵直的发生、肉品加工的肉产率和到消费者终端的肉品质。正因如此，在日粮中改变碳水化合物或能量水平可能通过影响糖酵解潜力而影响死后肌肉的僵直和成熟。屠宰和致晕产生的应激可能导致肌肉中的活性氧含量增加，活性氧在死后的肌肉中促进脂质过氧化以及 MDA 的产生。通过在日粮中添加抗应激和/或抗氧化的添加剂（如维生素 C、维生素 E 等）可以减少胴体储存过程中肌肉的脂质过氧化。

14.4.2.1 电击晕对肉品质的影响

电击晕参数对肉品质有显著的影响。适宜的电压、电流强度、致晕时间，频率、波形可以减轻电击晕造成的胴体缺陷和降级的影响，提高放血效率、改善肉品质。

随着电压的上升，肉鸡骨折和出血等胴体缺陷的情况增多，肉质更硬，肌肉最终 pH 、系水力降低、亮度值升高(Gregory 和 Wilkins，1989，1990；Dickens 和 Lyon，1993；Contreras 和 Beraquet，2001)。过低的电压(0～23 V AC)或过高电压(103～193 V AC) 都导致放血率降低，胴体损伤概率高，评级降低(Ali 等，2007)；而中等的电压如 53～63 V(Ali 等，2007)或 40 V (Contreras 和 Beraquet，2001)具有最大的放血量和最少的胴体缺陷。为了降低屠宰车间的操作风险，目前一些国家已经研制出针对生猪的低电压致晕系统，致晕时间比使用高电压长，但并不会增加 PSE 的产生几率。

电流强度同电压的作用规律相似，在保证致晕效率的基础上低电流强度致晕可能比高电流致晕更有利于肉品质，但报道的结果并不一致。过高的电流强度(如大于 130 mA)导致胴体品质更差，胴体僵直推迟的程度更高，但对最终肉品质的影响则报道不一致(Craig 和 Fletcher，1997；Gregory 等，1989；Papinaho 和 Fletcher，1995，1996；Craig 和 Fletcher，1997；Poole 和 Fletcher，1998)。Raj(1998)认为电压发挥致晕作用的实质也许就是相应电流的作用。

使用高频率致晕可能对放血效率、胴体品质以及肉品质带来有利影响，但报道的具体参数并不一致。Turcsan 等(2003)通过对不同频率和电压组合的 9 种致晕方式的研究发现，高频电击晕(350 Hz)降低了由于剔除肝脏血管和毛细管残留血液造成的肝重损失，对肥肝鹅可能具有较大优势。更高的频率(500 Hz，1 400 和 1 500 Hz)可显著低减少肉鸡和火鸡胴体外部缺陷尤其是胸肌中的出血点，并提高放血速率(Wilkins 等，1998；Wilkins 等，1999；Wilkins 和 Wotton，2002)，降低肉鸡胸肌的剪切力(400 和 1 000 Hz 对 160 Hz)，以及腿肌的烹煮损失(1 000 Hz 对 160 和 400 Hz)(Xu 等，2011c)；而也有一些报道认为(50～350 Hz)或(50～600 Hz)频率没有对胴体和肉品质造成差异(Gregory 等，1991；Sante 等，2000)。

由于世界上工业化用电大多为交流电，获取直流电将会需要增加额外的成本，因此对于电流波形的研究相对较少。Simonovic 和 Grashorn(2009)比较了相等的有效致晕条件(70～600 Hz，100～200 mA)下交流和直流电(AC 和 DC)的效果，认为直流波比交流波致晕的肉仔鸡放血量更高，红色翅尖骨折和出血的数量更少，而对肉品质的影响很小。

生猪电击晕的电击方式及电击器械的设计对于业者来说更关心的是电极的形状以及采取何种电极方式，如头部电击或头 - 胸电击。目前公认的最佳电击位置是生猪头部两侧，眼到耳根之间的部位，此处具有较大的平行接触面积，容易保证电击的几秒钟内，猪只不会与电极脱离；而且此处距离大脑很近，电流可以直接“贯穿”脑部，最大程度减少电流在机体电阻下的消耗，杜绝猪只的挣扎，从而改善胴体等级(Velarde 等，2000)。而对于电击方式，如果屠宰场对于猪只位置没有很强的控制能力，则猪只的位置差很容易使头部电击的电流不能正确通过大脑，而是穿过脖颈或面颊，造成致晕不彻底，致使猪只在放血前恢复知觉，从而产生挣扎，影响胴体质量；如果采用头 - 胸或头 - 电击，可以同时从头部和胸/背部引入电流，导致心脏骤停，更有效地防止猪只在屠宰前恢复知觉，但是这两种方式容易造成骨折、脊骨折断以及淤斑(Channon 等，2002)。因此，目前生猪的电击致晕无论从器械研制还是电击方式上仍有很大的改进空间。

鉴于上面的数据，如果适当调低致晕的电压/电流，并升高频率可能对优化致晕参数有利。低电流和高频率的组合(100 mA，1 500 Hz，与 120 mA，50 Hz 相比)导致骨折概率、胸肌出血和死后肌肉褪色情况更少(Raj 等，2001)。与此研究类似，Contreras 和 Beraquet(2001)发现低流与高频组合(40 V,30～50 mA,1 000 Hz)导致放血量最高(73.1%)并且胴体的损伤最小。电流强度和频率互作影响了宰后肉鸡胸肌 24 h 的红度值、剪切力,腿肌的最终 pH。研究显示,在电流强度不太低(50 V,67 mA 以上)的情况下采用高频率(400 Hz 和 1 000 Hz)致晕具有降低胸肌剪切力的效果;但当电流强度较低(35 V,47 mA)、高频率(1 000 Hz)时导致剪切力增加(Xu 等,2011c)。除了电击晕参数外,在致晕有效的前提下降低致晕时间可能对提高肉的嫩度更有利(Young 和 Buhr,1997;Young 等,1996)。总之,电击晕对于猪、禽和羊的肉品质影响多是集中在胴体等级层面上,即表观性的出血、骨折、放血率和淤斑等,而对于肉的食用品质如系水力、肉色和嫩度等的影响的结论尚不一致。

14.4.2.2 气体致晕对肉品质的影响

目前国际上对于气体致晕参数研究的重点是动物福利,而对肉品质的影响研究较少。CO_2 含量在 30%以上时,更高的 CO_2 浓度导致肌肉亮度值(40%～60%对 30%)(Kang 和 Sams,1999)和剪切力升高(60%对 40%)(Fleming 和 Beck,1991)。Xu 等(2011a)研究显示,60%的 CO_2 致晕导致肉鸡胸肌(对 30%和 40% CO_2)和腿肌(对 40% CO_2)中的最终 pH 降低,胸肌(对 30% CO_2)滴水损失率增加。50% CO_2 导致腿肌中的滴水损失率高于 30%组,并且死后 24 h 的胸肌比 30%和 40% CO_2 致晕组更苍白(亮度值更高)。与对照相比,40% CO_2 有降低腿肌 24 h 苍白度的趋势。在 5 种商业化应用的气体致晕/气窒息方法中,Ar 加缺氧的方法由于造成严重的胴体抽搐以及氩气昂贵而逐渐不被看好(Gregory,2005),而且 Ar+CO_2 诱导的高碳酸性缺氧致晕导致肉仔鸡翅膀骨折的概率高于两阶段的气体致晕(Wathes 等,2007)。为了达到良好的加工品质,猪肉 pH 应该在 5.6 和 5.8 之间,实际生产中,采用高浓度(90%)CO_2 致晕的猪肉 pH 更接近这一范围(Nowak 等,2007)。

14.4.2.3 电击晕和气体致晕对肉品质影响的比较

生猪上的研究表明,高浓度 CO_2 气体致晕可以使猪只躯体更加松弛,屠宰后,其肌肉 pH 下降速度要慢于电击晕,而且胴体出血点较少,胴体等级相对较高。对于家禽,从操作上看气体致晕消除了电击晕需要活禽卸载、吊挂过程产生的骨折、淤血等胴体损伤,并且改善了致晕过程中的肌肉出血问题。此外,高碳酸性气体致晕加速了死后胴体的僵直过程,改善了早期剔骨(死后 4 h 之内)的肉品质,但是对于生产肥肝的鸭和鹅,气体致晕可能不如电击晕。

研究表明,气体致晕与电击晕相比,减少了火鸡、鹌鹑、鸭、鹅和肉鸡胴体多处的骨折概率,减少了肌肉渗血点的概率或肉品质的缺陷,而且肌肉纤维结构完整性更好,早期剔骨的肌肉嫩度更高(Bianchi 等,2006;Fernandez 等,2010a;Iwamoto 等,2002;Poole 和 Fletcher,1998;Raj,1994;Raj 等,1992;Raj 等,1997;Tserveni - Gousi 等,1999;Turcsan 等,2001)。气体致晕导致屠宰后 45 min 腿肌中活性氧水平和胸肌中 TBARS(硫代巴比妥酸反应底物)水平降低。但是宰后 24 h 胸肌和腿肌中 TBARS 含量不受致晕类型的影响(Xu 等,2011d)。但是也有研究认为气体致晕会导致翅膀骨骼的损伤概率更高,肉色更淡,并造成鹅的肥肝因淤血剔除的比例增高,有损商业价值(Fernandez 等,2010b;Raj 等,1992;Raj 等,1997),或认为两种方法对胴体品质和肉品质没有一致的影响(Northcutt 等,1998;Raj 等,1992)。

但是,目前大多数气体致晕与电击晕的对比试验中,电击晕参数往往是高电流强度(120 mA以上)或低频率(如 50 Hz)或二者的结合(欧洲电击晕方式),而这些方式本身就容易给胴体品质造成较大缺陷。在这种条件下，部分研究认为气体致晕比高电流和高电压的电击晕更有利于产品品质，其实并不能说明气体致晕方法比电击晕方法更优越。Poole 和 Fletcher（1998）就证实了这一点：与高电流致晕与相比，气体致晕加速了肉鸡早期剔骨的肌肉剪切力值的降低；但当与低电压致晕对比时，气体致晕却没有显示出任何加速僵直发展的优势，甚至提高了第 5 个小时剔骨的胸肉硬度。

因此，相对于气体致晕，电击致晕的发展仍然需要更多的数据支持，以便找到最有效的参数组合，使得电击晕能够在高效致晕的同时保持肉的高品质。

14.4.3 致晕方式影响肉品质的可能机制

由于宰前致晕对于畜禽的作用时间非常短，因此目前对于致晕方式影响肉品质的机理研究较少，且绝大多数集中于对鸡肉品质的影响机理。

14.4.3.1 神经、内分泌变化

由于胸部和腿部是由多块肌肉构成的，动物受到刺激时，不同的肌肉之间（如胸大肌与胸小肌、外展肌与内收肌）可能同时产生收缩和舒张，即离心收缩，这种相拮抗的力量会导致肌纤维过度收缩和细胞膜损伤（Raj，1998），最终造成肌肉和腿肌出血、骨骼脱臼或骨折。例如家禽则可能发生胸肌出血、胸骨脱臼或骨折、叉骨和乌喙骨的破碎。

在水浴电击晕中以下原因可以导致肌肉的收缩（Raj，1998）：对中枢神经系统的刺激，或解除了高级中枢对脑干和脊髓的抑制；对脊髓运动神经元的刺激；直接对肌肉的刺激。而在气体致晕的情况下，高级中枢对脑干和脊髓的抑制将被解除。收缩反应的程度受到致晕参数（电流强度、波形、频率或气体组分等）的影响。例如通过高浓度的 CO_2（＞60%）或氩气（90%）诱导的急性致晕导致严重的痉挛（翅膀拍打）而造成胴体和肉品质的损伤。

14.4.3.2 生化代谢

动物屠宰后血液循环停止，肌肉中脂肪酸和氧气供应停止。在磷酸肌酸被耗尽后，肌肉只能靠无氧酵解分解自身的糖原和葡萄糖提供 ATP。所以动物临死前肌肉的能量含量以及死后能量消耗的速度和程度极大地决定了肌肉中乳酸含量、pH、蛋白酶的活性、影响僵直的发展，最终对肉品质造成影响（Lawrie，1998）。电击晕参数对僵直的影响结果不够清楚和一致（Raj，1998）。部分研究表明，与较高的电流相比，低电流和高频率（300～1 000 Hz）可能加速死后早期 pH 值的下降，从而可能导致僵直提前发生。但是其原因可能是放血期间翅膀拍打活动加剧造成的；而另一些研究认为，55～110 mA 的电流强度对 pH 变化没有影响。由于不同试验活禽捕捉、致晕参数、胴体冷却以及 pH 测量时间不一致，电击晕时间对僵直发展的影响也不一致。

缺氧诱发的致晕或控制气体致晕导致鸡只出现翅膀拍打活动，加速死后早期的 pH 下降速度。其原因可能是（Raj，1998）：缺氧导致细胞水平上刺激了 ATP 的降解，加速了无氧酵解。另外在缺氧致晕的环境下，翅膀拍打加速了糖酵解。与纯粹的氩气诱导的缺氧相比，CO_2 阻止了僵直的发展。CO_2 导致僵直受阻的具体原因还不清楚，可能是 CO_2 引起的酸中毒降低了每次骨骼肌纤维收缩的收缩力，以及减少了 ATP 消耗（每次收缩减少 50% ATP 消耗）

(Harkema 和 Meyer,1997)。CO_2 酸中毒能够激活钾离子通道、阻止钙离子通道、增加线粒体内膜上 ATP 合成所需的膜电位,并直接地或通过使肌浆网失活而间接地阻止糖酵解酶类的释放。从理论上讲,前两点将诱导肌肉松弛,而后两点将使 ATP 和糖原保留在肌肉中。宰前致晕可以通过影响肌肉活性而改变临死前肌肉中的能量含量以及死后能量消耗的速度,从而影响肉品质。Iwamoto 等(2002)发现,在电击晕和气体致晕中不同纤维类型肌纤维糖原代谢的速度不同。电击晕优先耗用ⅡB 型纤维中的糖原,而气体致晕则先耗竭ⅡA 型纤维的糖原,导致电击晕对ⅡB 型纤维内糖原耗竭速度快于气体致晕;在Ⅰ型纤维中,屠宰后 4 h 的肌纤维机构显示气体致晕的鸡比电击晕的更完整。电击晕可能通过抑制家禽死前挣扎使僵直延迟,导致早期剔骨时可能发生冷收缩引起肉的硬度更大(Lee 等,1979;Papinaho 和 Fletcher,1995;Savenije 等,2002)。1000 Hz 造成胸肌中糖原、乳酸和糖酵解潜力低于 160 Hz 致晕。30%和 40% CO_2 致晕导致胸肌糖酵解潜能低于 60% CO_2 致晕,而腿肌的糖酵解潜能在 30% CO_2 致晕组中最低(Xu 等,2011a)。与不致晕相比,60% CO_2 致晕导致胸肌中的糖酵解潜能增加。与 67 mA 和 86 mA 电击晕相比,40% CO_2 致晕降低了胸肌中的能量水平(ATP 降低,AMP 和 AMP/ATP 升高);但是气体致晕和较低电流强度(47 mA)的电击晕相比,无论胸肌还是腿肌中磷酸腺苷的水平都没有显著差异(Xu 等,2011b)。致晕电流的强度与频率之间的互作影响了血浆葡萄糖以及腿肌的糖酵解潜能(Xu 等,2011c)。

动物死后血液循环停止还引发了另一个问题,即肌肉组织缺少肝脏中的抗氧化酶的补充,最后将难以抵挡不断增加的氧自由基的攻击,造成脂质氧化。宰前的运输和电击晕应激导致肉鸡胸肌和腿肌脂质氧化程度(TBARS 浓度)增高(Young 等,2003)。其原因之一可能是不同致晕方式和放血方式影响血红蛋白含量(Alvarado 等,2007)。研究表明,电击晕导致胸肌和腿肌中活性氧的生成量增加,直接造成屠宰后 45 min 胸肌中 MDA 含量上升(Xu 等,2010 d)。致晕方式不同还会影响肌肉中活性氧的产量和抗氧化酶活性(胥蕾等,数据未发表)。

14.4.3.3 分子机制

致晕方式不同对肌肉中相关调控基因的表达也会造成不同影响。与电击晕相比,气体致晕可诱导 avUCP mRNA (胸肌 1.47 倍,腿肌 2.41 倍) 和 avPGC-1α mRNA (胸肌 1.42 倍,腿肌 2.08 倍)表达量上升(Xu 等,2010*d*)。与低电流+高频率的电击晕相比,高碳酸血症高氧气体致晕通过上调 avUCP 和 avPGC-1α 让死后 45 min 肉的活性氧产量和脂质过氧化程度降低,但是 24 h 后不同致晕类型对肉的脂质过氧化没有显著差异(Xu 等 2010 d)。在对低浓度 CO_2、高浓度 CO_2、低电流强度+高频率、高电流强度+低频率的对比研究中发现,低电流强度+高频率激活了骨骼肌中的 MAPK 应激通路(ERK1/2,JNK,p38),诱导 Nrf2 表达量上升,激活 ARE 原件上调了 SOD 和 GST 基因的表达。

由此可见,不同致晕方式虽然作用时间都很短,但对禽肉品质均产生了一些影响,而且其部分作用机理与长时高强度应激的机理类似。因此,宰前致晕也应被视为控制和改善肉品质的一个不可忽视的环节,对其在生猪和其他肉畜上的应用进行更加深入的研究。

14.5 改善肉品质的屠宰和宰后处理技术

畜禽屠宰是肉类工业的重要一环,也是肉类生产的必需环节。优质肉品的获得很大程度上取决于肉用畜禽屠宰加工的条件和方法。针对影响畜禽肉品质量和安全的各种因素采取必要的屠宰工艺和宰后处理控制技术，对保证和提高畜禽肉品质量和安全性具有重要的意义。

畜禽的屠宰一般采用人工和机械相配合的方法，大致包括致昏（击晕）、刺杀放血、烫毛、褪毛或剥皮、去头蹄、开膛去内脏以及胴体分割。有些屠宰工艺为更好地提升肉品的嫩度、色泽等感官指标，在屠宰工艺过程中会采用特殊的额外处理，如电刺激提高嫩度、应用酶法改善嫩度以及吊挂排酸提高肉品品质等。

在屠宰工艺的不断更新和屠宰质量不断提高的同时，畜禽的宰后处理也越来越受到生产者的重视。具体而言，宰后处理一般包括食用品质的处理和卫生品质的处理，即提高嫩度、加强保鲜。例如物理方法中的高压处理技术、化学方法中的天然嫩化与保鲜技术以及生物方法中的酶处理技术在近年来得到了广泛重视和普遍推广。

14.5.1 家畜及产品全程自动跟踪系统

该系统是肉食品卫生安全保障的核心系统，能对动物、饲料、饲养过程、疫病防治及整个生产、加工、储运和消费等各个环节的信息实施监控，并在中央处理器的数据库内建立档案。任何一个产品一旦发现污染问题，可以通过专用识别码直追源头，以最快的速度在最小的范围内控制并追回受污染产品，确保所有入市流通的肉食品具有最严格的安全保证。

14.5.2 屠宰副产品自动真空收集系统

欧盟食品卫生标准要求屠宰加工车间内不得留存任何对肉食品有二次污染可能的污染物，包括血污、皮毛残留物、骨渣、肉渣及各种屠宰落地物。通过分布在屠宰间内部各个岗位的污物收集器及与之相连的地下真空输送管道将所有产生的污物收集并输送至专门的化制车间进行销毁，确保生产加工环境卫生。

14.5.3 生产加工 PLC 控制系统

整个屠宰加工及冷冻储藏均采用 PLC（Programmable logic controller）系统全程控制。该系统由分布在屠宰加工生产线、排酸间、速冻间、储藏库内众多的数据经中央处理控制器进行分析，及时发布命令对生产线运行速度、车间内部温度、湿度、冷热水、压缩空气供应及各种辅助设施如真空收集、输送系统、制冷系统等进行调控，整个生产加工过程始终处于最佳运行状态，使企业的投入产出比大幅度提高。

14.5.4 排酸肉质嫩化技术

采用先进的电刺激胴体技术与低温排酸技术相结合的方法加大了肌原纤维的断裂，有利于组织蛋白酶 D 和 L 将蛋白质分解为小分子肽或氨基酸，使蛋白质结构松散，肌肉组织比较柔软嫩化，具有弹性，切面富有水分，具有愉快的香气和滋味，易于煮烂和咀嚼，提高肉食用品质。

14.5.5 胴体清洗杀菌技术

采用电脑程序控制方法对牛胴体进行准确定位，并喷淋热水（80～90℃）和杀菌剂，使胴体表面细菌数降至最低，提高了肉的级别、品质和保鲜期。

14.5.6 胴体电刺激技术

电刺激是家畜屠宰放血后，在一定的电压电流下，对其胴体进行通电处理。电刺激由于能够加速宰后肌肉的糖酵解过程、防止肉的宰后冷收缩、缩短肉的成熟时间和改善肉的嫩度等作用，已被广泛应用肉类工业中（Swatland，1981；Hwang，2003）。

14.5.7 肉品的气调包装技术

气调包装是一种新型肉品保鲜技术，采用保护性混合气体（通常为一定比例的 CO_2、N_2、O_2）置换包装内的空气，利用各种保护性气体所起的不同作用，抑制引起肉品变质的大多数微生物生长繁殖，并使肉呼吸速度降低，从而使肉品保鲜并延长保鲜期。采用气调包装的肉品可较好地保持肉品原有色、香、味、形及营养成分。另外，采用气调包装技术生产的小包装速食肉产品和即食生鲜牛羊肉产品，可以较好地满足市场上的速食需求。

14.5.8 肉的天然保鲜技术

在肉的保鲜方面，主要有复合保鲜剂、涂膜保鲜等保鲜技术。复合保鲜剂克服了单一保鲜剂抑制有害菌作用有限、不完全的问题，因而在肉品保鲜中被广泛应用（罗欣，2000）。涂膜保鲜主要是利用壳聚糖等物质的成膜性和抑菌功能，通过在肉品表面形成气调环境和壳聚糖等物质对微生物的生理抑制双重作用，达到保鲜的目的。

14.5.9 畜禽屠宰副产物综合利用技术

一头屠畜的血液和骨骼占动物体重的12%～20%，我国每年动物血液和骨头的产量分别为1 000多万t，资源非常丰富。我国现在副产物的有效利用率不到10%，产品附加值也不高。采用高新技术，如冷冻干燥技术、膜技术、生物技术提取分离血红素、血浆蛋白、SOD、硫酸软骨素、羊胎素等高科技新产品是畜禽肉副产物利用的一个发展趋势。

还有很多新技术正逐步应用到畜禽屠宰和宰后肉的处理中，在保证和提高肉品的质量和安全性方面取得了重要成果，这里就不一一赘述了。

14.6 缓解宰前应激对肉品质量不利影响的措施

14.6.1 加强控制,改善运输环境

运输过程中动物要遭受强烈的环境应激,包括禁食、热冷温湿变化、噪音、运动受限与组群等。其中,影响运输过程中畜禽受伤率和死亡率的主要因素有运输季节、运输时间、装载密度和环境温度等。

运输前,要对动物圈舍内部、外周和运输工具等进行充分消毒,检查待运畜禽健康状况,患病畜禽特别是患有重大传染性疾病(如疯牛病、口蹄疫、禽流感等)的畜禽禁止运输,以防止运输过程中患病畜禽与健康畜禽间的交叉感染和疫情传播。在合适的装载密度下,使用适当的运输工具,保持较低车速,减少启动和刹车频率以增加动物在运输过程中的舒适感(Regulation,2005)。运输前后在畜禽饲料或饮水中加入缓解应激的添加剂,调节生理机能,也有助于增强抗应激能力。

夏季和冬季是动物在运输过程中死亡率较高的两个季节,死亡率和运输时间(距离)呈正相关(Vecerek 等,2006)。夏季应该妥善安排起运时间,对长途运输的动物通常可选择夜间运输以避开白天高温,必要时应定时对车厢进行冷水冲淋降温。冬季运输要处理好保温与通风的关系,既要防止因保温导致车厢内高温应激,又应避免通风不良引发的缺氧性死亡。

运输时间过长,疲劳和饥饿不仅会引起畜禽肌肉中水分和糖原的下降,而且可能导致畜禽之间的斗争,增强应激。所以如果运输时间较长,应适量供给饲粮和水。经过长时间运输后的畜禽在屠宰前应该给予一定的休息时间,以消除因运输造成的疲劳和紧张。在休息期间要保持安静,有条件的可供给饮水,不过度拥挤,保证舒适的温湿度。这样既可改善动物福利,又可恢复动物的生理、代谢状况;既利于屠宰时充分放血,又提高宰后肉品质,减少 PSE 肉和 DFD 肉的产生。例如对于肉仔鸡,宰前休息有助于降低机体代谢率,消除机体对运输过程中产生的过量自由基,既能缓解应激,又可在一定程度上保持宰后肉品质(Zhang 等,2009,2010)。

14.6.2 优化屠宰致晕方法和参数

致晕时被束缚会使鸡腿部肌肉出血点减少,但放血量略低,肉硬度更大(Lambooij 等,1999)。割断颈部两侧的动脉和静脉可以防止鸡只死前恢复知觉,减轻动物屠宰后 1~3 d 的肌肉氧化程度(McNeal 和 Fletcher,2003;McNeal 等,2003;Alvarado 等,2007)。冷却时间过短将导致胸肉硬度上升(Craig 等,1999)。电击晕后热剔骨导致肉剪切力值增大硬度更大(Contreras 和 Beraquet,2001),剔骨时间的延迟可以显著降低剪切力,尤其高电流致晕后若将剔骨时间延迟到死后 2 h(火鸡)和 4~6 h 以后(肉鸡)可以改善肉的硬度(Alvarado 和 Sams,2000;Dickens 和 Lyon,1993;Kim 等,1998;McNeal 和 Fletcher,2003;McNeal 等,2003;Papinaho 和 Fletcher,1996;Raj 等,1997)。电刺激加速了动物宰后能量耗竭和僵直的发展,缓解早期剔骨造成的肌肉变硬问题,尤其是在高电流致晕的情况下更为有效(Craig 等,1999;Sams,1999)。对于生猪,目前的高浓度 CO_2 致晕对于提高肉品质已经有较好的效果,但是电

击晕的电流参数、电极位置等多个方面还存在巨大的改进空间。如果需要通过电击晕找出既满足动物福利又有利于肉品质的方式,需要对上述参数以及电击晕操作系统进一步的优化。

14.6.3 营养调控

饲养过程中日粮营养水平直接关系到运输前畜禽的健康状况及其生产性能的发挥,因此保证动物营养摄入,既可充分发挥动物生产潜能,也有利于减轻运输过程中动物的应激反应。猪在运输当天提前断料,一方面可防止其运输过程中呕吐,减少死亡率(Cannon 等,1995);另一方面可降低其粪便中沙门氏菌等致病菌含量和粪便排泄量,防止宰后胴体受致病微生物的污染,即可降低引发食品安全的风险,又能减少 PSE 肉的产生(Eikelenboom 等,1990;Warriss,1993)。而运输中过长时间的禁食、禁水,会增加动物的应激程度和死亡率,降低运输后的活体重。Nijdam 等(2005)研究表明,运输前不禁食、不禁水可减缓运输过程中肉仔鸡因长时间的饥饿所致的强烈应激,减少其在运输过程中的体重损失,也有利于保证较好的鸡肉品质。因此运输前是否禁食,也还需要根据运输条件、运输时间等实际情况综合判断。

使用抗应激添加剂是减轻应激反应的有效措施。目前针对运输应激的专用产品鲜见,多是通过增强机体健康水平,间接达到抗应激目的。主要产品或添加剂包括具有抗应激作用的维生素、微量元素(Schaefer 等,1997)、抗氧化剂(如维生素 E、维生素 C、铬、镁、牛至油等)。Young 等(2003)研究表明,抗坏血酸、α-生育酚和牛至油等具有降低运输应激、改善鸡肉品质的作用;镁可减轻运输应激对猪肉品质的不利影响,降低屠宰后肌肉的糖酵解潜力,宰后肌肉 pH 较高(Apple 等,2005)。在育肥猪的日粮中添加镁可降低运输造成的肉品质损伤,添加维生素 C 和维生素 E 则可改善肉色(Peeters 等,2006)。同样,针对致晕可能对畜禽造成的影响,也可以考虑在出栏前一定时间段内在日粮中添加抗应激营养添加剂。例如添加维生素 C、α-生育酚或牛至油等抗氧化剂,均能有效抵抗运输和致晕诱导的 TBARS 增加(Young 等,2003)。

宰前处理程序包含的细节还远不止上述几个方面。在实际生产中,还有畜禽的抓取与装卸等重要环节,在这些程序中,应该保证合理的设施布局(比如通道宽度、坡度)、控制时间(不同季节根据温度选择晨间或夜间,以减少不适宜的温度带来的应激)以及操作熟练度(主要是家禽抓取时的方式与速度不能太野蛮或太拖沓),这样才能既顾及到动物福利又保障了产品质量不受影响。

宰前处理对于肉用畜禽来说,是由活的动物转变为产品的最后一关,因此养殖者和加工者都应当格外关注这个关键环节,尽量在这个短暂的环节中减少动物应激,既符合动物福利的宗旨,又可以保持甚至改善肉品品质。

(本章由中国农业科学院饲料研究所齐广海、岳洪源主笔,胥蕾和张林参加了编写)

参 考 文 献

[1] Adams, S. H. 2000. Uncoupling protein homologs: emerging views of physiological function. J. Nutr. 130: 711-714.

[2] Al-Aqil, A., and I. Zulkifli. 2009. Changes in heat shock protein 70 expression and blood characteristics in transported broiler chickens as affected by housing and early age feed restriction. Poult. Sci. 88:1358-1364.

[3] Ali, A. S. A., M. A. Lawson, A. H. Tauson, J. F. Jensen, and A. Chwalibog. 2007. Influence of electrical stunning voltages on bleed out and carcass quality in slaughtered broiler chickens. Arch Geflugelkd. 71:35-40.

[4] Alvarado, C. Z., M. P. Richards, S. F. O'Keefe, and H. Wang. 2007. The effect of blood removal on oxidation and shelf life of broiler breast meat. Poult. Sci. 86:156-161.

[5] Alvarado, C. Z., and A. R. Sams. 2000. Rigor mortis development in turkey breast muscle and the effect of electrical stunning. Poult. Sci. 79: 1694-1698.

[6] Apple, J. K., E. B. Kegley, C. V. Maxwell Jr., L. K. Rakes, D. Galloway, and T. J. Wistuba. 2005. Effects of dietary magnesium and short-duration transportation on stress response, postmortem muscle metabolism, and meat quality of finishing swine. J. Anim. Sci. 83: 1633-1645.

[7] Baldi, A., V. Bontempo, F. Cheli, C. Corino, and F. Polidori. 1994. Hormonal and Metabolic Responses to the Stress of Transport and Slaughterhouse Procedures in Clenbuterol Fed Pigs. Zentralbl Veterinarmed A. 41: 189-196.

[9] Becker, B. A., H. F. Mayes, G. L. Hahn, J. A. Nienabers, G. W. Jesse, M. E. Anderson, H. Heymann, and H. B. Hedrick. 1989. Effect of fasting and transportation on various physiological parameters and meat quality of slaughter hogs. J. Anim. Sci. 67: 334-341.

[10] Bendall, J. R., and H. J. Swatland. 1988. A review of the relationships of pH with physical aspects of pork quality. Meat Sci. 24: 85-126.

[11] Bianchi, M., M. Petracci, and C. Cavani. 2006. Gas stunning and quality characteristics of turkey breast meat. CD of Proceedings of XII European Poultry Conference, Verona, Italy.

[12] Cannon, J. E., J. B. Morgan, J. Heavner, F. K. McKeith, G. C. Smith, and D. L. Meeker. 1995. Pork quality audit: a review of the factors influencing pork quality. J. Muscle Foods. 6: 369-402.

[13] Casteilla, L., M. Rigoulet, and L. Penicaud. 2001. Mitochondrial ROS metabolism: modulation by uncoupling proteins. IUBMB life. 52: 181-188.

[14] Channon, H. A., A. M. Payne, and R. D. Warner. 2002. Comparison of CO_2 stunning with manual electrical stunning (50 Hz) of pigs on carcass and meat quality. Meat Sci. 60: 63-68.

[15] Contreras, C. C., and N. Beraquet. 2001. Electrical stunning, hot boning, and quality of chicken breast meat. Poult. Sci. 80: 501.

[16] Craig, E. W., and D. L. Fletcher. 1997. A comparison of high current and low voltage electrical stunning systems on broiler breast rigor development and meat quality. Poult. Sci. 76: 1178-1181.

[17] Craig, E. W., D. L. Fletcher, and P. A. Papinaho. 1999. The effects of antemortem electrical stunning and postmortem electrical stimulation on biochemical and textural properties of broiler breast meat. Poult. Sci. 78: 490-494.

[18] Criscuolo, F., M. M. Gonzalez-Barroso, Y. L. Maho, D. Ricquier, and F. Bouillaud. 2005. Avian uncoupling protein expressed in yeast mitochondria prevents endogenous free radical damage. Proc. R. Soc. B. Bio. Sci. 272: 803-810.

[19] De Smet, S. M., H. Pauwels, S. De Bie, D. I. Demeyer, J. Callewier, and W. Eeckhout. 1996. Effect of halothane genotype, breed, feed withdrawal, and lairage on pork quality of Belgian slaughter pigs. J. Anim. Sci. 74: 1854-1863.

[20] Dickens, J. A., and C. E. Lyon. 1993. Effect of two stunning voltages on blood loss and objective tex-

ture of meat deboned at various post-mortem times. Poult. Sci. 72: 589 - 593.

[21] Dixit, V. D., M. Marahrens, and N. Parvizi. 2001. Transport stress modulates adrenocorticotropin secretion from peripheral bovine lymphocytes. J. Anim. Sci. 79: 729 - 734.

[22] Drewniak, E. E., E. R. Baush, and L. L. Davis. 1955. Carbon dioxide immobilization of turkeys before slaughter. US Dept. of Agriculture.

[23] Dridi, S., O. Onagbesan, Q. Swennen, J. Buyse, E. Decuypere, and M. Taouis. 2004. Gene expression, tissue distribution and potential physiological role of uncoupling protein in avian species. Comp. Biochem. Physiol. A Mol. Integr. Physiol. 139: 273 - 283.

[24] Dulloo, A. G., and S. Samec. 2001. Uncoupling proteins: their roles in adaptive thermogenesis and substrate metabolism reconsidered. Br. J. Nutr. 86: 123 - 139.

[25] Eikelenboom, G., A. H. Bolink, and W. Sybesma. 1991. Effects of feed withdrawal before delivery on pork quality and carcass yield. Meat Sci. 29: 25 - 30.

[26] Evock-Clover, C. M., S. M. Poch, M. P. Richards, C. M. Ashwell, and J. P. McMurtry. 2002. Expression of an uncoupling protein gene homolog in chickens. Comp. Biochem. Physiol. A Mol. Integr. Physiol. 133: 345 - 358.

[27] Faucitano, L., L. Saucier, J. A. Correa, S. Méthot, A. Giguère, A. Foury, P. Mormède, and R. Bergeron. 2006. Effect of feed texture, meal frequency and pre-slaughter fasting on carcass and meat quality, and urinary cortisol in pigs. Meat Sci. 74: 697 - 703.

[28] Fazio, E., and A. Ferlazzo. 2003. Evaluation of stress during transport. Vet. Res. Commun. 27: 519 - 524.

[29] Feder, M. E., and G. E. Hofmann. 1999. Heat-shock proteins, molecular chaperones, and the stress response: evolutionary and ecological physiology. Annu. Rev. Physiol. 61: 243 - 282.

[30] Fernandez, X., E. Lahirigoyen, A. Auvergne, C. Molette, and M. Bouillier-Oudot. 2010a. The effects of stunning methods on product qualities in force-fed ducks and geese. 1. Carcass downgrading and meat quality. Animal. 4: 128 - 138.

[31] Fernandez, X., E. Lahirigoyen, M. Bouillier-Oudot, Z. Vitezica, and A. Auvergne. 2010b. The effects of stunning methods on product qualities in force-fed ducks and geese. 2. Fatty liver quality. Animal. 4: 139 - 146.

[32] Fleming, B. K., G. W. Froning, M. M. Beck, and A. A. Sosnicki. 1991. The effect of carbon dioxide as a preslaughter stunning method for turkeys. Poult. Sci. 70: 2201 - 2206.

[33] Gregory, N. G. 2005. Recent concerns about stunning and slaughter. Meat Sci. 70: 481 - 491.

[34] Gregory, N. G., and L. J. Wilkins. 1989. Effect of stunning current on carcase quality in chickens. Vet. Rec. 124: 530 - 532.

[35] Gregory, N. G., and L. J. Wilkins. 1990. Broken bones in chickens: effect of stunning and processing in broilers. Br. Poult. Sci. 31: 53 - 58.

[36] Gregory, N. G., L. J. Wilkins, and S. B. Wotton. 1991. Effect of electrical stunning frequency on ventricular fibrillation, downgrading and broken bones in broilers, hens and quails. Br. Vet. J. 147: 71 - 77.

[37] Hambrecht, E., J. J. Eissen, D. J. Newman, C. H. M. Smits, M. W. A. Verstegen, and L. A. den Hartog. 2005. Preslaughter handling effects on pork quality and glycolytic potential in two muscles differing in fiber type composition. J. Anim. Sci. 83: 900 - 907.

[38] Harkema, S. J., and R. A. Meyer. 1997. Effect of acidosis on control of respiration in skeletal muscle. Am. J. Physiol. Cell Physiol. 272: C491 - 500.

[39] Iwamoto, H., T. Ooga, T. Moriya, H. Miyachi, M. Matsuzaki, S. Nishimura, and S. Tabata. 2002. Comparison of the histological and histochemical properties of skeletal muscles between carbon dioxide

and electrically stunned chickens. Br. Poult. Sci. 43: 551 - 559.

[40] Kang, I. S., and A. R. Sams. 1999. A comparison of texture and quality of breast fillets from broilers stunned by electricity and carbon dioxide on a shackle line or killed with carbon dioxide. Poult. Sci. 78: 1334 - 1337.

[41] Kannan, G., T. H. Terrill, B. Kouakou, O. S. Gazal, S. Gelaye, E. A. Amoah, and S. Samake. 2000. Transportation of goats: Effects on physiological stress responses and live weight loss. J. Anim. Sci. 78: 1450 - 1457.

[42] Kent, J. E., and R. Ewbank. 1983. The effect of road transportation on the blood constituents and behaviour of calves. I. Six months old. Br. Vet. J. 139: 228 - 234..

[43] Kim, J. W., D. L. Fletcher, and D. R. Campion. 1988. Research note: effect of electrical stunning and hot boning on broiler breast meat characteristics. Poult. Sci. 67: 674 - 676.

[44] Koolhaas, J. M., S. M. Korte, S. F. De Boer, B. J. Van Der Vegt, C. G. Van Reenen, H. Hopster, I. C. De Jong, M. A. M. Ruis, and H. J. Blokhuis. 1999. Coping styles in animals: current status in behavior and stress-physiology. Neurosci. Biobehav. Rev. 23: 925 - 935.

[45] Kotula, A. W., E. E. Drewniak, and L. L. Davis. 1957. Effect of carbon dioxide immobilization on the bleeding of chickens. Poult. Sci. 36: 585 - 589.

[46] Lambooij, E., C. Pieterse, S. J. Hillebrand, and G. B. Dijksterhuis. 1999. The effects of captive bolt and electrical stunning, and restraining methods on broiler meat quality. Poult. Sci. 78: 600 - 607.

[47] Lata, H., G. K. Ahuja, A. P. S. Narang, and L. Walia. 2004. Effect of immobilisation stress on lipid peroxidation and lipid profile in rabbits. Indian J. Clin. Biochem. 19: 1 - 4.

[48] Lawrie, R. A. 1998. The Conversion of Muscle to Meat. Pages 97-117 in Lawrie's Meat Science. Woodhead Publishing Limited, Cambridge, UK.

[49] Ledesma, A., M. G. de Lacoba, and E. Rial. 2002. The mitochondrial uncoupling proteins. Genome Biol. 3: 3015. 3011 - 3015. 3019.

[50] Lee, J. R., D. H. Kim, T. Y. Hur, J. I. Lee, S. T. Joo, and G. B. Park. 2000. The effect of stocking density in transit on the meat quality and blood profile of slaughter pig. Korean J. Anim. Sci. 42: 669 - 676.

[51] Lee, Y. B., G. L. Hargus, J. E. Webb, D. A. Rickansrud, and E. C. Hagberg. 1979. Effect of electrical stunning on postmortem biochemical changes and tenderness in broiler breast muscle. J. Food Sci. 44: 1121 - 1122.

[52] Malena, M., E. Voslarova, A. Kozak, P. Belobradek, I. Bedanova, L. Steinhauser, and V. Vecerek. 2007. Comparison of mortality rates in different categories of pigs and cattle during transport for slaughter. Acta Vet. Brno. 76: S109 - S116.

[53] McNeal, W. D., and D. L. Fletcher. 2003. Effects of high frequency electrical stunning and decapitation on early rigor development and meat quality of broiler breast meat. Poult. Sci. 82: 1352 - 1355.

[54] McNeal, W. D., D. L. Fletcher, and R. J. Buhr. 2003. Effects of stunning and decapitation on broiler activity during bleeding, blood loss, carcass, and breast meat quality. Poult. Sci. 82: 163 - 168.

[55] Mujahid, A., Y. Yoshiki, Y. Akiba, and M. Toyomizu. 2005. Superoxide radical production in chicken skeletal muscle induced by acute heat stress. Poult. Sci. 84: 307 - 314.

[56] Nijdam, E., P. Arens, E. Lambooij, E. Decuypere, and J. A. Stegeman. 2004. Factors influencing bruises and mortality of broilers during catching, transport, and lairage. Poult. Sci. 83: 1610 - 1615.

[57] Nijdam, E., E. Delezie, E. Lambooij, M. J. Nabuurs, E. Decuypere, and J. A. Stegeman. 2005. Feed withdrawal of broilers before transport changes plasma hormone and metabolite concentrations.

Poult. Sci. 84: 1146 - 1152.

[58] Northcutt, J. K., R. J. Buhr, and L. L. Young. 1998. Influence of preslaughter stunning on turkey breast muscle quality. Poult. Sci. 77: 487 - 492.

[59] Nowak, B., T. V. Mueffling, and J. Hartung. 2007. Effect of different carbon dioxide concentrations and exposure times in stunning of slaughter pigs: Impact on animal welfare and meat quality. Meat Sci. 75: 290 - 298.

[60] Pérez, M. P., J. Palacio, M. P. Santolaria, M. C. Aceña, G. Chacón, M. Gascón, J. H. Calvo, P. Zaragoza, J. A. Beltran, and S. García-Belenguer. 2002. Effect of transport time on welfare and meat quality in pigs. Meat Sci. 61: 425 - 433.

[61] Palmieri, F. 1994. Mitochondrial carrier proteins. FEBS Lett. 346: 48 - 54.

[62] Papinaho, P. A., and D. L. Fletcher. 1995. Effect of stunning amperage on broiler breast muscle rigor development and meat quality. Poult. Sci. 74: 1527 - 1532.

[63] Papinaho, P. A., and D. L. Fletcher. 1996. The effects of stunning amperage and deboning time on early rigor development and breast meat quality of broilers. Poult. Sci. 75: 672 - 676.

[64] Peeters, E., B. Driessen, and R. Geers. 2006. Influence of supplemental magnesium, tryptophan, vitamin C, vitamin E, and herbs on stress responses and pork quality. J. Anim. Sci. 84: 1827 - 1838.

[65] Poole, G. H., and D. L. Fletcher. 1998. Comparison of a modified atmosphere stunning-killing system to conventional electrical stunning and killing on selected broiler breast muscle rigor development and meat quality attributes. Poult. Sci. 77: 342 - 347.

[66] Raha, S., and B. H. Robinson. 2000. Mitochondria, oxygen free radicals, disease and ageing. Trends Biochem. Sci. 25: 502 - 508.

[67] Raimbault, S., S. Dridi, F. Denjean, J. Lachuer, E. Couplan, F. Bouillaud, A. Bordas, C. Duchamp, M. Taouis, and D. Ricquier. 2001. An uncoupling protein homologue putatively involved in facultative muscle thermogenesis in birds. Biochem. J. 353: 441 - 444.

[68] Raj, A. B. M. 1994. An investigation into the batch killing of turkeys in their transport containers using mixtures of gases. Res. Vet. Sci. 56: 325 - 331.

[69] Raj, A. B. M., N. G. Gregory, and L. J. Wilkins. 1992. Survival rate and carcase downgrading after the stunning of broilers with carbon dioxide-argon mixtures. Vet. Rec. 130: 325 - 331.

[70] Raj, A. B. M., L. J. Wilkins, R. I. Richardson, S. P. Johnson, and S. P. Wotton. 1997. Carcase and meat quality in broilers either killed with a gas mixture or stunned with an electric current under commercial processing conditions. Br. Poult. Sci. 38: 169 - 174.

[71] Raj, A. B. M., L. J. Wilkins, M. O'Callaghan, and A. J. Phillips. 2001. Effect of electrical stun/kill method, interval between killing and neck cutting and blood vessels cut on blood loss and meat quality in broilers. Br. Poult. Sci. 42: 51 - 56.

[72] Raj, M. 1998. Welfare during stunning and slaughter of poultry. Poult. Sci. 77:1815 -1819.

[73] Regulation, C. 2005. No 1/2005 of 22 December 2004 on the protection of animals during transport and related operations and amending Directives 64/432/EEC and 93/119/EC and Regulation (EC) No 1255/97. Official JL 3.

[74] Sams, A. R. 1999. Meat quality during processing. Poult. Sci. 78: 798 - 803.

[75] Sante, V., G. Le Pottier, T. Astruc, M. Mouchoniere, and X. Fernandez. 2000. Effect of stunning current frequency on carcass downgrading and meat quality of turkey. Poult. Sci. 79: 1208 - 1214.

[76] Savenije, B., F. J. Schreurs, H. A. Winkelman-Goedhart, M. A. Gerritzen, J. Korf, and E. Lambooij. 2002. Effects of feed deprivation and electrical, gas, and captive needle stunning on early post-

mortem muscle metabolism and subsequent meat quality. Poult. Sci. 81: 561 - 571.

[77] Schaefer, A. L., S. D. Jones, and R. W. Stanley. 1997. The use of electrolyte solutions for reducing transport stress. J. Anim. Sci. 75: 258 - 265.

[78] Selman, C., J. S. McLaren, M. J. Himanka, and J. R. Speakman. 2000. Effect of long - term cold exposure on antioxidant enzyme activities in a small mammal. Free Radic. Biol. Med. 28: 1279 - 1285.

[79] Siegel, H. S. 1995. Stress, strains and resistance. Br. Poult. Sci. 36: 3 - 22.

[80] Simonovic, S., and M. A. Grashorn. 2009. Effect of different electrical stunning conditions on meat quality in broilers. Pages 1-9 in World Poultry Science Association, Proceedings of the 19th European Symposium on Quality of Poultry Meat, 13th European Symposium on the Quality of Eggs and Egg Products. Turku, Finland.

[81] Skulachev, V. P. 1991. Fatty acid circuit as a physiological mechanism of uncoupling of oxidative phosphorylation. FEBS Lett. 294: 158 - 162.

[82] Stern, N. J., M. R. S. Clavero, J. S. Bailey, N. A. Cox, and M. C. Robach. 1995. Campylobacter spp. in broilers on the farm and after transport. Poult. Sci. 74: 937 - 941.

[83] Tserveni-Gousi, A. S., A. B. M. Raj, and M. O'Callaghan. 1999. Evaluation of stunning/killing methods for quail (Coturnix japonica): bird welfare and carcase quality. Br. Poult. Sci. 40: 35 - 39.

[84] Turcsán, Z., J. Szigeti, L. Varga, L. Farkas, E. Birkás, and J. Turcsán. 2001. The effects of electrical and controlled atmosphere stunning methods on meat and liver quality of geese. Poult. Sci. 80: 1647 - 1651.

[85] Turcsán, Zs., L. Varga, J. Szigeti, J. Turcsán, I. Csurák, and M. Szalai. 2003. Effects of electrical stunning frequency and voltage combinations on the presence of engorged blood vessels in goose liver. Poult. Sci. 82: 1816 - 1819.

[86] Večerek, V., S. Grbalova, E. Voslářová, B. Janáečková, and M. Malena. 2006. Effects of travel distance and the season of the year on death rates of broilers transported to poultry processing plants. Poult. Sci. 85: 1881 - 1884.

[87] Večerek, V., M. Malena, M. Malena Jr, E. VosláAřová, and P. Chloupek. 2006. The impact of the transport distance and season on losses of fattened pigs during transport to the slaughterhouse in the Czech Republic in the period from 1997 to 2004. Vet. Med. (Praha). 51: 21 - 28.

[88] Velarde, A., M. Gispert, L. Faucitano, X. Manteca, and A. Diestre. 2000. The effect of stunning method on the incidence of PSE meat and haemorrhages in pork carcasses. Meat Sci. 55: 309 - 314.

[89] VosláAřová, E., P. Chloupek, L. Steinhauser, J. Havlíček, and V. Veeęerek. 2010. Influence of housing system and number of transported animals on transport-induced mortality in slaughter pigs. Acta Vet. Brno. 79: S79 - S84.

[90] VosláAřová, E., B. Janáečková, L. Rubešová, A. Kozak, I. Bedáňová, L. Steinhauser, and V. Več erek. 2007. Mortality rates in poultry species and categories during transport for slaughter. Acta Vet. Brno. 76: S101 - S108.

[91] Warriss, P. D. 1993. Ante-mortem factors which influence carcass shrinkage and meat quality. Pages 51-56 in Proceedings 39th international congress on meat science and technology. Calgary, Canada.

[92] Warriss, P. D., S. N. Brown, T. G. Knowles, S. C. Kestin, J. E. Edwards, S. K. Dolan, and A. J. Phillips. 1995. Effects on cattle of transport by road for up to 15 hours. Vet. Rec. 136: 319 - 323.

[93] Wathes, C. M., D. McKeegan, S. M. Abeyesinghe, M. A. McLeman, J. C. Lowe, T. G. Demmers, R. P. White, R. Kranen, H. van Bemmel, and J. A. C. Lankhaar. 2007. Controlled atmosphere stunning of broiler chickens: Ⅱ. Effects on behaviour, physiology and meat quality in a commercial processing plant. Br. Poult. Sci. Doi: 10.1080/00071660701543097.

[94] Whyte, P., J. D. Collins, K. McGill, C. Monahan, and H. O'Mahony. 2001. The effect of transportation stress on excretion rates of campylobacters in market-age broilers. Poult. Sci. 80: 817 - 820.

[95] Wilkins, L. J., N. G. Gregory, and S. B. Wotton. 1999. Effectiveness of different electrical stunning regimens for turkeys and consequences for carcase quality. Br. Poult. Sci. 40: 478 - 484.

[96] Wilkins, L. J., N. G. Gregory, S. B. Wotton, and I. D. Parkman. 1998. Effectiveness of electrical stunning applied using a variety of waveform-frequency combinations and consequences for carcase quality in broiler chickens. Br. Poult. Sci. 39: 511 - 518.

[97] Wilkins, L. J., and S. B. Wotton. 2002. Effect of frequency of the stunning current waveform on carcase and meat quality of turkeys processed in a commercial plant in the UK. Br. Poult. Sci. 43: 231 - 237.

[98] Xu, L., F. Ji, H. Y. Yue, S. G. Wu, H. J. Zhang, L. Zhang, and G. H. Qi. 2011a. Plasma variables, meat quality, and glycolytic potential in broilers stunned with different carbon dioxide concentrations. Poult. Sci. 90: 1831 - 1836.

[99] Xu, L., H. Y. Yue, S. G. Wu, H. J. Zhang, F. Ji, L. Zhang, and G. H. Qi. 2011b. Comparison of blood variables, fiber intensity, and muscle metabolites in hot-boned muscles from electrical-and gas-stunned broilers. Poult. Sci. 90: 1837 - 1843.

[100] Xu, L., L. Zhang, H. Y. Yue, S. G. Wu, H. J. Zhang, F. Ji, and G. H. Qi. 2011c. Effect of electrical stunning current and frequency on meat quality, plasma parameters, and glycolytic potential in broilers. Poult. Sci. 90: 1823 - 1830.

[101] Xu, L., S. G. Wu, H. J. Zhang, L. Zhang, H. Y. Yue, F. Ji, and G. H. Qi. 2011d. Comparison of lipid oxidation, mRNA levels of avian uncoupling protein, avian adenine nucleotide translocator, and avian peroxisome proliferator-activated receptor-γ coactivator-1α in skeletal muscles from electrical-and gas-stunned broilers. Poult. Sci. 90: 2069-2075.

[102] Young, J. F., J. Stagsted, S. K. Jensen, A. H. Karlsson, and P. Henckel. 2003. Ascorbic acid, alpha-tocopherol, and oregano supplements reduce stress-induced deterioration of chicken meat quality. Poult. Sci. 82: 1343 - 1351.

[103] Young, L. L., and R. J. Buhr. 1997. Effects of stunning duration on quality characteristics of early deboned chicken fillets. Poult. Sci. 76: 1052 - 1055.

[104] Young, L. L., J. K. Northcutt, and C. E. Lyon. 1996. Effect of stunning time and polyphosphates on quality of cooked chicken breast meat. Poult. Sci. 75: 677 - 681.

[105] Yu, J. M., S. Tang, E. D. Bao, M. Zhang, Q. Q. Hao, and Z. H. Yue. 2009. The effect of transportation on the expression of heat shock proteins and meat quality of M. longissimus dorsi in pigs. Meat Sci. 83: 474 - 478.

[106] Yue, H. Y., L. Zhang, S. G. Wu, L. Xu, H. J. Zhang, and G. H. Qi. 2010. Effects of transport stress on blood metabolism, glycolytic potential, and meat quality in meat-type yellow-feathered chickens. Poult. Sci. 89: 413 - 419.

[107] Zhang, L., H. Y. Yue, H. J. Zhang, L. Xu, S. G. Wu, H. J. Yan, Y. S. Gong, and G. H. Qi. 2009. Transport stress in broilers: I. Blood metabolism, glycolytic potential, and meat quality. Poult. Sci. 88: 2033 - 2041.

[108] Zhang, L., H. Y. Yue, S. G. Wu, L. Xu, H. J. Zhang, H. J. Yan, Y. L. Cao, Y. S. Gong, and G. H. Qi. 2010. Transport stress in broilers. II. Superoxide production, adenosine phosphate concentrations, and mRNA levels of avian uncoupling protein, avian adenine nucleotide translocator, and avian peroxisome proliferator-activated receptor-γ coactivator-1α in skeletal muscles. Poult. Sci. 89: 393 -400.

第15章

应激对肉品质的影响

应激是指机体在各种内外环境因素刺激下所出现的全身性的非特异性反应。加拿大生理学家Selye将应激称为“全身适应综合征”(General adaptation syndrome, GAS),认为应激过程可分为3期:①警觉期(Alarm stage);②抵抗期(Resistance stage);③衰竭期(Exhaustion stage)。在一般的情况下,应激只引起第一、第二期的变化,只有严重应激反应才进入第三期。

应激的主要意义是机体的非特异性适应性保护机制,有助于机体抵抗各种突发的有害事件。畜禽面对应激时,其体内会发生能量的重新分配,以维持生存,但这会导致动物肉质的变化,违背饲养的初衷。饲养过程中应激反应导致肉仔鸡脂肪沉积增多,骨骼肌发育受损,严重影响胴体品质和肉品质量;屠宰前应激是导致畜禽DFD肉和PSE肉产生的重要原因,引起肉品质下降。猪肉品质下降最典型的事例就是出现了PSE猪肉。据报道,PSE肉每年导致美国2.3亿~3.2亿美元的经济损失(柴进等,2007)。丹麦商品猪中的PSE肉发生率为10%~15%;意大利PSE猪肉约占16.5%;近年来,中国各地也相继出现了相当数量的PSE猪肉(胡民强,2005)。对于畜禽来讲,屠宰前应激很大一部分来源于宰前处理的过程,而此部分内容在第十四章已有详细论述,本章侧重于应激的一般性机制和应激引起肉品质改变的普遍性机制。

本章内容主要涉及环境应激影响畜禽肉品质的生理生化途径、应激导致肉品质改变的神经内分泌机制、应激引起的畜禽体内物质代谢变化、应激的细胞反应以及应激影响畜禽肉品质的机制。

15.1 应激与肉品质的关系

应激能够引起各种神经内分泌反应,进而导致机体营养物质代谢以及生理生化反应的改变,最终引起肉品质发生变化。应激分为长期应激和短期应激。有关应激与肉品质关系的研究,以短期应激的影响居多,比如宰前应激。

仅就肉品质而言，宰前应激的对象和持续时间不同，会引起截然不同的应激后果。就公牛和野兔来说，适当的宰前应激使得其肉质更加鲜嫩。但是应激持续时间过长，则将导致动物体内的肌糖原消耗殆尽，屠宰后肉的 pH 显著升高，肉钙蛋白酶活性较高，随着肉的熟化，肉虽然变嫩，但是肉色偏暗，在牛肉中被称为发暗分割肉(Dark-cutting beef，DCB)。

对于猪和鸡来讲，尚未见宰前应激对肉品质的有益影响。猪和鸡在宰前受到短暂应激，可能产出苍白、持水率低(WHC)的肉。氟烷敏感型的猪种和品系受应激后，屠宰后肌肉更易酸化，导致 PSE 肉的产生。家禽胸肉天生白色，并且 PSE 鸡肉质地异常柔嫩，所以消费者对于 PSE 鸡肉关注的并不多。而 PSE 猪肉则不同，其质地往往很耐嚼，影响口感，造成消费者的不满。

相对于短期应激，长期应激涉及复杂的生理生化过程以及营养物质代谢的改变，这种应激对于肉品质的影响，难以一言概之，本章将详细论述。

15.2 应激影响畜禽肉品质的生理生化途径

动物的应激反应受个体因素影响，应激反应的个体差异与其遗传背景有关，也与其早期(Mendl 和 Paul，1991)和近期(Van Ootmerssen 等，1985)的经历有关。应激导致的畜禽肉质改变，与应激时畜禽体内细胞、神经内分泌和物质代谢的变化有关。

15.2.1 畜禽生产过程中的应激原

应激原(Stressor)是指引起应激反应的各种刺激因素，从大的方面可以分为 3 类：外环境因素；机体的内在因素(疾病)；心理、社会环境因素。根据应激原的性质不同，应激反应可分为躯体应激(Physical stress)和心理应激(Psychological stress)两大类。温和的应激原有利于机体在紧急状态下的战斗或逃避，称为良性应激(Eustress)。如果应激原过于强烈，则也可以引起病理变化，甚至死亡，称为劣性应激(Distress)。另外，多数应激反应在应激原作用消除后可很快平静和恢复自稳。但是，有的应激反应表现为一个动态的连续过程，引起疾病，甚至死亡。本文侧重于环境因素导致的应激反应及其对畜禽肉品质的影响。

畜禽饲养过程中面临的不利环境因素包括，管理方面的运输、转群、搬迁、践踏、断尾、注射、断乳及生活环境的突然改变；气候方面的高温高湿静风、低温高湿贼风；饲料营养方面的饲料品种、质量、数量、饲喂次数的突然改变；配方的不尽合理，某些营养成分的长期缺乏或过量；饲养环境饲养密度、有害气体、灰尘及病原微生物、通风换气；以及健康方面的疾病、投药、免疫过程等。这些环境因素，通过影响动物的神经内分泌反应，导致动物物质代谢变化，最终引起动物肉品质变化。在应激过程中，涉及动物在细胞和整体层面上的种种内在稳衡机制的调整。此处仅简要介绍一下猪、鸡和牛生产过程中的各种应激原，这些应激原直接或间接影响着猪、鸡和牛的肉品质。

养猪生产中存在的应激原包括猪的混群和争斗，冷热应激，仔猪的断奶和断尾应激，高密度饲养，畜舍的卫生和环境富集度，猪的运输和屠宰应激以及各种疾病和饲养管理过程中带来的应激等。

养鸡生产中的应激原包括疾病(如腹水和猝死综合征)、环境(如氨气、灰尘和高温)、饲养密度(过高的饲养密度)和宰前处理(运输和屠宰)等各种来源,此外,淘汰蛋鸡的骨骼问题(骨折和骨质疏松)也或多或少会影响到淘汰蛋鸡的肉品质。

与肉牛生产有关的应激原包括疾病(育肥场牛的呼吸和消化系统疾病)、限制饲喂、管理制度、粗放的圈舍、冷热以及运输等。

15.2.2 应激反应的检测

畜禽在应激的状态下,会产生一些行为上的变化。如在热应激时,动物会出现心跳加快、出汗、热性喘息、体温升高甚至死亡等。热应激所造成的呼吸急促可引起血中 CO_2 和 H^+ 浓度下降并破坏酸碱平衡,导致呼吸性碱中毒。此外,这些外观上的变化还包括体重减轻、采食量减少、料肉比改变等。

在应激原的作用下,动物会通过神经内分泌途径来抵抗应激原的刺激,下丘脑—垂体—肾上腺皮质轴(HPA)轴在其中扮演了重要角色。HPA 轴中在应激情况下起作用的主要为糖皮质激素,而糖皮质激素主要有皮质酮和皮质醇。在应激情况下,下丘脑分泌 CRH 加强,ACTH 分泌加强。ACTH 的主要作用是促进肾上腺皮质合成糖皮质激素。后者的主要作用是加强肝糖原异生作用,增加肝糖原的储备。糖皮质激素还可促进蛋白质的分解代谢减少脂肪的存贮。另外应激时,糖皮质激素的大量分解可使外周血液的淋巴细胞和嗜酸性粒细胞减少,引起胸腺、脾脏和淋巴结中淋巴组织萎缩,减轻炎症、过敏反应和某些免疫现象。田传胜等(2008)的研究表明急性和重复性心理应激可以增强糖皮质激素的分泌。Warner 等(2010)的研究显示束缚应激可以增加糖皮质激素受体的蛋白表达量。

热应激休克蛋白(HSP)是动物在受到热应激后发生热休克反应,产生的一类生物进化上高度保守、由热应激休克基因编码的蛋白质。近年研究表明,HSP 的生成,除环境高温以外,其他应激原如缺氧、寒冷、感染、饥饿、创伤、中毒等也能诱导细胞生成 HSP。因此,HSP 又称应激蛋白。热休克蛋白可以按其分子质量大小可以分为 HSP100、HSP90、HSP70 等,其中最重要的是 HSP70,其研究也最多。HSP 的表达包括低水平的组成型表达和快速强烈的诱导型表达。通常所说的 HSP70 为诱导型的 HSP70。HSP 广泛存在,在细胞正常生命活动中发挥重要作用,热应激状态下表达增多,通过与多种蛋白质形成复合体,并通过其结合与解离帮助新合成蛋白质的折叠,防止其聚集;帮助蛋白质的细胞内移位;帮助变性蛋白质的复性;通过泛素-蛋白酶体通路清除严重受损的蛋白质等多方面的作用机制,抵抗热应激,保护细胞正常的生命活动。Bajszar 等(2010)的研究显示,氧化应激可以显著增加 HSP70 的 mRNA 表达量。李军乔等(2004)的研究表明,限饲均导致肝脏中 HSP70 表达增加。

15.2.3 应激的神经内分泌反应

15.2.3.1 蓝斑-去甲肾上腺素能神经元(LC-NE)

LC-NE 的主要作用是引起与应激相关的情绪反应。其中枢整合部位主要位于脑桥蓝斑,蓝斑是应激时最敏感的脑区,NE 能神经元具有广泛的上、下行纤维联系。其上行纤维投射到新皮质、边缘系统和杏仁核，与应激时情绪反应有关；下行纤维投射到脊髓侧角，引起交感-肾上腺髓质反应和儿茶酚胺(CA)的分泌；另外，LC-NE 部分上行纤维投射到下丘脑室旁核，引起促肾上腺皮质激素释放因子(CRF)和并进而引起垂体分泌，肾上腺皮质激素释放激素(ACTH)，从而可启动 HPA 轴应激反应。

应激时 LC-NE 的中枢效应主要是引起兴奋、警觉及紧张、焦虑等情绪反应。这些反应与上述下丘脑区中去甲肾上腺素的释放有关。

应激时 LC-NE 的外周效应主要表现为血浆肾上腺素、去甲肾上腺素和多巴胺浓度迅速增高，介导一系列的代谢和心血管变化，如心功能增强、血液重分布、血糖升高。增加的激素浓度什么时候恢复正常，根据不同的应激情况也各不相同。例如，运动员在比赛结束后一个多小时血浆儿茶酚胺可恢复正常。而大面积烧伤后半个多月，病人尿中儿茶酚胺的排出量仍达正常人的 7～8 倍。

交感-肾上腺髓质系统的强烈兴奋主要参与调控机体对应激的急性反应。CA 激活胰岛 B 细胞 α 受体，使胰岛素分泌减少，激活胰岛 A 细胞 β 受体，使胰高血糖素分泌增加，这样促进糖原分解，血糖升高；促进脂肪分解，从而保证了应激时机体对能量需求的供应。CA 对心脏有兴奋作用，使心率增加，心肌收缩力加强，心输出量增加；CA 对外周阻力血管和容量血管有收缩作用，引起全身血液的重分布，具有很重要的意义。

15.2.3.2 下丘脑—垂体—肾上腺皮质系统(HPA)

HPA 轴是由下丘脑的室旁核(PVN)、腺垂体和肾上腺皮质组成，PVN 为中枢位点。上行至杏仁核、边缘系统、海马结构。下行主要通过激素调控腺垂体和肾上腺皮质的功能。

应激时，HPA 轴兴奋释放促肾上腺皮质激素释放因子(Corticotropin releasing factor, CRF)，也称促肾上腺皮质激素释放激素(CRH)。CRF 刺激 ACTH 的分泌增加，进而使血浆糖皮质激素(Glucocorticoid, GC)浓度的升高。糖皮质激素浓度增加是 HPA 轴激活的关键环节。上述过程也是应激时最核心的神经内分泌反应。

适量 CRF 增加可促进适应，使机体兴奋或愉快感；但过量 CRF 增加会造成适应障碍，出现焦虑、抑郁和食欲不振等，这也是重症慢性病人都会出现的共同表现。

CRF 促进 LC-NE 神经元的活性，与 LC-NE 轴形成交互影响。

糖皮质激素的分泌反过来又抑制 CRF 和 ACTH 的释放，即负反馈调节机制。另外，下丘脑在释放 CRF 的同时，还释放血管加压素(AVP)，AVP 可以加强 CRF 的作用。

糖皮质激素有促进蛋白质分解和糖异生的作用，从而可以补充肝糖原的储备；糖皮质激素还能抑制外周组织对葡萄糖的利用，从而提高血糖水平，保证重要器官的葡萄糖供应。

糖皮质激素可提高心血管对儿茶酚胺的敏感性，表现为对血压的维持起允许作用。所谓"允许作用"，是指某些激素本身并不能产生某种生理作用，但它的存在可使另一种激素的作用明显增强，即对另一激素的作用起调节、支持作用。

糖皮质激素调控作用与其在血液循环中的浓度、靶组织中糖皮质激素受体数量有关，此外还受细胞内糖皮质激素代谢状态的影响。在哺乳动物细胞内，11-β 羟基类固醇脱氢酶催化皮质醇活性形式 11-β 羟基化糖皮质激素和其非活性形式 11-酮式代谢物(可的松或皮质酮等)之间的相互转换。

应激时糖皮质激素大量释放导致甲状腺轴在各个水平上功能的改变，包括甲状腺素的合成与分泌、外周组织脱碘产生其活性形式三碘甲腺原氨酸(T_3)的过程以及细胞核 T_3 受体的表达,甲状腺合成与分泌的抑制可使机体节省能源(图 15-1)。

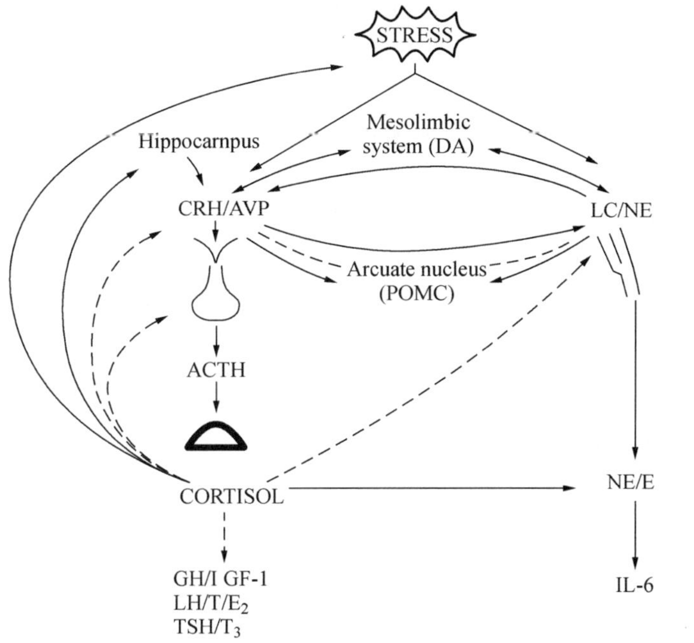

图 15-1 应激反应系统的中枢与外周组成分、功能联系及与其他中枢神经系统的关系示意图

Tsigos 和 Chrousos,2002。

15.2.3.3 其他激素反应

应激时分泌增加的激素有胰高血糖素、抗利尿激素、β-内啡肽、醛固酮;分泌减少的激素有胰岛素(应激时,CA 激活胰岛 B 细胞 α 受体,使胰岛素分泌减少)、促甲状腺素释放激素、促甲状腺素。

急性应激时生长激素(GH)分泌增多。CA 通过 α 受体可刺激 GH 的分泌。GH 的作用是:促进脂肪的分解和动员;抑制组织对葡萄糖的利用,因而具有升高血糖的作用;GH 还能促进氨基酸合成蛋白质,在这一点上它可以对抗皮质醇促进蛋白质分解的作用,因而对组织有保护作用。但慢性应激,尤其是慢性心理应激时 GH 分泌减少,且糖皮质激素可使靶组织对 IGF-Ⅰ产生抵抗。

应激改变生长激素的分泌,哺乳动物方面的研究一般认为应激导致 GH 分泌增加但 IGF-Ⅰ分泌减少,GH 的升高可制约胰岛素的作用,使血糖保持较高的水平;IGF-Ⅰ浓度的降低被认为是生长速率下降的原因,从而使机体能将更多的能量用于生存。

15.2.4 应激的细胞反应

细胞对多种应激原的反应,特别是对非心理性应激原的反应,可表现在细胞内信号传导、相关基因和蛋白表达变化等各方面。

15.2.4.1 信号转导

研究发现肾上腺皮质细胞对 ACTH 调控的信号途径 cAMP/PKA/pCREB 及皮质激素合成限制因子(如 StAR 和 P450scc)的表达下调是 HPA 轴基础活动水平下降的内在原因(Li 等,2008)。关于应激导致肉品质变化的信号通路目前才刚刚开始,此处仅简要介绍在试验动物上研究比较多的丝裂源激活的蛋白激酶通路(MAPK)。MAPK 通路属于应激激活的信号通路之一。该通路网络中包含细胞外调节蛋白激酶通路(ERK)、c-Jun 氨基末端激酶通路、p38 通路和 ERK5 通路等。应激激活信号通路的靶蛋白包括胞浆蛋白 PLCg、cPLA2 和上游信号蛋白,转录因子包括 AP-1、ATF-2 (Activated transcription factor-2)、CHOP 和 NFκ-B (Nuclear factor κ-B)等。应激激活信号通路的效应是激活机体的非特异和特异性防御反应,促进细胞增殖与分化,影响细胞凋亡。应激导致信号转导过强或过弱,并由此引起细胞增殖、分化、凋亡和机能代谢的改变,最终导致细胞代谢、功能、增殖和凋亡发生异常。

15.2.4.2 基因表达

有关应激引起的基因表达变化集中于氧化应激与细胞凋亡基因的表达变化上,相关内容请参考王晓静等(2004)的综述。

15.2.4.3 蛋白表达

应激导致细胞内蛋白表达的变化突出表现在急性期反应蛋白和热休克蛋白的表达增加。

(1)急性期反应蛋白

急性期反应(Acute phase response)是指许多疾病,尤其是传染性疾病、外伤性疾病、炎症和免疫性疾病时,机体于短时间内(数小时至数天)发生的以防御反应为主的非特异性反应。

急性期反应蛋白(Acute phase protein, APP)指炎症、感染、组织损伤时血浆中某些蛋白质浓度迅速升高,这些蛋白质称为急性期反应蛋白。另外,有少数蛋白在急性期反应时减少,称为负急性期反应蛋白,如白蛋白、前白蛋白、运铁蛋白等。

APP 主要在肝脏合成,单核细胞、内皮细胞和成纤维细胞也可以少量合成。最早发现 APP 是 C-反应蛋白,因它能与肺炎双球菌的荚膜成分 C-多糖体起反应而得名。

APP 主要包括蛋白酶抑制蛋白,如 α1-抗胰蛋白酶等。创伤、感染时,体内蛋白水解酶增多,引起组织损伤;凝血与纤溶相关蛋白,如凝血酶原、纤溶酶原、纤维蛋白原和因子Ⅷ;补体成分,如 C1s、C2、C3、C4、C5 和 B 因子等;转运蛋白,如血浆铜蓝蛋白、血红素结合蛋白、结合珠蛋白等;其他蛋白质,如 C-反应蛋白(CRP)、血清淀粉样 A 蛋白、纤维连接蛋白(FN)、α1-酸性糖蛋白等。

应激时 APP 中的蛋白酶抑制蛋白生成和释放都增多,可减少组织的损伤;纤维蛋白原形成的纤维蛋白在炎症区组织间隙有利于阻止病原体及其毒性产物的扩散;血浆铜蓝蛋白可活化 SOD,有利于清除自由基和减少组织损伤;CRP 与细菌细胞壁结合后,起抗体样调理作用,可激活补体经典途径,促进吞噬细胞的功能;可抑制血小板磷脂酶,减少炎症介质的生成和释放,具有清除异物和坏死组织的作用;血清淀粉样 A 蛋白可促使损伤细胞修复。

(2)热休克蛋白(Heat shock protein, HSP)

热休克蛋白是指细胞在应激原特别是高温环境诱导下所生成的一组蛋白质。它的主要功能在于稳定细胞结构，修复被损伤的前核糖体，提高细胞对应激原的耐受性。HSP是一个大家族，根据HSP相对分子质量的大小，主要有HSP110、HSP90、HSP70、HSP60和小分子HSP等，其中大多数HSP是细胞的结构蛋白。

HSP在细胞内含量很高，约为细胞总蛋白质的5%，分为结构性HSP和诱生性HSP。结构性HSP存在于正常细胞内，是细胞的结构蛋白，其基本功能是帮助新生的蛋白质进行正确的折叠、移位、维持以及降解，因此被称为"分子伴侣"(Molecular chaperonc)。诱生性HSP主要在应激时被诱导生成或合成增加，其基本功能是参与应激时受损蛋白质的修复或移除，保护细胞免受严重损伤，加速修复。

HSP的N端为一具有ATP酶活性的高度保守序列，C端为一相对可变的基质识别序列。C端基质的识别序列可以与受损蛋白质的疏水结构区结合(未受损蛋白质疏水结构区不暴露)，并释放出游离的热休克转录因子(Heat shock transcriptation factor，HSTF)，游离HSTF聚合成三聚体，所以，在热应激或其他应激原作用下，使细胞的蛋白质变性或新生蛋白质折叠出现错误，暴露出其疏水区。这样HSP与受损蛋白质的疏水区结合的同时，消耗ATP和促进受损蛋白质恢复正确折叠；在HSP修复受损蛋白质的同时，HSTF单体被释放出来，形成HSTF三聚体，并聚集于细胞核内。该三聚体HSTF可与热休克基因5′端的诱导型启动子(热休克元件)相互作用，启动热休克基因的转录，诱导HSP的合成。

所以在应激时HSP的生成增多，可修复被损伤的蛋白，使细胞维持正常的生理功能，从而提高细胞对应激原的耐受性。当然，HSP也可以通过与HSTF单体结合，从而抑制HSTF三聚体的形成，抑制HSP的进一步生成。

15.2.5 应激的代谢反应

应激时物质代谢发生相应变化，总的特点是代谢率升高，分解增加，合成减少。具体表现在以下几个方面。

高代谢率(超高代谢)。严重应激时，由于CA、糖皮质激素分泌增加，机体脂肪动员明显加强，外周肌肉组织分解旺盛，使代谢率升高十分显著。当机体处于分解代谢状态时，造成物质代谢的负平衡。所以，动物出现消瘦、衰弱、抵抗力下降等。

糖代谢的变化。应激时，由于胰岛素的相对不足和机体对葡萄糖的利用减少；以及儿茶酚胺、胰高血糖素、生长激素、肾上腺糖皮质激素等促进糖原分解和糖原异生，患者可出现应激性高血糖或应激性糖尿。

脂肪代谢的变化。应激时由于肾上腺素、去甲肾上腺素、胰高血糖素等脂解激素增多，脂肪的动员和分解加强，因而血中游离脂肪酸和酮体有不同程度的增加。同时组织对脂肪酸的利用增加。严重创伤后，机体所消耗的能量有75%～95%来自脂肪的氧化。

蛋白质代谢的变化。应激时，蛋白质分解加强，合成减弱，尿氮排出增加，出现负氮平衡。

上述这些代谢变化的防御意义在于为机体应付"紧急情况"提供足够的能量，但如持续时间长，则畜禽可因消耗过多而致消瘦和体重减轻。负氮平衡还可使畜禽肌肉发育迟缓，肉质下降。

15.3 应激影响肉品质的机制

在畜禽生产中如何提高肉品质、避免出现 PSE 肉或 DFD 肉是关注的重点。应激是影响畜禽肉品质的重要因素，应激反应与 PSE 或 DFD 肉形成以及肌内脂肪的含量有着密切的关系。

15.3.1 应激对肌纤维糖代谢及肉质性状形成的影响

在猪肉质性状形成过程中，基因型具有重要的影响，其中氟烷敏感基因(HALn)与 PSE 肉的发生有着密切的关系。氟烷敏感基因因携带该基因的猪对氟烷反应敏感而得名，氟烷反应呈阳性的个体表现为四肢僵直、体温升高并发展为恶性高温。携带 HALn 基因的猪个体表现为在屠宰前受到应激出现反应过度，最终导致 PSE 肉(Harbitz 等，1990；Fuji 等，1991；Jurkat-Rott 等，2000)。

已有的研究表明氟烷敏感基因与 HPA 轴的反应水平之间并无直接联系。RyR 杂合体公猪 HPA 的基础活动水平低于正常个体，表现为循环中 ACTH 和皮质醇浓度降低，但是在应激原激发的 HPA 轴反应方面并无显著差异(Weaver 等，2000)。利用运输应激开展的研究也证明 RyR 杂合体与正常猪个体之间具有相似血液皮质醇浓度(Yoshioka 等，2004)，进一步说明在 HPA 轴反应方面不同基因型之间并无差异。

高温降低肌肉肉品质与其导致的钙离子代谢异常有关。利用肉鸡胸肌卫星细胞开展的体外试验发现，高温增加肉鸡胸肌卫星细胞内游离钙离子水平、增加细胞内乳酸产生；高温能够通过影响细胞内的钙离子水平进而调节细胞乳酸的产生(冯京海等，2006)。高温通过活化肉鸡胸肌卫星细胞肌浆网钙释放通道的 RyR 受体，将肌浆网中钙离子释放到胞浆中，进而增加细胞内游离钙离子浓度；而高温条件下肉鸡胸肌卫星细胞内钙离子浓度升高，肌浆网 IP3 受体活化释放钙库内钙的作用不明显(赵春付，2010)。Zoiber 等(2010)报道氟烷刺激与热应激能够协同刺激肉鸡胸肌 RyR 基因的表达，导致胸肌出现类 PSE 肉现象。

在正常个体，应激通过影响肌纤维糖代谢而影响肉品质。已有的研究表明糖皮质激素诱导的胰岛素耐受抑制了骨骼肌对葡萄糖的摄取(Zhao 等，2009)。研究发现对于糖酵解型纤维如猪背最长肌中，屠宰前应激显著增强了糖原的酵解速率，研究发现高强度的宰前应激加速了肌糖原的利用，这一代谢现象与肌肉系水力下降、PSE 肉形成有关(Hambrecht 等，2005)。在肉鸡方面的研究也有相似的发现，应激状态下糖皮质激素分泌增加加强了糖异生代谢，使肌纤维中糖原沉积量增加；在肌糖原浓度升高的情况下，屠宰前应激状态下糖皮质激素促进了糖原的耗竭速率，并由此导致屠宰后肌肉 pH 下降，并导致系水力降低。研究证明肉品质的降低取决于屠宰前的生理状态，应激导致的肌纤维代谢状态变化具有后续效应(Lin 等，2007；Gao 等，2008)。对于氧化型肌纤维，宰前应激则导致 pH 升高，导致 DFD 肉出现(Hambrecht 等，2005)。以上研究表明糖皮质激素影响了肌糖原的沉积与利用速率，应激通过改变骨骼肌糖原的利用模式而影响肉品质。

15.3.2 应激对骨骼肌蛋白质代谢的影响

糖皮质激素与组织的蛋白质代谢具有密切的关系。不同组织间糖皮质激素受体(GR)的表达水平与其蛋白质周转速率有关,例如如肠道组织相比较,猪肌肉组织中的GR受体数量及其蛋白质周转速率均较低(Claus 等,1996)。糖皮质激素通过抑制骨骼肌蛋白质合成并促进蛋白质分解代谢,抑制骨骼肌的增殖与分化,降低了骨骼肌的质量和肌纤维束横断面积。糖皮质激素对骨骼肌发育的影响与其抑制胰岛素及IGF-Ⅰ的作用有关。研究表明糖皮质激素处理降低了循环中IGF-Ⅰ浓度(Lopes 等,2004),GC抑制了胰岛素和IGF-Ⅰ对肌肉蛋白质合成的促进作用,同时钝化了胰岛素和IGF-Ⅰ抑制蛋白质分解作用(Dardevet 等,1998)。IGF-Ⅰ过表达小鼠能够阻止糖皮质激素导致的肌肉萎缩,进一步说明抑制IGF-Ⅰ活性是糖皮质激素导致肌肉萎缩的重要原因之一(Schakman 等,2005)。在胚胎发育期,外源激素的导入抑制了IGF-Ⅰ mRNA水平,影响胎儿骨骼肌发育(Li 等,2002)。此外,在IGF结合蛋白1(IGFBP-1)基因上存在有糖皮质激素反应元件,表明糖皮质激素在基因转录水平上对IGFBP-1的表达起着重要的调控作用(Goswami 等,1994)。

在正常生理状态下,骨骼肌的生长发育也受到负向调控因子的调控,保证骨骼肌的正常发育,其中肌抑素(Myostatin)是骨骼肌发育中重要的负向调节因子,肌抑素蛋白的活性形式能够抑制骨骼肌的发育。肌抑素抑制骨骼肌发育的机制是一方面通过阻止细胞周期而抑制成肌细胞的增殖(Tomas 等,2000),另一方面通过抑制成肌细胞的分化而实现的(Langley 等,2002)。在小鼠方面的研究发现,地塞米松(DEX)显著上调了肌抑素的表达水平,推测DEX通过糖皮质激素受体调节的方式促进了肌抑素的表达,从而导致骨骼肌萎缩(Ma 等,2003)。相反,在肌抑素基因敲除小鼠,糖皮质激素导致的肌肉萎缩现象消失,这表明肌抑素是糖皮质激素诱导肌肉组织蛋白质分解代谢的重要途径之一(Gilson 等,2006)。糖皮质激素对骨骼肌细胞分解代谢的促进作用是通过转录因子FOXO实现的,糖皮质激素抑制Akt活性从而激活FOXO,后者则上调泛素-蛋白酶E3连接酶,促进了蛋白质的分解(Schakman 等,2008;Cho 等,2010)。近期的研究发现肌抑素过表达对泛素-蛋白酶途径无影响,但是却显著抑制了Akt/mTOR途径(Amirouch 等,2009),这一结果表明糖皮质激素能够通过激活肌抑素途径而间接地影响Akt/mTOR对骨骼肌蛋白质合成的调控。糖皮质激素除了通过肌抑素信号通路与mTOR信号通路发生联系外,新近的研究发现糖皮质激素通过激活调控支链氨基酸转氨酶(BCAT2)的表达,降低肌细胞内支链氨基酸浓度,抑制mTOR信号,从而影响骨骼肌的发育(Shimizu 等,2011)。

在家禽方面的研究发现,糖皮质激素升高显著抑制了骨骼肌的蛋白质合成,与此同时蛋白质的分解代谢加强(Dong 等,2007)。在生长前期,糖皮质激素下调骨骼肌碱性氨基酸转运载体(CAT-2)的基因表达水平(Song 等,2009),提示应激状态下一方面骨骼肌的养分分配减少,另一方面组织分解动员的速率提高,两者共同导致了骨骼肌组织生长发育受阻。由于糖皮质激素对肌肉组织的氨基酸构成没有显著改变,提示肌肉组织的合成与分解不存在选择性。在生长前期(10日龄),糖皮质激素下调骨骼肌中促进蛋白合成的IGF-Ⅰ及其受体IGF-IR的表达量,抑制蛋白质的合成,肌细胞分化受到抑制,MyoD和Myf5表达量显著降低,其中IGF-Ⅰ下调是生长前期肉仔鸡骨骼肌发育受到糖皮质激素抑制的主要原因(Song 等,2009);

在生长后期(34 日龄),糖皮质激素对骨骼肌发育的影响主要是与肌肉生长抑制素信号途径的激活有关,并且在饲喂状态下糖皮质激素激活泛素-蛋白酶体途径,进一步引起骨骼肌蛋白质的降解,而空腹状态下这一途径未受影响(Song 等,2009)。这提示生长后期糖皮质激素对骨骼肌发育的抑制与 IGF-Ⅰ介导的信号途径无关。

15.3.3 应激对骨骼肌脂肪代谢的影响

应激状态下,糖皮质激素激发的一系列应激反应与机体的能量动员与重分配密切相关。糖皮质激素及其诱导的胰岛素耐受现象与内脏脂肪沉积有关(Geraert 等,1996),肾上腺切除可抑制肥胖症的发生,但是在糖皮质激素处理后则发生逆转(Freedman 等,1986)。DEX 处理哺乳动物肝细胞使其脂肪合成与分泌增加(Bartlett 和 Gibbons, 1988)。在肉仔鸡糖皮质激素对肝脏脂肪合成和分泌的促进作用也得到了证实(Cai 等,2009),糖皮质激素对肝脏脂肪合成能力的促进是应激导致体脂肪沉积增加的主要原因。

糖皮质激素与猪胴体脂肪含量呈正相关,而与胴体瘦肉比例呈负相关,但没有观察到糖皮质激素与肌内脂肪的含量的关系(Foury 等,2005)。糖皮质激素促进脂肪合成的代价是降低了蛋白质沉积,这一现象在肉鸡方面也得到了证实(Dong 等,2007;Jiang 等,2008;Yuan 等,2008)。糖皮质激素是调控脂肪细胞分化的重要激素之一。研究表明糖皮质激素促进了猪前脂肪细胞的分化(Suryawan 等,1997)。糖皮质激素对前脂肪细胞分化的调控较为复杂,已有的研究表明糖皮质激素刺激脂肪细胞分化与促进 CCAAT 增强子结合蛋白 β(C/EBP-β)的转录有关,糖皮质激素刺激了 C/EBP-β 在人前脂肪细胞中的积聚(Tomlinson 等,2006)。糖皮质激素促进脂肪细胞的分化还与对前脂肪细胞因子 1(Pref-1)的抑制有关,Pref-1 是一含有上皮细胞增殖因子样基团的跨膜蛋白,抑制细胞的分化。Pref-1 对生脂的抑制作用已在体内及体外研究中均得到证实(Wang 等,2006)。糖皮质激素通过抑制 Pref-1 的表达而促进生脂作用(Smas 等,1999),Pref-1 可能通过作为糖皮质激素和 cAMP 的感受器,在前脂肪细胞的分化过程中发挥作用(Pantoja 等,2008)。

糖皮质激素对机体脂肪沉积的调控与胰岛素有关,研究发现在胰岛素存在的情况下,皮质醇抑制脂肪细胞中的脂肪动员,促进甘油三酯沉积。糖皮质激素对脂肪生成的调控与其受体水平有关。在人类和小鼠中腹脂中糖皮质激素受体数量高于其他部位的脂肪组织,是糖皮质激素导致腹部脂肪沉积增强的重要原因(Bjorntorp 和 Rosmond,2000)。在猪胚胎发育期,前脂肪细胞中的糖皮质激素受体数量随胚龄而增加,而出生后受体数量显著降低,证明糖皮质激素对前脂肪细胞分化的调控至少部分是通过受体数量而实现的(Chen 等,1995)。但研究显示,牛肌内、皮下和肾周间隙分离到的脂肪基质细胞却有相似数量的糖皮质激素受体(Ortiz-Colón 等,2009),这一结果表明,至少在肉牛脂肪组织糖皮质激素受体数量并非是脂肪细胞生脂能力的关键因素。近期在 3*T*3-L1 脂肪细胞上的研究发现有 274 个与糖皮质激素调控有关基因含有糖皮质激素受体结合区(GBRs),其中含有多个与甘油三酯合成、脂肪分解、转运及贮存有关的基因(Yu 等,2010)。对于这一基因网络的研究将有助于深入认识糖皮质激素对脂肪代谢的调控机制。

脂肪酸与葡萄糖一样是骨骼肌的重要能源物质,在正常生理状态下骨骼肌纤维对能源物质的选择与其可利用量和生理需求量有关(McClelland,2004)。骨骼肌中摄入的脂肪酸如不能被氧化利用则会在肌纤维内蓄积，这一现象与人类肥胖和糖尿病的形成与发展有关(Beaudrap 等，2006)。脂肪酸氧化不全及脂肪酸与葡萄糖在氧化利用中的竞争导致肌纤维内脂肪的沉积，后者又依次导致骨骼肌对胰岛素敏感性下降。骨骼肌对脂肪酸的摄取与利用受多种因素的影响。脂蛋白脂酶(LPL)参与了骨骼肌纤维对脂肪酸的摄取，脂肪酸转移蛋白(FATP1)、脂肪酸结合蛋白(H - FABP)和肉碱棕榈酰转移酶(CPT - 1)参与了细胞内脂肪酸的转运。近期的研究表明糖皮质激素改变了骨骼肌脂肪的代谢与利用。在哺乳动物上的研究发现糖皮质激素单独存在情况下促进了骨骼肌细胞脂肪酸的 β - 氧化、减少脂肪积聚，而在胰岛素存在情况下则共同促进了肌纤维内甘油三酯的积聚(Morgan 等，2010)。在家禽方面的研究表明糖皮质激素处理显著上调了肌纤维内脂肪酸转运相关基因如 FATP1 和 H－FABP 等表达水平，提示脂肪酸的转运能力提高(Wang 等，2010)。应激导致家禽骨骼肌对脂肪酸氧化利用能力的影响受日龄的影响，在生长前期，糖皮质激素抑制了 AMPK 和 CPT - 1 的活性，下调了其基因表达水平，提示糖皮质激素抑制了骨骼肌对脂肪酸的氧化利用。相反，在生长后期糖皮质激素促进了骨骼肌与脂肪酸的氧化利用相关基因的表达水平，糖皮质激素提高了 AMPK 的活性和表达水平。以上研究表明糖皮质激素促进了循环中的脂肪流量，促进了骨骼肌对脂肪酸的摄取，导致脂肪酸摄取速率超过其氧化速率，最终导致脂肪在肌纤维内的病态沉积(Wang 等，2010)。

AMP 蛋白激酶(AMPK)作为细胞能量状态的感受器，当细胞能量水平降低时(AMP/ATP)被激活(Hardie 等，1998；2003)。AMPK 催化乙酰辅酶 A 羧化酶的磷酸化，从而降低细胞内丙二酰辅酶 A(M-CoA)浓度，解除后者对 CPT1 的抑制，从而促进脂肪酸的氧化供能(Saha 和 Ruderman，2003)。骨骼肌 AMPK 活性降低和 M-CoA 浓度的下降与胰岛素耐受现象有关(Ye 等，2005)。研究发现肌内脂肪沉积量高的肉牛骨骼肌中 AMPK 活性降低、糖原含量下降，提示 AMPK 活性与肌内脂肪沉积有关(Underwood 等，2007)。AMPK 活性与脂肪生成的关系在绵羊胚胎期及 3T3 - L1 细胞系中也得到了证实(Tong 等，2008)。因此，糖皮质激素对 AMPK 活性的调控在肌内脂肪含量及肉品质中的作用需要进一步研究。

15.4 应激的防控

15.4.1 抗应激动物品种的选育

对于相同的应激原，不同畜禽对其抵抗能力大有不同，即便是同种畜禽，不同品系和个体对其抵抗能力也有所不同。鉴于畜禽对应激的敏感性不同(这与动物的遗传基因有关，主要是隐性氟烷基因)，利用遗传育种的方法，选育抗应激品种，淘汰应激敏感品种，逐步建立抗应激种群，可能是解决畜禽的应激问题的有效途径。

目前，作为监测畜禽应激敏感程度的许多指标越来越多地被证实与遗传有关，因此根据这些指标进行选育即可培育出抗应激品系。以猪为例，鉴定应激敏感猪的方法主要有氟烷测定法、血型鉴别法、线粒体钙离子析出法、红细胞渗透性溶解法、丙酮酸激酶和肌酸激酶活性测定法和耳区皮内注射松节油法等。

氟烷测定是一种敏感性试验，在养猪生产和猪育种工作中应用广泛，根据试验猪吸入1.5%～5%的氟烷后，其知觉及骨骼肌的痉挛与强直反应判断应激个体。研究表明，用氟烷测定法可从畜禽中剔除氟烷阳性个体，经过几个世代就可大大降低氟烷阳性畜禽，即应激敏感个体的比率。丹麦用氟烷法检查了兰德瑞斯、约克夏、杜洛克及汉普夏猪，在汉普夏猪中没有发现氟烷基因，检出1头杜洛克猪氟烷阳性反应，兰德瑞斯猪氟烷阳性降至3.0%，约克夏猪氟烷阳性降至1.5%。国内有些地方也进行了这方面工作，选择杜洛克、大白猪、本地猪为抗应激猪核心群。

近年来国外对热应激蛋白(HSP)研究较多，其在机体内的合成被看作是机体许多组织耐热能力提高的一项特殊标志，是机体在细胞水平上对应激的应答反应，选用HSP培育耐热畜群又将是一个新的研究热点。

由此可见，通过应激敏感性测验进行品种选育，控制和消除应激敏感基因，是提高整个畜群抗应激能力的有效方法。

15.4.2 营养调控

15.4.2.1 碳水化合物和脂肪

应激条件下畜禽采食量减少，造成能量供给不足，为了缓解应激对畜禽的影响，一般给予畜禽较高营养浓度的日粮，以弥补应激引起的能量摄入量不足。另外，脂肪含能量高，可以增加饲料的适口性，提高畜禽的采食量，进而缓解应激对畜禽生产性能的影响。舒邓群等(1996)在生长猪日粮中加入2%植物油，并相应降低碳水化合物的含量，从而减少了体增热，减轻了猪的散热负担。唐茂妍(2007)报道，随着饲粮能量水平提高，不同屠宰日龄AA肉仔鸡胸、腿肌剪切力值均显著降低，胸、腿肌脂肪含量显著升高，肌原纤维小片化指数(MFI)升高，肌肉嫩度得以改善。

15.4.2.2 蛋白质和氨基酸

应激时机体蛋白质特别是骨骼肌蛋白质分解加强，血浆氨基酸含量上升，尿氮排出量增加，甚至出现氮负平衡。Bartov(1985)研究发现高浓度的糖皮质激素会引起肉仔鸡负氮平衡，造成骨骼肌的萎缩从而影响生长。

骨骼肌蛋白质的合成是一系列复杂的化学过程，它受神经、内分泌等因素的调节。mTOR(Mammalian target of rapamycin)信号通路是细胞内调控蛋白质合成的主要信号通路，mTOR可以整合氨基酸所激发的蛋白质合成的信号通路。补充亮氨酸可以促进骨骼肌蛋白质合成(Anthony等，2001；Lynch等，2003；Lang和Frost，2005)，其作用机制是通过上调mTOR信号通路实现的(Lynch等，2003；Tokunaga等，2004)。亮氨酸激活mTOR部分是由于AMPK活性被抑制(Du等，2007)。在培养的小鼠成肌细胞中添加过量的支链氨基酸可激活mTOR，使萎缩的细胞恢复生长(Shimizu等，2011)。在成年的哺乳动物中，骨骼肌的肥大或萎缩是以肌纤维直径的增大或减小为特征的。肌纤维的直径与肉质关系极为密切。

15.4.2.3 维生素

应激条件下，畜禽对一些维生素的需要量增加，因此必须通过饲料或者饮水来补充维生素，以保证机体的特殊需要。在家禽的抗应激作用中，维生素C和维生素E起着重要的作用，特别是维生素C，被认为是抗应激因子。

在应激的情况下，家禽机体维生素C的合成能力下降，因此，添加维生素C具有很明显的抗应激作用。大量的试验研究和生产实践已经表明，在应激（主要是热应激）状态下，添加维生素C可以显著地改善畜禽的生产性能，并且可以降低畜禽的体温和呼吸频率。王胜林等(2004)在热应激肥育猪饲料中添加稳定型的维生素C 500 mg/kg，猪的体温和呼吸数均低于对照组，且在第4周时均达到显著水平，试验猪生产性能有改善趋势，但差异不显著；干物质、总能、氮和粗脂肪消化率均有所提高。Barja等(1994)报道，维生素C是具有很强还原性的抗氧化剂，在细胞外液中通过中和机体代谢过程中产生的O_2，OH^-和H_2O_2等自由基及其氧化物，降低了自由基在水相中引发的过氧化反应，保护生物膜免受脂质过氧化的破坏，从而间接对肉质起到保护作用。Realini等(2004)研究发现，饲料中添加维生素C，可明显降低不饱和脂肪酸的含量，使牛肉色明显变红并且在贮藏过程中延缓了色素的氧化。

维生素E是一种细胞内抗氧化剂，能促进免疫球蛋白的合成，从而提高机体的抗病能力，提高抗应激能力，而且在体内还能保护多不饱和脂肪酸和胴体组织免受自由基的破坏，保持肌肉的完整性，Morrissey等(1994)在肉仔鸡试验中证实，日粮中添加维生素E，能有效地防止机体脂质过氧化，降低碎鸡肉与储藏鸡肉的硫代巴比妥酸(TBARS)值，使肉产品具有更高的抗氧化能力，维持肉的风味，并延长肉制品货架寿命。

15.4.2.4 微量元素

铬是动物必需的微量元素之一，是葡萄糖耐量因子(GTF)必要的活性组成成分，通过协同或增强胰岛素作用，促进脂肪的分解和蛋白质的合成，降低脂肪总量和脂肪率，同时GTF可改变皮质醇的合成，从而影响动物对应激的反应。

补铬在降低畜禽应激、提高免疫力、改善繁殖性能、提高胴体品质、促进生长等方面均有作用。呙于明等(1998)报道，对高温应激的肉仔鸡补铬，可显著提高其在应激14*d*时的体质，降低糖皮质醇浓度，并缓和了高温下胸腺、法氏囊的萎缩趋势。Shelton等(2003)认为，基础饲粮中添加铬可提高猪背最长肌面积、腿肉重和胴体总瘦肉重。有研究表明，猪饲粮中添加甲基吡啶铬不但可以提高肥育猪的眼肌面积，减低膘厚和提高胴体瘦肉率，而且可以减轻应激反应，从而减少PSE肉和DFD肉(Page等，1993)。

另外，饲粮高镁(1 000 mg/kg)可在动物应激状态中作为鸡肉松弛剂和镇静剂，减少屠宰时儿茶酚胺的分泌，降低糖原分解和糖酵解速度，改善肉质，减少PSE肉的发生。

15.4.3 环境调控

15.4.3.1 饲养方式的调控

在当前规模化集约化畜禽生产中，通过人为控制畜禽的生长规律和养殖环境，可最大限度的提高生产水平和增加经济效益，但这种饲养方式背离了畜禽生长发育的自然规律，对畜禽肉质产生了不良影响。集约化养殖的异常猪肉发生率比分散饲养的要高，快速育肥的比普通育肥的要高，运动量少的比运动量大的要高，圈养的比散养的要高，高密度饲养的比低密度饲养的要高。

与限制饲喂相比较，自由采食的猪，猪肉嫩度和多汁性有较小但是显著的提高，其肉品质有所提高。自由采食引起猪肉品质改善的机理尚不明确，可能与生长速度和肌内脂肪含量升高有关。

肉鸡放养似乎有改善肉质的可能性。肉鸡放养方式以山地、果园放养为佳。该方式能保证鸡群有足够的活动空间和运动量，从而提高肌肉韧度，减少脂肪过量沉积，达到肌肉结实，纤维粗细适中，肉质滑嫩，从而极大地提高鸡肉品质。另外，由于鸡群有足够空间进行自由觅食，摄取更多的杂草及昆虫作饲料来补充，因此得以改善鸡肉的风味 。然而散养也会带来一定的福利问题，比如寄生虫和啮齿动物的侵袭。

我国肉类牛羊生产的主要饲养方式包括放牧饲养、舍饲饲养和半放牧半舍饲饲养等形式。从牛羊肉品质量考虑，放牧饲养最科学合理的，但这种饲养方式需要的草场面积较大，牛羊肉产量低，无法满足需要。而目前提倡的舍饲牛羊技术虽已比较成熟，但成本较高，牛羊体质和肉品质量均有所下降。如何在舍饲条件下提高牛羊肉的品质，需要进行更多更深入的研究。

15.4.3.2 养殖场环境的完善

在畜舍设计及其配套设施上应考虑对热应激的长期防范。畜舍取东西朝向及长屋檐以减少太阳直射，采用隔热材料作房顶，房顶涂成白色以减少热辐射，提高畜舍提高，以网上饲养替代地面厚垫料平养。

场区多栽树，搞好绿化。树木通过遮阴，减少辐射，截留雨水和蒸腾作用，使平均温度降低。要通过绿化使整个养殖场在绿树成荫的掩护下形成舒适凉爽的小气候。引外，鸡舍周围种植丝瓜、南瓜、爬山虎等藤蔓植物，夏季既可遮阴降温，冬季又不影响采光。

15.4.3.3 温度调控

一般认为，在较高温度下更易沉积多不饱和脂肪酸。9℃环境下饲养的母鸡，皮下脂肪的不饱和程度较在21℃或32℃饲养的更高，而饲养在21℃和32℃两种温度下其脂肪的饱和程度相同。高温下，鸡通过皮肤散热的能力差，致使体温升高而引发热应激。热应激影响肉鸡的胴体组成，随着环境温度的升高，胴体干物质、脂肪和能量增加，而蛋白质含量降低；高温降低腹脂中不饱和脂肪酸的含量，降低鸡肉尤其是胸肌的产量，增加PSE肉的发生率。

环境温度为影响畜禽健康和生产力的首要温热因素，一般环境温度维持在等热区，特别是在舒适区内，畜禽的生产力、饲养利用率和抗病率都较高，而鸡的最适环境温度是16～25℃。在进风口处设置水帘使热空气经冷却后进入鸡舍，可在温度升高之前打开水帘，下午温度降低后关闭，这样可使舍内温度降低。

通风是降低高温影响的强有力手段，风扇要安装在室内，要使风能直接吹到鸡体而不只是搅动鸡上边的空气，直接吹向鸡最佳速度大约1.8 m/s，通常使用的鸡舍内水平方向的通风对大多数鸡散热不够。采用纵向通风法降温先关闭门窗，在后门设置排风口、在前门设置进风口。在排风口处依舍内空间大小均匀、合理地设置一定数量的排气扇，沿鸡舍的纵轴通风，舍内任何部位的鸡只均能感受到有轻微的凉风，有一种凉爽舒适的感觉，有利于增加采食量。

环境温度超出猪的适宜温度范围时，猪体内蓄积过多的热量，引起猪体温升高，呼吸频率和代谢反应加速，增加PSE肉的发生频率。屠宰前较高的环境温度与较大的温差，也容易猪PSE肉比例增加。高温下猪体内更易沉积多不饱和脂肪酸，肌肉结构性磷脂中不饱和脂肪酸在血色素铁离子和非血色素铁离子的催化下易发生过氧化反应，并产生异味，从而降低猪肉品质。

15.4.3.4 湿度调控

高温高湿的环境下，鸡较易发生胸囊肿症等问题，影响禽肉的肉质，鸡舍的合理通风，可保持湿度适宜，提高鸡肉肉质。在高温下，鸡主要依靠蒸发散热，但高温高湿环境却抑制了蒸发散热，对禽体的热调节不利，加剧了热应激。湿帘降温与喷雾降温相比，两种降温方法都导致鸡舍内的湿度增加，但湿帘降温使得鸡舍内环境出现低温高湿，而喷雾降温却使鸡舍内环境出现高温高湿。低温高湿环境下，鸡通过可感散热来维持体温，增加了鸡的冷感，可以缓解湿帘降温系统增加湿度带来的负面影响，而高温高湿环境则对鸡的生长发育有害。

15.4.3.5 光照调控

猪育肥期使用弱光或黑暗饲养，胴体脂肪增加，日增重和饲料转化率提高，但脂肪增加有损胴体品质。有报道指出，2×2间歇光照与8 h光照相比，猪生长发育加快，平均日增重提高，耗料减少，肉品质量提高。目前认为，育肥猪的饲养管理趋于光照时间短，强度以40～50 Lx为宜，这种光照管理模式对猪的正常物质代谢最有利，猪的抗应激性、日增重以及肉品质量最佳。

光照能促进鸡的性机能活动，使性成熟早，有助于改进胴体的质量。肉鸡接受自然光照比较好，自然光照中含有的紫外光可以促进维生素D的合成，增加肌肉中维生素D含量，提高肌肉的抗氧化能力和货架期 。

15.4.3.6 氨气浓度调控

鸡舍内氨浓度高时对肌肉内含水量和pH都有影响。当鸡舍内空气中氨浓度达到25×10^{-6} mg/kg时，会使肌肉的碱值提高，肌肉含水率增高，色素下降而变得灰白，可食度与鲜味均下降 。

通风除了能预防肉仔鸡热应激，还是降低舍内氨浓度的一个有效措施。有窗鸡舍需将门窗打开，使空气自由流通。为此，畜舍两侧的门。窗位置应相对设置。使之形成直线穿堂风，还可在纵墙上设地脚窗，夏季打开，使舍内气流在近地面处通过，也有利于缓和高气温的不良影响，并安装风机或吊扇以补充自然通风的不足。

密闭式鸡舍完全依靠机械通风。有效通风的前提是鸡舍必须保持密闭性，让新鲜的空气从要求的地方(侧墙通风口或者湿帘处)进入鸡舍。所以要求场区对每个鸡舍的密闭性进行检查，尤其是鸡舍中间的门口、挡粪板处、湿帘与鸡舍连接处等。纵向通风必须保证空气都应从鸡舍一端的两侧，而不能仅从一侧进入鸡舍。空气从两侧进入鸡舍可充分混合舍内空气，不会产生通风死角。如果昼夜温差过大或者天气变化无常，需要使用混合通风，求保证鸡舍的温度。所以由横向通风过渡到纵向通风时，一定要注意进风口的管理。即当风机由一级转为二级或三级启动时，相应的进风口必须要进行调整，减少鸡舍负压，使鸡舍前后风速均匀、温度均匀一致。例如逐渐打开湿帘的面积，增加通风口的面积，否则鸡舍负压会过大，影响风机的使用效率。

15.4.4 动物福利

所谓动物福利，就是使动物在无任何痛苦、疾病、无异常行为、无心理紧张压抑的安适状态下生存和生长发育。英国家畜福利委员会提出必须保证家畜享有五大自由的权利：①免受饥渴的自由；②免受环境不适的自由；③免受痛苦、伤害和疾病的自由；④免受惊吓和恐惧的自由；⑤能够自由表现绝大多数正常行为的自由。目前，这五大自由已经成为国际社会一致认同的动物福利标准。

集约化饲养的动物面临更多的应激，但是应激并不是集约化饲养动物的专利。即使动物保持在野外生存模式，应激也无处不在(主要是疾病、冷热和天敌应激)。因此，农场动物福利概念比较复杂。对于人类，动物福利是价值观的体现；对于动物本身，福利则被定义为对生活挑战产生的生理学和行为学成功应对。研究农场动物福利，必须将动物的应激和痛苦相区别开来。应激可定义为“有感知力的动物试图应对环境时的身体和心灵状态”，痛苦则应定义为“当动物应对环境失败时的身体和心灵状态(或应对极其艰难时)”。野生状态下的动物会经历慢性营养不良、气候和天敌应激，从而发生生理上的痛苦；而集约化饲养的畜禽，则会经历高饲养密度和饲养环境设施缺乏等，无法采取满足其自然行为需要的必要的行动等，从而发生心理上的痛苦。我们必须明了，在动物生产中有些应激是不可避免的，我们所做的应该是避免动物经历痛苦。

动物福利与动物权利有所区别。动物福利理论认为动物拥有权益，但只要人类的利益认为牺牲它们是正当的，那么这些权益就是允许被人类利用的。最近十来年，一些法学学者提出“动物权利”的观念，并运用动物在个别国家可以被判处死刑、可以继承财产等个案素材论证把动物作为法律主体的必要性和可行性。但是这些观点并不适用于畜禽生产。尽管集约化饲养带来种种问题，但其对于人类蛋白质需要的满足和对于动物生产进步所做出的贡献，目前这种饲养模式还具有不可替代性。

改善动物福利，有助于缓解畜禽饲养过程中的种种应激。然而目前研究发现，各种提升畜禽福利的措施，对畜禽肉品质并不一定有显著的改善作用。在猪舍中额外增加环境富集设施，猪肉品质并没有变化(陈良云等，2008)，而猪和鸡的散养，则带来更多的疾病和营养应激，进而引起更多的福利问题。

目前大家比较认可的是改善运输动物的福利有助于提高畜禽的肉品质，但是相关解决措施正在研究中。有关动物运输过程中的福利问题，请参考本书第 14 章内容以及 Gregory 的一系列著作(2005，2007，2008)，此处不再赘述。

应激引起畜禽肉品质的改变，预防宰前应激可有效缓解 PSE 和 DFD 肉的产生。有效的应激防控手段来源于对应激内在神经内分泌机制的深入研究。改善动物的福利，有助于获得更好的肉品质，特别是赋予肉品人道价值，但是相关措施需要进一步深入探讨。

(本章由山东农业大学林海、宋志刚主笔)

参考文献

[1] 陈良云,时建忠,顾宪红.环境丰富与喷淋设施对育肥猪福利与肉质的影响.农场动物福利科学对农业可持续发展的重要性,2008:57-75.

[2] 柴进,蒋思文.宰前应激对猪肉品质的影响及调控技术研究进展.养猪,2007(4):27-29.

[3] 冯京海.日循环高温对肉鸡线粒体活性氧产生量、钙泵活性及胸肌品质的影响.畜牧兽医学报,2006,37:1304-1311.

[4] 呙于明,刘彩霞,周毓平.高温应激对肉仔鸡的影响及补铬的效果研究.畜牧兽医学报,1998,29:339-344.

[5] 胡民强. PSE猪肉营养控制技术研究进展.世界农业,2005(5):47-49.

[6] 李军乔.高温环境对肉仔鸡血液生化指标、热应激蛋白(HSP72)转录及肉品质的影响.河北保定:河北农业大学,2004.

[7] 舒邓群,黄爱民,徐忠辉.高温条件下生长猪能量蛋白需求量的初步探讨.家畜生态,1996,17(3):25-28.

[8] 唐茂妍.饲粮代谢能和赖氨酸水平对爱拔益加肉鸡鸡肉品质的影响及其机理研究.北京:中国农业大学,2007.

[9] 田传胜,孙菲,王生.急性和重复性心理应激对大鼠血清皮质酮和免疫组织中糖皮质激素受体的影响.中国职业医学,2008,35(6):468-474.

[10] 王胜林,方智.维生素C和维生素E对热应激肥育猪生产性能的影响.饲料博览,2004,2:1-3.

[11] 王晓静.氧化应激相关的细胞凋亡过程中基因表达改变.国外医学肿瘤学分册,2004,31:10-14.

[12] 张根军.生长猪热应激反应模型及适宜监测指标筛选.北京:中国农业科学院,2004.

[13] 张国强.日粮肌苷酸、β-丙氨酸和组氨酸对肉鸡肉品质的营养调控.北京:中国农业大学,2008.

[14] 赵春付.高温对肉鸡胸肌卫星细胞肌浆网钙调节及肉品质的影响.硕士研究生论文.北京:中国农业科学院,2010.

[15] Amirouche, A., A. Durieux, S. Banzet, N. Koulmann, R. Bonnefoy, C. Mouret, X. Bigard, A. Peinnequin, and D. Freyssenet. 2009. Down-regulation of Akt/Mammalian target of rapamycin signaling pathway in response to myostatin overexpression in skeletal muscle. Endocrinology. 150:286-294.

[16] Anthony, J. C., T. G. Anthony, S. R. Kimball, and S. JeffersonL. 2001. Signaling pathways involved in translational control of protein synthesis in skeletal muscle by leucine. J. Nutr. 131:856S-860S.

[17] Barja, G., M. Lopez-Torres, R. Perez-Campo, C. Rojas, S. Cadenas, J. Prat, and R. Pamplona. 1994. Dietary vitamin C decreases endogenous protein oxidative damage, malondialdehyde, and lipid peroxidation and maintains fatty acid unsaturation in the guinea pig liver. Free Radic. Biol. Med. 17:105-115.

[18] Bartlett, S. M., and G. F. Gibbons. 1988. Short-and longer-term regulation of very-low-density lipoprotein secretion by insulin, dexamethasone and lipogenic substrates in cultured hepatocytes. A biphasic effect of insulin. Biochem. J. 249:37-43.

[19] Bartov, I. 1985. Effects of dietary protein concentration and corticosterone injections on energy and nitrogen balances and fat deposition in broiler chicks. Br. Poult. Sci. 26:311-324.

[20] Beaudrap, P. De., G. Witten, G. Biltz, and E. Perrier. 2006. Mechanistic model of fuel selection in the muscle. J. Theoret. Biol. 242:151-163.

[21] Bjorntorp, P., and R. Rosmond. 2000. Obesity and cortisol. Nutrition. 16:924-936.

[22] Cai, Y. L. , Z. G. Song, X. H. Zhang, X. J. Wang, H. C. Jiao, and H. Lin. 2009. Increased de novo lipogenesis in liver contributes to the augmented fat deposition in dexamethasone exposed broiler chickens (Gallus gallus domesticus). Comp. Biochem. Physiol. C. 150:164 - 169.

[23] Chan, W. K. M. , K. Hakkarainen, and C. Faustman. 1996. Dietary vitamin E effect on colour stability and sensory assessment of spoilage in three beef muscles. Meat Sci. 42:387 - 399.

[24] Chen, N. X. , B. D. White, and J. G. Hausman. 1995. Glucocorticoid Receptor Binding in Porcine Preadipocytes During Development. J. Anim. Sci. 73:722 - 727.

[25] Cho, J. E. , M. Fournier, X. Da, and M. I. Lewis. 2010. Time course expression of Foxo transcription factors in skeletal muscle following corticosteroid administration. J. Appl. Physiol. 108:137 - 145.

[26] Claus, R. , S. Raab, and M. Dehnhard. 1996. Glucocorticoid Receptors in the Pig Intestinal Tract and Muscle Tissue. Zentralbl. Veterinarmed A. 43:553 - 560.

[27] Dardevet, D. , C. Sornet, I. Savary, E. Debras, P. Patureau-Mirand, and J. Grizard. 1998. Glucocorticoid effects on insulin-and IGF-I-regulated muscle protein metabolism during aging. J. Endocrinol. 156:83 - 89.

[28] Dong, H. , H. Lin, H. C. Jiao, Z. G. Song, J. P. Zhao, K. J. Jiang. 2007. Altered development and protein metabolism in skeletal muscle of broiler chichens (Gallus gallus domesticus) by corticosterone. Comp. Biochem. Physiol. A. 147:189 - 195.

[29] Du, M, M. J. Zhu, W. J. Means, B. W. Hess, and S. P. Ford. 2004. Effect of nutrient restriction on calpain and calpastatin content of skeletal muscle from cows and fetuses. J. Anim. Sci. 82:2541 - 2547.

[30] Foury, A. , N. Devillers, M. P. Sanchez, H. Griffon, P. Le Roy, and P. Mormède. 2005. Stress hormones, carcass composition and meat quality in Large White×Duroc pigs. Meat Sci. 69:703 - 707.

[31] Freedman, M. R. , B. A. Horwitz, and J. S. Stern. 1986. Effect of adrenalectomy and glucocorticoid replacement on development of obesity. Am. J. Physiol. 250:R595 - 607.

[32] Fujii, J. , K. Otsu, F. Zorzato, S. De Leon, V. K. Khanna, J. E. Weiler, P. J. O'brien, and D. H. Maclennan. 1991. Identification of a mutation in porcine ryanodine receptor associated with malignant hyperthermia. Science. 253:448 - 451.

[33] Gao, J. , H. Lin, Z. G. Song, and H. C. Jiao, 2008. Corticosterone alters meat quality by changing pre-and post-slaughter muscle metabolism. Poult. Sci. 87:1609 - 1617.

[34] Bajszár, G. , and A. Dekonenko. 2010. Stress-Induced Hsp70 Gene Expression and Inactivation of Cryptosporidium parvum Oocysts by Chlorine-Based Oxidants. Appl. Environ. Microbiol. 76:1732 - 1739.

[35] Geraert, P. A. , J. C. Padilha, and S. Guillaumin. 1996. Metabolic and endocrine changes induced by chronic heat exposure in broiler chickens: growth performance, body composition and energy retention. Br. J. Nutr. 75:195 - 204.

[36] Gilson, H. , O. Schakman, L. Combaret, P. Lause, L. Grobet, D. Attaix, J. M. Ketelslegers, and J. P. Thissen. 2007. Myostatin gene deletion prevents glucocorticoid-induced muscle atrophy. Endocrinology. 148:452 - 460.

[37] Goswami, R. , R. Lacson, E. Yang, R. Sam, and T. Unterman. 1994. Functional analysis of glucocorticoid and insulin response sequences in the rat insulin like growth factor-binding protein-1 promoter. Endocrinology. 134:736 - 743.

[38] Gregory, N. G. 2005. Recent concerns about stunning and slaughter. Meat Sci. 70:481 - 491

[39] Gregory, N. G. 2007. Animal welfare and meat production, 2nd edition. CAB international press, Wallingford, Oxfordshire.

[40] Gregory, N. G. 2008. Animal welfare at markets and during transport and slaughter. Meat Sci. 80:

2 - 11

[41] Hambrecht, E. , J. J. Eissen, D. J. Newman, C. H. M. Smits, M. W. A. Verstegen, and L. A. den Hartog. 2005. Preslaughter handling effects on pork quality and glycolytic potential in two muscles differing in fiber type composition. J. Anim. Sci. 83:900 - 907

[42] Harbitz, L. , B. Chowdhary, P. Thomsen, W. Davies, U. Kaufman, S. Kran, I. Gustavvson, K. Christensen, and J. Hauge. 1990. Assignment of the porcine calcium release channel gene, a candidate for the malignant hyperthermia locus, to the 6p11-q21 segment of chromosome 6. Genomics. 9: 243 - 248.

[43] Hardie, D. G. , D. Carling, and M. Carlson. 1998. The AMP-activated/SNF1 protein kinase subfamily: metabolic sensors of the eukaryotic cell? Annu. Rev. Biochem. 67:821 - 855.

[44] Hardie, D. G. , J. W. Scott, D. A. Pan, and E. R. Hudson. 2003. Management of cellular energy by the AMP-activated protein kinase system. FEBS. Lett. 546:113 - 120.

[45] Jiang, K. J. , H. C. Jiao, Z. G. Song, L. Yuan, J. P. Zhao, and H. Lin. 2008. Corticosterone administration and dietary glucose supplementation enhance fat accumulation in broiler chickens. Br. Poult. Sci. 49:625 - 631.

[46] Jurkat-Rott, K. , T. McCarthy, and F. Lehmann-Horn. 2000. Genetics and pathogenesis of malignant hyperthermia. Muscle Nerve. 23:4 - 17.

[47] Lang, C. H. , and R. A. Frost. 2005. Endotoxin disrupts the leucine signaling pathway involving phosphorylation of mTOR, 4E-BP1, and S6K1 in skeletal muscle. J. Cell. Physiol. 203:144 - 155.

[48] Langley, B. , M. Thomas, A. Bishop, M. Sharma, S. Gilmour, and R. Kambadur. 2002. Myostatin inhibits myoblast differentiation by down-regulating MyoD expression. J. Biol. Chem. 277: 49831 - 49840.

[49] Li, J. , A. J. Forhead, M. J. Dauncey, R. S. Gilmour, and A. L. Fowden. 2002. Control of growth hormone receptor and insulin-like growth factor-I expression by cortisol in ovine fetal skeletal muscle. J. Physiol. 541:581 - 589

[50] Li, L. , D. Xia, S. Wei, X. Li, N. Parvizi, and R. Q. Zhao. 2008. Diminished expression of ACTH signaling proteins and steroidogenic limiting factors in adrenocortical cells isolated from halothanenn pigs. Domest. Anim. Endocrinol. 35:1 - 7.

[51] Lin, H. , S. J. Sui, H. C. Jiao, K. J. Jiang, J. P. Zhao, and H. Dong. 2007. Effect of diet and stress mimicked by corticosterone administration on early postmortem muscle metabolism of broiler chickens. Poult. Sci. 86:545 - 554.

[52] Lopes, S. O. , R. Claus1, M. Lacorn, A. Wagner, and R. Mosenthin. 2004. Effects of Dexamethasone Application in Growing Pigs on Hormones, N-retention and Other Metabolic Parameters. J. Vet. Med. A Physiol. Pathol. Clin. Med. 51:97 - 105.

[53] Lynch, C. J. , B. Halle, H. Fujii, T. C. Vary, R. Wallin, Z. Damuni, and S. M. Hutson. 2003. Potential role of leucine metabolism in the leucine-signaling pathway involving mTOR. Am. J. Physiol. Endocrinol. Metab. 285:E854 - E863.

[54] Ma, K. , C. Mallidis, S. Bhasin, V. Mahabadi, J. Artaza, N. Gonzalez-Cadavid, J. Arias, and B. Salehian. 2003. Glucocorticoid-induced skeletal muscle atrophy is associated with upregulation of myostatin gene expression. Am. J. Physiol. Endocrinol. Metab. 285:363 - 371.

[55] McClelland, G. B. 2004. Fat to the fire: the regulation of lipid oxidation with exercise and environmental stress. Comp. Biochem. Physiol. B 139:443 - 460.

[56] Morgan, S. , L. Gathercole, P. Stewart, D. Smith, and J. Tomlinson. 2010. Impact of glucocorticoids

upon lipogenesis and β-oxidation in skeletal muscle. Endocrine Abstracts. 21:180

[57] Morrissey, P. A. ,D. J. Buckley, and P. J. A. Sheehy,el al. 1994. Vitamin E and meat quality. Proc. Nutr. Soc, 53:289 - 295.

[58] Shimizu, N. , N. Yoshikawa, N. Ito, T. Maruyama, Y. Suzuki, S. Takeda, J. Nakae, Y. Tagata, S. Nishitani, K. Takehana, M. Sano, K. Fukuda, M. Suematsu, C. Morimoto, and H. Tanaka. 2011. Crosstalk between Glucocorticoid Receptor and Nutritional Sensor mTOR in Skeletal Muscle. Cell Metab. 13:170 - 182.

[59] Ortiz-Colón, G. , A. C. Grant, M. E. Doumit, and D. D. Buskirk. 2009. Bovine intramuscular, subcutaneous, and perirenal stromal-vascular cells express similar glucocorticoid receptor isoforms, but exhibit different adipogenic capacityl. J. Anim. Sci. 87:1913 - 1920.

[60] Page, T. G. , L. L. Southern, T. L. Ward, and Jr. D. L. Thompson. 1993. Effect of chromium picolinate on growth and serum and carcass traits of growing-finishing pigs. J. Anim. Sci, 71:656 - 662.

[61] Pantoja, C. , J. T. Huff, and K. R. Yamamoto. 2008. Glucocorticoid Signaling Defines a Novel Commitment State during Adipogenesis In Vitro. Mol. Biol. Cell. 19:4032 - 4041.

[62] Real, D. E. , J. L. Nelssen, J. A. Unruh, M. D. Tokach, R. D. Goodband, S. S. Dritz, J. M. Derouchey, and E. Alonso. 2002. Effects of increasing dietary niacin on growth performance and meat quality in finishing pigs reared in two different environments. J. Anim. Sci. 80:3203 - 3210.

[63] Realini, C. E. , S. K. Duckett, and W. R. Windham. 2004. Effect of vitamin C addition to ground beef from grass fed or grain-fed sources On color and lipid stability and prediction of fatty acid composition by near infrared reflectance analysis. Meat Sci. 68:35 - 43.

[64] Saha, A. K. , and N. B. Ruderman. 2003. Malonyl-CoA and AMP-activated protein kinase: An expanding partnership. Mol. Cell. Biochem. 253:65 - 70.

[65] Schakman, O. , H. Gilson, and J. P. Thissen. 2008. Mechanisms of glucocorticoid-induced myopathy. J. Endocrinol. 197:1 - 10

[66] Schakman O. , H. Gilson, V. de Coninck, P. Lause, J. Verniers, X. Havaux, J. M. Ketelslegers and J. P. Thissen. 2005. Insulin-Like Growth Factor-I Gene Transfer by Electroporation Prevents Skeletal Muscle Atrophy in Glucocorticoid-Treated Rats. Endocrinology. 146:1789 - 1797.

[67] Shelton, J. L. , R. L. Payne, and S. L. Johnston. 2003. Effect of chromium propionate on growth, carcass traits, pork quality, and plasma metabolites in growing finishing pigs. J. Anita. Sci. 81:2515 - 2524.

[68] Shimizu, N. , N. Yoshikawa, N. Ito, T. Maruyama, Y. Suzuki, S. Takeda, J. Nakae, Y. Tagata, S. Nishitani, K. Takehana, M. Sano, K. Fukuda, M. Suematsu, C. Morimoto, and H. Tanaka. 2011. Crosstalk between Glucocorticoid Receptor and Nutritional Sensor mTOR in Skeletal Muscle. Cell Metab. 13:170 - 182.

[69] Smas, C. M. , L. Chen, L. Zhao, M. J. Latasa, and H. S. Sul. 1999. Transcriptional repression of pref-1 by glucocorticoids promotes 3T3-L1 adipocyte differentiation. J. Biol. Chem. 274:12632 - 12641.

[70] Song, Z. G. , X. H. Zhang, L. X. Zhu, H. C. Jiao, and H. Lin. 2011. Dexamethasone alters the expression of genes related to the growth of skeletal muscle in chickens (Gallus gallus domesticus). J. Mol. Endocrinol. 46:1 - 10.

[71] Suryawan, A. , L. V. Swanson, and C. Y. Hu. 1997. Insulin and hydrocortisone, but not triiodothyronine, are required for the differentiation of pig preadipocytes in primary culture. J. Anim. Sci. 75:105 - 111.

[72] Tokunaga, C. , K. Yoshino, and K. Yonezawa. 2004. mTOR integrates amino acid-and energy-sensing pathways. Biochem. Biophys. Res. Commun. 313:443 - 446.

[73] Tomas, M. , B. Langley, C. Berry, M. Sharma, S. Kirk, J. Bass, and R. Kambadur. 2000. Myostatin, a negative regulator of muscle growth, functions by inhibiting myoblast proliferation. J. Bio. Chem. 275:40235 - 40243.

[74] Tomlinson, J. J. , A. Boudreau, D. Wu, E. Atlas, and R. J. G. Hache′. Modulation of Early Human Preadipocyte Differentiation by Glucocorticoids. Endocrinology. 147:5284 - 5293.

[75] Tong, J, M. J. Zhu, K. R. Underwood, B. W. Hess, S. P. Ford, and M. Du. 2008. AMP-Activated Protein Kinase and Adipogenesis in Sheep Fetal Skeletal Muscle and 3T3-L1 Cells. J Anim Sci. 86:1296 - 1305.

[76] Tsigos. C. , and G. P. Chrousos. 2002. Hypothalamic-pitutary-adrenal axis, neuroendocrine factors and stress. J. Psychosomatic Res. 53:865 - 871.

[77] Underwood, K. R. , J. Tong, M. J. Zhu, Q. W. Shen, W. J. Means, S. P. Ford, S. I. Paisley, B. W. Hess, and M. Du. 2007. Relationship between kinase phosphorylation, muscle fiber typing, and glycogen accumulation in longissimus muscle of beef cattle with high and low intramuscular fat. J. Agric. Food Chem. 55:9698 - 7903.

[78] Wang, X. , H. Lin, Z. Song, and H. Jiao. 2010. Dexamethasone facilitates lipid accumulation and mild feed restriction improves fatty acids oxidation in skeletal muscle of broiler chicks (Gallus gallus domesticus). Comp. Biochem. Physiol. C Toxicol. Pharmacol. 151:447 - 454.

[79] Warner, A, H. Ovadia, N. Tarcic, and J. Weidenfeld. 2010. The effect of restraint stress on glucocorticoid receptors in mouse spleen lymphocytes: involvement of the sympathetic nervous system. Neuroimmunomodulation. 17:298 - 304.

[80] Weaver, S. A. , W. T. Dixon, and A. L. Schaefer. 2000. The effects of mutated skeletal ryanodine receptors on hypothalamic-pituitary-adrenal axis function in boars. J. Anim. Sci. 78:1319 - 1330

[81] Ye, J. M. , N. B. Ruderman, and E. W. Kraegen. 2005. AMP-activated protein kinase and malonyl-CoA: targets for treating insulin resistance? Drug Discovery Today: Therapeutic Strategies 2:157 - 163.

[82] Yoshioka, G. , N. Imaeda, Y. Torimoto, T. and Ohtani, K. Hayashi. 2004. Influence of transport stress on serum cortisol and thyroid hormones in pigs with Halothane gene. Anim. Sci. J. 75:451 - 456.

[83] Yu, C. Y. , O. Mayba, J. V. Lee, J. Tran, C. Harris, T. P. Speed, and J. C. Wang. 2010. Genome-Wide Analysis of Glucocorticoid Receptor Binding Regions in Adipocytes Reveal Gene Network Involved in Triglyceride Homeostasis. PLoS One. 5:e15188.

[84] Yuan, L. , H. Lin, K. J. Jiang, H. C. Jiao, and Z. G. Song. 2008. Corticosterone administration and high-energy feed results in enhanced fat accumulation and insulin resistance in broiler chickens. Bri. Poult. Sci. 49:487 - 495.

[85] Zhao, J. P. , H. Lin, H. C. Jiao, and Z. G. Song. 2009. Corticosterone suppresses insulin-and NO-stimulated muscle glucose uptake in broiler chickens (Gallus gallus domesticus). Comp. Biochem. Physiol. C. 149:448 - 454.

[86] Ziober, I. L. , F. G. Paião, D. F. Marchi, L. L. Coutinho, E. Binneck, A. L. Nepomuceno, and M. Shimokomaki. 2010. Heat and chemical stress modulate the expression of the α-RYR gene in broiler chickens. Genet. Mol. Res. 9:1258 - 1266.

第16章

肉品卫生检验

肉作为食物的重要组成部分，其质量安全问题越来越受到重视和关注。严格的肉品品质检验体系对于保证肉的质量和食用安全、促进畜牧业发展具有重要的意义。

对肉品及肉类制品进行卫生检验，就是通过感官或实验室检验对肉品及肉制品可能遭受的各种污染进行检测、检验、测定，从而保障肉品及肉制品的质量安全，防止对人体健康可能造成不同程度的危害。肉品及肉制品的污染是指肉品中原来含有或是在其生产、加工、运输、贮藏过程中所沾染的对人体有害的生物性、化学性及放射性的物质。

广义的肉品质量检验包括屠宰过程中的动物检疫和屠宰后肉品品质的检验。动物检疫是指为预防和控制动物疫病，防止动物疫病传播和流行，保护养殖业发展和人体健康，由法定机构、法定人员依照法定的检疫项目、标准和方法对动物及动物产品（如屠宰加工过程中动物的胴体、头、蹄、内脏）进行检查，定性处理的一项带有强制性的技术性措施。动物检疫的主要内容是对《动物防疫法》中规定的117种动物传染病和寄生虫病进行检疫检验。《动物防疫法》第三条第三款规定："动物疫病是指动物的传染病和寄生虫病"，即动物检疫人员负责畜禽传染病和寄生虫病的检疫，通过检疫不仅能掌握疫病发生的情况，而且能有效控制疫病传播，防止人畜共患病、寄生虫病危害广大消费者。

肉品品质检验是指以兽医学、公共卫生学和食品营养学等理论为基础，对肉品固有的形态、生理和食品营养性状检验，主要是指肉品的感官检验、物理性质检验、化学性质检验和细菌学检验，即相对狭义的肉品品质检验。《生猪屠宰管理条例实施办法》第二十二条规定：肉品检验内容包括：①传染病和寄生虫病以外的疾病：包括内科、外科、骨伤科以及肿瘤、淤血、水肿、脓肿、脓包、炎症、过度消瘦、黄脂等一般性动物疫病；②有害腺体；包括甲状腺、肾上腺以及病变淋巴结等；③屠宰加工质量；包括放血程度、皮肤是否带毛、污血、粪便污染等；是否注水或注入泥、沙、水泥、饲料等其他物质；④注水或注入其他物质；⑤有害物质：包括农药、药物残留、激素以及其他有毒物质的残留；⑥种公、母猪及晚阉猪以及其他因素引起的肉品品质的异常变化等。

16.1 肉品污染的分类

肉品及肉制品的污染性质复杂，涉及面广，种类繁多，一般可分为生物性污染、化学性污染及放射性污染3类。

16.1.1 生物性污染

生物性污染主要包括细菌污染、人畜共患传染病的病原体、寄生虫及虫卵和真菌毒素的污染。活的健康畜禽的肌肉组织内部一般是无病原菌的，但由于肉类食品中丰富的营养成分，使其在加工、贮藏、运输和销售过程中极易遭受细菌、霉菌、病毒等微生物的污染。如果致病性细菌、产毒霉菌和人畜共患传染病（如疯牛病、口蹄疫、禽流感等）病原污染到肉类食品中，在适宜的条件下会很快繁殖，导致消费者食物中毒或食肉感染，危及健康甚至生命。令人担忧的是肉及肉制品中微生物不断发生变异，其环境适应性和抗干扰性亦随之增强，继之造成的危害越来越大，因此，肉类食品的保鲜及卫生安全成为被高度关注的问题。控制肉及肉制品腐败和病原微生物是一项重要而长期任务。

肉品细菌菌相是指肉品被细菌污染后共存于肉品中的细菌种类及其相对数量的构成。其中相对数量较大的称为优势菌种（属、株）。肉品在细菌作用下发生的变化程度和特征主要决定于优势菌群。菌相又因细菌污染来源、肉品理化性质、所处的环境条件等因素的影响而不同。因此检测菌相可以对肉品的变化程度及特征做出预测和估计。

动物性食品中污染细菌的数量通常用每克或单位面积（每平方厘米）上的细菌数目来表示，并不考虑其种类。根据检测方法的不同分为两种：菌落总数和细菌总数。我国肉品卫生标准中常采用菌落总数。

菌落总数就是指在一定条件下（如需氧情况、营养条件、pH、培养温度和时间等）每克（每毫升）检样所生长出来的细菌菌落总数。按国家标准方法规定，即在需氧情况下，37℃培养48 h，能在普通营养琼脂平板上生长的细菌菌落总数，所以厌氧或微需氧菌、有特殊营养要求的以及非嗜中温的细菌，由于现有条件不能满足其生理需求，故难以繁殖生长。因此菌落总数并不表示实际中的所有细菌总数，菌落总数并不能区分其中细菌的种类，所以有时被称为杂菌数，需氧菌数等。菌落总数测定是用来判定食品被细菌污染的程度及卫生质量，它反映食品在生产过程中是否符合卫生要求，以便对被检样品做出适当的卫生学评价。菌落总数的多少在一定程度上标志着食品质量的优劣。我国规定，肉品中菌落总数不应高于1×10^6（cfu/g$\leqslant1\times10^6$）。

细菌总数是指对样品进行适当处理（溶解和稀释），在显微镜下对细菌细胞进行直接计数，其中包括各种活菌，也包括尚未消失的死菌。这种计数结果称为细菌总数。细菌数量的多少，可以反映被污染的程度，对卫生质量的评定，具有重要的参考价值。另一方面，也可根据细菌数量，预测贮藏程度和时间。

大肠菌群并非细菌学分类命名，而是卫生细菌领域的用语，它不代表某一个或某一种属细菌，而指的是具有某些特性的一组与粪便污染有关的细菌，这些细菌在生化及血清学方面并非完全一致，其定义为：需氧及兼性厌氧、在37℃能分解乳糖产酸产气的革兰氏阴性无芽孢杆菌。一般认为该菌群细菌可包括大肠埃希氏菌、柠檬酸杆菌、产气克雷白氏菌和阴沟肠杆菌等。如果大肠菌群存在于食品中，表明食品未做有效的消毒处理、加工后保存条件不良或消毒后又受到污染。快速检验大肠菌群，有助于食品的卫生管理，维护消费者的健康安全。我国和许多国家食品的大肠菌群均以每 100 mL(g)样品中大肠菌群的最可能数表示(MPN)。我国肉品卫生标准规定，肉品中在大肠菌群不就高于 1×10^4(MPN/100 g$\leqslant1\times10^4$)。

肉品的生物性污染包括致腐性微生物、致病性微生物及食物中毒性微生物以及寄生虫四大类，肉中常见细菌见表 16-1。

表 16-1　肉中常见细菌

革兰氏阳性属	革兰氏阴性属
芽孢杆菌属(*Bacillus*)	假单胞菌属(*Pseudomonas*)
梭菌属(*Clostridium*)	埃希氏菌属(*Escherichia*)
微球菌属(*Micrococcus*)	沙门氏菌属(*Salmonella*)
葡萄球菌属(*Staphylococcus*)	变形杆菌属(*Proteus*)
链球菌属(*Streptococcus*)	肠杆菌属(*Enterobacter*)
片球菌属(*Pediococcus*)	弯曲杆菌属(*Campylobacter*)
乳杆菌属(*Lactobacillus*)	耶尔森氏菌属(*Yersinia*)
明串球菌属(*Leuconostoc*)	气单胞菌属(*Aeromonas*)
李斯特氏菌属(*Listeria*)	柠檬酸细菌属(*Citrobacter*)
索丝菌属(*Brochothrix*)	弧菌属(*Vibrio*)
肠球菌属(*Enterococcus*)	志贺氏菌(*Shigella*)

(1)致腐性微生物

致腐性微生物是自然界里广泛存在的一类营养体寄生菌，该类菌能产生蛋白分解酶，使动物组织中的蛋白质分解，从而引起肉制品的腐败变质。

①细菌。细菌是造成鲜肉腐败的主要微生物。常见的致腐性细菌主要包括：革兰氏阳性芽孢需氧菌(如蜡样芽孢杆菌、小芽孢杆菌和枯草芽孢杆菌等)、革兰氏阴性无芽孢菌(如阴沟肠杆菌、大肠杆菌、奇异变形杆菌、普通变形杆菌、绿脓杆菌、荧光假单胞菌和腐败假单胞菌等)、革兰氏阳性菌(如凝聚性细球菌、嗜冷细球菌、淡黄绥茸菌、金黄色葡萄球菌和粪链球菌等)和厌氧性细菌(如腐败梭状芽孢杆菌、双酶梭状芽孢杆菌、溶组织梭状芽孢杆菌和产芽孢梭状芽孢杆菌等)。

②真菌。鲜肉中的真菌没有细菌的数量多，分解蛋白质的能力也细菌弱，生长也较缓慢，在鲜肉变质的过程中起一定作用。从鲜肉上常分离的真菌有：交链霉、曲霉、青霉、枝孢霉、毛霉，其中以毛霉及青霉居多。

肉的腐败，通常由外界环境中的需氧菌污染肉表面开始，然后沿着结缔组织向深层扩散，因此肉腐败的发展取决于微生物的种类、外界条件(温度、湿度)以及侵入部位。在 1～3℃时主要为嗜冷菌，如无色杆菌、产碱杆菌等，随着深度的不断扩展，菌相也发生相应的改变。嗜氧菌仅在肉的表面繁殖，较深层处则是厌氧菌处于优势。

(2)致病性微生物

主要见于细菌和病毒等，我国规定，在肉品中不得检出致病菌。致病性微生物包括人畜共患病的病源微生物和只感染畜禽的病源微生物。

人畜共患病的病原微生物常见的细菌有炭疽杆菌、布氏杆菌、李斯特氏菌、鼻疽杆菌、土拉杆菌、结核分枝杆菌和猪丹毒杆菌等；常见的病毒有口蹄疫病毒、狂犬病病毒和水泡性口炎病毒等。

只感染畜禽的病原微生物常见的有多杀性巴氏杆菌、坏死杆菌、猪瘟病毒、兔病毒性出血症病毒、鸡新城疫病毒、鸡传染性支气管炎病毒、鸡传染性法氏囊病毒、鸡马立克氏病毒和鸭瘟病毒等。

(3)中毒性微生物

有些致病性微生物或条件致病性微生物，可通过污染食品或污染后产生大量毒素的方式，引起以急性过程为主要特征的食物中毒。包括：

常见的致病性细菌：沙门氏菌、志贺氏菌和致病性大肠杆菌等。

常见的条件致病菌：变形杆菌和蜡样芽孢杆菌等。

有的细菌可在肉中产生外毒素或耐热的肠毒素，也有的细菌随食品大量进入消化道过程中能迅速形成芽孢，同时释放肠毒素，如蜡样芽孢杆菌、肉毒梭菌和魏氏梭菌等。

常见的致食物中毒性微生物：链球菌、空肠弯曲杆菌和小肠结肠炎耶尔森氏菌等。

真菌：在肉中繁殖后产生毒素，可引起各种毒素中毒，常见的真菌有麦角菌、赤霉、黄曲霉、黄绿青霉、毛青霉和冰岛青霉等。肉中常见的霉菌及它们产生的毒素见表16-2。

表16-2 肉中常见的霉菌及它们产生的毒素

霉菌种类	毒素类型
黄曲霉(*Aspergillus flavus*)	黄曲霉毒素(Aflatoxin)
鲜绿青霉(*Penicillium viridicatum*)	赭曲毒素(Ochratoxin)
禾谷镰孢菌(*Fusarium culorum*)	单端孢霉烯(Trichothecene)

(4)动物寄生虫

动物的寄生虫病，有些可以通过肉品或其他途径感染人，引起人体感染寄生虫病。因此必须对肉类食品中寄生虫尤其是人畜共患的寄生虫进行严格检验，并视污染轻重给予不同处理，防止肉源性寄生虫危害人体健康。肉品中寄生虫的检验主要有：旋毛虫病、绦虫病、弓形虫病、棘球蚴病、囊尾蚴病、肉孢子虫病、姜片吸虫病、华支睾吸虫病等。我国规定，肉品中不得检出寄生虫虫体和虫卵。

16.1.2 化学性污染

化学性污染主要指肉品中残留的有毒、有害化学物质，包括各种有害的金属、非金属、有机化合物和无机化合物等。这类有害化学物质可以分为两类：一类为非有意加入或残留的成分，如各种化学污染物；另一类为人为有意添加到食品中的成分，如不当使用的食品添加剂或其他化学物质等。

16.1.2.1 农药残留的污染

肉类食品中的化学农药的残留主要有有机氯、有机磷、有机砷、有机汞等农药，由于使用不当而直接或间接地污染了肉品，人们食用后可能发生急性或慢性中毒，对食用者健康造成影响。这类物质具有污染、高残留和高毒性问题，20 世纪 70 年代在一些国家的地区相继限制使用和禁止使用。我国自 1983 年已停止使用 DDT 和六六六，1999 年规定在动物养殖中禁止使用这类药物。

16.1.2.2 抗生素残留污染

抗生素残留是指抗生素及其代谢物在动物体的组织和脏器中蓄积或贮存，畜禽屠宰后仍残留于肌肉或其他脏器中。其原因主要是通过饲喂抗生素添加剂达到提高畜禽生长或生产性能或是用于治疗畜禽疾病。目前我国对抗生素的使用日益广泛和严重，甚至还有滥用抗生素的现象。由于长期添加或添加剂量过大又不遵守休药期及食品卫生规定而任意屠宰或销售。肉品中的残留抗生素进入人体后，可使消化道内病原菌耐药性增加；有的产生过敏性反应。从而对人体健康产生影响。肉类动物用抗菌药物后的屠宰休药期及残留限量见表 16-3 至表16-7。

表 16-3 WHO 与 FAO 规定猪、牛使用抗生素后的休药期

抗生素	宰前休药期/d		应用限制
	猪	牛	
盐酸土霉素	26	22	不能用于产奶母牛
硫酸双氢链霉素	30	30	—
红霉素	7	14	不能用于犊牛
普鲁卡因青霉素 G	7	10	—
泰乐菌素	4	8	不能用于犊牛
青霉素 G 与硫酸双氢链霉素	30		—
磺胺二甲基嘧啶	10	—	

表 16-4 美国 FDA 规定肉类的抗生素残留限量 mg/kg

抗生素	肉类残留限量	抗生素	肉类残留限量
四环素	≤0.5	红霉素	猪肉≤0.1，牛肉中不得检出
土霉素	≤0.25	新生霉素	≤0.5
金霉素	≤0.05	林可霉素	≤0.1
氯霉素	不得检出	螺旋霉素	≤0.05
青霉素	不得检出	竹桃霉素	≤0.3
链霉素	不得检出		

表 16-5 加拿大规定肉类食品的抗生素残留限量(2011 年) mg/kg

抗生素	肉类残留限量	抗生素	肉类残留限量
四环素	≤0.2	红霉素	≤0.1
土霉素	≤0.2	新生霉素	≤0.5
金霉素	≤0.2	林可霉素	≤0.1
氯霉素	—	螺旋霉素	—
青霉素	0.05	竹桃霉素	—
链霉素	0.5		

表 16-6 联合国粮农组织和世界卫生组织联合成立的食品标准委员会 μg/kg

抗生素	肉类残留限量	抗生素	肉类残留限量
四环素	≤200	红霉素	猪肉≤5,牛肉≤10
土霉素	≤200	新生霉素	≤500
金霉素	≤200	林可霉素	猪肉≤200,牛肉≤150
氯霉素	—	螺旋霉素	≤200
青霉素	—	竹桃霉素	—
链霉素	—		

Codex Alimentarius Commission,简称 Codex)规定的肉类食品的抗生素残留限量(2011 年)。

表 16-7 欧盟安全猪肉抗生素残留限量(2006 年) μg/kg

抗生素	肉类残留限量	抗生素	肉类残留限量
四环素	≤100	红霉素	≤200
土霉素	≤100	新生霉素	—
金霉素	≤100	林可霉素	—
氯霉素	—	螺旋霉素	≤250
青霉素	≤50	竹桃霉素	—
链霉素	—		

16.1.2.3 工业“三废”及生活垃圾污染

工业生产产生大量的工业“三废”,即废水、废气、废渣,其中含有许多对人体有毒有害的化学物质。这些物质,由于未经处理而直接排放,造成水、土壤、空气等自然环境的污染。肉用畜禽由于长期生活在被污染的生活环境中或是在肉、肉制品加工的某个环节受到污染,并在体内蓄积,消费者食用了污染的肉品及肉制品时,对其健康造成危害。自 1990 年 1 月 15 日以来,比利时、荷兰、法国、德国相距发生因动物饲料被二噁英污染而导致畜禽类产品及乳制品中含有高浓度二噁英的中毒事件,全球范围内已报道多起严重的二噁英污染畜禽肉事件。其祸根是遭受非法处置的 PCB 工业污染或燃烧不充分的垃圾(固体废物和医院废物等)焚烧。二噁英的化学名叫:2,3,7,8-四氯二苯并对二噁英(TCDD)。是一种毒性极强的特殊有机化合物,包括多氯代二苯二噁英(PCDDs)、多氯代二苯呋喃(PCDFs)和多氯代联苯(PCBs)等。其毒性比氰化钠要高 50~100 倍,比砒霜高 900 倍。二噁英主要存在于动物脂肪组织内。人类接触二噁英,90%以上是通过肉类、乳制品、鱼类和贝壳类食品。二噁英进入机体后,可导致生殖和发育问题,损害免疫系统,干扰激素,还可以导致癌症。许多国家当局已制订食物供应监测规划。烟熏、烘烤肉制品在加工过程中,燃烧不全而产生的烟雾中,可产生部分二噁英类似物,它们可附着于肉品表面,并能逐渐渗透到肉品内部。

16.1.2.4 激素残留污染

激素残留是指畜牧业生产中应用激素作为动物饲料添加剂,以促进动物生长或肥育为目的，或用于疾病防治等而导致肉品中残留激素，主要是雌激素和雄激素。1981 年 WHO 禁止使用己烯雌酚、己烷雌酚作为动物生长促进剂。目前使用的有睾酮、黄体酮、雌二醇、雌酮、雌三醇、醋酸三烯去甲睾酮等。残留于肉品中的激素一旦通过食物链进入人体，即会明显地影响机体的激素平衡，引起机体水、电解质、蛋白质、脂肪和糖的代谢紊乱等，严重的甚至引起致癌、致畸等。国内外报道的儿童性早熟均与儿童进食激素残留污染的动物性食品有关。FDA 规定了肉用动物宰前休药期及肉类中激素残留不得检出。

16.1.2.5 兴奋剂残留的污染

兴奋剂又叫 β-肾上腺素功能激动剂，是一类与肾上腺素或去甲肾上腺素结构和功能类似的苯乙醇胺类衍生物。其作用类似于生长激素。动物饲料中加入这类物质后在代谢过程中促进蛋白质合成，加速脂肪的转化和分解，提高了猪肉的瘦肉率，因此称为瘦肉精。目前在畜牧生产中非法使用最广泛的 β-受体激动剂有克伦特罗(Clebutero)(又称克喘素)，其次是沙丁醇胺、莱克多巴胺、苯乙醇胺、塞布特罗、特布他林等。20 世纪 80 年代初，美国一家公司开始将其添加到饲料中，增加瘦肉率，但如果作为饲料添加剂，使用剂量是人用药剂量的 10 倍以上，才能达到提高瘦肉率的效果。它用量大、使用的时间长、代谢慢，所以在屠宰前到上市，在猪体内的残留量都很大。这个残留量通过食肉进入人体，就使人体渐渐积蓄中毒。如果一次摄入量过大，就会产生异常生理反应的中毒现象，因此而被禁用。国内一些不法养殖业者不顾农业部的规定，为了提高猪瘦肉率，在饲料中掺入瘦肉精。据不完全统计，1998 年以来，我国相继发生 18 起瘦肉精中毒事件，中毒人数达1 700多人，死亡 1 人。中毒者表现为头晕、恶心、手脚颤抖、心跳，甚至心脏骤停致昏迷死亡，特别对心律失常、高血压、青光眼、糖尿病和甲状腺功能亢进等患者有极大危害。因此全球禁用做饲料添加剂。其测定方法按《动物源性食品中多种 β-受体激动剂残留量的测定 液相色谱串联质谱法》子(GB/T 22286—2008)或《动物源性食品中克伦特罗残留量的测定》(GB/T 5009.192—2003)进行测定。我国无公害畜禽肉安全要求(GB 18406.3—2001)规定，畜禽肉中不得检出盐酸克伦特罗(检出量为 0.01 mg/kg)。我国鲜、冻禽产品国家标准(GB 16869—2005)规定，禽产品中不得检出盐酸克伦特罗。

16.1.2.6 食品添加剂的污染

食品添加剂是指在食品生产、加工、贮藏等过程中，为改善肉品品质和色、香、味以及防腐和加工工艺的需要而有意加入的天然或化学合成物质。按规定，食品添加剂应该是无毒无害的，但是当前使用的食品添加剂中，仍有部分具有一定的毒性作用，若使用不当，亦会伤害人体健康。在肉类制品如香肠、火腿、午餐肉、腌肉等制作过程中，为了保持肉品粉红的色泽，都普遍使用硝酸盐和亚硝酸盐作为发色剂。此外，硝酸盐和亚硝酸盐还具有一定的防腐抑菌作用。但是亚硝酸盐在肉品中使用量过大，可引起亚硝酸盐食物中毒。亚硝酸盐和含胺类化合物的食品在人体外或同时进入胃内，可以合成致癌物质亚硝胺。所以，我国食品添加剂使用卫生标准规定：肉类制品中的硝酸钠使用量≤0.5 g/kg，亚硝酸钠≤0.15 g/kg。食品添加剂主要有以下几类：防腐剂，如山梨酸及钾盐、苯甲酸及钠盐、对羟基苯甲酸酯等；发色剂，主要有硝酸盐和亚硝酸盐；着色剂，常用的有红曲色素、胡萝卜素、焦糖色素、胭脂红、柠檬黄、橘黄等；甜味剂，如糖精、糖精钠；赋香剂，如香精；抗氧气剂，如维生素 C、维生素 E。

16.1.3 放射性污染

随着现代科学技术的发展，核能的开发利用，工农业、医学和其他科学实验中核素及同位素的使用，不合理的废物排放或意外事件的发生造成放射性污染，这些放射性物质可以直接或间接污染到肉品或肉制品中，称为放射性污染。

16.2 肉品污染对人类健康的影响

肉品及肉制品污染对人类健康的影响与所接触到的污染物质有关，其对机体的影响是多方面的，可能影响机体多个系统功能的正常运行。较为常见的是接触或是食用了被污染的肉品及肉制品而引起的人类感染某些人畜共患病（食肉感染）或中毒性疾病（食肉中毒）。

16.2.1 食肉感染

食肉感染是指那些通过接触或食用患病畜禽肉或肉制品而引起的人类感染某种人畜共患病。在人畜共患病中，有许多是由动物传染给人的。据联合国世界卫生组织发表的资料，有100多种动物疾病可以传染给人，有250种以上的人畜共患病可经各种途径传染给人。人畜共患病在各个国家的危害性不同。在我国，人畜共患病有50多种，其中比较重要的有：炭疽、鼻疽、布氏杆菌病、结核、口蹄疫、钩端螺旋体病、沙门氏菌病、猪丹毒、猪肉绦虫病、旋毛虫病、包虫病、弓形虫病、肉孢子虫病、血吸虫病、肺丝虫病、华支睾吸虫病等。人畜共患病不仅可能通过肉品及肉制品传染给人，同时亦可因畜产品及其废物的处理不当而传染给人，造成疫病流行。因此必须加强对肉品及肉制品加工过程的卫生检验与监督，防止食肉感染的发生。

16.2.2 食肉中毒

食肉中毒是指肉品及肉制品中带有某种病原微生物、微生物毒素或有毒的化学物质，被人食用后，引起急性或慢性中毒。根据其发生原因可分为：

细菌性食肉中毒是指因食用含有大量病原菌或条件致病菌的肉及肉制品，先引起消化道感染，随后发生中毒性疾病。其发生多具有明显季节性，夏季多发，发病率高，死亡率低。引起细菌性食肉中毒的细菌主要有沙门氏菌、变形杆菌、致病性大肠杆菌、副溶血性弧菌、链球菌等。

毒素性食肉中毒是指某些细菌和真菌污染肉品，在适当的条件下产生毒素，这些毒素伴随食物被人食用后，引起食用者一系列的中毒症状。毒素性食肉中毒的发生，与所感染的微生物种类，产生的毒素的多少有关，其对机体各系统的影响也不相同。能引起毒素性食肉中毒的菌类包括细菌毒素如，肉毒毒素、葡萄球菌肠毒素；真菌毒素，如黄曲霉毒素、串珠镰刀菌素等。

化学毒性食肉中毒是指肉用畜禽在饲养、加工过程中被有毒化学物质污染，被人们误食后，引起中毒性疾病。能引起化学毒性食肉中毒的化学物质主要包括有机氯农药残留，抗生素残留，兴奋剂残留等。

16.3 肉类食品的特征及品质评定

为了更好地发挥肉类食品的营养价值，有益于健康，达到安全食用的目的，一方面要依靠国家检疫检验部门实验室检验，保障食用安全，另一方面，消费者需要掌握一定的简单可行的识别方法，通过自己的感官识别肉品的质量，能在一定的程度上所购买食品的安全、放心，保障个人的合法权益。

16.3.1 鲜肉的感官卫生指标

16.3.1.1 鲜猪肉的感官卫生指标

鲜猪肉系指生猪屠宰加工，经兽医卫生检验符合市场销售而未经冷冻的猪肉。肉品的感官鉴定主要从以下几个方面进行：视觉——肉的组织状态、粗嫩、黏滑、干湿、色泽等；嗅觉——气味有无、强弱、香、臭、腥臭等；味觉——滋味的鲜美、香甜、苦涩、酸臭等；触觉——坚实、松弛、弹性、拉力等；听觉——检查冻肉、罐头的声音的清脆、混浊及虚实等。

新鲜猪肉感官检验指标见表16-8，理化指标见表16-9。在鲜销肉中，怀疑为病畜肉而又缺少内脏时，需做微生物学检验。放血不全、患皮肤病、有轻度异味或老母猪、老公猪肉不得作为新鲜肉出售。

表16-8 鲜猪肉的感官卫生标准（GB 2707—2005）

指标项目	一级鲜肉	二级鲜肉	变质肉
色泽	肌肉有光泽，红色均匀，脂肪洁白	肌肉色稍暗，脂肪缺乏光泽	肌肉无光泽，脂肪呈灰绿色
黏度	外表微干或微湿润，不黏手	外表干燥或黏手，新切面湿润	外表极干燥或黏手，新切面发黏
弹性	指压后凹陷立即恢复	指压后凹陷恢复缓慢且不能完全恢复	指压后凹陷不能恢复留有明显痕迹
气味	具有鲜肉正常气味	有氨味或酸味	有臭味
煮沸肉汤	透明澄清，脂肪团聚于表面，具有香味	稍有混浊，脂肪呈小滴浮于表面，无鲜味	混浊，有黄色絮状物脂肪极少浮于表面，有臭味

表16-9 鲜猪肉的理化指标(GB 2707—2005)

项目	指标	项目	指标
挥发性盐基氮/(mg/100 g)	≤15	镉(Cd)/(mg/kg)	≤0.1
铅(Pb)/(mg/kg)	≤0.2	总汞(以Hg计)/(mg/kg)	≤0.05
无机砷/(mg/kg)	≤0.05		

16.3.1.2 鲜鸡肉的感官卫生指标

鲜鸡肉系指活鸡屠宰加工，经兽医卫生检验符合市场销售而未经冷冻的鸡肉，其感官特征见表16-10。

表16-10 鲜(冻)鸡肉的感官指标(GB 2710—1996)

项目	指标
眼球	眼球饱满、平坦或稍凹陷
色泽	皮肤有光泽，肌肉切面有光泽，并有该禽固有色泽
黏度	外表微干或微湿润，不黏手
弹性	有弹性，肌肉指压后的凹陷立即恢复
气味	具有该禽固有的气味
煮沸后肉汤	透明澄清，脂肪团聚于表面，具固有香味

注：冻禽应解冻后观察，指标应符合以上要求。

目前感官检验仍是作为鉴定肉品是否腐败变质的重要指标之一，在实验室条件下也可以挥发性盐基氮(Total volatile basic nitrogen，TVB-N)作为重要的检测指标。挥发性盐基氮是指肉中的蛋白质由于酶和细菌的作用分解后产生氨、胺类等碱性含氮物质，此类物质易与有机酸形成盐，具有挥发性，在碱性溶液中蒸发后，用标准酸滴定、计算含量。用半微量凯氏定氮法测定。

16.3.2 冻肉的感官卫生指标

冻肉系指屠宰后经过预冷、急冻、低温冻藏，深层肉温达到－15℃以下的肉品。由于低温能抑制微生物生长和繁殖，抑制酶的活性，故能保持较长时期而不变质。但长期冷藏的冻肉，脂肪会发生氧化性酸败，霉菌缓慢生长，导致冻肉表层出现霉点或霉斑，嗜冷菌生长繁殖引起肉品表面发黏、深层腐败、发光、变色、出现异味等现象，影响冻肉的质量。冻猪肉的感官指标见表16-11。冻猪肉的理化指标同新鲜猪肉。

表16-11 冻猪肉的感官指标(GB 2707—2005)

指标项目	一级鲜度	二级鲜度
色泽	肌肉有光泽，色红均匀，脂肪洁白，无霉点	肌肉稍暗红，缺乏光泽，脂肪微黄，或有少量霉点
组织状态	肉质紧密，有坚实感	肉质柔软或松弛
黏度	外表及切面微湿润，不黏手	外表湿润，微黏手，切面有渗出液，不黏手
气味	无异味	稍有氨味或酸味

冻鸡肉系指活鸡屠宰加工，经兽医卫生检验符合市场销售，并经净膛或半净膛冷冻保存的鸡肉，其感官指标如表16-10所示。

16.3.3 分割肉的感官卫生指标

分割肉是指按照销售规格的要求，将屠宰后经过兽医卫生检验合格的胴体按照不同组织结构分割成的小肉块。猪、牛、羊、禽肉均可加工成分割肉，供应不同的市场需求。分割肉的加工应严格依照相应的国家标准及卫生要求进行。分割肉的卫生检验分为感官检验与理化性质检验两部分进行。

16.3.3.1 感官检查

包装袋的检查：检查品名、生产日期、有效期、生产标准号等。若分割肉已过有效期则应检查肉表面有无霉斑。包装质量检查：检查封口是否牢固；包装袋有无破损。包装袋内情况检查：鲜肉及冻肉袋内不应有血水，如有血水说明是PSE猪肉或是二次冻结的肉品。

触检：检查包装袋内有无汁液漏出，触压检查包装袋的坚实性，以判断冻肉是否已融冻变软。

嗅检：把包装袋贴过鼻孔检查有无异样气味，以判断是否变质或腐败。

16.3.3.2 理化性检查

对于贮藏超过两个月的分割肉，要对其采样进行新鲜度的理化性质检验。

16.3.4 卫生评价

经感官及理化性质检验结果，可以对肉品的新鲜度做出卫生评价，通常分为鲜肉、次鲜肉及变质肉。

可以食用的鲜肉在感官检查的诸方面，如外观、色泽、弹性、气味等方面均应符合鲜肉的感官卫生指标而不应有异常状态。肉品的各种新鲜度的细菌、理化性质均必须达到规定的指标。

次鲜肉是指经感官检验发现肉的新鲜度可疑或尚不能确定时，应及时进行实验室检验，并根据挥发性盐基氮测定结果进行判定。

变质腐败肉是指感官检查发现有明显腐败变质特征，并具有异常的气味，这类肉应严禁食用。

16.3.5 卫生处理

对于新鲜可食用的肉，准许发放市场销售。对于次鲜肉，检验人员可根据具体情况进行必要的卫生安全处理，轻度肉夹气的肉品可食用的应尽快出售或作熟肉制品原料，不宜继续保存；有酸败气味，脂肪灰白色，肌肉缺乏弹性的则必须做高温处理后方可食用。对于感官检验指标均不能达标的变质腐败肉品严禁食用，应加工成动物性饲料或作化制工业用处理。腐败仅仅局限于表面而深层肌肉无明显变化的也可作高温处理，但表面肉应修割干净作化制处理。

16.4 熟肉制品的卫生检验

熟肉制品是指将原料经过选料初加工、切配以及蒸煮、酱卤烘烤等工艺处理，食用时不必再经加热烹饪的肉制品。熟肉制品既是一种加工方法，又是一种用加热处理来防止肉制品腐败变质以延长保存期的手段。因其具有直接进食的特点，其卫生质量直接关系到广大消费者的身体健康和食肉安全性。因此对这类肉制品的卫生检验往往要求更为严格，除进行感官检验外，还要进行微生物检验，否则熟肉制品往往成为食物中毒的原因食品。

16.4.1 感官检验

主要检验制品的外表和切面的色泽、坚实度和弹性、气味、滋味以及有无黏液、霉斑等。夏秋季还要注意有无苍蝇停留的痕迹及蝇蛆。

16.4.2 实验室检验

16.4.2.1 理化检验

主要检测熟肉制品的亚硝酸盐残留量、蒸烤制品的苯并芘含量以及某些熟肉制品的食品添加剂含量。

16.4.2.2 微生物学检验

按照国家食品卫生标准要求，对熟肉制品必须进行细菌总数、大肠杆菌和致病菌的检验。酱卤肉类采用重量法做菌落总数测定，烧烤肉类采用表面积细胞总数测定。致病菌的检验均系对肠道致病菌和致病性球菌进行检验。

熟肉制品的理化指标和微生物指标分别见表16-12和表16-13。

表16-12 熟肉制品理化指标

项目	指标	项目	指标
水分/(g/100g)		苯并芘/(μg/kg)	≤5.0
肉干、肉松、其他熟肉干制品	≤20.0、	铅(Pb)/(mg/kg)	≤0.5
肉脯、肉糜脯	≤16.0	无机砷(As)/(mg/kg)	≤0.05
油酥肉松、肉粉松	≤4.0	镉(Cd)/(mg/kg)	≤0.10
复合磷酸盐(以 PO_3^{4-} 计)/(g/kg)		汞(Hg)/(mg/kg)	≤0.05
熏煮火腿	≤8.0	亚硝酸盐	按GB 2760—2007执行
其他熟肉制品	≤5.0		

表16-13 熟肉制品微生物指标

项目	指标	项目	指标
菌落总数/(cfu/g)		大肠菌群/(MPN/100 g)	
烧烤肉、肴肉、肉灌肠	≤50 000	肉灌肠	≤30
酱卤肉	≤80 000	烧烤肉、熏煮火腿、其他熟肉制品	≤90
熏煮火腿、其他熟肉制品	≤30 000	肴肉、酱卤肉	≤150
肉松、油酥肉松、肉粉松	≤30 000	肉松、油酥肉松、肉粉松	≤40
肉干、肉脯、肉糜脯、其他熟肉干制品	≤10 000	肉干、肉脯、肉糜脯、其他熟肉干制品	≤30
		致病菌群(沙门氏菌、金黄色葡萄球菌)	不得检出

16.5 肉制品的卫生评价

肉制品系指以新鲜良质肉为原料加工而成的各种肉类产品，包括肉馅、咸肉、腊肉、香肠、火腿和肉松等。肉制品新鲜度检验一般以感官检验为主结合实验室检验进行综合判断。

16.5.1 感官检验

肉制品的感官检查主要根据外观，组织形态、气味、煮沸后的肉汤变化等进行判断。

16.5.2 实验室检验

实验室检验则主要测定食盐、亚硝酸盐、水分含量、酸价、过氧化物、三甲氨氮等。主要肉制品的卫生指标见表 16－14。

表 16－14 主要肉制品的卫生指标

肉制品	正常质量指标	变质感官指标
肉馅	红白分明，气味正常，不含有脏肉、砧屑、血筋等杂物	呈灰暗色或暗绿色，有氨味、酸味或臭味，含血筋、脏肉等杂物较多
咸肉	外表干燥清洁，质地紧密而结实，切面平整有光泽，肌肉呈红色或暗红色，具有咸肉固有的风味 TVB－N/(mg/100 g)≤20 亚硝酸盐/(mg/kg)≤30	外表湿润、发黏，有霉点或其他变色现象，质地松软，切面发黏，有光泽，肌肉切面呈酱色，脂肪呈黄色或带绿色，具有酸味或腐败味 TVB－N/(mg/100 g)＞45
腊肉	色泽鲜明，肌肉呈鲜红色或暗红色，脂肪透明呈乳白色，肌肉结实有弹性，指压后无明显凹陷，具有腊肉固有的香味 水分/%≤25 食盐(以 NaCl 计)/%≤10 酸价(脂肪以 KOH 计)/(mg/kg)≤4 亚硝酸盐/(mg/kg)≤20	肌肉灰暗无光泽，脂肪呈黄色，表面有霉点，抹后仍有痕迹，肉身松软、无弹性，指压后凹陷不易恢复，有酸味和臭味
香肠	肠衣干燥完整而紧贴肉馅，无黏液及霉味，坚实而有弹性，切面有光泽，肌肉呈玫瑰红色，脂肪白色或微带红色，具有香肠固有的风味 亚硝酸盐/(mg/kg)≤30	肠衣湿润、发黏，易与肉馅分离并易断裂，表面霉点严重，抹后仍有痕迹，切面不齐，裂缝明显，中心部有软化现象，肉馅无光泽，肌肉呈灰暗色，有酸味或臭味

续表 16 - 14

肉制品	正常质量指标	变质感官指标
火腿	肌肉切面呈鲜红色或暗红色，脂肪呈白色、淡红色，有光泽，致密结实，具火腿特有的香味，稍有花椒味、酱味及酸味，无显著哈喇味 亚硝酸盐/(mg/kg)≤20	肌肉切面有各色斑点，脂肪呈黄色，表面有霉点，抹后仍有痕迹，肉身松软，无弹性，指压后凹陷不易恢复，有酸味或臭味
肉松	呈金黄色，有光泽，肌肉纤维纯洁疏松，无异味、臭味 水分/%≤20	无光泽，呈黄褐色，潮湿、黏手，有酸味和臭味等异味

16.5.3 肉制品的卫生评价与处理

根据感官检验指标及实验室检验，肉制品可分为优质、次质、劣质或变质肉制品。优质肉制品，其颜色、肉质均无异常并有正常的肉香味。次质肉其外观基本正常，伴有轻微的异味，如哈喇味等。如肉制品外观、色泽均发生改变，并出现酸臭或腐败味或严重的哈喇味即为肉制品变质，不能食用。对于优质肉制品，准许其投放市场销售。对于次质肉，应根据其严重情况做出相应处理，准许在特定限期内有限制地销售。对于腐败变质的肉制品或检出致病微生物的肉制品，应作化制或销毁处理。

（本章由中国农业大学武振龙、杨鹰主笔）

参考文献

[1] 张彦明，佘锐萍. 动物性食品卫生学. 北京：中国农业出版社，2009.
[2] 孙锡斌. 兽医卫生检验学. 北京：中国农业出版社，1991.
[3] 中国标准出版社，中国农业标准汇编(畜牧兽医卷). 北京：中国标准出版社，1997.
[4] 王志君，李庆锁，赵宝华. 兽医公共卫生指导手册. 北京：中国农业出版社，2011.
[5] 何计国，甄润黄. 食品卫生学. 北京：中国农业大学出版社，2011.
[6] 陈明勇. 动物性食品卫生学教程. 北京. 中国农业大学出版社，2011.
[7] 佘锐萍. 动物产品卫生检验. 北京：中国农业大学出版社，2000.
[8] 王玉顺. 屠宰加工与卫生检验. 北京：中国农业科学技术出版社，2010.
[9] 许伟琦. 畜禽检疫检验手册. 上海：上海科学技术出版社，2000.
[10] 李里特，乔发东. 畜产食品安全标准化生产. 北京：中国农业大学出版社，2006.
[11] 陈炳卿. 营养与食品卫生学. 北京：人民卫生出版社，2000.
[12] 陈锡文，邓楠. 中国食品安全战略研究. 北京：化学工业出版社，2004.
[13] 吴永宁. 现代食品安全科学. 北京：化学工业出版社，2003.

彩图 1-2　叶脉型

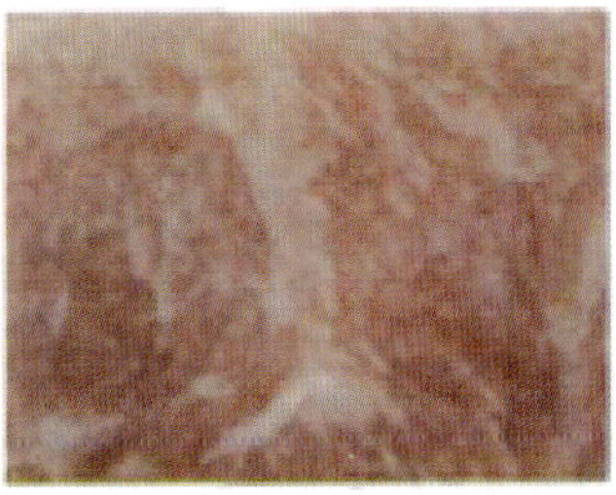

彩图 1-3　云雾型

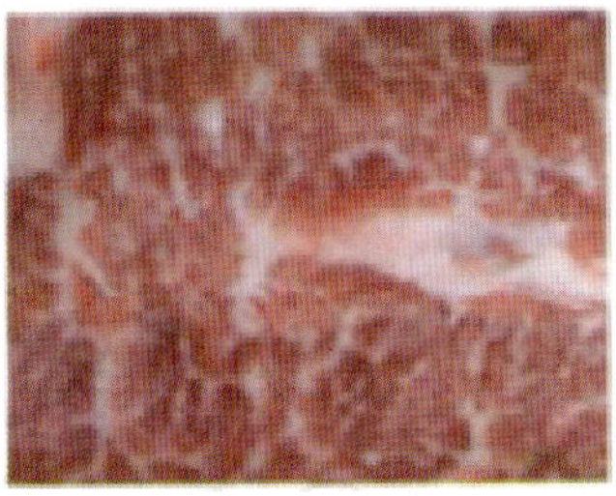

彩图 1-4　雪花型

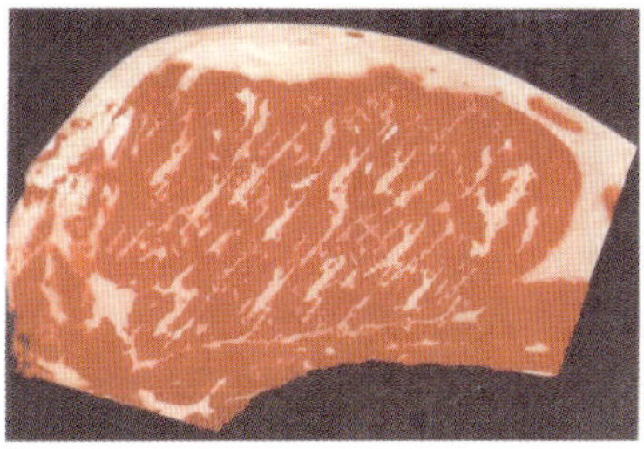

彩图 1-5　牛肉大理石花纹

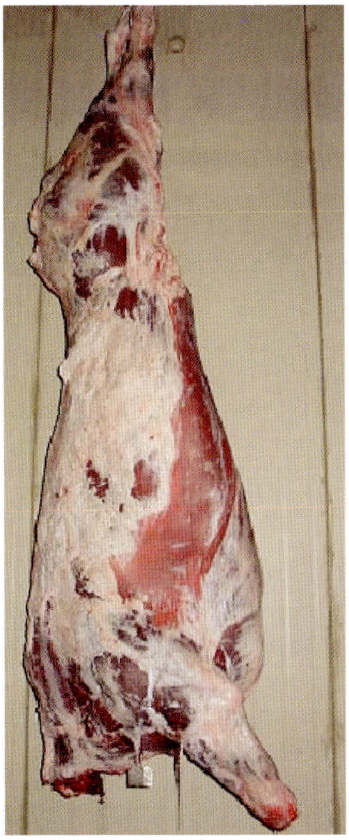

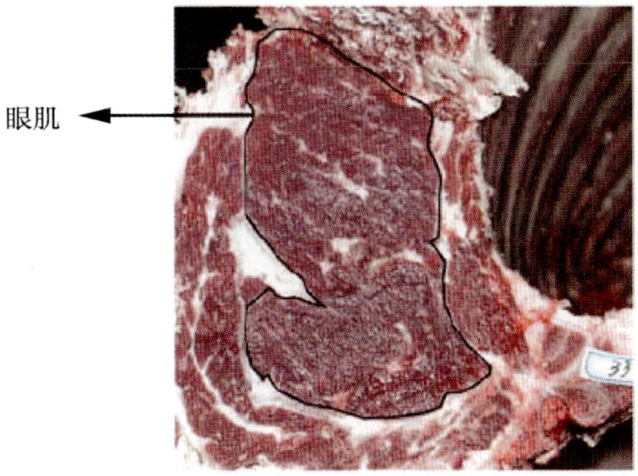

彩图 1-6　牛胴体图及眼肌(12/13 肋间)部位示意图

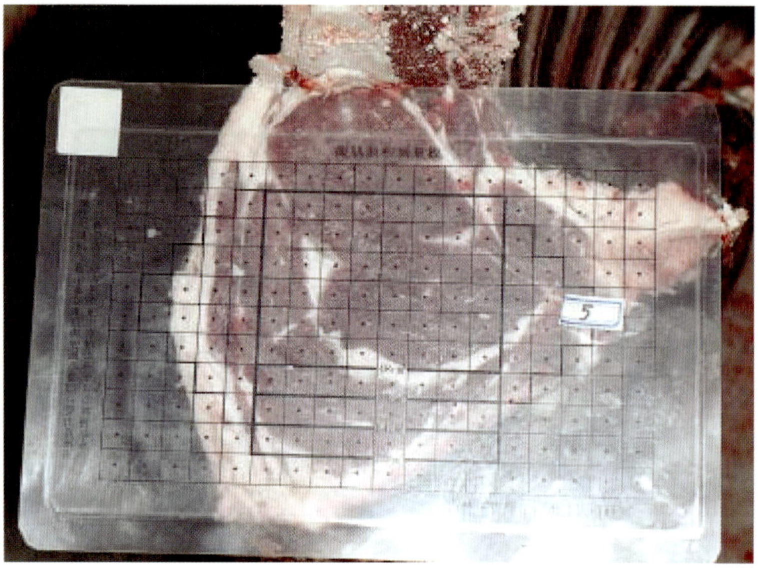

彩图 1-7　眼肌面积测定方法示意图

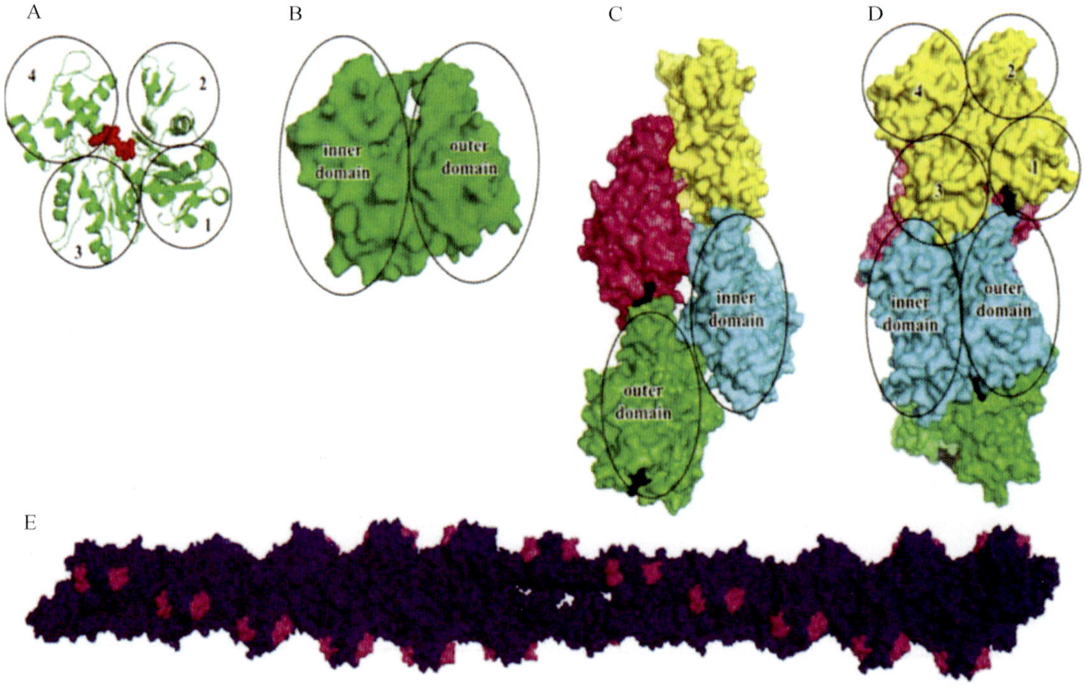

彩图 3-9　G-肌动蛋白的结构及其多聚化

图片引自 Swartz D. R.，M. L. Greaser and M. Cantino. Muscle Structure and Function，In Applied Muscle Biology and Meat Science，Du M. and R. McCormick Ed.，2009，CRC Press. New York，pp10。

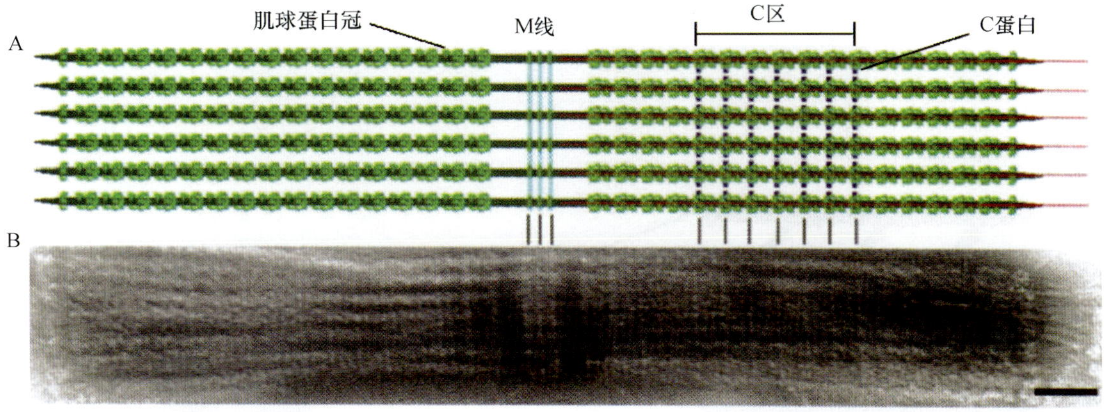

彩图 3 - 13　肌小节 A 带的结构。个平行排列的肌粗丝上的肌球蛋白冠和 C 蛋白呈近乎完美对齐，形成横贯肌粗丝的条纹

图片引自 Swartz D. R.，M. L. Greaser and M. Cantino. Muscle Structure and Function, In Applied Muscle Biology and Meat Science, Du M. and R. McCormick Ed.，2009，CRC Press. New York, pp24。

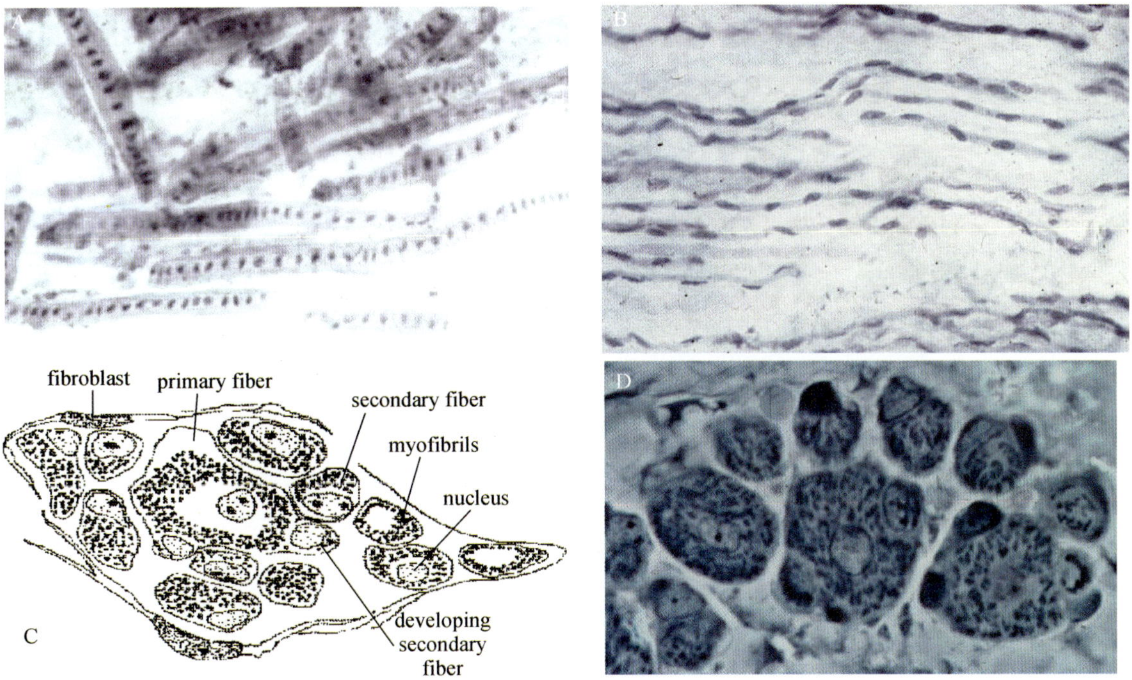

彩图 6 - 4　初级肌管和次级纤维的结构。A 为初级肌管纵向图，B 为次级纤维纵向图，C 为横截面模式图，D 为横截面免疫组化染色图

引自 http://www.aps.uoguelph.ca/～swatland/ch6_0.htm。

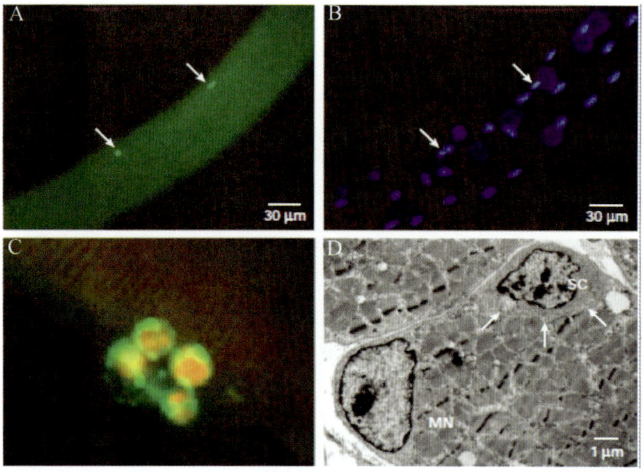

彩图 6-16　骨骼肌卫星细胞的分布

A，B 静息的卫星细胞，箭头所示为 Pax7＋卫星细胞，蓝色的为肌细胞核；C 来源于激活卫星细胞的成肌细胞，表达 Pax7(红色)和 Syndecan4(绿色)；D 电镜照片显示骨骼肌卫星细胞(SC)和肌细胞核(MN)。Parker 等，2003。

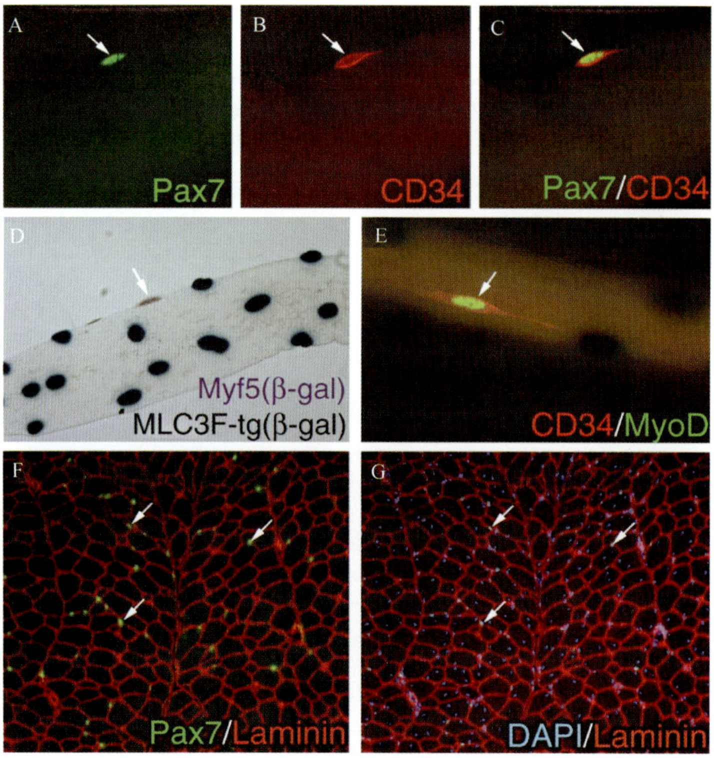

彩图 6-18　利用分子标记鉴定卫星细胞

鉴定静息卫星细胞的标记很多，但目前最常用的是 Pax7。免疫荧光显示 Pax7(绿色，A)、CD34(红色，B)及二者叠加(C)；利用转基因方法鉴定卫星细胞(D)，其中蓝色为肌细胞核，箭头为卫星细胞；激活的卫星细胞(E)，表达 CD34(红色)和 Myod(绿色)；肌肉横切面显示(F、G)，Pax7(绿色)、Laminin(红色)、细胞核(DAPI，蓝色)。Zammit 等，2006。